D1747760

Winfried Reinhardt

Öffentlicher Personennahverkehr

Winfried Reinhardt

Öffentlicher Personennahverkehr

Technik – rechtliche und betriebswirtschaftliche Grundlagen

Mit 219 Abbildungen und 33 Tabellen

PRAXIS

VIEWEG+
TEUBNER

Bibliografische Information der Deutschen Nationalbibliothek
Die Deutsche Nationalbibliothek verzeichnet diese Publikation in der
Deutschen Nationalbibliografie; detaillierte bibliografische Daten sind im Internet über
<http://dnb.d-nb.de> abrufbar.

1. Auflage 2012

Alle Rechte vorbehalten
© Vieweg+Teubner Verlag | Springer Fachmedien Wiesbaden GmbH 2012

Lektorat: Dipl.-Ing. Ralf Harms

Vieweg+Teubner Verlag ist eine Marke von Springer Fachmedien.
Springer Fachmedien ist Teil der Fachverlagsgruppe Springer Science+Business Media.
www.viewegteubner.de

Das Werk einschließlich aller seiner Teile ist urheberrechtlich geschützt. Jede Verwertung außerhalb der engen Grenzen des Urheberrechtsgesetzes ist ohne Zustimmung des Verlags unzulässig und strafbar. Das gilt insbesondere für Vervielfältigungen, Übersetzungen, Mikroverfilmungen und die Einspeicherung und Verarbeitung in elektronischen Systemen.

Die Wiedergabe von Gebrauchsnamen, Handelsnamen, Warenbezeichnungen usw. in diesem Werk berechtigt auch ohne besondere Kennzeichnung nicht zu der Annahme, dass solche Namen im Sinne der Warenzeichen- und Markenschutz-Gesetzgebung als frei zu betrachten wären und daher von jedermann benutzt werden dürften.

Umschlaggestaltung: KünkelLopka Medienentwicklung, Heidelberg
Druck und buchbinderische Verarbeitung: AZ Druck und Datentechnik, Berlin
Gedruckt auf säurefreiem und chlorfrei gebleichtem Papier
Printed in Germany

ISBN 978-3-8348-1268-1

Vorwort

„Öffentlicher Personennahverkehr" begegnet dem Kraftfahrer, wenn er im Stau steht und die Straßenbahn auf dem Gleis neben der Straße an ihm vorbeifährt; über den Nahverkehr regt sich der Fahrgast auf, wenn der Bus sich verspätet und der Fahrgast nicht weiß, wie lange er auf den Bus noch warten muss. Und der tägliche Nahverkehr ist ein Thema, wenn Kommunalpolitiker feststellen müssen, dass die Kostendeckung ihres städtischen Verkehrsunternehmens weitere Mittel aus dem städtischen Haushalt erfordert.

Den aktiv und passiv Beteiligten am öffentlichen Personennahverkehr werden die Grundlagen des Öffentlichen Personennahverkehrs dargestellt und es werden die Hintergründe aufgezeigt, warum Öffentlicher Personennahverkehr keines der üblichen Produkte ist, bei denen die Gesetze des Marktes gelten können. Zu dieser umfangreichen Darstellung gehören Ausführungen zur Entwicklung des ÖPNV ebenso wie eine Darstellung der Rechtsverhältnisse. Aber auch eine Beschreibung der Fahrzeugtechnik des ÖPNV und seiner Anlagen sowie das Eingehen auf unkonventionelle Systeme im ÖPNV enthält das Werk.

Bei der weit gefassten Darstellung des Öffentlichen Personennahverkehrs durch einen einzelnen Autor ist die Betrachtung zwangsläufig einseitig: Der Jurist wünscht sich eine breitere Darstellung der rechtlichen Seite, dem Fahrzeugtechniker fehlen einige Themen um die Fahrzeuge und der Verkehrsplaner vermisst für ihn wichtige Sachverhalte. Es war mir aber wichtig, die Facetten des Nahverkehrs unter einem einheitlichen Gesichtspunkt darzustellen und den Spezialisten der verschiedenen Gebiete des ÖPNV die anderen Bereiche nahezubringen; vertiefte Kenntnisse einzelner Sachverhalte mag der Leser aus der umfangreichen Literatur zum Nahverkehr entnehmen.

Köln, September 2011   Dr. Winfried Reinhardt

Inhaltsverzeichnis

1	Entwicklung des Öffentlichen Personennahverkehrs	1
1.1	Von der Urzeit bis zum Entstehen der neuzeitlichen Stadt	1
1.2	Die Verstädterung des 19. Jahrhunderts	38
1.3	Die ersten Nahverkehrsbahnen	39
1.4	Der Übergang der Verkehrsunternehmen in kommunale Trägerschaft	50
1.5	Das Vordringen des Kraftomnibusses	53
1.6	Das Entstehen von U-Bahnen, S-Bahnen und Stadtbahnen	70
1.7	Die öffentlichen Verkehrsunternehmen im späten 20. Jahrhundert	83
1.8	Der Öffentliche Personennahverkehr am Beginn eines neuen Jahrtausends	89

2	Rechtsgrundlagen des Öffentlichen Personennahverkehrs	93
2.1	Die Grundlagen deutscher Verkehrsordnung	93
2.2	Der Öffentliche Personennahverkehr vor der Bahnreform	94
2.3	Unternehmensformen im Öffentlichen Personennahverkehr	106
2.4	Querverbund öffentlicher Unternehmen	113
2.5	Änderungen im Öffentlichen Personennahverkehr durch Europäische Regelungen	115
2.6	Regelungen in der Bundesrepublik Deutschland	118
2.6.1	Rechtsgrundlagen für die (Fern-)Eisenbahn	118
2.6.2	Rechtsgrundlagen für den öffentlichen Personennahverkehr	124
2.7	Der Nahverkehrsplan	137
2.8	Rechtsbedingungen der Beschäftigungsverhältnisse im Öffentlichen Personennahverkehr	145
2.9	Betriebsübergänge im Öffentlichen Personennahverkehr	150
2.10	Zukünftige Organisationsstrukturen im Öffentlichen Personennahverkehr	151

3	Bedeutung des Öffentlichen Personennahverkehrs	155
3.1	Infrastruktur	155
3.2	Leistungen des Öffentlichen Personennahverkehrs	157
3.3	Institutionen und Organisationen	158

4	Nachfrage im Öffentlichen Personennahverkehr	177
4.1	Mobilitätsgrundlagen	177
4.2	Mobilitätsdaten	177
4.2.1	Entwicklung der letzten Jahrzehnte	177
4.2.2	Aktuelle Mobilität in Deutschland	180
4.3	Öffentlicher Personennahverkehr und Mobilität	185

5 Fahrzeuge im Öffentlichen Personennahverkehr 197
- 5.1 Entstehung des Fahrzeugparks 197
- 5.2 Entwicklung der Schienenfahrzeuge 197
  - 5.2.1 Vorschriften und Richtlinien 197
  - 5.2.2 Eisenbahnfahrzeuge 253
  - 5.2.3 Straßenbahnfahrzeuge 280
  - 5.2.4 U-Bahn-Fahrzeuge 297
- 5.3 Entwicklung der Straßenfahrzeuge 306
  - 5.3.1 Vorschriften und Richtlinien 306
  - 5.3.2 Busse im Linienverkehr 311

6 Anlagen des Öffentlichen Personennahverkehrs 343
- 6.1 Rechtsgrundlagen 343
- 6.2 Schienenstrecken 344
  - 6.2.1 S-Bahnen 344
  - 6.2.2 Straßenbahnen 360
- 6.3 Elemente der Busstrecken 389
- 6.4 Haltestellen 398
- 6.5 Busbahnhöfe 412
- 6.6 Fahrgastinformation 417
- 6.7 Beschleunigungsmaßnahmen 428

7 Angebotsplanung im ÖPNV 437
- 7.1 Einführung 437
- 7.2 Bedienungsformen 437
- 7.3 Zukünftige Leistungen 441
  - 7.3.1 Ermittlung der Nachfrage nach ÖPNV-Leistungen 441
  - 7.3.2 Konzipierung neuer Liniennetze 445
  - 7.3.3 Neue Baugebiete und ÖPNV 449
- 7.4 Überprüfung bestehender ÖPNV 452
  - 7.4.1 Ermittlung des Verkehrsaufkommens für eine Überprüfung des Angebotes 452
  - 7.4.2 Konzipierung von geänderten Liniennetzen 455
- 7.5 Bemessung der Fahrzeugfolgezeiten 456
- 7.6 Integraler Taktfahrplan 464
- 7.7 Wagenlaufplan 465
- 7.8 Fahrplan- und Dienstplangestaltung mit der EDV 476
- 7.9 Mitwirkung der Fahrer an der Dienstplangestaltung 483

8 Betriebsüberwachung im Öffentlichen Personennahverkehr 485
- 8.1 Allgemeines 485
- 8.2 Überwachung des Fahrverhaltens 488
- 8.3 Standortbestimmung des Fahrzeugs 490
- 8.4 Rechnergesteuertes Betriebsleitsystem 499

9 Finanzierung des Öffentlichen Personennahverkehrs ... 503
- 9.1 Allgemeines ... 503
- 9.2 Fahrgeldeinnahmen ... 505
- 9.3 Finanzierung von Investitionen bis zur Jahrtausendwende ... 512
- 9.4 Fahrzeugförderung bis zur Jahrtausendwende ... 523
- 9.5 Finanzierung und Förderung von Betriebskosten ... 523
  - 9.5.1 Gesetzliche Ausgleichsleistungen im Ausbildungsverkehr ... 524
  - 9.5.2 Gesetzliche Erstattungsleistungen für Fahrgeldausfälle aufgrund unentgeltlicher Beförderung Schwerbehinderter ... 526
- 9.6 Förderung des Öffentlichen Personennahverkehrs nach Inkrafttreten des Entflechtungsgesetzes ... 531
- 9.7 Finanzierungsquelle „Steuerlicher Querverbund" ... 546

10 (Tarif-)Kooperationen im Öffentlichen Personennahverkehr ... 549
- 10.1 Allgemeines zu Kooperationen ... 549
- 10.2 Formen der Tarifkooperation ... 552
  - 10.2.1 Einkaufsgemeinschaft/Verkaufsgemeinschaft ... 552
  - 10.2.2 Partielle tarifliche Zusammenarbeit ... 552
  - 10.2.3 Tarifgemeinschaft ... 557
  - 10.2.4 Verkehrsgemeinschaft ... 558
- 10.3 Verkehrsverbund ... 559

11 Unkonventionelle Systeme im öffentlichen Personennahverkehr ... 561
- 11.1 Einleitung ... 561
- 11.2 Ziel der neuen Verkehrsmittel ... 562
- 11.3 Großkabinensysteme ... 564
- 11.4 Kleinkabinensysteme ... 575
- 11.5 Zwei-Wege-Fahrzeuge ... 577
- 11.6 Differenzierte Bedienungsweisen ... 584

Sachwortverzeichnis ... 599

1 Entwicklung des Öffentlichen Personennahverkehrs

1.1 Von der Urzeit bis zum Entstehen der neuzeitlichen Stadt

Am Ende des Eiszeitalters (Beginn des Neolithikums) ging der Mensch von der aneignenden Lebensweise mit Jagen, Fangen und Sammeln zur produzierenden Lebensweise über (Wildtiere wurden domestiziert und Wildgetreide wurde kultiviert).[1] Diese neue Lebensform begründete die Sesshaftigkeit der Bevölkerung. Es entstanden Siedlungen. Die Sesshaftigkeit schuf eine engere Verbindung mit dem Boden, die Menschheit vermehrte sich stärker, die Besiedlung verdichtete sich. Durch die Sesshaftigkeit entstand Nahverkehr (es waren täglich wiederkehrende Wege zurückzulegen): Nahrung musste herangeschafft werden, Felder mussten bestellt werden, das Vieh auf den Weiden war zu hüten.

Abb. 1-1: Trampelpfad durch das Val Minger am Ofenpass (Schweiz) (Hitzer, 1971)

---

[1] Erst nach dem Ende der letzten Eiszeit (etwa 11.000 bis 8.300 v. Chr.) war das Klima beständig und für die Landwirtschaft geeignet. Das Neolithikum (Jungsteinzeit), die Zeit der ersten Bauern- und Hirtenkulturen, begann im Nahen Osten um 7.000 v. Chr. und breitete sich langsam auch in Europa aus. Da zum einen in Nordeuropa das Sammeln und Jagen einfacher war als in Vorderasien und zum anderen der Boden weniger fruchtbar, begann das Siedeln in Nordeuropa erst um 4.000 v. Chr.

Je nach Geländetauglichkeit und Lastumfang war der Mensch der Lastträger oder er bediente sich über Tragehilfsmittel Korb, Tragetuch, Tragriemen oder Tragegestell hinaus der ersten Transportmittel Schleife oder Schlitten, zuerst vom Menschen selbst gezogen auf den auch dadurch sich bildenden Trampelpfaden[2] oder von den schon tausende Jahre vor den Rindern und Pferden als Haustiere herangezogenen Hunden.

> *Transport durch Menschen auch zu Fuß oder als „Zugtier" gehörte bis zum späten Mittelalter zu den ungeliebten Frondiensten, entweder in der Form der Etappenfuhr – jeder war für einen kurzen Abschnitt verantwortlich – oder in Form der Reihenfuhr (jeder war reihum einmal für den Gesamtweg an der Reihe).*

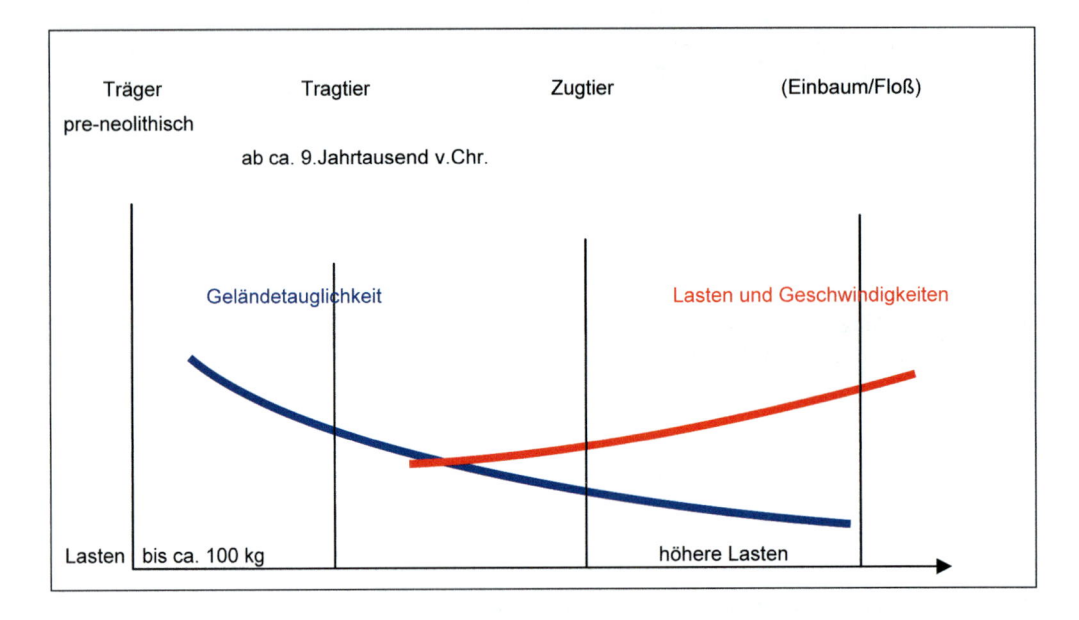

Abb. 1-2: Zusammenhang Tragelement, Last und Geländetauglichkeit

Als der Mensch seine Wege zu Fuß erledigte, entstanden auch erste Transportmittel: Baumaterial und Feuerholz musste ins Lager geschafft werden ebenso wie das erlegte Wild. Dieses Transportgut wurde auf zusammengebundenen Ästen ins Lager bewegt.

Abb. 1-3: Urschleife (Tarr, 1970)

---

[2] Der berühmteste auch dem Fernverkehr dienende Trampelpfad war der sich über 600 km vom heutigen Albany im US-Staat New York nach Buffalo (in der Nähe der Niagara-Fälle) erstreckende Irokesen-Mohawk-Trail.

Aus diesen Ästen bildete sich die „Schleife" heraus, welche in abgeschiedenen Landwirtschaften noch bis in neuere Zeit in Gebrauch war.

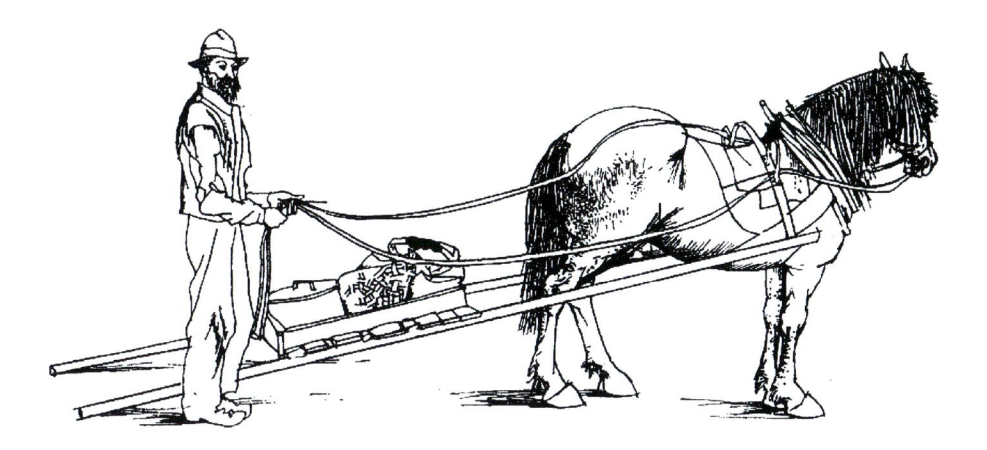

Abb. 1-4: Schleife aus Ore (Schweden) (Tarr, 1970)

Ein zweiter Vorläufer des Wagens war der auch auf Sandboden eingesetzte Schlitten, welcher wohl in den während der Eiszeiten gletscherfrei gebliebenen sibirischen Steppen entstand und sich von da aus auch nach Westen verbreitete.

Abb. 1-5: Frühsumerische Schriftzeichen (Schlitten und Schlittenwagen mit Kabinenaufsatz), Mitte 4. Jahrtausend v. Chr. (Tarr, 1970)

Die ersten dauerhaft bewohnten dörflichen Siedlungen entstanden im heutigen Nahen Osten im Zeitraum 10.000 bis 6.000 v. Chr. In Europa wurde die zur Sesshaftigkeit und zum Nahverkehr führende Landwirtschaft im Südosten (Griechenland) um 6.000 v. Chr. eingeführt und breitete sich bis etwa 3.000 v. Chr. bis nach Großbritannien aus; die ersten dauerhaft bewohnten Siedlungen entstanden mit der Entwicklung der Landwirtschaft um dieselbe Zeit – schwer transportierbare Tontöpfe wurden nachgewiesen.[3] Damit ist der durch täglich wiederkehrende Wege gekennzeichnete Nahverkehr in Europa sehr alt.

> *Während die dörfliche Siedlung dadurch bestimmt ist, dass ihre Bevölkerung vor allem Nahrung produziert, ist eine Stadt dadurch gekennzeichnet, dass ein arbeitsteiliges Gewerbe besteht. Neben den auch in der Stadt vorkommenden bäuerlich wirtschaftenden Bevölkerungsgruppen waren auch arbeitsteilige gewerbetreibende Bevölkerungsschichten wie Händler und Handwerker tätig, welche sich nicht der Nahrungsmittel-*

---

[3] Um 14.000 v. Chr. sind in Vorderasien erste (Ein-)Raumhäuser nachweisbar; erste (dörfliche) Siedlungen entstanden. Um 6.000 v. Chr. wandelten sich die ersten Dörfer zur Stadt.

produktion widmeten. Durch die Entstehung der Städte kam es zu verstärkten Verkehrsbeziehungen als echter Handel über weitere Strecken oder zum Marktverkehr über kürzere Strecken. Als älteste Stadt der Welt gilt die um 8.000 v. Chr. in Jericho bei Jerusalem auf dem Platz einer dörflichen Siedlung entstandene Stadt mit etwa 2.000 Einwohnern.

Eine deutliche Verbesserung des Transportwesens brachte die Domestizierung des Wildrindes um das 7. vorchristliche Jahrtausend mit sich. Neben dem Verzehr und der Verwendung der tierischen Produkte wurden vor allem das Tragevermögen und die Zugkraft der Tiere eingesetzt. Dabei bewältigte ein Zugtier erheblich höhere Lasten als im Einsatz als Tragtier. Die von den Tieren zu bewegenden Lasten waren aber wegen fehlenden Zuggeschirrs relativ gering.[4]

Abb. 1-1: Ochsengespann und Joch (Tarr, 1970)

Die Konkurrenz des Pferdes als (Trag-)Lasttier und Reittier zu den Rindern und Eseln begann im 5. Jahrtausend vor Chr. – als Zugtier war das Pferd wegen des unpassenden Zuggeschirrs bis zum Mittelalter kein Wettbewerber zum Rind.[5]

Der Übergang vom Schlitten bzw. von der Schleife auch mit davorgespannten Ochsen zum Karren/Wagen/Radfahrzeug datiert die Forschung auf den Zeitraum 3.000 – 2.800 v. Chr. in Mesopotamien.[6]

---

[4] Für ein Rind wird eine Tragkraft von 100 kp angegeben bzw. 10-15 % des Körpergewichtes; für das Jahrtausende später zum Haustier herangezogene Pferd werden für die heutige Zeit und eisenbereifte Räder für ein Zweigespann Zuglasten von 3-5 t genannt. Aber auch Zuglasten von 18 Tonnen für zwei Pferde finden sich in der Literatur.

[5] Die einfachste Form der Zugvorrichtung war bis etwa 1.000 v. Chr. das Doppeljoch: Am Ende der Deichsel war ein Querbalken befestigt, welcher den zwei Tieren rechts und links der Deichsel an den Hals oder an die Hörner gebunden wurde. Das Sielengeschirr, bei welchem die Pferde mit der Brust ziehen, ist für Westeuropa erst seit den Merowingern ab ca. 7. Jahrhundert nachweisbar.

[6] Karren = einachsiges Fahrzeug; Wagen = zweiachsiges Fahrzeug

Abb. 1-7: Transport mit Schlitten – Flachrelief aus dem Grab des Telemanch, Ägypten, 3. Jahrtausend v. Chr. (Rehbein, 1984)

Wegen der einfacheren Lenkung wurden eher Einachsfahrzeuge hergestellt und eingesetzt als Zweiachsfahrzeuge, denn ein großes Problem beim Zweiachswagen ist die Lenkung: Bei den ersten Radfahrzeugen waren die Achsen starr mit der Karosserie/Wagenkasten verbunden; damit war das Wenden nur unter Schwierigkeiten möglich. Richtungsänderungen wurden bei den alten Wagen wegen der noch fehlenden Lenkvorrichtung neben einem vollständigen Umsetzen der Wagen auch durch das Hindurchtreten der Zugtiere unter die (Bogen-)Deichsel bewerkstelligt.

Abb. 1-8: Vierrädrige Prunkwagen aus Ur, Mesopotamien, 2.700 v. Chr. (Treue, 1986)

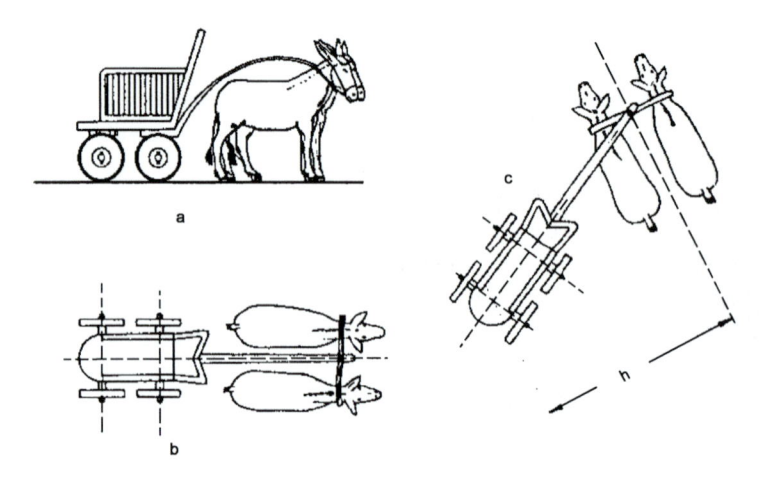

Abb. 1-9: Kurvenfahren ohne Lenkung (Eckermann, 1998)

Bei einem Einachsfahrzeug war keine Lenkvorrichtung erforderlich: Die Radaufstandsfläche des kurveninneren Rades war Mittelpunkt des vom kurvenäußeren Rad beschriebenen Kreisbogens. *Bei zweiachsigen Fahrzeugen war eine Lenkvorrichtung erforderlich.* Mit der Lenkvorrichtung wurden gewollte Richtungsänderungen vorgenommen. Bei der (späteren) Knicklenkung werden die Lagen der Längsachsen des vorderen und des hinteren Wagenkörpers zueinander verändert. Bei einer auch später erfundenen Schwenkachslenkung wird die Vorderachse um einen Drehpunkt in Achsmitte geschwenkt; die Räder verändern ihre Lage zur Achse nicht. Bei der noch späteren Einzelradlenkung werden die Einzelräder (meist) der Vorderachse um je einen Drehpunkt eingeschlagen; dabei verändert die Vorderachse ihre Lage nicht und kann sogar entfallen (Einzelradaufhängung).

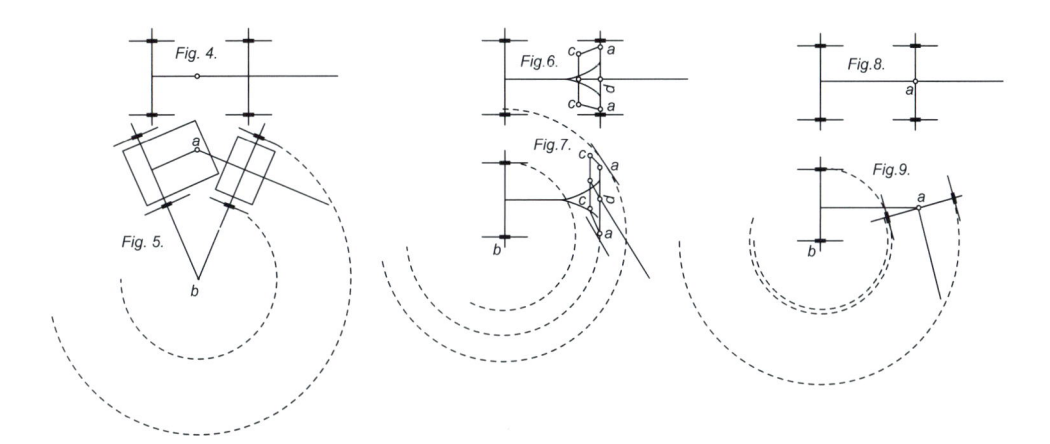

Abb. 1-10: Lenkvorrichtungen (Knicklenkung, Achsschenkellenkung, Schwenkachslenkung) (Eckermann, 1998)

Forschungen aus Schweden scheinen zu beweisen, dass es schon im 2. Jahrtausend v. Chr. lenkbare Zweiachswagen gab.

Abb. 1-11: Felsbilder mit Vierradwagen aus Südschweden, 2. Jahrtausend v. Chr. (Eckermann, 1998)

Die einfachste Lenkvorrichtung ist der Reibnagel: Ein senkrechter Bolzen verbindet die (horizontal) drehbare Achse und den Träger des Wagenbodens. Eine Fortentwicklung ist das Reibscheit: Die zum Wagen hin gegabelte Deichsel wird an ihrem Ende durch ein Querholz verbunden, welches sich bei der Bewegung gegen den darüber liegenden Langbaum oder gegen den Wagenboden abstützt (damit ist der Reibnagel von Momenten entlastet und die Zugtiere vom Gewicht der Zugstange).

Eine weitere Verbesserung erfuhr die Lenkung durch den Drehschemel: Über der Vorderachse liegt ein Vorderachsträger, welcher mit dem Wagenboden fest verbunden ist; die Vorderachse ließ sich unter diesem Vorderachsträger um den Reibnagel schwenken und erlaubte größere Radeinschläge.

Abb. 1-12:
Lenkung mit einem Reibscheit

Abb. 1-13:
Wagen aus der Bronzezeit um 1.500 v. Chr. Mit dreiteiligen Scheibenrädern und Drehschemel-Lenkung (Museum Achse Rad und Wagen, Wiehl)

Der Drehschemel wurde im Laufe der Jahrtausende weiter verbessert durch die Ausbildung zweier aufeinanderliegender Drehkränze, welche zueinander verdrehbar waren, wobei der obere Drehkranz den Wagenkasten trug und der untere oft nur in Teilen ausgeführte Drehkranz fest mit der Achse verbunden war.

Während die ersten vierrädrigen Wagen vornehmlich der Güterbeförderung dienten und sicher ab und zu auch Personen transportierten – wegen der Unbequemlichkeit durch die fehlende Lenkung und die fehlende Federung und wegen der Lagerung des Wagenkastens unmittelbar auf der Achse sicher nur über kurze Strecken – wurden zweirädrige Transportmittel (Karren = einachsiges Gefährt; Wagen = mehrachsiges Gefährt) zur Personenbeförderung im Altertum hauptsächlich bei der Jagd und als Streitwagen im Krieg sowie zu Kulthandlungen verwendet.[7]

Abb. 1-14:
Phaeton-Kutschenwagen mit Drehschemel-Lenkung um 1900

Abb. 1-15:
Mexikokarre um 1850 (Treue, 1986)

---

[7] Eine ausgedehnte Wagennutzung in Europa ist für das dritte Jahrtausend v. Chr. zu erkennen, zunächst in der Form als starre nicht lenkbare Vierradwagen und vereinzelt als Einachsfahrzeuge.

Abb. 1-16:
Neuzeitlicher Bohlenweg (Moor in Belgien)

Mit der Sesshaftigkeit und dem Entstehen der Wege entstand auch das Bedürfnis, die Wege zu befestigen. Eine Befestigung der Wege war aber von der Existenz kraftvoller und selbstbewusster Gemeinschaften abhängig. Diese Gemeinschaften fehlten in Europa im Altertum weitgehend, die Wege waren allenfalls im Umfeld von Siedlungen befestigt – damit der Ort für die Händler erreichbar war. Daher waren auch die langen Handelswege in Mitteleuropa wie die Bernsteinstraße weitgehend unbefestigte Trampelpfade für Lastenträger oder Einzelpferde und nur zum Teil als Bohlenweg befestigt.

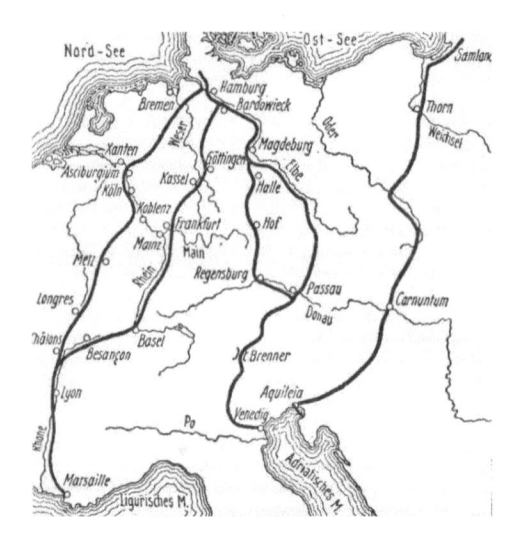

Abb. 1-17:
Bernsteinstraßen in Europa (Schreiber, 1959)

1.1 Von der Urzeit bis zum Entstehen der neuzeitlichen Stadt

Die für die Befestigung überörtlicher Wege notwendige starke Gemeinschaft gab es vor dem Auftreten der Römer in Europa aber beispielsweise in Persien: Eine großartige Leistung war die Errichtung einer Staatsstraße für das Militär. Unter Darius II. um 500 v. Chr. war die persische Königsstraße 2.500 km lang.

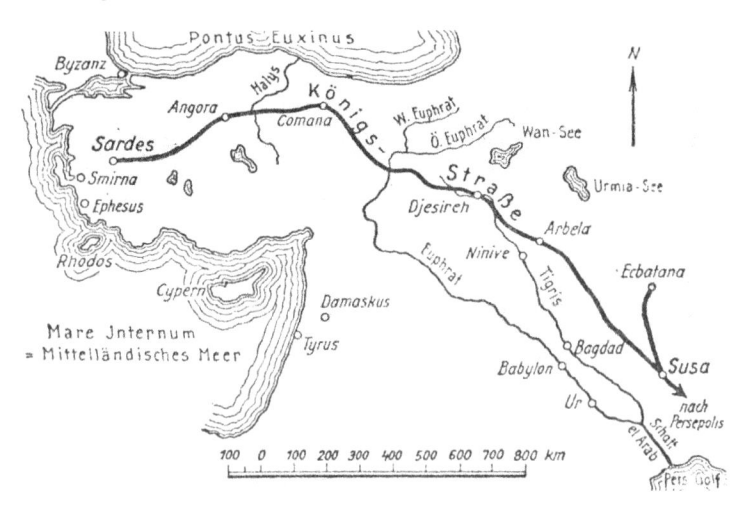

Abb. 1-18: Altpersische Königstraße (Schreiber, 1959)

Die Königsstraße gründete sich auf eine Straße der Assyrer aus 1.200 v. Chr., umging aber zur Verbesserung der Reisezeit die Städte. Alle 25 km waren Stationen für die Königsboten angelegt, welche die üblicherweise in 90 Tagen zurückzulegende Strecke in sieben Tagen bewältigten. Diese Königsstraße war weitgehend ein befestigter Erdweg von etwa 5 m Breite, sodass zwei Wagen aneinander vorbeifahren konnten.

Die (unbequemen) Wagen wurden im Altertum vornehmlich zum Gütertransport verwendet, nicht für Personen: Personen gingen zu Fuß. (Hochgestellte) Personen nutzten leicht lenkbare Transportgefäße als Kampfwagen oder Jagdwagen. So erhielt Echnaton (†1348 v. Chr.), Pharao in Ägypten, aus Assyrien einen Streitwagen mit zwei Schimmeln.

Abb. 1-19: Der assyrische König Assurnarsipal II (883 – 859 v. Chr.) auf der Jagd (Relief aus Nimrud) (Tarr, 1970)

Die ersten Reisewagen in Europa, meistens von Eseln und Maultieren gezogen, nutzten Frauen und alte Leute im Griechenland des Altertums. Auch die Etrusker kannten Reisewagen, aber nennenswerter Personentransport mit Wagen entstand erst im antiken Rom: Die Römer hatten vor allem aus militärischen Gründen ab ca. 300 v. Chr. ein umfangreiches Straßennetz angelegt. Diese Straßen dienten in erster Linie der schnellen Truppenverlegung und der Grenzsicherung (da sich Rom auf seine Militärmacht stützte).

In der römischen Kaiserzeit war Roms Macht gefestigt, die militärische Bedeutung der Straßen nahm ab, die Bedeutung für den Handel und den Tourismus nahm zu. Da man schwere Waren auf dem Wasser transportierte, dienten die Straßen verstärkt dem Personenverkehr. Die meisten der römischen Wagen hatten aber starre Achsen und keine Bremsen: Das Reisen im Wagen war gefährlich und unbequem. Personen von Stand reisten auf dem eigenen Reittier oder in der Sänfte.

Abb. 1-20: Römisches Straßennetz (Auszug) (Zentner, 1985)

Die von den Römern benutzten Wagen waren

- Plaustrum: die älteste Wagenform der Römer, eine auf den Radachsen ruhende Bretterplatte (für den Güterverkehr), welche für den Personenverkehr weiterentwickelt wurde
- Tensa (Thensa), ein für Kulthandlungen benutzter Karren
- pilentum, ein vierrädriger Wagen für Kulthandlungen
- carpentum, ein Ehrenfahrzeug der Matronen für kurze Wege und den Stadtverkehr

1.1 Von der Urzeit bis zum Entstehen der neuzeitlichen Stadt

Abb. 1-21: Plaustrum (Tarr, 1970)

- essedum: ein zweirädriger Wagen, welcher einem keltischen Streitwagen nachempfunden war
- Cisium, ein zweirädriger Reisewagen

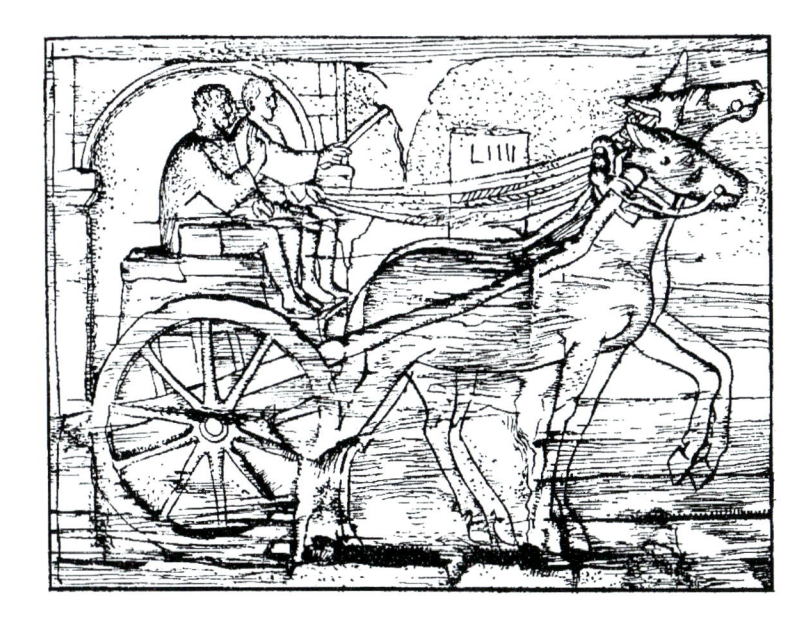

Abb. 1-22: Cisium mit Cisiarius und Fahrgast; Relief aus Igel (Tarr, 1970)

- carruca als schnellstes Gefährt, in dem man sogar schlafen konnte (carruca dormitora, auch als raeda bezeichnet).[8]

Die in den Darstellungen römischer Wagen abgebildeten engen Radstände von Vierradwagen lassen vermuten, dass es keine schwenkbare Vorderachse gab und diese auch nicht notwendig war. Allerdings gibt es auch (unzuverlässige) Abbildungen vierrädriger Wagen mit kleinen Vorderrädern, welche nur bei einer schwenkbaren Vorderachse sinnvoll wären.

Abb. 1-23: Römischer Reisewagen Raeda (Relief aus Saal bei Klagenfurt)
hier: Kopie aus Museum Achse Rad und Wagen, Wiehl

Die einfachen Bürger im Römischen Reich konnten sich keine eigenen Wagen halten, doch bei genügend Geld konnte man sich bei den Cisiarii einen Wagen mieten. Diese Mietwagen, welche im Allgemeinen vor den Stadttoren stationiert waren, legten selbst große Entfernungen sehr schnell zurück (was natürlich auch am ausgezeichneten römischen Straßennetz lag); so brauchte Caesar († 33 v. Chr.) für die 1.180 km von Rom bis zur Rhone weniger als acht Tage, was einem täglichen Durchschnitt von 150 km entspricht. Im Durchschnitt betrug die Tagesleistung eines Reisenden 30 km (der Rekord zur Zeit des Tiberius um 30 n. Chr. lag aber bei 300 km).

Linienverkehr gab es im Altertum auch, beispielsweise bei einer von Kaiser Augustus († 14 n. Chr.) gegründeten Einrichtung zur Nachrichtenübermittlung, welche unter Kaiser Konstantin († 337) ihre größte Ausdehnung erfuhr. Diese Einrichtung hieß „cursus publicus" (etwa "staatlicher Lauf"): Nur hohe Regierungsbeamte durften bei Vorlage ihres Erlaubnisscheines - „diploma"- diese Post nutzen (besonders im Oströmischen Reich durfte aber schließlich jedermann mit guten Beziehungen den staatlichen cursus publicus benutzen). Bei jedem zehnten Meilenstein, also etwa alle 15 km, war ein Haltepunkt (statio) eingerichtet, welcher einen Pferdewechsel gestattete. An jeder dreißigsten Meile (45 km) war ein Gasthaus mit Verkaufsladen

---

[8] Wegen der vielen Völker im Römischen Reich wechselten die Bezeichnungen bzw. es wurden zu unterschiedlichen Zeiten und in unterschiedlichen Räumen unterschiedliche Wagen darunter verstanden, z. B. raeda, carrus, clabularium, serracum u. a. m. für denselben oder leicht abgewandelten Wagen.

(mansio) installiert. Die durchschnittliche Tagesleistung des cursus publicus betrug rund 70 km.

Während es im Römischen Reich für den Überlandverkehr Mietwagen gab und einen Linienverkehr für einen privilegierten Nutzerkreis, war der Fahrzeugverkehr in den Städten stark eingeschränkt: Seit 45 v. Chr. bestand eine Verordnung, nach der in Rom nur einigen Privilegierten die Benutzung von Wagen gestattet war und auch nur – wie den Versorgungsfahrzeugen – in der Zeit von 6 Uhr bis 16 Uhr. Dieses Verbot Caesars wurde um 50 n. Chr. auf alle italienischen Städte ausgedehnt. Um 125 n. Chr. wurden die Ausnahmeregelungen noch weiter eingeschränkt.[9]

Abb. 1-24: (Stein-)Straßen in Pompeji (Rehbein, 1984)

„Die folgende Verordnung bezieht sich auf Straßen, sowohl gegenwärtige wie zukünftige, in dem kontinuierlich bebauten Wohnbereich der Stadt Rom. Vom nächsten 1. Januar an darf kein Lastwagen tagsüber, das heißt nach Sonnenaufgang oder vor der 10. Stunde des Tages, innerhalb dieses Gebietes gezogen oder gefahren werden. Diese Verordnung bezieht sich jedoch nicht auf die Ladung oder Beförderung von Material, das 1. zum Bau von Tempeln oder für andere öffentliche Aufgaben in diesen Bezirk gebracht oder 2. aus der Stadt einschließlich der vorgenannten Bezirke hinausbefördert wird, wenn von den öffentlichen Behörden angeordnete Abbrucharbeiten vorgenommen werden. In Sonderfällen können Ausnahmen genehmigt werden.

Das vorliegende Gesetz ist nicht so auszulegen, dass es den Wagenverkehr tagsüber bei folgenden drei Gelegenheiten verbietet: 1. bei religiösen Prozessionen, bei denen Wagen mitgeführt werden, in denen sich die Vestalischen Jungfrauen, der Rex Sacrorum und die Flaminen

---

[9] Das Verbot entstand wohl aus Gründen der Lärmbekämpfung: Die Scheibenräder und die metallbeschlagenen Speichenräder der ungefederten Wagen verursachten einen erheblichen Lärm auf den Steinstraßen der römischen Städte.
Neben dem Erlass der o. g. Verordnung wurden im alten Rom auch Einbahnstraßen eingerichtet, Parkverbote erlassen und Parkplätze ausgewiesen.

befinden; 2. bei Triumphzügen; 3. bei den von den öffentlichen Behörden veranstalteten Festlichkeiten innerhalb eines Umkreises von weniger als einer Meile und bei Zirkusveranstaltungen, zu denen Wagenprozessionen gehören.

Außerdem ist das Gesetz nicht dahingehend auszulegen, dass man innerhalb der Stadt oder in einem Umkreis von einer Meile während der zehn Stunden nach Sonnenaufgang Ochsen- oder Pferdefuhrwerke verbietet, wenn diese während der vorangegangenen Nacht in die Stadt gebracht wurden und leer zurückfahren oder nächtlichen Unrat mitnehmen."

Lärmschutzverordnung aus Rom 45 v. Chr.

Trotz der Lärmschutzverordnung gab es wegen der vielen Ausnahmen keine Ruhe. Der Satiriker Juvenal (etwa 60 n. Chr. bis 130 n. Chr.) schrieb: „Hier in Rom sterben viele Kranke daran, dass sie nachts nicht schlafen können ... Wo ist eine Wohnung zu finden, in der man noch schlafen kann? In unserer Stadt ist Schlafen ein Luxus, der ein Vermögen kostet. Es ist dies unsere Hauptkrankheitsursache. Das Getöse in den engen, gewundenen Straßen unserer Stadt und das Geschimpfe, wenn eine Schafherde eingekeilt wird, könnte einem Drusus oder einer Robbenherde den Schlaf rauben."

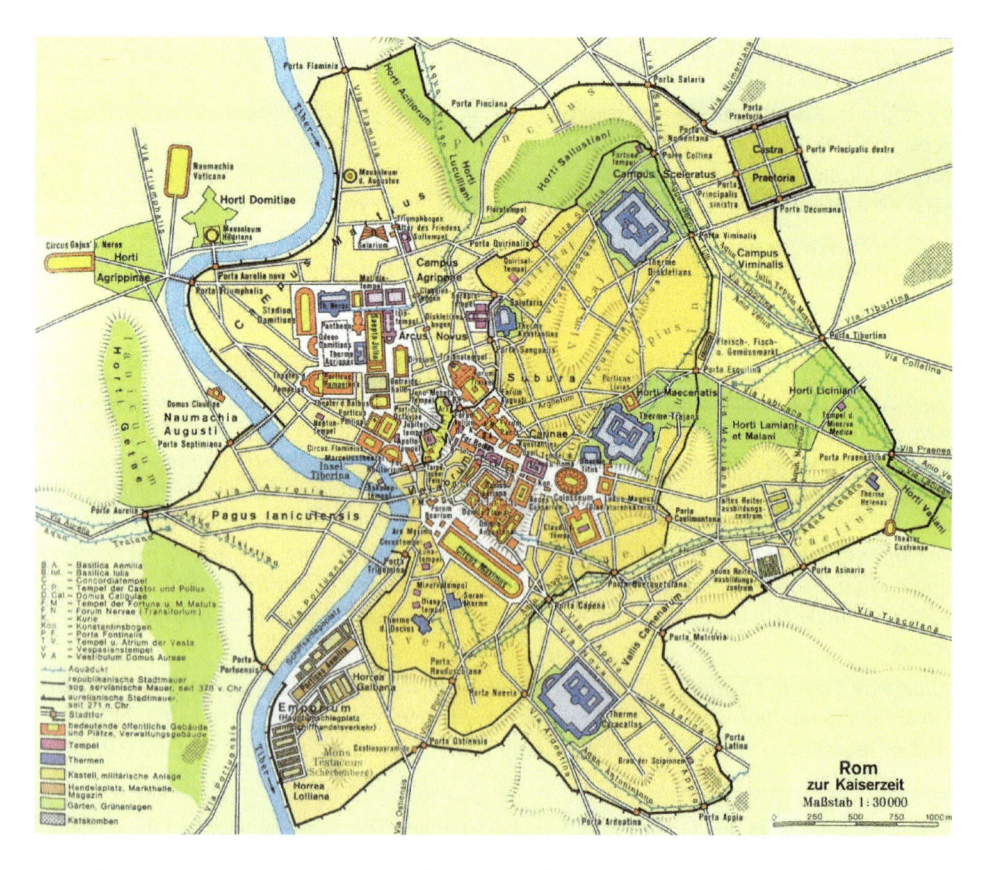

Abb. 1-25: Karte des antiken Rom (Digel, 1989)

Von Juvenal stammen auch folgende Zeilen zum Verkehr in Rom (in deutscher Übersetzung heißt es): „Eben geflicktes Gewand reißt wieder; es schwanken die langen Tannen auf nahendem Karren, dort werden in anderen Wagen Fichten gefahren; sie wanken gestapelt und drohen dem Volke. Bricht nun gar noch die Achse, die her den ligurischen Marmor fährt, und stürzet die kippende Last übers Menschengewoge, was bleibt da von den Körpern zurück? Wer findet die Glieder oder die Knochen?"

Von der Existenz eines Öffentlichen Personennahverkehrs im europäischen Altertum kann keine Rede sein.[10] Es stellt sich aber auch die Frage, ob öffentlicher Personennahverkehr notwendig gewesen wäre: Wenn man davon ausgeht, dass Menschen früher wie heute dieselbe Zeit für ihre täglich wiederkehrenden Wege aufwandten (rund eine Stunde), dann waren ihre Ziele nicht weiter als eine halbe Stunde Fußweg entfernt. Bei einer Fußgängergeschwindigkeit von 1,5 m/sec oder 5,4 km/h im Berufsverkehr[11] legt der Mensch in 30 Minuten 2,7 Kilometer zurück. Wegen des Umwegs vom 1,3-fachen der Luftlinienentfernung bei fußläufigen Zielen liegen die Ziele des Stadtbewohners wie Arbeitsstelle, Einkaufsstätten, Freizeitorte u. a. m. in einem Umkreis von 2 Kilometern um seinen Aufenthaltsort. Mit diesem Radius ist die Größe der fußläufig zu erschließenden Stadt bestimmt (Fläche = $\pi r^2 = \pi 2^2 = 12,5 \text{ km}^2$). Das antike Rom umschloss etwa 13 Quadratkilometer. Mit dieser Ausdehnung war demnach die Grenze der fußläufig erschlossenen Stadt erreicht. Da die Entfernungen ohne Einsatz von Personenverkehrsmitteln nicht mehr anwachsen konnten, stieg die Bevölkerungsdichte um den Preis von Wohnqualität, Hygiene und Komfort: Rom hatte etwa 1 Million Einwohner, Alexandria in Ägypten 700.000 Einwohner, Seleukia am Tigris etwa 600.000 Einwohner und die Städte Syrakus (Sizilien), Babylon und Antiochia (Nord-Libanon) hatten ihre größten Einwohnerzahlen bei etwa 300.000 bis 500.000.[12] Trotz der hohen Einwohnerzahlen war ein Öffentlicher Personennahverkehr im Altertum nicht erforderlich. Die Linienverkehrsmittel des Altertums dienten einer Bevölkerungsminderheit im Überlandverkehr.

Das Römische Reich zerfiel – Ende des Weströmischen Reichs 476/480 – in kleine politisch und wirtschaftlich weitgehend unabhängige Einheiten und mit dem Reichsverfall verfiel auch das großartige Straßennetz.

Abb. 1-26: Querschnitt durch eine römische Straße (Hitzer, 1971)

---

[10] Öffentlicher Personennahverkehr soll hier verstanden werden als Linienverkehr mit Wagen für täglich wiederkehrende Wege.

[11] Die in 20 deutschen Städten von der TU Chemnitz gemessenen Fußgängergeschwindigkeiten – Bericht aus 2003 – sind von minimal 1,38 m/sec bis 1,49 m/sec. Allgemein geht die Literatur von 1,5 m/sec aus.

[12] Rom hatte mit einer vermuteten Einwohnerzahl von einer Million auf 13 km² eine Bevölkerungsdichte von 76.000 Personen auf den km²; die Stadt Köln erstreckt sich über 405 Quadratkilometer – bei sicher anderen Freiflächen als im alten Rom: Köln müsste bei voller Bebauung der Gesamtfläche wie das antike Rom rund 30,8 Millionen Einwohner haben. Tatsächlich hat Köln rund eine Million Einwohner.

Nach dem Ende des Römischen Reichs gab es viele Jahrhunderte lang nur ungenügend befestigte Überlandwege: Die Straßen waren festgetretene Erdwege oder mit Gras bewachsene Pfade. Ausbesserungsarbeiten bestanden im Aufschütten von Erde und (selten) im Auffüllen mit Steinen oder Reisig. Dadurch waren die Straßen meist nur bei gutem Wetter passierbar. Zudem waren die Straßen sehr schmal, meist konnte nur ein Reiter mit seinem Tier passieren. Der Warenverkehr beschränkte sich einige Jahrhunderte lang auf Tragtiere, die bei längeren Strecken täglich neu beladen werden mussten. Im Mittelalter findet der Verkehr über Land vor allem zu Fuß statt. Es wurden zu Fuß Tagesentfernungen von 30 km zurückgelegt. Begüterte Leute ritten mit dem Pferd (Tagesleistung bis zu 75 km). Güter wurden mit zweirädrigen und vierrädrigen Ochsenkarren befördert (Tagesleistung etwa 25 km). Und das Ochsengespann blieb trotz des Pferdes als bevorzugtes Fortbewegungsmittel der Herrschaften dominierend beim Lastentransport wie auch beim (mühseligen) Personentransport. In der Lebensgeschichte von Karl dem Großen heißt es von seinem Biographen Einhard *„Wohin man auch immer gehen musste, fuhr der Merowingerkönig Childerich III. (743 – 752) im Wagen, der von Ochsen gezogen wurde, die nach Art der Bauern eingespannt waren und von einem Ochsenknecht angetrieben wurden."* Die Ochsenbespannung erfolgte in Mitteleuropa erst ab dem 7./8. Jahrhundert in der Form des Brustblattgeschirrs – beim vorhergehenden Halsgeschirr war wegen des Drucks auf die Luftröhre die Zugleistung von vornherein gering. Ab dem 10. Jahrhundert wurde auch das Ortscheit[13] verwendet, was in Verbindung mit dem angenagelten Huf und dem schrittweisen Einsatz des Pferdes als Zugtier einen tiefen Wandel im Verkehr des Mittelalters bewirkte.

Der Wagenverkehr mit Personen blieb dennoch eine große Ausnahme für Kranke, Alte und Gebrechliche, weil Passagiere und Waren oft durch Achs- und Radbrüche und Umkippen des Wagens zu Schaden kamen. Wer keinen eigenen Wagen oder Pferde besaß, musste zu Fuß gehen oder auf eine Mitfahrgelegenheit warten.

Die im 12. Jahrhundert in Deutschland einsetzenden Stadtrechtsverleihungen und der damit verbundene Aufschwung des Marktwesens sowie der zunehmende Konsum der zunehmenden Bevölkerung erforderte eine stärkere Warenversorgung. Diese war mit nicht lenkbaren Wagen schlecht vorstellbar: Der Drehschemel musste (wieder) erfunden werden.

---

[13] Das Ortscheit ist eine Vorrichtung zur Anschirrung der Zugtiere an Fuhrwerke: der bewegliche quer zum Fuhrwerk angehängte Balken, an dessen Enden die Zugstränge befestigt werden.

1.1 Von der Urzeit bis zum Entstehen der neuzeitlichen Stadt

Abb. 1-27: Fahrt 1478 in einem Wagen mit Ortscheit (Tarr, 1970)

Abb. 1-28: Landstraßenverkehr zu Beginn der Neuzeit (Gemälde von Josse de Momper 1630) Ausschnitt (Hitzer, 1971)

Zwar erlangte der Straßenverkehr mit dem allgemeinen wirtschaftlichen Aufschwung in Mitteleuropa im 15. Jahrhundert wieder mehr Bedeutung, dennoch blieben die Lastfuhrwerke – bis auf die Wiedereinführung des in Vergessenheit geratenen Drehschemels – unverändert. Zur Personenbeförderung dienten im Grunde dieselben unbequemen Wagen wie 1000 Jahre zuvor (und wurden dementsprechend auch selten zur Personenbeförderung genutzt).

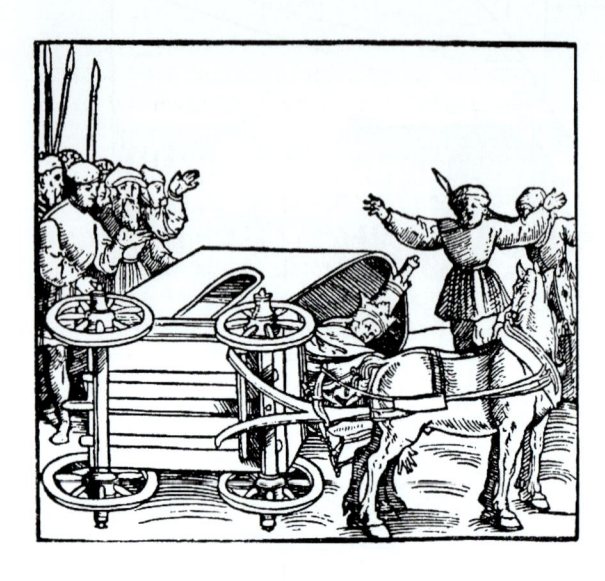

Abb. 1-29:
Sturz des (Gegen-)Papstes Johannes XXIII auf dem Weg zum Konzil in Konstanz 1415 (Tarr, 1970)

Der Wagen – ungefederter Wagenkasten – wurde im 16. Jahrhundert zur Kutsche, indem der Wagenkasten gegenüber dem Fahrgestell federnd gelagert wurde, zunächst mittels einer Aufhängung.

Kaiser Maximilian (1459 – 1519), römischer König ab 1486, wollte wegen seines regen Postverkehrs mit den neu erworbenen Niederlanden eine eigene Verkehrsverbindung. Er beauftragte damit 1489 einen Herrn de Tassis. Dieser hatte sehr erfolgreich ein Liniennetz Deutschland – Italien aufgebaut und eröffnete 1490 für den Kaiser den ersten durchgehenden Postverkehr zwischen Wien und Brüssel (dort war die Verwaltung der neu erworbenen habsburgischen Niederlande) und Herr de Tassis[14] begründete damit das moderne Postwesen;[15] er wurde später in den Adelsstand erhoben (Thurn und Taxis). Große Konkurrenten dieses Verkehrsunternehmers waren einzelne deutsche Staaten/Fürsten; insbesondere Preußen. Und Preußen erließ 1646 eine Verordnung, dass die Post der Allgemeinheit zugänglich sein musste – die Nutzung der Postkutschen war bisher nur päpstlichen und kaiserlichen Kurieren erlaubt.

In Frankreich schuf König Karl IX. (1560 – 1574) eine Wagenpost durch Gewährung von Vorrechten für die in öffentlichen Diensten stehenden Wagen.

Erst mit dem ausgehenden 16. Jahrhundert ging der Personenverkehr im größeren Maße vom Reittier (Pferd) auf den Wagen über, diesmal in Form der Kutsche (der Wagenkasten lag jetzt nicht mehr direkt auf der Achse, sondern war an Riemen aufgehängt). Neu war auch der Rad-

---

[14] Das ursprünglich lombardische Adelsgeschlecht führte den Turm (torre) in seinem Wappen und den Dachs (Tasso). Aus dem Turm wurde Thurn und aus dem Dachs Taxis.

[15] Franz von Taxis (1459 – 1517) war in seinen Leistungen konkurrenzlos: Er haftete für die Sendungen, er garantierte das Postgeheimnis und er legte sich vertraglich auf Beförderungszeiten fest.

sturz: Rad und Achse standen in einer Schrägstellung zueinander (geringe Abwärtsbiegung der Achsstutzen) – das verhinderte das Schlottern der Räder auf unebenem Gelände und das Abgleiten der Räder von der Achse – und neu war auch der Speichensturz: Die Speichen bildeten zum Wagen hin einen Stumpfkegel, der nach außen offen war. Dadurch stellten sich die Räder senkrecht zur Fahrbahn und waren unempfindlich gegen Seitenstöße. Die Schrägstellung der Speichen betrug üblicherweise 1/12 bis 1/14, höchstens 1/8 des Raddurchmessers.

Alle diese über Jahrhunderte eingeführten technischen Neuerungen führten zu einer weiten Verbreitung der Wagen: Während im antiken Rom sich die Warenpreise wegen der Transportkosten etwa alle 100 Meilen verdoppelten, stieg z. B. der Getreidepreis im Deutschland des 13. Jahrhunderts bei 100 Meilen Transportweg nur um 30 %.

Reisende in Deutschland, welche kein eigenes Fahrzeug und kein Reittier hatten, konnten nach einem kurzlebigen Versuch 1479 zwischen Halle und Leipzig erst ab dem Jahr 1640 ein Linienverkehrsmittel benutzen: Die Wagenpost zwischen Hildesheim (– Hannover) – Bremen nahm ihren Betrieb auf. 1683 erhielt ein Stuttgarter Bürger die Erlaubnis, wöchentlich einmal eine Kutsche zwischen Stuttgart und Heidelberg bzw. Stuttgart und Ulm als öffentliches Verkehrsmittel zu betreiben. Ende des 17. Jahrhunderts waren dann alle größeren Städte Deutschlands durch die Post miteinander verbunden.[16] Allerdings verkehrten auch wegen der unterschiedlichen Postgesellschaften die ersten Postkutschen Deutschlands nur von Station bis zu Station, sodass die Fahrgäste immer wieder umsteigen mussten.

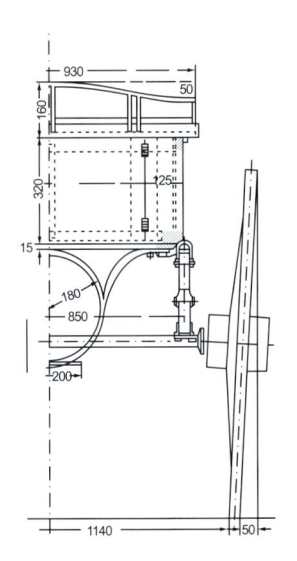

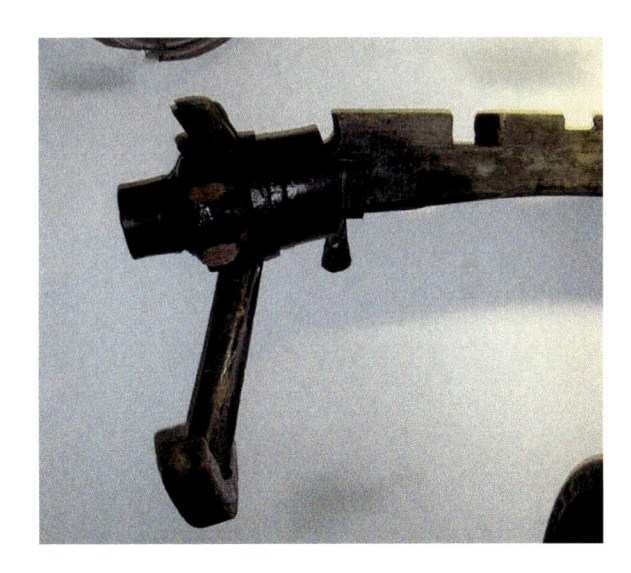

Abb. 1-30: Radsturz und Speichensturz (Eckermann, 1998)

---

[16] Im Jahre 1525 wurde der erste innerstädtische Kutschendienst in Europa verzeichnet (in Mailand); 1605 gab es die ersten Droschken in London. In England wurde die Kutsche zur Zeit Elisabeth I. ab 1564 heimisch. Die erste (Überland-)Postkutschenverbindung in England wurde 1657 zwischen London und Chester aufgenommen.

Das erste umfangreich eingesetzte Linienverkehrsmittel in Deutschland war der Postwagen, den die Thurn- und Taxische Postverwaltung um 1690[17] einführte: Acht Personen saßen zwischen Gepäck eingepfercht im ungefederten Kastenwagen.

Der Funktion der Postkutsche als Massenverkehrsmittel für den Fernverkehr standen neben der Unbequemlichkeit auch die hohen Kosten entgegen. Die Fahrkosten setzten sich zusammen aus Pferdegeld, Wagengeld, Trinkgeld und Schmiergeld: Da die Wagen oft geschmiert werden mussten, konnte der Reisende Geld sparen, wenn er Schmiere mit sich führte und eifrig schmierte (und daher weniger zahlte).

Ein durchgehender Verkehr zwischen den größeren Städten wurde in Deutschland erst um 1700 eingeführt, und erst zu Beginn des 19. Jahrhunderts wurden mit der Einrichtung der Eilpost in Preußen rasche bequeme und gefederte Postkutschen[18] in Dienst gestellt.

Abb. 1-31: Fünfspänniger Schweizer Alpenpostwagen im 19. Jahrhundert (Tarr, 1970)

Um aber einen Begriff von der Geschwindigkeit zu erhalten – „ÖPNV ist die Beförderung bis zu 50 km Entfernung bzw. bis zu einer Stunde Reisezeit ..." – sollen Angaben über eine Fahrt des französischen Königs Ludwig XIV. im Jahr 1681 über eigens für ihn ausgebesserte Stra-

---

[17] Die Jahresangaben für geschichtliche Ereignisse differieren je nach Quelle um wenige Jahre; oft ist die Aufnahme eines Versuchsbetriebes gemeint, manchmal ist ein ständiger Betrieb gemeint.
[18] Die Kutsche kann definiert werden als „Fahrzeug für den Transport von Personen oder Wagen, welches von einem oder mehreren Zugtieren gezogen wird". Das Vorhandensein einer Federung unterscheidet die Kutsche vom Wagen.

ßen dienen: Der Sonnenkönig legte eine Strecke von 250 Kilometern in zehn Tagen zurück, was einem Tagesdurchschnitt von 25 Kilometern entspricht: Wer konnte, ging zu Fuß.

> *»Ohne jeden Kommentar geben wir im folgenden einen Bericht über eine Reise wieder, die ein Bürger von Schwäbisch-Gmünd 1721 nach dem 40 km entfernten Ellwangen unternahm. Nachdem der fromme Mann an einem Sonntag „für den glücklichen Verlauf der Reise" eine Messe hatte lesen lassen, brach er Montag früh mit Frau und Magd auf. Kaum hatten sie eine Stunde Wegs zurückgelegt, blieb der Wagen stehen. Alle mussten aussteigen und, bis übers Knie im Morast watend, den Wagen weiterschieben. Im nächsten Dorf fuhr der Kutscher in ein Mistloch, wobei sich die Frau „Nase und Wangen an den Planreifen jämmerlich zerschund". Für die nächsten zehn Kilometer musste man einen Vorspann von drei Wagen mieten, mit dessen Hilfe diese Strecke in sechs Stunden bewältigt werden konnte. Am Morgen des nächsten Tages setzten die Schwergeprüften die Reise fort, und bis Mittag ging alles gut. Kaum hatten sie aber das Dorf Hopfen verlassen, kippte der Wagen inmitten einer großen Pfütze um. Alle wurden pudelnaß, eines der Pferde schlug sich lahm, und der Magd brach die rechte Achsel auseinander. Tags darauf ließ das Ehepaar Wagen, Pferde, Magd und Kutscher in Hopfen zurück und setzte seine Reise in einem gemieteten Leiterwagen fort, mit dem es beim Abendläuten des dritten Tages „ganz elendiglich zusammengeschüttelt" in Ellwangen eintraf.*
>
> *Zitieren wir zur Ergänzung noch Schiller, der am 17. April 1785 „zerstört und zerschlagen" in Leipzig ankam nach einer „Reise, die ohne Beispiel ist, denn der Weg zu Euch, meine Lieben, ist schlecht und erbärmlich, wie man von dem erzählt, der zum Himmel führt ..." (nach Laszlo Tarr, Karren Kutsche Karosse, S. 262/263, München 1970)*

In den großen Städten waren allenfalls die repräsentativen Straßen befestigt: Die Kutschen in den Straßen mussten sich allgemein durch Abwasser, Pfützen, Abfall und Unrat ihren Weg bahnen. Aber es gab ohnehin nur wenig Kutschen. Selbst in den Hauptstädten Europas gab es jeweils nur wenige hundert Kutschen. Die Zahl der Kutschen nahm aber auch wegen des Fortschritts im Kutschenbau zu, auch die Zahl der Mietkutschen wuchs an.

Mietkutschen gab es in Paris schon vor 1650. Man konnte diese Kutschen tageweise für 10 – 15 livres mieten. Das war unerschwinglich für einfache Bürger. Erst Nicolaus Sauvage hatte 1641 die Idee, die Kutschen stundenweise zu vermieten (36 Sous die erste Stunde, 30 Sous jede weitere Stunde), und mit dieser Idee wurden die Kutschen ein Geschäftserfolg.[19] Aus Paris wird für 1658 von 310 bis 320 Kutschen berichtet. In London gab es 1625 20 Mietwagen, und in Wien wurde 1720 eine „Ordnung für Lohnkutscher" erlassen.

> *Ein französischer Schriftsteller berichtete: "... nichts beleidigt den Fremden, der die Wagen in London, Amsterdam und Brüssel gesehen hat, mehr als die Pariser Fiacres mit ihren halb toten Kleppern ...". In Paris war es also schon üblich geworden, sonst ausgediente Pferde vor die leichten Stadtwagen zu spannen, die doch immer nur kurze Strecken zu laufen hatten. Droschkengaul wurde später allgemein zu einer Art Schimpfwort für Lahmes und Verbrauchtes.*

---

[19] Die französische Mietkutsche „fiacre" erhielt ihren Namen nach St. Fiacrus, einem Mönch aus dem 6. Jahrhundert, dessen Standbild das Haus in der Rue St. Martin schmückte, in welchem der erfolgreiche Vermarkter der französischen Mietkutschen, Nicolaus Sauvage, um 1641 wohnte (dies ist eine Deutung der Herkunft des Namens „Fiaker").

Abb. 1-32: Neuzeitlicher (Touristen-)Fiaker vor dem Stephansdom in Wien

Auch Friedrich Wilhelm I. (Preußenkönig von 1713 bis 1740) versah seine Hauptstadt Berlin – rund 50.000 Einwohner – mit Droschken. Er ordnete 1739 die Aufstellung von 15 Droschken an. Bis 1769 stieg die Droschkenzahl in Berlin auf 36 an, dann fiel die Zahl auf 20 – die heruntergekommenen Wagen und halbverhungerten Pferde stießen Fahrgäste ab – und 1794 verschwanden die Mietdroschken wieder aus Berlin. Erst 1814 erschienen in Berlin nach Warschauer Vorbild neue Droschken – ein Exklusivrecht für den Händler Mortier, welches erst 1837 aufgehoben wurde.

Abb. 1-33:
„Kremser" als Kinderspielzeug

Eine Art Mietwagen für den Ausflugsverkehr gab es in Berlin allerdings schon ab etwa 1799: Torwagen, welche am Stadttor auf Kunden warteten. Diese 10- bis 20-sitzigen Torwagen durften nicht in die Stadt einfahren (Exklusivrecht des Herrn Mortier), sondern sie lasen ihre Kundschaft am Tor auf. Abfahrt war, wenn der Wagen voll war (bzw. überfüllt) – somit waren es keine (Linien-)Omnibusse nach heutigem Verständnis. Es entwickelten sich so reine Ausflugslinien, z. T. anfangs durch Bauern als Nebentätigkeit betrieben, z. T. durch besondere

Unternehmer betreiben (wie *Simon Kremser*, welcher eigene Schmiede, Schlosser, Sattler u. a. m. beschäftigte).[20]

In Berlin verschwanden im 18. Jahrhundert die Mietdroschken wieder; in Paris dagegen blieben die Mietwagen, es konnte sich jeder weiterhin eine Kutsche mieten. Für 1780 wurden 1.600 nummerierte Fiaker genannt. Während der Französischen Revolution sank die Anzahl der Mietkutschen stark.

Zu den ersten öffentlichen Nahverkehrsmitteln zählt auch die Sänfte. In Berlin beispielsweise wurde 1688 ein Sänftendienst eingerichtet: Ein Franzose hatte zur Zeit des Großen Kurfürsten (1640 – 1688) dieses erste öffentliche Verkehrsmittel in Berlin eingeführt: 18 Sänften („porte-chaise").

Abb. 1-34:
Leibsänfte der Kürfürstin Mariea Antonia, Paris 1684/85 (www.arnoldsche.com)

In Leipzig erschienen Sänften 1703, in Frankfurt/Main 1709 und in Köln ab 1716. Die „Verkehrsunternehmen Sänfte" waren unter städtischer Regie eingerichtet worden; damit legten die Städte Tarife, Betriebszeiten und Verhaltensweisen der Träger fest. Für die Sänftenträger in Leipzig hieß es „ ... *die Senften sollen sie wohl und reinlich halten, wie auch den Ort, allwo selbige stehen. Im Tragen einen gleichen, hurtigen und steten Schritt, ohne Schüttern und Anstoßen, wie auch ohne Stille-stehen und Schwatzen gleichen Weges fort ... Der Völlerey in Brandtewein und anderen übrigen Truncks, insgleichen bey dem Tragen als auch auf dem Senftenplatz des Taback-Schmauchens sollen sie sich enthalten ...* "

Mitte des 17. Jahrhunderts nahmen in Paris auch die ersten Omnibusse ihren Betrieb auf. Auf Vorschlag u. a. des Mathematikers und Philosophen Blaise Pascal – er war fünf Monate vor seinem Tod (19.08.1662) Leiter des städtischen Transportwesens geworden – verkehrten auf (später) fünf Strecken in der Hauptstadt ab 18. März 1662 die Fahrzeuge für acht Fahrgäste zu „cinq sous", weshalb die Busse „Carosses à cinq sous" hießen (Konzession in Form einer Patentschrift des Königs vom 7. Februar 1662). Diese Busse auf der Linie Tor St. Antoine – nahe der Bastille – zum Palais de Luxembourg wiesen bereits Merkmale des heutigen Linienverkehrs auf: feste Linienwege, Abfahrt zu bestimmten Zeiten auch unbesetzt, Teilstreckenta-

---

[20] Simon Kremser (1775 – 1851) erhielt 1825 die Erlaubnis, seine als „Omnibus" bezeichneten Wagen am Brandenburger Tor aufzustellen. Seine „Kremser" waren gefedert, bei Regen überdacht, fuhren zu festen Zeiten und seine Fahrer waren angewiesen, höflich und pünktlich zu sein.

rif, Haltestellen. Eine weitere Linie wurde am 22. Mai 1662 eröffnet (vom Montmartre zum Palais de Luxembourg) und eine dritte Linie führte von der Rue St. Antoine zur Rue St. Honoré (damit der König die Busfahrgäste bestaunen konnte).

Abb. 1-35:
Blaise Pascal (1623 – 1662)
(www.stuffintheair.com)

Wohl wegen der hohen Fahrpreise und wegen der Erlaubnis einer Benutzung nur durch Personen „von Rang" war das Unternehmen geschäftlich ein Misserfolg und musste nach zehn Jahren den Betrieb wieder einstellen. Aber der Gedanke an Buslinien blieb: Es existierte ein Ausflugsverkehr zwischen Paris und den Vororten, welcher sehr unbequem war, genannt „pot de chambre" (Nachttopf).

Das alte Verkehrswesen für den Überlandverkehr mit Kutschen, Mietwagen, Postverbindungen sowie die Binnenschifffahrt auf den Kanälen war zu Beginn der Industrialisierung mit der wachsenden Bevölkerungszunahme und dem wachsenden Warenaustausch an die Grenze der Leistungsfähigkeit gekommen: Es mussten neue Verkehrsmittel her.

Abb. 1-36: Berlinencoupe, J. Dinkel, Augsburg um 1837 (Treue, 1986)

1.1 Von der Urzeit bis zum Entstehen der neuzeitlichen Stadt

Der Philosoph *Roger Bacon (1214 – 1294)* beschrieb in seinen Visionen auch einen selbstbewegenden Wagen. Und diese selbstbewegenden Wagen gab es durchaus, z. B. von *Johann Hautzsch* 1649 in Nürnberg vorgestellt (mit der Behauptung, ein Uhrwerk treibe den Wagen an; es werden aber Menschen als Antriebskraft versteckt gewesen sein) oder der Wagen von *Penetto* 1586 mit acht Passagieren und acht antreibenden Personen.

Abb. 1-37: Prunkwagen des Johann Hautzsch in Nürnberg 1649 (Huss & Schenk, 1982)

Und es gab Segelwagen (z. B. am Strand von Scheveningen), welche zur Fortbewegung natürlich auf Wind angewiesen waren.[21]

---

[21] Einer der um 1600 am Strand von Scheveningen eingesetzten Segelwagen besaß eine Hinterradlenkung: Über eine Art Ruderpinne schwenkte der Steuermann die Hinterachse um einen Reibnagel.

Abb. 1-38: Segelwagen von Simon Stevin für den Prinzen Moritz von Oranien am Strand von Scheveningen um 1600 (www.wikipedia.org)

Selbstbewegende Verkehrsmittel erschienen mit der Erfindung bzw. Verbesserung der Dampfmaschine durch James Watt nach 1760 und mit dem Versuch anderer Ingenieure, die Dampfmaschine auch in Wagen einzusetzen.[22]

Abb. 1-39: Dampfwagen von Nicolaus Cugnot 1771 [www.wikipedia.org]

Das erste (?) selbstfahrende Verkehrsmittel („Automobil") der Welt baute Nicolas-Joseph Cugnot (* 1725). Die Jungfernfahrt des ersten von einer Wärmekraftmaschine angetriebenen Kraftfahrzeugs fand im Oktober 1769[23] vor hohen französischen Militärs

---

[22] James Watt war an einem Einsatz seiner Dampfmaschine in Fahrzeugen nicht interessiert.
[23] Die Daten über erste Einsätze von Verkehrsmitteln sind von unterschiedlicher Aussagekraft: Es ist der erste Dauereinsatz gemeint, der erste Laborversuch, der erste verunglückte öffentliche Einsatz u. a. m.

statt. Das Fahrzeug bewegte sich mit etwa 4 km/h; nach einer Viertelstunde blieb das Fahrzeug wegen Dampfmangel stehen und die Maschine musste eine Viertelstunde lang wieder befüllt und aufgeheizt werden. Es folgten weitere Versuchsfahrten. Mit einem zweiten Versuchsfahrzeug wurde eine Mauer gerammt und der Kessel wurde beschädigt. Zwischenzeitlich hatte der Kriegsminister gewechselt und ein ehemaliger Oppositionspolitiker muss schon aus Prinzip an Projekten seiner Vorgänger kein Interesse haben: Cugnots Maschine war uninteressant geworden. Und Cugnot erging es wie (fast) allen echten Erfindern: Er starb 1804 verarmt in Paris (Brüssel?).

Abb. 1-40: Dampfwagen des Richard Trevithick 1802 (Rossberg, o.J.)

Weitere Dampfwagen kamen von *Evans* 1786, dem Watt-Assistenten *Murdock*, von *Symington* 1786 und von *Trevithick* 1801. Das erste motorisierte Taxi war der (Straßen-)Dampfwagen von *Richard Trevithick* 1801. Und weitere Verkehrsmittel entstanden: Auch der erste Dampfzug (1803/1804) ist eine Konstruktion von *Trevithick*. In den USA gelingt 1807 *Robert Fulton* die offizielle Probefahrt mit seinem Dampfschiff.

Im Badischen hat im Jahr 1817 der Forstmeister *Karl Freiherr von Drais* mit seiner Laufmaschine den Vorgänger des Fahrrads – auch ein Nahverkehrsfahrzeug – vorgestellt.

Abb. 1-41:
Laufrad des Freiherrn von Drais

Etwa ab 1825 wurden Dampfomnibusse erfolgreich im Linienverkehr in England eingesetzt. So verkehrte um 1828 ein Dampfomnibus dreimal täglich zwischen den 14 Kilometer voneinander entfernten Städten Gloucester und Cheltenham mit rund 18 km/h Reisegeschwindigkeit. 1831 wurde ein Linienverkehr mit einem Dampfomnibus für 14 Personen zwischen London und Stratford eingerichtet. 1832 fand mit dem von *Dr. William Church* entwickelten Fahrzeug zwischen London und Birmingham ein Pendelverkehr statt mit Dampfomnibussen für 28 Personen im Inneren und 22 Personen auf dem Dach (Spitzengeschwindigkeit 32 km/h). Ein anderer Linienverkehr mit Dampfomnibussen von *Guerney* fand ab 1831 statt zwischen London und dem etwa 120 km entfernten Bath (nach anderen Berichten handelte es sich um eine werblich ausgeschlachtete missglückte Probefahrt).

Abb. 1-42: Dampfwagen zur Verbindung London – Birmingham um 1832 (Rehbein, 1984)

England blieb bis in die zwanziger Jahre des 20. Jahrhunderts der Schwerpunkt der Dampfwagen/Dampfomnibusse. Es waren etwa 10.000 dieser Dampfwagen im Einsatz. Auch in Deutschland wurden ab dem Jahr 1900 Dampfwagen gebaut.

Abb. 1-43: Dampfkutsche von CHURCH etwa 1833 (Frankenberg & Neubauer, o.J.)

Der Dampfomnibusbetrieb hatte aber mit Schwierigkeiten zu kämpfen: Die Konkurrenz der aufkommenden Eisenbahnen war sehr stark, die Dampfmotoren vibrierten stark, da auf den Fahrzeugen das notwendige starke Fundament fehlte, das verbrannte Öl stank, Ruß und Kohlenstaub flogen umher. Außerdem war die Fahrt mit dem Pferdeomnibus viel preiswerter, was nicht zuletzt an hohen Wegeabgaben – auch damals gab es Lobbyistengruppen – auf die Dampfwagen lag. So kostete es für eine Pferdekutsche für eine Wegstrecke 4 Schilling an Abgaben und der Dampfomnibus hatte 48 Schilling für dieselbe Strecke zu zahlen. Und es gab Unfälle (1834 wurden zwischen Glasgow und Parsley fünf Fahrgäste durch eine Kesselexplosion getötet). Diese Unfälle wurden von Lobbyisten für ihre Zwecke ausgenutzt: 1836 wurde vom englischen Parlament der „locomotive act" beschlossen: Sämtlichen mit Dampf betriebenen Fahrzeugen musste ein mit einer roten Fahne ausgestatteter Fahnenschwinger vorausgehen. Die Entwicklung der Dampfomnibusse kam in England daher um das Jahr 1840 fast zum Erliegen.

Als die Dampfwagen nochmals ins Gespräch kamen – noch 1875 starben in Großbritannien bei Unfällen mit Dampfwagen 1.589 Personen – beschloss das englische Parlament 1865, dass die zulässige Höchstgeschwindigkeit von Gefährten ohne Pferde außerhalb von Städten vier Meilen pro Stunde (6,4 km) und innerhalb der Städte zwei Meilen (3,2 km) je Stunde nicht überschreiten darf, dass je Selbstbeweger („Automobil") zwei Personen zum Führen anwesend sein mussten und dass in 60 Yards (etwa 55 m) vor jedem Dampfwagen ein Mann mit roter Flagge und Glocke voranzugehen habe (der „Red Flag Act" mit seinen Beschränkungen über Gewicht und Geschwindigkeit im Straßenverkehr wurde später auf Wagen mit Verbrennungsmotor erweitert und erst 1896 aufgehoben). Das war natürlich das Ende einer Weiterentwicklung der Dampfwagen und evtl. auch der englischen Fahrzeugentwicklung überhaupt (?).

Aber auch auf dem Kontinent wurden Dampfwagen entwickelt – wenn auch nicht in Deutschland. In Frankreich machte *Amadée Bollée (1844-1903)* im Jahr 1873 Furore mit seinem Fahrzeug „L'obéissante" („Die Gehorsame"). Er fuhr mit seinem Fahrzeug 1875 von Le Mans nach

Paris und unternahm auch die erste Fernfahrt mit einem Selbstbeweger (Automobil) von Paris nach Wien.

Abb. 1-44:
„Die Gehorsame" von Bollée
(Aufnahme von 1875)
[www.wikipedia.org]

Das Fahrzeug "L'obéissante" (Die Gehorsame) besaß schon eine vordere Einzelradaufhängung, Lenkung über Kurvenscheiben, Ketten und Lenkgabeln mit Elliptikfedern.

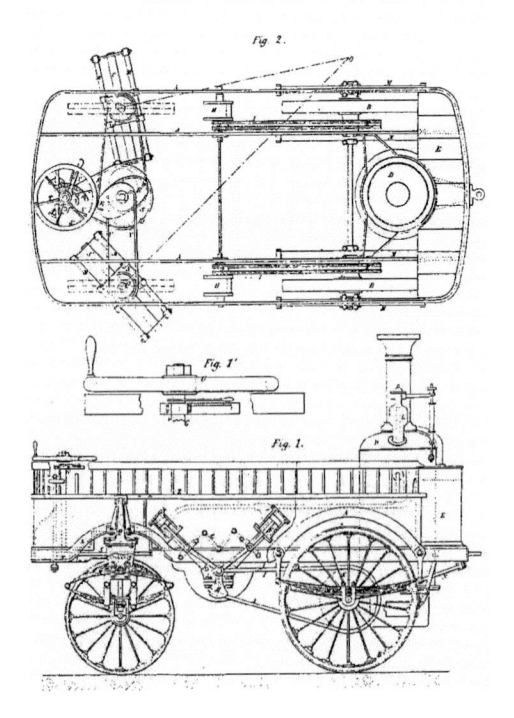

Abb. 1-45:
Gabellenkung beim Dampfwagen
„L'Obéissante" (Eckermann, 1998)

1.1 Von der Urzeit bis zum Entstehen der neuzeitlichen Stadt

Abb. 1-46:
Drehkranzlenkung an einer neuzeitlichen Kutsche

Bei den Wagen (Kutschen) waren etwa ab 1750 Neuerungen an den Achsen und Rädern zu verzeichnen. Die Drehkranzlenkung verdrängte die Drehschemellenkung fast völlig: Das Reibscheit wurde von einem durchgehenden oder geteilten Drehkranz abgelöst – und auf den Reibnagel konnte man verzichten. Eine andere Lenkentwicklung ist die Gabellenkung, heute fast nur noch bei Zweiradfahrzeugen im Einsatz (bei zwei Vorderrädern ist noch eine Lenktrapez oder Ähnliches erforderlich).

Von höherer Bedeutung ist aber die schon 1818 patentierte Achsschenkellenkung:[24] Die Vorderräder eines zweiachsigen Fahrzeugs müssen bei der Kurvenfahrt um verschiedene Winkel eingeschlagen werden, damit sich die Verlängerungen der Radachsen im Kurvenmittelpunkt schneiden.

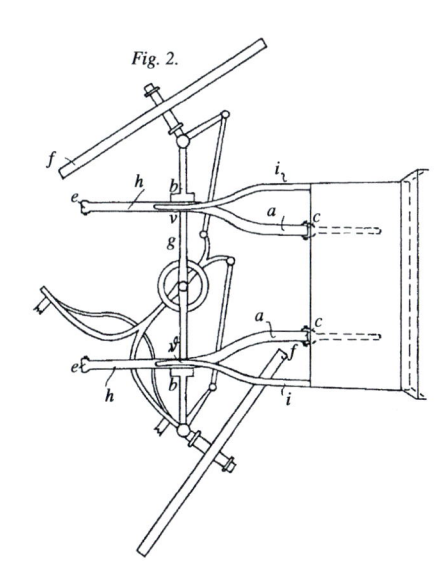

Abb. 1-47:
Achsschenkellenkung (Eckermann, 1998)

---

[24] Der Erfinder der Achsschenkellenkung war Georg Lankensperger, ein Wagner-Wagenhersteller – aus Marktl am Inn (im selben Haus geboren wie der spätere Papst Benedikt XVI.).

Insgesamt hat der Dampfbus Nachteile: Er ist schwer, er besitzt einen geringen Wirkungsgrad und er erfordert eine zweimännige Besatzung. Dennoch hat es Versuche und linienmäßige Einsätze mit Dampfomnibussen bis in die 20er Jahre des 20. Jahrhunderts gegeben.

Während in Großbritannien die Begeisterung für die neuen Verkehrsmittel sehr groß ist, ist man in Kontinentaleuropa zurückhaltender. Aber es wurde über neue Bedienungsformen im Nahverkehr nachgedacht und damit auch über die Wiederbelebung des Einsatzes von Linienomnibussen.

1819 beantragte in Paris ein Herr Godot die Genehmigung, eine (Pferde-)Omnibuslinie einzurichten, aber Godot wartete vergeblich: Es würden durch das Halten auf öffentlichen Straßen zu viele Störungen verursacht, war die ablehnende Begründung.

Hier ist die Frage zu stellen, was ein Omnibus (lat. „für alle") ist. Allgemein ist ein Omnibus „ein Fahrzeug, welches dazu bestimmt ist, eine größere Zahl von Personen, die in der Regel keinen Zusammenhang aufweisen, von einem Ort zum anderen zu befördern". Das gilt allerdings auch für Schiffe, Flugzeuge, Bahnfahrzeuge (daher „Airbus" und „Schienenbus"). Genauer definiert ist ein Omnibus ein Straßenfahrzeug zur Beförderung von acht oder mehr Personen.

„omnibus omnia" könnte übersetzt werden mit „alles für alle" – so auch die Inschrift an der von 1845 bis 1847 erbauten Ladengalerie St. Hubert in Brüssel (was sich wohl auf die angebotenen Waren bezog). „Omnibus" („für alle") ist heute ein „(Kraft-)Wagen für alle".

Abb. 1-48:
Inschrift an der Galerie St. Hubert in Brüssel (Baujahr 1847)

Abb. 1-49:
Inneres eines 1904 in Berlin für den chinesischen Hof gebauten Fahrzeugs (für eine Person, daher kein Omnibus) (ohne Quellenangabe)

Linien-)Omnibusse wurden in Europa erst wieder 1826 in Betrieb genommen in Nantes nahe der Loiremündung. 1827 gab es erste (Pferde-)Busse in Bordeaux und 1828 (erste Fahrt 30.01.1828) eröffnete der in Nantes erfolgreiche Unternehmer *Stanislas Baudry* zusammen mit anderen Unternehmern in Paris das Busunternehmen „Entreprise Générale des voitures dites omnibus".

> *Es geht die Geschichte, dass der Mühlenbesitzer Baudry am Stadtrand von Nantes zur Nutzung des Kondenswassers ein Bad errichtete. Da der Besuch zu wünschen übrig ließ, richtete er einen Zubringerdienst ein. Auch jetzt war der Besuch des Bades schlecht, aber die Busse waren dennoch voll: Der Mühlenbesitzer erkannte das Verkehrsbedürfnis und konzentrierte sich auf die Personenbeförderung.*

Abb. 1-50: Pariser Omnibus 1828 (Tarr, 1970)

Der Fahrpreis in Paris betrug sechs Groschen, und die Nachfrage ließ zu wünschen übrig. Einer der Unternehmer erstreckte die Gültigkeit der Fahrkarte auf die Anschlusslinien, und mit der Einführung der ersten Umsteigekarte im Öffentlichen Personennahverkehr stellte sich auch der wirtschaftliche Erfolg in diesem Unternehmen ein; die anderen Unternehmer folgten dem Beispiel.

Abb. 1-51: Modell des Shillibeer-Omnibusses
(http://www.ssplprints.com/lowres/43/main/13/92015.jpg)

Der englische Stellmacher *George Shillibeer* hatte für den Omnibusverkehr in Paris zwei Omnibuswagen gebaut. Ihm kam die erfolgreiche Idee, auch in London einen Omnibusverkehr einzurichten: Im Juli 1829 eröffnete der Betrieb auf der Strecke Paddington Green – The Bank. Seine Wagen konnten 18 Fahrgäste befördern. 1840 gab es in London schon 1.300 Wagen mit je 40 Sitzen. Diese Omnibusse wogen leer 1 – 2 t und fuhren 5,4 bis 6 Kilometer je Stunde. Die Fahrt in den eisenbereiften Fahrzeugen auf holprigen Pflasterstraßen war aber unangenehm; zudem verhinderte das schwere Wagengewicht und die Reibung Eisenrad-Straßenpflaster eine hohe Geschwindigkeit.

Auch in Deutschland wurde die Idee der Linienomnibusse umgesetzt: So wurden in Berlin beispielsweise neben den Linien in die Vororte, welche von Pferdefuhrwerken befahren wurden, die erst dann losfuhren, wenn das Fahrzeug voller Fahrgäste war, auch öffentlich zugängliche Fuhrwerke mit festem Fahrplan eingesetzt: 1839 rollte der erste innerstädtische (Linien-) Omnibus in Deutschland vom gerade erbauten Potsdamer Bahnhof in Berlin zum Alexanderplatz.[25] 1846 erhielt die „Conzessionierte Berliner Omnibus-Compagnie" die Genehmigung für den Betrieb von fünf Omnibuslinien. Damals hatte Berlin 390.000 Einwohner.

1847 wurden in Berlin die Dachsitzplätze eingeführt; 1868 wurde die Allgemeine Berliner Omnibus-Aktiengesellschaft gegründet, welche am 1. Juli ihren Betrieb aufnahm mit 257 Omnibussen und 1.089 Pferden. 1895 wurden in Berlin die Nachtomnibusse eingeführt, 1898 fuhr der erste Batteriebus in Berlin und 1905 nahm die Allgemeine Berliner Omnibus-Aktiengesellschaft den Kraftwagenverkehr auf.

---

[25] Am 29. Oktober 1838 fuhr die erste Eisenbahn in Preußen von Berlin nach Potsdam. In den Folgejahren errichteten verschiedene Eisenbahngesellschaften in Berlin ihre eigenen Kopfbahnhöfe, welche verbunden werden mussten. Das bedeutete für die Droschken und die Omnibusse ein erhöhtes Verkehrsaufkommen.

1.1 Von der Urzeit bis zum Entstehen der neuzeitlichen Stadt

Abb. 1-52: Berliner Pferdeomnibus
(http://upload.wikimedia.org/wikipedia/commons/a/a8/Bundesarchiv_Bild_146-1973-030C-18%2C_Pferdeomnibus%2C_Berlin.jpg)

In Hamburg wurde die Stadt Hamburg mit der (damals dänischen) Stadt Altona auf Antrag eines Herrn *Basson* ab 1. November 1839 mit dem Pferdebus im 15-Minuten-Takt verbunden. 1840 zählte man dort 24.000 Fahrten, 1859 waren es 136.000 Fahrten.[26]

In Dresden wurde der Pferdomnibusbetrieb 1838 eröffnet, in Hannover 1852, in München 1854 und in Leipzig 1860.

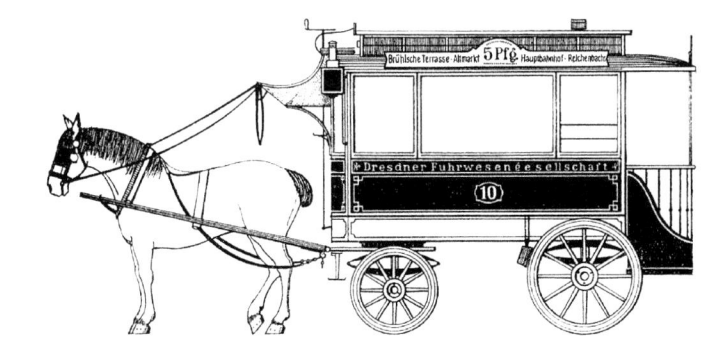

Abb. 1-53: Einspänniger Pferdeomnibus (Rehbein, Einbaum – Dampflok – Düsenklipper, 1969)

---

[26] Die erste Hamburger Pferde-Omnibuslinie führte von Altona-Palmaille über Nobistor und Millerntor zum Schweinemarkt (heute Elektrohandel „Saturn" am Hauptbahnhof). Der Betrieb wurde zunächst mit vier gebrauchten Wagen aus England durchgeführt.

1.2 Die Verstädterung des 19. Jahrhunderts

Millionenstädte gab es (fast) immer schon. Wegen der von den Einwohnern fußläufig zu bewältigenden Entfernungen war ein Kennzeichen dieser Städte eine unvorstellbar hohe Bevölkerungsdichte: 1,1 Millionen Einwohner im alten Rom auf etwa 12,5 Quadratkilometer bedeuteten rund 90.000 Personen je km^2 – es gab auch Flächen ohne Wohnbebauung. An der Schwelle zur Neuzeit näherten sich Paris und London der Bevölkerungszahl des antiken Roms. Auch die Wohnverhältnisse waren so unerträglich wie in der Antike. Die Verstädterung (deutliche Zunahme der städtischen Wohnbevölkerung durch Zuwanderung und Bevölkerungswachstum) trat in Europa zuerst in Paris und London auf und führte dort zum ersten Einsatz der neuen Verkehrsmittel.

Tab. 1-1: Einwohnerentwicklung in ausgewählten Städten (in 1.000 EW)

Jahr	1600	1700	1800	1850	1900
London	250	600	959	2.362	4.573
Paris	300	500	547	1.053	1.714
New York			79	696	3.437
Berlin		50	172	419	1.899

Die Verstädterung zeigte sich in Ansätzen schon in der vorindustriellen Zeit und begann um 1800 europaweit. Verschiedene Sachverhalte sowohl auf dem Land wie auch in den Städten beeinflussten sich gegenseitig und waren Ursachen/Folgen der Verstädterung:

- die Agrarreformen (u. a. Auflösung persönlicher Abhängigkeiten) setzten Kräfte frei, das führte zu einer Überschussproduktion (es konnten viel mehr Menschen ernährt werden)
- die Gewerbefreiheit[27] führte zu erhöhter Produktion
- die soziale Kontrolle war in den Städten nicht vorhanden
- die Bevölkerung stieg stark an
- in den Städten waren die Aufstiegschancen besser
- die Industrialisierung verlangte in Form von Anlageinvestitionen eine Konzentration des Kapitals an einem Ort
- neue Verkehrsmittel sorgten durch die Anbindung des Hinterlandes an die Städte für das ausreichende Einzugsgebiet für die notwendigen Arbeitskräfte sowie für eine Erweiterung der Absatzgebiete der Produkte.

Die Frage, ob die Verstädterung die neuen Verkehrsmittel voraussetzte oder die Verstädterung die neuen Verkehrsmittel erst ermöglichte, ist nicht einfach zu beantworten. Auf jeden Fall profitierten Verkehrsmittel und Verstädterung voneinander. Und zwar die Verkehrsmittel nach außen wie auch im Stadtinneren: Die Bewohner der eng besiedelten Kernstadt – diese war oft noch durch eine Stadtmauer am Wachstum gehindert – siedelten entlang der Vorortbahnen bzw. entlang der Überlandlinien; dadurch wurde die Wohndichte aufgelockert, und wegen der neuen Verkehrsmittel konnten in derselben Reisezeit größere Entfernungen zurückgelegt werden. Arbeiten und Wohnen konnte getrennt werden. Das ist der Anfang des Berufsverkehrs.

---

[27] Die Gewerbefreiheit ist die Berechtigung zur Ausübung eines Gewerbes ohne besondere Genehmigung – abgesehen von Fachkundeprüfung oder Gesundheitskontrolle und Ähnlichem – an jedem beliebigen Ort (in Frankreich ab 1789, in Deutschland durch die Gewerbeordnung von 1869 eingeführt).

Weiterhin führte die – in Deutschland verstärkt nach 1850 einsetzende – Industrialisierung zur Konzentration der Produktionskräfte. Schwerpunkte der Industrialisierung sind zunächst Kohle- und Stahlreviere. Mit der Landflucht („Stadtluft macht frei") setzt ein starkes Wachstum der Städte ein. Durch die Ausweitung der Produktionsstätten wird Arbeiten und Wohnen im selben Hause nicht mehr möglich. Das ist der Anfang des Berufsverkehrs.

Tab. 1.2: Bevölkerungsverteilung im Deutschen Reich

	1871	1910
Gemeinden < 2.000 Einwohner	64 %	40 %
Landstädte 2.000 bis 5.000 Einwohner	12 %	11 %
Kleinstädte 5.000 bis 20.000 Einwohner	11 %	14 %
Mittelstädte 20.000 bis 100.000 Einwohner	8 %	13 %
Großstädte > 100.000 Einwohner	5 %	22%
Bevölkerung (Einwohner)	41 Mio. (100 %)	65 Mio. (100 %)

1.3 Die ersten Nahverkehrsbahnen

Nach der bedeutenden Verbesserung der Dampfmaschine durch James Watt im Jahre 1776 wurden mehrere Versuche zum Einsatz der Dampfmaschine in einem Fahrzeug gemacht. Der erste Dampfwagen auf Schienen wurde 1803/1804 eingesetzt (in Südwales). Es war eine Schöpfung von Richard Trevithick, welcher Weihnachten 1801 schon mit einer Dampfkutsche durch die Straßen von Camborne in Cornwall fuhr. Aber das Interesse der Menschen an der neuen Technik bzw. überhaupt an der Technik war noch gering.

Abb. 1-54: Nachbildung der Trevithick-Lokomotive aus 1804 (Rossberg, o.J.)

Der erste offizielle (Dampf-)Zug mit einem Personenwagen transportierte die ersten Fahrgäste im Dezember 1825 zwischen Stockton und Darlington im Nordosten Englands. Am 7. Dezember 1835 wurde die erste öffentliche (Dampf-)Eisenbahnstrecke in Deutschland eröffnet.

Auch in Deutschland dehnten sich die Ballungsgebiete aus. Die Einwohnerzahlen der städtischen Agglomerationen nahmen stark zu, die Bevölkerungsdichte der Ballungszentren nahm mit dem Aufkommen von leistungsfähigen Nahverkehrsmitteln ab: Die Bereitschaft, in die Vororte zu ziehen, wuchs mit der Schaffung schneller und preiswerter Verkehrsverbindungen.

Die ersten von jedermann nutzbaren Verkehrsverbindungen für die täglichen Wege der Stadtbewohner waren neben den teuren Pferdedroschken die (Pferde-)Omnibuslinien. So wurden Omnibuslinien 1838 in Dresden, 1839 in Berlin (dort gab es wegen der vielen Nachtschwärmer schon vor 1900 Nachtbuslinien), 1852 in Hannover und 1861 in München in Betrieb genommen (nach oft kurzlebigen Versuchen vorher, z. B. in Hamburg 1824).

Die Behörden ließen sich bei der Zulassung von Omnibusunternehmen zusichern, dass der Unternehmer sich sämtlichen Anordnungen der Polizeibehörde fügen wird. So legte die Polizeibehörde in Hamburg 1839 den Fahrweg fest, sie gab die maximale Haltedauer an den Haltestellen vor und bestimmte, dass sich der Omnibus stets auf der rechten Seite der Straße zu halten habe und nicht schneller als im mäßigen Trab zu fahren habe.

Da ein erfolgreicher Linienverkehr zur Nachahmung anregte, kam es oft zur Gründung weiterer Gesellschaften mit einem Linienverkehr zwischen denselben Quellen und Zielen, sodass die Gesellschaften regelrecht um die Fahrgäste kämpften. Schließlich musste vielfach die Polizei auf die Abstimmung der Fahrpläne achten.[28]

Eine Folge der auch oft gleichen Liniennummern der unterschiedlichen Unternehmen mit meist gleichem Erscheinungsbild war eine Verwechslung der Busse der Unternehmen: Die Fahrgäste erreichten falsche Orte. Die Behörden sorgten schließlich für eine durchgängige Nummerierung der Omnibusse.

Um den Fahrkomfort der Pferdeomnibuslinien auf den meist ungepflasterten holprigen Straßen zu verbessern und die Geschwindigkeit zu erhöhen, ließ man die Pferdeomnibusse des Personennahverkehrs auf Schienen laufen. Mit der dadurch möglichen Geschwindigkeitserhöhung konnte auch wieder ein Sprung in der Ausdehnung der Großstädte gemacht werden. Die erste Pferdestraßenbahn wurde 1832 in New York in Betrieb genommen.[29]

---

[28] Auf dem Gebiet der späteren Stadt Wuppertal (aus zwei Städten 1929 entstanden) gab es zur Entstehungszeit der Straßenbahnen sieben Bahngesellschaften: Straßenbahn Barmen-Elberfeld (ab 1876 als Pferdebahn), Barmer Straßenbahn, Barmen-Schwelm-Milsper Straßenbahn, Barmer Bergbahn, Bergische Kleinbahnen, Bahnen der Stadt Elberfeld, Schwebebahngesellschaft Barmen-Elberfeld (ab 1901).

[29] Die Abnahme der Straßenbahnstrecke in New York erfolgte am 18.11.1832, die Betriebsaufnahme war am 26.11.1832. Die Strecke lag auf der 4. Avenue zwischen Prince-Street und 14th Street. Erster Sekretär und späterer Vorsitzender des Eigentümers „New York and Harlem Railway" war der Bankier John Mason; ihm zu Ehren wurde der erste Wagen „John Mason" benannt.

1.3 Die ersten Nahverkehrsbahnen

Abb. 1-55: Pferdebahnwagen „John Mason" in New York 1832 (Hendlmeier, 1968)

Die erste europäische Straßenbahn wurde 1854 für Paris konzessioniert. Es handelte sich aber um eine Pferdeomnibuslinie, welche nur auf einer Teilstrecke auf Schienen fuhr.

Die zweite europäische (Pferde-)Straßenbahn nahm am 30. August 1860 in England in Birkenhead ihren Betrieb auf. Ab 1861 fuhren auch in London drei Pferdebahnlinien, welche allerdings bis zum 21. Juni 1862 ihren Betrieb wieder eingestellt hatten. Eine ständige Pferdebahn hatte London erst ab 1870.

Abb. 1-56: Die erste (Pferde-)Straßenbahn in London (Rauers, 1962)

Am 22. Juni 1865 wurde die erste deutsche (Pferde-)Straßenbahn mit 6,3 km Länge zwischen Charlottenburg, Spandauer Straße (heute Spandauer Damm) und Brandenburger Tor in Berlin eröffnet. Vom Gesuch bis zur Bewilligung im März 1865 hatte es nur ein Jahr gedauert. Im

Jahr 1876 gab es für die eine Million Berliner Einwohner 373 Pferdeomnibusse und Pferdestraßenbahnwagen.

Abb. 1-57: Pferdeschienenbahn von Berlin nach Charlottenburg um 1870 (Döbler)

Hamburg folgte mit der sechs Kilometer langen Strecke Hamburg-Rathaus – Wandsbek im August 1866 – vom Gesuch bis zur Bewilligung dauerte es dort fünf Jahre: Von 7 Uhr morgens bis nach 23 Uhr fuhr alle 12 Minuten ein Wagen; es waren 16 Fahrzeuge und 126 Pferde im Einsatz; 1867 wurde die Bahn Hamburg – Barmbek eröffnet.

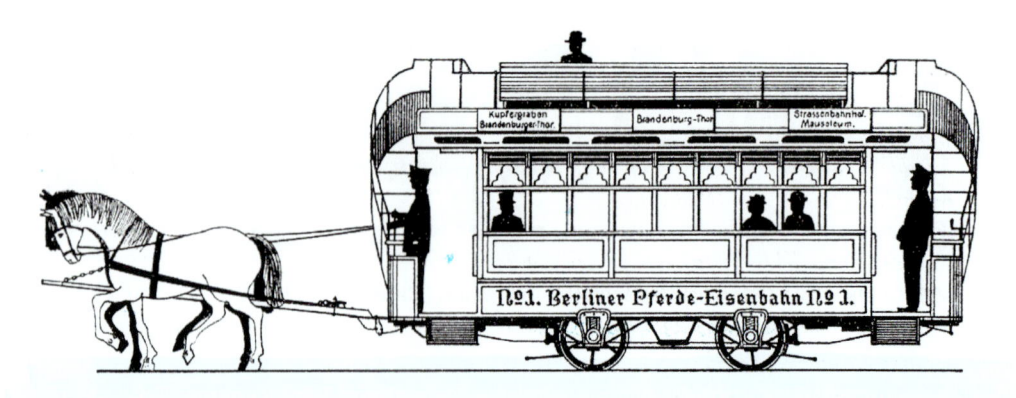

Abb. 1-58: Berliner Pferdebahn (Rehbein, Einbaum – Dampflok – Düsenklipper, 1969)

1.3 Die ersten Nahverkehrsbahnen

Der dritte deutsche Straßenbahnbetrieb nahm 1868 in Stuttgart seine Arbeit auf. Es folgten Stuttgart, Leipzig, Frankfurt/Main, Hannover, Dresden, Danzig.

Die ersten deutschen Straßenbahnen hießen meistens „Pferde-Eisenbahn"; in Süddeutschland und in Städten mit ausländischen Straßenbahnunternehmern hießen die Straßenbahnunternehmen meist „Tramway" oder „Trambahn" (in Köln beispielsweise schlossen sich 1882 zwei Unternehmen zur „Société anonyme de Tramways de Cologne" zusammen). So betrieb bis 1882 in Hannover den Straßenbahnbetrieb „The Tramway's Company of Germany Limited, London". Der Name „Straßenbahn" kam erst um 1880 auf.

> Die ersten Straßenbahnen wurden als mit Pferden betriebene Eisenbahnen betrachtet, auch wenn sie überwiegend dem lokalen Verkehr dienten. Daher wäre die Ludwigs-Eisenbahn, welche am 7. Dezember 1835 zwischen Nürnberg und Fürth den Betrieb aufnahm, als die erste deutsche (Pferde-)Straßenbahn anzusehen, denn sie diente zum einen bis zur Stilllegung am 1. November 1922 nur dem Verkehr zwischen Nürnberg und Fürth – die Strecke war nie mit dem deutschen Eisenbahnnetz verbunden – und zum anderen waren außerhalb der Hauptverkehrszeit auf der sechs Kilometer langen Strecke Pferdezüge im Einsatz (insgesamt fuhren je Richtung täglich acht Pferdezüge und drei Dampfzüge). Die Genehmigung war der Bahn allerdings als Eisenbahn erteilt worden – eine andere (Personen-)Bahn gab es damals in Deutschland auch nicht.

Mit dem Aufkommen der (Pferde-)Straßenbahnen mit dem vier- bis fünffachen Gewicht der alten Pferdewagen änderten sich auch die Straßen: Die Schienengleise wurden in die Straßen eingebettet (wie oft auch die ersten Eisenbahngleise). Mit diesem Vorgehen hing eine Reihe von wirtschaftlichen und rechtlichen Fragen zusammen, welche gelöst werden mussten, z. B. wer wie zur Unterhaltung der Straßen beizutragen hat und wie hoch die durch die Straßenbahn entstehenden Mehrkosten seien. Es entstand die gesetzliche Regelung der „Lokalbahnen"/"Kleinbahnen".

> Die erste gesetzliche Regelung für Eisenbahnen in Deutschland wurde in Preußen 1838 verabschiedet[30] – der Staat wollte zwar Einfluss auf die Bahnen haben, sie aber von privaten Unternehmen bauen lassen. Nachdem die (gewinnträchtigen) Hauptstrecken der Eisenbahn gebaut waren, fanden sich für die auch erforderlichen aber wohl defizitären Bahnen „auf dem flachen Lande" – es gab noch keine Kraftfahrzeuge – keine Unternehmen. Der preußische Staat verzichtete daher bei diesen nachrangigen Bahnen auf die strengen Anforderungen des Eisenbahngesetzes hinsichtlich Steigungen, Trassierung, Sicherungstechnik und er erließ das „Gesetz über Kleinbahnen und Privatanschlussbahnen" (28. Juli 1892). Kleinbahnen waren solche Bahnen, „welche hauptsächlich den örtlichen Verkehr innerhalb eines Gemeindebezirks oder benachbarter Gemeindebezirke vermitteln sowie Bahnen, welche nicht mit Lokomotiven betrieben werden". Es wurde bei jedem Bahnneubau entschieden, ob die neue Strecke dem Eisenbahngesetz von 1838 unterlag oder dem Kleinbahngesetz von 1892 und auch, ob die nach dem Kleinbahngesetz genehmigte Bahn als Straßenbahn oder als „nebenbahnähnliche Kleinbahn" zu genehmigen war (so eine später erschienene Ausführungsanweisung zum Kleinbahngesetz). In der Folge wurden eindeutig als Straßenbahn im öffentlichen Straßenraum erkennbare Bahnen als Kleinbahnen – heutiger Sprachge-

---

[30] Das Königreich Preußen war der bedeutendste Staat in Deutschland und setzte daher Maßstäbe in der Gesetzgebung. Wegen des großen preußischen Staatsgebietes lagen die meisten deutschen Straßenbahnstrecken in Preußen; auch von daher waren die preußischen Vorschriften für Straßenbahnen bestimmend in Deutschland.

brauch: Nebenbahnen – genehmigt, andererseits waren Eisenbahnstrecken auf besonderem Bahnkörper – heute echte Nebenbahnen – auch als Kleinbahnen genehmigt. Durch diese Anweisung von 1898 waren für Kleinbahnen und Straßenbahnen gegenüber der Eisenbahn vereinfachte Betriebsvorschriften und Genehmigungen vorgesehen. Mit der Folge, dass verstärkt Kleinbahnen und Straßenbahnen genehmigt wurden (um das Jahr 1900 existierten 150 Straßenbahnbetriebe in Deutschland). Bis zum Beginn des Ersten Weltkrieges 1914 waren in Deutschland über 300 Kleinbahnstrecken mit einer Länge von über 10.000 km fertiggestellt worden. Eine reichseinheitliche Gesetzgebung zu den Straßenbahnen gab es erst ab 1934.

Abb. 1-59: Pferdebahn in Köln 1878 (Lindemann, 2002)

Der Pferdebahnbetrieb war unzulänglich und sehr aufwendig: Die Pferde mussten alle zwei bis drei Stunden ausgewechselt werden, das bedeutete eine Zahl von sechs bis sieben Pferde je Wagen – Berlin besaß schließlich für seinen Straßenbahnbetrieb 7.000 Pferde – und es war umfangreiches Personal bereitzustellen (bei der „Aachener und Burtscheider Pferde-Eisenbahn-Gesellschaft" waren für 11 km Strecke 159 Pferde im Einsatz, welche von mehr als 60 Prozent der 133 Personen der Belegschaft versorgt wurden) und es waren ausgedehnte Stallungen bereitzuhalten. Die Gesellschaften mussten die Straßen ständig vom Pferdemist reinigen. Die Pferde waren nach fünf bis sechs Jahren dienstuntauglich und mussten mit Verlust verkauft werden. Ein weiterer Nachteil des Pferdebetriebes war die geringe Steigungsfähigkeit: Bei einspännigem Betrieb ging man von maximal 5 % aus (bei zweispännigem Betrieb von maximal 7 %).

Die Straßenbahngesellschaften suchten nach anderen Lösungen, nach anderen Antrieben, welche kurzzeitig oder auch länger im Einsatz waren. So fuhren Dampfstraßenbahnen ab 1877 in Kassel (bis 1899), in Bonn von 1892 bis 1911, von 1881 – 1900 in Karlsruhe und 1882 – 1897 in Duisburg. Auch in anderen Orten waren Dampfstraßenbahnen unterwegs. In den überwiegenden Fällen kam die Dampfstraßenbahn aber über einen Versuchsbetrieb nicht hinaus: Während des Versuchsbetriebes kam es zu Zusammenstößen zwischen dem Dampfzug und Pferdefuhrwerken, da die Pferde vor den auf derselben Straße verkehrenden Maschinen scheuten. Die letzte Dampfstraßenbahnlinie in Deutschland eröffnete 1906 in Altötting; der letzte Einsatz einer Dampfstraßenbahn im Linieneinsatz in Deutschland endete in Eltville am Taunus 1933.

Abb. 1-60: Dampfstraßenbahn in München (um 1890?) (Hendlmeier, 1968)

Da die Rauchbildung in der Innenstadt lästig war, gab es die Idee einer Kabelstraßenbahn – eine ortsfeste Dampfmaschine bewegt ein in der Straße verlegtes Endlosseil, an welches die Wagen angeklemmt werden – in San Francisco läuft die Kabelstraßenbahn seit 1873 erfolgreich (wohl auch wegen der fehlenden Kurven, welche per Kabel schlecht zu bewältigen wären). In Deutschland setzte sich diese Idee nicht durch, da man sich zum Anlegen eines Schlitzes für das Kabel in den gut gepflasterten Straßen nicht entschließen konnte und im Gegensatz zu den geradlinig angelegten Straßen der USA in Deutschland auch Kurven und Kreuzungen bewältigt werden mussten.

Es gab die feuerlose Natron-Lokomotive bei den Straßenbahnen – die chemische Reaktion von Wasserdampf und Natron setzt Wärme frei und heizt den Kessel – und es gab die Lokomotive, deren Kessel an festen Stationen mit Wasserdampf beladen wurde. Die Natron-Lokomotive kam auch nicht über Versuchsfahrten hinaus, da die damaligen Werkstoffe der Natronlauge nicht gewachsen waren. Und der „feuerlosen" Lokomotive ging öfter unterwegs der Dampf aus, sodass auch diese Technik dauerhaft nicht eingesetzt wurde.

Pressluftstraßenbahnen wurden eingesetzt – hier bestand der Nachteil, dass wegen der großen Druckluftbehälter die Nutzlast zu gering war – und es gab auch von einem Gasmotor angetriebene Straßenbahnen, z. B. 1894 bis 1901 in Dessau.

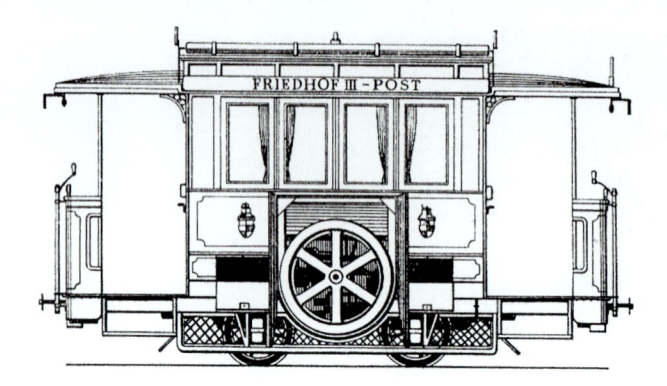

Abb. 1-61: Gasmotorstraßenbahnwagen in Dessau (Rehbein, Einbaum – Dampflok – Düsenklipper, 1969)

Im Jahre 1884[31] schrieb ein Chronist:

„Bereits im Jahre 1879 zeigte der berühmte Elektrotechniker Werner Siemens das Modell einer kleinen elektrischen Eisenbahn auf dem Terrain der Berliner Gewerbeausstellung. Dieselbe wurde von dem Publikum vielfach benutzt und angestaunt, aber die Anwendung auf größeren Strecken immer noch bezweifelt. Am 12. Juli 1881 eröffnete der geniale Erfinder die erste elektrische Probeeisenbahn der Welt bei Lichterfelde. Etwa 0,5 Kilometer vom Ausgangspunkt entfernt steht in einem bereits vorhandenen Gebäude eine dynamoelektrische Maschine, welche, durch Dampfkraft in schnelle Umdrehungen versetzt, den elektrischen Strom erzeugt, der mittels unterirdischer Leitungsdrähte den Schienen zugeführt wird und durch diese wiederum durch Vermittlung der Wagenräder zu der unter dem Fußgestell des Wagens befindlichen elektrischen Maschine gelangt, welche, durch den elektrischen Strom gedreht, ihrerseits die Räder, und zwar durch eine Anzahl von stählernen Spiralschnüren in Bewegung setzt."

---

[31] Schon 1874 wurde in den USA eine elektrische Straßenbahn mit Stromzufuhr von außen erprobt – Werner Siemens hatte 1866 das dynamoelektrische Prinzip entdeckt – und 1880 wurde darauf in den USA ein entsprechendes Patent erteilt.

Abb. 1-62: Die erste elektrische Lokomotive der Welt auf der Berliner Gewerbeausstellung 1879 (http://www.deutsches-museum.de/uploads/pics/siemenslok1.jpg)

Abb. 1-63: Die erste elektrische Straßenbahn 1881 in Berlin-Lichterfelde[32]
(http://www.siemens.com/press/pool/de/pp_cc/2007/10_oct/sc_upload_file_sosep 200729_10_1881_strassenbahn_300dpi_1465392.jpg)

---

[32] Die Firma Siemens & Halske baute und betrieb die etwa 2,5 Kilometer lange Strecke bei Berlin-Lichterfelde (Wagen für 25 Personen, 40 km/h) auf eigene Kosten – ebenso übrigens wie eine der ersten elektrifizierten Eisenbahnstrecken bei Dessau um 1920 – da die Firma von der Idee überzeugt war und vor allem das Problem der Stromzuführung lösen wollte. Vielleicht sollte man diese Lösung auch den Machern des Transrapid empfehlen …

Die jetzt mögliche Elektrifizierung der Pferdestraßenbahnen führte nicht nur zur Einsparung von Betriebskosten und zur Möglichkeit, größere Steigungen zu befahren – mit einem Pferd bis zu 5 Prozent, die (elektrische) Straßenbahn in Remscheid überwand 1893 eine Steigung von 10,6 % – sondern die elektrische Straßenbahn verringerte auch den Lärm und den Abfall. Eine Elektrifizierung der Bahn war daher eine rentable Angelegenheit. Und so wurden vornehmlich im letzten Jahrzehnt des 19. Jahrhunderts die Pferdestraßenbahnen und auch Dampfstraßenbahnen in elektrische Bahnen umgewandelt (Aachen 1895, Barmen-Elberfeld 1896, Berlin 1895, Bremen 1891, Leipzig 1896, Stettin 1897, Köln ab 1901).

Bei der ersten elektrischen Straßenbahn wurde der Strom durch die Fahrschienen hin- und zurückgeleitet. Diese Art der Stromzuführung war unzureichend (und gefährlich). Eine erfolgreiche Neuerung von 1889 aus den USA, die Stromabnehmerrolle, welche gegen den Fahrdraht gedrückt wird – Stromrückführung über die Fahrschienen – setzte erstmals dauerhaft die Straßenbahn in Halle 1891 ein (der erste Einsatz der Stromabnehmerrolle fand 1890 für die Dauer einer Ausstellung in Bremen statt). Weitere Verbesserungen in der Stromzuführung kamen mit der Anwendung des Bügelstromabnehmers – von Siemens in Lyraform um 1895 erprobt – und des in Deutschland von Siemens um 1900 entwickelten Scherenstromabnehmers. Ab 1962 kam in Deutschland der Einholmstromabnehmer zum Einsatz.

Sammlung Berliner Verkehrsseiten

Abb. 1-64: Rollenstromabnehmer um 1935 als Stangenstromabnehmer eines Obusses

Alle in Deutschland in Betrieb genommenen (Pferde-)Straßenbahnlinien waren in Normalspur ausgeführt (1435 mm). Erst 1879 wurden in Rappoltsweiler im Elsaß mit 1000 mm und in Braunschweig mit 1100 mm abweichende Spurweiten verlegt. Die später fast nur noch in Meterspur neu gebauten Straßenbahnen konnten oft nur aufgrund der geringen Spurweite in den engen Straßen der Mittelstädte und kleineren Großstädte verlegt werden.

1.3 Die ersten Nahverkehrsbahnen

Abb. 1-65: Die erste elektrische Straßenbahn in Köln (Lindemann, 2002)

Bemerkenswert sind die langen Stromabnehmer: Unter den Fahrleitungen mussten die Festwagen des Kölner Rosenmontagszuges hindurchfahren können.

Abb. 1-66: Straßenbahnen in Bratislava, Slowakei im Jahre 2001 mit Scherenstromabnehmer (links) und Einarmstromabnehmer/Einholm-Stromabnehmer (rechts)

Bei der Elektrifizierung wurden die vorhandenen Pferdestraßenbahnen auch vielfach von der Normalspur (1435 mm) auf die Meterspur umgestellt. Neben der besseren Einpassung in die enge Bebauung waren weitere Gründe für die Einführung der Meterspur

- geringere Anlagekosten (80 bis 90 % der Anlagekosten einer Normalspurstrecke, damit konnten sich auch Kleinstädte manchmal eine Straßenbahn leisten)
- Anlage von zweigleisigen Strecken in vorher nur für eingleisigen Ausbau geeigneten Straßen
- Angst der Eisenbahnverwaltungen vor der Übernahme des Güterverkehrs von den normalspurigen Eisenbahnstrecken auf die ebenfalls normalspurigen Straßenbahnen beim Weitertransport zu den Fabriken in den Städten und damit Marktzugang für normalspurige Straßenbahnen.

Die Elektrifizierung der Straßenbahnen war in Deutschland im Wesentlichen im Jahr 1907 beendet.

1.4 Der Übergang der Verkehrsunternehmen in kommunale Trägerschaft

Die ersten öffentlichen Nahverkehrsunternehmen in den deutschen Städten wurden von Privatpersonen initiiert und von privaten Gesellschaften betrieben. Das waren die Droschkenbesitzer und die Besitzer der Pferdeomnibusse, welche den Betrieb mit wenig Kapitaleinsatz aufnehmen konnten. Hier waren vorwiegend deutsche Kapitalgeber tätig. Wegen der hohen Investitionskosten war an den ersten deutschen (Pferde-)Straßenbahnen vielfach ausländisches Kapital beteiligt, vorwiegend aus Belgien oder England. Die großen belgischen Gesellschaften („Compagnie générale de chemin de fer économiques" und „Compagnie générale de chemin de fer secondaires") unterhielten vorwiegend im Rheinland und in Westfalen Pferdebahnen, z. B. („Société anonyme de tramways de Cologne") in Köln. Belgisches Geld war auch in Frankfurt/Main, Barmen, Elberfeld, München, Düsseldorf und Mannheim beteiligt (in Mannheim hieß das Unternehmen „Société anonyme des tramways de Mannheim et Ludwigshafen"). Englische Finanziers, vor allem „Tramways Company of Germany Ltd." besaßen Bahnen in Dresden, Hannover, Leipzig, Magdeburg, Braunschweig und Hamburg.

Die Privatgesellschaften waren in erster Linie bestrebt, mit ihren Bahnen wie mit ihren Omnibuslinien Gewinn zu erzielen und suchten somit gewinnträchtige Strecken zu betreiben. Gesichtspunkte der Stadtentwicklung oder der Sozialpolitik waren bei der Streckenauswahl und der Tarifgestaltung auch für die Kommunen völlig unwesentlich. Die Behörden standen einem Betrieb der Bahnen in eigener Verantwortung abwartend gegenüber, da der wirtschaftliche Erfolg der Bahnen noch ungewiss war – auch die Bevölkerung musste sich an die neuen Bahnen erst gewöhnen und als Verkehrsmittel annehmen.

Mit Beginn der Elektrifizierung stiegen deutsche Großunternehmen in den Nahverkehrsmarkt ein: Siemens & Halske, Allgemeine Elektrizitätswerke AEG, Union-Elektrizitätsgesellschaft, Helios AG, Kummer AG, Schuckert Werke, Lohmeyer u. a. m. Um Verkehrsanlagen verkaufen zu können, musste die Industrie vielfach bestimmte Erlöse zusichern und Garantien übernehmen; z. T. gründete die Großindustrie eigene Betriebsgesellschaften und Finanzierungsinstitute (um die Straßenbahngesellschaften reif für den Kapitalmarkt zu machen). Dennoch fanden sich nur für sehr gewinnbringende Bahnen unabhängige private Betriebsgesellschaften.

1.4 Der Übergang der Verkehrsunternehmen

Die Elektrofirmen mussten daher den potentiellen Käufern ein Ertragsminimum garantieren und einen Zuschuss in Höhe der vereinbarten Dividende zahlen.

Die Kommunen haben keine Gewinngarantien gegeben oder Zuschüsse, sie haben sich im Gegenteil umfangreiche Rechte gesichert bei:

- Festlegung der Linienführung
- Höhe der Tarife
- Strombezug nur aus der städtischen Zentrale
- Gewinnbeteiligung.

In Bremen z. B. musste die Hälfte des Reingewinns an die Stadt abgeführt werden, wenn 5 % des Aktienkapitals damit überschritten war; bei Erreichung von 8 % des Aktienkapitals waren zwei Drittel des Gewinns zu zahlen.

Die Elektrofirmen suchten natürlich nach Wegen, besonders die Unternehmen mit geringen Gewinnmargen abzustoßen. Das war einer der Gründe, dass 1910 bereits 121 der insgesamt 268 Bahnen in Deutschland in Kommunalbesitz waren.

Von 1865 (Berlin) bis 1880 (Aachen) wurden im Deutschen Reich 31 Straßenbahnnetze mit Personenverkehr eröffnet, zumeist als Pferdebahn in der überwiegenden Spurweite 1435 mm.

Abb. 1-67: Alexanderplatz Berlin 1904 (http://www.koepenick.net/galerie-hist-berlin/fotos/alexanderplatz1904.jpg)

Diese Straßenbahnbetriebe lagen sowohl in Großstädten (Berlin 1865 mit ca. 660.000 Einwohnern) wie auch in Bad Pyrmont (Eröffnung 1879 bei weniger als 10.000 Einwohnern). Nach 1865 wurden bis 1892 in Deutschland 84 Pferdeeisenbahn-Gesellschaften gegründet, also nach 1880 bis 1892 weitere 53 Gesellschaften. Die größeren Wagen dieser Gesellschaften besaßen ein (offenes) Oberdeck, zu welchem eine gewundene Treppe führte. Weiblichen Personen war aus Gründen der Schicklichkeit die Nutzung des Oberdecks untersagt.

Eine Umfrage im Jahr 1897 bei 59 Städten mit elektrischem Straßenbahnbetrieb ergab, dass in 52 Städten Privatunternehmen existierten, in drei Städten gab es Unternehmen in städtischem Besitz, aber mit privater Betriebsführung, in zwei Städten gab es private und städtische Unternehmen und nur in zwei Städten waren die Straßenbahnunternehmen in städtischem Besitz und wurden auch von der Stadt betrieben.

Die erste (elektrische) Straßenbahn in Deutschland, welche keinen Versuchscharakter mehr besaß, war die Straßenbahn in Halle, welche 1891 eröffnet wurde (Umwandlung der 1882 eröffneten Pferdebahn).

Die Städte hatten nach den ersten Jahren elektrischer Straßenbahnen aber die Bedeutung der Bahnen für die Dezentralisation der Wohngebiete erkannt und waren daher an einem dichten Netz und niedrigen Tarifen interessiert. Ohne eigene Unternehmen versuchten die Städte viele Linien und niedrige Fahrpreise durch Konkurrenz zu erreichen. So wurden in vielen Städten mindestens zwei Unternehmen konzessioniert (oft erst dann, wenn das erste Unternehmen wegen wirtschaftlicher Probleme städtische Wünsche nach weiteren Strecken nicht erfüllte). Dass die Gesellschaften ihre Kosten manchmal nur halten konnten, wenn sie die Qualität der Leistungen senkten, sei nur am Rande erwähnt.

Den Bau und Betrieb eigener Straßenbahnen nahmen die Städte aber erst in Angriff bzw. sie übernahmen die Bahnen der Privatgesellschaften, als sich deren Wirtschaftlichkeit erwiesen hatte und als die Städte feststellten, dass die Anlage von Bahnen ein Mittel der Siedlungspolitik ist. Die älteste kommunale Straßenbahn in Deutschland wurde 1882 eröffnet.

Eine Übernahme der privaten Gesellschaften in städtische Hand wurde aber oft erschwert durch die Art der Konzessionsvergabe: Teilweise waren in einigen Gemeindegebieten bzw. Vororten die Konzessionen für bestimmte Straßen vergeben worden, während in angrenzenden Gebieten die Konzession die Nutzung aller Gemeindestraßen erlaubte. Da die Konzessionen für die verschiedenen Räume auch noch zu unterschiedlichen Zeitpunkten vergeben worden waren und damit auch zu unterschiedlichen Zeiten ausliefen, mussten einige Städte bei der Übernahme der Bahnen die Konzessionen zu einem hohen Preis (zurück-)kaufen.

> *So war es z. B. in Köln sehr schwierig, ein elektrisches Straßenbahnnetz aufzubauen. Die dominierende Kölnische Straßenbahn-Gesellschaft hatte in Köln und den (politisch selbständigen) Vororten Konzessionen erhalten, welche bis 1902 und 1916 liefen und auf einzelnen Strecken bis 1924; eine Übernahme in städtische Regie, welche im Zuge der anstehenden Elektrifizierung diskutiert wurde, war frühestens zu diesen Zeitpunkten ohne Schwierigkeiten möglich: Die Stadt brauchte die Konzessionen zur Gestaltung eines einheitlichen Netzes, andererseits benötigte die Straßenbahngesellschaft die Erlaubnis der Stadt zur Elektrifizierung. Nach langen hartnäckigen Verhandlungen übernahm die Stadt Köln zum 01.01.1899 die kölnische Straßenbahngesellschaft für 19,9 Millionen Mark.*

1.5 Das Vordringen des Kraftomnibusses

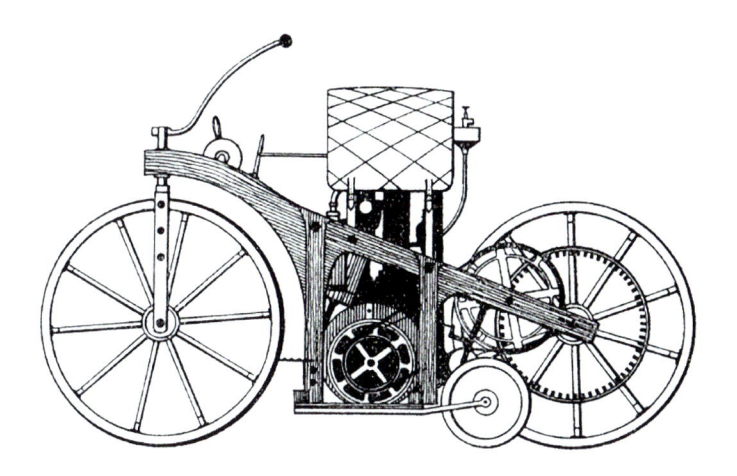

Abb. 1-68:
„Reitwagen" von Daimler 1885[33] (Rehbein, Einbaum – Dampflok – Düsenklipper, 1969)

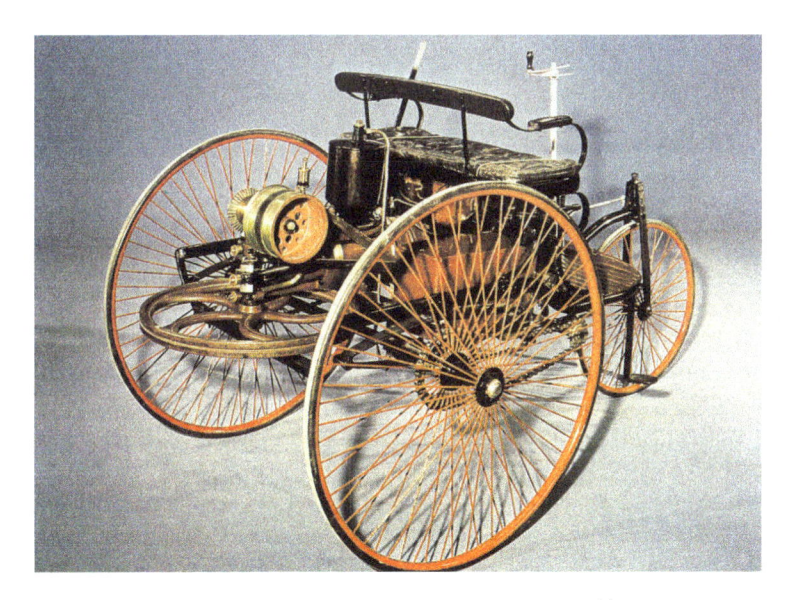

Abb. 1-69: Das erste Fahrzeug von Carl Benz 1886[34] (Frankenberg & Neubauer, o.J.)

---

[33] Gottfried Daimler und sein Oberingenieur Maybach wollten Universalmotoren entwickeln und nicht nur Fahrzeugmotoren. So entstand ein leistungsfähiger stehender Motor mit einem Benz-ähnlichen Schwimmervergaser; der Motor wurde zunächst in ein Zweirad eingebaut („Reitwagen").

[34] 1877 war der Viertakt-Otto-Motor patentiert worden; das Patent wurde wegen Gerichtsstreitigkeiten 1886 wieder aberkannt. Benz ahnte die Patentaufhebung und stellte 1886 eine Motorkutsche mit Viertakt-Otto-Motor vor statt mit seinen bisher erfolgreichen schweren Gas-Industrie-Motoren. Benz verwendete für sein selbstfahrendes Dreirad ein Benzin-Gemisch, welches er mittels eines Oberflächenvergasers in den Zylinder brachte (liegender Motor mit 0,984 Liter Hubraum, 400 Umdrehungen je Minute, 0,9 PS).

1886 wird der dreirädrige Motorwagen von Karl Benz patentiert (die erste Fahrt durch Mannheim fand am 3. Juli 1886 statt); der erste Serienwagen von Karl Benz wird 1894 hergestellt. Daimler in Stuttgart bekam im August 1886 eine Kutsche des Typs „Americain" geliefert, in welche er seinen Benzinmotor einbaute. Diese Kutsche fuhr am 4. März 1887 zum ersten Mal auf einer Strecke von Canstatt nach Esslingen.

Abb. 1-70: Erster funktionstüchtiger Vierradwagen mit Benzinmotor von Daimler (Frankenberg & Neubauer, o.J.)

Es soll nicht verschwiegen werden, dass es Gründe dafür gibt, als Erfinder des Automobils Siegfried Marcus (geboren 1831 in Malchin in Mecklenburg, gestorben 1898 in Wien) zu nennen. Im September 1870 soll er in Wien das erste Straßenfahrzeug der Welt mit einem Benzinmotor fertiggestellt haben. Aber auch andere Personen werden als Erfinder des Kraftfahrzeugs genannt: Der Belgier *Lenoir* will/soll 1863 mit einem Verbrennungsmotor in einem Fahrzeug gefahren sein wie auch der Schweizer *Rivaz* schon 1831.

In Deutschland gab es keine Dampfwagentradition, man suchte daher neben der Aufnahme des Dampfwagenbaus um 1900 den Verbrennungsmotor auch beim Lastentransport und im Öffentlichen Personennahverkehr einzusetzen. Aber den Versuchen beim Lastentransport und im öffentlichen Personennahverkehr mit seinen gegenüber dem Pkw höheren Lasten war wenig Erfolg beschieden. So war noch 1911 der Anteil der motorisierten Lastkraftwagen an allen Automobilen in Deutschland nur 7,5 %. 1907 zählte man in Deutschland rund 10.100 Pkw und 1.200 Lkw und 1914 gab es rund 60.900 Pkw und 9.700 Lkw.

1894 wurde ein Rennen für Selbstbeweger Paris – Rouen veranstaltet. Es meldeten sich Fahrzeuge mit Dampfantrieb, mit Benzinantrieb, mit Elektromotor und andere Lösungen, zum Start erschienen aber nur 14 Benzinwagen und 7 Dampfwagen. Die Benzinwagen erreichten alle das Ziel, aber nur ein Dampfwagen: Der (Dampf-)Gelenkomnibus von Dion-Bouton stellte sogar den Geschwindigkeitsrekord auf. Dion erhielt den zweiten Preis (zweiter Preis wohl wegen der nicht vorschriftsmäßigen Besatzung mit zwei Personen), den ersten Preis teilten sich Lizenznehmer von Daimler (Peugeot und Panhard). 1895 gab es das Rennen Paris-Bordeaux-Paris.

1.5 Das Vordringen des Kraftomnibusses

Auch hier erreichte nur ein Dampfwagen das Ziel. Der Dampfwagen hatte für die mitgeführte Energie eine zu geringe Reichweite. Damit hatte um 1894 der Benzinwagen seine Vormachtstellung erreicht.

Abb. 1-71:
Der Wagen des Siegfried Marcus von 1870 (http://www.hebrewhistory.info/images/factpaper/32-I.5.jpg)

Abb. 1-72:
Erster Kraftomnibus der Welt, eingesetzt 1895 im Raum Siegen (Bühler, 2000)

1895 bringt Benz neben anderen Modellen auch den achtsitzigen Typ Landauer auf den Markt und einige Omnibusse auf der Grundlage des Landauers.[35] Mit zunächst einem Bus dieses Typs wird am 18. März 1895 zwischen der Stadt Siegen in Westfalen und den Ortschaften Netphen und Deuz von der „Netphener-Omnibus-Gesellschaft" ein nur kurzlebiger Linienbe-

---

[35] Den ersten Bus von Daimler gab es 1898. Dieser Bus konnte bei 8 – 12 PS und mit ca. 17 km/h 30 Personen und 450 kg Gepäck befördern.

trieb aufgenommen.³⁶ Zunächst viermal täglich befuhr der Bus die Strecke, mit 5 PS für acht Fahrgäste bei im Mittel 15 km/h. Bergauf musste oft geschoben werden. Reparaturen kamen hinzu. Am 20. Dezember 1895 fuhr der Bus das letzte Mal. Benz nahm den Bus und den zwischenzeitlich angeschafften Ersatzbus zurück.

Die bei Siegen eingesetzten Busse waren anschließend wahrscheinlich als Hotelomnibusse im Einsatz (zur Gästebeförderung und zur Gepäckbeförderung zum Bahnhof und umgekehrt und für die vom Hotelier organisierten Ausflüge).

Abb. 1-73:
Leichter Daimler Hotel-Omnibus mit Luftbereifung von 1907
(http://www.omnibusarchiv.de/Geschichte/1895/05.jpg)

Weitere (Kraft-)Omnibuslinien wurden eingerichtet, waren aber auch mehrheitlich nicht erfolgreich und wurden wieder eingestellt, z. B. in München von Oktober 1897 – 1900 oder 1899 in Berlin oder 1899 in Flensburg. Auch ein Linienbetrieb mit Daimler-Victoria-Motorwagen 1898 in Württemberg zwischen Künzelsau und Mergentheim sowie 1898 in London und ein Linienbetrieb mit Benz-Omnibussen 1898 im Ausflugsverkehr in Wales in der Ortschaft Llandudno war nicht sonderlich erfolgreich: Unterhaltung und Instandhaltung kosteten mehr, als sie einbrachten. Die schlechten Straßen trugen neben den stark schwankenden Benzinpreisen ihren Teil zum Misserfolg der Busse bei.

Erst der Fabrikant *Heinrich Büssing* aus Braunschweig, welcher nach harten Tests u. a. im Harz seine Busse auslieferte und sie ab 5. Juni 1904 auf einer eigens gegründeten Omnibuslinie zwischen Braunschweig und dem nördlichen Vorort Wendeburg im täglichen Einsatz testete, hatte mit seinen Bussen dauernden Erfolg. Ab 1904 lieferte Büssing hunderte von Bussen nach England.

1906 fuhren in London neben 3.471 Pferdeomnibussen schon 307 Motoromnibusse und 1906 begann auch in Paris der (Kraft-)Omnibusverkehr. Im Juni 1905 fuhr am Stadtrand von Berlin von Groß Ziethen nach Lichtenrade der erste Kraftomnibus und am 19. November 1905 wurde in Berlin der Omnibusverkehr mit (Kraft-)Omnibussen von Daimler (Werk Marienfelde) aufgenommen: Die Pferdebuslinie Hallesches Tor – Chausseestraße wurde „verkraftet". In Berlin

---

[36] Vom Ort Netphen nahe der Stadt Siegen gingen täglich 500 bis 600 Personen in die benachbarten Fabriken zur Arbeit. Das bedeutete 2 bis 3 Stunden Fußmarsch. Die Postkutschenlinie Netphen – Siegen war mit dieser Personenzahl überfordert und Eisenbahnlinien ließen auf sich warten. Am 13. November 1894 gründete sich ein Komitee zur Einrichtung einer Kraftomnibusverbindung Netphen –Weidenau – Deuz.

1.5 Das Vordringen des Kraftomnibusses

fuhren 1905 fünf Kraftomnibusse, 1910 162 Busse und 1914 schon 336 Busse. Im Jahr 1923 wurde in Berlin der letzte Pferdeomnibus ausgemustert.

Abb. 1-74: Büssing-Omnibus 1903 (Lochte & Ahlers, 2004)

Abb. 1-75: Straßenbahn und Pferdeomnibus in Berlin, Alexanderplatz 1903 (http://de.academic.ru/pictures/dewiki/98/3325c0e08ccc5c2a83f3e1bc8f6d5a48.JPG)

1891 präsentierte Daimler mit großem Erfolg seinen ersten Lastkraftwagen.[37] Mit dem Nachteil, dass auch Omnibusse auf der Grundlage der Entwicklungen der Lastkraftwagen gebaut wurden, d. h. mit den gleichen Fahrgestellen. Die Erkenntnis, dass ein Omnibus ein großer Pkw ist, war noch nicht vorhanden.

Um 1900 erhielten Daimler und Benz Konkurrenten im Omnibusbau: 1895 entstand die Anhaltische Motorenfabrik Dessau, 1900 verlässt der erste Bus der Firma Gebrüder Stoewer in Stettin die Fabrik und 1902 baute Dürkopp in Bielefeld erste Omnibusse. Die Firma Scheibler, Aachen verkaufte ab 1902 Kraftomnibusse, 1896 wird die Fahrzeugfabrik Eisenach gegründet, die Süddeutsche Automobilfabrik Gaggenau entsteht – diese Firma wird von Benz gekauft, der ab 1900 keine eigenen Busse mehr baut, sondern mit der Firma in Gaggenau seinen Nutzfahrzeugsektor einrichtet – der erste Bus der Nürnberger Motorenfabrik Union GmbH entsteht 1903, 1899 wird die Allgemeine Automobilgesellschaft Berlin gegründet, 1899 gründet August Horch in Köln seine Automobilfabrik, welche auch Busse baut – und wird an die Nähmaschinenfabrik Adam Opel verkauft, welche anschließend Kraftfahrzeuge baut.

In den Jahren 1924 – 1930 bestehen in Deutschland folgende Unternehmen, welche Omnibusse bauen:

Brennabor, Brandenburg/Havel	Magirus, Ulm
Büssing, Braunschweig	Rudolf Ley Maschinenfabrik AG, Arnstadt
DAAG Deutsche Last-Automobil AG, Ratingen	Linke-Hoffmann-Busch, Werdau
Daimler-Benz, Gaggenau	MAN Maschinenfabrik Augsburg-Nürnberg, München
Dürkopp, Bielefeld	Mannesmann-Mulag, Aachen (Vorgänger: Scheibler)
Dux-Presto, Dux Automobilwerke AG, Leipzig-Wahren und Presto-Werke AG, Chemnitz (1926 Zusammenschluss)	Magdeburger-Werkzeug-Maschinenfabrik MWF
FAUN Fahrzeugfabrik Ansbach und Nürnberg, Lauf/Pegnitz	Automobilfabrik E. Nacke, Coswig
Hanomag, Hannover	Nationale Automobil-Gesellschaft AG, Berlin-Oberschöneweide
Hansa-Lloyd, Bremen	Opel, Rüsselsheim
Henschel, Kassel	Vogtländische Maschinenfabrik VOMAG, Plauen
Komnick, Elbing	Van der Zypen & Charlier GmbH, Köln
Krupp, Essen	

Diese und weitere Firmen lebten kürzer und länger, firmierten um, fusionierten und gaben dem Omnibusbau wichtige Impulse. In der Anfangszeit der Busherstellung lieferten die Fahrzeughersteller meist das Fahrgestell, die Karosserie/Aufbauten kamen von den Wagenbauern, welche auf spezifische Kundenwünsche eingingen.

Wenn auch der allgemeine Linienverkehr mit Bussen nicht sonderlich erfolgreich war, so war es aber der Arbeiterverkehr (Linienverkehr mit den Arbeitnehmern zur und von der Arbeitsstätte). Einen der ersten (Berufs-)Verkehre mit Linienbussen richtete die Firma Stollwerk in Köln 1904 ein (mit Elektrobussen der Firma A.B.A.M. ‚Allgemeine Betriebs Aktiengesell-

---

[37] Das erste Kraftfahrzeug als Taxi, geliefert von Benz, Mannheim, lief 1896 in Paris.

1.5 Das Vordringen des Kraftomnibusses

schaft für Motorfahrzeuge' aus Köln). Ein Erfolg dieser Linien war es, dass leerstehende Wohnungen einer Arbeitersiedlung bezogen werden konnten.

Erfolgreich waren Kraftomnibusse dagegen bei Ausflugslinien. Das Reisebüro Thomas Cook setzte 1898 Dampfomnibusse bei Ausflugsfahrten in Südfrankreich ein und in Hamburg setzte ab 1902 der Restaurantbesitzer Friedrich Jasper Rundfahrtbusse ein. Einen Reiseverkehr mit Bussen gab es aber vor dem Ersten Weltkrieg nicht.

Bis zum Ersten Weltkrieg gab es für den Kraftfahrlinienverkehr keine besondere Regelung: Für den Personentransport gegen Entgelt galt die Gewerbeordnung und das Polizeirecht. Bei mehreren berührten Orten waren mehrere Ortspolizeibehörden in den Genehmigungsgang einzuschalten. Das hemmte die Errichtung von Überlandlinien. Die Reichspost dagegen war kein Gewerbebetrieb und konnte daher ihre Linien genehmigungsfrei einrichten. Damit hatte die Post im (Überland-)Linienverkehr eine Vorrangstellung erreicht.

Die Lücken im Eisenbahnnetz sollten durch Kraftomnibusse geschlossen werden. Das wäre eine Aufgabe der Eisenbahn gewesen, diese Verbindungen zwischen ihren Bahnhöfen zu schaffen. Die Eisenbahn war aber nicht interessiert. Diese Aufgabe übernahm stattdessen die Post (im Reichsgesetz über das Postwesen von 1871 war die Personenbeförderung als – wenn auch nicht ausschließliches – Recht der Post genannt worden). Als erste posteigene Kraftomnibuslinie wurde zwischen Bad Tölz und Lenggries 1905 eine Linie eingerichtet.

Abb. 1-76: Der erste bayrische Postbus (von Daimler) 1905
(http://home.arcor.de/carsten.wasow/kraftpost/bad-toelz/fotos/erster-postbus.jpg)

In Hessen wurden 1906 zwei staatliche Postlinien eingerichtet, in Preußen entstand 1907 in Schlesien eine Linie; in Thüringen verkehrte eine Postlinie ab 1912 und in Württemberg ab 1907. In Baden, Braunschweig, Elsass-Lothringen, in Mecklenburg und Oldenburg bestanden nur private (Überland-)Linien. In Sachsen richtete dagegen die Eisenbahn fünf Linien ein.

Im Jahre 1914 erbrachte eine Zählung, dass 143 (Bus-)Linien zur Post gehörten, fünf Linien gehörten zur Staatseisenbahn, 22 Linien wurden von Gemeinden/Gemeindeverbänden verantwortet – in der Summe 170 Unternehmen der öffentlichen Hand – und es gab 197 Privatunternehmen mit Autobusverkehr. Diese Privatunternehmen bestanden in folgender Rechtsform: 69 Einzelunternehmer/offene Handelsgesellschaft, acht Aktiengesellschaften, 104 Gesellschaften mit beschränkter Haftung und 16 Genossenschaften. Die Linienlänge der öffentlichen Unternehmen war 3.337 km, die Privatunternehmen kamen auf 3.426 km.

Das Preußische Allgemeine Landrecht hatte 1797 bestimmt, dass *„der freie Gebrauch der Land – und Heerstraßen einem jedem zum Reisen und Fortbringen seiner Sachen gestattet sei"*. Für die Benutzungsregeln der Straße ist allein der Staat zuständig. Die örtlichen Polizeibehörden konnten nur ihr Recht und ihre Pflicht zur Aufrechterhaltung von Sicherheit und Ordnung wahrnehmen. Der private Autoverkehr konnte sich daher in den ersten Jahren ungehindert entwickeln. Den Führerschein gab es erst durch eine Polizeiverordnung seit 1904[38] und die Kennzeichnungspflicht für Kraftfahrzeuge besteht seit 1906. Ein anderes Ärgernis für den Kraftfahrer war die Kraftfahrzeugsteuer, welche 1906 als Luxussteuer eingeführt wurde (die gewerblichen Fahrzeuge waren von dieser Regelung nicht betroffen, dagegen galten für sie andere Bestimmungen). Weiterhin sorgten die vereinzelt – vor allem in Bayern – noch von einzelnen Gemeinden als Straßenbenutzungsgebühr erhobenen Chausseegelder für Unmut.

Die Straßenbenutzung durch den gewerblichen Autoverkehr dagegen unterlag anderen Beschränkungen: Laut Reichsgewerbeordnung – Gewerbefreiheit ab 1864 – unterlag die Unterhaltung des öffentlichen Verkehrs innerhalb der Orte durch Wagen aller Art der Regelung der Ortspolizeibehörde. Bei der Einrichtung von Überlandlinien mussten daher die Polizeidienststellen sämtlicher angefahrener Orte eingeschaltet werden.

Erst 1919 wurde mit der Kraftfahrlinienverordnung der Kraftfahrlinienverkehr aus der Gewerbeordnung heraus genommen und die entgeltliche Beförderung von Personen auf bestimmten Linien über Gemeindegrenzen hinaus geregelt. Die Genehmigung für eine Linie wurde von einer Landeszentralbehörde bzw. einer von ihr beauftragten Stelle erteilt, und diese Erteilung hing davon ab, dass durch die Persönlichkeit des Unternehmers und die Beschaffenheit des Unternehmens Gewähr für die Sicherheit und die Leistungsfähigkeit des Unternehmens gegeben war. Außerdem durfte das Unternehmen den öffentlichen Interessen nicht zuwiderhandeln. Die Post – und die Reichsbahn – war übrigens als nicht der Gewerbeordnung unterstehend von dieser Reichsverordnung ausgenommen – beide Institutionen konnten Einspruch gegen die Errichtung von Linien einlegen – und die Post konnte daher ungehemmt Überlandlinien einrichten: Während private Unternehmen vor einer Genehmigungserteilung eingehend überprüft wurden, ging im Überlandlinienverkehr schon „die Post ab".[39] Die Kraftfahrlinienverordnung aus 1919 wurde im Jahre 1925 vom Kraftfahrliniengesetz abgelöst; an der Ausnahmestellung der Reichspost änderte sich grundsätzlich nichts. In einer dazu später erlassenen Kraftfahrlinien-Verordnung konkretisierte der Gesetzgeber die Bedingung zur Erteilung einer Genehmigung: „Das Unternehmen läuft den öffentlichen Interessen zuwider, wenn es bereits vorhandenen Verkehrsunternehmen einen unbilligen Wettbewerb bereitet." Die Reichspost verfügte 1920 über 340 Linien und 428 Omnibusse, 1925 wurden 2.167 Busse auf 1.241 Überlandlinien eingesetzt. 1929 besaß die Reichspost 3.740 Kraftomnibusse und etwa 240 Anhänger für den Einsatz auf 2.266 Linien im Umfang von 43.800 km; sie beförderte 86 Millionen Reisende.

---

[38] Ein preußischer Ministerialerlass von 1903 begründete die Führerscheinpflicht; die erste „Chauffeursschule" wurde 1904 in Aschaffenburg eröffnet.

[39] Die Reichsbahn war am Buslinienverkehr nicht interessiert, und die Post war durch die Verordnung sogar vom Konzessionszwang ausgenommen.

1.5 Das Vordringen des Kraftomnibusses

Die Reichsbahn betrieb ein (Schienen-)Netz von 53.800 km, beförderte auf diesem Netz allerdings knapp 2 Milliarden Personen.

Die Reichsbahn hatte die Bedeutung des (Bus-)Linienverkehrs verkannt, und Angebote an die Reichsbahn, (private) Kraftfahrbetriebe zu übernehmen wurden ausdrücklich abgelehnt (1927 betrieb die Reichsbahn 70 (Bus-)Linien, davon 12 gemeinsam mit der Reichspost). Ein Abkommen von 1929, welches eine Betriebs- und Verkehrsgemeinschaft Reichsbahn-Reichspost bei neu einzurichtenden Linien vorsah, wurde von der Reichsbahn zum frühestmöglichen Termin gekündigt.

Um 1914 hatte sich das Kraftfahrzeug als leichtes und schweres Reisefahrzeug, als Omnibus, als leichter und schwerer Lastwagen und als Vorspannmaschine behauptet. Um 1910 wurden im Omnibusbau die ersten Lufreifen eingesetzt, der Ritzelantrieb wurde von der Kardanwelle abgelöst, die ersten Schraubenfedern wurden verwendet, eine Heizung wurde entwickelt, welche an den Wasserumlauf des Motors angeschlossen war, Polstersitze wurden eingebaut: Die Busse wurden immer komfortabler, erste „Reiseomnibusse" entstanden.

Die militärischen Dienststellen hatten erkannt, dass das Auto im Kriegsfall nützlich ist: Ein Pferdefuhrwerk hatte eine Tagesleistung von 40 km und zwei Tonnen Last, ein Motorlastzug beförderte sechs bis sieben Tonnen über 80 km. Der Plan der deutschen Heeresleitung, sich eigene Kraftfahrabteilungen zuzulegen, scheiterte an den hohen Kosten. Daher wurden zunächst die Hersteller und dann die Erwerber von Lastkraftwagen bei Einhaltung der vom Militär vorgegebenen Standards subventioniert: 1913 erhielt ein Lkw-Käufer 4.000 Mark für die Anschaffung und vier Jahre lang je 1.000 Mark, das entsprach insgesamt der Hälfte des Kaufpreises. Wegen der Subventionierung waren die Konstrukteure vornehmlich an Lastkraftwagen interessiert; eigenständige Konstruktionen für einen Omnibus wurden vernachlässigt.[40]

Abb. 1-77: Büssing-Bus von 1904 (Lochte & Ahlers, 2004)

---

[40] Die Preise der Omnibusse lagen zwischen 6.800 und 10.500 Mark; der Bestand an Omnibussen erhöhte sich von 950 Stück 1910 auf 1.200 Stück 1914.

Die weitere Idee der deutschen Heeresverwaltung, eine Reichskraftwagengesellschaft unter Beteiligung öffentlicher und privater Unternehmen einzurichten, welche ihre Kraftwagen im Kriegsfall dem Militär zur Verfügung stellen, scheiterte am Widerspruch einiger deutscher Länder, welche schon eigene Kraftverkehrsgesellschaften betrieben. Diese Kraftverkehrsgesellschaften sowie die militärischen Dienststellen, welche im Krieg Busse und Lastkraftwagen betreuten und jetzt den Namen KVG erhielten, bekamen nach dem Ersten Weltkrieg die verbliebenen Heeresbestände an Lastkraftwagen und Omnibussen. Die Kraftverkehrsgesellschaften sollten sich überwiegend der Güterbeförderung widmen und nur ausnahmsweise Personenverkehr über Land betreiben – die Post achtete sehr auf aufkommende Konkurrenz – aber bald war die Ausnahme die Regel (vor allem, da die Reichsbahn den Eisenbahnverkehr nur mit Schwierigkeiten wieder aufnehmen konnte und Busse einspringen mussten).

1928 hatte sich in Berlin aus einem Vorgängerverband der Verband Deutscher Verkehrsverwaltungen etabliert, in welchem die Kraftverkehrsgesellschaften Mitglied waren. Die Unternehmen dieses Verbandes fuhren 1929 mit 1.678 Omnibussen auf 755 Linien, die Reichspost fuhr zum selben Zeitpunkt auf 2.246 Linien mit 3.776 Bussen. Während die Reichspost 81 Millionen Personen transportierte, waren es bei den nicht-reichseigenen Unternehmen 104 Millionen Fahrgäste – bei der halben Zahl an Bussen.

Nach dem Ersten Weltkrieg wurden auch im deutschen Omnibusbau Neuerungen eingesetzt

- es entstand der Dreiachser – es war jetzt möglich, größere und schwerere Fahrzeuge zu bauen
- für die schweren Wagen wurden Luftreifen eingeführt (statt der bisher verwendeten Vollgummireifen)
- der Niederrahmen wurde eingesetzt
- die Druckluftbremse kam zum Einsatz
- Einsatz von Sechszylindermotoren
- Busse mit Stahlblechkarosserie wurden gebaut, preiswerter und haltbarer als bisher – die Karosserie wurde als Ganzes auf das Fahrgestell montiert.

Der Kraftomnibus war aber ab Mitte der 1920er Jahre auch deswegen erfolgreich, da die Omnibusbauer nicht mehr wie bisher einen Lastkraftwagen zur Personenbeförderung herrichteten, sondern nach US-amerikanischem Vorbild von vornherein einen großen Personenkraftwagen bauten. So stellte MAN 1924 ein Omnibus-Chassis vor mit über der Hinterachse stark gekröpftem und tiefgezogenem Rahmen – 1925 baut Daimler-Benz den ersten Bus mit Niederrahmen-Chassis. 1923 wurde auch erstmals ein Frontlenker-Bus vorgestellt mit Motor im Heck (Daimler, Berlin-Marienfelde).

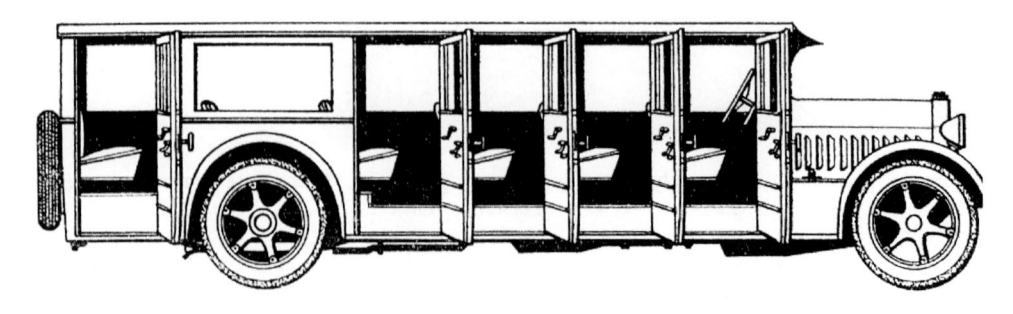

Abb. 1-78: Bus mit Niederrahmen der Firma MAN 1926 (Rehbein, Einbaum – Dampflok – Düsenklipper, 1969)

1.5 Das Vordringen des Kraftomnibusses

In den zwanziger Jahren des 20. Jahrhunderts war dann der Dieselmotor mit seinem hohen Wirkungsgrad für den Einsatz in zunächst schweren Fahrzeugen geeignet;[41] die Automobilfirmen nahmen Diesel-Lastkraftwagen in ihr Angebot auf. Da die Verkehrsunternehmen durch Dieselbusse niedrigere Betriebskosten erwarteten, wurden in größerem Maßstab auch Dieselbusse produziert und eingesetzt, so ab 1934 bei der Berliner Verkehrs-Aktien Gesellschaft (versuchsweise schon ab 1930). Zu dieser Zeit fuhren bei der London Transport schon 500 Dieselbusse, die größte Flotte der Welt. Ab 1939 war der Dieselbus Standard.

Abb. 1-79: Bus der Büssing AG Braunschweig für Berlin (1927?) (http://www.hs-merseburg.de/~nosske/EpocheII/vk/e2v_bdb4.jpg)

---

[41] Rudolf Diesel (1858–1913) erhielt 1892 ein Patent auf „Arbeitsverfahren und Ausführungsart für Verbrennungskraftmaschinen". 1894 lief der Diesel-Motor das erste Mal, 1897 wurde er Interessenten vorgeführt. Die Leistung des Motors war 17,8 PS bei 154 Umdrehungen pro Minute; der Verbrauch betrug 238 Gramm pro PS und Stunde. Dieser wirtschaftliche Vorteil gegenüber dem Benzinmotor machte den Dieselmotor nicht nur für stationäre Anlagen, sondern auch für Fahrzeuge interessant. Nach vielen Verbesserungen wurden bei Benz 1922 die ersten Fünf-Tonner Lkw mit Vorkammer-Dieselmotoren erprobt; die Dieselmotoren wurden für Busse zum wichtigen Antriebsaggregat anstelle des Benzinmotors.

Abb. 1-80: Dieselbus der Büssing AG Braunschweig für Berlin 1938 (http://www.hs-merseburg.de/~nosske/EpocheII/vk/e2v_bdb8.jpg)

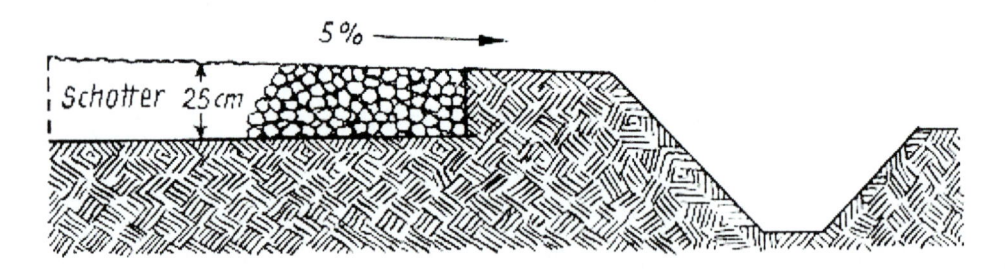

Abb. 1-81: Straßenbauweisen nach Telford (oben) und McAdam (Hitzer, 1971)

Der Erfolg der schienenlosen Omnibusse war eng verbunden mit dem Bau guter Straßen. Die ersten Fahrgäste wurden in den Pferdeomnibussen, in den Dampfwagen und auch in den Benzinwagen ordentlich durchgeschüttelt, denn die Straßen waren ungepflastert, von Pferdefuhrwerken zerfurcht und bei schlechtem Wetter kaum befahrbar, und wenn, dann mit sehr niedriger Geschwindigkeit (auch daher erklärte sich der große Erfolg der Eisenbahn). Die Straßen wurden zunächst in Frankreich im 18. Jahrhundert verbessert, aber im Großen und Ganzen waren die Straßenzustände in Mitteleuropa trostlos. Erst in der zweiten Hälfte des 18. Jahrhun-

1.5 Das Vordringen des Kraftomnibusses

derts begannen sich auch außerhalb Frankreichs die Straßenverhältnisse zu bessern. In den größeren Städten wurden die Straßen gepflastert: Wenig sortierte Feldsteine wurden in einen Sandbelag gesetzt – und setzten sich ungleichmäßig und führten unter Belastung zu neuen Buckeln und Löchern. Die Bushersteller und -betreiber suchten durch Vergrößerung der Wagenräder den Unebenheiten der Straße zu begegnen und die Elastizität der Busfahrwerke zu erhöhen. Und die 1845 erfundene und 1888 von Dunlop verbesserte Luftbereifung führte u. a. zu erhöhtem Federungskomfort und schonte Fahrzeug und Fahrbahn.

Die ersten modernen Straßendecken bauten in Großbritannien *Telford* (1757 – 1834) und der Schotte *McAdam* (1756 – 1836): Während Telford durch Wölbung der Straße vor allem für eine Abführung des Wassers sorgte, wurde nach McAdam auf eine untere und evtl. noch eine mittlere Lage Schotter eine obere Lage Splitt aufgebracht; der Verkehr besorgte die Verdichtung. *McAdam* erhielt dichte und feste Fahrbahnen von bisher nicht erreichter Ebenheit, welche sehr viel höhere Geschwindigkeiten als bisher erlaubten: Eine schnelle Postkutsche konnte in 24 Stunden 325 km zurücklegen, das führte auch zu sinkenden Frachtraten.

Der Aufschwung der Straßen hing neben dem grundsätzlichen Anwachsen des Verkehrs auch damit zusammen, dass die Eisenbahn aufgrund der Beschränkungen in den Radien und in den Neigungen nicht jeden Ort erreichen konnte und daher Wege von den Orten zu den Bahnhöfen gebaut werden mussten.

Abb. 1-82: Negerarbeiter einer amerikanischen Firma bei Asphaltarbeiten in Berlin 1882 (Hitzer, 1971)

Hatten die eisenbereiften Pferdefuhrwerke die Straße verdichtet, bewirkten die aufkommenden Automobile das Gegenteil. Die saugende Wirkung der Gummireifen riss die Feinbestandteile aus der Fahrbahn und verwirbelte sie. Bei der fortschreitenden Verbreitung des Automobils war der Staub lästig. Man suchte daher nach einem preiswerten Mittel, den Staub auch außerhalb der Städte zu binden. In den USA wurden die Straßen mit Petroleum besprengt, das Bitumen im Petroleum begünstigte eine Verkittung der Staubteilchen. In Europa wurde nach mehreren unbeachteten Versuchen um 1900 in Monaco der Staub mittels Teer gebunden, in Mitteleuropa wurden dann zwischen 1902 und 1905 überall Teerungen durchgeführt. Das im Altertum bekannte Bindemittel Asphalt wurde im 18. Jahrhundert neu entdeckt; 1849 wurde eine erste Asphaltschicht auf einer festgefahrenen Schotterstraße verdichtet. In Paris gab es 1854 schon auf 800 Meter eine mit schweren Walzen und Stampfern heiß gepresste Asphaltstraße. In London wurden erste Straßen 1869 asphaltiert. Berlin folgte 1879 mit Stampfasphalt.

1879 ist das Geburtsjahr des Walzasphalts in den USA; 1865 wurde in Schottland ein Vorläufer der heutigen Betonstraßen gebaut; die erste Betonstraße der Welt („Zementmakadam") wurde 1888 in Breslau angelegt. Für das Automobil und auch für den gummibereiften pferdelosen Omnibus (etwa ab 1923 wurden die Omnibusse mit Ballonreifen ausgestattet) standen Straßen mit fester glatter Oberfläche zur Verfügung.

Das Aufkommen des Kraftomnibusses hing neben den Verbesserungen der Straßen auch mit den Veränderungen nach dem Ersten Weltkrieg zusammen:

- der Kraftomnibus war technisch verbessert worden (statt des hoch liegenden Fahrgestells setzte sich der Niederrahmen durch und die Ganzmetallkarosserie löste das mit Blech verschalte Holzgerippe ab)
- die Straßen wurden nicht zuletzt aufgrund der Erfahrungen der Militärs aus dem Weltkrieg mit den Automobilen weiter verbessert (der Lastkraftwagen hatte gezeigt, dass er die überforderten Eisenbahnen unterstützen konnte, der Lastkraftwagen war beweglicher als die Eisenbahn)
- die Anlage der Straßenbahninfrastruktur war teuer und nur bei starken Verkehrsströmen zu rechtfertigen
- das Geld für die Reparatur der Straßenbahnen und ihrer Fahrleitungen fehlte in den Notzeiten nach dem Ersten Weltkrieg
- die Grundkosten der Omnibusse waren geringer als die der Straßenbahn
- durch seine Spurgebundenheit ist der Straßenbahnbetrieb anfälliger als der Bus gegen Betriebsstörungen.

So kam es, dass vermehrt Omnibuslinien eingerichtet wurden und die Straßenbahnlinien sich weitgehend auf Großstädte beschränkten.

Omnibuslinien wurden neben Privatbetreibern von der Post betrieben oder auch von den Gemeinden selbst; kleine und mittlere Gemeinden scheuten sich aber, ein eigenes Verkehrsunternehmen aufzubauen und betrauten private Unternehmer mit dem Linienverkehr. Nur in Großstädten, welche meist eine Straßenbahn hatten, errichteten die Gemeinden ein Omnibusunternehmen oder übernahmen private Unternehmen (so übernahm Berlin 1929 die private Allgemeine Berliner Omnibus AG – ABOAG –).

Das Wachstum der bisher im Öffentlichen Personennahverkehr dominierenden Straßenbahn wurde auch gebremst durch die Aufhebung des generellen Vorfahrtsrechtes für Straßenbahnen (1928 in Preußen).

1.5 Das Vordringen des Kraftomnibusses

Bei der Behandlung der ersten selbstfahrenden Omnibusse muss auch der Elektrobus erwähnt werden, denn bei den Straßenfahrzeugen konkurrierten lange Jahre Benzinwagen, Dampfwagen und Elektrowagen miteinander.

Erste richtige Elektromobile waren mit der Erfindung des Bleiakkumulators um 1860 möglich geworden.[42] Im Jahr 1900 waren von den 4.200 in den USA gefertigten selbstfahrenden Straßenfahrzeugen 20 % mit Verbrennungsmotor und je 40 % mit Dampfantrieb bzw. Elektroantrieb ausgestattet (allein die Firma Columbia & Electric Vehicle Company stellte im Jahr 1900 1.500 Elektromobile her).

Abb. 1-83: Lohner Porsche Elektromobil 1900 (http://images.forum-auto.com/ mesimages/264762/Lohner-Porsche-Elektromobil-4.jpg)

Aber der Einsatz von Elektromotoren im Omnibus kam nicht recht voran. Es waren zwar in Deutschland neben den Elektromobilen im Individualverkehr auch Batteriebusse unterwegs, welche für den Einsatz im Öffentlichen Personennahverkehr gedacht waren (so am 25. Mai 1898 in Berlin und dann im Linienbetrieb 1900 in Berlin – aber im selben Jahr wieder eingestellt, 1902 in Stettin, 1908 in Berlin und 1908/09 in Berlin sogar ein Elektrobus mit Radnabenmotoren, welche von Ferdinand Porsche erfunden waren), aber der Schwerpunkt der Batteriebusse lag wegen des Batteriegewichts und der damit verbundenen geringen Reichweite mehr bei Sonderanwendungen: Kleinbusse für die Beförderung von Hotelgästen, Transport zwischen Messehallen, Einsatz für Stadtrundfahrten.

---

[42] Andreas Flocken aus Coburg – Unternehmer und Maschinenfabrikbesitzer – gilt als der erste Erbauer eines Elektromobils (1888).

Abb. 1-84: Andreas Flocken aus Coburg mit seinem zweiten Elektroauto 1903 (http://www.np-coburg.de/storage/pic/intern/import/hupautomatik/coburg/277118_1_flocken3_SW_110108.jpg)

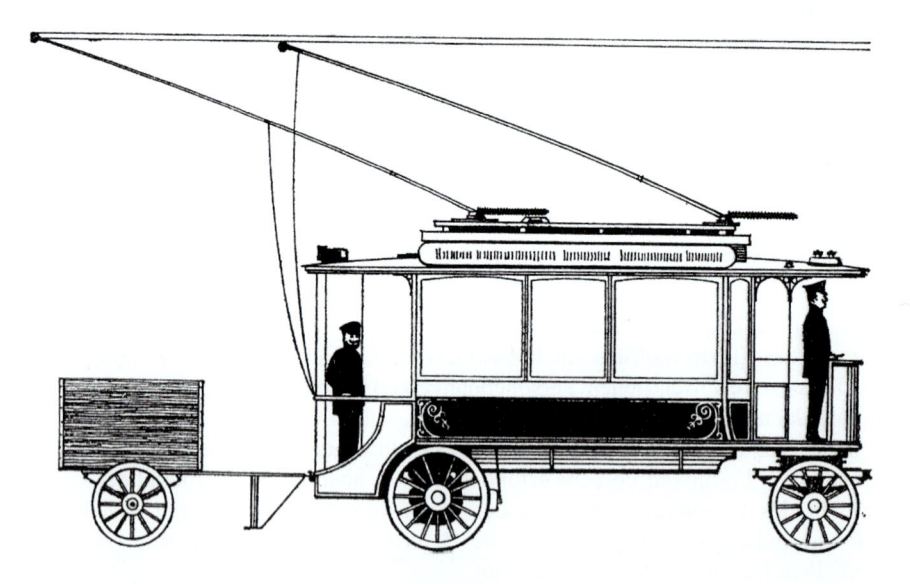

Abb. 1-85: Obus 1903 (Rehbein, Einbaum – Dampflok – Düsenklipper, 1969)

Der erste Elektrobus, welcher seine Energie nicht aus mitgeführten Batterien bezog, sondern aus einer Oberleitung (Obus), war in Deutschland von der Firma Siemens als „Electromote" 1882 in Berlin vorgestellt worden (ein offener Landauer für acht Personen).

1.5 Das Vordringen des Kraftomnibusses

Siemens verfolgte die Entwicklung aber nicht weiter – auch wenn es bei Siemens später Versuche mit Batteriebussen gab, welche an Haltestellen wieder aufgeladen wurden.[43] Obusse gab es auch 1900 in Eberswalde als Versuchsbetrieb einer französischen Firma, 1901 in Königstein an der Oberelbe durch den Konstrukteur Schiemann, welcher eng mit Siemens kooperierte, 1904/05 von der Firma AEG in Berlin (Niederschöneweide – Johannisthal) und 1911 in Berlin-Steglitz.

Abb. 1-86: Obus in Neuenahr-Ahrweiler 1906
(http://img370.imageshack.us/img370/385/ahrtal006hg8.jpg)

Im Linienverkehr war der Obus ab 1903 in Dresden im Einsatz; in 25 Minuten befuhr der Bus eine fünf Kilometer lange Strecke. Nach eineinhalb Jahren wurde der Linienverkehr wieder eingestellt, da die Stromzuführung zu viele Probleme machte: Im Unterschied zur Straßenbahn, wo eine Stromleitung durch die Fahrschiene gebildet wird, benötigt der Obus zweipolige Fahrleitungen, auf denen zunächst wie bei der ersten elektrischen Straßenbahn ein (vierrädriger) Kontaktwagen – „Trolley" – lief, von welchem ein Kabel zum Bus führte. Dieser Wagen hatte soviel Gewicht, das er die Stromleitung zu sehr beanspruchte, und an den Knickpunkten der Drahtleitungen an den Straßenkrümmungen berührte diese Art Laufkatze die Leitungen nur unzureichend. Sich begegnende Busse mussten ihre Kontakte tauschen. Erst als durch Einsatz von Kontaktstangen, welche von unten gegen die Oberleitung drückten, die Stromzuführungsprobleme gelöst waren, konnte der Obus im größeren Maßstab eingesetzt werden. Bis 1911 waren in Deutschland schon 110 Obusse gebaut und eingesetzt worden.

Nachteilig für den Obus war aber der gegenüber der Straßenbahn höhere Stromverbrauch infolge der hohen Fahrwiderstände. Mit Beginn des Ersten Weltkriegs wurden darüber hinaus die wertvollen Kupferleitungen für Kriegszwecke konfisziert. Das bedeutete für die Obusentwicklung in Deutschland einen Stillstand.

---

[43] Zu Beginn des Jahres 1900 wird in Berlin zwischen Stettiner Bahnhof und Anhalter Bahnhof ein Linienverkehr mit Elektrobussen eingerichtet (als Reaktion auf den erfolgreichen Taxenverkehr).

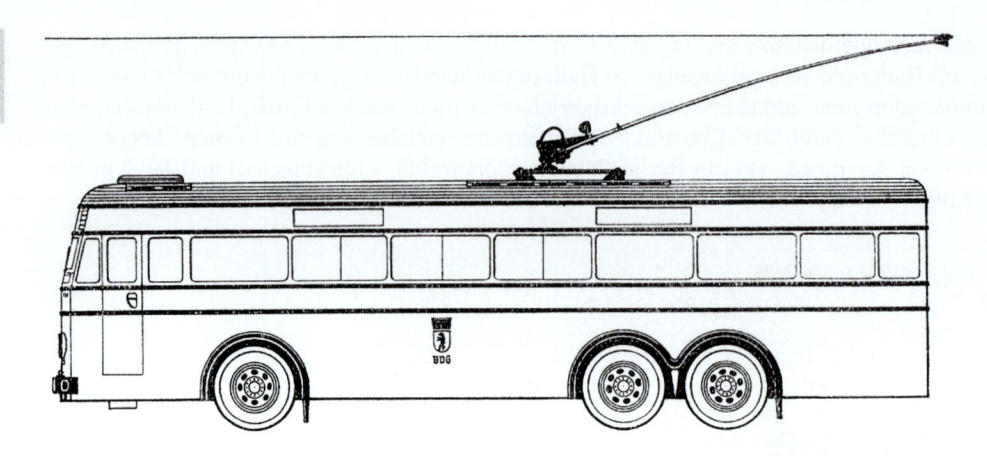

Abb. 1-87: Obus in Berlin 1933 (Rehbein, Einbaum – Dampflok – Düsenklipper, 1969)

Nach Erneuerung der kriegszerstörten Straßenbahnnetze in Deutschland und wegen sinkenden Stromverbrauchs der Industrie wurde nach 1930 der Obus auch als Stromverbraucher in Deutschland wieder aktuell: Bei Düsseldorf wurde die rote Zahlen schreibende Linie Mettmann-Gruiten (-Gräfrath) erfolgreich auf Obusbetrieb umgestellt, 1932 wurde in der Nähe von Oberstein/Nahe eine Obuslinie eröffnet und 1933 wurde in Berlin die Linie Staaken-Spandau in Betrieb genommen.

Die Rohstoffnöte des Dritten Reiches führten schließlich zu einer Verordnung vom 1.10.1939, welche für regelmäßigen Omnibusverkehr den Einsatz von Benzin und Dieselkraftstoff verbot. Das führte zu einem verstärkten Einsatz gasbetriebener Busse (besonders in Großstädten wurde auf Stadtgas umgestellt)[44] und auch zu einem Aufschwung der Obusse (Strom aus heimischer Braunkohle) – in den USA liefen zu dieser Zeit etwa 2.000 Obusse und in England rund 3.000 – bis dann während des Zweiten Weltkrieges wegen Materialmangels dieser Aufschwung wieder zu Ende war.

1.6 Das Entstehen von U-Bahnen, S-Bahnen und Stadtbahnen

Die Stadtschnellbahnen entwickelten sich aus drei Ansätzen.

1. Die Strecken der Ferneisenbahnen endeten meistens am Stadtrand. Eine rationale Güterbeförderung verlangte aber nach Gleisverbindungen zwischen den Bahnhöfen der meist privaten Gesellschaften. So entstand ab 1860 die erste unterirdische Eisenbahntrasse in London.

   Um 1850 lagen die Londoner (End-)Bahnhöfe alle außerhalb der Innenstadt – King's Cross, St. Pancras, Euston, Paddington, Victoria, Waterloo, Liverpool Street – die Passagiere mussten zwischen den einzelnen Bahnhöfen mit Kutschen reisen. Durch die vie-

---

[44] Auch der Holzgasgenerator wurde in den 1920er Jahren erprobt. Er erwies sich aber besonders gegen den Dieselmotor als unterlegen. Erst das Verbot des Dritten Reiches ab 1939, für Omnibusse mit mehr als 16 Plätzen flüssige Brennstoffe einzusetzen, gab dem Holzgasgenerator (und dem Obus) wieder Auftrieb.

1.6 Das Entstehen von U-Bahnen, S-Bahnen und Stadtbahnen

len Kutschen waren die Straßen hoffnungslos verstopft, daher erhielt die Eisenbahngesellschaft eine Konzession für eine unterirdische Linie, welche einige der o. g. Bahnhöfe verbinden sollte. Eine oberirdische Streckenführung wurde ausgeschlossen, da die Züge vom Straßenverkehr getrennt werden sollten. Die erste mit Dampf betriebene Strecke wurde am 10. Januar 1863 eröffnet (Bishops Road – heute Paddington- nach Farringdon Street).

Abb. 1-88: Die Metro in London 1863 (http://www.planet-wissen.de/alltag_gesundheit/verkehr/metros_der_welt/index.jsp#)

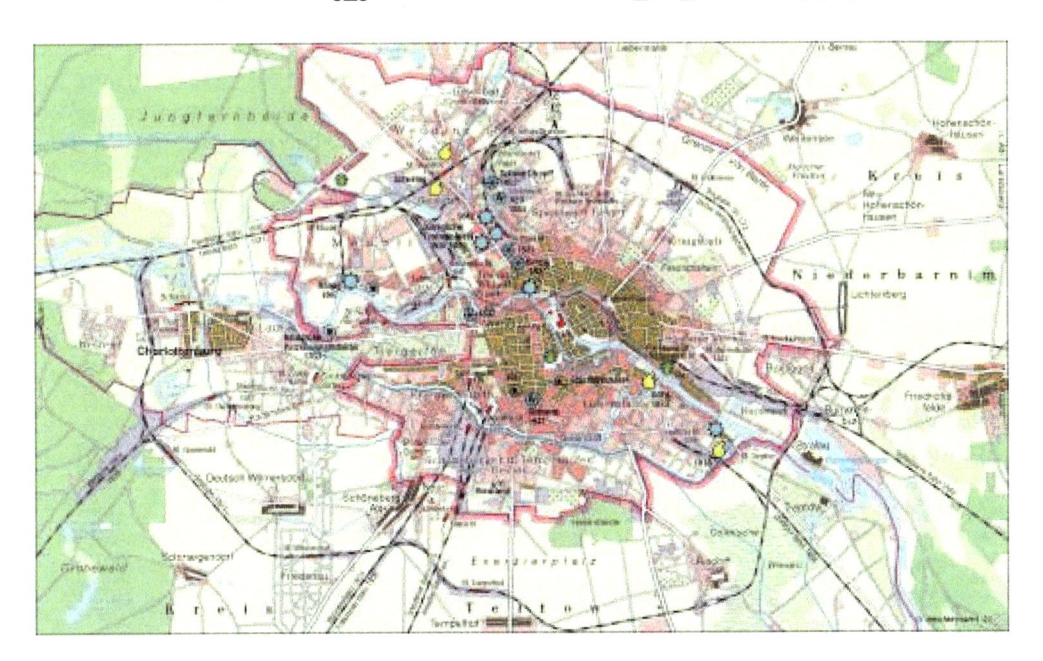

Abb. 1-89: Berlin und seine Kopfbahnhöfe 1840 – 1880
(http://www.diercke.de/bilder/omeda/501/100700_034_1.jpg)

2. 1871 war in Berlin der östliche Teil der Ringbahn fertig (die Ringbahn umschloss den Kern von Berlin und verband unabhängig vom Straßenverkehr acht Kopfbahnhöfe der Ferneisenbahnen), 1882 wurde in Berlin die Viaduktstrecke der Stadtbahn mit zwei Fernbahngleisen und zwei Stadtverkehrsgleisen quer durch die Stadt in Betrieb genommen, 1885 wurde die Hochbahn in New York eröffnet. Bei allen Lösungen wurde noch die Dampflokomotive eingesetzt.

3. Der erste erfolgreiche Versuchsbetrieb einer elektrischen Straßenbahn 1881 in Berlin ließ die Nutzung der Tunnelstrecken problemlos werden (Abgase) und der Elektroantrieb führte auch zur Bildung von Zügen aus Triebwagen und Beiwagen, eingesetzt als noch heute gültige Form der Stadtschnellbahn in Paris (Eröffnung der Pariser Metro am 19. Juli 1900).

4. Die zunehmende Ausdehnung der Städte erforderte ein schnelles innerstädtisches Verkehrsmittel zur Überwindung der Entfernungen Wohnstätten – Produktionsstätten. Die meist ebenerdig in den Straßen verlaufenden Straßenbahnen reichten dazu nicht aus.

Die im Öffentlichen Personennahverkehr eingesetzten Bahnen lassen sich neben Sonderformen (Bahnen besonderer Bauart) und der Straßenbahn in die Systeme U-Bahn, S-Bahn und Stadtbahn einteilen.

Kennzeichen der Stadtschnellbahn als U-Bahn sind:

- unabhängig vom Straßenverkehr geführte Trassen
- Züge mit elektrischem Antrieb
- schneller Fahrgastwechsel (viele Türen, gleiche Höhe Bahnsteig – Wagenboden)
- dichter innerstädtischer Haltestellenabstand
- ausschließlich innerstädtische Personenbeförderung
- Betrieb (heute) nach den Vorschriften der Bau- und Betriebsordnung Straßenbahn (BOStrab).

Die ersten Vorschläge für die schließlich ausgeführte erste Untergrundbahn in London stammen aus den 30er Jahren des 19. Jahrhunderts. 1863 nahm in London die erste U-Bahn (eher: Unterpflasterbahn) auf einer Länge von 6,5 Kilometer zwischen Paddington und Farringdon Street den Betrieb auf. Der Name der Gesellschaft war „Metropolitan Railway" (Hauptstädtische Eisenbahn), woraus sich schnell der oft verwendete Begriff „Metro" ableitete. Durch die Verlegung einer dritten Schiene konnten neben den normalspurigen Zügen mit 1435 mm auch Züge der Great Western Eisenbahn mit ihren 2100 mm Spurweite den Tunnel befahren. Der Tunnel mit Dampflokbetrieb war ursprünglich als Verlängerungsstrecke der Ferneisenbahn in die Stadt gedacht, aber bald fuhren hauptsächlich Züge im Tunnel, welche in London begannen und in London endeten. Die Linie übernahm damit weitgehend städtische Beförderungsaufgaben.

1890 folgte in London die erste tiefliegende Röhrenbahn der Welt (Tunnel in großer Tiefenlage in geschlossener Bauweise errichtet), jetzt mit elektrischem Antrieb. Die erste U-Bahn auf dem Kontinent mit 3,7 km Länge wurde 1896 in Budapest eröffnet, der Bau der ersten deutschen U-Bahn wurde 1896 in Berlin in Angriff genommen.

> *Werner Siemens schlug für Berlin den Bau einer Hochbahn wie in New York vor. Das empfanden die Stadtväter für die vornehme Friedrichstraße als unästhetisch. Gegen Untergrundbahnen wurde das Argument von Gefahren für die Kanalisation angeführt. Nach vielen Verhandlungsjahren stimmte man einer Hochbahn durch das „Arme-Leute-Viertel" von der Warschauer Brücke über Hallesches Tor zur Bülowstraße zu. Der erste Spatenstich fand am 10. September 1896 in der Gitschiner Straße statt. In Verhandlungen mit der Stadt Charlottenburg wurde erreicht, dass die Verlängerung*

durch die Tauentzienstraße bis zum (heutigen) Ernst-Reuter-Platz als Untergrundbahn gebaut wurde. Damit war auch ein unterirdischer Abzweig Richtung Potsdamer Platz/Stadtzentrum möglich. Am 15. Februar 1902 fand die Eröffnungsfahrt auf der Strecke Potsdamer Platz – Zoologischer Garten – Stralauer Tor – Potsdamer Platz statt.[45]

Die erste U-Bahn-Strecke in Hamburg wurde 1912 eröffnet, eine erste Münchner Tunnelstrecke für eine Stadtschnellbahn wurde zwischen 1938 und 1941 gebaut.

Erste Pläne für eine Hamburger Schnellbahn entstanden 1893: Es waren Erweiterungen der Ferneisenbahn für den Hamburger Ortsverkehr gedacht. Eine Verkehrskommission entschied sich für eine Hoch- und Untergrundbahn; nach jahrelangen Verhandlungen wurde 1906 der Auftrag zum Bau der Untergrundbahn erteilt (Gründung der Hamburger Hochbahn Aktiengesellschaft am 27.05.1911) und 1912 wurde auf den ersten Strecken der Betrieb aufgenommen.

Das Lexikon definiert S-Bahn wie folgt:[46] „*S-Bahn, Kurzwort für Schnellbahn, ein auf Schienen geführtes Nahverkehrsmittel zum Anschluß der Randbezirke und Vororte größerer Städte; wird im Innenstadtbereich auch oft unterirdisch geführt*"

Die S-Bahn nimmt eine Mittelstellung ein zwischen der (Fern-) Eisenbahn, aus der sie hervorgegangen ist, und der U-Bahn. Kennzeichen der S-Bahn sind

– Spurweite der (Fern-)Eisenbahn
– Fahrzeuge für schnellen Fahrgastwechsel
– hohes Beschleunigungsvermögen
– Betrieb auf eigenen Gleisen
– fester Fahrplantakt
– kurze Haltezeiten
– größere Haltestellenabstände als rein innerstädtische Schienenverkehrsmittel
– Erschließung von Ballungsräumen
– Verbindung von Ballungszentren untereinander
– Betrieb (heute) nach der Eisenbahn-Bau- und Betriebsordnung.

Die Literatur nennt verschiedene Daten für die Entstehung der S-Bahn. Wenn neben eigenen Gleisen, eigenen Bahnsteigen und festem Takt auch ein besonderer (ferneisenbahnunabhängiger) Tarif ein Kennzeichen der S-Bahn ist, kann man das Entstehungsjahr der S-Bahn auf die Einführung des besonderen Stadttarifs auf der Hamburg-Altonaer Bahn im Jahr 1885 beziehen. Es werden aber auch die Jahre 1871 genannt (Fertigstellung des ostwärtigen Teilstücks der Berliner Ringbahn von Moabit bis Schöneberg) und 1872 (Aufnahme des Personenverkehrs auf dem o. g. Teilstück der Berliner Ringbahn) und 1882 (Inbetriebnahme der Berliner Stadtbahn zwischen Ostkreuz und Westkreuz).

Der Begriff „S-Bahn" erschien erstmals 1930 im Zusammenhang mit dem Abschluss der Elektrifizierung der Berliner Stadtbahnen, Ringbahnen und Vorortbahnen; er stand damals als Kurzwort für „Stadt-Schnell-Bahn". Das Symbol der S-Bahn war – und ist – ein weißes S auf grünem Grund.

---

[45] Um in Berlin zu demonstrieren, dass auch im Berliner Schwemmsand Bauen im Untergrund möglich war, wurde zwischen 1895 und 1899 im Schildvortriebsverfahren zwischen Treptow und Strahlau ein Unterwassertunnel für die Straßenbahn gebaut, welcher über 30 Jahre lang befahren wurde.
[46] Bertelsmann-Lexikon, Band 19 „Rub – Schwef", Stuttgart 1996

Abb. 1-90:
S-Bahn-Logo

Der Öffentliche Personennahverkehr wurde mit Bussen bewältigt, es waren S-Bahnen und U-Bahnen im Einsatz und Straßenbahnen im Straßenraum gemeinsam mit dem Individualverkehr sowie Straßenbahnen auf besonderem Bahnkörper am Straßenrand/straßenunabhängig.

In wenigen Fällen verkehrten die Straßenbahnen auf kurzen Abschnitten auch im Tunnel, so schon 1895 in Berlin oder in den 1930er Jahren in Nürnberg.

Der Gedanke, die Straßenbahn im Wesentlichen ebenerdig fahren zu lassen und sie in Innenstädten vollkommen unter die Erde zu verlegen und ihr unabhängig vom motorisierten Individualverkehr eine ungehinderte Fahrt zu ermöglichen (und dem motorisierten Individualverkehr mehr Platz zu verschaffen) entstand in Deutschland Ende der 1950er Jahre. Dabei sollte die Straßenbahn weiterhin bestehen bleiben und nur in der Innenstadt vollkommen in der minus-1-Ebene verlaufen (mit den Trassierungsparametern der Straßenbahn): Die U-Straßenbahn war geboren (ab 1966 in Stuttgart, ab 1968 in Köln).

Der Umbau der Straßenbahn in eine Stadtschnellbahn, welche unabhängig vom Straßenverkehr weitgehend oberirdisch verläuft und nur wichtige Strecken unterirdisch quert oder sogar aufgeständert und in der Innenstadt weitgehend unterirdisch verläuft, führte zum Begriff „Stadtbahn". Die erste Stadtbahnstrecke wurde 1977 im Ruhrgebiet in Betrieb genommen (Essen – Mülheim).[47]

Bei der Umstellung vom Straßenbahnbetrieb auf Stadtbahnbetrieb verlangte das zeitweilige Nebeneinander zweier Betriebsformen (Straßenbahn mit ebenerdigem Einstieg und Stadtbahn mit hohen Bahnsteigen) neben dem Beibehalten der (Straßenbahn-)Fahrleitung den Einsatz von Fahrzeugen, welche mittels ausfahrbarer Klapptrittstufen beide Einstiege bedienen können. Der werbewirksame Begriff „U-Bahn" für den Stadtbahnbetrieb bezeichnet demnach keinen U-Bahn-Betrieb, sondern den Betrieb einer Straßenbahn (in der Innenstadt weitgehend) unabhängig vom Straßenverkehr.

---

[47]In Essen verkehrte damals auf der kurzen ersten unterirdischen Strecke die schnellste U-Bahn der Welt: „Kaum unten, schon wieder oben …"

1.6 Das Entstehen von U-Bahnen, S-Bahnen und Stadtbahnen

Abb. 1-91: Einfahrt der Kölner Straßenbahn in den Innenstadttunnel

Öffentlicher Personennahverkehr auf der Schiene wurde bis zum Aufkommen der Stadtschnellbahnen nach 1970 von der Eisenbahn und der Straßenbahn und wenigen Sonderformen – Zahnradbahnen, Standseilbahnen, Schwebebahnen – betrieben. Die Privatbahnen, die Ländereisenbahnen und auch die spätere Deutsche Reichsbahn haben für den Öffentlichen Personennahverkehr in den ersten Jahrzehnten dieselben Dampflokomotiven und Wagen eingesetzt wie für den Fernverkehr.

Die ersten Wagen waren von Kutschenbauern, Wagnern und Sattlern hergestellt worden und führten zur Übernahme der Form der Postkutsche als Eisenbahnwagen. Um mehr Fahrgäste transportieren zu können, setzte man mehrere Postkutschkästen auf einem Fahrgestell aneinander. Damit besaßen die Wagen mehrere Türen, durch welche man vom Bahnsteig her die nicht miteinander verbundenen Abteile erreichte.

Bei Bahnstrecken mit hohem Fahrgastandrang setzte man auch im 19. Jahrhundert schon Doppelstockwagen ein, so um 1880 bei der Berliner Stadtbahn (Untergeschoß Abteilwagen, Obergeschoß Durchgangswagen mit Mittelgang, durch Außentreppen erreichbar). In diesen Wagen gab es drei, manchmal sogar vier Wagenklassen (die erste Wagenklasse war außen durch das Gelb der Postkutsche gekennzeichnet, von dem heute nur die gelbe Umrandung an der Wagenaußenseite geblieben ist). Die vierte Wagenklasse wurde in Deutschland 1928 aufgehoben, und seit 1956 gibt es in Europa nur noch zwei Wagenklassen. Der Abteilwagen ist verschwunden zugunsten des Durchgangswagens[48] mit Mittelgang und des D-Zug-Wagens mit Seitengang[49] – beide Wagen werden an den Wagenenden von der Seite bestiegen.

---

[48] Der Durchgangswagen entstand in den USA: Der Raddampfer wurde als das Personenverkehrsfahrzeug angesehen und seine Kajüte wurde daher von den Amerikanern auf die Schiene gestellt.
[49] Der Abteilwagen mit Seitengang ist 1873 erstmals nach Hessen geliefert worden; seit 1890 ist der Seitengangwagen als Vierachser mit Drehgestellen und Wagenübergang im Faltenbalg im Einsatz.

Abb. 1-92: Preußischer Abteilwagen dritter Klasse
(http://upload.wikimedia.org/wikipedia/commons/thumb/a/a4/Preuss_Abteilwagen_C3_P9030010.JPG/800px-Preuss_Abteilwagen_C3_P9030010.JPG)

Abb. 1-93: Französischer Doppelstockwagen um 1900 (Rossberg, o.J.)

Für den Personennahverkehr der Eisenbahnen waren bedeutende Richtlinien
- Das preußische Eisenbahngesetz vom 3.11.1838 und ähnliche Gesetze in anderen deutschen Staaten: Die Bahn wurde als Vollbahn konzessioniert mit allen Rechten und Pflichten
- das preußische Kleinbahngesetz vom 28. Juli 1892, welches die Nebenbahnen am weitgehendsten förderte.

Schon 1847 entstand der „Verein Deutscher Eisenbahnverwaltungen", welcher wertvolle Arbeit für die technische Normung der Eisenbahnen leistete; dieser Verein hatte Empfehlungen über den Bau und Betrieb von „Secundairbahnen" erarbeitet, aus welchen 1878 die

"Bahnordnung für deutsche Bahnen untergeordneter Bedeutung" hervorging. Diese Bahnordnung verzichtete auch wegen der Höchstgeschwindigkeit von 30 km/h auf Absperrung und Bewachung der Bahnübergänge und erließ nicht so weitreichende Sicherheitsmaßnahmen wie bei der Ferneisenbahn. Bayern hatte mit einem Gesetz vom 29.4.1869 den Bau von Vicinalbahnen ("Nachbarschaftsbahnen") gefördert und dieser Entwicklung vorgegriffen.

> Die Blütezeit der Kleinbahnen begann Ende des 19. Jahrhunderts, als die meisten Hauptbahnen bereits bestanden: Auch bisher nicht eisenbahnmäßig erschlossene Gebiete wollten von der schnellen und leistungsfähigen Eisenbahn profitieren. Durch eine Vielzahl staatlicher Beihilfen, Betriebsführung durch die "große Eisenbahn", durch Gebühren- und Abgabenerlass, durch Tariffreiheit und Fahrplanfreizügigkeit zogen diese Bahnen viel Kapital an und es entstand ein dichtes Netz von Klein- und Zubringerbahnen. So zählte Deutschland 1909 etwa 250 Kleinbahnen mit 7.500 km Strecke (für Nebenbahnen werden um die Jahrhundertwende 17.000 km Strecke genannt zuzüglich etwa 1.800 km Schmalspurbahnen). Wobei einige der Kleinbahnen aber Straßenbahnen waren. Die durchschnittliche Länge einer Kleinbahn war in Preußen 38,4 km.[50]

Der auf den Vollbahnen durchgeführte Öffentliche Personennahverkehr führte vor allem in den Millionenstädten zur Entwicklung besonderer Nahverkehrsformen auf der Eisenbahn: In Berlin wurden ab 1871 mit einem Ringbahnteilstück acht Kopfbahnhöfe der von Berlin ausgehenden Fernbahnen verbunden, in Hamburg war der Ausgangspunkt von Nahverkehrsformen bei der Eisenbahn der starke Fahrgastzuwachs auf der Verbindungsbahn Altona-Hamburg.

In Berlin zeigte sich sehr schnell, dass der Betrieb mit Dampflokomotiven und Abteilwagen auf der Stadtbahn, auf der Ringbahn und bei den Vorortbahnen keinen schnellen und sauberen städtischen Verkehr ermöglichte. Insbesondere ließ die Anfahrbeschleunigung der Dampflokomotiven zu wünschen übrig: Es wurde die Elektrifizierung angestrebt. Nach mehreren Versuchen begann in Berlin 1903 ein Gleichstrom-Probebetrieb mit neuen Abteiltriebwagen. Der vordere Triebwagen zog, der mittlere und der hintere Triebwagen schoben den Zug mit dreiachsigen Abteilwagen.

Bei der Elektrifizierung des Berliner Nahverkehrs konnte auch auf Erfahrungen der Münchner Lokalbahn-Aktiengesellschaft zurückgegriffen werden, welche 1895 in der Nähe vom Bodensee (Meckenbeuren – Tettnang) eine Gleichstrombahnlinie in Betrieb nahm, auf der im Personenverkehr zwei leichte zweiachsige Motorwagen mit Rollenstromabnehmern im Einsatz waren, welche 30 Fahrgäste fassten.

1913 wurde das Gesetz zur Elektrifizierung der Berliner Stadt-, Ring- und Vorortbahnen vom preußischen Landtag angenommen. 1921 gab es den Beschluss, diese Bahnen mit 800 Volt Gleichstrom zu elektrifizieren. Durch die Stromzuführung über eine seitliche Stromschiene konnte auf teure Profilerweiterungen für Tunnel verzichtet werden, und auf den Strecken mit Stromschienen konnte später evtl. auch zusätzlich der Fernverkehr mit einer dann zu bauenden herkömmlichen Oberleitung geführt werden.

Am 20. März 1929 wurde auf der Stadtbahn Berlin und den anschließenden Vorortstrecken der Fahrplan für den vollen elektrischen Betrieb eingeführt.

Die für Berlin für viele Jahrzehnte typischen bordeauxroten-ockerfarbenen S-Bahnwagen entstanden auch im Zuge der Elektrifizierung. Mit fünf dieser Züge wurde 1924 ein Probebe-

---

[50] Mögliche Unterschiede in den Zahlen beruhen auf unterschiedlichen Statistiken: Die eine Zahl umfasst alle Schmalspurbahnen und auch Kleinbahnen, welche Straßenbahnen waren – allein Preußen nannte 8.400 km Nebenbahn – und die andere Zahl sind die regelspurigen Nebenbahnen.

trieb aufgenommen, bei welchem die neuen Nahverkehrszüge zwischen den Dampfzügen verkehrten. Bei den Probefahrzeugen wie auch bei den späteren Serienfahrzeugen befand sich hinter dem Führerstand des rund 17 m langen Triebwagens mit zwei Drehgestellen ein Traglastenabteil mit Längssitzen an den Wänden, erreichbar nur durch je eine Tür an der linken bzw. rechten Wagenseite. Es folgte ein Großraumabteil mit drei Stehplatzbereichen an den gegenüberliegenden sechs Türen und mit dazwischenliegenden offenen Abteilen mit Quersitzen links und rechts eines Mittelganges, welcher auch zahlreiche stehende Fahrgäste aufnehmen konnte. Die Steuerwagen enthielten außer dem Führerstand nur Einstiegs- und Sitzplatzräume und Mittelgang; später hinzukommende Beiwagen enthielten nur Fahrgasträume. In allen Wagen waren nur Sitze der zweiten und der dritten Wagenklasse vorhanden. Die Züge verkehrten je nach Fahrgastanfall als Viertelzüge (Triebwagen und Steuerwagen kurz gekuppelt, d. h. nur in der Werkstatt zu trennen), Halbzüge (vier Wagen) oder Ganzzüge (acht Wagen). Die größte Geschwindigkeit der Wagen betrug 80 km/h, welche aber nur auf den Vorortstrecken erreicht wurde.

Anfang der 1930er Jahre standen für den Berliner Nahverkehr auf Stadt-, Ring- und Vorortbahn 650 Triebwagen, 460 Steuerwagen und 170 Beiwagen zur Verfügung. Im Jahr 1939 hatte das Berliner S-Bahnnetz inklusive der noch dampfbetriebenen Strecken eine Länge von 536 km erreicht bei einem Gesamtnetz der Berliner Reichsbahndirektion von 1185 km.

Abb. 1-94: S-Bahn-Fahrzeug Berlin von 1928 (Betriebsaufnahme elt. Betrieb am 8. August 1924) (http://www.berliner-verkehr.de/sbbilder/s2.jpg)

Das zweitgrößte S-Bahn-Netz in Deutschland befindet sich in Hamburg. Ausgangsstrecke war die Verbindung der Bahnhöfe Altona – Hamburg von 1866. Mit späteren Verlängerungen und z. T. viergleisigem Ausbau für Fernverkehr und Nahverkehr war 1907 der Ausbau der Hamburger S-Bahn im Wesentlichen beendet. Die Elektrifizierung der Hamburger S-Bahn begann 1908.

Weitere S-Bahn-Netze in Deutschland sind erst nach dem Zweiten Weltkrieg in Angriff genommen worden – z. B. eine erste Strecke 1967 in Düsseldorf, 1969 in Leipzig, zur Olympiade 1972 in München – und befinden sich z. T. noch in der Umsetzung, z. B. der weitere Ausbau des S-Bahn-Netzes im Ruhrgebiet oder der Bau einer Flughafen S-Bahn in Köln mit einer Verbindung nach Bonn. In weiteren deutschen Räumen sind S-Bahnen geplant; dort wird der Nahverkehr der Eisenbahn bis zur Einrichtung der S-Bahn durch Nahverkehrszüge der Bahn wie in nicht S-Bahn-würdigen Räumen abgewickelt; je nach Verkehrsaufkommen und Streckenkapazität verkehren diese Züge aber oft schon als S-Bahn-Vorläufer unter S-Bahn ähnlichen Bedingungen.

Zum Nahverkehr auf der Schiene zählt nicht nur der Schienenverkehr im Umfeld der großen Städte, welcher in der Form der S-Bahn betrieben wird und noch weiter ausgebaut werden soll, sondern auch der Schienenverkehr zwischen Städten und Dörfern auf dem „flachen Land". Während der Schienennahverkehr in den Ballungsräumen vom steigenden Kraftfahrzeugaufkommen zunächst wenig beeinflusst wurde, zeigte sich schon bei der wirtschaftlichen Erholung nach dem Ersten Weltkrieg die Konkurrenz des Kraftfahrzeugs für die Bahn außerhalb der Ballungsräume deutlich. Die Bahn reagierte mit einer Verbesserung der technischen Möglichkeiten, sie verbesserte ihr Angebot und ihre Qualität: Schon Mitte der zwanziger Jahre des 20. Jahrhunderts wurden kostengünstige Benzol- und Benzin-Triebwagen eingesetzt. Mit der gewaltigen Zunahme des Kraftfahrzeugbestandes nach dem Zweiten Weltkrieg ging der Verkehr auf den Nebenbahnen dramatisch zurück; die Bahn war gezwungen, eine vereinfachte Betriebsführung einzuführen und kostengünstige Triebwagen anzuschaffen, um die Stilllegung von Nebenstrecken zu verhindern bzw. hinauszuzögern. Seit Anfang der fünfziger Jahre setzte die Deutsche Bundesbahn auf Nebenstrecken Schienenbusse ein, welche 60 Sitzplätze hatten und mit einem oder zwei Beiwagen fuhren.

Abb. 1-95: Schienenbus (NN, 1994)

In den fünfziger Jahren blieb das Netz der Deutschen Bundesbahn im damaligen Westdeutschland mit rund 31.000 km auch unverändert, aber in den sechziger Jahren wurden rund 1.300 Streckenkilometer stillgelegt. In den Jahren von 1970 bis 1979 wurde der Reiseverkehr auf 95 Strecken mit 1.550 km eingestellt. Weitergehende radikale Schrumpfungspläne der Deutschen Bundesbahn aus den siebziger Jahren waren politisch nicht durchsetzbar, obwohl der Fehlbetrag der Bahn auch aufgrund des unrentablen Nahverkehrs auf vielen Strecken schon Mitte der siebziger Jahre auf 4,5 Milliarden DM angewachsen war.

Um 1870 waren über die Hälfte der deutschen Eisenbahnstrecken in Privatbesitz, in Preußen war der Anteil der Privatbahnen sogar 75 Prozent. Der nach dem deutsch-französischen Krieg 1870/71 wieder einsetzende Eisenbahn-Boom – Unfälle, Verspätungen, Kapazitätsgrenzen, aber hohe Gewinne für die Eisenbahnbesitzer – und die Einsatzmöglichkeiten der Bahn im Kriegsfall ließen eine zentrale Eisenbahnverwaltung sinnvoll erscheinen. Wegen des Misstrauens der Länder (insbesondere Bayern mit dem zweitgrößten Eisenbahnnetz in Deutschland war gegen eine Stärkung des Zentralstaates) scheiterte eine reichsdeutsche Lösung. In Preußen wurde daher eine preußische Lösung umgesetzt: Die preußischen Bahnen wurden gegen hohe Abstandszahlungen verstaatlicht. Der Reichsbahngedanke bestand nicht mehr. Der Reichsbahngedanke tauchte erst nach dem 1. Weltkrieg in der Verfassung der Weimarer Republik wieder auf. In der Verfassung hieß es: *"Aufgabe des Reiches ist es, die dem allgemeinen Verkehr dienenden Eisenbahnen in sein Eigentum zu übernehmen und als einheitliche Verkehrsanstalt zu verwalten"* und es sollten *"Reichseisenbahnen [...] als ein selbständiges wirtschaftliches Unternehmen"* geführt werden. Am 31. März 1920 unterzeichneten die deutschen Länder den entsprechenden Vertrag mit der Reichsregierung. Das neu gegründete Reichsverkehrsministerium sollte die Unterschiede zwischen den Länderverwaltungen beseitigen und für einheitliche Strukturen sorgen. Erst am 30. August 1924 wurde die Deutsche Reichsbahn-Gesellschaft gegründet, damit stand die Bahn de jure wirtschaftlich und rechtlich auf eigenen Füßen. Die Gründung der Gesellschaft fiel mit dem Beginn einer wirtschaftlichen Stabilisierung und Erholung zusammen. Neben vielen anderen Maßnahmen zur Modernisierung der Bahn wurden verschiedene Stadt- und Vorortbahnen elektrifiziert und neue Nahverkehrstriebwagen entwickelt und eingesetzt.

Ab September 1949 hieß es in der späteren Bundesrepublik Deutschland „Deutsche Bundesbahn". In den Aufbaujahren beherrschte die Eisenbahn den Gütertransportmarkt und sie dominierte auch im Personenverkehr. Die schwierige finanzielle Lage der Bahn – sie musste im Gegensatz zu den anderen Verkehrszweigen für die Kriegsschäden allein aufkommen und für die Erneuerung ihrer Anlagen selbst sorgen und hatte eine Vielzahl fremder Verpflichtungen zu tragen, welche mit dem Betrieb nichts zu tun hatten – wurde der Öffentlichkeit erst Ende der 50er Jahre bewusst, als die Fremdverschuldung der Bahn schon fünf Milliarden DM überschritten hatte. Der Gegensatz zwischen der Pflicht zur wirtschaftlichen Unternehmensführung und der Übernahme gemeinwirtschaftlicher Leistungen (z. B. musste der Personenverkehr im Nahbereich sowie der Schüler- und Berufsverkehr erheblich unter Selbstkosten gefahren werden) wurde von den Politikern nicht gelöst: Die Bahn fuhr weiter in das finanzielle Desaster.

Für den Personennahverkehr der Eisenbahn war eine Folge der finanziellen Bedingungen der Bahn, dass auf Nebenbahnstrecken zunächst einfache Fahrzeuge unter einfacheren Betriebsbedingungen eingesetzt wurden („Schienenbusse"), es verkehrten zunehmend ungepflegte unmoderne Fahrzeuge, das Angebot auf vielen Nebenstrecken wurde so stark eingeschränkt, bis es mangels Nachfrage ganz verschwand, viele Nebenbahnstrecken wurden „verkraftet" (auf Busbetrieb umgestellt). Der Erfolg aller dieser Maßnahmen war besonders wegen der fehlenden politischen Entscheidungen zweifelhaft. Die Schulden der Bahn stiegen weiter. Erst Ende der 1980er Jahre – die Gesamtverschuldung der Bahn hatte über 45 Milliarden Mark erreicht – zeichnete sich auch für den Nahverkehr der Bahn eine zukunftsträchtige Lösung ab.

1.6 Das Entstehen von U-Bahnen, S-Bahnen und Stadtbahnen

Abb. 1-96: Schienenbusgarnitur der Pfalzbahn im Werk Düsseldorf-Wersten am 25.06.2005. In Front: 798 622 (http://www.gessen.de/fotos/79862201.jpg)

Die Genehmigung für den Bau und Betrieb von Straßenbahnen erteilte in den deutschen Ländern – bis auf Preußen – der regierende Fürst bzw. das zuständige Ministerium, allein in Preußen war der Regierungspräsident zuständig. Wichtigste Grundlage für die Genehmigung der Straßenbahn war, da zwei Drittel des deutschen Straßenbahnnetzes in Preußen lagen, das preußische Kleinbahngesetz von 1892. Neben innerstädtischen Straßenbahnen waren Straßenbahnnen auch Bahnen zwischen Nachbarorten, welche einen straßenbahnähnlichen Charakter zeigten.

Die Unterscheidung „Straßenbahn" und „nebenbahnähnliche Kleinbahn" aus der Ausführungsanweisung von 1898 wurde erst nach 1937 aufgehoben: Die Kleinbahnen wurden je nach Anlagen, Betriebsweise und Verkehrsbedeutung (rechtlich) in Straßenbahnen oder Eisenbahnen umgewandelt. Damit unterlagen die Nahverkehrsbahnen als Eisenbahnen seit 1938 der Eisenbahn-Verkehrsordnung und (seit 1942) der Eisenbahn-Bau- und Betriebsordnung von 1928 und der Eisenbahn-Signalordnung von 1907.

Nach Erlass der Ausführungsanweisung (1898) zum preußischen Kleinbahngesetz von 1892 wurden 1906 „Bau- und Betriebsvorschriften für Straßenbahnen mit Maschinenbetrieb" erlassen, Vorläufer der „Verordnung über den Bau und Betrieb der Straßenbahnen" (BOStrab).

1934 wurde das „Gesetz über die Beförderung von Personen zu Lande" verkündet und 1937 die "Verordnung über den Bau und Betrieb der Straßenbahnen" (BOStrab); gleichzeitig wurden die Straßenverkehrsordnung und die Straßenverkehrszulassungsordnung neu erlassen.

Das Personenbeförderungsgesetz wurde in der Bundesrepublik Deutschland 1961 neu gefasst, eine Änderung der „Verordnung über den Bau und Betrieb der Straßenbahn" erfolgte 1965.

Im Personenbeförderungsgesetz sind Straßenbahnen definiert (und in den Vorgängervorschriften galten ähnliche Definitionen):

> „ § 4 Straßenbahnen, Obusse, Kraftfahrzeuge
>
> (1) Straßenbahnen sind Schienenbahnen, die
>
> 1. den Verkehrsraum öffentlicher Straßen benutzen und sich mit ihren baulichen und betrieblichen Einrichtungen sowie ihrer Betriebsweise der Eigenart des Straßenverkehrs anpassen oder
>
> 2. einen besonderen Bahnkörper haben und in ihrer Betriebsweise den unter Nr.1 bezeichneten Bahnen gleichen oder ähneln
>
> und ausschließlich oder überwiegend der Beförderung von Personen im Orts- und Nachbarschaftsbereich dienen.
>
> (2) Als Straßenbahnen gelten auch Bahnen, die als Hoch- oder Untergrundbahnen, Schwebebahnen oder ähnliche Bahnen besonderer Bauart angelegt sind oder angelegt werden, ausschließlich oder überwiegend der Beförderung von Personen im Orts- oder Nachbarschaftsbereich dienen und nicht Bergbahnen oder Seilbahnen sind."

Der Höhepunkt des Baus von Straßenbahnen lag in Deutschland zwischen 1895 und 1914. In allen Großstädten und in fast allen Mittelstädten (20.000 bis 100.000 Einwohner) gab es Straßenbahnstrecken. Aber auch kleinere Städte hatten Straßenbahnen, z. B. Walldorf mit 4.000 Einwohnern.

Nach dem Ersten Weltkrieg verschwand in vielen Städten die Straßenbahn wieder: Das Verkehrsbedürfnis hätte keine Straßenbahn erfordert, und der zwischenzeitlich zuverlässige Kraftomnibus konnte die Verkehrsaufgaben dieser Städte genauso gut oder besser erfüllen. In den Großstädten wurden die Straßenbahnnetze dagegen erweitert, sodass der Höhepunkt des Straßenbahnbetriebs in Deutschland um 1930 lag. Im Deutschen Reich von 1928 gab es 6.200 km z. T. mehrgleisige Straßenbahnstrecken zuzüglich etwa 500 km Kleinbahnstrecke mit Straßenbahncharakter. Auf diesen Strecken fuhren über 14.000 Oberleitungstriebwagen und mehr als 12.000 Beiwagen. Es waren etwa 40 Dampflokomotiven im Einsatz, über 100 Elektroloks fuhren auf dem Straßenbahnnetz, und es waren knapp 90 Triebwagen (Benzin-, Diesel- oder Batterieantrieb) unterwegs. Zum Wagenpark der Straßenbahnen zählten auch 1.900 Güter- und Gepäckwagen, 2.700 Arbeitswagen und andere Betriebswagen sowie über 70 Wagen der Post. Über 108.000 Beschäftigte in den Straßenbahn-Verkehrsunternehmen beförderten 4,2 Milliarden Personen und fast 3 Millionen Tonnen Güter.

Nach dem Zweiten Weltkrieg folgte bis 1955 in der Bundesrepublik Deutschland eine erste Stilllegungswelle der Straßenbahnen. Dabei verschwanden vor allem kleine Straßenbahnnetze und teure Strecken mit schwachem Verkehr: Bis 1955 wurden in der (alten) Bundesrepublik Deutschland 18 Straßenbahnnetze stillgelegt (einige Straßenbahnnetze waren auch aufgrund umfangreicher Kriegszerstörungen nicht wieder errichtet worden, z. B. in Hildesheim und in Hanau). 1928 waren im Gebiet der (alten) Bundesrepublik Deutschland 4.000 km Straßenbahnstrecke und 470 km straßenbahnähnliche Kleinbahnstrecke vorhanden, 350 km davon verschwanden bis 1955; es gab noch 3.250 km Straßenbahnstrecke in Westdeutschland. Die Zahl der beförderten Personen lag bei 3 Milliarden.

Die zunehmende Motorisierung in (West-)Deutschland (1950 143 Einwohner je Pkw, 1972 3,92 Einwohner je Pkw) ließ die Straßenbahn besonders in schmalen und kurvenreichen Straßen der Kleinstädte oder in engen Ortsdurchfahrten als Störfaktor erscheinen. In vielen Städten konnte der Straßenbahnverkehr problemlos vom Kraftomnibus übernommen werden. Zwischen 1956 und 1978 stellten in der (alten) Bundesrepublik Deutschland 43 Straßenbahnen ihren Betrieb ein, u. a. (West-)Berlin und Hamburg; es gab noch rund 1.700 km Straßenbahnstrecke.

Das Vordringen der Omnibusse war auch auf neue Bestimmungen der Bau- und Betriebsordnung für Straßenbahnen zurückzuführen. Ab 1.1.1960 wurde bei Straßenbahnen Sicherheitsglas, Bremsleuchten, Schlussleuchten, eine dritte (Stirn-) Leuchte und insbesondere ein Ganzstahlaufbau verlangt. Für kleinere Verkehrsunternehmen lohnte sich die Umstellung auf die neuen Straßenbahnen nicht mehr, der Omnibus war wirtschaftlicher.

In der Deutschen Demokratischen Republik, auf deren Gebiet 1928 1.500 km Straßenbahnstrecke lag (befahren von 4.500 Personentriebwagen und 4.000 Beiwagen) und 1 Milliarde Personen befördert wurden, gab es 1970 850 km Straßenbahnstrecke für 2.000 Personentriebwagen mit 2.500 Beiwagen; es wurden 1,3 Milliarden Personen befördert.

1.7 Die öffentlichen Verkehrsunternehmen im späten 20. Jahrhundert

In den ersten Jahrzehnten des Öffentlichen Personennahverkehrs auch auf der Straße war es den Ländern und Gemeinden vorbehalten, den Verkehr zu ordnen. Das Reich griff erst 1919 ein mit einer „Verordnung betreffend die Kraftfahrzeuglinien".[51] 1925 wurde nicht zuletzt aufgrund der Frage, ob die Post mit ihrem Monopol der Postbeförderung auch das Monopol für die Personenbeförderung besaß und somit einem Genehmigungszwang zum Linienverkehr nicht unterlag (?) das „Kraftfahrliniengesetz" erlassen. Das Kraftfahrliniengesetz wie auch ein Überlandliniengesetz von 1931, welches der Eisenbahn im Wettbewerb gegenüber dem Kraftfahrzeug helfen sollte, regelte beim Personenverkehr nur den Verkehr über den Gemeindebezirk hinaus, für den Verkehr innerhalb der Gemeinde galt weiter die Reichsgewerbeordnung: Die Ortspolizeibehörde war zuständig.

Das Überlandliniengesetz und das Kraftfahrliniengesetz wurden abgelöst durch das Personenbeförderungsgesetz von 1934, welches mit Änderungen, Erweiterungen und Modifikationen heute noch gilt: Das Gesetz erweiterte die Regelung über den Linienverkehr mit Kraftfahrzeugen hinaus auf den Linienverkehr mit Straßenbahnen und auf den Gelegenheitsverkehr mit Kraftfahrzeugen. Das Gesetz wurde ergänzt durch die „Verordnung über den Betrieb von Kraftfahrunternehmen im Personenverkehr" (BO Kraft) 1939 und durch die „Verordnung über den Bau und Betrieb der Straßenbahnen" (BO Strab) 1937.

Nach dem Zweiten Weltkrieg galt das Personenbeförderungsgesetz in der alten Bundesrepublik Deutschland fort mit der Einschränkung, dass Bahn und Post auf ihre Vorrechte bei der Einrichtung von Linien verzichten mussten: Die Länder entschieden über Einrichtung und Betreiber der Linien. Dennoch befehdeten sich Bahn und Post weiter wegen unklarer Definitionen in den Richtlinien über den Begriff „Parallelverkehr". Ab 1955 richteten die Wettbewerber Bahn und Post (wenige) Gemeinschaftslinien ein, ab 1959 wurden die Gemeinschaftslinien zugunsten eines Linientausches wieder aufgegeben. Erst 1970 wurde eine Omnibusverkehrsgemeinschaft Bahn/Post gegründet (die Bahn betrieb mit 5.271 Bussen Linienverkehr auf

---

[51] Besonders die Überland(bus)linien sollten von der Genehmigung durch mehrere Ortspolizeibehörden befreit werden: Es sollte ein staatlicher Genehmigungszwang eingeführt werden.

108.177 Kilometer Strecke, die Post wies 4.530 Busse auf 62.391 Kilometer Strecke auf). Aufgrund eines Gutachtens für die Bundesregierung wurden 1976 schließlich in wenigen Regionen die Busdienste von Bundesbahn und Bundespost in neu gegründete regionale Verkehrsgesellschaften eingebracht, welche nach 1980 gemeinsam mit den verbliebenen Postbussen und Bahnbussen als bundesweite Lösung in einen handelsrechtlichen Konzern mit etwa 20 regionalen Gesellschaften überführt wurden: Es entstand der Unternehmensbereich der Deutschen Bundesbahn „Bahnbus".

Das nach dem Zweiten Weltkrieg fortgeltende Personenbeförderungsgesetz und die Vorzugsbehandlung von Bahn und Post hatte die Benachteiligung der privaten Unternehmer im Buslinienverkehr zur Folge. Im 1962 geänderten Personenbeförderungsgesetz waren staatliche und private Verkehrsunternehmen gleichgestellt. Eine Ausnahme gab es zum Schutz der Bundesbahn: Für Schienenparallelverkehr und Schienenersatzverkehr genießt die Bundesbahn gegenüber anderen Unternehmen einen Vorrang.

Das Personenbeförderungsgesetz von 1961 brachte noch andere wesentliche Neuerungen: Der Anwendungsbereich des Gesetzes erweiterte sich erheblich; das Merkmal Gewerbsmäßigkeit entfiel; der Linienverkehr wurde um Sonderformen erweitert, welche auch als Linienverkehr gelten; das Genehmigungsverfahren wurde umfassend geregelt. In dieser Fassung hieß es – zum gegenwärtigen Stand der Rechtsgrundlagen siehe Kapitel 2:

§ 1 Sachlicher Geltungsbereich

(1) Den Vorschriften dieses Gesetzes unterliegt die entgeltliche oder geschäftsmäßige Beförderung von Personen mit Straßenbahnen, mit Oberleitungsomnibussen (Obussen) und mit Kraftfahrzeugen. Als Entgelt sind auch wirtschaftliche Vorteile anzusehen, die mittelbar für die Wirtschaftlichkeit einer auf diese Weise geförderten Erwerbstätigkeit erstrebt werden.

(2) Diesem Gesetz unterliegen nicht

    1. Beförderungen mit Personenkraftwagen ..., wenn das Gesamtentgelt die Betriebskosten der Fahrt nicht übersteigt

    2. Beförderungen mit Landkraftposten der Deutschen Bundespost.

§ 2 Genehmigungspflicht

(1) Wer im Sinne des § 1 Abs.1

    1. mit Straßenbahnen,

    2. mit Obussen,

    3. mit Kraftfahrzeugen im Linienverkehr (§§ 42 und 43) oder

    4. mit Kraftfahrzeugen im Gelegenheitsverkehr (§ 46)

Personen befördert, muss im Besitz einer Genehmigung sein. Er ist Unternehmer im Sinne dieses Gesetzes.

(2) Der Genehmigung bedarf ferner jede Erweiterung oder wesentliche Änderung des Unternehmens, die Übertragung der aus der Genehmigung erwachsenden Rechte und Pflichten sowie die Übertragung des Betriebs auf einen anderen.

(3)...

(4)...

§ 3 Unternehmer

(1) Die Genehmigung wird dem Unternehmer für einen bestimmten Verkehr ... und für seine Person (natürliche oder juristische Person) erteilt.

(2) Der Unternehmer oder derjenige, auf den der Betrieb übertragen worden ist ..., muß den Verkehr im eigenen Namen, unter eigener Verantwortung und für eigene Rechnung betreiben. ...

§ 4 Straßenbahnen, Obusse, Kraftfahrzeuge

(1) Straßenbahnen sind Schienenbahnen, die

1. den Verkehrsraum öffentlicher Straßen benutzen und sich ... (dem Straßenverkehr) anpassen

2. einen besonderen Bahnkörper haben ... und den unter Nummer 1 bezeichneten Bahnen gleichen oder ähneln und ausschließlich oder überwiegend der Beförderung von Personen im Orts- oder Nachbarschaftsbereich dienen.

(2) Als Straßenbahnen gelten auch Hoch- und Untergrundbahnen, Schwebebahnen oder ähnliche Bahnen ... und nicht Bergbahnen oder Seilbahnen sind.

(3) Obusse im Sinne dieses Gesetzes sind elektrisch angetriebene, nicht an Schienen gebundene Straßenfahrzeuge, die ihre Antriebsenergie einer Fahrleitung entnehmen.

(4) Kraftfahrzeuge im Sinne dieses Gesetzes sind Straßenfahrzeuge, die durch eigene Maschinenkraft bewegt werden, ohne an Schienen oder eine Fahrleitung gebunden zu sein, und zwar sind

1. Personenkraftwagen: Kraftfahrzeuge, die nach ihrer Bauart und Ausstattung zur Beförderung von nicht mehr als neun Personen (einschließlich Führer) geeignet und bestimmt sind,

2. Kraftomnibusse: Kraftfahrzeuge, die nach ihrer Bauart und Ausstattung zur Beförderung von mehr als neun Personen (einschließlich Führer) geeignet und bestimmt sind.

3. ...

...

§ 42 Begriffsbestimmung Linienverkehr

Linienverkehr ist eine zwischen bestimmten Ausgangs- und Endpunkten eingerichtete regelmäßige Verkehrsverbindung, auf der Fahrgäste an bestimmten Haltestellen ein- und aussteigen können. Er setzt nicht voraus, dass ein Fahrplan mit bestimmten Abfahrts- und Ankunftszeiten besteht oder Zwischenhaltestellen eingerichtet sind.

§ 43 Sonderformen des Linienverkehrs

Als Linienverkehr gilt, unabhängig davon, wer den Ablauf der Fahrten bestimmt, auch der Verkehr, der unter Ausschluss anderer Fahrgäste der regelmäßigen Beförderung von

1. Berufstätigen zwischen Wohnung und Arbeitsstelle (Berufsverkehr)

2. Schülern zwischen Wohnung und Lehranstalt (Schülerfahrten)

3. Personen zum Besuch von Märkten (Marktfahrten)

4. Theaterbesuchern

dient. Die Regelmäßigkeit wird nicht dadurch ausgeschlossen, dass der Ablauf der Fahrten wechselnden Bedürfnissen der Beteiligten angepasst wird.

§ 44 Dauer der Genehmigung

Die Dauer der Genehmigung ist unter Berücksichtigung der öffentlichen Verkehrsinteressen zu bemessen. Im Höchstfall beträgt sie acht Jahre.

...

§ 46 Formen des Gelegenheitsverkehrs

(1) Gelegenheitsverkehr ist die Beförderung von Personen mit Kraftfahrzeugen, die nicht Linienverkehr nach §§ 42 und 43 ist.

(2) Als Formen des Gelegenheitsverkehrs sind nur zulässig

1. *Verkehr mit Kraftdroschken (Taxen ...)*
2. *Ausflugsfahrten und Ferienziel-Reisen (...)*
3. *Verkehr mit Mietomnibussen und Mietwagen (...)*

Die Unternehmer von Straßenbahnen, Linienverkehr oder Gelegenheitsverkehr mussten nach dem Personenbeförderungsgesetz von 1961 und später – zum heutigen Rechtsstand siehe Kapitel 2 – vor der Betriebsaufnahme eine Genehmigung einholen. Die Genehmigung gilt bei einem Verkehr mit Straßenbahnen für den Bau, den Betrieb und die Linienführung der Bahn und sie gilt bei einem Linienverkehr mit Kraftfahrzeugen für die Einrichtung und den Betrieb der Linie sowie für die Zahl, die Art und das Fassungsvermögen der auf ihr einzusetzenden Fahrzeuge. Die Voraussetzung für die Erteilung einer Genehmigung war/ist neben der Zuverlässigkeit des Antragstellers und der Sicherheit und Leistungsfähigkeit des Unternehmens auch die Wahrung der Interessen des öffentlichen Verkehrs. Danach war zu prüfen,

– ob der Verkehr mit den vorhandenen Verkehrsmitteln befriedigend bedient werden kann,
– ob ohne wesentliche Verbesserung Verkehrsaufgaben übernommen werden sollen, die vorhandene Unternehmen bereits durchführen
– ob die vorhandenen Unternehmer innerhalb einer angemessenen Frist den Verkehr selbst zu übernehmen bereit sind.

In der Deutschen Demokratischen Republik spielte der städtische Personennahverkehr eine besondere Rolle: Sein Anteil betrug 1977 75 % des Beförderungsumfangs in Personen und 50 % der Beförderungsleistungen in Personenkilometer.

In der DDR wurde das Verkehrswesen zentral geleitet; im Auftrag des Ministerrats nahm das Ministerium für Verkehrswesen diese Aufgabe wahr: Die Leitung des Ministeriums hatte der Minister, welcher gleichzeitig Generaldirektor der Deutschen Reichsbahn war, Vorsitzender des Zentralen Transportausschusses und Generalbevollmächtigter für die Bahnaufsicht. Das Ministerium war in Hauptstab der Deutschen Reichsbahn und fünf Hauptverwaltungen gegliedert (u. a. die beiden Hauptverwaltungen Straßenwesen und Kraftverkehr).

Die örtliche Leitung des Verkehrs erfolgte nach den Bezirken der DDR, nach den Kreisen und nach den Städten. Die Träger der Aufgaben waren die Volksvertretungen und die jeweiligen Leitungsorgane (Bezirkstag und Rat des Bezirkes, Kreistag und Rat des Kreises, Stadtverordnetenversammlung und Rat der Stadt). Ständige Kommissionen für Verkehr bei den Räten, zusammengesetzt aus Abgeordneten und benannten sachkundigen Bürgern organisierten die

Mitwirkung der Bürger bei der Vorbereitung und Durchführung von verkehrsrelevanten Beschlüssen und kontrollierten die Umsetzung der Beschlüsse.

Eine besondere Rolle bei der Durchsetzung der gesamtgesellschaftlichen Zielstellung nahmen die Transportausschüsse ein. Als beratende und koordinierende Gremien bestanden sie auf zentraler Ebene (Zentraler Transportausschuss), auf Bezirksebene und auf Kreis- bzw. Stadtebene. Die Aufgabe dieser Ausschüsse, bestehend aus leitenden Vertretern der Wirtschaft sowie zentralen und regionalen Leitungen für die Beförderung, war es, alle mit unterschiedlichen Verkehrsproblemen beschäftigten Institutionen zusammenzuführen und die Leitlinien der Verkehrspolitik durchzusetzen.

In der DDR war jeweils ein Verkehrsunternehmen für den Öffentlichen Personennahverkehr im Territorium verantwortlich. Die unmittelbare staatliche Leitung des Kraftverkehrs erfolgte durch den Rat des Bezirks (Verwaltung) und die entsprechende Volksvertretung (Bezirkstag) nach den Anweisungen des Ministeriums. In jedem Bezirk der DDR gab es einen Volkseigenen Betrieb (VEB) Kraftverkehrskombinat, der dem Rat des Bezirks unterstand. Der Leiter der Abteilung Verkehr im Rat des Bezirks war gegenüber dem Direktor des Kraftverkehrskombinats weisungsberechtigt.

Die Kraftverkehrskombinate hatten u. a. die Aufgabe, den Beförderungsbedarf (Personen und Güter) im Straßenverkehr sicherzustellen (für den städtischen Nahverkehr galten andere Regelungen) und die Instandhaltung an Nutzfahrzeugen und (auch privaten) Personenkraftwagen zu gewährleisten.

Die Nahverkehrsmittel Straßenbahn, Kraftomnibus, Oberleitungsomnibus, U-Bahnen und Taxen (sowie Schiffe, Fähren und Seilbahnen) waren für den städtischen Personenverkehr oft in eigenen Nahverkehrsbetrieben zusammengefasst. Verantwortlich für den Nahverkehr waren die örtlichen Volksvertretungen und ihr verkehrsleitendes Organ (Stadtverordnetenversammlung und Abteilung Verkehr des Rates der Stadt).

Der Öffentliche Personennahverkehr mit Bussen des Bezirkes Magdeburg beispielsweise gliederte sich in

VE Verkehrskombinat Magdeburg mit
VEB Kraftverkehr Burg (Zwei Betriebsteile)
VEB Kraftverkehr Schönebeck (Zwei Betriebsstellen)
VEB Kraftverkehr Halberstadt (Zwei Betriebsstellen)
VEB Kraftverkehr Wernigerode (Zwei Betriebsstellen)
VEB Kraftverkehr Staßfurt
VEB Kraftverkehr Oschersleben
VEB Städtischer Nahverkehr Halberstadt
VEB Kraftverkehr Stendal (Vier Betriebsstellen)
VEB Gardelegen
VEB Kraftverkehr Salzwedel
VEB Kraftverkehr Klötze.
VEB Kraftverkehr Haldensleben.

Dreh- und Angelpunkt des Öffentlichen Personennahverkehrs der DDR war aber der Bereich „Verkehr" der Kreisbehörde: Im „Büro für Verkehrsplanung" wurde der Generalverkehrsplan aufgestellt und überarbeitet inkl. der Linienführung der Verkehrsunternehmen, welcher anschließend mit den Verkehrsträgern abgestimmt wurde. Da aber von jeder (neuen) Linie auch Kosten ausgingen, welche der Staat tragen musste und die Kostenübernahme über Kreis und Bezirk beim Ministerium beantragt wurde, entschied letztlich wieder das Ministerium.

Wegen des Anspruchs der Deutschen Demokratischen Republik, eine sozialistische Rechtsordnung und ein sozialistisches Verkehrsrecht zu entwickeln, war es erforderlich, sich von der Bundesrepublik Deutschland abzusetzen. Um die in der daraufhin 1976 erlassenen Personenbeförderungsordnung (PBO) nicht geregelten Beziehungen zwischen den Leitungsorganen des Verkehrswesens, den zentralen und örtlichen Staatsorganen, Kombinaten und Betrieben und anderen Wirtschaftseinheiten sowie den Verkehrsbetrieben mitzugestalten, wurden Verordnungen erlassen, z. B. Verordnung vom 05. Januar 1984 über die Leitung und Durchführung der öffentlichen Personenbeförderung – Personenbeförderungsverordnung (PBVO). Die Personenbeförderungsverordnung enthält generelle Bestimmungen über die Aufgaben der örtlichen Räte, der Transportausschüsse, der Verkehrsbetriebe und zur Teilnahme der Bürger am Personenbeförderungsprozess (Personenbeförderungsvertrag). Die erfolgreiche Bewältigung der Aufgaben lt. PBVO erforderte die Mitwirkung auch anderer Stellen, insbesondere staatlicher Organe. Damit waren vor allem die Volksvertretungen und Räte der Bezirke, Kreise, Städte und Gemeinden angesprochen. Diese hatten die Zusammenarbeit zwischen den örtlichen Verkehrsunternehmen zu entwickeln und die Personenbeförderung im Territorium sicherzustellen und zu koordinieren. In die Lösung der dazu erforderlichen Aufgaben waren insbesondere die Transportausschüsse einzubeziehen, in denen alle zur Durchsetzung der Maßnahmen der Personenbeförderung im Territorium notwendigen Arbeiten zu beraten und festzulegen waren. Das Arbeitsorgan des Berufsverkehrs, des Schülerverkehrs und des Reiseverkehrs war das Berufsverkehrsaktiv, dessen Aufgabe in der Personenbeförderungsverordnung beschrieben ist.

Die für den städtischen Nahverkehr der DDR besonders wichtige Personenbeförderungsanordnung (PBO) vom 5. Januar 1984 – vergleichbar den „Allgemeinen Beförderungsbedingungen" der Bundesrepublik Deutschland – galt in der DDR für die öffentliche Personen- und Gepäckbeförderung sowie die Mitnahme von Sachen und Tieren durch die Verkehrsbetriebe – außer Eisenbahnen – mit

- Kraft- und Oberleitungsomnibussen
- U-Bahnen
- Straßenbahnen
- Pioniereisenbahnen
- Fahrgastschiffen, Fähren und anderen Wasserfahrzeugen
- Personenkraftwagen für den Taxiverkehr
- Seilbahnen und Lifte
- Fahrzeuge mit Zugtieren.

In dieser Anordnung sind enthalten Definitionen, Fragen der allgemeinen Ordnung und Sicherheit der Verkehrsanlagen und Fragen des Vertragsverhältnisses bei der Personenbeförderung.

Für die Personenbeförderung in der DDR galten weitere Gesetze, Richtlinien und Verordnungen, z. B. die BO Kraft vom November 1971 oder auch die „Verordnung über den Einsatz von Fahrgastkontrolleuren" – in der DDR gab es wenige hauptamtliche Fahrausweisprüfer, die Kontrolleure arbeiteten i.a. nebenberuflich auf Provisionsbasis.

In den letzten Jahren sind nicht zuletzt wegen des Beitritts der DDR zum Staatsgebiet der Bundesrepublik Deutschland und der (notwendigen) Anpassung der DDR-Verhältnisse an bundesdeutsche Regelungen die öffentlichen Kassen stark strapaziert worden. Unter dem Druck der leeren Kassen und wegen der geänderten gesetzlichen Regelungen müssen sich die öffentlichen Verkehrsunternehmen zunehmend dem Wettbewerb stellen. An der Jahrtausendwende stehen die öffentlichen Verkehrsunternehmen vor neuen Herausforderungen.

1.8 Der Öffentliche Personennahverkehr am Beginn eines neuen Jahrtausends

Die Schere zwischen Aufwandsentwicklung und Ertragsentwicklung im Öffentlichen Personennahverkehr ging in den letzten Jahren immer mehr auseinander: Der Fehlbetrag der im Verband Deutscher Verkehrsunternehmen zusammengeschlossenen Unternehmen (1981 179 Unternehmen in einem der beiden Vorgängerverbände, 1993 383 Personenverkehrsunternehmen) betrug 1982 2,1 Milliarden DM, war 1988 auf 2,4 Milliarden DM angewachsen, erreichte 1990 3,1 Milliarden DM und stieg 1991 auf 3,7 Milliarden DM an. Für den Anstieg des Defizits gibt es eine Reihe Ursachen, z. B.

- Anforderungen von den Kommunalpolitikern, von den Bürgern und von den Verwaltungen, denen ein kaufmännisch agierendes Unternehmen nicht nachkäme
- Einbindung der Unternehmen des ÖPNV in die Kommunalwirtschaft mit haushaltsrechtlichen Zwängen/unnötig vielen Ebenen
- zunehmend unflexiblere und aufwendigere Arbeitsbedingungen der Beschäftigten in den Unternehmen, die Produktivität sinkt.

Diese Aussage für die weitgehend kommunal oder regional tätigen Nahverkehrsunternehmen galt auch für die Deutsche Bundesbahn: Der Verlust der Bahn betrug 1960 13 Millionen DM, war 1970 auf 1,3 Milliarden DM angewachsen und erreichte 1987 3,9 Milliarden DM. Ohne eine Ergreifung von Maßnahmen gegen den Schuldenanstieg hätte der Jahresfehlbetrag – zwischenzeitlich kamen zu den Bundesbahnschulden noch die Jahresfehlbeträge der Deutschen Reichsbahn hinzu – im Jahr 2000 die Höhe von 42 Milliarden erreicht (und die Verschuldung wäre auf 266 Milliarden DM angestiegen).

Hauptursache der Fehlentwicklungen und Schwächen der Deutschen Bundesbahn, welche zu den hohen Fehlbeträgen führten und weiter führen würden, ist der Widerspruch zwischen der Bahn als Bundesbehörde und der Bahn als Wirtschaftsunternehmen.

> *Grundgesetz § 87 (1) „In bundeseigener Verwaltung mit eigenem Verwaltungsunterbau werden geführt ... die Bundeseisenbahnen."*
>
> *Bundesbahngesetz § 28 „[Die Deutsche Bundesbahn] ... ist wie ein Wirtschaftsunternehmen zu führen."*

Eine Änderung der Fehlbetragsentwicklung der Bahn trat ein mit der Bahnreform: Im Dezember 1993 stimmten Bundestag und Bundesrat dem Eisenbahnneuordnungsgesetz (ENeuOG) zu. Mit dem Eisenbahnneuordnungsgesetz wurde das Bahnwesen neu geordnet; die wichtigsten Änderungen für den Nahverkehr sind

- das bisherige Sondervermögen Deutsche Bundesbahn und Deutsche Reichsbahn werden zu einem „Bundeseisenbahnvermögen" zusammengeführt
- der unternehmerische Bereich des Bundeseisenbahnvermögens – das Erbringen von Eisenbahnverkehrsleistungen und das Betreiben der Eisenbahninfrastruktur – geht auf die neugegründete Deutsche Bahn AG über
- der Verwaltungsbereich des Bundeseisenbahnvermögens wird aufgeteilt: Die hoheitlichen Aufgaben werden vom Eisenbahn-Bundesamt wahrgenommen, die anderen Verwaltungsaufgaben (Liegenschaftsverwaltung und Arbeitgeber der an die Bahn ausgeliehenen Beamten) verbleiben beim Amt „Bundeseisenbahnvermögen"

- der Bund übernimmt die Altschulden von Deutscher Bundesbahn (und Deutscher Reichsbahn)
- die Deutsche Bahn AG ist organisatorisch und rechnerisch in die Bereiche Personennahverkehr, Personenfernverkehr, Güterverkehr und Fahrzeuge zu trennen (aus denen später eigene Aktiengesellschaften werden sollen)
- die Aufgaben- und Finanzverantwortung für den Schienenpersonennahverkehr der Deutschen Bahn AG geht zum 1.1.1996 auf die Bundesländer über (der Schienenpersonennahverkehr wird „regionalisiert").

Auch das Personenbeförderungsgesetz wurde im Zuge der Bahnreform wesentlich geändert, um gleichzeitig mit der Regionalisierung des Schienenpersonennahverkehrs den gesamten Öffentlichen Personennahverkehr zu regionalisieren.

Anstöße für die Bahnreform und die Regionalisierung des gesamten Öffentlichen Personennahverkehrs gaben neben dem Wunsch der Begrenzung der finanziellen Fehlentwicklung vor allem die Entwicklungen auf europäischer Ebene: Dem Europäischen Rat war daran gelegen, auch im Eisenbahnwesen marktwirtschaftliche Gesetze zur Geltung zu bringen. Die Gesetze des Marktes waren vor allem außer Kraft gesetzt bei den auferlegten Diensten, zu welchen die Verkehrsunternehmen im Interesse einer ausreichenden Verkehrsbedienung verpflichtet wurden, deren finanzielle Belastungen die Unternehmen aber selbst tragen mussten (z. B. Durchführung eines 10 Minuten-Taktes im Spätverkehr oder die Anbindung kleiner Wohnplätze). Hier wurde eine Verordnung erlassen, welche zwar öffentliche Dienste möglich macht, aber gleichzeitig dazu verpflichtet, dem Unternehmen die finanziellen Belastungen zu ersetzen. Eine Verordnung gilt in den Mitgliedsstaaten der Europäischen Union unmittelbar; Unternehmen, welche allein im Stadt-, Vorort- und Regionalverkehr tätig sind, konnten von der Anwendung der Verordnung befristet ausgenommen werden. Ab 1.1.96 unterliegen aber auch diese Unternehmen des ÖPNV der Verordnung: Die Verpflichtungen des Öffentlichen Dienstes sind aufzuheben. Damit waren die Verpflichtungen gemeint, welche das Unternehmen im eigenen wirtschaftlichen Interesse nicht oder nicht im gleichen Umfang oder nicht unter den gleichen Bedingungen übernehmen würde, z. B. Verpflichtung zu häufigeren Abfahrten als betriebswirtschaftlich sinnvoll oder Verpflichtungen zu niedrigeren Tarifen als betriebswirtschaftlich sinnvoll. Wenn die Verpflichtung dennoch beibehalten werden soll, hat die zuständige Behörde die Lösung zu wählen, welche zu den geringsten Kosten für die Allgemeinheit führt (das Unternehmen hat einen Ausgleichsanspruch gegenüber der Behörde).

Aus den in den letzten Jahren stark geänderten Anforderungen an die öffentlichen Verkehrsunternehmen (u. a. auch wegen des Wettbewerbsdrucks) haben sich vielfach neue Unternehmensstrukturen ergeben, z. B.

- innerbetriebliche Sparten-/Kostenstellenbildung
- innerbetriebliche Profitcenter
- Ausgliederung von Unternehmensteilen
- Fremdvergabe von Aufgaben.

Aber nicht nur auf der Seite der Unternehmen des Öffentlichen Personennahverkehrs entwickeln sich neue Strukturen, auch auf der Seite der Lieferanten von Fahrzeugen, Leitsystemen, Informationstechnik u. a. m. und bei den Beratungsfirmen haben sich neue Allianzen ergeben, z. T. sind Aufkäufe und Fusionen noch nicht abgeschlossen.

Ausgangspunkt für die Neuorganisation der Verkehrsdienstleister und der verstärkten Hinwendung zum Fahrgast sind die Wettbewerb hervorrufenden europäischen Regelungen und ihre Umsetzung in nationales Recht.

Quellenverzeichnis der Abbildungen

Bühler, O.-P. A. (2000). *Omnibustechnik*. Braunschweig: Vieweg.

Digel, W. (. (1989). *Meyers Taschenlexikon Geschichte*. Mannheim: BI Taschenbuchverlag.

Eckermann, E. (1998). *Die Achsschenkellenkung und andere Lenksysteme*. München: Deutsches Museum.

Frankenberg, R. v., & Neubauer, H.-O. (o.J.). *Geschichte des Automobils*. Künzelsau: Sigloch-Edition.

Hendlmeier, W. (1968). *Von der Pferde-Eisenbahn zur Schnell-Straßenbahn*. München: Selbstverlag.

Hitzer, H. (1971). *Die Straße*. München: Callwey.

Huss, W., & Schenk, W. (1982). *Omnibussgeschichte*. München: huss-Verlag.

Lindemann, D. (2002). *Kölner Mobilität*. Köln: Dumont.

Lochte, W., & Ahlers, R. (2004). *Wendeburg-Braunschweig, die erste Kraftomnibuslinie von Heinrich Büssing*. Wendeburg: Uwe Krebs.

NN. (1994). *Abschied vom Schienenbus*. München: Gera-Nova Zeiitschriftenverlag.

Rauers, F. (1962). *Vom Wilden zum Weltraumfahrer*. Bad Godesberg: Kirschbaum-Verlag.

Rehbein, E. (1969). *Einbaum – Dampflok – Düsenklipper*. Leipzig: Urania-Verlag.

Rehbein, E. (1984). *Zu Wasser und zu Lande*. Leipzig: Koehler & Amelang.

Rossberg, R. R. (o.J.). *Geschichte der Eisenbahn*. Künzelsau: Sigloch-Edition.

Schreiber, H. (1959). *Sinfonie der Straße*. Düsseldorf: Econ.

Tarr, L. (1970). *Karren, Kutsche, Karosse*. München: BLV.

Treue, W. (. (1986). *Achse, Rad und Wagen*. Göttingen: Vandenhoek und Ruprecht.

Zentner, C. (1985). *Der große Bildatlas zur Weltgeschichte*. Stuttgart: Unipart.

2 Rechtsgrundlagen des Öffentlichen Personennahverkehrs

2.1 Die Grundlagen deutscher Verkehrsordnung

> *Grundgesetz der Bundesrepublik Deutschland, Artikel 11 I „Alle Deutschen genießen Freizügigkeit im ganzen Bundesgebiet"*

„Freizügigkeit" meinte ursprünglich die Freiheit, sich im Inland an einem beliebigen Ort niederzulassen. Heute ist damit mehr die Gewährleistung der individuellen Bewegungsfreiheit gemeint. Somit enthält dieser Grundrechtsartikel das Gebot, die öffentlichen Lebensräume der Gesellschaft offen zu halten und für jedermann zugänglich. Die Garantie dieses Grundrechts ist aber nur dann sinnvoll, wenn auch die materiellen Voraussetzungen bestehen, dass der Deutsche die Freizügigkeit auch genießen kann, d. h., die Gemeinschaft hat die Möglichkeiten zur Ortsveränderung zu garantieren. Damit gehören öffentliche Verkehrsangebote, die für jedermann erreichbar sind und von jedem nutzbar, zu den materiellen Grundlagen einer Demokratie, um das „soziale Grundrecht auf Mobilität" zu gewährleisten. Aufgabe der Verkehrspolitik ist es somit, Mobilität möglich zu machen. Da Verkehrspolitik aber auch die Forderungen anderer Politikbereiche berücksichtigen muss – die Nutzer fordern geringe Transportkosten, die Finanzpolitik will den Zuschussbedarf niedrig halten, die Sozialpolitik fordert sozialverträgliche Tarife – wurde der Verkehrswirtschaft in Deutschland seit jeher eine Sonderstellung eingeräumt. Allgemeine Regeln der Marktwirtschaft und des Wettbewerbs galten auf dem Verkehrssektor nicht. Während in der Sozialen Marktwirtschaft in erster Linie der Markt bestimmte, bestimmte im Verkehrs"markt" der Staat.

> *Die Entstehung dieser staatlichen Regelungen zeigt sich besonders deutlich auf dem Gebiet des Güterverkehrs und wird deshalb beispielhaft hier angeführt: Seit ihrer Erfindung hatte die Eisenbahn für viele Jahrzehnte praktisch ein Beförderungsmonopol im Landverkehr für Güter und Menschen. Mit dem Aufkommen des Lastkraftwagens nach dem Ersten Weltkrieg wuchs ein mächtiger Wettbewerber heran. Während zur Zeit der Weltwirtschaftskrise die Transportkapazitäten wuchsen, ging das Ladungsangebot stark zurück. Die Bahn suchte die Konkurrenz klein zu halten und die Regierung suchte nach Mitteln, ihr Staatsunternehmen zu schützen. Mit einer Notverordnung aus dem Jahre 1931 – Dritte Verordnung des Reichspräsidenten zur Sicherung von Wirtschaft und Finanzen und zur Bekämpfung politischer Ausschreitungen, Kapitel V Überlandverkehr mit Kraftfahrzeugen – wurde der Konzessionszwang für Lastkraftwagen bei Beförderungen auf Entfernungen über 50 Kilometer eingeführt; die Zahl der Konzessionen war stark begrenzt. Es wurde ein Reichs-Kraftwagen-Tarif eingeführt, der den gleichfalls eingeführten Eisenbahn-Güter- und Tiertarif nicht unterschreiten durfte. Diese aus der Not geborene Verkehrsmarktordnung galt auch in der jungen Bundesrepublik Deutschland.*

Als maßgebende Gründe für die besondere Stellung der Verkehrswirtschaft wurden in Deutschland weiterhin folgende Sachverhalte angesehen:

- die Erstellung von Verkehrsleistungen erfordert hohe Investitionen: Hohen Fixkosten in der Verkehrswirtschaft stehen geringe variable Kosten gegenüber
- Verkehrsleistungen sind nicht lagerfähig; die Erfüllung einer Nachfrage im Verkehr kann nicht auf einen späteren Zeitpunkt verlegt werden. Es besteht daher die Neigung, Kapazitä-

ten für den Spitzenbedarf vorzuhalten, welche aber im Regelfall nicht ausgelastet sind. Wenn keine staatlichen Tarife vorgeschrieben werden, kann das zu Zeiten schlechter Konjunktur zu einem ruinösen Wettbewerb führen.

Nach langjährig geltender deutscher Rechtsordnung lag die Verantwortung für unser Verkehrssystem bei der öffentlichen Hand. Bund, Länder und Gemeinden bestimmten, wer als Unternehmer Zutritt zum Verkehrsmarkt erhielt und zu welchen Tarifen Beförderungsleistungen erbracht werden durften. Eine Inanspruchnahme von Verkehrsmitteln war nur innerhalb staatlich gesetzter Grenzen möglich („Freie Wahl der Verkehrsmittel in einer kontrollierten Wettbewerbsordnung").

Der Schutz des Staates führte auf dem Verkehrssektor in der (alten) Bundesrepublik Deutschland zu den langjährig herrschenden Verhältnissen, besonders deutlich zu sehen bei der Eisenbahn im Bundesbesitz: Die Deutsche Bundesbahn war nach geltendem Verfassungsrecht eine Behörde (fast) wie andere Behörden auch. Die Bahn hatte ihre Aufgabe als Verkehrsträger zu erfüllen, der Gesichtspunkt der Rentabilität trat zurück. Andererseits sollte die Bundesbahn wie ein Wirtschaftsunternehmen nach kaufmännischen Grundsätzen geführt werden „mit dem Ziel bester Verkehrsbedienung" – wie ein Wirtschaftsunternehmen, ohne dass die Bahn ein Wirtschaftsunternehmen war und als Wirtschaftsunternehmen handeln konnte. Die Erfüllung dieser widersprüchlichen Formulierung aus dem Gesetz zur Änderung des Bundesbahngesetzes von 1961[52] – beste Verkehrsbedienung und Rentabilität – war nicht möglich. Auch war das Unternehmen Deutsche Bundesbahn schwer zu führen: Neben einem Vorstand wachte ein Verwaltungsrat mit Vertretern aus vier Gruppen (Bundesländer, Wirtschaft, Gewerkschaft, Sonstige) über die Geschäfte, der Bundesminister für Verkehr hatte darüber hinaus zahlreiche Rechte der Genehmigung, Kontrolle und Aufsicht. So entschied der Verwaltungsrat auf Vorschlag des Vorstandes über evtl. kaufmännisch sinnvolle Streckenstilllegungen, welche dann vom Bundesminister für Verkehr (nicht) genehmigt wurden.

Für den ständig gesunkenen Kostendeckungsgrad der Bundesbahn und die damit erforderliche Steigerung der Zuschüsse aus dem Bundeshaushalt bzw. die steigende Kreditaufnahme war in erster Linie der zurückgehende Güterverkehr der Bahn und der zurückgehende Personenverkehr der Bahn verantwortlich, aber Ursache für die gesunkenen Marktanteile war vor allem die politisch gewollte Förderung des Kraftwagens im gewerblichen wie privaten Verkehr und das Unvermögen der Politiker, der Bahn eine zukunftsgerechte Unternehmensstruktur zu ermöglichen.[53]

2.2 Der Öffentliche Personennahverkehr vor der Bahnreform

Auch den Verhältnissen im Öffentlichen Personennahverkehr der letzten Jahrzehnte liegen politische Entscheidungen zugrunde. Unsere Gesellschaft/ihre politischen Vertreter setzen auf

---

[52] Den Zielkonflikt kaufmännische Aufgabe gegenüber gemeinwirtschaftlicher Aufgabe enthält § 28 des Bundesbahngesetzes (Ursprungsfassung aus 1951): „Die Deutsche Bundesbahn ist … wie ein Wirtschaftsunternehmen mit dem Ziel bester Verkehrsbedienung nach kaufmännischen Gesichtspunkten zu führen … (es ist) eine angemessene Verzinsung des Eigenkapitals (anzustreben)"

[53] Der fehlende Wille, die Bahn zu unterstützen zeigt sich nicht unbedingt an den Ausgaben für den Verkehrsträger: Der Anteil der Ist-Ausgaben des Bundes für Bundesfernstraßen an den Gesamtausgaben für Verkehr lag 1960 bei 47 % (Eisenbahnen 31 %), 1970 bei 45 % (Eisenbahnen 30 %), 1980 bei 28 % (Eisenbahnen 47 %), 1990 bei 26 % (Eisenbahnen 48 %).

individuelle Lebensgestaltung der Bürger und Teilhabe der Bürger am sozialen Leben. Dazu müssen die Bürger in die Lage versetzt werden, zugehörige Aktivitäten auch an unterschiedlichen Orten durchführen zu können. Und das bedeutet, dass den Bürgern diese Ortsveränderungen möglich gemacht werden müssen. Da der einzelne Bürger die Voraussetzung der Mobilität nicht schaffen kann – er kann keine Straße bauen, der Bürger kann kein Eisenbahnnetz vorhalten, er kann keinen Bus auf Abruf warten lassen – muss nach deutschem Verfassungsverständnis die öffentliche Hand die Mobilität gewährleisten. Öffentlicher Personennahverkehr ist unverzichtbar – nicht jeder Einwohner verfügt über einen Personenkraftwagen – und der Öffentliche Personennahverkehr muss aus Gründen der Daseinsvorsorge von der Gemeinschaft bezahlt werden (wie Schulen und Krankenhäuser).[54] Als Finanzierungsinstrument für die Investitionen wurde Anfang der 1970er Jahre u. a. das Gemeindeverkehrsfinanzierungsgesetz geschaffen, welches Anteile aus dem Mineralölsteueraufkommen für Zwecke des Öffentlichen Personennahverkehrs bindet. Schwerpunkt der Mittelverwendung war der Bau von Straßenbahnen, Stadtbahnen und U-Bahnen – naturgemäß in Ballungsräumen, der ländliche Raum ging leer aus – der Busverkehr wurde mit Mitteln des Gemeindeverkehrsfinanzierungsgesetzes nur gering bedacht. Die Alimentierung durch diese Finanzmittel, d. h. der fehlende Zwang, eigenes Geld in großem Umfang für ihr Projekt bereitzustellen, führte bei vielen Kommunen zu einer überdimensionierten Verkehrsinfrastruktur – in vielen Großstädten ist die errichtete U-Bahn entbehrlich – welche in den seltensten Fällen kostendeckend bedient werden kann.

Sehr kostenträchtig sind auch die Personalaufwendungen: Die Arbeitnehmer im öffentlichen Dienst – in den öffentlichen Verkehrsunternehmen gilt meist das öffentliche Dienstrecht – haben sich nach ersten mageren Nachkriegsjahren viele Privilegien erkämpft, welche teuer sind (ganz abgesehen von der ungleichmäßigen Verkehrsnachfrage, welche eine gleichmäßige Personalauslastung nicht gestattet). Die fehlende Kostendeckung des Öffentlichen Personennahverkehrs war (und ist) damit zurückzuführen auf die unterschiedliche Auslastung der Fahrzeuge, auf die hohen Personalkosten, auf die oft als notwendig erachtete Erfüllung wirtschaftlich uninteressanter Aufgaben und auf das ungebremste Wachstum der privaten Personenkraftwagen sowie auf die dadurch hervorgerufene für den Nahverkehr ungünstige Entwicklung neuer disperser Siedlungsstrukturen. In den 80er Jahren des 20. Jahrhunderts lag der Kostendeckungsgrad kommunaler öffentlicher Verkehrsunternehmen in Mittel- und Großstädten bei etwa 70 %, der Schienennahverkehr der DB in den Ballungsräumen hatte einen Kostendeckungsgrad von 37 %, und in ländlichen Gebieten wies der Schienennahverkehr der Bundesbahn einen Kostendeckungsgrad von 21 % auf (erstaunlicherweise deckten die Busse der privaten Unternehmen und der Bahnbusse/Postbusse in ländlichen Räumen bei sicher anderem Standard ihre Kosten voll ab).

Die Defizite waren von den Städten zu verschmerzen, da Geld vorhanden war und die Verluste der kommunalen Verkehrsunternehmen durch die Gewinne der kommunalen Energieversorgungsunternehmen gedeckt wurden. Erst zu Ende der 1980er Jahre wurde auch unter dem Druck der leeren Kassen deutlich, dass der Öffentliche Personennahverkehr in der bisherigen Form verändert werden muss, um eine Zukunft zu haben. Mit einer Änderung des Grundgesetzes und mit dem Erlass des Eisenbahnneuordnungsgesetzes im Jahr 1993 erreichte diese Dis-

---

[54] „Alles, was vonseiten der Verwaltung geschieht, um die Allgemeinheit oder nach objektiven Merkmalen bestimmte Personenkreise in den Genuss nützlicher Leistungen zu versehen' gehört zum Bereich der Daseinsvorsorge." (Ernst Forsthoff, Lehrbuch des Verwaltungsrechts, München 1966, nach: Ulrich Cronauge, Kommunale Unternehmen, Berlin 1992)

kussion um Status und Organisation der Deutschen Bundesbahn und damit des gesamten Nahverkehrs einen vorläufigen Endpunkt.

Mit der 1993 endlich durchgeführten Änderung der gesetzlichen Grundlagen im Eisenbahnwesen in Deutschland wurde eine Entwicklung wieder aufgenommen, welche schon im 19. Jahrhundert für Diskussionen sorgte: Im 19. Jahrhundert war Deutschland in sehr viele Staaten zersplittert, welche alle ihre eigenen Staatsbahnen und Privatbahnen hatten (und ihr eigenes Eisenbahnrecht).[55] Nach dem 1. Weltkrieg entstand in Deutschland die „Weimarer Republik"; sie hatte den Verfassungsauftrag, die Eisenbahnen in ihr Eigentum zu übernehmen und als einheitliche Verkehrsanstalt zu verwalten; weiterhin war die Reichseisenbahn als ein selbständiges wirtschaftliches Unternehmen zu führen. Da zunächst aber die Unterschiede der einzelnen Länderverwaltungen der Eisenbahnen beseitigt werden sollten, wurde erst 1924 die Deutsche Reichsbahn (-Gesellschaft) gegründet. Sie war eine rechtsfähige Anstalt des öffentlichen Rechts und besaß einen (einem Aufsichtsrat ähnlichen) Verwaltungsrat und den verantwortlichen Vorstand. Wegen der Herauslösung aus der unmittelbaren Staatsverwaltung und wegen der juristischen Verpflichtung zu einer kaufmännischen Betriebsführung erwirtschaftete die Bahn bis zur Weltwirtschaftskrise 1929 erhebliche Gewinne.

Im Dritten Reich wurde die Reichsbahn der Reichsregierung unterstellt; die Hauptverwaltung der Bahn wurde zum Bestandteil des Reichsverkehrsministeriums.[56]

In (West-)Deutschland musste nach dem Zweiten Weltkrieg die 1949 gegründete Bundesbahn mit eigenen Finanzmitteln die Kriegszerstörungen beseitigen und sie musste auf die Umorientierung der Verkehrsströme reagieren. So hatte die Nebenbahn Würzburg-Fulda plötzlich die Funktion einer Hauptbahn. Diese beiden Sachverhalte und weitere Zwänge (z. B. die Übernahme der Altersversorgung der aus der DDR geflüchteten Eisenbahner) führten zur steigenden Verschuldung der Bahn. Die Bahn reagierte – da sie von der autoorientierten Politik allein gelassen wurde – auf die wachsenden Verluste auch mit Stilllegungen, zunächst von Nebenbahnstrecken, auf denen der Bahn-ÖPNV stattfand.[57]

Im selben Maße, wie die Schiene vernachlässigt wurde, wurde das Kraftfahrzeug gefördert: Von 1955 bis zum Jahr 2000 wuchs das Straßennetz für überörtlichen Verkehr von 129.000 km (mit 2.000 km Bundesautobahnen) auf 230.000 km (mit 12.000 km Autobahnen). Und das innerörtliche Straßennetz betrug 1955 220.000 km und im Jahr 2000 327.000 km.

Diese Vernachlässigung der Schiene bzw. die einseitige Förderung des Kraftfahrzeugs wirkte sich auch negativ auf den Öffentlichen Personennahverkehr auf der Schiene aus: Die Schienenstrecken wurden ausgedünnt und abgebaut, die Straßen wurden immer voller und die freie Fahrt für den ÖPNV immer seltener.

> *Eine einfache, evtl. aber unzulässige Rechnung – es sind nicht alle Kraftfahrzeuge gleichzeitig unterwegs – soll die Straßenbelastung deutlich machen: 1965 waren in der alten Bundesrepublik Deutschland auf 400.000 km Straße, d. h. 800.000 km Fahrstreifen/Fahrtrichtung 12,8 Millionen Kraftfahrzeuge unterwegs; jedem Kraftfahrzeug standen (800.000 km durch 12,8 Millionen Fahrzeuge =) 62 m Straße zur Verfügung. Im Jahr 2004 fuhren in Gesamtdeutschland auf 644.000 km Straße – rund 1,3 Millionen*

---

[55] Da Preußen der größte deutsche Staat war, dominierte Preußen auch das Rechtswesen.
[56] Die im Dritten Reich entmachtete Reichsbahn musste mit ihren Finanzmitteln über ihre Tochtergesellschaft „Reichsautobahngesellschaft" sogar den von den Nationalsozialisten vorangetriebenen Autobahnbau bestreiten.
[57] Das Schienennetz der Deutschen Bundesbahn schrumpfte von 1960 mit 36.000 km (Personenverkehr 28.000 km) bis 1993 auf 26.300 km (Personenverkehr 21.000 km).

2.2 Der Öffentliche Personennahverkehr vor der Bahnreform

km Fahrstreifen/Fahrtrichtung – 54 Millionen Kraftfahrzeuge: Jedes Fahrzeug konnte 12 m Straße einnehmen

Der anerkannte Verkehrsfachmann *Friedrich Lehner* hielt auf einer Tagung zum Stadtverkehr im Jahre 1957 (!) ein Referat zur Entwicklung des Stadtverkehrs; der schriftlichen Fassung seiner Ausführungen ist Folgendes zu entnehmen:

„Wir sehen der weiteren Entwicklung mit großer Sorge entgegen. Die Verhältnisse in den amerikanischen Städten zeigen uns mit so unerhörter Dringlichkeit, welche Folgen die hemmungslose Ausbreitung des Individualverkehrs für den Stadtverkehr gehabt hat; sie zeigen uns, daß es trotz aller städtebaulichen und verkehrlichen Maßnahmen, trotz Anwendung einer 2. und 3. Ebene und trotz des Aufwandes unvorstellbar hoher Geldmittel nicht gelungen ist, der Verkehrsnot Herr zu werden. Die Städte und insbesondere ihre Innenräume sind im Verkehr erstickt. Die Geschwindigkeit der Kraftfahrzeuge ist in den Spitzenstunden bis auf Fußgängergeschwindigkeit herabgesunken. Die Kerngebiete haben viel von ihrer ursprünglichen Bedeutung und ihrer Zweckbestimmung verloren. Grundstücke und Geschäfte sind in einer Weise entwertet worden, wie man dies kaum für möglich gehalten hätte. (...) Dabei war in den USA die Ausgangslage doch sehr viel günstiger als bei uns. Die jungen amerikanischen Städte sind zum großen Teil unter dem gestaltenden Einfluß des Verkehrs entstanden; ihre Grundrisse zeigen ein geradliniges Schema mit vorwiegend senkrechten Kreuzungen und großen Straßenbreiten (...). Demgegenüber besitzen die historischen Städte Europas zumindest in ihren Kernen ... noch immer ihr altes Gepräge. (...)

In den Innenräumen unserer deutschen Städte wird daher die Verkehrsschwelle, von der ab die Verkehrsnot unerträglich wird, bei einem sehr viel geringeren Motorisierungsgrad erreicht werden als in den amerikanischen Städten mit ihren geordneten und geradlinigen Grundrissen *[Hervorhebung im Originaltext!]. (...)*

Wir sollten uns daher im Interesse der Erhaltung des Gesichts und des Charakters unserer deutschen Städte auf ein vernünftiges Maß einstellen und heute schon, nicht erst, wenn das Chaos nicht mehr abzuwenden ist, **den öffentlichen Verkehrsmitteln, die den relativ immer knapper werdenden Straßenraum mit einem weit höheren Wirkungsgrad auszunutzen in der Lage sind als die individuellen, den Vorrang einräumen** *[Hervorhebung im Originaltext!]."*

Ähnliche Probleme, wie sie *Lehner* 1957 nannte, stellte man in anderen Ländern und auch in Großbritannien fest, und Großbritannien ließ durch eine Studienkommission unter Leitung von *Colin Buchanan* einen Sonderbericht über das langfristige Problem der beständig ansteigenden Verkehrsflut in den Städten anfertigen („Traffic in Towns", London 1963). Zum öffentlichen Personennahverkehr stellte der Buchanan-Bericht fest, dass den Verkehrsproblemen mit einem Ausbau des Öffentlichen Personennahverkehrs zu Leibe gerückt werden kann und der im Mittelpunkt städtischer Verkehrsprobleme stehende Arbeitnehmer vielleicht davon überzeugt werden kann, seine Fahrt mit dem Omnibus oder der Bahn zu machen. Der Bericht fährt fort: *„Selbst wenn also die Ausweitung des öffentlichen Nahverkehrs mit der größten Energie vorangetrieben würde, glauben wir nicht, daß das allein die Antwort sein könnte. Zur Verhinderung der ständigen Zunahme des Pkw-Verkehrs wäre es erforderlich, eine große Anzahl neuer Omnibus- und U-Bahn-Linien zu schaffen. (...) Es wird kaum möglich sein, das auf der Basis kostendeckender Fahrpreise zu erreichen."*

Abb. 2-1:
Der Barbarossaplatz in Köln 1961
(Lindemann, 2002)

Das Erscheinen dieses aufsehenerregenden Reports[58] fiel zusammen mit der Beendigung der Arbeiten der deutschen Sachverständigenkommission für eine Untersuchung der Verkehrsverhältnisse der Gemeinden.

Nach dem Buchanan-Report und dem Bericht der in Deutschland 1961 eingesetzten Sachverständigenkommission zu den (künftigen) Grundregeln des bundesdeutschen Städte- und Verkehrswegebaus der nächsten 25 bis 30 Jahre (Vorlage des Berichtes 1964) war in Deutschland die Verbesserung des öffentlichen Personennahverkehrs in den Verdichtungsräumen mit ihren Randgebieten sowie im ländlichen Raum als vordringliche politische Aufgabe erkannt worden.[59] Das Ziel der Gesetzgebung jener Jahre war es daher, den öffentlichen Personennahverkehr wegen seiner hervorragenden Bedeutung für die Bewältigung der Verkehrsprobleme in der Massengesellschaft so zu organisieren und zu fördern, dass er seine Aufgaben schnell, sicher und zuverlässig erfüllen kann.

Eine Folge auch des Sachverständigenberichtes war es, dass bestehende Generalverkehrspläne kritisch hinterfragt wurden und insbesondere die Stärkung des Öffentlichen Personennahver-

---

[58] Der Bericht erschien 1964 in deutscher Übersetzung: Colin Buchanan, Verkehr in Städten, Teil: Bericht des Lenkungsausschusses, Punkt 25 ff., Essen 1964

[59] Formulierte Ziele waren u. a. vorrangiger Ausbau des ÖPNV mit Schnellbahnsystemen in Städten über 500.000 Einwohnern, Eindämmung des privaten innerstädtischen Autoverkehrs durch Abschaffung von Steuervergünstigungen (Kilometerpauschale), Verminderung der Zahl der Dauerparkplätze, Höchstparkdauer auf öffentlichem Grund von 24 Stunden und Bau von Hochstraßen sowie Fußgängeranlagen.

2.2 Der Öffentliche Personennahverkehr vor der Bahnreform

kehrs Eingang in die Verkehrsplanung der Städte fand. Diese Änderungen in der Verkehrsplanung gingen einher mit der Einrichtung von Fußgängerzonen und mit der Durchführung von Verkehrsberuhigungsmaßnahmen.

Abschreckendes Beispiel für eine Stadtentwicklung mit Priorität des Individualverkehrs war das ausufernde Los Angeles.

Abb. 2-2: Los Angeles (http://aquafornia.com/wordpress/wp-content/uploads/2008/03/los-angeles-aerial-bor.jpg)

Der Sachverständigenbericht zur Verbesserung der Verkehrsverhältnisse der Gemeinden hatte die engen Wechselwirkungen zwischen Siedlung, Wirtschaft und Verkehr aufgezeigt und dargelegt, dass die Verkehrsprobleme der Siedlungen nur mit dem öffentlichen Personennahverkehr und nicht ohne ihn gelöst werden können. Diese nicht ganz neuen Erkenntnisse fanden Eingang in das Raumordnungsgesetz des Bundes von 1965, in welchem es heißt:[60]

> „§ 2 I 1 Die räumliche Struktur der Gebiete mit gesunden Lebens- und Arbeitsbedingungen sowie ausgewogenen wirtschaftlichen, sozialen und kulturellen Verhältnissen soll gesichert und weiter entwickelt werden. In Gebieten, in denen eine solche Struktur nicht besteht, sollen Maßnahmen zur Strukturverbesserung ergriffen werden. Die verkehrs- und versorgungsmäßige Aufschließung, die Bedienung mit Verkehrs- und Versorgungsleistungen und die angestrebte Entwicklung sind miteinander in Einklang zu bringen. (...)
>
> § 2 I 3 (Gebiete, in denen die Lebensbedingungen ... wesentlich zurückgeblieben sind ...) In den Gemeinden dieser Gebiete sollen ... die Verkehrs- ... einrichtungen verbessert werden (...).

---

[60] Das Raumordnungsgesetz wurde zuletzt durch Art. 9 des Gesetzes vom 31.07.09 geändert.

§ 3 II Die Grundsätze des § 2 gelten unmittelbar für die Landesplanung in den Ländern. (...)

§ 4 III Die Länder sichern im Rahmen der Landesplanung ... die Verwirklichung der Vorschriften des § 2 durch die Aufstellung von Programmen und Plänen ..."

Das Bundesraumordnungsgesetz spricht als Rahmengesetz Grundsätze und Leitlinien einer anzustrebenden Raumordnung an und steckt den Handlungsspielraum des Raumplaners und des Raumordnungspolitikers ab. Die Bundesländer füllen mit ihren Landesplanungsgesetzen diesen Rahmen aus und stellen für ihre Länder Landesentwicklungsprogramme auf. Diese Programme enthalten Aussagen über den Ausbau der Infrastruktur eines Landes oder seiner Teile. Die Landesentwicklungsprogramme stellen Entwicklungsschwerpunkte und Entwicklungsachsen dar; dabei wird als ein Schwerpunkt die Verkehrsplanung behandelt.

Die Verkehrsplanung wird demnach auf Bundesebene (z. B. Autobahnen), auf der o. g. Ebene der Länder, auf der Stufe der Regierungsbezirke sowie in Kreisen und Gemeinden betrieben. Den Gemeinden stehen als Planungsinstrumente u. a. die Bauleitplanung mit dem Flächennutzungsplan und dem Bebauungsplan zur Verfügung. Rechtsverbindlichkeit erlangen die Verkehrsplanungen in den Bebauungsplänen.

Die Infrastruktur des öffentlichen Personennahverkehrs wird durch Bund und Länder gefördert. Nachdem der o. g. Sachverständigenbericht es für erforderlich erachtete, den Verkehrsausbau in den Gemeinden zu steigern und dafür die finanziellen Voraussetzungen zu schaffen – der Bericht rechnete 1964 mit rund 38 Milliarden DM für den Ausbau von Straßenbahnen, U-Bahnen, S-Bahnen und Vorortbahnen – ermächtigte ein 1969 in das Grundgesetz eingefügter Artikel 104 a den Bund, den Ländern Finanzhilfen für besonders bedeutsame Investitionen der Länder und Gemeinden zu gewähren („... zur Verbesserung der Verkehrsverhältnisse der Gemeinden ..."). Das *„Gesetz über Finanzhilfen des Bundes zur Verbesserung der Verkehrsverhältnisse der Gemeinden"* (Gemeindeverkehrsfinanzierungsgesetz) wurde 1972 bekanntgemacht. Die Länder geben die Finanzhilfen des Bundes weiter und stocken sie um eigene Zuwendungen auf.[61]

Der öffentliche Personennahverkehr genießt steuerliche Entlastungen; und für seine gemeinwirtschaftlichen Aufgaben erhält der öffentliche Personennahverkehr einen teilweisen finanziellen Ausgleich. So ist nach § 6 a Allgemeines Eisenbahngesetz und § 45 a Personenbeförderungsgesetz für die Beförderung von Personen mit Zeitfahrausweisen des Ausbildungsverkehrs ein Ausgleich zu gewähren, wenn u. a. der Ertrag aus den Tarifen zur Deckung der Kosten nicht ausreicht. Aber auch für die unentgeltliche Beförderung Schwerbehinderter im öffentlichen Personennahverkehr erhalten die Verkehrsunternehmen Geld teils vom Bund und teils vom Land. Die steuerliche Entlastung der Verkehrsunternehmen des öffentlichen Personennahverkehrs betrifft die Umsatzsteuer (nach dem Umsatzsteuergesetz von 1972 gilt unter bestimmten Voraussetzungen nur der halbe Steuersatz), die Unternehmen sind für ihre Linienbusse von der Kraftfahrzeugsteuer befreit und die gezahlte Mineralölsteuer wurde in Form von

---

[61] Im Zuge der Föderalismusreform ist zum 01.01.2007 die Bund-Länder-Mischfinanzierung entflochten worden: Seit 01.01.2007 gilt Art. 143 c I GG, welcher den Ländern für eine Übergangszeit vom 01.01.2007 bis zum 31.12.2019 weiterhin Finanzhilfen aus dem Bundeshaushalt gewährt, um *„den durch die Abschaffung der Finanzhilfen zur Verbesserung der Verkehrsverhältnisse der Gemeinden ... bedingten Wegfall der Finanzierungsanteile des Bundes zu kompensieren"*. Nähere Angaben enthält Kapitel 9.

Betriebsbeihilfen an die Unternehmen zurückgezahlt (**zum gegenwärtigen Stand der Finanzierung des öffentlichen Personennahverkehrs siehe Kapitel 9**).

Der öffentliche Personennahverkehr ist trotz seiner gestiegenen Bedeutung nicht allgemeingültig definiert worden; je nach dem Zweck der unterschiedlichen Gesetze ist er unterschiedlich abgegrenzt worden. So wurde zum öffentlichen Personennahverkehr im Allgemeinen gezählt:

- Straßenbahnen, Hochbahnen, U-Bahnen und ähnliche Bahnen sowie Obusse
- Eisenbahnen im Nahverkehr
- Bergbahnen und horizontal verlaufende Seilbahnen
- Kraftfahrzeuge im Linienverkehr (i. A. nicht weiter als 50 km verkehrend)
- Wasserfahrzeuge im Personenverkehr im Orts- und Nachbarschaftsbereich.

Rechtsvorschriften über den öffentlichen Personennahverkehr hatte überwiegend der Bund erlassen. Im Schienenverkehr hatte der Bund die ausschließliche Gesetzgebungszuständigkeit für die Bundeseisenbahnen (Deutsche Bundesbahn); für die nichtbundeseigenen Eisenbahnen galt ebenso wie für den Straßenverkehr und das Kraftfahrwesen die konkurrierende Zuständigkeit der Gesetzgebung: Soweit der Bund kein Gesetz erlässt, dürfen die (Bundes-)Länder entsprechende Gesetze erlassen.

Die wichtigsten (Bundes-)Gesetze des öffentlichen Personennahverkehrs waren danach das Bundesbahngesetz aus 1951 und das Allgemeine Eisenbahngesetz aus 1951 für die Eisenbahnen und das Personenbeförderungsgesetz aus 1961 für Straßenbahnen und U-Bahnen sowie für Busse im Linienverkehr – die Gesetze wurden mehrfach modifiziert. Von Bedeutung für den Verkehr mit Straßenbahnen und Omnibussen sind natürlich auch die allgemeingültigen verkehrsrechtlichen Vorschriften wie das Straßenverkehrsgesetz (Abb. 2-3).

Das Allgemeine Eisenbahngesetz – zuletzt neu gefasst durch Art. 7 des Gesetzes vom 29. Juli 2009 – definiert die Eisenbahn: *„§ 1 Eisenbahnen ... sind Schienenbahnen mit Ausnahme der Straßenbahnen ..., der Bergbahnen und der sonstigen Bahnen besonderer Bauart."* § 2 AEG sagt etwas über den Zweck der Eisenbahnen aus: *„Eisenbahnen dienen dem öffentlichen Verkehr, wenn sie nach ihrer Zweckbestimmung jedermann zur Personen- oder Güterbeförderung benutzen kann."* Ein soziales und regionalpolitisches Kriterium nennt das Allgemeine Eisenbahngesetz im § 6: *„Ziel der Tarifpolitik für die öffentlichen Eisenbahnen ist, unter Wahrung der wirtschaftlichen Verhältnisse der beteiligten Bahnen gleichmäßige Tarife für alle Eisenbahnen zu schaffen und sie den Bedürfnissen des allgemeinen Wohls, insbesondere der wirtschaftlich schwachen und verkehrsungünstig gelegenen Gebiete, anzupassen."* Der § 8 des Allgemeinen Eisenbahngesetzes enthält Ausführungen zum Wettbewerb: *„Mit dem Ziel bester Verkehrsbedienung hat die Bundesregierung darauf hinzuwirken, daß die Wettbewerbsbedingungen der Verkehrsträger angeglichen werden und daß durch marktgerechte Entgelte und einen lauteren Wettbewerb der Verkehrsträger eine volkswirtschaftlich sinnvolle Aufgabenteilung ermöglicht wird."*

> *§ 7 des Güterkraftverkehrsgesetzes in der bis zum 31.12.1993 geltenden Fassung war ähnlich formuliert: „Mit dem Ziel bester Verkehrsbedienung hat die Bundesregierung darauf hinzuwirken, dass die Wettbewerbsbedingungen der Verkehrsträger angeglichen werden 'und daß durch marktgerechte Entgelte und einen lauteren Wettbewerb der Verkehrsträger eine volkswirtschaftliche Aufgabenverteilung ermöglicht wird'".*

Anstelle des AEG in seiner Ursprungfassung, dass zum 31.12.1993 außer Kraft trat, gilt nunmehr das Allgemeine Eisenbahngesetz in der Fassung vom 27.12.1993, das zuletzt durch Artikel 7 des Gesetzes vom 29.07.2009 geändert wurde. Inhaltlich haben sich durch die Neufassung des Gesetzes zahlreiche Änderungen ergeben, welche sich allein schon an der Tatsache ablesen lassen, dass das Gesetz nunmehr 40 Paragraphen anstatt wie bis dahin neun Paragraphen umfasst. Zwar haben die Bundesregierung sowie die Landesregierungen nach wie vor gemäß § 3I Nr. 1 AEG mit „ ... *dem Ziel bester Verkehrsbedienung ... darauf hinzuwirken, daß die Wettbewerbsbedingungen der Verkehrsträger angeglichen werden und daß durch einen lauteren Wettbewerb der Verkehrsträger eine volkswirtschaftlich sinnvolle Aufgabenteilung ermöglicht wird.*" Auch dienen Eisenbahnen weiterhin gemäß § 3I Nr. 1 AEG „*... dem öffentlichen Verkehr (öffentliche Eisenbahnen), wenn ... jedermann sie nach ihrer Zweckbestimmung zur Personen- oder Güterbeförderung benutzen kann ...*"Allerdings sind Eisenbahnen mittlerweile in § 2 AEG vollkommen neu definiert als „ *... öffentliche Einrichtungen oder privatrechtlich organisierte Unternehmen, die Eisenbahnverkehrsleistungen erbringen (Eisenbahnverkehrsunternehmen) oder eine Eisenbahninfrastruktur betreiben (Eisenbahninfrastrukturunternehmen).* " Außerdem ist das soziale und regionalpolitische Kontrollinstrument des § 6 AEG a. F. in der aktuellen Fassung weggefallen.

Das dem Allgemeinen Eisenbahngesetz nachgeordnete Bundesbahngesetz (BbahnG) ist in seiner Ursprungsfassung vom 13. Dezember 1951 zum 01.01.1994 (bis auf die den Vorstand betreffenden Regelungen) nahezu vollständig außer Kraft getreten.[62] § 1 BbahnG alter Fassung regelt die Rechtsstellung der Deutschen Bundesbahn: „*Die Bundesrepublik Deutschland verwaltet ... das Bundeseisenbahnvermögen als nicht rechtsfähiges Sondervermögen des Bundes mit eigener Wirtschafts- und Rechnungsführung.*" Die Leistungen der Deutschen Bundesbahn für das Gemeinwesen sind in § 5 angesprochen: „*Leistungen der Deutschen Bundesbahn für den Bund und seine Unternehmen, für die Länder, für die Gemeinden (Gemeindeverbände) und für die Körperschaften und Anstalten des öffentlichen Rechts und deren Leistungen für die Deutsche Bundesbahn sind angemessen abzugelten.*" Den Zielkonflikt zwischen kaufmännischer Wirtschaftsführung und gemeinwirtschaftlicher Aufgabe enthält der § 28 des Bundesbahngesetzes: „*Die Deutsche Bundesbahn ist ... wie ein Wirtschaftsunternehmen mit dem Ziel bester Verkehrsbedienung nach kaufmännischen Grundsätzen so zu führen, daß die Erträge die Aufwendungen ... decken; eine angemessene Verzinsung des Eigenkapitals ist anzustreben. In diesem Rahmen hat sie ihre gemeinwirtschaftliche Aufgabe zu erfüllen.*"

Der technische Fortschritt und die Darstellung von Einzelheiten der gesetzlichen Bestimmungen findet man in Verordnungen, zu deren Erlass der Bundesverkehrsminister in den einzelnen Gesetzen ermächtigt wird.

In der Eisenbahn-Verkehrsordnung – gültig für Bundeseisenbahnen und nicht-bundeseigene Eisenbahnen – finden sich beispielsweise Aussagen zur Beförderungspflicht. So sah die EVO in § 3 ihrer Ausgangsfassung vom 01.10.1928 vor, dass „*die Eisenbahn ... die Beförderung nur verweigern (kann), wenn a) den geltenden Beförderungsbedingungen und den sonstigen allgemeinen Anordnungen der Eisenbahn nicht entsprochen wird, oder b) die Beförderung mit den regelmäßigen Beförderungsmitteln nicht möglich ist, oder c) die Beförderung durch Umstände verhindert wird, die als höhere Gewalt zu betrachten sind*". Der Anspruch auf Beförderung wurde sodann in § 2 der novellierten Fassung der EVO vom 10.05.1982 positiv formuliert: „*Die Eisenbahn ist zur Beförderung verpflichtet, wenn a) die Beförderungsbedingungen eingehalten werden, b) die Beförderung mit den regelmäßig eingesetzten Beförderungsmitteln möglich ist und c) die Beförderung nicht durch Umstände verhindert wird, welche die Eisenbahn nicht abwenden und denen sie auch nicht abhelfen konnte*", bevor er aus der aktuellen

---

[62] Das BbahnG hat durch die Bahnreform und den damit einhergehenden weitreichenden Wegfall seiner Regelungen immens an Bedeutung verloren. Es spielt somit in der aktuell gültigen Fassung keine entscheidende Rolle für die Praxis mehr.

Fassung der Verordnung vom 20. April 1999 ganz herausfiel – zuletzt geändert durch Art. 3 des Gesetzes vom 26. Mai 2009.

Die technischen Probleme des Eisenbahnbetriebes werden für alle Eisenbahnen in der Eisenbahn-Bau- und Betriebsordnung geregelt, welche auf Vorgängerregelungen bis aus 1928 zurückgeht. So enthalten die 66 Paragrafen und etliche Anlagen dieser Verordnung Bestimmungen zu den Bahnanlagen, zu den Fahrzeugen, zur Durchführung des Bahnbetriebs und zum Personal sowie zur Sicherheit und Ordnung auf dem Gebiet der Bahnanlagen.[63] So heißt es z. B.

> § 5 II „Das Grundmaß der Spurweite beträgt 1435 mm."
>
> § 7 I „Die Längsneigung auf freier Strecke soll bei Neubauten ... 12,5 ‰ nicht überschreiten."
>
> § 23 II „Eine durchgehende Bremse ist selbsttätig, wenn sie bei jeder unbeabsichtigten Unterbrechung der Bremsleitung wirksam wird".
>
> § 32 II „Die Fahrzeuge sind planmäßig wiederkehrend zu untersuchen."
>
> § 42 II 1 „Das Rangieren auf dem Einfahrgleis über das Einfahrsignal hinaus ist in der Regel verboten."
>
> § 54 I „Den Betriebsbeamten sind die Kenntnisse und Fertigkeiten zu vermitteln, die sie zur ordnungsgemäßen Ausübung ihres Dienstes befähigen."
>
> § 63 I „Das Ein- und Aussteigen ist nur an den dazu bestimmten Stellen und nur an der dazu bestimmten Seite der Fahrzeuge gestattet."

Aufgrund des Personenbeförderungsgesetzes wurden die Straßenbahn-Bau- und Betriebsordnung (gültig für Straßenbahnen, U-Bahnen und ähnliche Bahnen im Sinne des Gesetzes und Obusse) sowie die Verordnung über den Betrieb von Kraftfahrunternehmen im Personenverkehr vom Bundesverkehrsminister erlassen. Auch in der „Verordnung über den Bau und Betrieb der Straßenbahnen" sind in 65 Paragraphen mit Anlagen Vorschriften zu den Betriebsbediensteten enthalten und zu den Betriebsanlagen, zu Fahrzeugen und zum Betrieb.

> *Personenbeförderungsgesetz vom 21. März 1961 in der Fassung des zweiten Änderungsgesetzes vom 8.5.1969:*[64] *„§ 57 I Der Bundesminister für Verkehr erläßt mit Zustimmung des Bundesrates Rechtsverordnungen über*
>
> *1. Straßenbahnen und Obusse; diese regeln*
>
> *a) Anforderungen an den Bau und die Einrichtungen der Betriebsanlagen und Fahrzeuge sowie deren Betriebsweise*
>
> *b) die Sicherheit und Ordnung des Betriebs sowie den Schutz der Betriebsanlagen und Fahrzeuge gegen Schäden und Störungen*
>
> *den Betrieb von Kraftfahrunternehmen im Personenverkehr; diese regeln*
>
> *a) Anforderungen an den Bau und die Einrichtungen der in diesem Unternehmen verwendeten Fahrzeuge*
>
> *b) die Sicherheit und Ordnung des Betriebs*

---

[63] Die EBO ist zuletzt geändert durch Verordnung vom 19. März 2009
[64] Die Regelung entspricht jener des § 57 I des PBefG in der Fassung der Bekanntmachung vom 08. August 1990, das zuletzt geändert wurde durch Art. 4 Abs. 21 des Gesetzes vom 29.07.2009. Die Änderungen treten erst zum 01.01.2013 in Kraft.

3. Anforderungen an die Befähigung, Eignung und das Verhalten der Betriebsbediensteten und über die Bestellung, Bestätigung und Prüfung von Betriebsleitern sowie deren Aufgaben und Befugnisse."

Die danach erlassene "Verordnung über den Bau und Betrieb der Straßenbahnen" (Straßenbahn-Bau- und Betriebsordnung –BOStrab) –zuletzt geändert durch Art. 1 der Verordnung vom 08. November 2007 – enthält Vorgaben zu (im Folgenden mit Beispielen zitiert):

- Allgemeines

1 I „Straßenbahnen sind

straßenabhängige Bahnen ...

straßenunabhängige Bahnen ...."

- Betriebsleitung

7 IV „Die Bestellung des Betriebsleiters ... bedarf der Bestätigung durch die Technische Aufsichtsbehörde"

- Betriebsbedienstete

14 III „Erkrankungen ... sind dem Unternehmer unverzüglich anzuzeigen"

- Betriebsanlagen

§ 15 VI „Strecken sollen unabhängige oder besondere Bahnkörper haben."

- Fahrzeuge

§ 38 II „Personenfahrzeuge müssen eine Sicherheitsfahrschaltung haben, die bei Ausfall des Fahrzeugführers eine Bremsung bis zum Stillstand bewirkt."

- Betrieb

§ 50 I „Die für das Streckennetz geltenden Streckenhöchstgeschwindigkeiten setzt die Technische Aufsichtsbehörde fest."

Ähnliche Vorschriften zum Betrieb und zur Ausrüstung und Beschaffenheit der Fahrzeuge enthalten auch die 48 Paragrafen der „Verordnung über den Betrieb von Kraftfahrunternehmen im Personenverkehr" (BoKraft) vom 21.06.1975.

Den Zusammenhang der rechtlichen Regelungen vor Durchführung der Bahnreform zeigt Abb. 2-3.

Das Personenbeförderungsgesetz behandelt wie die Straßenbahnen auch Bahnen, die im gleichen räumlichen Bereich dem Personenverkehr dienen – Bergbahnen und horizontal verlaufende Seilbahnen werden in den Landeseisenbahngesetzen geregelt. Obusse sind nach dem Gesetz elektrisch angetriebene, nicht an schienengebundene Straßenfahrzeuge; Kraftomnibusse sind Kraftfahrzeuge, die nach ihrer Bauart und Ausstattung zur Beförderung von mehr als neun Personen bestimmt sind.

Für den Verkehr mit den genannten Verkehrsmitteln hat das Personenbeförderungsgesetz eine Genehmigungspflicht eingeführt (bei Straßenbahnen und Obussen für Bau, Betrieb und Linienführung, bei Kraftomnibussen für Einrichtung und Betrieb der Linie sowie Zahl, Art und

2.2 Der Öffentliche Personennahverkehr vor der Bahnreform

Fassungsvermögen der auf der Linie eingesetzten Fahrzeuge).[65] Neben der Sicherheit und Leistungsfähigkeit des antragstellenden Unternehmers wird auch die Zuverlässigkeit des Unternehmers geprüft. Durch den beantragten Verkehr dürfen aber vor allem die öffentlichen Verkehrsinteressen nicht beeinträchtigt werden:

§ 13 II Personenbeförderungsgesetz „(... ist die Genehmigung zu versagen, wenn ...) 2. durch den beantragten Verkehr die öffentlichen Verkehrsinteressen beeinträchtigt werden, insbesondere a) der Verkehr mit den vorhandenen Verkehrsmitteln befriedigend bedient werden kann, b) der beantragte Verkehr ohne eine wesentliche Verbesserung der Verkehrsbedienung Verkehrsaufgaben übernehmen soll, die vorhandene Unternehmer ... bereits wahrnehmen, c) die ... vorhandenen Unternehmer ... die notwendige Ausgestaltung des Verkehrs ... selbst durchzuführen bereit sind. (...)"

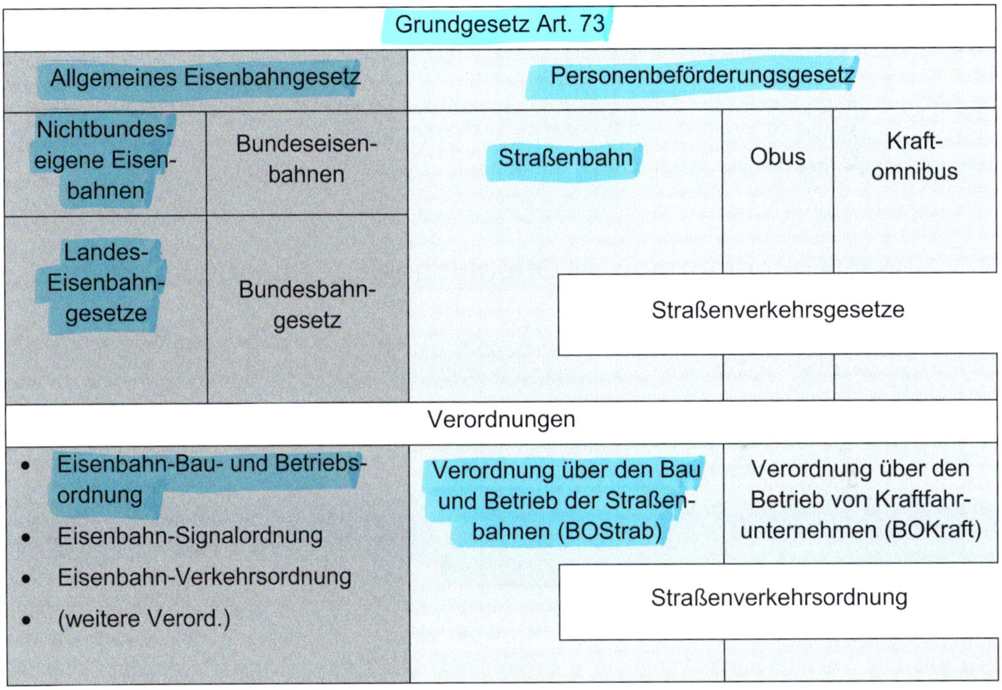

	Grundgesetz Art. 73			
Allgemeines Eisenbahngesetz		Personenbeförderungsgesetz		
Nichtbundes-eigene Eisen-bahnen	Bundeseisen-bahnen	Straßenbahn	Obus	Kraft-omnibus
Landes-Eisenbahn-gesetze	Bundesbahn-gesetz	Straßenverkehrsgesetze		
	Verordnungen			
• Eisenbahn-Bau- und Betriebs-ordnung • Eisenbahn-Signalordnung • Eisenbahn-Verkehrsordnung • (weitere Verord.)		Verordnung über den Bau und Betrieb der Straßen-bahnen (BOStrab)	Verordnung über den Betrieb von Kraftfahr-unternehmen (BOKraft)	
		Straßenverkehrsordnung		

Abb. 2-3: Zusammenhang rechtlicher Regelungen im Personenverkehr bis in die 1990er Jahre

Als subjektive Voraussetzungen für eine Genehmigung gilt die Gewähr des Unternehmers für Bewahrung der Allgemeinheit vor Schäden und Gefahren und die Gewähr für den Einsatz technisch einwandfreier Fahrzeuge und Einrichtungen sowie das Vorhandensein von Kapital zur Fortführung des Betriebes.

Als objektive Voraussetzung für die Erteilung einer Personenverkehrsgenehmigung gilt die Nicht-Beeinträchtigung der öffentlichen Verkehrsinteressen. Die Bevölkerung, die auf fremde

---

[65] Die in der „Verordnung über die Befreiung bestimmter Beförderungsfälle von den Vorschriften des Personenbeförderungsgesetzes (Freistellungsverordnung)" genannten Fälle unterliegen auch in der Genehmigung nicht dem Personenbeförderungsgesetz.

Verkehrsmittel angewiesen ist, hat ein Interesse an möglichst bequemer, zuverlässiger und schneller Beförderung an das von ihr gewünschte Ziel mit möglichst vielen Linien und Fahrzeugen. Die Genehmigungsbehörde hat durch eine zweckmäßige Handhabung des Personenbeförderungsgesetzes zum Ausbau des Verkehrsnetzes beizutragen, und sie hat den unbestimmten Rechtsbegriff „Öffentliche Verkehrsinteressen" auszufüllen (von Verwaltungsgerichten wird nicht entschieden, was öffentliche Verkehrsinteressen sind, die Gerichte haben evtl. nur zu prüfen, dass die Genehmigungsbehörde keinen Ermessensfehler begangen hat). Bei der Genehmigung von Linienverkehren hat die Behörde die Erfahrungen schon auf dem Markt tätiger Unternehmen zu berücksichtigen (Besitzstandsklausel *„PBefG § 13 IV Ist ein Verkehr von einem Unternehmer jahrelang in einer dem öffentlichen Verkehrsinteresse entsprechenden Weise betrieben worden, so ist dieser Umstand angemessen zu berücksichtigen."*).

Die Genehmigung wird dem Unternehmer auf bestimmte Zeit erteilt. Die Regeldauer der Genehmigung für Straßenbahnen beträgt 25 Jahre – der Unternehmer sollte das Anlagekapital tilgen können – und für Busse im Linienverkehr im Höchstfall acht Jahre.

Im Zuge des Zusammenwachsens Europas mit der Zunahme europaweit verbindlicher Regelungen sind auch wegen der deutschen Einheit und der Finanzprobleme der Deutschen Bundesbahn besonders in Deutschland im Recht des Öffentlichen Personennahverkehrs seit Anfang der 90er Jahre des 20. Jahrhunderts gravierende Änderungen eingetreten.

2.3 Unternehmensformen im Öffentlichen Personennahverkehr

„Unternehmung (Unternehmen), wirtschaftl.-rechtl. Einheit, in der aufgrund autonomer Planung durch die Kombination von Produktionsfaktoren marktgängige Güter und Dienstleistungen erstellt werden. (...) Man unterscheidet ... nach Eigentumsträgern: Privat-U., öffentliche Unternehmen und gemischtwirtschaftliche Unternehmen" Bertelsmann Lexikon, Stuttgart 1996

Der Öffentliche Personennahverkehr wird als Teil der Daseinsvorsorge überwiegend (noch?) von öffentlichen Verkehrsunternehmen durchgeführt, d. h. von Unternehmen, die sich im Mehrheitseigentum der öffentlichen Hand befinden. Da sich diese Verkehrsunternehmen zunehmend einem Wettbewerb stellen müssen und im Zeitalter der knappen Kassen eine Aufwandsminimierung anstreben müssen, ist die Wahl einer zweckmäßigen Rechtsform für die öffentlichen Verkehrsunternehmen ein wichtiges Instrument, um Finanzierungsmöglichkeiten, Instrumentalisierbarkeit, Steuerbelastung, Leitungsbefugnis, Flexibilität u. a. m. optimieren zu können.[66]

Aus der Garantie der kommunalen Selbstverwaltung gemäß Artikel 28 II 1 Grundgesetz *(„Den Gemeinden muss das Recht gewährleistet sein, alle Angelegenheiten der örtlichen Gemeinschaft im Rahmen der Gesetze in eigener Verantwortung zu regeln.")* ergibt sich für kommunale Gebietskörperschaften das Recht, Einrichtungen zum Wohl der Einwohner in einer von der Gemeinde jeweils selbst gewählten Unternehmensform zu errichten und zu unterhalten. Alle Leistungsangebote der Kommune im Bereich der Daseinsvorsorge können mit dem Be-

---

[66] Vgl. auch das (Bundes-)Regionalisierungsgesetz vom 27.12.1993: § 3 „Zur Stärkung der Wirtschaftlichkeit der Verkehrsbedienung im öffentlichen Personennahverkehr ist anzustreben, die Zuständigkeiten für Planung, Organisation und Finanzierung des öffentlichen Personennahverkehrs zusammenzuführen. Das Nähere regeln die Länder."

griff „öffentliche Einrichtung" umschrieben werden; diese umfassen den Bereich der unmittelbaren Kommunalverwaltung und die mittelbare kommunale Verwaltung, die kommunalen Unternehmen.

Zur unmittelbaren Kommunalverwaltung zählt die Verwaltung, welche für die unmittelbare Aufgabenerfüllung der Behörde sorgt in Form von Ämtern (Abteilungen der Behörde) und auch als nicht rechtsfähige Anstalt einer kommunalen Gebietskörperschaft zur Erfüllung eines bestimmten Verwaltungszwecks, z. B. Schwimmbäder und Schulen. Zur unmittelbaren Kommunalverwaltung gehören auch die Regiebetriebe (oder Verwaltungsbetriebe), die als Abteilung der Kommunalverwaltung geführt werden und dem kommunalen Haushalts-, Kassen- und Rechnungswesen unterliegen und deren Stellenpläne in den allgemeinen Stellenplan der Verwaltung eingebunden sind. Beispiele für Regiebetriebe sind der Städtische Bauhof und die Friedhofsgärtnerei.

Den genannten Formen der unmittelbaren Kommunalverwaltung kommt keine Unternehmensqualität zu. Öffentliche Unternehmen sollten nicht in die unmittelbare Kommunalverwaltung eingebettet sein, sondern als organisatorisch verselbständigte Einheiten außerhalb der Kommunalverwaltung angeordnet sein.

Als Unternehmensformen des öffentlichen Personennahverkehrs bieten sich daher grundsätzlich – abgestuft nach dem Grad ihrer Abhängigkeit von Rat und Verwaltung – folgende Organisationen an:

> *1 Organisationsformen des öffentlichen Rechts*
>> *1.1 Eigenbetrieb*
>> *1.2 Rechtsfähige Anstalt*
>> *1.3 Rechtsfähige Stiftung*
>
> *2 Organisationsformen des Privatrechts*
>> *2.1 Gesellschaft des bürgerlichen Rechts (BGB-Gesellschaft)*
>> *2.2 Offene Handelsgesellschaft (OHG), Kommanditgesellschaft (KG)*
>> *2.3 Nicht rechtsfähiger Verein*
>> *2.4 Rechtsfähiger Verein*
>> *2.5 Genossenschaft*
>> *2.6 Rechtsfähige Stiftung*
>> *2.7 Gesellschaft mit beschränkter Haftung*
>> *2.8 Aktiengesellschaft*

1 Organisationsformen des öffentlichen Rechts

Eigenbetrieb

Der Eigenbetrieb ist eine rechtlich unselbständige Einheit der Gemeindeverwaltung. Dem Regiebetrieb gegenüber ist der Eigenbetrieb jedoch verwaltungsmäßig und haushaltsmäßig verselbständigt. Seine organisatorische Selbständigkeit zeigt sich am Vorhandensein einer Werkleitung (das können auch städtische Bedienstete sein) und einem Werksausschuss (besonderer Ausschuss des Gemeinderates). Der Eigenbetrieb ist finanzwirtschaftlich ein Sondervermögen der Gemeinde, das gesondert zu verwalten und im gemeindlichen Haushalt auszuweisen ist. Durch die organisatorische und finanzwirtschaftliche Verselbständigung wird einerseits eine Unternehmensführung nach kaufmännischen Gesichtspunkten ermöglicht, andererseits besteht eine enge Verbindung zwischen Rat, Verwaltung und Unternehmen, sodass die Einheit der Kommunalverwaltung nicht infrage gestellt ist und eine Kontrolle durch die Kommune gewährleistet ist.

Die wichtigsten Rechtsgrundlagen der Eigenbetriebe sind in den Gemeindeordnungen der Bundesländer, in Eigenbetriebsgesetzen und -verordnungen normiert.

1.2 Rechtsfähige Anstalt

Die vollrechtsfähige Anstalt des öffentlichen Rechts ist eine Zusammenfassung von Personen und Vermögen mit dem Ziel, bestimmte öffentliche Aufgaben (Zweck der Anstalt) durchzuführen. Die Anstalt entsteht i.a. durch ein eigenes Gesetz, d. h. auf Bundes- oder Landesebene (auf Bundesebene bestehen die Bundesbank und auf Landesebene die Rundfunkanstalten). Die Wahlmöglichkeiten und die Gestaltungsmöglichkeiten der Kommunen bezüglich einer Anstalt sind daher eingeschränkt: Auf Gemeindeebene existieren aufgrund der Landessparkassengesetze die Sparkassen.

Als kommunales Verkehrsunternehmen ist als Anstalt des öffentlichen Rechts das Verkehrsunternehmen der Stadt Berlin (und des Bundeslandes Berlin), die Berliner Verkehrsbetriebe – BVG – errichtet worden.

1.3 Rechtsfähige Stiftung

Bei der Stiftung wird von einem Stifter ein Vermögen zur Durchführung eines Stiftungszweckes zur Verfügung gestellt. Stiftungen des öffentlichen Rechts können Kommunen nur aufgrund eines Gesetzes errichten; öffentliche Verkehrsunternehmen in Form einer Stiftung scheiden für Kommunen daher i. A. aus.

2 Organisationsformen des Privatrechts

2.1 Gesellschaft bürgerlichen Rechts

Die Gesellschaft bürgerlichen Rechts, die BGB-Gesellschaft, ist eine Personenvereinigung, bei der sich die Gesellschafter verpflichten, die Erreichung eines gemeinsamen Zwecks vertraglich vereinbart zu fördern.

Da die Gesellschafter für die Gesellschaftsschulden unbegrenzt haften, die Gemeindeordnungen aber vorschreiben, dass die Haftung einer Gemeinde auf einen bestimmten Betrag begrenzt sein muss, wenn sich die Gemeinde an einem wirtschaftlichen Unternehmen beteiligen will, scheidet die BGB-Gesellschaft als Form eines öffentlichen Verkehrsunternehmens aus. So heißt es beispielsweise in der Hessischen Gemeindeordnung „§ 122 I Eine Gemeinde darf eine Gesellschaft, die auf den Betrieb eines wirtschaftlichen Unternehmens[67] gerichtet ist, nur gründen oder sich daran beteiligen, wenn ... 2. die Haftung und die Einzahlungsverpflichtung der Gemeinde auf einen ihrer Leistungsfähigkeit angemessenen Betrag begrenzt ist ..."

2.2 Offene Handelsgesellschaft, Kommanditgesellschaft

Da bei der Unternehmensform Offene Handelsgesellschaft – der Unternehmenszweck ist auf den Betrieb eines Handelsgewerbes unter gemeinsamer Firma gerichtet – alle Gesellschafter den Gläubigern gegenüber unbegrenzt haften, scheidet eine offene Handelsgesellschaft für ein öffentliches Verkehrsunternehmen aus.

---

[67] Wirtschaftliche Unternehmen der Kommunen sind solche Einrichtungen und Anlagen der Gemeinde, die auch von einem Privatunternehmer mit der Absicht der Gewinnzielung betrieben werden können.

Eine Kommanditgesellschaft ist eine Personengesellschaft, deren Zweck auf den Betrieb eines Handelsgewerbes gerichtet ist; für die wirtschaftliche Betätigung einer Kommune und damit für ein öffentliches Verkehrsunternehmen scheidet diese Unternehmensform aus: Der persönlich haftende Gesellschafter haftet unbeschränkt – scheidet für die Gemeinde aus – und der Kommanditist, welcher eine Gemeinde sein könnte, hat sehr viel geringere Befugnisse als dieser Komplementär.

2.3 Nicht rechtsfähiger Verein

Ein Verein ist ein auf Dauer angelegter Zusammenschluss von mindestens sieben Personen zur Erreichung eines gemeinsamen Zwecks. Bei einem nicht-rechtsfähigen Verein – nicht in das Handelsregister eingetragen – haften die Vereinsmitglieder persönlich mit ihrem gesamten Vermögen für rechtsgeschäftliche Verbindlichkeiten des Vereins; ein Verkehrsunternehmen in Form eines Vereins zu betreiben scheidet für eine Kommune aus.

2.4 Rechtsfähiger Verein

Ein öffentliches Verkehrsunternehmen ist ein wirtschaftliches Unternehmen der Kommune. Der auf einen wirtschaftlichen Geschäftsbetrieb gerichtete Verein, der wirtschaftliche Verein, erfordert zu seiner Rechtsfähigkeit einer staatlichen Verleihung. Da diese Verleihung aber erst dann infrage kommt, wenn die Kommune die Organisationsformen des Handelsrechts ausgeschöpft hat (subsidiäre Verleihung der Rechtsfähigkeit), kommt auch der rechtsfähige Verein für ein öffentliches Verkehrsunternehmen der Kommune nicht infrage.

2.5 Genossenschaft

Die Genossenschaft ist eine Gesellschaft ohne geschlossene Mitgliederzahl, welche die Förderung des Erwerbes oder der Wirtschaft ihrer Mitglieder mittels gemeinschaftlichen Geschäftsbetriebs bezweckt. Auf kommunaler Ebene sind vor allem die Wohnbaugenossenschaften zu nennen.

Charakteristisch für eine Genossenschaft ist der fehlende wirtschaftliche Zweck, insbesondere die fehlende Gewinnerzielungsabsicht; die Genossenschaft ist somit eine Hilfsorganisation, welche den Wirtschaftsbetrieb ihrer Mitglieder unmittelbar fördern will. Im kommunalen Bereich hat die Genossenschaft keine große Resonanz gefunden.

2.6 Rechtsfähige Stiftung

Die Stiftung ist eine Vermögensmasse, die einem vom Stifter bestimmten Zweck dient. Gemeindevermögen darf in eine Stiftung nur eingebracht werden, wenn der mit der Stiftung verfolgte Zweck auf andere Weise nicht erreicht werden kann. Ein öffentliches Verkehrsunternehmen in Form einer Stiftung einzurichten wird nicht möglich sein.

2.7 Gesellschaft mit beschränkter Haftung (GmbH)

Die Gesellschaft mit beschränkter Haftung ist eine Handelsgesellschaft mit eigener Rechtspersönlichkeit und körperschaftlicher Organisation; sie kann zu jedem gesetzlich zugelassenen Zweck errichtet werden. Für Gesellschaftsschulden haftet den Gläubigern lediglich das Gesellschaftsvermögen. Organe der Gesellschaft sind die Gesellschafterversammlung und der Geschäftsführer.

Die Gesellschaft mit beschränkter Haftung hat im kommunalen Bereich weite Verbreitung gefunden, da das GmbH-Recht bei der Ausgestaltung des Gesellschaftsvertrages breiten Spielraum lässt und Wünsche und Vorstellungen der Kommune sich dort verwirklichen lassen.

2.8 Aktiengesellschaft

Die Aktiengesellschaft ist eine nach dem Aktiengesetz für jeden gesetzlich zulässigen Zweck gegründete rechtsfähige Gesellschaft, die ein in Aktien zerlegtes Grundkapital aufweist und an der die Gesellschafter (Aktionäre) mit einem Teil des Grundkapitals beteiligt sind. Für Schulden haftet nur das Gesellschaftsvermögen.

Organe der Gesellschaft sind der Vorstand, die Hauptversammlung und der Aufsichtsrat. Wegen besonderer gesetzlicher Vorschriften ist die Stellung des Vorstandes der Aktiengesellschaft besonders abgesichert, der Einfluss der Gesellschafterin Kommune auf die Gesellschaft ist formell gering.

Öffentliche (Verkehrs-)Unternehmen werden in öffentlich-rechtlicher Form oder in privatrechtlicher Form geführt. Befindet sich das privatrechtliche Unternehmen vollständig in öffentlichem Eigentum, liegt ein (rein) öffentliches Unternehmen vor; existieren aber auch noch private Anteilseigner, handelt es sich um ein gemischtwirtschaftliches Unternehmen.

Nach den gemachten Ausführungen wird deutlich, dass als Unternehmensformen für öffentliche Verkehrsunternehmen vor allem der *Eigenbetrieb*, die *Gesellschaft mit beschränkter Haftung* und die *Aktiengesellschaft* infrage kommen.

Beim Eigenbetrieb ist das oberste Organ die Gemeindevertretung (Ratsversammlung): Sie bestellt die Werkleitung und erlässt im Regelfall die Betriebssatzung, in welcher die Befugnisse der Werkleitung festgeschrieben werden und damit der Handlungsspielraum. Das vom Gemeinderat eingesetzte Kontrollgremium ist der Werkausschuss.

In vielen Bereichen ist der Eigenbetrieb mit einer Kapitalgesellschaft vergleichbar. Durch die Transparenz des Betriebsaufwandes kann ungerechtfertigten Kostensteigerungen entgegengewirkt werden (Eigenbetriebsgesetz § 20 III *„Der Eigenbetrieb hat die für die Kostenrechnung erforderlichen Unterlagen zu führen und nach Bedarf Kostenrechnungen zu erstellen."* Wegen des großen Einflusses der Kommunalpolitiker über die Gemeindevertretung wird der Eigenbetrieb allerdings nicht immer nach betriebswirtschaftlichen Grundsätzen zu führen sein. Soweit der Eigenbetrieb keine hoheitliche Tätigkeit ausführt – Erfüllung von Aufgaben, zu deren Annahme der Leistungsempfänger aufgrund behördlicher Anordnung verpflichtet ist – ist der Eigenbetrieb unbeschränkt steuerpflichtig.

==Rechtliche Grundlagen der Gesellschaft mit beschränkter Haftung sind das GmbH-Gesetz und das Handelsgesetzbuch; eine Gründung kann auch durch die juristische Person „Gebietskörperschaft" erfolgen. Bei der GmbH fallen Eigentum (Anteil am Stammkapital) und Leitungsbefugnis auseinander, daher erreicht die GmbH einen großen Handlungsspielraum.== Der gemeindliche Einfluss auf die Geschäftsführung kann aber durch Bestellung, Entsendung und Weisungserteilung durch die Gesellschafterversammlung, in welcher die Gemeinde vertreten ist, gesichert werden. Zügiges Eingehen auf Markterfordernisse wird allerdings nur dann eintreten, wenn die Geschäftsführung weitgehend frei von Gemeindeeinfluss ist.

2.3 Unternehmensformen im Öffentlichen Personennahverkehr

```
Öffentliche Hand          Private
    65 %                   19 %

                    gemischtwirtschaftliche
                           16 %
```

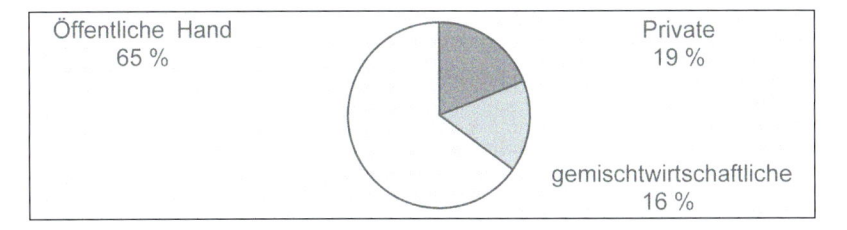

Abb. 2-4: Eigentumsverhältnisse der Mitgliedsunternehmen des Verbandes Deutscher Verkehrsunternehmen (539 Unternehmen, 2002)

```
    Eigenbetrieb                andere
        6 %                      6 %

AG 14 %

                        GmbH 74 %
```

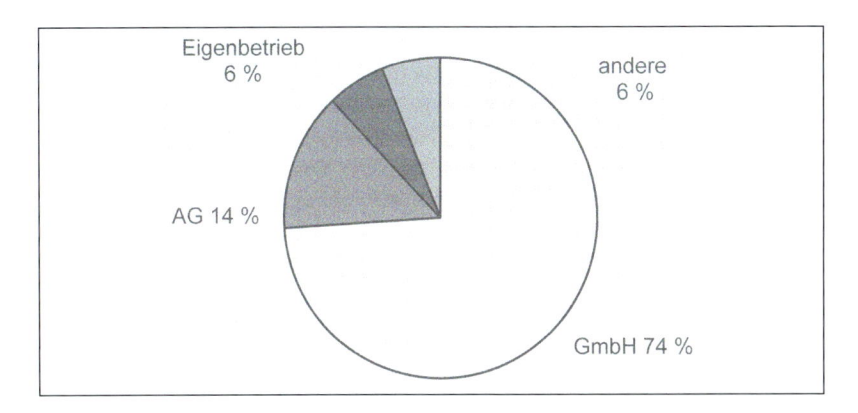

Abb. 2-5: Rechtsformen der Mitgliedsunternehmen des Verbandes Deutscher Verkehrsunternehmen (539 Unternehmen, 2002)

Die Aktiengesellschaft ist wie die GmbH eine juristische Person des privaten Rechts. Die Geschäftsführung und Vertretung der Aktiengesellschaft ist Aufgabe des Vorstands, der vom Aufsichtsrat bestellt und kontrolliert wird. Die Aktionärsversammlung (Hauptversammlung) trägt zwar das gesamte Kapitalrisiko, ist aber von der Führung der laufenden Geschäfte ausgeschlossen. Die Aktiengesellschaft ist – wie auch die GmbH – unbeschränkt steuerpflichtig.

Die folgende vergleichende Betrachtung bezieht sich auf den kommunalen Eigenbetrieb, die Gesellschaft mit beschränkter Haftung und die Aktiengesellschaft. Bei dieser Betrachtung muss das Ausmaß der Beteiligung der öffentlichen Hand berücksichtigt werden: Ist die kommunale Gebietskörperschaft zu 100 % Eigentümerin des Unternehmens, werden Flexibilität und Instrumentalisierbarkeit anders zu bewerten sein als bei einem nur teilweise in öffentlicher Hand befindlichen Unternehmen. Der private Unternehmer strebt z. B. einen hohen Gewinn an, während die kommunale Gebietskörperschaft auch soziale Interessen wahren will.

Hinsichtlich des Eigentums und der Haftung schreiben die Gemeindeordnungen der Länder vor, dass eine Gemeinde nur dann Allein- oder Miteigentümer eines wirtschaftlichen Unternehmens sein darf, wenn vor allem die Haftung beschränkt ist. Und diese Haftung orientiert sich an der Leistungsfähigkeit der Gemeinde. Bei einem Eigenbetrieb – Eigenbetrieb und Gemeinde bilden eine rechtliche Einheit – haftet die Gemeinde unbeschränkt und unmittelbar, bei einer GmbH ist die Haftung auf die Höhe der Kapitaleinlage beschränkt, bei der Aktiengesellschaft haftet die Gemeinde mit dem Wert des gemeindlichen Aktienbesitzes.

Mit zunehmender Entfernung der Rechtsform von der öffentlich-rechtlichen Form hin zur privatrechtlichen Form nimmt der Einfluss der Gemeinde auf das Betriebsgeschehen (formal) ab. Bei einem Verkehrsunternehmen beispielsweise wurde das Ziel einer Aufrechterhaltung nicht gewinnbringender Kurse, Linien und Betriebszeiten von der Gemeinde nur dann erreicht, wenn die Gemeinde das Unternehmen formal beeinflussen konnte, das Unternehmen also instrumentalisierbar war. Einige Gemeindeordnungen schreiben die Instrumentalisierbarkeit zwingend vor, so z. B. die Hessische Gemeindeordnung: *„§ 121 I 1 Die Gemeinde darf wirtschaftliche Unternehmen errichten ..., wenn der öffentliche Zweck das Unternehmen rechtfertigt ...".*

Der Eigenbetrieb besitzt die größte Instrumentalisierbarkeit: Grundsätzliche Entscheidungen über die Gestaltung und wirtschaftliche Leitung des Eigenbetriebs trifft die Gemeindevertretung, das Leitungsorgan des Unternehmens ist ausführende Stelle. Da bei einer GmbH die Kompetenzen der Geschäftsführung mittels des Gesellschaftsvertrages eingeschränkt werden können, kann auch bei dieser Rechtsform der Einfluss der Gemeinde gewahrt bleiben. Die geringste Steuerungsmöglichkeit hat die Gemeinde auf die Geschäftsführung einer Aktiengesellschaft: Auch als Alleinaktionärin darf die Gemeinde nicht in den Verantwortungsbereich des Vorstandes und nicht in die Überwachungspflichten des Aufsichtsrates eingreifen.

Die wirtschaftliche Betätigung einer Gemeinde durch einen kommunalen Eigenbetrieb ist stets an einen öffentlichen Zweck gebunden. Ein in dieser Rechtsform geführtes Verkehrsunternehmen wäre z. B. bei einem Engagement auf neuen Märkten in seinen Möglichkeiten eingeschränkt (z. B. Übernahme von Instandhaltungsaufgaben in der Werkstatt des öffentlichen Verkehrsunternehmens auch für Privatkunden); die GmbH und die AG können den Markt dagegen leichter erschließen. Es lässt sich grundsätzlich feststellen: Je mehr Instrumentalisierbarkeit, umso weniger Flexibilität.

Die Kapitalbeschaffung durch Kreditaufnahme oder Eigenkapitalerhöhung für den Eigenbetrieb ist bei einer finanzkräftigen Gemeinde über den Gemeindehaushalt möglich; auch die Aufnahme eines Kommunalkredits ist wegen der hohen Kreditwürdigkeit einer Kommune beim Eigenbetrieb günstig. Die Gesellschaft mit beschränkter Haftung kann durch Aufnahme weiterer Anteilseigner ihre Eigenkapitalbasis verbessern; die Kreditwürdigkeit der GmbH muss nach individuellen Faktoren beurteilt werden. Die Aktiengesellschaft kann innerhalb bestimmter Bedingungen durch Ausgabe weiterer Aktien ihr Grundkapital erhöhen; die Kreditwürdigkeit einer AG ist aufgrund des Aktiengesetzes sehr hoch.

Die Aufnahme zusätzlicher Gesellschafter bedeutet für ein öffentliches Verkehrsunternehmen in Privatrechtsform allerdings eine Einschränkung der Instrumentalisierbarkeit, da Interessenkonflikte zwischen der öffentlichen Hand und den privaten Anteilseignern zu erwarten sind.

Haftung	gering		hoch
Einflussnahme	gering		hoch
Flexibilität	gering		hoch
Kapitalbeschaffung	schlecht		gut
Rechnungslegung	streng		sehr streng
Besteuerung	gering		hoch

Eigenbetrieb .... Aktiengesellschaft ⎯⎯⎯ GmbH ⎯ ⎯ ⎯

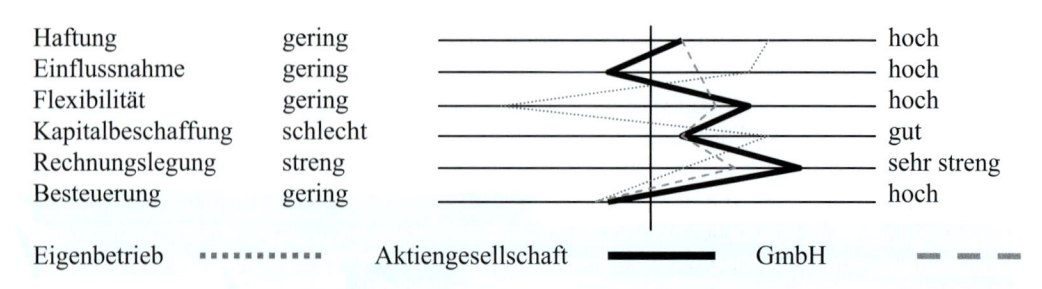

Abb. 2-6: Polaritätenprofil einzelner Rechtsformen öffentlicher Verkehrsunternehmen

Bei der Rechnungslegung sind die Vorschriften für die Organisationsformen GmbH und AG aufgrund des GmbH- und des Aktiengesetzes strenger bzw. weitgehender als für den Eigenbetrieb. Hinsichtlich der Besteuerung ist bei den drei betrachteten Organisationsformen kein Unterschied festzustellen. Abb. 2-6 zeigt das Prioritätenprofil der drei betrachteten Rechtsformen.

2.4 Querverbund öffentlicher Unternehmen

Nach dem Körperschaftssteuergesetz (KStG) sind Betriebe gewerblicher Art von juristischen Personen des öffentlichen Rechts alle Einrichtungen, die einer nachhaltigen wirtschaftlichen Tätigkeit zur Erzielung von Einnahmen außerhalb der Land- und Forstwirtschaft dienen und die sich innerhalb der Gesamtbetätigung der juristischen Person wirtschaftlich herausheben. Die Absicht, Gewinne zu erzielen und die Beteiligung am allgemeinen wirtschaftlichen Verkehr sind nicht erforderlich.

Betreibt eine kommunale Gebietskörperschaft also einen Betrieb gewerblicher Art, dann unterliegt die Kommune als Steuersubjekt unbeschränkt der Körperschaftssteuer und der Umsatzsteuer. Wenn eine Gemeinde (Energie-)Versorgungsunternehmen und Verkehrsunternehmen betreibt, können diese zu einem Querverbund kommunaler Unternehmen zusammengefasst werden. Hierdurch ergibt sich auch die steuerrechtlich interessante Möglichkeit, Verluste des Verkehrsunternehmens mit Gewinnen aus der Energieversorgung aufzurechnen: nur auf den verbleibenden (Rest-) Gewinn sind Steuern zu zahlen. Dabei stellt sich aber die Frage, ob dann nicht eine verdeckte Gewinnausschüttung vorliegt, d. h. die vom Gewinnunternehmen und vom Verlustunternehmen gebildete Gesellschaft (z. B. die Stadtwerke GmbH mit den Töchtern Verkehrs-AG und Energie-Versorgungs-AG) trägt Verluste und Aufwendungen, welche sonst die öffentliche Hand trüge – und somit spart die Gemeinde Geld bzw. macht Gewinn. Darüber hinaus müssten solche Energiegewinne, welche für den öffentlichen Personennahverkehr verwendet werden, eigentlich zur Senkung der Energiepreise führen.

Die Finanzverwaltung stellt aber Betriebe gewerblicher Art und die Zusammenfassung von Betrieben gewerblicher Art steuerlich gleich; Voraussetzung der (steuerlich zulässigen) Zusammenfassung sind bestehende wechselseitige technisch-wirtschaftliche Verflechtungen. Nach den Steuerrichtlinien ist dieser Fall gegeben, wenn Versorgungsbetriebe, Verkehrsbetriebe, Hafenbetriebe und Flughafenbetriebe einer kommunalen Gebietskörperschaft zusammengefasst werden.

Der derzeitige Hauptkritikpunkt zum Querverbund ist die Möglichkeit, dass ein Verkehrsunternehmen Leistungen anbietet, welche eigenwirtschaftlich erstellt werden (sollen), dass aber tatsächlich eine verdeckte Gemeinwirtschaftlichkeit vorliegt. § 8 IV 1 Personenbeförderungsgesetz verlangt:„ *(Verkehrsleistungen im öffentlichen Personennahverkehr sind eigenwirtschaftlich zu erbringen) eigenwirtschaftlich sind Verkehrsleistungen, deren Aufwand gedeckt wird durch Beförderungserlöse, Erträge aus gesetzlichen Ausgleichs- und Erstattungsregelungen im Tarif- und Fahrplanbereich sowie sonstige Erträge im handelsrechtlichen Sinne.*"

Hinter dem Ausdruck „*im handelsrechtlichen Sinne*" verbirgt sich der Anspruch auf Verlustausgleich innerhalb eines Querverbundes und auch die Gewährung von Einlagen auf gesellschaftsrechtlicher Basis. Das Gebot des Rechts der Europäischen Gemeinschaft, die Ausgaben durch Einnahmen zu decken (siehe Ausführungen weiter unten) und das Verbot des Transfers von oder zu anderen Unternehmensbereichen würde bei Fortbestehen der gegenwärtigen

Querverbundsregelung unterlaufen; auch träte eine Wettbewerbsverzerrung zum Nachteil der (privaten) Verkehrsunternehmen ein, welchen die Möglichkeit eines Querverbundausgleichs nicht gegeben ist. Im Übrigen kennt das Allgemeine Eisenbahngesetz eine der genannten Vorschrift des Personenbeförderungsgesetzes entsprechende Vorschrift nicht, obwohl es etliche nicht im Bundesbesitz befindliche Eisenbahnunternehmen gibt, welche auch im Querverbund geführt werden.

Ein weiterer Kritikpunkt am Querverbund ist die notwendige Einbindung des ÖPNV-Unternehmens in einen Konzern, dessen Spitze nicht unbedingt ÖPNV-Interessen verfolgt.

Über die Frage der steuerlichen Behandlung dauerdefizitärer Unternehmen der öffentlichen Hand (insbes. die kommunalen ÖPNV-Unternehmen und die Bäderbetriebe) hat der Bundesfinanzhof (BFH) zuletzt mit Urteil vom 22.08.2007 entschieden. Nachdem die von der Finanzverwaltung seit langem anerkannten Grundsätze zur Zusammenfassung von Betrieben gewerblicher Art und damit der Verrechnung der Ergebnisse von Gewinn- und Verlustbetrieben mit steuerlicher Wirkung vom BFH in bis dahin ständiger Rechtsprechung mitgetragen und ausdrücklich bestätigt worden waren (u. a. BFH, Urt. vom 08.11.1989, BStBl. 1990II S. 242; BFH, Urt. vom 04.09.2002, BFH/NV 2003 S. 511), kehrte er seiner bisherigen Auffassung plötzlich den Rücken. Der BFH entschied, dass im öffentlichen Interesse liegende Unterhaltungen strukturell defizitärer Betriebe die Annahme verdeckter Gewinnausschüttungen begründen würden und die entsprechenden Verluste nicht mit dem Gewinn anderer Betriebe im Querverbund verrechenbar seien.

Zwar hat die Finanzverwaltung auf das Urteil mit einem Nichtanwendungserlass reagiert (Erlass des Bundesministeriums der Finanzen – BMF – vom 07.12.2007, BStBl. I 2007, S. 905); wodurch den kommunalen Konzernen der Status Quo gesichert wurde. Klar war jedoch, dass es einer Lösung dieses Schwebezustandes bedurfte.

Aus diesem Grunde wurde die Bundesregierung tätig und erließ im Rahmen des Jahressteuergesetzes 2009 (JStG 2009) vom 19.12.2008 zahlreiche Änderungen, u. a. des KStG, um den Fortbestand des kommunalen Steuerverbunds zu sichern.

§ 8 KStG erhielt nach Absatz 1 Satz 1 den klarstellenden Zusatz, dass *„bei Betrieben gewerblicher Art im Sinne des § 4 (KStG) ... die Absicht, Gewinn zu erzielen, und die Beteiligung am allgemeinen wirtschaftlichen Verkehr nicht erforderlich"* sind. Darüber hinaus beschäftigt sich der neu eingefügte Absatz 7 mit der verdeckten Gewinnausschüttung, insbesondere bei Dauerverlustgeschäften. § 8 VII 1 KStG: *„Die Rechtsfolgen einer verdeckten Gewinnausschüttung ... sind ... bei Betrieben gewerblicher Art im Sinne des § 4 (KStG) nicht bereits deshalb zu ziehen, weil sie ein Dauerverlustgeschäft ausüben (...). Ein Dauerverlustgeschäft liegt vor, soweit aus verkehrs-...politischen Gründen eine wirtschaftliche Betätigung ohne kostendeckendes Entgelt unterhalten wird..."*

Im Ergebnis ist der Rechtsanwender damit so klug wie zuvor. Fest steht, dass der Querverbund weiterhin zulässig ist und steuerlich gehandhabt wird wie nach bisheriger Verwaltungspraxis. Damit stellt ein struktureller Dauerverlust keine verdeckte Gewinnausschüttung dar, soweit er durch „öffentliche Gründe" gedeckt ist.

Fest steht aber auch, dass die normative Fixierung in § 8 VII 1 KStG keine Klarheit darüber gebracht hat, in welchen (Einzel-)Fällen eine verdeckte Gewinnausschüttung mit der entsprechenden Rechtsfolge anzunehmen ist. Es bleibt damit nach wie vor abzuwarten, welchen Weg der BFH und das BMF einschlagen.

Bis dato lässt eine entsprechende Grundsatzentscheidung des BFH auf sich warten. Ein Musterverfahren aus dem Jahr 2007 (BFH Az: I R 5/07) zur Frage der Zulässigkeit des Querverbundes bei einem dauerdefizitären Betrieb gewerblicher Art hatte sich bereits 2008 durch Klagerücknahme erledigt. Das Verfahren war durch Beschluss vom 14.02.2008 eingestellt worden. Auch eine neuere Entscheidung des Verwaltungsgerichtshofs (VGH) Kassel vom 18.09.2009 (Az: 2 A 1515/08), die sich mit der Frage der einen privatrechtlich organisierten Konkurrenten diskriminierenden Gewährung von Zuschüssen im steuerlichen Querverbund zu beschäftigen hatte, beinhaltet keine grundsätzlichen Aussagen zur steuer- oder beihilferechtlichen Zulässigkeit des steuerlichen Querverbundes. Die Revision zum Bundesverwaltungsgericht (BVerwG) war indessen zugelassen worden, sodass sich dieser in deren Rahmen ggf. mit dem Querverbund beschäftigen wird.

2.5 Änderungen im Öffentlichen Personennahverkehr durch Europäische Regelungen

Die Europäische Gemeinschaft ist dem Grundsatz einer offenen Marktwirtschaft mit freiem Wettbewerb verpflichtet und hat die vier Grundfreiheiten – freier Warenverkehr, Freizügigkeit, Dienstleistungsfreiheit,[68] freier Kapital- und Warenverkehr – sowie ein System unverfälschten Wettbewerbs in den rechtlichen Regelungen der Gemeinschaft umzusetzen. Dazu bedient sich die Europäische Gemeinschaft der Instrumente Verordnungen, Richtlinien, Entscheidungen und Empfehlungen:

- *Verordnungen (der Europäischen Gemeinschaft) sind in allen Teilen verbindlich und gelten unmittelbar in den Mitgliedsländern, sie sind dem nationalen Recht übergeordnet*
- *Richtlinien geben das Ziel verbindlich vor; den Mitgliedsstaaten bleibt aber Mittel und Form der Zielerreichung überlassen. Es bedarf des Erlasses nationaler Regelungen.*
- *Entscheidungen sind verbindliche Einzelfallregelungen*
- *Empfehlungen sind nicht verbindlich*

Der Grundsatz der offenen Marktwirtschaft und des Wettbewerbs betrifft auch den Verkehr, obwohl wegen der (notwendigen?) umfangreichen staatlichen Eingriffe in den Verkehrsmarkt eine Reihe von Sondervorschriften gilt (z. B. zur Festsetzung von Preisen, zur Beschränkung des Marktzugangs, zur Bereitstellung der Infrastruktur).

Schon 1965 hatte die Europäische Gemeinschaft Anstrengungen gemacht, eigenwirtschaftliche (finanziell gewinnbringende) und gemeinwirtschaftliche (finanziell defizitäre, aber aus Sicht der kommunalen Gebietskörperschaften notwendige) Aufgaben der Verkehrsunternehmen im Eisenbahn-, Straßen- und Binnenschiffsverkehr zu trennen: Die Entscheidung 65/271/EWG des Rates vom 13. Mai 1965 zur Harmonisierung von Vorschriften, welche den Wettbewerb im Eisenbahnverkehr, Straßenverkehr und Binnenschiffsverkehr beeinflussen, sagte aus

„ ... es sei Sorge zu tragen,
- *zum möglichst weitgehenden Abbau der Verpflichtungen, die unter den Begriff des öffentlichen Dienstes fallen*

---

[68] Dienstleistungsfreiheit: Jeder darf innerhalb der gesamten EU seine Dienstleistungen wie im eigenen Land anbieten und durchführen.

- *zur Schaffung eines angemessenen Ausgleichs für Lasten aufgrund von Verpflichtungen, die beibehalten werden, und für Belastungen, die durch Tarifermäßigungen aus sozialen Gründen bestehen bleiben*
- *zur Normalisierung der Konten der Eisenbahnunternehmen*
- *zur Verwirklichung der finanziellen Eigenständigkeit dieser Unternehmen und*
- *zur Beseitigung der Beihilfenregelung für den Verkehr unter Berücksichtigung der Besonderheiten dieses Wirtschaftszweiges."*

Nach Artikel 5 dieser Harmonisierungsentscheidung sollten den Verkehrsunternehmen aber bestimmte Pflichten im Bereich der Verkehrsbedienung auferlegt werden können. Ein Ergebnis dieser Entscheidung war die *„Verordnung (EWG) 1191/69 des Rates vom 26. Juni 1969 über das Vorgehen der Mitgliedsstaaten bei mit dem Begriff des öffentlichen Dienstes verbundenen Verpflichtungen auf dem Gebiet des Eisenbahn-, Straßen- und Binnenschiffsverkehrs"*.[69] Hier wurde festgelegt, dass öffentliche Dienste im Interesse einer ausreichenden Verkehrsbedienung zwar aufrechterhalten werden können, den Unternehmen die dadurch entstehenden finanziellen Belastungen aber auszugleichen sind.

Mit der Verordnung 1893/91 aus dem Jahre 1991 wurde der Anwendungsbereich der Verordnung aus 1969 auch auf den öffentlichen Personennahverkehr erweitert – die o. g. Verordnung 1191/69 galt zunächst für die Staatsbahnen der Mitgliedsstaaten; andere Verkehrsunternehmen waren von der Anwendung ausgenommen, wenn sie vorwiegend örtliche oder regionale Beförderungen durchführten. Seit Beginn des Jahres 1992 wäre somit auch der ÖPNV von dieser neuen Verordnung betroffen gewesen, doch die Bundesrepublik Deutschland durfte wegen der Rechts- und Finanzprobleme um die deutsche Vereinigung und wegen der absehbaren Regionalisierung den deutschen ÖPNV von der Gültigkeit der Verordnung ausnehmen: In Deutschland war die Verordnung im Öffentlichen Personennahverkehr erst zum 1. Januar 1996 gültig. Diese seit 1996 für alle Verkehrsunternehmen des ÖPNV in Deutschland geltende Verordnung enthält zur Verbesserung der wirtschaftlichen Unabhängigkeit der Verkehrsunternehmen die zentrale Aufforderung, grundsätzlich alle auferlegten Verpflichtungen des öffentlichen Dienstes im Verkehrsbereich aufzuheben, d. h. alle Verkehrsdienstleistungen, die nicht kostendeckend erbracht werden können. Die Veränderungsordnung 1893/91 hat die o. g. Verordnung 1191/69 des Rates aber entscheidend geändert: Es wurde das Instrument des „Vertrages über Verkehrsdienste aufgrund von Verpflichtungen des öffentlichen Dienstes"[70] eingeführt. Damit war die Auferlegung von Verkehren und die dadurch hervorgerufene (finanzielle) Ausgleichspflicht der öffentlichen Hand gegenüber den Verkehrsunternehmen zurückgetreten zugunsten der zu bevorzugenden vertraglichen Regelung. Für die Schließung des Vertrages muss nach dieser Verordnung eine Lösung gewählt werden, welche zu den geringsten Kosten für die Allgemeinheit führt.[71] Damit ist der Vertragspartner mit einem nachvollziehbaren Vergabeverfahren (i. A. Ausschreibung) auszuwählen.

Seit der Verabschiedung der Marktöffnungsverordnung 1191/69 der EG im Jahre 1969 und auch seit ihrer Überarbeitung mit der Verordnung 1893/91 aus 1991 haben sich

---

[69] Zuletzt geändert durch Verordnung (EWG) Nr. 1893/91 (ABl. L 169 vom 29.06.1991 S. 1) – die Verordnung wird zum 03. Dezember 2009 durch die Verordnung (EG) Nr. 1370/2007 abgelöst.

[70] Verpflichtungen des öffentlichen Dienstes im Öffentlichen Personennahverkehr sind Betriebspflicht (Vorhalten eines evtl. betriebswirtschaftlich nicht sinnvollen Angebotes), Beförderungspflicht (Annehmen und Ausführen von Beförderungen zu bestimmten Beförderungsbedingungen), Tarifpflicht (Verwendung behördlich festgesetzter Tarife).

[71] Der Begriff „geringste Kosten" hat zu heftigen Kontroversen geführt …

2.5 Änderungen im Öffentlichen Personennahverkehr

die Märkte geändert, entsprechend ändert auch die EU-Kommission ihre Verordnungen. So hat die Kommission festgestellt, dass aufgrund der in der alten Verordnung fehlenden Vergabemodalitäten für öffentliche Dienstleistungsaufträge Rechtsunsicherheit besteht und dass (zulässige) Ausnahmen von der Ausschreibungspflicht im Nahverkehr die Regel sind –daher ist eine neue Verordnung notwendig. Weiterhin gibt es in der EU einen gemeinsamen Markt für Verkehrsleistungen: Ein öffentlicher Zuschuss für ein Unternehmen, welches nur örtliche oder regionale Verkehre anbietet und keine Dienste außerhalb seines Heimatlandes, könnte diejenigen Unternehmen aus anderen Mitgliedsstaaten benachteiligen, welche auf demselben Markt tätig sind.

2005 lag ein Entwurf für eine Neufassung der Verordnung 1191/69 der Kommission vor,[72] nach welchem

– *Öffentliche Dienstleistungsaufträge der Ausschreibungspflicht unterliegen*

– *Öffentliche Verkehrsleistungen selbst erbracht werden können oder ohne Ausschreibung vergeben werden können, falls der Auftraggeber den Auftragnehmer kontrolliert wie seine eigene Dienststelle und sich dieser nicht an anderen Ausschreibungen beteiligt*

– *Dienstleistungsaufträge von weniger als 1 Million Euro bzw. weniger als 300.000 km Verkehrsleistung sowie Eisenbahnfernverkehr und Eisenbahnregionalverkehr direkt vergeben werden können.*

Der Entwurf ist im Juni 2006 vom Ministerrat diskutiert und modifiziert worden und wurde zur Beschlussfassung dem EU-Parlament vorgelegt, welches am 08. Mai 2007 mit mehreren Änderungen einer Fassung der Verordnung zustimmte.[73] Danach dürfen die Gebietskörperschaften weiterhin selbst entscheiden, ob sie den ÖPNV selbst erbringen oder ihn durch eigene oder private Unternehmen durchführen lassen. Wenn dabei förmlich ausgeschrieben wird, bleibt es im Wesentlichen beim heutigen vergaberechtlichen Status quo.

24 Monate nach Veröffentlichung der Verordnung im Amtsblatt der Gemeinschaft muss der neue Rechtsrahmen beachtet werden.

Mit einer Verordnung 1192/69 sollten die finanziellen Beziehungen zwischen den Eisenbahnunternehmen und den Staaten geregelt werden. Die finanzielle Eigenständigkeit der Eisenbahnunternehmen sollte spätestens bis zum 31.12.1971 hergestellt sein. Mit der Richtlinie 91/440 vom 29. Juli 1991 war das Ziel auf europäischer Ebene erreicht; die Richtlinie war noch in nationales Recht umzusetzen. Der nationale Gesetzgeber wurde aufgefordert, folgende Sachverhalte bei den Eisenbahnen sicherzustellen: Unabhängigkeit der Geschäftsführung, obligatorische Trennung der Rechnungsführung, fakultative Organisationstrennung zwischen Netz und Betrieb, Recht auf diskriminierungsfreie Netzbenutzung, Sanierung der Finanzstruktur. Diese Sachverhalte waren Hinweise für eine notwendige Bahnreform

Die Forderungen der Europäischen Union nach Wettbewerb im Öffentlichen Personennahverkehr trafen zusammen mit der Erkenntnis, dass

– die bisherige Bundesbahnpolitik gescheitert war

---

[72] „Vorschlag für eine Verordnung des Europäischen Parlaments und des Rates über öffentliche Personenverkehrsdienste auf Schiene und Straße" vom 20.07.2005

[73] „Verordnung 1370/2007 vom 23. Oktober 2007 über öffentliche Personenverkehrsdienste auf Schiene und Straße und zur Aufhebung der Verordnungen 1191/69 und 1107/70."

- die Rechtsstellung und Struktur der Deutschen Bundesbahn sowie der zwischenzeitlich hinzugekommenen Deutschen Reichsbahn der DDR zu reformieren ist
- die Vergabe von ÖPNV-Leistungen geregelt werden müsse
- eine belastbare finanzielle Basis geschaffen werden muss.

In Deutschland kam es zur Bahnreform: Ab 1.1.1994 gilt in der Bundesrepublik Deutschland das Eisenbahn-Neuordnungsgesetz.

2.6 Regelungen in der Bundesrepublik Deutschland

2.6.1 Rechtsgrundlagen für die (Fern-)Eisenbahn

Die Bahnreform wurde mit einer Änderung des Grundgesetzes zum 1.1.1994 eingeleitet, um das Verbot der Aufgaben- und Organisationsprivatisierung der Deutschen Bundesbahn (und der mit ihr vereinigten Deutschen Reichsbahn der DDR) zu beseitigen, welches sich aus Art. 87 I Grundgesetz ableiten ließe. Dort hieß es für lange Jahrzehnte *„In bundeseigener Verwaltung mit eigenem Verwaltungsunterbau werden geführt ... die Bundeseisenbahnen."* Neben der Streichung von „Bundeseisenbahnen" im genannten Artikel 87 I Grundgesetz und einer Streichung der „Bundeseisenbahnen" im Artikel 73 6 Grundgesetz (*„Der Bund hat die ausschließliche Gesetzgebung über: ... 6. die Bundeseisenbahnen und den Luftverkehr"*) wurde ein Artikel 73 6a eingefügt (*„ Der Bund hat die ausschließliche Gesetzgebung über ... 6a. den Verkehr von Eisenbahnen, die ganz oder mehrheitlich im Eigentum des Bundes stehen (Eisenbahnen des Bundes), den Bau, die Unterhaltung und das Betreiben von Schienenwegen der Eisenbahnen des Bundes sowie die Erhebung von Entgelten für die Benutzung dieser Schienenwege."*).

Von besonderer Bedeutung für den Verfassungsrahmen ist vor allem die Einführung eines Artikels 87 e in das Grundgesetz:

> *„(1) Die Eisenbahnverkehrsverwaltung für Eisenbahnen des Bundes wird in bundeseigener Verwaltung geführt. Durch Bundesgesetz können Aufgaben der Eisenbahnverkehrsverwaltung den Ländern als eigene Angelegenheiten übertragen werden.*
>
> *(2) Der Bund nimmt die über den Bereich der Eisenbahnen des Bundes hinausgehenden Aufgaben der Eisenbahnverkehrsverwaltung wahr, die ihm durch Bundesgesetz übertragen werden.*
>
> *(3) Eisenbahnen des Bundes werden als Wirtschaftsunternehmen in privatrechtlicher Form geführt. Diese stehen im Eigentum des Bundes, soweit die Tätigkeit des Wirtschaftsunternehmens den Bau, die Unterhaltung und das Betreiben von Schienenwegen umfasst. Die Veräußerung von Anteilen des Bundes an Unternehmen nach Satz 2 erfolgt aufgrund eines Gesetzes; die Mehrheit der Anteile an diesem Unternehmen verbleibt beim Bund. Das Nähere wird durch Bundesgesetz geregelt.*
>
> *(4) Der Bund gewährleistet, dass dem Wohl der Allgemeinheit, insbesondere den Verkehrsbedürfnissen, beim Ausbau und Erhalt des Schienennetzes der Eisenbahnen des Bundes sowie bei deren Verkehrsangeboten auf diesem Schienen-*

2.6 Regelungen in der Bundesrepublik Deutschland

*netz, **soweit diese nicht den Schienenpersonennahverkehr** (Hervorhebung vom Verfasser) betreffen, Rechnung getragen wird.*

(5) (...)"

Da der Bund nach Satz (4) für den Schienenpersonennahverkehr nicht zuständig ist, steht die Ausübung der staatlichen Befugnisse und die Erfüllung der staatlichen Aufgaben im Schienenpersonennahverkehr nach Artikel 30 Grundgesetz den Ländern zu („*Die Ausübung der staatlichen Befugnisse und die Erfüllung der staatlichen Aufgaben ist Sache der Länder, soweit dieses Grundgesetz keine andere Regelung trifft oder zulässt.*").

Da der Schienenpersonennahverkehr von der Gewährleistungspflicht des Bundes auf die Länder übergegangen ist, steht den Ländern dafür ein Betrag aus dem Steueraufkommen des Bundes zu. So heißt es im neu eingefügten Artikel 106 a des Grundgesetzes: „*Den Ländern steht ab 1.1.1996 für den öffentlichen Personennahverkehr ein Betrag aus dem Steueraufkommen des Bundes zu. Das Nähere regelt ein Bundesgesetz*". Dieses Bundesgesetz ist das im Dezember 1993 erlassene Gesetz zur Regionalisierung des öffentlichen Personennahverkehrs.

Im neu eingefügten Artikel 143 a des Grundgesetzes heißt es: *"(1) Der Bund hat die ausschließliche Gesetzgebung über alle Angelegenheiten, die sich aus der Umwandlung der in bundeseigener Verwaltung geführten Bundeseisenbahnen in Wirtschaftsunternehmen ergeben"*. In Folge dieser Bestimmung hat der Bund zum 1.1.1994 das „Gesetz zur Neuordnung des Eisenbahnwesens" verabschiedet – nur wenige Sachverhalte traten erst zu einem späteren Zeitpunkt in Kraft. In diesem Artikelgesetz[74] sind u. a. enthalten

- Gesetz über die Gründung einer Deutsche Bahn Aktiengesellschaft
- Gesetz über die Eisenbahnverkehrsverwaltung des Bundes
- Gesetz zur Regionalisierung des öffentlichen Personennahverkehrs.

Im „Deutsche Bahn Gründungsgesetz" heißt es u. a.

„*§ 3 Gegenstand des Unternehmens der Gesellschaft ist*

1. *Das Erbringen von Eisenbahnverkehrsleistungen zur Beförderung von Gütern und Personen;*
2. *das Betreiben der Eisenbahninfrastruktur (...);*
3. *Geschäftstätigkeiten in den Eisenbahnverkehr verwandten Gebieten.*".

Von Bedeutung ist in diesem Gesetz auch die für einen Zeitpunkt von in spätestens fünf Jahren vorgeschriebene Ausgliederung von Bereichen auf dadurch neu gegründete Aktiengesellschaften, dieses sollen mindestens sein die Bereiche Personennahverkehr, Personenfernverkehr, Güterverkehr, Fahrweg.

Die Deutsche Bahn stellte sich Anfang 2006 wie folgt dar: Die Deutsche Bahn AG ist eine Holdinggesellschaft mit 80 Tochterunternehmen. Im Unternehmensbereich Personenverkehr betreibt die Bahn die Gesellschaften DB Fernverkehr AG, DB Regio AG und die Omnibussparte der Bahn „DB Stadtverkehr GmbH". Auf dem Weg zum international führenden Mobilitäts- und Logistikdienstleister benennt die Deutsche Bahn AG aber des Öfteren ihre Gesellschaften neu und sie organisiert um.

---

[74] „Artikelgesetz" ist ein Gesetz, welches gleichzeitig mehrere Gesetze (oder sehr unterschiedliche Inhalte) in sich vereinigt.

Aufsichtsrat			
Konzernvorstand			
Vorsitzender	Finanzen und Controlling	Wirtschaft und Politik	Personal
Systemverbund Bahn	Personenverkehr	Infrastruktur und Dienstleistungen	Transport und Logistik
	Geschäftsfelder/Segmente		
Gruppen-funktionen	Fernverkehr	Netz	Schenker (Landverkehr, Luft- /Seefracht, Kontrakt-logistik)
	Regio	Personenbahnhöfe	
		Energie	
Service-funktionen	Stadtverkehr	Dienstleistungen	Schienengüterverkehr (Railfreight, Intermodal)

Abb. 2-7: Organisationsstruktur der Deutsche Bahn AG ab 2007

Der wichtigste (Schienen-)Nahverkehrsbetreiber/-anbieter in Deutschland ist das Unternehmen der Deutsche Bahn AG „DB Regio AG". Für 2005 war die (Jahres-) Verkehrsleistung von DB Regio 35.000 Millionen Personenkilometer für 1.100 Millionen Fahrgäste, welche mit rund 27.000 Mitarbeitern erbracht wurde. Im Jahre 2005 investierte dieser Bereich 400 Millionen Euro und erzielte bei einem Umsatz von 6.600 Millionen Euro einen Gewinn (EBIT[75]) von 650 Millionen Euro.

Eine der vielen Regionalgesellschaften von DB Regio AG ist (hier als Beispiel genannt) DB Regio NRW GmbH mit Sitz in Düsseldorf. Auf einem Streckennetz von 3.100 km bedient das Unternehmen mit 246 Lokomotiven und 1.400 Wagen 629 Bahnhöfe und Haltestellen in Nordrhein-Westfalen und zählt dabei jährlich 311 Millionen Fahrgäste bei 91,7 Millionen Zugkm und 1.525 Millionen Perskm.

Eines der 22 Verkehrsunternehmen der DB Stadtverkehr GmbH ist BVR Busverkehr Rheinland – eine Tochter von DB Stadtverkehr NRW – mit Sitz in Düsseldorf. Gemeinsam mit den Tochterfirmen Regionalverkehr Niederrhein (Wesel) und Regionalverkehr Euregio Rhein-Maas (Aachen) bedient BVR mit 136 eigenen und 512 angemieteten Bussen ein Streckennetz von 3.300 km mit 5.050 Haltestellen vorwiegend im ländlichen Raum des nördlichen Rheinlands (mit Eifel, Niederrhein und Ruhrgebiet).

Im Teil des Artikelgesetzes vom Dezember 1993 „Gesetz über die Eisenbahnverkehrsverwaltung des Bundes" heißt es

„§ 2(1) Als selbstständige Bundesoberbehörde für Aufgaben der Eisenbahnverkehrsverwaltung wird das Eisenbahn-Bundesamt errichtet, das dem Bundesministerium für Verkehr untersteht (...).

---

[75] EBIT steht für „Earning before interest and taxes", also „Gewinn vor Zinsen und Steuern".

2.6 Regelungen in der Bundesrepublik Deutschland

§ 3(1) Dem Eisenbahn-Bundesamt obliegen folgende Aufgaben:

1. *die Planfeststellung für die Betriebsanlagen der Eisenbahnen des Bundes*
2. *die Eisenbahnaufsicht*
3. *die Bauaufsicht für Betriebsanlagen der Eisenbahnen des Bundes*
4. *Erteilung und Widerruf einer Betriebsgenehmigung*
5. *die Ausübung hoheitlicher Befugnisse sowie von Aufsichts- und Mitwirkungsrechten nach Maßgabe anderer Gesetze und Verordnungen*
6. *die Vorbereitung und Durchführung von Vereinbarungen gemäß ... Bundesschienenwegeausbaugesetz*
7. *die fachliche Untersuchung von gefährlichen Ereignissen im Eisenbahnbetrieb*

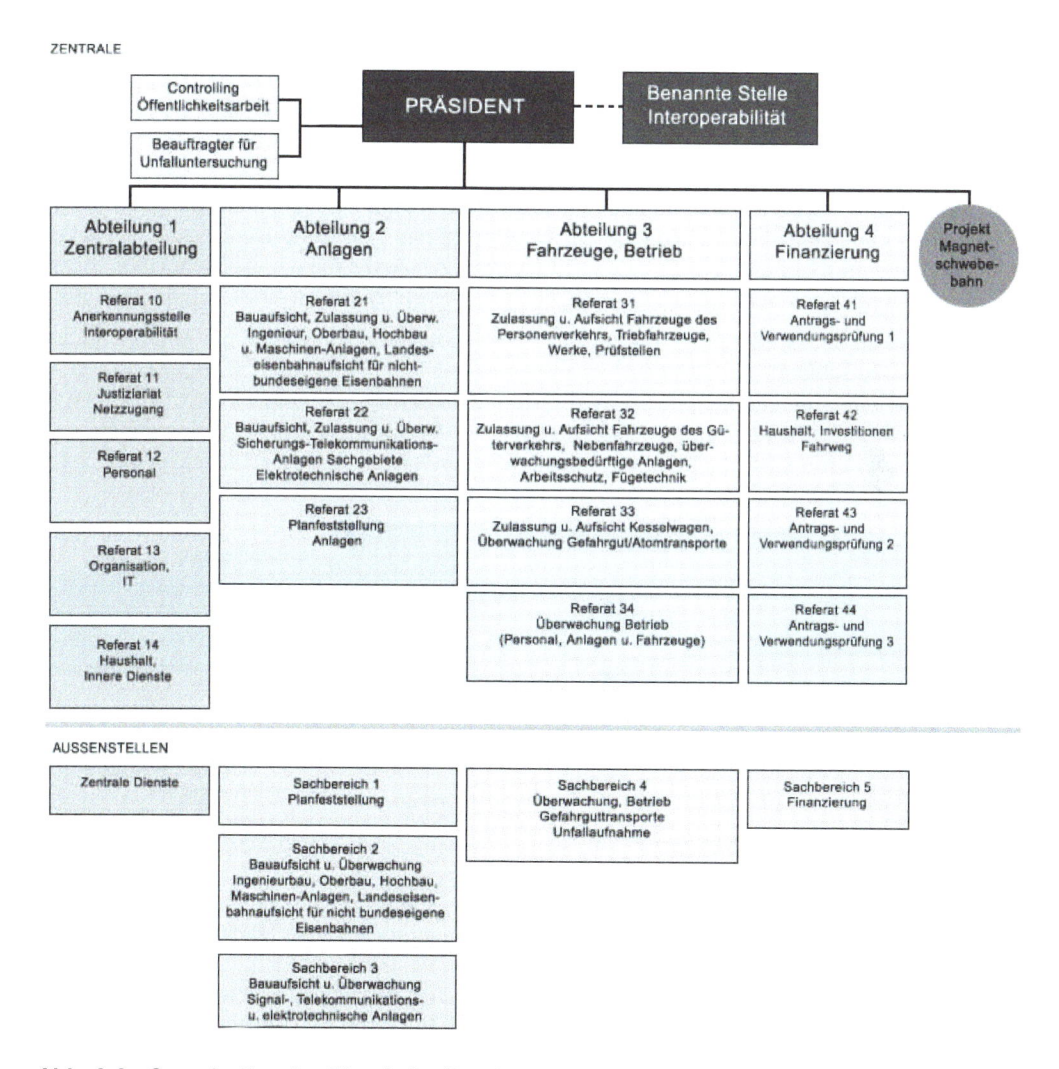

Abb. 2-8: Organisation des Eisenbahn-Bundesamtes (Freystein)

> *§ 3(2) Das Eisenbahn-Bundesamt nimmt die Landeseisenbahnaufsicht und die Befugnis zur Erteilung von Genehmigungen auf der Grundlage einer Vereinbarung mit einem [Bundes-]Land nach dessen Weisung und auf dessen Rechnung wahr.*

Von großer Bedeutung ist das im Eisenbahnneuordnungsgesetz von 1993 neu gefasste „Allgemeines Eisenbahngesetz". Mit diesem Gesetz kehrt das Eisenbahnwesen wieder zum Gewerberecht zurück (der Eisenbahnunternehmer übt eine normale erlaubte Tätigkeit aus, welche mit gewerberechtlichen Mitteln überwacht wird).

Im „Allgemeines Eisenbahngesetz AEG vom 27.12.1993, letzte Änderung am 16.04.2007" heißt es in § 1 (3) *„Mit dem Ziel bester Verkehrsbedienung haben Bundesregierung und Landesregierungen darauf hinzuwirken, dass die Wettbewerbsbedingungen der Verkehrsträger angeglichen werden, und dass durch einen lauteren Wettbewerb der Verkehrsträger eine volkswirtschaftlich sinnvolle Aufgabenteilung ermöglicht wird."*

Nach dem Allgemeinen Eisenbahngesetz sind Eisenbahnen öffentliche Einrichtungen oder privatrechtlich organisierte Unternehmen, welche Eisenbahnverkehrsleistungen erbringen (Eisenbahnverkehrsunternehmen) oder eine Eisenbahninfrastruktur betreiben (Eisenbahninfrastrukturunternehmen). Die Aufsicht über die nichtbundeseigenen Eisenbahnen wird vom (Bundes-)Land, in welchem diese Eisenbahnen ihren Sitz haben, geführt und auch die Genehmigungsbehörde wird vom jeweiligen Land bestimmt – i.a. übernimmt diese Aufgabe im Auftrag (und auf Rechnung) des Landes das Eisenbahn-Bundesamt. Für ausländische Eisenbahnen in Deutschland und für die Eisenbahnen des Bundes ist das Eisenbahn-Bundesamt Aufsichts- und Genehmigungsbehörde. Das Bundesland ist aber zuständig für die Aufsicht über Eisenbahnen des Bundes und ausländische Eisenbahnen in Deutschland, soweit es sich handelt um

- Genehmigung und Einhaltung von Tarifen im Schienenpersonennahverkehr in der Bundesrepublik Deutschland
- die Einhaltung von Auflagen nach der Verordnung 1191/69 bzw. 1893/91 über das Vorgehen der Mitgliedsstaaten bei mit dem Begriff des öffentlichen Dienstes verbundenen Verpflichtungen auf dem Gebiet des Eisenbahnverkehrs, soweit es den Schienenpersonennahverkehr in der Bundesrepublik Deutschland betrifft.

Den „Schienenpersonennahverkehr" definiert das AEG in § 2 (5):

> *„Schienenpersonennahverkehr ist die allgemein zugängliche Beförderung von Personen in Zügen, die überwiegend dazu bestimmt sind, die Verkehrsnachfrage im Stadt-, Vorort- oder Regionalverkehr zu befriedigen. Das ist im Zweifel der Fall, wenn in der Mehrzahl der Beförderungsfälle eines Zuges die gesamte Reiseweite 50 Kilometer oder die gesamte Reisezeit eine Stunde nicht übersteigt."*

Ohne eine Genehmigung dürfen nach dem Bundesgesetz weder Eisenbahnverkehrsleistungen erbracht werden noch darf eine Eisenbahninfrastruktur betrieben werden. Die Genehmigungsbehörde erteilt eine entsprechende Genehmigung auf Antrag, wenn

- der Antragsteller als Unternehmer und das Führungspersonal zuverlässig sind (das Gewerbe wird ordnungsgemäß ausgeübt werden)
- der Antragsteller als Unternehmer finanziell leistungsfähig ist (ohne ausreichendes Kapital würde der Unternehmer den Betrieb nicht aufnehmen können bzw. nicht ordnungsgemäß führen können)
- der Antragsteller als Unternehmer oder das Führungspersonal die erforderlichen Fachkenntnisse besitzen (i.a. einen Betriebsleiter gemäß Eisenbahnbetriebsleiterverordnung nachweist).

2.6 Regelungen in der Bundesrepublik Deutschland

Die genannten Voraussetzungen sollen die Gewähr für eine sichere Betriebsführung bieten. Der Bund hat aufgrund der Verordnungsermächtigung im Allgemeinen Eisenbahngesetz im Oktober 1994 eine entsprechende Eisenbahnunternehmer-Berufszugangsverordnung vorgelegt, welche die gewerberechtliche Seite der Genehmigung näher ausgestaltet. Das – früher erforderliche – Vorliegen eines Verkehrsbedürfnisses ist keine Voraussetzung für eine Genehmigung mehr. Die Genehmigung für den Eisenbahnverkehrsunternehmer wird für das Erbringen von Verkehrsleistungen zur Personen- oder Güterbeförderung erteilt. Die Genehmigung für die Eisenbahninfrastrukturunternehmen wird für eine bestimmte Infrastruktur, d. h. eine bestimmte Strecke erteilt. Die Geltungsdauer der Genehmigung ist bei Eisenbahnverkehrsunternehmen maximal 15 Jahre und bei Eisenbahninfrastrukturunternehmen maximal 50 Jahre (§ 6 VI Nr. 1 & 2 AEG).

Die Eisenbahnverkehrsunternehmen sind frei bei der Gestaltung ihres Verkehrsangebots. Der Betrieb muss durch Beförderungsentgelte finanziert werden. Im Eisenbahnnahverkehr kann das Verkehrsangebot allein durch Beförderungsentgelte aber nicht finanziert werden, sodass mangels Erlösen kein Angebot zustande käme. Um aber die „ausreichende Bedienung" sicherzustellen, kann das Angebot dem Unternehmer auferlegt oder mit ihm vereinbart werden. Das Allgemeine Eisenbahngesetz trifft daher Aussagen zur Auferlegung oder Vereinbarung gemeinwirtschaftlicher Leistungen. Zuständig – soweit es sich um Schienenpersonennahverkehr handelt – sind nach Maßgabe des Rechts des jeweiligen (Bundes-)Landes die zuständigen Behörden der Länder oder der Kreise, Gemeinden oder Gemeindeverbände. Das Allgemeine Eisenbahngesetz führt dazu in § 15 II aus: „Die zuständigen Behörden ... können diese (gemeinwirtschaftlichen) Leistungen ausschreiben." Nähere Einzelheiten – außerhalb des Eisenbahnwesens – sind im Abschnitt „Rechtsgrundlagen für den öffentlichen Personennahverkehr" ausgeführt.

Öffentliche Eisenbahnen müssen laut Allgemeinen Eisenbahngesetz § 8 von staatlichen oder kommunalen Gebietskörperschaften unabhängig sein, insbesondere der Wirtschaftsplan dieser Unternehmen ist von staatlichen oder kommunalen Haushalten zu trennen. Auf Drängen der Länder sind Anbieter des Schienenpersonennahverkehrs und nicht-bundeseigene Infrastrukturunternehmer von dieser Unabhängigkeitsforderung befreit.

Das Allgemeine Eisenbahngesetz schreibt in § 9 ebenfalls vor, dass Unternehmen, welche sowohl eine Infrastruktur betreiben als auch Verkehrsleistungen erbringen, die beiden Bereiche zu trennen haben. Mit der Pflicht zur getrennten Rechnungsführung muss das Infrastrukturunternehmen, welches auch Eisenbahnverkehr betreibt, fremden Verkehrsunternehmen die Benutzung des Netzes zu denselben Bedingungen gestatten wie sie der eigene Unternehmensbereich „Infrastruktur" dem (unternehmenseigenen) Betreiber in Rechnung stellt. Dieses ist Voraussetzung zur Schaffung diskriminierungsfreien Zugangs öffentlicher Eisenbahnen zum Netz anderer Bahnen. Das Recht auf diskriminierungsfreie Benutzung der Eisenbahninfrastruktur von Eisenbahninfrastrukturunternehmen, welche dem öffentlichen Verkehr dienen, haben nach dem Allgemeinen Eisenbahngesetz alle Eisenbahnverkehrsunternehmen mit Sitz in der Bundesrepublik Deutschland und Unternehmen aus Staaten, die deutschen Unternehmen einen Zugang zu ihrem Netz gestatten. Diese Grundsätze gelten auch für den Schienenpersonennahverkehr.

Zur Stilllegung von Eisenbahnstrecken führt das Allgemeine Eisenbahngesetz in § 11 aus:

> „Beabsichtigt ein öffentliches Eisenbahninfrastrukturunternehmen die dauernde Einstellung des Betriebes einer Strecke, eines für die Betriebsabwicklung wichtigen Bahn-

hofs[76] *oder die mehr als geringfügige Verringerung der Kapazität einer Strecke, so hat es dies bei der zuständigen Aufsichtsbehörde zu beantragen. Dabei hat es darzulegen, dass ihm der Betrieb der Infrastruktureinrichtung nicht mehr zugemutet werden kann und Verhandlungen mit Dritten, denen ein Angebot für die Übernahme der Infrastruktureinrichtung ... zu in diesem Bereich üblichen Bedingungen gemacht wurde, erfolglos geblieben sind (...). Die Aufsichtsbehörde hat über den Antrag ... innerhalb von drei Monaten zu entscheiden."*

Die für die Stilllegung der Eisenbahninfrastruktur zuständige Aufsichtsbehörde ist für die Deutsche Bahn AG und ausländische Bahnen das Eisenbahnbundesamt, ansonsten sind die Landesbehörden zuständig. Handelt es sich beim Unternehmen des Stilllegungsantrages um eine Eisenbahn des Bundes (Deutsche Bahn AG) und dient die stillzulegende Infrastruktur vorwiegend dem Schienenpersonennahverkehr, hat die Eisenbahn die Liegenschaften an den jeweiligen Aufgabenträger des Schienenpersonennahverkehrs zu übertragen, wenn dieser es wünscht. Es kommt zum Tragen § 26 des „Gesetzes zur Zusammenführung und Neugliederung der Bundeseisenbahnen (Bundeseisenbahnneugliederungsgesetz – BEZNG) vom 27.12.1993":

„(1) Die Deutsche Bahn Aktiengesellschaft ist berechtigt und verpflichtet, für die Durchführung von Schienenpersonennahverkehr notwendige Liegenschaften auf Verlangen einer Gebietskörperschaft ... (Aufgabenträger), zu deren Aufgaben die Sicherung einer angemessenen Verkehrsbedienung im öffentlichen Personennahverkehr ... gehört, zu übertragen, soweit dies für den Betrieb der Eisenbahninfrastruktur notwendig ... ist.

Voraussetzung für einen Anspruch auf Übertragung ... ist, dass

– *die Eisenbahninfrastruktur ... überwiegend für Zwecke des Schienenpersonennahverkehrs genutzt wird*

– *die Eisenbahnen des Bundes zum Erbringen von Verkehrsleistungen nicht mehr bereit sind (...)*

– *der Aufgabenträger das Erbringen von Verkehrsleistungen ... für mindestens 15 Jahre und das Betreiben der Eisenbahninfrastruktur für mindestens 30 Jahre garantiert."*

2.6.2 Rechtsgrundlagen für den öffentlichen Personennahverkehr

Im Zuge der Bahnreform wurde zum 1. Januar 1996 der Schienenpersonennahverkehr regionalisiert. Die Aufgaben- und Finanzverantwortung für den Schienenpersonennahverkehr wurde vom Bund auf die Länder verlagert, welche als Ausgleich vom Bund erhebliche Finanzmittel erhalten. Gleichzeitig mit der Regionalisierung des Schienenpersonennahverkehrs wurde auch die Regionalisierung des straßengebundenen Öffentlichen Personennahverkehrs in Angriff genommen.

Ausgangspunkt der rechtlichen Veränderungen ist das „Gesetz zur Regionalisierung des öffentlichen Personennahverkehrs" (RegionG) Art. 4 ENeuOG vom 27. Dezember 1993. Dieses

---

[76] Diese Formulierung ist unsinnig: Ist der Bahnhof für die Betriebsabwicklung wichtig, dann steht er für eine Stilllegung nicht zur Verfügung – es werden sicher nur unwichtige Bahnhöfe stillgelegt. Und die Formulierung des AEG schützt auch nicht davor, dass eine Bahn mit immer nur geringfügigen und nicht zu genehmigenden Verschlechterungen eine Strecke langsam ausblutet, weil die endgültige Stilllegung dann auch nur geringfügig ist und keiner Genehmigung mehr bedarf.

zuletzt am 29. Juni 2006 geänderte (Regionalisierungs-)Gesetz des Bundes definiert den öffentlichen Personennahverkehr als eine Aufgabe der Daseinsvorsorge

„§ 1 I Die Sicherstellung einer ausreichenden Bedienung der Bevölkerung mit Verkehrsleistungen im öffentlichen Personennahverkehr ist eine Aufgabe der Daseinsvorsorge"

und führt eine Begriffsbestimmung durch:

„§ 2 Öffentlicher Personennahverkehr im Sinne dieses Gesetzes ist die allgemein zugängliche Beförderung von Personen mit Verkehrsmitteln im Linienverkehr, die überwiegend dazu bestimmt sind, die Verkehrsnachfrage im Stadt-, Vorort- oder Regionalverkehr zu befriedigen. Das ist im Zweifel der Fall, wenn in der Mehrzahl der Beförderungsfälle eines Verkehrsmittels die gesamte Reiseweite 50 Kilometer oder die gesamte Reisezeit eine Stunde nicht übersteigt."

Das Regionalisierungsgesetz des Bundes strebt an, auch den straßengebundenen öffentlichen Personennahverkehr zu regionalisieren. So heißt es im § 3 *„Zur Stärkung der Wirtschaftlichkeit der Verkehrsbedienung im öffentlichen Personennahverkehr ist anzustreben, die Zuständigkeiten für Planung, Organisation und Finanzierung des öffentlichen Personennahverkehrs zusammenzuführen. Das Nähere regeln die Länder"*. Die Länder hatten auch die Stellen zu bestimmen, welche die Aufgabe nach § 1 I RegionG wahrnehmen. Damit mussten die Länder Gesetze zum öffentlichen Personennahverkehr erlassen.

Allen Landesverkehrsgesetzen zur Regionalisierung des ÖPNV ist gemeinsam, dass alle Verkehrsmittel im Liniendienst dem öffentlichen Personennahverkehr zugerechnet werden können (Reiseweite bis 50 km, Fahrzeit bis eine Stunde). Unterschieden wird zwischen dem Schienenpersonennahverkehr, welcher nach dem Allgemeinen Eisenbahngesetz genehmigt wird – siehe Kapitel „Rechtsgrundlagen für den Eisenbahndienst" – und dem straßengebundenen bzw. sonstigen öffentlichen Personennahverkehr, welcher – bis auf Sonderfälle wie Fähren und Seilbahnen – nach dem Personenbeförderungsgesetz genehmigt wird. Eine Übersicht über das Vorschriftenwerk zum Öffentlichen Personennahverkehr zeigt Abbildung 2-9.

Die Länder haben Stellen zu bestimmen, welche für den öffentlichen Personennahverkehr zuständig sein sollen. So sagt etwa das Regionalisierungsgesetz des Landes Nordrhein-Westfalen aus:

> *„§ 3 I Die Planung, Organisation und Ausgestaltung des ÖPNV ist eine Aufgabe der Kreise und kreisfreien Städte sowie von ... Städten, die ein eigenes ÖPNV-Unternehmen betreiben oder an einem solchen wesentlich beteiligt sind. (Es) sind auch sonstige kreisangehörige Gemeinden und Zweckverbände Aufgabenträger. Die Aufgabenträger führen diese Aufgabe im Rahmen ihrer Leistungsfähigkeit als freiwillige Selbstverwaltungsaufgabe durch."*

Diese Aufgabenzuweisung hat auch nach der Ablösung des RegG NW zum 01.01.2003 durch das inhaltlich wie auch strukturell weitgehend identische Gesetz über den öffentlichen Personennahverkehr in Nordrhein-Westfalen (ÖPNFG NRW) weiterhin Bestand (s. u. § 3 I ÖPNVG NRW).

Da der straßengebundene Personennahverkehr bisher schon freiwillig von Landkreisen und Gemeinden übernommen wurde, war vornehmlich eine zuständige Stelle für den öffentlichen Schienenpersonennahverkehr zu bestimmen. Da Schienenstrecken meist mehrere Landkreise durchqueren, bot sich eine Ebene oberhalb der Landkreise an: Es wurden in einigen Ländern für den Schienenverkehr Zweckverbände gegründet und als zuständig bestimmt, in anderen Bundesländern hat das Land selbst eine privatrechtliche Organisation gegründet, welche für den öffentlichen Schienenpersonennahverkehr zuständig ist.

Im Nahverkehrsgesetz des Landes Nordrhein-Westfalen (Gesetz über den öffentlichen Personennahverkehr in Nordrhein-Westfalen ÖPNVG NRW) vom 7. März 1995 – letzte Fassung vom 23. Mai 2006 – heißt es zur zuständigen Stelle:

> „§ 3 (1) Die Planung, Organisation und Ausgestaltung des ÖPNV ist eine Aufgabe der Kreise und kreisfreien Städte (...) Unter ... Voraussetzungen sind auch sonstige kreisangehörige Gemeinden und Zweckverbände Aufgabenträger.
>
> § 3 (2) Die Aufgabenträger sind zuständige Behörde für die Auferlegung oder Vereinbarung gemeinwirtschaftlicher Verkehrsleistungen ...
>
> „§ 5 (1) Zur gemeinsamen Aufgabenwahrnehmung bilden Kreise und kreisfreie Städte einen Zweckverband (...)
>
> § 5 (3) Dem Zweckverband ist die Entscheidung über Planung, Organisation und Ausgestaltung des (Schienenpersonennahverkehrs) zu übertragen. Er hat auf eine integrierte Verkehrsgestaltung im ÖPNV hinzuwirken (...)"

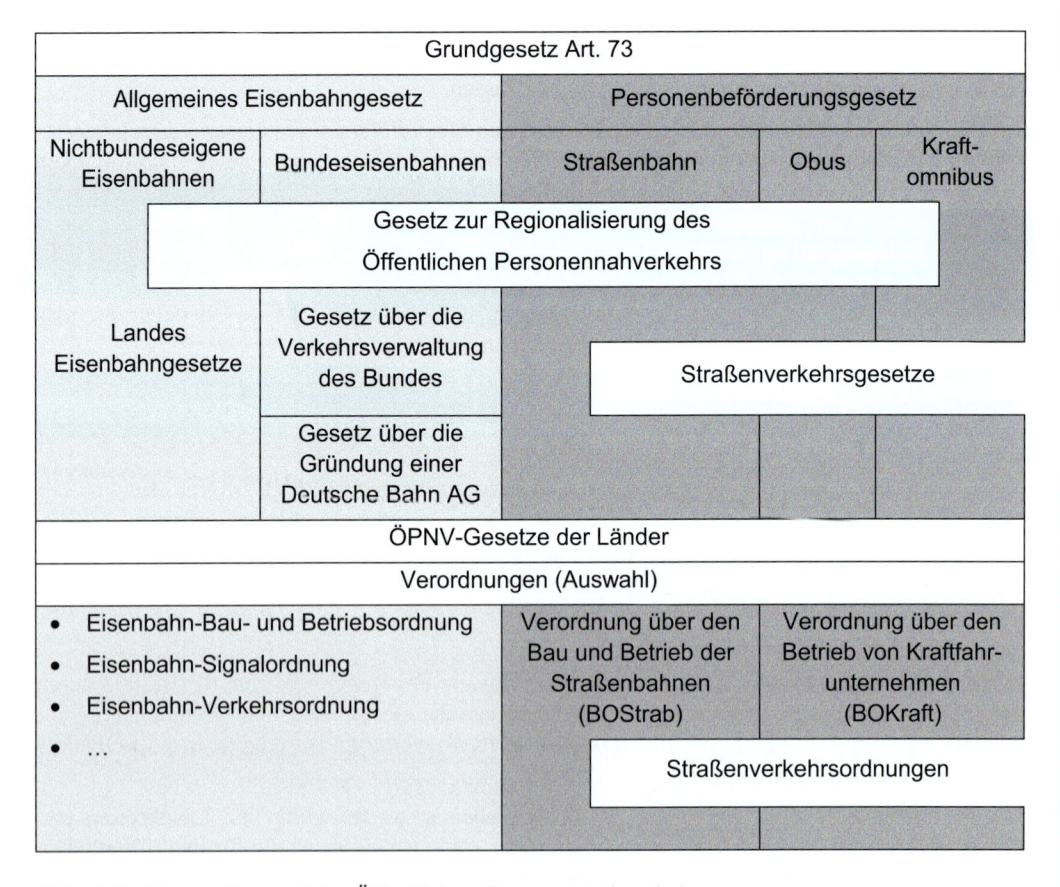

Grundgesetz Art. 73				
Allgemeines Eisenbahngesetz		Personenbeförderungsgesetz		
Nichtbundeseigene Eisenbahnen	Bundeseisenbahnen	Straßenbahn	Obus	Kraftomnibus
Landes Eisenbahngesetze	Gesetz zur Regionalisierung des Öffentlichen Personennahverkehrs			
	Gesetz über die Verkehrsverwaltung des Bundes	Straßenverkehrsgesetze		
	Gesetz über die Gründung einer Deutsche Bahn AG			
ÖPNV-Gesetze der Länder				
Verordnungen (Auswahl)				
• Eisenbahn-Bau- und Betriebsordnung • Eisenbahn-Signalordnung • Eisenbahn-Verkehrsordnung • ...		Verordnung über den Bau und Betrieb der Straßenbahnen (BOStrab)	Verordnung über den Betrieb von Kraftfahrunternehmen (BOKraft)	
		Straßenverkehrsordnungen		

Abb. 2-9: Vorschriftenwerk im Öffentlichen Personennahverkehr

In Nordrhein-Westfalen gab es schon vor in Krafttreten des Landesregionalisierungsgesetzes Zweckverbände für den ÖPNV auf der Straße, beispielsweise für den Raum Köln den Zweckverband Verkehrsverbund Rhein-Sieg mit Sitz in Bergisch Gladbach und für das nördliche

Rheinland/Ruhrgebiet den Zweckverband Verkehrsverbund Rhein-Ruhr mit Sitz in Essen. Es lag nahe, diese Zweckverbände auch mit der Planung, Organisation und Ausgestaltung des ÖPNV auf der Schiene zu beauftragen.

Im Landesgesetz Schleswig-Holstein (Gesetz über den öffentlichen Personennahverkehr in Schleswig-Holstein SHÖPNVG vom 26. Juni 1995) heißt es

„§ 2 (1) Die Sicherstellung einer ausreichenden Bedienung im öffentlichen Schienenpersonennahverkehr ... ist Aufgabe des Landes. (...)

§ 2 (5) Die Planung, Organisation und Abwicklung der Aufgabe nach Absatz 1 ... können einer Einrichtung übertragen werden, die von der Ministerin oder dem Minister für Wirtschaft, Technik und Verkehr bestimmt wird."

Die vom Land Schleswig-Holstein für die Durchführung dieser Aufgaben im Schienenpersonennahverkehr bestimmte Stelle ist die „Landesweite Verkehrsservicegesellschaft mbH" in Kiel. Zum straßengebundenen öffentlichen Personennahverkehr führt das schleswig-holsteinische Gesetz aus: *„§ 2 II Die Sicherstellung einer ausreichenden Bedienung im übrigen ÖPNV ist freiwillige Selbstverwaltungsaufgabe der Kreise und kreisfreien Städte oder ihrer jeweiligen Zweckverbände, die ausschließlich aus kommunalen Körperschaften bestehen"*.

Das Regionalisierungsgesetz des Bundes setzt auch die Forderungen des Europäischen Rates aus der Verordnung 1893/91 vom 20. Juni 1991 um (vertragliche Vereinbarung oder Auferlegung von gemeinwirtschaftlichen Verkehrsleistungen) und führt aus:

„§ 4 Gemeinwirtschaftliche Verkehrsleistung

Zur Sicherstellung einer ausreichenden Verkehrsbedienung im öffentlichen Personennahverkehr können gemeinwirtschaftliche Verkehrsleistungen ... mit einem Verkehrsunternehmen vertraglich vereinbart oder einem Verkehrsunternehmen auferlegt werden. Zuständig für den Abschluss von Verträgen oder die Erteilung von Auflagen sind die nach Landesrecht bestimmten Stellen."

Dieser Forderung sind alle Landesgesetze nachgekommen und bestimmen i. A. den Aufgabenträger als zuständige Behörde (ÖPNVG NRW § 3 (2):*„ Die Aufgabenträger sind zuständige Behörde für die Auferlegung oder Vereinbarung gemeinwirtschaftlicher Verkehrsleistungen ...",* SHÖPNVG § 2 (4): *„ Zuständige Behörde für die Vereinbarung oder Auferlegung gemeinwirtschaftlicher Verkehrsleistungen ... ist für den SPNV die Ministerin/der Minister ... für den übrigen ÖPNV der Kreistag, die Stadtvertretung der kreisfreien Städte oder die Verbandsversammlung bei den Zweckverbänden").*

Das Regionalisierungsgesetz des Bundes strebt die Zusammenführung von Planung, Organisation und Durchführung des öffentlichen Personennahverkehrs an, eine wichtige Aufgabe der Landesgesetze ist daher die Förderung von Kooperationen. Da die Länder Kooperationen nicht gesetzlich anordnen können, fördern die Länder die Bildung von Kooperationen im öffentlichen Personennahverkehr über Zuwendungen: Zuwendungen für Investitionen im öffentlichen Personennahverkehr werden vorrangig den kommunalen Gebietskörperschaften gewährt, welche Beteiligte eines Verkehrsverbundes sind (so sagt das „Gesetz zur Weiterentwicklung des öffentlichen Personennahverkehrs in Hessen (HessÖPNVG)": *§ 9 (4) Zuwendungen ... werden vorrangig denjenigen kommunalen Gebietskörperschaften gewährt, die Mitglied oder Beteiligte eines Verkehrsverbundes ... sind. Zuwendungen ..., die an kommunale Gebietskörperschaf-*

ten weitergeleitet werden, setzen deren Mitgliedschaft oder Beteiligung im Verkehrsverbund voraus".[77]

Die entgeltliche oder geschäftsmäßige Beförderung von Personen mit Straßenbahnen – U-Bahnen gelten für dieses Gesetz als Straßenbahnen – Obussen und Kraftfahrzeugen ist im Personenbeförderungsgesetz geregelt. Das Personenbeförderungsgesetz (PBefG) mit dem Schwerpunkt auf Genehmigungssachverhalten unterscheidet weiterhin zwischen Linienverkehr (§§ 42 – 45 PBefG) und Gelegenheitsverkehr (§§ 46 – 51 PBefG), wobei hier nur der Linienverkehr interessiert.

Die Genehmigung nach dem PBefG vom 8. Mai 1990, letzte Änderung vom 31. Oktober 2006, wird dem Unternehmer für seine Person erteilt. Wie das Allgemeine Eisenbahngesetz für den Eisenbahnpersonennahverkehr verlangt auch das Personenbeförderungsgesetz, dass die Sicherheit[78] und die Leistungsfähigkeit des Betriebs gewährleistet sind, dass der Unternehmer zuverlässig sein muss und er bzw. sein geschäftsführendes Personal fachlich geeignet sein muss. Neben diesen subjektiven Zulassungsvoraussetzungen in der Person des Unternehmers nennt das Personenbeförderungsgesetz auch objektive Zulassungsvoraussetzungen: Für den beantragten Verkehr müssen geeignete Straßen vorhanden sein und die öffentlichen Verkehrsinteressen dürfen nicht beeinträchtigt werden. Hier ist von der Genehmigungsbehörde beispielsweise auch zu prüfen, ob der beantragte Verkehr mit den schon vorhandenen Verkehrsmitteln befriedigend (d. h. besser als ausreichend) bedient werden kann und ob der beantragte Verkehr ohne wesentliche Verbesserungen der Verkehrsbedienung Aufgaben übernehmen soll, die vorhandene Unternehmen bereits wahrnehmen: Abfahrtzeiten, Ankunftszeiten sowie Dauer und Art der Beförderung der derzeitigen Verkehrsmittel sind im Sinne der Allgemeinheit befriedigend/nicht befriedigend; der beantragte Verkehr führt zu einer wesentlichen Verbesserung für die Fahrgäste. Der vorhandene Unternehmer kann aber durch Gebrauch seines Ausgestaltungsrechts nach § 13 PBefG (2c) seinen Verkehr dem festgestellten Verkehrsbedürfnis anpassen und damit die Zulassung des Wettbewerbers verhindern. Es darf sich aber bei der Anpassung/Modifikation des vorhandenen Verkehrs nur um eine Ausgestaltung handeln. Ist die Änderung nicht mehr geringfügig, besteht kein Konkurrenzschutz.

Der Alt-Unternehmer hat allerdings Anspruch darauf, dass angemessen berücksichtigt wird, wenn ein Verkehr jahrelang in einer dem öffentlichen Verkehrsinteresse entsprechenden Weise betrieben wurde (§ 13 II Personenbeförderungsgesetz).

Die Genehmigung wird für einen bestimmten Verkehr erteilt: bei Straßenbahnen und Obussen für Bau, Betrieb und Linienführung, bei Omnibussen für Einrichtung, Linienführung und Betrieb.

==Im Gegensatz zum Eisenbahnbereich besteht beim straßengebundenen öffentlichen Personennahverkehr eine Liniengenehmigung. Um die Möglichkeit zu schaffen, zwischen ertragreichen und ertragsschwachen Linien einen Ausgleich zu schaffen, können auch Linienbündel genehmigt werden.==

---

[77] Das Gesetz zur Weiterentwicklung des öffentlichen Personennahverkehrs in Hessen (ÖPNVG Hessen) wurde bereits zum 08.12.2005 aufgehoben und am selben Tage durch das Gesetz über den ÖPNV in Hessen (ÖPNVG Hessen) vom 01. Dezember 2005 ersetzt. Dieses sieht eine dem § 9 IV entsprechende Regelung nicht vor. Außerdem tritt das ÖPNVG Hessen gemäß 3 16 bereits zum 31.12.2009 wieder außer Kraft.

[78] „(Sicherheit und) Leistungsfähigkeit" wird u. a. nach allgemeiner Rechtsauffassung verstanden als finanzielle Leistungsfähigkeit (der Unternehmer soll das Anlaufen des Betriebes bis zum Erzielen von Einnahmen überstehen können).

2.6 Regelungen in der Bundesrepublik Deutschland

Mit der „Linienbündelung", welche als Linien übergreifende gebündelte Konzessionserteilung nach § 9 PBefG möglich ist, wird eine dauerhafte kostengünstige Verkehrsbedienung sichergestellt. Es wird durch den Ausgleich zwischen ertragsschwachen und ertragsstarken Linien vermieden, dass sich Verkehrsunternehmen die Konzessionen rentabler Linien sichern und die verbleibenden unrentablen Linien der öffentlichen Hand überlassen werden: Das Verkehrsunternehmen muss mit dem Erlös aus der starken Linie die ertragsarme Linie (mit-)finanzieren.

Die Genehmigungsbehörde hat nicht nur die Einhaltung der gesetzlichen Vorschriften durch den Unternehmer zu überwachen, sondern sie soll auch aktiv in den Markt eingreifen und verkehrspolitische Ziele im Sinne der Allgemeinheit durchsetzen. So heißt es im Personenbeförderungsgesetz

> *„§ 8 III Die Genehmigungsbehörde hat im Zusammenwirken mit dem Aufgabenträger ... und mit den Verkehrsunternehmen im Interesse einer ausreichenden Bedienung der Bevölkerung mit Verkehrsleistungen ... sowie einer wirtschaftlichen Verkehrsgestaltung für eine Integration der Nahverkehrsbedienung, insbesondere für Verkehrskooperationen, für die Abstimmung oder den Verbund der Beförderungsentgelte und für die Abstimmung der Fahrpläne zu sorgen."*

Von besonderer Bedeutung ist PBefG § 8 IV:

> *Verkehrsleistungen im öffentlichen Personennahverkehr sind eigenwirtschaftlich zu erbringen. Eigenwirtschaftlich sind Verkehrsleistungen, deren Aufwand gedeckt wird durch Beförderungserlöse, Erträge aus gesetzlichen Ausgleichs- und Erstattungsregelungen im Tarif- und Fahrplanbereich sowie sonstige Unternehmenserträge im handelsrechtlichen Sinn."*

Bei den anzustrebenden eigenwirtschaftlichen Verkehren richtet sich die Genehmigung nach § 13 PBefG und damit nach den genannten subjektiven und objektiven Zulassungsvoraussetzungen (subjektiv: Sicherheit und Leistungsfähigkeit des Betriebes, Zuverlässigkeit des Unternehmers, fachliche Eignung; objektiv: u. a. Verkehrsbedürfnis).

Bisher hatten die kommunalen Gebietskörperschaften kaum Möglichkeiten, auf die staatliche Genehmigung der Nahverkehre und damit auf die Planung des öffentlichen Personennahverkehrs auf ihrem Gebiet Einfluss zu nehmen. Um die kommunalen Gebietsinteressen mit der gewerblichen Genehmigung nach dem Personenbeförderungsgesetz zu verbinden, wurde 1993 das Instrument „Nahverkehrsplan" in den öffentlichen Personennahverkehr eingeführt; nach dem Personenbeförderungsgesetz § 8 hat die Genehmigungsbehörde bei der Förderung der Verkehrsintegration „einen vom Aufgabenträger beschlossenen Nahverkehrsplan zu berücksichtigen". Dieser Nahverkehrsplan bildet den Rahmen für die Entwicklung des Öffentlichen Personennahverkehrs – in einem Bericht für den Deutschen Bundestag über den ÖPNV im Jahr 1999 hatte die Bundesregierung diesen Plan als Werkzeug bezeichnet, mit dem Kreise und Gemeinden den ÖPNV „konzeptionell fortentwickeln und Einfluss auf seine Gestaltung nehmen können". Damit definiert der Nahverkehrsplan Bedarf und Angebot für den ÖPNV, schafft eine gewisse Planungssicherheit für alle Beteiligten und verteilt evtl. auch die Finanzmittel entsprechend der politischen Wertung der Aufgabe „ÖPNV".

Ist die ausreichende Verkehrsbedienung eigenwirtschaftlich nicht zu erbringen, dann kommen die Regelungen der o. g. EG-Verordnung 1191/69 zum Tragen, welche in § 13 a PBefG konkretisiert sind:

> *"§ 13 a I Die Genehmigung ist zu erteilen, soweit diese für die Umsetzung einer Verkehrsleistung aufgrund einer Auflegung oder Vereinbarung im Sinne der Verordnung ... erforderlich ist und dabei diejenige Lösung gewählt worden ist, die die geringsten*

Kosten für die Allgemeinheit mit sich bringt. (...) Als geringste Kosten für die Allgemeinheit ... gelten die ... nach ... einer vom Bundesministerium für Verkehr ... erlassenen Verordnung ermittelten Kosten der zu beurteilenden Verkehrsleistung."

Diese „Verordnung zur Anwendung von § 13a ... vom 15. Dezember 1995" führt aus, dass als geringste Kosten die Kosten einer gemeinwirtschaftlichen Verkehrsleistung anzusehen sind, „die zur niedrigsten Haushaltsbelastung für die zuständige Behörde ... führt." Diese geringsten Kosten werden erzielt, wenn die gemeinwirtschaftliche Leistung im Wettbewerb vergeben wird (= Ausschreibung).

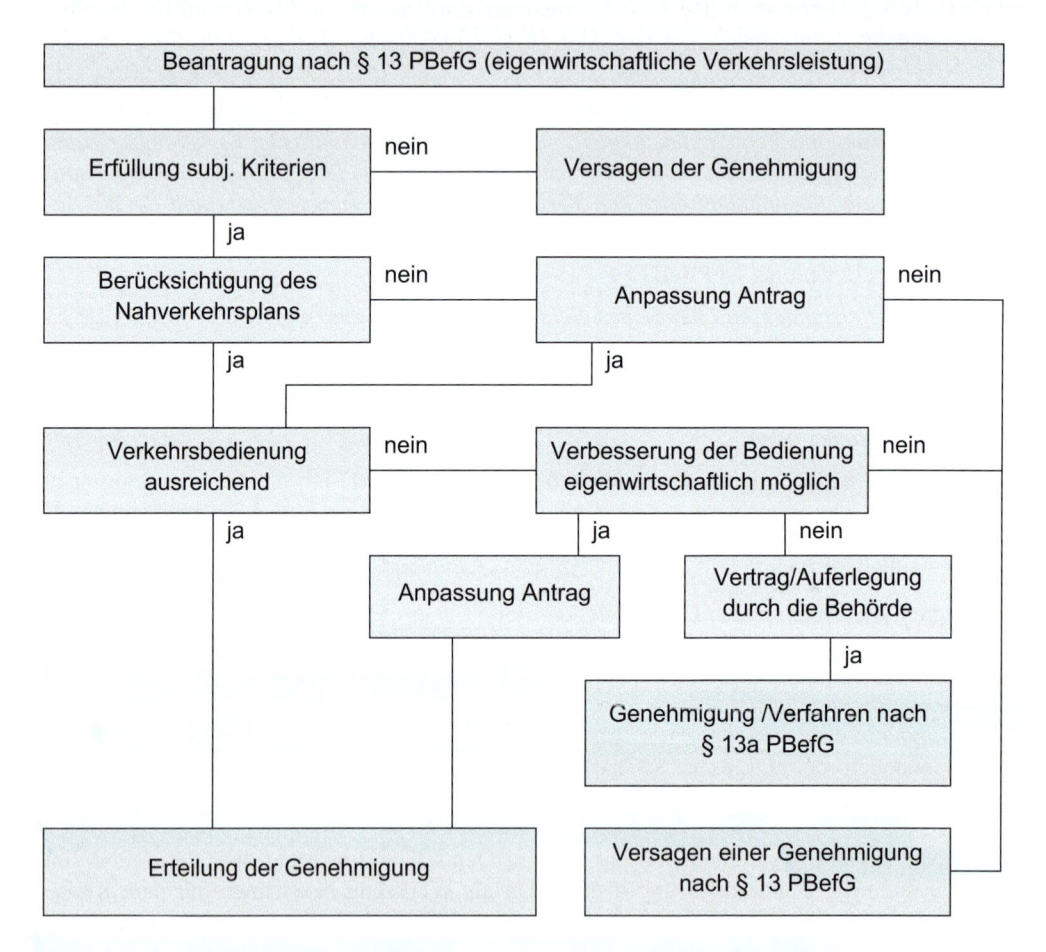

Abb. 2-10: Ablauf des Genehmigungsganges für eigenwirtschaftliche Verkehre (§ 13 PBefG)

Die Entscheidung, ob eine Verkehrsleistung eigenwirtschaftlich oder gemeinwirtschaftlich betrieben wird, hängt von der Entscheidung des Unternehmers ab; er befindet darüber, ob der Verkehr eigen- oder gemeinwirtschaftlich betrieben wird. Der Genehmigungsbehörde steht es i.a. nicht zu, zu prüfen, mit welchen Erträgen ggf. die Eigenwirtschaftlichkeit erzielt wird: Der Unternehmer beantragt die Genehmigung nach § 13 PBefG oder § 13a PBefG.

Von der Unterscheidung in eigenwirtschaftliche oder gemeinwirtschaftliche Verkehrsleistungen hängt es ab, ob ÖPNV-Leistungen im Wettbewerb vergeben werden oder nicht. Die

2.6 Regelungen in der Bundesrepublik Deutschland

Einflussmöglichkeiten des Aufgabenträgers auf die Erteilung einer (eigenwirtschaftlichen) Genehmigung sind gering, obwohl die Genehmigungsbehörde bei mehreren eigenwirtschaftlichen Genehmigungsanträgen den Zuschlag dem „besseren" Genehmigungsantrag zu erteilen hat (z. B. für dasselbe Geld mehr Abfahrten oder fahrgastfreundlichere Tarife). Nahverkehrsplanungen des Aufgabenträgers hat die Genehmigungsbehörde nur zu berücksichtigen, zu erteilende Konzessionen dürfen dem nicht widersprechen.

> *Im April 1998 hat das Oberverwaltungsgericht Magdeburg aufgrund einer Klage eines bei einer Buslinengenehmigung unterlegenen Bewerbers entschieden, dass Genehmigungen für Buslinien grundsätzlich auszuschreiben sind, sofern die öffentliche Hand einen Verlustausgleich gewährt. Das OVG Magdeburg hat die bislang durch die Behörde praktizierte Bezuschussung für den Buslinienverkehr als eine nach EG-Recht unzulässige Beihilfe gewertet. Der genehmigte Buslinienverkehr war demnach keine eigenwirtschaftlich erbrachte Verkehrsleistung, sondern eine gemeinwirtschaftlich erstellte Verkehrsleistung, welche auszuschreiben sei. Wegen der grundsätzlichen Bedeutung von Geldzahlungen der öffentlichen Hand für ÖV-Leistungen wurde der Europäische Gerichtshof um Klärung der Rechtmäßigkeit/Unrechtmäßigkeit der Eigenwirtschaftlichkeit auch bei Verwendung bestimmter öffentlicher Gelder gebeten.*
>
> *Das mit Spannung erwartete Urteil des Europäischen Gerichtshof vom 24. Juli 2003 stellt fest, dass öffentliche Zuschüsse für den Linienbetrieb im Stadt-, Vorort- und Regionalverkehr keine Beihilfe darstellen, sondern als Ausgleich anzusehen sind für die Erfüllung gemeinwirtschaftlicher Verpflichtungen durch die Verkehrsunternehmen (den Zahlungen steht eine kundenbezogene Leistung gegenüber). Das Gericht hat allerdings festgestellt, dass folgende Voraussetzungen vorliegen müssen, damit diese Beihilfe nicht unzulässig ist:*
>
> *1. Es muss sich um klar definierte gemeinwirtschaftliche Verpflichtungen handeln*
>
> *2. Die Parameter dieser gemeinwirtschaftlichen Verkehre sind vor Vergabe /Beauftragung der Verkehre festzulegen*
>
> *3. Der Ausgleich darf inkl. der Fahrgeldeinnahmen nicht über die entstehenden Kosten (zuzgl. angemessener Gewinne) hinausgehen*
>
> *4. Falls das anschließend gemeinwirtschaftlich tätige Verkehrsunternehmen nicht durch eine Ausschreibung ermittelt wird, ist die Ausgleichshöhe durch Vergleich mit durchschnittlichen gut geführten Unternehmen zu ermitteln.*

Die bis 2005 herrschende Rechtsprechung deutscher Gerichte bestätigte, dass gesetzliche Ausgleichsleistungen (z. B. für die vergünstigte Beförderung im Ausbildungsverkehr) die Eigenwirtschaftlichkeit eines Unternehmens nicht ungültig machten – jedes ähnlich agierende Unternehmen bekäme diese Zahlungen. Damit erkannten die Gerichte die gängige Praxis der Kommunen grundsätzlich an, Verkehrsleistungen nicht im Ausschreibungswettbewerb zu vergeben, sondern unter Beachtung von Vorgaben das (eigene kommunale) Unternehmen direkt mit der Verkehrsaufgabe zu betrauen („marktorientierte Direktvergabe"); die Kommunen durften Verkehrsleistungen mittels einer Zuschussgewährung an ihr eigenes Unternehmen direkt vergeben.

Mittlerweile sind die Gerichte jedoch von ihrer Handhabung abgewichen. So hat die deutsche Justiz inzwischen entschieden, dass die Gewährung von öffentlichen Geldern an das Verkehrsunternehmen der Verkehrsleistung den Charakter der Eigenwirtschaftlichkeit nimmt und damit nur nach einer Ausschreibung der Verkehrsleistung nach § 13 a PBefG diese Leistung zu vergeben ist. Diese Rechtsauffassung dürfte allerdings nicht von Bestand sein, da eine neue EG-

Verordnung die Direktvergabe nunmehr ausdrücklich zulässt und aufgrund ihres bindenden Charakters für die Bundesrepublik Deutschland die widersprechende Rechtsprechung aufgrund des Vorrangs des Europarechts hinfällig macht.

> Die Europäische Kommission sieht die Direktvergabe nur als eine Vergabeoption vor: Nach Art. 5 II der zum 03.12.2009 in Kraft tretenden Verordnung (EG) Nr. 1370/2007 vom 23.10.2007[79] über öffentliche Personenverkehrsdienste auf Schiene und Straße und zur Aufhebung der Verordnungen (EWG) Nr. 1191/69 und (EWG) Nr. 1107/70 des Rates ist eine Direktvergabe an ein Verkehrsunternehmen möglich, über welches die Kommune einen beherrschenden Einfluss ausübt und welches der Aufgabenträger wie eine eigene Dienststelle vollständig kontrolliert. Darüber hinaus darf das Verkehrsunternehmen sich nur im Zuständigkeitsbereich des Aufgabenträgers betätigen. Damit sind Direktvergaben an Unternehmen, welche sich außerhalb ihres Heimatortes betätigen ebenso wenig zulässig wie an gemischtwirtschaftliche Unternehmen, welche von privaten oder anderen öffentlichen Eigentümern mitgetragen werden.

> Die Kommunen müssen Direktvergaben bereits ein Jahr vor ihrer beabsichtigten Einleitung im Amtsblatt der Europäischen Union veröffentlichen, sofern der öffentliche Dienstleistungsauftrag eine jährliche öffentliche Personenverkehrsleistung von mehr als 50.000 km aufweist (Art. 7 II der VO).

Da das PBefG in seiner derzeit gültigen Fassung von den Vorgaben der EG-Verordnung in einigen Punkten wesentlich abweicht, sind Rechtsunsicherheiten vorprogrammiert. So finden sich z. B. die PBefG-Begrifflichkeiten zum eigen- oder gemeinwirtschaftlichen Verkehr in der Verordnung nicht. Und auch die nach der EU-Verordnung erlaubte Möglichkeit „Direktvergabe" ist nur dann erlaubt „wenn sie dem nationalen Recht nicht widerspricht". Wenn aber auch im Schienenpersonennahverkehr das (nationale) Vergaberecht anzuwenden ist, ist eine Direktvergabe nicht möglich.[80] Eine Reformierung des PBefG ist somit notwendig; der Rechtsrahmen um die Vergabe von Verkehrsleistungen im ÖPNV ist abseits der VO Nr. 1370/2007 weiterhin im Fluss (s. u.).

Wenn die Verkehrsleistung nicht eigenwirtschaftlich erbracht werden kann, ist die Leistung nach § 13 a PBefG zu vergeben: Der Aufgabenträger hat die ausreichende Verkehrsbedienung zu erfüllen, die Genehmigungsbehörde hat das rechtlich zu prüfen. Eine weitere Genehmigungsvoraussetzung neben den o. g. subjektiven und objektiven Zulassungsvoraussetzungen wie Sicherheit, Zuverlässigkeit, Fachkenntnis, geeignete Straßen ist die Wahl der Lösung mit den geringsten Kosten für die Allgemeinheit: Es sollte der Unternehmer mit dem geringsten Subventionsbedarf ausgewählt werden, was insbesondere das Ergebnis einer Ausschreibung ist. Der Aufgabenträger hat in seiner Ausschreibung eine eindeutige und erschöpfende Leistungsbeschreibung zu erstellen, sodass die Bewerber diese Beschreibung im gleichen Sinne verstehen und die eingehenden Angebote verglichen werden können. Der Zuschlag ist dem wirtschaftlichsten Angebot zu erteilen – der niedrigste Preis ist nicht allein entscheidend.

---

[79] Gemäß Art. 8 II der VO muss die Vergabe von Aufträgen für den öffentlichen Verkehr auf Schiene und Straße ab 03.12.2019 im Einklang mit Art. 5 der VO erfolgen. Während des Übergangszeitraums treffen die Mitgliedsstaaten Maßnahmen, um Art. 5 der VO schrittweise anzuwenden und ernste Probleme insbes. der Transportkapazität zu vermeiden.

[80] Der Bundesgerichtshof hat endgültig darüber zu entscheiden, ob eine Direktvergabe des Verkehrsverbundes Rhein-Ruhr an DB Regio rechtens war oder ob die vergebene Leistung (Verlängerung eines Verkehrsvertrages aus 2004 über 2018 hinaus bis 2023) nicht hätte ausgeschrieben werden müssen.

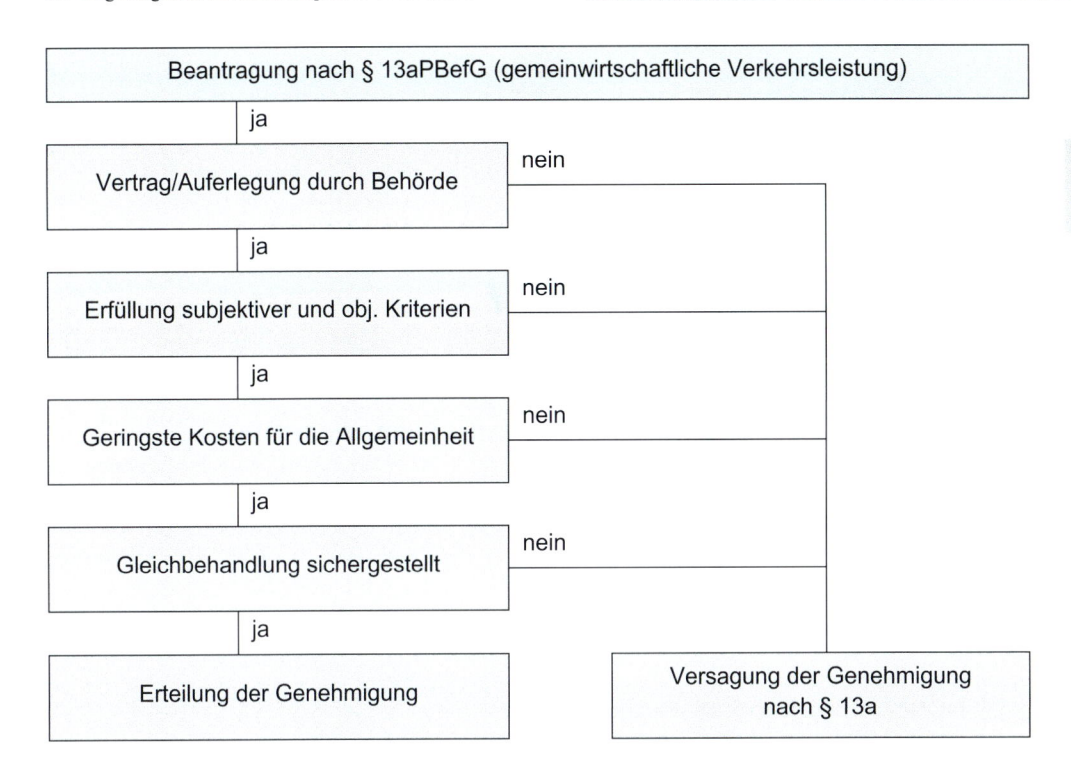

2.6 Regelungen in der Bundesrepublik Deutschland

```
Beantragung nach § 13aPBefG (gemeinwirtschaftliche Verkehrsleistung)
            │ ja
            ▼                            nein
    Vertrag/Auferlegung durch Behörde ──────────┐
            │ ja                                │
            ▼                            nein   │
    Erfüllung subjektiver und obj. Kriterien ───┤
            │ ja                                │
            ▼                            nein   │
    Geringste Kosten für die Allgemeinheit ─────┤
            │ ja                                │
            ▼                            nein   │
    Gleichbehandlung sichergestellt ────────────┤
            │ ja                                │
            ▼                                   ▼
    Erteilung der Genehmigung      Versagung der Genehmigung
                                         nach § 13a
```

Abb. 2-11: Ablauf des Genehmigungsverfahrens für gemeinwirtschaftliche Verkehre (§ 13aPBefG)

Während im Personenbeförderungsgesetz der Begriff Eigenwirtschaftlichkeit und Gemeinwirtschaftlichkeit bestimmt ist, enthält das Allgemeine Eisenbahngesetz diese Begriffe nicht; die Eigenwirtschaftlichkeit nach dem Personenbeförderungsgesetz ist beim Schienenpersonennahverkehr i. A. nicht gegeben: Im Schienenpersonennahverkehr sind gemeinwirtschaftliche Leistungen zu erbringen, über diese Leistungen sind Verträge abzuschließen. Die Leistungen sind aufgrund der Vergabevorschriften im Regelfall auszuschreiben.

Wenn ein Aufgabenträger eine Verkehrsleistung im Wettbewerb vergeben will, kann er zwischen drei Vergabeverfahren wählen, welche aufgrund der Umsetzung von Vergaberichtlinien der Europäischen Gemeinschaft aktuell im „Gesetz gegen Wettbewerbsbeschränkungen" nach dem Stand vom 26. August 1998 beschrieben sind: Es wird das offene Verfahren, das nicht-offene Verfahren und das Verhandlungsverfahren unterschieden.

Beim offenen Verfahren wird eine nicht beschränkte Zahl von Verkehrsunternehmen zur Abgabe von Geboten für die zu vergebene Verkehrsleistung aufgefordert („öffentliche Ausschreibung").

Beim nicht-offenen Verfahren wird öffentlich zur Teilnahme am Vergabeverfahren aufgerufen, aus dem sich meldenden Kreis von Interessenten fordert der Aufgabenträger ÖPNV-Unternehmen zur Abgabe eines Angebotes auf („beschränkte Ausschreibung").

Verhandlungsverfahren sind Verfahren, bei denen sich der spätere Auftraggeber an ausgewählte Unternehmen wendet, um mit diesem Unternehmen über die Auftragsbedingungen zu verhandeln („freihändige Vergabe").

In den „Verdingungsordnungen für Leistungen, Teil A" schreibt der Gesetzgeber die Rangfolge der anzuwendenden Ausschreibungsverfahren vor: 1. Öffentliche Ausschreibung 2. Beschränkte Ausschreibung 3. Freihändige Vergabe.

Grundsätzlich muss eine öffentliche Ausschreibung stattfinden, sofern keine Ausnahmetatbestände vorliegen. Diese Ausnahmetatbestände sind

- wenn die Leistung nach ihrer Eigenart nur von einem beschränkten Kreis von Unternehmen ausgeführt werden kann, besonders wenn außergewöhnliche Fachkunde oder Leistungsfähigkeit oder Zuverlässigkeit erforderlich ist
- wenn die öffentliche Ausschreibung für den Auftraggeber oder den Bewerber einen Aufwand verursachen würde, der zu dem erreichbaren Vorteil oder dem Wert der Leistung im Missverhältnis steht
- wenn eine öffentliche Ausschreibung kein wirtschaftliches Ergebnis gehabt hat
- wenn eine öffentliche Ausschreibung aus anderen Gründen -Dringlichkeit, Geheimhaltung- unzweckmäßig ist
- wenn für eine Leistung aus besonderen Gründen (z. B. besondere Erfahrungen, Zuverlässigkeit oder Einrichtungen, bestimmte Ausführungsarten) nur ein Unternehmen in Betracht kommt
- wenn die Leistung besonders dringlich ist
- wenn die Leistung nach Art und Umfang vor der Vergabe nicht so eindeutig und erschöpfend beschrieben werden kann, dass hinreichend vergleichbare Angebote erwartet werden können
- wenn es sich um eine vorteilhafte Gelegenheit handelt
- wenn nach einer öffentlichen oder beschränkten Ausschreibung eine erneute Ausschreibung kein wirtschaftliches Ergebnis verspricht.

Die meisten Verfahren zur Vergabe von Leistungen im Schienenpersonennahverkehr in Deutschland erfolgten in der Form von beschränkten Ausschreibungen bzw. freihändigen Vergaben, weil grundsätzlich nur bei diesen Vergabeverfahren während des laufenden Verfahrens Bestimmungsmöglichkeiten und Eingriffsmöglichkeiten seitens des ausschreibenden Aufgabenträgers möglich sind. Eine öffentliche Ausschreibung muss besonders sorgfältig vorbereitet werden und detaillierte Vorgaben enthalten; Erfahrungen mit solchen detaillierten Beschreibungen lagen in den ersten Jahren mit Ausschreibungen nicht vor. Es ist aber damit zu rechnen, dass der Anteil der offenen Verfahren zukünftig deutlich zunimmt, da insbesondere die Begründung der (nicht) eindeutigen Beschreibbarkeit der Leistung aufgrund der zunehmenden Ausschreibungserfahrungen juristisch nicht mehr zu halten ist.

Im Schienenpersonennahverkehr stellen sich die Verkehrsleistungen wie folgt dar:

Jahr	Gesamt Zug km	Davon mit Wettbewerbsverfahren neu beauftragte Zug km	Marktanteil Deutsche Bahn (%)	Marktanteil andere Bahnen
1999	583 Mio.	36,4 Mio. (6,2 %)	93 %	7 %
2005	635 Mio.	114 Mio. (18 %) 86 Verfahren	85 %	15 %

2.6 Regelungen in der Bundesrepublik Deutschland

Die Erfahrungen beim Umgang mit dem Ausschreiben von Nahverkehrsleistungen werden weiter zunehmen, aber auch die Grenzen der Ausschreibungen werden zunehmend deutlich: Die geringe Zahl der Wettbewerber in Deutschland stößt an ihre Kapazitätsgrenze, die Wettbewerbsbedingungen sind trotz des Bemühens um Chancengleichheit noch sehr unterschiedlich, der Aufwand für die Ausschreibung ist beim Auslober und beim Anbieter (noch zu) hoch.

Im Sommer 2011 stellt sich der Sachverhalt „Ausschreibung" wie folgt dar: Die Verordnung 1370/2007 aus dem Herbst 2007 hebt die Verordnungen 1191/69 und 1107/70 auf und stellt in Artikel 5 fest (Abb. 2-12): *„Öffentliche Dienstleistungsaufträge werden nach Maßgabe dieser Verordnung vergeben. Dienstleistungsaufträge gemäß ... (den) Richtlinien 2004/17/EG oder 2004/18/EG für öffentliche Personenverkehrsdienste ... werden ... gemäß den Verfahren in jenen Richtlinien vergeben (dann sind die Absätze 2 bis 6 des Artikels 5 nicht anzuwenden)."*

Bei einigen Vergaben von Verkehrsleistungen im ÖPNV kam es Rechtsstreitigkeiten, da die deutschen Gesetze und die zu beachtende EG-Verordnung zu unterschiedlichen Einschätzungen über Ausschreibungsnotwendigkeiten führten.

> *Die Vergabekammer Münster hat im Oktober 2010 festgestellt, dass ein als Dienstleistungskonzession geplanter Vertrag über eine Direktvergabe von Busverkehren an ein kommunales Unternehmen nach der EG-Verordnung 1370 die Voraussetzungen einer Dienstleistungskonzession nicht erfüllt und daher die EG-Verordnung nicht anzuwenden ist: Der Vertrag ist in der Regel europaweit auszuschreiben. Das Oberlandesgericht Düsseldorf als Beschwerdeinstanz sah diese Auslegung des geltenden Rechts im vorliegenden Fall kritisch und legte den Fall dem Bundesgerichtshof zur höchstrichterlichen Entscheidung vor.*

> *Das Brandenburgische Oberlandesgericht hatte im Jahr 2003 entschieden, dass Verkehrsverträge bei der Eisenbahn ausgeschrieben werden sollen, aber aufgrund seiner Auslegung des Allgemeinen Eisenbahngesetzes auch freihändig vergeben werden dürfen. Aufgrund dieses Urteils schrieben einige Behörden aus, andere vergaben freihändig, weitere Behörden kombinierten beide Wettbewerbsmodelle.*

> *Im Februar 2011 erklärte der Bundesgerichtshof einen Vergleichsvertrag zwischen dem Verkehrsverbund Rhein-Ruhr und der DB Regio NRW aus 2009 für ungültig – der VRR hatte DB Regio NRW einen S-Bahn-Betrieb ohne Ausschreibung bis 2023 zugesagt. Dagegen hatte das Bahnunternehmen NS Abellio erfolgreich geklagt.*

Der Bundesgerichtshof entschied im Februar 2011, dass das Allgemeine Eisenbahngesetz – keine Ausschreibungspflicht im Hinblick auf Verkehrsverträge bei der Eisenbahn – durch später eingeführte vergaberechtliche Bestimmungen des „Gesetzes gegen Wettbewerbsbeschränkungen (GWB)" verdrängt ist. Die Folge dieser BGH-Entscheidung ist, dass öffentliche Dienstleistungsaufträge, welche nicht ausschreibungsfrei vergebbare Dienstleistungskonzessionen sind, grundsätzlich ausgeschrieben werden müssen (nur in ganz speziellen Fällen ist eine freihändige Vergabe möglich).

> *Das Oberlandesgericht München entschied im Juni 2011, dass eine Direktvergabe einer Kommune zur Durchführung des ÖPNV an eine neu zu gründende 100 % Tochter der Stadtwerke zulässig ist, aber in Übereinstimmung mit Art. 5 der Verordnung 1370/2007 zu erfolgen hat. Inhouse-Vergaben im ÖPNV-Bereich sind (wie Dienstleistungskonzessionen) nur unter Beachtung von Art. 5 Abs. 2ff. VO 1370/2007 zulässig.*

Artikel 5

Vergabe öffentlicher Dienstleistungsaufträge

(1) Öffentliche Dienstleistungsaufträge werden nach Maßgabe dieser Verordnung vergeben. Dienstleistungsaufträge oder öffentliche Dienstleistungsaufträge gemäß der Definition in den Richtlinien 2004/17/EG oder 2004/18/EG für öffentliche Personenverkehrsdienste mit Bussen und Straßenbahnen werden jedoch gemäß den in jenen Richtlinien vorgesehenen Verfahren vergeben, sofern die Aufträge nicht die Form von Dienstleistungskonzessionen im Sinne jener Richtlinien annehmen. Werden Aufträge nach den Richtlinien 2004/17/EG oder 2004/18/EG vergeben, so sind die Absätze 2 bis 6 des vorliegenden Artikels nicht anwendbar.

(2) Sofern dies nicht nach nationalem Recht untersagt ist, kann jede zuständige örtliche Behörde — unabhängig davon, ob es sich dabei um eine einzelne Behörde oder eine Gruppe von Behörden handelt, die integrierte öffentliche Personenverkehrsdienste anbietet — beschließen, selbst öffentliche Personenverkehrsdienste zu erbringen oder öffentliche Dienstleistungsaufträge direkt an eine rechtlich getrennte Einheit zu vergeben, über die die zuständige örtliche Behörde — oder im Falle einer Gruppe von Behörden wenigstens eine zuständige örtliche Behörde — eine Kontrolle ausübt, die der Kontrolle über ihre eigenen Dienststellen entspricht. Fasst eine zuständige örtliche Behörde diesen Beschluss, so gilt Folgendes:

a) Um festzustellen, ob die zuständige örtliche Behörde diese Kontrolle ausübt, sind Faktoren zu berücksichtigen, wie der Umfang der Vertretung in Verwaltungs-, Leitungs- oder Aufsichtsgremien, diesbezügliche Bestimmungen in der Satzung, Eigentumsrechte, tatsächlicher Einfluss auf und tatsächliche Kontrolle über strategische Entscheidungen und einzelne Managemententscheidungen. Im Einklang mit dem Gemeinschaftsrecht ist zur Feststellung, dass eine Kontrolle im Sinne dieses Absatzes gegeben ist, — insbesondere bei öffentlich-privaten Partnerschaften — nicht zwingend erforderlich, dass die zuständige Behörde zu 100 % Eigentümer ist, sofern ein beherrschender öffentlicher Einfluss besteht und aufgrund anderer Kriterien festgestellt werden kann, dass eine Kontrolle ausgeübt wird.

b) Die Voraussetzung für die Anwendung dieses Absatzes ist, dass der interne Betreiber und jede andere Einheit, auf die dieser Betreiber einen auch nur geringfügigen Einfluss ausübt, ihre öffentlichen Personenverkehrsdienste innerhalb des Zuständigkeitsgebiets der zuständigen örtlichen Behörde ausführen — ungeachtet der abgehenden Linien oder sonstiger Teildienste, die in das Zuständigkeitsgebiet benachbarter zuständiger örtlicher Behörden führen — und nicht an außerhalb des Zuständigkeitsgebiets der zuständigen örtlichen Behörde organisierten wettbewerblichen Vergabeverfahren für die Erbringung von öffentlichen Personenverkehrsdiensten teilnehmen.

c) Ungeachtet des Buchstabens b kann ein interner Betreiber frühestens zwei Jahre vor Ablauf des direkt an ihn vergebenen Auftrags an fairen wettbewerblichen Vergabeverfahren teilnehmen, sofern endgültig beschlossen wurde, die öffentlichen Personenverkehrsdienste, die Gegenstand des Auftrags des internen Betreibers sind, im Rahmen eines fairen wettbewerblichen Vergabeverfahrens zu vergeben und der interne Betreiber nicht Auftragnehmer anderer direkt vergebener öffentlicher Dienstleistungsaufträge ist.

d) Gibt es keine zuständige örtliche Behörde, so gelten die Buchstaben a, b und c für die nationalen Behörden in Bezug auf ein geografisches Gebiet, das sich nicht auf das gesamte Staatsgebiet erstreckt, sofern der interne Betreiber nicht an wettbewerblichen Vergabeverfahren für die Erbringung von öffentlichen Personenverkehrsdiensten teilnimmt, die außerhalb des Gebiets, für das der öffentliche Dienstleistungsauftrag erteilt wurde, organisiert werden.

e) Kommt eine Unterauftragsvergabe nach Artikel 4 Absatz 7 in Frage, so ist der interne Betreiber verpflichtet, den überwiegenden Teil des öffentlichen Personenverkehrsdienstes selbst zu erbringen.

(3) Werden die Dienste Dritter, die keine internen Betreiber sind, in Anspruch genommen, so müssen die zuständigen Behörden die öffentlichen Dienstleistungsaufträge außer in den in den Absätzen 4, 5 und 6 vorgesehenen Fällen im Wege eines wettbewerblichen Vergabeverfahrens vergeben. Das für die wettbewerbliche Vergabe angewandte Verfahren muss allen Betreibern offen stehen, fair sein und den Grundsätzen der Transparenz und Nichtdiskriminierung genügen. Nach Abgabe der Angebote und einer eventuellen Vorauswahl können in diesem Verfahren unter Einhaltung dieser Grundsätze Verhandlungen geführt werden, um festzulegen, wie der Besonderheit oder Komplexität der Anforderungen am besten Rechnung zu tragen ist.

(4) Sofern dies nicht nach nationalem Recht untersagt ist, können die zuständigen Behörden entscheiden, öffentliche Dienstleistungsaufträge, die entweder einen geschätzten Jahresdurchschnittswert von weniger als 1 000 000 EUR oder eine jährliche öffentliche Personenverkehrsleistung von weniger als 300 000 km aufweisen, direkt zu vergeben. Im Falle von öffentlichen Dienstleistungsaufträgen, die direkt an kleine oder mittlere Unternehmen, die nicht mehr als 23 Fahrzeuge betreiben, vergeben werden, können diese Schwellen entweder auf einen geschätzten Jahresdurchschnittswert von weniger als 2 000 000 EUR oder eine jährliche öffentliche Personenverkehrsleistung von weniger als 600 000 km erhöht werden.

(5) Die zuständige Behörde kann im Fall einer Unterbrechung des Verkehrsdienstes oder bei unmittelbarer Gefahr des Eintretens einer solchen Situation eine Notmaßnahme ergreifen. Diese Notmaßnahme besteht in der Direktvergabe oder einer förmlichen Vereinbarung über die Ausweitung eines öffentlichen Dienstleistungsauftrags oder einer Auflage, bestimmte gemeinwirtschaftliche Verpflichtungen zu übernehmen. Der Betreiber des öffentlichen Dienstes hat das Recht, gegen den Beschluss zur Auferlegung der Übernahme bestimmter gemeinwirtschaftlicher Verpflichtungen Widerspruch einzulegen. Die Vergabe oder Ausweitung eines öffentlichen Dienstleistungsauftrags als Notmaßnahme oder die Auferlegung der Übernahme eines derartigen Auftrags ist für längstens zwei Jahre zulässig.

Abb. 2-12: Auszug aus EU-Verordnung 1370/2007

Alle Beteiligten des ÖPNV drängten den Gesetzgeber zu einer Novellierung des Personenbeförderungsgesetzes, um die Dominanz von Rechtsfragen im ÖPNV-Alltag zu beenden: Der Sachstand „eigenwirtschaftlicher Verkehr" und „Ausschreibung" sowie besonders das Kriterium „Direktvergabe" an den örtlichen Betreiber sollte klar beschrieben sein um jahrelange Auseinandersetzungen mit Vergabekammern, Gerichten und Verwaltungen zu vermeiden.

Der Gesetzgeber hat im Februar 2011 reagiert und einen Entwurf eines Gesetzes zur Änderung personenbeförderungsrechtlicher Vorschriften vorgelegt. In diesem Entwurf bleiben viele Fragen offen – momentan scheinen aber die Kommunen bzw. ihre Verkehrsunternehmen die „Verlierer" zu sein.

2.7 Der Nahverkehrsplan

Im Personenbeförderungsgesetz (des Bundes) heißt es

> „§ 8(3) Die Genehmigungsbehörde hat im Zusammenwirken mit dem Aufgabenträger und mit den Verkehrsunternehmen ... für eine Integration der Nahverkehrsbedienung ... zu sorgen. Sie hat dabei einen vom Aufgabenträger beschlossenen Nahverkehrsplan zu berücksichtigen. Dieser Nahverkehrsplan bildet den Rahmen für die Entwicklung des öffentlichen Personennahverkehrs ... Die Aufstellung von Nahverkehrsplänen ... regeln die Länder."

Das Nahverkehrsgesetz des Landes Nordrhein-Westfalen sagt dazu:

> „§ 8 I Die Kreise, kreisfreien Städte und Zweckverbände stellen zur Sicherung und zur Verbesserung des ÖPNV jeweils einen Nahverkehrsplan auf. (...) III In den Nahverkehrsplänen sind auf der Grundlage der vorhandenen und geplanten Siedlungs- und Verkehrsstruktur sowie einer Prognose der zu erwartenden Verkehrsentwicklung Ziele und Rahmenvorgaben für das betriebliche Leistungsangebot und seine Finanzierung sowie der Investitionsumfang festzulegen (...)."

Im „Gesetz über den öffentlichen Personennahverkehr in Bayern (BayÖPNVG)" lautet der entsprechende Passus:

> „Art. 13
>
> (1) Die Aufgabenträger des ... öffentlichen Personennahverkehrs haben auf ihrem Gebiet ... Planungen zur Sicherung und zur Verbesserung des öffentlichen Personennahverkehrs ... durchzuführen ...
>
> (2) Der Nahverkehrsplan enthält Ziele und Konzeption des allgemeinen öffentlichen Personennahverkehrs ... Der Nahverkehrsplan ist in regelmäßigen Zeitabständen zu überprüfen und bei Bedarf fortzuschreiben."

Das ÖPNV-Gesetz des Landes Hessen konkretisiert diesen Überarbeitungszeitraum in § 14 V:
„ ... spätestens alle fünf Jahre ist darüber zu entscheiden, ob er neu aufzustellen ist."[81]

Vielfach wurde mit der Aufstellung eines Nahverkehrsplans ein Einstieg in die integrierte Verkehrsplanung mit detaillierten Festlegungen zum Städtebau und zur Regionalplanung gesehen bis hin zur Festlegung von Haltestellenstandorten. Als Gegenposition wurde jeglicher (vermeintliche) Eingriff in die betrieblichen Belange des Verkehrsunternehmens abgelehnt.

---

[81] Das ÖPNVG NRW sieht eine zeitliche Regelung nicht vor.

Nach der Aufstellung und Umsetzung der ersten Nahverkehrspläne wird der Nahverkehrsplan weniger euphorisch (und weniger kritisch) gesehen: Der Nahverkehrsplan stellt das im öffentlichen Interesse erforderliche ÖPNV-Angebot der Zukunft dar; damit muss der Nahverkehrsplan Auskunft über die ÖPNV-Gestaltung geben und qualitative und quantitative Messgrößen enthalten. Da im ÖPNV bis heute kein echter Wettbewerb herrscht – das eigene kommunale Unternehmen wird bevorzugt – wird der Nahverkehrsplan als Instrument gesehen, die eigene Kommune in die Pflicht zu nehmen, den ÖPNV zu gestalten (das Verkehrsunternehmen wird durch die Kommune in ihrer Funktion als Eigentümer mittels des Nahverkehrsplans besser gesteuert).

Nach den ersten Erfahrungen mit Nahverkehrsplänen stellen sich Inhalte und Beschlüsse zum Nahverkehrsplan wie folgt dar: Die Politik gibt die Ziele und Randbedingungen des zukünftigen ÖPNV vor und beschließt das von der Fachplanung vorgelegte Konzept und den daraus entwickelten Nahverkehrsplan (und beschließt später über eine Fortschreibung).

Im Folgenden ist das Inhaltsverzeichnis des (neuen/überarbeiteten) Nahverkehrsplanes 2008 Hannover angegeben.

Kapitel A: Der neue Nahverkehrsplan – Alles beim Alten? 1

1. Anforderungen an den neuen Nahverkehrsplan 2
2. Allgemeine Leitlinien und Ziele für die Entwicklung des ÖPNV in der Region Hannover ... 3
   2.1 Fahrgäste im Mittelpunkt 3
   2.2 Mobilität für alle 3
   2.3 Räumliche Entwicklungsleitlinien 4
   2.4 Umfeldverträglicher ÖPNV 4
   2.5 Sicherung und Weiterentwicklung des Verkehrsverbundes 4
   2.6 Aufgabenzuteilung der verschiedenen Verkehrsmittel 4
   2.7 Einbeziehung der Gebiete außerhalb der Region Hannover 4
3. Bilanz des Nahverkehrsplanes 2003 5
   3.1 SPNV 5
   3.2 Stadtbahn 5
   3.3 Bus 5
   3.4 Marketing 6

Kapitel B: Die Ausgangssituation – In diesem Rahmen bewegen wir uns 7

1. Rechtliche Grundlagen für die Aufstellung des Nahverkehrsplans 8
   1.1 Europäischer Rechtsrahmen 8
      1.1.1 Verordnung (EWG) 1191/69 8
      1.1.2 EuGH-Urteil „Altmark-Trans" 9
      1.1.3 EU-Richtlinie 2001/42/EG zur Strategischen Umweltprüfung (SUP) 9
   1.2 Verkehrsgesetze in Deutschland 9
      1.2.1 Personenbeförderungsgesetz (PBefG) 9
      1.2.2 Allgemeines Eisenbahngesetz (AEG) 10
      1.2.3 Regionalisierungsgesetz (RegG) 10
      1.2.4 Niedersächsisches Nahverkehrsgesetz (NNVG) 11
      1.2.5 Gemeindeverkehrsfinanzierungsgesetz (GVFG) 13
   1.3 Gender Mainstreaming 14
   1.4 Gesetz zur Gleichstellung behinderter Menschen (BGG) 14
2. Organisation des ÖPNV in der Region Hannover 15
   2.1 Aufgabenträgerschaft 15
   2.2 Zusammenarbeit im Verkehrsverbund 15

2.7 Der Nahverkehrsplan

- 2.2.1 Verkehrsverbund GVH 15
- 2.2.2 Region Hannover im Verbund 15
- 2.2.3 Sonderrolle DB Regio AG und metronom Eisenbahngesellschaft mbH 15
- 2.2.4 Vertrag über Einnahmenaufteilung 16
- 2.3 Die Verkehrsunternehmen und ihre Leistungen 16
  - 2.3.1 üstra Hannoversche Verkehrsbetriebe AG 16
  - 2.3.2 RegioBus Hannover GmbH 16
  - 2.3.3 DB Regio AG 17
  - 2.3.4 metronom Eisenbahngesellschaft mbH 17
- 2.4 Beteiligungen der Region Hannover 17
  - 2.4.1 üstra Hannoversche Verkehrsbetriebe AG 17
  - 2.4.2 RegioBus Hannover GmbH 18
  - 2.4.3 Infrastrukturgesellschaft Region Hannover GmbH 18
- 2.5 Vertragliche Vereinbarungen über Verkehrsleistungen 19
  - 2.5.1 Partnerschaftsvertrag 19
  - 2.5.2 Finanzierungszusage für Busverkehrsleistungen 19
  - 2.5.3 Verkehrsverträge über Verkehrsangebote im SPNV 19
  - 2.5.4 Verträge Infrastruktur 20
- 2.6 Verfahren zur Finanzierung des Verkehrsangebotes 20
  - 2.6.1 Verfahren zur Finanzierung der Infrastruktur 20
  - 2.6.2 Verfahren zur Finanzierung der Verkehrsleistungen 20
  - 2.6.3 Verfahren zur Finanzierung des Verbundes 21
- 2.7 Nachbarschaftliche Beziehungen 21
  - 2.7.1 Benachbarte Aufgabenträger 21
  - 2.7.2 Tarifkooperationen 22
  - 2.7.3 Grenzüberschreitende Verkehre 22

3. **Vorgaben der Integrierten Verkehrsentwicklungsplanung und der Raumordnung** 23
- 3.1 Planungsraum 23
  - 3.1.1 Raumbeschreibung 23
  - 3.1.2 Raumstruktur 23
  - 3.1.3 Leitbild der Raumordnung 25
- 3.2 Integrierte Verkehrsentwicklungsplanung 26
  - 3.2.1 Beeinträchtigung durch den Kraftfahrzeugverkehr 26
  - 3.2.2 Konkurrenzfähigkeit des ÖPNV 26
  - 3.2.3 Spürbare Wirkungen nur durch eine Kombination der Maßnahmen 27
- 3.3 Agenda 21 27

Kapitel C: Die Bilanz / die Prognose - Für die Zukunft lernen 29

1. **Verkehrsangebot und -nachfrage im ÖPNV** 30
- 1.1 Datengrundlage 30
- 1.2 Betriebsleistung 30
- 1.3 Verkehrsleistung 32
- 1.4 Veränderungen in Angebot und Nachfrage von 1999 bis 2004 33
- 1.5 Verteilung der Verkehrsnachfrage auf die Wochentage 36
- 1.6 Verkehrsnachfrage im Tagesverlauf 36
- 1.7 Kantenbelastung 39
- 1.8 Haltestellenbelastung 39

2. **Erfolgskontrolle** 40
- 2.1 Einführung 40
- 2.2 Angebotsniveau in der Region Hannover 40
- 2.3 Nachfrageentwicklung/Nachfrageniveau 46
  - 2.3.1 Entwicklung der Verkehrsnachfrage 46
  - 2.3.2 Nachfrageniveau in der Region Hannover 48
- 2.4 S-Bahn und übriger SPNV in der Region Hannover 50
- 2.5 Regionaltarif 52
- 2.6 Stadtbahnverlängerung 53
- 2.7 Direktbus-System 54

3. **Siedlungs- und Bevölkerungsentwicklung** 56
   3.1 Prognose der Einwohnerentwicklung bis 2030 56
   3.2 Verkehrsverhalten der Bevölkerung 59
   3.3 Schwerpunkte der Siedlungsentwicklung 66
   3.4 Arbeitsplatzentwicklung 67

4. **Prognose der zukünftigen Verkehrsentwicklung im ÖPNV** 69
   4.1 Auswirkungen der Einwohnerentwicklung auf den ÖPNV 69
   4.2 Trendprognose für die Nachfrage im ÖPNV 71
   4.3 Positive Einflussfaktoren auf die ÖPNV-Nachfrage 73
      4.3.1 Regionsinterne Faktoren 73
      4.3.2 Externe Megatrends 73

5. **Handlungsbedarf** 74

Kapitel D: Das Steuerungskonzept - Wir geben die Richtung vor! 77
Kapitel DI: Das räumliche Konzept 80

1. **Differenzierung des Bedienungsangebotes** 80
   1.1 Bedienungsebene 1 Angebotsorientierte Direktverbindungen in das Oberzentrum Hannover 81
      1.1.1 Angebote der ersten Bedienungsebene innerhalb der Landeshauptstadt Hannover 82
      1.1.2 Angebote der ersten Bedienungsebene in der Region Hannover (ohne LHH) 83
   1.2 Bedienungsebene 2: Angebotsorientierte Hauptrelationen 83
   1.3 Bedienungsebene 3: Nachfrageorientierte ergänzende Relationen, nicht durchgehend vertaktete Linien, ... 84
       Spezialverkehre

2. **Mindestbedienungsstandards** 85
   2.1 Regionaler Mindestbedienungsstandard 87
   2.2 Städtischer Mindestbedienungsstandard 89

3. **Räumliche Indikatoren zur Festlegung eines bedarfsgerechten Angebotsniveaus** 95
   3.1 Untersuchung der Angebotseffizienz 95
   3.2 Festlegung der räumlichen Bedienungsstandards 96
   3.3 Untersuchungsergebnisse der räumlichen Auswertung 97
      3.3.1 Handlungsbedarf im Teilnetz Hannover 97
      3.3.2 Handlungsbedarf im Teilnetz R1 (Ost) 97

Kapitel DII: Das Qualitätskonzept 99

1. **Die Qualitätssicherung** 100
   1.1. Die DIN EN 13816 100
   1.2. Grundlagen des regionsweiten Steuerungssystems 102
2. **Die derzeitige Qualitätssteuerung der Verkehrssysteme und ihre Qualitätsstandards** ... 102
   2.1 SPNV 102
   2.2 Stadtbahn 105
   2.3 Bus 108

3. **Weiterentwicklung der Qualitätssteuerung** 112

Kapitel DIII: Das Linienkonzept 113

1. **Verkehrssystemübergreifende Bedienungsstandards** 114
   1.1 Integrales Taktsystem 114
   1.2 Bemessung des Platzangebotes 114
   1.3 Vernetzung der ÖPNV-Angebote 115
   1.4 Fahrradmitnahme im ÖPNV 115

2.7 Der Nahverkehrsplan

2. **SPNV** 115
   2.1 Steuerung durch Verkehrsverträge 115
   2.2 Wettbewerbsfahrplan 118

3. **Stadtbahn** 118

4. **Bus** 122
   4.1 Ausgangslage 122
      4.1.1 Betrauung mit Verkehrsleistungen (Finanzierungszusage) 122
      4.1.2 Teilnetze in der Region Hannover 122
   4.2 Rahmen für die Festlegung der ausreichenden Verkehrsbedienung 123
      4.2.1 Takttabelle 123
      4.2.2 Linienorientierte Indikatoren zur Festlegung eines bedarfsgerechten Angebotsniveaus 124
   4.3 Festlegung der Ausreichenden Verkehrsbedienung 127
      4.3.1 Teilnetz Hannover 127
      4.3.2 Teilnetz Region 1 (Ost) 127
      4.3.3 Teilnetz Region 2 (Südwest) 128
      4.3.4 Teilnetz Region 3 (Nordwest) 128

Anlagen Kapitel DIII 130

Kapitel DIV: Das Marketingkonzept 143

1. **Marktforschung** 145
   1.1 Ermittlung der Kundenzufriedenheit 146
   1.2 Testkundenverfahren 146
   1.3 Maßnahmenbegleitende Marktforschung 147

2. **Tarif** 147
   2.1 Tarifentwicklungen 147
      2.1.1 Ausgangslage / Der Gemeinschaftstarif 147
      2.1.2 Leitsätze zum Tarif 149
      2.1.3 Ausgewählte Daten zur Verkehrsnachfrage im GVH in 2005 150
      2.1.4 Ansatzpunkte zur Tarifentwicklung 153
      2.1.5 Grundlagen der Tarifsteuerung 158
   2.2 Der Regionaltarif 158
      2.2.1 Darstellung Status Quo 158
      2.2.2 Ziele und Vorteile des Regionaltarifs 160
      2.2.3 Ausblick/potenzielle Umsetzung 160

3. **Vertrieb** 161
   3.1 Ausgangslage 162
   3.2 Leitsätze 162
   3.3 Ausblick/Ziele 163

4. **Kommunikation und Service** 165
   4.1 Marktbearbeitung 165
      4.1.1 Marktsegmentierungskriterien 166
      4.1.2 Kundenbindung als Marketing-Oberziel 167
      4.1.3 Prioritäten der Zielgruppenansprachen 167
   4.2 Marktauftritt 169
   4.3 Kundenservice 170
      4.3.1 Status Quo 170
      4.3.2 Qualitätsstandards und Ziele 171

- 4.4 Fahrgastinformation 172
  - 4.4.1 Allgemeine Leitlinien 172
  - 4.4.2 Gedruckte Fahrgastinformation 172
  - 4.4.3 Auskunftssystem / Neue Medien 173
  - 4.4.4 Fahrgastinformation an Haltestellen und in Fahrzeugen 173
  - 4.4.5 Ausblick 174
- 4.5 Beschwerdemanagement 175
  - 4.5.1 Leitlinien, Standards und Ziele 175
  - 4.5.2 Status Quo 176
  - 4.5.3 Optimierung des verbundweiten Beschwerdemanagements 177
- 4.6 Kundinnen und Kunden beteiligen 178
  - 4.6.1 Ziele der Beteiligung von Fahrgästen 178
  - 4.6.2 Leitlinien für die Beteiligung von Fahrgästen 178
  - 4.6.3 Bewährt: ÖPNV-Rat der Region Hannover 178
  - 4.6.4 Geplant: Fahrgastforen zu Schwerpunktthemen 179
- 4.7 Fahrgastrechte 179
  - 4.7.1 Ausgangslage 179
  - 4.7.2 Freiwillige GVH-Garantie - erster Schritt zu Fahrgastrechten 179
  - 4.7.3 Anforderungen an Fahrgastrechte 180
  - 4.7.4 Recht der Fahrgäste auf Information - keine Kleinigkeit 180
  - 4.7.5 Fahrgastrechte ergänzen Qualitätssteuerung 181
  - 4.7.6 Standard: Leistungsversprechen für den gesamten ÖPNV in der Region Hannover ... 181
- 4.8 Fahrgastsicherheit 181
  - 4.8.1 Ausgangslage 181
  - 4.8.2 Meilensteine seit der Aufstellung des NVP 2003 182
  - 4.8.3 Leitlinien 183
  - 4.8.4 Standards 185
- 4.9 Kombinierte Mobilität 188
  - 4.9.1 Integrierte Mobilitätsangebote (Mobilpakete) 188
  - 4.9.2 Pilotprojekt HANNOVERmobil 189

Kapitel DV: Handlungsbedarf 191

1. Festsetzung des Handlungsbedarfs (räumliches Konzept, Qualitätskonzept und Linienkonzept) 192

2. Festsetzung des Handlungsbedarfs (Marketingkonzept) 194

Kapitel E: Das Entwicklungskonzept - Das haben wir vor 197
Kapitel EI: Verkehrssystemübergreifende Themen 198

1. Leitlinien, Ziele und Standards 198

2. Gender Mainstreaming 200

3. Barrierefreier ÖPNV 201

2.7 Der Nahverkehrsplan

Kapitel EII: SPNV - Angebot und Infrastruktur 203

1. **Fahrplanangebot - Status quo** 204
   - 1.1 Allgemein 204
   - 1.2 Vertragliche Grundlagen und Leistungsvolumen 204
   - 1.3 Produkte 205
   - 1.4 Nachfrage 210

2. **Fahrplanangebot - Zielkonzept** 211

3. **Strecken** 213
   - 3.1 Ausgangssituation und Bestand 213
   - 3.2 Ziele und Mangelanalyse 214
   - 3.3 Maßnahmenkonzept 214
   - 3.4 Ausblick 214

4. **Stationen** 215
   - 4.1 Ausgangssituation und Bestand 215
   - 4.2 Ziele, Mangelanalyse und Ausbaustandard 217
   - 4.3 Maßnahmenkonzept 219
   - 4.4 Ausblick 220

5. **Fahrzeuge** 220

Kapitel EIII: Stadtbahn - Angebot und Infrastruktur 223

1. **Weiterentwicklung des Bedienungsangebotes zum Zielnetz 2013+** 224
   - 1.1 Ausgangssituation 2009 224
   - 1.2 Handlungsbedarf 224
   - 1.3 Zielnetz 2013+ 225

2. **Strecken** 225
   - 2.1 Ausgangssituation und Bestand 225
   - 2.2 Ziele, Mangelanalyse und Ausbaustandard 225
     - 2.2.1 Ziele 225
     - 2.2.2 Mängelanalyse 226
     - 2.2.3 Ausbaustandard für Stadtbahnstrecken 227
   - 2.3 Maßnahmenkonzept 229
     - 2.3.1 Neubaustrecken 229
     - 2.3.2 Ausbaustrecken 231
     - 2.3.3 Beschleunigungsmaßnahmen 233
   - 2.4 Ausblick 233

3. **Stationen und Haltestellen** 240
   - 3.1 Ausgangssituation und Bestand 240
   - 3.2 Ziele, Mangelanalyse und Ausbaustandard 240
     - 3.2.1 Ziele 240
     - 3.2.2 Mängelanalyse 240
     - 3.2.3 Ausbaustandard für Stadtbahnstationen 241
   - 3.3 Maßnahmenkonzept 243
     - 3.3.1 Abschluss des Nachrüstprogramms mit Aufzügen in Tunnelstationen 243
     - 3.3.2 Nachrüstprogramm für Hochbahnsteige 244
     - 3.3.3 Zusätzliche Haltestellen an bestehenden Strecken 246
     - 3.3.4 Umsteigepunkte 246
   - 3.4 Ausblick 247

4. **Fahrzeuge** 248
    4.1 Ausgangssituation und Bestand... 248
    4.2 Ziele und Handlungsbedarf 249
    4.3 Maßnahmenkonzept 249

Kapitel EIV: Busverkehr - Angebot und Infrastruktur 251

1. **Weiterentwicklung des Bedienungsangebotes** 252

2. **Strecken und Beschleunigung** 252
    2.1 Ausgangssituation und Bestand... 252
    2.2 Ziele und Mängelanalyse 253
    2.3 Maßnahmenkonzept 253

3. **Haltestellen** 254
    3.1 Ausgangssituation und Bestand... 254
        3.1.1 Haltestellen.. 254
        3.1.2 Zentrale Omnibusbahnhöfe und wichtige Umsteigehaltestellen 254
    3.2 Ziele und Mängelanalyse 255
        3.2.1 Haltestellen.. 255
        3.2.2 Zentrale Omnibusbahnhöfe und wichtige Umsteigehaltestellen 258
    3.3 Maßnahmenkonzept 259
        3.3.1 Haltestellen.. 259
        3.3.2 Zentrale Omnibusbahnhöfe und wichtige Umsteigehaltestellen 261
    3.4 Ausblick 262

4. **Fahrzeuge** 262
    4.1 Bestand 262
    4.2 Ausblick 262

Kapitel EV: P&R/B&R 263

1. **Ausgangssituation und Bestand** 264

2. **Ziele, Mängelanalyse und Ausbaustandards** 265

3. **Maßnahmenkonzept** 267

4. **Ausblick** 271

Kapitel EVI: Maßnahmenliste 273

Kapitel F: Die Finanzierung - So wird's bezahlt 281

1. **Investitionen (ortsfeste Infrastruktur)** 282
    1.1 Eigene Bauvorhaben 282
    1.2 Zuwendungen an DB für SPNV-Vorhaben....................................... 282
    1.3 Zuwendungen an infra für Stadtbahnvorhaben................................. 283
    1.4 Zuwendungen an Kommunen für ÖPNV-Vorhaben 283
    1.5 Ausblick auf zukünftig mögliche Finanzierungsformen am Beispiel Öffentlich-Privater Partnerschaften (ÖPP) ... 283
        1.5.1 Einführung 283
        1.5.2 Vor-/Nachteile... 284
        1.5.3 Fazit.. 285

2. **Zahlungen an die Verkehrsunternehmen** 285
   2.1 Kürzung der Regionalisierungsmittel 285
   2.2 SPNV 285
     2.2.1 Betriebskosten 285
     2.2.2 Zahlungen an die Eisenbahnverkehrsunternehmen aufgrund des bestehenden Tarifverbundes 286
   2.3 Stadtbahn 287
   2.4 Bus 287
   2.5 Ausblick für die Finanzierung von SPNV-, Stadtbahn- und Busleistungen 287

3. **Tarifeinnahmen, Ausgleichszahlungen und Erstattungsleistungen** 288
   3.1 Tarifeinnahmen 288
   3.2 Ausgleichszahlungen für Schülerbeförderung 289
   3.3 Erstattungsleistungen für die Freifahrt schwerbehinderter Menschen 289

Abbildungsverzeichnis

Tabellenverzeichnis

2.8 Rechtsbedingungen der Beschäftigungsverhältnisse im Öffentlichen Personennahverkehr

Den größten Teil der Betriebskosten im öffentlichen Personennahverkehr machen die Personalkosten aus: Die Aufwendungen der Mitgliedsunternehmen des Verbandes Deutscher Verkehrsunternehmen für Personal betrugen im Jahr 1995 in den alten Bundesländern – in Milliarden DM – 8,67 (und in den neuen Bundesländern 1,36), das sind 51,3 (48,9) Prozent der Gesamtaufwendungen. Im Jahr 2004 betrugen die Personalaufwendungen in den alten Bundesländern 4,1 Mrd. Euro (in den neuen Bundesländern 0,6 Mrd. Euro), das sind 51,5 % (49,8 %).

Für diesen hohen Anteil der Personalkosten an den Betriebskosten sind verschiedene Gründe maßgebend:

– Verkehrsunternehmen produzieren auf möglichen Abruf und nicht auf Lager; wird die Leistung nicht abgenommen, ist sie verloren (und erzielt auch keine direkten Fahrgeldeinnahmen)
– Kranke Fahrer müssen sofort ersetzt werden (Fahrgäste kann man nicht warten lassen); es muss eine hohe Anzahl vorhandener oder abrufbarer Reservefahrer vorhanden sein
– Das Leistungsangebot ist im Wochenverlauf ziemlich konstant; es müssen daher für Nacht-, Wochenend- und Feiertageinsatz erhebliche Lohnkostenzuschläge gezahlt werden

Die über den Tagesverlauf sehr unterschiedliche Nachfrage nach Fahrleistungen führt zu einem extremen Fahrerbedarf: Große Teile des Personals werden nur für wenige Stunden benötigt.

Eine günstige Gestaltung der Beschäftigungsverhältnisse ist daher für ein nach Verbesserung der Wirtschaftlichkeit strebendes Unternehmen wichtig.

Die Gestaltung der Arbeitsverhältnisse der Angestellten und Arbeiter in den Verkehrsunternehmen wird vorwiegend durch die Tarifverträge bestimmt. Diese Tarifverträge werden als privatrechtlicher Vertrag mit der Geltungskraft eines Gesetzes zwischen den Sozialpartnern geschlossen, z. B. zwischen der Vereinigung der kommunalen Arbeitgeberverbände und der Vereinigten Dienstleistungsgewerkschaft Ver.di. Während auf Arbeitnehmerseite die Gewerkschaften Vertragspartner sind, kann auf Arbeitgeberseite statt eines Verbandes auch ein einzelnes Unternehmen Vertragspartei sein.

Die Arbeitnehmer des Fahrdienstes von öffentlichen Verkehrsunternehmen sind als Mitglied einer Gewerkschaft überwiegend Mitglieder der Vereinigten Dienstleistungsgesellschaft Ver.di, die Arbeitnehmer des Betriebs- und Verkehrsdienstes der Eisenbahnen sind überwiegend Mitglieder der Gewerkschaft der Eisenbahner Deutschlands oder einer in der Tarifgemeinschaft der Eisenbahner zusammengefassten Gewerkschaften. Das schließt nicht aus, dass auch Nichtmitglieder einer zuständigen Gewerkschaft als Arbeitnehmer in den Genuss der tarifvertraglichen Regelungen kommen. Zwar gelten die Regelungen lt. Tarifvertragsgesetz nur zwischen beiderseits Tarifgebundenen, i. A. werden die Tarifbestimmungen aber auch auf die (arbeitsrechtlichen) Außenseiter angewendet. Das ist zum einen in den meisten Arbeitsverträgen geregelt („Auf das Arbeitsverhältnis sind die einschlägigen Tarifverträge anzuwenden"), zum anderen ist die Anwendung auf alle Arbeitnehmer auch darauf zurückzuführen, dass der Arbeitgeber in einem Betrieb einheitliche Arbeitsbedingungen schaffen möchte.[82]

Der wichtigste Tarifvertrag des öffentlichen Dienstes (kommunale Verkehrsunternehmen) ist der Tarifvertrag für den öffentlichen Dienst (TVöD), welcher ab 01. Oktober 2005 für Arbeiter und Angestellte des Bundes und der Kommunen gilt – am 19. Mai 2006 wurde für die Arbeiter und Angestellten der Bundesländer mit dem TV-L ein ähnlicher Vertrag geschlossen. Vertragspartner des TVöD sind auf Arbeitgeberseite die Bundesrepublik Deutschland und die Vereinigung der kommunalen Arbeitgeberverbände. Auf Arbeitnehmerseite sind die Vertragspartner die Gewerkschaften ver.di, GEW, GdP und dbb-tarifunion.

Beispielhaft für die komplizierte Regelung der Arbeitsbedingungen in Nahverkehrsunternehmen (welche sicher auch zu den hohen Personalkosten in den öffentlichen Nahverkehrsunternehmen beiträgt) sei hier der für die Nahverkehrsbetriebe im Land Berlin ab dem 2. Mai 2006 geltende Tarifvertrag behandelt – daneben gelten selbstverständlich die Sozialvorschriften der Europäischen Gemeinschaft im Straßenverkehr, welche Lenkzeiten und Lenkzeitunterbrechungen in der gewerblichen Personenbeförderung vorschreiben.

Der Tarifvertrag zum ÖPNV in Berlin sagt im Einzelnen aus:

> *§ 1 Geltungsbereich*
>
> *(1) Dieser Tarifvertrag gilt für Arbeitnehmer in Verkehrsunternehmen im Land Berlin, die Mitglied des KAV Berlin sind ...*
>
> *......*
>
> *§ 3 Allgemeine Pflichten*
>
> *(2) Der Arbeitnehmer ist zur Leistung von Sonntags-, Feiertags-, Nacht-, Schicht- und Wechselschichtarbeit, geteilten Diensten sowie zu Rufbereitschaft, Überstunden und Mehrarbeit verpflichtet.*

---

[82] Bekannt wurde das Ausscheren der Ärzte des öffentlichen Gesundheitsdienstes aus dem Tarifvertrag für den öffentlichen Dienst: Die Ärzte arbeiten seitdem auf der Grundlage eines eigenen Tarifvertrages. Auch die Lokomotivführer bemühten sich im Sommer 2007 um den Abschluss eines eigenen Tarifvertrages mit der Deutschen Bahn AG.

Tab. 2-1: Lenk- und Ruhezeiten nach der europäischen Richtlinie

Fahrtunterbrechung von mindestens	45 Minuten	• spätestens nach 4,5 Stunden Lenkzeit • Aufteilung möglich in einen ersten Abschnitt von mindestens 15 Minuten und einen zweiten Abschnitt von mindestens 30 Minuten
Tägliche Lenkzeit	9 Stunden	• 2-mal je Woche 10 Stunden zwischen zwei Tagesruhezeiten • alle Lenkzeiten im Gebiet der EU oder im Gebiet von Drittstaaten
Wöchentliche Lenkzeit	max. 56 Stunden	• immer zwischen zwei Wochenruhezeiten • wöchentliche Höchstarbeitszeit lt. Arbeitszeitgesetz nicht überschreiten • alle Lenkzeiten im Gebiet der EU oder im Gebiet von Drittstaaten
Lenkzeit in der Doppelwoche	90 Stunden	summierte Gesamtlenkzeit während zweier aufeinanderfolgender Wochen
Tagesruhezeit (1-Fahrer-Besetzung)	11 Stunden	• innerhalb eines jeden Zeitraums von 24 Stunden • nach dem Ende einer vorausgegangenen Tageslenkzeit
Verkürzung der Tagesruhezeit auf	9 Stunden	• maximal 3-mal zwischen zwei Wochenruhezeiten möglich • kein Ausgleich erforderlich
Aufteilung der Tagesruhezeit auf	12 Stunden	Aufteilung der Ruhezeit in zwei Abschnitte von mind. 3 Stunden (1. Abschn.) und mindestens 9 Stunden (2.Abschn.)
Wöchentliche Ruhezeit	45 Stunden	spätestens nach sechs 24-Stunden-Perioden nach Ende der letzten Wochenruhezeit
Verkürzung der wöchentlichen Ruhezeit auf	24 Stunden	• generell (am Standort/unterwegs) • hierfür muss ein entsprechender Ausgleich gewährt werden, der spätestens vor Ende der auf die betreffende Woche folgenden dritten Woche zu nehmen ist anschließend an eine mindestens 9-stündige Ruhezeit • nur jede zweite Wochenruhezeit darf verkürzt werden

§ 9 Besondere Arbeitsbedingungen bei Einsatz als Omnibusfahrer, U-Bahnfahrer, Straßenbahnfahrer und Triebfahrzeugführer

(1) Die Dienstschicht umfasst die Arbeitszeit, die Pausen und Unterbrechungen bei Dienstteilungen. Sie kann bis zu 12 Stunden, bei Dienstteilungen bis zu 14 Stunden betragen und darf 5 Stunden nicht unterschreiten. Die dienstplanmäßige tägliche Arbeitszeit darf 8 ½ Stunden, bei maximal 20 % der Dienste je Turnusart 9 Stunden in der Dienstschicht nicht übersteigen.

(2) Es sind folgende Pausenregelungen anzuwenden:

1. Blockpausenregelung

Gewährung von Pausen, deren Dauer mindestens 15 zusammenhängende Minuten umfasst und die frei von jeder dienstlichen Tätigkeit sind. Der 50 Minuten übersteigende Anteil der Gesamtdauer der Blockpausen je Dienst wird in die Arbeitszeit eingerechnet.

2. Sechstel-Regelung

Die nach dem Arbeitszeitgesetz oder nach der Fahrpersonalverordnung zu gewährende Pause kann durch Lenkzeitunterbrechungen abgegolten werden, wenn deren Gesamtdauer mindestens ein Sechstel der im Dienst- und Fahrplan vorgesehenen Lenkzeit beträgt. Im Fahrplan ausgewiesene Haltezeiten zur Anschlusssicherung gelten nicht als Lenkzeitunterbrechungen. Lenkzeitunterbrechungen unter acht Minuten werden bei der Berechnung der Gesamtdauer nicht berücksichtigt, wobei die Gesamtdauer mindestens die Dauer der gesetzlich vorgeschriebenen Ruhepausen erreichen muss.

Sofern bei Omnibusfahrern Lenkzeitunterbrechungen von weniger als zehn Minuten berücksichtigt werden, sollte der entsprechende Dienst wenigstens eine Lenkzeitunterbrechung von mindestens 15 Minuten Dauer enthalten.

Lenkzeitunterbrechungen werden bis zur Dauer von 10 Minuten in die Arbeitszeit eingerechnet. Die Summe der Anteile der Lenkzeitunterbrechungen, die größer als 10 Minuten sind, zusammen jedoch höchstens 50 Minuten, werden nicht in die Arbeitszeit eingerechnet. Die hiernach unbezahlt bleibenden Lenkzeitunterbrechungsanteile werden grundsätzlich vor der Abfahrt von der Endstelle gewährt.

Innerhalb eines Dienstes darf nur eine der genannten Pausenregelungen zur Anwendung kommen.

(3) Wenn die Betriebsverhältnisse es zulassen, sollen möglichst ungeteilte Dienste eingerichtet werden. Andernfalls darf der Dienst nur einmal geteilt werden. Dabei muss jeder Dienstteil mindestens zwei Stunden betragen. Als Dienstteilung gilt eine Unterbrechung von mehr als 60 Minuten. Der zweite Dienstteil darf nicht nach 22.00 Uhr beginnen.

(4) Wird der Dienst geteilt, erhält der Arbeitnehmer eine Entschädigung von 2 Euro, an Sonn- und Feiertagen 10 Euro.

(5) Für die Vorbereitungs- und Abschlusszeiten wird die notwendige Zeit in die Arbeitszeit eingerechnet und im Dienstplan ausgewiesen.

(6) In jedem Kalenderjahr werden so viele unbezahlte freie Tage gewährt, wie Sonntage in dieses Jahr fallen. Im Jahresdurchschnitt müssen mindestens zehn Sonntage dienstplanmäßig freie Tage sein.

(7) Der Dienstplan muss alle planmäßigen Dienste und freien Tage enthalten. Die ihm zugrundeliegende durchschnittliche Arbeitszeit ist zu vermerken. Er ist allen beteiligten Arbeitnehmern zur Kenntnis zu geben.

(8) Für Überschreitungen der dienstplanmäßigen täglichen Arbeitszeit infolge von Fahrzeugverspätungen erhält der Arbeitnehmer eine entsprechende Gutschrift auf seinem Kurzzeitkonto (...)

(9) Wird ein Arbeitnehmer an einem dienstfreien Tag aus der Ruhezeit zur Dienstleistung bestellt, meldet sich daraufhin an seinem Arbeitsplatz zur Dienstleistung, wird jedoch nicht zur Dienstleistung herangezogen, erhält er das zweifache des Stundenentgelts seiner jeweiligen Entgeltgruppe (....).

(10) Als freier Tag gilt eine zusammenhängende dienstfreie Zeit von mindestens 33 Stunden. Als zwei zusammenhängende Tage gilt in der Regel eine dienstfreie Zeit von 60 Stunden, die in Ausnahmefällen bis auf 56 Stunden ermäßigt werden kann. Für weitere freie Tage erhöhen sich diese Zeiten um jeweils 24 Stunden für einen Tag. Für Omnibusfahrer gilt darüber hinaus uneingeschränkt die Fahrpersonalverordnung in der jeweils geltenden Fassung.

(11) Die ununterbrochene Ruhezeit zwischen zwei Schichten muss mindestens zehn Stunden betragen.

HBB-Fahrer wieder am Steuer

Nach mehr als einem Jahr endet der Streik der Leverkusener Busfahrer mit einem Kompromiss. Gewerkschaft und Unternehmen einigen sich auf einen Haustarifvertrag

KÖLN taz ■ Der wohl längste Streik in der bundesdeutschen Geschichte ist beendet: Am kommenden Dienstag werden die 44 Fahrer der Herweg-Busbetriebe (HBB) in Leverkusen an ihre Arbeitsplätze zurückkehren. Fast dreizehn Monate befanden sie sich im Ausstand. Jetzt haben sich HBB, die Kraftverkehr Wupper-Sieg AG (Wupsi) und die DGB-Gewerkschaft Ver.di auf den Abschluss eines Haustarifvertrags geeinigt.

Das Ende ihrer Arbeitsniederlegung hatten die Beschäftigten mit einer Zustimmung von 80,9 Prozent in einer Urabstimmung am Mittwoch Nachmittag beschlossen. Heute soll der Tarifvertrag, der eine Laufzeit bis zum 31. Dezember 2009 hat, offiziell unterschrieben werden. „Wir haben ein vorzeigbares Ergebnis erreicht", sagte Horst Lohmann, der zuständige Fachbereichsleiter im Ver.di-Landesbezirk Nordrhein-Westfalen. „Die Hartnäckigkeit der Kollegen hat sich gelohnt", so Lohmann zur taz. Der HBB-Betriebsratsvorsitzende Helmut Burkhardt zeigte sich ebenfalls erleichtert. Die erreichte Einigung bedeute, dass für die Fahrer nun eine lange Zeit „psychischer Belastung und Ungewissheit" zu Ende sei.

Tatsächlich endete der seit dem 9. Januar 2004 andauernde Arbeitskampf mit einem Kompromiss. Den von ihnen geforderten Einstieg in den Spartentarifvertrag Nahverkehr konnten die Beschäftigten nicht durchsetzen. Aber sie werden auch nicht länger nach dem „Tarifvertrag" bezahlt, den die HBB mit der kleinen christlichen Gewerkschaft Öffentlicher Dienst und Dienstleistungen (GÖD) abgeschlossen hatte und der sogar noch unter dem ungünstigen Tarifvertrag des privaten Omnibusgewerbes lag. Zudem sind in dem neuen Haustarifvertrag die drei ersten Grundlohnstufen des Tarifvertrages Nahverkehr Nordrhein-Westfalen enthalten.

Laut HBB-Geschäftsführer Marc Kretkowski bedeutet der neue Vertrag effektiv eine Gehaltssteigerung von etwa drei bis vier Prozent. Allerdings liege die finanzielle Mehrbelastung für die HBB aufgrund von „Kompensationsmaßnahmen" nur bei durchschnittlich rund 1,9 Prozent über die gesamte Vertragslaufzeit. So habe man sich etwa auf eine Reduzierung des Urlaubsgeldes und eine Minderung des Zuschlags für geteilte Dienste geeinigt. Demgegenüber hob Ver.di hervor, dass bis Vertragsende betriebsbedingte Kündigungen ausgeschlossen seien und zudem die vier Fahrer, deren befristete Verträge während des Streiks ausliefen, nun wieder mit unbefristeten Verträgen eingestellt würden. **PASCAL BEUCKER**

Meldung aus „Die Tageszeitung" vom 04. Februar 2005

Von zunehmender Bedeutung ist im Nahverkehr das private Busgewerbe, welches eigene Tarifverträge hat, wobei die Löhne 30 % niedriger liegen (sollen) als bei den Verkehrsunternehmen im Besitz der öffentlichen Hand – und was unter dem Eindruck leerer Kassen dazu führt, dass auch im Nahverkehr zunehmend Leistungen von öffentlichen Unternehmen, welche rechtlich privatisiert sind, aber weitgehend dem öffentlichen Dienstrecht folgen, auf „echte" Privatunternehmen verlagert werden. Dabei geht es nicht ohne –weitgehend unbemerkte – Arbeitskämpfe ab.

Für kommunale Verkehrsunternehmen gelten wie für andere Unternehmen weitere beschäftigungswirksame Gesetze, z. B.

- Betriebsverfassungsgesetz (Jugendvertretung, Betriebsversammlung, Betriebsvereinbarung, Betriebsrat)
- Personalvertretungsrecht (ähnlich Betriebsverfassungsgesetz, aber gültig für Verwaltungen bzw. Eigenbetriebe)
- Mitbestimmungsgesetz (bei großen Kapitalgesellschaften mit mehr als 2.000 Arbeitnehmern)
- Arbeitszeitgesetz

> *Arbeitszeit ... ist die Zeit vom Beginn bis zum Ende der Arbeit ohne die Ruhepausen. Die werktägliche Arbeitszeit der Arbeitnehmer darf acht Stunden nicht überschreiten. ... Die Arbeit ist durch im Voraus feststehende Ruhepausen von mindestens 30 Minuten bei einer Arbeitszeit von mehr als sechs bis zu neun Stunden ... zu unterbrechen. Die Ruhepausen ... können in Zeitabschnitte von jeweils mindestens 15 Minuten aufgeteilt werden.*

- Unfallverhütungsvorschriften
- Arbeitssicherheitsgesetz.

2.9 Betriebsübergänge im Öffentlichen Personennahverkehr

Eine Maßnahme zur Verbesserung der Wettbewerbsfähigkeit der kommunalen Verkehrsunternehmen kann die Gründung von einer oder mehreren Tochtergesellschaften sein, welche die bisherigen Tätigkeiten der Muttergesellschaft übernehmen. Rechtlich selbständige Tochtergesellschaften sind nicht an das Tarifrecht der Muttergesellschaft gebunden – soweit sie nicht demselben Arbeitgeberverband angehören. Ausgliederungen von Betriebsteilen durch Gründung von Tochtergesellschaften mit der Übernahme von Tätigkeiten der Muttergesellschaft sind üblicherweise Betriebsübergänge nach dem Bürgerlichen Gesetzbuch (§ 613 a), und damit sind bestimmte Rechtsfolgen berührt (Übergang der Arbeitsverhältnisse, Rechtsstellung der Arbeitnehmer, Weitergeltung von Tarifverträgen u. a. m.); vor allem soll der soziale Besitzstand der Arbeitnehmer erhalten bleiben. Ein Betriebsübergang liegt im Wesentlichen dann vor, wenn wichtige Betriebsmittel sächlicher und immaterieller Art von der Muttergesellschaft auf die Tochtergesellschaft übertragen wurden (oder die Person mit der Organisations- und Leitungsmacht über den Betrieb wechselt, unabhängig davon, ob es eine natürliche oder eine juristische Person ist).

Die einfachste Form des Betriebsübergangs ist der Verkauf von Betriebsteilen. Eine Nahverkehrs-GmbH lässt beispielsweise eigene Busse in der eigenen Werkstatt instand halten. Die Nahverkehrs-GmbH verkauft ihr gesamtes Betriebsvermögen an die private Verkehrs-AG: Es liegt ein Betriebsübergang vor. Ein Betriebsübergang liegt auch vor, wenn der Erwerber einen funktionierenden Busbetrieb übernimmt und nach dem Kauf die einzelnen Buslinien anderen Betriebsteilen seines Unternehmens zuordnet. Ein Betriebsübergang liegt auch vor, wenn die einzelnen betrieblichen Aktivitäten in einzelne Betriebe übertragen werden (z. B. in eine Fahrweg-GmbH, eine Instandhaltungs-GmbH, eine Betriebs-GmbH usw.). Im Allgemeinen sind die Betriebsübergänge aber differenzierter zu sehen: Ist die Ausgliederung einer kleineren Betriebseinheit ein Betriebsübergang oder handelt es sich nur um eine Übertragung von Funktionen? Ist es ein Funktionsübergang, wenn fahrdienstuntaugliche Fahrer als Fahrausweisprüfer eingesetzt werden oder wird die Gruppe von Fahrausweisprüfern als Betriebsteil ausgegliedert mit den Rechtsfolgen nach § 613 a BGB? Der Europäische Gerichtshof stellte fest, dass es für das Vorliegen eines Betriebsüberganges wesentlich sei, dass dieselbe oder gleichartige Geschäftstätigkeit vom neuen Inhaber weitergeführt oder wiederaufgenommen werde und damit die wirtschaftliche Einheit bestehen bleibt.

Der genannte § 613 a BGB sagt im Wesentlichen aus, dass der neue Inhaber im Falle eines Betriebsübergangs in die Rechte und Pflichten des zum Zeitpunkt des Betriebsüberganges bestehenden Arbeitsverhältnisses eintritt: Die Arbeitsverhältnisse gehen auf die Tochtergesellschaft über, es sei denn, der Arbeitnehmer widerspricht diesem Übergang seines Arbeitsverhältnisses. Vor Ablauf eines Jahres dürfen die Inhalte der Arbeitsverhältnisse nicht zuungunsten des Arbeitnehmers geändert werden. Sind die Rechte und Pflichten der Arbeitsverhältnisse bei der Tochtergesellschaft in einem anderen Tarifvertrag geregelt, gelten bei einem Betriebsübergang diese Regelungen.

Der Gründung von Tochtergesellschaften mit den Problemen des Betriebsübergangs kann der Arbeitgeber entgehen, wenn er mit dem Betriebsrat/der Gewerkschaft Vereinbarungen schließt, in denen der Arbeitgeber sich verpflichtet, bestimmte unternehmerische Handlungen nicht durchzuführen (z. B. Ausgliederung von Betriebsteilen) und die Arbeitnehmer dafür eine Senkung tariflicher Arbeitsbedingungen in Kauf nehmen. In dieser Anwendungsvereinbarung könnte z. B. der Anteil der Fremdvergabe von Fahrleistungen durch das kommunale Unternehmen festgeschrieben werden.

Eine andere Möglichkeit, den Problemen eines Betriebsübergangs zu entgehen, ist der Abschluss von Haustarifverträgen. Hiermit muss aber die zuständige Gewerkschaft einverstanden sein.

Eine weitere Möglichkeit, zu Arbeitsbedingungen mit einer geringeren Bezahlung zu kommen, ist der Beitritt der Tochtergesellschaft zu einem Arbeitgeberverband, der für den Bereich des Öffentlichen Personennahverkehrs einen anderen Flächentarifvertrag abgeschlossen hat und ihn auch anwendet. Die geringeren tarifvertraglichen Leistungen können auch in den Einzelarbeitsverträgen geregelt werden: *„Es gilt der Tarifvertrag YZ in der jeweils gültigen Fassung."*

2.10 Zukünftige Organisationsstrukturen im Öffentlichen Personennahverkehr

In den nächsten Jahren werden sich die Organisationsstrukturen im Öffentlichen Personennahverkehr weiter ändern. In Abhängigkeit von den sich aus den neuen EU-Verordnungen ergebenden rechtlichen Rahmenbedingungen werden sich besonders Verständnis und Wirkung von Aufgabenträger (Besteller der Verkehrsleistung), Genehmigungsbehörde (konzessioniert die Verkehrsleistung) und Verkehrsunternehmen (fährt die Verkehrsleistung) neu definieren. Dabei hat jede Institution gute Gründe, gerade ihre Stellung zu stärken:

Von einem starken Aufgabenträger werden Vorteile bei der Koordination und Integration der Verkehre erwartet und eine starke Berücksichtigung der Wünsche der Verkehrsplaner und Siedlungsplaner; weiterhin ist mit einem effektiven Einsatz der öffentlichen Mittel zu rechnen und mit Vorgaben für ein einheitliches Auftreten des Öffentlichen Personennahverkehrs im Bedienungsgebiet. Nachteilig wird bei einem starken Aufgabenträger befürchtet, dass es nur eine geringe Orientierung an den Kundenwünschen gibt, dass die politische Einflussnahme deutlicher ausgeprägt ist und der Öffentliche Personennahverkehr eine eigene Bürokratie hervorbringt.

Die Verkehrsunternehmen sehen in einer Wahrnehmung der Aufgabe „Aufgabenträger" zusätzlich zur Funktion „Fahren" Vorteile, da sie unternehmerische Kreativität ermögliche und rasches Eingehen auf Fahrgastwünsche sowie direkten Kontakt zum Kunden. Gegen eine Stärkung der Verkehrsunternehmen über ihre Aufgabe „Fahren" hinaus spricht vor allem die fehlende Ausrichtung an öffentlichen Interessen.

Eine Genehmigungsbehörde ohne Verbindung zum Sachverhalt „Aufgabenträger" und deren Interessen wäre eine reine Entscheidungsinstitution mit vielen Reibungsverlusten zum Aufgabenträger bzw. zum Verkehrsunternehmen.

Es wird darauf ankommen, zwischen und mit den drei relevanten Organisationseinheiten des Öffentlichen Personennahverkehrs Genehmigungsbehörde, Aufgabenträger und Verkehrsunternehmen eine Regie- bzw. Bestellorganisation bzw. eine Managementgesellschaft aufzubauen, an die einige Aufgaben dieser Einheiten abgegeben werden und auch verknüpft werden, während andere, auch gesetzlich vorgeschriebene Aufgaben bei den Ursprungseinheiten verbleiben. Die Diskussion um diese Aufgaben führte zum Zwei-Ebenen-Modell und zum Drei-Ebenen-Modell. Das Zwei-Ebenen-Modell ist die gesetzlich vorgesehene Trennung in Besteller-Ebene (Aufgabenträger) und Ersteller-Ebene (Verkehrsunternehmen). Dabei kann eine Vielzahl von Aufgaben sowohl der einen als auch der anderen Institution zugeordnet werden.

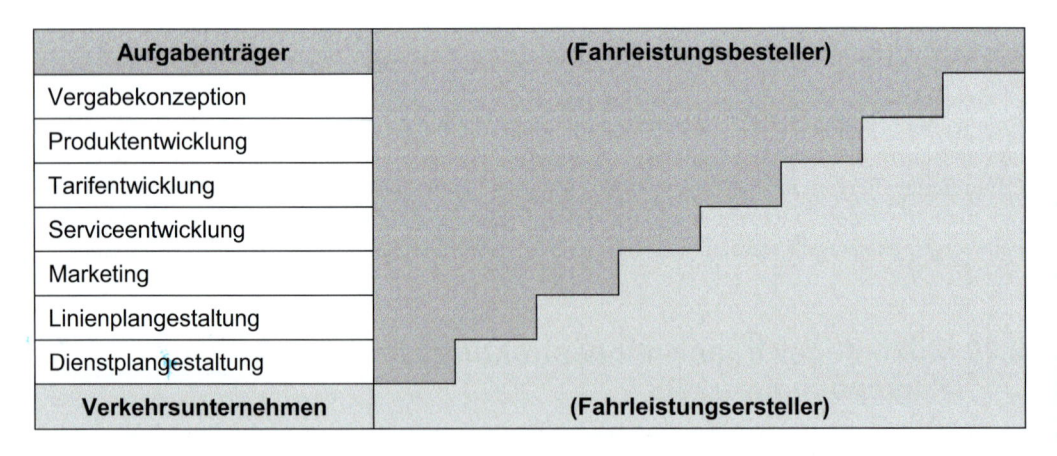

Aufgabenträger	(Fahrleistungsbesteller)
Vergabekonzeption	
Produktentwicklung	
Tarifentwicklung	
Serviceentwicklung	
Marketing	
Linienplangestaltung	
Dienstplangestaltung	
Verkehrsunternehmen	**(Fahrleistungsersteller)**

Abb. 2-12: Aufgabenteilung zwischen Aufgabenträger und Verkehrsunternehmen (Beispiel)

Da die als Aufgabenträger wirkende Behörde (bisher) nicht über geeignete Mitarbeiter verfügt und die Einrichtung entsprechender Kapazitäten in der Verwaltung auf Widerspruch stößt, wird die Einrichtung einer Regie- und Bestellorganisation bzw. die Einrichtung einer Managementgesellschaft diskutiert. Unterhalb der Ebene Aufgabenträger wird dabei in einer

2.10 Zukünftige Organisationsstrukturen

(Verkehrs-) Management-Gesellschaft die Planung des Öffentlichen Personennahverkehrs, dessen Organisation und das Management des ÖPNV angesiedelt (der Aufgabenträger gibt vertraglich geregelt Aufgaben ab).

Die Managementorganisation sollte folgende Aufgaben übernehmen: Tarifkalkulation, Einnahmenzuscheidung, Netzplanung, Fahrplanerstellung, Öffentlichkeitsarbeit, Fahrgastinformation, Datensammlung und -aufbereitung. Einige dieser bisher bei den Verkehrsunternehmen angesiedelten Aufgaben sind auf die Regieebene zu verlagern; in kleineren Bedienungsgebieten kann das Verkehrsunternehmen auch Aufgaben der Managementebene mit übernehmen.

Aufgabenträger/Besteller der Verkehrsleistung	Politische Ebene	• Entgegennahme der Fördermittel für den ÖPNV im Bedienungsgebiet • Sicherstellung der ausreichenden Bedienung der Bevölkerung (Definition des Angebotes) • Finanzielle und politische Verantwortung • Bestellung der Linienverkehre
⇩		
Bestellerorganisation	Regieunternehmen	• Konkretisierung Verkehrsangebot • Bestellung der Verkehre (unternehmerische Vergabe) • Management des Nahverkehrs • Koordination der Verkehrsunternehmen • Qualitätssicherung
⇩		
Verkehrsunternehmen	Erstellerebene	Durchführung des Nahverkehrs

Abb. 2-13: Beispiel eines Drei-Ebenen-Modells

Wenn im Bedienungsgebiet ein Verkehrsverbund eingerichtet ist, sind etliche Kompetenzen der Verkehrsunternehmen an die Verbundgesellschaft übergegangen: Die Managementgesellschaft als Ebene zwischen Verkehrsunternehmen und Behörde sollte dann die Verbundgesellschaft sein.

Von großer Bedeutung wird es auch sein, ob zukünftig eine deutliche Trennung zwischen Infrastrukturersteller und -betreiber einerseits und Fahrdienst andererseits besteht. Wenn die Infrastruktur und die Netzorganisation vom Betrieb getrennt ist und die Infrastruktur im Eigentum der öffentlichen Hand bleibt, ist ein diskriminierungsfreier Zugang für alle potentiellen Leistungserbringer sichergestellt – siehe die Diskussion um die Herauslösung des Netzes aus dem Konzern Deutsche Bahn. Es gibt dazu die Möglichkeit, dass die Kreise und Gemeinden als Unternehmen der öffentlichen Hand eine Infrastrukturgesellschaft gründen. Möglicherweise gilt dann auch der steuerliche Querverbund weiter, welcher bei einem nicht-kommunalen Verkehrsbetreiber nicht mehr nutzbar ist.

Quellenverzeichnis der Abbildungen

Freystein, H. (2005). *Entwerfen von Bahnanlagen*. Hamburg: Eurail-press.

Lindemann, D. (2002). *Kölner Mobilität*. Köln: Dumont-Verlag.

3 Bedeutung des Öffentlichen Personennahverkehrs

3.1 Infrastruktur

In der Bundesrepublik Deutschland lebten Ende 2008 82,0 Millionen Personen, davon 40,3 Millionen erwerbstätige Inländer und 14,3 Millionen Schüler und Studenten. Diese Personen, welche in etwa 39,5 Millionen Haushalten lebten, bedienten sich in unterschiedlichem Maße der Einrichtungen des öffentlichen Personennahverkehrs, dessen Umfang und Bedeutung in diesem Kapitel dargestellt werden soll.[83]

Die folgende Tabelle des Bundesministers für Verkehr enthält

- das Brutto-Anlagevermögen (Wiederbeschaffungswert) im Verkehr – ohne Grunderwerb – nach dem Stand Ende 2008 zu Preisen aus dem Jahr 2000 in Millionen Euro
- die Brutto-Anlageinvestitionen – ohne Grunderwerb – des Jahres 2008 zu den jeweiligen Preisen in Millionen Euro.

Tab. 3-1: Anlagevermögen und -investitionen im Verkehr zum Wiederbeschaffungswert im Jahre 2008 in Millionen Euro

	Vermögen	Investitionen
Deutsche Bahn AG	185.600	5.700
(darin Verkehrswege der DB AG)	130.000	3.600
Nichtbundeseigene Eisenbahnen (2004)	(7.700)	(234)
Verkehrswege Eisenbahnen/S-Bahnen	130.000	3.600
Öffentlicher Straßenpersonenverkehr	70.800	2.500
Verkehrswege Stadtschnell-/Straßenbahn	40.400	665
Straßen und Brücken	471.800	10.400
Umschlagplätze Eisenbahn/S-Bahn	29.000	1.100
Verkehr insgesamt	918.100	32.100
Alle Wirtschaftsbereiche (2007)	11.664.700	489.600
(Anteil des Verkehrs in Prozent)	7,8	6,6

Der Öffentliche Personenverkehr fand in der Bundesrepublik Deutschland auf Schiene und Straße mit verschiedenen Fahrzeugen statt:

---

[83] Die Angaben sind überwiegend den Veröffentlichungen entnommen:
„Verkehr in Zahlen, Herausgeber Bundesminister für Verkehr", Hamburg 2009 sowie
„Verband Deutscher Verkehrsunternehmen, Statistik 2008" Köln 2009

Straßenpersonenverkehr in diesen Tabellen umfasst Stadtschnellbahnen (U-Bahnen), Straßenbahn-, Obus- und Kraftomnibusverkehr kommunaler und gemischtwirtschaftlicher sowie privater Unternehmen einschl. Taxis und Mietwagen

Tab. 3-2: Infrastruktur des ÖPNV im Jahr 2008

Verkehrsmittel	Streckenlänge (km)	Fahrzeugzahl		Sitzplätze
Eisenbahn	41.300 (2006) darin Deutsche Bahn 34.100 (elektrifiziert 23.000 im Jahr 2005, darin DB AG 19.400)	(2003) Dieselloks Elektroloks Triebwagen Personenwagen	2.700 3.300 8.300 12.300	Eisenbahnpersonenverkehr 1.316.000
Nichtbundeseigene Eisenbahnen	5.100 (2001) Kraftomnibus (Linienlänge) 24.500	(Fahrzeugbestand 1995) Dieselloks Elektroloks Dampfloks Triebwagen Personenwagen Kraftomnibusse	413 21 40 1.137 226 2.560	234.000 (1995)
Straßenbahn/Stadtbahn	2.800	Triebwagen 5.100 Beiwagen 343		578.000
U-Bahn	376	1.600		
Obus	117	74		11.000
Kraftomnibus Komm. Unternehmen Priv. Unternehmen	(Linienlänge 2004) 371.000 333.800	(Fzge im ÖPNV 2004) 34.000 44.400		(2004) 3.234.000 3.102.000

Der Verband Deutscher Verkehrsunternehmen (VDV) gibt für das Jahr 2008 für seine Mitgliedsunternehmen an

Tab. 3-3: Streckenlänge und Linienlängen im ÖPNV des VDV im Jahr 2008

Betriebszweig	Streckenlänge	Linienlänge (km)
Straßenbahn/Stadtbahn	2.801,2	4.360,8
U-Bahn	376,1	391,7
Bahnen besonderer Bauart	25,2	23,3
Obus	75,2	117,9
Kraftomnibus		314.073,5

Die vom Bundesverband Deutscher Omnibusunternehmer (BDO) vertretenen Omnibusunternehmer im Reisebusverkehr und im Linienbusverkehr nennen für das Jahr 2009 24.500 private Busse, welche im Linienverkehr eingesetzt sind (und nicht im Auftrag anderer Unternehmen fuhren); weitere 17.500 Busse sind sowohl im Linienverkehr als auch im Reiseverkehr eingesetzt. Der BDO gibt an, dass die Zahl der Beschäftigten in seinen Busunternehmen 78.900 ist und die Zahl der direkt von der Busbranche abhängigen Arbeitsplätze rund 170.000 beträgt.

3.2 Leistungen des Öffentlichen Personennahverkehrs

Von den Mitgliedsunternehmen des Verbandes Deutscher Verkehrsunternehmen wurde der Öffentliche Personennahverkehr auf den Schienenstrecken und Straßen im Jahr 2008 mit folgendem eigenem Fahrzeugpark durchgeführt:[84]

Tab. 3-4: Fahrzeugzahlen des ÖPNV im Jahr 2008

	Stadtverkehr	Überlandverkehr
Standardlinienbus	8.700	6.400
Großraumbus	420	380
Gelenkbus	6.000	830
Midibus	100	140
Kleinbus/Minibus	400	120
Doppeldecker	390	2
Sonstige Busse	100	180
Alle Busse	24.100	
Obusse	74	
Straßenbahn/Stadtbahn	5.500 (Triebwagen 5.100, Beiwagen 300)	
U-Bahn	1.600	
Bahnen besonderer Bauart	56 (Triebwagen 52, Beiwagen 4)	

Die Zahl der Erwerbstätigen im Jahre 2008 betrug lt. Bundesverkehrsminister

    Deutsche Bahn AG (Gesamt-Konzern)   248.000
    Nichtbundeseigene Eisenbahnen (2003)   14.000
    Öffentlicher Straßenpersonenverkehr (2003)   161.000

Der Anteil des gesamten Verkehrsbereichs (inkl. Luftverkehr und Schiffsverkehr) an allen Erwerbstätigen aller Wirtschaftsbereiche war im Jahr 2008 4,2 Prozent.

3.2 Leistungen des Öffentlichen Personennahverkehrs

Die Eisenbahnen beförderten im Jahre 2008 2.348 Millionen Personen (mit 82,5 Milliarden Personenkilometern), davon im Nahverkehr 2.224 Millionen Personen (47 Mrd. Personenkm). Im öffentlichen Straßenpersonenverkehr wurden im Jahr 2008 9.132 Millionen Personen befördert (bei 79,7 Milliarden Personenkilometern), davon im Linienverkehr 7.714 Millionen Personen (55,6 Mrd. Perskm). Extra ausgewiesen ist der Öffentliche Personennahverkehr des Jahres 2008: Die Eisenbahnen im Nahverkehr und der Personennahverkehr auf der Straße zählte zusammen 9.508 Millionen beförderte Personen bei 102,1 Milliarden Personenkilometern.

Der Verband Deutscher Verkehrsunternehmen gibt für seine Mitgliedsunternehmen mit Personenverkehr für das Jahr 2008 an eine Zahl von 7.590,32 Millionen Fahrgästen im Straßenper-

---

[84] Im Verband Deutscher Verkehrsunternehmen sind nicht alle Nahverkehrsunternehmen organisiert: 24.100 Kraftomnibusse lt. VDV (Tab. 3-4) und 44.000 Busse kommunaler Unternehmen plus 34.000 Busse privater Unternehmen (Tab. 3-2).

sonenverkehr mit 44.313,1 Millionen Personenkilometern und 2.036,5 Millionen Fahrgäste im Eisenbahnpersonenverkehr mit 45.591,1 Millionen Personenkilometern.

Die Kraftomnibusse und die Obusse der Mitglieder des Verbandes Deutscher Verkehrsunternehmen fuhren 2008 auf Linien von 314.000 Kilometer Länge auf Straßen in Deutschland (es gab in Deutschland insgesamt 231.000 km Straßen des überörtlichen Verkehrs – Zahl aus 2008 – und 413.000 km Gemeindestraßen – Zahl aus 1992).

> *Für den motorisierten Individualverkehr des Jahres 2008 werden vom Bundesverkehrsminister 54.600 Millionen beförderte Personen genannt bei 870 Milliarden Personenkilometer; die Gesamtfahrleistung beträgt 690.100.000 km.*

Der Verband Deutscher Verkehrsunternehmen gibt folgende Struktur für die Sparten seiner 605 Mitgliedsunternehmen an (eine Mehrfachzugehörigkeit ist möglich):

Tab. 3-5: Zahl der ordentlichen Mitglieder im Verband Deutscher Verkehrsunternehmen, Stand 01.03.2009

Sparte/Betriebszweig	Unternehmen
Personenverkehr mit Bus	310
Straßenbahn/Stadtbahn/U-Bahn	77
Personenverkehr mit Eisenbahnen	83
Verbund- und Aufgabenträgerorganisationen	50
Schienengüterverkehr	139
Eisenbahninfrastrukturunternehmen	128

Im Taxi- und Mietwagenverkehr wurden im Jahr 1995 mit 72.000 Taxen 440 Millionen Personen befördert bei 2.900 Millionen Personenkilometern, wobei die Taxi- und Mietwagenunternehmer mit 237.000 Beschäftigten 3.140 Millionen DM Einnahmen erzielten.

Die Deutsche Bahn AG beförderte im Jahre 2001 im Nahverkehr 1.565 Millionen Personen bei 39.117 Millionen Personenkilometern. Die Leistungen der Nichtbundeseigenen Eisenbahnen betrugen 2001 im Schienenverkehr 304 Millionen beförderte Personen bei 1.385 Millionen Personenkilometern.[85]

3.3 Institutionen und Organisationen

Die wichtigsten Regelungen für die Gestaltung des Zusammenlebens in Deutschland finden sich im Grundgesetz für die Bundesrepublik Deutschland. Öffentlicher Personennahverkehr findet aber im Grundgesetz nur indirekt statt. In den Grundrechten, die im Grundgesetz genannt sind, ist in Artikel 2 (2) ausgesagt *„Jeder hat das Recht auf Leben und körperliche Unversehrtheit."* Daraus kann gefolgert werden, dass es Vorschriften für die Sicherheit von Einrichtungen und Abläufen geben muss, um Leben und körperliche Unversehrtheit zu gewährleisten. In Artikel 11 (1) Grundgesetz heißt es *„Alle Deutschen genießen Freizügigkeit im*

---

[85] Die unterschiedlichen Zahlen der beförderten Personen im Nahverkehr nach Bundesverkehrsminister und nach VDV weisen darauf hin, dass ein großer Teil des Nahverkehrs außerhalb des Verbandes Deutscher Verkehrsunternehmen stattfindet.

3.3 Institutionen und Organisationen

ganzen Bundesgebiet". Auch hier kann gefolgert werden, dass durch Einrichtungen und Vorschriften diese Freizügigkeit möglich gemacht werden muss. Das Grundgesetz stellt weiter fest, dass alle Staatsgewalt vom Volke ausgeht und durch besondere Organe der Gesetzgebung, der vollziehenden Gewalt und der Rechtsprechung ausgeübt wird. Die damit angesprochenen Organe sind der Bundestag/Bundesrat, die Bundesregierung und die Gerichte.

In der Bundesrepublik Deutschland liegt die Gesetzgebungskompetenz auf dem Verkehrswesen im Wesentlichen beim Bundestag und beim Bundesrat. Beide Organe haben für verkehrliche Aufgaben je einen Verkehrsausschuss eingerichtet.

Die Ausschüsse haben vor allem die Aufgabe, durch Vorbereitung von Entscheidungen das Plenum zu entlasten; damit sind sie ein wichtiger Teil des Gesetzgebungsverfahrens. Der Ältestenrat des Bundestages entscheidet, welcher Ausschuss federführend die vom Bundestag überwiesenen Vorlagen bearbeitet. Der Ausschuss für Verkehr, Bau und Stadtentwicklung des Deutschen Bundestages ist zuständig für die Infrastruktur der Bundesrepublik Deutschland. In der seit September 2005 laufenden 16. Wahlperiode – seit Herbst 2009 läuft die 17. Wahlperiode – befasste sich der im Laufe der Jahre oft umbenannte Ausschuss wieder mit vielfältigen Aufgaben, z. B. vom Ausbau wichtiger Verkehrsverbindungen und der Schaffung einer breiteren Basis für deren Finanzierung über den Fahrradverkehr und die Erhaltung der noch lebendigen Innenstädte in Deutschland sowie mit dem „Aufbau Ost". Schwerpunkt der Ausschusstätigkeit im Bereich Verkehr dürfte aber die Entwicklung der Deutschen Bahn sein (Stichworte „Privatisierung", „Börsengang").

Die Ausschüsse des Deutschen Bundestages werden nach der Fraktionsstärke im Bundestag besetzt: Von den 36 Mitgliedern des Verkehrsausschusses der 16. Wahlperiode gehören 13 Abgeordnete der CDU/CSU an, 13 Mitglieder entsendet die SPD, die FDP stellt 4 Mitglieder und 3 Mitglieder gehören der Fraktion Bündnis 90/Die Grünen an und 3 Mitglieder entsendet „Die Linke". Vorsitzender des Verkehrsausschusses ist im Sommer 2007 Klaus Lippold, CDU/CSU (ab September 2009 Winfried Hermann, Die Grünen/Bündnis 90).

Während der (verkehrs-)politische Schwerpunkt eher beim Bundestag liegt, wirken die Politiker im Bundesrat – auch dort besteht ein Verkehrsausschuss, welcher von den Länderverkehrsministern gebildet wird – sehr stark auf die technische Gestaltung des Verkehrs ein (Rechtsverordnungen und Verwaltungsvorschriften im Verkehrswesen erlässt der Bundesminister für Verkehr im Zusammenwirken mit dem Bundesrat).

Die Bundesregierung besteht aus dem Bundeskanzler und aus den Bundesministern. Seit Bestehen der Bundesrepublik Deutschland gibt es für den Bereich Verkehr ein eigenes Ministerium.[86] Vom Bundesminister für Verkehr sollten die Impulse für die Gestaltung des deutschen Verkehrswesens ausgehen. Das Bundesministerium für Verkehr mit seinen rund 1.200 Mitarbeitern – Minister im Sommer 2010 Peter Ramsauer, CSU[87] – ist in eine Vielzahl von Abteilungen gegliedert. Neben der „Grundsatzabteilung" (A) besteht eine Abteilung „Eisenbahnen"

---

[86] Der Geschäftsbereich der einzelnen Bundesminister wird nach der Geschäftsordnung der Bundesregierung vom Bundeskanzler festgelegt und kann sich daher ändern. Insbesondere nach Bundestagswahlen werden die Zuständigkeitsbereiche der Ministerien meist geändert, und damit können Abteilungen zusammengelegt werden und Referate können andere Aufgaben erhalten. Im Sommer 2007 heißt es „Bundesminister für Verkehr, Bau und Stadtentwicklung".
[87] Die Verkehrsminister der letzten Jahre waren Günther Krause ('91-'93), Matthias Wissmann ('93 - '98), Franz Müntefering ('98 – '99), Reinhard Klimmt ('99 – 2000), Kurt Bodewig (2000 -'02), Manfred Stolpe ('02 – '05), Wolfgang Tiefensee ('05 –'09). Hans-Christoph Seebohm war übrigens 17 Jahre Bundesminister für Verkehr (1949 bis 1966).

(E), „Wasserstraßen, Schifffahrt" (WS), eine Abteilung „Straßenbau, Straßenverkehr" (S) und eine weitere Abteilung „Luft- und Raumfahrt" (LR). Diese Abteilungen sind in Unterabteilungen und Referate gegliedert. Soweit diese Abteilungen und Referate von Problemen des Öffentlichen Personennahverkehrs berührt sind, wird zum Öffentlichen Personennahverkehr in diesen Abteilungen gearbeitet, z. B. in der Grundsatzabteilung A in der Unterabteilung A1 im Referat A 13 „Personenverkehr". Ausdrücklich genannt ist der Öffentliche Personennahverkehr als Gegenstand im Eisenbahnreferat E 14 „Investitionshilfen für den ÖPNV, spurgebundene öffentliche Nahverkehrssysteme, Schienenpersonennahverkehr, Regionalisierung".

Der Bundesminister für Verkehr hat im Mai 2000 Eckpunkte für einen leistungsfähigen und attraktiven Öffentlichen Personennahverkehr veröffentlicht. Dabei hat er in 19 Aussagen ausführlich die Haltung der Bundesregierung zum ÖPNV dargestellt. In gekürzter Zusammenfassung lauten seine Sätze:

1. *Ein leistungsfähiger und attraktiver öffentlicher Personennahverkehr ist unverzichtbar*
2. *Die Bundesregierung wird den ÖPNV weiterhin unterstützen*
3. *Die Bundesregierung stellt sich zukünftigen Anforderungen des ÖPNV*
4. *Zur Mobilisierung kundengerechter Leistungen ist Wettbewerb erforderlich*
5. *Die Verkehrsunternehmen müssen sich den veränderten Rahmenbedingungen stellen*
6. *Die Bundesregierung wird die Unternehmen mit einem Ordnungsrahmen unterstützen*
7. *Auch im ÖPNV wird es in Europa einen Binnenmarkt geben*
8. *Der nationale Rechtsrahmen soll möglichst erhalten bleiben*
9. *Der nationale Rechtsrahmen ist anzupassen*
10. *Kommunale Unternehmen sollen mehr unternehmerische Freiheit erhalten*
11. *Länder und Gemeinden können den ÖPNV auch stärken*
12. *Neue Unternehmensstrategien schöpfen Marktpotentiale weiter aus*
13. *Die Attraktivität des ÖPNV kann weiter gesteigert werden*
14. *Der ÖPNV braucht stabile finanzielle Rahmenbedingungen*
15. *Die Bundesregierung steht zu ihrem finanziellen Engagement im ÖPNV*
16. *Es ist stärker auf die Effizienz der Förderung zu achten*
17. *Die Kostensenkungspotentiale sind noch nicht ausgeschöpft*
18. *Das Instrument Linienerfolgsrechnung ist weiter zu verfolgen*
19. *Das Instrument „Vergleichende Betrachtung" ist stärker zu nutzen.*

Als dem Bundesminister für Verkehr nachgeordnete Behörden sind besonders zu nennen die Bundesanstalt für Straßenwesen, das Kraftfahrt-Bundesamt, das Eisenbahnbundesamt und das Bundeseisenbahnvermögen.

Der Bundesminister für Verkehr nimmt u. A. politische Strömungen auf – eigene Initiative oder von der politischen Führung des Hauses angeregt – und setzt sie in Gesetzesentwürfe um. Für den öffentlichen Personennahverkehr hat der Bundesminister für Verkehr das große Vorhaben der Regionalisierung durch die Formulierung von Gesetzen bewältigt, und Jahrzehnte zuvor ist unter Mitwirkung des Bundesministers für Verkehr das Gemeindeverkehrsfinanzierungsgesetz geschaffen worden, welches den Bau und Ausbau von Verkehrswegen vornehmlich für Schienenstrecken in Ballungsgebieten in großem Umfang ermöglichte.

Andere Bundesministerien sind für ihre Bereiche auch mit dem Öffentlichen Personennahverkehr befasst: Das Finanzministerium prüft beispielsweise die Steuerbarkeit von Gewinnen und Verlusten bzw. die verdeckte Gewinnausschüttung, wenn verlustbringende Nahverkehrsunter-

3.3 Institutionen und Organisationen

nehmen einer Kommune durch die gut verdienenden Energieversorgungsunternehmen der Stadt alimentiert werden und der private Nahverkehrsbetreiber nicht die Möglichkeit der Verlust- und Gewinnsaldierung hat. Das Ministerium für Umwelt, Naturschutz und Reaktorsicherheit entwickelt z. B. Immissionsrichtlinien und Smogverordnungen mit Vorteilen für den Öffentlichen Personennahverkehr; das Bundesministerium für Bildung, Wissenschaft, Forschung und Technologie stößt z. B. Forschungsprogramme an für bodengebundene Transport- und Verkehrssysteme und leistet erhebliche finanzielle Beihilfen zu Forschungsvorhaben für einen besseren Personennahverkehr.

Da die Verkehrspolitik besonders in Europa eine Vielzahl staatsübergreifender Aspekte hat, ist eine Vielzahl von internationalen Einrichtungen mit dem Öffentlichen Personennahverkehr befasst. So wurde beispielsweise 1953 von den europäischen Verkehrsministern die internationale Organisation CEMT (*Conférence Européenne des Ministres de Transport*) zur Rationalisierung, Koordinierung und Förderung des europäischen Binnenverkehrs gegründet; ein Ergebnis der Arbeit der Organisation mit derzeit 43 Vollmitgliedern – über die EU hinaus – sind u. a. einheitliche europäische Regeln für Straßenverkehrszeichen.

Auf dem Wege zu einem gemeinsamen Europa haben die nationalen Regierungen eine Vielzahl von Rechten an die Kommission der Europäischen Gemeinschaften abgegeben, welche übernational Angelegenheiten des Verkehrs regelt:

- Artikel 100 des EWG-Vertrages beispielsweise verpflichtet die EG-Mitgliedsstaaten dazu, Rechtsvorschriften einander anzugleichen, welche das Funktionieren des gemeinsamen Marktes beeinflussen. Es gibt daher eine Vielzahl von z. B. Konstruktionsrichtlinien für Nahverkehrsfahrzeuge, welche in Europa anzuwenden sind – und welche einseitige nationale Lösungen mit der Folge des Bevorzugens nationaler Lösungen verhindern/verbieten.
- Der EWG-Vertrag verbietet z. B. Beihilfen des Staates an Unternehmen, welche den Wettbewerb verfälschen könnten.

Die Kommission der Europäischen Gemeinschaften hat mehrere Generaldirektionen zur Durchführung der Aufgaben der Kommission eingerichtet; so bestehen die Generaldirektionen Fischerei, Landwirtschaft, Informationsgesellschaft u. a. m. Eine Generaldirektion mit etwa 1000 Mitarbeitern ist die Generaldirektion „Mobilität und Verkehr" (Generaldirektor Matthias Ruete). Die (Verkehrs-) Bereiche der Generaldirektion sind Straßenverkehr, Schienenverkehr, Luftverkehr, Seeverkehr, Intermodaler Verkehr und Logistik.

Der Verkehr wird in der engeren Kommission (Präsident und 20 Kommissare) durch ein eigenes Mitglied vertreten (Sommer 2010 Siim Kallas). Das höchste Entscheidungsgremium in der Europäischen Union ist der Rat der Union (Ministerrat), für Verkehrsfragen gebildet durch die nationalen Verkehrsminister. Übergeordnet ist nur der Europäische Rat (Rat der Staatschefs/Ministerpräsidenten), welcher richtungweisende Beschlüsse fasst.

Das Schlagwort der Europäischen Union auch auf dem Gebiet des Verkehrs heißt „Subsidiarität": Öffentliche Aufgaben sollen möglichst bürgernah, d. h. auf der Ebene der Bundesländer und Kommunen beispielsweise gelöst werden. Für den Bereich Öffentlicher Personennahverkehr in der Bundesrepublik Deutschland ist dieses Prinzip weitgehend eingeführt: Die Bundesländer sind für den Öffentlichen Personennahverkehr zuständig und die Bundesländer haben diese Aufgabe der Organisation und Finanzierung des Nahverkehrs zum großen Teil an flächendeckende Verkehrsverbünde weitergegeben.

Die Bundesländer wirken über den Bundesrat an den wesentlichen Gesetzen, Verordnungen und Verwaltungsvorschriften mit. Als Koordinierungsinstrument zwischen der Bundesregierung und den Länderregierungen ist für Verkehrsfragen die Länder-Verkehrsministerkonferenz eingerichtet worden.

Weitere wichtige Kompetenzen im Personenverkehr haben die Länder durch das Regionalisierungsgesetz erhalten: Sie sind für die Organisation und – unter Verwendung von Bundesmitteln – für die Finanzierung des Schienenpersonennahverkehrs zuständig, und zumeist haben die Bundesländer den gesamten Personennahverkehr in ihrem Bereich neu geordnet und organisiert.

In den Ländern gibt es mit unterschiedlichen Namen zuständige Stellen für den Verkehr,[88] so den Senator für Verkehr in Berlin, es gibt das Ministerium für Wirtschaft und Mittelstand, Technologie und Verkehr des Landes Nordrhein-Westfalen und das Niedersächsische Ministerium für Wirtschaft, Technologie und Verkehr ist Hauptansprechpartner für Verkehrsfragen in Niedersachsen, das Ministerium für Wohnungswesen, Städtebau und Verkehr des Landes Sachsen-Anhalt ist für die Verkehrsprobleme seines Bundeslandes zuständig, das Bayerische Staatsministerium für Wirtschaft, Verkehr und Technologie ist zuständig für die Verkehrsprobleme des Freistaates Bayern usw. In einigen Länderministerien bestehen ausgewiesene Abteilungen für Öffentlichen Personennahverkehr, in anderen Ländern ist der Öffentliche Personennahverkehr in den Bezeichnungen von Referaten genannt und weitere Landesregierungen behandeln den Öffentlichen Personennahverkehr je nach Fragestellung in verschiedenen Referaten.

Als Verwaltungsmittelinstanzen sind den Landesregierungen nachgeordnet die Bezirksregierungen, welche im Regelfall ein Verkehrsdezernat aufweisen (die Verkehrsdezernate der Bezirksregierungen sind üblicherweise die Stellen, Genehmigungen für den Öffentlichen Personennahverkehr auszusprechen).

Vorgaben für den Öffentlichen Personennahverkehr werden beim Bund und den Ländern sowie bei den Mittelinstanzen erarbeitet. Der den Bürger jeden Tag begegnende Öffentliche Personennahverkehr wird vor allem in den kommunalen Gebietskörperschaften gestaltet, d. h. in den Kreisen und kreisfreien Städten – bzw. in deren Auftrag von eigens gebildeten Planungsinstitutionen.

Die kommunalen Gebietskörperschaften haben als ihre Vertretung eine Bundesvereinigung kommunaler Spitzenverbände gegründet, in denen vereinigt sind

1. Deutscher Städtetag (ca. 4.700 Städte mit 51 Millionen Einwohnern, darunter alle 116 kreisfreien Städte und die Stadtstaaten Berlin, Hamburg, Bremen)
2. Deutscher Städte- und Gemeindebund (ca. 12.500 Städte und Gemeinden mit etwa 47 Millionen Einwohnern)
3. Deutscher Landkreistag (ca. 313 Landkreise).

Aufgabe dieser und anderer Verbände ist zunächst die Beratung der Mitglieder und ihre Vertretung gegenüber Dritten. Die Verbände sichern den Erfahrungsaustausch zwischen den Mitgliedern und erarbeiten einheitliche Grundsätze zur Bewältigung des Verbandszwecks. Als Hauptaufgabe der Verbände kann die Vertretung und Einflussnahme der Mitglieder gegenüber den Parlamenten auf Landes- und Bundesebene sowie auf europäischer Ebene gesehen werden – und diese Institutionen hören vor wichtigen Entscheidungen, z. B. vor der Verabschiedung von Gesetzen die Vertreter der Verbände.

Weitere wichtige Verbände für den Öffentlichen Personennahverkehr sind

---

[88] Die Zuständigkeiten und die Organisation wechseln von Fall zu Fall ähnlich wie bei einer nationalen Regierung.

3.3 Institutionen und Organisationen

- Verband Deutscher Verkehrsunternehmen
- Bundesverband Deutscher Omnibusunternehmer
- Bundes-Zentralverband Personenverkehr – Taxi und Mietwagen
- die Forschungsgesellschaft für Straßen- und Verkehrswesen
- Gewerkschaft VER.DI
- Internationaler Verband für Öffentliches Verkehrswesen (UITP – *Union Internationale des Transports Public*).

Der Verband Deutscher Verkehrsunternehmen mit Hauptsitz in Köln ist am 6.11.1990 durch Zusammenschluss des VÖV Verband Öffentlicher Verkehrsunternehmen der alten Bundesrepublik Deutschland, des VÖV der DDR und des BDE Bundesverband Deutscher Eisenbahnen, Kraftverkehre und Seilbahnen der alten Bundesrepublik Deutschland entstanden; er umfasst mit 596 ordentlichen und außerordentlichen Mitgliedern (Stand 2006) den größten Teil der Nahverkehrsunternehmen in der Bundesrepublik Deutschland. Neben einem Präsidenten, i.a. Geschäftsführer/Direktor eines großen Nahverkehrsunternehmens, vertritt ein Hauptgeschäftsführer den Verband. Der VDV ist in fünf Sparten gegliedert

- Personenverkehr mit Bussen,
- Personenverkehr mit Straßenbahn, Stadtbahn, U-Bahn oder vergleichbaren Verkehrssystemen,
- Personenverkehr mit Eisenbahnen,
- Schienengüterverkehr,
- Verbund- und Aufgabenträgerorganisationen.

In der Verbandsorganisation findet sich diese Spartenaufteilung nicht: Es gibt drei Geschäftsbereiche (ÖPNV, Technik, Eisenbahnverkehr) und eine Vielzahl von Fachbereichen (z. B. Fachbereich T2 Verkehrsplanung, Bahnbau, Betrieb ÖPNV, Arbeits- und Verkehrsmedizin oder Fachbereich I Informationsverarbeitung und Dokumentation).

Zur Koordinierung der Verbandsmeinung und zur Erarbeitung von Richtlinien und Planungsvorgaben sind im Verband Deutscher Verkehrsunternehmen eine Reihe von Fachausschüssen eingerichtet worden, z. B. Ausschuss für Bahnbau, Ausschuss für Betriebshöfe und Werkstätten, Ausschuss für Marketing und Kommunikation, Ausschuss für Kraftfahrwesen.

Am Beispiel des „Ausschuss für Kraftfahrwesen" (Vorsitzender im Sommer 2007 Martin Schmidt, Herten) soll die Arbeit des Lobbyistenverbandes näher betrachtet werden: Ziel des Ausschusses für Kraftfahrwesen ist es u. a., den Linienbus zu einem attraktiven Arbeitsmittel zu gestalten, welches die (Transport-)Aufgabe fahrgastgerecht und wirtschaftlich erfüllt. Die wichtigste Aufgabe des Ausschusses war es, in den sechziger Jahren des letzten Jahrhunderts aus den mehr als 200 verschiedenen Bustypen eine Linienbus-Standardisierung abzuleiten: 1967 wurde der erste Standard-Linienbus vorgestellt. Zwischenzeitlich hat sich aus diesem Typ eine ganze Standard-Linienbus-Familie abgeleitet. Die Standardisierung wird in Typenempfehlungen festgehalten, welche Bestandteil der Verträge beim Kauf eines Busses werden können. Über die Bustypisierung hinaus befasst sich der Ausschuss mit aussichtsreichen technischen Neuerungen wie Motorraumkapselung, alternative Kraftstoffe, Anti-Blockiersysteme, Kunststoffaufbauten usw. Der Ausschuss für Kraftfahrwesen gliedert sich in drei Unterausschüsse (Fahrzeugantriebe, Bremsen, Fahrzeugelektrik). Daneben bestehen für eine begrenzte Dauer Arbeitsgruppen, welche sich mit wichtigen Einzelfragen auseinandersetzen (Gruppen für: Schäden, Life Cycle Costs, Neue Rahmenempfehlung Niederflur-Stadtlinienbus, Türen, 15 m Wagen, Midibus, Rahmenempfehlung Überland, Klimatisierung, Neuer Fahrer-Arbeitsplatz).

In den Bundesländern sind Landesgruppen des Verbandes Deutscher Verkehrsunternehmen eingerichtet worden, am Sitz der EU-Kommission in Brüssel ist eine Außenstelle des Verbandes installiert.

Von den rund 5.400 privaten Busunternehmern[89] in Deutschland (mit circa. 61.000 Bussen und 65.000 Beschäftigten), welche sich in der Bustouristik und im Öffentlichen Personennahverkehr engagieren, sind etwa 3.000 Unternehmen im Bundesverband Deutscher Omnibusunternehmen zusammengeschlossen. Die privaten Busunternehmer sind in Landesverbänden des Bundesverbandes Deutscher Omnibusunternehmen (BDO) organisiert; die 19 Landesverbände sind Mitglied des Bundesverbandes (die Arbeit mit und für die Unternehmen wird in den Landesverbänden durchgeführt, der Bundesverband versteht sich eher als Interessenvertreter bei den Regierungen bei Bund und Ländern und bei der Europäischen Union wie auch bei Berufsgenossenschaften und bei den Gewerkschaften).

Auf Linien des Öffentlichen Personennahverkehrs fahren etwa 4.100 private Busunternehmen; 1.000 Unternehmen sind dabei selbst im Besitz einer Linienverkehrsgenehmigung. Die Busunternehmen fahren demnach auf eigenen Linien und auch im Auftrag der Liniengenehmigungsinhaber, wobei aber auch die Busunternehmen mit eigenen Konzessionen Fahraufträge an andere Unternehmen vergeben.

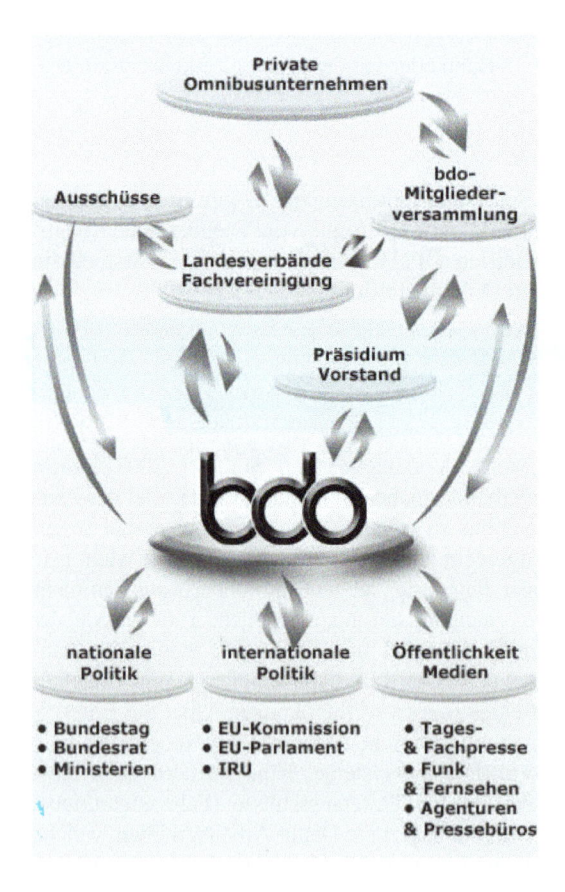

Abb. 3-1:
Arbeit des Verbandes Deutscher Omnibusunternehmen

---

[89] Die statistischen Angaben stammen aus unterschiedlichen Jahren und unterschiedlichen Quellen: Sie werden z. T. im mehrjährigen Turnus erhoben wie auch jährlich wiederkehrend; die Größenangaben treffen aber zu.

3.3 Institutionen und Organisationen

Im Bundesverband des Taxi- und Mietwagengewerbes, dem Bundes-Zentralverband Personenverkehr Taxi- und Mietwagen e. V. (BZP), sind 24 Landesverbände zusammengeschlossen sowie 30 Taxi-Organisationen und 19 außerordentliche Mitglieder (Fahrzeug- und Zubehör-Industrie, Versicherungswirtschaft, Fachpresse und Werbewirtschaft). Aufgabe des BZP ist es, die Gesamtinteressen der Verkehrsunternehmer mit Personenkraftwagen auf nationaler und internationaler Ebene gegenüber Ministerien und anderen Behörden, Organisationen und der Öffentlichkeit zu vertreten. Neben dem Präsidium und der Geschäftsführung hat der BZP verschiedene Ausschüsse eingerichtet, welche sich mit den anstehenden Problemen befassen, z. B. den Ausschuss „Krankenfahrten" oder den Ausschuss „Taxizentralen und Technik" oder den Ausschuss „Verkehrs- und Gewerbepolitik".

Tab. 3-6: Strukturdaten des Verkehrsgewerbes mit Personenkraftwagen (2004)

Unternehmer, nur Taxiverkehr	22.800
Unternehmer, nur Mietwagen	7.000
Unternehmer, Mietwagen und Taxen (Mischkonzession)	1.600
Unternehmer, Mietwagen und Taxi (ohne Mischkonzess.)	4.200
Summe	35.700
Genehmigte Fahrzeuge	
Taxiverkehr	50.000
Mietwagenverkehr	25.800
Taxi- und Mietwagenverkehr (Mischkonzession)	3.500
Summe	79.300

Da sich die moderne Technik ständig fortentwickelt, sind Gesetze und Rechtsverordnungen – wenn sie nicht ständig novelliert werden sollen und damit ihre Ordnungsfunktion einbüßen – zur Regelung technischer Detailfragen kaum geeignet. Der Staat greift daher seit Mitte des 19. Jahrhunderts zur Erfüllung dieser Regelungsaufgabe auf private Unterstützung zurück. So hat sich neben anderen Organisationen der Verein Deutscher Ingenieure (VDI) gegründet, es besteht das Deutsche Institut für Normung (DIN) und der Verband der Elektrotechniker (VDE) gibt eigene Richtlinien heraus. Der Staat bedient sich der in diesen Vereinigungen geschaffenen technischen Regeln, um die industrielle und auch handwerkliche Planung darauf abzustellen. Die zu befolgenden handwerklichen Regeln waren zunächst die „allgemein anerkannten Regeln der Baukunst" (Preußisches Allgemeines Landrecht von 1794), welche erst 1974 im Strafgesetzbuch zum Begriff „allgemein anerkannte Regeln der Technik" wurden. Der damit angesprochene Begriff umschreibt den Standard des Berufskreises und meint den Mindestbestand (bau-)technischer Kenntnisse, der im Interesse der Allgemeinheit von jedem im (Bau-)Fach Tätigen verlangt werden muss: Der Staat übernahm technische Regeln, welche von nichtstaatlichen Ausschüssen aufgestellt wurden, in das staatliche Recht.

Technische Regeln für den Bereich des Verkehrs und damit auch für den Öffentlichen Personennahverkehr werden sehr umfassend von der Forschungsgesellschaft für Strassen- und Verkehrswesen aufgestellt. Die Forschungsgesellschaft für Straßen- und Verkehrswesen, welche ihren Sitz in Köln hat, nennt als ihre Hauptaufgabengebiete – soweit besonders der Öffentliche Personennahverkehr betroffen ist – die Bereiche

– Verkehrsplanung
– Straßenentwurf

– Verkehrsführung und Sicherheit
– Fahrzeug und Fahrbahn.

Die Arbeit zur Erstellung technischer Regeln wird in über 80 ehrenamtlich besetzten Arbeitsausschüssen geleistet, denen etwa 150 Arbeitskreise zugeordnet sind. Der für den Öffentlichen Personennahverkehr bedeutsame Arbeitsausschuss ist der Arbeitsausschuss 1.6 „Öffentlicher Verkehr" mit wechselnden Arbeitskreisen wie

„Nahverkehrspläne"
„Beschleunigungsmaßnahmen im Oberflächenverkehr"
„Schülerverkehr"
„ÖPNV-Bedienung und Stadtstruktur"
„Organisationsformen und Modelle für die ÖPNV-Finanzierung"
„Mobilitätsmanagement"
„Tourismusfragen"
„Fahrgastinformation".

Während die Arbeitsausschüsse langfristig bestehen, werden die Arbeitskreise für bestimmte Aufgaben eingerichtet und nach Aufgabenerfüllung wieder aufgelöst.

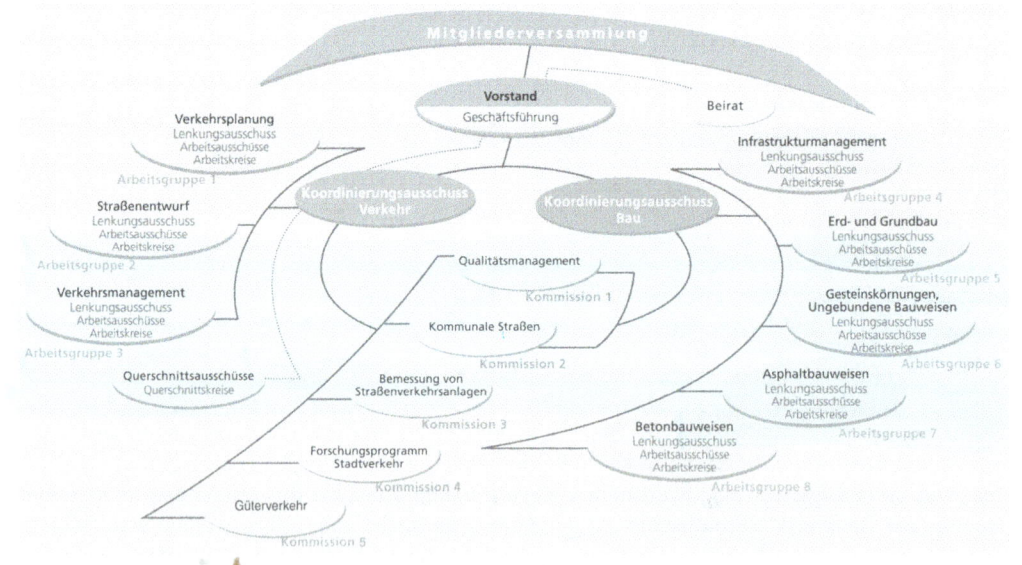

Abb. 3-2: Organigramm der Forschungsgesellschaft für Straßen- und Verkehrswesen

In den Arbeitskreisen und Arbeitsausschüssen arbeiten Fachleute aus Verwaltungen, Verkehrsunternehmen, Ingenieurbüros, Verbänden und aus dem Hochschulbereich an der Erstellung von Richtlinien und Empfehlungen (auf welche dann Dritte in Verträgen Bezug nehmen). So wurden mit Auswirkungen auf den Ablauf des Öffentlichen Personennahverkehrs u. a. erstellt die „Empfehlungen für die Anlage von Hauptverkehrsstraßen EAHV 1993" und die „Empfehlungen für die Anlage von Erschließungsstraßen EAE 1985/1995" sowie die sie um spezifische ÖPNV-Aspekte ergänzenden „Empfehlungen für Anlagen des Öffentlichen Personennahverkehrs EAÖ 2003", welche ÖPNV-Richtlinien aus den 70er Jahren ablöste („Richtlinien für die Anlage von Straßen RAS" mit den Teilen „Anlagen des öffentlichen Personenverkehrs – RAS-Ö, Abschnitt 1: Straßenbahn 1977, Abschnitt 2: Omnibus und Obus, 1979").

3.3 Institutionen und Organisationen

Gerade in Zeiten der Änderungen von Finanzierungsformen und Organisationsstrukturen im Öffentlichen Personennahverkehr sind die Arbeitnehmervertretungen von großer Bedeutung: Den Gewerkschaften ist es in rund 150 Jahren gelungen, die Konkurrenz der Arbeitskraft der einzelnen Anbieter auf dem Arbeitsmarkt einzugrenzen und deren wirtschaftliche und soziale Interessen erfolgreich zu vertreten. Die Gewerkschaften haben den Sozialstaat mitgestaltet, sie üben über die Mitbestimmung Einfluss in den Unternehmen aus und sie beeinflussen mit ihrer Tarifpolitik die wirtschaftliche Entwicklung Deutschlands. Durch den Wandel in der Wirtschaft – weg von der Grundstoffindustrie und weg von der verarbeitenden Industrie hin zur Dienstleistungs- und Informationsgesellschaft müssen sich auch die Gewerkschaften neu formieren (nicht zuletzt ausgelöst durch den Mitgliederschwund der letzten Jahre: Im Dezember 1991 zählte der Deutsche Gewerkschaftsbund rund 12 Millionen Mitglieder, Ende 1996 waren es etwa 9 Millionen und im Jahr 2005 zählten die Gewerkschaften im Deutschen Gewerkschaftsbund – welcher etwa 85 % aller Gewerkschaftsmitglieder vertritt – rund 6,8 Millionen Mitglieder). Nicht zum Deutschen Gewerkschaftsbund gehören kleinere Gewerkschaften wie beispielsweise dbb beamtenbund und tarifunion, CGB Christlicher Gewerkschaftsbund und spezielle Arbeitnehmervertretungen wie die Vereinigung Cockpit (VC) der Piloten oder die Gewerkschaft der Flugsicherung oder die Ärztevertretung Marburger Bund.

Die Gewerkschaften sind heute allgemein gefordert, sich auf neue Herausforderungen einzustellen; die Gewerkschaften im Öffentlichen Personennahverkehr unterliegen aber besonderen Bedingungen. Als Beispiel sei hier genannt die Mitgliedervertretung im Falle der Betriebsumwandlungen – zur Kosteneinsparung wird vielfach versucht, durch Privatisierung eines öffentlichen Unternehmens auch die niedrigeren Löhne des Privatunternehmens zu zahlen. Die Gewerkschaften, allen voran die vereinigte Dienstleistungsgewerkschaft *ver.di*[90] und die Gewerkschaft der Eisenbahner Deutschlands transnet haben die Herausforderungen des zukünftigen Öffentlichen Personennahverkehrs angenommen.

Der öffentliche Verkehr sieht sich weltweit großen Herausforderungen gegenüber, denen wirksam begegnet werden muss:

- Bekämpfung der Verkehrsstaus in den Städten
- Neue Formen der Finanzierung des Verkehrs.

Die Lösungen dieser Probleme sind grenzüberschreitender Natur, daher möchte der Internationale Verband für Öffentliches Verkehrswesen dieses auf weltweiter Ebene gewährleisten: Schon 1885 ist mit Sitz in Brüssel der Verband UITP (*Union Internationale des Transports Public, Internationaler Verband für Öffentliches Verkehrswesen*) gegründet worden. Der Verband hat sich zum Ziel gesetzt, die Lösungen im Verkehrswesen zu fördern, welche den Fortschritt im Interesse der Fahrgäste, der Verkehrsunternehmen und der Kommunen am stärksten begünstigen; der Verband vertritt die Interessen seiner Mitglieder gegenüber internationalen Organisationen; der Verband propagiert den Gedanken des Öffentlichen Verkehrs bei den Entscheidungsträgern.

Die rund 1.700 Mitglieder der UITP sind private und öffentliche Unternehmen, es sind nationale Verbände und Einzelpersonen sowie Verkehrsunternehmen aus mehr als 70 Ländern. Die Generalversammlung der Verbandsmitglieder wählt einen Vorstand, aus dessen Mitte ein Präsident gewählt wird. Für die Durchführung der Beschlüsse des Vorstands und zur Vorberei-

---

[90] Zum 2. Januar 2001 entstand aus der Deutschen Angestellten-Gewerkschaft, der Deutschen Postgewerkschaft, der Industriegewerkschaft Medien sowie der Gewerkschaft Öffentliche Dienste, Transport und Verkehr die vereinigte Dienstleistungsgewerkschaft ver.di. Der Fachbereich Verkehr der 13 Fachbereiche der Gewerkschaft Ver.di zählt knapp 160.000 Mitglieder (Stand Januar 2003).

tung der Aufgaben besteht ein Generalsekretariat. Die Hauptarbeit des Verbandes wird in acht Ausschüssen geleistet wie U-Bahn-Ausschuss, Ausschuss für Stadtbahnen, Ausschuss für Busfragen, Ausschuss für Busbetrieb und in technischen Kommissionen, welche fallweise um Sonderausschüsse ergänzt werden (z. B. Ausschuss Afrika für den Autobusbetrieb). Die wichtigsten Aktivitäten der UITP sind die Kongresse, Tagungen und Ausstellungen, welche es den Mitgliedern ermöglichen, sich zu treffen und Erfahrungen auszutauschen.

Ende der 50er/Anfang der 60er Jahre wandelten sich Siedlungsstrukturen, Wirtschaftsstrukturen und Verkehrsstrukturen; es wurden neue Lebensräume erschlossen, es traten veränderte Lebensbedingungen auf: Die Ballungsgebiete dehnten sich aus, die Einwohnerdichte wurde zulasten der Innenstädte in das Umland verteilt. Die Benutzer öffentlicher Verkehrsmittel mussten zwischen Wohnung und Arbeitsstätte (Ausbildungsstätte/Freizeitziel) große Wege zurücklegen. Die bisherigen Bedienungsgebiete der Verkehrsunternehmen änderten sich nicht. Der Fahrgast hatte daher unterschiedliche Tarif- und Beförderungsbestimmungen zu beachten und sah sich unabgestimmten Fahrplänen gegenüber. Das Verhältnis der einzelnen Verkehrsträger zueinander beherrschten Konkurrenzdenken und Besitzstandswahrung, woraus sich Bedienungsverbote, Parallelverkehre, nicht abgestimmte Anschlussverbindungen u. a. m. ergaben. Auch als Folge der tariflichen und verkehrlichen Desintegration gingen die Beförderungszahlen bei den Nahverkehrsunternehmen stetig zurück, was sich schließlich negativ auf die Erfolgsrechnungen der Unternehmen auswirkte. Verstärkt wurde die rückläufige Entwicklung durch den stark steigenden Motorisierungsgrad. Im Bestreben, dieser Entwicklung entgegenzuwirken, wurden bereits Ende der fünfziger Jahre problemgerechte Lösungen gesucht: Nicht nur die betriebliche Seite des Leistungsangebotes musste verbessert werden, durch organisatorische Lösungen sollte der Nahverkehr wieder attraktiver werden. Erste Vorschläge dazu wurden z. B. Anfang der 60er Jahre in Hamburg gemacht; im November 1965 wurde nach mehrjährigen Vorarbeiten der Hamburger Verkehrsverbund gegründet.

Der Verkehrsverbund stellt – lässt man die Unternehmensfusion unberücksichtigt – die höchste Stufe der Zusammenarbeit von Verkehrsunternehmen dar: Im Verkehrsraum des Verkehrsverbundes werden dem Fahrgast sämtliche Leistungen der Verkehrsunternehmen unter einheitlicher Zielsetzung abgestimmt in allen Teilbereichen als geschlossenes Ganzes angeboten.

Eine Gesellschaft mit eigenem Organisationsrahmen sowie eigenen Sachmitteln und eigenem Personal übernimmt von weiterhin rechtlich selbstständigen Verkehrsunternehmen vertraglich zu regelnde unternehmerische Zuständigkeiten sowie Ordnungs- und Leitungsfunktionen des öffentlichen Personennahverkehrs in einem abgegrenzten Gebiet

---

Abb. 3-3: Definition eines Verkehrsverbundes

Seit der Gründung des Hamburger Verkehrsverbundes sind in Deutschland eine Reihe von Verkehrsverbünden und verbundähnlichen Zusammenschlüssen entstanden, welche die Bundesrepublik flächendeckend überziehen.

Die ersten Verkehrsverbünde waren dominiert von den Verkehrsunternehmen (Unternehmensverbünde). Diese Organisationsform bot viele Angriffspunkte: Es konnte besonders bei Verkehrsunternehmen mit einer dominierenden Person an der Spitze nicht funktionieren, wenn viele Verkehrsunternehmen eine Verbundgesellschaft gründen, welche den Verkehrsunter-

3.3 Institutionen und Organisationen

nehmen und damit auch dem „starken" Verkehrsunternehmen Anweisungen zum Verhalten erteilt. In den letzten Jahren wurden viele Verbünde neu gegründet und bestehende Verbünde umorganisiert: Es sind Verkehrsverbünde eingerichtet worden, deren Gesellschafter die kommunalen Gebietskörperschaften sind (Kommunalverbund). Hier bestimmen die Politiker der kommunalen Gebietskörperschaften die Zielrichtung. Und die Verkehrsunternehmen führen die Anweisungen aus – was auch Anlass für Ärger gibt („Lohnkutscher").

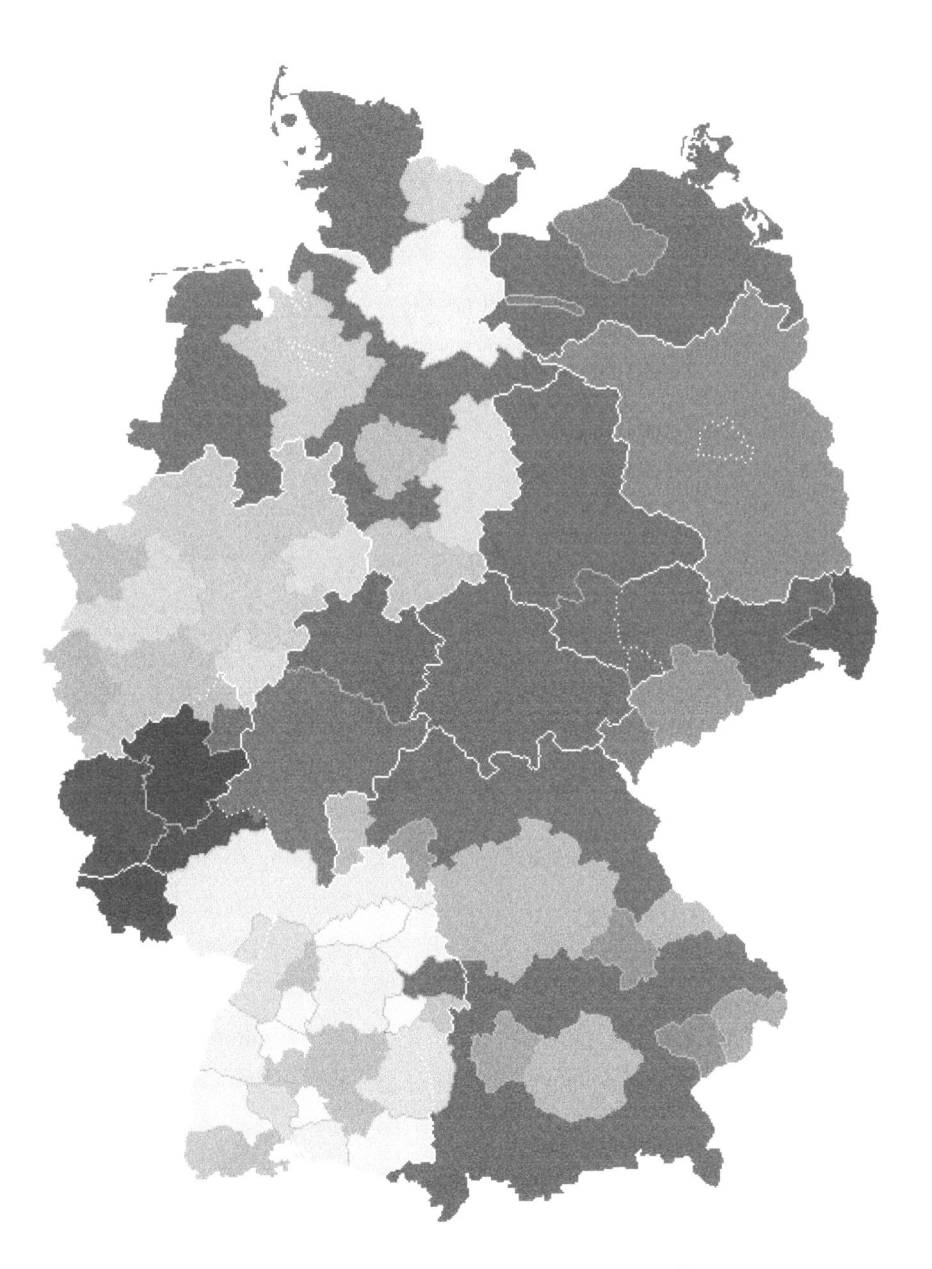

Abb. 3-4: Verkehrsverbünde und verbundähnliche Zusammenschlüsse

Die Verkehrsverbünde und verbundähnlichen Organisationen in Deutschland im Sommer 2007 sind in folgender Tabelle genannt:

Tab. 3-7: Verkehrsverbünde und verbundähnliche Zusammenschlüsse in der Bundesrepublik Deutschland

Schleswig-Holstein:
• VRK Verkehrsverbund Region Kiel • HVV Hamburger Verkehrsverbund (übergreifend) • TGL Tarifgemeinschaft Lübeck • VGNF Verkehrs- und Tarifgemeinschaft Nordfriesland • SVG Sylter Verkehrsgesellschaft
Hamburg:
• Hamburger Verkehrsverbund (auch in Schleswig-Holstein und Niedersachsen)
Bremen:
• VBN Verkehrsverbund Bremen-Niedersachsen (übergreifend nach Niedersachsen)
Mecklenburg-Vorpommern:
• LTV Ludwigsluster Tarifverbund • VVW Verkehrsverbund Warnow GmbH • VVW Verkehrsverbund Westmecklenburg
Niedersachsen:
• HVV Hamburger Verkehrsverbund (auch in Niedersachsen) • GVH Großraumverkehr Hannover • VEJ Verkehrsgemeinschaft Ems-Jade • VBN Verkehrsverbund Bremen/Niedersachsen (übergreifend nach Bremen) • VRB Verbundtarif Region Braunschweig • VSN Verkehrsverbund Süd-Niedersachsen
Berlin: VBB Verkehrsverbund Berlin-Brandenburg (übergreifend nach Brandenburg)
Brandenburg:
• VBB Verkehrsverbund Berlin-Brandenburg (übergreifend nach Berlin)
Sachsen-Anhalt:
• MDV Mitteldeutscher Verkehrsverbund (übergreifend nach Sachsen und Thüringen)
Nordrhein-Westfalen:
• VRR Verkehrsverbund Rhein-Ruhr GmbH • AVV Aachener Verkehrsverbund • VRL Verkehrsgemeinschaft Ruhr-Lippe • VRS Verkehrsverbund Rhein-Sieg • VGM Verkehrsgemeinschaft Münsterland • VGN Verkehrsgemeinschaft Niederrhein • VVOWL Verkehrsverbund Ostwestfalen-Lippe • NPH Nahverkehrsverbund Paderborn-Höxter • VGWS Verkehrsgemeinschaft Westfalen-Süd
Hessen:
• VRN Verkehrsverbund Rhein-Neckar • RMV Rhein-Main-Verkehrsverbund (übergreifend nach Rheinland-Pfalz)

3.3 Institutionen und Organisationen

- RNN Rhein-Nahe Nahverkehrsverbund (übergreifend nach Rheinland-Pfalz)
- NVV Nordhessischer Verkehrsverbund

Thüringen:
- VMT Verkehrsverbund Mittelthüringen
- MDV Mitteldeutscher Verkehrsverbund (übergreifend nach Sachsen und Sachsen-Anhalt)

Sachsen:
- MDV Mitteldeutscher Verkehrsverbund (übergreifend nach Sachsen-Anhalt und Thüringen)
- ZVON Zweckverband Verkehrsverbund Oberlausitz-Niederschlesien
- VVO Verkehrsverbund Oberelbe
- VMS Verkehrsverbund Mittelsachsen
- VVV Verkehrsverbund Vogtland

Rheinland-Pfalz:
- KVV Karlsruher Verkehrsverbund (übergreifend nach Baden-Württemberg)
- VRT Verkehrsverbund Region Trier
- VRM Verkehrsverbund Rhein-Mosel GmbH
- VRN Verkehrsverbund Rhein-Neckar (übergreifend nach Baden-Württemberg und nach Hessen)
- RMV Rhein-Main-Verkehrsverbund (übergreifend nach Hessen)
- RNV Rhein-Nahe Verkehrsverbund

Saarland:
- saarVV Saarländischer Verkehrsverbund

Bayern:
- VGN Verkehrsverbund Großraum Nürnberg
- RVV Regensburger Verkehrsverbund
- LVG Landsberger Verkehrsgemeinschaft
- INVG Ingolstädter Verkehrsgemeinschaft
- AVV Augsburger Verkehrs- und Tarifverbund
- MVV Münchner Verkehrs- und Tarifverbund
- MSP Main-Spessart Nahverkehrsgesellschaft
- DING Donau-Iller Nahverkehrsverbund
- SVV Salzburger Verkehrsverbund (übergreifend von Österreich)
- VAB Verkehrsgesellschaft am Bayerischen Untermain
- VLD Verkehrsgemeinschaft Landkreis Deggendorf
- VLK Verkehrsgemeinschaft Landkreis Kelheim
- VDR Verkehrsgemeinschaft Donau-Ries
- VLC Verkehrsgemeinschaft Landkreis Cham
- RoVG Rosenheimer Verkehrsgesellschaft
- VGRI Verkehrsgemeinschaft Rottal-Inn
- VSL Verkehrsgemeinschaft Straubing-Land
- VLP Verkehrsgemeinschaft Landkreis Passau
- VVM Verkehrsverbund Mittelschwaben
- VVM Verkehrsverbund Mainfranken
- ZNAS Zweckverband Nahverkehr Amberg-Sulzbach

Baden-Württemberg:
- bodo Bodensee-Oberschwaben Verkehrsverbund

- naldo Verkehrsverbund Neckar-Alb-Donau
- VRN Verkehrsverbund Rhein-Neckar (übergreifend nach Hessen,Rheinland-Pfalz und Frankreich)
- HNV Heilbronner Hohenloher Haller Nahverkehr
- KVV Karlsruher Verkehrsverbund (übergreifend nach Rheinland-Pfalz)
- VSB Verkehrsverbund Schwarzwald-Baar
- VVS Verkehrs- und Tarifverbund Stuttgart
- RVF Regio-Verkehrsverbund Freiburg
- DING Donau-Iller Nahverkehrsverbund (übergreifend nach Bayern)
- HTV Heidenheimer Tarifverbund
- KVS Kreisverkehr Schwäbisch Hall
- RVL Regio-Verkehrsverbund Lörrach
- TGO Tarifverbund Ortenau
- TUTicket Tarifverbund Tuttlingen
- VGC Verkehrsgesellschaft Bäderkreis Calw
- VGF Verkehrsgemeinschaft Landkreis Freudenstadt
- VGS Verkehrsgemeinschaft Stauferkreis
- VHB Verkehrsverbund Hegau-Bodensee
- VPE Verkehrsverbund Pforzheim-Enzkreis
- VVR Verkehrsgemeinschaft Rottweil
- VTW Waldshuter Tarifverbund

Am Beispiel des Verkehrsverbundes Rhein-Sieg wird die Organisation „Verkehrsverbund" näher betrachtet: Im November 1986 gründeten die nordrhein-westfälischen Städte und Kreise

- Erftkreis (Sitz: Bergheim)
- Köln
- Leverkusen
- Monheim
- Oberbergischer Kreis (Sitz: Gummersbach)
- Rhein-Sieg-Kreis (Sitz: Siegburg)
- Rheinisch-Bergischer Kreis (Sitz: Bergisch-Gladbach)
- Kreis Euskirchen (Sitz: Euskirchen)

einen Zweckverband („Zweckverband Rhein-Sieg") mit der – seit 1986 wurde die Satzung mehrfach geändert – Aufgabe, den Schienenpersonennahverkehr als Aufgabenträger und als zuständige Behörde zu planen, zu organisieren sowie auszugestalten. Dazu gehört insbesondere, den regionalen Nahverkehrsplan zu erstellen, Verkehrsdurchführungsverträge mit den Verkehrsunternehmen abzuschließen und die lokalen Nahverkehrspläne mit dem regionalen Nahverkehrsplan zu koordinieren. Weitere Aufgaben sind die Tarifgestaltung, das Marketing und die Koordinierung des regionalen Angebots. Zur Wahrnehmung seiner Aufgaben bedient sich der Zweckverband der Verkehrsverbund Rhein-Sieg GmbH, an welcher er sich als Gesellschafter beteiligt – 1987 war neben dem Zweckverband auch die Deutsche Bundesbahn Gesellschafter der VRS GmbH – und jeder Gesellschafter wollte mit einem Geschäftsführer vertreten sein;[91] seit 2004 ist der Zweckverband alleiniger Gesellschafter.

---

[91] Ein dem Fiat-Chef AGNELLI zugeschriebener Satz sagt „Die ideale Zahl von Firmenchefs ist eine ungerade. Und Drei sind zu viel."

3.3 Institutionen und Organisationen

Die VRS GmbH mit Sitz in Köln übernimmt im Verbundraum – Raum der o. g. Gebietskörperschaften – eine Vielzahl von Planungs-, Koordinierungs- und Serviceaufgaben. Insbesondere

- Verbundtarif
- Vertrieb
- Marketing
- Kommunikation
- Einnahmeaufteilung.

Die Aufgaben der VRS GmbH im Auftrag der Aufgabenträger (kommunale Gebietskörperschaften) sind

- Ausschreibungen von SPNV-Leistungen
- Mobilitätsmanagement
- Koordination regionaler und lokaler Verkehrsangebote.

Im Jahr 2006 wurden im Verbundraum täglich über 1,4 Millionen Fahrgäste auf 18 Eisenbahnlinien (inkl. 4 S-Bahn-Linien), 23 Stadtbahn- und Straßenbahnlinien, 367 Buslinien, 47 Anruf-Sammel-Taxi-Linien und 10 Bürgerbussen befördert. Die Fahrzeuge im VRS fuhren 6.700 Haltestellen an. Die im Verbundverkehr tätigen 27 Verkehrsunternehmen sind Privatunternehmer und kommunale Unternehmen und bundeseigene Unternehmen. Dazu zählen beispielsweise

- Busverkehr Rheinland (BVR)
- Deutsche Bahn (DB Regio NRW)
- Kraftverkehr Wupper-Sieg AG (KWS)
- Kölner Verkehrs-Betriebe AG (KVB)
- Stadtwerke Bonn-Verkehrs GmbH (SWBV)
- Stadtwerke Wesseling
- Rhein-Erft-Verkehrsgesellschaft
- Westerwaldbahn

Im Dezember 2007 ist als gemeinsamer Dachverband des Aachener Verkehrsverbundes und des Verkehrsverbundes Rhein-Sieg der Zweckverband Nahverkehr Rheinland gegründet worden. Die Aufgaben der Planung, Organisation und Finanzierung des Schienenpersonennahverkehrs des Verkehrsverbundes Rhein-Sieg und des Aachener Verkehrsverbundes werden seit dem 01.01.2008 von der neu gegründeten „Nahverkehr Rheinland GmbH" wahrgenommen. Das Personal der Nahverkehr Rheinland GmbH kommt vom Aachener Verkehrsverbund, vom Verkehrsverbund Rhein-Sieg und von der Bezirksregierung Köln – hier vor allem aus dem Genehmigungs- und Finanzierungsbereich des ÖPNV.

Tab. 3-8: Daten älterer Verkehrsverbünde aus 1996

Name Gründungsjahr	Beförderte Personen 1996 (Mio.)	Zug km (1000)	Wagen km (1000)	Platzkm Schiene/ Bus (Mio.)	Kosten der Verkehrsbedienung inkl. Verbundgesellschaft. (Mio. DM)	Fahrgeldeinnahmen (netto) (Mio. DM)	Kostendeckungsgrad in %
Verkehrs- und Tarifverbund Stuttgart 1978	277	19.200	13.900 (SSB)	9.900	920	454	49
Verkehrsverbund Rhein-Sieg (Köln) 1986	379,1	34.800	77.700	15.300/5.700	1.100	497	55
Verkehrsverbund Rhein-Ruhr (Gelsenkirchen) 1980	1.100	264.000 (Bus)	–	21,5 (Bus)	2.300	860	84
Verkehrsverbund Rhein-Neckar (Mannheim) 1989	191,7	15.500	45.500	9.700 (total)	650	220	37
Verkehrsverbund Großraum Nürnberg 1987	147,9	34.400	–	2.500 (total)	700	295	42
Rhein-Main Verkehrsverbund (Hofheim/Ts) 1994	540	75.000	125.000	46.0000 (total)	2.100	900	52
Münchner Verkehrs- und Tarifverbund 1971	528,6	23.000	46.000	21.200/3.500	1.200	700	60
Hamburger Verkehrsverbund 1965/1996	478,2	24.600	202.300 (inkl. Schiff)	16.400/5.800	1.300	760	59
Großraum-Verkehr Hannover 1970	1799	17.000	31.000	7.700/2.200	400	240	59

3.3 Institutionen und Organisationen

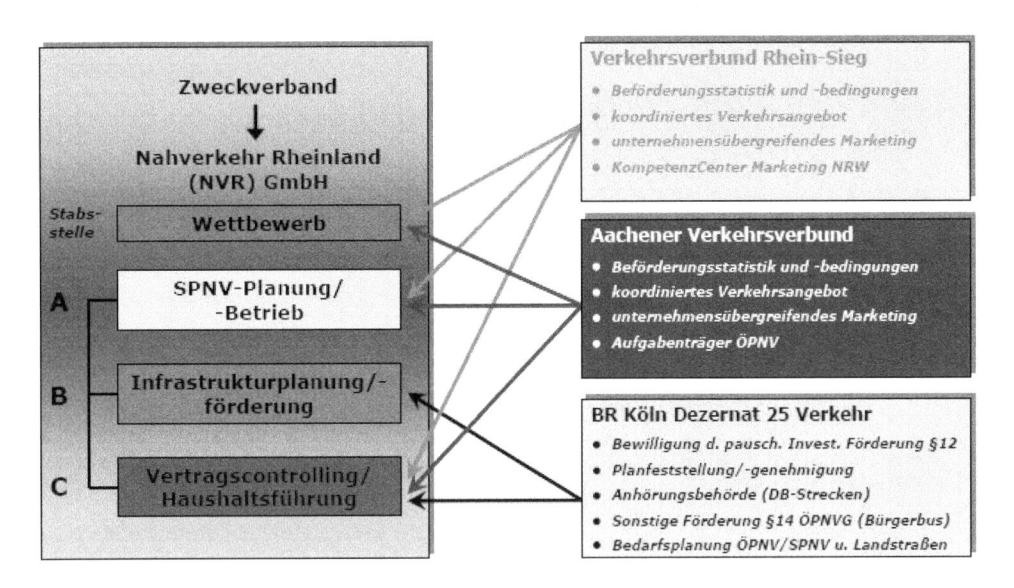

Abb. 3-5: Organisationsstrukturen des Zweckverband Nahverkehr Rheinland
(http://www.nahverkehr-rheinland.de/Downloads/
NVR_Vortrag_1_Neuorganisation_OEPNV.pdf)

4 Nachfrage im Öffentlichen Personennahverkehr

4.1 Mobilitätsgrundlagen

Verkehr entsteht dadurch, dass Bedürfnisse der Menschen an einer Stelle/einem Ort nicht erfüllt werden und daher zur Bedürfniserfüllung Ortsveränderungen erforderlich sind. Der Grund für die Ortsveränderungen sind einmal fundamentale Notwendigkeiten wie die Beschaffung von Nahrungsmitteln oder der Ortswechsel zum Arbeitsplatz. Nicht notwendiger (?) Verkehr entsteht durch die Erfüllung der beim Menschen (latent) vorhandenen Wünsche, z. B. Bergsteigen, Urlaub im Ausland, Segeltörn, Einkaufsbummel, Kinobesuch usw., welche auch von einer geschickt operierenden Industrie (geweckt und) befriedigt werden. Die Erfüllung der fundamentalen Bedürfnisse und die Erfüllung evtl. nur unterschwellig vorhandener Wünsche, welche aber erst durch Nachahmung konkret erfüllt werden, führen zu einer immer noch wachsenden Zahl von Aktivitäten, welche der Mensch – der Lebensmittelpunkt des Menschen ist seine Wohnung – außerhalb seiner Wohnung durchführt. Zur Erreichung dieser aushäusigen Orte bewegt sich der Mensch, er ist mobil.

„Mobilität" beschreibt nicht nur den Sachverhalt „Raumüberwindung", sondern umfasst auch die Nutzung und das intensive Erleben des eigenen Lebensraumes ohne Ortsveränderung sowie die Überwindung geistig-sozialer Grenzen und die Entdeckung neuer Lebensräume – auch ohne Ortsveränderung; Mobilität ist demnach mehr als Bewegung

Die (Verkehrs-)Mobilität wird gemessen durch

- Zahl der Außer-Haus-Aktivitäten
- Zahl der Wege zur Erledigung der Außer-Haus-Aktivitäten
- Entfernung zu den Außer-Haus-Aktivitäten
- Dauer der Wege
- Art der benutzten Verkehrsmittel.

Die von den Menschen in Deutschland auf verschiedene Arten durchgeführten Ortsveränderungen (von zu Fuß gehen bis zur Nutzung eines Flugzeugs) sind für unterschiedliche Personengruppen (z. B. Pkw-Besitzer und Nicht-Pkw-Besitzer) sehr unterschiedlich, und auch die Nutzung des Öffentlichen Personennahverkehrs ist sehr unterschiedlich. Kenntnisse der Mobilität sind aber wichtig für Aussagen zur zukünftigen Verkehrsentwicklung und zur Auslegung der zukünftigen Verkehrsinfrastruktur: Werden mehr Autobahnen benötigt oder mehr Regionalbahnstrecken? Werden die 18-jährigen Jugendlichen wie bisher nach einem eigenen Pkw streben oder bleiben sie weiterhin Nutzer des Öffentlichen Personennahverkehrs, welche sie als 17-jährige waren?

4.2 Mobilitätsdaten

4.2.1 Entwicklung der letzten Jahrzehnte

Grundlegende Daten zur Mobilität der deutschen Bevölkerung lieferten Zählungen und Befragungen im Auftrage des Bundesverkehrsministers („Kontinuierliche Erhebung zum Verkehrsverhalten" KONTIV). Die Ergebnisse der KONTIV 1976 und der KONTIV 1982 sowie eine

Prognose aus 1987 für das Jahr 2000 zeigt die Tabelle, gültig für die alte Bundesrepublik Deutschland.

Tab. 4-1: Mobilitätsmuster des mobilen Durchschnittsbürgers (nach ADAC 1987)

	1976	1982	2000 (Prognose aus 1987)
1. Zahl der Wege	3,51	3,59	3,80
2. Länge der Wege je Tag	30,9 km	37,3 km	44,5 km
3. Zeitaufwand je Tag	77 Min	85 Min	96,8 Min
4. Anteile der Wegezwecke			
Arbeit	22 %	22 %	20 %
Dienst-/Geschäftsreise	3 %	4 %	5 %
Ausbildung	11 %	9 %	6 %
Versorgung	28 %	28 %	30 %
Service	2 %	3 %	4 %
Freizeit	34 %	34 %	35 %
5. Verkehrsmittelwahl	Anteil an der Zahl der Wege		
Zu Fuß	33 %	27 %	27 %
Fahrrad	9 %	11 %	9 %
Motorisiertes Zweirad	2 %	2 %	1 %
Pkw (Fahrer)	33 %	37 %	41 %
Pkw (Mitfahrer)	11 %	10 %	9 %
Öffentl. Verkehrsmittel	12 %	13 %	13 %
6. Verkehrsmittelwahl	Anteile an den Personenkm /Verkehrsleistung		
zu Fuß	4 %	3 %	3 %
Fahrrad	2 %	3 %	2 %
Motorisiertes Zweirad	1 %	1 %	1 %
Pkw (Fahrer)	47 %	49 %	55 %
Pkw (Mitfahrer)	21 %	17 %	14 %
Öffentl. Verkehrsmittel	25 %	27 %	25 %
7. Zahl der Wege der Bevölkerung pro Jahr	–	57 Mrd.	56 Mrd.
8. Gesamtverkehrsleistung der Bevölkerung je Jahr	–	565 Mrd. Perskm	651 Mrd. Perskm

Der Öffentliche Verkehr (Fernreisen und Nahverkehr) verändert nach diesen Zahlen seine Anteile kaum: An den Wegen sollte er laut ADAC-Prognose aus dem Jahre 1987 auch im Jahr 2000 nur einen Anteil von 13 % aufweisen (1976 12 %), an der Verkehrsleistung (Personenkm) wurden ihm im Jahr 2000 25 % zugestanden, soviel wie 1976.

Verschiedene Mobilitätsuntersuchungen der letzten Jahre bestätigten in der Tendenz diese Ergebnisse (Tab. 4-2).

4.2 Mobilitätsdaten

Tab. 4-2: Zentrale Mobilitätskenngrößen nach KONTIV, MiD (Mobilität in Deutschland) und MOP (Mobilitätspanel des Institut für Verkehrswesen der Uni Karlsruhe)[92]

		KONTIV 1982	MOP 1998	MOP 2002	MOP 2008	MiD 2002	MiD 2008
Anteil mobiler Personen	%	82	91	91	92	85	89
Wege pro Person und Tag	Anzahl	3,0	3,6	3,5	3,4	3,3	3,5
Wege pro mobiler Person und Tag	Anzahl	3,7	3,9	3,8	3,7	3,9	3,9
Tagesstrecke pro Person und Tag	km	31	40	39	40	39	41
Tagesstrecke pro mobiler Person und Tag	km	37	43	42	44	45	46
Unterwegszeit pro Person (ohne rbW)	h:min	1:12	1:21	1:19	1:20	1:20	1:20
Unterwegszeit pro mobiler Pers. (ohne rbW)	h:min	1:27	1:28	1:26	1:27	1:27	1:30
durchschnittliche Wegelänge	km	10,0	11,1	11,0	11,8	11,7	11,8
Modal Split – Basis Wege							
Zu Fuß		29	22	24	22	22	23
Fahrrad		11	8	10	11	9	10
MIV-Fahrer	%	37	45	43	42	48	47
MIV-Mitfahrer		13	14	14	13	13	12
ÖV		10	10	9	11	9	9
Modal Split – Basis Pkm							
Zu Fuß		3	3	3	3	3	3
Fahrrad		3	2	3	3	3	3
MIV-Fahrer	%	50	54	54	48	60	58
MIV-Mitfahrer		24	22	22	21	19	20
ÖV		20	19	18	24	15	16
Wegezweck*							
Arbeit		21	15	15	15	16	15
Ausbildung		8	4	5	5	5	4
dienstlich/geschäftlich	%	6	5	5	6	8	7
Einkauf/ Erledigung		30	37	38	38	37	38
Freizeit		35	38	37	36	34	35

Einige Vergleichsdaten von Mobilitätserhebungen 1982, 2002 und 2008 zeigen die folgenden Abbildungen.[93]

---

[92] rbW meint „regelmäßige berufliche Wege", z. B. von Busfahrern, Handwerkern, Postzustellern.
[93] Die Daten der Jahre 2002 und 2008 und die Vergleichsdaten beruhen auf der Untersuchung „Mobilität in Deutschland 2002" (Infas, Institut für angewandte Sozialwissenschaft GmbH, Deutsches Institut für Wirtschaftsforschung, Berlin, Mobilität in Deutschland, Berlin) und auf der Untersuchung „Mobilität in Deutschland 2008" (Infas, Institut für angewandte Sozialwissenschaft GmbH, Deutsches Zentrum für Luft- und Raumfahrt, Mobilität in Deutschland, Berlin); die Daten aus 1982 beruhen auf den KONTIV-Untersuchungen

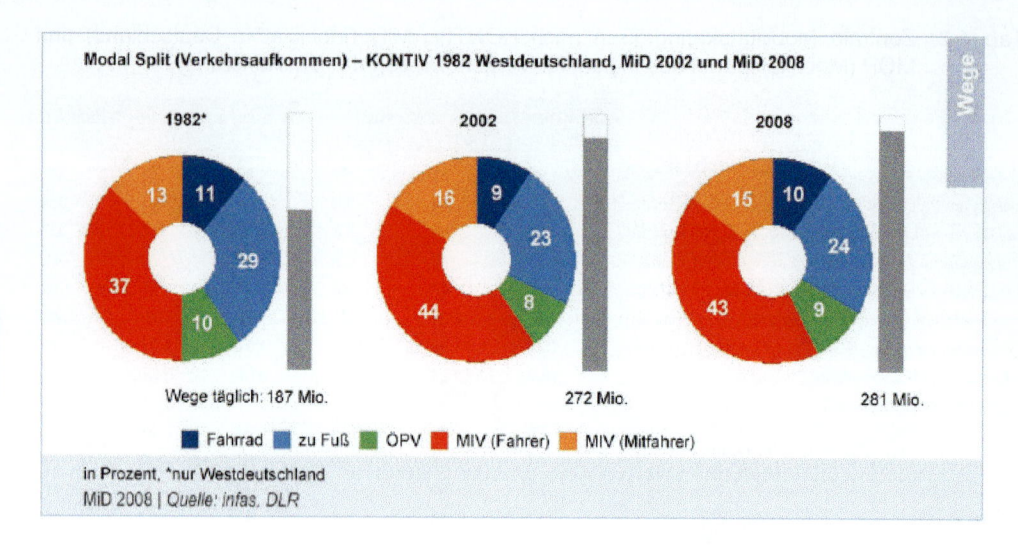

Abb. 4-1: Modal-Split (Verkehrsaufkommen) in 1982, 2002 und 2008

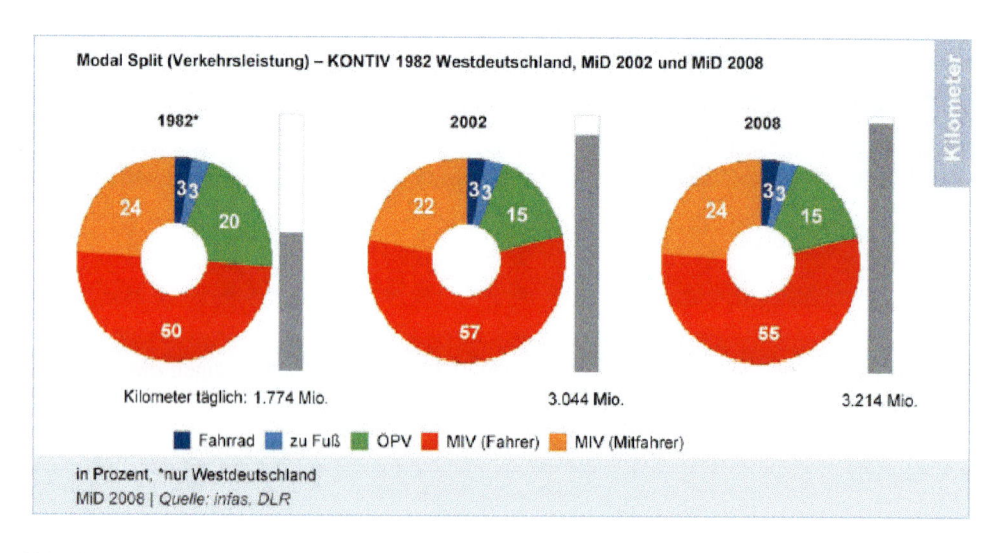

Abb. 4-2: Modal-Split (Verkehrsleistung) in 1982, 2002 und 2008

4.2.2 Aktuelle Mobilität in Deutschland

Eine genauere Betrachtung der Mobilität im Öffentlichen Personennahverkehr wird anhand der Zahlen der bundesweiten Mobilitätsuntersuchung aus dem Jahr 2008 vorgenommen, veröffentlicht im Ergebnisbericht der Untersuchung.[94]

---

[94] Mobilität in Deutschland 2008, Ergebnisbericht Struktur-Aufkommen-Emissionen-Trends, Infas, Institut für angewandte Sozialwissenschaft GmbH, Deutsches Zentrum für Luft- und Raumfahrt e. V., Bonn und Berlin 2010

4.2 Mobilitätsdaten

- Die Ergebnisse beruhen auf der Erfassung von rund 26.000 befragten Haushalten mit knapp 60.000 Personen und etwa 193.000 Wegen, 34.000 Fahrzeugen und 36.000 Reisen (Weg – aushäusige Übernachtung – Weg).
- Zusätzlich liegen zehn methodenidentische regionale Aufstockungsuntersuchungen vor aus weiteren 24.000 Haushalten; ihre Ergebnisse lassen begründete regionale Aussagen zu.
- In Deutschland haben vier von fünf Haushalten mindestens ein Auto (82 % aller Haushalte besitzen ein Auto). Nur jeder fünfte Haushalt ist autofrei. Über ein Drittel der motorisierten Haushalte ist mehrfach motorisiert. Daraus ergibt sich eine Quote 0,6 Auto je Erwachsenem. Zwischen den Bundesländern bestehen hierbei bis auf die relativ geringeren Pkw-Zahlen in den Stadtstaaten Hamburg, Berlin und Bremen – besonders zurückzuführen auf eine bessere ÖPNV-Ausstattung – kaum Unterschiede.

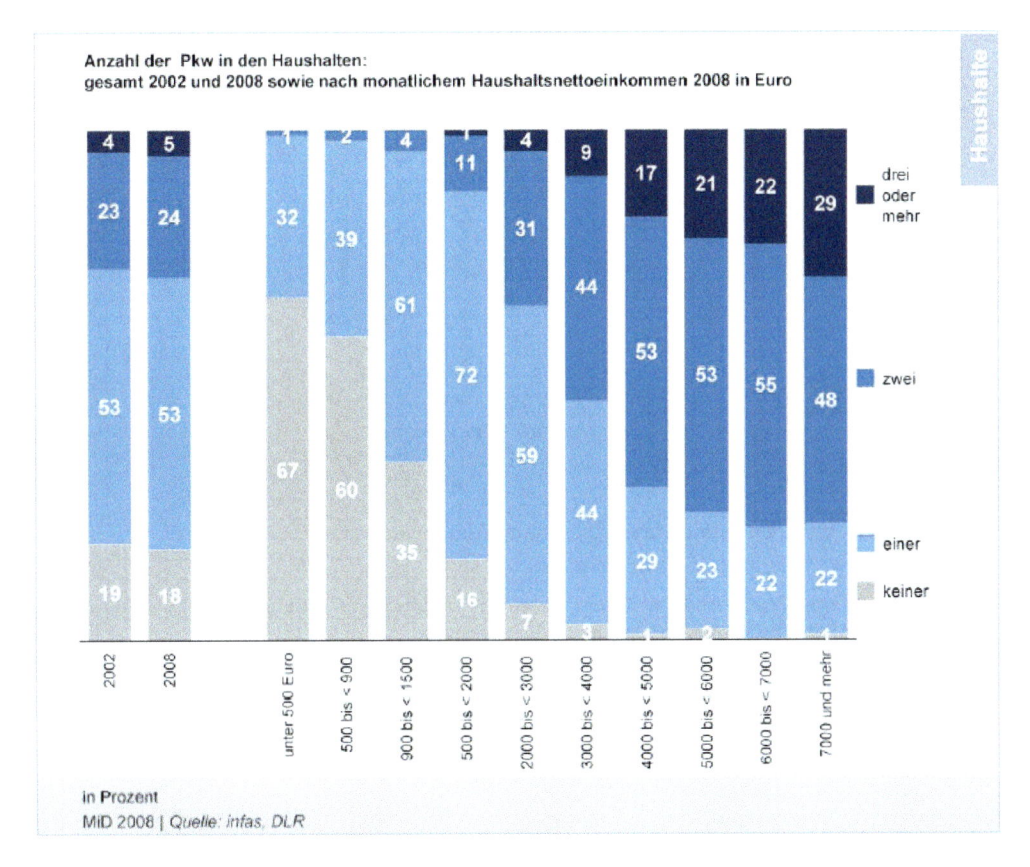

Abb. 4-3: Anzahl der Pkw in den Haushalten sowie Anzahl der Pkw in Haushalten mit verschiedenen Nettoeinkommen

- Fast 90 % der 18- bis 29-jährigen verfügt über einen Pkw-Führerschein. In den Altersgruppen ab 20 bis 50 Jahre beträgt dieser Anteil mindestens 90 %. Bei Personen im Alter zwischen 50 und 65 Jahre liegt er im Schnitt bei 80 %. Erst in der Gruppe der über 65-jährigen sinkt der Anteil der Pkw-Führerscheininhaber unter die 80 %-Marke (und besitzt damit ein erheblich höheres Niveau als vor zwei Jahrzehnten).

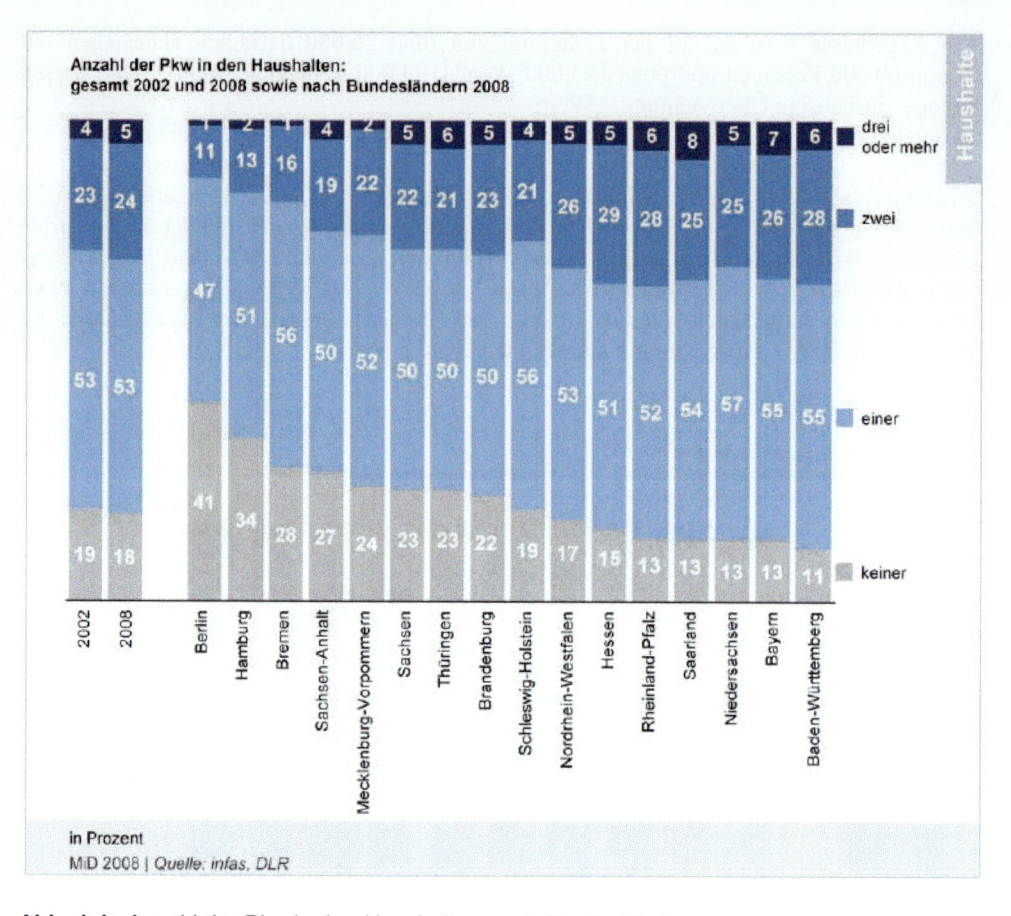

Abb. 4-4: Anzahl der Pkw in den Haushalten nach Bundesländern

- 90 % der Bundesbürger sind an einem durchschnittlichen Tag mobil, d. h. aushäusig (und damit haben 10 % ihr Wohnhaus nicht verlassen).
- Jeder mobile Bundesbürger legt am Tag rund 3,8 Wege[95] zurück. Bezieht man auch alle zu Haus bleibenden Bundesbürger ein, ergibt sich eine Wegezahl von 3,4 Wegen für alle Bundesbürger.
- Der durchschnittliche Bundesbürger ist am Tag 1 Stunde 20 Minuten unterwegs, der mobile Bundesbürger 1 Stunde 28 Minuten.

---

[95] Als Weg wird in der Untersuchung verstanden das Erreichen eines Ziels zur Durchführung eines bestimmten Zwecks (damit konnte auch ein mehrfacher Verkehrsmittelwechsel im Weg enthalten sein).

4.2 Mobilitätsdaten

Mobilitätsquote, mittlere Wegelänge und Wegedauer nach Wochentagen

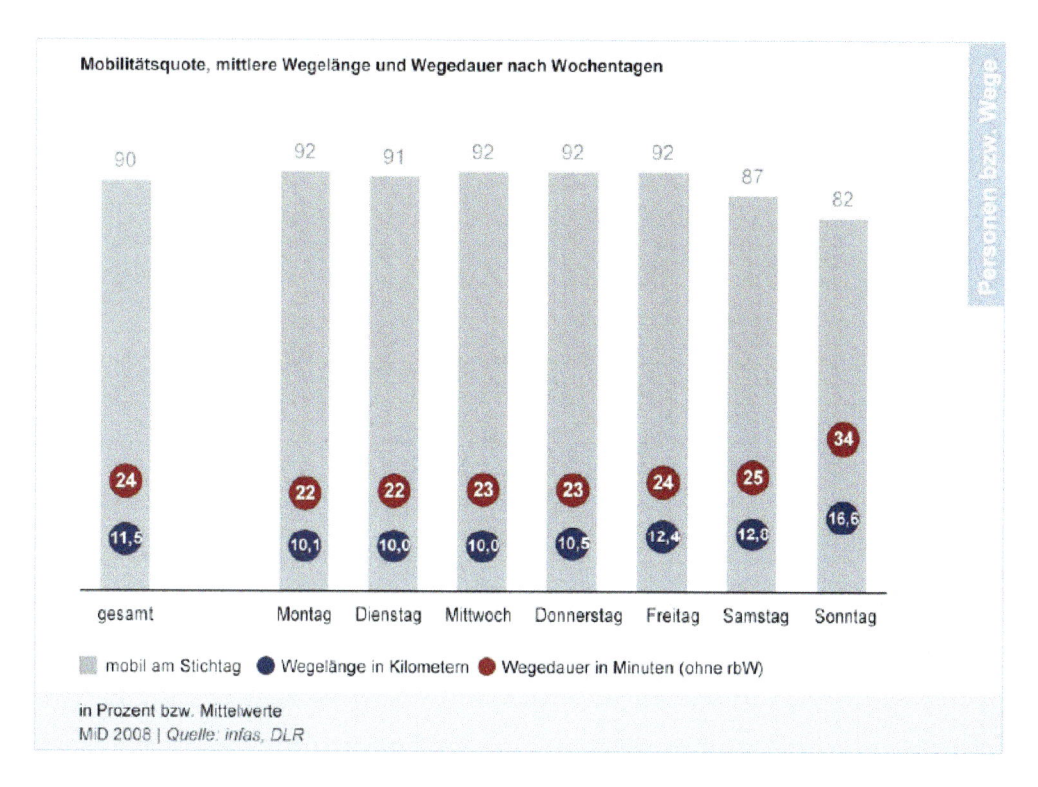

	gesamt	Montag	Dienstag	Mittwoch	Donnerstag	Freitag	Samstag	Sonntag
mobil am Stichtag (%)	90	92	91	92	92	92	87	82
Wegedauer in Minuten (ohne rbW)	24	22	22	23	23	24	25	34
Wegelänge in Kilometern	11,5	10,1	10,0	10,0	10,5	12,4	12,0	16,6

in Prozent bzw. Mittelwerte
MiD 2008 | Quelle: infas, DLR

Abb. 4-5: Mobilitätsquote, mittlere Wegelänge und Wegedauer nach Wochentagen

– Der Bundesbürger legt je Weg 11,5 km zurück, welcher im Mittel 24 Minuten dauert; seine tägliche Wegstrecke ist 39 km (mobiler Bundesbürger: 43 km).
– Pro Tag werden in Deutschland 281 Millionen Wege mit über 3,2 Milliarden Personenkilometern zurückgelegt. An Werktagen sind es rund 300 Millionen Wege, an Samstagen etwa 270 Millionen Wege und an Sonntagen 190 Millionen Wege. Im gesamten Jahr ergeben sich etwa 100 Milliarden Wege.
– Die Zahl der Wege ist seit der letzten Erhebung 2002 um 3 % gestiegen: Es wurden täglich 272 Millionen Wege gezählt. Die Verkehrsleistung ist im selben Zeitraum um etwa 5 % von 3.044 Mio. Personenkilometer auf knapp 3,2 Milliarden Perskm gestiegen (d. h., dass die Wege länger wurden).
– 20 % der Wege – alle Wege inkl. der Fußwege für alle Personen ab 0 Jahre – entfallen auf Arbeitswege bzw. Ausbildungswege, weitere sieben Prozent der Wege sind Wege im Rahmen der Berufsausübung (Dienstgänge). 32 % der Wege gehören zum Bereich Freizeit, weitere 21 Prozent sind Einkaufswege. 12 Prozent aller Wege gehören zum Bereich „Private Erledigungen". „Begleitung" kennzeichnen acht Prozent aller Wege.
– Die Struktur der Verkehrszwecke unterscheidet sich in den verschiedenen Bundesländern nicht, aber bei der Verkehrsmittelnutzung gibt es deutliche Unterschiede. Im Mittel gibt es bei 43 % der Wege die Autonutzung durch Selbstfahrer zuzüglich 15 % der Wege, welche von Auto-Mitfahrern zurückgelegt werden. Während in den Flächenländern der Bundesdurchschnitt von 60 % Autonutzer überschritten wird, liegt er in den Stadtstaaten sehr viel niedriger (es wird mehr Bus und Bahn genutzt). Der Öffentliche Personennahverkehr wird

Modal Split (Verkehrsaufkommen): gesamt 2002 und 2008 sowie nach Bundesländern 2008

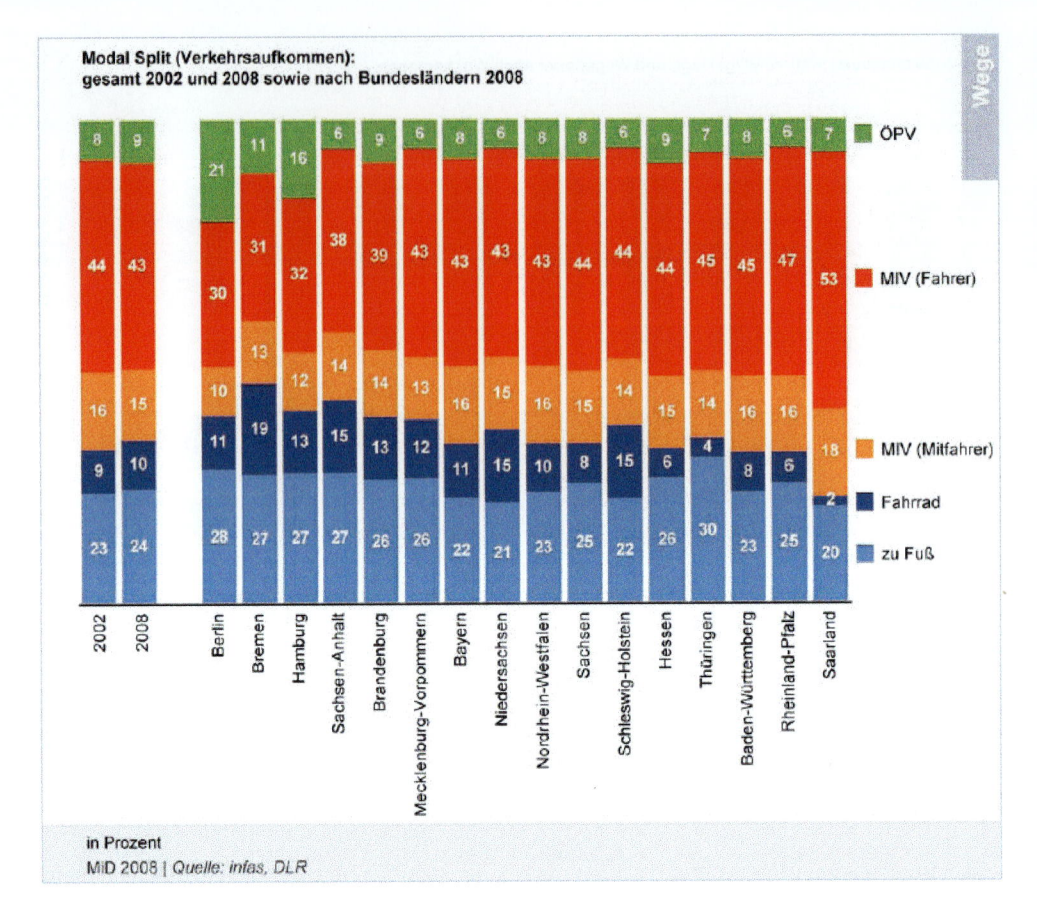

	2002	2008	Berlin	Bremen	Hamburg	Sachsen-Anhalt	Brandenburg	Mecklenburg-Vorpommern	Bayern	Niedersachsen	Nordrhein-Westfalen	Sachsen	Schleswig-Holstein	Hessen	Thüringen	Baden-Württemberg	Rheinland-Pfalz	Saarland
ÖPV	8	9	21	11	16	6	9	6	8	6	6	8	6	9	7	8	6	7
MIV (Fahrer)	44	43	30	31	32	38	39	43	43	43	43	44	44	44	45	45	47	53
MIV (Mitfahrer)	16	15	10	12	13	14	14	13	16	15	16	15	14	15	14	16	16	18
Fahrrad	9	10	11	19	13	15	13	12	11	15	10	8	15	6	4	8	6	2
zu Fuß	23	24	28	27	27	27	26	26	22	21	23	25	22	26	30	23	25	20

in Prozent
MiD 2008 | Quelle: infas, DLR

Abb. 4-6: Modal-Split (Verkehrsaufkommen) gesamt und nach Bundesländern 2008

bei acht Prozent aller Wege benutzt (in den Stadtstaaten liegt dieser Anteil mit 11 – 21 % deutlich höher), das Fahrrad bei zehn Prozent der Wege. Die reinen Fußwege werden bei beachtlichen 24 Prozent aller Wege durchgeführt.
– Der Anteil der Autowege hat in den letzten 20 Jahren von 50 auf 60 % zugenommen (für die alte Bundesrepublik Deutschland entspricht das einem Zuwachs um 40 % von 100 auf 140 Millionen Autowege).
– Bei der Nutzung der Verkehrsmittel zeigen sich deutliche lebensphasenabhängige Entwicklungen: Bereits Nicht-Führerschein-Inhaber (Kinder und Jugendliche bis 17 Jahre) legen vier von 10 Wegen im Auto zurück (41 %).
– Kinder beginnen mit etwa vier Jahren Rad zu fahren; mit zunehmendem Alter nimmt die Fahrradnutzung zu, um im Alter von 18 Jahren deutlich einzubrechen.
– 44 Prozent aller Wege sind nach 10 Minuten beendet, 70 % aller Wege enden nach 20 Minuten und nur jeder sechste Weg dauert länger als 30 Minuten (MiD 2002).
– Sechzig Prozent aller Wege sind kürzer als fünf Kilometer, und 10 % aller Autowege enden schon nach 1 Kilometer. Nur etwa ein Drittel aller Auto-Wege geht weiter als 10 Kilometer. Bei 70 Prozent aller Auto-Fahrten sitzt der Fahrer allein im Auto (MiD 2002).
– Die Wegelänge im Pkw als Fahrer beträgt im Mittel 14,7 Kilometer und dauert 21 Minuten; die Wegelänge mit Bus oder Bahn ist 12,3 Kilometer und dauert 41 Minuten.

- Jeder aushäusige Bundesbürger ist im Mittel etwa 90 Minuten täglich unterwegs und legt dabei 40 Kilometer zurück. Der Nutzer der öffentlichen Verkehrsmittel legt durchschnittlich 35 Kilometer zurück und muss dafür 100 Minuten aufwenden.

Die Studie „Mobilität in Deutschland" lässt einige zentrale Trends in der Mobilität erkennen:
- Die Motorisierung der privaten Haushalte nimmt in geringem Maße zu
- Der Anteil des Pkw-Verkehrs am gesamten Verkehrsaufkommen wird größer
- Das absolute Verkehrsaufkommen des Öffentlichen Personennahverkehrs stagniert
- Der Erledigungs-, Einkaufs- und Freizeitverkehr weist hohe Wachstumsraten auf
- Die tägliche Mobilität wächst bei zunehmenden Wegelängen.

4.3 Öffentlicher Personennahverkehr und Mobilität[96]

Neben dem Pkw-Besitz und dessen Nutzung – dieser Sachverhalt bildet den Schwerpunkt der Studie auch 2002 – fragt die Untersuchung u. a. auch nach dem Besitz von Zeitkarten des Nahverkehrs.

Hochgerechnet haben rund 10,5 Millionen Bundesbürger eine Zeitkarte. Knapp die Hälfte der Befragten, die eine Zeitkarte besitzen, sind Erwerbstätige oder Auszubildende, knapp 30 % sind Schüler und Studierende, 16 % der Zeitkarteninhaber sind Rentner. Die restlichen sieben Prozent sind Hausfrauen, Erwerbslose oder andere Gruppen.

Rund drei Prozent aller Erwerbstätigen mit einer Zeitkarte besitzen ein Job-Ticket[97] (und 15 % der Erwerbstätigen, die den ÖPNV täglich nutzen). Zwei Drittel der mit dem ÖPNV fahrenden Erwerbstätigen besitzen normale Zeitkarten. Den höchsten Ausstattungsgrad mit Zeitkarten haben Studierende (zwei Drittel aller Studenten). Das ist vor allem im Semesterticket begründet, welches nur in Bayern, Sachsen-Anhalt und Berlin bei den Studenten nicht die überwiegende Fahrscheinart ist.

Bei der generellen Nutzungshäufigkeit des öffentlichen Personennahverkehrs werden in Hamburg, Berlin und Bremen anteilig die meisten regelmäßigen ÖPNV-Nutzer gezählt: In Hamburg und Berlin nutzt jeder Zweite zumindest einmal wöchentlich Bus und Bahn, in Bremen liegt dieser Anteil bei etwa 40 Prozent. Im Bundesdurchschnitt zählt nur jeder Vierte zu diesen häufigen ÖPNV-Kunden. Am geringsten sind die Nutzeranteile des ÖPNV in den Flächenländern ohne größere Ballungsgebiete. Die deutlich bessere Angebotsstruktur des ÖPNV in dicht besiedelten Räumen spiegelt sich in den Nutzungshäufigkeiten wider.

---

[96] Die Studie 2008 stellt fest, dass sich die Nutzung des ÖPNV gegenüber 2002 kaum geändert hat. Da die Studie „Mobilität in Deutschland 2002" detailliert auf die Nutzung öffentlicher Verkehrsmittel eingeht, werden die Ergebnisse dieser Studie dargestellt.

[97] Job-Ticket: Der Arbeitgeber kauft für die Mitarbeiter eine große Zahl von Zeitkarten und erhält dadurch erhebliche Rabatte. Diese Fahrkarten gibt der Arbeitgeber an seine Mitarbeiter aus. Oft ist der Erwerb eines Job-Tickets die Bedingung, einen Pkw-Stellplatz auf dem Unternehmensgelände zu erhalten.

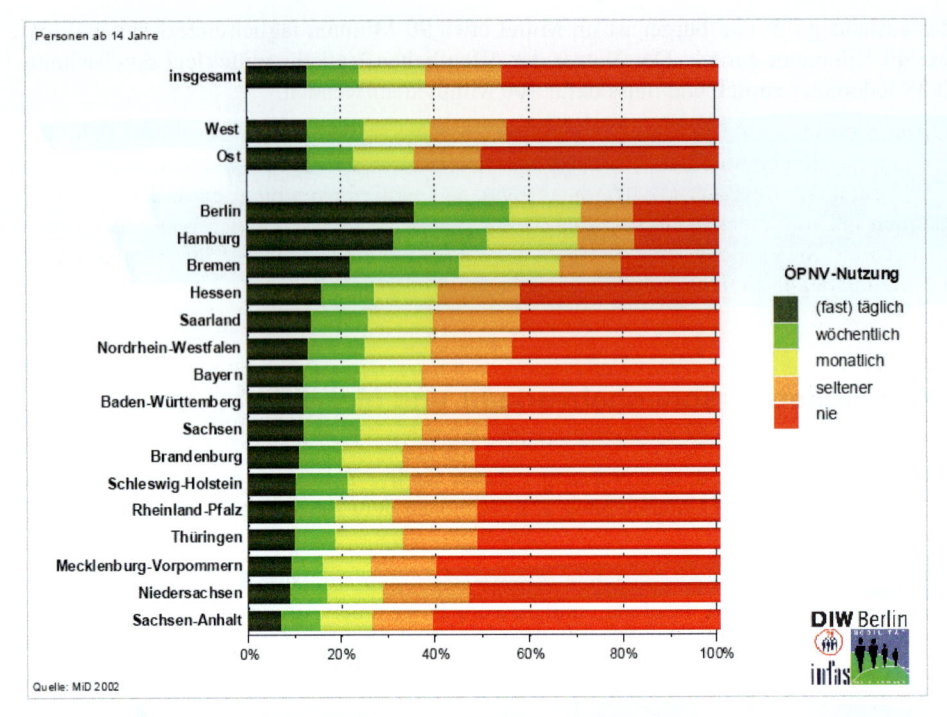

Abb. 4-7: Übliche Nutzung des ÖPNV nach Bundesländern 2002

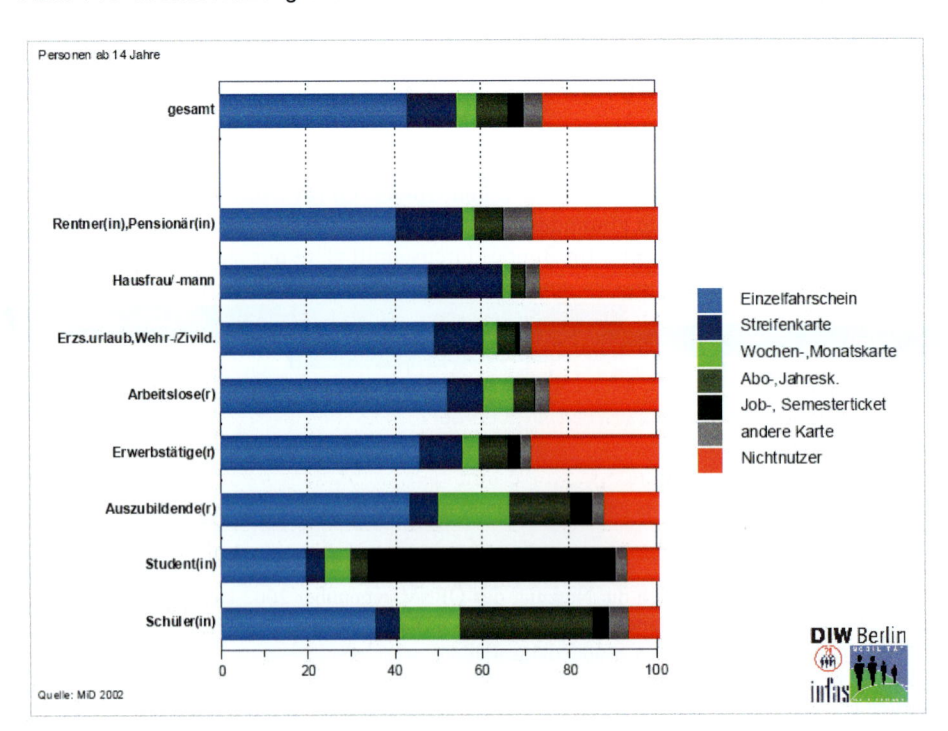

Abb. 4-8: ÖPNV-Nutzung und Fahrscheintarif 2002

4.3 Öffentlicher Personennahverkehr und Mobilität

Auffällig bei der ÖPNV-Nutzung ist der wie bei der Pkw-Nutzung bestehende Ost-West-Unterschied: Die Gruppe der Nicht-Nutzer des ÖPNV beträgt in Westdeutschland 44 Prozent und in Ostdeutschland 50 Prozent.

Die Differenzierung der ÖPNV-Nutzung nach Gebietstypen zeigt eine besonders hohe Nutzung in den Agglomerationsräumen; tägliche und wöchentliche ÖPNV-Kunden umfassen hier etwa ein Drittel der Bevölkerung. Die Nicht-Nutzer-Anteile liegen dagegen in den verstädterten Räumen mit mittlerer Dichte sowie in den ländlichen Räumen deutlich höher als im Bundesdurchschnitt. Sie erreichen in den beiden Räumen über 50 %, während der Bundeswert der Nicht-Nutzung bei 45 % liegt.

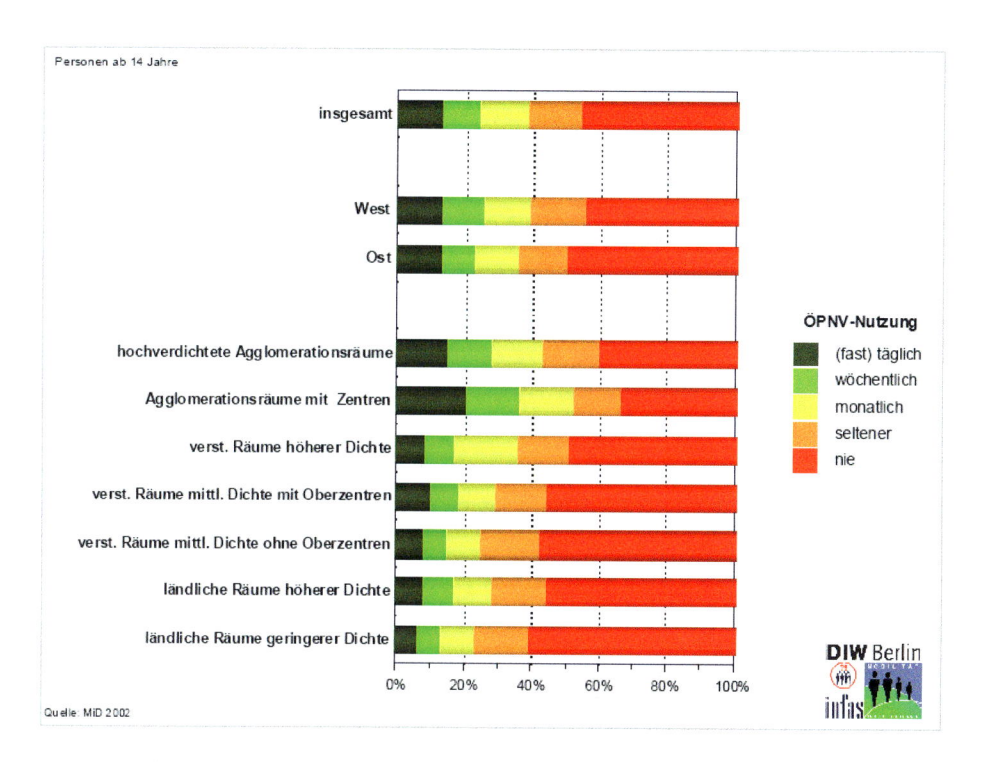

Abb. 4-9: Übliche Nutzung des ÖPNV nach Gebietstypen 2002

Auf Personenebene wurden zusätzlich zur generellen Nutzungshäufigkeit unterschiedlicher Verkehrsmittel einige Einschätzungen zur Verfügbarkeit des Öffentlichen Personennahverkehrs erfragt. Dazu zählt eine subjektive Bewertung der Anbindungsqualität der üblichen Ziele im Vergleich zum Auto.

Das in Abb. 4-10 dargestellte Ergebnis zeigt auf der rechten Seite die deutlich bessere Bewertung für die Erreichbarkeit üblicher Ziele mit dem Auto: 90 Prozent der Befragten geben an, ihre Ziele mit dem Auto sehr gut/gut erreichen zu können. Bei Bus und Bahn schätzte im Mittel nur jeder zweite Befragte die Erreichbarkeit der Ziele mit diesen Verkehrsmitteln als gut ein; in Agglomerationsräumen ist eine gute Erreichbarkeit der Ziele mit Bus und Bahn bei 60 % der Befragten gegeben.

Antworten auf Fragen nach der Dauer des Fußwegs zur Haltestelle und nach der Entfernung dieser Haltestelle von der Wohnung ergab, dass Bushaltestellen im Schnitt sechs Minuten von der Wohnung entfernt sind und bei Bahnhaltestellen die Wegedauer zur Haltestelle 50 Minuten auf dem Lande und 20 Minuten in Ballungsräumen beträgt.

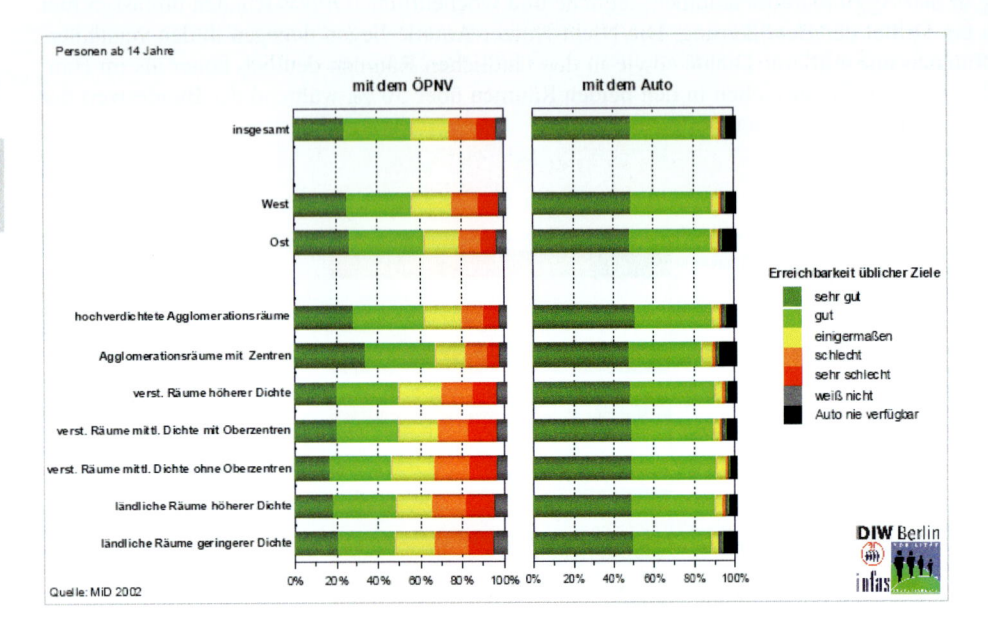

Abb. 4-10: Erreichbarkeit der üblichen Ziele mit dem ÖPNV und mit dem Auto 2002

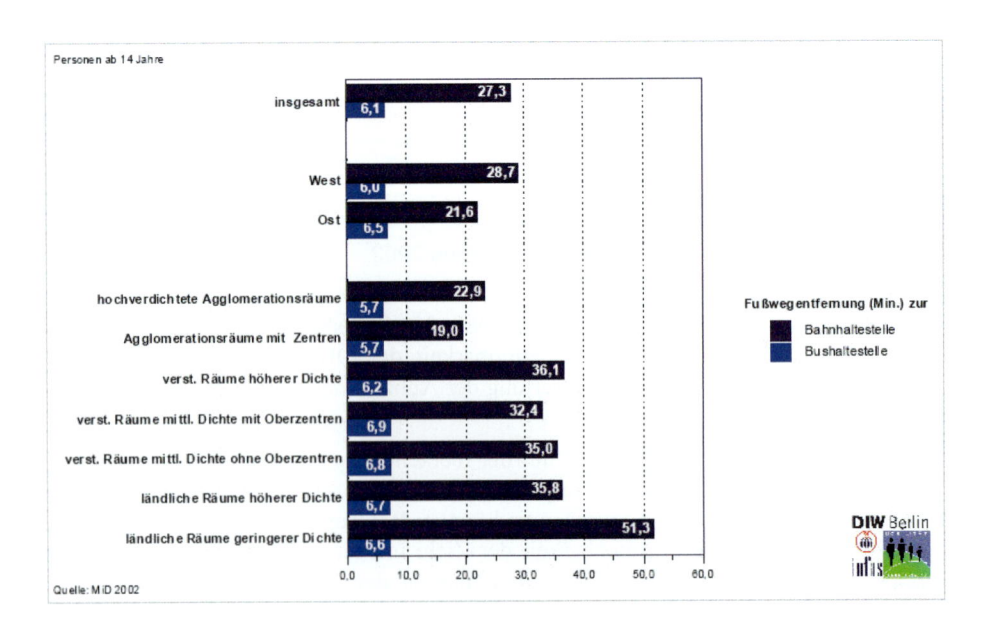

Abb. 4-11: Fußwegentfernung zu Haltestellen 2002

4.3 Öffentlicher Personennahverkehr und Mobilität

Aus den verschiedenen Einzelergebnissen der Mobilitätsstudie werden Mobilitätstypen in sieben unterschiedliche Bevölkerungsgruppen abgeleitet: Die Kundschaft des ÖPNV wird durch drei dieser Gruppen gebildet (in der Summe 33 % der Befragten), acht Prozent entfallen auf ÖV-Captives (ÖV-Nutzer ohne Autobesitz oder Autoverfügbarkeit). Weitere acht Prozent sind ÖV-Stammkunden, welche trotz Auto-Besitz täglich mit dem ÖPNV fahren. 18 % umfasst die Gruppe der Gelegenheitskunden. Weitere Mobilitätstypen sind die Stammnutzer des Autoverkehrs, die überzeugten Radfahrer und die Wenig-Nutzer des ÖPNV.

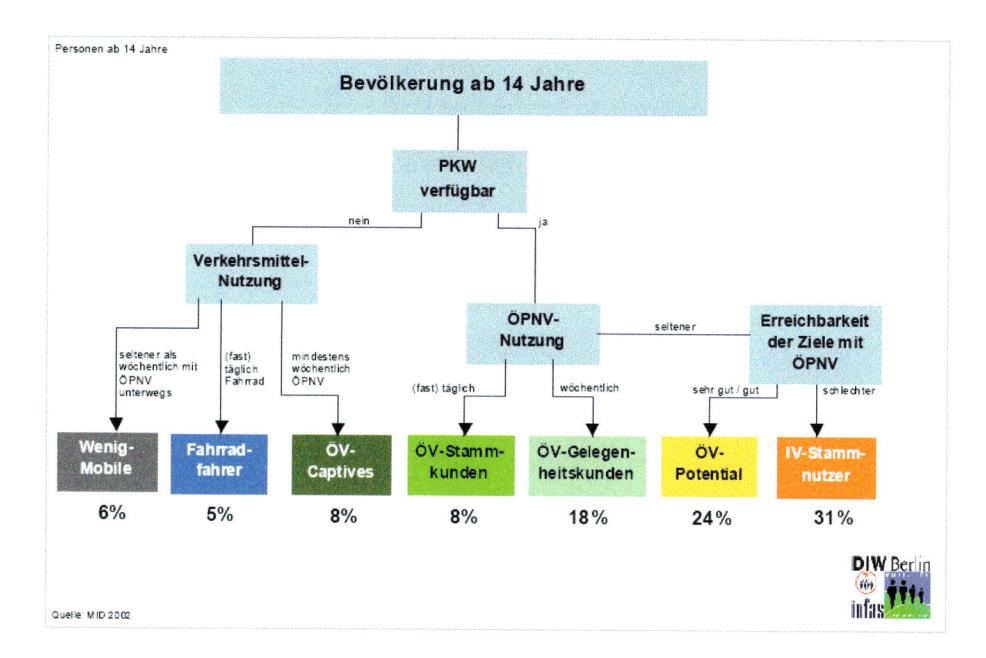

Abb. 4-12: Verkehrsmittel-Nutzersegmente

Eine Differenzierung der Mobilitätstypen nach Teilgebieten zeigt zwei besondere Ergebnisse:
- In Ostdeutschland ist der Anteil der Wenig-Mobilen mit acht Prozent gegenüber 5 % in Westdeutschland um drei Prozent höher als im Westen
- Der Anteil der ÖPNV-Gelegenheitskunden liegt im Westen mit 19 % deutlich höher als im Osten mit 14 Prozent.

Neben vielen anderen Mobilitätsdaten liefert die Studie auch Aussagen zum Modal-Split, insbesondere auch zur Verkehrsmittelwahl in den Jahren der vorangegangenen Untersuchungen 1976, 1989 und 2002. Während in den achtziger Jahren die Untersuchungen eine tägliche Gesamtwegezahl von 190 Millionen erbrachten, liegt das 2002 festgestellte Verkehrsaufkommen bei 225 Millionen Wegen. Von diesem Verkehrszuwachs profitiert ausschließlich das Auto: Es ist ein Zuwachs um 50 % zu verzeichnen.

Der Öffentliche Personenverkehr dagegen stagniert bei 20 Millionen täglichen Wegen; er verliert bei gestiegenem Verkehrsaufkommen und sinkt im Anteil auf (gegenwärtig) acht Prozent. Beim Vergleich mit anderen Statistiken zum ÖPNV ist zu berücksichtigen, dass in der betrachteten Untersuchung jede Fahrt Quelle-Ziel als ein Weg zählt, unabhängig von der Zahl und Art der benutzten Verkehrsmittel. Weiterhin wird jeder Weg nur nach dem Hauptverkehrsmittel erfasst, mögliche Nahverkehrsfahrzeuge im Vorlauf oder Nachlauf entfallen dabei.

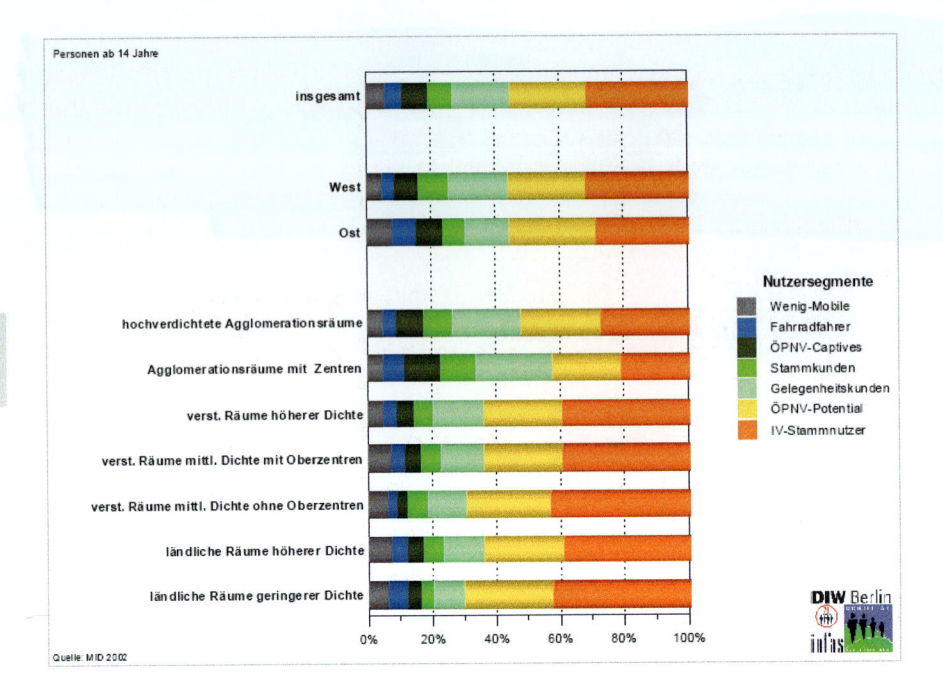

Abb. 4-13: Nutzungssegmente nach Regionstypen **2002**

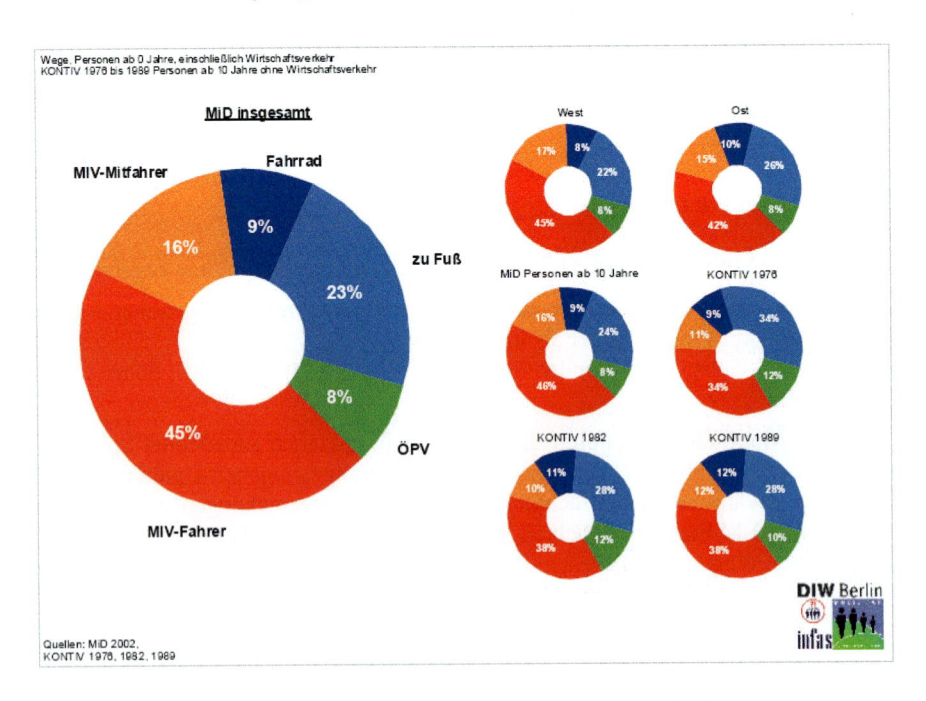

Abb. 4-14: Wege am Stichtag nach Hauptverkehrsmitteln 2002

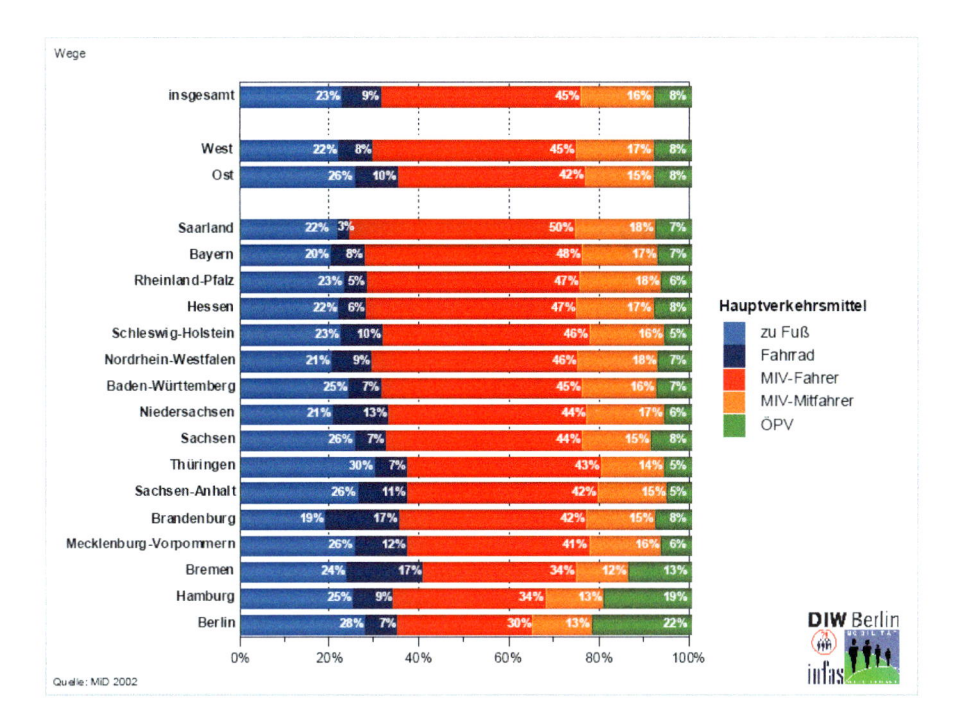

4.3 Öffentlicher Personennahverkehr und Mobilität

Abb. 4-15: Wege nach Hauptverkehrsmittel und Bundesländern 2002

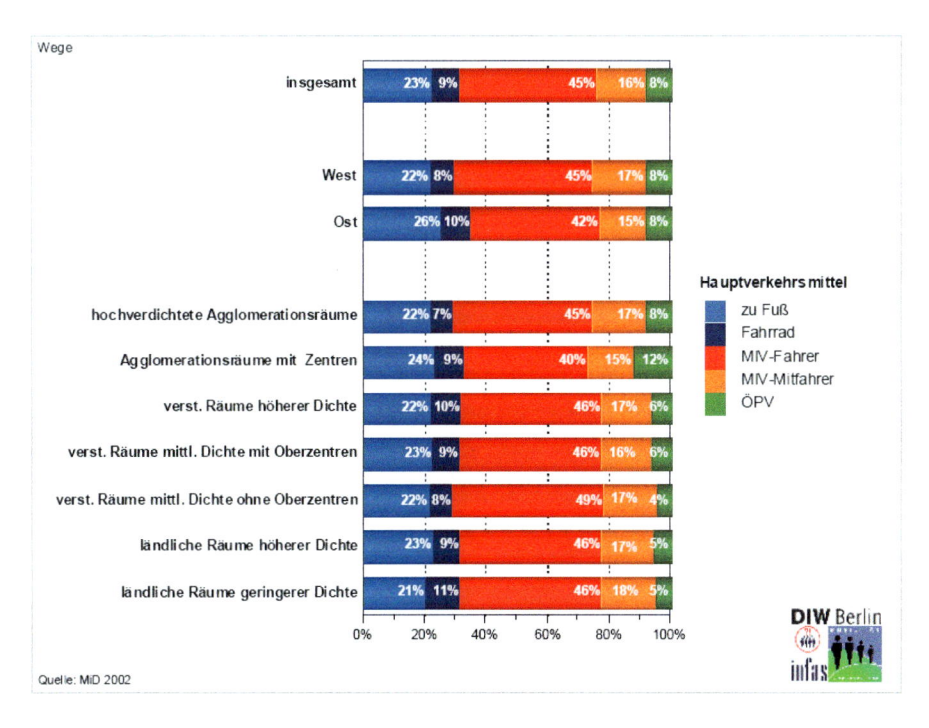

Abb. 4-16: Wege nach Hauptverkehrsmittel und nach Regionstypen 2002

Auch bei der Nutzung von Bussen und Bahnen zeigen sich regionale Unterschiede ebenso wie bei der Unterscheidung nach verschiedenen Regionstypen.

Die bisher vorgestellten Ergebnisse der Studie „Mobilität in Deutschland 2002" zeigen für den Öffentlichen Personennahverkehr ein eher ungünstiges Bild. Der Angebotsbereich Busse und Bahnen konnte in den beiden letzten Jahrzehnten in Deutschland keine bedeutenden Marktanteile erringen. In der Bilanz nimmt das absolute Aufkommen zwar nicht ab, aber prozentual verlieren Bahn und Bus an Bedeutung.

Der Vergleich der Reisezeiten zeigt, dass Kunden des Öffentlichen Personennahverkehrs bei ähnlicher Streckenlänge wie im motorisierten Individualverkehr nahezu die doppelte Zeit aufbringen müssen. Die Zunahme des Einkaufsverkehrs, des Erledigungs- und Freizeitverkehrs mit zunehmend dezentralen Wegen erschwert die Rahmenbedingungen von Bus und Bahn. Die deutlich gestiegene Pkw-Verfügbarkeit beeinflusst die Marktsituation ebenfalls zuungunsten des öffentlichen Verkehrs. Mit dem Übergang ins Erwachsenenalter und dem damit möglichen Führerscheinerwerb verändert sich die Verkehrsmittelwahl gravierend. Aber auch für Kinder und Jugendliche ist die Alltagsmobilität vom Auto geprägt. Der Öffentliche Personennahverkehr muss sich bei der Verkehrsteilnahme mit dem vierten Platz hinter dem Mitfahren im Auto, der Nutzung des Fahrrads und dem zu-Fuß-Gehen zufriedengeben. Im Berufs- und Ausbildungsverkehr hat er noch eine bedeutende Verkehrsträgerfunktion, aber in den anderen Teilmärkten spielt er eine geringere Rolle als das Fahrrad oder die Fußwege.

Bus und Bahn sind der Situation ausgesetzt, dass bei Qualitätsproblemen immer der Betreiber als Verantwortlicher angesehen wird; im Pkw-Verkehr wird die Verantwortung viel individueller empfunden. Der Öffentliche Nahverkehr ist in einzelnen Fällen aber sehr erfolgreich. Wo vor allem attraktive Schienenangebote im städtischen Bereich oder im Berufsverkehr existieren, welche qualitativ und zeitlich mit der Straße konkurrieren und evtl. sogar schneller sind, liegen die Anteile der öffentlichen Verkehrsmittel deutlich über dem Schnitt.

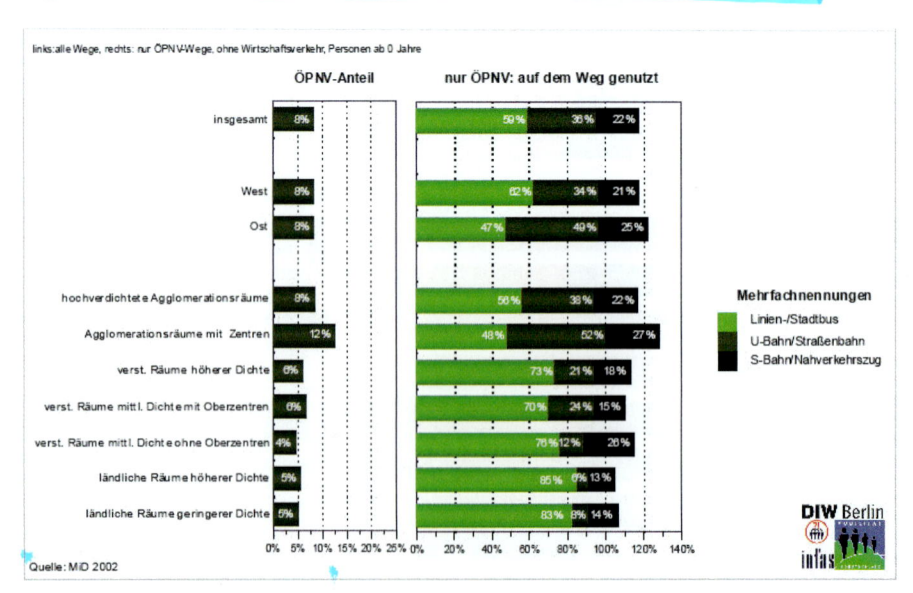

Abb. 4-17: Wege im Öffentlichen Personennahverkehr: Anteil am Gesamtverkehr und Mehrfachnutzung von ÖPNV-Verkehrsmitteln nach Regionstypen 2002

4.3 Öffentlicher Personennahverkehr und Mobilität

Die Bedeutung von Bus und Bahn unterscheidet sich deutlich in einzelnen Regionstypen: In den ländlichen Räumen ist der Bus der (fast) ausschließliche Verkehrsträger. Der hohe Schienenanteil korrespondiert mit der Höhe des ÖPNV-Anteils insgesamt.

Die Nennung mehrerer benutzter Verkehrsmittel auf dem Weg mit dem Öffentlichen Personennahverkehr – siehe Nutzung des ÖPNV durch Berufs- und Ausbildungsverkehr – kann als Umsteigefaktor angesehen werden. Durchschnittlich werden 1,2 Angebote benutzt, wobei wegen des höheren Angebotes an unterschiedlichen Verkehrsmitteln diese Zahl in Agglomerationsräumen deutlich höher liegt als auf dem Lande. Bei der Nutzung des Öffentlichen Personennahverkehrs aufgeteilt nach unterschiedlichen Nutzern zeigt sich deutlich die Attraktivität der Schiene. Die Nutzung der Schienenangebote bildete die Mehrheit bei den IV-Stammnutzern, welche ausnahmsweise den ÖPNV genutzt haben und bei den potentiellen ÖV-Nutzern sowie bei den ÖPNV-Gelegenheitskunden.

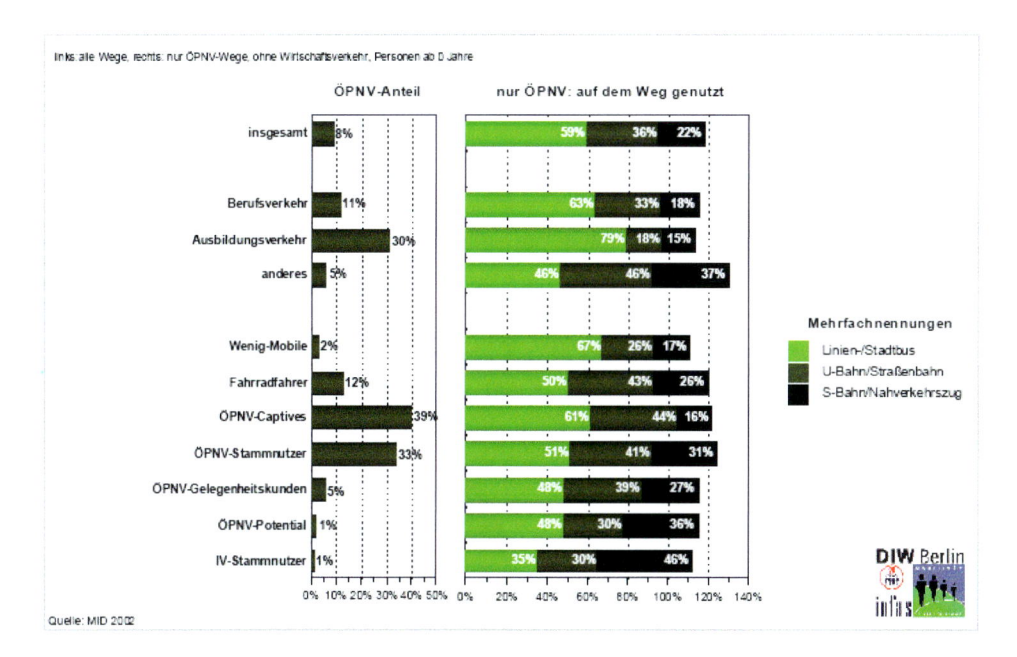

Abb. 4-18: Wege im ÖPNV: Anteil am Gesamtverkehr und Mehrfachnutzung von ÖPNV-Verkehrsmitteln nach Berufs- und Ausbildungsverkehr und nach Mobilitätstypen 2002

Eine ergänzende Untersuchung im Auftrag des Verkehrsverbundes Großraum Nürnberg aus dem Herbst 2002 ergab, dass Qualitätsprobleme im Öffentlichen Nahverkehr oder (vermeintlich) zu hohe Preise auf die Verkehrsmittelwahl nur einen geringen Einfluss haben. Gegen den ÖPNV wurde mit dessen Langsamkeit argumentiert oder mit nicht-passenden Verbindungen. Damit wird deutlich, dass ein verbessertes Marketing ohne Angebotsverbesserungen nicht zu einer höheren ÖPNV-Inanspruchnahme führt. Erst mit deutlichen Angebotsverbesserungen bei verbesserter Basisqualität sind Zuwächse im ÖPNV zu erwarten. Und erst dann kann mit besserer Informationspolitik erfolgreich um mehr ÖV-Kunden geworben werden.

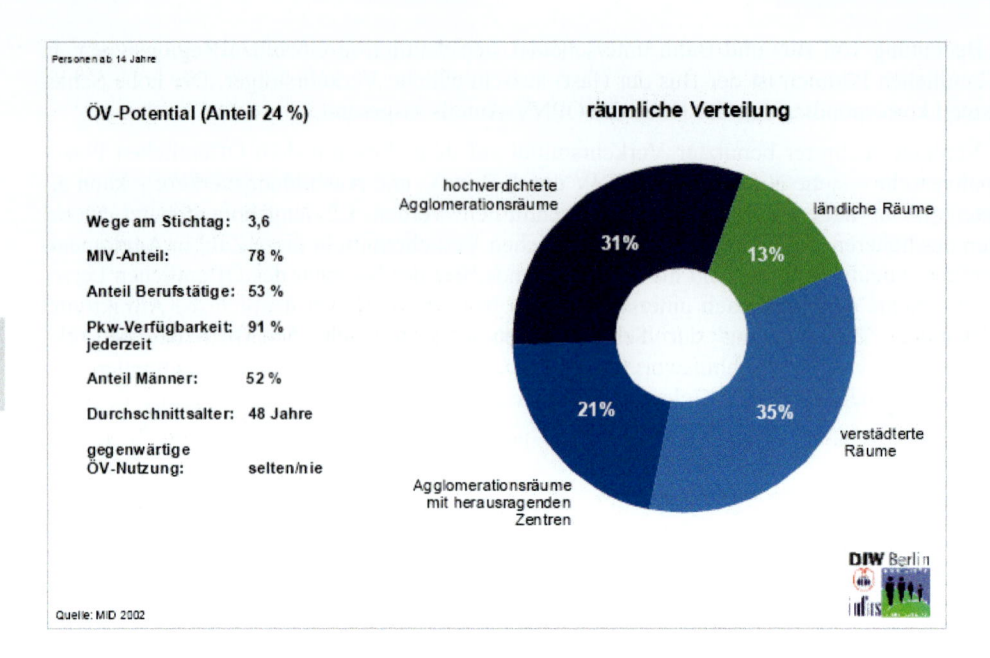

Abb. 4-19: Verteilung des ÖPNV-Potentials nach Raumtypen 2002

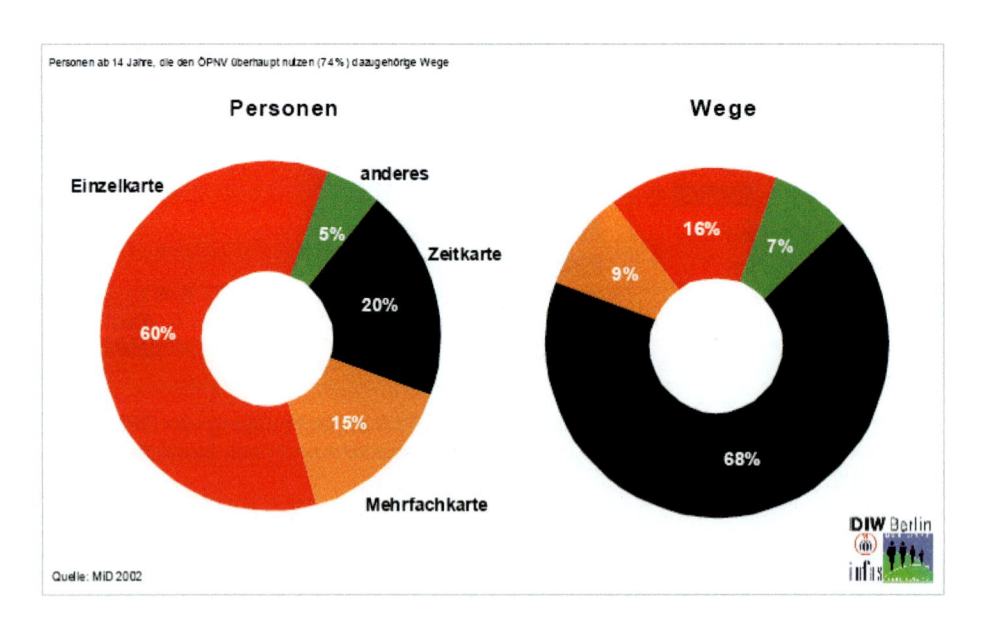

Abb. 4-20: ÖPNV-Nutzer und Wege im ÖPNV nach Fahrscheinart 2002

Im Rahmen der Untersuchungen zu „Mobilität in Deutschland 2002" wurden 24 % der Bevölkerung als ÖPNV-Potential identifiziert. Diese Gruppe legt derzeit täglich 40 Millionen Wege zurück. Da einige Wege ÖV-ungeeignet sind, viele Bürger grundsätzlich gegen den ÖPNV eingestellt sind und da weitere Personen wegen ihrer negativen Einstellung derzeit den ÖPNV nicht nutzen wollen, verbleibt ein geschätztes Potential von etwa fünf Millionen täglichen Wegen, welches mit Angebotsverbesserungen und einer besseren Vermarktung für den ÖPNV gewonnen werden kann. Das sind immerhin 25 % der momentan mit dem ÖPNV zurückgelegten Wege.

Bei der Beurteilung der Nutzerhemmnisse im ÖPNV wird oft auch die Fahrscheinwahl bzw. das Tarifsystem kritisiert. Hier ist festzustellen, dass eine hohe Zahl von Kunden (Personen am Stichtag) mit einem Einzelfahrschein unterwegs sind, die Zahl der Wege am Stichtag aber von den Zeitkarteninhabern geprägt wird: Bei 68 % der Wege muss sich der Kunde um Tarifsysteme und Fahrscheinerwerb nicht kümmern, geprägt wird die Meinung über den ÖPNV aber von der hohen Zahl von Kunden (mit den geringen Wegen), welche sich vor jeder Fahrt mit dem Tarifsystem und dem Fahrscheinerwerb auseinandersetzen müssen.

Bei den Wegen, die mit Fahrzeugen zurückgelegt werden, sind nur in 7 % der Wege mehrere Verkehrsmittel genutzt worden, und der weitaus größte Teil dieser Fälle gehört zum ÖPNV, in welchem etwa 20 % der Wege mit mehreren ÖPNV-Verkehrsmitteln zurückgelegt werden.

In drei Prozent der ÖPNV-Wege kommt das Fahrrad zum Einsatz, 3 % der ÖPNV-Wege gehört zum Park&Ride Verkehr, weitere 2 % der ÖPNV-Wege dient zum Abholen oder Absetzen eines ÖV-Kunden an einer Haltestelle als Mitfahrer.

Verkehrsträgerübergreifende Kombinationen liegen im gesamten Verkehrsaufkommen (ohne Fußwege) bei knapp zwei Prozent.

5 Fahrzeuge im Öffentlichen Personennahverkehr

5.1 Entstehung des Fahrzeugparks

Erste Fahrzeuge auf Schienen bzw. in Spurrillen gab es schon im Altertum, und im ausgehenden Mittelalter gab es Schienenfahrzeuge im Bergbau, doch die große Zeit der (spurgeführten) Nahverkehrsfahrzeuge begann erst in der zweiten Hälfte des 19. Jahrhunderts (Kraftfahrzeuge erschienen 50 Jahre nach den Eisenbahnen).

Von den 41 Millionen Bürgern des Deutschen Reiches 1871 wohnten 5 % in Großstädten mit mehr als 100.000 Einwohnern; im Jahr 1910 wohnten von den 65 Millionen Bürgern des Deutschen Reiches schon 22 % in Städten mit mehr als 100.000 Einwohnern. Der Stadtbewohner suchte und fand im Vor-Eisenbahn-Zeitalter seine Arbeitsstätte in fußläufiger Entfernung. Erst mit der Eisenbahn war es möglich, in Vororten zu wohnen und in anderen Vororten zu arbeiten: Die Städte dehnten sich aus; es entstanden Arbeitersiedlungen, Villenvororte, Gewerbe- und Industriegebiete, welche oft durch die (zunächst Fern-) Eisenbahn miteinander und mit dem alten Stadtzentrum verbunden waren.

Da das Verkehrsbedürfnis in den Ballungskernen sehr viel höher war als die Nachfrage nach Verbindungen zwischen den Ballungszentren, entstanden in den Großstädten und in den Ballungsgebieten die ersten besonderen Formen von Eisenbahnen: In den Millionenstädten wurden Untergrundbahnen und Hochbahnen eingesetzt, die Großstädte und ihr Umland entwickelten ihre Nahverkehrs-Eisenbahnen und in den Mittelstädten und Kleinstädten entstanden die Straßenbahnen. Nach dem Aufkommen des Kraftomnibusses Anfang des 20. Jahrhunderts wurde das Netz der Ferneisenbahnen, der Vorort- und Regionalbahnen, der U-Bahnen und der Straßenbahnen durch ein dichtes Buslinienetz ergänzt.

Im Laufe der Bahn- und Busgeschichte ist eine Vielzahl von Fahrzeugtechniken entstanden. Viele dieser Techniken haben sich bewährt, sind weiterentwickelt worden und bestehen noch heute in modernisierter Form. Andere Fahrzeugtechniken sind zwar eingesetzt worden, doch der breite Durchbruch blieb ihnen verwehrt (z. B. Gyrobus oder Kabelstraßenbahn). Das folgende Kapitel behandelt die Entwicklung der Fahrzeuge des Nahverkehrs bis zu Beginn des neuen Jahrtausends.

5.2 Entwicklung der Schienenfahrzeuge

5.2.1 Vorschriften und Richtlinien

1 Eisenbahnen

Die Anforderungen an Eisenbahnfahrzeuge sind in der Eisenbahn-Bau – und Betriebsordnung geregelt,[98] welche der Bundesverkehrsminister aufgrund des Allgemeinen Eisenbahngesetzes erlässt. So heißt es in § 26 AEG:

---

[98] Die Ursprungsfassung der Eisenbahn-Bau- und Betriebsordnung trat als „Bekanntmachung betreffend die Eisenbahn-Bau- und Betriebsordnung" am 1. Mai 1905 in Kraft und löste ab
– Normen für Bau und Ausrüstung der Haupteisenbahnen aus 1892
– Betriebsordnung für die Haupteisenbahnen Deutschlands von 1892

"(1) Zur Gewährleistung der Sicherheit und Ordnung im Eisenbahnwesen ... wird das Bundesministerium für Verkehr ... ermächtigt, mit Zustimmung des Bundesrates für öffentliche Eisenbahnen Rechtsverordnungen zu erlassen über die Anforderungen an Bau, Instandhaltung, Ausrüstung, Betrieb und Verkehr der Eisenbahnen ..."

Nach § 32 der Eisenbahn-Bau – und Betriebsordnung dürfen neue Fahrzeuge für Eisenbahnen erst in Betrieb genommen werden, wenn sie eine Bauartzulassung erhalten haben und abgenommen wurden. Für die Abnahme und Zulassung ist für bundeseigene Bahnen das Eisenbahn-Bundesamt zuständig, für nicht-bundeseigene Eisenbahnen sind die Landesbehörden verantwortlich, welche diese Aufgabe i. A. aber durch einen vom Eisenbahn-Bundesamt gestellten, vom Land angewiesenen und zu bezahlenden Landesbevollmächtigten für Bahnaufsicht durchführen lassen.

Die Bauartzulassung ist eine Prüfung auf Übereinstimmung der Fahrzeuge mit den Vorschriften des § 2 (Allgemeine Anforderungen) der Eisenbahn-Bau- und Betriebsordnung (hier in der Fassung vom 8. Mai 1967 (Ausgabe 1992):

1. *"Bahnanlagen und Fahrzeuge müssen so beschaffen sein, dass sie den Anforderungen der Sicherheit und Ordnung genügen. Diese Anforderungen gelten als erfüllt, wenn die Bahnanlagen und Fahrzeuge den Vorschriften dieser Verordnung und, soweit diese keine ausdrücklichen Vorschriften enthält, anerkannten Regeln der Technik entsprechen.*
2. *Von den anerkannten Regeln der Technik darf abgewichen werden, wenn mindestens die gleiche Sicherheit wie bei Beachtung dieser Regeln nachgewiesen ist."*

Im Einzelnen umfasst das im Folgenden auszugsweise vorgestellte Vorschriftenwerk der Eisenbahn-Bau– und Betriebsordnung verschiedene Grundsätze der Fahrzeuggestaltung:

„§ 5 Spurweite

Die Spurweite ist der kleinste Abstand der Innenflächen der Schienenköpfe im Bereich von 0 bis 14 mm unter Schienenoberkante (SO).

...

§ 8 Belastbarkeit des Oberbaus und der Bauwerke

Oberbau und Bauwerke müssen Fahrzeuge mit der jeweils zugelassenen Radsatzlast und dem jeweils zugelassenen Fahrzeuggewicht je Längeneinheit bei der zugelassenen Geschwindigkeit aufnehmen können, mindestens aber Fahrzeuge

mit einer Radsatzlast[99] von 18 t und einem Fahrzeuggewicht je Längeneinheit von 5,6 t/m (Hauptbahnen)

mit einer Radsatzlast von 16 t und einem Fahrzeuggewicht je Längeneinheit von 4,5 t/m (Nebenbahnen).

...

§ 9 Regellichtraum

– Bahnordnung für die Nebeneisenbahnen von 1892.

[99] Die Radsatzlast ist der auf einen Radsatz (zwei gegenüberliegende Räder, welche mittels des Spurkranzes die Führung im Gleis sicherstellen) entfallende Anteil der Gesamtlast; das Fahrzeuggewicht je Längeneinheit ist der auf 1 m Fahrzeuglänge (Länge über Puffer gemessen) entfallende Anteil der Gesamtlast.

(1) Der Regellichtraum ist der zu jedem Gleis gehörende ... Raum. Der Regellichtraum setzt sich zusammen aus dem von der jeweiligen Grenzlinie umschlossenen Raum und zusätzlichen Räumen für bauliche und betriebliche Zwecke. (Siehe Abb. 5-1)

Die Grenzlinie umschließt den Raum, den ein Fahrzeug unter Berücksichtigung der horizontalen und vertikalen Bewegungen sowie der Gleislagetoleranzen und der Mindestabstände von der Oberleitung benötigt. ...."

...

In den Bereichen A sind Einragungen von bahnbetrieblich erforderlichen Anlagen erlaubt, der Bereich B darf nur bei Bauarbeiten in Anspruch genommen werden.

Die Anmerkung 1 der Zeichnung bezieht sich auf geänderte Maße bei Stadtbahnfahrzeugen, die Anmerkung 2 bezieht sich auf eine Maßänderung bei Stadtschnellbahnfahrzeugen und die Anmerkung 3 betrifft die Grenzlinien. Die kleine (große) Grenzlinie unterscheidet sich wegen vier unterschiedlich berücksichtigter Werte:

Radius:	∞ (250 m)
Überhöhung:	50 mm (150 mm)
Überhöhungsfehlbetrag:	50 mm (150 mm)
Spurweite:	1445 mm (1470 mm)

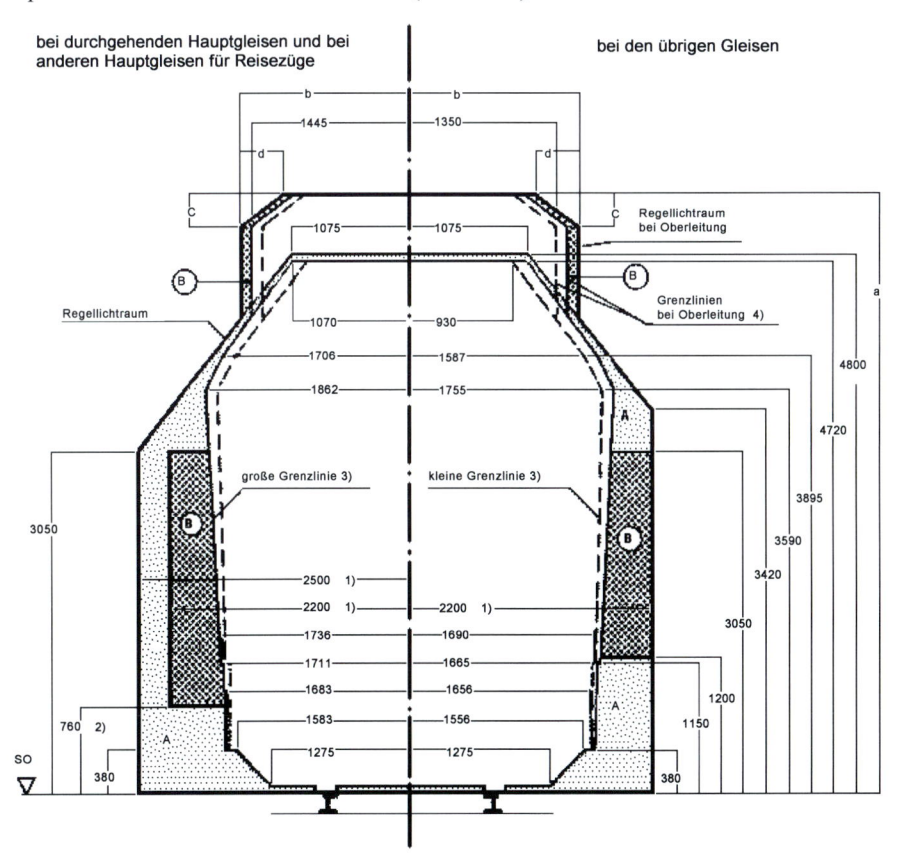

Abb. 5-1: Regellichtraum der Eisenbahnen in der Geraden und in Bogen bei Radien von 250 m und mehr (Anlage 1 der EBO)

Fahrzeuge

§ 18 Einteilung, Begriffserklärungen

(1) Die Fahrzeuge werden ... nach Regelfahrzeugen und Nebenfahrzeugen unterschieden. Regelfahrzeuge müssen den nachstehenden Bauvorschriften entsprechen ...

(2) Die Regelfahrzeuge werden nach Triebfahrzeugen und Wagen unterschieden.

(3) Die Triebfahrzeuge werden eingeteilt in Lokomotiven, Triebwagen und Kleinlokomotiven.

(4) Die Triebfahrzeuge werden entweder unmittelbar bedient oder werden gesteuert. Steuerung ist die Regelung der Antriebs- und Bremskraft durch eine Steuereinrichtung von einem führenden Fahrzeug aus ...

(5) Die Wagen werden eingeteilt in Reisezugwagen und Güterwagen.

...

§ 21 Räder und Radsätze

...

(1) Für Räder und Radsätze gelten die Maße der Anlage 6.

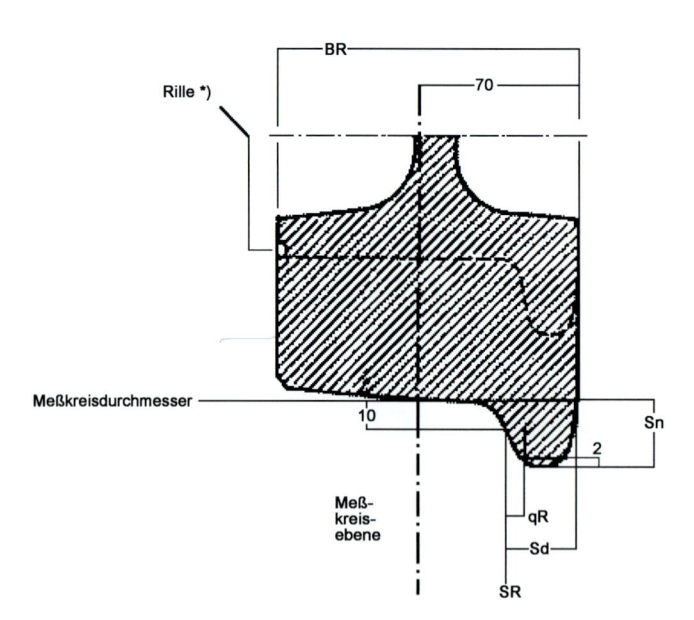

Abb. 5-2: Maße für Räder und Radsätze, Vollrad (Anlage 6 der EBO, Auszug)

5.2 Entwicklung der Schienenfahrzeuge

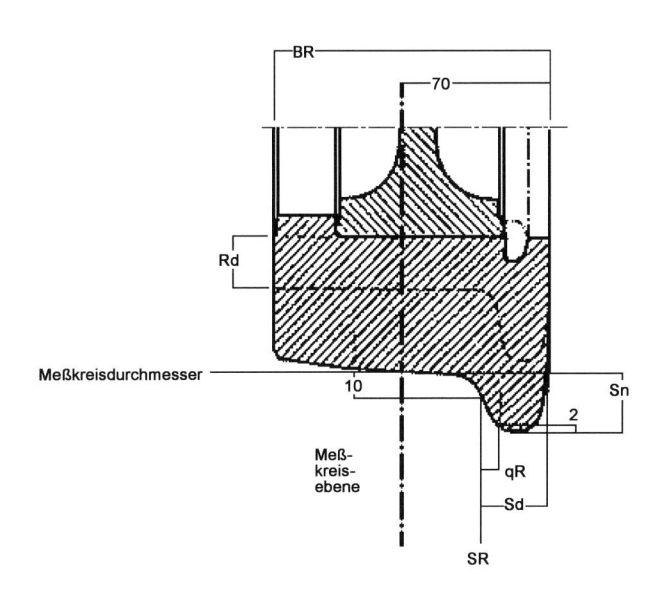

Abb. 5-3: Maße für Räder und Radsätze, bereiftes Rad (Anlage 6 der EBO, Auszug)

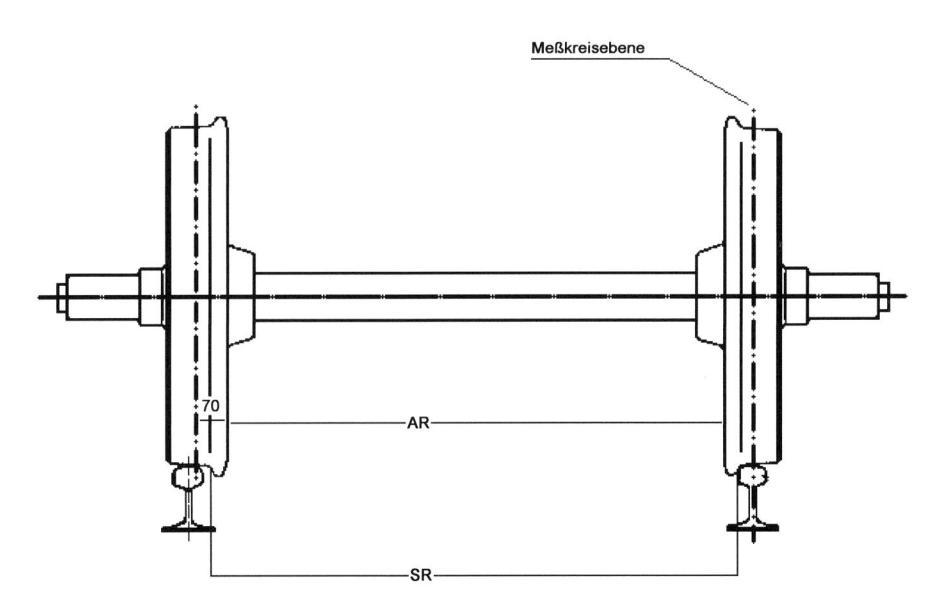

Abb. 5-4: Maße für Räder und Radsätze (Anlage 6 der EBO, Auszug)

DIN 25112 („Nahverkehrs-Schienenfahrzeuge; Radreifen Profile, Breite 95 und 110 mm" Ausgabe 1980 – 04) beschreibt Schienprofile für Nahverkehrsfahrzeuge. Dabei wird als EBO-Profil ein Profil C genannt. Als Radreifenbreite BR (Abb. 5-2) wird ein Maß von 130 - 150 mm angegeben, die Laufflächenbreite ist 67 – 74 mm, die Laufflächenform ist kegelig (1:40), die Spurkranzhöhe s_h ist um die 28 mm; die Spurkranzbreite/-dicke s_d (gemessen 10 mm außerhalb der Messkreisebene) ist 33 mm, der Flankenwinkel wird mit 60° angegeben, der Ausrundungshalbmesser (Hohlkehle) Spurkranz/Lauffläche ist 15 mm.

Tab. 5-1: Maße von Eisenbahnrädern und Radsätzen in mm (Anlage 6 der EBO)

Bezeichnung	Messkreisdurchmesser der Räder	Mindestmaß		Höchstmaß	
Spurmaß (SR)	> 840	1410		1426	
	840 bis 330	1415		1426	
Abstand der inneren Stirnflächen (AR)	> 840	1357		1363	
	840 bis 330	1359		1363	
Radreifen/Radkranzbreite (BR)	>= 340	130	133	150	140
Spurkranzdicke (Sd)	> 840	20	22	33	
	840 bis 330	27,5		33	
Spurkranzhöhe (Sh)	> 760	26		36	
	760 bis 330	32		38	
Dicke des Radreifens in Messkreisebene (Rd)	>= 330	25	35	-	
Spurkranzflankenmaß (qR)	>= 330	6,5		-	

Beim Rad eines Schienenfahrzeugs (Abb. 5-2, Abb. 5-3) sind vor allem von Bedeutung die Aufstandsfläche auf dem Schienenkopf (Laufkranz) und der längs des Laufkranzes angeordnete Wulst (Spurkranz). Die beiden gegenüberliegenden Räder des Fahrzeugs – der Radsatz – werden durch die zwischen den Schienen eines Gleises liegenden Spurkränze geführt. Im geraden Gleis werden die Rückstellkräfte im Wesentlichen durch die konisch ausgebildeten Laufflächen der Räder bewirkt – die Lauffläche ist gegenüber der Senkrechten durch die Messkreisebene geneigt, im Bogen müssen die Spurführungskräfte ggf. durch den Kontakt der Stirnfläche des Spurkranzes mit der Außenschiene (seltener durch Kontakt Rückenfläche des Spurkranzes und z. B. eine Leitschiene an der Innenschiene) aufgebracht werden. Spurkranz und Schiene müssen daher aufeinander abgestimmt sein. Es muss bei Eisenbahnfahrzeugen in der Regel gewährleistet sein, dass Gleisbögen mit 150 m Radius und 1435 mm Spurweite problemlos durchfahren werden können. Damit es zu keinem Zwang zwischen Spurkranz und dem Schienenkopf kommt, ist der Abstand der Spurkranzflanken voneinander geringer als die Spurweite: Bei der Deutschen Bahn ist dieses Spurspiel auf geraden Streckenabschnitten etwa 10 – 11 mm.

Durch die Bewegungen quer zur Fahrtrichtung (Sinuslauf) aufgrund des Spurspiels und aufgrund der konischen Laufflächen kommt es zu Berührungen Rad-Schiene, zum Verschleiß der Berührungsflächen und zur Verschlechterung der Laufgüte. Ein Mittel zur Verbesserung der Laufgüte ist eine Schrägstellung der Schiene nach innen: Die Schienen werden im allgemeinen mit einer Neigung von 1: 40 verlegt.

5.2 Entwicklung der Schienenfahrzeuge

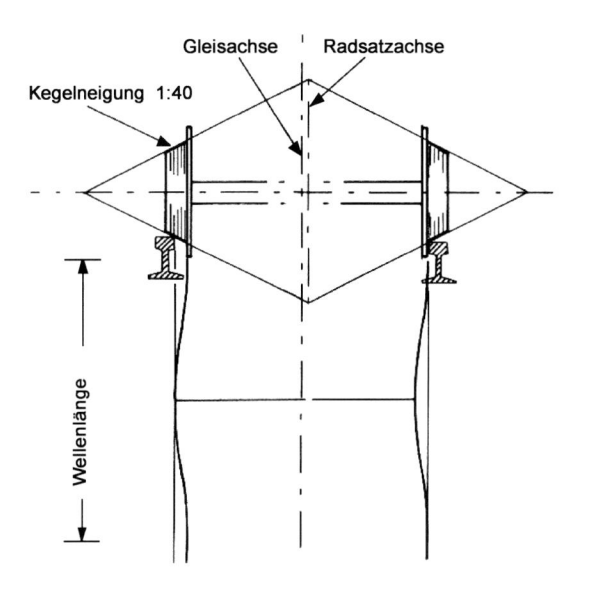

Abb. 5-5:
Sinuslauf eines Radsatzes bei der Eisenbahn (Matthews, 1998)

Der Sinuslauf entsteht aufgrund der geneigten Laufflächen der Räder: Das nach gleisaußen verschobene Rad läuft auf einem größeren Laufkreis als das Rad mit dem schienenfernen Spurkranz; das Rad mit dem kleineren Laufkreisdurchmesser versucht trotz der starren Verbindung beider Räder vorzueilen. Der Radsatz stellt sich somit schräg zum Gleis, es entstehen Querreibkräfte, welche den Radsatz in Gegenrichtung bewegen – das Rad mit dem schienenfernen Spurkranz nähert sich mit seinem Spurkranz der Schiene an, das bisher schienennahe Rad wird schienenfern. Der Sinuslauf entsteht; der Radsatz pendelt um die Gleismitte. Der Radsatz reagiert somit auf die Querkraft mit einer Verdrehung um die Hochachse und gleicht damit äußere Kräfte aus. Der Querversatz, den der Radsatz beim Rollen einnimmt, die „kinematische Rolllinie" kann berechnet werden.

Beim Sinuslauf schneidet die Verbindungslinie der beiden Radaufstandspunkte die Bogenmitte des Gleisradius im Abstand R. Die Bedingung dafür lautet

$$\Delta r = 2b \frac{r_0}{R}$$

mit Δr Laufkreisunterschied(e)

r_0 Rollradius,

b Abstand Radaufstandspunkte zur Radsatzmittenebene

R Bogenradius

Beim Kegel gilt:

$\Delta r = 2 (tg\,\gamma)y$ mit γ Kegelneigung, y Querversatz

bzw.

$$y = \frac{b \cdot r_0}{R \cdot tg\gamma}$$

Bei Normalspur (Stützweite 1500 mm), Rollradius 840 mm, Kegelneigung 1:40 – der Tangens des Winkels ist 0,025 – müssten zum Ausgleich der Laufwegunterschiede rechtes Rad – linkes Rad für verschiedene Bogenradien folgende Querverschiebungen möglich sein:

R (m)	1000	500	190	100	50	25
y (mm)	12,6	25,2	66,3	12	252	504

Es wird deutlich, dass bei kleinen Radien durch die Kegelneigung der Laufwegunterschied rechtes Rad – linkes Rad nicht mehr ausgeglichen werden kann; damit können zylindrische Laufflächen eingesetzt werden, mit denen weitgehend reines Rollen erreicht wird.

Bei Eisenbahnfahrzeugen sind Vollräder (Abb. 5-2) und bereifte Räder (Abb. 5-3) im Einsatz: Das Vollrad ist aus einem Stück gewalzt oder geschmiedet und besitzt keine Trennung zwischen Radkörper und Radreifen; beim bereiften Rad ist der Radreifen auf den Radkörper aufgeschrumpft (der Radkörper selber – Felge – ist auf die Radsatzwelle aufgeschrumpft).

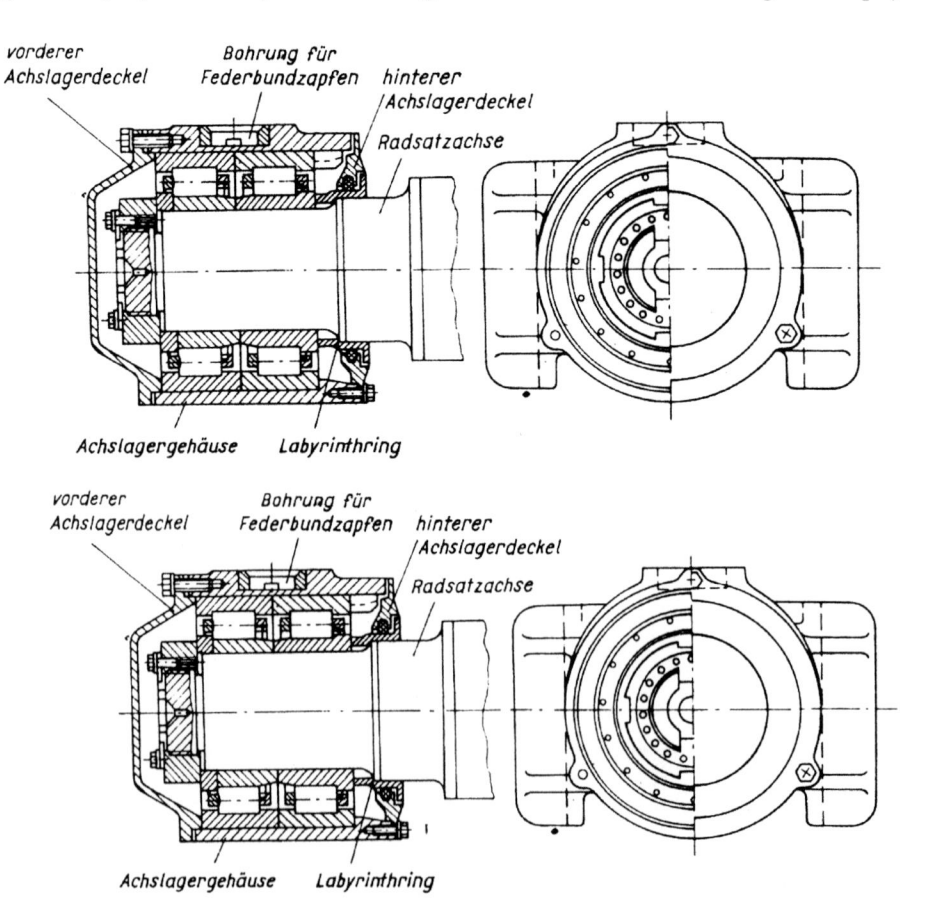

Abb. 5-6: Zylinderrollenlager in UIC-Bauart (Deinert, 1985)

5.2 Entwicklung der Schienenfahrzeuge

Die Enden der Radsätze (Achsschenkel) tragen die Achslager mit den Achslagergehäusen, auf denen sich der Wagenkasten abstützt. Nach den Gleitlagern in den ersten Eisenbahnjahren sind überwiegend Rollenachslager/Wälzlager mit wirtschaftlichen Vorteilen auch aufgrund geringerer Reibwerte im Einsatz.

Zur Erzielung guter Laufeigenschaften der Fahrzeuge und zur Vermeidung des Lösens einzelner Räder von den Schienen bei Lageschwankungen des Gleises wird der Wagenkasten gegenüber den Radsätzen in senkrechter Richtung sowie längs und quer zur Fahrzeugachse elastisch abgestützt: Es wird eine Federung eingebaut. Dazu werden vorwiegend stählerne Blattfedern, stählerne Schraubenfedern, Federelemente aus Gummi und Luftfedern verwendet.

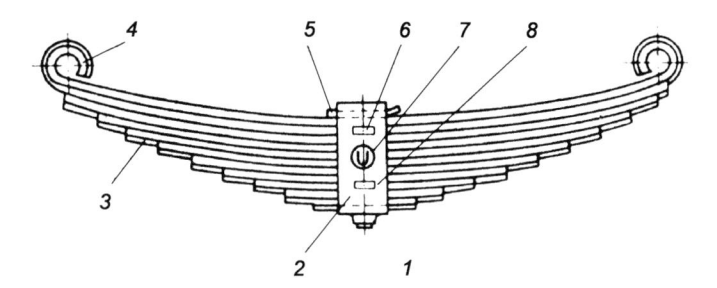

1 Federbundzapfen
2 Federbund
3 Federblatt
4 Federauge
5 Beilage
6 Hersteller
7 Internationales Zeichen
8 Eigentümer

Abb. 5-7: Blattfeder eines Güterwagens (Deinert, 1985)

Das Haupteinsatzgebiet der Luftfedern sind Fahrzeuge mit großen Gewichtsunterschieden zwischen besetztem Fahrzeug und Leerfahrzeug, wie es bei den neuen Nahverkehrsbahnen (Wagenkästen aus Kunststoff) der Fall ist.

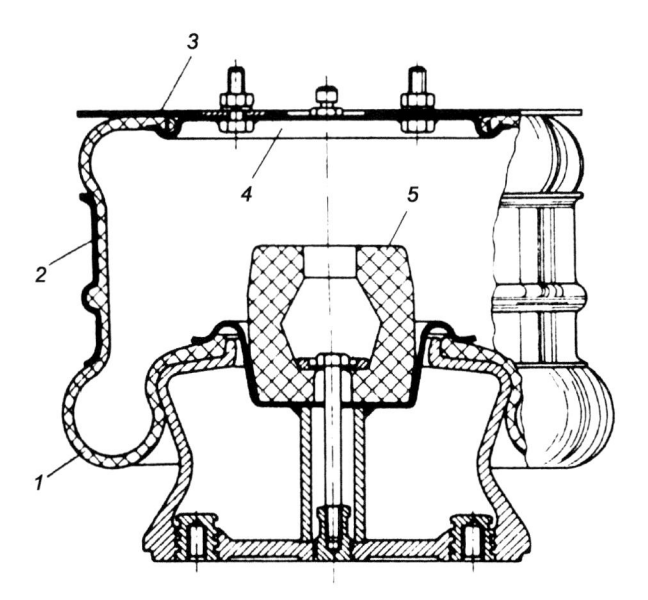

1 Gummirollbelag
2 stählerne Bandage
3 Deckel
4 Klemmring
5 Gummianschlag

Abb. 5-8: Rollbalg-Luftfeder (Deinert, 1985)

Das Fahrwerk der Bahnen – die zur Abfederung, Lenkung, Spurhaltung und Fortbewegung auf der Schiene dienenden Teile (ohne den Antrieb) der Fahrzeuge – gibt es als Starrrahmen und als Drehgestell. Fahrzeuge mit Starrrahmen sind (ältere) zweiachsige/dreiachsige Fahrzeuge, bei denen die Achsen unmittelbar am Wagenkasten befestigt waren: Die Achshalter waren mit den Langträgern durch Schrauben verbunden. Nachteilig war dabei vor allem die bei Bogenfahrten fehlende radiale Einstellmöglichkeit der Radsätze.

Beim Drehgestell (Abb. 5-9) handelt es sich um das Laufwerk von Eisenbahnfahrzeugen, bei dem ein Radsatz oder mehrere Radsätze in einem besonderen Rahmen geführt werden, welcher sich gegenüber dem Hauptrahmen/Wagenkasten um eine senkrecht gedachte Achse bewegen kann. Drehgestellfahrzeuge ermöglichen einen besseren Bogenlauf als Fahrzeuge, deren Radsätze am Hauptrahmen/Wagenkasten befestigt sind. Der Einsatz von Drehgestellen vermindert die Stoßwirkung externer Kräfte auf den Wagenkasten und führt zu einem ruhigeren Wagenlauf und zu einem geringeren Spurkranzverschleiß und damit auch zu einem geringeren Schienenverschleiß. Infolge der Drehgestelle können kleinere Radien als mit den früheren Starrachsen durchfahren werden.

Abb. 5-9: Flex Eco Drehgestell für Hochgeschwindigkeitszüge (1)

Abb. 5-10: Flex Eco Drehgestell für Hochgeschwindigkeitszüge (2)
(http://www.bombardier.com/files/de/supporting_
docs/image_and_media/products/BT-2245-BogiesHR.jpg)

5.2 Entwicklung der Schienenfahrzeuge

Bei den Drehgestellen ist zu unterscheiden nach den Laufdrehgestellen und den Triebdrehgestellen, welche angetriebene Radsätze enthalten. Von besonderer Bedeutung ist das Jacobs-Drehgestell, bei welchem die Enden zweier benachbarter Wagenkästen auf einem gemeinsamen Drehgestell ruhen. Der Vorteil dieses Drehgestells ist die Masseersparnis, der Nachteil ist die nur werkstattseitig mögliche Trennung derart miteinander verbundener Wagen (Abb. 5-12).

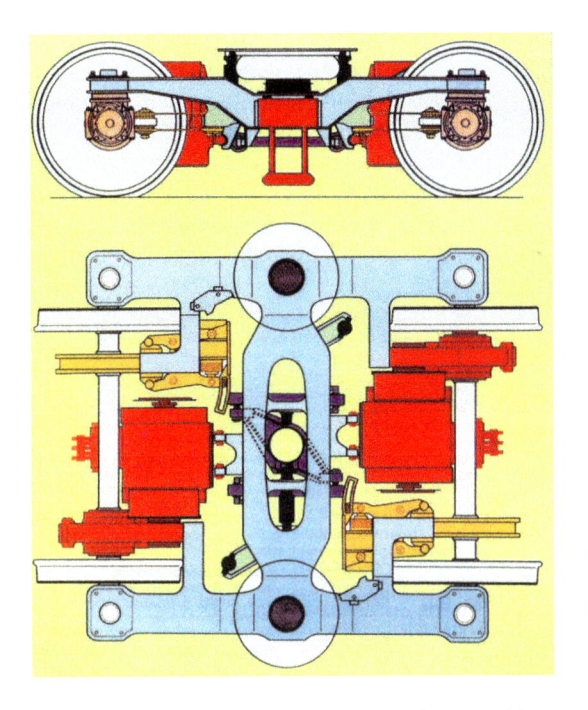

Rahmen: blau, Radsätze: weiß, Radsatzlager: rosa, Seitenstromabnehmer, Fahrmotoren und Antriebe: rot, Scheibenbremsen: orange, Luftfederbälge: weiß

Abb. 5-11: Triebdrehgestell eines S-Bahn-Wagens der Baureihe 480 (Enderlein, 1993)

Abb. 5-12: Jakobs-Drehgestell

Da eine Nahverkehrsbahn i. A. kleinere Radien als die Ferneisenbahn durchfährt und bei Radsätzen im Bogen durch die unterschiedlichen Wege beider Räder Quer- und Längsverschieben auftritt und sich auch durch die evtl. kegelförmige Neigung der Radlaufflächen die Querkräfte nicht ausgleichen lassen – mit negativen Folgen für Rad- und Schienenverschleiß – hat es nicht an Versuchen gefehlt, besonders im Nahverkehr andere Spurführungsprinzipien einzusetzen (auch in Verbindung mit Erreichen eines möglichst niedrigen Fahrzeugfußbodens).

Eines dieser Spurführungsprinzipien sind „Losräder": Die beiden gegenüberliegenden Räder sind nicht mehr starr miteinander verbunden, sondern relativ zueinander bewegbar. Bei Drehung des Losradsatzes um die Hochachse (aufgrund einer Gleislagestörung) wandert das abgelenkte Rad solange aus (eine Rückstellkraft ist im Gegensatz zum starren Radsatz mit kegelförmigen Laufflächen nicht vorhanden), bis der Spurkranz dieses Rades oder des gegenüberliegenden Rades gegen die Schiene anläuft. Dieses Verhalten führt zu hohem Verschleiß an Rädern und Schienen und daher hat sich das Losrad im Nahverkehr bis auf wenige Ausnahmen (dort werden die hohen Instandhaltungskosten in Kauf genommen) nicht durchgesetzt.

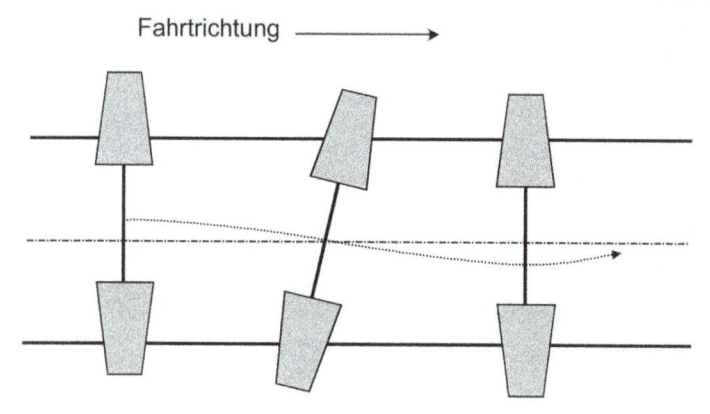

Abb. 5-13: Selbstzentrierender Radsatz bei kegelförmigen Laufflächen der Räder (Pachl, 2002)

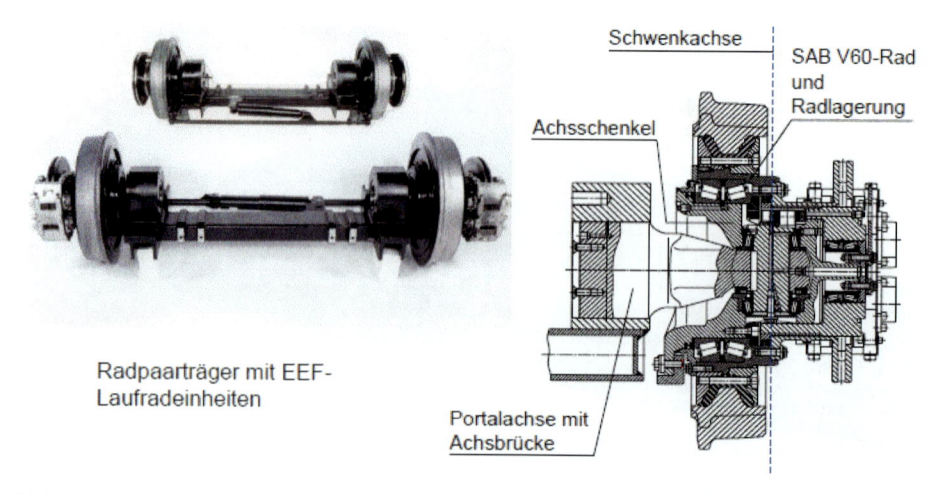

Abb. 5-14: Radpaarträger mit Einzelrad-Einzel-Fahrwerk
(http://www.schienenfahrzeugtagung.at/download/PDF2007/2Tag%20Nachmittag/1_Brinkmann.pdf)

5.2 Entwicklung der Schienenfahrzeuge

Neuere Fahrwerksentwicklungen sind das Einzelrad-Einzelfahrwerk und das Einzelrad-Doppelfahrwerk sowie das Einzel-Radsatz-Fahrwerk: Statt eines starren Radsatzes bzw. mehrerer starrer Radsätze im Drehgestell können sich die Räder bzw. der einzelne Radsatz einzeln auf den Bogenradius einstellen (Abb. 5-14, 5-15, 5-16). Nicht zuletzt kann auch der Fahrzeugfußboden abgesenkt werden. Diese Fahrwerke sind aber, wenn überhaupt, eher bei den Straßenbahnen im Einsatz.

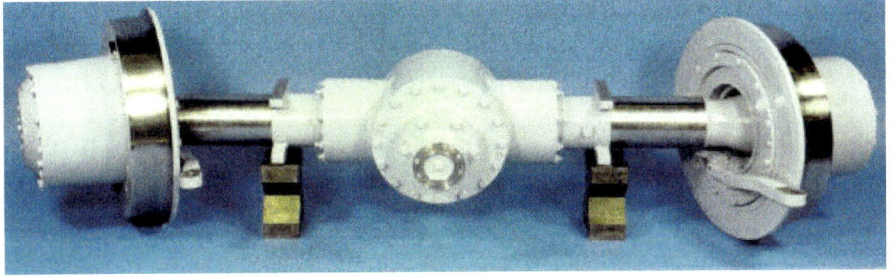

Abb. 5-15: Einzelrad-Einzelfahrwerk nach Prof. Frederich (http://www.schienenfahrzeugtagung.at/download/PDF2007/2Tag%20Nachmittag/1_Brinkmann.pdf)

Abb. 5-16: Talgo-Fahrwerk mit Einzelrad-Einzelfahrwerken (http://www.talgo.de/download/SDNetzel.pdf)

Abb. 5-17:
Kurvengesteuertes Einzel-Radsatz-Fahrwerk (KERF) (http://www.ids.uni-hannover.de/fileadmin/IDS/ids_lehre/SFZ/Vorlesung1_11_10_06.pdf)

Einzelradsatzfahrwerke sind beispielsweise bei der S-Bahn Kopenhagen im Einsatz. Als Vorteile werden die erhebliche Gewichtsersparnis und der geringe Verschleiß an Rad und Schiene durch die richtige Radsatzstellung bei der Bogenfahrt angesehen.

Abb. 5-18:
Einzelrad-Doppelfahrwerk (EDF) (http://www.ifs.rwth-aachen.de/ueberuns/historie.html)

Die Gestaltung des Fahrwerks, d. h. die Auslegung der Gesamtheit der zur Fortbewegung notwendigen Teile des Fahrzeugs wie Räder, Radaufhängung, Federung, Stoßdämpfer usw. – Motor und alle anderen Teile des Antriebs gehören nicht dazu – hat große Bedeutung für die Auswirkungen horizontaler und vertikaler Schwingungen und ihrer Einwirkdauer auf den Fahrgast.[100] Diese Schwingungen entstehen aus Schienenstößen, aus Radflachstellen, aus Radunwuchten und aus dem seitlichen Spurspiel und werden von Verwindungen und Durchbiegungen des Wagenkastens überlagert. Die Laufgüte und der Fahrkomfort von Eisenbahnwagen wird mit Zahlen von 1 (sehr guter Wagenlauf) bis 5 (betriebsgefährlich) bewertet, wobei mit Fahrgästen besetzte Wagen keinen Wert größer 3 erreichen sollen.

---

[100] Die störenden Bewegungen zeigen sich als Nicken des Wagenkastens (Drehungen um die Querachse), als Wanken (Drehungen um die Längsachse), als Wogen (Bewegungen parallel zur Hochachse) und als Schlingern (Bewegungen parallel zur Querachse).

5.2 Entwicklung der Schienenfahrzeuge

In den frühen Eisenbahnjahren wurden diese Laufgütewerte durch folgende Überlegungen festgelegt:

– *„sehr gut" – Der Fahrgast kann sitzend in einem aufgelegten Notizbuch mit Tinte leserlich schreiben*
– *„gut" – Der Fahrgast kann sitzend im freihändig gehaltenen Notizbuch mit Tinte noch leserlich schreiben bzw. im aufgelegten Notizbuch noch leserlich mit Bleistift*
– *„befriedigend" – Der Fahrgast schreibt freihändig mit dem Bleistift noch leserlich*
– *„betriebsfähig" – Für den Fahrgast ist das Schreiben im Sitzen schwierig bzw. kaum möglich*
– *„nicht betriebsfähig" – Schon der Versuch des Schreibens scheidet aus*

Diese pauschalen Beurteilungen wurden ab den 1940er Jahren durch berechnete Werte ersetzt. So ergab sich aus Versuchen unter Berücksichtigung des menschlichen Empfindens die Formel

$$W_z = 2{,}7 \sqrt[10]{a^3 f^5 F(f)} \quad \text{mit} \quad a \text{ Amplitude in cm}$$

f Frequenz in Hertz

$F(f)$ frequenzabhängiger Berichtigungswert.

Zur Beurteilung der Laufgüte auf einem längeren Streckenabschnitt (5-10 km) wurde die Gesamtnote gebildet zu

$$W_{z\,ges} = \sqrt[10]{\sum w_{zi}^{10} t_i / T} \quad \text{mit} \quad t_i \text{ Wirkungsdauer der einzelnen } w_{zi}$$

T Gesamtzeit der Messung

Diese Formel wurde und wird modifiziert und verändert. Als befriedigende Laufgüteziffer (=3) wird auf der Grundlage der Frequenz von 1,0 Hertz eine senkrechte Beschleunigung nicht größer als 49 cm/sec^2 und in waagerechter Richtung eine Beschleunigung nicht größer als 54 cm/sec^2 bei einer Ermüdungszeit/Einwirkdauer nicht kürzer als 5,6 Minuten angesehen. Dieser Wert sollte bei gerader Strecke und bei Fahrzeughöchstgeschwindigkeit nicht überschritten werden.

In der EBO finden sich weitere Angaben, z. B.:

...

§ 24 Zug – und Stoßeinrichtungen

(1) Die Fahrzeuge müssen an beiden Enden federnde Zug– und Stoßeinrichtungen haben.

...

§ 28 Ausrüstung und Anschriften

(1) Triebfahrzeuge und andere führende Fahrzeuge müssen folgende Ausrüstung haben

1. Einrichtung zum Geben hörbarer Signale

...

3. Geschwindigkeitsanzeiger

4. Zugbeeinflussung, durch die ein Zug selbsttätig zum Halten gebracht werden kann

...

....

6. Sicherheitsfahrschaltung, die ... bei Dienstunfähigkeit des Triebfahrzeugführers selbsttätig das Anhalten ... bewirkt. (...)

...

(1) Einsteigetüren der Reisezugwagen müssen sicher wirkende Verschlusseinrichtungen haben.

Die Breite der Eisenbahnfahrzeuge richtet sich nach den Vorschriften der Eisenbahn-Bau- und Betriebsordnung (siehe Abb. 5-1); zur Länge der Züge führt diese Vorschrift in § 34 aus:

„*Ein Zug darf nicht länger sein, als es seine Bremsverhältnisse, Zug- und Stoßeinrichtungen und die Bahnanlagen zulassen. Reisezüge dürfen nur dann länger als die Bahnsteige sein, wenn die Sicherheit der Reisenden ... gewährleistet ist.*"

Die Fahrdienstvorschrift der Deutsche Bahn AG sagt dazu weiterführend:

„*§ 90 (1) a) Die Wagenzüge dürfen höchstens 700 m lang sein. ... (3) Bei Wendezügen mit Steuerwagen an der Spitze darf der geschobene Zugteil höchstens 40 Wagenachsen stark sein. ...*"

Die in den Eisenbahnen des Nahverkehrs eingesetzten Zug- und Stoßvorrichtungen (Kupplungen) dienen zur Aufnahme von Zug- und Stoßkräften zwischen den Fahrzeugen bzw. einzelnen Wagen.[101] Die Länge über Puffer der einzelnen Eisenbahnwagen auch im Nahverkehr ist auf 26,4 Meter begrenzt. Die Wagen werden bei den S-Bahnen oder bei den neuen Regionalbahnen in unterschiedlicher Weise werkstattseitig fest verbunden, z. B. zu einer dreiteiligen Einheit mit 65,8 m (S-Bahn Hamburg) oder zur zweiteiligen Einheit mit 36,8 m bei der Berliner S-Bahn oder zur dreiteiligen Einheit – mit Jacobs-Drehgestellen – des neuen Regionaltriebwagens/-zuges des *Talbot leichter Niederflur-Triebwagen* TALENT mit (48,36 m –) 52,12 m. Diese Kupplungen sind nur werkstattseitig zu lösen; im Betrieb werden die einzelnen zweiteiligen oder dreiteiligen Einheiten zu Zügen gekuppelt.

Abb. 5-19: Der dreigliedrige Regionaltriebwagen TALENT

---

[101] Hinderlich für die Entwicklung neuer leichter Nahverkehrsbahnen auch mit Verzicht auf das Untergestell – die Aufbauten trugen noch nicht zur Stabilität bei – waren die von der Stoßeinrichtung aufzunehmenden Kräfte, in den 1930er Jahren auf 2.000 kN festgelegt.

5.2 Entwicklung der Schienenfahrzeuge

Die Regelbauart der im Betrieb trennbaren Kupplung ist als Zugeinrichtung die äußere Zugeinrichtung mit Schraubenkupplung und Zughaken und als innere Zugeinrichtung die gefederte Zugstange (Abb. 5-20 und 5-21). Als Stoßeinrichtung wirken zwei am Pufferträger symmetrisch angeordnete Puffer (Abb. 5-23).

1 Kopfstück Untergestell
2 Haken
3 Zughaken
4 Spindel
5 Schwengel
6 Mutter
7 Lasche
8 Bolzen
9 Sicherung
10 Bügel

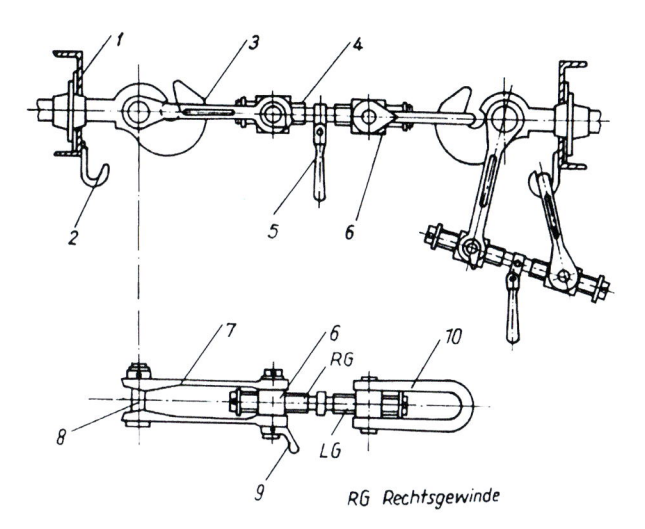

RG Rechtsgewinde

Abb. 5-20: Schraubenkupplung (Deinert, 1985)

Abb. 5-21: Zug- und Stoßeinrichtung an der Lok 143

1	Pufferteller
2	Stößel
3	Hülse
4	Halteringhälfte
5	Grundplatte
6	Innenring
7	Außenring
8	Druckstück
9	Vorspanntopf
10	Federkennschild

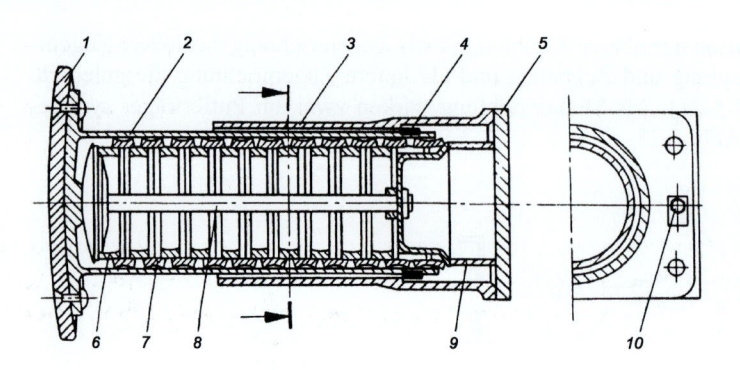

Abb. 5-22: Hülsenpuffer (Deinert, 1985)

Abb. 5-23: Hülsenpuffer an der Lok E 10 1239 (Indienststellung 1962)

Abb. 5-24: Scharfenberg-Mittelpufferkupplung (hier am Triebzug Talent)

Die andere bei Nahverkehrsbahnen gebräuchliche Kupplung ist die in verschiedenen Varianten eingesetzte Mittelpufferkupplung (Abb. 5-24 und 5-25). Eine in vielen Varianten bestehende Mittelpufferkupplung ist die Scharfenberg-Kupplung, deren Ursprung die 1903 von Karl Scharfenberg zum Patent angemeldete „Mittelpufferkupplung mit Öse und drehbarem Haken als Kuppelglieder" war.

Beim Zusammenfahren von zwei Wagen mit dieser Mittelpufferkupplung gehen beide Wagen eine starre Verbindung ein, über welche Zug- und Druckkräfte übertragen werden. Zusätzliche Stoßdämpfer an der Kupplung können wie beim Kraftfahrzeug Kräfte aufnehmen. Einige dieser Kupplungen können ohne Schaden für den Zug einen Druck von mehr als 1000 kN aufnehmen (kommt im üblichen Betrieb nicht vor).

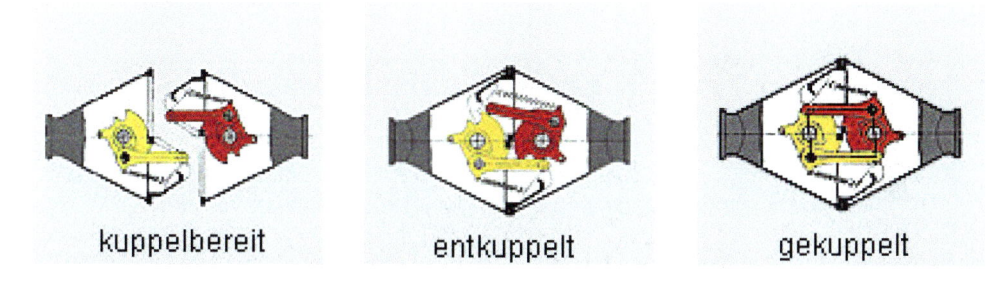

Abb. 5-25: Prinzip der Scharfenberg-Kupplung (www.voith-turbo.de)

Neben den Fahrzeugmaßen nach EBO finden sich Maßangaben auch in DIN-Normen, so in der DIN 25100 „Fahrzeugquerschnitte" und in der DIN 25101 „Fahrzeugmaße und Sitzanordnung". Hier werden für Nahverkehrs-Schienenfahrzeuge Fahrzeugquerschnitte angegeben. Die drei vorgestellten Querschnittsbreiten sind 2,40 m, 2,65 m und 2,90 m, die Höhen sind (ohne Stromabnehmer für die Oberleitung) einheitlich 3,55 m. Es wird weiterhin unterschieden nach Form A mit sechs Radsätzen, Form B und Form C (mit acht Radsätzen).

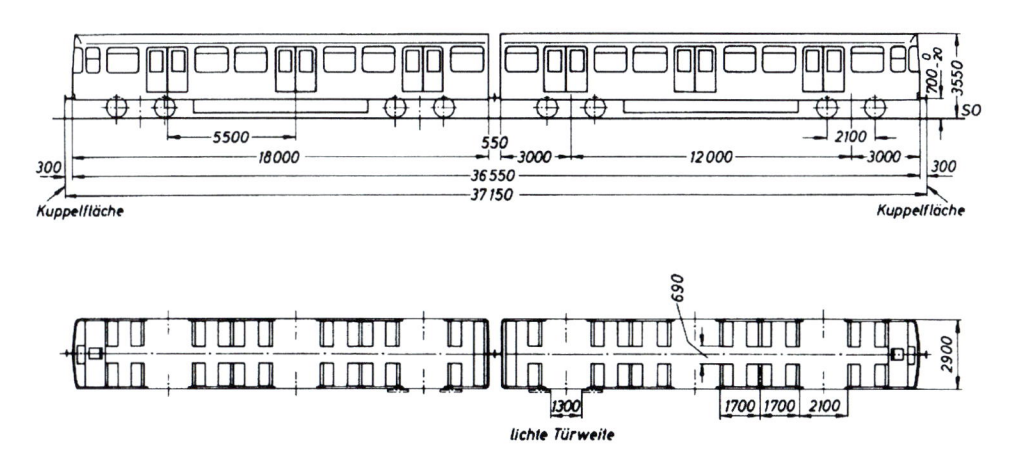

Abb. 5-26: Fahrzeugmaße für Schienenfahrzeuge nach DIN 25101 (Form C)

Ein schneller Fahrgastwechsel, wie er in Nahverkehrsbahnen mit den vielen Halten anzustreben ist, wird durch einen problemlosen Einstieg ermöglicht. Einstiegsstufen und Spalte zwischen Fahrzeugen und Warteflächen bereiten mobilitätsbehinderten Personen und Rollstuhlnutzern erhebliche Probleme und sind zu vermeiden: Ein niveaugleicher Einstieg ist dabei für alle Fahrgäste von Vorteil.

Abb. 5-27: Zum Umbau vorgesehener Bahnsteig im Bahnhof Wittenberg-West (keine Quellenangabe)

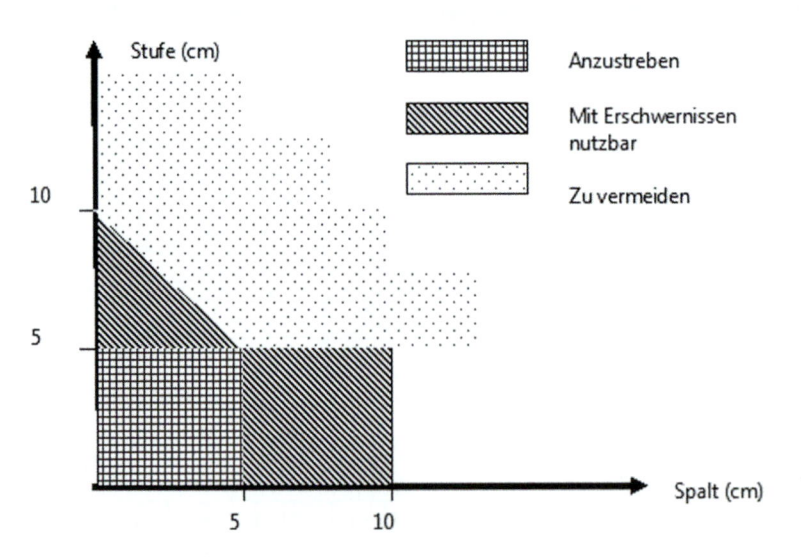

Abb. 5-28: Empfohlene Reststufenhöhe und Spaltbreite (nach „Bürgerfreundliche und behindertengerechte Gestaltung von Haltestellen des Öffentlichen Personennahverkehrs", Bonn, 1997)

Die Einstiegshöhen der Eisenbahnfahrzeuge in Deutschland sind (noch) sehr unterschiedlich: Die Höhe des Fußbodens über der Schienenoberkante liegt bei 1.250 mm („Silberlinge" der Deutschen Bahn AG), bei 1.150 mm (Doppelstockfahrzeug der Deutsche Bahn AG aus 1993), 1.000 mm (S-Bahn-Fahrzeug Typ 420, München), 800 mm (Regionalbahntriebfahrzeug TALENT), 600 mm (Doppelstocksteuerwagen der DB), 530 mm (Regionalbahntriebfahrzeug REGIOSPRINTER). In die Eisenbahnfahrzeuge mit den genannten Fußbodenhöhen muss von Bahnsteigen eingestiegen werden, welche mit Höhen über der Schienenoberkante existieren von 1.200 mm, 960 mm, 760 mm, 550 mm, 380 mm, 220 mm. Bei bestimmten Kombinationen Fahrzeugfußboden-Bahnsteighöhe wären dadurch evtl. vier Einstiegsstufen erforderlich.

Die Eisenbahn-Bau- und Betriebsordnung empfiehlt:

> „§ 13 (1) Bei Neubauten ... sollen die Bahnsteigkanten auf eine Höhe von 0,76 m über Schienenoberkante gelegt werden; Höhen von unter 0,38 m und über 0,96 m sind unzulässig. Bahnsteige, auf denen ausschließlich Stadtschnellbahnen halten, sollen auf eine Höhe von 0,96 m gelegt werden."

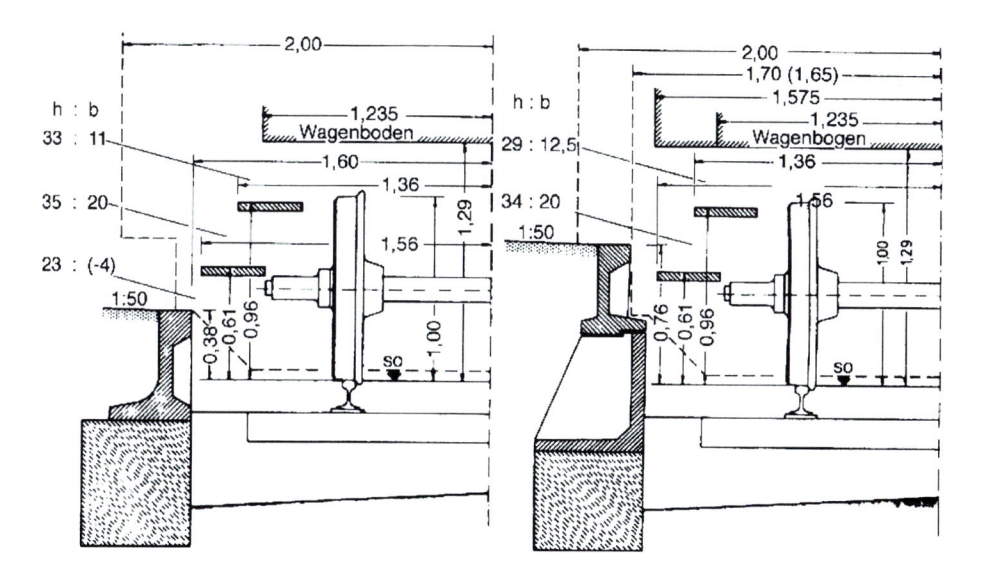

Abb. 5-29: Unterschiedliche Bahnsteighöhen und Fahrzeughöhen bei deutschen Bahnen (Fiedler, 1999)

Der Antrieb ist das Zwischenglied zwischen Fahrmotor und Rädern und hat die Aufgabe, die Beschleunigungs- und Bremskräfte des Motors auf den Treibradsatz zu übertragen. Dabei ist nach Einzelachs- und Mehrachsantrieben zu unterscheiden – der Motor treibt eine Achse an oder mehrere. Durch Unebenheiten und Gleislageunregelmäßigkeiten kommt es zu Relativbewegungen zwischen Treibachsen und Rahmen; am Treibradsatz sollten daher zusätzliche nichtabgefederte Massen minimal sein. Es ist daher auch eine direkte Kopplung des Motors und Antriebs an den Treibradsatz zu vermeiden.

Der einfachste Antrieb ist als Einzelachsantrieb der Tatzlagerantrieb oder Tatzmotorenantrieb: Der Motor stützt sich mittels Gleitlager oder Rollenlager – den Tatzlagern – auf der Achse ab und er ist am Fahrgestell aufgehängt, sodass sich die Masse je zur Hälfte auf Rahmen und Treibachse verteilt. Die Leistungsübertragung zwischen Triebmotor und Radsatz erfolgt über ein Stirnradgetriebe, dessen Kleinrad auf der Motorwelle sitzt, während das Großzahnrad mit der Achswelle fest verbunden ist. Da über die feste Verbindung mit der Treibachse der Antrieb und der Motor sämtliche vom Gleis kommenden Stöße erfahren und diese mit der Geschwindigkeit zunehmen, ist die Geschwindigkeit von Fahrzeugen mit Tatzlagerantrieb begrenzt.

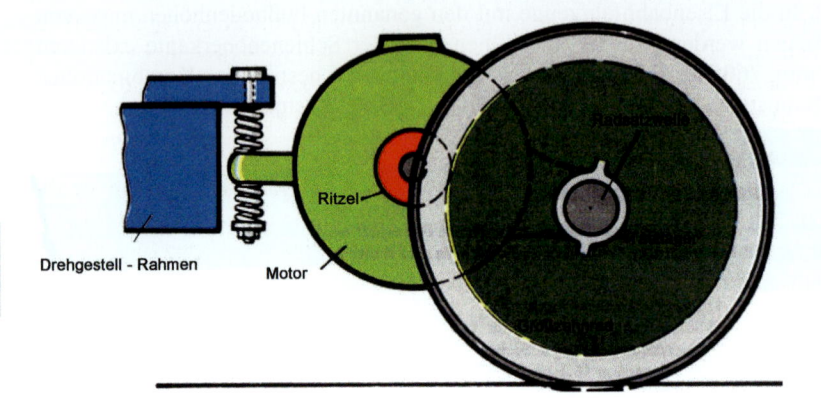

Abb. 5-30: Tatzlagermotor und Rad (www.akkutriebwagen.de)

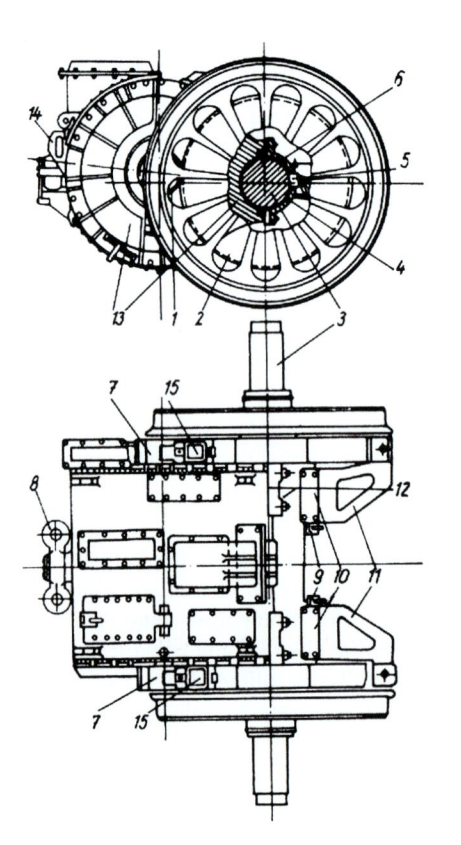

1 Ritzel
2 Großrad
3 Treibradsatzwelle
4 Tatzlagerdeckel
5 Schmierpolster
6 Tatzlagerschalen
7 Zahnradschutzkasten
8 Konsole zur Motorabstützung
9 Schmiergefäß
10 Deckel des Ölgefäßes
11 Tragarm für den Zahnradschutzkasten
12 Tatzlagerdeckel
13 Fahrmotor
14 Notaufhängungskonsole
15 Nachfüllöffnung für Schmierstoff am Zahnradschutzkasten

Abb. 5-31: Tatzlagerantrieb (Enderlein, 1993))

Neuere Tatzlagermotoren sind als Schwebemotoren ausgeführt: Der Fahrmotor hängt am Drehgestellrahmen bzw. Hauptrahmen und stützt sich über elastische Kupplungen – (Gummi-) Federn – auf den Treibradsatz. Er ist dadurch vollkommen abgefedert.

Für Nahverkehrsfahrzeuge ist noch der Zweiachslängsantrieb von Bedeutung: Während man besonders im Fernverkehr jede Achse antreibt – das führt zu gleichmäßiger Achslastverteilung und zu niedrigeren höchsten Achslasten – und dadurch den Aufwand für Investition und Wartung erhöht, kann man im Nahverkehr die Zahl der Motoren verringern, indem man mit einem Motor zwei Radsätze antreibt. Beim herkömmlichen einmotorigen Zweiachslängsantrieb werden über zwei Kegelradgetriebe die beiden Achsen eines Drehgestells angetrieben.

Jedes Schienenfahrzeug muss mit einer Einrichtung versehen sein, welche die Bewegung des Schienenfahrzeugs (maximal bis zum Stillstand) verzögern kann. Diese Einrichtung ist die Bremse. Die Eisenbahn-Bau- und Betriebsordnung – § 23 Bremsen – verlangt die Installierung durchgehender selbsttätiger Bremsen, welche bei jeder unbeabsichtigten Unterbrechung der Bremsleitung wirksam werden:

> *§ 23 Bremsen*
>
> *(1) Die Fahrzeuge ... müssen mit durchgehender selbsttätiger Bremse ausgerüstet sein.*
>
> *(2) Eine durchgehende Bremse ist selbsttätig, wenn sie bei jeder unbeabsichtigten Unterbrechung der Bremsleitung wirksam wird.*
>
> *(3) Fahrzeuge, in denen Personen befördert werden, müssen leicht sichtbare und erreichbare Notbremsgriffe haben, durch die eine Notbremsung eingeleitet werden kann.*

Triebfahrzeuge und andere führende Fahrzeuge (z. B. der Steuerwagen bei Wendezügen) müssen mit einer Handbremse oder einer sich selbst feststellenden Bremse ausgerüstet sein. Fahrzeuge, in denen Personen befördert werden, müssen mit Notbremseinrichtungen ausgestattet sein; die Einleitung der Notbremsung darf aufhebbar sein (bei Stadtschnellbahnen darf außerhalb von Bahnsteigen die Betätigung der Notbremse nur eine Anzeige beim Triebfahrzeugführer auslösen). Alle Bremsen haben drei Hauptteile: Krafterzeugender Teil, kraftübertragende Elemente, Bremskraft ausübende Teile. Nach dem Bremsprinzip werden zwei Gruppen unterschieden: Bremsung durch Nutzung von Haftreibung (Rad- und Schienenbremsen), Bremsung ohne Haftreibung (Magnetschienenbremse, Luftwirbelbremse). Nach Art des Kraftmittels unterscheidet man u. a.

– hydraulische Bremsen
– magnetische Bremsen
– Wirbelstrombremsen
– Elektrische Bremsen.

Die Bremskräfte der Bremsen werden verschieden eingesetzt, z. B.

– Bremsklötze wirken auf die Laufflächen der Räder (Klotzbremse)
– Bremsbacken wirken auf die auf der Achse montierten Scheiben (Scheibenbremse)
– Der Antriebsmotor wirkt generatorisch (dynamische Bremsen)
– Die Bremsen wirken direkt auf die Fahrschiene (Schienenbremsen).

Abb. 5-32:
Klotzbremse der E-Lok 10 1239 (Indienststellung 1962)

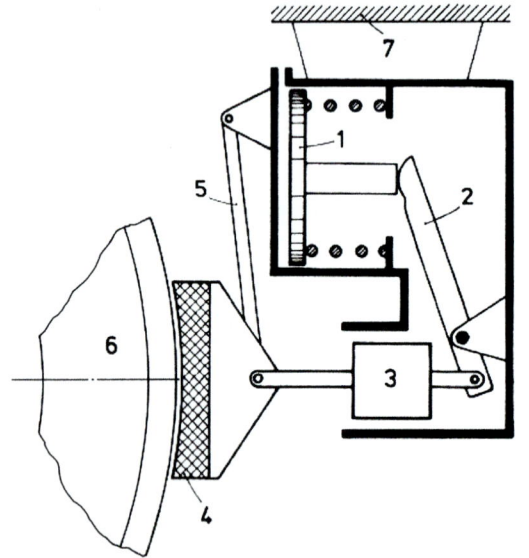

1 Kolben,
2 Hebelübersetzung,
3 Gestängesteller,
4 Klotz,
5 Hängelasche,
6 Rad 7 Drehgestell

Abb. 5-33: Prinzipieller Aufbau einer Klotzbremse (Saumweber, 1990)

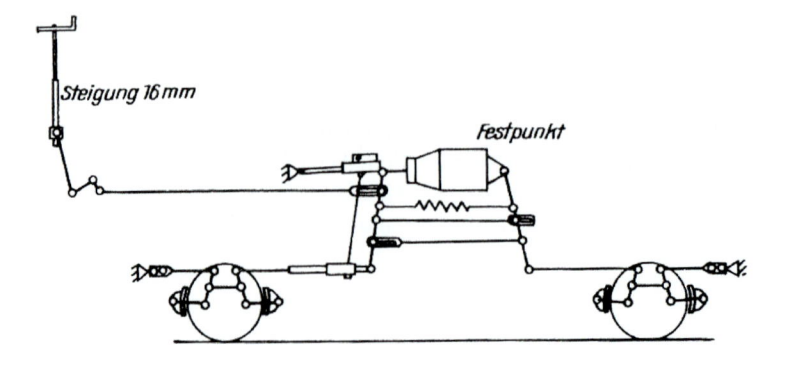

Abb. 5-34: Klotzbremse eines zweiachsigen Güterwagens (Kirsche, 1971)

5.2 Entwicklung der Schienenfahrzeuge

Da die Räder durch das Tragen und Führen bereits stark beansprucht sind, sind der Belastung mit Wärme und Verschleiß durch die Klotzbremse Grenzen gesetzt. Das macht ihren Einsatz bei höheren Geschwindigkeiten schwierig und hat zum verstärkten Einsatz der Scheibenbremse geführt (bei der Scheibenbremse ist der Unterhalt billiger, der Fahrkomfort dieser Bremse hinsichtlich Bremsgeräusch und Rollgeräusch ist größer). Die Scheibenbremse, bei der zwei Bremsbacken gegen das Rad oder gegen eine auf der Achse zusätzlich angebrachte Scheibe drücken (Abb. 5-35), gibt es demnach mit auf der Achse angebrachten Scheiben (Wellenbremsscheiben) und mit Bremsscheiben an den Rädern (Radbremsscheiben).

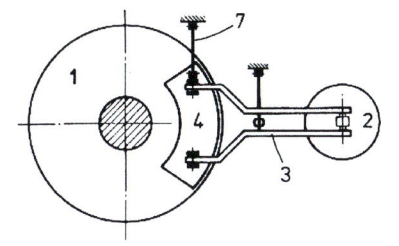

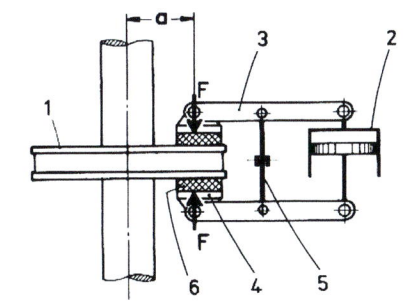

1 Wellenbremsscheibe
2 Bremszylinder
3 Bremshebel
4 Bremsbacke
5 Zuglasche
6 Belag
7 Hängelasche

Abb. 5-35: Konstruktiver Aufbau der Betätigung einer Scheibenbremse (Saumweber, 1990)

Abb. 5-36: Wellenbremsscheiben an einem Radsatz

Bei der pneumatischen Bremse – welche auch die Bremskraft für die Klotzbremse und die Scheibenbremse steuern kann – ist in jedem Fahrzeug ein Hilfsluftbehälter vorhanden, dessen Bremskolben durch Druckluft aus der Hauptluftleitung so gehalten wird, dass ein mit dem Bremskolben verbundenes Gestänge/Feder die Bremsklötze bzw. Bremsscheiben von den Rädern bzw. den Scheiben auf den Achsen fernhält.

Wird die Hauptluftleitung vom Triebfahrzeugführer bewusst entlüftet (es soll gebremst werden) oder wird die Hauptluftleitung beschädigt oder betätigt ein Fahrgast die Notbremse und leitet damit eine Entlüftung der Hauptluftleitung ein, dann verschließt die Luft aus dem Hilfsluftbehälter den Zugang zur Hauptluftleitung; gleichzeitig drückt die Luft aus dem Hilfsluftbehälter die Feder im Bremszylinder zusammen und legt damit die Bremsklötze bzw. die Bremsbacken an die Radlaufflächen bzw. die Scheiben an.

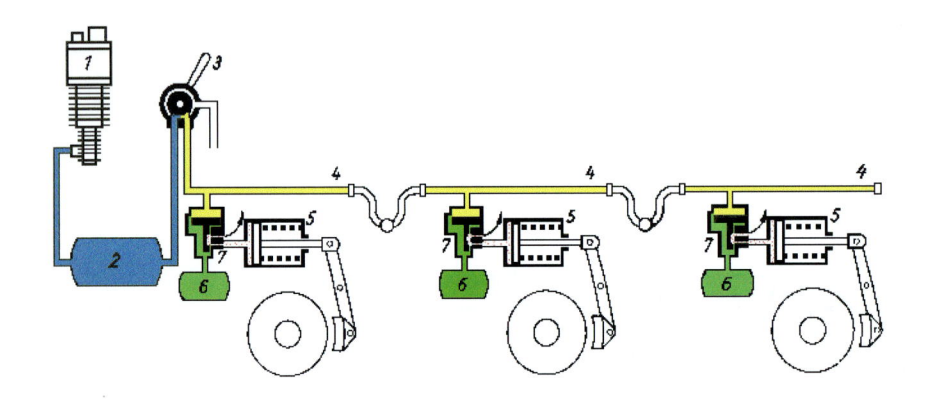

Abb. 5-37: Gelöste (nicht bremsende) Druckluftbremse (www.bremsenbude.de/seiten/einloesige-bremse01.htm)

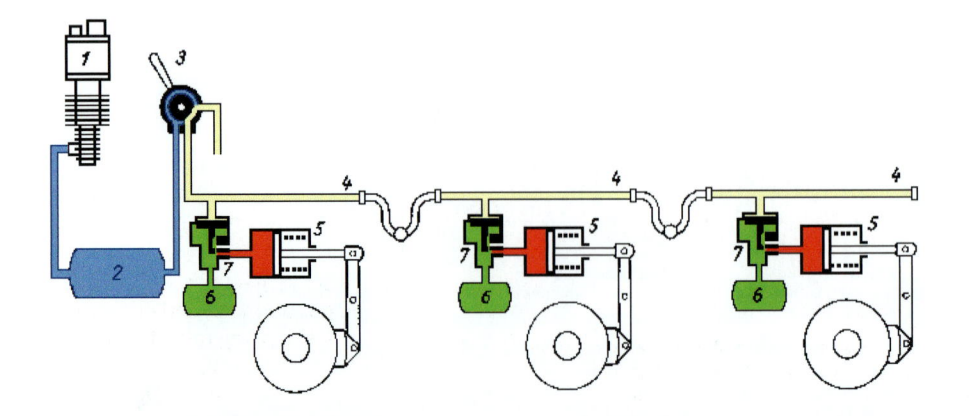

Abb. 5-38: Druckluftbremse in Bremsstellung (www.bremsenbude.de/seiten/einloesige-bremse01.htm)

5.2 Entwicklung der Schienenfahrzeuge

Zu Abb. 5-37, 5-38:
Die Luft aus dem Hauptluftbehälter (2) wird über die Hauptluftleitung (4) in die Hilfsluftbehälter (6) geleitet; die Luft aus dem Hilfsluftbehälter hält einen Kolben so im Gleichgewicht, dass Luft aus dem Bremszylinder (5) entweicht und die Feder im Bremszylinder den Bremsklotz/die Bremsbacke vom Rad/von der Bremsscheibe fernhält.

Die herkömmlichen pneumatischen Bremsen haben den Nachteil, dass die zur Bremsung erforderliche Entlüftung der Hauptluftleitung eine gewisse Zeit in Anspruch nimmt, d. h., der hintere Teil des Zuges fährt noch ungebremst, während der vordere Zugteil gebremst wird. Diesen Nachteil vermeidet die elektropneumatische Bremse, bei der in jedem Wagen das Entlüftungsventil elektrisch angesteuert wird.

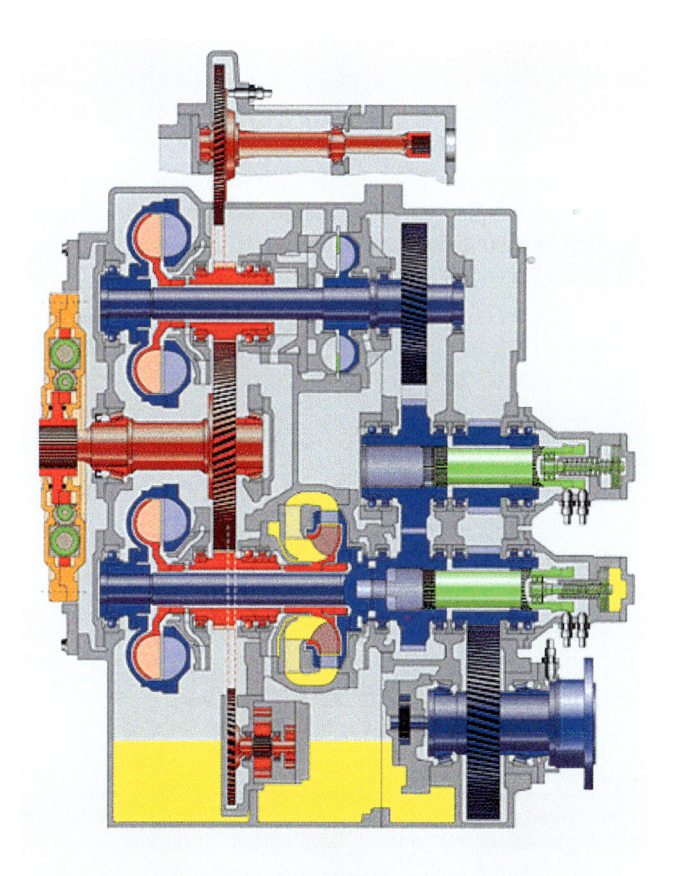

Rot = Primärteile (vom Motor angetriebene, rotierende Teile)
Blau = Sekundärteile (abtriebsseitige, rotierende Teile)
Gelb = Betriebsflüssigkeit (Mineralöl)
Grau = Feststehende Teile (Gehäuse)
Grün = Schaltelemente

Abb. 5-39:
Vereinfachter Getriebelängsquerschnitt des Turbogetriebe T 212 – hydrodynamisches Getriebe für Triebzüge, Bauart Wandlerkupplung – Kupplung mit integriertem Retarder (hydrodynamische Bremse) und mechanisches Wendegetriebe für Zweirichtungsbetrieb des Fahrzeugs (www.voithturbo.com)

Eine weitere Bremse bei den Schienenfahrzeugen ist die hydrodynamische Bremse: Ein Rotor beschleunigt eine Hydraulikflüssigkeit, die im Stator unter Erzeugung einer möglichst starken Verwirbelung wieder abgebremst wird.

Als Hauptbremse ist bei den meisten Nahverkehrsbahnen die generatorische Bremse eingesetzt:

> *Bei einem Gleichstrommotor werden die Pole des Läufers von den entgegengesetzt wirkenden Polen des Stators angezogen (Nordpol von Südpol und umgekehrt). Infolge der ständigen Änderung der Stromrichtung im Stator werden die Pole des Läufers ständig angezogen bzw. abgestoßen; infolge des Schwungs kommt es zur Drehung des Läufers und der mit ihm verbundenen Achse und den Rädern: Das Fahrzeug fährt.*
>
> *Wenn der Stator aber so umgepolt wird, dass seine Pole ständig abgestoßen werden, der Rotor also ständig gegen das Magnetfeld arbeiten muss, dann verliert der Läufer an Schwung, das Fahrzeug bremst. Dabei wird der Motor zum Generator: Es wird Strom erzeugt (Energierückspeisung).*
>
> *Die generatorische Bremse funktioniert nur bei Drehung des Rotors. Als Festhaltebremse müssen andere Bremsen eingesetzt werden.*

Bei den Nahverkehrsbahnen mit einer Vielzahl gleichzeitig vorhandener Abnehmer im Netz ist die Energierückspeisung Stand der Technik (obwohl wegen der Langlebigkeit der elektrischen Ausrüstung der Triebfahrzeuge auch ältere Technik noch im Einsatz ist). Mit der generatorischen Bremse werden Verzögerungen bis zu 1,8 m/sec^2 erreicht.

Die Magnetschienenbremse besteht aus Schleifschuhen mit eingebauten Elektromagneten. Bei Stromfluss im Magneten wird der Schleifschuh an die Schiene angezogen: Es entsteht eine hohe bremsende Reibungskraft.

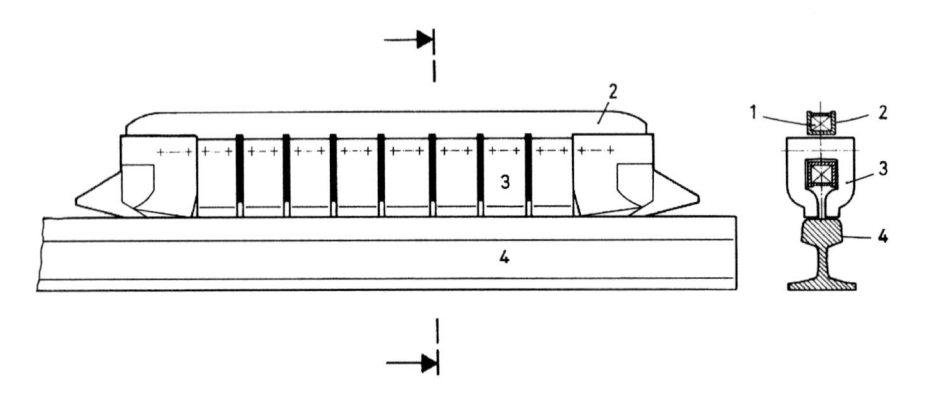

Abb. 5-40: Prinzipieller Aufbau der Magnetschienenbremse (Saumweber, 1990)

5.2 Entwicklung der Schienenfahrzeuge

Abb. 5-41: Magnetschienenbremse einer Nahverkehrsbahn

Bewegt sich eine Metallplatte in einem Magnetfeld, werden in der Metallplatte Wirbelströme hervorgerufen. Diese Ströme erzeugen ein Magnetfeld, welches dem vorhandenen Magnetfeld entgegengesetzt ist: Es entsteht eine Bremswirkung. Diese Bremse arbeitet wie die Magnetschienenbremse, aber berührungslos (Wirbelstrombremse).

Als Zusatzbremse und Feststellbremse ist oft die Federspeicherbremse im Einsatz: Statt mit Druckluft werden die Bremsklötze bzw. Bremsbacken mittels Federkraft an die Laufflächen bzw. Scheiben angelegt. Gelöst wird die Bremse (keine Bremswirkung, d. h. Feder gespannt) mittels Elektromotor oder durch Druckluft. Die vom Fahrgast eingeleitete Notbremsung bzw. die von der Zugsicherungsanlage ausgelöste Bremsung aktiviert die Hauptbremse und ggf. die Zusatzbremse.

Zur Aufnahme von Personen bzw. Aggregaten dienen die Wagenkästen der Eisenbahnfahrzeuge über bzw. auf den Laufwerken. Die Aufbauten hatten folgende Forderungen zu erfüllen:

- Aufnahme und Übertragung der Gewichtskräfte und der Beschleunigungskräfte auf die Fahrwerke
- Übertragung der Längskräfte von und zu benachbarten Fahrzeugen
- Ausgleich von Verwindungen durch elastische Verformungen
- Passiver Schutz der Fahrgäste/Transportgutes bei Zusammenstößen
- Aufnehmen der Ausrüstung
- Begrenzte Durchbiegung bei Lastaufnahme.

Die Wagenkästen wurden ursprünglich in Holz hergestellt, später in Holzbauweise mit Blechverkleidung und als Stahlkonstruktion (ab etwa 1923). Bei den stählernen Wagenkästen wurde eine Fachwerkkonstruktion gebildet, Holz wurde nur noch für den Fußboden und den Innenraum verwendet. Um das Gewicht der schweren Wagenkästen zu reduzieren, wurde die selbsttragende Bauweise entwickelt (bei Schienenfahrzeugen ab etwa 1940): Die Bekleidungsbleche und das Blechdach tragen aufgrund ihrer Gestaltung mit, auf die (schweren) Stähle für das Kastengerippe konnte verzichtet werden.

Abb. 5-42: (Selbsttragender) Wagenkasten als Schweißkonstruktion aus Stahlblechprofilen mit Leichtmetall-Außenblechen, hier am Schienenbus, 1951 in Dienst gestellt (Hahn, 1994)

Von Bedeutung bei der Reduzierung des Wagenkastengewichts ist die erforderliche aufnehmbare Längsdruckkraft, welche in Pufferebene bzw. in Untergestellebene angesetzt wird. Wegen der vor Jahrzehnten schwächeren Bremsen und wegen der damals stärkeren Rangierstöße und wegen der schlechten Übersichtlichkeit (früher ein Führerstand, heute zwei Führerstände) wurde – im Jahre 1937 (?) – die vom Wagenkasten aufnehmbare Längsdruckkraft auf 2.000 kN festgelegt. Da leichtere Fahrzeuge der Folgejahre (Schienenbusse) i.a. nicht in Züge eingestellt waren, wurden dort geringere Kräfte erlaubt (500 kN). Nach einigen schweren Unfällen von Schienenbussen wurde 1971 von der zuständigen Kommission empfohlen, Fahrzeuge höherer Festigkeit einzusetzen. Die Deutsche Bundesbahn forderte folglich auch im Nahverkehr und im Regionalverkehr die für den internationalen Verkehr vorgeschriebene Längskraftaufnahme von 2.000 kN für Lokomotiven und 1.500 kN für Triebzüge. Damit entwickelte sich ein Sicherheitsstandard, von welchem nur mittels Anwendung § 2 (2) EBO abgewichen werden kann („ ... wenn mindestens die gleiche Sicherheit gewährleistet ist ... "). Auch gemäß DIN-EN 12663 „Festigkeitsanforderungen an Wagenkästen von Schienenfahrzeugen" wurden die Längsdruckfestigkeiten der Tabelle gefordert:

Reisezugwagen/ Lokomotiven	2.000 kN	U-Bahnen/ S-Bahnen	800 kN
Triebzüge	1.500 kN	Leichte U- und S-Bahnen	400 kN

Da die hohen Anforderungen an die Längsdruckkraft mit 2.000 kN und 1.500 kN bei dem Ziel eines reduzierten Wagengewichts – reduziertes Gewicht führt zu geringeren Kosten beim Beschleunigen und Bremsen – einerseits als zu hoch angesehen wurden, andererseits aber auch die leichten Bahnen (z. B. Straßenbahnfahrzeuge) auf Eisenbahnstrecken verkehren sollten, wurde die geringere passive Sicherheit (geringere aufnehmbare Längsdruckkraft) der höheren

5.2 Entwicklung der Schienenfahrzeuge

Abb. 5-43: Zusammenstoß eines Schienenbusses und eines Güterzuges mit 46 Toten im Jahr 1971 (http://www.stadtnetz-radevormwald.de/html/buergerinfo/historie/zugungl/unfall.jpg)

aktiven Sicherheit (z. B. besseres Bremsvermögen) der leichten Fahrzeuge gegenübergestellt. Auch der neue Sachverhalt der nachgebenden Wagenkastenkonstruktionen mit geringerem Verletzungsrisiko für Insassen war zu prüfen (steife Wagenkästen führen bei Unfällen zu hohen Vorwärtsbeschleunigungen der Fahrgäste und zu schweren Aufprallverletzungen).[102]

Als Ergebnis der Untersuchungen konnte neben der bisher verlangten Rahmensteifigkeit durch eine Kombination von aktiver und passiver Sicherheit eine Aufprallgeschwindigkeit definiert werden, unterhalb derer das leichte Nahverkehrstriebfahrzeug einen sicheren Innenraum bieten muss. Das erste dementsprechend als vollwertiges EBO-Fahrzeug zugelassene Regional- und Nahverkehrsfahrzeug ist der Regiosprinter von DUEWAG/SIEMENS, welcher nur eine Rahmensteifigkeit von 600 kN aufweist.[103]

---

[102] Die Ausbildung einer (nachgiebigen) Fahrzeugschale hat Vorteile bei Zusammenstößen: Das bisherige katastrophale Ineinanderschieben der starren Wagenkästen („Aufklettern") wird zu einer seitlichen Bewegung der Wagenkästen („Ausbrechen").
[103] Der Bundesminister für Verkehr erließ am 24. April 1995 eine entsprechende Richtlinie zur Zulassung leichter Nahverkehrstriebwagen (LNT-Richtlinie)

Abb. 5-44: Der Regiosprinter (DUEWAG/SIEMENS) der Dürener Kreisbahn
(Eisenbahn-Fahrzeugkatalog, 1998 ?)

Zur weiteren Reduzierung des Energieverbrauchs bei der Zugförderung und zur Reduzierung des masseabhängigen Fahrzeugwiderstands wird versucht, an der Wagenmasse weiter zu sparen: Auch im Eisenbahnwesen wird die aus dem Flugzeugbau bekannte Leichtbauweise eingesetzt. Dabei ist nach Formleichtbau und Stoffleichtbau zu unterscheiden.

Formleichtbau ist die Reduzierung der Wagenmasse durch Formgestaltung der Bauteile entsprechend der gerade erforderlichen Stärke; am wirkungsvollsten ist dabei die Schalen- bzw. Röhrenbauweise, bei der die als Umhüllung dienende Außenhaut des Fahrzeugs mit in die tragende Konstruktion einbezogen wird. Die gewölbten Flächen von Dach und Bodenwanne bilden mit den Seitenwänden eine selbsttragende verwindungssteife Röhre mit hoher Beul- und Knickfestigkeit – wie ein Schilfrohr oder ein Strohhalm.

Beim Stoffleichtbau werden besonders leichte Werkstoffe verwendet wie Leichtmetalllegierungen oder Faserkunststoffe – besonders leichte Werkstoffe sind Aluminium, Magnesium, Faserverbundwerkstoffe, Holz. Eine Gegenüberstellung von Kennwerten des Werkstoffs Stahl und eines Kunststoffes zeigt u. a. die Gewichtsersparnis:

Tab. 5-2: Kennwerte der Werkstoffe Stahl und CFK (kohlenstoffaserverstärkter Kunststoff)

	Stahl	CFK–HM-DU 60 Vol% (75S)
Elastizitätsmodul E [kN/mm^2] Welche Kraft dehnt einen Stab der Länge 1 m mit dem Querschnitt 1.000 mm^2 um 1 mm?	210	300
Zugfestigkeit σ [N/mm^2] Bei welcher Kraft reißt ein Draht mit dem Querschnitt 1 mm^2?	400 – 1.500	1.500
Temperaturausdehnungskoeffizient α [10^{-6}/K] Wie ändert sich die Länge eines Stabes der Länge 1 mm bei einer Temperaturerhöhung von 1 K?	11,0	-1,2
Dichte ρ [kg/dm^3] Wie groß ist die Masse eines Würfels der Kantenlänge 10 cm?	7,8	1,57

5.2 Entwicklung der Schienenfahrzeuge

Um die Vorteile beider Leichtbauarten zu nutzen (Stabilität und geringes Gewicht), werden beide Leichtbauarten auch kombiniert. So ist am Doppelstock-Schienenbus der Deutschen Waggonbau AG der Wagenkasten ein Stahlleichtbau mit Kastenprofil-Gerippekonstruktion und aufgeklebten verzinkten Blechen im Mittelteil sowie mit Fahrzeugkopfpartien in GFK-Konstruktion und mit der Verwendung von Polystyrenschaumisolierung.

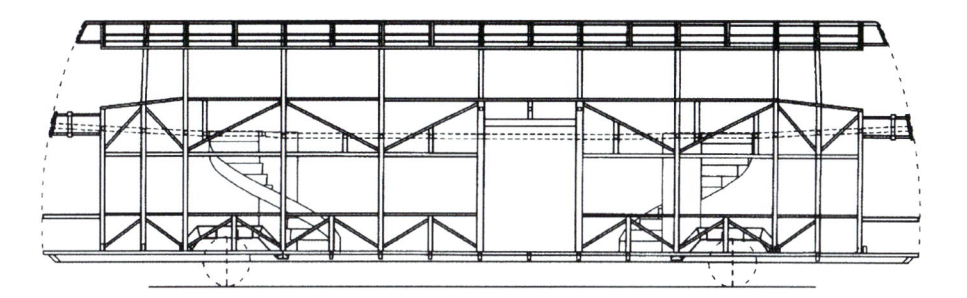

Abb. 5-45: Aufbau des Wagenkastens des Doppelstock-Schienenbusses der Deutsche Waggonbau Union AG (Unternehmensbroschüre)

Der Wagenkasten des Nahverkehrsfahrzeug Regio-Shuttle des Unternehmens ABB Daimler-Benz Transportation besteht aus einer Schweißkonstruktion von Rechteckrohren und Abkantprofilen (Hauptträger aus Stahl), während die Außenhaut aus aufgeklebten Glasfaserkunststofflaminaten besteht.

Abb. 5-46: Regio-Shuttle
(http://www.mainschleifenbahn.de/bilder/newpic/neues_layout/Regioshuttle.jpg)

Abb. 5-47: Rohbau des Regio-Shuttle (Riechers, 1998)

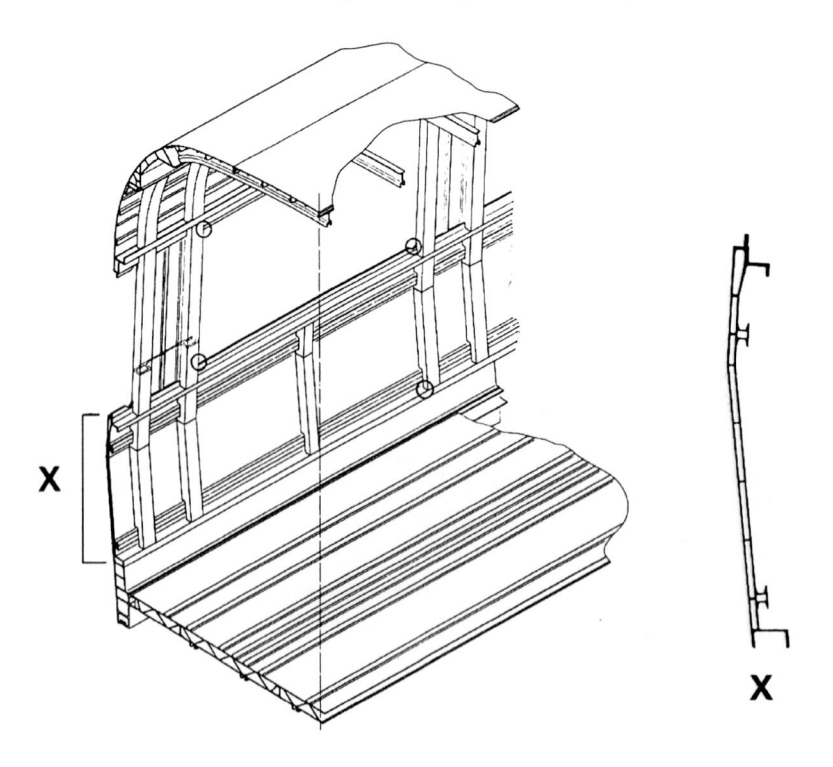

Abb. 5-48: Schnitt durch den Wagenkasten des ICE 1 (Riechers, 2001)

Der Wagenkasten des ICE 1 wurde aus Aluminium Strangpressprofilen hergestellt; das Seitenwandprofil wurde als doppelwandiges Hohlkammerprofil ausgebildet.

Der Wagenkasten des Dieseltriebwagens (leichter Verbrennungstriebwagen) LVT der Baureihe 641 des Unternehmens ALSTOM LHB GmbH ist aus selbsttragenden geschweißten Aluminiumstrangpressprofilen gebildet; die Fahrzeugköpfe bestehen aus Glasfaserkunststoff mit einer Stahlunterkonstruktion.

Eine bewährte Entwicklung der letzten Jahre bei den Wagenkästen der Bahnen ist die o. g. Verwendung von verschweißten oder verschraubten Aluminiumprofilen mit aufgeklebten GFK-Panelen.

Neben Kunststoffen für die Wagenkästen werden Kunststoffe vor allem für die Auskleidung der Wagenkästen, für Zwischenwände, Türen und Sitze verwendet. So ist beispielsweise Polyvinylchlorid (PVC) als Fußbodenbelag – Holz fault bei Feuchtigkeitseinfluss – z. T. bis unter die Fensterbrüstung hochgezogen eingesetzt. Der Schaumstoff Polyurethan (PUR) z. B. wird als Weichschaumstoff als Polstermaterial für Sitze und als Hartschaumstoff zur Isolierung verwendet.

Der herkömmliche Korrosionsschutz besteht im Aufbringen von Farbe auf den Gegenstand, so auch bei den Eisenbahnwagen des Nahverkehrs. Wegen der begrenzten Haltbarkeit verwendet man auch anderen Korrosionsschutz, so Aluminium als Außenverkleidung und zunehmend Kunststoffe.

Der Fußboden der Fahrzeuginnenräume besteht oft aus Sperrholzschichten mit einem Kunststoffbelag, welcher mittels Gummi-Elementen „schwimmend" auf dem Untergestell befestigt ist (und so die Übertragungen der Motorschwingungen in den Fahrgastraum verhindert).

Die Eisenbahnwagen der letzten Jahrzehnte sind mit einer Druckbelüftung ausgestattet, bei der von außen Frischluft angesaugt wird und dann evtl. erwärmt in die Abteile bzw. das Großraumabteil gedrückt wird. Die Eisenbahnwagen besitzen nur in wenigen Fällen zu öffnende Fenster – bei den Nahverkehrswagen neuer Art sind allenfalls die Fensteroberteile klappbar. Klimaanlagen sind bei Wagen in Gebrauch, bei denen – anders als im städtischen Nahverkehr – selten gehalten wird und störende Außenluft durch die geöffneten Türen die Funktion der Klimaanlage nicht übermäßig beansprucht.

Die Sitze der im Nahverkehr eingesetzten Eisenbahnwagen sind wegen der kurzen Reiseweiten der Fahrgäste relativ einfach gehalten; sie sind vorwiegend für eine Bestuhlung der 2. Wagenklasse vorgesehen (eine erste Wagenklasse bei den neuen Nahverkehrsfahrzeugen ist selten). Die gepolsterten Einzelsitze sind in einer 2 + 2 Aufstellung vis-a-vis oder hintereinander angeordnet. Aber auch die 2 + 3 Anordnung und „Sitzlandschaften" bestehen in den neuen Eisenbahnwagen.

Abb. 5-49: Fahrgastraum einer britischen Variante des Regionalzuges DESIRO
(http://upload.wikimedia.org/wikipedia/commons/thumb/4/4d/360115_C_TSO_745
65_Half_Length_Standard_Class_Interior.JPG/800px-
360115_C_TSO_74565_Half_Length_Standard_Class_Interior.JPG)

Abb. 5-50: Fahrgastraum des Verbrennungs-Triebzuges 643 der DB Regio („Talent")
(http://upload.wikimedia.org/wikipedia/commons/thumb/a/a2/643022_Interior.jpg/8
00px-643022_Interior.jpg)

Ein schneller Fahrgastwechsel wird durch einen stufenlosen Einstieg in die Eisenbahnfahrzeuge erreicht. Ist dieser stufenlose Einstieg wegen unterschiedlicher Höhen Fahrzeug-Bahnsteig nicht möglich, sollten die Einstiege auch wegen gehbehinderter Personen über Stufen mit dem Steigungsverhältnis 15/33 (Stufenhöhe/Auftrittsbreite) realisiert werden.

Zahlreiche (und breite) Türen unterstützen den schnellen Fahrgastwechsel: Die neuen Eisenbahnwagen werden mit breiten Schwenkschiebetüren ausgerüstet, welche im geöffneten Zustand an der Außenwand anliegen und im geschlossenen Zustand bündig mit der Wagenaußenseite sind. Die lichte Durchgangsbreite der Tür sollte auch den Einstieg von (Kinderwagen und) Rollstühlen zulassen und daher 90 cm nicht unterschreiten: Empfohlen wird der Einsatz von Doppeltüren – zwei Türflügel – mit einer lichten Durchgangsbreite von 1.300 mm.

Der Nahverkehrsmarkt auch bei den Eisenbahnen befindet sich im Umbruch: Neben der Deutschen Bahn AG drängen weitere Anbieter auf den Markt, und es werden neben den schon langjährig verwendeten Nahverkehrsfahrzeugen und deren modernisierten Exemplaren zunehmend neuentwickelte Fahrzeuge bei den Bahnen eingesetzt. Ausgangspunkt für die Fahrzeugneuentwicklungen zu Beginn der 1990er Jahre war die Erkenntnis, dass die auf dem Markt befindlichen Fahrzeuge – nicht zuletzt wegen der damals noch verlangten aufzunehmenden Längsdruckkraft – zu schwer und für den angestrebten Betrieb vor allem auf regionalen Strecken zu teuer in Anschaffung und Betrieb waren. Die Interessenvertretung der Nahverkehrsunternehmen, der Verband Deutscher Verkehrsunternehmen formulierte 1992 seine Wünsche für ein solches Nebenbahnfahrzeug – welches wegen fehlender Fahrleitungen außerhalb der Ballungsräume ein Dieselfahrzeug war:

- Zweirichtungsfahrzeug für Einmannbetrieb mit der Möglichkeit der Mehrfachtraktion (bis zu drei Triebfahrzeuge)
- Kapazität 70 bis 80 Sitzplätze sowie 80 bis 100 Stehplätze bei 4 Personen/m^2
- Leichtbauweise mit einer maximalen aufnehmbaren Längsdruckkraft von 600 kN (anstelle der bisherigen 1500 – 2000 kN)
- Verbesserte Bremsverzögerung von 2,73 m/sec^2 (als Ausgleich für die abgesenkte Längsdruckkraft)
- Durchschnittliche Beschleunigung von 0,8 bis 1 m/sec^2 möglichst bis 50 km/h
- Laufeigenschaften wie Stadtbahnwagen auf Eisenbahngleisen mit gut bis mittelmäßig instand gehaltenem Oberbau
- Dieselmotoren mit Abgasgrenzwerten nach Euro I und II
- Behindertengerechte Ausstattung
- Niederflur-Einstiege

Die daraufhin von der Industrie entwickelten neuen Bahnfahrzeuge waren die verlangten Dieselfahrzeuge und auch elektrisch angetriebene Fahrzeuge. Die Vorteile/Nachteile beider Traktionsarten können wie folgt benannt werden:

- der elektrische Betrieb ist am Verbrauchsort umweltfreundlicher, der Energievorrat muss nicht mitgeführt werden
- Elektromotoren können überlastet werden, sie besitzen eine hohe Anfahrbeschleunigung: Die Strecken können stärker ausgelastet werden
- bei der Elektrotraktion ist eine Energierückgewinnung möglich
- die elektrische Traktion erfordert hohe Investitionen entlang der Strecke (Fahrleitungen, Unterwerke).

Abb. 5-51: Dieseltriebwagen VT 628/928
(http://upload.wikimedia.org/wikipedia/commons/thumb/4/45/Alzeyer_Bahnhof-_auf_Bahnsteig_zu_Gleis_2-_Richtung_Mainz_%28RB_928_486%29_22.7.2009.JPG/800px-Alzeyer_Bahnhof-_auf_Bahnsteig_zu_Gleis_2-_Richtung_Mainz_%28RB_928_486%29_22.7.2009.JPG)

Als Beispiel für ein Dieseltriebfahrzeug für den Bahn-Nahverkehr soll hier der zweiteilige Dieseltriebwagen 628 der Deutsche Bahn AG genannt werden: Bei diesem Triebwagen handelt es sich um ein Fahrzeug aus zwei kurz miteinander gekuppelten je nach Version rund 22,5 m langen Wagen mit einem Triebdrehgestell und einem Laufdrehgestell (Gesamtlänge dann rund 45 Meter). Dieses als Nachfolger des in den fünfziger Jahren eingesetzten Schienenomnibusses präsentierte Fahrzeug verfügt in der seit 1993 in Dienst gestellten Version über den Motor von MTU 12 V 183 TD 12 mit Abgasturboaufladung und Ladeluftkühlung, welcher bei 2.100 Umdrehungen/min 485 kW abgibt und damit 140 km/h fahren kann. Zur Leistungsübertragung ist ein Voith-Strömungsgetriebe eingebaut.

In weit überwiegendem Maß werden die Bahnfahrzeuge in den Ballungsräumen elektrisch angetrieben.

Es werden bei den Bahnen im allgemeinen Dachstromabnehmer eingesetzt, welche den Strom einer Fahrleitung/Oberleitung entnehmen. Die üblichen Stromabnehmer sind die Bügel-Stromabnehmer als Einholm-Stromabnehmer oder als Scherenstromabnehmer. Bei diesen Stromabnehmern ist am oberen Ende eines Metallbügels quer zur Fahrtrichtung ein bis zwei Meter breites Schleifstück montiert, welches mit Federkraft gegen den Fahrdraht gedrückt wird – bei neueren Stromabnehmern sind wegen des besseren Kontaktes zwischen Fahrdraht und Stromabnehmer zwei Schleifstücke als Stromabnehmerwippe montiert. Das Schleifstück selbst besteht aus Kohlenstoff. Der Strom aus der Fahrleitung fließt durch das Kohleschleifstück und den Stromabnehmer in das Fahrzeuginnere. Schleifstück und Fahrdraht verschleißen durch die Reibung; für eine gleichmäßige Abnutzung des Schleifstückes wird der Fahrdraht daher so verlegt, dass er im Zickzack über den Abnehmer geführt wird.

5.2 Entwicklung der Schienenfahrzeuge

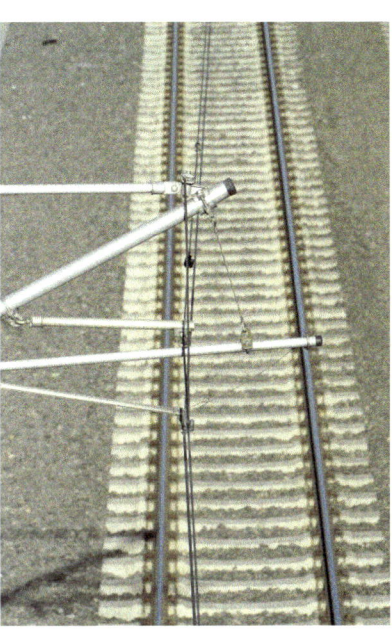

Abb. 5-52: Stromabnehmer und Verlegung des Fahrdrahtes

Während die elektrischen Lokomotiven i.a. über eine Oberleitung Strom von 15 kV/16 2/3 Hz aufnehmen und auch die meisten deutschen S-Bahnen über Oberleitungen diesen Strom erhalten, werden die S-Bahnen in Berlin (seit 1924) und in Hamburg (seit 1907) mit Gleichstrom über seitlich gelegene Stromschienen versorgt.

Bei der S-Bahn Hamburg wird aus der seitlich bestrichenen Stromschiene über Schleifeinrichtungen an den Drehgestellen ein Gleichstrom von 1.200 V entnommen, bei der Berliner S-Bahn wird das Fahrzeug über die seitlich gelegene Stromschiene (von unten bestrichen) mit 800 Volt Gleichstrom versorgt. Der besondere Vorteil der Stromschienen ist das für Tunnelstrecken nach oben vorteilhafte Lichtraumprofil.

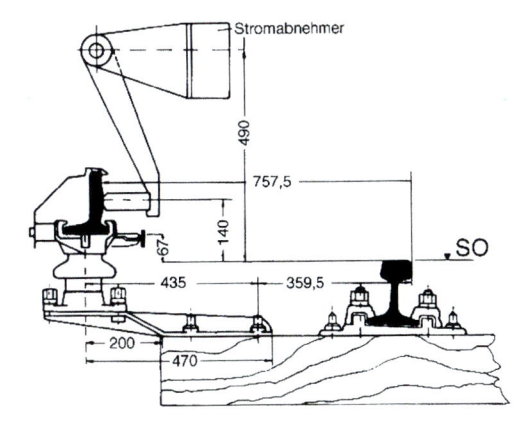

Abb. 5-53: Stromschiene der S-Bahn Hamburg (Fiedler, 1999)

Der Vorteil und Nachteil des Einsatzes von Wechselstrom und Gleichstrom bei den Nahverkehrsbahnen kann wie folgt beschrieben werden:
- Der Gleichstrommotor ist einfach in der Bauweise und für Anfahren mit hohen Strömen geeignet,
- Hohe und oftmalige Beschleunigungs- und Bremsvorgänge machen eine Rückgewinnung elektrischer Arbeit durch Nutzbremsung sinnvoll; mit Gleichstrommotoren ist die Energierückgewinnung relativ einfach möglich,
- Die niedrige Fahrspannung der Gleichstrommotoren erfordert kleine Unterwerksabstände (städtischer Bereich); es fallen hohe Stromverteilungskosten an,
- Der Einsatz von Wechselstrommotoren macht einen Übergang der Bahnen in das allgemeine Zugnetz möglich,
- Die hohe Fahrdrahtspannung des Wechselstroms erfordert Unterwerke nur in großen Abständen, es entstehen geringe Stromverteilungskosten,
- Der Wechselstrommotor ist empfindlicher als der Gleichstrommotor.

Ein im Nahverkehr eingesetzter Elektromotor muss große Spannungstoleranzen, hohe Bremsspannungen, hohe Drehzahlen, hohe Ströme und starke Erschütterungen ertragen: Der vorwiegend im Nahverkehr eingesetzte Motor ist der Gleichstrom-Reihenschluss-Motor, welcher aufgrund seines kompakten konstruktiven Aufbaus weniger störanfällig ist gegenüber einem Nebenschlussmotor und – da die in Serie zur Ankerwicklung geschaltete Erregerwicklung einen Spannungsstoss aufnehmen kann und damit eine rasche Stromänderung verhindert – auch unempfindlich gegen Spannungsänderungen (weil das Drehmoment und die Erregung von der Spannung unabhängig sind). Vom Stillstand bis zur Höchstdrehzahl ist der Motor durch Änderung der Klemmenspannung leicht regulierbar – eine Fremderregung ist nicht erforderlich.

Ein Beispiel für einen Zug mit Gleichstrom-Reihenschluss-Motoren ist der seit 1974 ausgelieferte Triebzug 472/473 der S-Bahn Hamburg: Alle zwölf Achsen des dreiteiligen Triebzuges sind mit je einem vierpoligen Gleichstrom-Reihenschluss-Motor in Tatzlager-Bauform angetrieben (je zwei einzeln angetriebene Achsen in einem Drehgestell). Die Motoren laufen in einer Reihen-Parallel-Schaltung, es werden einseitige, schräg verzahnte Getriebe mit gefedertem Großrad verwendet.

Der aus der Oberleitung oder über die Stromschiene gespeiste Motor läuft mit einer bestimmten Drehzahl, die aus dem Verhältnis Drehmoment/Drehzahl bestimmt ist. Der Betrieb der Fahrzeuge verlangt aber auch andere Drehzahlen (es wird z. B. aus dem Stand angefahren). Der Motor muss also gesteuert werden, um bei einer bestimmten Belastung eine gewünschte Drehzahl zu erreichen. Die bisher letzte Stufe der Stromsteuerungstechniken wurde mit der Umrichtertechnik erreicht (Frequenz- oder Spannungsumformer, der fast ausschließlich mit elektronischen Bauelementen arbeitet). Die vom Fahrer eingestellten Sollwerte für Anfahrbeschleunigung und Bremsverzögerung werden in einem Steuergerät unter Berücksichtigung der Sollwerte, der Istwerte, der Grenzwerte und der Zustandsmeldungen in Stellbefehle für die Fahrzeugsteuerung umgesetzt.

Die Nahverkehrsfahrzeuge benötigen neben dem Antrieb (Dieseltraktion, Elektrotraktion) zahlreiche Hilfsbetriebe, z. B. Ladegerät für die Batterie, Hilfskompressor zum ersten Anheben der Stromabnehmer bei abgestelltem Elektrotriebfahrzeug, Kompressor zur Versorgung der Druckluftanlage sowie die Energiebereitstellung für Heizung und Lüftung. In seltenen Fällen wird die Energie zur Versorgung der Hilfsbetriebe aus der Fahrleitung entnommen; häufiger ist die Entnahme der Energie aus einem bordeigenen Stromnetz, welches aus einer Batterie

5.2 Entwicklung der Schienenfahrzeuge

Abb. 5-54: S-Bahn-Fahrzeug 472 der S-Bahn Hamburg
(http://www.hamburger-s-bahn.de/100Jahre/bilder/1968_472_Ops_19740511.jpg)

gespeist wird (weit verbreitet ist das Anlassen des Dieselmotors mit einer Lichtanlassmaschine; nach dem Starten des Motors lädt die Lichtanlassmaschine als Generator die Batterie wieder auf).

Zu den vom Bordnetz versorgten Geräten in den Eisenbahnfahrzeugen gehören die Informationseinrichtungen und die Abfertigungseinrichtungen. Während die Eisenbahnzüge des Nahverkehrs im Regelfall mit Zugbegleitern besetzt sind, welche die Abfahrbereitschaft des Zuges an den Triebfahrzeugführer melden und dieser nach Signalfreigabe anfährt, stellt bei einmänniger Besetzung der Triebfahrzeugführer die Abfahrbereitschaft des Zuges selbst fest, evtl. mit Hilfe von Fernsehbildern auf einem bahnsteigseitigen Monitor seitlich des Führerstandes.

Als Informationseinrichtungen an den Fahrzeugen sind mit Außenwirkung bei den Nahverkehrstriebwagen oft vorhanden eine Zielanzeige im Stirnfenster des führenden Fahrzeugs sowie eine Zielanzeige an der Seitenwand des Triebwagens. Diese Anzeigen sind in Rollband-Technik ausgeführt oder auch als Matrix-Anzeige.

Informationseinrichtungen innerhalb der Eisenbahnfahrzeuge des Nahverkehrs sind auch heute noch üblicherweise die – bei den neuen Bahnen aus Sprachspeichern versorgten – Lautsprecher zur Mitteilung des nächsten Halteortes, wenn auch schon besonders in den neuen Eisenbahnfahrzeugen des Nahverkehrs Displays mit Anzeige der nächsten Haltestelle in den Fahrgasträumen vorhanden sind. Ständig verfügbare Informationen über den Fahrtverlauf und evtl. Unregelmäßigkeiten stehen dem Fahrgast eher in Stadtbahnen zur Verfügung (Einzelheiten zur Fahrgastinformation siehe Kapitel 6).

Auch Entwerter und Fahrausweisautomaten findet man eher in Stadtbahnen als in Eisenbahnfahrzeugen des Nahverkehrs: Fahrausweisautomaten befinden sich auf dem Bahnsteig und notwendige Entwerter am Bahnsteigzugang.

Abb. 5-55: Fahrgastinformation an der Seite eines Nahverkehrszuges

Abb. 5-56: Fahrgastinformationsanzeige an der Spitze eines Zuges

Abb. 5-57: Fahrgastinformationsanzeige in einem S-Bahn-Fahrzeug

2 Straßenbahnfahrzeuge

Für Straßenbahnfahrzeuge gelten (fast) dieselben Grundsätze wie für Eisenbahnfahrzeuge. Es sind aber einige Besonderheiten zu beachten.

Für den Bau und Betrieb von Straßenbahn-, Stadtbahn- und U-Bahn-Fahrzeugen gilt aufgrund des Personenbeförderungsgesetzes die „Verordnung über den Bau und Betrieb der Straßenbahnen (Straßenbahn-Bau – und Betriebsordnung – BOStrab)".[104] Ähnlich wie bei den Eisenbahnfahrzeugen verlangt die BOStrab, dass die Fahrzeuge den Anforderungen der Sicherheit und Ordnung genügen. Diese Anforderungen gelten als erfüllt, wenn Fahrzeuge nach den Vorschriften dieser Verordnung, nach den von der Technischen Aufsichtsbehörde[105] und von der Genehmigungsbehörde getroffenen Anordnungen sowie nach den allgemein anerkannten Regeln der Technik gebaut und betrieben werden. Diese allgemein anerkannten Regeln der Technik sind in DIN-Normen, in VDE-Bestimmungen, in Schriften des Verbandes Deutscher Verkehrsunternehmen bzw. seiner Vorgängerverbände, in Unfallverhütungsvorschriften und in weiteren Regelwerken enthalten, und sie sind zu beachten.

Die BOStrab enthält zur Fahrzeuggestaltung vor allem Angaben hinsichtlich

- Abmessung der Fahrzeuge und Züge
- Räder
- Bremsen
- Türen
- Trittstufen
- Fahrgastplätzen
- Stromabnehmer.

---

[104] „Verordnung über den Bau und Betrieb der Straßenbahnen" vom 11. Dezember 1987 mit Änderungen z. B. Entfall des Paragraphen 64 (Berlin-Klausel) im Herbst 2006

[105] Technische Aufsichtsbehörde ist eine bei der Landesregierung angesiedelte Behörde, Genehmigungsbehörde ist i.a. der Regierungspräsident.

§ 33 Fahrzeuggestaltung

(1) Beim Bau von Fahrzeugen ist als Lastannahme von der Eigenlast und der Nutzlast, von den Kräften aus Anfahrbeschleunigung und Bremsverzögerung, Fahrzeuglauf und Auffahrstößen sowie von den sonstigen sich aus den Betriebsbedingungen ergebenden Kräften auszugehen.

(2) Als Nutzlast bei Personenfahrzeugen ist

1. je Sitzlast eine Last von 750 N

2. je m^2 Stehplatzfläche eine Last von 5.000 N anzunehmen.

...

§ 34 Fahrzeugmaße

...

(3) Fahrzeuge straßenabhängiger Bahnen dürfen folgende Abmessungen nicht überschreiten

1. Breite im Höhenbereich

a) bis 3,4 m über Schienenoberkante 2,65 m

b) oberhalb von 3,4 m über Schienenoberkante 2,25 m

...

*2. Höhe über Schienenoberkante
bis Oberkante des abgezogenen Stromabnehmers 4,0 m.*

§ 36 Bremsen

Fahrzeuge müssen mindestens zwei Bremsen haben.

...

§ 40 Signalanlagen[106]

(1) Signaleinrichtungen müssen ... vorhanden und so gebaut sein, dass sie die Zugsignale nach Anlage 4... eindeutig und gut erkennbar abgeben können(...)

(2) Bei straßenabhängigen Bahnen müssen die beiden unteren Leuchten des Zugsignals Z 1 (Spitzensignal) Scheinwerfer sein.

(...)

(3) Bei Fahrzeugen straßenabhängiger Bahnen müssen Geber für das Zugsignal Z 4 (Fahrtrichtungssignal) an beiden Längsseiten mindestens vorn und hinten vorhanden sein ...

---

[106] Zugsignale nach Anlage 4 der BOStrab: Z1 Spitzensignal – An der Spitze des Zuges drei weiße Lichter (die Stirnleuchte des Spitzensignals kann die Linienbezeichnung enthalten); Z2 Schlusssignal – Am Zugschluss zwei rote Lichter; Z3 Bremssignal; Z4 Fahrtrichtungssignal; Z 5 Warnlichtsignal

Abb. 5-58: Zugsignale einer Straßenbahn in der Endhaltestelle –Spitzen- und Schlusssignal nach der Verordnung über den Bau und Betrieb der Straßenbahnen

§ 43 Türen für den Fahrgastwechsel

...

(2) Türen müssen eine lichte Durchgangsbreite von mindestens 0,65 m haben. Auf jeder Fahrzeugseite muss mindestens eine der Türen eine lichte Durchgangsbreite von mindestens 0,8 m haben.

(3) Türen müssen Schutzeinrichtungen haben, die verhindern, dass Fahrgäste durch Einklemmen verletzt werden.

(4) Kraftbetätigte, bewegliche Trittstufen dürfen sich nur in Abhängigkeit vom Bewegungsablauf der dazugehörigen Türen bewegen lassen.

(5) In Personenfahrzeugen müssen Einrichtungen vorhanden sein, die

1. dem Fahrzeugführer anzeigen, dass die Türen geschlossen sind

2. bei Türen auf beiden Längsseiten ein seitenabhängiges Öffnen zulassen, bei Fahrbetrieb ohne Fahrzeugführer sicherstellen, dass Züge nur bei geschlossenen Türen anfahren können.

(6) Türen müssen in geschlossener Stellung festgehalten sein. Sie müssen jedoch von Fahrgästen im Notfall geöffnet werden können.

...

§ 46 Informationseinrichtungen

(1) Personenfahrzeuge müssen Einrichtungen haben, die

1. *an der Stirnseite ... die Linienbezeichnung und den Endpunkt der Line,*

2. *an der Einstiegsseite die Linienbezeichnung, den Endpunkt der Linie und ... den Linienverlauf,*

3. *auf der Rückseite des Zuges die Linienbezeichnung*

4. *im Fahrgastraum den Streckenplan oder den Linienverlauf ... anzeigen.*

...

§ 55 Teilnahme am Straßenverkehr

...

(7) Züge, die am Straßenverkehr teilnehmen, dürfen nicht länger als 75 m sein.

Die Interessenvertretung der Nahverkehrsunternehmen, der Verband Deutscher Verkehrsunternehmen bzw. seine Vorgängerunternehmen hat im Interesse vor allem der Wirtschaftlichkeit seit 1970 „Typenempfehlungen für Schienenfahrzeuge des öffentlichen Personennahverkehrs"[107] herausgegeben, welche mehrmals fortgeschrieben wurden. Die Fassung von 1995 heißt „Typenempfehlung für Schienenfahrzeuge des öffentlichen Personennahverkehrs – Stadtbahn-Triebwagen" und enthält Angaben zu

– Aufbau und Festigkeit des Wagenkastens
– Wärme- und Geräuschisolation
– Brandschutz
– Fahrzeugführerraum
– Fahrgastraum
– Fahrgastinformation
– Kupplungs- und Energieverzehreinrichtungen
– Fahrwerke, Antriebe und Federung
– Fahr- und Bremsausrüstung.

Die Typenempfehlung enthält auch eine Definition von Stadtbahn-Fahrzeugen: *„Stadtbahn-Fahrzeuge sind für Personenbeförderung bestimmte Fahrzeuge für straßenabhängige Bahnen nach BOStrab mit konventioneller Rad/Schiene-Technik und eigenem Antrieb. Einerseits verkehren sie auf besonderen und auf unabhängigen Bahnkörpern einschließlich Tunnelstrecken, andererseits erfüllen sie die Bedingungen zur Teilnahme am Straßenverkehr."*

Laut Typenempfehlung sind die Fahrzeuge für einen innerstädtischen Einsatz mit kleinen Haltestellenabständen (600 – 850 m) gedacht wie auch für städteverbindenden Verkehr mit Haltestellenabständen bis zu 2000 m.

Die Schrift empfiehlt zwei Grundausführungen an Straßenbahn-/Stadtbahn-Fahrzeugen:

– Bei Hochbahnsteigen und bei weitgehend unabhängigem/besonderem Bahnkörper wird der Einsatz von der Bahnsteighöhe angepassten Fahrzeugen oder von Hochflurfahrzeugen empfohlen (Fußboden-/Einstiegshöhe über Schienenoberkante ≤ 1000 mm)
– Das Fahrzeug für den Verkehrsraum öffentlicher Straßen sollte das Niederflurfahrzeug sein (Fußboden-/Einstiegshöhe ≤ 350/300 mm)

---

[107] In der Einleitung der Typenempfehlung heißt es:"Im Verlauf dieser Schrift wird nur von Stadtbahn-Fahrzeugen gesprochen; dieser Begriff schließt die Straßenbahn-Fahrzeuge ein."

5.2 Entwicklung der Schienenfahrzeuge

Für beide Grundausführungen werden verschiedene Varianten vorgeschlagen:
- das Hochflurfahrzeug wird in einer ca. 27 m langen Version genannt – zweiteiliges Fahrzeug mit Enddrehgestellen und einem zur Hälfte in den Endteilen untergebrachten Mittendrehgestell für rund 170 Fahrgäste bei 45 % Sitzplatzanteil – und es wird in einer etwa 37 m langen dreiteiligen Version für etwa 240 Fahrgäste bei 45 % Sitzplatzanteil empfohlen: Das Mittelteil wird jeweils zur Hälfte von mit den Endteilen gemeinsamen Drehgestellen getragen. Der vom Fahrzeug in beiden Versionen zu befahrende Mindestradius wird zu 25 m angegeben.

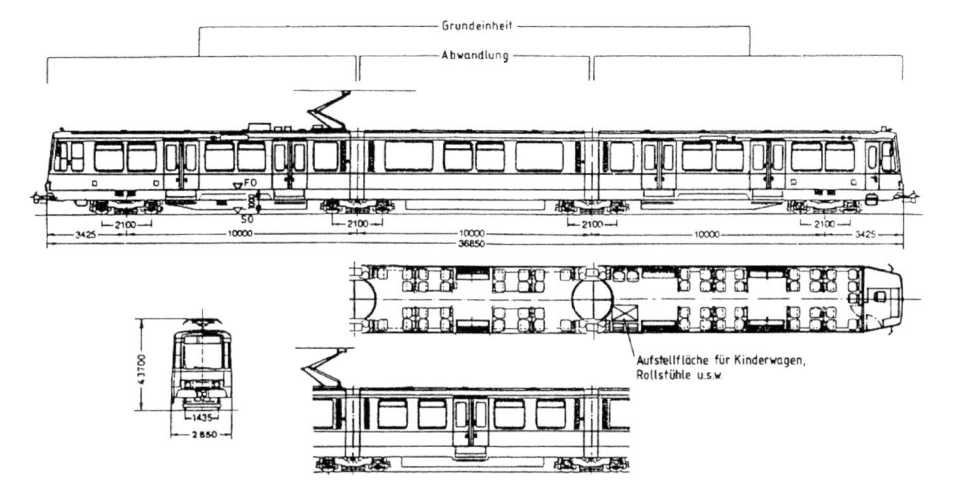

Abb. 5-59: Typenempfehlung des VDV für das Hochflur-Stadtbahn-Fahrzeug

- Das Niederflurfahrzeug wird in einer 21 m langen Version empfohlen (45 % Sitzplatzanteil, 115 Fahrgäste) und als etwa 30 m lange Version empfohlen (180 Fahrgäste bei 45 % Sitzplatzanteil) als
- dreiteiliges Gelenkfahrzeug mit je einem Fahrwerk unter den Endteilen und bis zu zwei Fahrwerken unter dem Mittelteil
- dreiteiliges Fahrzeug mit je einem Fahrgestell mittig unter den Fahrzeugteilen
- mehrteiliges Gelenkfahrzeug mit kurzen Fahrwerksteilen (mit Drehgestell) und längeren Fahrgastraumteilen (ohne Drehgestelle).

Als Anfahrbeschleunigung für die Stadtbahn wird der Wert $\leq 1,3$ m/sec^2 genannt, die Betriebsbremsung sollte einen mittleren Wert von $\leq 1,2$ m/sec^2 erreichen.

Die Türauffangräume sind möglichst mit Doppeltüren auszustatten – bei Niederflur-Straßenbahnen werden Schwenkschiebetüren vorgeschlagen; die lichte Türöffnung soll mindestens 1300 mm breit sein und muss mindestens 1950 mm hoch sein. Alle Türen sind für eine Bedienung durch den Fahrgast zu automatisieren; für den Störungsfall muss eine Tür-Notöffnungseinrichtung vorhanden sein. Eine Tür je Fahrzeugseite sollte die Mitnahme von Kinderwagen oder Rollstuhlfahrern möglich machen. Die Türen sind für eine Bedienung durch den Fahrgast zu automatisieren: Türöffnungswunsch durch Tastendruck/Knopfdruck seitens des Fahrgastes, Türöffnung nach Freigabe durch den Fahrer, Türschließen mittels Lichtschranke oder Trittstufenkontakt (x Sekunden keine Meldung).

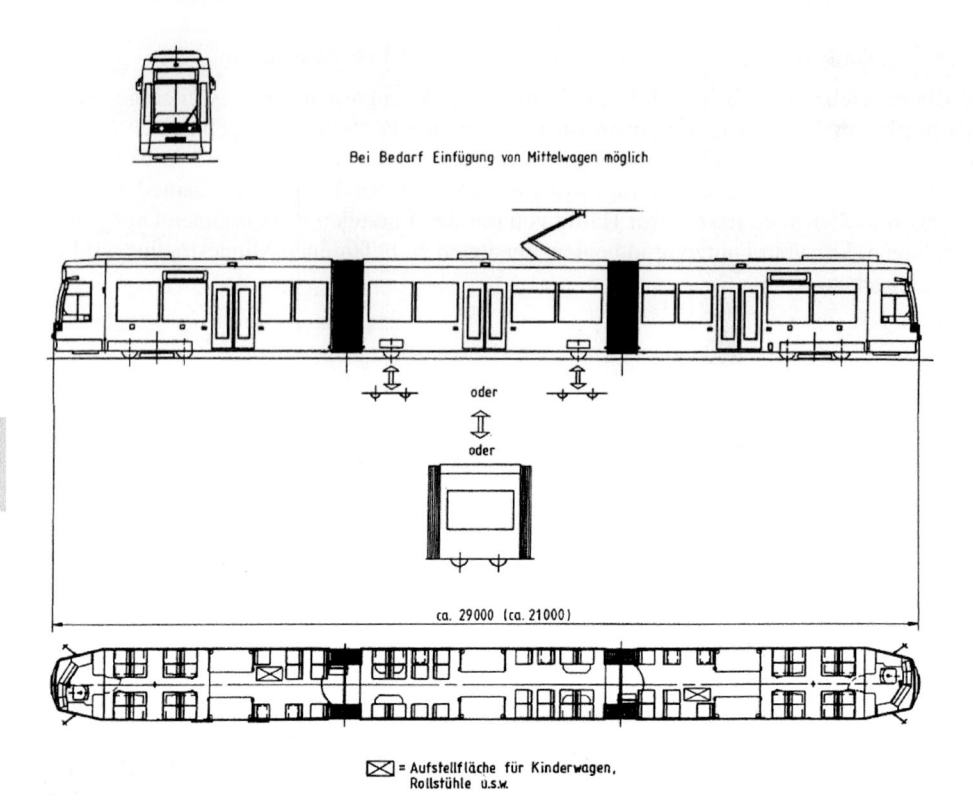

Abb. 5-60: Typenempfehlung des VDV für das Niederflur-Stadtbahn-Fahrzeug

Bei den in Straßenbahnen eingesetzten Lichtschranken handelt es sich zumeist um Reflexlichtschranken: Sender des Lichtstrahls und Empfänger des Lichtstrahls befinden sich parallel zueinander im selben Gehäuse; der Lichtstrahl wird über einen Reflektor zurückgeworfen. Eine Unterbrechung des Lichtstrahls durch ein Objekt (aussteigender Fahrgast) wird in ein elektrisches Schaltsignal umgewandelt, welches eine Schließung der Tür verhindert.

Abb. 5-61: Lichtschrankeneinrichtungen an einem Straßenbahnfahrzeug (links Sender und Empfänger, rechts Reflektoren)

Sind Trittstufen erforderlich, dann soll die Verbindung der Trittstufenkanten eine Gerade mit einer Neigung von $\leq 40°$ bilden; die Stufenhöhe sollte ≤ 200 mm sein.

Die Forderungen der Straßenbahn-Bau- und Betriebsordnung nach Informationseinrichtungen an den Fahrzeugen setzt die Typenempfehlung wie folgt um: Am Fahrzeug soll an der Stirnseite die Linienbezeichnung und der Endpunkt der Linie angegeben werden, an der Rückseite des Fahrzeugs sollte die Linienbezeichnung vermerkt sein (Bild 5-54) und an der Einstiegsseite die Linienbezeichnung, der Endpunkt der Linie und evtl. der Linienverlauf (Bild 5-58). Im Fahrgastraum sollte der Linienverlauf angezeigt werden oder auch die Linienbezeichnung evtl. mit Streckenplan.

Die Fahrzeuge sollten mit Kupplungen ausgerüstet sein, um das Platzangebot an die wechselnde Nachfrage anpassen zu können. Bei Straßenbahnen werden einzelne Triebwagen eingesetzt, welche zu zwei Einheiten gekuppelt werden – ohne Werkstatteinsatz – und es sind Triebwagen mit Beiwagen im Einsatz (z. T. mit zwei Beiwagen) oder auch drei miteinander verbundene Triebwagen (Dreifachtraktion). Die verwendeten Kupplungen sind meist Mittelpufferkupplungen.

Abb. 5-62: Linieninformationen an der Längsseite eines Straßenbahnfahrzeugs

Abb. 5-63: Mittelpufferkupplung an einer Straßenbahn

Die Gestaltung des Fahrwerks, d. h. die Auslegung der Gesamtheit der zur Fortbewegung notwendigen Teile des Fahrzeugs wie Räder, Radaufhängung, Federung, Stoßdämpfer usw. – Motor und alle anderen Teile des Antriebs gehören nicht dazu – hat große Bedeutung für die Auswirkungen horizontaler und vertikaler Schwingungen und ihrer Einwirkdauer auf den

Fahrgast. Diese Schwingungen entstehen aus Schienenstößen, aus Radflachstellen, aus Radunwuchten und aus dem seitlichen Spurspiel und werden von Verwindungen und Durchbiegungen des Wagenkastens überlagert. Die o. g. Typenempfehlung empfiehlt auf der Grundlage der Frequenz von 1,0 Hertz eine senkrechte Beschleunigung nicht größer als 49 cm/sec^2 und in waagerechter Richtung eine Beschleunigung nicht größer als 54 cm/sec^2 bei einer Ermüdungszeit/Einwirkdauer nicht kürzer als 5,6 Minuten. Diese Werte werden als befriedigende Laufgüteziffer (=3) angesehen, welche bei gerader Strecke und bei Fahrzeughöchstgeschwindigkeit unterschritten werden sollte.

Die Straßenbahnen sind in der Regel mit Dachstromabnehmern auszurüsten.

> *Bei im Straßenverkehr fahrenden Straßenbahnen wäre eine Stromzuführung mittels im Fußbodenbereich gelegener Stromschiene gefährlich: Es werden Dachstromabnehmer eingesetzt, welche den Strom einer Fahrleitung/Oberleitung entnehmen. Die üblichen Stromabnehmer sind die Bügel-Stromabnehmer als Einholm-Stromabnehmer oder als Scherenstromabnehmer.*

Abb. 5-64: Scherenstromabnehmer (Straßenbahn in Bratislava)

Abb. 5-65: Einholmstromabnehmer (Straßenbahn in Bratislava)

Die Breite der Straßenbahnfahrzeuge ist bei straßenabhängigen Bahnen auf 2,65 m begrenzt, die Länge des im öffentlichen Verkehrsraum fahrenden Straßenbahnzuges lt. BOStrab auf 75 m. Weiterhin darf der lichte Raum des Fahrzeugs bei Bogenfahrt gegenüber dem Lichtraumprofil in der Geraden nach innen und außen jeweils nur um 65 cm anwachsen. Innerhalb dieser Festlegungen sind die Unternehmen bei der Wahl der Fahrzeugabmessungen frei, was die Unternehmen auch nutzen.

Aufgrund der Freiheit der Unternehmen bei den Fahrzeugabmessungen innerhalb der gesetzlichen Vorgaben gibt es Straßenbahnfahrzeuge von 2,20 m Breite und 10,90 m Länge oder 2,20 m Breite und 13,72 m Länge wie auch 2,20 m Breite und 14,00 m Länge. 2,20 m breite Fahrzeuge gibt es in 18,00 m Länge, in 21,00 m Länge, in 20,90 m Länge bis hin zu 38,545 m Länge. Andere Fahrzeugbreiten sind 2,30 m, 2,35 m, 2,18 m, 2,34 m, 2,40 m, 2,50 m, 2,65 m. Fahrzeuglängen deutscher Straßenbahnwagen sind u. a. 14,00 m, 14,50 m, 16,70 m, 18,00 m, 21,00 m, 18,11 m, 19,10 m, 19,30 m, 20,90 m, 26,01 m, 26,18 m, 27,50 m, 30,30 m, 37,64 m, 38,69 m, 37,37 m, 40,50 m.

Die Bau- und Betriebsordnung Straßenbahn gibt in ihrer neuen Fassung keine Spurführungseinzelheiten mehr vor, da die Entwicklung weg von der klassischen Straßenbahn hin zur Stadtbahn und zur auf Eisenbahnstrecken einsetzbaren Straßenbahn führt. Einzelheiten sind in den Richtlinien für die einzelnen Spurführungssysteme konkretisiert.

Bei den Eisenbahnen haben sich Räder mit konischer Lauffläche als günstig erwiesen, welche als Radsatz wegen der Radflächenneigung in Verbindung mit einer geneigten Schiene bei der Vorwärtsbewegung in einem Sinuslauf um die Gleisachse pendeln. Wegen der Zunahme von auf Eisenbahnstrecken einzusetzenden Straßenbahnen/Stadtbahnen werden auch die Straßenbahnen mit geneigten Laufflächen der Räder unter Beibehaltung der Rillenschienen der Straßenbahnen ausgestattet.

DIN 25112 „Nahverkehrsschienenfahrzeuge – Radreifenprofile" unterscheidet in seinen Teilen 1, 2 und 3 die Radprofile A (Breite 95 und 110 mm), B (Breite 95 und 115 mm) und C (Breite 135 mm), wobei A das Radprofil der Straßenbahnen ist und C für EBO-Fahrzeuge gilt. B ist eine Mischform aus A und C für die Mischsystem-Fahrzeuge (Straßenbahn in EBO-Bereichen, Eisenbahnen in BOStrab-Bereichen).

Tab. 5-3: Radreifenprofile nach BOStrab und EBO

Kriterien	Profil A (BO-Strab)	Profil B (BO-Strab, Mischform)	Profil C (EBO)
Radreifenbreite	95 – 110 mm	95 – 115 mm	130 – 150 mm
Laufflächenbreite	56 mm	56 mm	67 – 74 mm
Laufflächenform	Zylindrisch, heute auch kegelig 1:40	kegelig 1:40	kegelig 1:40
Spurkranzhöhe	22 mm	25,5 mm	28 mm
Spurkranzbreite (10 mm über Messkreisdurchmesser)	23 mm	22,15 mm	33 mm
Flankenwinkel	76°	70°	60°
Ausrundungshalbmesser Spurkranz/Lauffläche	12 mm	15 mm	15 mm

Abb. 5-66: Straßenbahnrad (und Magnetschienenbremse)

Straßenbahnen fahren heute als Drehgestellfahrzeuge: Der sechs- oder achtachsige Gelenktriebwagen mit Jacobs-Drehgestellen unter den Gelenken ist weiterhin das Standard-Fahrzeug. Die klassischen Drehgestelle drehen sich unter dem Wagenkasten um eine Hohlwelle, die Räder sind über eine Achse fest miteinander verbunden. Die Drehbewegung zwischen Wagenkasten und Drehgestell erfordert viel Platz und führt zum hohen Fahrzeugfußboden – ermöglicht allerdings auch das einfache Unterbringen des Motors und der Hilfsaggregate.

Der Einsatz der vielen neuen Fahrwerksformen ist auf das beständige Bemühen der Unternehmen zurückzuführen, die Fußbodenhöhe der Fahrzeuge von rund 800 – 900 mm zu verringern, um damit den häufigen Fahrgastwechsel zu beschleunigen und den Einstieg auch für mobilitätsbehinderte Personen komfortabler zu gestalten. Erste teilweise mit niedrigen Einstiegen versehene Straßenbahnwagen gab es schon vor dem 2. Weltkrieg, doch erst in den 1980er Jahren wurde versucht, ein zu 100 % niedriges Fahrzeug zu bauen. Es gab Versuche mit selbstlenkenden Einzelrad-Einzelfahrwerken[108] und es waren Fahrzeuge mit einem Losradpaar und einem angetriebenen Radsatz in einem Drehgestell vereinigt (Antrieb auf dem Dach). Bis heute hat die deutsche Fahrzeugindustrie eine Vielzahl von Fahrzeugtypen im Einsatz, bei denen allein konventionelle Technik im Einsatz ist oder kombiniert mit neuer Fahrwerkstechnik oder neue Fahrwerkstechnik allein.

---

[108] Das von der Arbeitsgemeinschaft DUEWAG/SIEMENS entwickelte selbstlenkende Einzelrad-Einzelfahrwerk erreichte nie die Serienreife; auch nach Bonn, Düsseldorf sowie Mannheim/Ludwigshafen ausgelieferte Prototypen kamen nie in den Fahrgastbetrieb.

Bei der Straßenbahn sind derzeit neben den konventionellen Drehgestellen für hochflurige Fahrzeuge im Einsatz, z. T. als Versuchsfahrzeuge:

- Einzelrad –Einzelfahrwerk (nicht angetrieben)
- Drehsteif über Scharniere mit dem Wagenkasten verbundene Fahrwerke
- Kleinrad-Laufdrehgestelle
- Losrad-Portale.[109]

3 Zwei-System-Fahrzeuge

Um für die Fahrgäste das Umsteigen aus der Eisenbahn in die Straßenbahn zu vermeiden und damit auch neue Kunden zu gewinnen entstanden vornehmlich in den 70er Jahren des letzten Jahrhunderts in Deutschland ausgedehnte S-Bahn-Netze mit der teuren Folge, dass die Innenstädte untertunnelt werden mussten (München, Frankfurt/Main, Stuttgart). Die klassischen Straßenbahnnetze schrumpften und verschwanden. In Karlsruhe dagegen baute man die vorhandenen Straßenbahnstrecken aus und verlegte sie weitgehend auf einen eigenen Bahnkörper. Eine alte Eisenbahn-Schmalspurstrecke von Karlsruhe nach Bad Herrenalb wurde erfolgreich zur Straßenbahnstrecke umgebaut; in der Karlsruher Innenstadt erhielt die Straßenbahn weitgehend „Freie Fahrt". Ein weiterer Meilenstein war am 5. Oktober 1979 erreicht: Erstmals benutzte eine Straßenbahn auf 1,5 km Gleise der Deutschen Bundesbahn.[110] Aufgrund der großen Fahrgastzuwächse wurde die Benutzung von Bahntrassen weiter ausgebaut und führte in den 80er Jahren zur Entwicklung eines Zweisystem-Fahrzeuges: In der Karlsruher Innenstadt darf die Straßenbahn nur mit Gleichstrom betrieben werden, im Netz der Deutschen Bundesbahn wird Wechselstrom verwendet; die Fahrzeuge bzw. Fahrer müssen die Signalisierungsverfahren der Bundesbahn und der Straßenbahn beherrschen. In Außenbereichen wird mit relativ hohen Geschwindigkeiten gefahren: Die Straßenbahn fährt nach der EBO. In der Innenstadt fährt die Straßenbahn mit niedrigeren Geschwindigkeiten und geringen Haltestellenabständen nach der BOStrab.

In Karlsruhe war – und ist – die Benutzung der Bahntrassen durch die Straßenbahn ein sehr großer Erfolg und führte zur Nachahmung im In- und Ausland. So setzt Saarbrücken Zwei-System-Fahrzeuge ein und auch in Kassel verkehren seit Dezember 2004 Fahrzeuge für zwei Versorgungsspannungen (600 V Gleichstrom der Straßenbahn und 15 kV Wechselstrom der Eisenbahn).

Das Zwei-System-Fahrzeug für Kassel hatte im Juli 2004 seine Vorstellung beim Hersteller und wurde anschließend umfangreichen Tests unterzogen. Die erreichte Höchstgeschwindigkeit war 114 km/h, für den regulären Fahrgastbetrieb sind 100 km/h vorgesehen. Das Kasseler Zwei-System-Fahrzeug ist ein 37 m langes dreiteiliges Niederflurfahrzeug in Zweirichtungsausführung mit vier Drehgestellen für 240 Fahrgäste. Angetrieben wird das Fahrzeug mit vier Asynchronmotoren in zwei herkömmlichen Triebdrehgestellen. Die Fahrmotoren werden direkt aus dem 600-V-Gleichstromnetz gespeist oder über einen 15 kV 16 2/3 Hz Trafo. Der Systemwechsel erfolgt automatisch. Das Fahrzeug wird über je zwei Doppeltüren in den Endwagen betreten. Der Mittelwagen ist als Komfortbereich (ohne Türen) gestaltet.

---

[109] Ein Losrad ist ein mit der Radsatzwelle nicht fest verbundenes und auf einer Welle drehbares Rad. Ein Paar dieser Losräder auf einer gemeinsamen Radsatzwelle ist ein Losradsatz.
[110] Im Raum Köln benutzen Straßenbahnen schon Jahrzehnte vor den Karlsruher Versuchen Eisenbahnstrecken.

5.2 Entwicklung der Schienenfahrzeuge

Abb. 5-67: Zwei-System-Fahrzeug CITATIS für Kassel (hier auf der Messe INNOTRANS 2004)

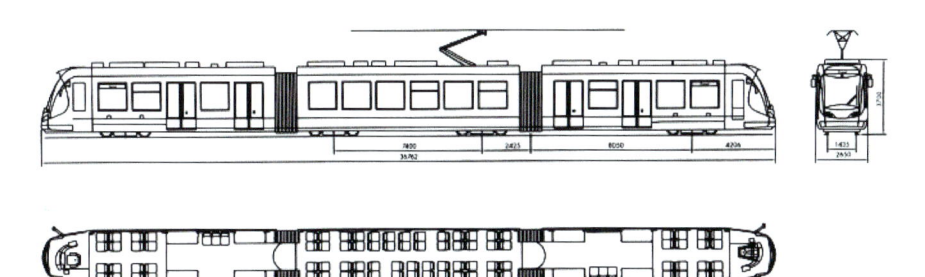

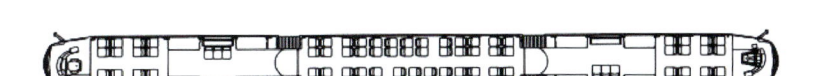

Abb. 5-68: Das Kasseler Zwei-System-Fahrzeug – Grundriss oben: elektrische-elektrische Version, Grundriss unten: Dieselelektrische Version) (http://www.tram-kassel.de/rtn/rtn_fz/regiocitadis/rc_zeichnung.gif)

4 U-Bahn-Fahrzeuge

U-Bahnen sind elektrisch betriebene Stadtschnellbahnen, welche auf eigenen Strecken mit eigenen Fahrzeugen unabhängig vom Straßenverkehr fahren; die Trassen der U-Bahnen verlaufen überwiegend in der -1 Ebene (seltener in der +1 Ebene). Ein besonderes Kennzeichen der U-Bahn im Gegensatz zur unterirdisch geführten Straßenbahn oder Stadtbahn ist die Stromeinspeisung in die Fahrzeuge nicht mittels einer Oberleitung, sondern aus von oben oder unten bestrichenen Stromschienen neben den Gleisen.

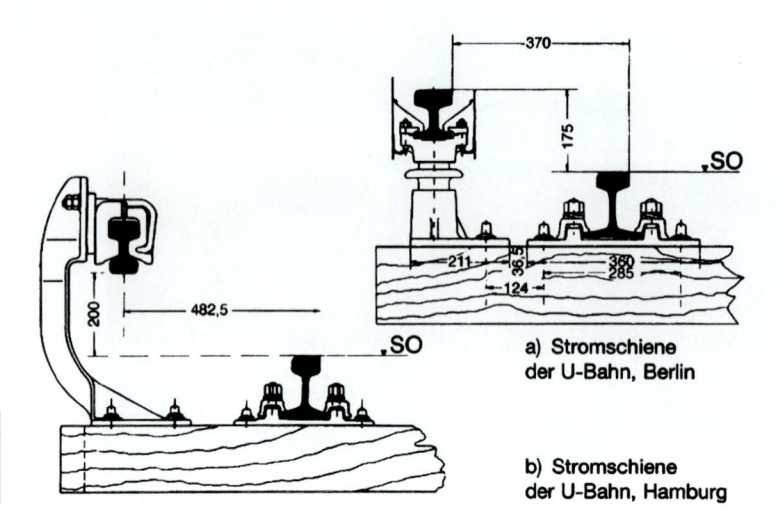

Abb. 5-69: Stromschienensysteme von U-Bahnen (Fiedler, 1999)

a) Stromschiene der U-Bahn, Berlin
b) Stromschiene der U-Bahn, Hamburg

Abb. 5-70: Stromschiene der U-Bahn Berlin

Aber nicht nur die Bezeichnung U-Bahn oder Metro[111] oder subway oder underground ist uneinheitlich, auch das Kennzeichen Stromschiene statt Oberleitung ist nicht durchgängig eingehalten.

Rechtlich sind die U-Bahnen als Straßenbahnen einzuordnen: Sie unterliegen der Straßenbahn-Bau- und Betriebsordnung. Dort beschriebene Sachverhalte gelten auch für die U-Bahn.

---

[111] Die Bezeichnung „Metro" stammt von der ersten durchgängig unterirdisch geführten Eisenbahnstrecke der Welt in London, welche von der Gesellschaft „Metropolitain Railway" („Hauptstädtische Gesellschaft") betrieben wurde.

Bei der modernen U-Bahn wird üblicherweise jedes Drehgestell angetrieben. Die Grundform der U-Bahn-Züge ist der (Trieb-)Wagen mit Führerstand plus Wagen ohne Führerstand plus evtl. antriebsloser Steuerwagen. Die Gestaltung der Wagen ist stark von der Straßenbahn beeinflusst: Es gilt viele Fahrgäste über kurze Strecken zu befördern, daher ist der Stehplatzanteil hoch. Das wird beispielsweise erreicht durch Anordnung von Bänken in Fahrtlängsrichtung. Während die ersten U-Bahn-Fahrzeuge den Tunnelquerschnitt völlig ausfüllten und daher für Notfälle ein Verlassen des Fahrzeugs durch (Notfall-)Türen in Front und Heck möglich sein musste, besitzen die späteren U-Bahn-Systeme Tunnelquerschnitte, welche notfalls ein seitliches Verlassen der Fahrzeuge möglich machen.

Dass es nur in seltenen Fällen unterirdische Wendeschleifen gibt, sind die U-Bahn-Fahrzeuge als Zwei-Richtungs-Fahrzeuge ausgebildet. Auch daher sind Türen auf beiden Fahrzeugseiten vorhanden.

Auch für U-Bahn-Fahrzeuge hat die Interessenvertretung der Verkehrsunternehmen eine Typenempfehlung herausgegeben.[112] Nach dieser Empfehlung sind U-Bahn-Fahrzeuge Fahrzeuge mit konventioneller Rad-Schiene-Technik und eigenem Antrieb, welche ausschließlich auf unabhängigem Bahnkörper mit Stromschienenanlage verkehren. Als Standardausführung der Zwei-Richtungsfahrzeuge wird eine Ausführung als Doppeltriebwagen vorgeschlagen, welche zu je zwei, jedoch nicht mehr als drei Einheiten zu längeren Zügen zusammengestellt werden.

5.2.2 Eisenbahnfahrzeuge

Im Nahverkehr werden hohe Anfahr- und Bremsbeschleunigungen gefordert (es soll eine dichte Zugfolge erreicht werden). Wegen der dicht aufeinanderfolgenden Züge soll auch der Fahrgastwechsel schnell erfolgen, was besonders gestaltete Einstiegsräume erfordert und die Vielzahl der Türen erklärt. Auch dieselbe Höhe des Bahnsteigs und des Fahrzeugeingangsbereichs trägt zu einem schnellen Fahrgastwechsel bei. Es muss im Nahverkehr eine hohe Zahl von Fahrgästen befördert werden – was für eine extreme Ausnutzung des Lichtraumprofils spricht. Ein guter Nahverkehr wird auch erzielt, wenn für den Nahverkehr eigene Gleise zur Verfügung stehen und nicht im Mischbetrieb mit dem Fernverkehr gefahren wird.

Im Nahverkehr der deutschen Eisenbahnen wurden oft dieselben Fahrzeuge wie im Fernverkehr eingesetzt, doch die besonderen Anforderungen des Nahverkehrs bzw. die des Fernverkehrs führten schnell zur Entwicklung besonderer Fahrzeuge. So gab es im letzten Jahrhundert schon Doppelstockwagen, z. B. 1868 für die Altona-Kieler-Eisenbahn und 1873 für die Berliner Stadtbahn und (bekannter) seit 1936 für die Lübeck-Büchener Eisenbahn. Während nach dem Zweiten Weltkrieg bei der Deutschen Reichsbahn der DDR die Doppelstockwagen weite Verbreitung fanden, konnte sich die Deutsche Bundesbahn mit den Doppelstockwagen nicht anfreunden.

In der zweiten Hälfte der 1950er Jahre stellte sich bei der Deutschen Bundesbahn das Problem der Neubeschaffung von Nahverkehrswagen – ein Weiterbau vorhandener Wagen schied wegen des hohen Gewichts und wegen des Fehlens einer zentralen Türschließanlage aus. So entstanden nach ausgedehnten Erprobungen unterschiedlicher Muster seit dem Jahr 1959 serienmäßig vierachsige Wagen für den Nahverkehr, deren Tragkonstruktion im Bereich der Seitenwände mit Edelstahl verkleidet war (Silberlinge). Die ersten 808 Exemplare dieser Wagen

---

[112] Verband Deutscher Verkehrsunternehmen, Typenempfehlung U-Bahn-Fahrzeuge, VDV-Schriften 151, Köln 1995

waren 26,4 m lang und besaßen in Wagenmitte zwei Eingangsbereiche, zwischen denen der Erste-Klasse-Bereich mit fünf Abteilen mit je sechs Sitzplätzen angeordnet war. Die 2. Klasse ist mit je 24 Sitzplätzen an den Wagenenden angeordnet. Die Durchgänge zu den Nachbarwagen konnten mit Rollläden verschlossen werden. Die Fußbodenhöhe dieser Wagen ist 1,18 Meter über SO; die verschiedenen Bahnsteighöhen in Deutschland werden über zwei Stufen erreicht – die erforderliche Mindestbahnsteighöhe ist 0,76 m.

Abb. 5-71: Nahverkehrswagen 1. und 2. Klasse der Deutschen Bundesbahn aus 1959

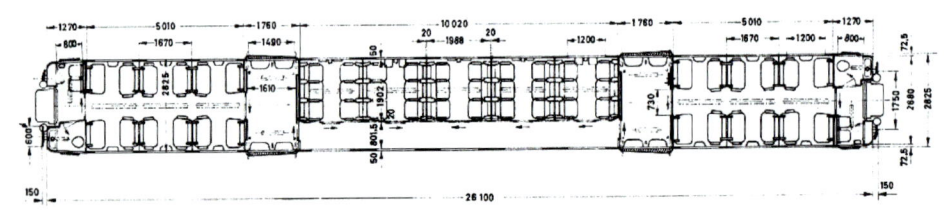

Abb. 5-72: Nahverkehrswagen ABnb 703 mit 30 Plätzen 1. Klasse und 48 Plätzen 2. Klasse (Stöckl, 1971)

Unter wechselnder Beteiligung der deutschen Waggonbauindustrie wurden diese Wagen mit unterschiedlicher bzw. weiterentwickelter Ausstattung und unterschiedlichen Abteilkonfigurationen gebaut. In über 2.000 Exemplaren bis zum Jahr 1965 wurde z. B. der Wagen für die 2. Klasse in der Form gebaut, dass an den Enden der Wagen Großraumabteile mit je 24 Sitzplätzen liegen und zwischen den Einstiegen ein Großraumabteil mit 48 Sitzplätzen. Die letzten 100 Exemplare der Silberlinge wurden 1977 in Betrieb genommen.

5.2 Entwicklung der Schienenfahrzeuge

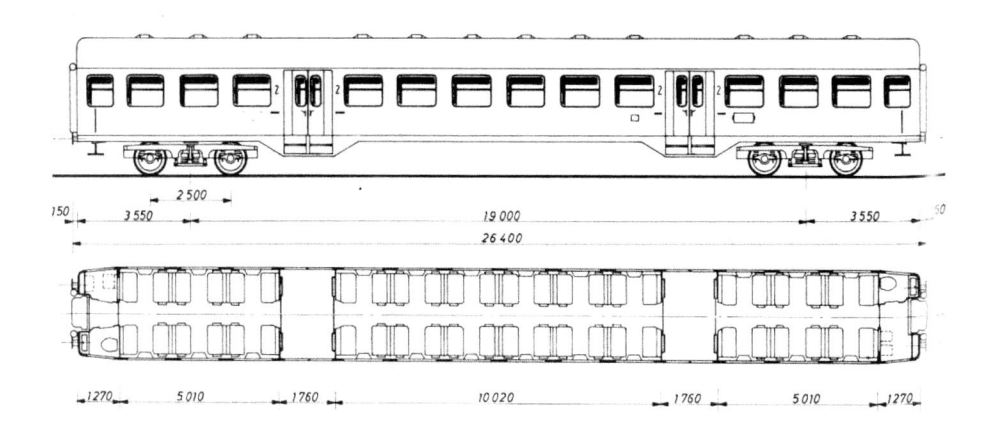

Abb. 5-73: Nahverkehrswagen 2. Klasse von 1969 (Bnrzb 724) (Wagner, 1994)

Der Nahverkehr der Eisenbahn in der Fläche wurde immer unattraktiver. Mit neuen Konzepten versuchte die Bahn dem Fahrgastschwund zu begegnen. So wurden 1984 vier Silberlinge umgerüstet, um auf der neu eingerichteten City-Bahn zwischen Köln und Gummersbach eingesetzt zu werden und dort ein neues Service-Konzept zu testen. Die Wagen wurden orangehellgrau lackiert und die Fahrgasträume wurden in verschiedenen Varianten neu gestaltet. Der 1990 mit den umgebauten Silberlingen erfolgreich beendete Probebetrieb sollte zu Serienfahrzeugen führen. Es hatte sich aber gezeigt, dass ein Totalumbau der alten Silberlinge nicht erforderlich war. Serienmäßig umgebaute Wagen waren zuerst in der Regional Schnellbahn Stuttgart-Aalen im Einsatz und ab 1989 im Raum Hannover. Für den Regional-Schnellbahnverkehr im Ruhrgebiet entstanden ab 1990 130 Wagen des in Hannover eingesetzten Typs: Seit diesem Zeitpunkt wird jeder Silberling irgendwann einmal zu einem City-Bahn-Wagen. Ende 1990 wurde auch der weiterentwickelte Servicewagen eingesetzt, die Saarbrücker „Kaffeeküch". Um schneller viele City-Bahn-Wagen einsetzen zu können, wurden auch private Firmen mit den Umbauten der Silberlinge beauftragt, welche ihre eigenen Design-Ideen verwirklichen konnten.

Im Nahverkehr der Eisenbahn laufen auf der Grundlage der Ende der 50er Jahre entwickelten Silberlinge neben vielen dieser Uralt-Wagen die genannten Weiterentwicklungen und neuen Serienwagen, manchmal nur in einem Exemplar, manchmal auch in einer vielhundertfach hergestellten Version: 1993 gab es bei der Deutschen Bundesbahn rund 1.200 Sitzwagen des Nahverkehrs 1./2.Klasse und rund 3.200 Sitzwagen des Nahverkehrs 2. Klasse, dazu kamen 15 1./2.Klasse Nahverkehrswagen mit einem Selbstbedienungsrestaurant bzw. mit Küchenabteil sowie 50 Sitzwagen 2. Klasse des Nahverkehrs mit einem Gepäckabteil. Alle genannten Nahverkehrswagen sind gekennzeichnet durch die Länge über Puffer von mehr als 26,4 m, Großraum mit Mittelgang in der 2. Klasse, Mittelgang oder Seitengang in der 1. Klasse und zwei Mitteleinstiege je Seite und 12 Großraumsitzgruppen. Die Wagen sind 2,83 m breit und 4,05 m hoch bei einer Fußbodenhöhe von meist 1,06 m über Schienenoberkante.

Abb. 5-74: „Kaffeeküch", Entwicklung auf der Grundlage der Silberlinge
(http://www.bilderrolf.de/Bnrkz493001FrankfurtMainHbf06-93.jpg)

Da im Nahverkehr der Eisenbahn viele Fahrgäste befördert werden sollen, bot es sich an, das Lichtraumprofil auszunutzen und die Fahrgäste in Wagen mit zwei Etagen zu befördern, wie es seit 1936 die Lübeck-Büchener Eisenbahn erfolgreich praktiziert hatte. Die Deutsche Reichsbahn der DDR nahm 1952 den ersten Doppelstockzug in Betrieb. Diese Doppelstockzugeinheiten bestanden aus vier Wagenkästen, welche an den Wagenenden Türen besaßen, durch die die Fahrgäste ein Zwischengeschoß betraten, um über Treppen das Untergeschoß oder das Obergeschoß zu erreichen. Ein Zug aus vier Wagen besaß 444 Sitzplätze und 457 Stehplätze, ein Zug aus zwei miteinander verbundenen Doppelstockeinheiten konnte damit bei weniger als 150 m Länge rund 2.000 Fahrgäste transportieren. Die Kosten je Sitzplatz dieser Züge waren deutlich niedriger als bei den einstöckigen Zügen, folglich kam es zu Weiterentwicklungen bzw. Neuentwicklungen der vierteiligen Doppelstockeinheiten in den Jahren 1961 und 1970.

Schon 1954 entstand für die Deutsche Reichsbahn auch eine zweigliedrige Doppelstockeinheit. Die drei Versionen der vierteiligen Doppelstockeinheiten wie auch die zweiteilige Doppelstockeinheit sind zur Ausmusterung vorgesehen.

5.2 Entwicklung der Schienenfahrzeuge

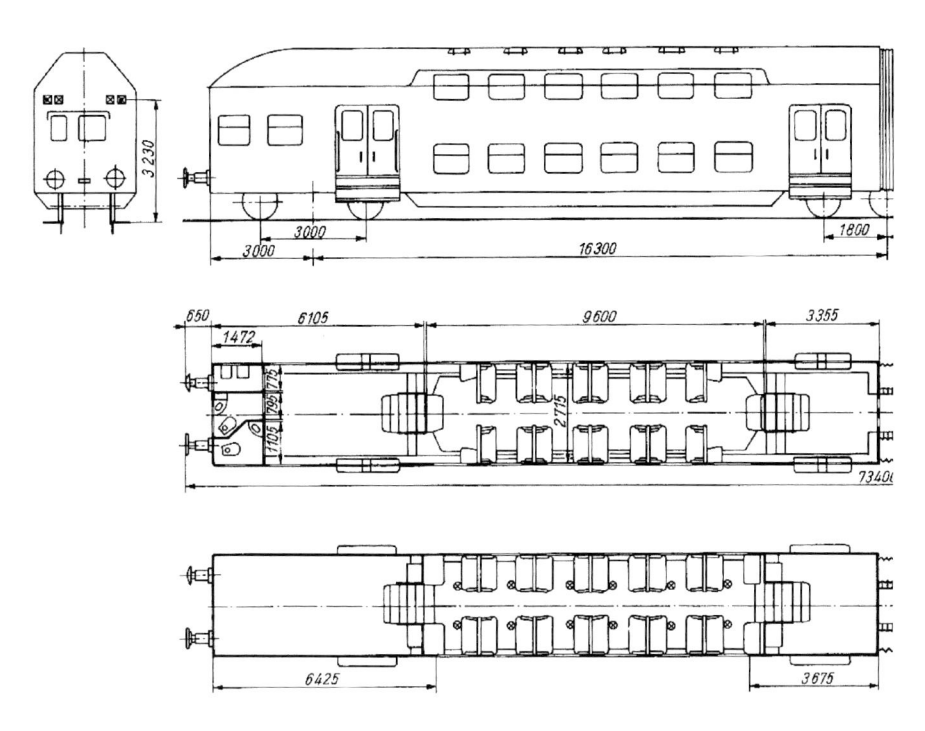

Abb. 5-75: (vierteiliger) Doppelstockzug DBv der Deutschen Reichsbahn der DDR aus 1961 (Wagner, 1994)

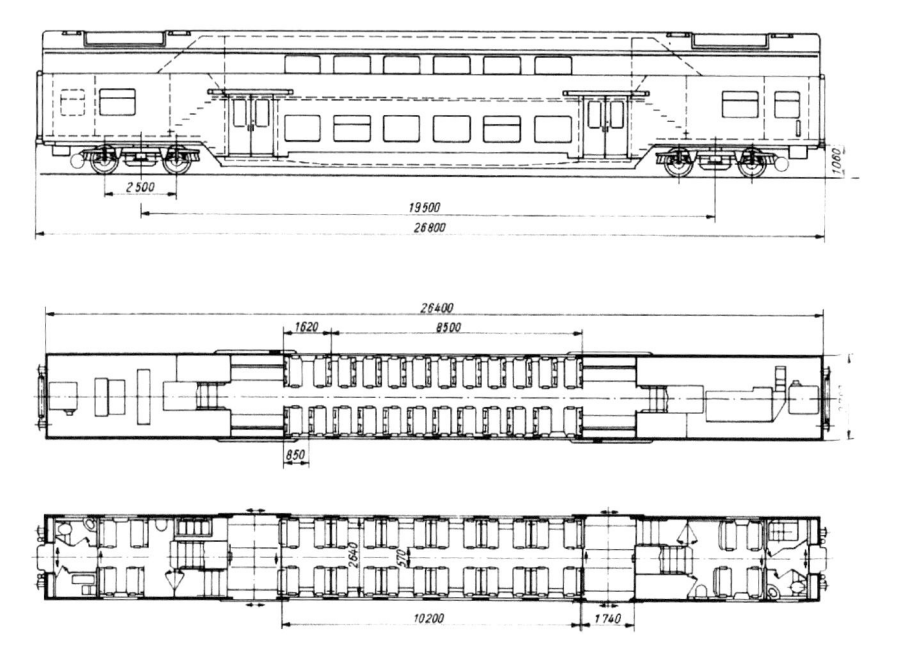

Abb. 5-76: Doppelstockwagen DBme der Deutschen Reichsbahn 1972 (Wagner, 1994)

Nachdem beim VEB Waggonbau Görlitz bis zum Anfang der 1970 er Jahre mehr als 2.000 Doppelstockwagen für zweiteilige, vierteilige und fünfteilige (Fernverkehrs-)Doppelstockzüge gebaut wurden, stellte das Unternehmen 1972 einen Doppelstockwagen vor, der freizügig in Zügen eingesetzt werden konnte. Das Besondere dieser Wagen war seine Einstiegshöhe von 600 mm über Schienenoberkante, sodass die Fahrgäste an manchen Bahnsteigen in den Wagen hinabsteigen mussten. Aus den beiden Eingangsbereichen nahe der Wagenmitte ging es stufenlos in den Großraum des Untergeschosses Richtung Wagenmitte bzw. einige Stufen hoch zu den Zwischengeschossen (mit Sitzplätzen) an den Wagenenden und weiter über eine Treppe in das Obergeschoß in Wagenmitte. Dieser Wagen mit rund 130 Sitzplätzen der 2. Klasse und einer Länge über Puffer von 26,8 m wurde seit 1976 in mehreren Varianten hergestellt.

Anfang der 1990er Jahre erkannten die Verantwortlichen der Deutschen Bundesbahn die Vorteile der Doppelstockwagen: Für den Nahverkehr im Raum München wurden 70 Doppelstockwagen bestellt (50 Wagen der 2. Klasse mit 139 Sitzplätzen und 20 Wagen der 1. und 2. Klasse). Zwischenzeitlich sind für den Eisenbahnnahverkehr in den Ballungsgebieten weitere Serien von Doppelstockwagen bestellt worden.

Abb. 5-77: Doppelstockwagen DBz750 der Deutschen Bundesbahn für den Regionalverkehr München (Hahn C. , 1994 ?)

Die anhaltende Verstädterung im 19. Jahrhundert und der damit entstandene Vorortverkehr der Eisenbahnen verlangte nach besonderen Verkehrleistungen: eigener Fahrplan, eigene Haltestellen, eigener Tarif, eigene Gleise und eigene Fahrzeuge. Diese Forderungen wurden zunächst in den Großstädten Hamburg, Berlin, Frankfurt und München erfüllt. Hier kamen zunächst besondere (Dampf-)Lokomotiven zum Einsatz, welche stark beschleunigten und stark

5.2 Entwicklung der Schienenfahrzeuge

abbremsten[113] und deren Höchstgeschwindigkeit und Laufruhe in beiden Richtungen gleich sein sollte, denn an den Endbahnhöfen war kein Platz und keine Zeit zum Wenden der Loks: Die Lokomotiven erreichten die neue Zugspitze über ein Umfahrungsgleis. Das Umsetzen der Lokomotiven erfordert dennoch zu viel Zeit (und meist nicht vorhandenen Platz) und führte zu hohen Personalkosten. Mit Wendezügen ließen sich diese Nachteile beseitigen: Die gängige Betriebsform der Eisenbahn in Ballungsräumen und auch im Regionalverkehr ist der Wendezugbetrieb. Ein Zug wird aus einem Triebfahrzeug und mehreren Reisezugwagen gebildet; für Fahrten entgegen der Fahrtrichtung ist der letzte Wagen mit einem Steuerabteil ausgestattet, der Zug wird dann vom Triebfahrzeug geschoben. Bei dieser Lösung ist an den Endbahnhöfen weniger Rangierpersonal erforderlich, es muss für das Triebfahrzeug kein Umfahrungsgleis vorgehalten werden, das Steuerabteil kann in vorhandene Fahrzeuge eingebaut werden.

Die Fahrdienstvorschrift der Deutschen Bundesbahn erklärt in ihrem Paragrafen 4 den Begriff „Wendezug": „Wendezüge sind von der Spitze aus gebremste Züge, deren Lokomotive beim Wechsel der Fahrtrichtung *ihren* Platz im Zug beibehält und – bei nicht führender Lokomotive – von der Spitze aus direkt oder indirekt gesteuert wird."[114] Zur Länge heißt es in § 90: „Bei Wendezügen mit Steuerwagen an der Spitze darf der geschobene Zugteil höchstens 40 Wagenachsen stark sein. Einschließlich *eines* gezogenen Zugteils dürfen 60 Wagenachsen nicht überschritten werden."

Die ersten Steuerwagen für Wendezüge moderner Bauart mit Gepäckraum und Führerstand mit 66 Sitzplätzen entstanden 1961.

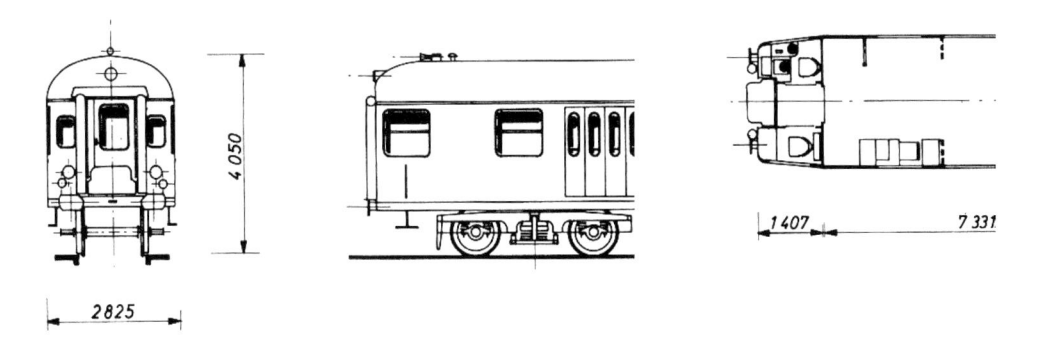

Abb. 5-78: Maße des Steuerwagen BDnrzf 739 der Deutschen Bundesbahn 1961 (Wagner, 1994)

---

[113] Besonders die Anfahrbeschleunigung der Dampflokomotiven ließ zu wünschen übrig, daher wurde im Eisenbahnverkehr der Ballungsräume mit den vielen Haltestellen frühzeitig der Einsatz der Elektrotraktion angestrebt.

[114] Wendezug: Einheit aus Regelfahrzeugen (Reisezug), bei dem das Triebfahrzeug auch nach Fahrtrichtungswechsel die gleiche Stelle im Zugverband beibehält. Einwirkung der Antriebskraft auf den Zug ist i.a. an beliebiger Stelle möglich.. (...) Streckenbeobachtung und und Regelung der Antriebskraft erfolgen von der Spitze des Zuges; falls geschoben wird, besondere .. Wendezugsteuerwagen erforderlich. Vorteile des W.betriebes: Verkürzung der Rangierfahrten, Verringerung der Stillstandszeiten eines Triebfahrzeugs bei Kopfbahnhöfen. (Lexikon der Eisenbahn, Berlin 1978)

Abb. 5-79: Steuerwagen BDnrzf 739der Deutschen Bundesbahn 1961 (Wagner, 1994)

Weitere Wagen mit Führerstand für den Wendezugbetrieb wurden für den S-Bahn-Verkehr im Raum Düsseldorf im Jahre 1971 in Betrieb genommen. Diese Wagen mit Gepäckabteil hatten 66 Sitzplätze in der 2. Klasse. Aber auch die weiterentwickelten und umgebauten Silberlinge gibt es in der Version Steuerwagen. So gibt es Steuerwagen mit einem Steuerabteil am Wagenanfang mit dahinterliegendem Gepäckabteil (Fahrradtransport), welches auch zu einem Mehrzweckabteil umfunktioniert wurde wie auch ohne Gepäckabteil. Von diesen Steuerwagen gab es 1993 bei der Bundesbahn rund 650 Stück. Einige S-Bahn-Netze werden fast ausschließlich mit Wendezügen betrieben, z. B. Rostock, Magdeburg, Rhein-Ruhr, Leipzig, Nürnberg.

Abb. 5-80: Wendezugwagen Bxf 796der DB für S-Bahn-Einsätze ab 1978 (Hahn C. , 1994 ?)

5.2 Entwicklung der Schienenfahrzeuge

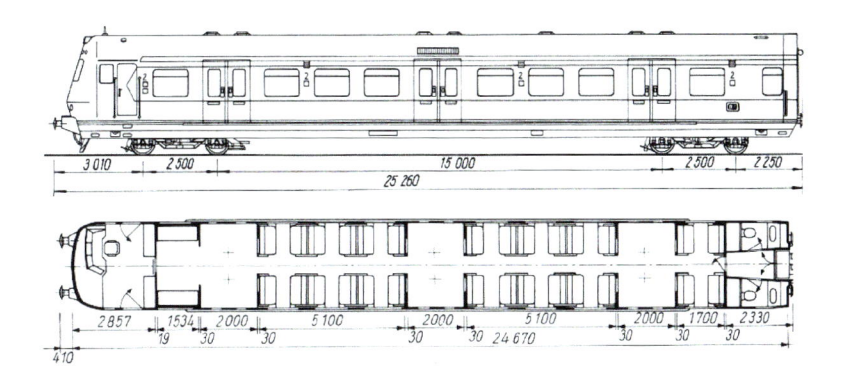

Abb. 5-81: Skizzen des Bxf 796 (Wagner, 1994)

Die Deutsche Bundesbahn setzte ab 1978/79 die ersten Prototypen eines speziell neu entwickelten S-Bahn-Wendezugwagens ein:[115] Die Wagen sind 24,5 m lang, enthalten vier Großraumabteile der 1./2. Klasse bei drei Mitteleinstiegen je Wagenseite. Die Wagen – 10 Prototypen und 272 Wagen der 1. Serie ab 1981, der 2. Serie 1988/1989 und der 3. Serie 1991 – enthalten je 80 Sitzplätze (der mit Steuerabteil ausgerüstete Wagen enthält 62 Sitzplätze). Aber auch Doppelstockwagen gibt es in der Version als Steuerwagen: So beschaffte die Deutsche Reichsbahn um 1993 rund 100 moderne Steuerwagen für den Nahverkehr der neuen Bundesländer. Diese Wagen besitzen rund 96 Plätze in der 1. und 2. Wagenklasse.

Abb. 5-82: Doppelstock-Steuerwagen DABgbuzf für die Deutsche Reichsbahn 1992 (http://upload.wikimedia.org/wikipedia/commons/thumb/a/a0/Bf_Lr%2C_DABgbuzf_760.jpg/800px-Bf_Lr%2C_DABgbuzf_760.jpg)

---

[115] Der durchgängige Einsatz reiner S-Bahn-Triebzüge (z. B. der Münchner Baureihe 420) wurde nicht verfolgt, da in diesen Netzen längere Strecken befahren wurden und daher Toiletten vorhanden sein sollten. Auch sollten die Wagenzüge beliebig lang zusammengestellt werden können.

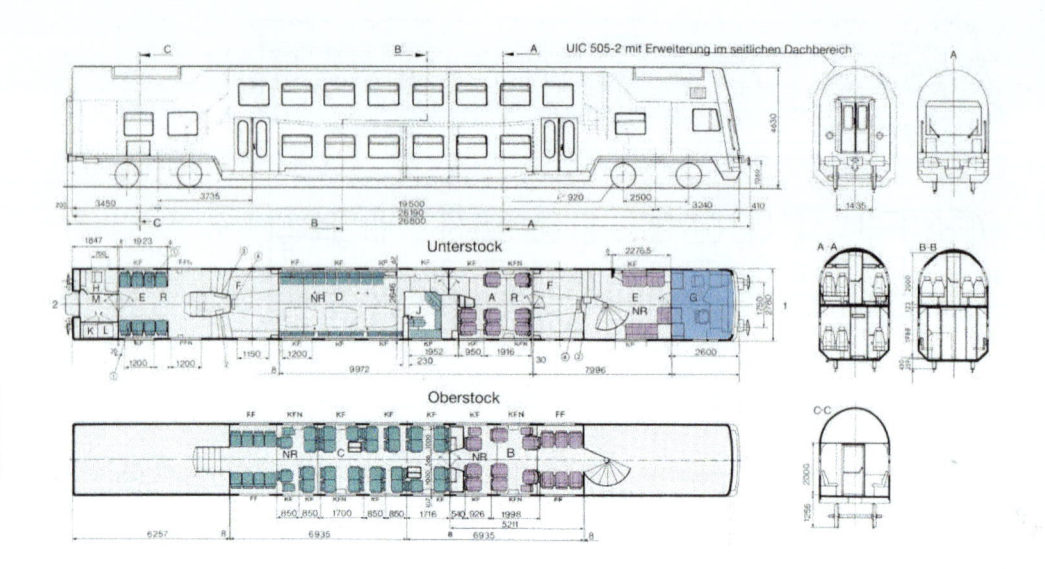

Abb. 5-83: Maße des Doppelstock-Steuerwagen für die Deutsche Reichsbahn 1992 (Unternehmensbroschüre)

Hohe Anfahrbeschleunigungen und hohe Bremsverzögerungen, wie sie im Nahverkehr erwünscht sind, werden erreicht, wenn die erforderliche Zugkraft der zu befördernden Gesamtzugmasse angeglichen werden kann. Das kann der lokbespannte Zug nicht – mit einem Wagen hinter der Lokomotive würde er stark beschleunigen, mit vielen Wagen wäre die Beschleunigung gering. Es gab aber nach fünfzig Jahren Eisenbahn schon Fahrzeuge, bei denen Personen oder Güter im selben Fahrzeug untergebracht waren wie die Antriebskraft, so z. B. um 1873 als Dampftriebwagen bei der Niederschlesisch-Märkischen Eisenbahn für den Berliner Ringverkehr oder der auf Drängen Gottlieb Daimlers 1890 bei der Württembergischen Eisenbahn eingesetzte Dampftriebwagen. Wegen des geringen Fassungsvermögens war der Triebwageneinsatz aber auf geringes Verkehrsaufkommen und auf die Nebenstrecken beschränkt.[116] Erst der technische Fortschritt des Elektromotors und des Dieselmotors gestattete es, längere Einheiten – Züge – zu bilden aus einem oder mehreren Triebwagen oder aus Triebwagen mit Beiwagen. Bekannt sind die Elt-Triebwagen, welche 1903 auf der Strecke Marienfelde – Zossen bei Berlin mit über 210 km/h den absoluten Geschwindigkeitsweltrekord für Fahrzeuge aufstellten.

Im Jahre 1952 stellte die Deutsche Bundesbahn erstmals moderne Elektrotriebwagen in Dienst: Der Elektrotriebwagen ET 56 mit 1.020 kW Leistung für lokale Schnellverkehrsaufgaben ist eine rund 80 m lange dreiteilige Triebwagengarnitur und nimmt bei 262 (24 + 238) Sitzplätzen

---

[116] Als Triebwagen werden Einzelwagen mit getriebenen Radsätzen bezeichnet, die allein oder im Verband mit anderen Wagen als Zug eingesetzt werden: Triebzüge (als i.a. nicht getrennte Einheit aus Triebwagen, Mittel- und Steuerwagen) und Triebwagenzüge (bestehend aus mehreren Triebzügen oder Triebwagen). Antrieb, Steuer- und Fahrgasträume sind in der gleichen Fahrzeuggruppe untergebracht, die Traktionsanlagen meist unter dem Fußboden. Dadurch kann der Fahrgastraum großzügig gestaltet werden. Die Zugeinheiten können dem Verkehrsaufkommen und den Bahnsteiglängen flexibel angepaßt werden. Bei Verlängerung der Zugeinheiten wird die Antriebsleistung automatisch mit erhöht; die Anfahrbeschleunigung und die Bremsverzögerung sind dadurch immer gleich groß.

insgesamt etwa 480 Personen auf. Dieser Elektrotriebwagen mit seinen Stärken hohe Geschwindigkeit trotz häufiger Halte und hohem Komfort als Anreiz für seine Benutzung trotz kurzer Fahrstrecke hat einige Nachfolger, z. B. erscheint 1956 der ET 30 für den Nahverkehr, welcher im Ruhrgebiet und im Raum Nürnberg auch zu zwei Garnituren gekuppelt eingesetzt wurde (rund 80 m lang, zwei Triebwagen, ein Mittelwagen, 1.760 kW, 30 Sitzplätze 1. Klasse, 192 Sitzplätze 2. Klasse) und 1964 erscheint der ET 27, rund 74 m lang, 1.200 kW Leistung, 24 Sitzplätze 1. Klasse und 161 Sitzplätze 2.Klasse.

Abb. 5-84: ET 30 (neu 430) der Deutschen Bundesbahn von 1956 (Vetter, 2001)

1969 sind bei der Deutschen Bundesbahn neben den S-Bahn-Fahrzeugen 180 Elektrotriebwagen (Triebköpfe und angetriebene Mittelwagen) im Einsatz, darunter 14 Exemplare des o. g. ET 56 und 48 Exemplare des o. g. ET 30. Im Jahre 1992 sind von den genannten Elektrotriebwagen bei der DB keine mehr vorhanden – es sei denn, man rechnet die als Museumszüge erhaltenen Exemplare dazu.

Außer den über eine Fahrleitung mit Energie versorgten Elektrotriebwagen hatte die Deutsche Bundesbahn 1969 240 Akku-Triebwagen ET 515 im Einsatz (1992 waren es noch 26 Stück): Ab 1954 wurden für den Regional- und Nebenbahnverkehr 23,4 m lange vierachsige batteriegetriebene Schienenbusse in Betrieb genommen. Die letztgelieferten Exemplare besaßen 59/64 Sitzplätze. Diese Schienenbusse, denen man bauartgleiche antriebslose Steuerwagen beistellte, konnten im Flachland mit einer Ladung rund 300 km fahren und waren bis in die 1990er Jahre im Einsatz.

Die Deutsche Reichsbahn begann bereits 1934 mit der Entwicklung zweiachsiger Diesel-Nebenbahntriebwagen. Das erste Fahrzeug von insgesamt 66 Exemplaren – mit einer mechanisch angetriebenen Achse und einer Laufachse besaß es bei einer Länge über Puffer von 12,28 Meter einen Führerstand 1, einen kombinierten Führer/Gepäckraum 2 mit sechs klappbaren Sitzen und einen Fahrgastraum mit 36 Sitzplätzen der 2. Klasse, vier davon als Klappsitze – wurde 1937 ausgeliefert. Von den zur Bundesbahn gelangten 30 Fahrzeugen wurden die letzten 1961 ausgemustert, wenige dieser Fahrzeuge wurden für den Nahverkehr der nichtbundeseigenen Eisenbahnen übernommen. Auch bei der Deutschen Reichsbahn der DDR fuhren einige der im Osten gelandeten Vorkriegsfahrzeuge bis in die siebziger Jahre.

Außer dem 1932 in Dienst gestellten berühmten zweiteiligen Dieseltriebzug „Fliegender Hamburger" für den Fernschnellverkehr wurden Diesel-Triebzüge auch für den Nahverkehr entwickelt: Ende der dreißiger Jahre beschaffte die Deutsche Reichsbahn für den Einsatz im Berufsverkehr fünf dreiteilige Triebzüge mit hydraulischer Kraftübertragung und acht zweiteilige Züge mit elektrischer Kraftübertragung, welche bis in die siebziger Jahre bei der Deutschen Reichsbahn der DDR eingesetzt waren. Die dreiteiligen Triebzüge mit einer Länge von 53,4 m besaßen je Zugteil vier Achsen, wovon Anfangs- und Endwagen je zwei angetriebene Achsen aufwiesen. Sie wurden dieselhydraulisch angetrieben – Maschinenanlage in den Endwagen – und besaßen 138 Sitzplätze (mit Führerständen, Gepäckräumen, Traglastenabteilen, Einstiegsräumen, Großraumabteilen). Die zweiteiligen Triebzüge waren 44,2 m lang, besaßen 120 Sitzplätze und wurden dieselelektrisch angetrieben. Die Letzten dieser für den Berufsverkehr entwickelten Dieseltriebzüge wurden 1974 ausgemustert.

Die Deutsche Bundesbahn nahm ab 1952 dreiteilige Dieseltriebzüge für den Bezirks- und Städteschnellverkehr in Betrieb. Diese Züge waren 80 m lang und besaßen 40 Sitzplätze in der 1.Klasse und 176 Plätze in der 2. Klasse. Die letzten dieser Fahrzeuge – bis auf einen Zug für Sonderfahrten im Raum Stuttgart – wurden 1985 ausgemustert.

Abb. 5-85: Schienenomnibus der Deutschen Bundesbahn (Badmann, 1996?)

Die Deutsche Reichsbahn hatte gute Erfahrungen mit dem Einsatz von Schienenomnibussen gemacht, welche aus Komponenten des Lkw-Baus bestanden. Die Deutsche Bundesbahn wollte den Betrieb auf ihren Nebenstrecken günstig gestalten und nahm auch den Bau von einmotorigen Schienenomnibussen in Angriff. Erste Vorserienfahrzeuge wurden 1950 ausgeliefert, die Serienlieferung begann 1952. Bis 1955 wurden neben einigen besonders ausgestatteten Schienenomnibussen bzw. Beiwagen (mit Gepäckabteil, mit Postabteil, mit zwei Motoren) über 550 zweiachsige Schienenomnibusse (eine Treibachse) und über 560 Beiwagen ausgeliefert.

Die Schienenomnibusse wurden mechanisch angetrieben, waren 13,3 m lang und hatten 60 Sitzplätze, welche in einem Großraumabteil inkl. der nicht abgetrennten Führerstände lagen. Die einmotorigen Schienenomnibusse wurden ab 1970 ausgemustert (1969 besaß die DB rund 500 Schienenomnibusse, und 1979 gab es immerhin noch 65 Diesel-Schienenomnibusse). Einige Schienenomnibusse wurden an inländische Privatbahnen und ins Ausland verkauft, wenige Exemplare werden als Museumsfahrzeuge betriebsfähig gehalten.

Die Schienenbusse waren für eine Lebensdauer von 15 Jahren konzipiert, sodass zu Ende der sechziger Jahre ein Nachfolgemodell zu erwarten war. Dieser Triebwagen ließ auf sich warten, da sich die Deutsche Bundesbahn bzw. die für sie verantwortlichen Politiker über die Bahnpolitik im Nahverkehr und im Regionalverkehr nicht ganz klar waren. 1974 schließlich lieferte die Industrie vier einteilige Triebwagen und zwölf zweiteilige Triebwagen, welche unterschiedlich ausgestattet waren. Die einteiligen Dieseltriebwagen – Mitte der neunziger Jahre fuhren davon bei der Deutsche Bahn AG noch 13 Exemplare – galten als Schienenbusnachfolger. Bei 270 kW Leistung können sie 120 km/h schnell fahren; die Fahrzeuglänge der acht Erstfahrzeuge und der fünf Nachfolgefahrzeuge ist 22,5 m bzw. 23,6 m mit 64 Sitzplätzen bzw. 70 Sitzplätzen. Die zweiteiligen Triebwagen waren mit den einteiligen Dieseltriebwagen überwiegend baugleich. Auch diese Fahrzeuge sollten die Schienenbusse ablösen. Mitte der 1990er Jahre gab es von diesen Fahrzeugen rund 330 Einheiten mit kurz gekuppeltem Triebwagen (zwei Drehgestelle, vier Achsen) und Steuerwagen (zwei Drehgestelle, vier Achsen). Die Anfang der neunziger Jahre gelieferten Exemplare sind 45 m lang, erzielen bei 450 kW 140 km/h und besitzen etwa 150 Sitzplätze der 2. Klasse.

Abb. 5-86: Dieseltriebwagen VT 628 der Deutschen Bundesbahn von 1986
(http://upload.wikimedia.org/wikipedia/commons/thumb/2/2c/Db-928257-01.jpg/800px-Db-928257-01.jpg)

Abb. 5-87: Verbrennungstriebwagen 628 (Block, 1993)

Um mit höherer Geschwindigkeit enge Bögen befahren zu können, ließ die Deutsche Bundesbahn auf der Grundlage des VT 628 Züge mit einer aktiven Neigetechnik entwickeln – die Züge neigen sich bei der Bogenfahrt zum Bogeninneren. Diese Züge mit der Bezeichnung VT 610 sind seit 1992 vor allem im Raum Nürnberg eingesetzt.

Auch die Reichsbahn der DDR hatte vierachsige Leichttriebwagen für den Nahverkehr im Einsatz; allerdings kam das 1964 bzw. 1965 gefertigte Vorserienmuster mit zwei zweiachsigen Drehgestellen über die Zahl von insgesamt zwei Exemplaren nicht hinaus. Die Fahrzeuge wurden 1975 bzw. 1978 ausgemustert.

Mitte der achtziger Jahre wurde für jeden deutlich, dass in der Verkehrspolitik ein Wechsel stattfinden muss. Ein Ergebnis der geänderten Verkehrspolitik war die Regionalisierung des Schienenverkehrs: Ab 1.1.1996 haben die Bundesländer die Verantwortung für Aufgabe und Finanzierung des Schienenpersonennahverkehrs übernommen. In der Folge wurden vielfach regionale Zweckverbände eingerichtet, welche u. a. schwach belastete Bahn-Nebenstrecken für den Regionalverkehr stärken wollten und schon stillgelegte Nebenstrecken wieder in Betrieb nehmen wollten. Die Zweckverbände bzw. die für den Schienennahverkehr neugegründeten Landeseisenbahngesellschaften waren dabei die Aufgabenträger, welche mittels einer Ausschreibung den günstigsten Betreiber für die Strecken suchten.

Für den angestrebten kostengünstigen Betrieb auf den Nebenstrecken war das Angebot an Schienenfahrzeugen nicht ausreichend: Die vorhandenen Fahrzeuge waren in Anschaffung und Betrieb zu teuer. Die Industrie wurde daher Anfang der neunziger Jahre aufgefordert, einen leichten Triebwagen zu niedrigen Kosten zu entwickeln. Die Vorstellung der Betreiber zu diesem Fahrzeug waren – wie schon vorgestellt

– 70 – 80 Sitzplätze und 80 – 100 Stehplätze (bei 4 Pers/m^2)
– Einsatz im Zweirichtungsbetrieb
– Einmann-Besatzung
– Möglichkeit der Zugbildung aus drei Triebwagen
– Beschleunigungswerte von 0,8 – 1,0 m/sec^2
– Bremsverzögerung nach BOStrab von 2,73 m/sec^2
– niedriges Gewicht

- Auslegung für eine Längsrichtungs-Prüfkraft von 600 kN (statt der nach Eisenbahnnorm verlangten 1.500 bis 2.000 N)
- Dieselmotoren nach der Abgasnorm Euro I und Euro II
- eisenbahngemäße Niederflureinstiege.

Auch als Folge des verstärkten Wettbewerbs in der Europäischen Union – Ausschreibungen zu Aufträgen bestimmter Größenordnungen haben europaweit zu erfolgen – haben sich Anbieter von Schienenfahrzeugen miteinander verbunden; traditionelle Namen sind verschwunden, andere Namen treten auf dem Markt auf. So gab es das Unternehmen ABB Daimler-Benz Transportation (Adtranz), in welchem die Unternehmen ABB ASEA Brown Boverie – der Zusammenschluss von ASEA (Schweden) und BBC (Schweiz) sowie Rheinstahl Henschel und Waggon-Union – und Daimler Benz AG (Verkehrstechnik) zusammengingen. Ein anderes Unternehmen ist der Zusammenschluss des Herstellers Linke-Hofmann-Busch mit GEC-Alsthom mit dem Namen Alstom-LHB GmbH. Der führende Hersteller von Schienenfahrzeugen in Nordamerika, Bombardier, besitzt mit dem Namen Bombardier Transportation eine europäische Unternehmensgruppe, zu der u. a. Talbot in Aachen gehört wie auch die Deutsche Waggonbau Aktiengesellschaft. Ein weiteres Unternehmen der Schienenfahrzeugherstellung ist die in den Siemens-Bereich Verkehrstechnik eingegliederte frühere Düsseldorfer Waggonfabrik (DÜWAG) zum Unternehmen Siemens-DUEWAG.

Die Industrie konnte den neuen Auftraggebern nach kurzer Zeit einige Fahrzeuge vorstellen, welche diese Forderungen erfüllen. Aber auch die Deutsche Bahn AG, welche jetzt einer der vielen Wettbewerber um die Durchführung der ausgeschriebenen Nahverkehrsverkehre ist, startete 1995 ein Modernisierungsprogramm, in welchem bis zum Jahr 2002 10 Milliarden DM für neue S-Bahnfahrzeuge, Neigetechnik-Fahrzeuge und neue Regionalfahrzeuge ausgegeben werden sollten. Aus der Vielzahl der für den Schienenpersonennahverkehr entwickelten neuen Fahrzeuge werden im Folgenden einige vorgestellt.

Der ab 1996 eingesetzte „Regio-Shuttle" des Firmenverbundes Adtranz, der in der Version als Dieseltriebwagen in weit über 100 Exemplaren ausgeliefert wurde, ist ein 25,5 m langes Fahrzeug, welches bei einer Breite von 2,9 m mit 68 Sitzplätzen und acht Klappsitzen sowie – bei 4 Personen je Quadratmeter – 94 stehenden Fahrgästen 170 Personen befördert. Das Fahrzeug mit vier angetriebenen Achsen (in zwei Drehgestellen) besitzt an jeder Seite zwei Türen. Als maximale Geschwindigkeit werden 120 km/h genannt.

Abb. 5-88: Regioshuttle der Firma ABB Henschel AG im Einsatz bei der Regental-Bahn-Betr. Ges. in Grafenau/Bayrischer Wald

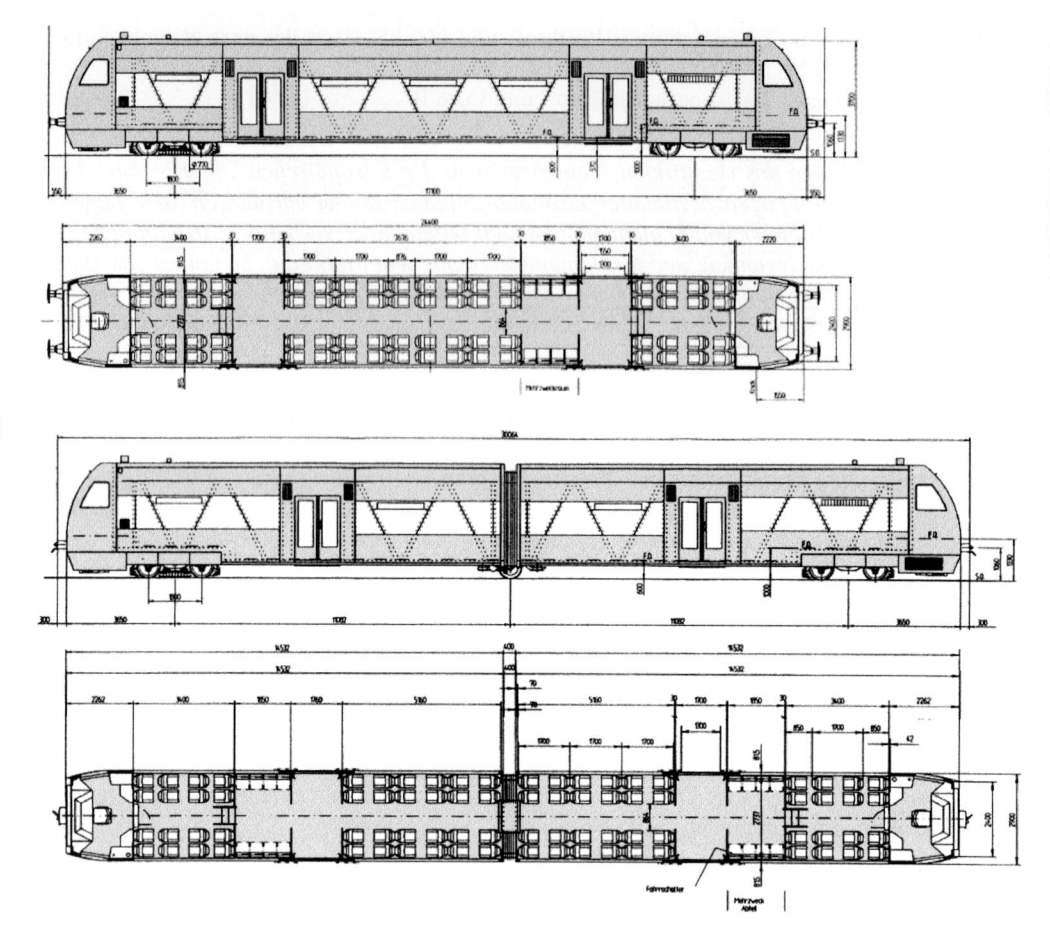

Abb. 5-89: Maße des Regioshuttle der Firma ABB Henschel AG (Unternehmensbroschüre)

Der Hersteller ALSTHOM-LHB GmbH hat u. a. an die Deutsche Bahn AG Dieseltriebwagen des Typs LINT 27 verkauft. Dieses 27 m lange und 2,75 m breite Fahrzeug mit zwei Türen auf jeder Seite besitzt ein Triebdrehgestell und ein Laufdrehgestell; bei 8 Sitzplätzen der 1. Klasse und 52 Sitzplätzen der 2. Klasse sowie 13 Klappsitzen wird noch mit 69 Stehplätzen gerechnet, sodass das Fahrzeug 142 Personen aufnimmt. Die maximale Geschwindigkeit wird mit 120 km/h angegeben.

5.2 Entwicklung der Schienenfahrzeuge 269

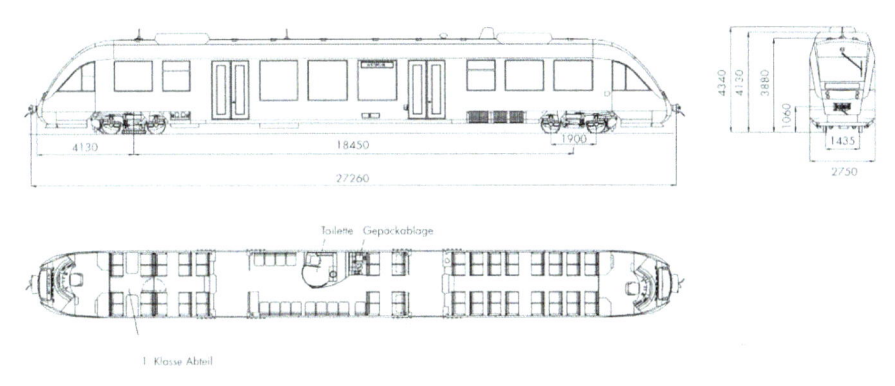

Abb. 5-90: Dieseltriebwagen LINT 27 der Firma ALSTOM (Unternehmensbroschüre)

Das Unternehmen Bombardier Transportation – DWA hatte für den Schienennahverkehr einen Doppelstock-Schienenbus entwickelt, welcher bei 16,3 m Länge und 3,07 m Breite auf jeder Fahrzeugseite eine Tür besitzt, über die die 110 Fahrgäste – es wird mit 32 Stehplätzen gerechnet – das Fahrzeug betreten. Der Dieseltriebwagen besitzt eine Laufachse und eine Treibachse, als Höchstgeschwindigkeit werden 100 km/h angegeben.

Abb. 5-91:
Doppelstock Schienen-Omnibus
(Unternehmensbroschüre)

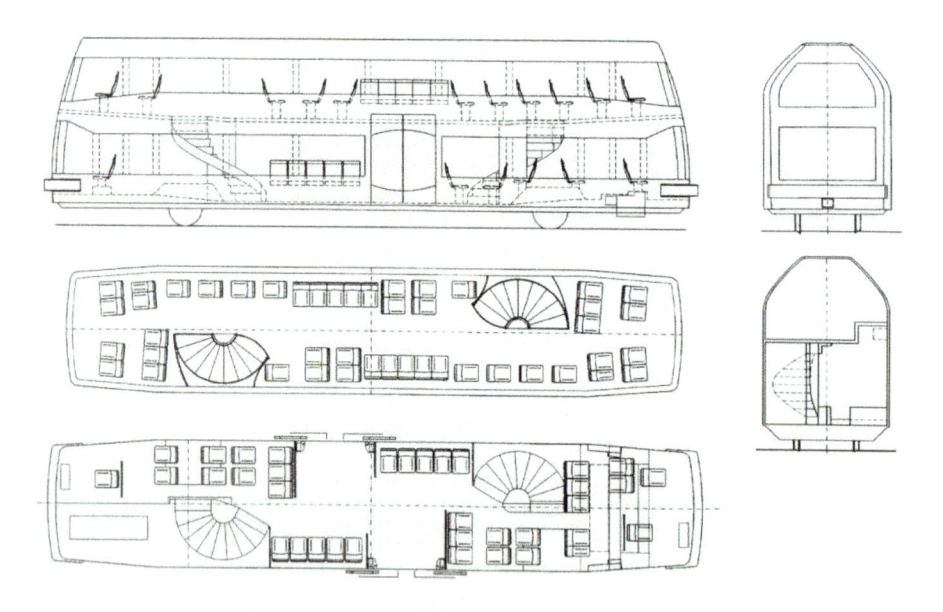

Abb. 5-92: Doppelstock Schienenomnibus der Firma Bombardier Transportation von 1996 (Unternehmensbroschüre)

Bombardier – Talbot entwickelte auch den sechsachsigen, dreiteiligen Dieseltriebwagen TALENT (*Ta*lbot *le*ichter *N*ahverkehrs-*T*riebwagen), welcher als 52,2 m lange Version im März 1998 vorgestellt wurde. Das Fahrzeug besitzt in den Endwagen je ein Triebdrehgestell, die Endwagen und der Mittelwagen besitzen je ein gemeinsames Laufdrehgestell. Auf jeder Fahrzeugseite sind sechs Türen, bei 16 Sitzplätzen in der 1. Klasse und 104 Sitzplätzen in der 2. Klasse wird eine Kapazität von 311 Fahrgästen angegeben. Als maximale Geschwindigkeit werden 120 km/h genannt.

5.2 Entwicklung der Schienenfahrzeuge

Abb. 5-93: Dreiteilige Regionaltriebwageneinheit Talent der Firma Bombardier
(zwei gekuppelte je dreiteilige Einheiten)

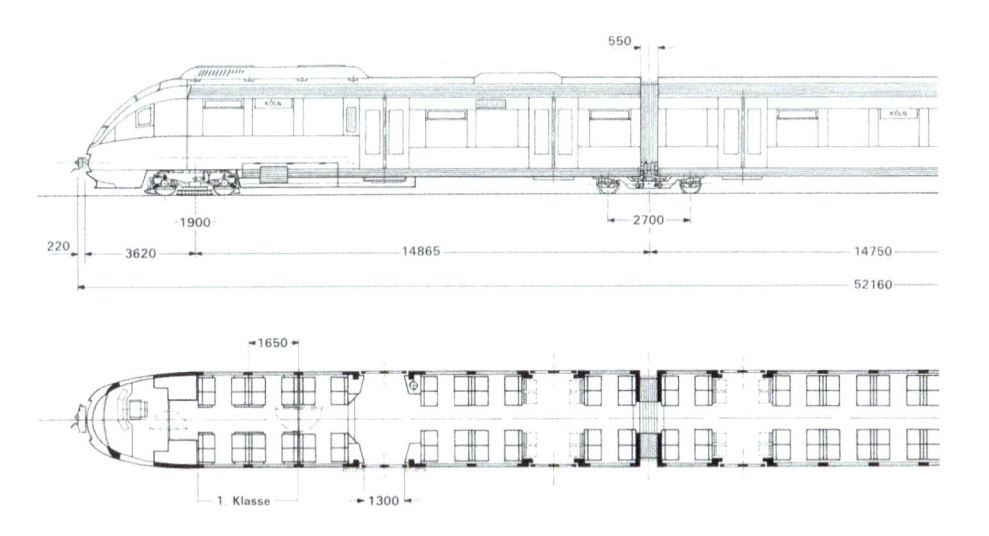

Abb. 5-94: Dreiteilige Regionaltriebwageneinheit Talent der Firma Bombardier
(Unternehmensbroschüre)

Die Firma SIEMENS-DUEWAG präsentierte im März 1995 das erste Serien-Fahrzeug des Regiosprinters. Dabei handelt es sich um ein 24,8 m langes und 2,97 m breites Dieseltriebfahrzeug mit zwei Endwagen und einem kurzen Mittelteil. Die Endwagen besitzen je eine Treibachse, unter dem Mittelteil befindet sich ein Laufdrehgestell. Der Regiosprinter kann in dieser Version bei 74 Sitzplätzen der 2. Klasse und sechs Klappsitzen 164 Fahrgäste aufnehmen. Als Höchstgeschwindigkeit werden 100 km/h genannt.

Abb. 5-95: Regiosprinter der Firma SIEMENS/DUEWAG – Ursprungsversion (Unternehmensbroschüre)

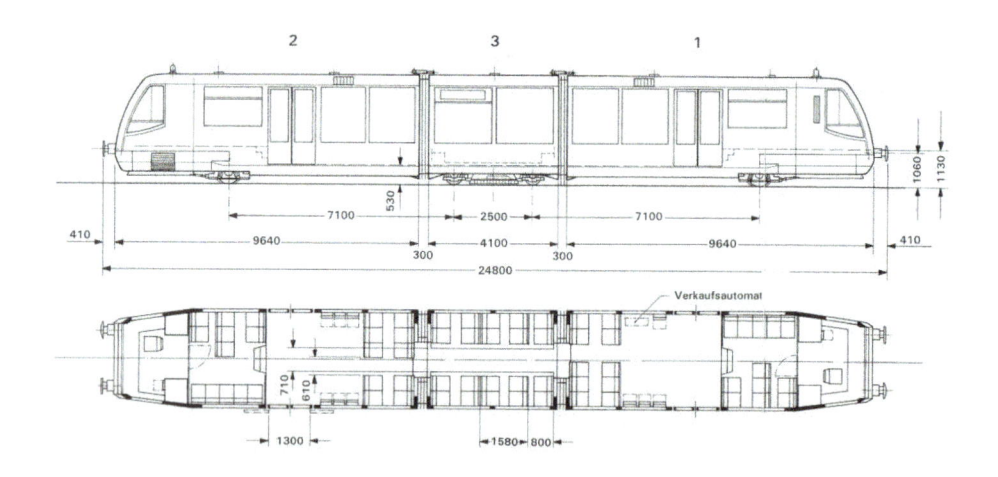

Abb. 5-96: Regiosprinter der Firma SIEMENS/DUEWAG – Version für die Dürener Kreisbahn (Unternehmensbroschüre)

Der Regiosprinter erhielt mit dem Fahrzeug DESIRO (VT 642) im Jahre 1998 schon ein Nachfolgemodell (zweiteiliges Fahrzeug, 120 km/h Höchstgeschwindigkeit, 60%-Niederfluranteil (Fußbodenhöhe 575 mm), 130 Sitzplätze.

5.2 Entwicklung der Schienenfahrzeuge

Abb. 5-97: Der DESIRO der Firma SIEMENS/DUEWAG (Nachfolgemodell des Regiosprinters (Baureihe 640 der Deutsche Bahn AG) (Unternehmensbroschüre)

Das ideale Fahrzeug für den Eisenbahn-Nahverkehr besonders in den Ballungsräumen ist der elektrische Triebzug. Der erste elektrische Triebwagen erschien als Versuchszug 1900 im Netz der Berliner Stadtbahn, gefolgt von einer Vielzahl von Triebwagen für die verschiedenen Ballungsräume.

Aufgrund der historischen Entwicklung weisen die S-Bahn-Netze unterschiedliche Stromsysteme auf. Während die meisten S-Bahnen mit dem üblichen Einphasen-Wechselstrom-Oberleitungssystem mit 15 kV Spannung und einer Frequenz von 16 2/3 Hz betrieben werden, fahren die ältesten S-Bahnen (Berlin und Hamburg) mit Gleichstrom–Stromschienen-Betrieb, Berlin seit 1924 mit 800 Volt und Hamburg seit 1938 – Umstellung 1955 abgeschlossen – mit 1200 Volt.

Bei der Hamburger S-Bahn sind neben Wendezügen Mitte der 90er Jahre Triebzüge der Baureihen 470, 471 und 472 im Einsatz.

In den dreißiger Jahren sollten neue S-Bahn-Strecken in Hamburg von vornherein mit 1200 V Gleichstrom betrieben werden, auf welchen die alten Strecken nach und nach umgestellt werden sollten. Für diese Strecken wurden ab 1939 neue Gleichstrom-Triebzüge, eben die Baureihe 471 ausgeliefert, von denen 1992 noch 22 modernisierte und 40 ursprüngliche Garnituren im Einsatz waren. Die etwas über 62 m langen dreiteiligen Triebzüge mit zwei Drehgestellen in den Endwagen mit je zwei angetriebenen Achsen und einem antrieblosen Mittelwagen mit zwei Drehgestellen mit insgesamt 1160 kW Leistung und 80 km/h Höchstgeschwindigkeit besitzen 68 Sitzplätze in der 1. Klasse und 134 Sitzplätze in der 2. Klasse, wobei insgesamt mit 448 Plätzen gerechnet wird. Die dreiteilige Einheit hat an beiden Enden Führerstände.

Eine einzeln fahrende dreiteilige Einheit wird in Hamburg als Halbzug bezeichnet, zwei gekoppelte Züge ist ein „Vollzug" und drei Garnituren werden als „Langzug" bezeichnet.

Abb. 5-98: S-Bahn-Zug der Baureihe 471 in Hamburg (http://www.eriksmail.de/Templates/100509Sonderfahrt171082uvm/ET171082Suelldorf3p090510.jpg)

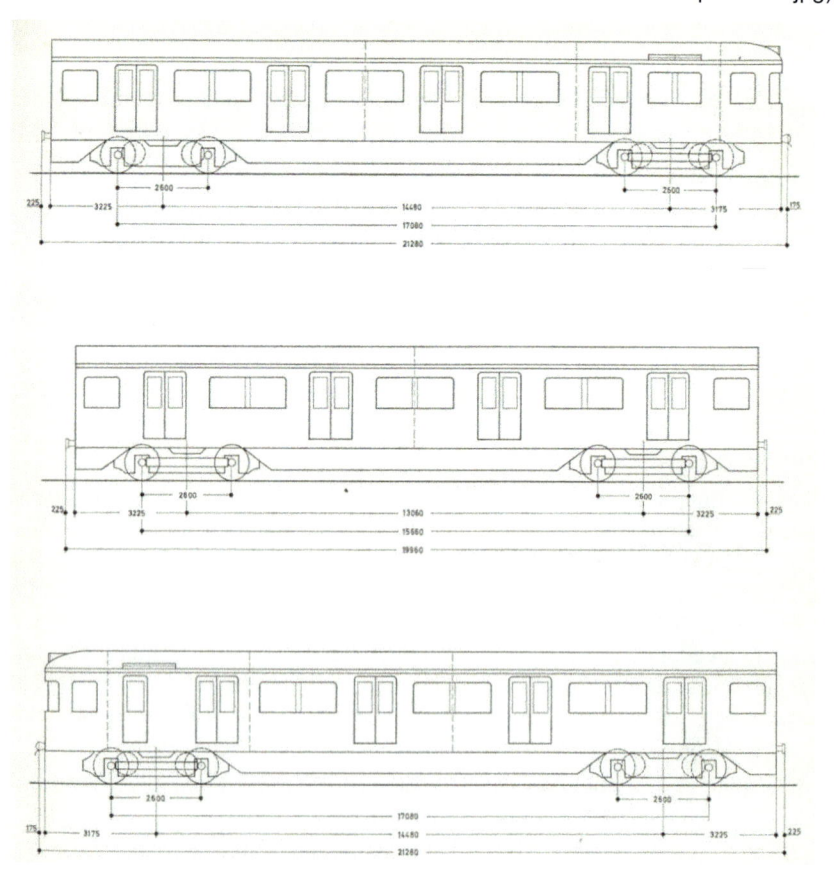

Abb. 5-99: Maße S-Bahn Zug der Baureihe 471 in Hamburg (Schreck, 1972)

Abb. 5-100: S-Bahn-Zug der Baureihe 471 in Hamburg-Neugraben
(http://home.bahninfo.de/jangnoth/vht/471-082-neugraben-08.jpg)

Triebzüge der Baureihe 470 wurden erstmals 1959 ausgeliefert und waren 1992 noch in 90 Exemplaren im Einsatz: Der Triebwagen ist rund 21 m lang, besitzt zwei Drehgestelle mit je zwei einzeln angetriebenen Achsen und erzielt bei 640 kW 100 km/h (die höhere Spitzengeschwindigkeit war wegen der größeren Haltestellenabstände im Außenbereich erwünscht). Der Triebwagenzug der Baureihe 470 besteht aus zwei angetriebenen Triebwagen mit je einem Führerstand und einem antriebslosen Mittelwagen; die dreiteilige Einheit, welche mit anderen Einheiten gekuppelt werden kann, ist etwa 65 m lang und besitzt 68 Sitzplätze in der 1. Klasse und 132 Sitzplätze in der 2. Klasse bei insgesamt 452 Plätzen.

Abb. 5-101: S-Bahn Zug der Baureihe 470 in Hamburg
(http://upload.wikimedia.org/wikipedia/commons/thumb/6/63/S-Bahn_Hamburg_Type_470_1.jpg/300px-S-Bahn_Hamburg_Type_470_1.jpg)

In Hamburg sind mit dem Bau der City-S-Bahn Anfang der 70er Jahre neue Fahrzeuge eingesetzt worden, von denen zu Beginn der 90er Jahre 62 Züge im Einsatz waren: 1974 begann die Auslieferung der Baureihe 472, eines dreiteiligen Zuges, dessen Mittelwagen auch angetrieben ist, auch er besitzt wie die Endwagen zwei Drehgestelle mit je zwei einzeln angetriebenen Achsen. Der Zug ist 65,8 m lang und erzielt bei 1500 kW 100 km/h. Er besitzt 66 Sitzplätze in der 1. Wagenklasse und 130 Sitzplätze in der 2. Wagenklasse.

Abb. 5-102: S-Bahn Zug der Baureihe 472 in Hamburg (Enderlein, 1993)

Ende 1996 wurde der neue S-Bahn-Zug 474 für Hamburg vorgestellt (Hersteller ALSTOM/Adtranz). Bei diesem Zug mit 3,0 m Breite und 3,7 m Höhe handelt es sich um zwei angetriebene Endwagen und einen antriebslosen Mittelwagen (Achsfolge Bo'Bo'+2'2'+ Bo'Bo'), welche ohne Übergänge fest miteinander verbunden sind. Der über Kupplung 66 m lange Zug mit 208 Sitzplätzen und 360 Stehplätzen – auf jeder Seite des dreiteiligen Zuges neun Türen – erreicht eine Höchstgeschwindigkeit von 100 km/h.

Abb. 5-103: S-Bahn-Zug 474 der Deutsche Bahn AG für Hamburg
(http://www.lokomotive-online.de/Eingang/Triebwagen/BR474/474_ADF_kl.JPG)

5.2 Entwicklung der Schienenfahrzeuge

Der innerstädtische Berliner S-Bahn-Verkehr begann mit dem Bau der Verbindungsbahn zwischen den Berliner Fernbahnhöfen in den Jahren 1851 bis 1852. Als Begriff erscheint das Wort „S-Bahn" erstmals 1932. Im Dezember 1994 wurden in Berlin 292 km S-Bahn-Strecken betrieben, auf denen fünf verschiedene Arten von S-Bahn-Zügen im Einsatz waren.

Bei der Berliner S-Bahn bilden zwei Fahrzeuge die kleinste Betriebseinheit (der „Viertelzug"), ein Halbzug bestand aus vier Einheiten und ein Ganzzug aus acht Einheiten.

Die ältesten Berliner S-Bahn-Fahrzeuge aus den Jahren 1925 sind zweiteilige Züge mit einem Triebwagen (mit je zwei Drehgestellen mit einzeln angetriebenen Achsen) und einen Steuerwagen. Der für 80 km/h ausgelegte Viertelzug ist 35,5 m lang und hat eine Leistung von 360 kW. Der Zug enthält 29 Sitzplätze erster Klasse und 92 Sitzplätze zweiter Klasse.

In Berlin sind S-Bahn-Fahrzeuge verschiedener Generationen im Einsatz. 1928 wurde die Baureihe ET 165 (neue Bezeichnung ET 278) in Dienst gestellt, ab 1979 gelangten umgebaute Fahrzeuge der Ex-Baureihe 275 (seit 1928) als Baureihe 276 in den Betrieb. Die ältesten in Berlin bis vor Kurzem noch im Einsatz befindlichen S-Bahn-Fahrzeuge sind aus den Jahren 1927 – 1930. Es handelt sich um zweiteilige Züge mit einem Triebwagen (mit je zwei Drehgestellen mit einzeln angetriebenen Achsen) und einen Steuerwagen. Der für 80 km/h ausgelegte Viertelzug ist 35,5 m lang und hat eine Leistung von 360 kW. Der Zug enthält 29 Sitzplätze erster Klasse und 92 Sitzplätze zweiter Klasse.

Abb. 5-104: S-Bahn-Fahrzeug Berlin (Vorserie ab 1925, Baureihe ET 168)
(http://www.berliner-verkehr.de/sbbilder/3662_2.jpg)

Als neueste Baureihe wurde seit 1996 die Reihe 481 erprobt, welche seit 1997 im Einsatz ist. Diese Baureihe besteht in der kleinsten Funktionseinheit (Viertel-Zug) bei 36,4 m Länge aus einem Triebwagen mit einem Führerstand, Triebdrehgestell und Laufdrehgestell mit 44 Sitzplätzen und 159 Stehplätzen und aus einem Triebwagen mit 50 Sitzplätzen – davon 1. Klasse-Abteil 12 Sitzplätze – mit Rangierpult und zwei Triebdrehgestellen und insgesamt 141 Stehplätzen (Achsfolge Bo'+Bo'+2'Bo'). Damit werden sechs der acht Achsen des Viertelzuges angetrieben. Als Vollzug mit 147,2 m Länge sind acht Wagen im Zug eingestellt (mit 376 Sitzplätzen und 1.200 Stehplätzen). Die Traktionsleistung am Radumfang ist 588 kW, wobei der Zug eine Höchstgeschwindigkeit von 100 km/h erreicht.

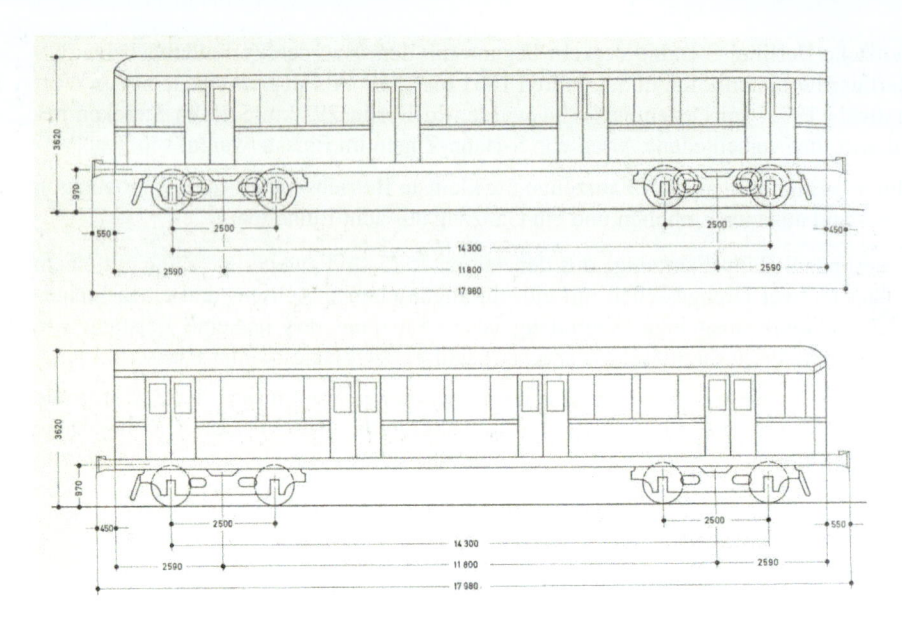

Abb. 5-105: Maße des S-Bahn-Fahrzeugs ET 128 (Schreck, 1972)

Abb. 5-106: Berliner S-Bahn-Fahrzeug 481 (Unternehmensbroschüre)

5.2 Entwicklung der Schienenfahrzeuge

Abb. 5-107: Innenansicht Berliner S-Bahn-Fahrzeug 481 (Unternehmensbroschüre)

Die Deutsche Bundesbahn plante ähnlich wie in Hamburg und Berlin den Aufbau von S-Bahn-Netzen auch in anderen Ballungsräumen. Beschleunigt wurden diese Pläne durch die Vergabe der Olympischen Spiele für 1972 nach München: Am 30. Oktober 1969 stellte die Deutsche Bundesbahn in München den neuen S-Bahn-Triebwagen ET 420 vor, dem bis in die 1990er Jahre in sieben Baureihen 415 dreiteilige Triebzüge folgten (für München, Stuttgart, Frankfurt/Rhein-Main). Die Triebzüge kommen als Kurzzüge mit drei Wagen, als Vollzüge mit sechs Wagen oder als Langzüge mit neun Wagen zum Einsatz. Die dreiteilige Einheit mit drei angetriebenen Wagen (je zwei Drehgestelle mit zwei einzeln angetriebenen Achsen) ist 67,4 m lang und erreicht eine Höchstgeschwindigkeit von 120 km/h (Stundenleistung 800 kW). Bei der Garnitur wird mit insgesamt 448 Plätzen gerechnet (bei 33 Sitzplätzen 1. Klasse und 194 Sitzplätzen 2. Klasse); somit ergeben sich beim Langzug 1.344 Plätze. Besonderes Charakteristikum der Wagen ist die Zuordnung der Türen zu den direkt angrenzenden vier Sitzabteilen.

Abb. 5-108: S-Bahn-Fahrzeug ET 420
(http://upload.wikimedia.org/wikipedia/commons/thumb/2/2f/DB_420_001.jpg/800px-DB_420_001.jpg)

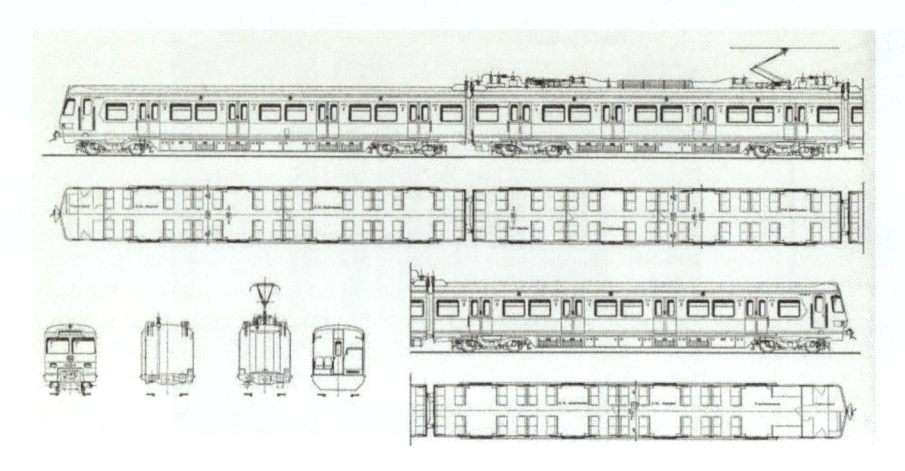

Abb. 5-109: Ansichten S-Bahn-Fahrzeug ET 420 (Schreck, 1972)

5.2.3 Straßenbahnfahrzeuge

Der Name „Straßenbahn" ist in den 70er Jahren des 19. Jahrhunderts aufgekommen und zwar für Pferdebahnen – die erste (Pferde-)Straßenbahn der Welt wurde 1832 in New York eröffnet. Bis 1879 in Deutschland eröffnete Straßenbahnen besaßen die Spurweite der Eisenbahn, erst danach wurden Straßenbahnnetze mit anderen Spurweiten gebaut, vorwiegend in Meterspur.

Die erste elektrische Straßenbahn betrieb 1881 Werner von Siemens als Versuchsanlage in Berlin-Lichterfelde auf einer Strecke von 2,5 km, nachdem er 1879 erstmals eine elektrische Bahn vorgestellt hatte. Nach der Erfindung des Bügelstromabnehmers 1889 begann zu Anfang der 90er Jahre in stärkerem Maße die Elektrifizierung der (Pferde-)Straßenbahnen und ein Neubau von elektrischen Straßenbahnen – welche wegen der geringeren Anlagekosten und wegen des leichteren Einbaus in enge Straßen meist in Meterspur ausgeführt wurden.

Abb. 5-110: Grundriss des zweiachsigen Straßenbahn-Triebwagens Verbandstyp 1950 (Hamburger Hochbahn) [unbekannte Quelle]

Die erste Zeit nach dem Zweiten Weltkrieg waren die Straßenbahnbetriebe mit der Wiederherstellung ihrer Anlagen beschäftigt und mit der Instandsetzung ihrer Fahrzeuge. Dabei waren entweder die Kriegsstraßenbahnwagen nachgebaut worden oder es wurden „Aufbauwagen" geschaffen (neue Aufbauten auf den Fahrgestellen zerstörter oder beschädigter Fahrzeuge). Der nach einem Programm des Reichsverkehrsministeriums ab 1942 in etwa 650 Exemplaren gebaute Kriegsstraßenbahnwagen war ein zweiachsiges Fahrzeug mit langen Plattformen und großen Schiebetüren; mit einem Drei-Wagen-Zug ließen sich offiziell etwa 280 Personen befördern. Diese Wagen wurden in Deutschland – anfangs unter Verwendung alter Fahrgestelle – bis in 50er Jahre gebaut (die Plattformen wurden verkürzt, der Fahrgastraum wurde verlängert, die Schiebetüren wurden durch Teleskoptüren ersetzt, aus dem dreifenstrigen Fahrzeug wurde ein vierfenstriger Wagen); auch die Empfehlungen des Verbandes öffentlicher Verkehrsbetriebe für einen Fahrzeug-Standard-Typ wurden bei der Weiterentwicklung berücksichtigt.

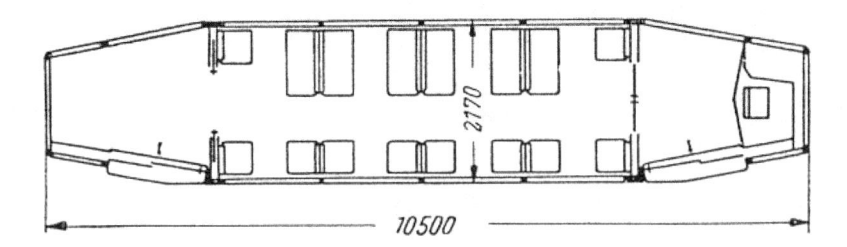

Abb. 5-111: Aufbauwagen der Kölner Verkehrs-Betriebe AG
(22 Sitzplätze, 42 Stehplätze, Länge 10,93 m, Achsstand 3,4 m)
[unbekannte Quelle]

Bei den Straßenbahnwagen der Nachkriegszeit ist aber zu berücksichtigen, dass sie sehr stark von der damaligen Besetzung mit einem Schaffner geprägt waren, der (meist) einen festen Schaffnerplatz im Wagen besaß; der Wagen war daher für einen Fahrgastfluss auszulegen.

Die Düsseldorfer Waggonfabrik AG (DUEWAG) konnte ab 1952 das Tandemfahrgestell liefern, welches sich schnell durchsetzte und den Hersteller zum Marktführer in der Bundesrepublik Deutschland machte. Die vierachsigen Großraumwagen waren den Zweiachsfahrzeugen in Wirtschaftlichkeit und Laufruhe überlegen. Für lange Jahre war das übliche Straßenbahnfahrzeug der vierachsige Triebwagen mit vierachsigem Beiwagen, auch wenn es eine Vielzahl anderer Fahrzeuge gab, z. B. Dreiachser oder den Gelenkwagen mit Jacobsdrehgestell als Sechsachser oder bei zusätzlichem Mittelteil als Achtachser – welcher sich schließlich durchsetzte. Der Achtachser besaß dasselbe Fassungsvermögen wie der Zug aus zwei Vierachsern (240 Plätze), erforderte jedoch nur einen Schaffner und einen Fahrer, während neben dem Fahrer in den beiden Vierachsern je ein Schaffner erforderlich war.

Die größte Flotte von Dreiachsfahrzeugen besaß die Stadt München. Dabei handelt es sich um ein in verschiedenen Varianten gebautes Fahrzeug, z. B. 13,3 m langes Einrichtungs-Fahrzeug mit der Achsfolge Treibachse, Laufachse, Treibachse. Je Treibachse wird eine Stundenleistung von 100 kW erzielt. Die Endachsen werden dabei von der Laufachse radial eingestellt. Das bis 1965 angeschaffte 2,2 m breite Fahrzeug mit Normalspur besitzt als Triebwagen 27 Sitzplätze (und in der Beiwagenversion 28 Sitzplätze) und ist über drei Türen zu betreten.

Abb. 5-112: vierachsiger Gelenktriebwagen Dortmund
(http://www.trampicturebook.de/tram/germany/schwerte/01990104.jpg)

Abb. 5-113: Straßenbahn-Dreiachser der Münchner Verkehrsbetriebe

Alleiniger Straßenbahnhersteller der Deutschen Demokratischen Republik war seit 1955 der VEB Waggonbau Gotha, bis 1967 auf Beschluss des Rates für gegenseitige Wirtschaftshilfe (RGW) – östliches Gegenstück zur EWG – die Straßenbahnherstellung des Ostblocks durch die Tschechoslowakei übernommen wurde. Ende der 60er Jahre wurden die ersten Vierachser aus der CSSR in die DDR geliefert, ein verbesserter Nachfolgetyp erschien 1988. Da aber die kleineren Verkehrsunternehmen weiterhin Bedarf an zweiachsigen Fahrzeugen hatten, wurden bis zum Erscheinen des vierachsigen Kurzgelenktriebwagens im Jahre 1975 auch Zweiachser weitergebaut und ausgeliefert.

Als Zweiachsfahrzeug wird hier beispielhaft das Fahrzeug T2D genannt, welches von den Tatra-Werken in Prag bis 1968 in die DDR ausgeliefert wurde: Der zweiachsige 2,2 m breite Einrichtungs-Triebwagen mit zwei einzeln angetriebenen Achsen zu je 60 kW Stundenleistung ist 10,9 m lang und enthält 20 Sitze, welche über zwei Türen zu erreichen sind. Dieses Fahrzeug mit 1.000 mm Spurweite existiert auch als antriebsloser Beiwagen.

Einen großen Schritt bei der Gestaltung der Straßenbahnwagen – und auf dem Weg zur Umstellung von Straßenbahnen auf Kraftomnibusse – gab es in der Bundesrepublik Deutschland Ende der 1950er Jahre: Die Verordnung über den Bau und Betrieb der Straßenbahnen (Straßenbahn-Bau- und Betriebsordnung – BOStrab) forderte ab 1. Januar 1960 die Ausrüstung der Straßenbahnfahrzeuge mit Sicherheitsglas, Brems- und Schlussleuchten sowie einer zusätzlichen Dachleuchte in Stirnwandmitte; außerdem durften wegen der Widerstandsfähigkeit nur noch Wagen mit Ganzstahlaufbauten eingesetzt werden.

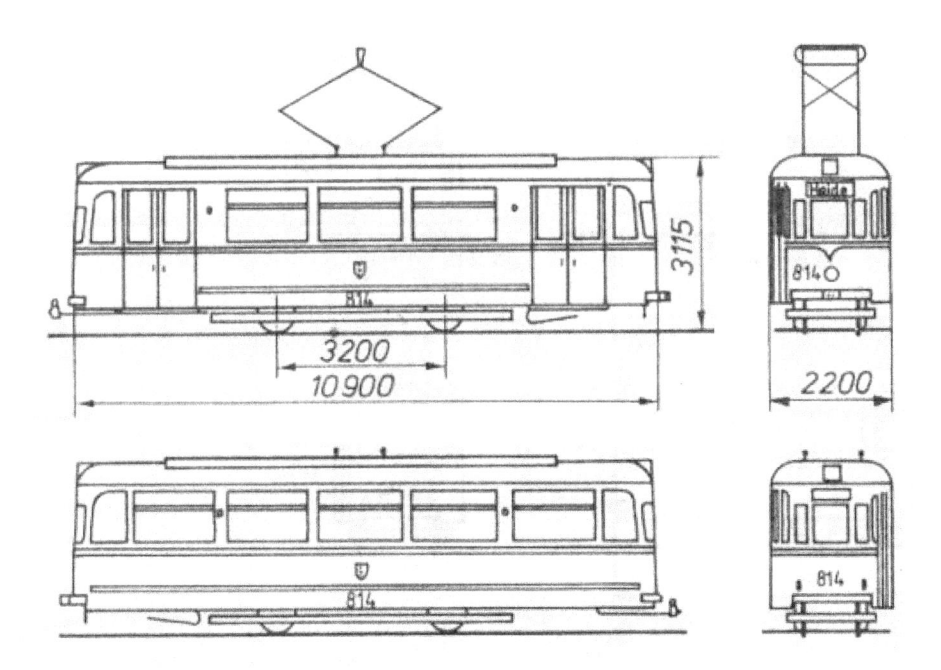

Abb. 5-114: Maße des Straßenbahn-Triebwagen T2D (Glißmeyer, 1985)

Ende der 60er Jahre wurde im Zuge der Rationalisierung der Schaffner abgeschafft; der Schaffnerplatz und der Fahrgastfluss wurde aufgegeben: Der Einmann-Betrieb mit Fahrgast-Türsteuerung wurde eingeführt. Im Zuge dieser Umstellung wurden viele Großraumwagen in Gelenkwagen umgebaut.

Abb. 5-115: Straßenbahn-Triebwagen T2D der CKD Prag ab 1967, hier: Fahrzeug aus Halle/S. (http://home.arcor.de/heuer.c/gothawagen/staedte/halle/HL-K91051.JPG)

Seit den sechziger Jahren propagierte man in den Großstädten der Bundesrepublik Deutschland die Verlegung innerstädtischer Straßenbahnstrecken in die Minus1-Ebene sowie die Schaffung besonderer Bahnkörper für die ebenerdig verlaufende Straßenbahn. Diese Überlegungen führten in den siebziger Jahren zur Schaffung besonderer Stadtbahn-Wagen, welche zwischen Straßenbahn und U-Bahn anzusiedeln sind: Gegenüber der Straßenbahn verbreiterte Wagenkästen, Klapptrittstufen für den Einsatz im Straßenraum wie auch an Hochbahnsteigen, abgetrennte Fahrerkabine – die Fahrgastselbstbedienung wurde eingeführt – und gesteigerte Motorleistung mit der Möglichkeit der Zugbildung von Triebwagen (Verzicht auf Beiwagenbetrieb).

Da die Bezeichnung „Stadtbahnwagen" nicht eindeutig definiert ist, nennen viele Verkehrsunternehmen ihre Fahrzeuge „Stadtbahn", ohne dass es sich um ein Stadtbahnfahrzeuge handelt (mit Kriterien wie z. B. Einsatz auf unterirdischen Strecken, Einsatz an Hochbahnsteigen, hohe Motorleistung, Möglichkeit der Zugbildung aus Triebwagen). Auch die Typenempfehlung des Verbandes Deutscher Verkehrsunternehmen spricht nur von Stadtbahn-Fahrzeugen und schließt darin Straßenbahn-Fahrzeuge ein.

Nachdem sich viele Verkehrsunternehmen auch ohne Stadtbahnbetrieb die Stadtbahnfahrzeuge beschaffen/beschaffen mussten, werden in der Bundesrepublik Deutschland konventionelle Straßenbahnwagen kaum noch gebaut (der seit den 60er Jahren marktbeherrschende Hersteller DUEWAG hatte die Produktion von konventionellen Straßenbahnwagen 1978 eingestellt).

Den nächsten Innovationsschub für die Straßenbahnfahrzeuge gab es zu Beginn der 1990er Jahre mit der Einführung der Niederflurbauweise, bei der die Einstiegshöhe von 80 bis 90 cm auf 30 bis 35 cm reduziert wurde.

Im Jahr 1977 gab es in der Bundesrepublik Deutschland 4.800 Straßenbahnwagen (3.500 Triebwagen und 1.300 Beiwagen), 1990 waren es 2.300 Straßenbahntriebwagen und 600 Beiwagen. Nach der Vereinigung der Bundesrepublik mit der DDR gab es in Deutschland 1991

7.400 Straßenbahntriebwagen und 1.900 Beiwagen (gleich 9.300 Fahrzeuge). Die Statistik des Verbandes Deutscher Verkehrsunternehmen nennt für 1995 4.760 Straßenbahntriebwagen und 1.070 Beiwagen sowie 1.520 Stadtbahntriebwagen (gleich 7.350 Fahrzeuge).

Als Beispiel für einen in der DDR bis 1988 ausgelieferten vierachsigen Straßenbahnwagen ohne Gelenk steht hier das Fahrzeug T4D (14 m lang ist, 2,2 m breit, Abstand Drehgestellmitten 6,4 m). Die je zwei Achsen in den beiden Drehgestellen sind einzeln angetrieben (Stundenleistung 4 mal 43 kW). Das Einrichtungsfahrzeug besitzt 26 Sitzplätze und 88 Stehplätze. Das Fahrzeug ist für die Spurweiten 1485 mm, 1435 mm, 1.000 mm, 1458 mm und 1450 mm geliefert worden und existiert auch als Beiwagenversion.

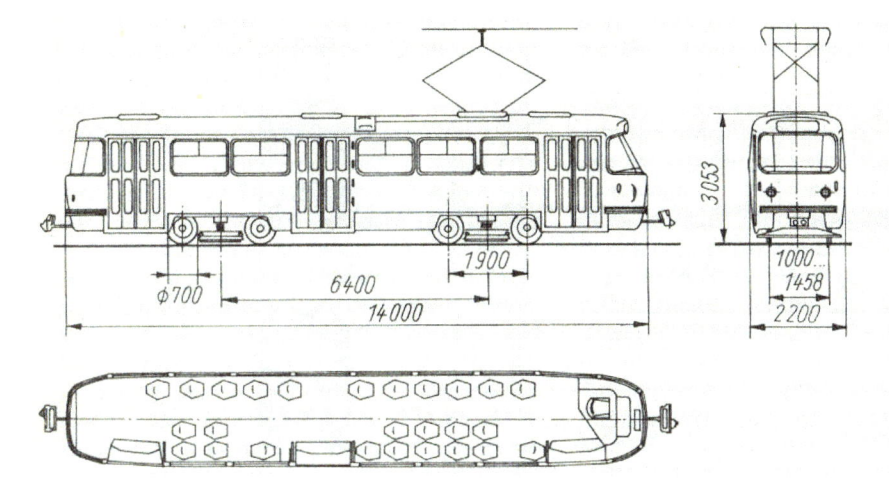

Abb. 5-116: Straßenbahnwagen T4D der CKD Prag (Maße) (Glißmeyer, 1985)

Abb. 5-117: Straßenbahnwagen T4D der CKD Prag
(http://www.bahnbilder.de/1024/historischer-tatra-zug-bestehend-aus-348517.jpg)

Der neueste vierachsige Gelenkwagen in Deutschland war der 1980 – erste Version ab 1973 – nach Berlin gelieferte Kurzgelenktriebwagen KT4D. Das Fahrzeug für Normalspur ist 18,1 m lang und 2,2 m breit mit einem Gelenk in der Mitte, besitzt in den Mitten der beiden Wagenhälften je ein Drehgestell mit je zwei einzeln angetriebenen Achsen. Die Stundenleistung des Einrichtungsfahrzeugs mit 38 Sitz- und 105 Stehplätzen ist 4mal 40 kW.

Abb. 5-118: Straßenbahn KT4D der CKD Prag in Berlin (Unternehmensbroschüre Waggonbau Bautzen GmbH)

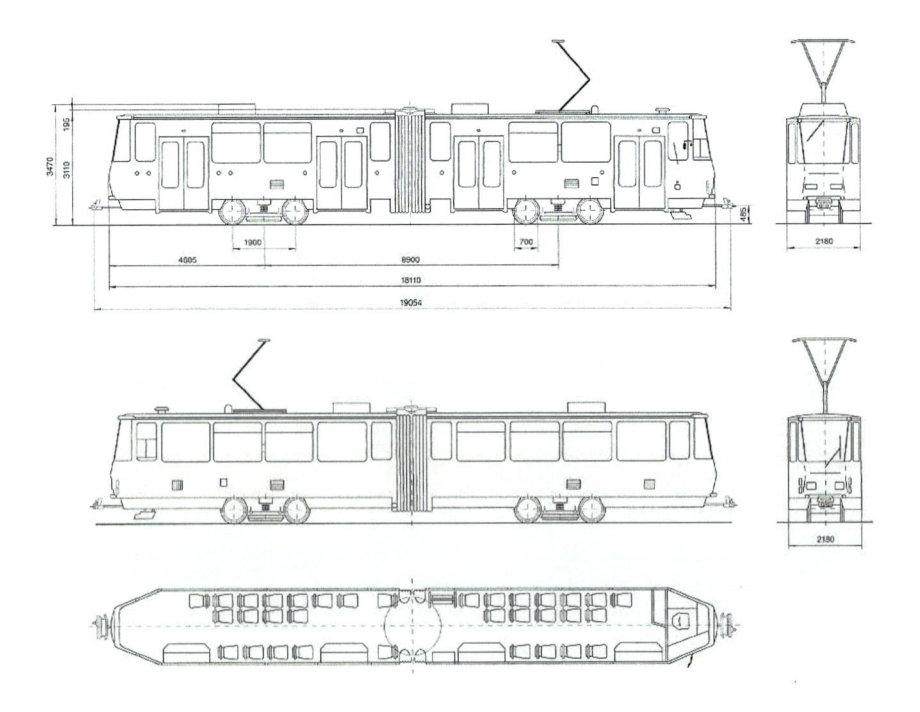

Abb. 5-118: Straßenbahn KT4D der CKD Prag (Maße) (Unternehmensbroschüre Waggonbau Bautzen GmbH)

5.2 Entwicklung der Schienenfahrzeuge

Die ersten Sechsachsfahrzeuge wurden 1956 in Düsseldorf eingesetzt; weitere sechsachsige Fahrzeuge folgten. Da gibt es Stadtbahnen in der herkömmlichen Hochflurtechnik z. B. als dreiteilige Einheit, welche als Solofahrzeug oder zu zwei Einheiten kurz-gekuppelt in Hannover fährt („Stadtbahn 2000") als auch mit teilweise abgesenkten Fußböden oder als 100-%-Niederflurfahrzeug wie in Würzburg ab 1995 eingesetzt.

Abb. 5-120: Stadtbahn 2000 in Hannover (Unternehmensbroschüre)

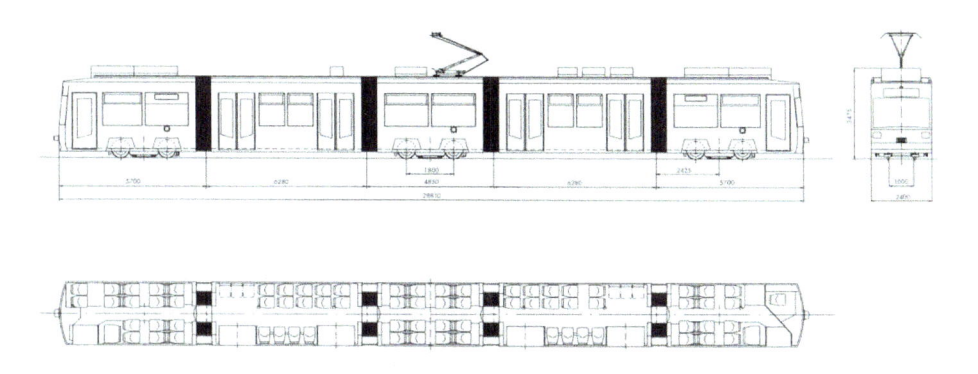

Abb. 5-121: Maße des sechsachsigen Niederflurgelenktriebwagen in Würzburg (Unternehmensbroschüre)

Abb. 5-122: sechsachsiger Niederflurgelenktriebwagen in Würzburg (Unternehmensbroschüre)

Technische Daten der Fahrzeuge sind der Tabelle zu entnehmen:

Tab. 5-4: Technische Daten sechsachsiger Gelenktriebwagen

	Stadtbahn 2000, Hannover	Niederflurgelenktriebwagen, Würzburg
Höchstgeschwindigkeit (km/h)	80	70
Sitzplätze + Klappsitze	46 + 8	76 + 6
Stehplätze	105 (4Pers/m^2)	131 (6,7 Pers/m^2)
Fußbodenhöhe	860 mm	350 mm
Leergewicht	39.050 kg	39.500 kg
Radsatzfolge	Bo'2Bo'	Bo+Bo+Bo
Antriebsleistung	400 (585 Spitze)kW	540 kW
Antriebsausrüstung	Zwei unabhängige Drehstromantriebskreise mit luftgekühlten IGBT-Pulswechselrichtern und je Triebdrehgestell zwei luftgekühlte Asynchronmotoren	Zwei Antriebseinheiten mit je einer wassergekühlten Stromrichtereinheit mit Duo-Puls-Wechselrichter, eine Einspeiseschaltung und sechs Drehstrom-Asynchronmotoren
Laufkreisdurchmess.	730 mm	660 mm
Spurweite	1.435 mm	1.000 mm
Länge des Wagenkastens	25.660 mm	28.810 mm
Wagenbreite	2.650 mm	2.400 mm
Max. Fahrzeughöhe	3.740 mm	3.475 mm

5.2 Entwicklung der Schienenfahrzeuge

1957 wurde von der Waggonfabrik Uerdingen, Werk Düsseldorf das erste achtachsige Straßenbahnfahrzeug ausgeliefert (25,5 m lang, 248 Fahrgäste bei 22 % Sitzplatzanteil). Diesem Achtachser folgten eine Reihe verschiedener Modelle, so als Straßenbahnfahrzeug in Düsseldorf 1958, Köln 1963, Frankfurt 1969, Dortmund 1974, Darmstadt 1982 und Strausberg 1989 und in anderen Orten. Als Stadtbahnfahrzeug erschienen achtachsige Gelenkwagen in Frankfurt 1972, Hannover 1974, Karlsruhe 1989, Bielefeld 1994 und in anderen Städten. Aber auch das achtachsige Gelenkfahrzeug wurde in der Version als Niederflurfahrzeug eingesetzt: In Bremen ab 1993, in Leipzig ab 1994, in Magdeburg ab 1994 und in Karlsruhe ab 1999 sowie in weiteren Orten. Beispielhaft wird das in Magdeburg seit 1994 im Einsatz befindliche Fahrzeug vorgestellt: Der 2,3 m breite normalspurige dreiteilige Einrichtungswagen des Unternehmens Alstom ist 29,3 m lang und besteht aus zwei Endteilen mit je einem Triebdrehgestell (Drehstromtechnik und zwei Asynchronmotoren mit je 95 kW Leistung) sowie einem Mittelteil mit zwei Laufdrehgestellen. Im Fahrzeug mit einem 70 %-Niederfluranteil sind 71 Sitze untergebracht (plus zwei Klappsitze). Wenn 6,7 stehende Personen einen Platz von 1 Quadratmeter beanspruchen, enthält das Fahrzeug 151 Stehplätze. Die Fahrgäste müssen von der Fahrbahn den Wagenfußboden in 30 cm Höhe erreichen.

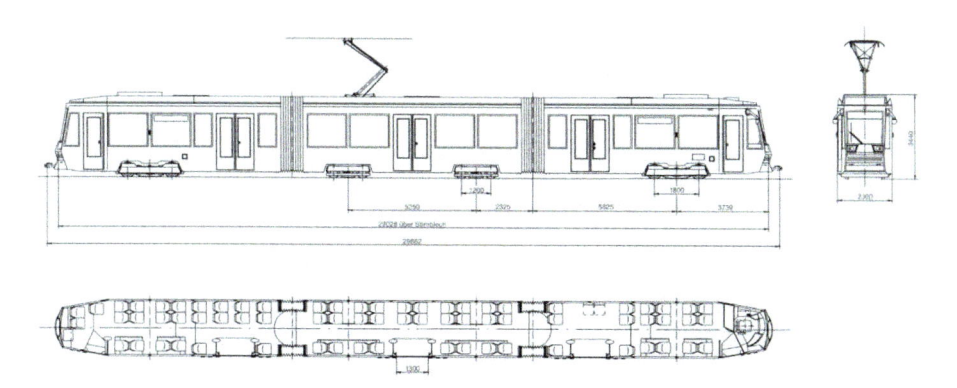

Abb. 5-123: Niederflurgelenktriebwagen Magdeburg (Unternehmensbroschüre)

Straßenbahnwagen gibt es in Deutschland auch in einer fünfteiligen Ausführung mit zwölf Achsen (bei der Rhein-Haardt-Bahn). Dieser Straßenbahngelenktriebwagen für den Einrichtungsbetrieb mit 38,5 m Länge nimmt bis zu 320 Personen auf.

Zur Vergrößerung der Fahrgastkapazität werden Straßenbahnbeiwagen eingesetzt. Auch diese Beiwagen gibt es in unterschiedlichen Versionen. Als Beispiel für einen Beiwagen soll der an die Braunschweiger Verkehrs AG in den Jahren 1981/82 ausgelieferte Beiwagen stehen, welcher als der letzte klassische Straßenbahnbeiwagen gilt. Dieser Beiwagen für den Einrichtungsbetrieb ist 13,5 m lang und 2,2 m breit (Braunschweiger Spurweite 1.100 mm) und weist 35 Sitzplätze auf, welche über drei Türen zu erreichen sind. Der Wagen läuft auf zwei Drehgestellen.

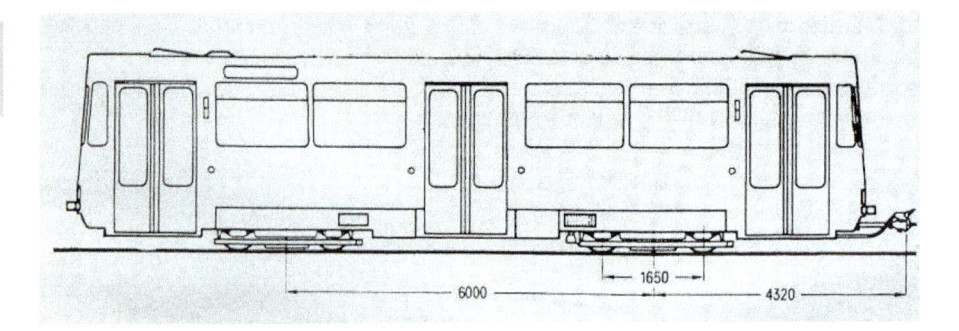

Abb. 5-124: Maße der Beiwagen der Braunschweiger Straßenbahn aus 1981 (Pabst, 1998)

Abb. 5-125: Straßenbahn-Beiwagen in Darmstadt 2006

5.2 Entwicklung der Schienenfahrzeuge

In den 1970er Jahren wurde die Bedeutung leistungsfähigen Schienennahverkehrs deutlich und der Wunsch nach der Einrichtung unabhängiger Stadtschnellbahnen entstand. Da eine vollwertige U-Bahn zu teuer war, entstand der Gedanke einer Bahn zwischen U-Bahn und Straßenbahn: Die Stadtbahn sollte in der Innenstadt unterirdisch geführt werden und in den Randbereichen straßenbahnmäßig. Die Stromabnahme über die Oberleitung auch in den Tunnelstrecken sowie eine Wagenbreite von 2,65 m statt der 2,90 m der U-Bahn machte die Weiterentwicklung der Straßenbahn zur Stadtbahn möglich. Der erste echte Stadtbahnbetrieb wurde 1968 in Frankfurt aufgenommen und zeigte alle Merkmale der Stadtbahn:

– Zweirichtungsbetrieb
– Klapptrittstufen für ebenerdigen Einstieg und Einstieg an erhöhten Bahnsteigen
– Vergrößerte Wagenbreite gegenüber reinem Straßenbahnbetrieb
– Abgetrennte Fahrerkabinen
– Möglichkeit der Zugbildung aus Triebwagen statt Beiwagenbetrieb
– Erhöhte Beschleunigungs- und Verzögerungswerte.

Als Beispiel für einen vierachsigen Stadtbahnwagen steht hier der ab 1985 ausgelieferte Typ DT8 der Stuttgarter Straßenbahn: Das Stadtbahnfahrzeug ist 37,6 m lang, 2,65 m breit und besteht aus zwei kurz gekuppelten baugleichen Einzelwagen, welche über eine Mittelpufferkupplung miteinander verbunden sind. Jeder Wagen besitzt zwei Triebdrehgestelle mit je 222 kW Stundenleistung. Das Fahrzeug nimmt bei 110 Sitzplätzen und 124 Stehplätzen 234 Personen auf. Bei der maximal möglichen Zugbildung aus drei Doppeltriebwagen werden 702 Personen befördert. Die Fußbodenhöhe ist 1.000 mm und wird an Hochbahnsteigen oder ebenerdig über Klapp-Schwenktrittstufen erreicht.

Abb. 5-126: Stadtbahnwagen DT8.10 der Stuttgarter Straßenbahn
(http://www.tram2000.biz/images_stuttgart/C22412-600.jpg)

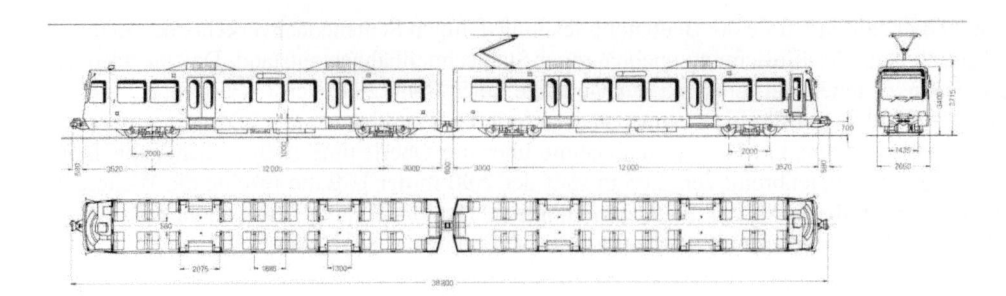

Abb. 5-127: Maße des Stuttgarter Stadtbahnwagens DT8 (Unternehmensbroschüre)

Ende der 1960er Jahre war im Rhein-Ruhr-Raum der Aufbau eines Stadtbahnnetzes geplant. Für den Einsatz war ein einheitlicher Stadtbahnwagen A geplant. Im Raum Köln/Bonn sollte dieser Wagen wegen der Benutzung von Eisenbahntrassen auch nach der EBO zugelassen werden und in Köln sollte dieser Wagen auch die schon für die Straßenbahn gebauten Tunnel benutzen können. Der konzipierte Stadtbahnwagen A scheiterte an dieser Bedingung, sodass ein anderes Fahrzeug, der Stadtbahnwagen B geplant wurde. Von diesem regelspurigen Fahrzeug wurden zwischen 1973 und 1996 rund 470 Exemplare gebaut. Die sechsachsige Einheit ist kurz gekuppelt zu einem Fahrzeug und mit einem Führerstand ausgerüstet oder mit zwei Führerstanden; einige Fahrzeuge wurden um zusätzliche Mittelteile verlängert. Der seit 1973 in Köln im Einsatz befindliche Stadtbahnwagen wurde überarbeitet in den Jahren 1987 bis 1992 ausgeliefert und soll hier als Beispiel für einen sechsachsigen Stadtbahnwagen gelten: Das wegen des überwiegenden Einsatzes in Doppeltraktion mit nur einem Führerstand ausgerüstete Fahrzeug mit der Achsfolge Bo'(2)Bo' ist 2,65 m breit und 26,85 m lang. Die beiden Einheiten werden jeweils von einem Triebfahrwerk mit zwei Einzelantrieben (je 195 kW Stundenleistung) getragen sowie vom unter dem Gelenk verlaufenden antriebslosen Jacobs-Drehgestell. Das Fahrzeug wird durch je vier Fahrgasttüren pro Wagenseite von ebener Erde über Klapptrittstufen oder direkt vom Hochbahnsteig her betreten (Fußbodenhöhe 1.000 mm); es wird von maximal 179 Fahrgästen bei 77 Sitzplätzen ausgegangen.

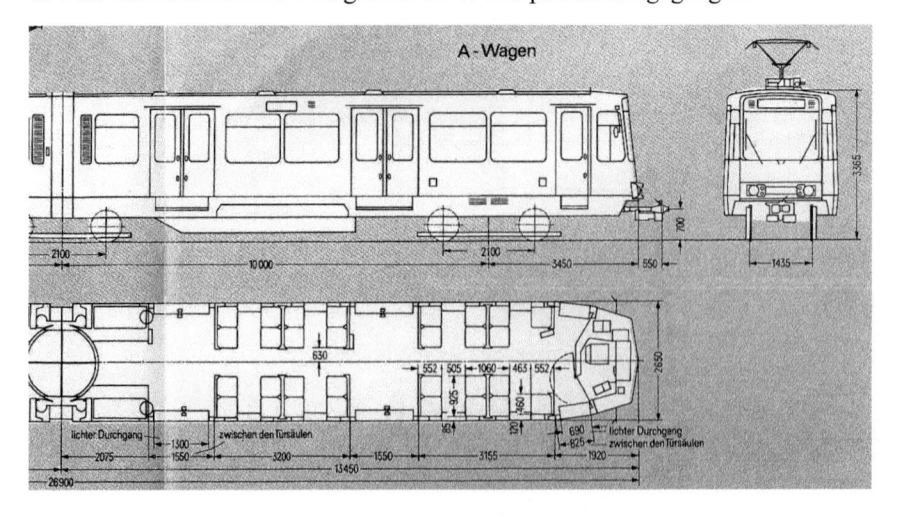

Abb. 5-128: Stadtbahnwagen Köln B80D (80 steht für die Geschwindigkeit, D für Drehstrommotor) (Sonderdruck der Siemens AG „Schnellverkehr Stadtbahnwagen Typ „B")

5.2 Entwicklung der Schienenfahrzeuge

Ein achtachsiger Stadtbahnwagen ist der von 1974 bis 1992 von Linke-Hoffmann-Busch (heute ALSTOM) ausgelieferte normalspurige Stadtbahnwagen für Hannover: Die dreiteilige Einheit für den Zweirichtungsbetrieb mit je einem Führerstand am Wagenende ist 27 m lang und 2,4 m breit, unter den beiden Gelenken befindet sich je ein antriebsloses Jacobs-Drehgestell, die Wagenenden werden von je einem Triebdrehgestell getragen (je Drehgestell 217 kW Stundenleistung). Je Wagenseite befinden sich fünf Türen, durch welche die maximal 150 Fahrgäste den 943 mm hohen Fußboden des Wagens betreten (ebenerdig oder über Klapptrittstufen). Die Wagen fahren maximal als Viererzug.

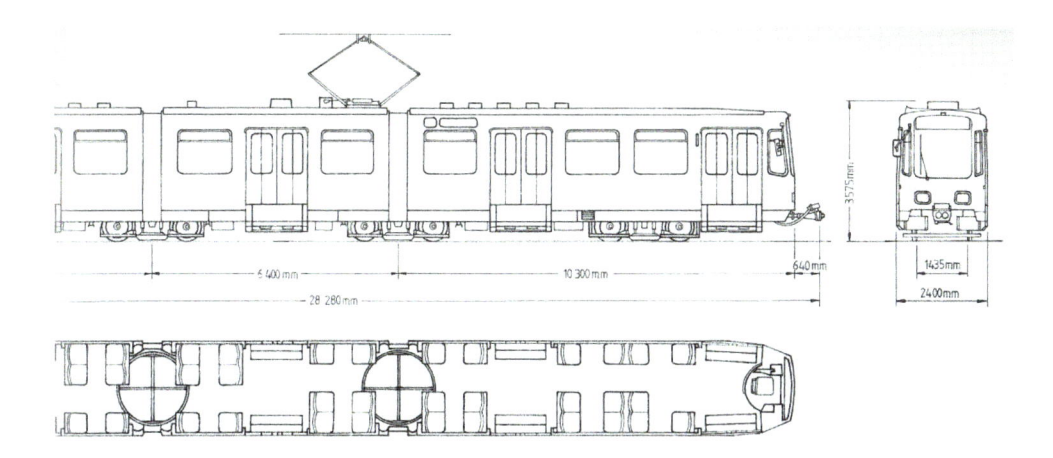

Abb. 5-129: Stadtbahnwagen Hannover (1) (Unternehmensbroschüre)

Abb. 5-130: Stadtbahnwagen Hannover (2) (Unternehmensbroschüre)

Die für die Stadtbahn erforderlichen Tunnelstrecken in den Innenstädten waren zunehmend schwieriger zu finanzieren, sodass Ende der achtziger Jahre die Attraktivität der Straßenbahn durch Verringerung der Fußbodenhöhe und Schaffung von Einstiegen mit wenigen/keinen Stufen erreicht werden sollte:[117] Es konnte dann auf aufwendige Hochbahnsteige bzw. Klapptrittstufen verzichtet werden; der Fahrgastwechsel beschleunigt sich und damit erhöht sich die Reisegeschwindigkeit.

Neben der Vorstellung von Niederflurstraßenbahnen mit in Teilbereichen abgesenktem Fußboden (z. B. Mittelteil mit 350 mm und Endwagen mit 880 mm oder 310 mm hohes Mittelteil und 910 mm hohe Endteile) als Umbauwagen wie in Mülheim/Ruhr (sechsachsig) und Duisburg (zehnachsig) oder als Neubau wie für Freiburg (achtachsig) wurden 1990/1991 Prototypen reiner Niederflurstraßenbahnen vorgestellt. Seit 1991 wurden in Deutschland Fahrzeuge mit einem Niederfluranteil von 10 bis 50 % ausgeliefert, es gibt Fahrzeuge mit einem Niederfluranteil von 60 bis 75 % und es sind Fahrzeuge mit 100 % Niederfluranteil im Einsatz.

Als Beispiel für ein Niederflurfahrzeug mit einem Niederfluranteil von 70 % steht hier ein achtachsiges meterspuriges Fahrzeug in Essen (Hersteller Bombardier). Dieses Zweirichtungsfahrzeug ist 28,0 m lang und 2,3 m breit. Die Fußbodenhöhe von 360 mm nimmt 70 % der Fläche ein (die Fußbodenhöhe im Einstiegsbereich ist 300 mm und über den Triebdrehgestellen 560 mm). Der Fahrgastraum wird durch drei Türen je Seite erreicht. Der dreiteilige Wagen wird angetrieben über Triebdrehgestelle in den Wagenenden mit 4 mal 100 kW, unter dem Mittelteil befinden sich zwei Lauf-Drehgestelle. Das als Solofahrzeug eingesetzte Zweirichtungsfahrzeug ist für 161 Fahrgäste ausgelegt.

Abb. 5-131: Niederflurstraßenbahn Essen (Unternehmensbroschüre)

---

[117] Auch der Gedanke einer Niederflurstraßenbahn war nicht neu: 1914 hatte MAN den ersten deutschen Niederflurstraßenbahnwagen gebaut.

5.2 Entwicklung der Schienenfahrzeuge

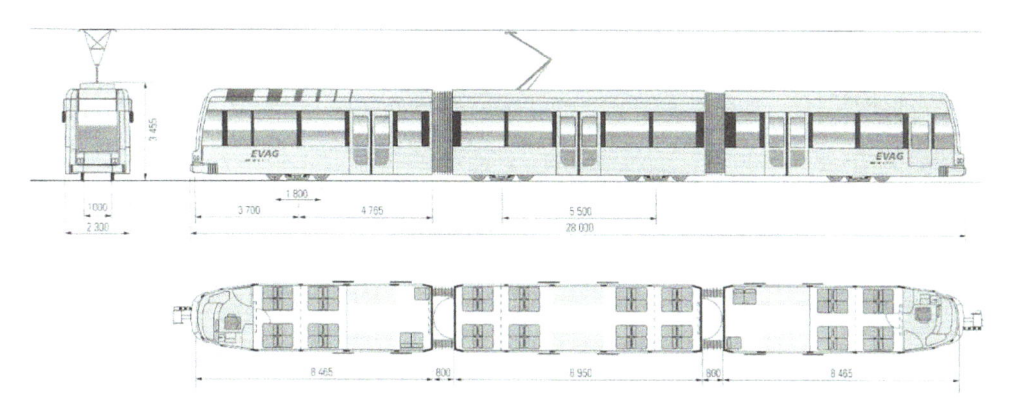

Abb. 5-132: Maße der Niederflurstraßenbahn Essen (Unternehmensbroschüre)

Ein Fahrzeug mit einer Einstiegshöhe von 290 mm und der stufenlos erreichbaren durchgängigen Fußbodenhöhe von 350 mm ist die Variobahn von Adtranz. Dieses Fahrzeug wird in unterschiedlichen Versionen aus der Zusammenstellung von Kopfmodulen, Triebfahrwerkmodulen, Fahrwerksmodulen und Lauffahrwerksmodulen sowie Heckmodulen angeboten. Das als Prototyp 1993 nach Chemnitz ausgelieferte normalspurige Einrichtungs-Fahrzeug von 2,65 m Breite ist 31,8 m lang und besteht aus Kopfmodul (mit Fahrersitz/-Kabine), Modul mit Triebdrehgestell mit vier Radnabenmotoren zu je 40 kW Stundenleistung, Fahrgastmodul, Modul mit Laufdrehgestell, Fahrgastmodul, Modul mit Triebdrehgestell mit vier Radnabenmotoren wie vor und Heckmodul mit Fahrgastsitz. Dieses Fahrzeug mit vier Gelenken nimmt 211 Fahrgäste auf, wobei 89 feste Sitzplätze und 10 Klappsitze vorhanden sind.

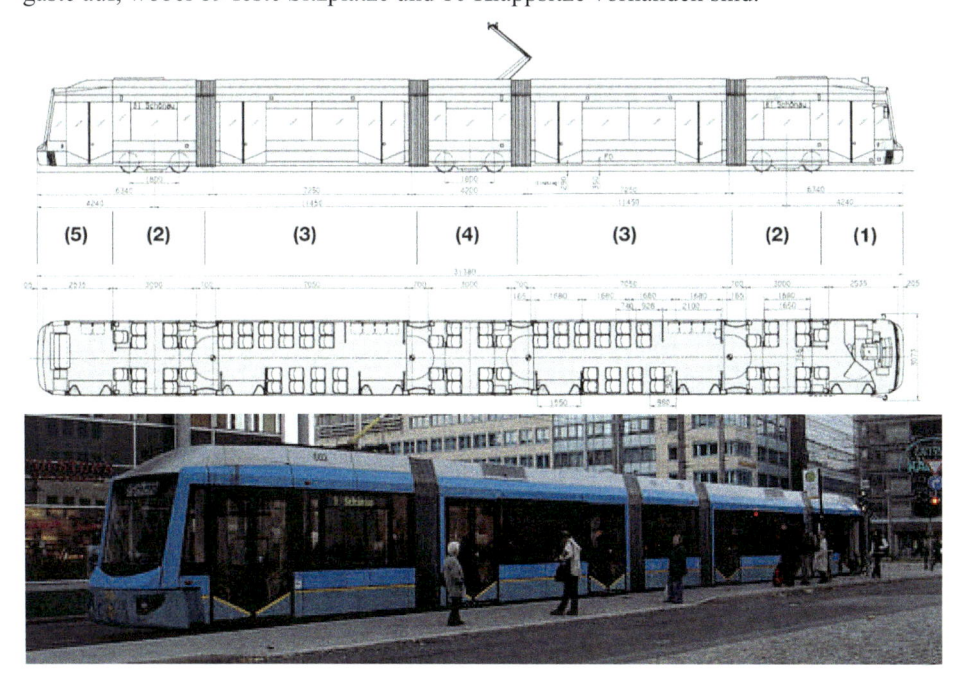

Abb. 5-133: Variobahn Chemnitz (Pabst, 1998)
(Foto: http://farm1.static.flickr.com/24/61391475_cdd44a7c17.jpg)

Ein 100-%-Niederflurfahrzeug ist der fünfteilige Gelenktriebwagen der Fahrzeugfamilie COMBINO – Vorserienfahrzeug von 1996 – für Potsdam: Das 31 m lange und 2,30 m breite Einrichtungsfahrzeug mit zwei Kopfmoduln mit Triebfahrwerken, zwei Mittelmoduln und in der Mitte ein Modul mit Doppelaufwerk ist für 176 Fahrgäste (mit 69 Sitzplätzen) vorgesehen. Das Fahrzeug mit 300 mm Fußbodenhöhe wird über sechs Fahrgasttüren betreten.

Abb. 5-134: COMBINO in Potsdam (http://www.tram2000.de/assets/images/Combino_01.jpg)

Ausgehend von der Potsdamer Lösung existiert der COMBINO durch seine Modularisierung in unterschiedlichen Längen – von 19 m bis 43 m und in unterschiedlichen Wagenbreiten und Spurweiten sowohl als Einrichtungs- wie auch als Zweirichtungsfahrzeug und mit einem zusätzlichen Dieselantrieb auch als DuoCOMBINO. Der COMBINO besitzt keine Drehgestelle: Die Achsen werden von kurzen Waggonsegmenten aufgenommen, die dann über Drehgelenke und Faltenbalg mit achslosen längeren Waggonsegmenten verbunden sind. Durch diese Konstruktion wird ein durchgehendes Niederflurfahrzeug gebaut.

Abb. 5-135:
Innenansicht des ULF in Wien

5.2 Entwicklung der Schienenfahrzeuge

Die radikalste Lösung eines Niederflurfahrzeugs ist beim ULF (Ultra-Low-Floor-Vehicle) der Wiener Stadtwerke erreicht: Der Motor ist senkrecht aufgehängt, das Fahrwerk befindet sich im Gelenkportal. Die Losräder werden über Getriebe und Kardanwellen angetrieben. Mit 180 mm Einstiegshöhe und 207 mm Fußbodenhöhe besitzt dieses Fahrzeug den weltweit niedrigsten Einstieg. Ein Nachteil dieses Fahrzeug ist sein hohes Gewicht.

5.2.4 U-Bahn-Fahrzeuge

Die ersten Vorschläge für eine Untergrundbahn wurden in London in den 1830er Jahren gemacht; 1868 wurde die erste Unterpflasterbahn dort in Betrieb genommen. Die erste U-Bahn Deutschlands erhielt Berlin 1902; 1912 folgte Hamburg. Noch in den 1970er Jahren wurde die Untertunnelung der Innenstädte in den deutschen Ballungskernen als einziges Mittel angesehen, mit Schnelligkeit und Pünktlichkeit dem öffentlichen Massenverkehr die Attraktivität zu erhalten: Bis 1971 hatten nach Berlin und Hamburg weitere deutsche Städte unterirdische Verkehrsmittel erhalten, darunter – U-Bahn mäßig betrachtet – kleine Städte wie Bielefeld (325.000 Einwohner), Bonn (310.000 Einwohner), Düsseldorf (570.000 Einwohner), Nürnberg (490.000 Einwohner) oder Mülheim/Ruhr (176.000 Einwohner). Nur wenige dieser Städte – Berlin, Hamburg, München, Nürnberg – besitzen ein reines U-Bahn-System,[118] welches gekennzeichnet ist durch

– unabhängige Führung der Bahn von anderemVerkehr
– Führung in den Innenstädten überwiegend imTunnel
– Fahren mit Zugsicherungssignalen
– hohe Bahnsteige
– hohe Anfahrbeschleunigungen.

Die Abmessungen der U-Bahn-Fahrzeuge richten sich nach den vorhandenen oder neu zu errichtenden Tunnels.

In Berlin mit 143 km U-Bahn-Streckenlänge (U-Bahn-Betrieb seit 1902) sind 670 U-Bahn-Fahrzeuge mit zwei Breiten im Einsatz: Für die bis 1913 errichteten Strecken werden Fahrzeuge (Siemens) der Breite 2,30 m eingesetzt (Kleinprofil), die danach errichteten Strecken sind für das Großprofil ausgelegt (Fahrzeugbreite 2,65 m), welches von der AEG entwickelt wurde. Kleinprofilfahrzeuge gab es 1996 in neun Versionen, die Großprofil-Fahrzeuge gab es 1996 in 22 Varianten.

> Beide U-Bahn Systeme in Berlin besitzen die Spurweite *1435 mm*. Die Kleinprofil-U-Bahn bezieht ihren Strom aus einer seitlich gelegenen Stromschiene, welche von oben bestrichen wird; die Großprofil-U-Bahn bezieht ihren Strom aus der Fahrschiene und gibt ihn an die seitlich gelegene von unten bestrichene Stromschiene ab.

1979 begann die Entwicklung eines neuen Kleinprofil-Fahrzeugs (Baureihe A3L82), welches ab 1982 ausgeliefert wurde. Die Länge des achtachsigen Doppeltriebwagens mit der Achsfolge B'B' + B'B' ist 25,82 m mit 52 Sitzplätzen und 98 Stehplätzen. Bis zu vier Doppeltriebwagen werden im Zugverband gefahren.

---

[118] Eine einheitliche Bezeichnung und Definition „U-Bahn" besteht nicht. So weisen viele Verkehrsunternehmen mit dem Signet „U" auf ihre unterirdisch verlaufende Straßenbahn/Stadtbahn hin, andere Verkehrsunternehmen sprechen von U-Pflasterbahn oder vom U-Bahn-Vorlaufbetrieb. Allen „U-Bahnen" gemeinsam ist die teilweise unabhängige Führung der Bahn vom Straßenverkehr.

Abb. 5-136: Kleinprofilfahrzeug A3L82 (http://de.academic.ru/pictures/dewiki/85/U-Bahn_Berlin_Zugtyp_A3L92.JPG)

Die Radsatzfolge des ab dem Jahr 2000 in Dienst gestellten vierteiligen Triebzuges der Kleinprofil-U-Bahn mit 64 Sitzplätzen (Baureihe HK) ist (Bo)'(A1)' + (1a)'(Bo)'+(Bo)'(A1) + (1a)'(Bo); die Länge beträgt 51,59 m bei 12,44 m Endwagenlänge und 11,93 m Mittelwagenlänge.

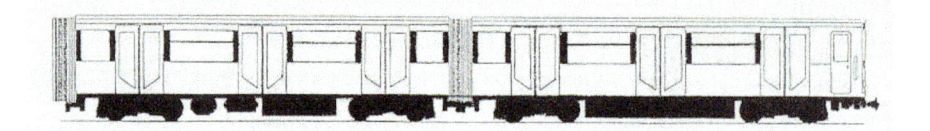

Abb. 5-137: Skizze der Kleinprofil-U-Bahn Baureihe HK in Berlin (Pabst, 1998)

Abb. 5-138:
Kleinprofil-U-Bahn in Berlin
(Vierteiliger Triebzug HK)
http://upload.wikimedia.org/wikipedia/commons/thumb/3/3c/1019_4-Gleisdreieck-17.10.07.jpg)

5.2 Entwicklung der Schienenfahrzeuge

Der Großprofil-Doppeltriebwagen der Serie F 84/F 87 hat die Achsfolge B'B' + B'B'. Bei Spurweite 1.435 mm nehmen die Fahrzeuge (2,64 m breit, 32,1 m lang) 332 stehende Fahrgäste auf (8 Pers/m^2) und er bietet 72 Sitzplätze an. Die Höchstgeschwindigkeit ist 80 km/h; es werden alle Achsen angetrieben (je 180 kW).

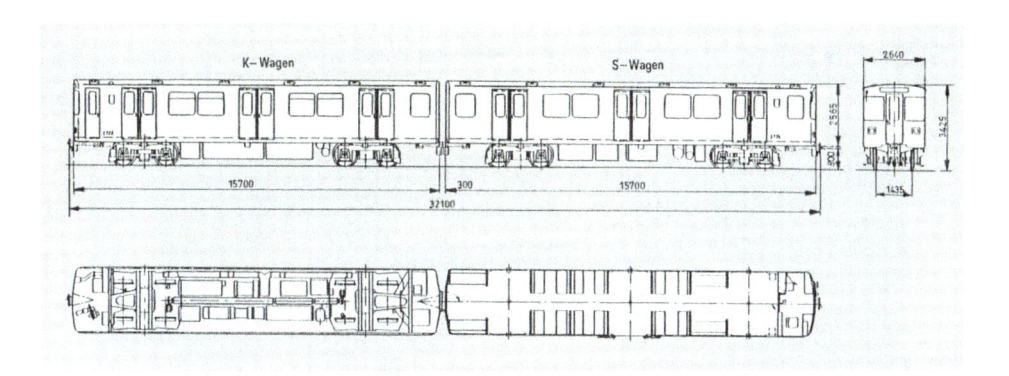

Abb. 5-139: Maße der U-Bahn-Doppeltriebwagen F 84 in Berlin
(http://www.berliner-untergrundbahn.de/wg-f87-1.jpg)

Abb. 5-140: Großprofil U-Bahn-Doppeltriebwagen F 84/F 85 der Berliner Verkehrs-Betriebe
(http://upload.wikimedia.org/wikipedia/commons/thumb/c/c3/Berliner_U-Bahn_nach_Kaulsdorf-Nord_%28Baureihe_F74%29.jpg)

Am 14. Dezember 1996 wurde die neueste U-Bahn-Baureihe in Berlin in Betrieb genommen (Baureihe H). Es handelt sich um einen in voller Länge durchgängig begehbaren sechsteiligen Zug von 99 m Länge – Radsatzfolge Bo'Bo' + Bo'Bo'+ Bo'Bo' + Bo'Bo' + Bo'Bo' + Bo'Bo' – welcher bei 208 Sitzplätzen und 516 Stehplätzen 714 Fahrgäste aufnimmt und 70 km/h fährt.

Abb. 5-141: Sechsteiliger Triebzug H der U-Bahn Berlin (http://www.berliner-verkehr.de/ubbilder/utw5032_1.jpg)

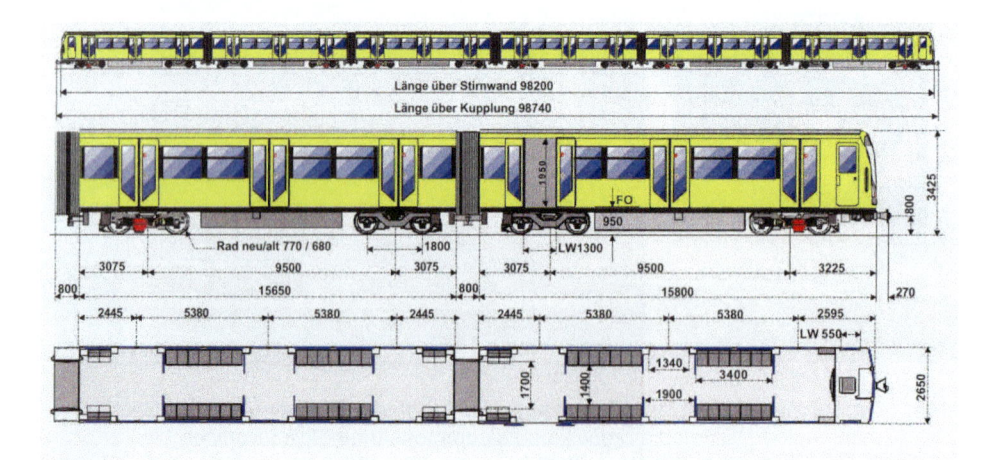

Abb. 5-142: Skizze sechsteiliger Triebzug H der U-Bahn Berlin (Unternehmensbroschüre)

In Hamburg – Betriebsaufnahme 1912 – fahren auf 100 km U-Bahn-Strecke bei 100 km Linienlänge 320 U-Bahn-Fahrzeuge mit 78.061 Plätzen. Der Hamburger Fahrzeugpark umfasst achtachsige Doppeltriebwagen (DT1), sechsachsige Doppeltriebwagen (DT2) und achtachsige Drei-Wagen-Züge (DT3), welche zu jeweils vier bzw. drei Einheiten gekuppelt werden.

5.2 Entwicklung der Schienenfahrzeuge

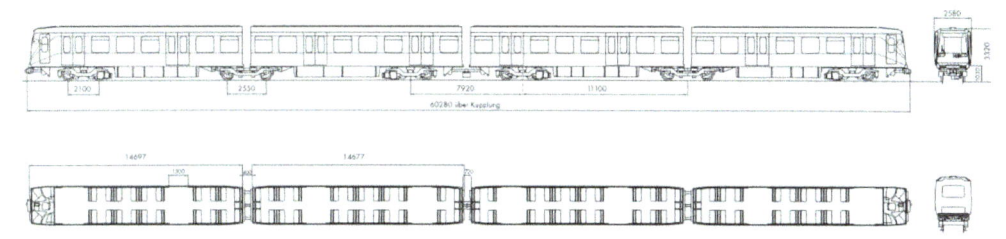

Abb. 5-143: U-Bahn-Fahrzeug DT4 in Hamburg (Unternehmensbroschüre)

Das neueste Hamburger U-Bahn-Fahrzeug ist der seit 1988 ausgelieferte U-Bahn-Zug DT4, bestehend aus zwei Triebwagen am Ende und zwei Mittelwagen mit 182 Sitzplätzen und 372 Stehplätzen (60,2 m lang, 2,6 m breit). Auf jeder Zugseite befinden sich acht Fahrgasttüren. Das Fahrzeug läuft mit 80 km/h auf sechs Drehgestellen (drei Jacobs-Drehgestelle in Zugmitte und je ein Drehgestell unter den Triebwagen), wobei das 1., 3., 4. und 6. Drehgestell je zwei angetriebene Achsen aufweist und das 2. und 5. Drehgestell ein Laufdrehgestell ist.

Auf der Schienenverkehrsmesse „INNOTRANS" in Berlin wurde im Herbst 2010 das Nachfolgemodell DT 5 vorgestellt, ein dreiteiliges Fahrzeug mit offenen Durchgängen:

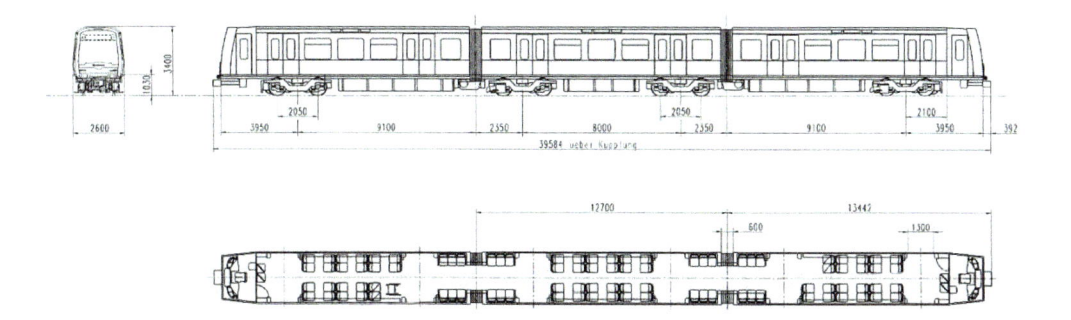

Abb. 5-144: Konfiguration U-Bahn Fahrzeug DT 5 Hamburg (Unternehmensbroschüre)

Abb. 5-145: U-Bahn Fahrzeug DT 5 Hamburg (Unternehmensbroschüre)

Tab. 5-5: Technische Daten und Abmessungen des zukünftigen U-Bahn-Fahrzeugs DT 5 in Hamburg (Unternehmensbroschüre)

Fahrzeuglänge über Kupplung	39.584	mm
Maximale Fahrzeughöhe (über SO)	3.400	mm
Wagenbreite	2.600	mm
Fußbodenhöhe	1.030	mm
Anzahl Fahrgasteinstiege je Seite	6	
Spurweite	1.435	mm
Achsfolge	Bo' 1A' A1' Bo'	
Dienstmasse	ca. 54,2	t
Größte Achslast	100	kN
Sitzplätze (davon Klappsitze)	96	(8)
Stehplätze nach HVV	128	
Mehrzweckbereiche	2	
Höchstgeschwindigkeit	80	km/h
Installierte Motorleistung	6 x 135	kW
Spannung	750	DC
IGBT-Traktions-Pulswechselrichter: max. Ausgangsfrequenz, max. Schaltfrequenz	300, 2500	Hz
Bordnetzversorgung Gleichspannung	24 V DC, 2 x 10 kW	
Bordnetzversorgung Drehstrom festfrequent	400 V AC, 50 Hz, 40 k VA	
Bordnetzversorgung Drehstrom frequenzvariabel	320 V ... 460 V AC, 40 Hz ... 60 Hz	
Kälteleistung Fahrgast-Klimaanlage	3 x 16	kW
Kälteleistung Fahrerraum-Klimaanlage	2 x 3,5	kW
Mechanische Ausrüstung	ALSTOM	
Elektrische Ausrüstung	BOMBARDIER	

5.2 Entwicklung der Schienenfahrzeuge

Abb. 5-146: Innenansicht U-Bahn Fahrzeug DT 5 Hamburg

München mit 93 km U-Bahn-Strecke (Eröffnung der ersten Strecke 1971) besitzt 254 Doppeltriebwagen. Das neueste Fahrzeug in München ist die erstmals im Jahre 2000 ausgelieferte Baureihe C, entwickelt von Siemens Erlangen (elektrische Ausrüstung) und Adtranz Hennigsdorf (wagenbaulicher Teil).

Abb. 5-147: Fahrzeug der Serie „C" der U-Bahn München (Unternehmensbroschüre)

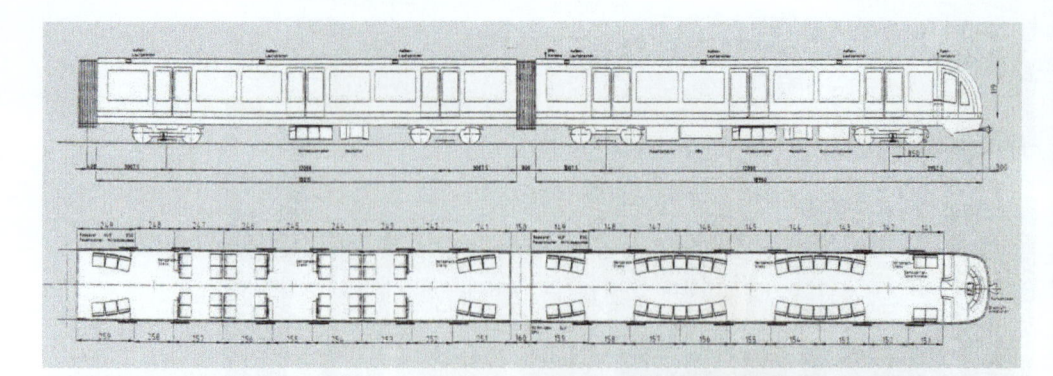

Abb. 5-148: Fahrzeug der Serie „C" der U-Bahn München (Unternehmensbroschüre)

Der sechsteilige durchgängig begehbare Zug, welcher für eine Höchstgeschwindigkeit von 80 km/h ausgelegt ist, besteht aus zwei Kopfwagen und (von einem bis zu) vier Mittelwagen mit der maximal möglichen Achsfolge Bo'Bo' + Bo'Bo'+ Bo'Bo' + Bo'Bo' + Bo'Bo' + Bo'Bo'; die Fahrmotoren leisten 24 mal 100 kW. Die Gesamtlänge des Fahrzeugs ist 115 m; der Zug enthält 252 Sitzplätze in Längs- und Querbestuhlung und 660 Stehplätze (bei vier Personen je Quadratmeter).

Nürnberg besaß am 1.1.2000 30 km U-Bahn-Strecke mit zwei Linien, auf welcher 75 U-Bahn-Doppeltriebwagen der Typen DT1 und DT2 eingesetzt sind; die Betriebsaufnahme erfolgte am 1. März 1972.

Das zweiteilige Fahrzeug DT1 von 36,55 m Länge, welches bis 1984 ausgeliefert wurde, besitzt die Achsfolge B'B' + B'B' und ist mit 98 Fahrgastsitzplätzen ausgerüstet. Auf jeder Seite der zweiteiligen Einheit befinden sich sechs Türen (das Fahrzeug entspricht weitgehend dem Münchner U-Bahn-Typ A).

Abb. 5-149: Nürnberger U-Bahn Fahrzeug DT1
(http://upload.wikimedia.org/wikipedia/commons/thumb/3/36/N%C3%BCrnberg_U
-Bahn_DT1_Train.jpg/800px-N%C3%BCrnberg_U-Bahn_DT1_Train.jpg)

Die DT2 Fahrzeuge wurden 1993/1994 ausgeliefert. Die Achsfolge der zweiteiligen Einheit mit je drei Seitentüren ist Bo'Bo' + Bo'Bo'. Das Fahrzeug mit 37,50 m enthält 82 Fahrgastsitzplätze.

Abb. 5-150: Nürnberger U-Bahn FahrzeugDT2
(http://upload.wikimedia.org/wikipedia/commons/thumb/0/07/N%C3%BCrnberg_U
-Bahn_DT2_Train.jpg/800px-N%C3%BCrnberg_U-Bahn_DT2_Train.jpg)

5.3 Entwicklung der Straßenfahrzeuge

5.3.1 Vorschriften und Richtlinien

1 Kraftomnibusse im Linienverkehr

Anforderungen an Kraftomnibusse enthalten – da es sich um Straßenfahrzeuge handelt – die Straßenverkehrs-Zulassungs-Ordung (StVZO) und spezielle Bussachverhalte sind in der „Verordnung über den Betrieb von Kraftfahrunternehmen im Personenverkehr" (BOKraft) enthalten.[119]

In einigen Paragrafen geht die Straßenverkehrs-Zulassungs-Ordnung speziell auf Kraftomnibusse ein.[120] So schreibt § 29 der StVZO bei Kraftomnibussen alle 12 Monate eine Hauptuntersuchung vor. In § 30d wird der Kraftomnibus definiert:

„*Kraftomnibusse sind Kraftfahrzeuge zur Personenbeförderung mit mehr als acht Sitzplätzen außer dem Fahrersitz.*"

Zu den Abmessungen von Fahrzeugen und Fahrzeugkombinationen heißt es in § 32 StVZO:

„*(1) Bei Kraftfahrzeugen und Anhängern ... darf die höchstzulässige Breite über alles ... folgende Maße nicht überschreiten:*

1. *allgemein ... 2,55 m*
2. *(land- und forstwirtschaftliche Geräte sowie Anbauten für die Straßenunterhaltung) ... 3,00 m*
3. *bei Anhängern hinter Krafträdern ... 1,00 m*
4. *(Thermofahrzeuge) ... 2,60 m*
5. *bei Personenkraftwagen ... 2,20 m*

(2) Bei Kraftfahrzeugen und Anhängern ... darf die höchstzulässige Höhe über alles folgendes Maß nicht überschreiten: ... 4,00 m.

(Scheren- oder Stangenstromabnehmer in gehobener Stellung sind nicht zu berücksichtigen)

(1) Bei Kraftfahrzeugen und Anhängern ... darf die höchstzulässige Länge über alles folgende Maße nicht überschreiten:

1. *Bei Kraftfahrzeugen und Anhängern – ausgenommen Kraftomnibusse und Sattelanhänger – ... 12,00 m*
2. *bei zweiachsigen Kraftomnibussen – einschließlich abnehmbarer Zubehörteile – ... 13,50 m*
3. *bei Kraftomnibussen mit mehr als zwei Achsen – einschließlich abnehmbarer Zubehörteile – 15,00 m*

---

[119] Wenn Kraftomnibusse im Gelegenheitsverkehr oder im Urlaubsreiseverkehr eingesetzt sind, gelten auch abweichende Regelungen.

[120] Die Straßenverkehrs-Zulassung-Ordnung ist aus dem Jahr 1938; die letzte Fassung ist vom 21. April 2009.

> 4. bei Kraftomnibussen, die als Gelenkfahrzeug ausgebildet sind (Kraftfahrzeuge, deren Nutzfläche durch ein Gelenk unterteilt ist, bei denen der angelenkte Teil jedoch kein selbständiges Fahrzeug darstellt) ... 18,75 m
>
> (2) Bei Fahrzeugkombinationen ... darf die höchstzulässige Länge ... folgende Maße nicht überschreiten:
>
> 1. (Sattelkraftfahrzeug bestimmter Art) ... 15,50 m
>
> 2. (Sattelkraftfahrzeug bestimmter Art) ... 16,50 m
>
> 3. bei Zügen (Kraftfahrzeuge mit einem oder zwei Anhängern) ... 18,00 m
>
> 4. (bei Zügen bestimmter Art) ... 18,75 m
>
> (4a) Bei Fahrzeugkombinationen, die aus einem Kraftomnibus und einem Anhänger bestehen, beträgt die höchstzulässige Länge ... 18,75 m
> ..."

§ 32a StVZO enthält Aussagen zu Anhängern:

> „Hinter Kraftfahrzeugen darf nur ein Anhänger, jedoch nicht zur Personenbeförderung (Omnibusanhänger) mitgeführt werden."

Zur zulässigen Zahl von Sitzplätzen und Stehplätzen enthält § 34a bzw. die zugehörige Anlage XIII Vorschriften: Bei der Berechnung der zulässigen Zahl an Plätzen wird von 68 kg als durchschnittliches Personengewicht ausgegangen und es wird mit 544 kg/m² für Stehplatzflächen gerechnet.

Ein besonderes Augenmerk richtet die StVZO auf die Einstiege und Ausstiege. Während im § 35d nur allgemein Einrichtungen für ein sicheres Aufsteigen und Absteigen vorgeschrieben sind, schreiben zugehörige Richtlinien des Bundesverkehrsministers Details vor.[121] Auch § 35e fordert nur allgemein sichere Türen und schreibt während der Fahrt geschlossene Türen vor. Einzelheiten zu den Fahrgasttüren, Gängen und zur Anordnung der Sitze enthält Anlage X der StVZO. So heißt es dort beispielsweise für den Zwischenabstand (in Fahrtrichtung) quergestellter, einander gegenüber angeordneter Sitze:

> „Unbelastete Sitze müssen den nachfolgend angegebenen Maßen entsprechen: ... [Abstand der Rückenlehnen] gemessen in Querrichtung im höchsten Punkt der Sitzpolster>=1300 mm"

Der § 35f StVZO befasst sich mit Notausstiegen in Kraftomnibussen (auch hierzu enthält Anlage X StVZO Einzelheiten):

> „Notausstiege in Kraftomnibussen sind innen und außen am Fahrzeug zu kennzeichnen. Notausstiege und hand- oder fremdkraftbetätigte Betriebstüren müssen sich ... bei stillstehendem oder mit maximal 5 km/h fahrenden Kraftomnibus jederzeit öffnen lassen; ihre Zugänglichkeit ... ist sicherzustellen. Besondere Einrichtungen zum Öffnen der Notausstiege ... müssen ... gekennzeichnet ... sein; an diesen Einrichtungen ... sind ... Bedienungsanweisungen anzubringen."

Die StVZO enthält für Kraftomnibusse weiterhin Vorschriften zu Feuerlöschern, zu Erste-Hilfe-Material, zu Unterlegkeilen und sie schreibt das Mitführen einer „windsicheren Handlampe" vor.

---

[121] Die Richtlinien aus dem Jahr 1993 befassen sich mit Rampen, Hubliften und dem Kneeling – Bus senkt sich an der Einstiegsseite ab.

Die Verordnung über den Betrieb von Kraftfahrtunternehmen im Personenverkehr (BO Kraft) ergänzt die Bestimmungen der StVZO.[122]

„3. Abschnitt

Ausrüstung und Beschaffenheit der Fahrzeuge

1. Titel – Bestimmungen für alle Fahrzeuge

§ 16 Anzuwendende Vorschriften

Für Bau, Ausrüstung und Beschaffenheit der Fahrzeuge gelten neben den aufgrund des Straßenverkehrs erlassenen Verordnungen die Vorschriften dieser Verordnung. ...

§ 17 Zulässige Fahrzeuge

Die der Personenbeförderung dienenden Fahrzeuge müssen mindestens zwei Achsen und vier Räder haben.

§ 18 Ausrüstung

Beim Einsatz der Fahrzeuge ist die Ausrüstung den jeweiligen Straßen- und Witterungsverhältnissen anzupassen. Wenn die Umstände es angezeigt erscheinen lassen, sind Winterreifen, Schneeketten, Spaten und Hacke sowie Abschleppseil oder -stange mitzuführen.

§ 19 Beschaffenheit von Zeichen und Ausrüstungsgegenständen

Zeichen und Ausrüstungsgegenstände an oder im Fahrzeug müssen so beschaffen und angebracht sein, dass niemand gefährdet oder behindert wird.

...

1. Titel – Obusse und Kraftomnibusse

§ 20 Beschriftung

( )   An den Außenseiten der ... Kraftomnibusse sind anzubringen

1. *auf den Längsseiten Name und Betriebssitz des Unternehmers (Wappen, Geschäftszeichen)*

2. *die Bezeichnung der Türen, wenn ...*

– *an diesen Türen nur eingestiegen – oder ausgestiegen werden darf*

– *die Türen nur für bestimmte Fahrgastgruppen vorgesehen sind.*

...

§ 22 Stehplätze

(1) Stehplätze sind nur zulässig, wenn das Fahrzeug im Obusverkehr oder im Linienverkehr mit Kraftomnibussen eingesetzt wird.

..."

Ergänzt werden diese Vorschriften zur Beschilderung durch den § 33, der Kennzeichnung und Beschilderung von Kraftomnibussen im Linienverkehr vorschreibt:

---

[122] Die BOKraft ist von 1960; die letzte Fassung ist vom November 2007.

Abb. 5-151: Busaußenbeschriftung

§ 33 Kennzeichnung und Beschilderung

„(1) Jedes Fahrzeug ist an der Stirnseite mit einem Zielschild und an der rechten Längsseite mit einem Streckenschild zu kennzeichnen (bei Fahrzeugen mit 9 – 35 Fahrgastplätzen genügt Stirnseite). An der Rückseite jedes Fahrzeugs ist die Liniennummer zu führen.

Im Zielschild sind mindestens der Endpunkt der Linie (Zielort, Zielhaltestelle) und die Liniennummer anzugeben. Das Streckenschild soll Liniennummer, Ausgangs- und Endpunkt der Linie sowie wichtige Angaben über den Fahrweg enthalten ..."

§ 34 Sitzplätze für behinderte und andere sitzplatzbedürftige Personen

Der Unternehmer hat Sitzplätze für Schwerbehinderte, in der Gehfähigkeit Beeinträchtigte, ältere oder gebrechliche Personen, werdende Mütter und für Fahrgäste mit kleinen Kindern vorzusehen. Diese Sitzplätze sind durch das Sinnbild ... an gut sichtbarer Stelle kenntlich zu machen.

§ 35 Übersicht über Linienverlauf und Haltestellen

In Fahrzeugen, die im Orts- oder Nachbarortslinienverkehr eingesetzt sind, soll an gut sichtbarer Stelle eine Übersicht über den Linienverlauf und über die Haltestellen angebracht sein."

Der 5. Abschnitt der BOKraft enthält Vorschriften zur Untersuchung der Fahrzeuge. U. a. ist vom Unternehmer nach der Hauptuntersuchung eine Ausfertigung des Untersuchungsberichtes (Prüfbuch) der Genehmigungsbehörde vorzulegen.

Weiterhin gelten auch Richtlinien der Europäischen Union, z. B. die Richtlinie 2001/85/EG („Busrichtlinie"), welche u. a. die Ausrüstung neu zugelassener Stadtbusse mit mindestens einem Rollstuhlstellplatz vorschreibt.

2 Taxen

"Den Vorschriften dieses Gesetzes unterliegt die entgeltliche oder geschäftsmäßige Beförderung von Personen mit Kraftfahrzeugen."(§ 1 Personenbeförderungsgesetz)[123]

"Wer im Sinne des § 1 mit Kraftfahrzeugen im Gelegenheitsverkehr Personen befördert, muss im Besitz einer Genehmigung sein." (§ 2 PBefG)

"Gelegenheitsverkehr ist die Beförderung von Personen, die nicht Linienverkehr ... ist." (§ 46 PBefG)

"Verkehr mit Taxen ist die Beförderung von Personen mit Personenkraftwagen, die der Unternehmer ... bereithält und mit denen er Fahrten zu einem vom Fahrgast bestimmten Ziel ausführt." (§ 47 PBefG)

Wie in allen Gesetzen sind auch hier die technischen Einzelheiten zu den Taxen[124] in nachgeordneten Verordnungen festgehalten. Die für Taxen geltende Verordnung ist die „Verordnung über den Betrieb von Kraftfahrunternehmen im Personenverkehr (BOKraft)".

Abb. 5-151: Kraftdroschken (http://bilder.bild.de/BILD/lifestyle/reise/2009/10/taxi-preise/Taxi-Berlin-12555748__MBQF-1256117267,templateId=renderScaled, property=Bild,width=465.jpg)

---

[123] Das Personenbeförderungsgesetz regelt im wesentlichen die Genehmigungspflicht und das Genehmigungsverfahren des Taxenverkehrs.
[124] Der Verkehr mit Mietwagen wird hier nicht behandelt (§ 49 PBefG „Verkehr mit Mietwagen ist die Beförderung von Personen, mit denen der Unternehmer Fahrten ausführt, deren Zweck, Ziel und Ablauf der Mieter bestimmt und die nicht Taxenverkehr sind....Mit Mietwagen dürfen nur Fahrten durchgeführt werden, die am Betriebssitz des Unternehmers eingegangen sind"). Die Fahrpreise der Taxen ermitteln sich i. A. aus der für die Fahrt benötigten Zeit, während die Fahrpreise der Mietwagen sich nach der zurückgelegten Wegstrecke berechnen.

§ 25 BOKraft enthält Aussagen zu Türen („... müssen mindestens auf der rechten Längsseite zwei Türen haben"), zu Alarmanlagen („muss mit einer Alarmanlage versehen sein, welche vom Fahrerplatz aus betätigt werden kann") und zu einer möglichen Trennwand zwischen Fahrgästen und Fahrer. Wichtig ist die Kenntlichmachung der Taxen (§ 26 BOKraft):

> „(1) Taxen müssen kenntlich gemacht sein
> 1. durch einen hell-elfenbein-farbigen Anstrich ..."[125]
> 2. durch ein auf dem Dach der Taxe quer zur Fahrtrichtung angebrachtes ... Schild [„Taxi"]"[126]

Abb. 5-153: Taxischild

Nach § 27 BOKraft ist bei Taxen die Anbringung der erteilten Ordnungsnummer vorgeschrieben sowie das Anbringen des Namens und der Anschrift des Unternehmers. § 28 BOKraft verlangt einen Fahrpreisanzeiger [Taxameter], § 29 BOKraft verlangt die Möglichkeit zusätzlich zu Fahrgästen auch 50 kg Gepäck befördern zu können.

Die Straßenverkehrs-Zulassungs-Ordnung verlangt bei Personenkraftwagen, welche zur Personenbeförderung nach dem PBefG vorgesehen sind, alle 12 Monate eine Hauptuntersuchung. Ansonsten gelten die für Kraftfahrzeuge zutreffenden Vorschriften.

5.3.2 Busse im Linienverkehr

Die Zahl der Omnibushersteller in (West-)Deutschland war von 1959 bis 1965 von 15 auf sieben gesunken, welche 1965 die 7.297 hergestellten Omnibusse wie folgt produzierten:

•	Daimler-Benz	3.560
•	Magirus-Deutz	1.267
•	Büssing	1.073
•	Kässbohrer	776
•	MAN	497
•	Neoplan	101
•	Hanomag-Tempo	23

---

[125] Von der Farbvorschrift kann mittels Ausnahmegenehmigungen bzw. durch eine Allgemeinverfügung des zuständigen Regierungspräsidenten abgewichen werden.
[126] Die Maße des Schildes gibt die BOKraft auch vor: u. a. zwischen 25 und 52 cm breit, zwischen 9,5 und 12 cm hoch, gelbe Schrift auf schwarzem Hintergrund.

In den 1950er Jahren waren in Deutschland auf vielen Gebieten neue Techniken im Omnibusbau erfolgreich verwirklicht worden, z. B. die Einzelradaufhängung, die Luftfederung, die selbsttragende Bauweise, die weiterentwickelten Motoren, das automatische Getriebe; spezielle Busse für den Öffentlichen Personennahverkehr kamen aber erst Ende der 1950er Jahre auf. Ab den späten 1960er Jahren wurde auch in Bussen die Scheibenbremse eingesetzt. Die Antischlupfregelung, welche ein sicheres Anfahren selbst bei Reibwerten von 0,06, d. h. bei Glatteis ermöglicht, wurde entwickelt und in Bussen eingesetzt. Auch das Antiblockiersystem, welches beim Bremsen ein Blockieren der Räder verhindert, wurde erfolgreich in Bussen installiert.

Bei der Einzelradaufhängung reagiert jedes Rad gesondert auf Fahrbahnunebenheiten: Es federt unabhängig von den anderen Rädern ein und aus. Der Fahrkomfort der Busse ist damit besser als der von Bussen mit Starrachse (und das Achsgewicht ist geringer). Ein weiterer Vorteil ist die Entwicklung eines niedrigeren Fahrzeugfußbodens.[127]

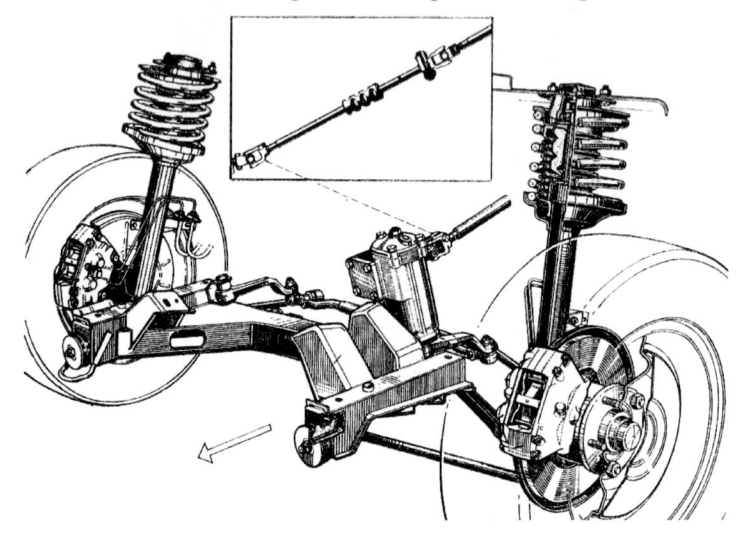

Abb. 5-154: Einzelradaufhängung, ausgebildet als Dreiecksquerlenker (Witt, 1977)

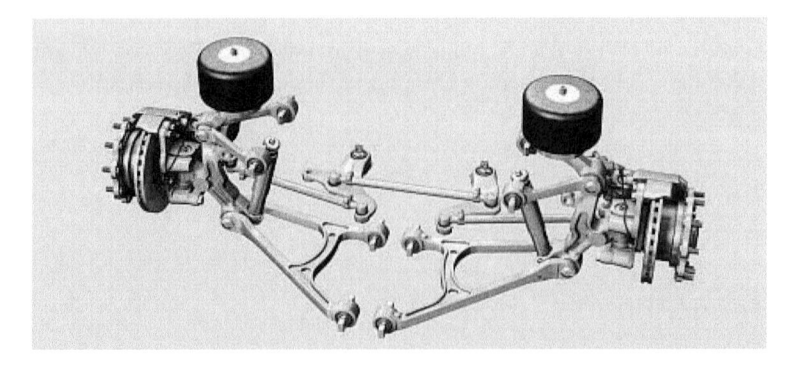

Abb. 5-155: Einzelradaufhängung im Reisebus „Mercedes Benz Travego" von 2009
(http://www.supplierpark.eu/Einzelradaufhaengung-RL75-E-zf.jpg)

---

[127] Den ersten Bus mit niedrigem Fußboden stellte Neoplan (Unternehmen Auwärter) als Niederflurbus 1976 vor.

5.3 Entwicklung der Straßenfahrzeuge

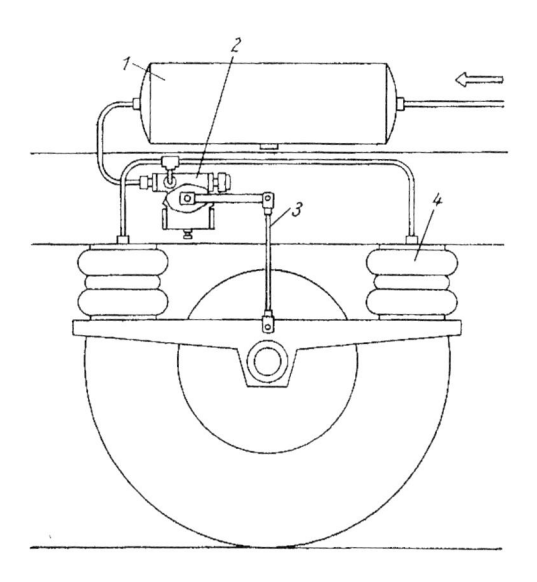

Abb. 5-156: Anordnung der Luftfederelemente 1= Federungsluftbehälter, 2= Niveauregelventil, 3= Verbindungselement, 4 = Federbalg (Witt, 1977)

Bei der Luftfederung wird der Abstand zwischen Fahrgestell[128] und Aufbau gemessen. Damit der Abstand unabhängig vom Beladungszustand immer gleich bleibt, werden die Luftfedern mit unterschiedlichem Druck beaufschlagt. Die herkömmlichen Stahlfedern der Busse werden daher durch luftgefüllte Bälge ersetzt, deren Höhe bzw. Dämpfung durch nachgepumpte Luft geregelt werden kann. Bei der Luftfederung wird somit eine vorwählbare oder automatisch geregelte Vorspannung der Federn mit einem feinfühligen Ansprechen der Federung verbunden. Allerdings regelt die Luftfederung nur vertikale Kräfte; für die Aufnahme horizontaler Kräfte werden andere Federungssysteme verwendet. Die Luftfederung ist komfortabel, aber teuer in der Herstellung, da sie konstruktiv aufwendig ist.

> Als selbsttragende Bauweise verstand man Bodengruppen, welche in Verbindung mit dem Aufbau eine selbsttragende Einheit bildeten; auf Fahrgestelle bzw. die schweren Längsträger der Busse wie bei den Lastkraftwagen konnte verzichtet werden – Räder, Laufwerk und Aggregate wurden in eine selbsttragende Aufbaukonstruktion eingehängt. Es wurden im Omnibusbau verschiedene selbsttragende/mittragende Bauweisen mit unterschiedlicher Gewichtsersparnis – und unterschiedlichem Selbsttrageverständnis – erprobt:[129]
>
> – Bei der Verbund-Bauweise wird ein leichter Rahmen mit breiten Querträgern oder mit den Aufbauspanten verschweißt.

---

[128] Als Fahrgestell, Chassis oder Rahmen werden tragende Teile von Fahrzeugen bezeichnet, bei denen die Karosserie nicht mitträgt.
[129] Pionier des selbsttragenden Omnibusses war der Omnibushersteller Kässbohrer, welcher seinen Bus 1950 vorstellte (und 1953 damit in Serie ging). Auch die Einzelradaufhängung baute Kässbohrer 1951 in den neuen Bus ein.

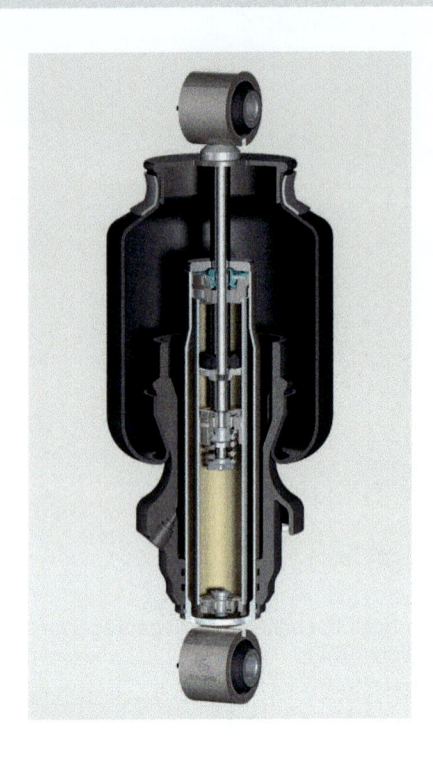

Abb. 5-157: Luftfedermodul (http://www.zf.com/media/media/img_1/corporate/press/ press_kits / bauma2010/bauma2010_11_Sachs-Luftfeder-Modul_zf.jpg)

– Eine größere Gewichtsersparnis ergibt sich bei der Bodenrahmen-Bauweise: Die Höhe zwischen Fahrzeugfußboden und Fahrgestellunterkante wird mit Profilrohren ausgefüllt, welche alle Kräfte aufnehmen können. Die Aufbauten müssen nicht mehr viel tragen und können daher sehr kundenspezifisch ausgeführt werden.
– Bei der Schalenbauweise/Röhren-Bauweise wird die Außenbeplankung als tragendes Element eingesetzt. Es ergibt sich die leichteste der selbsttragenden Bauweisen.
– Bei der Gerippebauweise trägt ein Gerippe die Außenhaut. Wegen der mittragenden Wände haben die Fenster ihren vorberechneten Platz, individuelle Lösungen sind nicht möglich.

Auch im Motorenbau blieb die Entwicklung nicht stehen. Es wurden neben den üblichen wassergekühlten Reihenmotoren luftgekühlte Dieselmotoren eingesetzt und es wurde die Bremswirkung des Motors durch Drosselung des Auspuffs ausgenutzt. Seit Anfang der 1950er Jahre wurden Nutzfahrzeug-Motoren mit Treibstoff sparenden „Abgas-Turbo-Ladern" ausgerüstet – welche wegen der Zusatzkosten erst bei den steigenden Mineralölpreisen weite Verbreitung fanden: Bei herkömmlichen Motoren wird nur ein Drittel der als Kraftstoff eingebrachten Energie in Bewegung umgesetzt. Der Rest wurde an Kühlung und Abgas „verschwendet". Die Idee des Turboladers ist es, die als Temperatur und Kinetik vorliegende Energie zum Antrieb einer Turbine zu nutzen, welche Frischluft ansaugt und in den Verbrennungsraum leitet mit der Folge eines steigenden Füllungsgrades und einer steigenden Motorleistung. Diese über 100 Jahre alte Idee war mit etlichen Problemen behaftet und hat sich aus Energieersparnisgründen erst die letzten Jahrzehnte beim Bus durchgesetzt.

Abb. 5-158: Selbsttragende Bauweise (Kässbohrer-Bus) (Bühler, 2000)

Während bei mechanischer Aufladung ein von der Kurbelwelle angetriebener Lader die zusätzliche Verbrennungsluft in den Zylinder drückt, wird beim Abgasturbolader die

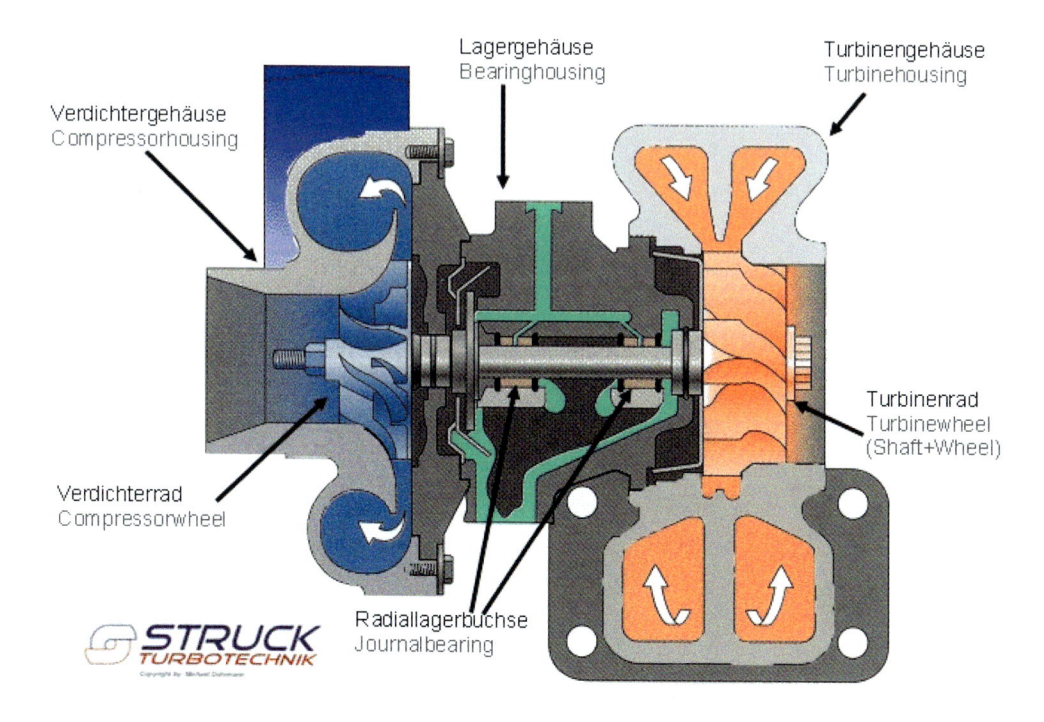

Abb. 5-159: Aufbau und Funktionsweise eines Abgasturboladers
(http://www.struck-turbo.de/images/querschnitt_turbolader_struck_big.gif)

Abgasenergie zum Antrieb des Laders genutzt. Während anfangs die Leistungssteigerung der Motoren im Vordergrund stand, geht es seit den 1970er Jahren beim Einsatz der Abgasturbolader vor allem um die Senkung des Kraftstoffverbrauchs.

Auch verschiedene Verbrennungsverfahren wurden eingesetzt: Das Vorkammer-Verfahren, der Luftspeicher, die Wirbelkammer, die Direkteinspritzung.

Bei den Vorkammer-Dieselmotoren wird der eingespritzte Kraftstoff in die Nähe des Hauptbrennraums geleitet; durch die hohe Einströmgeschwindigkeit erfolgt im Brennraum eine intensive Gemischbildung und eine unmittelbare Verbrennung: Es ergibt sich u. a ein günstiger Drehmomentenverlauf.

Bei den Wirbelkammer-Dieselmotoren ist die Wirbelkammer meist seitlich vom Brennraum angeordnet. Strahlrichtung, Kolbengeschwindigkeit und Überströmgeschwindigkeit bestimmen den Vermischungsgrad von Luft und Kraftstoff und damit den Verbrennungsverlauf. Das Luftspeicherverfahren arbeitet ähnlich; das Verfahren hat aber wie Vorkammerverfahren und Luftspeicherverfahren gegenüber der Direkteinspritzung an Bedeutung verloren.

Bei den neuen Direkteinspritzanlagen wird der Kraftstoff durch mehrere feine Düsen in den Verbrennungsraum eingespritzt und es wird dadurch eine ausreichende Kraftstoffzerstäubung bei gleichmäßiger Luftdurchsetzung erreicht.

Zur Vergrößerung der Fahrzeugkapazitäten wurden in den 1950er Jahren Omnibusse mit Anhängern ausgerüstet. Diese Anhänger erlaubten aber die sich abzeichnende einmännige Besetzung nicht und sie stellten vor allem ein Sicherheitsrisiko dar (seit dem 01.01.1960 war in der Bundesrepublik Deutschland die Personenbeförderung in Anhängern verboten).

Abb. 5-160: Bus mit Anhänger in Köln 1936 (Lindemann, 2002)

Im Zuge von einheitlichen Regelungen in der Europäischen Union und wegen der weiteren Erhöhung ihrer Wirtschaftlichkeit prüfen die Verkehrsunternehmen derzeit wieder den Einsatz

5.3 Entwicklung der Straßenfahrzeuge

Abb. 5-161: Neuzeitlicher Anhängerbetrieb

von Busanhängern zur Personenbeförderung: In den Spitzenzeiten fährt das Motorfahrzeug mit dem Anhänger, in den Schwachlastzeiten wird der Anhänger abgestellt. Mittels Ausnahmegenehmigung wurde der Anhängerbetrieb auch schon umgesetzt; so von der Pinneberger Verkehrsgesellschaft sowie in Reutlingen, in Nagold und in Trier.

Otto Kässbohrer entwickelte zur Erhöhung der Fahrzeugkapazität einen Gelenkzug, welchen er 1952 vorstellte. Aus diesen und ähnlichen Fahrzeugen entwickelte sich der Gelenkbus.

Abb. 5-162: Gelenkzug von Kässbohrer, 17,5 m lang für 170 Fahrgäste, eingesetzt bei den Stadtwerken Dortmund (http://www.omnibusarchiv.de/ Geschichte/ Gelenkomnibusse/GS_031_01.jpg)

Nach dem Zweiten Weltkrieg waren Straßenbahnnetze zerstört; an eine Neueinrichtung von Straßenbahnanlagen war nicht zu denken. Um aber dennoch den ÖPNV in Richtung Straßenbahn zu lenken, wurde ein Mittelweg zwischen Straßenbahn und Kraftomnibus gewählt: Der Obus wurde in den 1950er Jahren stark nachgefragt. Vor dem 2. Weltkrieg bestanden 11 Obuslinien, 1952 wurde schon die 50. Obuslinie in Betrieb genommen. Von 1954 bis 1959 gab es 67 Verkehrsunternehmen mit Obussen in Westdeutschland.

Abb. 5-163: Obus in Aachen 1953 (http://img152.imageshack.us/img152/1585/aa035bl5.jpg)

Es wurden aber besonders bei der steigenden Motorisierung der Innenstädte und bei der zunehmenden Qualität der Kraftomnibusse auch schnell die Grenzen des Obusses deutlich: Der Obus konnte sich schlecht neuen Linienführungen anpassen, während der Kraftomnibus problemlos neuen Linien folgen konnte. Der Obus verschwand wieder. In Gesamtdeutschland sind Ende 2004 nur noch drei Unternehmen vorhanden, welche Linienverkehr auch mit Obussen durchführen: Solingen, Esslingen, Eberswalde.

> *In Eberswalde fahren auf zwei Obuslinien mit 37,2 km Linienlänge 15 Gelenkobusse der Firma MAN Gräf & Stift, in Solingen gibt es fünf Obuslinien von 69 km Länge, auf denen Obusse der Firma MAN Gräf & Stift verkehren und in Esslingen fahren auf einer Gesamt(obus)strecke von 15,2 km zehn Obusse der Firma Van Hool und sieben Duo-Busse von Mercedes-Benz.*

Infolge der ersten Ölkrise in den 1970er Jahren suchte man nach vom Mineralöl unabhängigen Verkehrsmitteln. Mit einem Obus, welcher mittels Batterien (oder wie später auch ausprobiert mittels eines zusätzlichen Dieselmotors) von einer Fahrleitung unabhängig betrieben werden könnte, wäre man einerseits (bei Batterien) vom Öl unabhängig und hätte den umweltfreundlichen elektrischen Betrieb, ohne die teuren Fahrleitungen errichten zu müssen (bzw. den umweltfreundlichen Betrieb an der Fahrleitung und den Flächenbetrieb mit dem Dieselmotor): Das war die Geburtsstunde des Duo-Busses. Der Esslinger SPD-Bundestagsabgeordnete Volker Hauff (Bundesforschungsminister von 1978 bis 1980 und Bundesverkehrsminister von 1980 bis 1982) favorisierte eine Erprobung dieser Technik in der Obusstadt Esslingen. Ab 1975 war ein Bus aus 1969, welcher umgebaut wurde, als Duo-Bus im Einsatz. Neben dem konventionellen fahrleitungsgebundenen Betrieb konnte dieser Bus fahrleitungsfreie Strecken mit Hilfe von Traktionsbatterien befahren. Am Beginn und am Ende von Fahrleitungsstrecken wurde automatisch eingedrahtet und ausgedrahtet.

Abb. 5-164: (MAN-)Obus in Solingen (http://img.fotocommunity.com/Technik-Industrie/Bus-Nahverkehr/O-Bus-Solingen-a17950162.jpg)

Abb. 5-165: Netz-/BatterieDUO-Bus in Esslingen 1975 (http://www.mercedes-benz. de/ content/media_library/hq/hq_mpc_reference_site/bus_ng/busses_world/innovation/hybrid/duo_bus_715_300_jpg.object-Single-MEDIA.tmp/Duo_bus_715x300.jpg)

In Esslingen wurden Ende der 1970er Jahre verschiedene Duo-Busse im Fahrgastbetrieb erprobt. Wegen technischer Probleme waren die Duo-Busse kein dauerhafter Erfolg.

Eine ähnliche Entwicklung ist aber in den letzten Jahren zu verzeichnen: Es werden fahrleitungslose Hybrid-Busse – mit Elektromotor und Dieselmotor – eingesetzt (Version A: Beide Antriebsarten treiben an; Version B: Der Dieselmotor erzeugt Strom, welcher in einer Batterie zwischengespeichert wird. Aus der Batterie wird der antreibende E-Motor gespeist).

Abb. 5-166: Hybridbus des Unternehmens Solaris

Abb. 5-167:
Heck des Hybridbusses des Unternehmens Hess-Vossloh

Eine weitere Idee für die Ausweitung des Einsatzgebietes von Bussen war es, den Bus mit einer Spurführung zu versehen und ihn dann gemeinsam mit den spurgeführten Verkehrsmitteln auf derselben Trasse zu führen (die automatische Spurführung hat einen geringeren Breitenbedarf des Fahrzeuges zur Folge als der handgelenkte Bus). Die ersten spurgeführten Busse wurden auf der Internationalen Verkehrsausstellung 1979 in Hamburg vorgestellt. Es waren Busse mit Spurführungsrollen an den vier Fahrzeugecken, welche eine Fahrbahn nutzten, die von rund 20 cm hohen Spurführungsbalken eingefasst waren. Der Fahrer konnte diese Spurbusstrecke verlassen, handgelenkt weiterfahren und mittels eines Einführungstrichters wieder in die Spurbusstrecke einfädeln.[130]

---

[130] Problematisch ist bei allen (spurgeführten) Bussen der Oberbau: Da die Busse ständig in derselben Spur fahren, bilden sich Spurrillen aus. Das verlangt nach dauernder Reparatur der Rillen bzw. dem Einbau hochwertiger (und teurer) Straßenbeläge.

5.3 Entwicklung der Straßenfahrzeuge

Abb. 5-168: Bus mit Spurführungsrollen (http://www.pro-bahn-bw.de/rv_rhein_neckar/FotoRN54-4.jpg)

In Essen wurde zunächst eine rund 1,5 km lange Spurbusstrecke planmäßig befahren, weitere Abschnitte kamen hinzu, u. a. eine 3,5 km lange ehemalige Straßenbahnstrecke im Mittelstreifen der Bundesstraße 1. Ab 1988 verkehrten die Busse in Essen auch als Spurbusse im Stadtbahntunnel (elektrisch); dieser Betrieb wurde 1995 wieder eingestellt. Es gibt aber in Essen Bestrebungen, den Spurbusbetrieb beizubehalten: Die Spurbusse sollen durch aufgerüstete herkömmliche Busse ersetzt werden. Eine weitere kurze Spurbusstrecke zur Umfahrung eines stauträchtigen Abschnittes gab es in Mannheim. Eine 12 km lange Spurbusstrecke nach Essener Vorbild gibt es in Adelaide, Australien.

Neben der mechanischen Spurführung (Spurführungsrollen zwischen Leitschienen) wurde auch eine elektronische Spurführung erprobt: Eine in die Straße eingelassene Stromleitung gibt elektrische Impulse an den Bus ab und sorgt so für die Spurhaltung. Das Unternehmen MAN erprobte diese Spurführung 1984/1985 in Fürth.

In Frankreich sind Busse im Einsatz, welche mittels eines Bildverarbeitungssystems entlang einer Farbmarkierung auf der Straße fahren.

In den 1960er Jahren hatte sich die Luftfederung durchgesetzt, die Direkteinspritzung beim Dieselmotor war Allgemeingut geworden und die selbsttragende Bauweise fand allgemeine Anwendung. Die Bushersteller waren bestrebt, eine Typenvielfalt anzubieten und dennoch kostengünstig zu produzieren: 1959 führte Kässbohrer das Baukastenprinzip in seine Fertigung ein. In der Mitte der 1960er Jahre begann auch der Einsatz erster Busse, welche als reine Stadtverkehrsbusse entwickelt wurden (die Hamburger Hochbahn hatte schon 1958 einen Katalog mit Forderungen an einen Stadtbus aufgestellt). Es blieb in Deutschland aber bei der Vielfalt der (Linien-)Busse. 1966 schließlich begann durch Hamburger Initiative die Standardisierung des Stadtomnibusses (Gründung des Arbeitskreises „Standard-Linienbus" des Verbandes Öffentlicher Verkehrsunternehmen). Als Prototypen wurden die ersten standardisierten (Stadt-)Linienomnibusse 1967 auf der Internationalen Automobilausstellung präsentiert.

Ausgehend vom Standard-Linienbus wurde auch ein Standard-Überland-Linienbus entwickelt – 1970/1971 von der Industrie vorgestellt. Der Stadtbus hat viele Stehplätze – für die geringen Transportweiten ist der Komfortverlust zumutbar; in einem 12-m-Bus wird mit etwa 70 Stehplätzen gerechnet bei 20 bis 40 Sitzplätzen. Der Standardüberlandlinienbus ist demgegenüber weitgehend voll bestuhlt.[131]

Ab 1976 wurde von den Fahrzeugwerkstätten Falkenried, einer Tochter der Hamburger Hochbahn, der seit 1968 eingesetzte VÖV-Bus weiterentwickelt zum VÖV-Bus II: Mit kleineren Rädern versehen entstand der S 80 (späterer Name SL 80) mit niedrigem Fußboden (540 mm über Straßenoberfläche) und für den Überlandverkehr der Ü 80 (962 mm ü Str). An diesen Bussen wurden besonders in Hamburg verschiedene Buskomponenten erprobt, z. B. Absenkvorrichtung, elektronische Fahrgastinformationssysteme, automatisches Betankungssystem. Die in Hamburg eingesetzten Fahrzeuge hatten 200 PS, fuhren bis zu 80 km/h und verfügten über 45 Sitzplätze und 58 Stehplätze bei 11,36 m Länge.

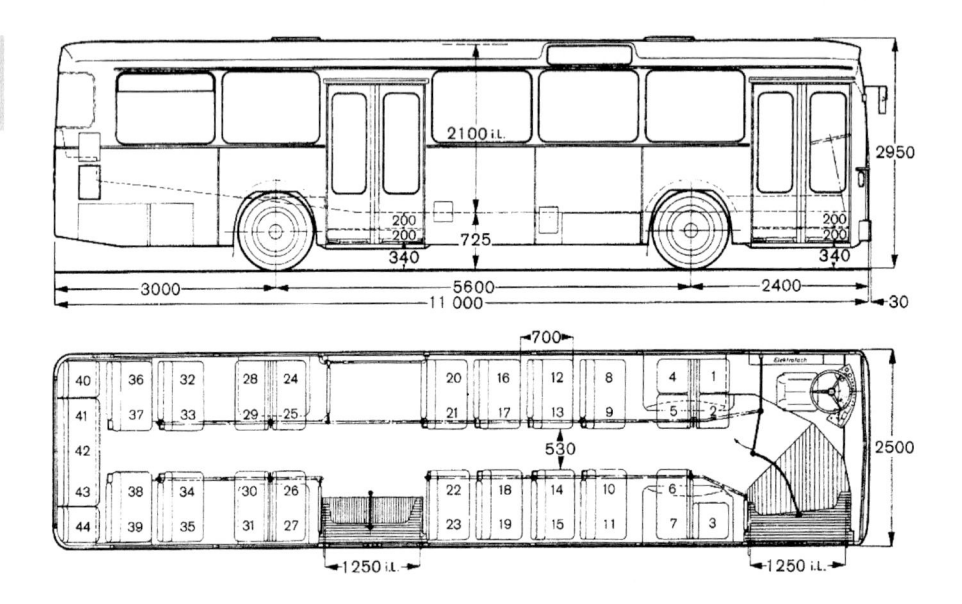

Abb. 5-169: Standardlinienbus des Verbandes Öffentlicher Verkehrsunternehmen (VÖV Hrsg, 1979)

Eine weitere Neuerung für die Linienbusse war die Entwicklung eines Schubgelenkbusses durch die Fahrzeugwerkstätten Falkenried in Hamburg: Der Motor war im Nachläufer untergebracht und trieb die dritte Achse an, um einen durchgehend niedrigen Wagenfußboden zu erhalten. Gegen die Gefahr des Ausknickens des Gelenkes wurde das Verbindungsgelenk mittels Mikroprozessoren gesteuert und richtete den vorderen Teil des Fahrzeugs entsprechend der Schubkräfte aus.

---

[131] Der Standardlinienbus ist für den Stadt- und Vorortverkehr konzipiert und weist auch Stehplätze auf; der Standard-Überlandlinienbus für den Mittel- und Langstreckenverkehr ist nicht mit Stehplätzen ausgestattet (im Fahrzeuggang können stehende Fahrgäste aber untergebracht werden).

5.3 Entwicklung der Straßenfahrzeuge

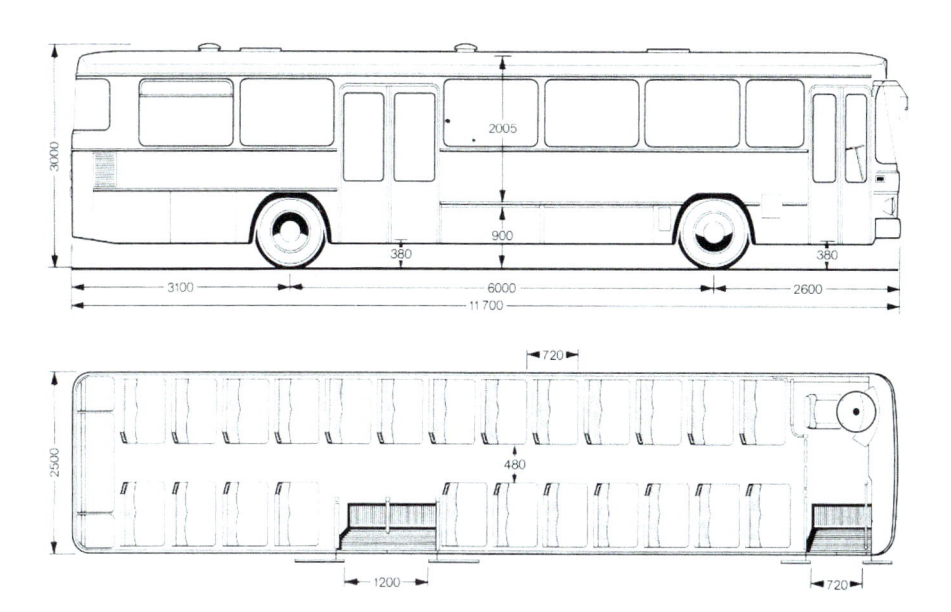

Abb. 5-170: Standard-Überlandlinienbus des Verbandes Öffentlicher Verkehrsunternehmen – Stülb (VÖV Hrsg, 1979)

Abb. 5-171: Standardüberlandlinienbus (Stülb) (http://de.academic.ru/pictures/dewiki/109/mercedes-benz_o_307_in_weinheim_100_3584.jpg)

Abb. 5-172: VÖV-Gelenkbus II (http://de.academic.ru/pictures/dewiki/109/man_bus_2_sst.jpg)

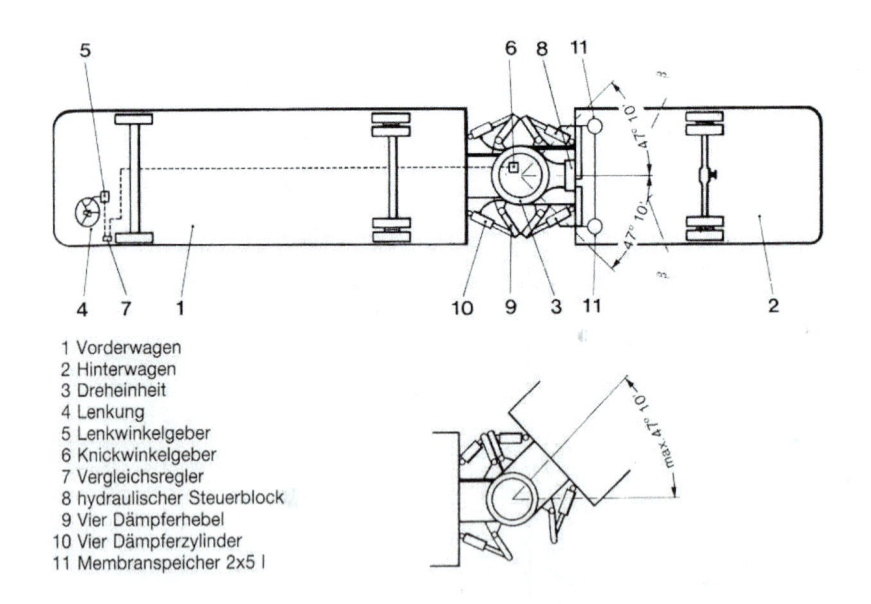

1 Vorderwagen
2 Hinterwagen
3 Dreheinheit
4 Lenkung
5 Lenkwinkelgeber
6 Knickwinkelgeber
7 Vergleichsregler
8 hydraulischer Steuerblock
9 Vier Dämpferhebel
10 Vier Dämpferzylinder
11 Membranspeicher 2x5 l

Abb. 5-173: Wirkungsweise des Gelenkes beim Schubgelenkbus (Unternehmensbroschüre)

1977 stellte NEOPLAN den ersten Niederflurbus vor mit der Einstiegshöhe 300 mm und sorgte damit bei den Busherstellern und den konservativen Verkehrsunternehmen und ihren Lobbyisten für erhebliche Unruhe. Es dauerte etwa 10 Jahre, bis der Niederflurbus Allgemeingut wurde. Inzwischen hat sich der Niederflurbus mit einer Fußbodenhöhe von 320 mm weltweit durchgesetzt (auch als Gelenkbus mit durchgehend niedrigem Fußboden). Sein Vorteil ist der niedrige Einstieg für die immer älter werdende Bevölkerung, ohne störende Hochbahnsteige in die Straßen einbauen zu müssen.[132]

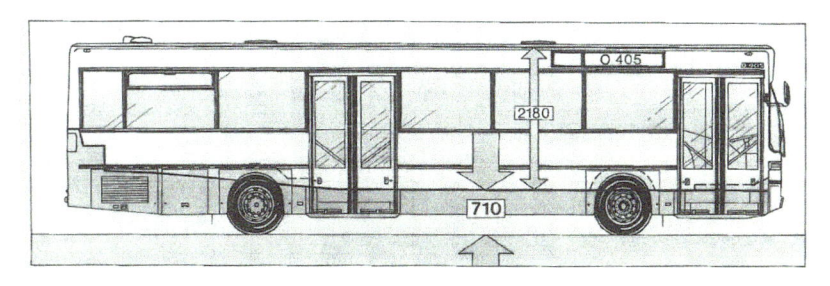

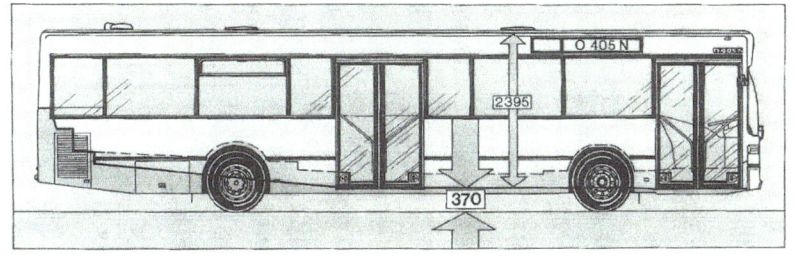

Abb. 5-174: Größenvergleich zwischen Standard-Linienomnibus und Niederfluromnibus (Bühler, 2000)

Abb. 5-175: Niederflurbus von NEOPLAN 1977
(http://de.academic.ru/pictures/dewiki/78/Neoplan_erster_niederflurbus.jpg)

---

[132] Die Stehhöhe bei den Niederflurbussen ist um über 20 cm größer als in den vorher gebauten Standardbussen und die Einstiegshöhe ist um 35 cm niedriger.

1988 präsentierte das Unternehmen NEOPLAN den ersten Vollkunststoff-Omnibus der Welt, den „Metroliner in Carbon-Design" (MIC): Die Omnibuszelle ist vollständig aus Faserverbundstoffen (ohne Metall) aufgebaut. Dieser 10,4 m lange Bus mit 35 Sitzplätzen mit durchgehendem Fußboden ist leichter als herkömmliche Busse und benötigt daher weniger Energie bzw. kommt mit kleineren Motoren aus.

Abb. 5-176: Metrolinerflotte in Uppsala (http://upload.wikimedia.org/wikipedia/commons/thumb/a/a1/Neoplan_MIC_N_8008_Uppsala.JPG/800px-Neoplan_MIC_N_8008_Uppsala.JPG)

Es gibt viele weitere auch früher schon erprobte Techniken, welche in Bussen eingesetzt werden und zur Serienreife gebracht werden (sollen), z. B. die Idee des Schwungradantriebes bzw. Gyro-Busses – 1950 schon ohne dauerhaften Erfolg in der Schweiz erprobt oder den Radnabenmotor oder den Methanol-Motor wie auch den mittlerweile etablierten Erdgasmotor.

Hauptvorteil des Radnabenmotors ist der Wegfall des klassischen Antriebsstranges mit Getriebe, Differenzial und Antriebswellen sowie eine Steigerung der Effizienz durch den Wegfall der verschiedenen Übersetzungen und damit der Reibungsverluste. Nachteilig wirkt sich dabei der Anstieg der ungefederten Massen aus, wodurch das Fahrwerk weniger komfortabel wird.

5.3 Entwicklung der Straßenfahrzeuge

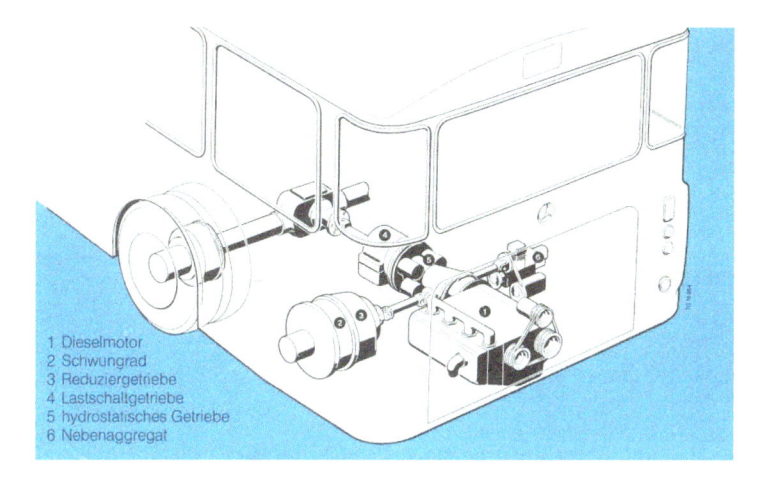

1 Dieselmotor 3 Reduziergetriebe 5 hydrostat. Getriebe
2 Schwungrad 4 Lastschaltgetriebe 6 Nebenaggregat

Abb. 5-177: Gyro-Antrieb von Mercedes-Benz in einem Stadtbus O305 (Unternehmensbroschüre)

Abb. 5-178: Radnabenmotor (http://www.konrad-auwaerter.de/auwaerter_2010/ begegnungshalle_ landau_2010/ausstellungsstuecke/radnabenmotor-magnetspeicher_001/radnabenmotor.jpg)

Der Radnabenmotor war grundsätzlich schon 1899 von Ferdinand Porsche in Wien (mit-) erfunden worden und auf der Weltausstellung in Paris 1900 als Lohner-Porsche-Elektrowagen präsentiert worden: Porsche hatte einen Elektromotor direkt in die Räder integriert, das Getriebe entfiel. Ein Benzinmotor an Bord des Kraftfahrzeugs lud Batterien, welche die Elektromotoren versorgten. Zeitweise konnte der Motor abgestellt werden: Das Auto fuhr geräuschlos und geruchlos. Damit war 1900 das erste Ökoauto der Welt (Hybrid-Antrieb) entstanden.

Abb. 5-179: Lohner-Porsche

Abb. 5-180: Erdgasbus (http://www.cossart.de/images/erdgasbus.jpg)

5.3 Entwicklung der Straßenfahrzeuge

Erdgasmotoren arbeiten mit dem CNG (Compressed Natural Gas) wie herkömmliche Otto-Motoren: Statt des Benzin-Ölgemischs wird ein Erdgas-Luftgemisch verdichtet, gezündet und verbrannt. Die Energiedichte ist um 20 bis 25 % geringer als beim Diesel, die Gasflaschen führen zu zusätzlichem Gewicht und der Bus ist teurer als der Dieselbus: Der Erfolg der Erdgasbusse wird mit der Entwicklung der Mineralölpreise korrespondieren.

Die Industrie verspricht sich mehr vom Brennstoffzellenbus bzw. Wasserstoffmotor.

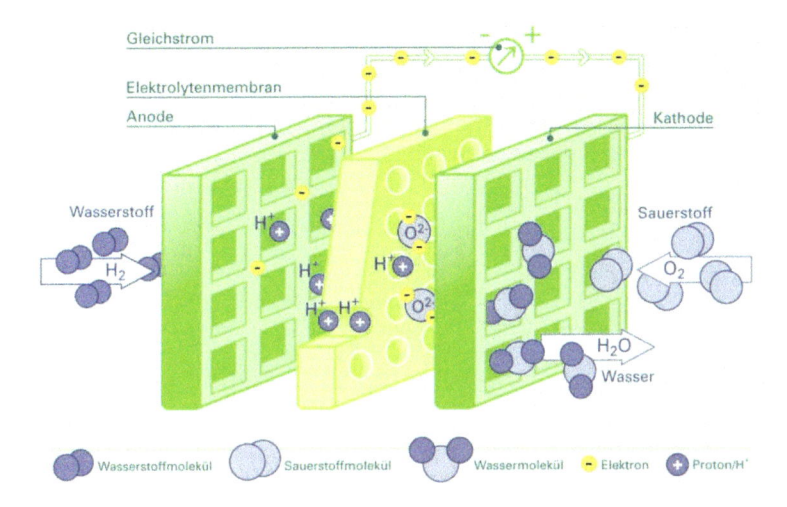

Abb. 5-181: Prinzip des Wasserstoffmotors (Broschüre Deutsche BP AG)

In der Brennstoffzelle wird aus Wasserstoff und Sauerstoff elektrische Energie erzeugt. Der Wasserstoff wird in Druckbehältern mitgeführt, der Sauerstoff wird der Umgebungsluft entnommen. Die erzeugte Energie wird i.a. einem Elektromotor zugeführt. Das Prinzip der Brennstoffzelle geht auf Sir William Grove und das Jahr 1839 zurück: Über eine Bipolarplatte wird einer Seite der Zelle Wasserstoff zugeführt, an der Anode

Abb. 5-182: Wasserstoffbus im Fahrgastbetrieb

wird er oxidiert und gibt dabei Elektronen ab. Auf der anderen Seite, der Kathode, wird über die Bipolarplatte Sauerstoff zugeführt und reduziert (enthält Elektronen). Im Zwischenraum der beiden Bipolarplatten befindet sich eine Elektrolyt-Membrane als Protonenleiter, welche die Protonen von der Wasserstoffseite auf die Sauerstoffseite führt, die Elektronen aber vom Durchwandern abhält. Die Protonen wandern zur Kathode und verbinden sich dort mit dem Sauerstoff zu Wasser; die Elektronen wandern von außen zur Kathode und erzeugen dabei Strom.

Durch das Erstarken der Niederflurbusse, welcher jeder Hersteller für sich entwickelte, gingen die Verkaufszahlen der Standardbusse zurück: Die Vielfalt der Busse nahm und nimmt wieder zu. Da die Niederflurbusse teuer sind, sind verstärkt auch neu entwickelte *Low-Entry-Busse* im Einsatz, bei denen der Vorderwagen in Niederflurtechnik ausgebildet ist, während der Hinterwagen bei i.a. niedrigem Einstieg über Stufen zu erreichen ist.

Abb. 5-183: Low-Entry-Bus

Busse für den Öffentlichen Personennahverkehr werden speziell im Stadtverkehr eingesetzt (mehr Stehplätze als die Busse des Regionalverkehrs) oder als Überlandbusse. Die Palette der Busse kann wie folgt beschrieben werden:

– nach Bodenhöhe

Name	Höhe Fahrzeugfußboden
Hochflurbus	Eine/zwei Stufen bis zum Fahrzeugfußboden
70 % Niederflurbus	320/340 mm, Stufe(n) im Bus
100 % Niederflurbus	320/340 mm durchgehend
Tiefeinstiegbus (Low-Entry-Bus) (= x % Niederflurbus)	320 /340 mm Einstieg, im Bus Stufe(n)

5.3 Entwicklung der Straßenfahrzeuge

– nach Länge

Name	Länge	Platzzahl[133]	Einsatzgebiet
Kleinbus	bis 12 m möglich	8 Fahrgäste, ein Fahrer (gilt als Pkw)	Ehrenamtlich gefahrene Busse (Bürgerbus), Behindertentransporte, Schulbusverkehr
Minibus (wie Kleinbus, aber Berufskraftfahrer erforderlich)	bis 12 m möglich	12 – 20 Fahrgastplätze, Kinderwagenstellplatz, Gepäcktransport	Quartiersbusse, Anrufbusse, Schulbusverkehr
Midibus (i.a. ein um 2-4 m kürzerer Bus als der Standardlinienbus)	bis 12 m	bei 8 m Länge bis zu 20 Sitzplätzen u. 15 Stehplätzen, bei 10 m bis zu 30 Sitzplätzen und 25 Stehplätzen	Stadtbusse, Quartiersbusse
Zweiachs. Solobus	11 m – 13 m	30 – 36 Sitzplätze, 55-74 Stehplätze	Stadtverkehr
Dreiachs. Solobus	13 m – 15 m	40 – 55 Sitzplätze, bis 80 Stehplätze	Stadtverkehr, Überlandverkehr
Gelenkbus	17 m – 19,54 m	40 – 50 Sitzplätze, 110 – 120 Stehplätze	Stadtverkehr
Doppeldecker	wie Solobus	Bis 130 Plätze, davon ca. 1/3 Stehplätze	Stadtverkehr

Kleinbus (hier am Beispiel „Sprinter" von Mercedes-Benz)

Abb. 5-184: Kleinbus „Sprinter" ab 1995 (http://static.mobile.eu/imagegallery/mercedes-benz/sprinter/mer_spr_02_kb_lang_1.jpg)

---

[133] Die Verkehrsunternehmen rechnen mit 4 stehenden Fahrgästen je Quadratmeter

Der seit 1995 hergestellte „Sprinter" erhielt im Jahr 2006 einen Nachfolger, den Sprinter W906. Durch unterschiedliche Merkmale – verschiedene Gewichte, drei Dachhöhen, vier Längen, drei Radstände, zwei Getriebe, verschiedene Motoren von 3,5 Liter Ottomotor und 2,2 Liter bis 3,0 Liter Dieselmotor von 65 – 135 kW (= 88 – 184 PS) – gibt es den neuen Sprinter in rund 1.000 Grundmodellen.

Abb. 5-185: Kleinbus „Sprinter" im Jahr 2006
(http://www.theautochannel.com/news/2006/01/30/208874.1-lg.jpg)

Minibus

Als Minibus wird hier ein Kleinbus bezeichnet, welcher wegen mehr als 8 Fahrgastplätzen von einem Fahrer mit einem Personenbeförderungsschein gefahren wird. Als Beispiel für den Minibus steht der „Sprinter" in der Version ab 1995, hier mit 16 Fahrgastplätzen (Sprinter 416 CDI, langer Radstand) und 115 kW (= 155 PS).

Abb. 5-186: Minibus „Sprinter" (http://www.mercedes-benz.de/content/media_library/hq/ hq_mpc_reference_site/bus_ng/busses_world/whats_new/more_news_2009/rda_ sprinter_715x270_jpg.object-Single-MEDIA.tmp/rda_sprinter_715x270.jpg)

5.3 Entwicklung der Straßenfahrzeuge

Abb. 5-187: Innenansicht Minibus „Sprinter"
(http://img.alibaba.com/photo/109409603/Sprinter_Minibus.jpg)

Midibus

Der Midibus ist ein um zwei bis vier Meter gekürzter Standardlinienbus. Als Beispiel steht hier der von 1999 bis 2003 produzierte Bus von Mercedes-Benz „Cito", welcher durch einen extrem kurzen Überhang gekennzeichnet ist und wegen der geringen Breite von 2,35 m eine

Abb. 5-188: Midibus Cito (http://upload.wikimedia.org/wikipedia/commons/f/fa/Mercedes-Benz_Cito_Mannheim_100_4904.)

große Wendigkeit aufweist. Er bietet in der Version mit 8,1 m 12 Sitzplätze, bei 8,9 m 16 Sitzplätze und in der Version 9,6 m 20 Sitzplätze. Betrieben wird der Cito von einem 4,2-Liter-Verbrennungsmotor, welcher 125 kW leistet bzw. in der dieselelektrischen Version mit einem 125-kW-Dieselmotor und einem 85-kW-Asynchronmotor.

In Deutschland gibt es Anfang des neuen Jahrtausends vier Bushersteller, welche unter zwei Bezeichnungen firmieren: Die Gruppe EvoBus mit den Marken SETRA und Mercedes-Benz und den deutschen Produktionsstandorten Mannheim und Ulm/Neu-Ulm innerhalb des Daimler-Chrysler Konzerns (und Fertigungsstätten im Ausland) und die Gruppe Neoman mit den Reisebussen von Neoplan und den Linienbussen der MAN innerhalb des MAN Konzerns (mit der deutschen Fertigungsstätte für Linienbusse in Salzgitter und den anderen Fertigungsstätten der Linienbusse in Poznan und Starachnovice in Polen und der Produktion von Überlandlinienbussen in Ankara).

Für den Zeitraum August 2002 bis August 2003 zählt die Statistik 2.654 in Deutschland neu zugelassene Reisebusse und Linienbusse, von denen 354 von ausländischen Herstellern kamen (wie Bova, van Hool, Irisbus, Scania, Volvo, DAF und andere). Der Hersteller DaimlerChrysler nennt für 2003 für Deutschland 921 Busse, der Hersteller Neoman stellte in 2003 1.626 Stadtbusse und 724 Reisebusse/Überlandlinienbusse her. Am Beispiel des Busherstellers EvoBus wird ein moderner Linienbus als Solofahrzeug und als Gelenkbus vorgestellt.

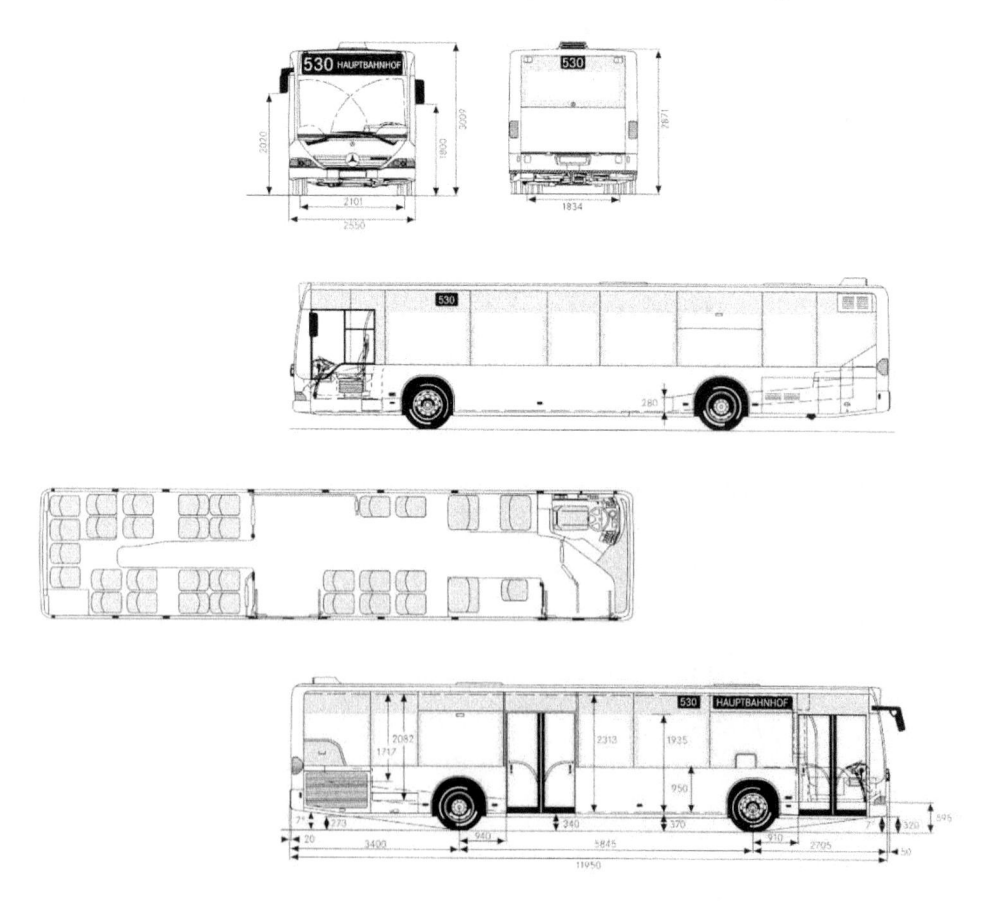

Abb. 5-189: Schnittzeichnungen des Linienbusses CITARO (Unternehmensbroschüre)

5.3 Entwicklung der Straßenfahrzeuge

Abb. 5-190: Der Linienbus CITARO von Mercedes-Benz (Unternehmensbroschüre)

Die hohe Festigkeit der Seitenwand des Citaro erlaubt eine durchgehend hängende Bestuhlung. Beim zweitürigen Fahrzeug ist die Einstiegshöhe 320 mm an Tür 1 und 340 mm an Tür 2; bei einer dritten Tür ist die Einstiegshöhe bei einer zusätzlichen Stufe 243 mm, es kann aber auch ein stufenloser Einstieg realisiert werden: Beim Dreitürer kann der Motor längs liegend oder stehend im Fahrzeug untergebracht werden.

Abb. 5-191: Der Linienbus CITARO (Innenansicht 1) (Unternehmensbroschüre)

Den dargestellten Bus gibt es in der Standardform als 12-m-Bus mit zwei oder drei Türen sowie als 12-m-Bus für den Überlandverkehr; den Bus gibt es als 13-m-Bus für mehr Fahrgäste; der Bus wird als 15-m-Version für bis zu 133 Fahrgäste gebaut[134] (für Überlandlinien mit hohem Fahrgastaufkommen) und der CITARO wird als Gelenkbus angeboten mit 18 m Länge für bis zu 125 Fahrgäste.

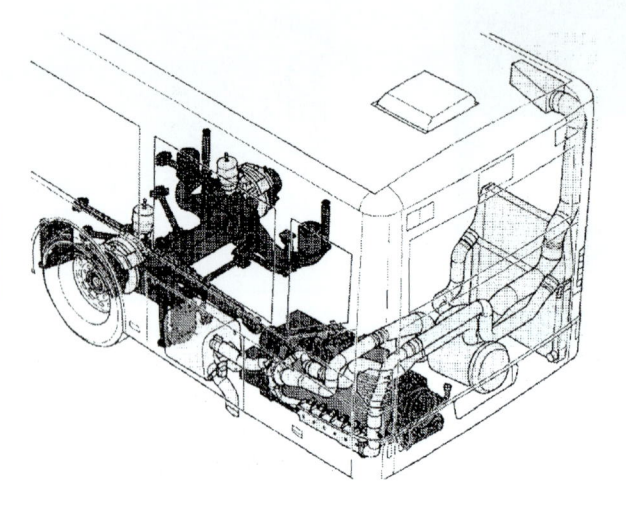

Abb. 5-192: Der Linienbus CITARO (Antriebsstrang) (Unternehmensbroschüre)

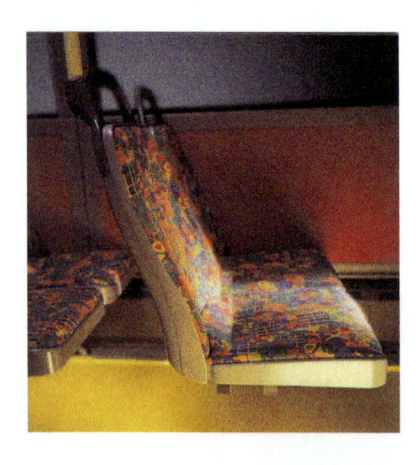

Abb. 5-193:
Der Linienbus CITARO (Innenansicht 2)
(Unternehmensbroschüre)

Im CITARO sind neue Achsen eingesetzt: Die Vorderachse ist als starre wälzgelagerte Faustachse ausgelegt, geführt durch vier Längs- und einen Querlenker; damit ergibt sich ein Wendekreis von 21, 3 m beim 12-m-Fahrzeug. Als Antriebsachse arbeitet eine neue Portalachse (Voraussetzung für den erweiterten Niederflurbereich).

---

[134] Auch beim 15 m Bus für die Region war das eigenständige Unternehmen Neoplan der Vorreiter: 1995 nimmt das Verkehrsunternehmen Autokraft Kiel den ersten Überland-Linienbus mit 15 m Länge in Betrieb.

5.3 Entwicklung der Straßenfahrzeuge

Abb. 5-194: Portalachse des CITARO (Unternehmensbroschüre)

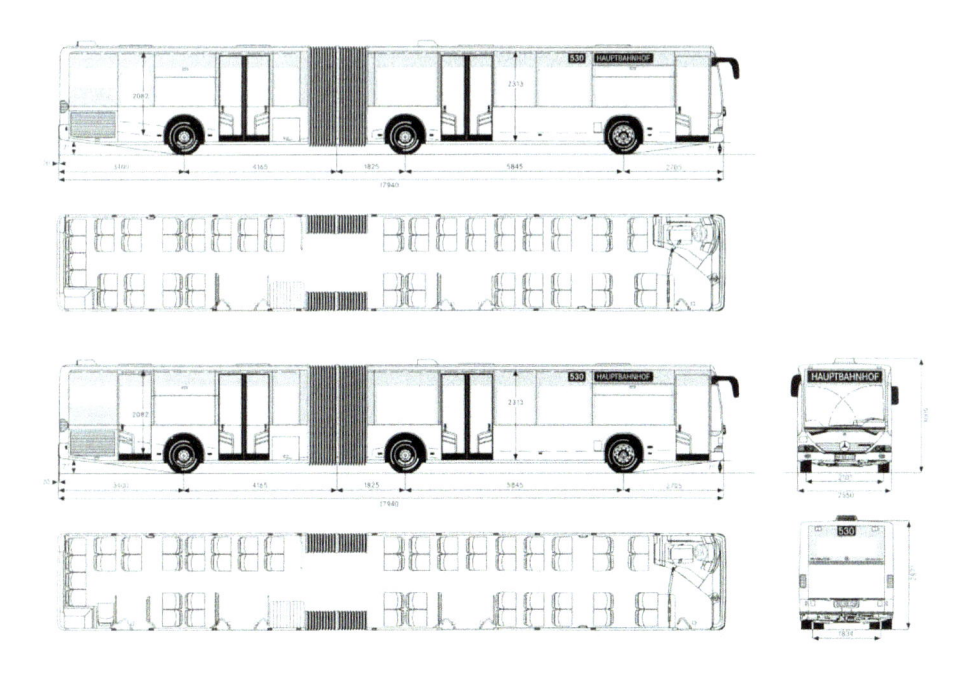

Abb. 5-195: Schnittzeichnungen des CITARO-Gelenkbusses (Unternehmensbroschüre Mercedes-Benz)

Abmessungen	
Länge	11.950 mm
Breite	2.550 mm
Fahrzeughöhe	3.009 mm
Radstand	5.845 mm
Überhang vorn	2.705 mm
Überhang hinten	3.400 mm
Böschungswinkel vorn/hinten	7°/7°
Stehhöhe	2.313 mm
Einstiegshöhe vorn	320 mm
Einstiegshöhe hinten	340 mm
Türbreite	vorne 1.250 mm
	hinten 1.250 mm

Antrieb		
Motor (Serie)	OM 906 LA (Euro 3)	OM 906 hLA (Euro 3)
Zylinderzahl: 6 in Reihe	stehend	liegend
Leistung	205 kW (279 PS)	205 kW (279 PS)
Drehmoment bei 1.200 - 1.600/min	1.100 Nm	1.100 Nm
Getriebe	Voith DIWA 854.3	
Motor (SA)	OM 906 hLA (Euro 3)	OM 457 hLA (Euro 3)
Zylinderzahl: 6 in Reihe	liegend	liegend
Leistung	180 kW (245 PS)	185 kW (252 PS)
Drehmoment bei 1.200 - 1.600/min	900 Nm	1.100 Nm
Motor (SA)	OM 457 hLA (Euro 3)	OM 457 hLA (Euro 3)
Zylinderzahl: 6 in Reihe	liegend	liegend
Leistung	220 kW (299 PS)	260 kW (354 PS)
Drehmoment bei 1.000/min	1.250 Nm	1.600 Nm
Getriebe (SA)		ZF

Fahrwerk	
Bremsen	4 Scheibenbremsen
Vorderachse	MB VO 4/39 CL-7,5
Hinterachse	ZF-Portalachse AV 132/87° (hLA)
	ZF-Portalachse AV 132/80° (LA)
Spurweite V-Achse	2.101 mm
Spurweite H-Achse	1.834 mm
Wendekreis	Ø 21,3 m
Reifengröße	275/70 R 22,5x7,5

Abb. 5-196: Daten des Standard-Linienbus der CITARO-Familie (Unternehmensbroschüre)

Weitere Linienbusse sind die Doppeldeckerbusse, welche vornehmlich in Berlin fahren. Die neueste Version in Berlin ist ein dreiachsiges Fahrzeug von 13,70 Meter Länge mit einem 228 kW (310 PS)-Sechszylinder-Motor. Im Oberdeck beträgt die Stehhöhe 1,70 Meter, im Unterdeck 1,92 m. Neben den vorgeschriebenen zwei Treppen zwischen Ober- und Unterdeck verfügt der Bus auch über zwei Bereiche für Rollstühle/Kinderwagen/Gepäck. Der Bus befördert bis zu 128 Personen, davon 45 Fahrgaststehplätze, welche den Bus über drei Türen betreten/verlassen können.

Abb. 5-197: MAN-Doppeldeckerbus

Nach dem Verschwinden der Busanhänger wurden verstärkt Gelenkbusse eingesetzt. Eines der neuesten Modelle der Gelenkbusse ist der CapaCity von Mercedes-Benz. Dieser Bus von 19,54 m Länge – ist länger als die erlaubten 18,75 m, fährt daher mit Sondererlaubnis - befördert 193 Fahrgäste (davon 37 Sitzplätze), welche den Bus über vier Türen betreten/verlassen. Die Einstiegshöhe an den Türen ist 320 bzw. 340 mm – die Fußbodenhöhe ist 340 mm. Der Bus leistet bei 11.900 ccm 260 kW (354 PS); die Antriebsachse ist die zweite Achse.

Es sind/waren mit Ausnahmegenehmigungen auch schon Doppelgelenkbusse im Einsatz, so in Aachen, in Dresden und in Hamburg. Der Doppelgelenkbus des Unternehmens van Hool mit 360 PS (24,80 m lang) und der zweiten der vier Achsen als Antriebsachse befördert 183 Fahrgäste (davon 70 auf Sitzplätzen).

Abb. 5-198: Gelenkbus Capa City (http://de.academic.ru/pictures/dewiki/67/
Capacity_kaiserslautern.jpg)

Abb. 5-199: Doppelgelenkbus in Hamburg

Der Stand der Omnibustechnik stellt sich Anfang des dritten Jahrtausends wie folgt dar: Für die in Omnibussen eingesetzten Motoren ist der Sechs-Zylinder-Reihenmotor mit Hubräumen von 10 bis 12 Liter und Leistungen von 340 bis 400 PS repräsentativ. Zum Stand der Technik gehören die Ladeluftkühlung ebenso wie der Turbolader und das elektronisch schaltende Motoren-Management (EDC); die Getriebe sind für sechs bis acht Schaltstufen ausgelegt; verklebte doppelt verglaste und getönte Scheiben sind am Tragen beteiligt.

5.3 Entwicklung der Straßenfahrzeuge

Bei der Ladeluftkühlung wird im Ansaugtakt des aufgeladenen Verbrennungsmotors die dem Motor zugeführte Luft heruntergekühlt, wodurch Leistung und Wirkungsgrad des Motors erhöht werden.

Als Motormanagement wird die Regelung von Leerlauf, Gemischbildung und Zündung mittels eines Steuergerätes bezeichnet.

Der herkömmliche Standardlinienbus mit zwei Achsen und 18 t sowie der Gelenkbus mit 26 t Gesamtgewicht wurden nach Änderung der Straßenverkehrszulassungsordnung durch dreiachsige, z. T. vierachsige Busse mit 13,5 m bzw. 15 m Länge ergänzt. Bei den Gelenkbussen ist der Schubgelenkbus mit Antrieb der dritten, ungelenkten Achse vorherrschend. Neben der elektronisch geregelten Bremsanlage existieren auch Hebe- und Senkvorrichtungen, welche die Fußbodenhöhe des Busses gegenüber der Fahrbahn/Haltestellenplattform um 80 bis 100 mm ändern können. Bei der Bestuhlung hat sich bei vom Schülertransport dominierten Linien als Bestuhlung des hinteren Busteils die kommunikationsfördernde (und vom Fahrer besser einsehbare) Konferenzbestuhlung durchgesetzt.

Abb. 5-200: Konferenzbestuhlung in einem MAN Bus
(http://www.sveinfo.de/image/ wws/foto7.jpg)

Quellenverzeichnis der Abbildungen

Eisenbahn-Fahrzeugkatalog. (1998 ?). München: Gera-Nova.

Badmann, J. (1996). *Eisenbahn-Fahrzeug-Katalog, Band 7: Dieseltriebfahrzeuge.* München: GeraNova.

Block, R. (1993). *DB Fahrzeug-Lexikon.* Freiburg: Eisenbahn-Kurier.

Bühler, O.-P. (2000). *Omnibustechnik.* Braunschweig: Vieweg.

Deinert, W. (1985). *Eisenbahnwagen.* Berlin: VEB transpress.

Enderlein, A. (1993). *Eisenbahn-Fahrzeug-Katalog.* München: Gera-Nova.

Fiedler, J. (1999). *Bahnwesen.* Düsseldorf: Werner-Verlag.

Glißmeyer, H. (1985). *Transpress-Lexikon Stadtverkehr.* Berlin: transpress VEB Verlag für Verkehrswesen.

Hahn, C. (1994). *Abschied vom Schienenbus.* München: Gera-Nova.

Hahn, C. (1994). *Eisenbahn-Fahrzeug-Katalog, Band 3: Wagen.* München: Gera Nova Verlag.

Kirsche, H.-J. (1971). *Lexikon Eisenbahn.* Berlin: VEB transpress.

Lindemann. (2002). *Kölner Mobilität.* Köln: Dumont.

Matthews, V. (1998). *Bahnbau.* Stuttgart: Teubner.

Pabst, M. (1998). *Straßenbahn Fahrzeuge.* München: GeraMond Verlag.

Pachl, J. (2002). *Systemtechnik des Schienenverkehrs.* Stuttgart: Teubner.

Riechers, D. (1998). *Regionaltriebwagen.* Stuttgart: transpress-Verlag.

Riechers, D. (2001). *ICE – Neue Züge für Deutschlands Schnelllverkehr.* Stuttgart: transpress.

Saumweber, E. (1990). *Grundlagen der Schienenfahrzeugbremse.* Darmstadt: Hestra-Verlag.

Schreck, M. S. (1972). *S-Bahnen in Deutschland.* Düsseldorf: Alba-Buchverlag.

Stöckl, F. (1971). *Vom „Adler" zum „TEE".* Heidelberg: Bohmann-Verlag.

Vetter, K.-J. (2001). *Das große Handbuch deutscher Lokomotiven.* München: Bruckmann-Verlag.

VÖV (Hrsg.). (1979). *Bus-Verkehrssystem.* Düsseldorf: Alba-Buchverlag.

Wagner, P. (1994). *Reisezugwagen 2 Sitz- und Gepäckwagen.* Berlin: transpress.

Witt, P. (1977). *Nutzfahrzeuge.* Berlin: VEB Verlag Technik.

6 Anlagen des Öffentlichen Personennahverkehrs

Als Anlagen des Öffentlichen Personennahverkehrs werden hier verstanden die Berührungspunkte der Fahrzeuge des ÖPNV Eisenbahn/Straßenbahn/Bus zur Umgebung, d. h., die technische Einbindung des Fahrzeugs/Fahrwegs in den Bahnkörper/Straßenkörper und die straßenseitige Gestaltung der Einstiegsstellen. Damit sind Sachverhalte anzusprechen wie Streckengestaltung, Knotenpunktgestaltung, Haltestellen, Überquerungsstellen, Wendeanlagen, Signalwesen.

6.1 Rechtsgrundlagen

Für Anlagen des Öffentlichen Personennahverkehrs werden aufgrund von eigens erlassenen Gesetzen Mindestanforderungen vorgeschrieben – soweit nicht auch andere Gesetze zutreffen (für Straßenfahrzeuge beispielsweise die Straßengesetze). Da Gesetze eine Behandlung im Parlament erfordern, wäre eine Aufnahme von technischen Einzelheiten in die Gesetze zu umständlich. Es ist daher das Instrument der „Verordnung" geschaffen worden, in denen technische Einzelheiten genannt sind und welche ohne die langwierige parlamentarische Abwicklung in Kraft treten. Diese Verordnungen werden von den Bundesbehörden mit den Landesverkehrsbehörden und den Interessenverbänden entwickelt und werden vom Bundesverkehrsminister mit Zustimmung von Gremien des Bundesrates bekannt gegeben.

Die für den ÖPNV wichtigsten Verordnungen sind

- Eisenbahn-Bau- und –Betriebsordnung (EBO)
- Verordnung über den Bau und Betrieb der Straßenbahnen (BOStrab)
- Verordnung über den Betrieb von Kraftfahrtunternehmen im Personenverkehr (BOKraft).

Tab. 6-1: Gesetze und Verordnungen für den ÖPNV

Verkehrsart	Eisenbahn	Straßenbahn	Bus
Bestimmendes Gesetz	AEG	PBefG	PBefG
Wichtigste Verordnung	EBO	BOStrab	BOKraft

Die Verordnungen verlangen „Sicherheit und Ordnung" für die Betriebsanlagen und die Fahrzeuge. So heißt es in § 2 der BOStrab: *(1) „ (...) Diese Anforderungen gelten als erfüllt, wenn Betriebsanlagen ... nach den Vorschriften dieser Verordnung, nach den von der Technischen Aufsichtsbehörde und von der Genehmigungsbehörde getroffenen Anordnungen sowie nach den allgemein anerkannten Regeln der Technik gebaut sind und betrieben werden. (2) Von den allgemein anerkannten Regeln der Technik kann abgewichen werden, wenn mindestens die gleiche Sicherheit gewährleistet ist."*

Die allgemein anerkannten Regeln der Technik sind die Regeln, welche von der Mehrzahl der Fachleute als erprobt und bewährt anerkannt sind und welche ihre Aufgabe zufriedenstellend erfüllen. Diese Regeln sind in Richtlinien festgehalten (und werden aufgrund neuer Erkenntnisse ab und zu überarbeitet).[135]

Eine große Rolle bei der Festlegung der technischen Einzelheiten im Verkehrswesen kommt den verschiedenen Gremien von Fachleuten zu, u. a. Ausschüssen und Arbeitskreisen der Forschungsgesellschaft für Straßen- und Verkehrswesen: In ihren Gremien ist eine Vielzahl von Fachleuten vertreten, welche zu den unterschiedlichen Aspekten des Verkehrswesens Richtlinien erarbeiten. Auf diese weiterführenden Richtlinien beziehen sich vielfach die für den ÖPNV geltenden Verordnungen.[136]

6.2 Schienenstrecken

6.2.1 S-Bahnen

Die vom Öffentlichen Personennahverkehr genutzten Anlagen der Eisenbahnen sind vor allem die auch vom Fernverkehr genutzten Anlagen (Bahnhöfe, Haltepunkte, Streckenelemente). Eine Behandlung von Eisenbahnanlagen im ÖPNV beschränkt sich daher hier auf die S-Bahnen.

Für die S-Bahnen – Bauherr und Betreiber ist die DB AG bzw. ihr gehörende Tochtergesellschaften – gilt grundsätzlich das Regelwerk der DB AG. Dieses Regelwerk unterscheidet nach Hauptbahnen und Nebenbahnen, wobei für Nebenbahnen zahlreiche bauliche und betriebliche Erleichterungen vorgesehen sind. Die S-Bahnen sind den Hauptbahnen zugeordnet und haben deren Grundsätze zu beachten. Einige Sachverhalte weichen aber von den Hauptbahngrundsätzen ab. Für einen leistungsfähigen und zuverlässigen S-Bahn-Betrieb sollten folgende Grundsätze eingehalten werden:

– *eigene Gleise für Richtung und Gegenrichtung*

– *Verzicht auf niveaugleiche Kreuzungen*

– *Vermeiden von Streckenverflechtungen*

– *Verwenden großer Radien*

– *Einrichten von Blockabschnitten gleicher Fahrzeiten*

– *Einsatz von Sicherungssystemen/Signalsystemen mit der Eignung für eine schnelle Störungsbeseitigung.*

---

[135] Weitergehende Anforderungen werden verlangt, wenn die Anlagen nach dem „Stand von Wissenschaft und Technik" gebaut und betrieben werden sollen: In den Bau und Betrieb der Anlagen haben dann auch Eingang zu finden die Ergebnisse von Versuchseinrichtungen, von Labortests und anderen (noch) nicht allgemein anerkannten Vorgehensweisen. Ein Vorgehen nach der Meinung der Mehrzahl der Fachleute ist somit (fast) immer richtig. Und deren Meinung wird zumeist in Richtlinien festgehalten.

[136] Eine für die Anlagen des ÖPNV wichtige Richtlinie (neuerdings ist das Wort „Richtlinie" dem Wort „Empfehlung" gewichen) ist die Schrift „Empfehlungen für Anlagen des Öffentlichen Personennahverkehrs – EAÖ" aus dem Jahr 2003

Linienführung

Bei der Planung der Linienführung von Bahnstrecken der Deutsche Bahn AG ist die Richtlinie 800.0110 der DB AG („Netzinfrastruktur Technik entwerfen; Linienführung") zu beachten.[137] Die Regelungen dieser Richtlinie gelten für die Planung aller Gleisanlagen mit Entwurfsgeschwindigkeiten $V_e \leq 300$ km/h im Bereich der freien Strecke und im Bereich von Bahnhöfen bei

- *Maßnahmen an vorhandenen Strecken*
- *Aus- und Neubaustrecken*
- *S-Bahnen.*

Bei der Festlegung der Linienführung gelten demnach die üblichen Eisenbahnmerkmale. Besonders genannt ist die S-Bahn aber bei der Längsneigung: Bei der S–Bahn soll die Längsneigung auf freier Strecke 40,0 ‰ nicht überschreiten.

Streckenquerschnitt

Bei der Planung der Streckenquerschnitte der Schienenstrecken der DB AG ist die Richtlinie „Netzinfrastruktur Technik entwerfen; Streckenquerschnitte auf Erdkörpern" zu beachten (Richtlinie 800.010).[138] Gefordert ist die Behandlung der Streckenquerschnittsgestaltung mit dieser Richtlinie für Ausbaustrecken, für Neubaustrecken und für S-Bahnen.

Der Streckenquerschnitt für die S-Bahn wird beschrieben für die Kennwerte

- Entwurfsgeschwindigkeit $V_e \leq 120$ km/h
- Gleisabstand 3,80 m (von Gleismitte zu Gleismitte)
- Abstand Gleismitte – Planumskante 3,20 m
- Planumsbreite 10,20 m (bei fehlender Überhöhung).

Umgrenzung des lichten Raums

In der Geraden und in Bogen mit $R \geq 250$ m ist das S-Bahn-Lichtraumprofil mit Regellichtraum für Strecken mit Oberleitung nach Abb. 6-1 freizuhalten; unterhalb der Grenzlinie ist bei den S-Bahnen mit Fahrleitung ein Raum gemäß Abb. 6-2 freizuhalten.[139]

---

[137] Die Richtlinie 800.0110 ist 1997 erschienen mit letzten Änderungen aus 1999.
[138] Die Richtlinie 800.010 ist 1999 erschienen.
[139] Es gibt mehrere Lichtraumprofile für S-Bahnen: mit Radien ≥ 250 m, mit Radien < 250 m, mit Stromschiene, mit Oberleitung, mit Gleichstrom, mit Wechselstrom.

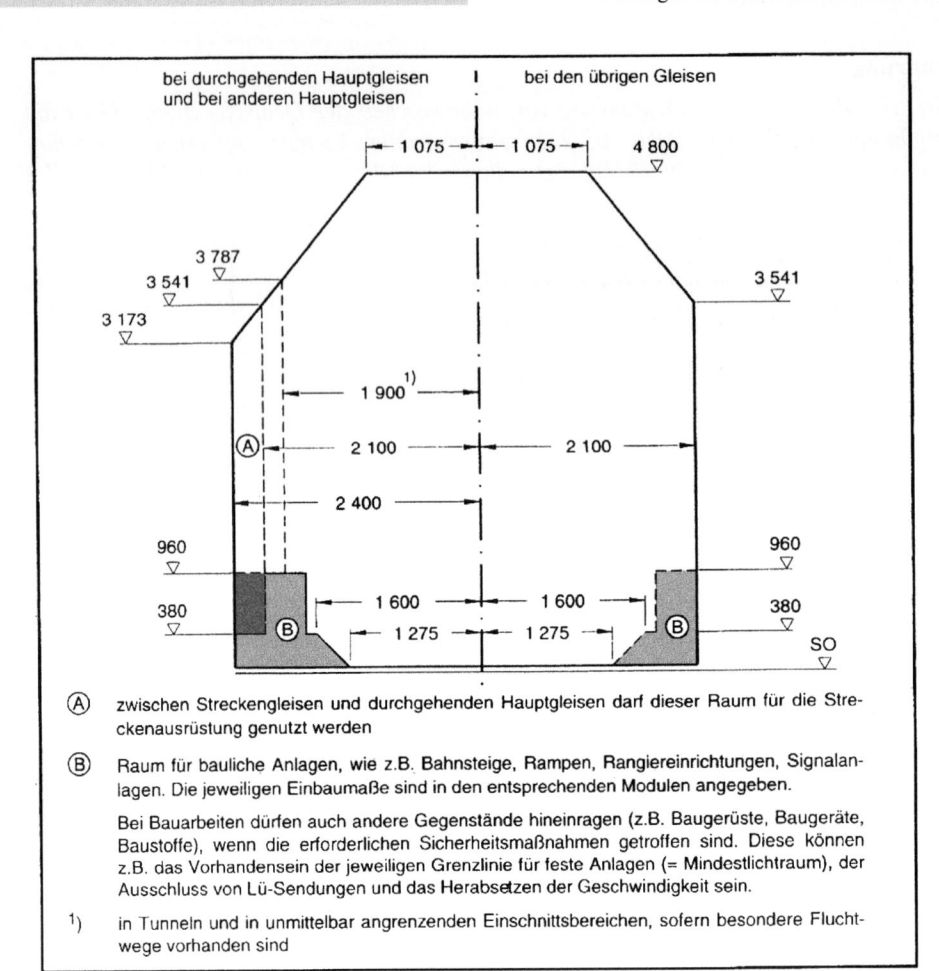

Ⓐ zwischen Streckengleisen und durchgehenden Hauptgleisen darf dieser Raum für die Streckenausrüstung genutzt werden

Ⓑ Raum für bauliche Anlagen, wie z.B. Bahnsteige, Rampen, Rangiereinrichtungen, Signalanlagen. Die jeweiligen Einbaumaße sind in den entsprechenden Modulen angegeben.

Bei Bauarbeiten dürfen auch andere Gegenstände hineinragen (z.B. Baugerüste, Baugeräte, Baustoffe), wenn die erforderlichen Sicherheitsmaßnahmen getroffen sind. Diese können z.B. das Vorhandensein der jeweiligen Grenzlinie für feste Anlagen (= Mindestlichtraum), der Ausschluss von Lü-Sendungen und das Herabsetzen der Geschwindigkeit sein.

[1]) in Tunneln und in unmittelbar angrenzenden Einschnittsbereichen, sofern besondere Fluchtwege vorhanden sind

Abb. 6-1: S-Bahn-Lichtraumprofil bei Radien R ≥ 250 m (NGT, 1997)

6.2 Schienenstrecken

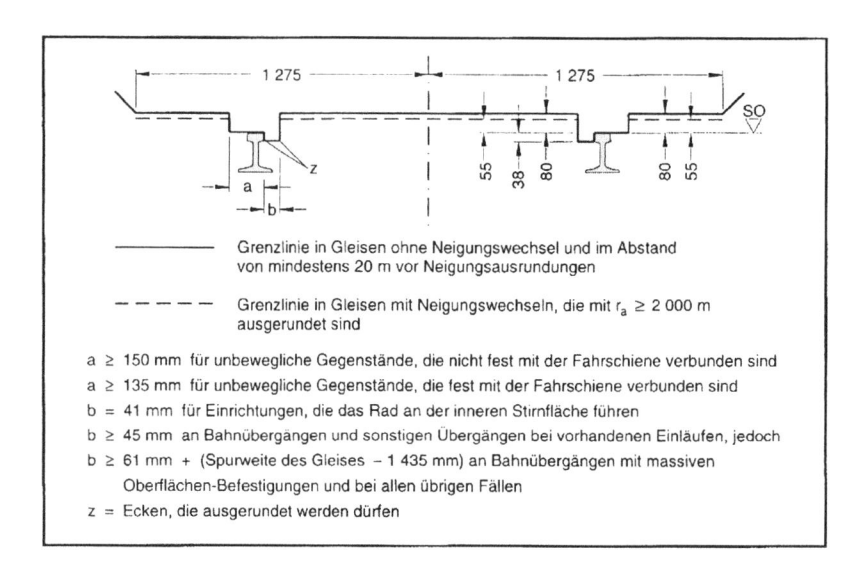

```
─────────  Grenzlinie in Gleisen ohne Neigungswechsel und im Abstand
           von mindestens 20 m vor Neigungsausrundungen
─ ─ ─ ─ ─  Grenzlinie in Gleisen mit Neigungswechseln, die mit r_a ≥ 2 000 m
           ausgerundet sind
a ≥ 150 mm für unbewegliche Gegenstände, die nicht fest mit der Fahrschiene verbunden sind
a ≥ 135 mm für unbewegliche Gegenstände, die fest mit der Fahrschiene verbunden sind
b =  41 mm für Einrichtungen, die das Rad an der inneren Stirnfläche führen
b ≥  45 mm an Bahnübergängen und sonstigen Übergängen bei vorhandenen Einläufen, jedoch
b ≥  61 mm + (Spurweite des Gleises − 1 435 mm) an Bahnübergängen mit massiven
           Oberflächen-Befestigungen und bei allen übrigen Fällen
z = Ecken, die ausgerundet werden dürfen
```

Abb. 6-2: Unterer Teil der Grenzlinie (NGT, 1997)

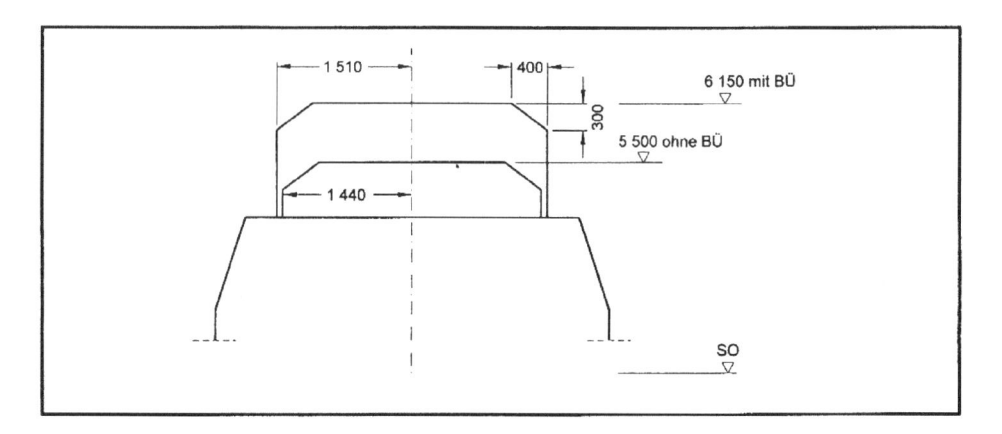

Abb. 6-3: Regellichtraum bei Oberleitung für S-Bahn-Strecken (NGT, 1997)

In Raum A sind betriebliche Anlagen der Bahn erlaubt, der Raum B darf bei Bauarbeiten genutzt werden. Die Markierungen bei der Maßangabe 1750 mm bezeichnen einen bei Einsatz des S-Bahn-Fahrzeugs ET 472 bzw. ET 475 freizuhaltenden Raum für Schutzborde. Die Anmerkungen 1 bis 4 beziehen sich auf (freizuhaltende) Räume (Abb. 6-4):

1) *Freizuhaltender Raum bei Bahnhofsgleisen und Hauptgleisen der freien Strecke, bei Kunstbauten und bei Signalen zwischen Streckengleisen*
2) *Freizuhaltender Raum an Hauptgleisen der freien Strecke*
3) *Raum für bauliche Anlagen für den Bahnbetrieb*
4) *Räume für die Stromschienen und den Stromabnehmer*

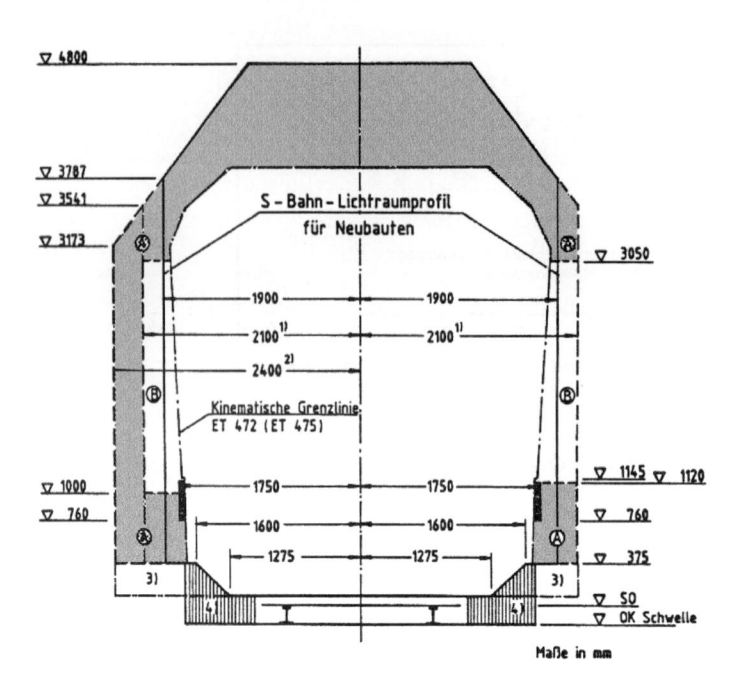

Abb. 6-4: S-Bahn-Lichtraumprofil mit Raum für Stromschiene in der Geraden und im Bogen mit Radien von R $_{-250}$ m mit reinem S-Bahn-Betrieb (DS80003, 1992)

Für S-Bahnen, welche mit Gleichstrom betrieben werden, gelten gesonderte Bestimmungen. Für diese gesonderten Bestimmungen werden die Bestimmungen der Druckschrift DS 800 03 herangezogen („Bahnanlagen entwerfen – S-Bahnen"), gültig ab 1992. Hierfür gilt der Lichtraum nach Abb. 6 – 4 und Abb. 6 – 6.[140]

Abb. 6-5: Stromschiene der Hamburger S-Bahn

---

[140] Mit Gleichstrom betriebene S-Bahnen in Hamburg und Berlin werden über Stromschienen mit Energie versorgt.

6.2 Schienenstrecken

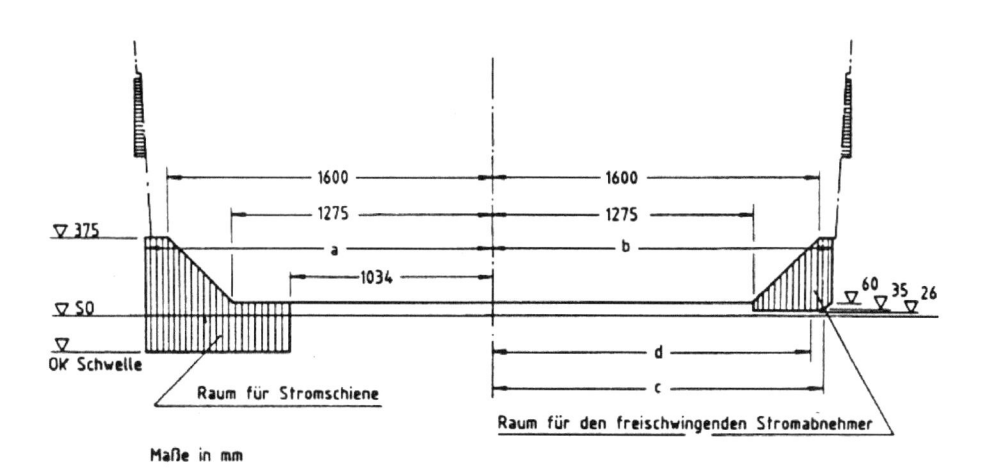

Abb. 6-6: Details des Lichtraumprofils nach Bild 6-4 reiner S-Bahn-Strecken mit Stromschiene (DS80003, 1992)

Raum für die Stromschiene	
Anwendungsfälle	Abstand a (mm)
Im Regelfall	1700
Im Weichenbereich und bei Stromschienenaufläufen	1750
An der Bahnsteigkante	1760

Raum für den freischwingenden Stromabnehmer		
Abstände	Nicht festgelegtes Gleis (mm)	Festgelegtes Gleis (mm)
b	1655	1630
c	1625	1600
d	1560	1535

(Maße zu Bild 6-6)

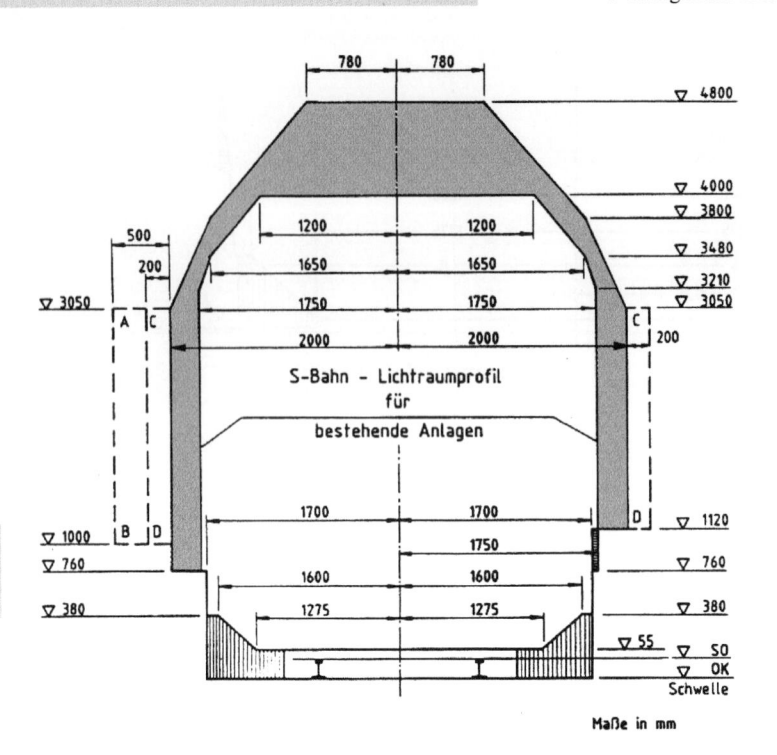

Abb. 6-7: Sonderlichtraum für unterirdische Streckenabschnitte mit Raum für die Stromschiene in der Geraden und im Bogen mit Radien von R 300 m an Strecken mit reinem S-Bahn-Betrieb (DS80003, 1992)

Gleisabstände

Die Gleisabstände[141] für reine S-Bahn-Strecken sind auf der Geraden und bei Radien $\geq$ 250 m zu 3,80 m vorzusehen (Entwurfsgeschwindigkeit 120 km/h); auf unterirdischen Strecken mit einem Sicherheitsraum zwischen den Gleisen ist der Gleisabstand je nach Überhöhung zu vergrößern auf 4,55 m bis 4,70 m. Wird zwischen den Gleisen ein Zwischenweg erforderlich (ohne Mastgasse), dann ist bei S-Bahnen der Gleisabstand 5,40 m – Zwischenwege und Randwege sollen bei S-Bahnen 0,60 m breit sein.[142]

Die Gleisabstände der S-Bahn berücksichtigen den Gefahrenraum benachbarter Gleise von 2,30 m und einen Sicherheitsraum von 0,80 m.

Wenn parallel und höhengleich zu einer vorhandenen Fernbahnstrecke eine neue S-Bahn-Strecke eingerichtet wird, muss wegen der getrennten Oberleitungen eine Mastgasse zwischen beiden Strecken eingeplant werden. Diese Mastgasse darf bei Engstellen bis auf 0,60 m verringert werden (Abb. 6-8).

---

[141] Der Gleisabstand ist der horizontale Abstand der Gleismitten.

[142] Der Zwischenweg dient der Sicherheit des Personals bei Inspektionen und Instandhaltungsarbeiten während der Vorbeifahrt eines Zuges.

6.2 Schienenstrecken

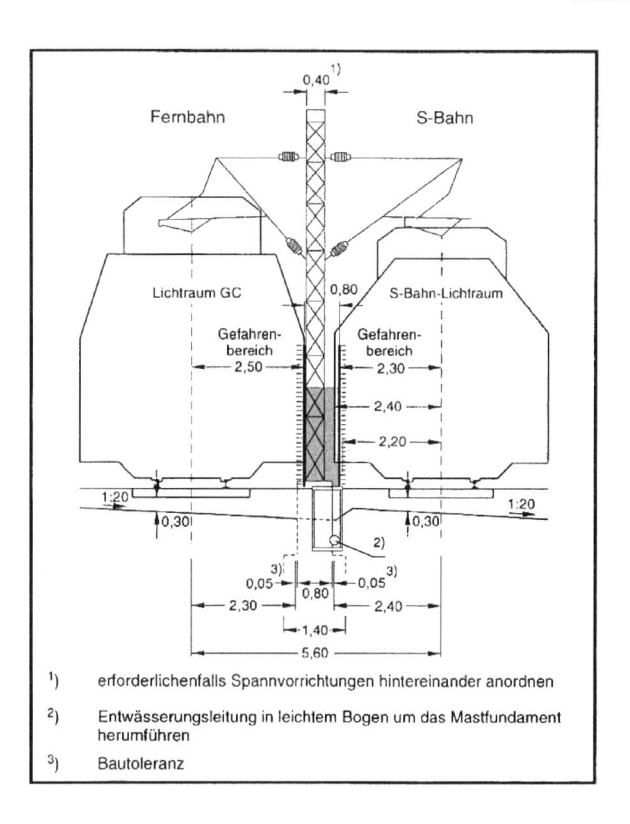

[Figure: Gleisabstand mit Maßen – Fernbahn (Lichtraum GC, Gefahrenbereich 2,50) und S-Bahn (S-Bahn-Lichtraum, Gefahrenbereich 2,30), Maße 0,40; 0,80; 2,40; 2,20; 0,30; 1:20; 0,05; 2,30; 0,80; 2,40; 1,40; 5,60]

¹) erforderlichenfalls Spannvorrichtungen hintereinander anordnen
²) Entwässerungsleitung in leichtem Bogen um das Mastfundament herumführen
³) Bautoleranz

Abb. 6-8: Gleisabstand zwischen S- und Fernbahn (V ≤ 160 km/h) an Engstellen (NGT, 1997)

Fahrbahn-Querschnitte

Bei der Fahrbahn von S-Bahnen wird davon ausgegangen, dass zum Einbau kommen

– Betonschwellen B 58 2,40 m lang, 0,19 m hoch (oder Holz: 2,60 m lang, 0,19 m hoch)
– eine Schotterbreite vor dem Schwellenkopf von 0,40 m,
– eine Mindestdicke der Bettung von 0,30 m
– die Neigung der Schotterböschung von 1:1,5.

Bei Randwegen ist evtl. eine Absturzsicherung vorzusehen.[143]

Als Planumsbreiten ergeben sich für S-Bahnen die Maße der nachstehenden Tabelle; für zweigleisige S-Bahnen ergibt sich das Maß aus 3,80 m Gleisabstand plus 2,30 m Gefahrenbereich plus Sicherheitsraum von 0,80 m (Abb. 6-9 bis Abb. 6-12).

---

[143] Die Randwegbreite ergibt sich aus dem Maß Planumskante bis Schotterbett-Fußpunkt; die Planumskante wird durch den Gefahrenbereich des Gleises und durch den Sicherheitsraum bestimmt.

Tab. 6-2: Planumsbreiten für S-Bahn-Strecken (NGT, 1997)

Überhöhung (mm)	Planumsbreite (m)
	Eingleisige S-Bahn, V$\leq$120 km/h
0 und 20	6,10
25 bis 50	6,20
55 bis 100	6,30
105 bis 160	6,40
	Zweigleisige S-Bahn, V$\leq$120 km/h
0 und 20	10,20
25 bis 50	10,30
55 bis 100	10,40
105 bis 160	10,50

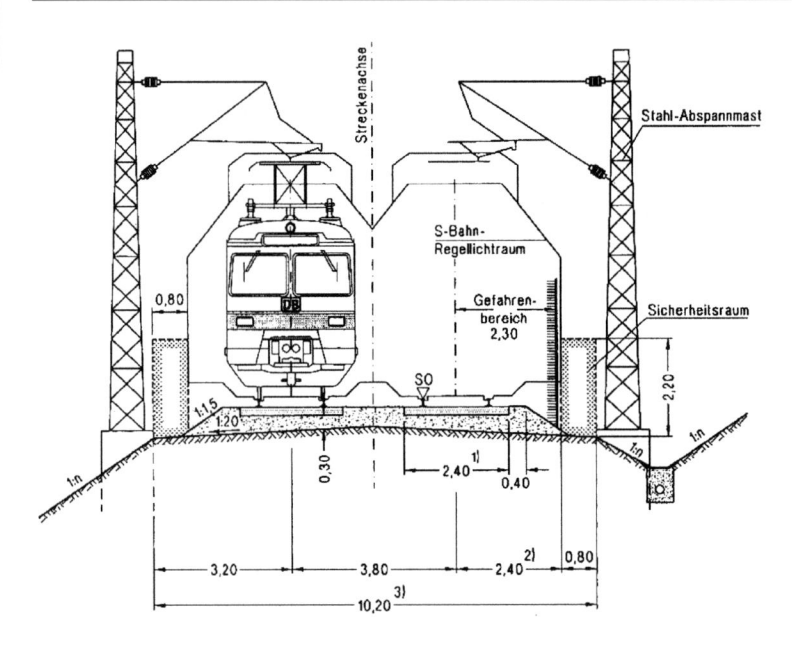

1) Betonschwellen B 58 mit l = 2,40 m, h = 0,19 m bzw. Holzschwelle mit L = 2,60 m und h = 0,16 m
2) Stellt ausreichende Fußraumbreite im Sicherheitsraum
3) Planumsbreite gilt für beide Schwellenarten

Abb. 6-9: Zweigleisiger Streckenquerschnitt mit S-Bahn-Gleisen auf Erdkörper (V $\leq$ 120 km/h, u = 0) (NGT, 1997)

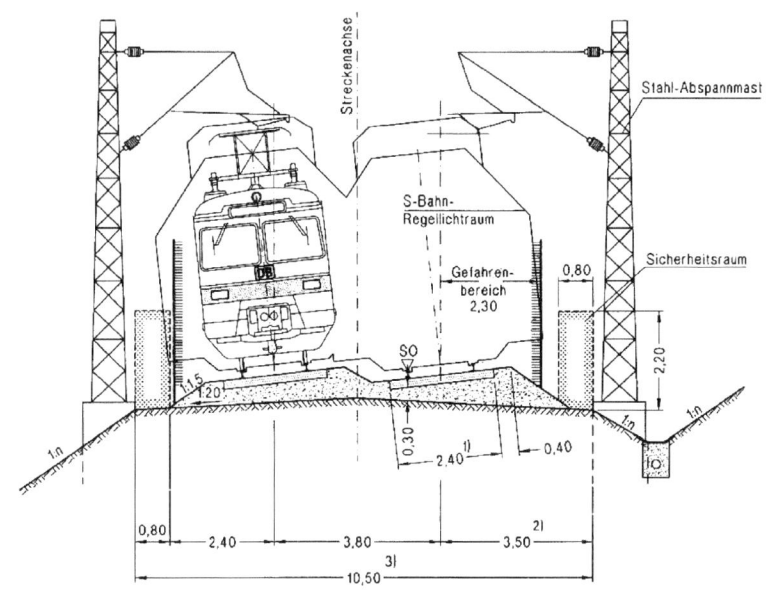

1) Betonschwellen B 58 mit l = 2,40 m, h = 0,19 m bzw. Holzschwelle mit L = 2,60 m und h = 0,16 m
2) Maß ergibt sich aus der Verbreiterung des Schotterbetts aufgrund der Überhöhung
3) Planumsbreite gilt für beide Schwellenarten

Abb. 6-10: Zweigleisiger Streckenquerschnitt mit S-Bahn-Gleisen auf Erdkörper (V ≤ 120 km/h, u = 160 mm) (NGT, 1997)

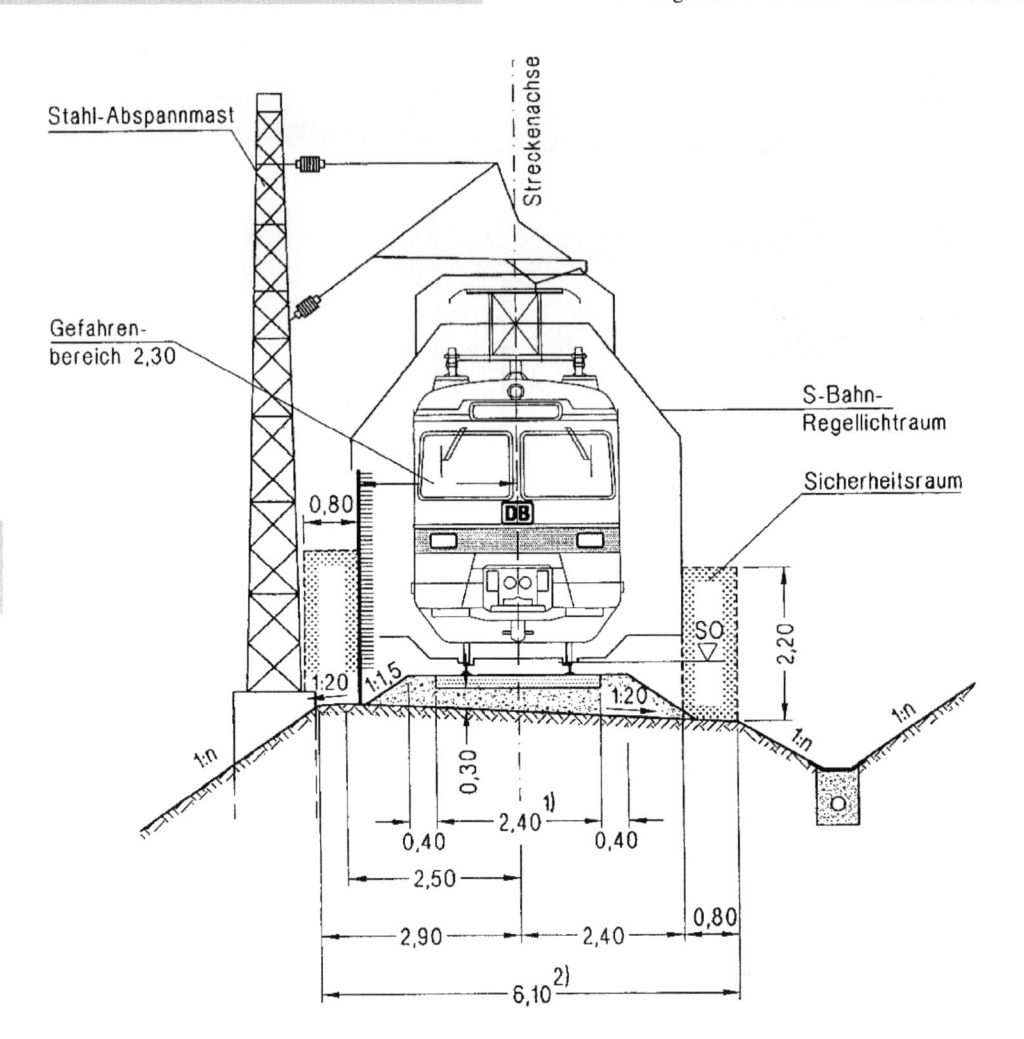

1) Betonschwellen B 58 mit l = 2,40 m, h = 0,19 m bzw. Holzschwelle mit L = 2,60 m und h = 0,16 m
2) Planumsbreite gilt für beide Schwellenarten

Abb. 6-11: Eingleisiger Streckenquerschnitt mit S-Bahn-Gleisen auf Erdkörper (V $\leq$ 120 km/h, u = 0) (NGT, 1997)

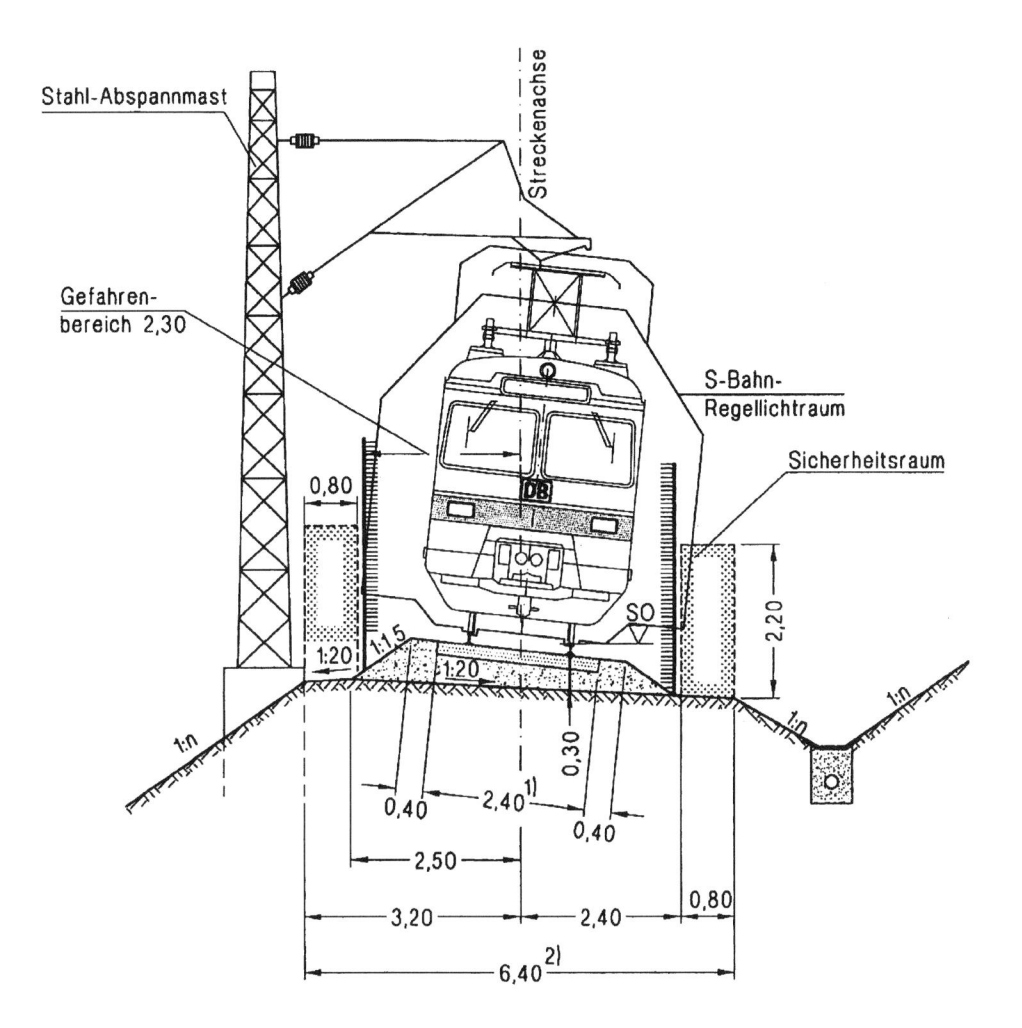

6.2 Schienenstrecken

1) Betonschwellen B 58 mit l = 2,40 m, h = 0,19 m bzw. Holzschwelle mit
   L = 2,60 m und h = 0,16 m
2) Planumsbreite gilt für beide Schwellenarten

Abb. 6-12: Eingleisiger Streckenquerschnitt mit S-Bahn-Gleisen auf Erdkörper
(V ≤ 120 km/h, u = 160 mm) (NGT, 1997)

Feste Anlagen[144] mit geringer Längenentwicklung sollten bis zu einer Höhe von 2,20 m den Abstand nach Tabelle 6-3 einhalten – diese Anlagen beeinträchtigen die Funktion des Sicherheitsraums nicht, da bei Zugfahrten neben den Anlagen Schutz gesucht werden kann.

---

[144] Diese Anlagen sind Stützen, Masten, Signale, Schalteinrichtungen und Ähnliches.

Tab. 6-3: Abstände fester Anlagen mit geringer Längenentwicklung von der Gleismitte bei S-Bahnen (DS80003, 1992)

Überhöhung u	Abstand Gleismitte – Vorderkante fester Gegenstand					
	eingleisige Streckenabschnitte Planum geneigt ¹)				zweigleisige Streckenabschnitte	
	zum festen Gegenstand hin		vom festen Gegenstand weg			
	Bogen-		Bogen-		Bogen-	
	innenseite	außenseite	innenseite	außenseite	innenseite	außenseite
mm	m	m	m	m	m	m
0 und 20	3,20	3,20	2,90 ²)	2,90 ²)	3,20	3,20
25 bis 50	3,20	3,30	2,90 ²)	3,00	3,20	3,30
55 bis 100	3,20	3,40	2,90 ²)	3,10	3,20	3,40
105 bis 160	3,20	3,50	2,90 ²)	3,20	3,20	3,50

¹) Planumsneigung vgl. Abs. 77
²) bei Kunstbauten und Lärmschutzwänden: 3,00 m

Stationen

Die S-Bahn-Stationen werden als Haltepunkte[145] bzw. als Bahnhöfe[146] gebaut; für diese Stationen gelten die für Bahnhöfe gültigen Vorschriften.

Von besonderer Bedeutung ist die Gestaltung der Gleisanlagen von S-Bahn-(End-)Stationen, in denen auch Fernzüge halten, welche auf derselben Strecke wie die S-Bahnen verkehren (Mischbetrieb):

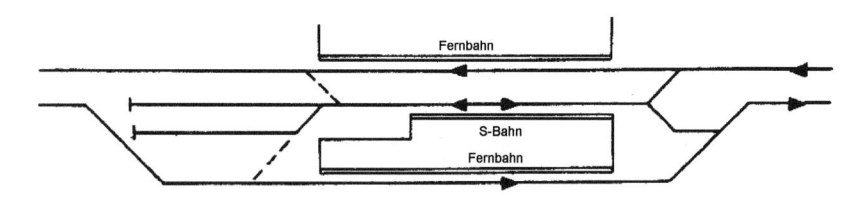

Die gestrichelt dargestellten Gleise ermöglichen eine Nutzung der S-Bahn-Gleise auch durch Fernzüge oder Regionalzüge[147]
Die gepunktet gezeichneten Gleise ermöglichen ein Kurzwenden

Abb. 6-13: Endbahnhof der S-Bahn auf Mischbetriebsstrecken mit dichter Zugfolge und starkem Umsteigeverkehr S-Bahn – Fernbahn (DS80003, 1992)

---

[145] EBO § 4 (8)" Haltepunkte sind Bahnanlagen ohne Weichen, wo Züge planmäßig halten, beginnen oder enden dürfen"

[146] EBO § 4 (2) „Bahnhöfe sind Bahnanlagen mit mindestens einer Weiche, an denen Züge beginnen, enden, ausweichen oder wenden dürfen."

[147] Die Gleisanordnung gemäß Abb. 6-13 macht das Umsteigen S-Bahn – Fernbahn am selben Bahnsteig möglich

6.2 Schienenstrecken

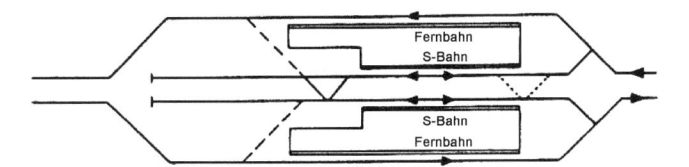

Wenn die punktierten Gleise gebaut werden, ist ein Kurzwenden am Bahnsteig möglich.

Abb. 6-14: Endbahnhof der S-Bahn auf Mischbetriebsstrecken für eine Bahnsteigwende (DS80003, 1992)

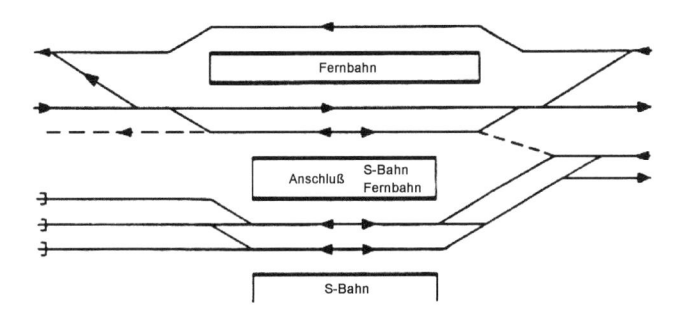

Abb. 6-15: Endbahnhof einer reinen S-Bahn-Strecke in „Linkslage" neben einem Bahnhof der Fernbahn (DS80003, 1992)

Bei der Lösung nach Abb. 6-15 wird von der Fernbahn direkt in die S-Bahn umgestiegen, der Fernzug kreuzt allerdings das Gegengleis der Fernbahnstrecke, was zu einer betrieblichen Leistungsminderung führt.

Bahnsteige

Bei reinem S-Bahn-Betrieb sind die Bahnsteighöhen der Höhe der Fahrzeugfußböden anzupassen (i. A. 96 cm). Bei Mischbetrieb der S-Bahn und Fernzüge/Regionalzüge mit üblichen Höhen der Fahrzeugfußböden von etwa 800 mm sind 76 cm hohe Bahnsteige vorzusehen.[148]

---

[148] Bei Neubauten und Umbauten von Bahnsteigen ist unter dem Bahnsteig ein Sicherheitsraum von 70 x 70 cm vorzusehen, soweit auf der gegenüberliegenden Seite des Bahnsteigs kein Sicherheitsraum vorhanden ist oder der Abstand zum Nachbargleis (Gleismitte – Gleismitte) weniger als 4,5 m beträgt.

Abb. 6-16: Bahnsteigkante mit Sicherheitsraum unter dem Bahnsteig

Für die Gestaltung der Bahnsteigkanten steht hier als Beispiel die Ausführung einer Bahnsteigkante eines 76 cm hohen Bahnsteigs als Betonfertigteil (99,5 ±0,5 cm lang).

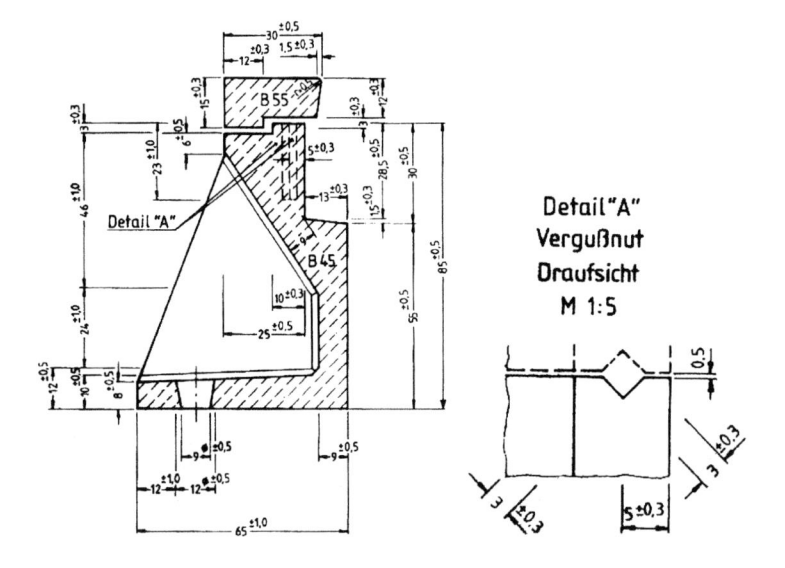

Abb. 6-17: Bahnsteigkante eines 76 cm hohen Bahnsteigs (Querschnitt) (DS80003, 1992)

Die nutzbare Länge der Bahnsteige an reinen S-Bahn-Strecken ist nach der größten Länge dort haltender Züge zu bemessen (plus evtl. betrieblich erforderlicher Zusätze).[149]

Die Breite der Bahnsteige ist nach dem zu erwartenden Verkehrsaufkommen zu ermitteln. Als Mindestbreite sind vorgegeben

---

[149] Die Bahnsteiglängen bei der S-Bahn Hamburg betragen 140 m, bei der S-Bahn Rostock sind die Bahnsteige 210 m lang, die Bahnsteiglänge der City-Tunnel S-Bahn in Leipzig ist 140 m.

6.2 Schienenstrecken

- an Außenbahnsteigen 3 m
- an Inselbahnsteigen mit Treppe am Bahnsteigende 6 m
- an Inselbahnsteigen mit Treppe in Bahnsteigmitte 7 m.

Die Bahnsteigbreiten dürfen an den Enden verringert werden bis auf 2,70 m (Inselbahnsteig) bzw. 2,0 m (Außenbahnsteig), soweit kein Mischbetrieb mit Fernbahnen besteht, welche mit mehr als 160 km/h gefahren werden.

Auch auf reinen S-Bahn-Strecken sind als Wetterschutzeinrichtungen Bahnsteigdächer vorzusehen. Als lichte Höhe ist das Maß von 3,10 m (Sparren, Unterdecke) bzw. 2,80 m (Längs-, Querträger, Blende) bzw. 2,40 m (Informationsträger) nicht zu unterschreiten. Bei größeren Breiten der Bahnsteigdächer sind diese Maße wegen des Lichteinfalls zu erhöhen.

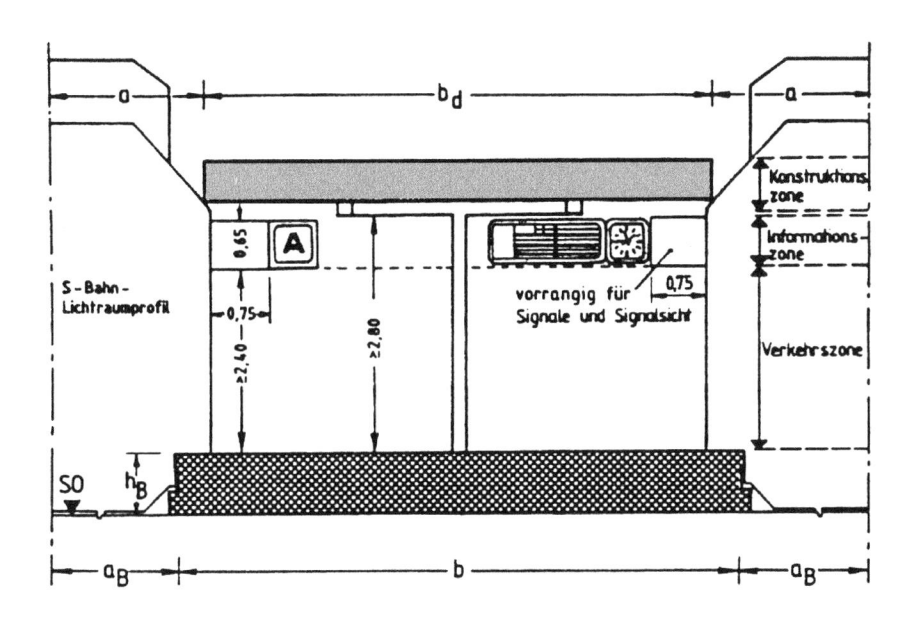

b_d Breite Dach, b Breite Bahnsteig, a_B Abstand Bahnsteigkante–Gleismitte, h_B Bahnsteighöhe über SO, a halbe Breite kinematischer Regellichtraum

Abb. 6-18: Abmessungen der Bahnsteigdächer bei reinem S-Bahn-Betrieb und 96 cm hohen Bahnsteigen (einstieliges Dach) (DS80003, 1992)

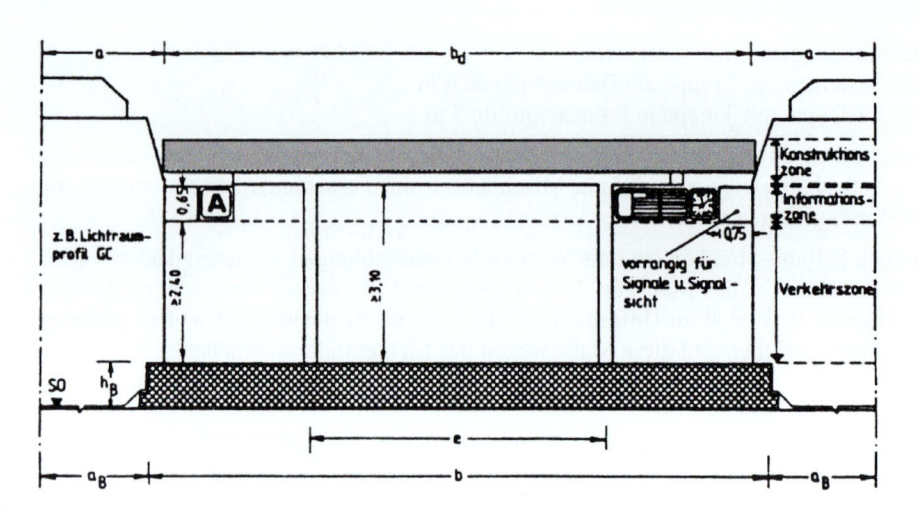

b_d Breite Dach, b Breite Bahnsteig, a_B Abstand Bahnsteigkante–Gleismitte, h_B Bahnsteighöhe über SO, a halbe Breite kinematischer Regellichtraum
e Mittenabstand der Stützen (zwischen ca. 2,80 und 6 m)

Abb. 6-19: Abmessungen der Bahnsteigdächer bei Mischbetrieb S-Bahn-Fernbahn und 76 cm hohen Bahnsteigen (zweistieliges Dach) (DS80003, 1992)

Beim Einsatz von S-Bahnen ohne Toiletten sollen auf den S-Bahn-Stationen Toiletten eingerichtet werden, wenn

– die S-Bahn-Station von mehr als 2.000 Fahrgästen täglich frequentiert wird
– die Fahrzeit zu den Hauptzielhalten mehr als 30 Minuten beträgt.

6.2.2 Straßenbahnen

„Straßenbahnen sind Schienenbahnen, die

1. den Verkehrsraum öffentlicher Straßen benutzen und sich mit ihren baulichen und betrieblichen Einrichtungen sowie in ihrer Betriebsweise der Eigenart des Straßenverkehrs anpassen[150] oder

2. einen besonderen Bahnkörper haben und in der Betriebsweise den unter Nummer 1 bezeichneten Bahnen gleichen oder ähneln[151]

und ausschließlich oder überwiegend der Beförderung von Personen im Orts- oder Nachbarschaftsbereich dienen."

„Als Straßenbahnen gelten auch Bahnen, die als Hoch- oder Untergrundbahnen, Schwebebahnen oder ähnliche Bahnen besonderer Bauart angelegt sind ... und nicht Bergbahnen oder Seilbahnen sind."

---

[150] Personenbeförderungsgesetz § 4 (1)
[151] Personenbeförderungsgesetz § 4 (2)

Fahrzeugabmessungen und Sicherheitsräume

Nach der BOStrab § 34 (3) dürfen Fahrzeuge straßenabhängiger Bahnen folgende (Höhen-) Abmessungen nicht überschreiten:

- im Höhenbereich 0 bis 3,4 m über Schienenoberkante   2,65 m
- oberhalb von 3,4 m über Schienenoberkante   2,25 m
- von Schienenoberkante bis Oberkante abgezogener Stromabnehmer 4,00 m.

Die Länge der am Straßenverkehr teilnehmenden Bahnen darf 75,0 m nicht überschreiten.[152]

Der seitliche Platzbedarf (Lichtraumbedarf) des Straßenbahn-Fahrzeugs setzt sich zusammen aus

- Halbe Fahrzeugbreite einschließlich bogengeometrischer Ausragungen (z. B. Überhöhungen, Raumerweiterungen bei engen Bögen) plus
- Querverschiebung wegen des Spurspiels (Sinuslauf) plus
- Querverschiebung aufgrund der Fahrzeugtechnik (Hebungen und Senkungen) plus
- Querverschiebung aufgrund der Gleistechnik (Hebungen und Senkungen).

Die Lichtraumbedarfswerte – diese sind beim Verkehrsunternehmen zu ermitteln, da nur das Verkehrsunternehmen die Einhaltung bestimmter Einflussfaktoren garantieren kann – sind um einen Sicherheitszuschlag zu erweitern, um die Umgrenzung des lichten Raumes zu erhalten:[153]

> *BOStrab § 18 (4) „Zwischen der Umgrenzung des lichten Raumes und dem Lichtraumbedarf soll ein Sicherheitsabstand bestehen, der auf die Ermittlungsgenauigkeit des Lichtraumbedarfs abgestellt ist."*

Wegen der Auslegung von Einstiegsstufen ist dem vertikalen Lichtraumbedarf ein besonderes Augenmerk zu widmen; auch der vertikale Lichtraumbedarf ist im Verkehrsunternehmen zu ermitteln.

Es kann davon ausgegangen werden, dass ein Abstand von 30 cm zwischen Fahrzeugumgrenzung und der Umgrenzung des lichten Raums für die Planung des Streckenquerschnitts die Mindestmaße einschließt; ein sparsamer Streckenquerschnitt ergibt sich dabei nicht unbedingt.

> *Für die (Stadtbahn-)Fahrzeuge im Land Nordrhein-Westfalen gelten die von der Stadtbahngesellschaft Rhein-Ruhr herausgegebenen Stadtbahn-Richtlinien. Für Fahrzeugbegrenzung und Fahrzeuglichtraum dieser Fahrzeuge gelten die Maße nach Abb. 6-20.*

Angrenzend an den Lichtraum sind bei benachbarten festen und beweglichen Gegenständen für die Breite und die Höhe Zuschläge zu berücksichtigen, wie

- konstruktive Zuschläge (Platzbedarf für Sicherheitsräume, Oberbau, Fahrleitung, Signaltechnik, Elektrotechnik, Schutzabstand bei Spannungsführung)
- herstellungsbedingte Zuschläge (Herstellungs- und Aufstellungsungenauigkeiten)
- instandhaltungsbedingte Zuschläge (z. B. Stopfarbeiten am Schotter)
- Zuschläge für eine Havariebeseitigung (es muss möglich sein, ein entgleistes Fahrzeug wieder einzugleisen).

---

[152] BOStrab § 55 „Teilnahme am Straßenverkehr"

[153] Nach der BOStrab muss zum Schutz von Personen neben jedem Gleis außerhalb der Lichtraumumgrenzung ein Sicherheitsraum vorhanden sein. Diese Sicherheitsräume müssen mindestens 0,70 m breit und 2,00 m hoch sein.

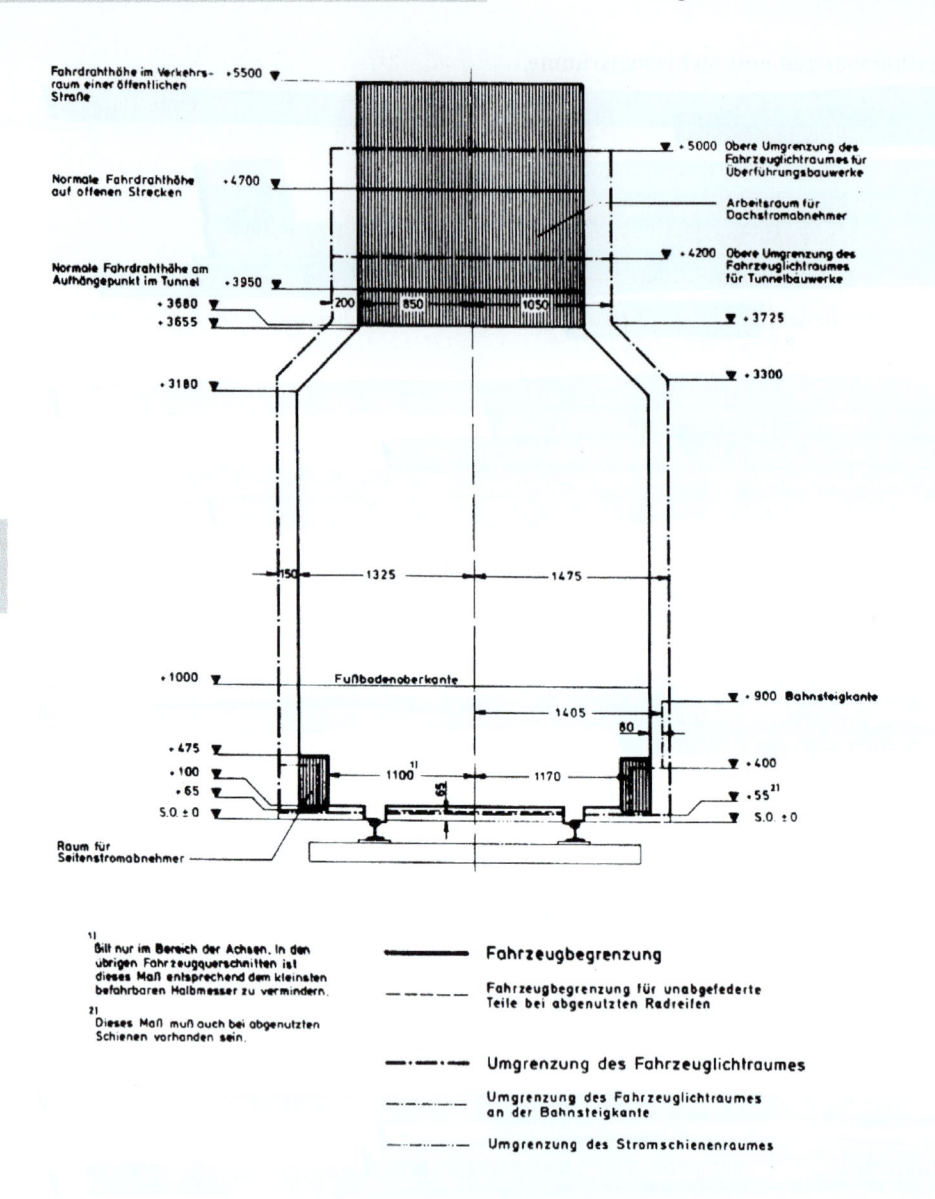

Abb. 6-20: Fahrzeugbegrenzung und Fahrzeuglichtraum nach den Stadtbahn-Richtlinien des Landes Nordrhein-Westfalen (Ausgabe 1986), Maße in mm

Die für das Einzelgleis ermittelte Trassierungsbreite kann bei benachbarten Gleisen abweichend ermittelt werden:

– Der Windeinfluss wird nur für ein Fahrzeug berücksichtigt
– Die Querverschiebung der Gleise zueinander wird für ein Gleis angesetzt
– Die zufällig auftretenden Querverschiebungen und Querverlagerungen werden für beide Gleise zusammengefasst.

6.2 Schienenstrecken

Der Mindestabstand zwischen den Fahrzeugen benachbarter Bahnen sollte 40 cm betragen.

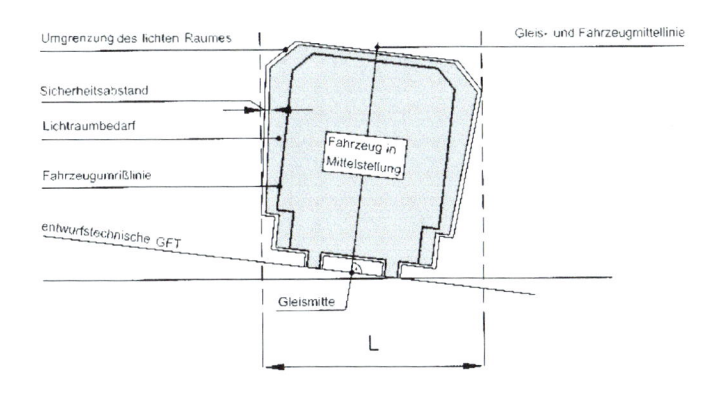

Abb. 6-21: Lichtraumtechnische Begriffe (EAÖ, 2003)

Der Raumbedarf der Straßenbahn ergibt sich aus dem Lichtraumbedarf (Fahrzeugabmessungen, Bewegungsspielräume) und den Sicherheitsabständen. Weiterer Breitenbedarf entsteht bei Bogenfahrten des Fahrzeugs und aus Flächen für den Fahrgastwechsel[154]

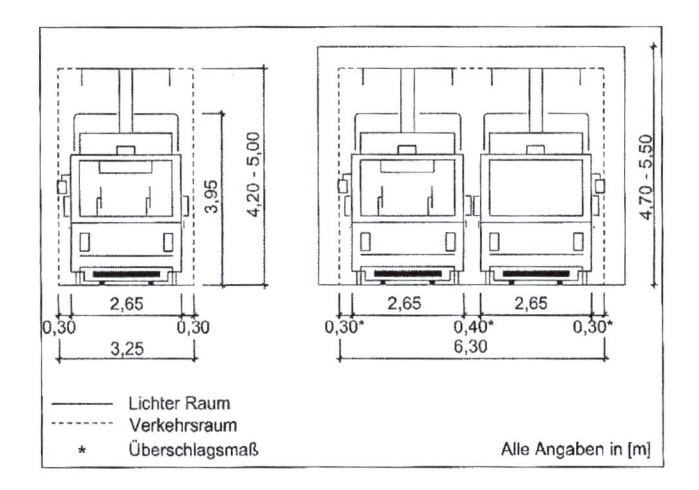

Abb. 6-22: Grundmaße für Verkehrsräume und lichte Räume von Straßenbahnen mit maximaler Fahrzeugbreite (W = 2,65 m) (RASt06, 2007)

---

[154] Die Einhaltung der vorschriftengemäßen Lichtraumabstände ist nicht unbedingt sicherheitsgerecht, denn in der BOStrab stehen nur Mindestanforderungen; konkrete Vorschriften zur Berechnung der einzuhaltenden Abstände sind in den BOStrab-Lichtraum-Richtlinien zu finden.

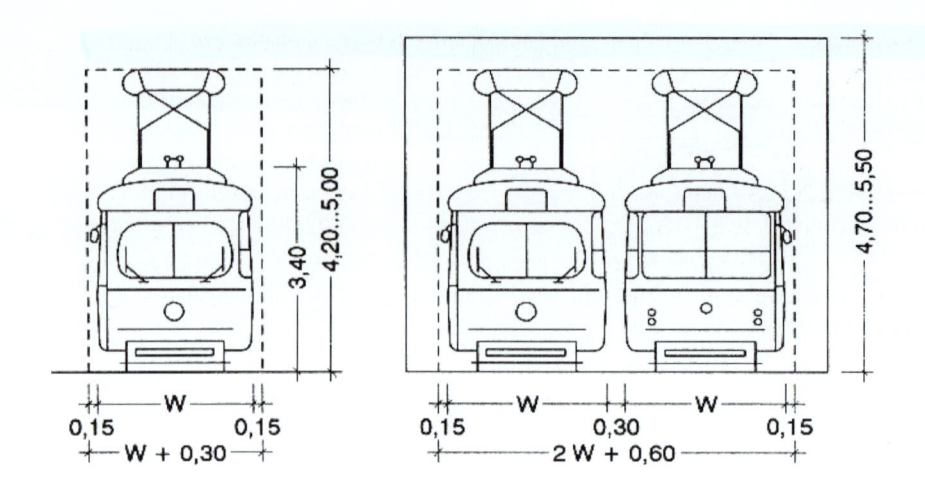

Abb. 6-23: Raumbedarf von Straßenbahnen – Geradeausfahrt (EAHV93, 1993)

Die Darstellung in Abb. 6-23 ist den von der Forschungsgesellschaft für Straßen und Verkehrswesen herausgegebenen „Empfehlungen für die Anlage von Hauptverkehrsstraßen" (EAHV 93) aus dem Jahr 1993 entnommen. Deren Maße stimmen nicht mit den Maßen überein, welche sich nach den aufgrund der BOStrab erlassenen BOStrab-Lichtraumlinien ergeben. Daher sind die genauen Maße beim jeweiligen Verkehrsunternehmen zu erfragen.

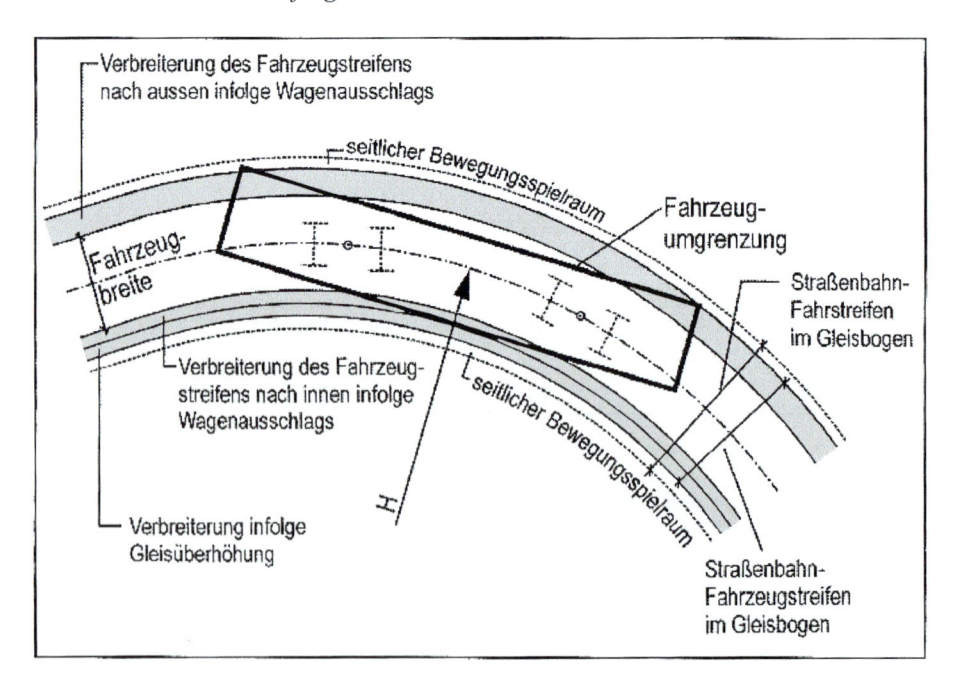

Abb. 6-24: Beispiel für die Verbreiterung der Verkehrsräume von Straßenbahnen in Bögen (RASt06, 2007)

Die „Richtlinien für die Anlage von Stadtstraßen" der Forschungsgesellschaft für Straßen und Verkehrswesen aus dem Jahr 2006 (RASt 06) nennen als Grundmaße für den Raumbedarf von Straßenbahnen (Summe aus Fahrzeugbreite W, Sicherheitsräumen, fahrzeugabhängige Verbreiterungsmaße bei Kurvenfahrt und zusätzliche Flächen bei Fahrgastwechsel an Haltestellen für den Begegnungsfall) überschläglich eine Breite des Verkehrsraums von 2 W plus 1 m (Fahrzeugbreite W i. A. 2,40 m –2,65 m). Auch nach der RASt 06 werden die Maße vom jeweiligen Verkehrsunternehmen nach den auf dem Netz eingesetzten Fahrzeugen ermittelt.

Die Stadtbahn-Richtlinien der Stadtbahngesellschaft Rhein-Ruhr, welche für das Land Nordrhein-Westfalen gelten, führen zu zusätzlichen Breiten wegen der Fahrzeugausschläge bei einer Bogenfahrt aus:

> *„(1) Im Gleisbogen ist die Fahrzeugbegrenzungslinie durch die geometrischen Fahrzeugausschläge w_a auf der Bogenaußenseite und w_i auf der Bogeninnenseite zu erweitern.*
>
> *(2) Die vom Bogenhalbmesser R abhängenden Fahrzeugausschläge sind für ein Stadtbahnfahrzeug mit einer Länge des Wagenkastens von 18 m und einem Drehgestell-Mittenabstand von 12 m ermittelt (...).*
>
> *(3) Für R ≥ 100 m können die Fahrzeugausschläge mit ausreichender Genauigkeit nach folgenden Formeln berechnet werden*
>
> $$w_a = \frac{22100}{R} \ (mm)$$
>
> $$w_i = \frac{18600}{R} \ (mm)$$

wobei R in m einzusetzen ist.

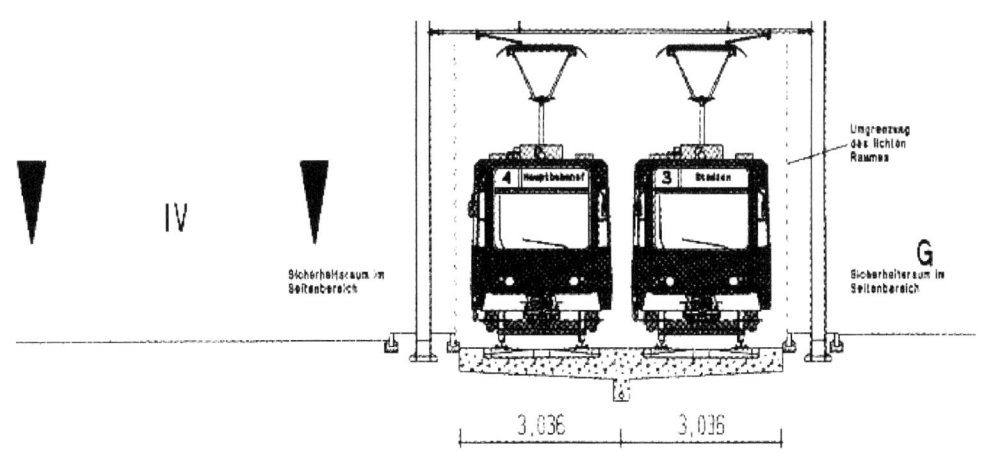

Abb. 6-25: Beispiel für Querschnittsabmessungen bei einer Fahrzeugbreite von 2,65 m (EAÖ, 2003)

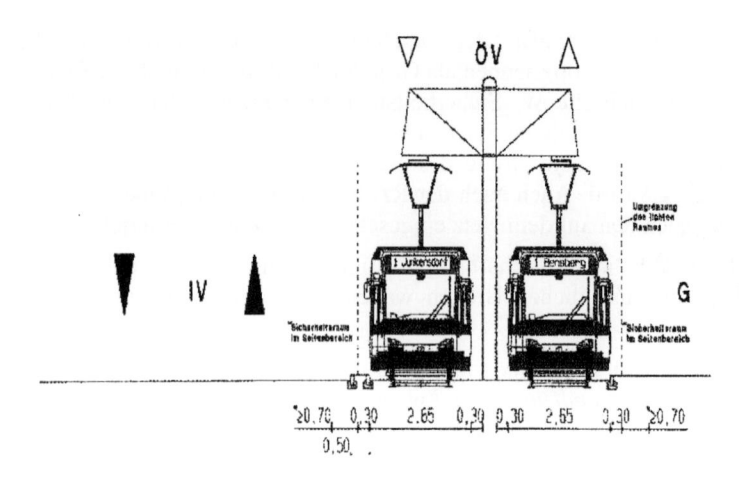

Abb. 6-26: Beispiel für Querschnittsmaße bei einer Fahrzeugbreite von 2,65 m (hier: in Seitenlage, mit Mittelmast) (EAÖ, 2003)

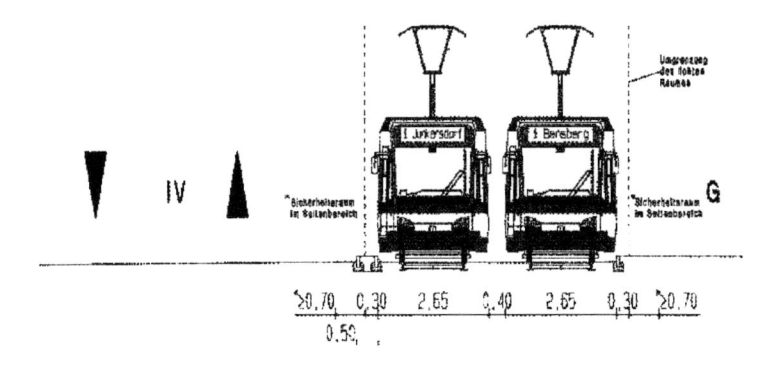

Abb. 6-27: Beispiel für Querschnittsmaße bei einer Fahrzeugbreite von 2,65 m; (hier: in Seitenlage, ohne Mittelmast) (EAÖ, 2003)

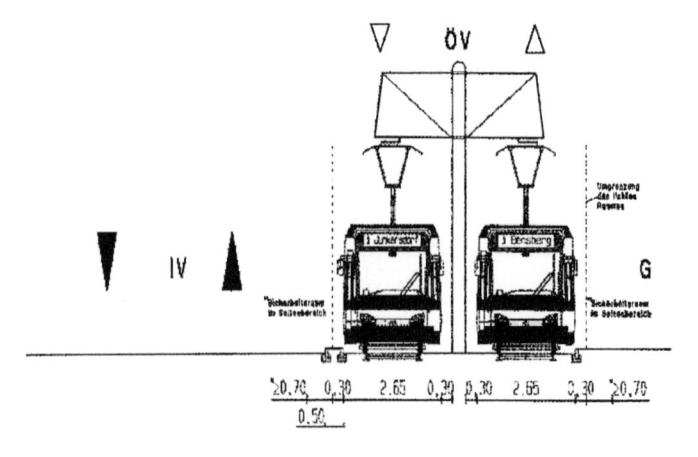

Abb. 6-28: Beispiel für Querschnittsmaße bei einer Fahrzeugbreite von 2,65 m hier: in Seitenlage, mit Mittelmast) (EAÖ, 2003)

6.2 Schienenstrecken

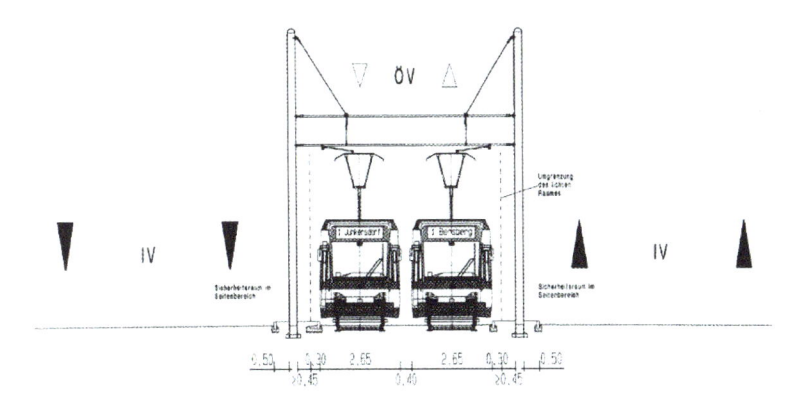

Abb. 6-29: Beispiel für einen besonderen Bahnkörper in Mittellage mit Seitenmasten und Sicherheitsraum im Seitenbereich (bei einer Fahrzeugbreite von 2,65 m) (EAÖ, 2003)

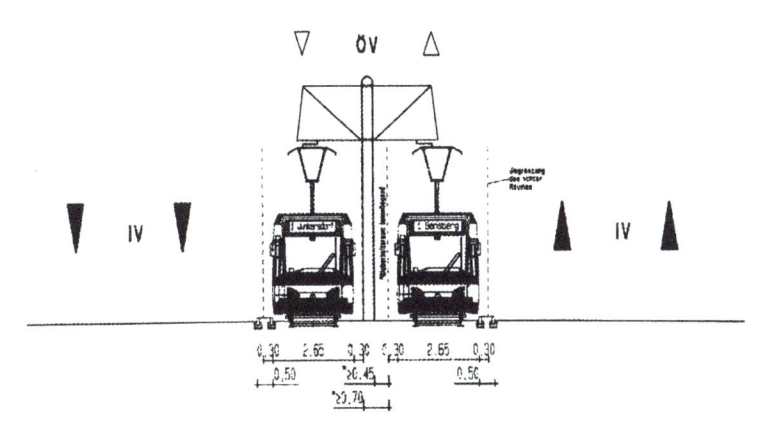

Abb. 6-30: Beispiel für Querschnittsmaße eines besonderen Bahnkörpers in Mittellage bei einer Fahrzeugbreite von 2,65 m (mit Mittelmast) (EAÖ, 2003)

Trassierungselemente

Bahnkörper werden unterschieden nach
- straßenbündige Bahnkörper: Diese sind mit ihren Gleisen in Fahrbahnen des allgemeinen Verkehrs oder in Flächen von Fußgängerzonen eingelassen. Die Geschwindigkeit der Bahnen entspricht der Geschwindigkeit des Kraftfahrzeugverkehrs bzw. der für Fußgängerzonen angepassten Geschwindigkeit.
- besondere Bahnkörper: Die Gleise sind im Verlauf öffentlicher Straßen verlegt, jedoch baulich – durch Hecken, Borde, Zäune u. a. m. – vom übrigen Verkehr getrennt. Auf besonderen Bahnkörpern sollte die Entwurfsgeschwindigkeit nicht kleiner als 50 km/h sein.
- unabhängige Bahnkörper: Die Straßenbahngleise sind unabhängig von anderen Verkehrswegen verlegt. Auf unabhängigen Bahnkörpern fahren die Straßenbahnen in der Regel mit 70 km/h. Dabei legt die Technische Aufsichtsbehörde für das gesamte Streckennetz eines Verkehrsunternehmens nach BOStrab § 50 eine Streckenhöchstgeschwindigkeit fest.

Abb. 6-31: Lage von Straßenbahngleisen – straßenbündiger Bahnkörper (1)

Bei der Vorbeifahrt an Haltestellen ohne Halt gilt als Maximalgeschwindigkeit 40 km/h (und beim Befahren von nicht formschlüssig festgelegten Weichen gegen die Spitze gilt 15 km/h).

Abb. 6-32: Lage von Straßenbahngleisen – straßenbündiger Bahnkörper (2)

6.2 Schienenstrecken

Abb. 6-33: Lage von Straßenbahngleisen – Besonderer Bahnkörper

(Unteres Bild:
Besonderer Bahnkörper für eine Straßenbahn in Verbindung mit einer (Umsteige-)Haltestelle Straßenbahn-Bus – mit Fahrstreifen nur für Busse)

Abb. 6-34: Lage von Straßenbahngleisen – unabhängiger Bahnkörper

Die zulässige Geschwindigkeit V_{zul} und der mögliche Mindestradius R der Straßenbahn errechnen sich unter Verwendung des zulässigen Seitenbeschleunigungsüberschusses q nach der Formel

$$q = \frac{V^2}{3{,}6^2}\frac{1}{R} - g\frac{u}{s}\left[\frac{m}{\sec^2}\right]$$

mit

q Seitenbeschleunigungsüberschuss zur Bogenaußenseite [m/sec^2]

V zulässige Geschwindigkeit [km/h]

R Radius [m]

g Erdbeschleunigung [m/sec²]

u Überhöhung [mm]

s Stützweite [mm], bei Normal-(Meter-)spur 1500 (1060) mm.

Danach ergibt sich für die Normalspur

$$R = \frac{V^2}{3{,}6^2 \left(q + \dfrac{9{,}81 \cdot u}{1500}\right)} \text{ m}$$

$$V_{zul} = 3{,}6 \sqrt{R(q+g)\frac{u}{1500}} \text{ km/h}$$

Um eine Geschwindigkeit von 50 km/h fahren können, müsste der Mindestradius einer normalspurigen Bahn bei der maximal zulässigen Überhöhung von 165 mm bei Regelspur (110 mm bei Meterspur) und einem zulässigen Seitenbeschleunigungsüberschuss von 1,0 m/sec² rund 93 m betragen. Die fahrzeugseitig möglichen Mindestradien von teilweise 25 m sind im Fahrgastbetrieb nicht zu verwenden.

Als Längsneigung soll ein Wert von 100 ‰ (auf 1000 m waagerechte Wegstrecke 100 m Höhenunterschied) nicht überschritten werden. Evtl. Ausrundungshalbmesser zwischen unterschiedlichen Längsneigungen – bei straßenbündigen Bahnkörpern ist die Fahrbahnneigung aufzunehmen – sind mit $R_a = V^2/4$ (V in km/h, R in m), jedoch mindestens $R_a \geq 500$ m anzusetzen. Wegen der Oberbauherstellung und -instandhaltung sollte $R_a = 2000$ m gewählt werden.[155]

Streckengestaltung

Straßenbündige Bahnkörper

Da Straßenbahnen ihre Aufgabe als Massenverkehrsmittel besser erfüllen, wenn sie möglichst unbehindert vom übrigen Verkehr betrieben werden, ist die Führung der Straßenbahn in einer Fahrbahn des allgemeinen Kraftfahrzeugverkehrs nach § 15 (6) BOStrab nur in Ausnahmefällen zulässig. In diesem Fall sollen die Straßenbahngleise in der Fahrbahnmitte liegen. Um Störungen der Straßenbahn durch Kraftfahrzeuge zu vermeiden, ist der Straßenraum evtl. durch signaltechnische Maßnahmen dynamisch freizugeben.

Auf der vom Kraftfahrzeug und der Straßenbahn gemeinsam zu befahrenen Strecke werden Lichtsignalanlagen so geschaltet, dass eine Straßenbahn für die nachfolgenden Kraftfahrzeuge ein Halt zeigendes Signal auslöst. Die Straßenbahn setzt sich dadurch an die Spitze des Fahrzeugpulks und fährt ungehindert in den vorausliegenden Bereich ein. Neben der ungehinderten Fahrt der Straßenbahn kann in Verbindung mit einer Haltestelle auch ein gefahrloser Fahrgastwechsel stattfinden (dynamische Haltestelle). An vorausliegenden Knoten wird auf diese Art oft mittels Lichtsignal der Querverkehr angehalten und vor der Straßenbahn in gleicher Richtung fahrende Kraftfahrzeuge räumen den Weg frei.

---

[155] Maße für zulässige Überhöhung, Seitenbeschleunigung usw. nach BOStrab Anlage 2

Abb. 6-35: Dynamische Freigabe des Straßenraums (mit gelb-rot zeigendem Lichtsignal)

Dass Störungen der Bahn durch den Kraftfahrzeugverkehr ausgeschlossen werden, ist nachzuweisen. Ohne rechnerischen Nachweis ist die dynamische Straßenraumfreigabe dann einzusetzen, wenn folgende Sachverhalte vorliegen:

– Im Zulauf zum gemeinsamen Abschnitt mit dem Kraftfahrzeugverkehr hat die Straßenbahn freie Fahrt (eigener Bahnkörper) und der Straßenbahn ist ein freier Abfluss aus dem gemeinsamen Bereich zu ermöglichen
– Im gemeinsam genutzten Straßenabschnitt liegen unbedeutende Knoten bzw. in das dynamische Lichtsignalanlagen-Steuerungsverfahren einbezogene Knoten
– In den zu befahrenden Knoten fahren keine konkurrierenden ÖPNV-Linien

- Es verkehren nicht mehr als 12 Straßenbahnen je Stunde und Richtung
- Die Stärke des Kraftfahrzeugverkehrs liegt bei zwei Fahrstreifen unter 1.100 Kfz/h und Richtung.

Auf straßenbündigen Bahnkörpern haben die Straßenbahnen die Geschwindigkeitsbegrenzungen des übrigen Verkehrs einzuhalten; die Entwurfsgeschwindigkeit der Straßenbahn beträgt i. A. 50 km/h. Die BOStrab-Trassierungsrichtlinien lassen im Ausnahmefall eine Seitenbeschleunigung von 0,98 m/sec^2 zu. Bei nicht überhöhtem Gleis – was in einer zweibahnigen Straße der Regelfall sein sollte – ergibt das für die Bahn einen Mindestradius von R = 196 m.

> *Für die bauliche Gestaltung der Oberfläche der straßenbündigen Bahnkörper ist eine Beachtung des „Merkblatt für die Ausführung von Verkehrsflächen in Gleisbereichen von Straßenbahnen" – erschienen bei der Forschungsgesellschaft für Straßen- und Verkehrswesen – aus dem Jahr 2006 hilfreich. Da die Verkehrssicherungspflicht der vom Schienenfahrzeug befahrenen und von Kraftfahrzeugen überfahrenen Flächen zwar weiterhin beim Straßenbaulastträger liegt und auch nicht abgegeben werden kann, die Gleisanlagen(-herstellung) aber vom Verkehrsunternehmen verantwortet wird und dieses auch unterhaltspflichtig ist, sollte eine technische Abstimmung Straßenbaulastträger – Verkehrsunternehmen durchgeführt werden.*

Bauliche Gestaltung der Gleisanlagen mit Kfz-Verkehr

Der übliche Oberbau von Bahnen ist die „schwimmende" Lagerung des Gleisrostes (Schienen und Schwellen) im Schotterbett. Wenn in Flächen, welche großflächig von Kraftfahrzeugen befahren werden, Schienen verlegt sind, kann dieser Oberbau nicht verwendet werden. Die Schienen sind daher unter der Gleiseindeckung i. A. auf einer Betontragschicht oder Asphalttragschicht befestigt. Die gleichmäßige Übertragung der Radlasten in den Untergrund und besonders der Widerstand gegen Längs- und Querverschiebungen sind durch eine Bauweise ohne Schotterbett sicherzustellen. Damit ist die Bauweise „Feste Fahrbahn" angesprochen: Bei der Bauweise „Feste Fahrbahn" wird der Schotter als lastverteilendes Element durch Beton und Asphalt ersetzt. Wegen der hohen Steifigkeit von Beton- und Asphalttragschicht muss die erforderliche Elastizität vollständig durch elastische Elemente unterhalb der Schiene eingebracht werden.

Entsprechend der „Festen Fahrbahn" auf Hochgeschwindigkeitsstrecken haben sich auch bei eingedeckten Gleisen der Stadtbahnen/Straßenbahnen unterschiedliche Bauweisen mit gemeinsamen Erwartungen entwickelt:

- es wird mit geringeren Instandhaltungskosten (und damit geringeren Betriebskosten) gegenüber dem – nicht möglichen – Schotteroberbau gerechnet
- es wird eine längere Liegedauer der festen Fahrbahn erwartet gegenüber dem Schotteroberbau
- ein Hochwirbeln von Schotter- und Staubpartikeln wird vermieden
- es besteht eine hohe Sicherheit gegen Querverschiebung.

Die Nachteile der Bauart „Feste Fahrbahn" gegenüber dem Schotteroberbau sind hier nicht zu nennen, da ein Schotteroberbau von Kraftfahrzeugen nicht befahrbar wäre.

Abb. 6-36: Einsatz von Betonfertigteilen zur Herstellung einer später einzudeckenden Straßenbahnstrecke

Abb. 6-37: Straßenbahngleis (Rillenschienen) mit Spurstangen im Bauzustand
(http://de.academic.ru/pictures/dewiki/83/Schienenstrang.JPG)

Die Einhaltung der Spurweite – beim Schotteroberbau allgemein durch Holzschwellen sichergestellt – muss bei fehlenden Querschwellen durch eine kontinuierliche Befestigung der Schienen auf der Tragschicht sichergestellt werden oder durch Verbindung der beiden Schienen des Gleises mit Spurstangen.

Wie bei der Bauart „Feste Fahrbahn" für Hochgeschwindigkeitsstrecken gibt es zwei unterschiedliche Bauarten: 1. Lagerung auf Stützpunkten mit Schwelle/ohne Schwelle, 2. kontinuierliche Lagerung.

6.2 Schienenstrecken

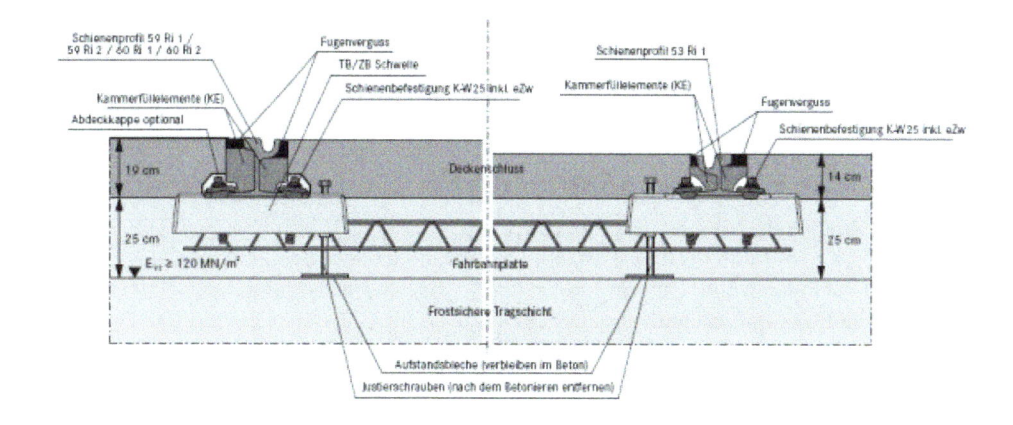

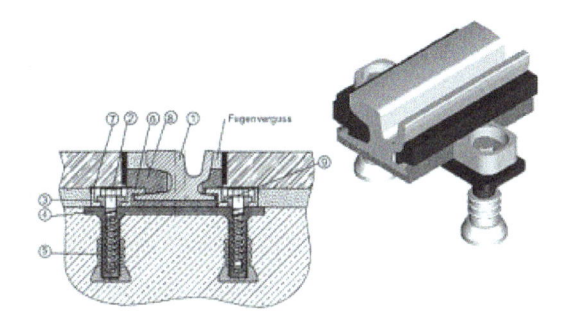

Abb. 6-38: „Feste Fahrbahn": System „Rheda-City" mit elastischer Stützpunktlagerung der Schiene (Unternehmensbroschüre Pfleiderer), unten System „Flattrack" der Firma Thyssen (Unternehmensbroschüre)

Es empfiehlt sich, dass der Straßenbaulastträger und das Verkehrsunternehmen einvernehmlich die geeignete Bauweise für die von Kraftfahrzeugen und Schienenfahrzeugen gemeinsam zu befahrenen Verkehrsflächen festlegen. Dabei sollten der Straßenbauer und das Straßenbahnunternehmen dieselbe Sprache sprechen. In den Tabellen 6-4 und 6-5 werden der Aufbau der Gleisanlagen und der Straßen gegenübergestellt.

Die Fahrbahnoberfläche der Straße nimmt die Verkehrslasten auf und leitet sie auf die Tragschichten ab; der Oberbau leitet die Verkehrslasten auf der Fahrbahnoberfläche über die Fahrbahndecke und die Tragschichten in den Untergrund ab.

Die auf der Straße von den Kraftfahrzeugen übertragenen Radlasten liegen zwischen 1 kN bis zu 58 kN bei Reifenkontaktdrücken von maximal 0,8 N/mm².

Die Radsatzlasten der Schienenfahrzeuge dagegen liegen im Bereich von 140 – 190 kN für moderne Nahverkehrstriebwagen und für Stadtbahnfahrzeuge bei 100 – 120 kN, d. h. je Rad 70 – 95 kN bzw. 50 – 60 kN, was zu Flächenpressungen von bis zu 600 N/mm² führt.

Für die Dimensionierung des Straßenoberbaus wird die Bauklasse bestimmt und dann die Dicke des Aufbaus sowie die Bauweise nach den „Richtlinien für die Standardisierung des Oberbaus von Verkehrsflächen" (RStO) festgelegt. Die Anforderungen an die verwendeten

Baustoffe – Beton wie auch Asphalt kann verwendet werden – Tragfähigkeiten und Verdichtung sind in den Straßenbauvorschriften enthalten.

Das Gleis dient der Bahn als Lauffläche und zur Spurführung. Dabei haben die Schienen alle vertikalen und horizontalen statischen Kräfte aufzunehmen (aus den senkrecht wirkenden Lasten und aus den Fliehkräften bei der Bogenfahrt und aus Temperatureinflüssen) wie auch alle dynamischen horizontal und vertikal wirkenden Kräfte (aus Bremsvorgängen, aus Beschleunigungsvorgängen, aus Lastverlagerungen, aus Gleislagefehlern u. a. m.). Die Schienen nehmen diese Kräfte auf und geben sie an den Untergrund weiter; eine kraftschlüssige Verbindung zwischen Schienen und Untergrund ist dafür eine Voraussetzung. Dabei werden die Längskräfte in und gegen die Fahrtrichtung sowie quer zum Gleis im Schottergleis i. A. durch die Reibung der Schwellen unmittelbar auf die Bettung übertragen. Bei eingedeckten Gleisen können die Längskräfte vernachlässigt werden, soweit die Gesamtkonstruktion diese Längskräfte aufnehmen kann. Die senkrechten Kräfte werden im eingedeckten Gleis mittels der dort üblicherweise eingesetzten Rillenschiene über deren Fuß – bei der Schiene R 1 (früher Ri 59) 18 cm breit – und die Schienenlagerung in die Tragkonstruktion übertragen. Die Querkräfte werden bei einigen Bauarten dadurch abgetragen, dass die Rillenschienen an der Unterlage befestigt sind, bei anderen Bauarten gibt es keine eigens dafür eingesetzte Konstruktion (der Kontakt zwischen Schiene und Fahrbahnbefestigung leitet dort die Querkräfte ab).

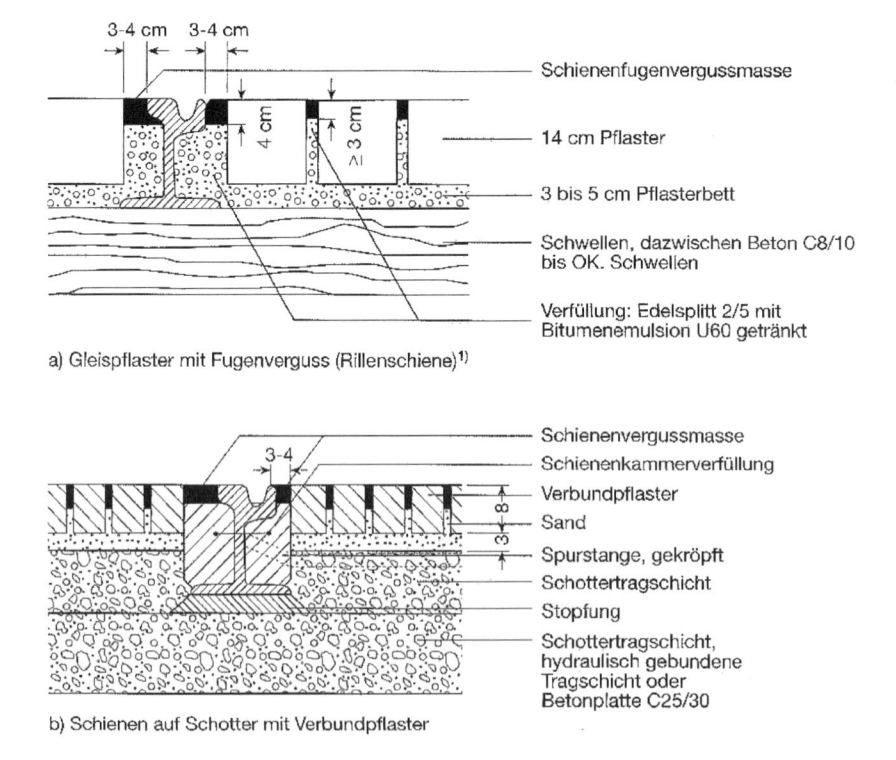

a) Gleispflaster mit Fugenverguss (Rillenschiene)[1]

- Schienenfugenvergussmasse
- 14 cm Pflaster
- 3 bis 5 cm Pflasterbett
- Schwellen, dazwischen Beton C8/10 bis OK. Schwellen
- Verfüllung: Edelsplitt 2/5 mit Bitumenemulsion U60 getränkt

b) Schienen auf Schotter mit Verbundpflaster

- Schienenvergussmasse
- Schienenkammerverfüllung
- Verbundpflaster
- Sand
- Spurstange, gekröpft
- Schottertragschicht
- Stopfung
- Schottertragschicht, hydraulisch gebundene Tragschicht oder Betonplatte C25/30

[1] Bei Normalschienen sind die Auflagen der DB (EBO) zur Sicherung des Lichtraumes zu beachten.

Abb. 6-39: Betonsteinpflaster im Gleisbereich (Eifert, 2007)

Tab. 6-4: Definitionen im Eisenbahnbau
1): Eindeckung = Oberste Schicht bis Oberkante Schiene; Straßenbaustoffe, Fertigteilplatten, Vegetationsschicht, Schotter

Oberbegriffe			Flächen	Schichten	
Bahnkörper (Zusammenfassung Oberbau und Unterbau)	Oberbau (Tragwerkskonstruktion des Fahrweges oberhalb des Planums)	Gleis	Schienenstützungskante: ▼	Gleis- und Weichenelemente: Schienen, Befestigungsmittel, Spurstangen, evtl. Schwellen,	
		Bettungsschicht	Planum: ▼	Bettung (Schotter, Betontragschicht, bituminöse Tragschicht, Eindeckungen[1] und Schienenentwässerung)	
			Erdbauplanum (Unterbaukrone): ▼	Planumsschutzschicht, Frostschutzschicht (Folien, Vliese, Kunststoffplatten, Kunststoffbeton)	
	Unterbau (unmittelbar unter dem Unterbau liegendes Erdbauwerk oder Kunstbauwerk; trägt den Oberbau)			Verdichtete oder verbesserte Übergangsschicht	Brücken, Stützmauern, Kunstbauten, Entwässerung
				Verdichtete Unterbauschüttung	
			Erdplanum: ▼		
Untergrund				Verdichtete oder verbesserte Übergangsschicht	
				Untergrund: gewachsener Boden	

Tab. 6-5: Definitionen im Straßenbau

Oberbegriffe		Flächen	Schichten
Straßenkörper	Oberbau	Planum: technisch nach Ebenheit, Höhe und Neigung bearbeitete Oberfläche des Untergrundes, Grenzfläche zwischen Untergrund/Unterbau und Oberbau ▼	Decke: bituminöse Deckschicht, evtl. Binderschicht bzw. ein- oder zweilagige Betonschicht bzw. Pflasterdecke und Pflasterbettung
			eine Tragschicht
			eine Tragschicht
			Eine Tragschicht, z. B. kapillarbrechende und wasserdurchlässige Frostschutzschicht
	(ggf. Unterbau): Künstlich hergestellter Erdkörper zwischen Untergrund und Oberbau		ggf. Bodenverfestigung
			ggf. Dammschüttschicht
Untergrund: Unmittelbar unter Oberbau oder Unterbau angrenzender Boden/Fels			

Der Gleisoberbau erfährt unter der Fahrzeuglast eine Einfederung, welche im Mittel bei 3-5 mm liegt – bei steifem Untergrund auch bei 0,3 – 0,5 mm.[156] Die unter der Fahrzeugbelastung auftretenden Verformungen im Oberbau und im Boden dürfen aber zu keinen Schäden an der Straßenkonstruktion führen. Der Straßenoberbau wird für den Kraftfahrzeugverkehr nach den RStO dimensioniert („Richtlinien für die Standardisierung des Oberbaus von Verkehrsflächen"). Ein mit dem Gleis gemeinsames Planum ist anzustreben. Wegen der unterschiedlichen Bewegungen von Schienenfahrweg (Gleis) und Kraftfahrzeugfahrweg (Straße) ist der Ausbildung von Fugen zwischen beiden Bereichen besondere Beachtung zu schenken.

Zur Auspflasterung von Straßenbahngleisen kann auch Betonpflaster der Größe 16/24 oder 16/16 eingesetzt werden (Abb. 6-39).

---

[156] Das Maß für die Einfederung von Schienen im Straßenraum sollte 0,7 mm nicht überschreiten.

6.2 Schienenstrecken

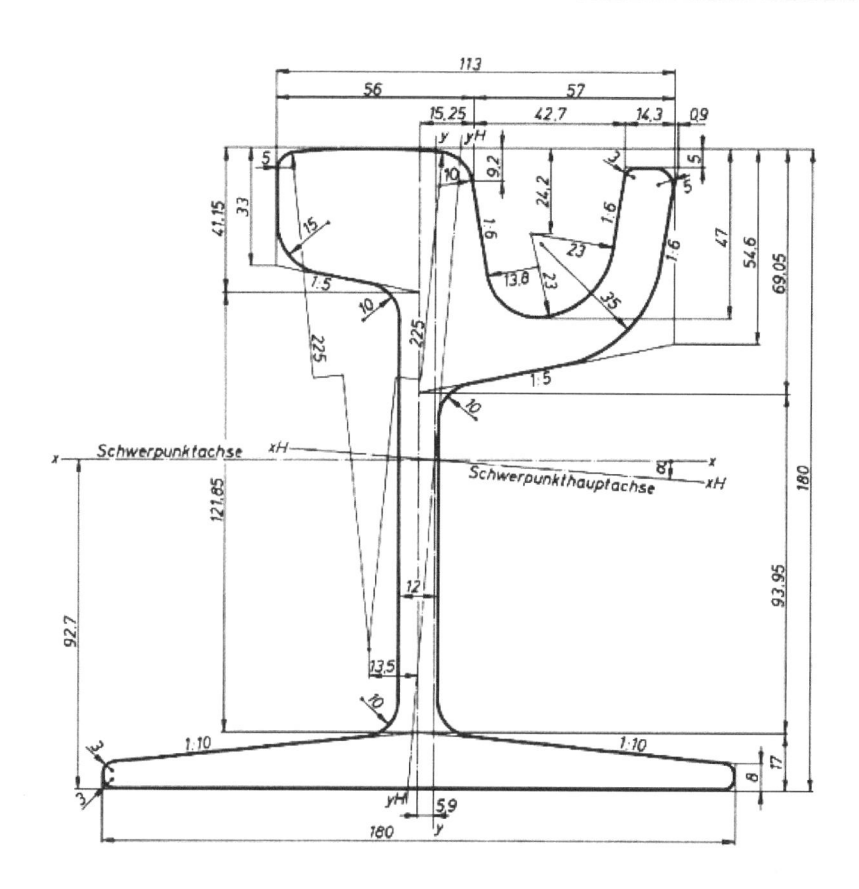

Technische Daten

Querschnittsfläche $F = 75{,}11$ cm²
Gewicht $G = 58{,}96$ kg/m
Trägheitsmoment $J_x = 3250{,}4$ cm⁴
Widerstandsmoment $W_{x_K} = 372{,}3$ cm³
Widerstandsmoment $W_{x_F} = 350{,}6$ cm³
Trägheitsmoment $J_y = 878{,}1$ cm⁴
Widerstandsmoment $W_{y_L} = 91{,}6$ cm³
Widerstandsmoment $W_{y_R} = 104{,}4$ cm³
Trägheitsmoment $J_{x_{II}} = 3263{,}7$ cm⁴
Trägheitsmoment $J_{y_{II}} = 864{,}8$ cm⁴
Verdrehungswinkel
der Hauptachsen $\alpha = -4{,}743$ Neugrad

Zulässige Maßabweichungen

für Schienenstahlgüte mit 70 bis
80 kp/mm² Festigkeit nach VÖV 3510
Schienenhöhe $+1{,}0 / -1{,}0$ mm
Fußbreite $+1{,}0 / -3{,}0$ mm
Stegdicke $+0{,}75 / -0{,}75$ mm
Ganze Kopfbreite $+1{,}0 / -1{,}0$ mm
Fahrkopfbreite $+0{,}5 / -0{,}5$ mm

Technische Lieferbedingungen:
Verband öffentlicher Verkehrsbetriebe
VÖV 3510 — Ausgabe März 1954

Abb. 6-40: Rillenschiene R1 (Rillenschiene R 1)
(http://www.fpdwl.at/4images/data/media/ 112/Ri59.jpg)

Abb. 6-41: Straßenbahnstrecke mit Pflastereindeckung (vgl. Abb. 6 – 36)

Pflasterbauweisen dürfen bei Kfz-Verkehr nur für die Bauklassen III und IV verwendet werden (300 – 600 Kfz/Tag bzw. 60 – 300 Kfz/Tag). Die Regelbauweise der Pflasterdecke ist die „ungebundene Pflasterdecke" (ungebundenes Bettungs- und Fugenmaterial). Neben der Befolgung der einschlägigen Vorschriften/Merkblätter ist gegebenenfalls zu beachten:

- ausreichender Frost-Tausalzwiderstand des Bettungs- und Fugenmaterials
- Ergänzung der ungebundenen Fugenfüllung nach Materialverlust durch Ausspülen oder durch eine Kehrmaschine.

Pflasterdecken erfordern eine starre Einfassung. Damit ist der ordnungsgemäße Anschluss des Pflasters an die Schienenkammerfüllung sicherzustellen: Der Anschluss muss Kräfte quer zum Gleis übertragen können und auch Vertikalbewegungen in der Größenordnung von 0,7 mm zulassen. Es wird zwischen der Schienenkammerfüllung und der ersten Pflasterreihe zur Trennung Pflaster – Schienenbereich daher eine ungebundene Fuge angeordnet.

Plattenbeläge sind bei von Kfz befahrenen Flächen nicht einzusetzen.

Eine Betondeckschicht kann bei allen Bauklassen gemäß den einschlägigen Vorschriften eingesetzt werden.

Zwischen die Schiene und die Eindeckung werden Schienenkammerfüllungen eingebaut, um

- einen ebenflächigen Abschluss zur benachbarten Konstruktion zu erreichen
- den Ausgleich unterschiedlicher Bewegungen Schiene – Eindeckung zu ermöglichen.

Diese Schienenkammerfüllungen werden aus frost-/tausalzbeständigem Beton hergestellt oder aus elastischen Kunststoffen (oder aus polyurethangebundenem Vergussmaterial).

Um längs der Schienen Fugen zu schließen bzw. bei Pflasterdecken evtl. die Fugen zu füllen, werden Fugen vergossen. Diese sind von der Schienenkammerfüllung – wegen deren Bewe-

6.2 Schienenstrecken

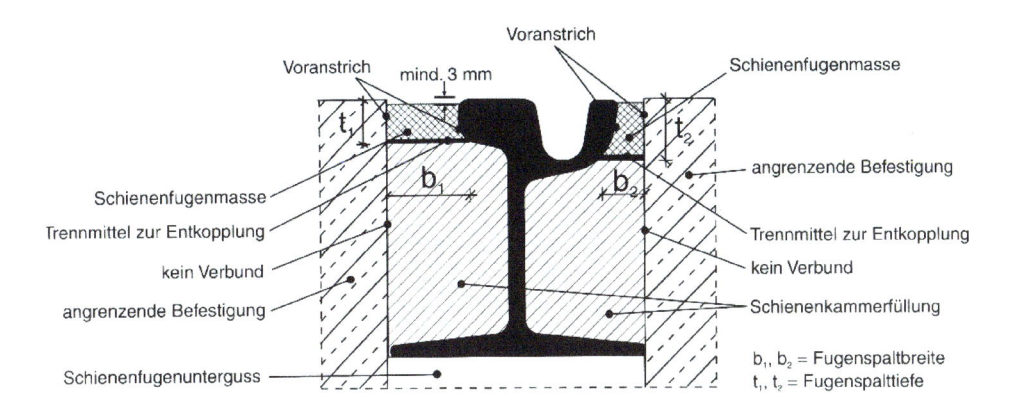

Abb. 6-42: Ausbildung der Fugen längs der Schiene (Krass, 2006)

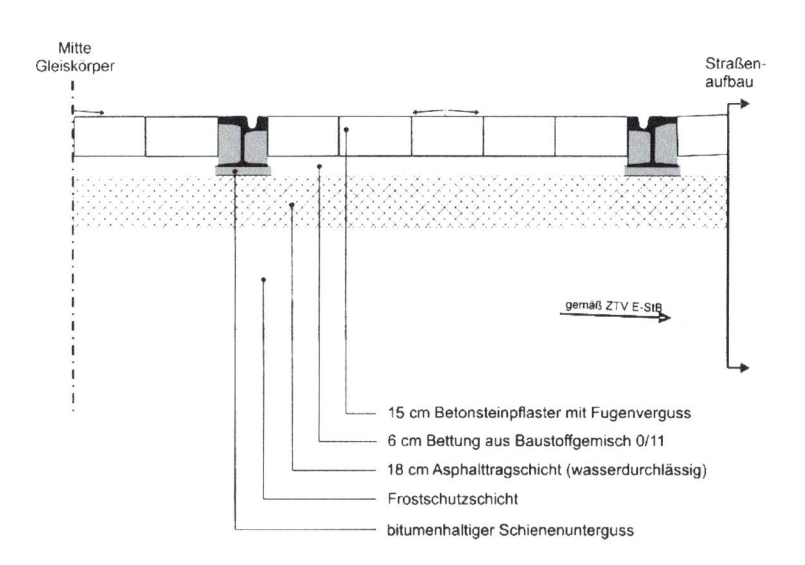

Abb. 6-43: Beispiel für den Einbau eines Rillenschienengleises auf einer Asphalttragschicht mit Asphaltdecke (Krass, 2006)

gungen – zu entkoppeln. Für die Anforderungen an das Fugenmaterial sind einschlägige Richtlinien zu beachten.[157]

Die Stadtbahnen/Straßenbahnen werden mit Gleichstrom betrieben, wobei die Stromrückleitung über die Schienen erfolgt. Die Gleiskonstruktionen sind wegen der Gefahr der Streustromkorrosion daher nach unten und zur Seite zu isolieren.

---

[157] Eine zu beachtende Richtlinie ist die TL Fug-StB „Technische Lieferbedingungen für Fugenfüllstoffe in Verkehrsflächen"

Besondere Aufmerksamkeit ist dem Schallschutz zu widmen: Es muss vermieden werden, dass zum einen die eingedeckte Gleiskonstruktion Schall in benachbarte Gebäude überträgt und zum anderen der motorisierte Verkehr beim Überfahren der Gleisanlagen störende Schallemissionen verursacht. Auch hierfür bestehen unabhängig vom Einsatz im Öffentlichen Personennahverkehr bewährte Lösungen.

Für den Bau von Schienenstrecken in von Kraftfahrzeugen befahrenen Flächen liegen bewährte Lösungen vor für Straßenbahnfahrzeuge mit 10 t Achslast und dem Einsatz der Rillenschienen 59 R1, 59 R 2 und 60 R2 („Merkblatt für die Ausführung von Verkehrsflächen in Gleisbereichen von Straßenbahnen", Köln 2006).

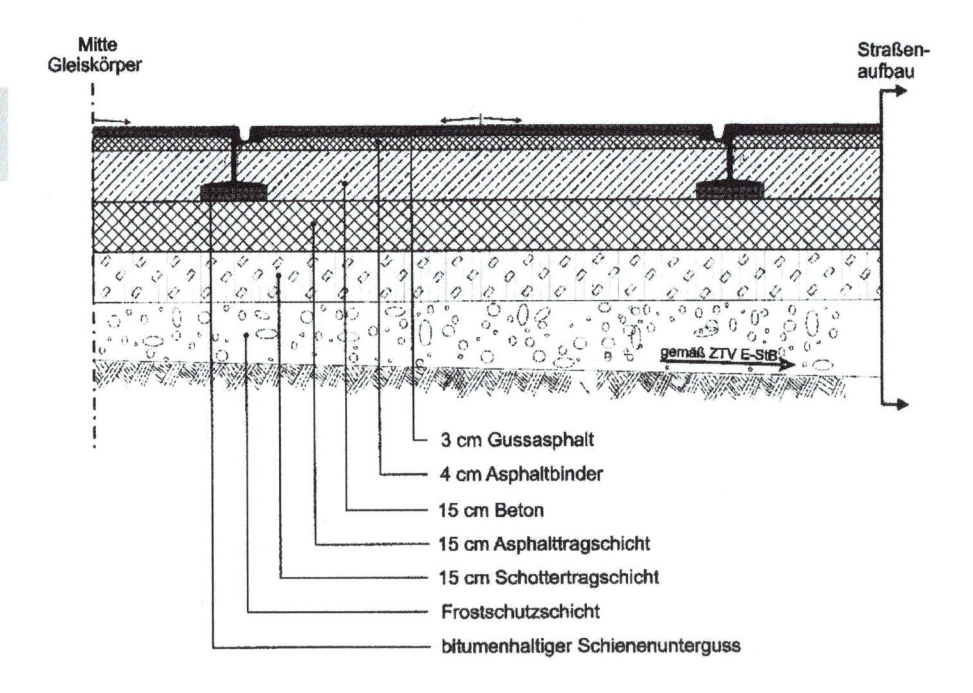

Abb. 6-44: Beispiel für den Einbau eines Rillenschienengleises auf einer Asphalttragschicht mit Pflasterdecke (Krass, 2006)

Wenn Schienen nicht im Straßenraum verlegt werden, bestehen dennoch vielfach Berührungspunkte mit dem Straßenverkehr: Die Straße/der Weg kreuzt das Gleis (in Deutschland gibt es bei den Bahnen etwa 50.000 ebenerdige Kreuzungen Straße/Weg und Schiene, davon rund 21.000 Bahnübergänge im Netz der DB AG). Für diese nicht ständig von Kraftfahrzeugen befahrenen Schiene-/Straße-Kreuzungen (Bahnübergänge) liegen Lösungen vor, welche den Anforderungen des Schienenverkehrs an die Straße wie auch des Straßenverkehrs an die Schiene gerecht werden. Als Beispiel für diese Lösungen wird der Belag aus Vollgummi-Platten des Unternehmens Gummiwerke Kraiburg (STRAIL) genannt.

6.2 Schienenstrecken

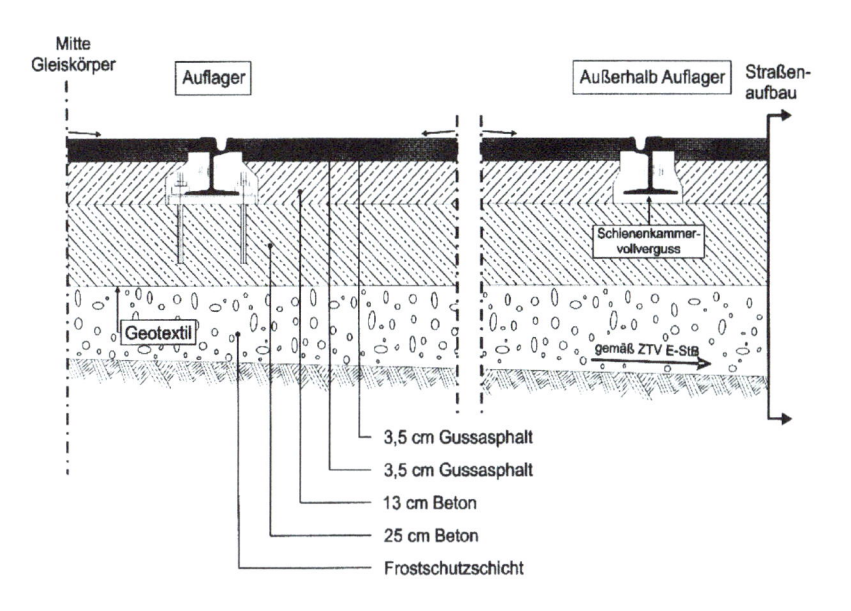

Abb. 6-45: Beispiel für einbetonierten Gleisrost auf Betontragplatte mit Asphaltdecke (Krass, 2006)

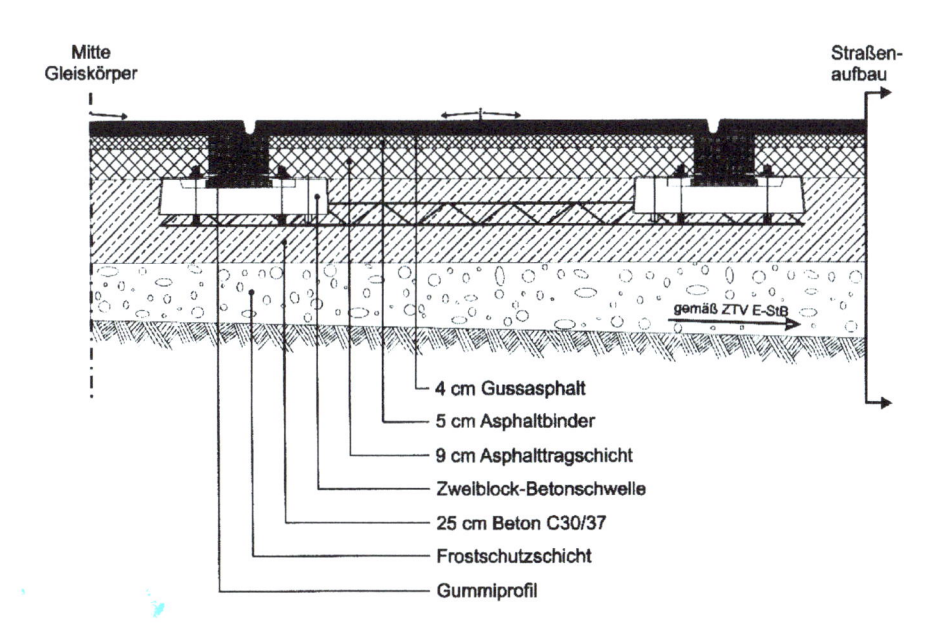

Abb. 6-46: Beispiel für Gleis auf Zweiblockbetonschwelle in Betontragschicht mit Asphaltdecke, auf Gummiprofil kontinuierlich elastisch gelagert, mit Schienenbefestigung (Krass, 2006)

Abb. 6-47: System STRAIL (aufgelagerte Vollgummiplatten (http://www.nitralive.sk/images/stories/vystavba/priecestie-braneckeho/strail.jpg)

Abb. 6-48: STRAIL-Bahnübergang
(Unternehmensbroschüre STRAIL Verkehrssysteme/Gummiwerke Kraiburg)

Die Fahrleitung über dem Gleis der Nahverkehrsbahnen muss einen ungehinderten Straßenverkehr zulassen: Es wird eine Höhe von 5,50 m über der Fahrbahn empfohlen (Schwertransporte können eine Höhe von bis zu 5,00 m erreichen). Die Fahrdrahthöhe darf unmittelbar vor oder hinter Bauwerken bis auf 4,20 m verringert werden. Die Höhe ist aber historisch bedingt oft noch geringer. Durch das Verkehrszeichen 265 StVO („Höhe") ist auf die Verringerung der Fahrdrahthöhe hinzuweisen.[158]

Verkehrsteilnehmer unterschätzen oft Höhenunterschiede Fahrzeug – Fahrleitung: Es kam und kommt daher oft zum spektakulären Abreißen der Fahrleitung. Da es in fast jeder Straßenbahnstadt Stellen im Netz gibt, wo die Fahrleitung des Öfteren abgerissen wird, sind Anlagen im Einsatz, um den Kraftfahrer mit dem (zu) hohen Fahrzeug vor der Weiterfahrt zu warnen. Durch eine Höhenmessung mittels Lichtstrahl/Laser wird in der Zufahrt zur (niedrigen) Fahrleitung ein Signal ausgelöst, welches den Kraftfahrer vor einer Weiterfahrt warnt; gleichzeitig

---

[158] Auf dem Verkehrszeichen in Abb. 6-49 ist die Fahrdrahthöhe minus ein Sicherheitsabstand von 20 cm anzugeben (Fahrdrahthöhe hier 4,00 m).

wird auf einer Anzeigetafel die Ursache für die Warnung genannt – in der Hoffnung, dass der Kraftfahrer sich daran hält.

Abb. 6-49: Zeichen 265 StVO „Erlaubte Durchfahrthöhe"

Abb. 6-50: (Kfz-)Höhenwarnanlage vor niedriger Fahrleitung (1)

Abb. 6-51: (Kfz-)Höhenwarnanlage vor niedriger Fahrleitung (2)

Abb. 6-52: Besonderer Bahnkörper in Straßenmitte

Abb. 6-53: Mitbenutzung eines besonderen Bahnkörpers der Straßenbahn durch Linienbusse

Besonderer Bahnkörper

Wünschenswert – und mit Landes- und Bundesgeldern förderbar (siehe Kapitel 11) – ist die Führung der Straßenbahn auf einem besonderen Bahnkörper: Die Gleise der Bahn sind im Verlauf öffentlicher Straßen verlegt, jedoch baulich – durch Hecken, Borde, Zäune u. a. m. – vom übrigen Verkehr getrennt. Ein besonderer Bahnkörper ist besonders vorzusehen bei

– Straßenbahngeschwindigkeiten größer 50 km/h
– Zufahrten zu Rampen der zweiten Ebene (Hochlage oder Tieflage)
– Zweirichtungsbetrieb in Einbahnstraßen
– einer vom allgemeinen Kraftfahrzeugverkehr abweichenden Fahrtrichtung der Straßenbahn.

Der besondere Bahnkörper sollte in Mittellage der Straße angelegt werden. Damit wird dem allgemeinen Kraftfahrzeugverkehr das Parken bzw. das Laden am Straßenrand ermöglicht. Der besondere Bahnkörper muss zur allgemeinen Fahrbahn abgetrennt werden durch bauliche Einrichtungen wie Borde, Hecken, Zäune und anderes – dadurch nehmen die Straßenbahnen nicht am Straßenverkehr teil und es können höhere Geschwindigkeiten als im Straßenverkehr gefahren werden.

Der Übergang von der Mittel- in die Seitenlage sowie der Übergang von der Mittellage in den allgemeinen Kraftfahrzeugverkehr sollen unter Signalschutz erfolgen.

Die Benutzung des besonderen Bahnkörpers durch den Linienbus kann gestattet werden – es ist eine Ausnahmegenehmigung der Technischen Aufsichtsbehörde erforderlich – wenn die Breite des Bahnkörpers den Forderungen der Busse genügt und wenn die Kapazität des Bahnkörpers die Aufnahme der Busse erlaubt.

Abb. 6-54: Übergang straßenbündiger Bahnkörper – besonderer Bahnkörper

Unabhängige Bahnkörper

Nach BOStrab § 15 (6) sollen Straßenbahnstrecken besondere oder unabhängige Bahnkörper aufweisen, da Straßenbahnen ihre Aufgabe als Massenverkehrsmittel nur erfüllen, wenn sie möglichst ungehindert vom übrigen Verkehr betrieben werden können.

Auf unabhängigen Bahnkörpern fahren Straßenbahnen in der Regel mit 70 km/h.

Überquerungsstellen

Haltestellen werden meist in Verbindung mit Straßenkreuzungen angelegt; Überquerungsstellen sind somit oft auch Haltestellenzugänge. Problematisch sind Haltestellen für Bahnen in Straßenmittellage und Fahrgastwartefläche am Straßenrand: Wegen der vielen Fahrgäste auf der Fahrbahn beim Fahrgastwechsel sollte in dieser Zeit der Kfz-Verkehr auf der Straße angehalten werden (Zeitinsel/dynamische Haltestelle).

Bei Überquerungsstellen außerhalb von Haltestellen hat sich die Einrichtung von Z-Überwegen bewährt: Der querende Fußgänger sieht immer in Richtung der ankommenden Bahn. Sollte die Bahnquerung signalisiert sein und auch eine Fahrbahnquerung vor Erreichen des Z-Überweges bzw. nach Verlassen des Z-Überweges, sollte die Signalisierung für die Fußgänger für die gesamte Querung gelten: Ein „Rot" für das Queren der Bahnlinie und ein „Grün" für das Queren der Fahrbahn vor der Bahnlinie und ein „Grün" für das Queren der Fahrbahn jenseits der Bahnlinie kann zu tödlichen Missverständnissen führen: Der querende Fußgänger bezieht die „Grün"-Signale auf die Gesamtquerung und übersieht das Rot der Bahn.

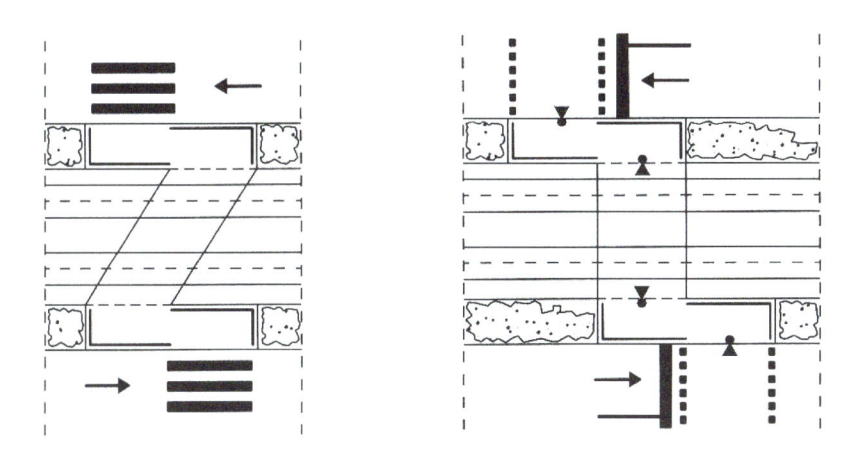

Abb. 6-55: Skizze Z-Überweg (EAÖ, 2003)

Abb. 6-56: Z-Überweg

6.3 Elemente der Busstrecken

Fahrzeugabmessungen und Sicherheitsräume

Nach der Straßenverkehrszulassungsordnung § 32 sind die Höchstmaße von Fahrzeugen

– allgemein 2,55 m Breite (bei Personenkraftwagen 2,50 m)
– höchstzulässige Höhe 4,00 m
– 12,00 m Länge (Kraftfahrzeuge und Anhänger)
– 13,50 m (zweiachsige Kraftomnibusse)
– 15 m Länge (bei Kraftomnibussen mit mehr als zwei Achsen)
– 18,75 m Länge (bei Kraftomnibussen, welche als Gelenkfahrzeug ausgebildet sind)

Bei diesen Maßen sind Überschreitungen durch Spiegel, Fahrtrichtungsanzeiger, Wischer und Wascheinrichtungen und Begrenzungsleuchten möglich.

Innerhalb der gesetzlichen Höchstabmessungen besteht eine Vielzahl von Busabmessungen, z. B. beim vielfach als Stadtbus eingesetzten Midibus oder auch bei den Kleinbussen.

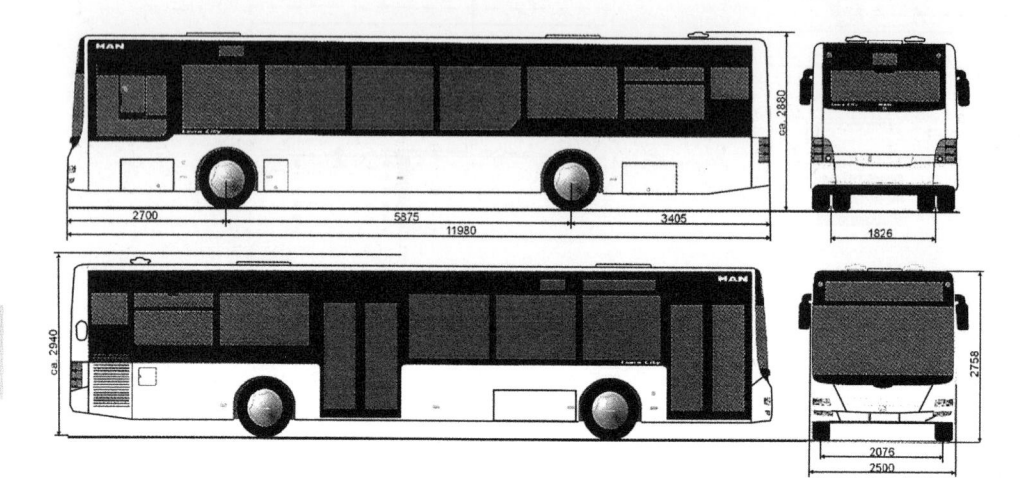

Abb. 6-57: Abmessungen des MAN-Busses Lion's City (Unternehmensbroschüre)

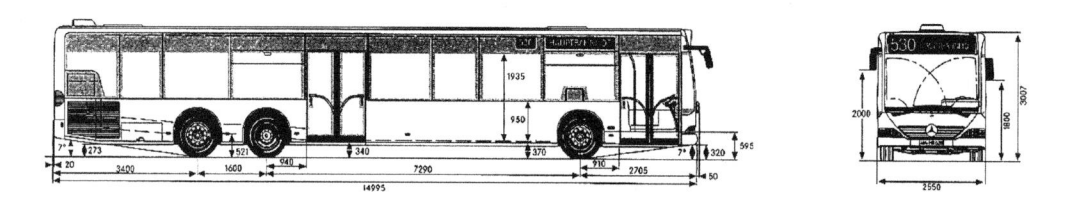

Abb. 6-58: Abmessungen des Mercedes-Benz Bus Citaro L (Unternehmensbroschüre)

6.3 Elemente der Busstrecken

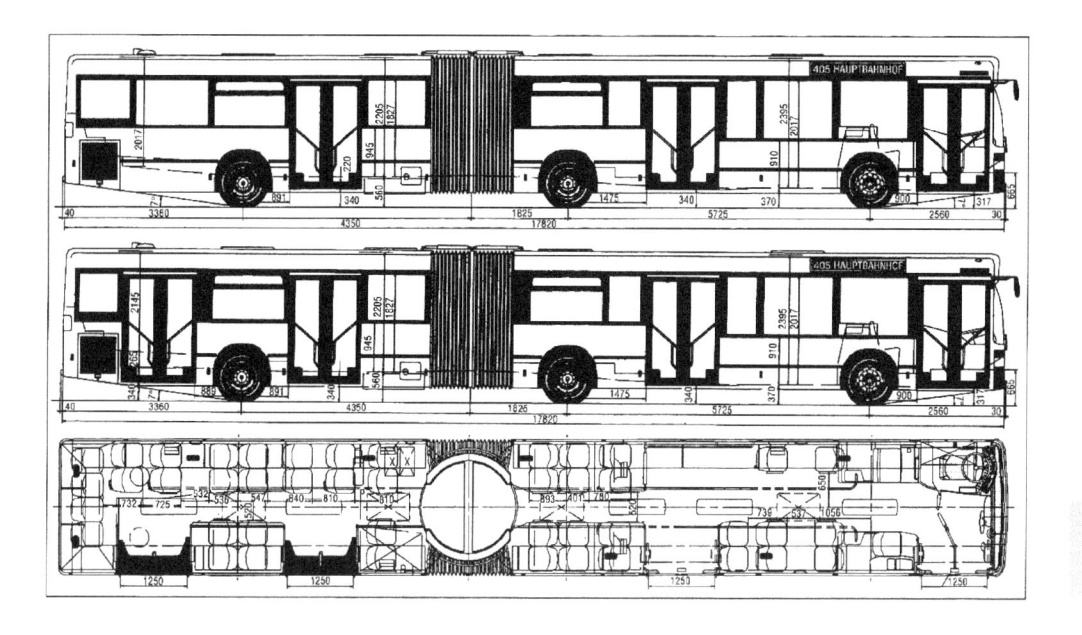

Abb. 6-59: Maße des Mercedes-Benz Bus O 405 GN (Unternehmensbroschüre)

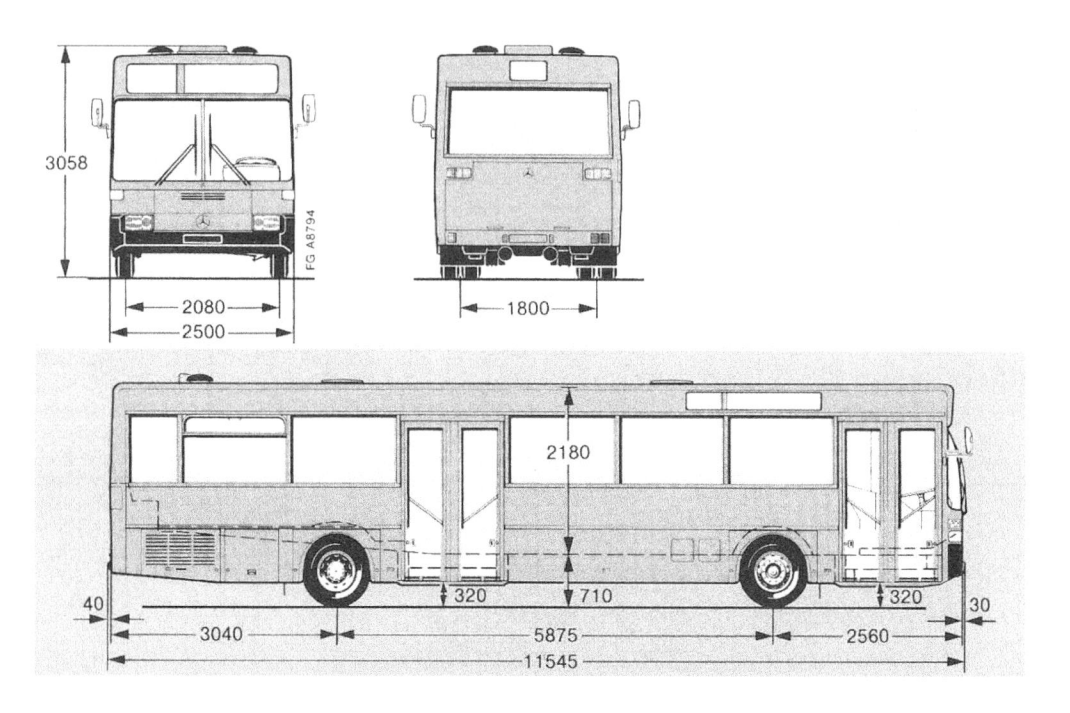

Abb. 6-60: Abmessungen Standard-Linienbus SL II Mercedes-Benz (Unternehmensbroschüre)

Nach § 70 der Straßenverkehrsordnung sind Ausnahmen von deren Vorschriften möglich. Das betrifft auch die Fahrzeuglängen nach § 32 – der in Hamburg eingesetzte Doppelgelenkbus der Firma Van Hool fasst bei 24,8 m Länge 180 Personen.

Abb. 6-61: Doppelgelenkbus im Einsatz in Hamburg

Zur Gestaltung von Straßenverkehrsanlagen müssen zu den Fahrzeugbreiten der Busse bei der Geradeausfahrt hinzugerechnet werden Räume für das Begegnen, das Vorbeifahren und für die Fahrzeugbewegungen. Daraus ergibt sich ein (Breiten-)Raumbedarf der Busse von 3,00 m (bzw. 6,5 m für den Begegnungsfall Bus-Bus) oder 2,75 m (bzw. 6,00 m bei eingeschränkter Geschwindigkeit).

Trassierungselemente

Die Trassierungselemente für Kraftomnibusse nach Höhe und Lage richten sich nach den Richtlinien für die allgemeine Straßentrassierung.

Der minimale Wendekreis von Straßenfahrzeugen ist nach der Straßenverkehrsordnung für Deutschland wie folgt definiert:

STVZO § 32 d

(1) Kraftfahrzeuge und Fahrzeugkombinationen müssen so gebaut und eingerichtet sein, dass ... die bei einer Kreisfahrt von 360° überstrichene Ringfläche mit einem äußeren Radius von 12,50 m keine größere Breite als 7,20 m hat. Dabei muss die vordere – bei hinterradgelenkten Fahrzeugen die hintere – äußerste Begrenzung des Kraftfahrzeugs auf einem Kreis von 12,50 m Radius geführt werden.

(2) Beim Einfahren aus der tangierenden Geraden in den Kreis ... darf kein Teil des Kraftfahrzeugs oder der Fahrzeugkombination diese Gerade um mehr als 0,80 m nach außen überschreiten.

(3) Bei Kraftomnibussen ist bei stehendem Fahrzeug auf dem Boden eine Linie entlang der senkrechten Ebene zu ziehen, die die zur Außenseite des Kreises gerichtete Fahrzeugseite tangiert. Bei Kraftfahrzeugen, die als Gelenkfahrzeug ausgebildet sind, müs-

sen die zwei starren Teile parallel zu dieser Ebene ausgerichtet sein. Fährt das Fahrzeug aus einer Geradeausbewegung in die ... Kreisringebene ein, so darf kein Teil mehr als 0,60 m über die senkrechte Ebene hinausragen."

Bei nicht gelenkter Hinterachse hat der Abstand der Fahrzeugvorderkante bis zur Hinterachse den Wert D = 9,728 m als Maximum. Dieses Maß ergibt sich aus der Bauart § 32 STVZO (Abmessungen) und § 20 STVZO (Allgemeine Betriebserlaubnis) und deckt auch den Flächenbedarf von Gelenkbussen und Lastzügen.

Die genannten Definitionen sind im sogenannten BO-Kraftkreis und in der ECE-Regelung 107, Anhang 4 aufgeführt. Der Anhang A dieser ECE-Regelung zeigt, dass dieser Kreis auch für Gelenkbusse gilt, dort aber mit einem Ausschermaß von 1,2 m als Maximum.

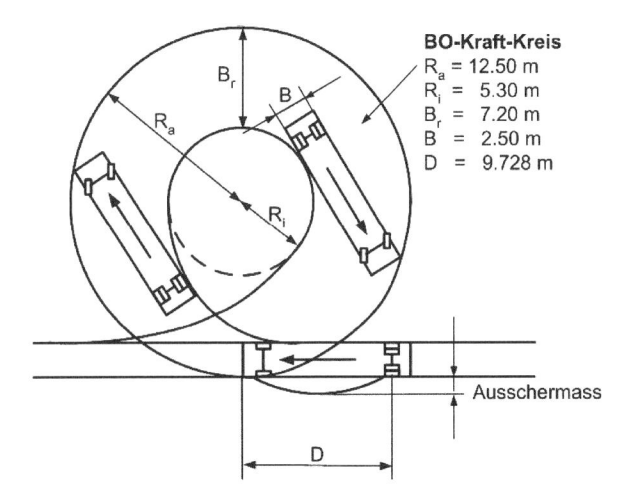

Abb. 6-62: Geometrische Maße bei der Kreisfahrt von Kraftfahrzeugen nach der Straßenverkehrszulassungsordnung (EAÖ, 2003)

Bei einer Kurvenfahrt benötigen Fahrzeuge mehr Platz als bei der Geradeausfahrt: Bei Bogenfahrten sind Fahrstreifenverbreiterungen vorzusehen. Der Einschlagwinkel der Vorderräder – fast alle Kraftfahrzeuge besitzen Vorderradlenkung – ist im Verlaufe der Kurvenfahrt unterschiedlich groß; bei zwangsfreiem Rollen schneiden sich die Verlängerungen der Achsen in einem Punkt. Weiterhin laufen die gelenkten Vorderräder in einer anderen Spur als die Hinterräder: Diese beschreiben eine kleineren Radius als die gelenkten Vorderräder. Die Radspuren aller Räder überstreichen bei der Kurvenfahrt eine größere Breite als bei der Geradeausfahrt; daraus ergibt sich bei kleinen Radien eine Verbreiterung des Fahrstreifens. Den sich ergebenden Bogen des nachlaufenden (bogen-)inneren Hinterrades bezeichnet man als Schleppkurve.

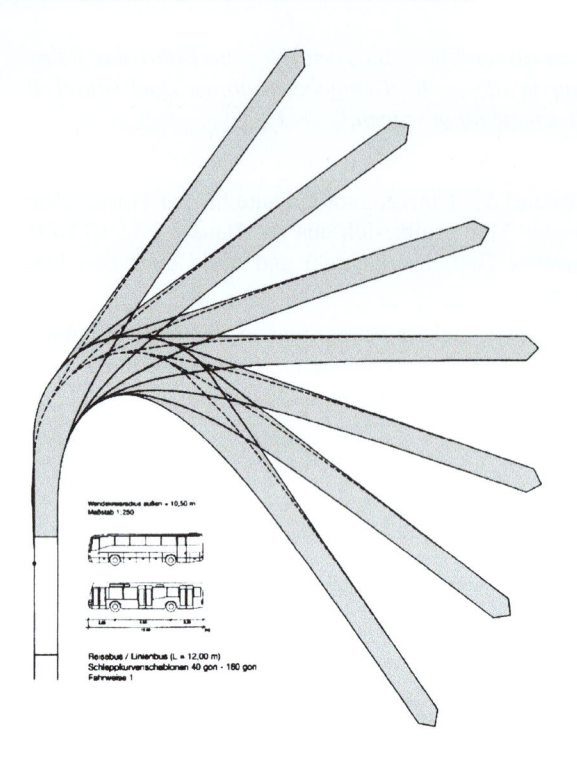

Abb. 6-63: Schleppkurve 1 für den Standardlinienbus und den Reisebus (EAÖ, 2003)

In den deutschen Bestimmungen werden drei Schleppkurven unterschieden, wobei für die Bemessung der Straßenverkehrsanlagen nur Schleppkurve 1 verwendet werden soll: konstant zunehmender Lenkradeinschlag bei der Bogeneinfahrt und konstant abnehmender Lenkradausschlag bei der Bogenausfahrt.

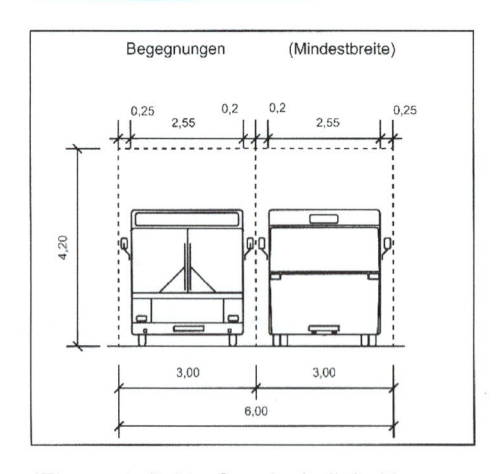

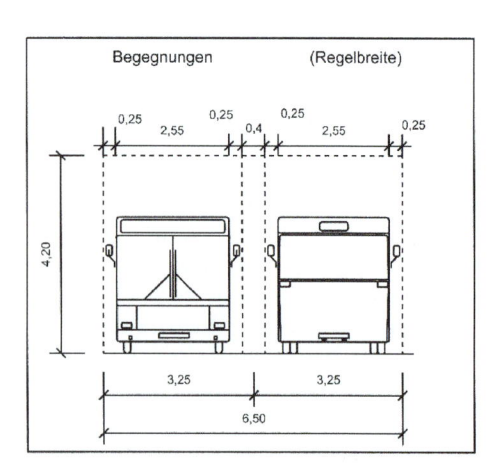

Abb. 6-64: Lichtraum Bus (EAÖ, 2003)

Streckengestaltung

Im Öffentlichen Personennahverkehr soll ein pünktlicher und wirtschaftlicher Betrieb gewährleistet sein. Eine Trennung des Busverkehrs vom allgemeinen Kraftfahrzeugverkehr ist daher zweckmäßig: Es ist die Einrichtung von Busfahrstreifen anzustreben.[159]

Busfahrstreifen erreichen ebenso wie besondere Bahnkörper der Straßenbahn

– Pünktlichkeit (des Öffentlichen Personennahverkehrs)
– Verkürzung der Reisezeit
– Erhöhung der Verkehrssicherheit
– Verbesserung der Wirtschaftlichkeit.

Busfahrstreifen werden eingerichtet

– in Randlage rechts
– in Einbahnstraßen rechts oder links
– in Mittellage allein
– im Gleisraum von Straßenbahnen
– auf baulich abgesetzten Straßenteilen auch entgegen der Fahrtrichtung
– zeitlich unbegrenzt oder tageszeitlich befristet.

Die Reservierung des dem Bus vorbehaltenen Sonderfahrstreifens wird durch das Zeichen 245 StVO gekennzeichnet. Dieses Zeichen soll möglichst über dem Sonderfahrstreifen angebracht werden; die Markierung „Bus" auf dem Sonderfahrstreifen kann dessen Funktion verdeutlichen.

Abb. 6-65:   Zeichen 245 der StVO („Linienbusse") [weiß auf blau]

Eine zeitlich unbegrenzte Reservierung des Sonderfahrstreifens hat den Vorteil des Gewöhnungseffektes für den Kraftfahrer; eine missbräuchliche Nutzung durch den Individualverkehr wird selten stattfinden. Eine zeitlich begrenzte Reservierung des Busfahrstreifens wird sinnvoll sein, wenn Anlieger zeitweise die Möglichkeit haben sollen, am Straßenrand ein Be- und Entladen durchzuführen und wird daher für Busfahrstreifen in Randlage infrage kommen.[160]

Straßenverkehrsordnung-Verwaltungsvorschrift zu Zeichen 245 "Sonderfahrstreifen ohne zeitliche Beschränkung in Randlage dürfen nur dort angeordnet werden, wo kein

---

[159] Die Verwaltungsvorschrift zur Straßenverkehrsordnung nennt als Regelmindestmaß für die Einrichtung von Sonderfahrstreifen 20 Busse in der Stunde der stärksten Verkehrsbelastung.

[160] Bei einer zeitlichen Reservierung sollte eine Pufferzeit von je 30 Minuten vor und nach der eigentlich benötigten Reservierungszeit mit in die angekündigte Reservierungszeit eingerechnet sein. Die Reservierungszeiten aller Busfahrstreifen in einem Verkehrsgebiet sollten gleich sein.

Anliegerverkehr vorhanden ist und das Be- und Entladen, z. B. in besonderen Ladestraßen oder Innenhöfen, erfolgen kann. Sind diese Voraussetzungen nicht gegeben, sind für den Sonderfahrstreifen zeitliche Beschränkungen vorzusehen."

Die Busfahrstreifen liegen im Verlauf eines ganzen Straßenzuges, sie sind nur auf einzelnen Streckenabschnitten eingerichtet oder ihre Anlage beschränkt sich auf die Bereiche der Straßenknoten. Nach Möglichkeit ist eine Störung des Fahrtablaufs auf dem Busfahrstreifen durch querende Kraftfahrzeuge, Radfahrer oder Fußgänger zu vermeiden.

Bei Einrichtung eines Busfahrstreifens im Bereich des in gleicher Richtung fahrenden Individualverkehrs muss diesem eine Fahrstreifenbreite von mindestens 3,25 m zur Verfügung stehen.

Der Sonderfahrstreifen für Busse wird gegen den Individualverkehr mit dem Zeichen 295 (Fahrstreifenbegrenzung) abgegrenzt; zeitlich beschränkt geltende Sonderfahrstreifen sind mit einer Leitlinie vom Individualverkehr abzutrennen (Zeichen 340 StVO).

Zeichen 295 StVO
„Fahrstreifenbegrenzung"

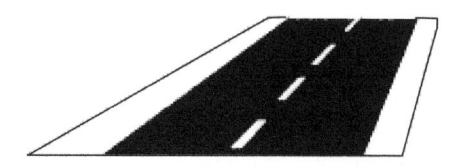

Zeichen 340 StVO
„Leitlinie"

Abb. 6-66: Abtrennung des Busfahrstreifens vom allgemeinen Kraftfahrzeugverkehr

Bei Busfahrstreifen in Straßenseitenlage sollte der Radverkehr rechts vom Busverkehr geführt werden (Radweg, Radfahrstreifen, gemeinsamer Geh- und Radweg). Ist das nicht möglich, muss der Radverkehr auf diesem Streckenabschnitt verhindert/verboten werden bzw. eine Benutzung des Busfahrstreifens durch die Radfahrer zugestanden werden. Dabei besteht aber die Gefahr, dass langsame Radfahrer auf der Busspur die Busse behindern und eine Situation für den ÖPNV wie ohne einen Busfahrstreifen entsteht. Bei Radfahrmengen von bis zu 150 bis 200 Radfahrern je Stunde auf Busfahrstreifen von 3,00 m Breite und breiter wurde eine Beeinträchtigung des Verkehrsablaufs aber nicht festgestellt. Befindet sich rechts vom Busfahrstreifen ein von Kfz befahrener Fahrstreifen, ist das Radfahren auf dem Busfahrstreifen zu verbieten. Wenn der Busfahrstreifen 4,75 m oder breiter ist, sollte für die Radfahrer eine Radverkehrsanlage neben dem dann schmaleren Busfahrstreifen eingerichtet werden. Die Reservierung des Sonderfahrstreifens nur für Linienbusse kann je nach den Zielen der Verkehrsplanung erweitert werden auf eine mögliche Nutzung durch Radfahrer (Zusatzzeichen zu Zeichen 245 „Radfahrer frei") oder durch das Gebotszeichen für Radfahrer (Zeichen 237 StVO) oder auf ein „Verbot für Fahrzeuge aller Art" (Zeichen 250 StVO).

6.3 Elemente der Busstrecken

Zusatzzeichen zu Zeichen 245 StVO
(schwarz auf weiß)

Zeichen 237 StVO
(weiß auf blau)

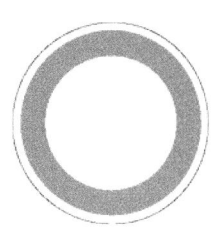

Zeichen 250 StVO
(rot auf weiß)

Die (Mit-)Benutzung der Busfahrstreifen durch Taxen sollte grundsätzlich erlaubt sein – wenn dadurch der Busverkehr nicht gestört wird (was bei Busfahrstreifen in Seitenlage infolge des Fahrgastwechsels bei den Taxen aber der Fall ist): Bei Verkehrsmengen von bis zu 100 Taxen je Stunde bei bis zu 60 Bussen je Stunde ist auf dem Busfahrstreifen ohne haltende Taxen keine Einschränkung der Verkehrsqualität zu verzeichnen. Die Taxibenutzung des Busfahrstreifens wird durch ein Zusatzschild erlaubt. Auch eine Benutzung des Busfahrstreifens durch Busse des Gelegenheitsverkehrs könnte erlaubt werden. Bei einer automatischen Signalanforderung für Lichtzeichenanlagen durch die Linienbusse kann die Benutzung des Busfahrstreifens durch Busse des Gelegenheitsverkehrs und Taxen nicht erlaubt werden.

Schrägparken und Senkrechtparken neben dem Busfahrstreifen soll ohne ausreichende Rangiermöglichkeit außerhalb des Sonderfahrstreifens ausgeschlossen werden.

Busse als Kraftfahrzeuge bewegen sich i. A. auf den Straßen des allgemeinen Kraftfahrzeugverkehrs, folglich gelten für ihre Wege die Vorschriften und Richtlinien der allgemeinen Straßenplanung wie „Empfehlung für Anlagen von Hauptverkehrsstraßen" (EAHV), „Empfehlung für Anlagen von Erschließungsstraßen" (EAE) u. a. m. Evtl. müssen bei der Bemessung der von Bussen befahrenen Straßen – gilt auch für die Busfahrstreifen – die Schleppkurven für den Standardbus bzw. den Standardgelenkbus verwendet werden.

An Straßenkreuzungen mit Linienbusverkehr hat der Bus i. A. Vorfahrt (Verwaltungsvorschrift II 8 zu § 8 StVO). In Tempo-30 Zonen, wo das Prinzip Rechts-vor-Links gilt, sollte wegen der Gefahr des ständigen Anfahrens und Bremsens die Rechts-vor-Links-Regelung nicht eingeführt werden, sondern dem Bus Vorfahrt gewährt werden (oder der Bus aus der Tempo 30 Zone herausgenommen werden bzw. bei Busverkehr keine Tempo 30 Zone eingerichtet werden). Die Fahrzeitverlängerung wegen möglicher Langsamfahrstellen bei der Annäherung an nicht signalisierte Kreuzungen gilt auch bei der Einrichtung von Kreisverkehren: Enge Radien können den Bus zu einer Geschwindigkeitsreduzierung zwingen (und sie führen zu einer Verschlechterung des Fahrkomforts).

6.4 Haltestellen

Haltestellen[161] sind die Orte, an denen die Fahrgäste in die Fahrzeuge einsteigen und aus den Fahrzeugen aussteigen. Die gesetzlichen Anforderungen an Haltestellen ergeben sich aus § 40 PBefG *("Der Fahrplan muss ... die Haltestellen ... enthalten ... Die Fahrpläne sind ... ortsüblich bekannt zu machen ... An den Haltestellen sind mindestens die Abfahrtzeiten anzuzeigen.")*. Damit sind die Haltestellen örtlich zu bezeichnen; die Genehmigungsbehörde prüft u. a., ob es am vorgegebenen Ort verkehrstechnisch möglich ist, eine Haltestelle zu errichten. Die Errichtung selbst richtet sich nach § 31 BOStrab bzw. § 32 BOKraft. In § 31 BOStrab heißt es *„Haltestellen müssen als solche kenntlich gemacht sein ... den Namen der Haltestelle aufweisen und mit Einrichtungen für Fahr- und Netzpläne ausgestattet sein."* In § 32 BOKraft heißt es für den Obusverkehr und Linienverkehr mit Kraftfahrzeugen *„Der Unternehmer hat neben den Angaben nach § 40 PBefG an der Haltestelle die Liniennummer sowie den Namen des Unternehmers ... anzubringen, im Orts- und Nachbarortslinienverkehr an der Haltestelle deren Bezeichnung ... anzugeben ... an verkehrsreichen Haltestellen ... Behälter zum Abwerfen benutzter Fahrscheine anzubringen."*

Abb. 6-67: Mindestausstattung einer Haltestelle des Buslinienverkehrs

Abb. 6-68: Hinweis auf eine Stadtbahnhaltestelle

Die Haltestellen mit der Mindestausstattung Haltestellenschild, Haltestellenname, Name des Unternehmers, Fahrplan und Papierkorb haben in erster Linie die Anforderungen der Fahrgäste zu erfüllen. Es sind aber auch Anforderungen der Verkehrsunternehmen und der Fahrzeuge und der sicheren Verkehrsabwicklung zu berücksichtigen. Dazu gehören z. B. ein sicherer und

---

[161] Unter „Haltestelle" wird i. A. eine einfache Einsteige- und Aussteigestelle verstanden, also eine kleinere Anlage. Aber auch große Bahnhöfe sind Haltestellen. Daher wäre der zusammenfassende Begriff „Station" für Haltepunkte, Haltestellen und Bahnhöfe, beginnend bei der Station für Busse mit dem Haltestellenschild, der Linienbezeichnung und dem Fahrplan bis hin zum Busbahnhof einer Großstadt oder dem Bahnhof im U-Bahnnetz.

bequemer Fahrgastwechsel auch für behinderte Personen, eine ausreichende Überwachung des Fahrgastwechsels durch die Fahrer und eine ausreichende Kapazität der Haltestelle.

Es ist festzustellen, dass die Stationen zu den wenigen Einrichtungen des Öffentlichen Personennahverkehrs gehören, an denen die Verkehrsunternehmen ihr Erscheinungsbild deutlich machen können, sei es durch die Art des Haltestellenschildes oder durch die Gestaltung der Überdachung/Wartehäuschen.

Abb. 6-69: Bushaltestelle in Konstanz (Verbundenheit mit der chinesischen Partnergemeinde)

Abb. 6-70: Bushaltestelle an einer Straßenbahn-Endhaltestelle

Abb. 6-71: Haltestellenmast in Hamburg (www.mm-trains.de) und in Hannover (www.mabeg.de)

Lage der Haltestelle

Die Haltestellen sind an den Aufkommensschwerpunkten der Fahrgäste zu errichten (dabei ist auf einen wirtschaftlichen Abstand der Haltestellen zueinander zu achten). Neben die Erfüllung dieser trivialen Forderung gehört zu den Grundforderungen eine sichere und bequeme Erreichbarkeit der Station und eine sichere und bequeme Erreichbarkeit des Fahrzeugs von den Wartebereichen aus. Eine attraktive Gestaltung des Haltestellenumfeldes verbunden mit einer sozialen Kontrolle (Sicherheitsgefühl) erhöht die Inanspruchnahme der Haltestelle durch den Fahrgast.

Das Verkehrsunternehmen verlangt eine störungsfreie Einfahrt in die Haltestelle und kurze Fahrgastwechselzeiten. Dazu sollten bei Stationen im Straßenverkehr die unvermeidlichen Wartezeiten vor den Lichtsignalanlagen für den Einstieg und Ausstieg genutzt werden.

Aber auch die Allgemeinheit hat Forderungen an die Stationen: Durch das Halten und Wiedereinfädeln der Fahrzeuge sollte im Straßenverkehr kein Stau entstehen. Und querende Fahrgäste sollten keine gefährlichen Verkehrssituationen hervorrufen. Bei der Anlage der Station im Verlauf einer Straße ist besonders auf die Übersichtlichkeit zu achten, damit sich alle Verkehrsteilnehmer rechtzeitig auf die Verkehrssituation einstellen können. Straßen mit Linienverkehr sind als Vorfahrtstraßen auszuweisen; damit kann der Linienverkehr bei fehlender Lichtsignalanlage die Knotenpunkte ohne Halt passieren. Die in Tempo-30-Zonen übliche Rechts-vor-Links-Regelung ist wegen des notwendigen oftmaligen Anhaltens der Fahrzeuge abzulehnen. Bei Knotenpunkten mit einer Signalanlage gibt es Gründe dafür, die Haltestelle in der Zufahrt zum Knotenpunkt anzulegen: Die Wartezeit an der LSA wird für den Fahrgastwechsel genutzt (eine Weiterfahrt wird ermöglicht durch eine vom Fahrzeug angeforderte Änderung der Grünzeit als Grün im Vorlauf bzw. Grün im Nachlauf zum Rot für den allgemeinen Kraftfahrzeugverkehr bzw. durch die Einrichtung einer Busschleuse – was auch das Abbiegen der Fahrzeuge erleichtert).

6.4 Haltestellen

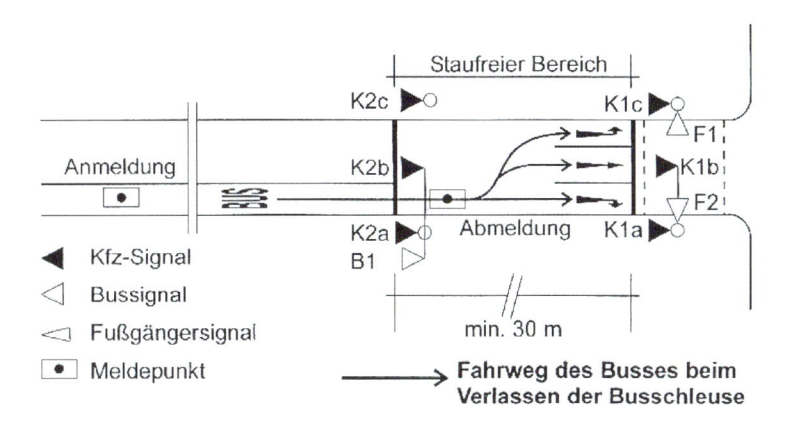

Abb. 6-72: Busschleuse (Laubert, 1999)

Bei Lage der Haltestelle hinter dem Knotenpunkt mit der Lichtzeichenanlage kann der Querverkehr bei Einfahrt des ÖPNV-Fahrzeugs in die Haltestelle freigegeben werden.

Wenn zwischen Bussen und Straßenbahnen umgestiegen werden soll, haben beide Fahrzeuge am selben Bahnsteig zu halten bzw. an benachbarten Bahnsteigen.

Abb. 6-73: Umsteigehaltestelle Bus Straßenbahn

Haltestellen sind in der Geraden anzulegen (Einstieg für Rollstuhlfahrer) mit Neigungen kleiner 4 % (Straßenbahn) bzw. 5 % (Bus).

Abb. 6-74: Umsteigehaltestelle Bus – S-Bahn

Die Lage der (Bus-)Haltestellen im Straßenraum ist nach drei Formen unterscheidbar: Busbucht, am Seitenrand, Haltestellenkap.

Busbucht

Die Busbucht/Haltestellenbucht sollte so angefahren werden, dass der Bus auf der gesamten Fahrzeuglänge in gerader Linie am Bordstein steht. Damit ist ein großer Einfahrradius erforderlich und ein (kleinerer) Ausfahrradius. Es ergibt sich eine gesamte Länge von rund 90 m,

Abb. 6-75: Busbucht

welche der Bus außerhalb der Fahrbahn zum Fahrgastwechsel benötigt (und auf dieser Länge wird i. A. der Fußgängerbereich/Wartefläche der Fahrgäste eingeengt).

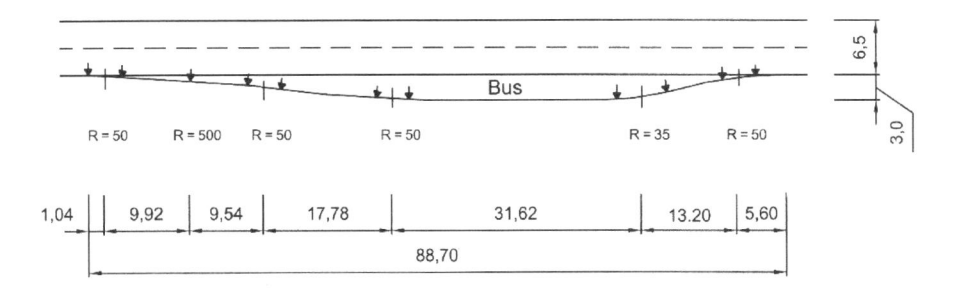

Abb. 6-76: Haltestellenbucht mit Abmessungen (EAÖ, 2003)

Bei den Busbuchten ist es von Vorteil, dass der allgemeine Kraftfahrzeugverkehr durch das Halten der Busse nicht behindert wird. Daher werden sie oft für Haltestellen hinter Straßenkreuzungen eingesetzt. Als Busbucht vor Kreuzungen ist es von Vorteil, die Haltelinie des allgemeinen Kraftfahrzeugverkehrs zurückzunehmen, um dem Bus eine Ausfahrt aus der Busbucht Richtung Kreuzung zu ermöglichen – die Wirkung ist ähnlich der einer Busschleuse. Damit ist schon der – neben dem Platzverbrauch – größte Nachteil der Busbucht angesprochen: Die Kraftfahrer erschweren den Bussen die Wiedereinfädelung in den fließenden Verkehr. Das führt zu erheblichen Zeitverlusten. Weitere Nachteile sind die für die Fahrgäste unangenehmen Querbeschleunigungen beim Einfahren und Ausfahren und das oft nicht exakt bordsteinparallele Halten der Busse mit der Folge, vom erhöhten Bordstein auf die Straße treten zu müssen und von dort aus die hoch gelegene Einstiegsstufe der Busse zu betreten. Störend ist auch das illegale Halten von Kraftfahrzeugen in der Busbucht („Habe nur schnell Zigaretten geholt …"). Bushaltestellen in der Form einer Busbucht werden daher überwiegend nur noch dann gebaut, wenn der Bus an dieser Haltestelle planmäßig länger hält (Endhaltestelle).

Haltestelle am Fahrbahnrand

Haltestellen am Fahrbahnrand erfordern nur einen geringen baulichen Aufwand. Wenn am Fahrbahnrand das Parken von Kraftfahrzeugen grundsätzlich erlaubt ist, ist dafür zu sorgen, dass vor der Haltestelle und hinter der Haltestelle zur Ermöglichung des bordsteinparallelen Anfahrens ein Bereich entsprechend den Abmessungen einer Busbucht von parkenden Kraftfahrzeugen freigehalten wird.

Der Vorteil dieser Haltestellenform ist neben dem geringen baulichen Aufwand für die Haltestelle das leichte Wiedereingliedern des Busses in den fließenden Verkehr. Besonders bei mehreren Fahrstreifen in Fahrtrichtung wird der allgemeine Kraftfahrzeugverkehr vom haltenden Bus nicht gestört. Bei einem Fahrstreifen je Fahrtrichtung sollte sich der haltende Bus beim Wiederanfahren immer an der Spitze des Fahrzeugpulks befinden. Ein Überholen des haltenden Busses sollte durch die Einrichtung von Überholverboten oder durch die Anlage von Mittelinseln verhindert werden.

Abb. 6-77: Bushaltestelle am Fahrbahnrand

Haltestellenkap

Das Haltestellenkap entspricht in seiner Wirkung der Haltestelle am Fahrbahnrand. Der Unterschied zu jener Haltestelle besteht darin, dass i. A. Kraftfahrzeuge am Fahrbahnrand parken und der Bus den Fahrbahnrand zum Halten nur durch ein Einfahren und ein Ausfahren in eine Lücke in der Reihe parkender Kraftfahrzeuge erreicht. Durch ein Vorziehen der Fahrgastwartefläche bis auf die Linie des linken Fahrzeugrandes der parkenden Kraftfahrzeuge wird das Ein- und Ausfahren mit der nachteiligen Querbeschleunigung der Busse vermieden, das erforderliche Freihalten der Ein- und Ausfahrbereiche ist nicht erforderlich, der Bus hält parallel zum Bordstein, die

Abb. 6-78: Haltestellenkap für Busse (1)

6.4 Haltestellen

Wartefläche für die Fahrgäste wird vergrößert und der Bus befindet sich an der Spitze des Fahrzeugpulks. Von Nachteil ist allein eine mögliche Verzögerung des Verkehrsablaufs im Individualverkehr – die Kraftfahrzeuge müssen hinter dem Bus warten; bei Taktzeiten im ÖPNV kleiner 10 Minuten sind Buskaps bei 650 Kfz/h und Fahrtrichtung aber unproblematisch.

Abb. 6-79: Haltestellenkap für Busse (2)

Abb. 6-80: Haltestellenkap für Straßenbahnen (nach Anfahrt der Bahn wird der allgemeine Kraftfahrzeugverkehr durch die LSA freigegeben)

Haltestellenkaps werden auch bei Straßenbahnen eingerichtet. Sie sind besonders dann zweckmäßig, wenn die Bahnen sich die Fahrbahn mit dem Kraftfahrzeugverkehr teilen: Die Bahnen befinden sich an der Spitze des Fahrzeugpulks (wenn die Kraftfahrzeuge durch eine von der Bahn gesteuerte Lichtzeichenanlage bzw. durch Anlage einer Mittelinsel an der Vorbeifahrt an der haltenden Bahn gehindert werden).

Haltestellen von Bussen befinden sich i. A. am rechten Rand der Fahrbahn. Wird in der Straße eine Bahn geführt – meist in Mittellage – ist die Anlage einer gemeinsamen Bus-/Bahnhaltestelle zweckmäßig. Diese Haltestelle in Straßenmittellage wird ausgeführt mit Mittelbahnsteigen, mit Seitenbahnsteigen oder mit einer Zeitinsel. Die Entscheidung für eine der genannten Formen hängt u. a. ab von der Bahnausstattung mit Türen auf beiden Seiten, von der Zahl der Umsteiger Bus-Bahn und von der städtebaulichen Einbindung. Bei gemeinsam genutzten Haltestellen muss im Haltestellenbereich das für Busse erforderliche Lichtraumprofil vorhanden sein.

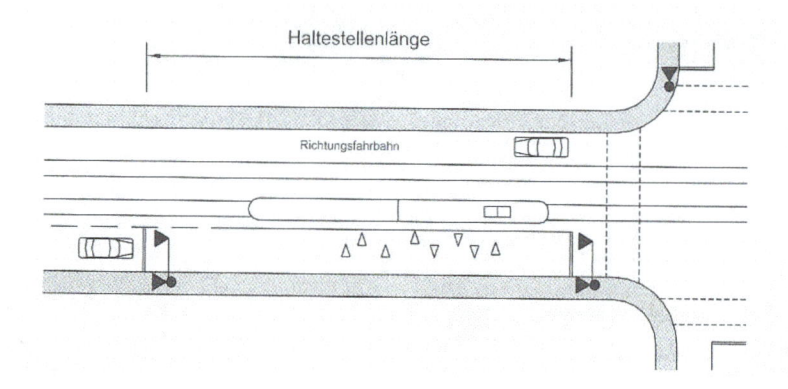

Abb. 6-81: Prinzip einer Zeitinsel (EAÖ, 2003) (Rust, 1997)

Abb. 6-82: Fahrbahnanhebung bei einer Straßenbahnhaltestelle in Fahrbahnmitte

6.4 Haltestellen

Zeitinseln sperren bei Halt des ÖPNV-Fahrzeugs (Straßenbahn) in Fahrbahnmitte für die Zeit des Fahrgastwechsels die Fahrbahn für den allgemeinen Kfz-Verkehr: Die einfahrende Straßenbahn sperrt über eine von ihr geschaltete Lichtzeichenanlage die Zufahrt in den Haltestellenbereich für nachfolgende Fahrzeuge (und gibt den Bereich nach Ablauf der mittleren Fahrgastwechselzeit bzw. nach Überfahren eines Meldepunktes nach der Anfahrt wieder frei).

Eine Anhebung der Fahrbahn im Haltestellenbereich erleichtert den Fahrgastwechsel von der Fahrgastwartefläche auf dem Gehweg zum Fahrzeug in Fahrbahnmitte und erfordert vom Kraftfahrer bei der Auffahrt auf die erhöhte Fahrbahn eine geringere Geschwindigkeit im Haltestellenbereich.

Die Länge der Haltestelle sollte der Fahrzeuglänge entsprechen (plus Zuschlag für ungenaues Halten).[162]

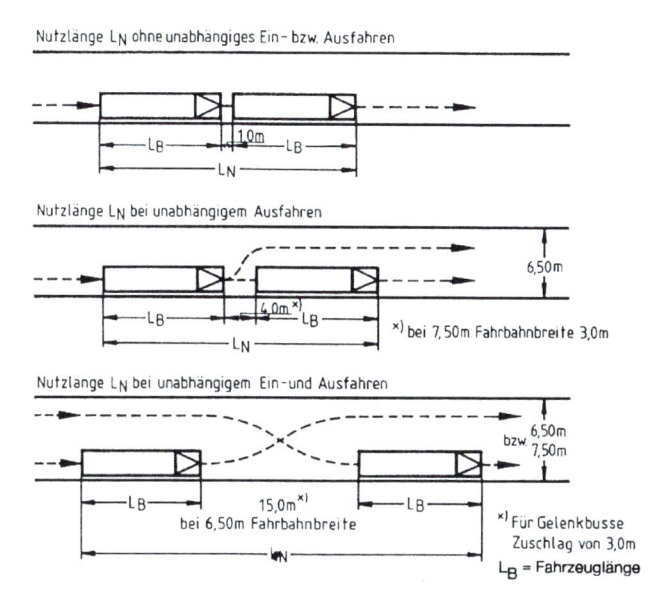

Abb. 6-83: Abmessungen von Längsbussteigen (Kirchhoff, 1994)

Bei Mehrfach-Haltestellen ist darauf zu achten, ob die Fahrzeuge (Busse) unabhängig voneinander ein- und ausfahren sollen. Bei Längsbussteigen ergeben sich unterschiedliche Längen; diese Bussteiglängen reduzieren sich bei Anlage von sägezahnförmigen Bussteigen.

Die Mindestbreite der Wartefläche von 3,0 m sollte nicht unterschritten werden (2,5 m für die Wartefläche plus 0,5 m Sicherheitsabstand). Das Maß der Wartefläche lässt sich berechnen mit der Formel

$$B = \frac{F_e + M_{max} F_f}{L_n}$$

mit F_e Fläche der Einbauten in m², M_{max} maximale Zahl wartender Fahrgäste, F_f Platzbedarf je Fahrgast, L_n Haltestellenlänge.

---

[162] Dabei ist ein zukünftig evtl. geänderter Fahrzeugeinsatz zu berücksichtigen - Umstellung von einer Zweifach-Traktion (zwei gekuppelte Wagen) auf eine Dreifach-Traktion (drei Wagen gekuppelt).

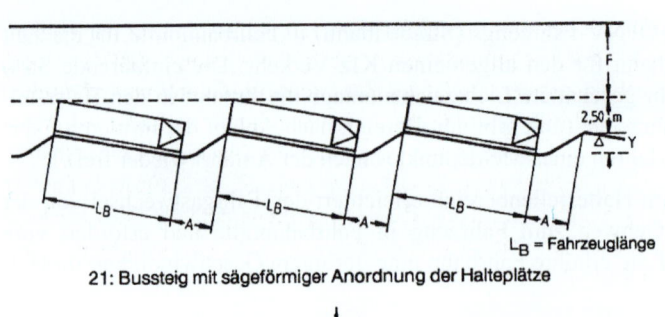

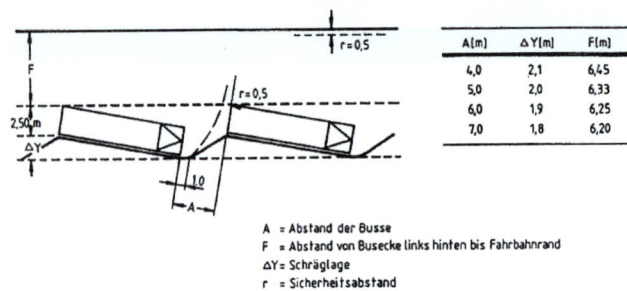

21: Bussteig mit sägeförmiger Anordnung der Halteplätze

L_B = Fahrzeuglänge

A[m]	ΔY[m]	F[m]
4,0	2,1	6,45
5,0	2,0	6,33
6,0	1,9	6,25
7,0	1,8	6,20

A = Abstand der Busse
F = Abstand von Busecke links hinten bis Fahrbahnrand
ΔY = Schräglage
r = Sicherheitsabstand

Abb. 6-84: Abmessungen von sägezahnförmigen Bussteigen (Kirchhoff, 1994)

Dem Fahrgast sollten wenigstens 1,5 m² zur Verfügung stehen, damit er sich noch frei bewegen kann (zur Fußgängerverkehrsdichte gibt es Empfehlungen, die 0,3 bis 0,6 Personen je m² als noch erträglich empfinden; das entspricht 3,33 m² bis 1,66 m² je Person).

Der Höhenunterschied zwischen Fahrzeugeinstieg und Wartefläche sollte weniger als 5 cm betragen.

Die Aufenthaltszeit der Fahrzeuge an den Haltestellen beeinflusst die möglichst kurz zu haltende Reisezeit (siehe „Beschleunigungsmaßnahmen"); im Mittel halten die Fahrzeuge im ÖPNV an den Haltestellen zwischen 15 und 30 Sekunden.

Haltestellen sollen leicht zu finden sein und bequem zu erreichen. Das erfordert eine gute Wegweisung (oftmals beginnend in den der Haltestelle benachbarten Fußgängerzone) und besonders bei Höhenunterschieden leicht begehbare Treppen und Rampen mit einer Steigung kleiner 6 %, evtl. auch mit Aufzügen – Fahrtreppen ersetzen wegen der Rollstuhlfahrer keinen Aufzug. Da besonders bei großen Fahrzeugfolgezeiten verspätete Einsteiger das Fahrzeug ohne Beachtung von Verkehrsregeln erreichen wollen („Rotläufer"), ist auch bei Haltestellen am Fahrbahnrand für ein gesichertes Fahrbahnüberqueren zu sorgen und die Einrichtung einer Lichtsignalanlage (Zeitinsel) zu prüfen.

Haltestellenausstattung

Die Haltestellenausstattung sollte über die gesetzlichen Mindestanforderungen (Haltestellenschild, Haltestellenname, Unternehmername, Fahrplan) hinausgehen: Die Haltestelle sollte vernünftig beleuchtet sein, es sind umfangreiche Fahrgastinformationen bereitzustellen, die Wartefläche sollte mit einem Witterungsschutz und mit Abfallbehältern ausgerüstet sein und es sind Sitzgelegenheiten bereitzustellen. Eine Transparenz der Haltestellenausstattung erhöht das Sicherheitsgefühl der wartenden Fahrgäste und sorgt für den erforderlichen Sichtkontakt zwi-

6.4 Haltestellen

schen den Wartenden und dem Fahrer des ankommenden Fahrzeugs. Das Gesetz zur Gleichstellung behinderter Menschen bzw. Behindertengleichstellungsgesetz (BGG) vom 27.04.2002, zuletzt geändert am 19. Dezember 2007, soll eine Benachteiligung von Menschen mit Behinderungen beseitigen bzw. verhindern sowie die gleichberechtigte Teilhabe von Menschen mit Behinderungen am Leben in der Gesellschaft gewährleisten und ihnen eine selbstbestimmte Lebensführung ermöglichen. Daher wird im § 8 insbesondere die Barrierefreiheit in den Bereichen Bau und Verkehr verlangt.[163] Anhand der Haltestellenelemente eines Buskaps (Abb. 6-85) werden die aufgrund des Behindertengleichstellungsgesetzes zu erfüllenden Anforderungen dargestellt (welche natürlich allen Fahrgästen zugute kommen).

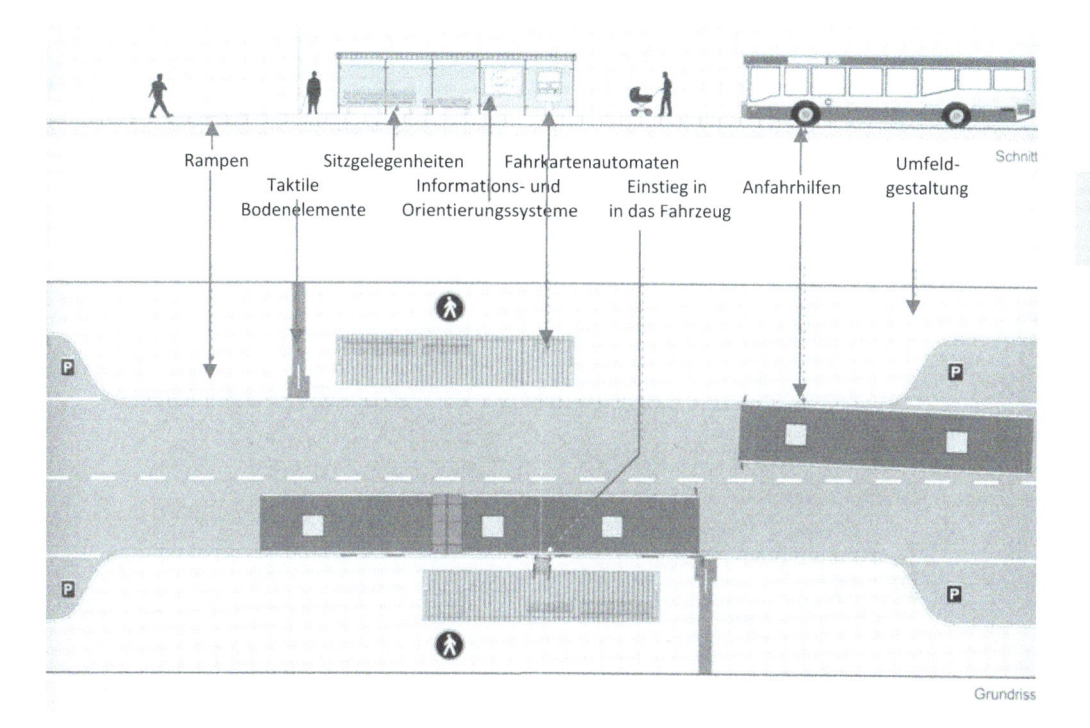

Abb. 6-85: Ausstattung eines Buskaps (Rust, 1997)

Rampen im Haltestellenbereich sollen wegen der Rollstuhlfahrer eine Neigung von 6 % nicht überschreiten (damit sind 35 cm hohe Bahnsteige über eine 6 m lange Rampe zu erreichen und bei 90 cm hohen Bahnsteigen erfordert die behindertengerechte Gestaltung eine Rampenlänge von mehr als 15 Meter). Bei Rampenlängen von mehr als 6 m sind bei der genannten Neigung

---

[163] § 8 (1) Zivile Neubauten ... der .. Körperschaften, Anstalten und Stiftungen des öffentlichen Rechts sollen ... barrierefrei gestaltet werden. (...)

§ 8 (2) Sonstige bauliche oder andere Anlagen, öffentliche Wege, Plätze und Straßen sowie öffentlich zugängliche Verkehrsanlagen und Beförderungsmittel im öffentlichen Personenverkehr sind nach Maßgabe der einschlägigen Rechtsvorschriften des Bundes barrierefrei zu gestalten. Weitergehende landesrechtliche Vorschriften bleiben unberührt.

alle 6 m Zwischenpodeste einzubauen. Wenn der Platz für Rampen nicht vorhanden ist, sind Aufzüge einzubauen.

Die **Sitzgelegenheiten** sollten für mobilitätsbehinderte Personen eine Sitzhöhe von rund 50 cm aufweisen; für kleinwüchsige Personen ist eine Sitzhöhe von 30 cm besser. Eine Anordnung verschieden hoher Sitzgelegenheiten an den Haltestellen verringert die Barrieren im ÖPNV.

Informations- und Orientierungssysteme sind gut erkennbar zu gestalten: Informationen sind in farblich unterstützten Kontrasten anzugeben; der Sehwinkel der Informationen sollte 1° bis 2° betragen (1° bedeutet 52 cm hohe Schrift aus 100 m Entfernung und 2° heißt 104 cm hohe Schrift aus 100 m Entfernung); nähere Angaben sind dem Kapitel Fahrgastinformation zu entnehmen.

Bei **Fahrkartenautomaten** sollte wegen kleinwüchsiger Personen der Einwurfschlitz für das Geld nicht höher als 125 cm liegen, andererseits sollte er wegen großer Personen nicht unter 65 cm liegen. Empfehlenswert ist die Installation von je zwei Eingabestellen in unterschiedlicher Höhe.

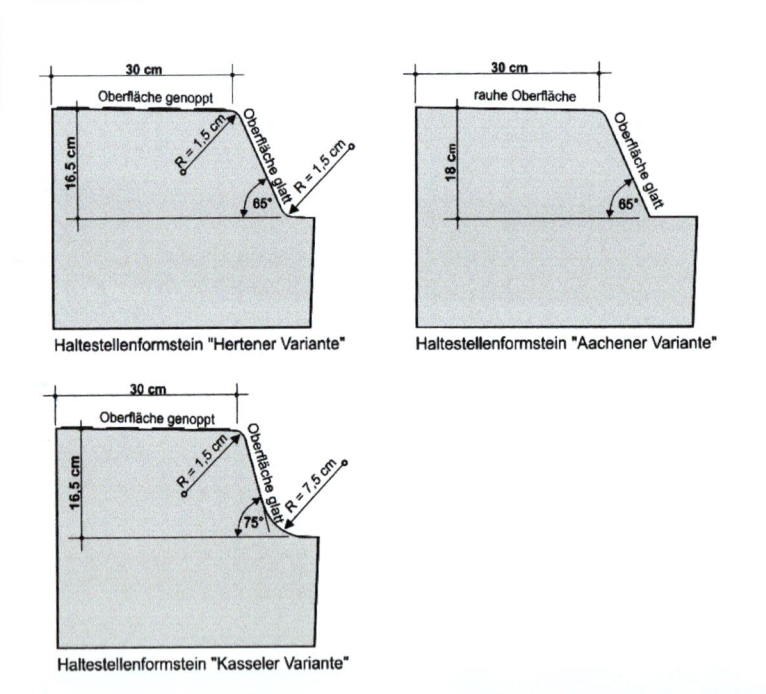

Abb. 6-86: Anfahrhilfe durch Formsteine (Rust, 1997)

Busse sollen an den Haltestellen parallel zum Bordstein halten. Zur Vermeidung von Reifenschäden an den scharfkantigen Bordsteinen werden als **Anfahrhilfe** zunehmend besondere Formsteine verwendet.

6.4 Haltestellen

Abb. 6-87: Formstein als Anfahrhilfe an einer Bushaltestelle

Das **Umfeld der Haltestelle** sollte wie der gesamte Straßenraum bürgerfreundlich und behindertengerecht gestaltet sein (Oberfläche: rau, griffig, rutschhemmend, eben; Rauheitskontraste für Sehbehinderte; Entwässerungsquerneigung von 2,5 %, Längsneigung maximal 6 %).

Zur besseren Orientierung für Blinde und Sehbehinderte sind tastbare Informationen bedeutend: Vermittels der (unterschiedlichen) Bodenstruktur der **taktilen Elemente** wird über die Tastwahrnehmung der Sehbehinderte geleitet (Leitstreifen) bzw. es wird mittels eines Aufmerksamkeitsfeldes (Hindernis/Verzweigung) Aufmerksamkeit verlangt. Allerdings ist zu berücksichtigen, dass unterschiedlich raue Bodenoberflächen Rollstuhlfahrern Probleme bereiten könnten. Ebenso ist zu diskutieren, dass eine Bordsteinkantenhöhe von 3 cm für Rollstuhlfahrer vernünftig ist, für das taktile Erfassen durch sehbehinderte Personen aber zu wenig sein kann.

Abb. 6-88: Taktile Bodenelemente

Für einen bequemen Einstieg in das Fahrzeug sollte der Bahnsteig und der Fahrzeugfußboden auf gleicher Höhe liegen. 5 cm Höhenunterschied und eine 5 cm breite Lücke Bahnsteig – Fahrzeug werden von Rollstuhlfahrern überwunden (siehe Abb. 5-61); größere Höhenunterschiede und breitere Lücken sind unbequem bis gefährlich (die Rollstuhlräder verklemmen sich in der Lücke). Und ein Einstieg in Hochflurfahrzeuge ist für mobilitätsbehinderte Personen meist unmöglich.

Abb. 6-89:   Einstieg vom Straßenniveau in ein Niederflurfahrzeug

Abb. 6-90:   Hochflurfahrzeug (mit noch eingefahrener unterster Stufe) an einem ebenerdigen Bahnsteig; der Fahrzeugfußboden befindet sich in Höhe des Farbwechsels rot/weiß

6.5 Busbahnhöfe

Ein Busbahnhof ist eine Zusammenfassung der Haltestellen mehrerer Buslinien, an denen zwischen den Buslinien umgestiegen werden kann. Für viele Buslinien ist der Busbahnhof auch der Endpunkt der Linie. Während viele Bushaltestellen nur die gesetzlich vorgeschriebenen Ausstattungsmerkmale aufweisen – beispielsweise Haltestellen an Einzelgehöften – finden

6.5 Busbahnhöfe

sich am Busbahnhof wegen der vielen Linien bzw. Haltestellen die umfassendsten Ausstattungsmerkmale einer Haltestelle.

Fahrgastkomfort

Der Kunde steht im Mittelpunkt des Öffentlichen Personennahverkehrs; daher sind bevorzugt die Wünsche des Fahrgastes zu erfüllen. Der Erfüllungsgrad der Wünsche richtet sich (leider) auch nach der finanziellen Lage des Verkehrsunternehmens/des Aufgabenträgers. Es wird vom Fahrgast gewünscht:

- Günstige Lage zu Schwerpunkten des Verkehrsaufkommens (z. B. Einkaufszonen)
- Kurze Umsteigewege
- Trennung starker Fußgängerströme
- Rampen, Fahrtreppen, Aufzüge
- Wetterschutz
- Sitzgelegenheiten
- Verständliche Wegführung
- Information
- Einfacher Fahrscheinkauf
- Uhren
- Hinweise über Lautsprecher
- Abstellmöglichkeiten für Kraftfahrzeuge und Fahrräder
- Taxi

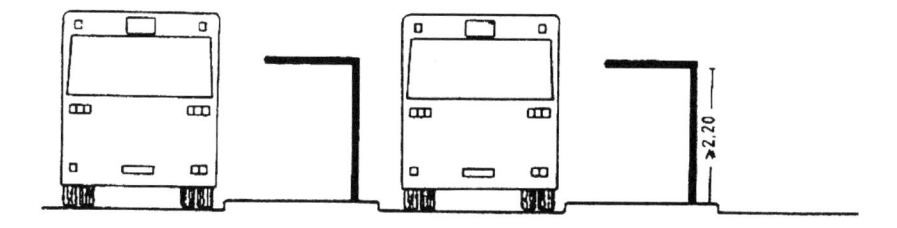

Abb. 6-91: Wetterschutz im Wartebereich einer Haltestelle (Kirchhoff, 1994)

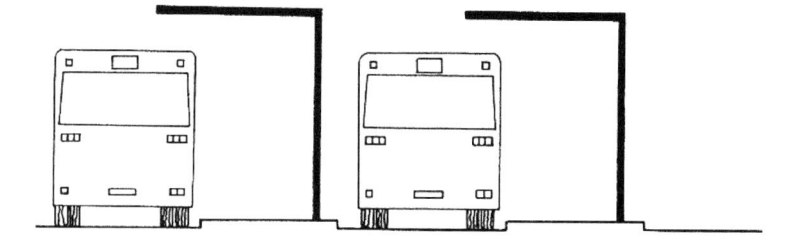

Abb. 6-92: Wetterschutz im Einsteigebereich und Wartebereich (Kirchhoff, 1994)

Abb. 6-92: Bushaltestelle mit Wetterschutz

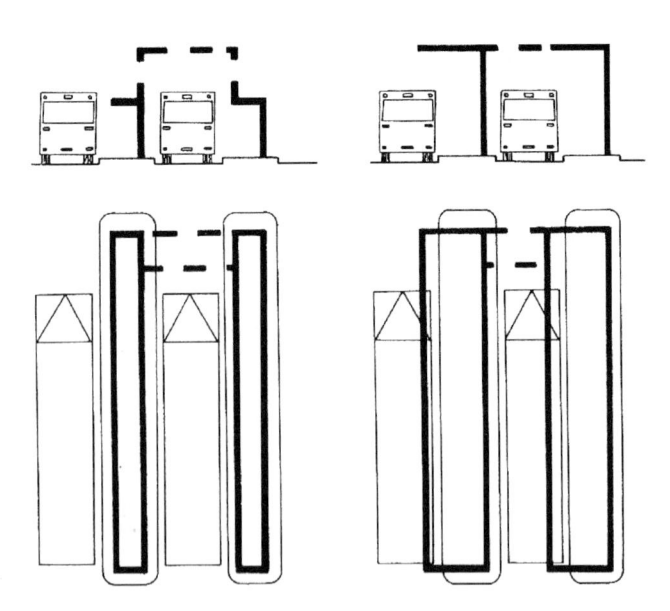

Abb. 6-93: Wetterschutz unter Einbeziehung der Umsteigewege (Kirchhoff, 1994)

6.5 Busbahnhöfe

Abb. 6-94: Busbahnhof mit Wetterschutzeinrichtung (1)

Abb. 6-95: Busbahnhof mit Wetterschutzeinrichtung (2)

Abb. 6-96: Überdachter Busbahnhof und Verknüpfungspunkt zur Straßenbahn

Ein kompletter Wetterschutz wird erreicht, wenn der gesamte Haltestellenbereich überdacht ist. Dabei ist auf eine ausreichende Beleuchtung Wert zu legen und der Fahrgast sollte gegen Wind und Zug geschützt werden.

Abb. 6-97: Überdachter Busbahnhof

Durch den Einsatz von Wegweisungselementen kann auch das Sicherheitsgefühl der Fahrgäste erhöht werden. Dazu sollten in den Wegweisern zum und vom Busbahnhof vollständige Straßennamen verwendet werden; zu wichtigen Umsteigestellen/Anschlusshaltestellen ist hinzuleiten und Haltestellenumgebungspläne informieren vor allem ortsunkundige (Erst-)Nutzer des Öffentlichen Personennahverkehrs.

Auch die Wegeführung zur und in der Station "Busbahnhof" sollte den allgemeinen Regeln der Wegeführung folgen: Ein einmal auf einem Hinweis genanntes Ziel ist bis zum Erreichen des Ziels aufzuführen; es ist vorwiegend mit Symbolen und Richtungspfeilen zu arbeiten; Umgebungspläne erleichtern die Orientierung; auf Serviceeinrichtungen wird durch Piktogramme hingewiesen.[164]

Serviceeinrichtungen für den Fahrgast sind Park+Ride Stellplätze, Haltezonen für Kfz und Fahrer mit an der Station aussteigenden Mitfahrern bzw. an der Station abzuholenden Mitfahrern, Taxistellplätze, Kundendienstzentrum des Verkehrsunternehmens, öffentliche Toiletten, Briefkästen, Imbissstuben, Kioske, Gepäckschließfächer.

Das Verkehrsunternehmen sollte zur Belebung des Busbahnhofs – oft herrscht außerhalb der Verkehrsspitzenzeiten gespenstische Ruhe – und zur Erhöhung des Sicherheitsgefühls der Fahrgäste am Busbahnhof Betriebseinrichtungen ansiedeln. Das sind notwendige Betriebseinrichtungen wie Personaltoiletten, Abstellflächen für Einsatzfahrzeuge und Aufenthaltsräume für ablösende Fahrer wie auch nicht unbedingt am Busbahnhof unterzubringende Einrichtungen wie Betriebsleitzentralen, Aufenthaltsräume für Leit- und Sicherheitspersonal oder Kundendienstzentren.

6.6 Fahrgastinformation

Eine gute und umfassende Fahrgastinformation ist Grundvoraussetzung für die Nutzung und Akzeptanz der öffentlichen Verkehrsmittel (ÖV). Neben gedruckten Medien wie Aushangfahrplänen, Verkehrslinienplänen oder Fahrplanbüchern (Printmedien) gewinnen zunehmend elektronische Medien für die Fahrgastinformation an Bedeutung. Zu nennen sind beispielsweise dynamische Abfahrtsanzeiger an Stationen – Station wird als Oberbegriff für Haltestelle, Haltepunkt und Bahnhof verwendet – flexible Anzeigen in den Fahrzeugen oder moderne Fahrplanauskunftssysteme mit Echtzeitinformationen in Stationen, per Internet oder mittels Lautsprecher. Mit elektronischen Medien werden neue Möglichkeiten geschaffen, die Informationen für den Kunden nicht nur aktueller und individueller aufzubereiten, sondern auch mittels neuer Mobilitätsdienste über mobile Endgeräte vor, während und nach der Fahrt zur Verfügung zu stellen.

Um heute und zukünftig am gesellschaftlichen Leben teilnehmen zu können, um mobil zu sein und bei der Mobilität die heutigen und zukünftigen Techniken der Informationsvermittlung nutzen zu können, erfordert die Fahrgastinformation im Öffentlichen Verkehr nicht nur Kenntnisse über den Öffentlichen Verkehr, sondern auch Daten des Individualverkehrs – im Idealfall sollte dem Straßenbahnfahrgast vor Antritt seiner Fahrt gesagt werden: *"Verkehrsunfall auf der Linie 7. Die Strecke ist bis heute Mittag gesperrt, nimm das Kfz."* Andererseits sollte zukünftig auch in die Kraftfahrzeuge hinein gemeldet werden: *"Verkehrsunfall auf der BAB 3 in*

---

[164] Da die Information der Fahrgäste von sehr großer Bedeutung ist wird der Fahrgastinformation in dieser Schrift ein eigener Abschnitt gewidmet.

Höhe Abfahrt Dellbrück. Strecke ist bis 12.00 Uhr gesperrt. Empfehlung: Abfahrt an der Anschlussstelle Dellbrück, den P+R Schildern folgen, 200 m weiter ist die Haltestelle der S-Bahn. Abfahrt Richtung Innenstadt in 10 Minuten. Mit einem Fahrschein für 2,00 Euro sind Sie in 7 Minuten am Hauptbahnhof."

Die Fahrgastinformation ist daher ein Teilbereich der Mobilitätsinformation.

Die Fahrgastinformation hat das vorhandene Leistungs- und Tarifangebot als gegeben anzusehen. Sie ist damit auch mit unter Umständen schlecht vermittelbaren Angeboten belastet und kann somit Nachteile des Angebots für den Kunden nur zu lindern versuchen.

Die Fahrgastinformation hat vier grundsätzliche Aufgaben:

1. Aktive Vermarktung und damit Reduzierung subjektiver Hinderungsgründe (Image, Einstellungen zum System, Preiswahrnehmung usw.)
2. Abbau von Zugangshemmnissen zum System „ÖV", insbesondere Reduzierung objektiver Nutzungshindernisse wegen fehlender Kenntnisse zum Angebot und zur Handhabung
3. Verhaltenslenkung bei Abweichungen vom Regelbetrieb (Störungen)
4. Fahrgastlenkung bei großer Nachfrage (z. B. Großveranstaltungen).

Unabhängig von den spezifischen Belangen bestimmter Personengruppen und den je nach dem Zeitpunkt spezifischen Anforderungen innerhalb der Reisekette sowie dem Betriebszustand (Regelbetrieb oder Störfall), gibt es übergreifende Anforderungen an die Fahrgastinformation.

- Die gesamte Fahrgastinformation sollte am Konzept der sogenannten Erstnutzertauglichkeit ausgerichtet sein
- Fahrgastinformation sollte nicht nur die unbedingt notwendigen Fakten abbilden, sondern sie sollte immer auch einen animierenden Charakter anstreben
- Nicht jeder Fahrgast braucht zu jeder Zeit alle Informationen, im Gegenteil: Informationsüberfluss erschwert die Orientierung. Fahrgastinformationen sind daher nach Prioritätsstufen zu ordnen
- Ein systematisches Ineinandergreifen der Informationsbezüge (Linien-, Stadtteil-, System-Informationen – durchgängige Informationsfolge) ist zielführend
- Rückgrat aller Fahrgastinformationen ist die schematische Darstellung des Liniennetzes. Dieses muss höchsten Anforderungen genügen
- Fahrgastinformation muss durchgängig, Verkehrsmittel übergreifend und unabhängig von einzelnen Verkehrsunternehmen sein, welche die Verkehrsleistung durchführen

Es sind Informations-Routinen für den Störungsfall zu entwickeln (Welche Informationsauskunft ist möglich? Wo und über welche Informationsmedien können sie gegeben werden?)

6.5 Fahrgastinformation

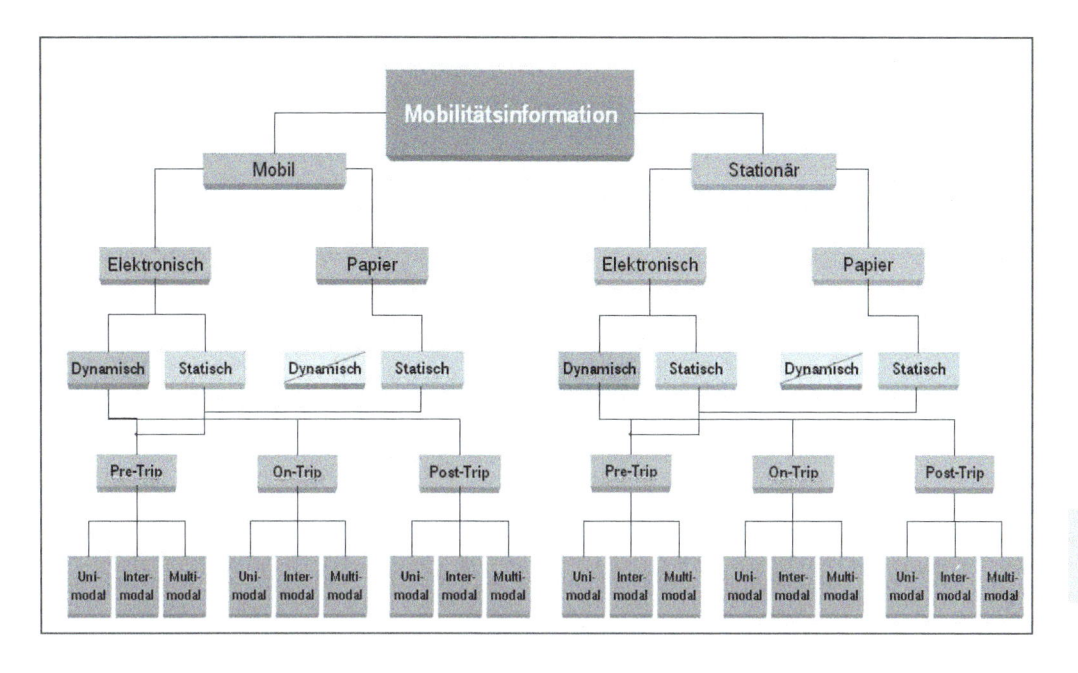

Abb. 6-99: Systematik von Reisendeninformationen (Zöllner, 2009)

Die generellen Anforderungen an die Fahrgastinformation teilen sich in vier Bereiche:

Aktualität der Fahrgastinformation

- Fahrgastinformation muss eine hohe Aktualität bei gleichzeitig hoher Zuverlässigkeit aufweisen. Dieses gilt sowohl für Printmedien als auch für elektronische Informationsmedien.
- Die Aktualisierung von Fahrgastinformationen hat sich im Wesentlichen nach den Anforderungen der Fahrgäste zu richten und nicht nach betrieblichen Belangen.
- Der Fahrgast muss insbesondere im Störfall informiert werden, sodass er sich ein Bild über die Situation zur Einschätzung seiner Weiterfahrtmöglichkeiten machen kann.

    Verspätungen sollten in der Fahrgastinformation auch so genannt werden. „Verzögerungen im Betriebsablauf", „unregelmäßiger Fahrplantakt", „Störungen in der Pünktlichkeit", „der Fahrplantakt kann nicht gehalten werden" – handelt es sich etwa um Wasser? – sind hilflose Versuche, die Realität der Verspätung nicht zur Kenntnis zu nehmen.

Grafische Darstellung der Fahrgastinformation

- Optische Informationen sollten nicht nur durch Schriftzeichen, sondern auch durch Farben, Formen und Symbole wiedergegeben werden. Zu beachten sind hierbei Kontrast, Leuchtdichte (Helligkeit), Farbkombination und der Sehwinkel des Betrachters (Schrift- bzw. Symbolgröße).
- Die grafische Aufbereitung aller Informationen hat dem „State of the Art" der Konsumartikelwerbung zu entsprechen.

- Die gesamte Fahrgastinformation sollte einem klaren Regelwerk mit Kernelementen (z. B. Produktsignets) folgen.
- Informationen sind nach klaren Hierarchien einzuteilen.
- Handwerkliche Standards wie Lesbarkeit, Schriftgrößen, Farbkontraste sind zu berücksichtigen.
- Bei der Fahrgastinformation sind Informationen für den Regelbetrieb und für den Störfall zu unterscheiden.

Akustische Fahrgastinformation

- Akustische Informationen müssen rechtzeitig erfolgen, sollten mindestens einmal wiederholt werden und mittels eines Signaltons angekündigt werden. Während der Informationswiedergabe ist auf einen geringen Pegel der Hintergrundgeräusche zu achten. Durchsagen sollten gut artikuliert und langsam mit einer sinnfälligen Rhythmik gesprochen werden.

Abb. 6-100: Bushaltestelle mit Taster für Auslösung der akustischen Ansage

Verteilung/Verfügbarkeit der Fahrgastinformation

- Besondere Aufmerksamkeit muss der Verbreitung der Fahrgastinformation gewidmet werden: Nur Informationen, welche die Zielgruppen erreichen, sind Informationen.
- Fahrgastinformation sollte eine hohe Verfügbarkeit aufweisen. Fahrgastinformation sollte unabhängig vom Standort des Informationssuchenden und vom Zeitpunkt des Informationswunsches zugänglich sein (entweder über gedruckte oder elektronische Medien). Deshalb ist ein Konzept der aktiven Verteilung/Verfügbarkeit erfolgsentscheidend.
- Die Fahrgastinformation muss für den Fahrgast grundsätzlich ohne Kosten verfügbar sein. Unabhängig davon sind Kosten, die zur Übermittlung der Information notwendig sind (z. B. Kosten für das Fahrplanbuch, Providerkosten für Internetzugang, Kosten für ein reguläres Telefonat im Festnetz der Deutschen Telekom). Mehrwertdienste bzw. Premiumdienste, die über die ÖV-Information hinaus einen zusätzlichen Nutzen für den Fahrgast bieten, können kostenpflichtig angeboten werden.

6.6 Fahrgastinformation

Die Anforderungen der Fahrgäste an die Information über den ÖV und das notwendige Ineinandergreifen der einzelnen Informationen lässt sich am besten entlang der Reisekette darstellen.

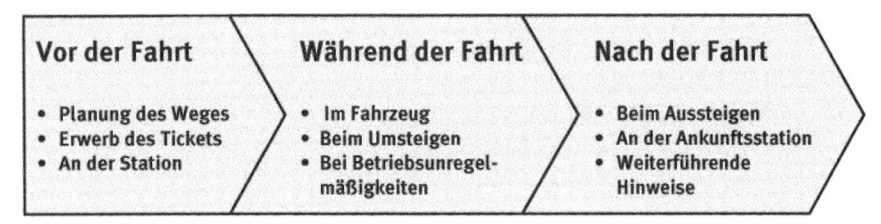

Vor der Fahrt	Während der Fahrt	Nach der Fahrt
• Planung des Weges • Erwerb des Tickets • An der Station	• Im Fahrzeug • Beim Umsteigen • Bei Betriebsunregelmäßigkeiten	• Beim Aussteigen • An der Ankunftsstation • Weiterführende Hinweise

An Informationsmitteln vor der Fahrt sind beispielhaft zu nennen
- Kiezkarte
- Linienleporello
- Linienflyer
- Quartierflyer
- Aushangfahrpläne
- Netzpläne

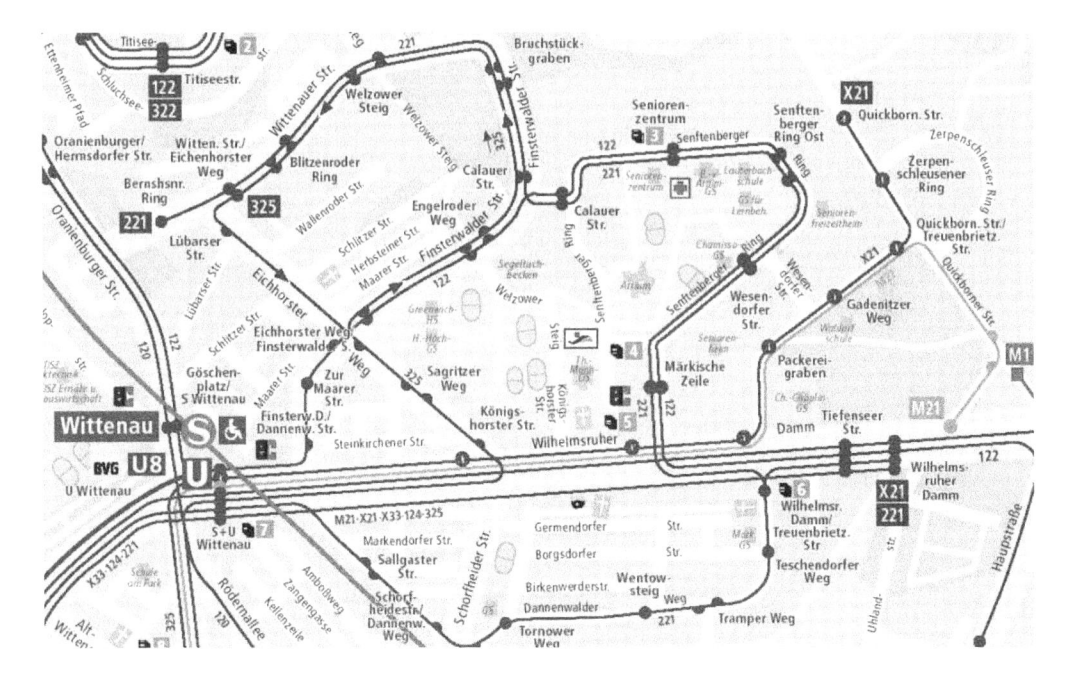

Abb. 6-101: Kiezkarte (Quelle: Baumgardt Consultants GbR)

Abb. 6-102: Detail aus Linienleporello (Perlschnur) (Zöllner, 2009)

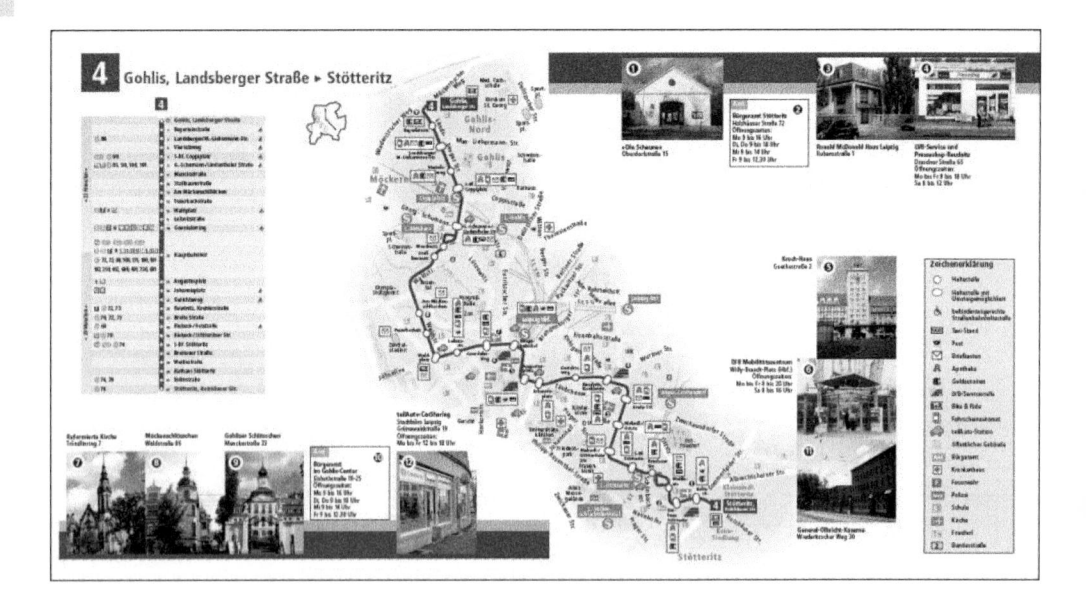

Abb. 6-103: Linienflyer (Quelle: Baumgardt Consultants GbR)

6.5 Fahrgastinformation

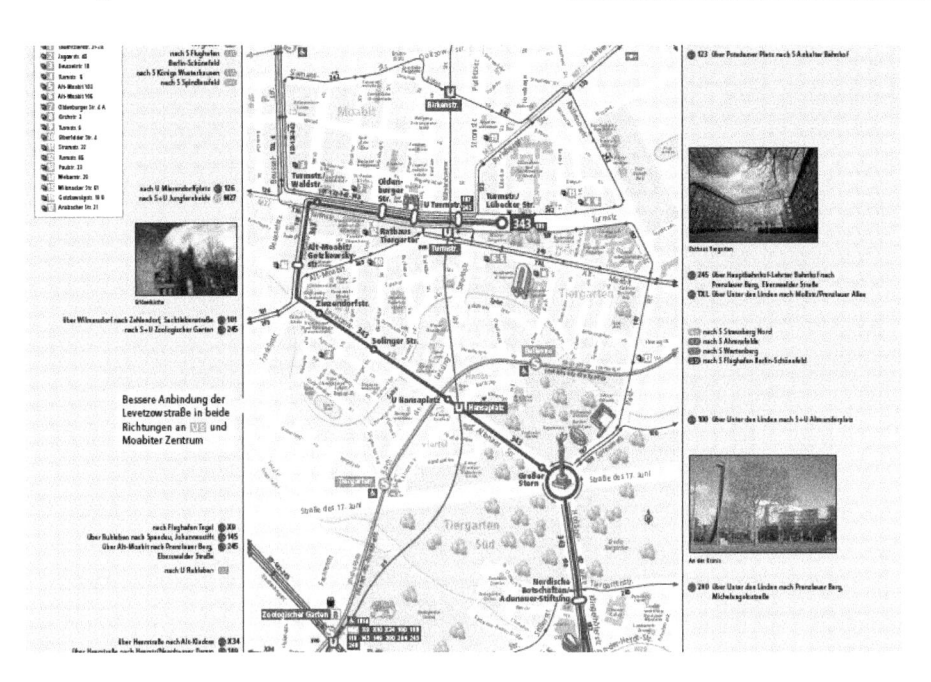

Abb. 6-104: Beispiel eines Quartierflyers – Auszug – (Quelle: Baumgardt Consultants GbR)

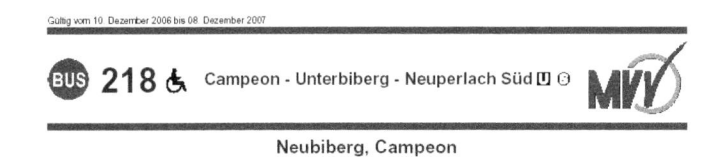

Gültig vom 10. Dezember 2006 bis 08. Dezember 2007

BUS 218 ♿ Campeon - Unterbiberg - Neuperlach Süd 🅄 Ⓢ **MVV**

Neubiberg, Campeon

Uhr	Montag - Freitag			Samstag			Uhr
5							5
6	37	57					6
7	17	37	57	20	40		7
8	17	37	57	00	20	40	8
9	17	57		00	20	40	9
10	37			00	20	40	10
11	17	57		00	20	40	11
12	37			00	20	40	12
13	17	52		00	20	40	13
14	32			00	20	40	14
15	12	32	52	00	20	40	15
16	12	32	52	00	40		16
17	12	32	52	20			17
18	12	32	52	00	40		18
19	12	52		20			19
20							20
21							21
22							22
23							23

Auf dieser MVV-Regionalbuslinie werden, soweit betrieblich möglich, Niederflurbusse mit Rollstuhlrampe eingesetzt.
Sonn- und Feiertag kein Betrieb

Abb. 6-105: Stationsbezogener Aushangfahrplan für vertaktete Linien (Zöllner, 2009)

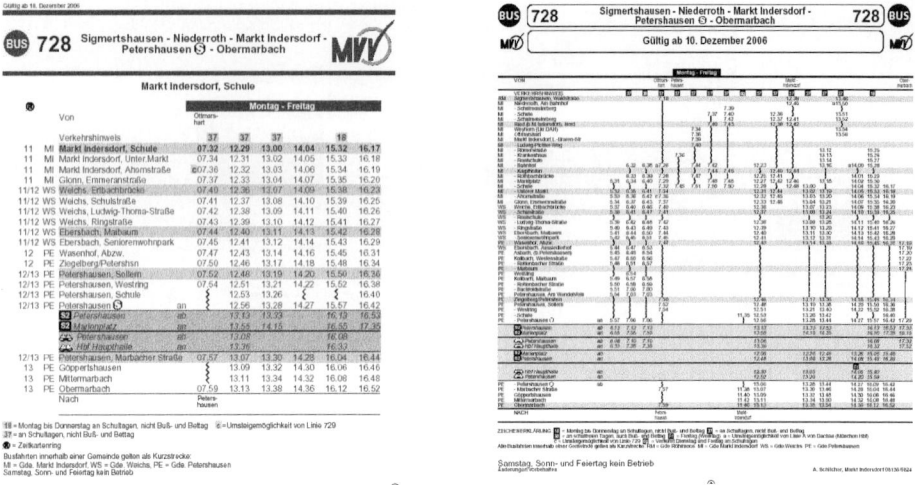

Abb. 6-106: Buchsatz als Aushangfahrplan für nicht vertaktete Linien – normaler Buchsatz links, reduzierter Buchsatz rechts (Zöllner, 2009)

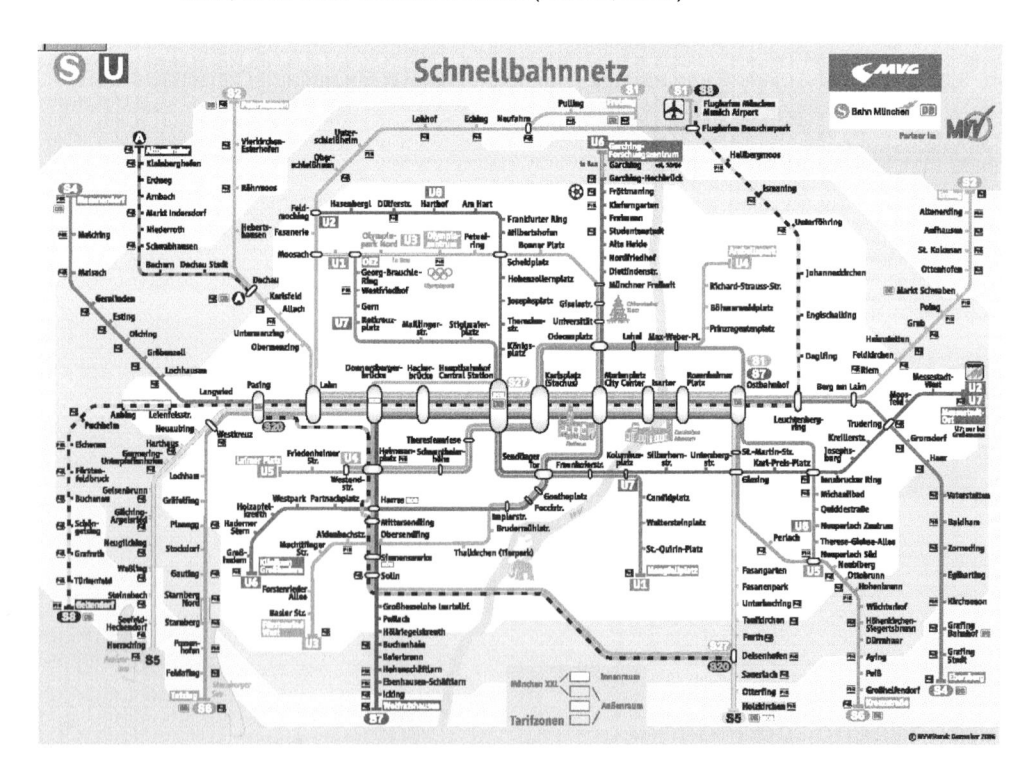

Abb. 6-107: Schnellbahnnetzplan des Münchner Verkehrs- und Tarifverbundes

Während der Fahrt sind Informationen zu übermitteln durch
- Linienband.

Nach der Fahrt bzw. beim Umsteigen werden Informationen dargestellt durch o. g. Informationsmittel und

– Stationsumgebungsplan.

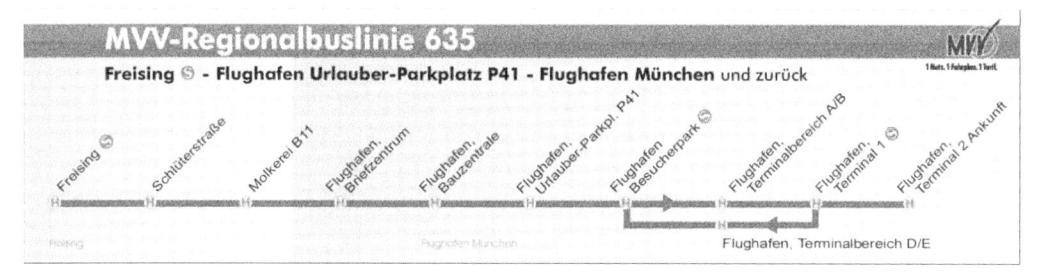

Abb. 6-108: Linienband im Regionalbusverkehr des Münchner Verkehrs- und Tarifverbundes (Zöllner, 2009)

Abb. 6-109: Dynamische Haltestellenanzeige mit Perlenschnur in Fahrzeugen des Regionalbusverkehrs des Münchner Verkehrs- und Tarifverbundes (Zöllner, 2009)

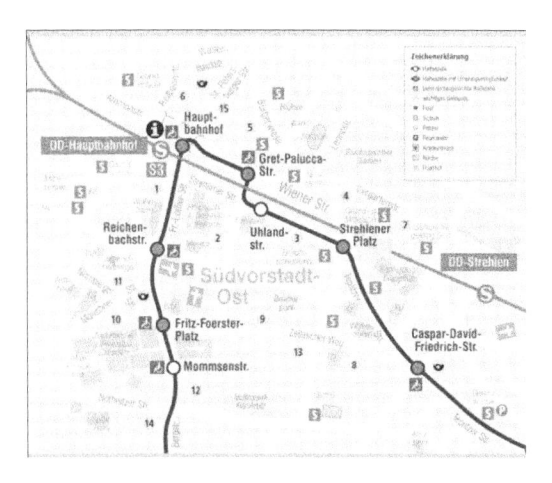

Abb. 6-110: Beispiel Stationsumgebungsplan (Quelle: Baumgardt Consultants GbR)

Bei der Gestaltung der Informationen sind handwerkliche Regeln einzuhalten zu
- Farbgestaltung
- Schriftgrößen.

Durch elektronische Fahrgastinformation können die Kunden aktueller informiert werden, was insbesondere im Störungsfall von hoher Bedeutung ist.

Für die Fahrgastinformation über elektronische Medien ist eine fundierte digitale Datengrundlage erforderlich: Der ÖV verkehrt in der Regel nach Fahrplänen, die im Sinne der Fahrgastinformation auch als „Soll-Daten" beschrieben werden. Neben Ankunfts- und Abfahrtszeiten werden oftmals weitergehende, ergänzende Daten (wie Zuggattung, Bahnsteig, Schnellbuslinie, besondere Tarife usw.) in diesen Daten beschrieben. Diese Fahrplandaten werden heute in regionalen Fahrplanauskunftssystemen gebündelt, womit sie regional verfügbar und im System „Deutschlandweite Fahrplaninformation" (DELFI) landesweit verfügbar sind.

Der Aktualisierungsrhythmus sollte so bemessen sein, dass kurzfristige Änderungen (z. B. durch Baustellen) berücksichtigt werden können. Größere Verkehrsverbünde stellen in ein- bis zweiwöchigem Zyklus neue Daten in die Fahrplanauskunftssysteme ein.

Durch Leitsysteme (wie das ITCS oder Reisenden-Informations-System der DB AG) sind Fahrplanlagen aus dem tatsächlichen Betriebsablauf, die sogenannten Ist- oder Echtzeitdaten verfügbar. Diese Ist-Daten sind jedoch nur zum Zeitpunkt der Ermittlung aktuell. Für die Fahrgastinformation ist es erforderlich, dem Fahrgast auch für nachfolgende Stationen aus dieser Basis resultierende Ankunfts- bzw. Abfahrtszeiten mitzuteilen. Insbesondere für Fahrplanauskünfte mit Umsteigen ist eine Aussage zur Einhaltung von Anschlüssen bei Betriebsabweichungen wichtig. Leitsysteme können – auf der Grundlage bereits entwickelter Normen – untereinander Fahrplan-, Ist- und Prognosedaten austauschen. Jedoch sind bei einer Vielzahl derartiger Verknüpfungen hohe Investitions- und Managementkosten zu erwarten. Daher bietet es sich an, die bereits vorhandenen Fahrplanauskunftssysteme „Ist-Zeit-fähig" auszubauen, womit die vorhandene zentrale Fahrplandatendrehscheibe für die regionale Fahrgastinformation und Anschlusssicherung ausgebaut wird.

Die Genauigkeit der Ist- und Prognosedaten wird im Wesentlichen durch die technischen und dispositiven Möglichkeiten bzw. den zugrunde gelegten Berechnungsverfahren zur Entwicklung von Prognosen der Betriebsleitsysteme bei den Verkehrsunternehmen bestimmt. Die Eintrittswahrscheinlichkeit der berechneten Werte nimmt mit fortschreitendem Prognosezeitraum ab. Allgemein sind die derzeitig verwendeten Prognosen recht ungenau, vor allem bei längeren Prognosezeiträumen. Zwei grundsätzlichen Einflussrichtungen sind kurz skizziert:

- Oftmals wird eine aktuelle Fahrplanlage lediglich fortgeschrieben und berücksichtigt nicht im Fahrplan enthaltene Reserven; dies führt tendenziell zu einer zu groß bemessenen Fahrzeit.
- Äußere Einflüsse, wie Straßenverkehr oder im Schienennetz nicht verfügbare Fahrplantrassen führen tendenziell zu einer zu gering bemessenen Fahrzeit.

Darüber hinaus bestehen bei Großstörsituationen (z. B. Sturm Kyrill im Februar 2007) keine vorbereiteten Störstrategien, die dem Fahrgast zumindest das Ausmaß der Störungen aufzeigen und evtl. weiträumig bereits ein Umfahren des Bereiches ermöglichen.

Aus den gegenwärtigen Erfahrungen sollte daher eine Voraussicht (einfache Prognose) nur für gesicherte Zeiten gegeben werden. Sollten diese z. B. durch das Eintreten von Großstörungen nicht verfügbar sein, so sollte in Form von Textmeldungen zumindest das Ausmaß für den Fahrgast erkennbar sein.

Soll-Fahrplan-Daten:	Soll-Fahrplan-Daten sind die im veröffentlichten Fahrplan angegebenen Fahrzeiten, die ein Verkehrsmittel einhalten soll.
Ist-Daten:	Ist-Fahrplan-Daten sind die Fahrzeiten, die aus der aktuellen Betriebslage resultieren, d. h. die Fahrplanlage, die ein Verkehrsmittel zum gegenwärtigen Zeitpunkt tatsächlich aufweist.
Prognose-Daten:	Prognose-Fahrplan-Daten sind die Zeiten, die auf Basis der Ist-Fahrplan-Daten mittels eines Prognosealgorithmus für einen Prognosezeitpunkt errechnet werden. Diese Prognose-Fahrplan-Daten sind die Basis für die Fahrplanauskunft, da diese i. d. R. für einen in der Zukunft liegenden Zeitpunkt abgerufen wird. Die Qualität der Prognose-Fahrplan-Daten ist abhängig von der Genauigkeit des Prognosealgorithmus. Mit zunehmendem Prognosezeitraum nimmt die Prognosequalität ab.

Abb. 6-111: Charakteristik von Fahrplan-Daten

Elektronische Anzeigen begegnen dem Fahrgast am ehesten an relevanten Stationen. Diese Anzeigen zeigen unter Angabe der Liniennummer und des Fahrtziels die verbleibende Wartezeit (z. B. Abfahrt in 3 Min.) bis zur Abfahrt an. In der Regel basieren die Informationen auf Echtzeit, d. h. Fahrplanabweichungen werden berücksichtigt.

Hinsichtlich der Anzeigetechnologie können verschiedene Techniken unterschieden werden. Gegenwärtig werden – aufgrund des guten Preis-Leistungsverhältnisses – insbesondere LCD- und LED-Anzeigen bevorzugt (LCD-Liquid Chrystal Display – Flüssigkeitskristall-Bildschirm:

Abb. 6-112: Elektronische Fahrgastinformationsanzeigen (LCD-Anzeige, LED-Anzeige, TFT-Anzeige und e-ink-Anzeige) (Zöllner, 2009)

Spezielle Flüssigkeitskristalle beeinflussen mittels Stromfluss die Polarisationsrichtung von Licht; LED – Light Emitting Diode – ein elektronisches Halbleiter-Element, bei dem die Diode bei Stromdurchfluss Licht ausstrahlt). Die LED- und LCD-Techniken weisen eine hohe Leuchtkraft bzw. hohen Kontrast auf und sind damit auch für Einsätze im Freien sehr gut geeignet. Hingegen ist die Grafikfähigkeit dieser Technologien sehr eingeschränkt.

Zunehmend wird die TFT-Technik eingesetzt (Thin-Film-Transistor – Flüssigkeitskristall-Flachbildschirm mit einer Stromansteuerung von Flüssigkeitskristallen), da technische Probleme überwunden sind und eine gute Lesbarkeit (Kontrast) gesichert ist. Gleichzeitig werden farbige Informationen (Linienzeichen) und sehr feinpixlige Darstellungen und Bilder möglich. Ein Einsatz im Außenbereich ist jedoch stark vom Bildkontrast der eingesetzten TFT-Bildschirme abhängig. Aber auch die e-ink-Anzeigen finden zunehmend Verwendung (e-ink = elektronische Tinte).[165]

6.7 Beschleunigungsmaßnahmen

Bei der Gestaltung der Strecken, in denen Linienverkehr mit Bussen und Bahnen stattfinden soll, ist für eine störungsfreie und pünktliche Abwicklung der Fahrt Sorge zu tragen.

> *Wenn die Fahrgäste im Bus ihre Einzelfahrscheine beim Fahrer lösen, erfordert das einen längeren Haltestellenaufenthalt – und bei vielen Halten zu einem erhöhten Fahrzeugbedarf – als wenn die Fahrgäste den Fahrausweis an einem Automaten erwerben.*
>
> *Wenn eine Straßenbahn innerhalb einer „Grünen Welle" Haltestellen anfahren muss, wird sie vielfach aus der „Grünen Welle" herausfallen und am nächsten Knoten anhalten müssen. Die Schaltung der Lichtsignalanlagen gemäß der Straßenbahnfahrt sorgt für eine schnelle und pünktliche Bahn.*
>
> *Wenn vor dem Bus ein Linksabbieger wegen des Gegenverkehrs nicht abbiegen kann und der Bus hinter ihm warten muss, erhöht das die Busfahrzeit; Abhilfe schüfe hier ein Linksabbiegeverbot für den allgemeinen Kraftfahrzeugverkehr.*
>
> *Wenn der allgemeine Kraftfahrzeugverkehr einen anfahrenden Bus nicht in den Fahrzeugstrom eingliedern lässt, verlängert das die Busfahrzeit. Eine Ausfahrt des Busses unter Schutz einer Lichtsignalanlage sorgt für einen pünktlichen Bus.*

Durch eine Kombination von betrieblichen, verkehrsrechtlichen, verkehrstechnischen und baulichen Maßnahmen wird die Pünktlichkeit des ÖPNV gesichert, die Reisezeit wird verkürzt und die Zuverlässigkeit des ÖPNV wird erhöht. Damit wird der Öffentliche Personennahverkehr attraktiver. Die Summe dieser vorwiegend an der zu befahrenden Strecke umzusetzenden Maßnahmen wird unter dem Begriff „Beschleunigungsmaßnahmen" zusammengefasst. Eine Vielzahl dieser Maßnahmen kann das Verkehrsunternehmen in eigener Verantwortung planen und umsetzen („betriebsinterne Beschleunigungsmaßnahmen"), andere Maßnahmen sind nur

---

[165] Die e-ink-Anzeigen enthalten winzige Mikrokapseln im Bildschirm: In den Kapseln sind unterschiedliche Farbpigmente, schwarze und weiße. Die sind unterschiedlich geladen. Wenn zum Umblättern – e-ink ist derzeit vornehmlich bei elektronischen Büchern im Einsatz – der Strom eingeschaltet wird, werden entweder die weißen oder die schwarzen Pigmente nach vorne gezogen. Und wenn sie da erst mal sind, bleiben sie ganz ohne Strom liegen – bis man das nächste mal elektronisch umblättert.

6.6 Beschleunigungsmaßnahmen

im Zusammenwirken mit den kommunalen Gebietskörperschaften umzusetzen („externe Beschleunigungsmaßnahmen").

Die Anregung zur Beschleunigung des ÖPNV kann von kommunaler Seite ausgehen oder vom Verkehrsunternehmen. Es empfiehlt sich, das geplante Beschleunigungsprogramm in ein Gesamt-Verkehrskonzept einzubringen und politisch abzusichern.

Den Ablauf der Arbeiten zur Planung und Durchführung der Beschleunigungsmaßnahmen zeigt Abb. 6-113.

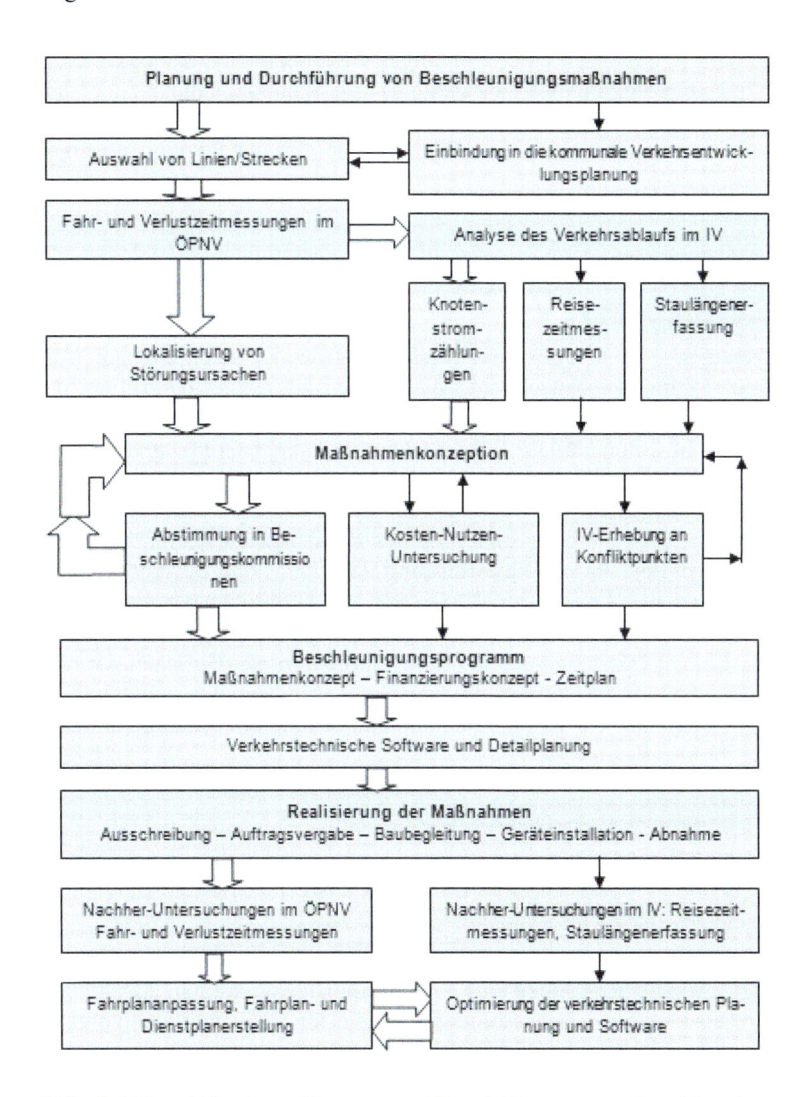

Abb. 6-113: Ablauf von Planung und Durchführung von Beschleunigungsmaßnahmen

⇨ Notwendige Schritte
→ Fakultative Schritte

Da der Individualverkehr und der öffentliche Straßenpersonenverkehr dieselbe Infrastruktur nutzen, muss sich die der Umsetzung des Beschleunigungsprogramms vorausgehende Verkehrsanalyse auf den IV und auf den ÖV erstrecken. Zunächst sind die Verlustzeiten im ÖPNV aufzunehmen, zu analysieren und es sind Maßnahmen zur Beschleunigung des ÖPNV zu entwickeln.

Die Fahr- und Verlustzeiten können (aufwendig) manuell mit Einsatz von Stoppuhren erfasst werden – was sich bei einzugrenzenden Störungen und für begrenzte Räume empfiehlt. Der Vorteil einer manuellen Störungserfassung ist die Feststellung der Störungsgründe – die Gründe der Verluste erfasst ein automatisches System nicht. Eine automatische Erfassung der Fahr- und Verlustzeiten hat den Vorteil, dass nach einer einmaligen Eichung des Erfassungssystems an der konkreten Strecke (z. B. Feststellung des Fahrzeugortes zur Sekunde X mittels der Radumdrehungen und Nullstellung der Zählung über die Türöffnung – dann ist die Haltestelle Y erreicht) das System die Zeiten und Orte selbsttätig erfasst. Die Gründe für die Störungen müssen manuell erfasst werden.

Im Allgemeinen werden bei der Aufnahme der Verlustzeiten folgende Daten erhoben: Fahrzeit (Bewegungszeit des Fahrzeugs), Fahrgastwechselzeit (Tür auf – Tür zu), Haltezeit an Lichtzeichenanlagen, Haltezeiten an markanten Punkten auf der Strecke, Haltezeiten auf der Strecke, Durchfahrzeiten an Lichtzeichenanlagen.

Die Beschleunigungsmaßnahmen – Maßnahmen zur Verkürzung der Reisezeit und zur Verbesserung der Pünktlichkeit – umfassen betriebliche Maßnahmen wie eine Überprüfung der Netzgestaltung (sind die Quellen und Ziele der Fahrgäste miteinander verbunden?) und eine Bewertung und evtl. Änderung im Linienverlauf (gibt es die vom Fahrgast verlangten Direktverbindungen?). Die Linienlänge ist evtl. zu kürzen – bei langen Linien summieren sich die Verspätungen der einzelnen Linienabschnitte. Der Fahrplan ist zu überarbeiten (Fahrplangestaltung, Fahrzeugeinsatz, Anschlusssicherheit, Steuerung des Betriebsablaufs) und die eingesetzten Fahrzeuge sind zu überprüfen: Ist die Motorleistung dem Ziel hohe Beförderungsgeschwindigkeit angemessen? Sind die Anzahl der Türen und die Türbreiten den Fahrgästen angemessen? Die Einstiegshöhen in die Fahrzeuge sind fahrgastfreundlich zu gestalten. Nicht zuletzt kann durch Fahrgastselbstbedienung und Fahrgastinformation die Reisezeit für den Fahrgast verkürzt werden. Zu den betriebsinternen Beschleunigungsmaßnahmen gehören technische Maßnahmen zur Sicherstellung von Anschlüssen und es zählt die Einrichtung von rechnergesteuerten Betriebsleitzentralen dazu.

Bei Maßnahmen an Haltestellen bedarf es der Zusammenarbeit mit der kommunalen Gebietskörperschaft: Ist die Haltestellenlage zweckmäßig? Ist die Anzahl der Fahrzeughalteplätze dem ÖPNV-Aufkommen angemessen? Sind die Fahrgastwarteflächen ausreichend dimensioniert? Können die Haltelinien für den Individualverkehr an Lichtsignalanlagen zugunsten einer leichteren Ausfahrt von Bussen aus der danebenliegenden Haltestelle zurückgezogen werden?

Auch streckenbezogene Maßnahmen zur Beschleunigung des ÖPNV können nur in Zusammenarbeit mit der Kommune umgesetzt werden: Einrichtung von Busfahrstreifen, Anlage von besonderen Bahnkörpern, Durchsetzung von Abbiegeverboten für den Individualverkehr, Aufhebung von Abbiegeverboten für Busse, Verhindern von Fußgängerquerungen außerhalb definierter Bereiche u. a. m.

Untersuchungen mehrerer Linien im Straßenbahnnetz und im Busnetz einer westdeutschen Großstadt ergaben (Abb. 6-114, 6-115), dass die heutige Fahrplanzeit um 19 % über der möglichen Mindestreisezeit bei der Straßenbahn bzw. 23 % über der Mindestreisezeit im Busverkehr liegt. In der Fahrplanzeit sind somit schon erhebliche Verlustzeiten berücksichtigt. Die gemessenen Reisezeiten liegen bei der Straßenbahn sogar um 28 % (Bus 29 %) über der Min-

6.6 Beschleunigungsmaßnahmen

destreisezeit. Diese 28 % bzw. 29 % Verlustzeit teilen sich auf in Halt auf der Strecke (z. B. vorausfahrendes Müllfahrzeug), Halt am Punkt (z. B. störender Linksabbieger an einem Knoten) und auf den Slow-and Go-Verkehr (Langsamfahrt wegen Stau). Über die Hälfte der Verlustzeiten resultieren aber aus für Bus und Bahn ungünstig geschaltete Lichtsignalanlagen (58 bzw. 54 %). Daher liegt der Schwerpunkt der Beschleunigungsmaßnahmen auf dem Gebiet der LSA-Steuerung.

Bei der Beeinflussung von Lichtsignalanlagen zugunsten des Öffentlichen Personennahverkehrs ist die gesamte Strecke in die Untersuchung zur Beschleunigung des ÖPNV einzubeziehen.

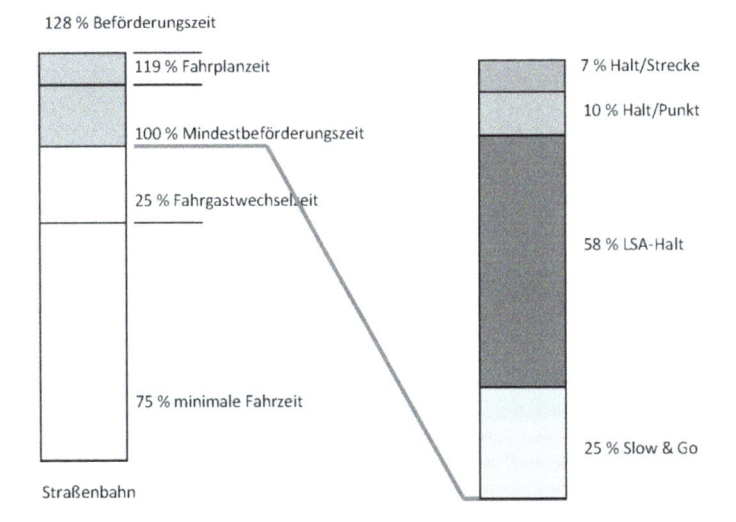

Abb. 6-114: Gemittelte Verlustzeitanteile in einem Straßenbahnnetz

An Knotenpunkten ohne Lichtsignalanlagen sollte
- bei (sehr) starken Geradeausverkehr für rechtseinbiegende Linienbusse ein Rechtseinbiegerfahrstreifen in der Geradeausstrecke eingerichtet werden
- bei (sehr) starkem Geradeausverkehr und fehlendem Platz für rechtseinbiegende Linienbusse bei zwei Geradeausfahrstreifen ein Streifen für die Rechtseinbieger vorgehalten werden
- bei einen Geradeausfahrstreifen und starken Rechtseinbiegerverkehr mit Bussen eine Lichtsignalanlage installiert werden
- eine vorhandene Vorfahrtregelung zugunsten der Linienbusse geändert werden.

An Knoten mit Lichtsignalanlagen sind die Fahrzeuge des ÖPNV bevorzugt abzufertigen. Das bedeutet i. A. eine absolute Bevorrechtigung des ÖPNV. Wo das aus unterschiedlichen Gründen nicht möglich ist, wird der ÖPNV bedingt bevorrechtigt. Bei der eingeschränkten (bedingten) Bevorrechtigung des ÖPNV an Lichtsignalanlagen wird das Erlaubnissignal/Permissivsignal F 5 nach der BOStrab eingesetzt – es sind mit der Freigabe des ÖPNV-Stroms auch andere Verkehrsströme freigegeben (Abb. 6-116).

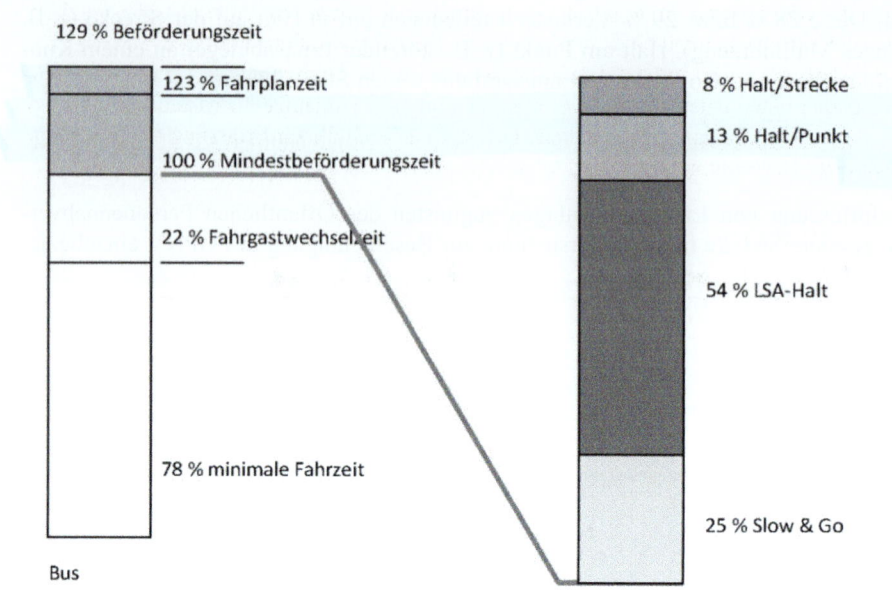

Abb. 6-115: Gemittelte Verlustzeitanteile in einem Busnetz

Bei der absoluten Bevorrechtigung fahren die öffentlichen Verkehrsmittel auf die Signale nach der BOStrab (wenn sie nicht den Signalen der Kfz folgen).

Die Signalsteuerungsverfahren unterscheiden nach „Festzeit-Signalsteuerung" und „verkehrsabhängige Steuerung". Die verkehrsabhängigen Steuerungsmöglichkeiten machen eine Anpassung der Signalprogramme an den aktuellen Verkehrszustand möglich: Da gibt es den Phasentausch – die Zahl und Dauer der Grün- und der Rotsignale für die einzelnen Ströme bleibt gleich und auch die Umlaufzeit bleibt gleich, nur die Reihenfolge ändert sich zugunsten des

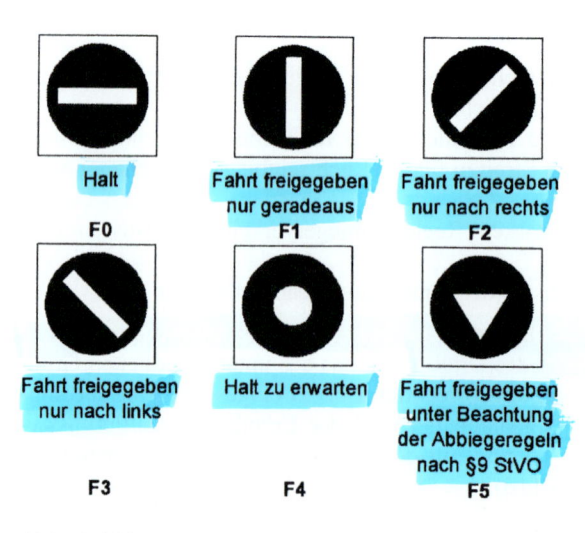

Abb. 6-116: Fahrsignale nach BOStrab

ÖPNV. Es gibt die Möglichkeit, dass das ÖPNV-Fahrzeug bei Bedarf ein eigenes Grünsignal anfordert und es gibt die Möglichkeit, dass für das ÖPNV-Fahrzeug die Freigabezeiten der einzelnen Ströme angepasst werden. Der größte Freiheitsgrad für die Bevorzugung des ÖPNV an LSA-gesteuerten Knotenpunkten entsteht bei freier Veränderung von Umlaufzeit, Phasenfolge, Phasenanzahl und Freigabezeit. Die dafür erforderliche aufwendige Technik zur Erfassung der Fahrzeuge und die Software zur Berechnung aktuell erforderlicher Schaltbefehle stehen zur Verfügung.

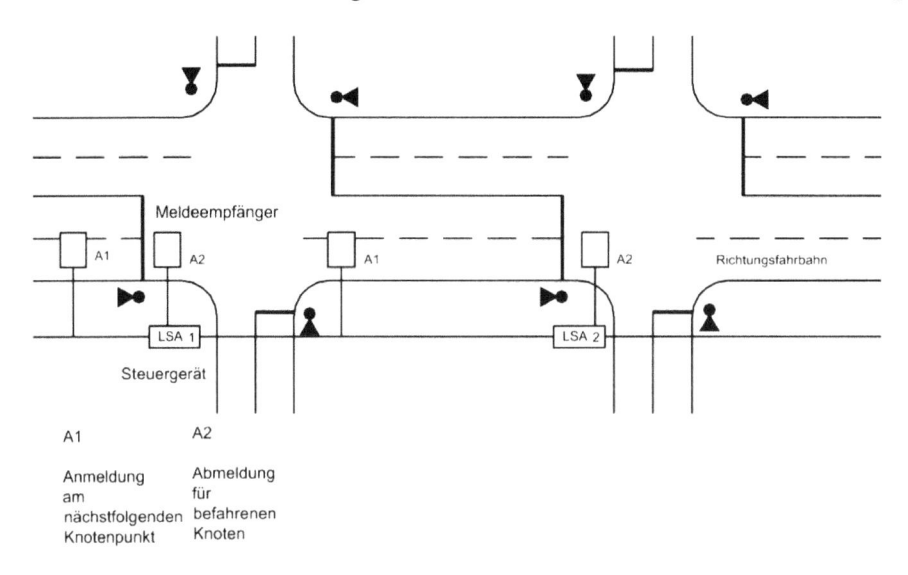

Abb. 6-117: Prinzip der Signalbeeinflussung im Streckenverlauf (EAÖ, 2003)

Bei ÖPNV-Bevorrechtigungssystemen sollte dem Fahrer bei Haltestellen vor Lichtsignalanlagen die bevorstehende Freigabe durch ein Türschließsignal angezeigt werden.

Durch die Errichtung von Lichtsignalanlagen an Strecken können mit unterschiedlichem Ziel Zeitverluste für den ÖPNV vermieden werden:

- Dynamische Straßenraumfreigabe
- Beeinflussung der Abfahrtzeiten an Haltestellen
- Einrichtung von Zeitinseln
- Ausfahrhilfen
- Lückenampeln
- Stauüberholschleusen an Pförtnerampeln[166]

Die dynamische Straßenraumfreigabe ermöglicht ein Einfahren des Nahverkehrsfahrzeugs in einen vom IV belasteten Straßenabschnitt. Durch ein vom ÖPNV geschaltetes Lichtsignal wird der vorausfahrende Kfz-Verkehr abgeleitet und der nachfolgende Kfz-Verkehr angehalten: Das ÖPNV-Fahrzeug fährt als Pulkführer in den ansonsten stark belasteten Abschnitt ein. Bei

---

[166] Alle LSA-Steuerungsprogramme und Rechenverfahren können nicht den Platz für den ÖPNV und den IV vermehren: Zu irgendeinem Zeitpunkt können die weiter anwachsenden Verkehrsmengen nicht mehr abgewickelt werden. Einige Kommunen sind daher dazu übergegangen, Lichtsignalanlagen abzubauen: Es wird der Fähigkeit des Individuums vertraut, ein selbstregulierendes System der Verkehrsabwicklung ohne Unfälle zu entwickeln.

nicht mehr als 12 Nahverkehrsfahrzeugen je Stunde und etwa 1.100 Kfz/h [1.700 – 2.300] je Spur und Richtung bei zwei Fahrstreifen [4 Fahrstreifen] ist die dynamische Straßenraumfreigabe eine bewährte Beschleunigungsmaßnahme.

An Haltestellen außerhalb von LSA-Anlagen wird durch ein Signal evtl. in Verbindung mit einem Türschließsignal dem ÖPNV-Fahrzeug angezeigt, dass es abfahren soll und den nächsten Knoten mit einer Lichtsignalanlage bei „Grün" erreicht ähnlich einem Vorsignal.

Wenn Straßenbahngleise in Straßenmitte verlaufen und eine Haltestelleninsel nicht vorhanden ist, sollte zur Gewährung eines sicheren Fahrgastwechsels eine Zeitinsel eingerichtet werden: Durch ein vom Nahverkehrsfahrzeug geschaltetes Signal werden nachfolgende Fahrzeuge angehalten und Fahrgäste können gesichert vom Straßenrand aus die Bahn erreichen. Wegen möglicher „Rotläufer" sollten Fußgängerquerungen in diese Signalisierung mit einbezogen werden.

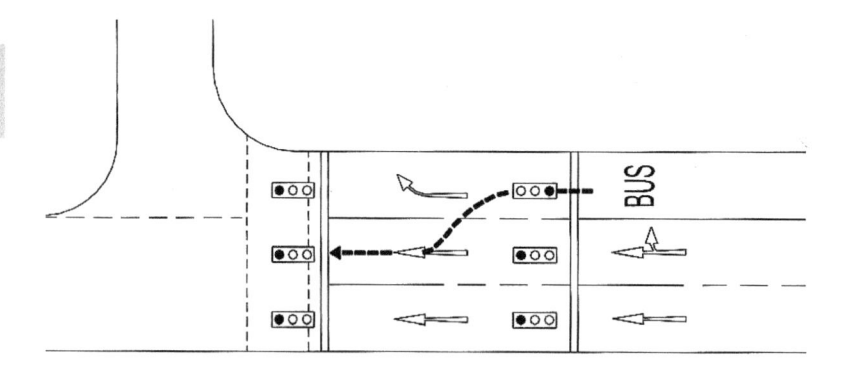

Abb. 6-118: Zeitinsel (Laubert, 1999)

Um den Linienbussen das Einfädeln in den allgemeinen Kfz-Verkehr zu ermöglichen, kann eine Busschleuse errichtet werden: Ein Signal hinter der Haltestelle hält den Individualverkehr an.

Weitere Beschleunigungsmaßnahmen sind die „Lückenampel" – ein Bus hält an einem Knoten ohne LSA den bevorrechtigten Kfz-Strom an, um einzubiegen – und die „Stau-Überholschleuse" – ein Lichtsignal wird vom Bus so geschaltet, dass der vorausfahrende sich stauende Kfz-Strom weit vor dem Bus angehalten wird und der Gegenverkehr dort auch: Der Bus fährt auf der linken Straßenseite unter dem Schutz des Signals am Stau vorbei und reiht sich vor den gestauten Kraftfahrzeugen ein.

Quellenverzeichnis der Abbildungen

DS80003. (1992). *Bahnanlagen entwerfen - S-Bahnen -*. München: DB AG.

EAHV93. (1993). *Empfehlungen für die Anlage von Hauptverkehrsstraßen.* Köln: Forschungsgesellschaft für Straßen- und Verkehrswesen.

EAÖ. (2003). *Empfehlungen für Anlagen des öffentlichen Personennahverkehrs.* Köln: Forschungsgesellschaft für Straßen- und Verkehrswesen.

Eifert, H. (2007) *Straßenbau heute*, Beton-Marketing Deutschland GmbH, Düsseldorf

Kirchhoff, P. (1994). *Empfehlungen für Planung, Bau und Betrieb von Busbahnhöfen.* Köln: Forschungsgesellschaft für Straßen- und Verkehrswesen.

Krass, K. (2006). *Merkblatt für die Ausführung von Verkehrsflächen in Gleisbereichen von Straßenbahnen.* Köln: Forschungsgesellschaft für Straßen- und Verkehrswesen.

Laubert, W. (1999). *Merkblatt für Maßnahmen zur Beschleunigung des öffentlichen Personennahverkehrs mit Bahnen und Bussen.* Köln: Forschungsgesllschaft für Straßen- und Verkehrswesen.

NGT. (1997). *Richtlinie Netzinfrastruktur Technik entwerfen; Streckenquerschnitte auf Erdkörpern.* Berlin: Eigenverlag DB.

RASt06. (2007). *Richtlinie für die Anlage von Stadtstraßen.* Köln: Forschungsgesellschaft für Straßen- und Verkehrswesen.

Rust, B. (1997). *Bürgerfreundliche und behindertengerechte Gestaltung von Haltestellen des öffentlichen Personennahverkehrs.* Bonn: Bundesministerium für Verkehr.

Zöllner, R. (2009). *Hinweise zur Fahrgastinformation im öffentlichen Verkehr.* Köln: Forschungsgesellschaft für Straßen- und Verkehrswesen.

7 Angebotsplanung im ÖPNV

7.1 Einführung

Um die Nachfrage nach Ortsveränderungen im ÖPNV erfüllen zu können, muss das Angebot nach Raum (Netz), Menge (Kapazität, Fahrzeuggröße) und Zeit (Fahrtbeginn, Fahrtenfolge) geplant werden und es muss daraus der Fahrzeugeinsatz und der Personaleinsatz abgeleitet werden. Diese Arbeiten führen alle zu einem Angebot für den (auch potentiellen) Fahrgast und werden in diesem Kapitel zusammengefasst. Die genannten Planungsaufgaben werden vom Verkehrsunternehmen oder seinen Beauftragten durchgeführt, wobei zunehmend Vorgaben von außen zu berücksichtigen sind (Nahverkehrspläne der Kommunen).

7.2 Bedienungsformen

Die übliche und herkömmliche Bedienungsform im ÖPNV ist der Linienverkehr: *„Linienverkehr ist eine zwischen bestimmten Ausgangs- und Endpunkten eingerichtete regelmäßige Verkehrsverbindung, auf der Fahrgäste an bestimmten Haltestellen ein- und aussteigen können. Er setzt nicht voraus, dass ein Fahrplan mit bestimmten Abfahrts- und Ankunftszeiten besteht oder Zwischenhaltestellen bestehen."* (PBefG § 42 Begriffsbestimmung Linienverkehr.)

Der Regelfall des Linienverkehrs ist die Führung aller Fahrten in beiden Fahrtrichtungen über die gesamte Linienlänge mit Bedienung aller (Zwischen-)Haltestellen. Die Linienform (Tangentiallinie, Ringlinie usw.) beschreibt die räumliche Erschließung des Bedienungsgebietes, die Linienart (Stammlinie, Einsatzlinie usw.) kennzeichnet die zeitliche Bedienung.

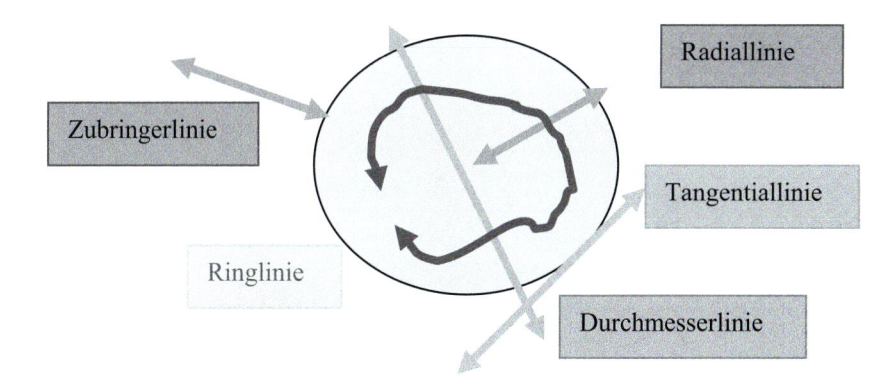

Abb. 7-1: Linienformen

— Bei der Radiallinie enden die Fahrten im Stadtzentrum. Für Fahrgäste mit anderen Quelle-Ziel-Wünschen als Stadtrand-Zwischenziel-Innenstadt besteht Umsteigezwang. Von Vorteil ist, dass Verspätungen durch die geringen Fahrzeiten bis in das Stadtzentrum und die dortige Wendezeit schnell abgebaut werden.

- Die Durchmesserlinie ist vorteilhaft für Fahrgäste, welche vom Stadtrand aus Ziele jenseits des Stadtzentrums erreichen wollen. Von Nachteil ist ein Mitschleppen und Aufschaukeln der Verspätungen auf diesen meist langen Linien.
- Die Tangentiallinie vermeidet den bei großen Städten umständlichen Weg in die Innenstadt zur Erreichung tangential gelegener Ziele.
- Die Zubringerlinie bringt Fahrgäste vom Umland meist bis zu einer Haltestelle eines höherwertigen Verkehrsmittels am Stadtrand (S-Bahn, Stadtbahn).
- Die Ringlinie kann Buslinien und Straßenbahnlinien ergänzen; problematisch kann die Festlegung eines Anfangs- und Endpunktes sein. Einen durch die Ringlinie komplett abgedeckten Fahrtwunsch (Anfangshaltestelle bis Endhaltestelle) gibt es ohnehin nicht.

Die Linien können zu unterschiedlichen Tageszeiten unterschiedliche Streckenführungen haben (das findet man besonders bei Buslinien auf dem Lande), um Schulen zu den Schulbeginn- und -endzeiten oder Unternehmen zu Arbeitsbeginn/Arbeitsende an den ÖPNV anzubinden. Aber auch bei Bahnen gibt es verschiedene Erscheinungsformen: So wird ein Zug auf seinem Zuglauf verstärkt (durch Anhängen weiterer Wagen bzw. eines weiteren Zugteils) oder der Zug wird geteilt und die Zugteile setzen die weitere Fahrt getrennt fort zu unterschiedlichen Zielen (der Zug wird „geflügelt").

Die genannten Linienformen sind selten in der reinen Erscheinungsweise anzutreffen. Meist besteht das Netz aus historisch gewachsenen Mischformen.

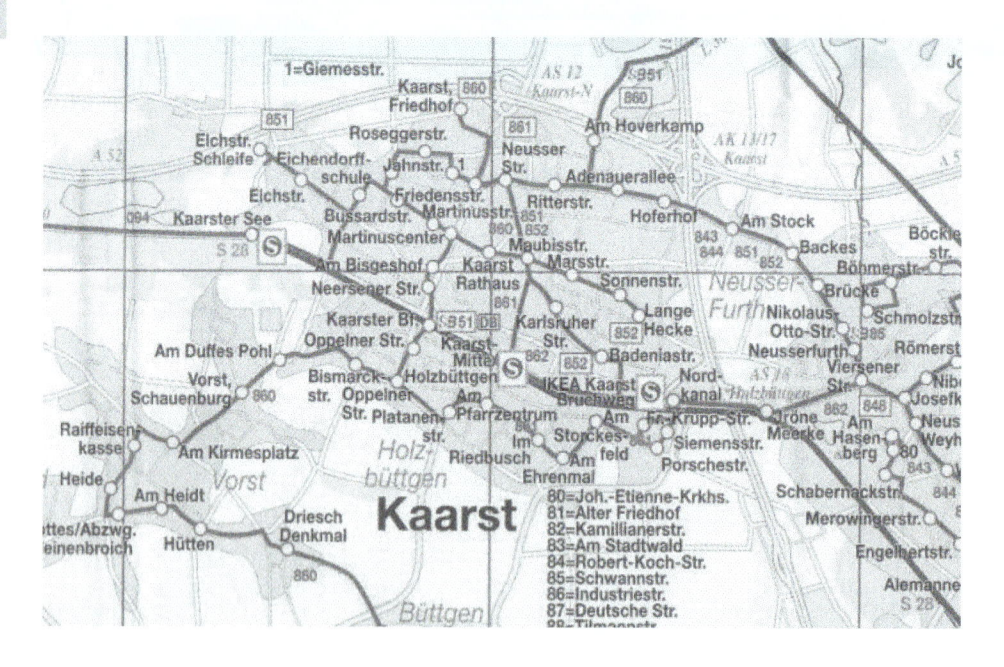

Abb. 7-2: Liniennetzplan der Stadt Kaarst nahe Neuss bei Düsseldorf (VRR)

Als Linienarten werden die genannten Linienformen mit einem festen Linienweg ausgeführt als Stammlinie (Linie wird ständig bedient), Nachtlinie (nur der nachts befahrene Linienweg deckt mäanderförmig die Verläufe mehrerer nur tagsüber verkehrender Linien ab; die Reisezeit

7.2 Bedienungsformen

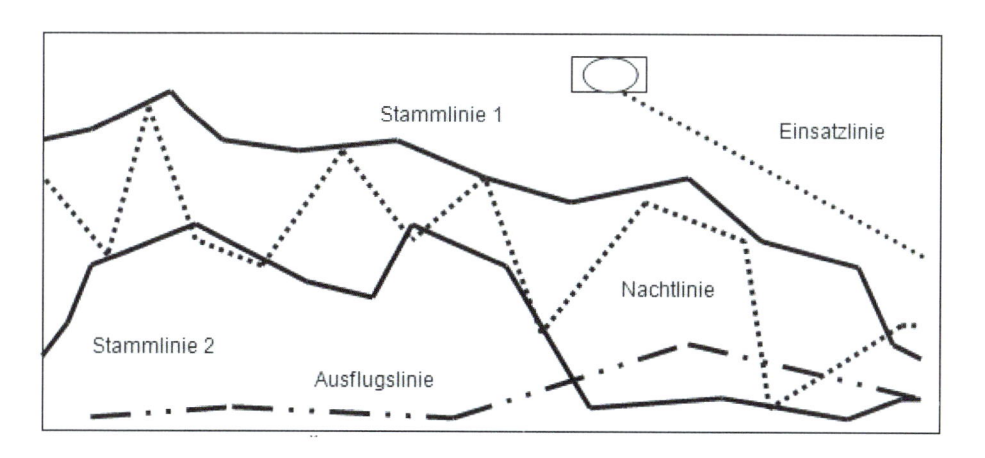

Abb. 7-3: Linienarten im ÖPNV

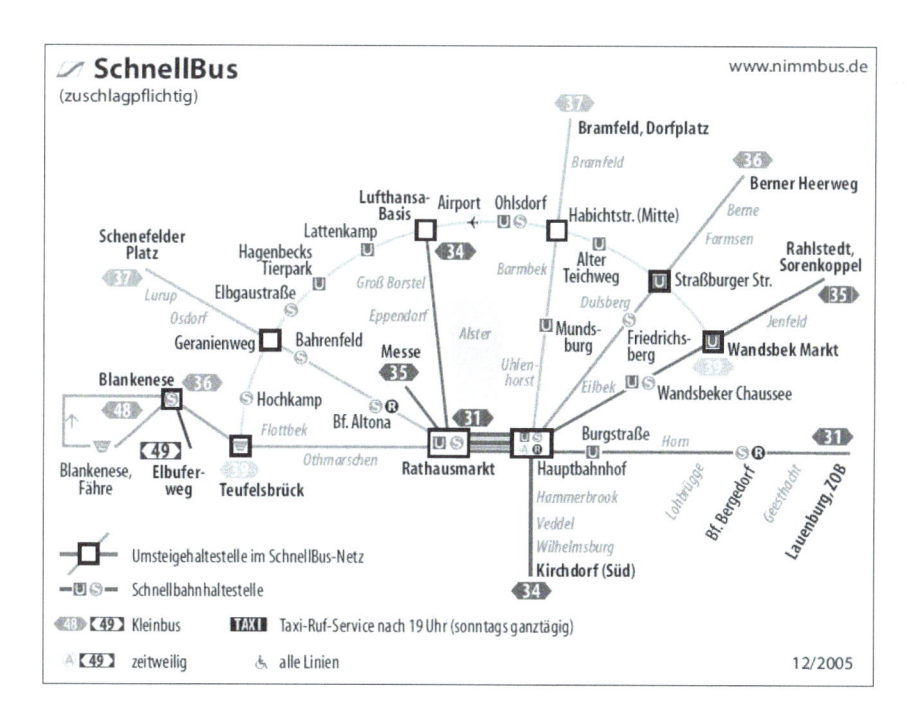

Abb. 7-4: Netzplan der Hamburger Schnellbuslinien (2005)

ist unbedeutend), Sonntagslinie (Linie im Ausflugsverkehr, z. B. vom Ruhrgebiet ins Sauerland zum Wintersport), Einsatzlinie (verkehrt z. B. nur zwischen Bahnhof und Stadion bei großen Sportveranstaltungen) u. a. m.

Um eine gute Nahverkehrsbedienung zu gewährleisten, sind in den letzten Jahren differenzierte Bedienungsformen entstanden wie „Linienbetrieb mit Abweichung vom Linienweg" oder „Flächenbetrieb". Diese differenzierten Bedienungsformen, welche offensichtlich keine herkömmlichen Linienverkehre sind, werden seit 1996 nach § 8 (2) PBefG genehmigt („Öffentlicher Personennahverkehr ist auch der Verkehr mit Taxen oder Mietwagen, der eine der in Absatz 1 genannten Verkehrsarten ersetzt, ergänzt oder verdichtet.").[167]

Der Linienverkehr findet auch statt in der Form „Schnellbus": Dieser Bus verkehrt ganztags zwischen einem Quellgebiet und einem Zielgebiet parallel zum herkömmlichen Linienverkehr ohne Zwischenhalt; seine Kennzeichen sind die Schnelligkeit und der höhere Komfort – was auch die Erhebung von Sondertarifen gestattet.

Eine andere Erscheinungsform ist der „Eilbus": Er nimmt morgens im Quellgebiet an mehreren Haltestellen die Fahrgäste auf und bringt sie ohne Zwischenhalt zum Zentrum; abends nimmt er die Fahrgäste im Zentrum auf und bringt sie ohne Zwischenhalt zu den Haltestellen in die Ausgangsorte. Es handelt sich um übliche Linienbusse, welche nur zu den Verkehrsspitzenzeiten auf der Linie ohne Zwischenhalte als Eilbusse verkehren. Besondere Merkmale zeigt auch der „Bürgerbus": Dort, wo ein herkömmlicher Linienverkehr zu unwirtschaftlich ist, gründet sich ein Bürgerbusverein, welcher mit einem vom ansässigen Verkehrsunternehmen gestellten Kleinbus – Fahrer plus maximal 8 Plätze – Linienverkehr im ÖPNV durchführt („Bürger fahren für Bürger"). Die Fahrer sind ehrenamtlich tätig und kommen aus dem Kreis des Bürgerbusvereins. Die anfängliche Kritik am „Bürgerbus" ist weitgehend verstummt (die Taxifahrer hatten etwas gegen den Bürgerbus, da er ihnen Fahrgäste wegnimmt, die ÖPNV-Lobbyisten hatten etwas gegen den Bürgerbus, da zum einen dessen Existenz zeigte, dass ÖPNV möglich war und zum anderen, weil deren Fahrer nicht die Ausbildung der ÖPNV-Beschäftigten benötigten).[168]

Aber auch mit Taxis wird Linienverkehr betrieben: Bei sehr geringer Auslastung der Linienbusse – vorwiegend in den Abend- und Nachtstunden – wird der Bus auf der gesamten Linie oder auf Endabschnitten durch das Linientaxi ersetzt (Teleskopbedienung: Je nach Verkehrsnachfrage fährt der Linienbus bis zu einer Haltestelle vor der üblichen Endhaltestelle. Das kann bei abendlichen Fahrten in Gewerbegebiete der Fall sein; geringe abendliche (Rest-) Nachfragen können dann vom Linientaxi abgewickelt werden). Wenn das Linientaxi auf seiner Fahrt vom Linienweg abweicht und die Fahrgäste bis zur Haustür ihres Zieles bringt, findet eine räumliche Differenzierung des Linienverkehrs statt. Eine einfach zu handhabende Form des räumlich differenzierten Linienverkehrs ist der Richtungsbandbetrieb: Es werden alle Haltestellen angefahren, doch zwischen den Haltestellen sind Umwegfahrten und Stichfahrten möglich (Routenabweichung) bzw. nur Anfangshaltestelle und Endhaltestelle liegen fest, dazwischen ist in Richtung auf das Ziel in einem gewissen Korridor ein Abweichen vom üblichen Linienweg möglich – das bedingt aber zum Anfahren von Bedarfshaltestellen das Vorliegen von Beförderungswünschen (was „Anmeldung" bedeutet). Mit Anmeldezwang arbeitet auch das Anruf-Sammeltaxi (AST-Verkehre): Wie im Linienverkehr befördert das Fahrzeug Fahrgäste von festgelegten Abfahrtstellen nach einem genehmigten Fahrplan und einem genehmigten Tarif; abweichend vom herkömmlichen Linienverkehr wird der Fahrgast direkt vor die Ziel-Haustür im Bedienungsgebiet gebracht und das Fahrzeug verkehrt nur bei Bedarf (Anmeldung) und fährt daher nie ohne Fahrgäste. Abweichend vom Taxiverkehr nimmt das AST-Fahrzeug mehrere Fahrgäste an unterschiedlichen Quellen auf zu unterschiedlichen Zielen und der vor der Fahrt kassierte Fahrpreis ist weitgehend unabhängig von der Fahrtstrecke.

---

[167] § 8 (1) PBefG "ÖPNV ist…allgemein zugängliche Beförderung … im Linienverkehr… im Stadt-, Vorort oder Regionalverkehr…"

[168] Näheres zum Bürgerbus und zu anderen Formen des ÖPNV enthält Kapitel 11 „Unkonventionelle Bedienungsformen"

Zu Beginn der 1990er Jahre rechnete man mit den realen Fahrgastzahlen – *nicht* Leistungsfähigkeiten – des Öffentlichen Personennahverkehrs gemäß Tabelle 7-1.[169]

Tab. 7-1: Mittelwert realer Fahrgastzahlen (Löcker, 1994)

Verkehrsmittel	Mittlere reale Fahrgastzahlen (Fahrgäste/Tag)
Bürgerbus	20 – 50
Anruf-Sammeltaxi	40 – 100
Bedarfsbus (Richtungsband)	500 – 1.000
Regionalbus in der Fläche je Linie	1.000 – 3.000
City-Bahn-Linie	5.000 – 7.000
Stadtbus im Ballungsgebiet	2.000 – 15.000
Straßenbahnlinie	10.000 – 30.000
Stadtbahnlinie	20.000 – 100.000
U-Bahn-Linie	100.000 – 200.000

7.3 Zukünftige Leistungen im Öffentlichen Personennahverkehr

7.3.1 Ermittlung der Nachfrage nach ÖPNV-Leistungen

So wie eine Brücke über einen Fluss nicht deswegen gebaut wird, weil dort viele Personen durch den Fluss schwimmen, so wird eine Linie im ÖPNV nicht deswegen eingerichtet, weil viele Personen zu Fuß gehen: Eine Zählung des vorhandenen Verkehrs ist nicht ausreichend, um eine ÖPNV-Linie einzurichten bzw. ein neues Liniennetz. Eine neue Linie im ÖPNV wird aufgrund von Vergleichen mit woanders schon ausgeführten Lösungen eingerichtet – eine komplette Neuplanung des Linienverkehrs ist ohnehin selten. Als Mindesteinwohnerzahl eines Gebietes zur Anbindung an den ÖPNV nennt die Literatur 200 Einwohner, von denen 80 % im Einzugsbereich der Haltestelle wohnen sollten.[170]

Neue Linien/neue Liniennetze ergeben sich bei der Bebauung bisher unbebauter Flächen mit Industrieanlagen, Gewerbegebieten, Wohnungen. Aus der Abschätzung des Verkehrsaufkommens dieser Neubaugebiete und aus der Aufteilung auf die Verkehrsarten (Modal-Split) lässt sich die notwendige ÖPNV-Erschließung als grobe Schätzung ableiten.[171]

---

[169] Verband Deutscher Verkehrsunternehmen/Deutscher Städtetag/Deutscher Landkreistag/Deutscher Städte- und Gemeindebund, Differenzierte Bedienungsweisen, Düsseldorf 1994
[170] Forschungsgesellschaft für Straßen- und Verkehrswesen, Empfehlung für Bau und Betrieb des öffentlichen Personennahverkehrs, Köln 2010
[171] Forschungsgesellschaft für Straßen- und Verkehrswesen, Hinweise zur Schätzung des Verkehrsaufkommens von Gebietstypen, Köln 2006

Das Verkehrsaufkommen eines Gebietes hängt von folgenden Faktoren ab:

- Bebauungsart (Geschosswohnungen/Villen, Verkehrserzeuger wie Einkaufszentren oder Großkinos)
- Soziale Einrichtungen (Kindergärten, Schulen, Freizeiteinrichtungen)
- Arbeitsplätze (Industrie, Dienstleistung)
- Bestehendes Verkehrsangebot (Infrastruktur, Verkehrssystem)
- Verkehrsbezogenes Verhalten der Anwohner
- Bevölkerungsmerkmale (Altersaufbau, Berufstätige, Einwohnerzahl, Einkommen)
- Anschlüsse an das vorhandene IV- und ÖPNV-Verkehrsnetz.

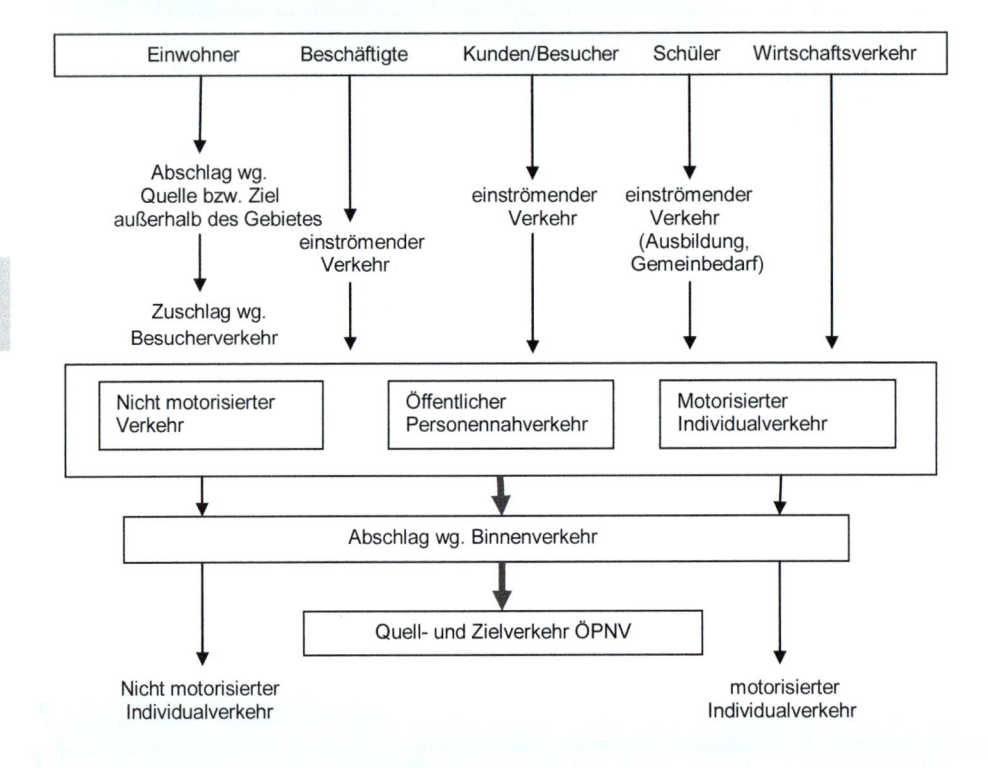

Abb. 7-5: Abschätzung des Verkehrsaufkommens von Gebietstypen

Für viele Baugebietstypen liegen Angaben zur Bandbreite von Einwohnerzahlen je Hektar vor, welche ein erster Hinweis für das zu erwartende Verkehrsaufkommen sind. So rechnet man für Kleinsiedlungsgebiete (Gebietstyp WS) mit 10 – 50 Einwohner je Hektar (brutto) und für ein allgemeines Wohngebiet (Gebietstyp WB) mit 100 – 200 Einwohnern je Hektar (brutto).[172] Die Nettozahlen sind für das Gebiet WS 10 – 60 Einwohner und für das Gebiet WB 150 – 400 Einwohner.[173]

---

[172] „Brutto" bedeutet auf die gesamte Fläche bezogen, also inkl. der Flächen für Grünanlagen, Spielplätze, Verkehrsflächen usw.

[173] Forschungsgesellschaft für Straßen- und Verkehrswesen, Hinweise zur Schätzung des Verkehrsaufkommens von Gebietstypen, Köln 2006

Es gibt weiterhin Angaben für die Zahl der Beschäftigten verschiedener Branchen je Hektar Nettobauland (Baugrundstücksfläche), z. B. im Handwerk (Gewerbehöfe, Werkstätten, Büros) mit 50 – 150 Personen; es liegen Zahlen für Kunden- und Besucheraufkommen je Werktag auf 100 m^2 Verkaufsfläche vor (z. B. Möbelmärkte 6 – 12 Personen oder Warenhäuser/Kaufhäuser mit 60 bis 100 Personen je 100 m^2); es gibt Zahlen über das Verkehrsaufkommen der Beschäftigten in den Gewerbegebieten (bei Handwerk und Dienstleistungsbetrieben und Büro 2,5 bis 3,0 Wege je Beschäftigten und Tag – inkl. Mittagspause) und auch für das Binnenverkehrsaufkommen in den an den ÖPNV anzubindenden Neubaugebieten liegen Hinweise vor (z. B. wegen des Binnenverkehrs der Bewohner bei Gebietsgrößen von Wohngebieten 500 m bis 800 m Durchmesser 15 % Abschlag vom Gesamtverkehr für den nichtmotorisierten Individualverkehr, 5 % für den motorisierten Individualverkehr und 0 % für den ÖPNV. Bei Gebietsgrößen von 800 bis 1200 m ein Abschlag von 20 %/10 %/5 %). Aus diesen und vielen ähnlichen Angaben ergibt sich eine erste Größenordnung für das zu erwartende ÖPNV-Verkehrsaufkommen.[174]

Beispielhaft wird das Vorgehen bei der groben Erstabschätzung des Verkehrsaufkommens eines reinen Wohngebietes genannt:

Die Wegezahl aller Bewohner ergibt sich aus der Einwohnerzahl, multipliziert mit deren spezifischer Wegehäufigkeit (bei Neubaugebieten kann mit 3,5 bis 4 Wegen je Werktag – von Aktivität zu Aktivität – gerechnet werden). Von dieser Wegezahl sind die reinen Binnenwege abzuziehen (Quelle und Ziel des Weges im Gebiet). Die Binnenwege sind bei reinen Wohngebieten zu 15 % aller Wege anzusetzen. Der Besucherverkehr ist für reine Wohngebiete mit 5 % aller Wege dazu zu addieren.

Der ÖPNV-Anteil an allen Wegen beträgt in Großstädten etwa 20 % und in Mittelstädten etwa 10 %. In ländlichen Gemeinden liegt er unter 5 %.

In der morgendlichen Spitzenstunde erreicht der Pkw-Quellverkehr einen Wert von bis zu 15 % des Tagesaufkommens (der gesamte Quellverkehr kann zu 50 % des Gesamtaufkommens gerechnet werden).

Bei einem neuen Wohngebiet von 5.000 Einwohnern am Rande einer Großstadt ergeben sich danach (5000 mal 3,5 – 4) 17.500 bis 20.000 Wege je Werktag, wovon bei 15 % Binnenverkehr 15.000 bis 17.000 Wege das Gebiet verlassen bzw. das Gebiet von außen erreichen (morgens 7.500 bis 8.500 Wege mit dem Wohngebiet als Quelle und abends dieselben Zahlen für Wege in das Gebiet). Weiterhin erreichen rund 875 bis 1000 Besucher das Gebiet (5 % aller Wege). Bei 20 % ÖPNV-Anteil ist mit [(15.000 + 875 bzw. 20.000 + 1.000) mal 0,2] 3.175 – 4.200 Fahrgästen für Busse und Bahnen zu rechnen (1.600 – 2.100 Fahrgäste aus dem Gebiet heraus, 1.600 bis 2.100 Fahrgäste in das Gebiet hinein). Wenn der ÖPNV-Fahrgast dasselbe zeitliche Aufkommen wie der Pkw-Fahrer zeigt (bis 15 % des Tagesaufkommens in der morgendlichen Spitzenstunde – Besucherverkehr sicher zu anderen Zeiten), ist morgens für den ÖPNV aus dem Gebiet heraus mit 225 – 300 Fahrgästen zu rechnen. Ein Standardlinienbus befördert bei 75 % Auslastung rund 100 Personen: Zwei bis drei Busse reichen in der morgendlichen Spitzenstunde zur Beförderung der Fahrgäste – das bedeutet einen 20- oder 30-Minuten-Takt.

---

[174] Das Verkehrsaufkommen eines Gebietes besteht aus Quellverkehr, Zielverkehr und Binnenverkehr. Ab Gebietsgrößen mit einem Durchmesser von 300 m sind vom Gesamtverkehrsaufkommen Binnenverkehrsabschläge in unterschiedlicher Höhe zu berücksichtigen; der restliche Verkehr teilt sich in Quellverkehr und Zielverkehr auf.

Zur überschläglichen Ermittlung des Fahrtenaufkommens im Öffentlichen Personennahverkehr werden auch andere Quellen verwendet:[175]

Tab. 7-2: ÖPNV-Fahrtenaufkommen in Abhängigkeit von der Stadtgröße (FGSV, 2010)

Stadtgröße	ÖPNV-Fahrten pro Einwohner und Tag
Großstadt (> 400.000 Einwohner)	0.55 – 0,75
Großstadt (bis 400.000 Einwohner)	0,40 – 0,60
Mittelstadt (bis 100.000 Einwohner)	0,20 – 0,40
Kleinstadt (bis 30.000 Einwohner)	0,10 – 0,30

Für das genannte Beispiel der Neubausiedlung von 5.000 Einwohnern am Rande der Großstadt ergeben sich nach Tab. 7-2 für 5.000 Einwohner 3.000 ÖPNV-Fahrten je Tag. ÖPNV-Binnenverkehr wird es kaum geben, sodass mit 1.500 Quellfahrten und 1.500 Zielfahrten zu rechnen ist. Analog zum Pkw-Verkehr 15 % Spitzenstundenbelastung angenommen sind das 225 ÖPNV-Quellfahrten in der morgendlichen Spitzenstunde.[176]

Für eine Anbindung an den ÖPNV werden in der Literatur Mindesteinwohnerzahlen angegeben:[177] 200 Einwohner sind die Untergrenze für eine Anbindung an das Liniennetz des ÖPNV (bei 80 % der Einwohner im Einzugsgebiet einer Haltestelle). Als Empfehlung für die Größe der Haltestelleneinzugsbereiche hat die genannte Schrift der FGSV die Angaben nach Tab. 7-3 abgeleitet.

Tab. 7-3: Luftlinienentfernung von Haltestelleneinzugsbereichen[178] (FGSV, 2010)

Gemeindeklasse	Haltestelleneinzugsbereich (Meter)	
	Bus/Straßenbahn	Schienenpersonennahverkehr[179]
Oberzentrum (> 70.000 Einwohner)	300 – 500	400 – 800
Mittelzentrum (> 20.000 – 70.000 EW)	300 – 500	400 – 800
Unterzentrum (5.000 – 20.000 EW)	400 – 600	600 – 1.000
Gemeinde (< 5.000 Einwohner)	500 – 700	800 – 1.200
In Außenbereichen der Zentren sind größere Entfernungen möglich		

---

[175] Forschungsgesellschaft für Straßen- und Verkehrswesen, ÖPNV und Siedlungsentwicklung, Köln 1999

[176] Hier ist die Frage zu stellen, ob die o. g. Berechnungen nach Tab. 7-2 und nach Tab. 7-3 nicht derselben Datengrundlage entstammen und so die Übereinstimmung beider Ergebnisse zu erklären ist.

[177] Forschungsgesellschaft für Straßen- und Verkehrswesen, Empfehlung für Planung und Betrieb des öffentlichen Personennahverkehrs, Köln 2010

[178] Bei dem üblichen Umwegfaktor von 1,3 und einer Fußgängergeschwindigkeit von rund 4,0 km/h bzw. 1,2 m/sec ergeben sich Gehwegzeiten zur Haltestelle von unter 5 Minuten bei 300 m Radius und 14 Minuten bei 1.000 m Radius.

[179] Da der Schienenverkehr von den Fahrgästen als komfortabler eingeschätzt wird als das Fahren mit dem Bus, nehmen die Fahrgäste längere Wege zum Schienenverkehrsmittel auf sich.

7.3 Zukünftige Leistungen

Je leistungsfähiger das Verkehrsmittel ist, umso höher sollte das Verkehrsaufkommen in den Haltestelleneinzugsbereichen sein (d. h. die Einwohnerzahl) bzw. es erfordern hohe Einwohnerzahlen leistungsfähige Verkehrsmittel.

7.3.2 Konzipierung neuer Liniennetze

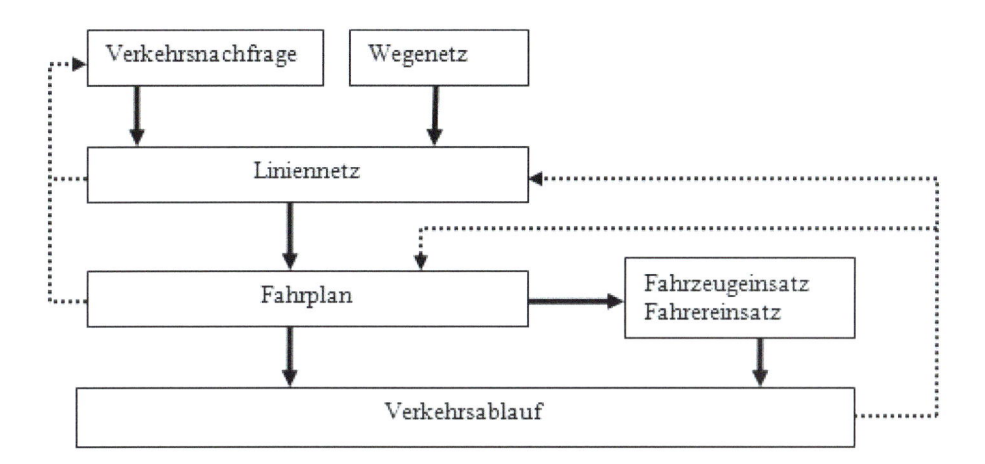

Abb. 7-6: Angebotsplanung im Öffentlichen Personennahverkehr

Abb. 7-6 zeigt das Vorgehen bei der Angebotsplanung: Aus der Verkehrsnachfrage und dem realen Wegenetz ergeben sich die Linien des ÖPNV. Die Fahrtwünsche der Fahrgäste werden durch die Zahl der Abfahrten erfüllt (Fahrplan), was wiederum den Fahrzeugeinsatz bestimmt und den Fahrereinsatz (Dienstplan). Durch den fahrgastgerechten Verkehrsablauf kommt es zu geänderter Inanspruchnahme des ÖPNV, was Änderungen im Fahrplan bedeuten kann (Anschlusssicherung) oder im Fahrzeugeinsatz (Fahrzeuggröße).

Bei der Liniennetzplanung des ÖPNV muss ermittelt werden, auf welchen Netzelementen das ÖPNV-Verkehrsmittel fahren soll/fahren kann. Bei straßengebundenem Verkehr heißt das, das von Fahrzeugen des ÖPNV befahrbare Straßennetz festzustellen. Anschließend ist die Aufgabe zu lösen, die Verkehrsbelastung der einzelnen Elemente des Liniennetzes festzustellen, die einzelnen Elemente des Liniennetzes zu Linien zusammenzustellen und das Verkehrsangebot auf den einzelnen Linienabschnitten zu dimensionieren. Wegen der Komplexität der Aufgabe ist bei umfangreicheren Liniennetzen eine mathematische Optimierung selten/nicht durchführbar.

Ralf Borndörfer et al., Angebotsplanung im öffentlichen Nahverkehr, Konrad-Zuse-Zentrum für Informationstechnik, Berlin 2008:

„So weit wir wissen, gibt es bisher aber nur ganz wenige Beispiele für den Einsatz von mit mathematischen Optimierungsmethoden berechneten Linienplänen in der Praxis.

In der Operations-Research-Literatur wird die Linienplanung im Öffentlichen Nahverkehr seit den [19]70er Jahren untersucht. Die ersten Ansätze beschäftigten sich mit heuristischen [(erfahrungsgeleiteten)] Verfahren zur Generierung „guter" Linien. Da-

bei wird in einem iterativen Prozess versucht, aus kurzen Teilstücken vollständige Linien zusammenzusetzen, die gewisse Längen- und Zeitschranken erfüllen.(...)

Eine andere Idee zur Lösung des Linienplanungsproblems ist, zunächst eine Menge von möglichen Linien zu berechnen und daraus in einem zweiten Schritt ein Liniennetz sinnvoll auszuwählen. (...)

Der nächste Entwicklungsschritt war die Betrachtung des sogenannten „System Split". Hierbei werden bestimmte Annahmen an das Verhalten der Passagiere getroffen, die die Reisewege a priori festlegen und damit eine Berechnung der Anzahl an Passagieren, die eine Kante benutzen, ermöglichen. (...)

In der jüngeren Literatur werden verschiedene Modelle zur Lösung der Linienplanung vorgestellt, die auf Methoden der gemischt-ganzzahligen Optimierung basieren. (...)

Im Folgenden beschreiben wir kurz unsere Modellierung des Linienplanungsproblems.

Wir unterscheiden verschiedene Verkehrstypen (Bus, Straßenbahn usw.). Für jeden Verkehrstyp ist ein Netz mit Knoten und Kanten gegeben, die den Stationen und Fahrstrecken entsprechen. Die Menge aller Fahrstrecken bezeichnen wir mit A, diese Netze sind durch Umsteigekanten miteinander gekoppelt. Weiter betrachten wir eine Menge von möglichen Linien $\mathcal{L}$ in diesen Netzen, den sogenannten Linienpool. Jede Linie verbindet zwei ausgezeichnete Endstationen in einem Netz und besteht aus zwei Richtungen. Jede Richtung ist ein einfacher Pfad, d. h., es wird keine Station mehrfach angefahren. Die Kapazität κ_l einer Linie l hängt von dem Verkehrstyp der Linie ab. Für eine Linie betrachten wir außerdem Fixkosten C_l, die anfallen, sobald eine Linie in Betrieb genommen wird, und variable Kosten c_l für den Betrieb einer Linie, die von der Länge der Linie abhängen.

Für jedes OD-Paar (s,t) betrachten wir eine Menge von Pfaden P_{st}, die s und t miteinander verbinden, die Passagierpfade oder Passagierrouten. Diese stellen die möglichen Reiserouten dar, die ein Passagier nutzen kann. Für jede solche Reiseroute ist die Fahrzeit τ_p durch die Netzdaten gegeben.

Unser Optimierungsmodell verwendet drei Arten von Variablen:

$y_p \in \mathbb{R}_+$: Anzahl der Passagiere von s nach t auf einem Pfad $p \in P_{st}$
$x_\ell \in \{0,1\}$: gibt an, ob Linie l in Betrieb genommen wird,
$f_\ell \in \mathbb{R}_+$: Frequenz der (in Betrieb genommenen) Linie l

$$\min \quad \lambda \sum_\ell (C_\ell x_\ell + c_\ell f_\ell) + (1-\lambda) \sum_p \tau_p y_p$$

(i) $\sum_{p \in P_{st}} y_p = d_{st} \quad \forall (s,t) \in \mathcal{D}$

(ii) $\sum_{p \ni a} y_p \leq \sum_{\ell: a \in \ell} \kappa_\ell f_\ell \quad \forall a \in A$

(iii) $0 \leq f_\ell \leq F x_\ell \quad \forall \ell \in \mathcal{L}$

(iv) $x_\ell \in \{0,1\} \quad \forall \ell \in \mathcal{L}$

(v) $y_p \geq 0 \quad \forall p \in \cup P_{st}$

Abb. 7-7: Gemischt-ganzzahliges Optimierungsmodell zur Linienplanung (nach Borndörfer)

Während die Variablen für die Linienwahl diskret sind, nehmen wir die Variablen für Frequenz und Passagierrouten als kontinuierlich an. Dies ist eine Vereinfachung, um die Komplexität des Problems etwas zu reduzieren. Wir können damit ein gemischt-ganzzahliges lineares Programm formulieren, welches in der Abbildung 7-7 dargestellt ist.

BORNDÖRFER gelang es (theoretisch) am Beispiel Potsdam, mit den (nach dem hier nur auszugsweise vorgestellten Verfahren) geplanten Linien die Einnahmen zu steigern und die Nachfrage zu erhöhen. Er schreibt dazu: „*Bei der mathematischen Modellierung mag vielleicht der eine oder andere Aspekt unberücksichtigt geblieben sein. Dagegen steht der Vorteil, das Gesamtnetz mit seinen komplexen Wechselwirkungen zwischen Kosten und Nutzen sowie Angebot und Nachfrage ... optimieren zu können. (...) Diese Methoden ergänzen die bewährten Planungsmethoden und können damit einen Beitrag zur Verbesserung des Nahverkehrsangebots leisten.*" Damit ist bestätigt, dass mathematische Methoden der Linienplanung derzeit die erfahrungsgeleiteten Arbeiten der Ingenieure zur Erstellung von einzelnen Linien und Liniennetzen unterstützen, aber nicht ersetzen können.

Den Fahrgästen sollen komfortable Linien (Direktverbindungen, geringe Reisezeiten) angeboten werden. Jeweils eine Direktverbindung zwischen den gewünschten Quell- und Zielhaltestellen einzurichten, ist nicht möglich – das wären bei 10 Quellorten und 20 Zielorten schon 200 Linien. Es wird also darauf ankommen, Fahrtwünsche zu bündeln. Der auch praktizierte Weg dazu wird wie folgt beschrieben: In der Quelle-Ziel-Matrix – als Verkehrszelle wird ein kleinerer Wohnbereich definiert – wird jene Verbindung als Ursprung einer Linie gewählt, welche die höchste Anzahl an Fahrtwünschen aufweist. Diese Verbindung wird auf die realen Verkehrswege umgelegt und berührt dabei sicher mehrere Haltestellen, von welchen auch Fahrtwünsche zu Zielen entlang der Linie bestehen; mit der Erstlinie sind demnach Wünsche nach vielen anderen Direktverbindungen erfüllt. Die jetzt erfüllten Verkehrswünsche werden aus der Quelle-Ziel-Matrix herausgenommen. Im nächsten Schritt werden in der neu entstandenen Quelle-Ziel-Matrix die nächstbedeutsamen Direktverbindungen durch eine auf reale Verkehrswege umgelegte Linie erfüllt; auch hier werden Zwischenziele integriert. Nachdem so alle Fahrtwünsche erfüllt wurden und eine Vielzahl von (Teil-)Linien besteht, werden die Linien miteinander verknüpft zu Radiallinien, Durchmesserlinien, Tangentiallinien usw. Dabei sind die Möglichkeiten zur Einrichtung der Zwischenhaltestellen zu prüfen und zu Endhaltestellen (Warteplätze), es sind notwendige Umsteigemöglichkeiten zu untersuchen und evtl. auch kurze Umwegfahrten zur Einbindung verbleibender Verbindungswünsche, welche keine eigene Linie tragen können.

Das skizzierte Problem der Linienplanung bei einer vorhandene Quelle-Ziel-Matrix ist von Mathematikern als Betätigungsfeld entdeckt worden; dabei ist auch bei mathematischen Lösungen eine Abwägung zwischen kurzer Reisezeit (was guten Service kennzeichnet) und entstehenden Kosten für das Verkehrsunternehmen (durch evtl. Mehr-Fahrzeuge) vorzunehmen. In der Literatur zu Operations-Research-Sachverhalten wird die Linienplanung wie erwähnt seit den 1970er Jahren untersucht. Die ersten Arbeiten versuchten, aus kurzen Teilstücken mögliche praktikable Linien zusammenzusetzen. Diese ersten mathematischen Arbeiten zur Linienplanung wurden bekannt als Reduktionsverfahren, Progressivverfahren, Verkehrsstromverfahren und Fahrtensummenverfahren. Im Reduktionsverfahren wird vom Netz aller befahrbaren Strecken ausgegangen, aus welchem die geringst belasteten Strecken herausgenommen werden und die Nachfrage neu verteilt wird. In dem in mehreren Schritten reduzierten Netz werden Linienendpunkte festgelegt und dazwischen die Verbindungen mit maximalen Direktfahrern gesucht. Im Progressivverfahren werden ausgehend von einer stark belasteten

Stelle im Zentrum des Netzes fortschreitend andere Strecken angefügt, sodass schrittweise Linien bis in die Randbereiche entstehen. Das Verkehrsstromverfahren reiht Streckenabschnitte mit den höchsten Belastungen aneinander und bildet so Linien. Im Fahrtensummenverfahren werden im Netz der befahrbaren Wege Verbindungen mit dem jeweils größten Direktfahreranteil zwischen allen Haltestellen herausgesucht und zu Linien kombiniert. Das Ziel "Anteil der Direktfahrer maximieren" wird in den vier Verfahren berücksichtigt. Betriebsbezogene Kriterien (Fahrzeuggröße, Fahrplan, Personaleinsatz) werden erst bei der Bewertung des so entstandenen Liniennetzes berücksichtigt (und führen zu einem iterativen Linienbildungsprozess, da Veränderungen im Liniennetz evtl. eine neue Wegewahl des Fahrgastes zur Folge haben).

Spätere Arbeiten lösten das Problem der Linienplanung mittels des Fahrgastverhaltens (die Fahrgäste legen sich vor der Fahrt fest, welche Wege sie benutzen; damit kann die Nutzung der Quelle-Ziel-Kanten berechnet werden). Ein weiterer Ansatz arbeitet mit gemischt-ganzzahliger Optimierung: So werden die Anzahl der Direktfahrer maximiert bzw. die Kosten minimiert oder es wird die Anzahl der Umstiege minimiert.

Alle mathematischen Modelle müssen bei der Umsetzung in die Realität Rücksicht nehmen auf Straßenverläufe, Fahrzeugkapazitäten, Qualitätswünsche (Fahrtenfolgen, Taktzeiten), Kosten u. a. m. und auch auf die Wünsche der Aufgabenträger (Schlagwort „Nahverkehrsplan"), was die mit vielen Annahmen berechneten Optimierungsergebnisse der mathematischen Verfahren wieder „ungenau" macht bzw. den Genauigkeitsaufwand der mathematischen Verfahren als übertrieben zeigt. In Anbetracht der Tatsache, dass eine Neuordnung eines gesamten Netzes eine seltene Aufgabe ist und nach der mathematischen Berechnung neuer Linien eine Vielzahl von Justierarbeiten durch die Praktiker erfolgen muss, ist ein „Durchbruch" der mathematischen Linienplanung bisher nur für Teilaufgaben erfolgt. Anders sieht es im Bereich der Fahrplanerstellung und Dienstplanerstellung aus: Hier kommen vielfach erprobte mathematische Verfahren zum Einsatz.

In einem ersten Bearbeitungsschritt werden die Nutzungsschwerpunkte des mit ÖPNV zu versorgenden Gebietes festgestellt. Diese Nutzungsschwerpunkte stellen zunächst mögliche Haltestelleneinzugsbereiche dar – siehe Tab. 7-3 – und werden durch eine (gestreckte) Linie miteinander verbunden. Aufgrund der Einwohnerzahlen in den Haltestelleneinzugsbereichen errechnet sich der ÖPNV-Fahrtenbedarf auf der Linie. Aus den Qualitätsanforderungen, welche sich auch in der Taktfolge der Fahrzeuge (Tab. 7-4) zeigen, ergeben sich Hinweise auf das einzusetzende Verkehrsmittel (Tab. 7-5).

Tab. 7-4: WünschenswerteTaktfolge innerhalb von Gemeinden (FGSV, 2010)

Gemeindeklasse	Taktfolgezeit in Minuten für die Nebenverkehrszeit		
	Verdichtungsraum	Verstädterter Raum	Ländlicher Raum
Oberzentrum	5 -15	15	–
Mittelzentrum	15 – 30	30 – 60	30 – 60
Unterzentrum	30 – 60	30 – 60	60
Gemeinde	≥ 60	≤ 60	≤ 60

7.3 Zukünftige Leistungen

Tab. 7-5: Platzangebot im Linienverkehrsmittel (bei 4 Pers/m²) (FGSV, 2010)

Bus	100 (Gelenkbus 165)
Straßenbahn	180
Stadtbahn	180 – 250
U-Bahn	200
S-Bahn	500 – 600

7.3.3 Neue Baugebiete und ÖPNV

Es wird selten der Fall sein, dass ein Wohngebiet oder ein Industriegebiet fernab von jedem öffentlichen Nahverkehr errichtet wird. Meistens wird in der Nähe eine ÖPNV-Linie vorhanden sein und es ist zu entscheiden ob und wie diese Linie in das zu bebauende Gebiet verlängert wird. Dabei sollte der ÖPNV schon bei der Planung des neuen Gebietes berücksichtigt werden.

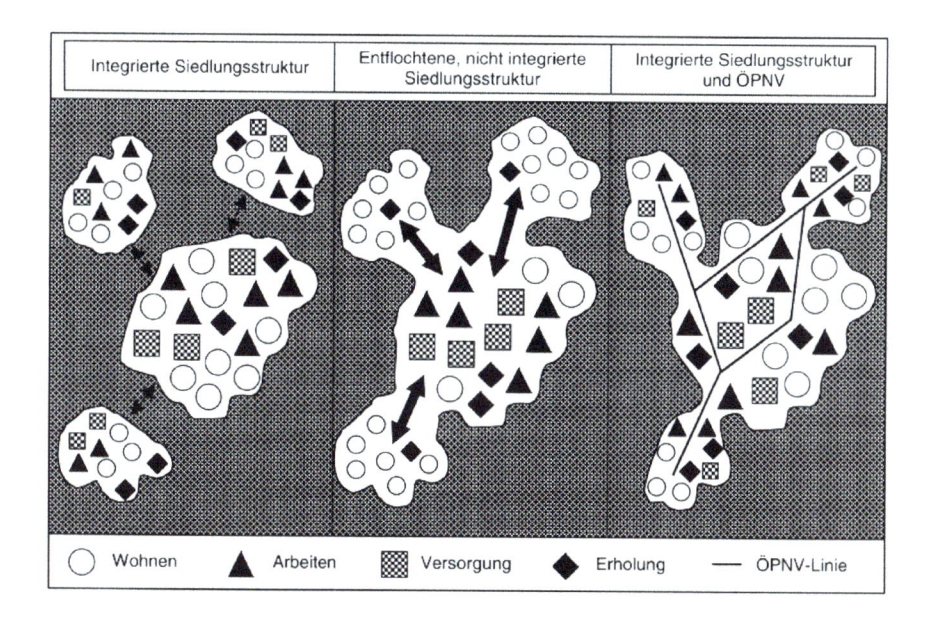

Abb. 7-8: Integrierte und entflochtene Siedlungsstrukturen (Huber, 1999)

In der Frühzeit des ÖPNV waren die Nutzungen in den Zentren gemischt mit Arbeiten, Wohnen, Erholung und Versorgung („ Integrierte Siedlungsstruktur" Abb. 7-8, links). Jahrzehnte später kam es zu den entflochtenen Siedlungsstrukturen (Abb. 7-8, Mitte): Die Wahrscheinlichkeit ist groß, dass die genannten Grundfunktionen (Arbeiten, Wohnen, …) nicht im Nahbereich liegen; es kommt aufgrund der diffusen Nutzungsmischung zu verstärktem Kraftfahrzeugeinsatz – der ÖPNV kann mit reinem Linienverkehr die zersiedelte Landschaft mit der zersiedelten Nutzung nicht angemessen bedienen. Bei der Anlage neuer Wohngebiete und

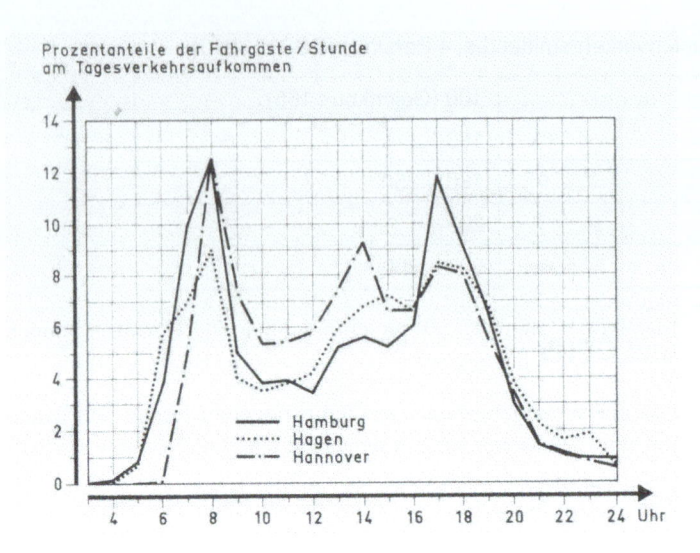

Abb. 7-9: Tagesganglinie des ÖPNV-Verkehrsaufkommens (SNV Studiengesellschaft Nahverkehr mbH, 1979)

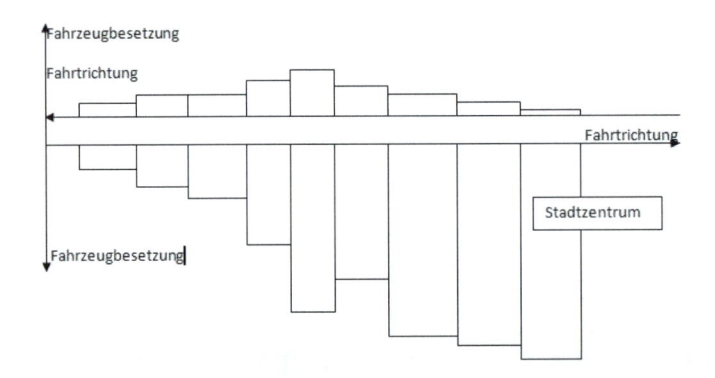

Abb. 7-10: Übliche morgendliche Fahrzeugbesetzung einer (Bus-)Linie

neuer Industriegebiete sollte nicht nur auf Erschließung durch das Kfz abgestellt werden, sondern die Erschließung ist ÖPNV-gerecht vorzunehmen: Verlängerung von Linien (gestreckte Linienführung s. o.), Einlegen von Linienschleifen (Umwegfahrten). Der Öffentliche Personennahverkehr legt Strukturen nahe, die an Entwicklungsachsen orientiert sind.

Das übliche Verkehrsaufkommen auf einer Linie des ÖPNV zeigt eine deutliche Morgenspitze und eine etwas geringere und breitere Nachmittagsspitze; in Kleinstädten ist oft noch eine Mittagsspitze vorhanden (Abb. 7-9).

Der morgendliche Verkehr bewegt sich zu den Arbeitsplätzen, der nachmittägliche Verkehr zeigt in Richtung der Wohngebiete starke Belastungen. Der ÖPNV ist daher ungleichmäßig ausgelastet: Morgens zur Stadtmitte werden die Fahrzeuge immer voller, in Gegenrichtung

7.3 Zukünftige Leistungen

fahren/bewegen sich kaum Fahrgäste. Die Planung des ÖPNV in neuen (Wohn)Gebieten sollte daher auf die Planung der Wohngebiete Einfluss nehmen. Durch eine Planung von Verkehrsschwerpunkten (Schulzentren, Einkaufszentren), welche morgens eine Fahrt weg von der Hauptlastrichtung/vom Stadtzentrum erfordern, kann der ÖPNV gleichmäßiger ausgelastet werden.

Grundsätzliche Vorteile für eine ÖPNV-Erschließung neuer Gebiete zeigt die Wahl folgender Standorte für das neue Gebiet: Baulücken, Gewerbebrachen, altindustrielle Standorte, Umnutzung militärischer Liegenschaften, Einbeziehung neuer Flächen am Rande schon mit ÖPNV erschlossener Flächen, Neubaugebiete in Verlängerung einer vorhandenen Siedlungsachse. Diese Gebiete (Schlagwort „Innenerschließung") sollten vornehmlich für Neuansiedlungen genutzt werden und mit ÖPNV versorgt/erschlossen werden.

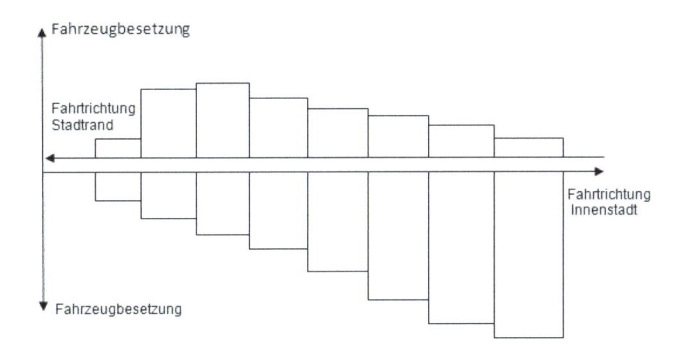

Abb. 7-11: Morgendliche Fahrzeugbesetzung im ÖPNV durch Platzierung von Nutzungen entlang der Linie

Diese ÖPNV-Erschließung geschieht durch
- Einrichtung zusätzlicher Haltestellen
- Linienverlängerung einer bestehenden Bus- oder Straßenbahnlinie
- Linienwegänderung – Umwegfahrt einer bestehenden Bus oder Straßenbahnlinie
- Neueinrichtung einer Bus- oder Straßenbahnlinie.

Dabei sind folgende Fragen zu beantworten:

Eine Linie ist vorhanden: Ist die vorhandene Linie ausgelastet? Muss ein weiteres Fahrzeug eingesetzt werden?

Neue Haltestellen sind anzulegen: Folgt aus den neuen Haltestellen eine Fahrzeitverlängerung, welche ein neues Fahrzeug erforderlich macht? Ist Platz für neue Haltestellen vorhanden?

Der Linienweg ist zu verlängern/zu verlegen: Ist der Fahrweg für die Fahrzeuge geeignet? Erfordert die Linienverlängerung ein neues Fahrzeug? Kann an anderen Stellen der Linie Fahrzeit eingespart werden?

Eine neue Linie wird erforderlich: wie viel Fahrzeuge sind einzusetzen? Kann im Gegenzug eine andere Linie entlastet werden? Ist üblicher Linienverkehr überhaupt möglich oder muss differenziert bedient werden?

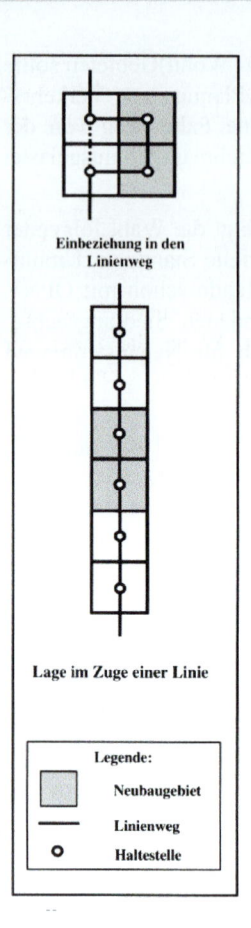

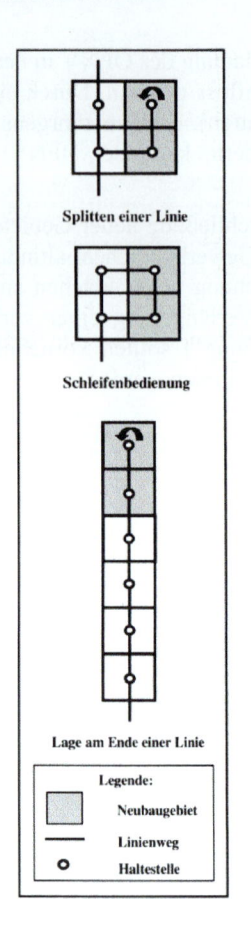

Abb. 7-12:
Lage des neuen Baugebietes im Verlauf einer Linie (links) und am Ende einer Linie (rechts) (Huber, 1999)

7.4 Überprüfung bestehender ÖPNV

7.4.1 Ermittlung des Verkehrsaufkommens für eine Überprüfung des Angebotes

In den meisten Fällen besteht ein Angebot im ÖPNV, welches aktuellen Erfordernissen angepasst wird: Die Fahrzeugkapazität wird überprüft, die Fahrzeugfolgezeiten werden der Nachfrage angeglichen, es werden neue Haltestellen in den Linienweg eingebunden und es werden durch Linienverlängerungen neue Wohnplätze an den ÖPNV angebunden. Evtl. findet auch ein Tausch von Linienabschnitten statt. Diese Überplanung des ÖPNV-Angebotes erfolgt aufgrund einer Bestandsaufnahme mit nachfolgender Ist-Analyse und – bei Berücksichtigung zukünftiger Entwicklungen – durch eine Prognose.
Die Bestandsaufnahme erfolgt durch Zählungen/Befragungen. Wie im Straßenverkehr gibt es auch im ÖPNV verkehrstechnische Erhebungen (Verkehrszählungen) und verkehrsverhaltensbezogene Erhebungen (Beobachtungen und Befragungen).

7.4 Überprüfung bestehender ÖPNV

Die Verkehrszählungen liefern das Fahrgastaufkommen an Haltestellen, auf Strecken und auf Linien und deren zeitliches Auftreten. Daraus kann auf die zweckmäßige Haltestellenlage geschlossen werden und auf die erforderliche Bedienungshäufigkeit. Über die Platzausnutzung wird die erforderliche Fahrzeuggröße festgestellt. Zählungen zur Kapazitätsbemessung sollten das Spitzenaufkommen des Verkehrs einschließen: Die stärksten Belastungen im Jahresverlauf des ÖPNV bestehen im Vorweihnachtsverkehr. Die stärksten Belastungen im Tagesverlauf zeigt der ÖPNV in der Morgenspitze – daher genügt eine Zählung zwischen 6.00 Uhr und 9.00 Uhr (durch Probezählungen sollten aber die Spitzenstunden der Belastung bekannt sein).

An den Haltepositionen der Haltestellen bzw. im Fahrzeug an den Fahrzeugtüren werden durch Zählpersonal einsteigende und aussteigende Fahrgäste gezählt. Wenn die Daten für mehrere aufeinanderfolgende Haltestellen vorliegen, lassen sich Querschnittsbelastungen entlang des Fahrweges des Fahrzeugs ermitteln.

Statt Zählpersonal wird auch Technik zur Erfassung der Fahrgäste eingesetzt: Lichtschranken und Drehkreuze erfassen an den Haltestellen ein- und aussteigende Fahrgäste (es ist eine deutliche Kanalisierung der Fahrgastströme erforderlich); Lichtschranken und Trittstufenkontakte ermöglichen eine automatisierte Fahrgastzählung; gewichtsabhängige Messeinrichtungen im Fahrzeug stellen die Fahrzeugbesetzung fest.

Anfang der 1990er Jahre kamen erste elektronische Zählsysteme auf den Markt. Als Beispiel für eine automatische Fahrgastzähleinrichtung wird im Folgenden der Infrarot Bewegungs-Analysator vorgestellt (**I**nfra**R**ed**M**otion **A**nalysator – IRMA): Im Fahrzeuginneren wird über der Fahrzeugtür ein Sensor installiert, welcher ständig Infrarot-Lichtimpulse aussendet, die vom Fußboden oder von Fahrgästen reflektiert werden. Das am Sensor eingehende reflektierte

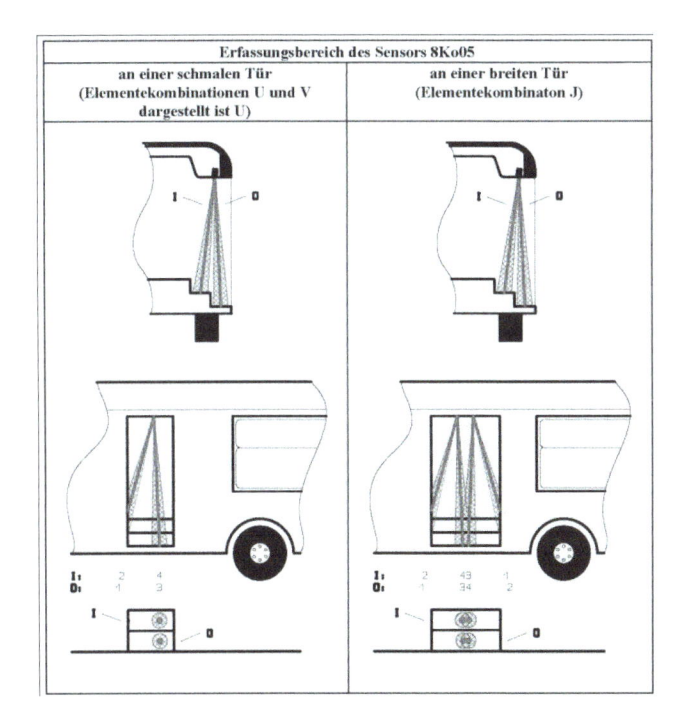

Abb. 7-13: Infrarotsensor 8Ko05 des Fahrgastzählsystems IRMA der Firma Iris GmbH, Berlin (www.irisgmbh.de)

Licht wird von einem Analyserechner ausgewertet. Da in jedem Infrarotsensor zwei Erfassungssysteme hintereinander angeordnet sind, wird auch die Bewegungsrichtung des Fahrgastes erkannt. Durch Koppelung des Sensors mit der Türöffnung ist gewährleistet, dass Bewegungen im Türraum während der Fahrt nicht erfasst werden.

Als Ergebnis der Zählungen liegt die Zahl der Einsteiger an Haltestellen, der Aussteiger an Haltestellen und die Fahrzeugbesetzung zwischen den Haltestellen vor.

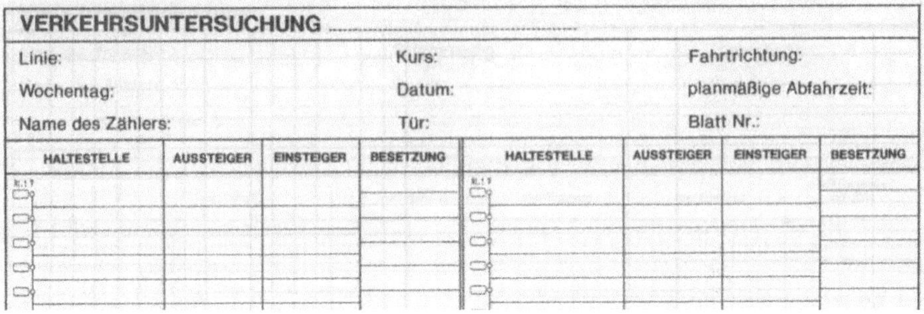

VERKEHRSUNTERSUCHUNG ....

Linie: Kurs: Fahrtrichtung:

Wochentag: Datum: planmäßige Abfahrzeit:

Name des Zählers: Tür: Blatt Nr.:

HALTESTELLE	AUSSTEIGER	EINSTEIGER	BESETZUNG	HALTESTELLE	AUSSTEIGER	EINSTEIGER	BESETZUNG

Abb. 7-14: Muster eines von Zählpersonal ausgefüllten Blattes einer Einsteiger-/Aussteigerzählung (FGSV, 1991)

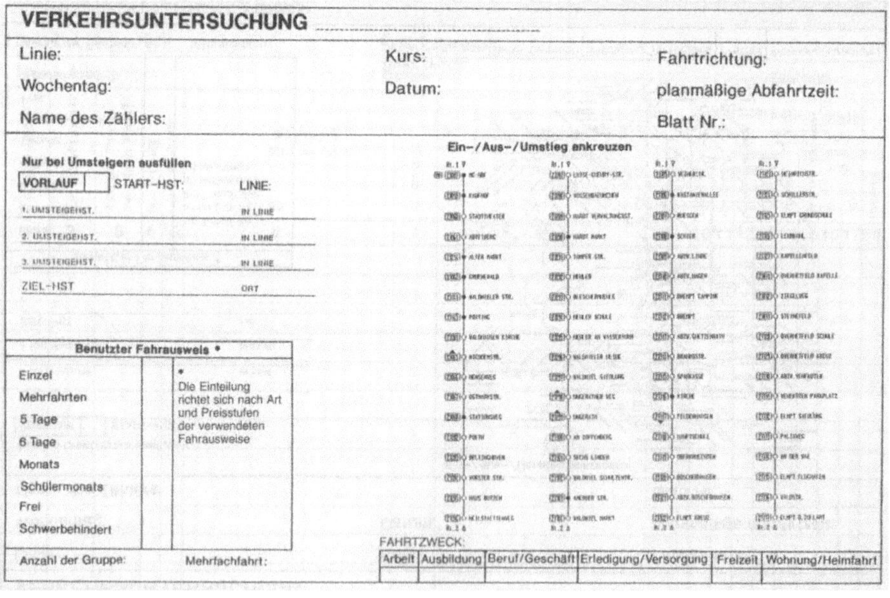

VERKEHRSUNTERSUCHUNG ....

Linie: Kurs: Fahrtrichtung:

Wochentag: Datum: planmäßige Abfahrtzeit:

Name des Zählers: Blatt Nr.:

Nur bei Umsteigern ausfüllen

VORLAUF START-HST: LINIE:

1. UMSTEIGEHST. IN LINIE

2. UMSTEIGEHST. IN LINIE

3. UMSTEIGEHST. IN LINIE

ZIEL-HST ORT

Benutzter Fahrausweis *

Einzel, Mehrfahrten, 5 Tage, 6 Tage, Monats, Schülermonats, Frei, Schwerbehindert

* Die Einteilung richtet sich nach Art und Preisstufen der verwendeten Fahrausweise

Anzahl der Gruppe: Mehrfachfahrt:

Ein-/Aus-/Umstieg ankreuzen

FAHRTZWECK:

Arbeit	Ausbildung	Beruf/Geschäft	Erledigung/Versorgung	Freizeit	Wohnung/Heimfahrt

Abb. 7-15: Muster eines von Zählpersonal auszufüllenden Blattes einer Befragung im Fahrzeug (FGSV, 1991)

Querschnittszählungen erfassen keine Verhaltensgründe, keine Umsteiger, keine Fahrausweisarten, der Fahrtzweck wird nicht erfasst und auch nicht die Umsteigehaltestelle. Daten für diese Kennwerte erhält man aus Befragungen. Durch eine mündliche Befragung im Fahrzeug –

7.4 Überprüfung bestehender ÖPNV

wegen der kurzen Fahrtdauer meist als Stichprobenerhebung – parallel zur Zählung ist eine Hochrechnung der Befragungsergebnisse auf alle Fahrgäste im Fahrzeug möglich. Mit der (Kurz-)Befragung werden – meist durch Ankreuzen – je nach Erhebungszweck Einsteigehaltestellen und Aussteigehaltestellen erfasst, die Umsteigehaltestellen werden festgehalten, die genutzten Verkehrslinien (und Fahrzeuge) werden erhoben sowie der Fahrtzweck und die Fahrausweisart.

Als Ergebnis der Zählungen und Befragungen liegen aktuelle Zahlen über Einsteiger, Aussteiger, Umsteiger, Quellen und Ziele der (heutigen) Fahrgäste vor und über die benutzten Fahrausweise.

Die evtl. erforderliche Kapazitätsanpassung des ÖPNV an die festgestellten Verhältnisse erfolgt durch einen Vergleich mit Erfahrungswerten (Tab. 7-6).

Tab. 7-6: Kennzahlen zum ÖPNV im Stadtverkehr (HÖFLER S. 167)

	Bus	Straßenbahn	Stadtbahn	U-Bahn	S-Bahn
Platzangebot (Personen)[1]	100 (Gelenkbus 165)	180	180 – 250	200	500 – 600
Reisegeschwindigkeit (km/h)	< 20	20 – 25	25 – 35	30 – 40	< 50
Typische Fahrzeugfolgezeit (Min)	20 – 120	10 – 30	10 – 30	10 – 30	20 – 60
Mittlerer Haltestellenabstand (Meter)	200 – 500	200 – 500	300 (Stadt) 700 – 1.000 (Umland)	500 – 1.000	1.000 (Stadt) 3.000 (Region)
Leistungsfähigkeit (Pers/Richtung und Stunde)[2]	600 (Gelenkbus 1.000)	1.500	4.500	10.000	25.000

[1] Sitz- und Stehplätze (4 Pers/m^2)
[2] Bei Einhaltung wirtschaftlich vertretbarer Bedingungen

7.4.2 Konzipierung von geänderten Liniennetzen

Wenn durch Befragungen die Quellhaltestellen der Fahrgäste und die Zielhaltestellen der Fahrgäste bekannt sind, sind, kann es erforderlich sein, das Liniennetz neu zu konzipieren: Es sind im Laufe der Jahrzehnte neue Wohnquartiere errichtet worden, neue Einkaufszentren sind entstanden, neue Schulen sind gebaut und andere geschlossen worden, es sind durch den Straßenbau neue Wege für den Bus entstanden, Arbeitsplätze in früher großen Industrieunternehmen sind abgebaut worden; die Fahrgastströme haben sich im Laufe der Jahre nach Stärke und Richtung verändert. Aber auch die (Aufgaben-)Träger des Öffentlichen Personennahverkehrs – Kreise, Kommunen – geben (geänderte?) Linienwege vor. Der ÖPNV sollte durch eine Optimierung seines Netzes den veränderten Verkehrsströmen gerecht werden. Dabei entspricht das Vorgehen dem bei der Planung des Liniennetzes (Kap. 7.3.2) und dem Vorgehen bei der Anbindung neuer Baugebiete (Kap. 7.3.3).

7.5 Bemessung der Fahrzeugfolgezeiten

Wenn die Linien und die Umsteigepunkte festliegen, sind die Fahrzeugfolgezeiten und die Fahrzeuggrößen – Standardlinienbus? Gelenkbus? – zu bestimmen. Eine dichte Fahrzeugfolgezeit vermeidet Wartezeiten für den an der Haltestelle wartenden Fahrgast, erfordert aber hohen Fahrzeugeinsatz und damit hohe Betriebskosten. Eine geringe Fahrzeugfolgezeit führt zwar zu geringeren Betriebskosten, ist aber unattraktiv für einen fahrwilligen Interessenten.[180] Das Verkehrsunternehmen bzw. dessen Angebotsplaner haben diesen Widerspruch zu lösen. Bei der Bemessung der einzelnen Linie wie auch bei der Bemessung des neu konzipierten Liniennetzes (die Netzplanung ist ein iterativer Prozess) sind festzulegen:

- Größe der eingesetzten Fahrzeuge
- Fahrtenfolgezeit
- Anzahl der eingesetzten Fahrzeuge.

Zunächst sind die Fahrzeiten auf der geplanten Linie zu ermitteln:[181] Mit einem Bus wird die Strecke mehrmals abgefahren und anhand einer Stichprobe wird die mittlere Fahrzeit auf der Linie festgestellt (mit echten Haltestellenaufenthaltszeiten oder mit Addition entsprechender bekannter Mittelwerte dafür). Das geschieht durch manuelle Messungen während Mitfahrten im Bus oder automatisiert entsprechend dem Vorgehen bei der Planung von Beschleunigungsmaßnahmen: Eine Weg/Zeit-Messung gekoppelt mit Türöffnungs- und Türschließvorgängen (was eine Haltestelle bedeutet), welche nach einer ersten Eichfahrt automatisch abläuft und wo nach vielen Messfahrten die gemessenen Mittelwerte für die Fahrzeiten abgelesen werden können.

Die Linienlänge bestimmt die Umlaufdauer. Wenn die Umlaufdauer inklusive möglicher Pausenzeiten kürzer ist als ein Vielfaches der Taktzeit, entstehen unproduktive Standzeiten an der Endhaltestelle. Bei großen Taktzeiten, wie sie evtl. in ländlichen Räumen bestehen, kann dieser Produktivitätsverlust erhebliche Ausmaße annehmen. Die Linienlänge ist daher über die Umlaufdauer an die Taktzeiten anzupassen.

Das Fahrgastaufkommen auf einer Linie unterliegt zeitlichen und örtlichen Schwankungen (Berufsverkehr, Sonntagsverkehr, Ferienverkehr, Vorweihnachtsverkehr u. a. m. führen zu unterschiedlichen Fahrgaststärken, unterschiedlich strukturierte Bedienungsgebiete führen zu unterschiedlichen Einsteiger- und Aussteigerzahlen während der Fahrt, z. B. Fahrten samstags von einem Wohngebiet zur Innenstadt durch ein Gewerbegebiet). Ein optimaler Fahrplan versucht die unterschiedlichen Belastungen zu berücksichtigen, z. B. durch unterschiedliche Zugfolgezeiten, durch unterschiedliche Fahrzeuggrößen, durch Installierung von überlagernden (Teil-)Linien für bestimmte Tageszeiten. So wird evtl. ein Grundtakt gefahren, welcher in

---

[180] Die Literatur spricht von einem vernünftigen Verhältnis Fahrtenfolgezeit zu Beförderungsdauer von 0,5, wenn der ÖPNV mit dem motorisierten Individualverkehr konkurrieren soll (bzw. 2-3, wenn der ÖPNV der Daseinsvorsorge dient). Neuere Literatur unterscheidet sechs Qualitätsstufen (A – F) und beschreibt diese als Verhältnis der Reisezeiten im ÖPNV und im motorisierten Individualverkehr. So kennzeichnet ein Verhältnis von < 1,0 die Qualitätsstufe A, während der Quotient $\geq 3,8$ die Qualitätsstufe F erhält.

[181] Die Beförderungszeit ist die Zeit des Fahrgastes im Fahrzeug (Fahrzeit plus Zwischenhaltestellenaufenthaltszeit plus Behinderungszeit durch z. B. Stau auf der Strecke); Reisezeit ist die gesamte Unterwegszeit des Fahrgastes (Gehzeit von der Quelle zur Haltestelle, Wartezeit, Beförderungszeit im Fahrzeug 1, Umsteigezeit 1, evtl. Wartezeit 2 beim Umsteigen, Beförderungszeit 2, Umsteigezeit 2, …, Beförderungszeit n, Gehzeit von der Zielhaltestelle zum Bestimmungsort).

7.5 Bemessung der Fahrzeugfolgezeiten

Spitzenzeiten verdichtet wird und in Schwachlastzeiten ausgeweitet wird. Die üblichen Fahrzeugfolgezeiten zwischen 5.00 Uhr und 19.00 Uhr sind 10, 12, 15 und 20 Minuten.

Die erforderliche Fahrtenfolgezeit ergibt sich grundsätzlich zu

$$f = \frac{m}{pb_{max}}$$ mit f Fahrten je Stunde, m Fahrgäste je Stunde, p Plätze im Fahrzeug, b_{max} maximaler Besetzungsgrad je Fahrzeug. Nach dieser Formel kann es für Fahrgäste aber zu unzumutbaren Wartezeiten kommen. Als Grenzverkehrsstromstärke m_g wird daher definiert:

$$m_g = \frac{pb_{max}}{t_{zmax}}$$ mit t_{zmax} zumutbare Taktzeit/zumutbare Fahrzeugfolgezeit (Tab. 7-8).

Die Fahrtenfolgezeit wird im Einzelnen ermittelt aus

- wünschenswerte Taktzeit
- Vorgabe eines Besetzungsgrades
- Festlegen von Zeitbereichen gleicher Belastung
- Ermittlung der zugehörigen Fahrtenfolge.

Neben der Taktzeit ist die Beförderungsqualität bedeutsam: Wie ist die Sitzplatzverfügbarkeit? Wie verhält es sich mit der Stehplatzverfügbarkeit?

Die Sitzplatzverfügbarkeit R_{Si} wird bestimmt zu

$$R_{Si} = \frac{N_{Si}}{P}$$ für $N_{Si} \geq P$ und

$R_{Si} = 0$ für $N_{Si} < P$

(N_{Si} ist die Anzahl der vorhandenen Sitzplätze im Fahrzeug und P die Fahrgastzahl im Fahrzeug)

Bei vollständig besetzten Sitzplätzen ist die Stehplatzverfügbarkeit R_{St}

$$R_{St} = \frac{F_{St}}{P_{St}}$$

(F_{St} Stehfläche je Fahrzeug in m², P_{St} Anzahl der stehenden Fahrgäste je Fahrzeug).

R_{SiQS} ist die Sitzplatzverfügbarkeit für die Qualitätsstufe QS und R_{StQS} die Stehplatzverfügbarkeit für die Qualitätsstufe QS.

Für einen der neuesten Gelenkbusse, den mit Ausnahmegenehmigung fahrenden Doppelgelenkbus des Unternehmens *van Hool* wird mit 183 Fahrgästen gerechnet bei 70 Sitzplätzen, d. h. 113 Stehplätze. Der Stehplatz wird zu 0,25 m² je Fahrgast gerechnet; der Bus verfügt somit über eine Stehplatzfläche von 28,25 m². Da der Besetzungsgrad in der Hauptverkehrszeit im Mittel 65 % nicht übersteigen soll, bedeutet das 119 Fahrgäste, von denen 70 sitzen (somit stehen 49 Fahrgäste und nehmen 49 mal 0,25 = 12,25 m² ein). Nach o. g. Formel ist die Sitzplatzverfügbarkeit 0, wenn die Zahl der Fahrgäste die Zahl der Sitzplätze übersteigt (119 Fahrgäste, 70 Sitzplätze). Die Stehplatzverfügbarkeit ist 28,25 m² für 49 stehende Fahrgäste, also 0,57 m² je stehender Fahrgast. Nach Tabelle 7-7 ergibt sich bei 65 % Besetzung für kurze Fahrten die Qualitätsstufe D und für lange Fahrten die Qualitätsstufe C.

Tab. 7-7: Beförderungsqualität mittels Platzangebot im ÖPNV-Fahrzeug (FGSV, 2010)

Qualitätsstufe	Fahrt weiter als 3 km		Fahrt bis 3 km	
	Sitzplatzverfügbarkeit R_{SiQs} (Sitzplatz je Fahrgast)	Stehplatzverfügbarkeit R_{StQs} (m²/ Stehplatz)	Sitzplatzverfügbarkeit R_{SiQs} (Sitzplatz je Fahrgast)	Stehplatzverfügbarkeit R_{StQs} (m²/ Stehplatz)
A	≥ 1,75	freie Sitzplätze	≥ 1,33	freie Sitzplätze
B	≥ 1,33	freie Sitzplätze	≥ 1,0	freie Sitzplätze
C	≥ 1,0	freie Sitzplätze	0	≥ 0,25
D	0	≥ 0,25	0	≥ 0,20
E	0	≥ 0,20	0	≥ 0,15
F	0	< 0,20	0	≥ 0,15

Aus der verlangten Qualitätsstufe ergeben sich Forderungen an das eingesetzte Fahrzeug. So hat der von 1975 bis 1994 für Nordrhein-Westfalen gebaute 26,7 m lange Stadtbahnwagen M/N 54 Sitzplätze und 86 Stehplätze (4 Pers/m²) und befördert damit in Doppeltraktion (zwei Wagen gekuppelt) bis zu 280 Personen. Das ab 2006 für Düsseldorf gebaute Stadtbahnfahrzeug Combino ist 30 m lang und hat 54 Fahrgastsitzplätze und 120 Stehplätze. Das ab 2005 in Erfurt eingesetzte Combino-Fahrzeug mit 30 m Länge weist 120 Stehplätze und 60 Sitzplätze auf. Die Linienbusse besitzen 31 Sitzplätze und 70 Stehplätze (12 m langer Bus Citaro von Daimler-Benz) oder der 18,75 m lange Gelenkbus Lions City GL von MAN hat Platz für bis zu 165 Fahrgäste: Die Fahrzeughersteller stellen gewünschte Fahrzeuggrößen bereit.

Als Richtwerte für zumutbare Fahrzeugfolgezeiten gelten für den Tagesverkehr die Angaben der Tabelle 7-8.

Tab. 7-8: Richtwerte zumutbarer Fahrzeugfolgezeiten in Minuten (FGSV, 2010)

Verkehrsmittel	Zentrum	Dicht bebauter Außenbereich	Weitläufig bebauter Außenbereich
	im Verdichtungsgebiet/Ballungsraum		
Bus	15	30	60
Straßenbahn	10	15	20
U-Bahn	7,5	10	-
S-Bahn	10	20	20 – 60

Die Grenzverkehrsstromstärke bei der zumutbaren Wartezeit auf das nächste Fahrzeug ergibt sich zu

[Plätze je Fahrzeug] mal [Platzausnutzung] mal [zumutbare Wartezeit auf das Folgefahrzeug].

Wenn eine Straßenbahn (180 Plätze) bei einer maximalen Platzausnutzung von 0,8 Personen je Platz in der Spitzenstunde und einer zumutbaren Folgezeit von 10 Minuten (= 6-mal pro Stunde) verkehrt, dann ist die Grenzverkehrsstromstärke 180 mal 0,8 mal 6 = 864 Personen.

Damit können mit der zumutbaren Fahrzeugfolgezeit von 10 Minuten bis zu 864 Personen befördert werden. Haben weniger Personen den Fahrtwunsch, dann sollte dennoch im 10-Minuten-Abstand gefahren werden (zumutbare Wartezeit). Sollen in der Spitzenstunde mehr Personen befördert werden, ergeben sich andere Fahrzeugfolgezeiten: Sollen z. B. 1.500 Personen befördert werden, dann muss das Fahrzeug mit 180 Plätzen (Platzausnutzung 0,8) $\frac{1.500}{180*0,8}$ *= 10,41-mal je Stunde fahren, das heißt alle (60/10,41=) 5,76 Minuten. Daraus ergibt sich ein Sechsminutentakt – welcher seitens des Fahrgastes schlecht zu merken ist.*

Sowohl die Platzausnutzung als auch die Verbindungswünsche und die zumutbaren Wartezeiten verändern sich im Laufe des Tages und im Laufe des Jahres (Winter: Sommer: Ferien wie 1: 0,9: 0,7). So ist die höchste Platzausnutzung im Spitzenverkehr[182] 0,8 Fahrgäste je Platz und 10 Minuten Wartezeit (Straßenbahn), im Tagesverkehr 0,4 Personen je Platz und 10 Minuten Wartezeit und im Spätverkehr 0,4 Personen je Platz bei 15 Minuten Wartezeit: Es müsste viele verschiedene Fahrpläne für dieselbe Linie geben: Spitzenstunde, Tagesverkehr, Spätverkehr, Nachtverkehr. Das ist für den Fahrgast unzumutbar. Die Verkehrsunternehmen bilden meist zwei Fahrpläne: Tagesverkehr und Spätverkehr mit deutlich unterschiedlichen Taktzeiten. In der Spitzenstunde werden besonders bei kleinen Taktzeiten – 5 Minuten und weniger Fahrzeugfolgezeit – evtl. Zusatzfahrzeuge auf der Linie eingesetzt (Verstärkungsfahrten) ohne Nennung im veröffentlichten Fahrplan.

Die Gesamtzahl der einzusetzenden Fahrzeuge n ergibt sich aus der Fahrtenfolge f (Taktzeit, Fahrten je Zeiteinheit) und der Umlaufzeit t_u zu $n = t_u/f$. Die Umlaufzeit ist dabei die Unterwegszeit von der Anfangshaltestelle zur Endhaltestelle plus dortige Wendezeit[183] plus Unterwegszeit von Endhaltestelle zur Anfangshaltestelle plus dortige Wendezeit (d. h. die Zeit, bis das Fahrzeug erneut am Linienanfangspunkt fahrplanmäßig abfährt). In Formeln ausgedrückt

$$t_u = t_{fAB} + t_{wB} + t_{fBA} + t_{wA}$$

$t_u = t_{fu} + t_{wu}$ (Umlaufzeit = Beförderungszeit im Umlauf + Wendezeit im Umlauf).

Das Leistungsangebot des Verkehrsunternehmens wird in Fahrplänen dargestellt. Diese Fahrpläne gibt es für den innerbetrieblichen Gebrauch (Bildfahrplan, Buchfahrplan) und für die Öffentlichkeit (Aushangfahrplan, Kursbuch). Die Grundlage für alle Fahrpläne ist der Bildfahrplan (Abb. 7-16, 7-17).

Die einzelnen Stationen (Haltestellen, Bahnhöfe) werden durch senkrechte Weglinien, die Uhrzeiten durch waagerechte Zeitlinien dargestellt; bei Bildfahrplänen für die Eisenbahn sind Ankunftszeiten, Abfahrzeiten und Durchfahrzeiten angegeben. Aus den Bildfahrplänen entwickeln sich alle anderen Fahrplanunterlagen. So z. B. der Buchfahrplan (Abb. 7-18), in welchem die Stellen der Geschwindigkeitswechsel angegeben sind (Spalte 1), die zulässigen Geschwindigkeiten (2), die Namen der Betriebsstellen (3 oder 3a), evtl. mit Angaben zum Zugfunk (3b), Ankunftszeiten (4) und Abfahrtzeiten und Durchfahrzeiten (5).

---

[182] Die Bezeichnungen Spätverkehr, Tagesverkehr und Spitzenstundenverkehr können auch anders heißen, z.B. Hauptverkehrszeit, Nebenverkehrszeit, Schwachverkehrszeit.

[183] Die Wendezeit dient der Vorbereitung des Fahrers auf die nächste Fahrt (evtl. mit Fahrerplatzwechsel), sie dient dem Verspätungsausgleich, sie dient persönlichen Bedürfnissen der Fahrer und sie ist evtl. Pausenzeit: „Wendezeit im Sinne der Anlage 1 Bundesmanteltarifvertrag .. ist die Zeit zwischen der Beendigung der Hinfahrt und dem Beginn der Rückfahrt, also die Zeit, die der Fahrer an den Wendepunkten verbringt."

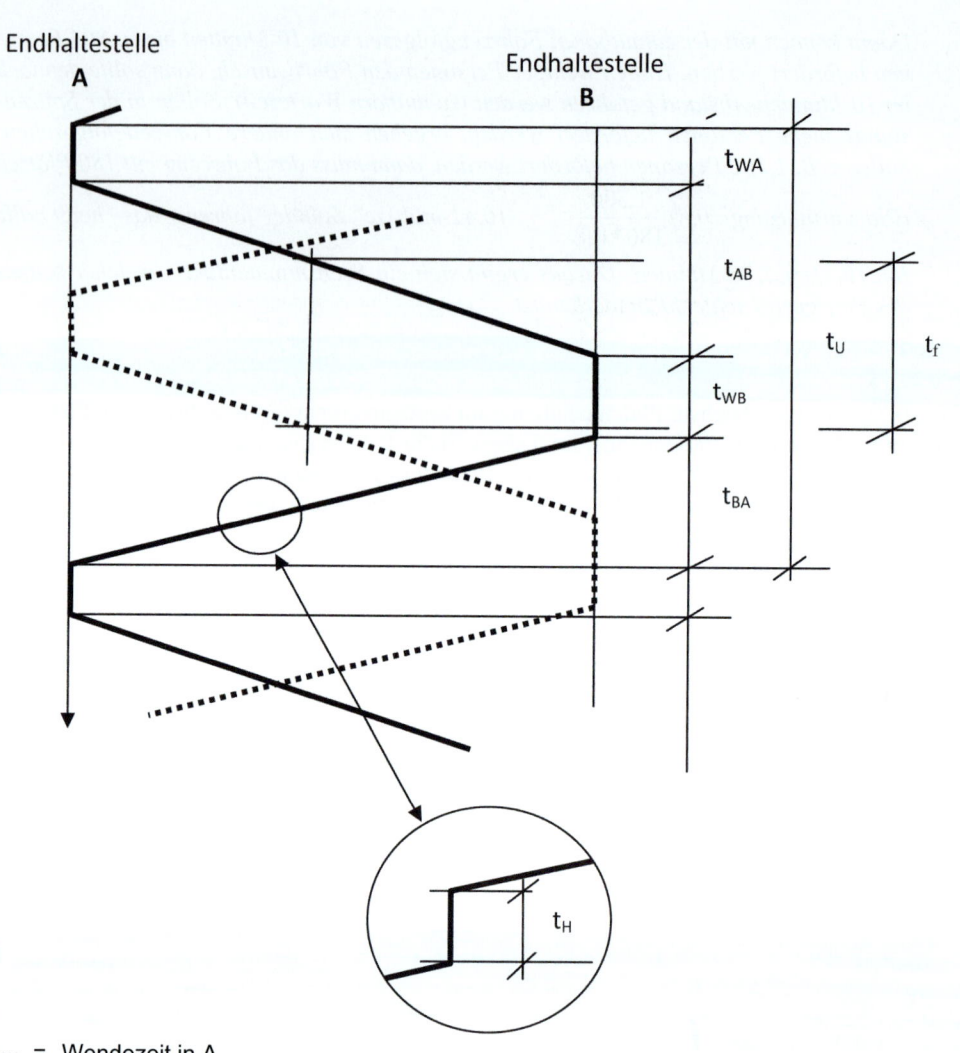

t_{WA} = Wendezeit in A
t_{AB} = Fahrzeit A nach B
t_{WB} = Wendezeit in B
t_{BA} = Fahrzeit B nach A
t_u = Umlaufzeit
t_f = Fahrzeitfolgezeit
t_H = Haltezeit an Zwischenhaltestellen

Abb. 7-16: Umlaufzeit t_u und Taktzeit t_f

7.5 Bemessung der Fahrzeugfolgezeiten

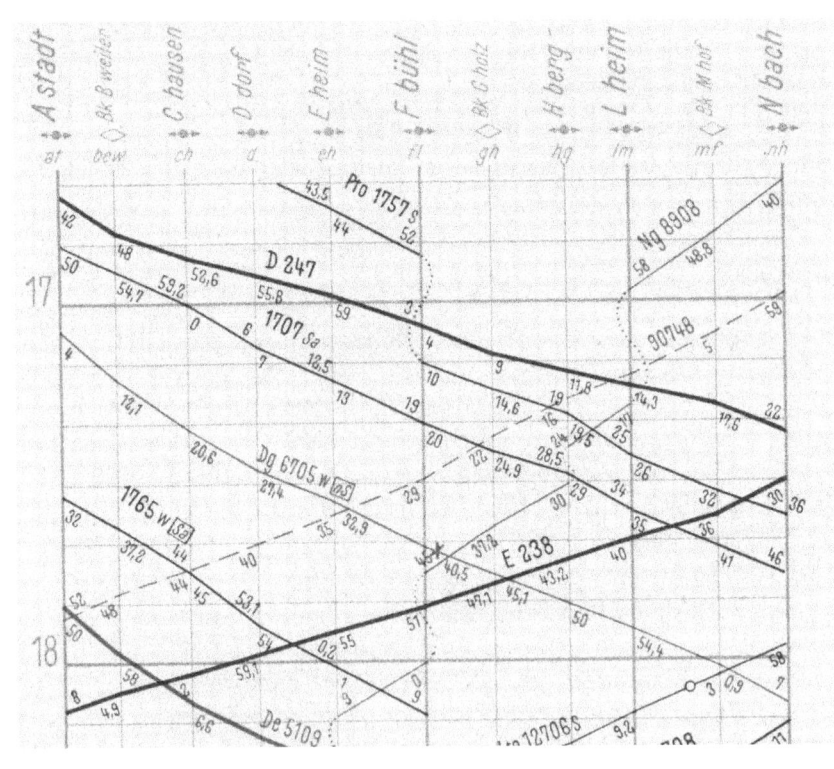

Abb. 7-17: Bildfahrplanausschnitt für eine Eisenbahnstrecke (Groll, 1966)
(schwarz: Reisezüge, blau Güterzüge)

			Heidenau—Norburg					
Zlok 38 10—40			Last 150 t				70 Mindestbr [2])	
			1582		1586 W vS		1588 vS, S	
1	2	3	4	5	4	5	4	5
Lage der Betriebs-stelle km	Höchst-geschw und Be-schrän-kungen km/h	Betriebsstellen, ständige Langsamfahrstellen, verkürzter Vorsignalabstand	Ankunft	Abfahrt	Ankunft	Abfahrt	Ankunft	Abfahrt
105,0	80	Heidenau......... A[5])		1848		2234		2307
	65	103,1 [4]) ⌐ [5])						
99,5	85	Edelsdorf Hp					2314	15

Abb. 7-18: Buchfahrplanausschnitt (Groll, 1966)

Während im Linienbusverkehr der Fahrer meist nach dem Buchfahrplan als Buch fährt, ist für Fahrer von Schienenfahrzeugen schon sehr oft der Buchfahrplan in elektronischer Form eingesetzt (Abb. 7-19).

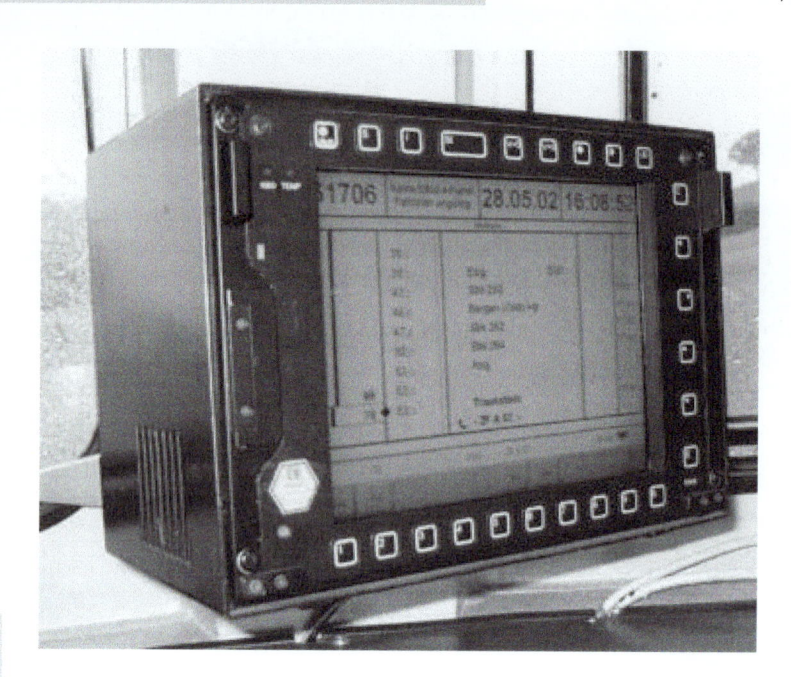

Abb. 7-19: „Elektronischer Buchfahrplan" (http://www.eib-t.de/lexikon/ebula.jpg)

Neben der Fahrzeugfolgezeit ist für den Aufbau des Fahrplans die Beförderungsgeschwindigkeit von Bedeutung[184] sowie die Pünktlichkeit und die Anschlusssicherheit: Pünktlichkeit ist die Voraussetzung dafür, dass Anschlüsse[185] eingehalten werden. Der Fahrgast geht zu Recht davon aus, dass sein Verkehrsmittel pünktlich ist. Falls das einmal nicht der Fall sein sollte, ärgert sich der Fahrgast. Besonders bei dichten Fahrzeugfolgen werden vom Fahrgast geringe Verspätungen (im Bereich der Fahrzeugfolgezeit) toleriert. Der Fahrgast ärgert sich aber besonders, wenn er nicht darüber informiert wird, wann das Fahrzeug nun eintrifft (unabhängig von der Verspätungsdauer). Eine Qualitätsstufe für Anschlüsse anzugeben ist nicht angebracht: Der Ärger für den Fahrgast sollte nicht entstehen.

Unter einem „Anschluss" ist zu verstehen, dass ein an der Umsteigestation ankommender Fahrgast ohne Wartezeit mit dem anschließenden Verkehrsmittel weiterfährt. Je nach erforderlicher Wartezeit auf das Folgeverkehrsmittel – z. B. bei weniger als 60 Minuten Beförderungsdauer mehr als 30 Minuten Wartezeit beim Umsteigen – besteht ein Anschluss bzw. kein Anschluss; es beginnt eine neue Fahrt.

In einer (älteren) Rangfolge der Wünsche der Fahrgäste an den ÖPNV (Mehrfachnennungen waren möglich) nahm die Reisezeit mit 25 % Platz eins ein, gefolgt von Pünkt-

---

[184] Auch bei den Fahrzeiten werden Qualitätsstufen angegeben – bei 400 m Haltestellenabstand, 30 Sekunden durchschnittliche Haltestellenaufenthaltszeit, zulässige Höchstgeschwindigkeit 50 km/h: Eine Beförderungsgeschwindigkeit von ≥ 24 km/h auf innerstädtischen Hauptstraßen kennzeichnet eine Qualitätsstufe A, es folgen weitere Stufen bei mehr als 22 km/h, 19 km/h, 15 km/h, 10 km/h. Eine Beförderungsgeschwindigkeit ≤ 10 km/h bekommt die Qualitätsstufe F.

[185] Es kann nicht jedem Fahrgast eine Direktverbindung angeboten werden. Daher ist für viele Fahrgäste zur Erreichung ihres Zieles ein Umsteigen erforderlich. Um die Umsteigewartezeit zu minimieren, sollten Anschlüsse garantiert werden.

lichkeit (18 %), Fahrpreis (10 %), Komfort (8 %), Tarifsystem (6 %), Regelmäßigkeit (6 %) und weiteren Merkmalen. Eine Quelle aus 1974[186] setzt in einer Rangfolge der Qualitätsmerkmale des ÖPNV die Pünktlichkeit auf Platz 1, die Häufigkeit auf Platz 2, die Regelmäßigkeit nimmt Platz 3 ein und die Sicherheit besetzt Platz 4, Platz 5 belegt die Anpassungsfähigkeit und die Reisezeit folgt auf Platz 6.

Nach SCHNIPPE[187] ergab eine Befragung von 391 Kunden die Qualitätskriterien der Tabelle 7-9. Hier liegt der Sachverhalt „Anschlüsse" auf Platz 6 bzw. auf Platz 11; die durch den Fahrplan festgeschriebene „Taktfrequenz" aber auf Platz 2 bzw. Platz 3.

Mit einer schnellen komfortablen und regelmäßigen Verbindung erfüllt der ÖPNV die wichtigsten Wünsche seiner Kunden.

Tab. 7-9: Rangfolge von Qualitätsmerkmalen im ÖPNV (nach Schnippe, 1999)

Was macht guten/schlechten ÖPNV aus?	Was ist Ihnen am ÖPNV besonders wichtig?	
1	1	Pünktlichkeit
3	2	Taktfrequenz
5	3	Personal
6	4	Liniendichte
8	5	Niedrige Preise
11	6	Anschlüsse
7	7	Ausstattung
4	8	Sauberkeit
9	9	Sitzplätze
16	10	Fahrgäste
2	11	Sicherheit
18	12	Information
10	13	Schnelligkeit
17	14	Vandalismus
15	15	Kundenservice
13	16	Zuverlässigkeit
14	17	Ticketkontrolle
12	18	Image
19	19	Sonstiges

Vorteilhaft für die Fahrgäste ist ein Taktfahrplan: Die Abfahrtzeiten an seiner Haltestelle wiederholen sich in regelmäßigen Abständen: alle 5 Minuten, alle 10 Minuten, alle 20 Minuten, alle 30 Minuten. Jedenfalls in einem Rhythmus, in welchem die Abfahrten jede Stunde zur selben Minute erfolgen (so würde ein 17-Minuten-Takt eine Abfahrtsfolge ergeben zu den Minuten 17, 34, 51, 1 h 08 Minuten, 1 h 25 Minuten usw. Unmerkbar, fahrgastunfreundlich). Für die einzelnen Linien entsteht ein liniengebundener Fahrplan bzw. ein liniengebundener

---

[186] Weimer, K.H., Unterschiede in der Bedeutung verschiedener Qualitätsebenen des Öffentlichen Personennahverkehrs, Internationales Verkehrswesen 5/74

[187] Schnippe, Ch., Der ÖPNV im Urteil der Fahrgäste, Der Nahverkehr 4/99, S. 52 – 56

Taktfahrplan. Ein liniengebundener ungetakteter Fahrplan empfiehlt sich bei sehr kurzen Fahrzeugfolgen.

Wenn die Fahrzeugfolgezeit größer ist als die empfohlenen Folgezeiten (Straßenbahn in der Innenstadt 10 Minuten und weniger), muss die Umsteigezeit (= lästige Wartezeit für den Fahrgast) verringert werden durch Abstimmung der Abfahrtzeiten sich kreuzender Linien. Problematisch ist dabei die Berücksichtigung mehrerer Umsteigepunkte auf einer Linie. Die Rendezvoustechnik, bei der sich die Linien an einem Punkt treffen und nach kurzer Aufenthaltszeit (= Umsteigezeit) gemeinsam wieder abfahren, ist besonders im ÖPNV-Nachtverkehr der Großstädte zu beobachten.

7.6 Integraler Taktfahrplan

Wenn die Rendezvoustechnik nicht nur für einen zentralen Umsteigepunkt gilt bzw. nicht nur für eine Linie, sondern für das Netz bzw. die Fläche, dann liegt ein „Integraler Taktfahrplan" vor. Ausgehend vom Bahnverkehr in der Schweiz ab 1968, als dort ein Halbstundentakt eingeführt wurde, wurden auch in Deutschland in einzelnen Regionen integrale Taktfahrpläne eingeführt (Allgäu-Schwaben-Takt, Rheinland-Pfalz-Takt, NRW-Takt) – wegen der vom Individualverkehr weitgehend nicht gestörten Fahrten zunächst im Bahnbereich.

Der ideale integrale Taktfahrplan ist die systematische Koordination der Taktfahrpläne einzelner Linien im Netz zu einem abgestimmten vertakteten Gesamtfahrplan. Dabei werden die Linien an ausgewählten Knoten mit dem Ziel verknüpft, die Zahl der Anschlüsse zu maximieren.

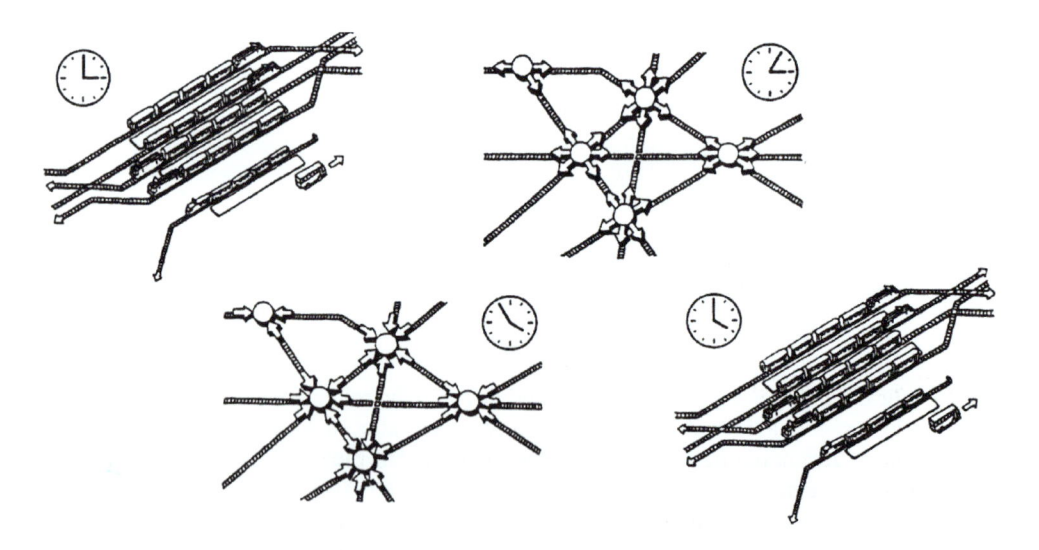

Abb. 7-20: Grundschema integraler Taktfahrplan[188] (Stoffmeister, 2001)

---

[188] Hier treffen sich alle Fahrzeuge um 15.00 Uhr im Knoten, verlassen kurz danach den Knoten und treffen gegen 16.00 Uhr am nächsten Knoten ein (Taktzeit 1 Stunde); die „echten" Ankunftszeit ist die Minute 58 und die „echte" Abfahrtzeit ist die Minute 02.

7.7 Wagenlaufplan

Für die Einführung eines integralen Taktfahrplans müssen besondere mathematische Bedingungen bestehen: So muss die Fahrzeit auf einer Linie zwischen zwei ITF-Knoten der halben bzw. der mehrfachen der halben Taktzeit betragen (Haltezeit in den Knoten des ITF plus Fahrzeit zwischen den Knoten plus Haltezeiten an Zwischenhaltestellen); bei jeder Fahrt im Netz muss die Summe der Zeiten auf den einzelnen Netzkanten dem Vielfachen der Taktzeit entsprechen. Diese Bedingungen sind nicht immer einzuhalten: Es werden Zwischenhalte ausgelassen, Linienwege werden verkürzt, es muss zwischen den Knoten schneller gefahren werden bzw. die Fahrt zwischen den Knoten wird künstlich verzögert (Abb. 7-21). Des weiteren müssen wegen des gleichzeitigen Aufenthaltes vieler Fahrzeuge im Knoten, zwischen denen umgestiegen wird, eine Vielzahl von Haltestellenplätzen vorgehalten werden. Ein weiteres Problem ist die fehlende Abstimmung benachbarter Netze mit integralem Taktfahrplan, z. B. der deutsche ICE-Verkehr und die Schweizer Bahnen oder der Rheinland-Pfalz-Takt und der NRW-Takt.

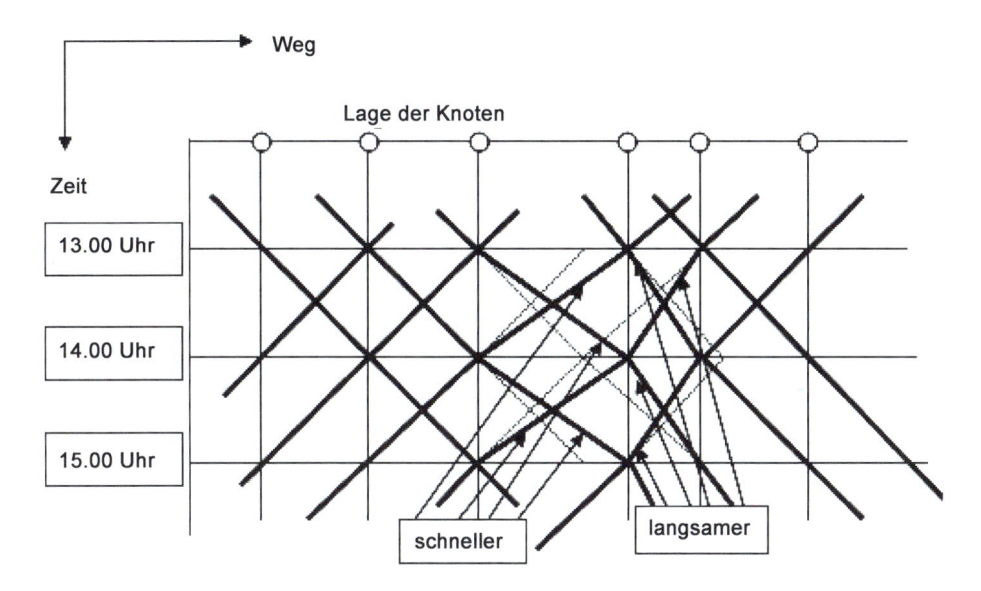

Abb. 7-21: Fahrzeitanpassung zur Gewährleistung des integralen Taktfahrplans infolge nicht idealer Lage der Umsteigeknoten

7.7 Wagenlaufplan

Jeder Fahrt des Fahrplans muss ein Fahrzeug zugeordnet werden: Der Wagenlaufplan wird erstellt. Der Wagenlaufplan ordnet jede Fahrt des Fahrplans genau einem Fahrzeugumlauf zu – von Betriebshofausfahrt bis Betriebshofeinfahrt (er gibt den Einsatz der Fahrzeuge an für den Betriebstag – das muss nicht der 24-stündige Kalendertag sein): Aus dem Bildfahrplan werden die Wagenlaufpläne abgeleitet (Abb. 7-22 und Abb. 7-23). Da wegen der unterschiedlichen Nachfrage nach ÖPNV-Leistungen (Abb. 7-8) eine unterschiedliche Anzahl von Fahrzeugen eingesetzt werden kann, können einige dieser Fahrzeuge nach ihrem Einsatz in der Hauptverkehrszeit abgestellt werden bzw. zu Instandhaltungsarbeiten (Inspektion, Wartung, Instandsetzung) für die Werkstatt bereitgestellt werden. Es wird daher zwar ein für die Dauer der Fahrplangültigkeit stimmender Wagenlaufplan erstellt, der einzelne Wagenlaufplan wird aber evtl. jeden Tag mit anderen Fahrzeugen hinterlegt (so fährt Fahrzeug 4711 beispielsweise am Montag den Kurs 12/I, d. h. am Montag auf der Linie 12 ab Betriebshof nur in der Morgenspitze – und kann dann in die Werkstatt für Wartungsarbeiten, aber den Rest der Woche wird das Fahrzeug ganztägig auf Linie 14 für den ganztägigen Kurs 8 eingesetzt). Auch Leerfahrten zu anderen Anfangshaltestellen sollen möglich sein. Bei der Planung des Wagenlaufs sind aber zu beachten:

- Das Platzangebot auf der Linie muss gewährleistet bleiben
- Die Fahrer müssen die vorgesehenen Fahrzeuge auch fahren können
- Die Wendezeiten bzw. die Übergangszeiten beim Wechsel auf eine andere Line müssen eingehalten werden
- Es gibt zu berücksichtigende zugewiesene Betriebshöfe und zugewiesene Fahrerablösepunkte.

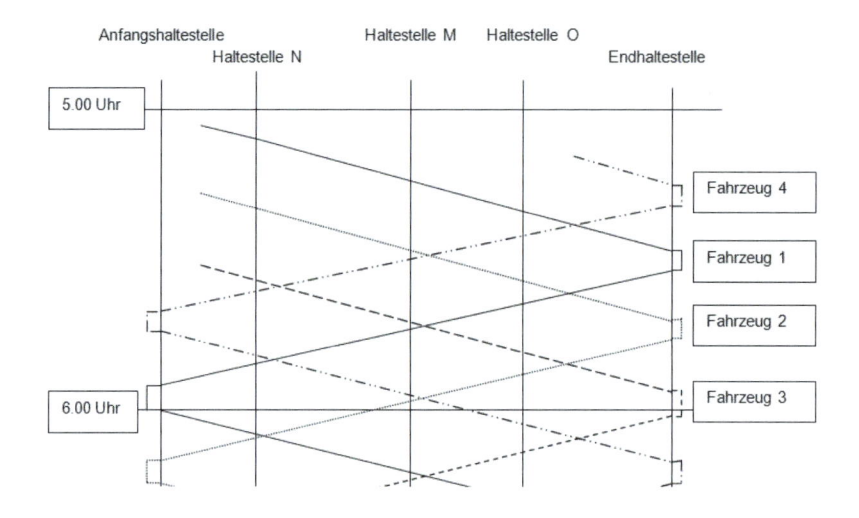

Abb. 7-22: Bildfahrplan einer im Takt befahrenen Linie

Eine mathematische Lösung des Zusammenspiels von Ausrückfahrten, Fahrgastfahrten, Leerfahrten, Wartezeiten und Einrückfahrten zum selben Betriebshof, an dem ausgefahren wurde (bzw. eine Umlaufplanbildung per EDV mit dem Ziel Kostenminimierung) ist in der Operations-Research-Literatur als Umlaufplanungsproblem bekannt (vehicle-scheduling problem). Wenn nur ein Betriebshof besteht und nur ein Fahrzeugtyp im Einsatz ist, handelt es sich um eine Aufgabe, welche mit relativ geringem mathematischem Aufwand zu lösen ist. Bei mehreren Betriebshöfen ist ein Mehrdepot-Umlaufplanungsproblem zu lösen (multiple depot vehicle scheduling problem). Der Aufwand zur Lösung dieser Aufgabe steigt mit der Zahl der Fahrgastfahrten, der Zahl der Betriebshöfe und der Zahl der Fahrzeugtypen exponentiell an.

Die mathematischen Modelle, welche zur „automatischen" Umlaufplanerstellung per EDV führen, setzen alle eine Vielzahl von Entscheidungsvariablen ein. Jede Verknüpfung von zwei Fahrten, welche ein Fahrzeug bedienen könnte, wird als Kante im Modellnetzwerk bzw. als Entscheidungsvariable dargestellt und somit erklärt sich die hohe

7.7 Wagenlaufplan

Zahl von Entscheidungsvariablen. Diese Unzahl von Entscheidungsvariablen führt zu einer Einschränkung der Gesichtspunkte, die das Modell berücksichtigt/berücksichtigen kann. Es ist daher wichtig, die Anzahl der Entscheidungsvariablen zu begrenzen. Der Universität Paderborn ist es gelungen, Lösungsverfahren zu entwickeln, die eine Umlaufplanbildung auch für große Unternehmen mit mehreren Betriebshöfen ermöglichen (dieses Modell wurde vom Unternehmen PTV AG in Karlsruhe weiterentwickelt und kommerziell umgesetzt).

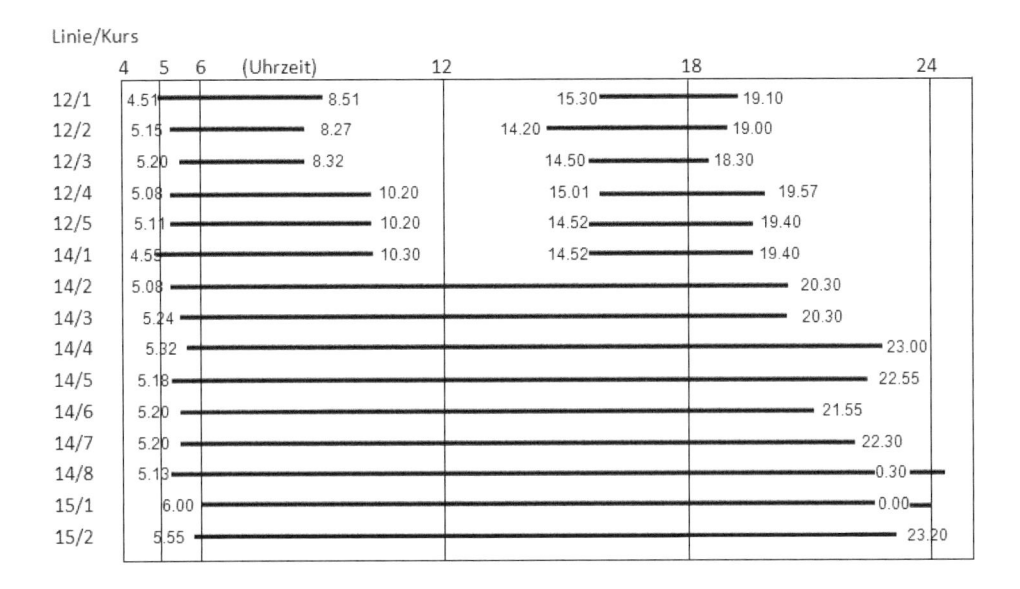

Linie/Kurs	4	5	6 (Uhrzeit)	12	18	24
12/1		4.51	— 8.51	15.30 — 19.10		
12/2		5.15	— 8.27	14.20 — 19.00		
12/3		5.20	— 8.32	14.50 — 18.30		
12/4		5.08	— 10.20	15.01 — 19.57		
12/5		5.11	— 10.20	14.52 — 19.40		
14/1		4.55	— 10.30	14.52 — 19.40		
14/2		5.08	— 20.30			
14/3		5.24	— 20.30			
14/4		5.32	— 23.00			
14/5		5.18	— 22.55			
14/6		5.20	— 21.55			
14/7		5.20	— 22.30			
14/8		5.13	— 0.30			
15/1		6.00	— 0.00			
15/2		5.55	— 23.20			

Abb. 7-23: Wagenlaufplan

Anhand eines Beispiels (Abb. 7-24) sei der Rechengang erläutert:[189] Das Netzwerkmodell besteht aus mehreren Schichten – für jede zulässige Fahrzeugtyp-Depot-Kombination eine Schicht – und aus Kanten für jede Fahrzeugaktivität (Fahrgastfahrten, Leerfahrten, Standzeiten). Die Fahrten des Fahrplans werden als Kanten dargestellt, deren Anfangs- und Endereignisse durch eine Wartezeitkante oder eine Leerfahrtkante verbunden sein können. Ein herkömmliches mathematisches Modell würde mittels einer Kante die Fahrten D und B verbinden, wenn folgender Sachverhalt zutrifft: Eine Fahrt C kann nach einer Fahrt B ausgeführt werden, aber auch eine Fahrt D kann nach der Fahrt B in derselben Haltestelle starten. Im Paderborner Rechenverfahren wäre diese Kante DB redundant, da die Verbindung bereits durch die Wartezeitkante in der Haltestelle berücksichtigt wird.

Die Abbildung 7-24 illustriert die Grundzüge der Konstruktion eines Zeit-Ort-Netzwerkes: Der Fahrplan, bestehend aus sechs Fahrten (a, b, c, d, e, f) wird im Netzwerk abgebildet; das Netzwerk besteht aus zwei Schichten, die dem Fahrzeug-

---

[189] Kliewer, Natalia, Optimierung des Fahrzeugeinsatzes im öffentlichen Personennahverkehr, Forschungsforum Paderborn, Heft 10/2007, Seite 20 – 24

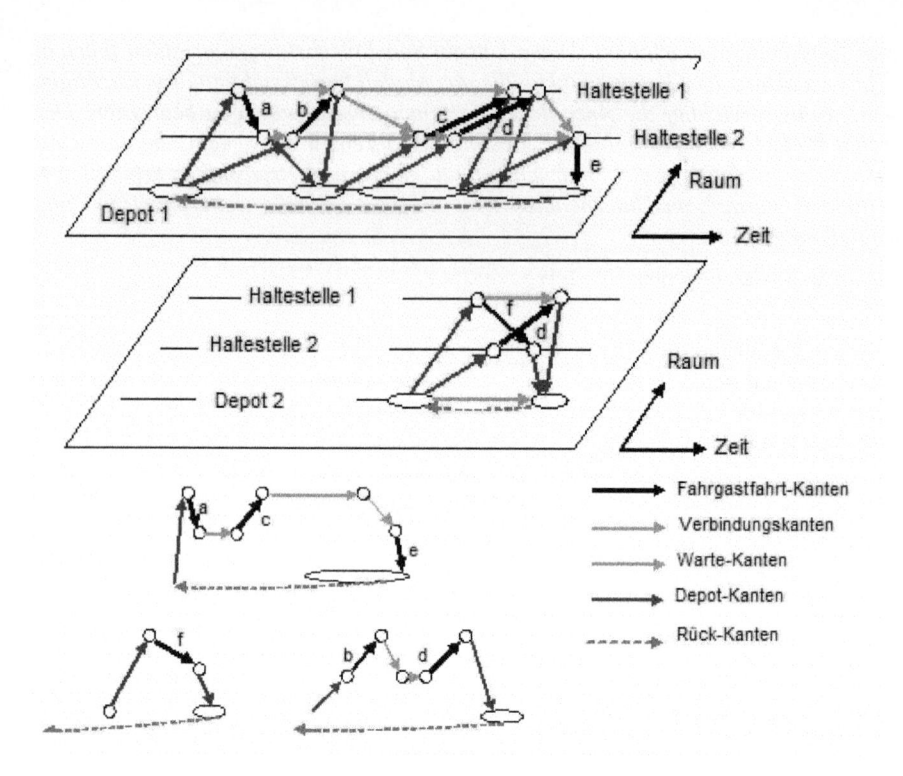

Abb. 7-24: Netzwerkmodell für die Umlaufplanung nach Kliewer

typ A bzw. dem Fahrzeugtyp B entspricht. Die Fahrten a, b, c, e können nur von Fahrzeug A durchgeführt werden, die Fahrt f nur von Fahrzeugtyp B und die Fahrt d von beiden Fahrzeugtypen. Die Startereignisse und die Endereignisse der Fahrten sind als Knoten (Raum-Zeit-Punkte) dargestellt. Diese sind durch Kanten verbunden, welche die Aktivitäten der Fahrzeuge abbilden – wie Standort wechseln, Warten oder Rückkehr zum Depot. Die möglichen Umläufe können als Wege im Netzwerk dargestellt werden. Die drei unteren Darstellungen der Abbildung zeigen die Lösung: drei Fahrzeugumläufe. Es werden zwei Fahrzeuge vom Typ A eingesetzt und ein Fahrzeug vom Typ B. Das erste Fahrzeug vom Typ A fährt vom Depot 1 zur Haltestelle 1, führt die Fahrt a zur Haltestelle 2 durch, wartet, führt die Fahrt c zur Haltestelle 1 durch, wartet, fährt leer zur Haltestelle 2 und führt die Fahrt e durch. Das Fahrzeug 2 vom Typ A fährt vom Depot 1 zur Haltestelle 2, führt die Fahrt b zur Haltestelle 1 durch, fährt leer zur Haltestelle 2, wartet, führt die Fahrt d durch. Das Fahrzeug vom Typ B führt die Fahrt f durch. Durch die Verbindung der Fahrgast-Fahrten mit einem Pfad, der aus Leerfahrten-Kanten/Wartekanten besteht, wird die Zahl der Kanten im Raum-Zeit-Gefüge sehr viel geringer als bisher. Weitere Forschungsarbeit betrifft den Einbau von Stellplatzkapazitäten, Begrenzung von Fahrzeugtypen und -mengen in Depots, Umfang der Fahrzeugflotten u. a. m.

7.7 Wagenlaufplan

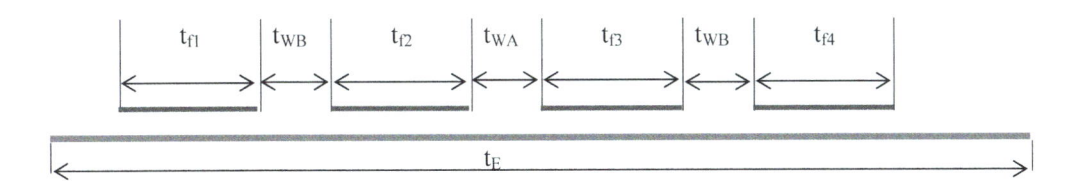

Abb. 7-25: Ermittlung des Fahrplanwirkungsgrades $\mu = (\sum t_f)/t_E$

Aus der Zeit zwischen Ausfahrt aus dem Betriebshof und Einfahrt in den Betriebshof (Einsatzzeit) sowie den Fahrzeiten mit den Fahrgästen lässt sich ein Hinweis auf die Produktivität des Verkehrsunternehmens bzw. dessen Fahrplan insgesamt bzw. auf einzelnen Linien ableiten: Nur die Beförderung von Fahrgästen ist produktiv (und verkaufbar).

Linie 12, Kurs 1 in Abb. 7-23 fahre nach folgendem Fahrplan:

Ausrückzeit 4.51 Uhr, Beginn Fahrgastfahrt 5.20 Uhr, Fahrzeit A – B 50 Minuten, Wendezeit B 10 Minuten, Fahrzeit B – A 43 Minuten, Wendezeit A 12 Minuten, Einrückzeit 8.51 Uhr, ergibt eine Einsatzzeit von 240 Minuten und produktive Zeiten von 5.20 Uhr bis 6.10 Uhr, von 6.20 Uhr bis 7.08 Uhr und von 7.20 Uhr bis 8.10 Uhr sowie als Einrückfahrt mit Fahrgästen auf einem Teil der Linie von 8.20 Uhr bis 8.40 Uhr (= 50 + 43 + 50 + 20 Minuten) = 163 Minuten. Das Verhältnis der Bewegungszeit der Fahrgäste (Kurbelzeit) zur Einsatzzeit des Fahrzeugs ist der Fahrplanwirkungsgrad mit

$$\mu = \frac{Kurbelzeit}{Einsatzzeit} = \frac{163\ Minuten}{240\ Minuten} = 0{,}67.$$

Diese Zahl bedeutet, dass in 67 % der bezahlten Arbeitszeit (hier Einsatzzeit = bezahlte Arbeitszeit) produktive Leistungen erbracht werden. Ein Fahrplanwirkungsgrad von 0,7 bis 0,9 ist üblich – Wendezeiten müssen sein und von den Betriebshöfen muss das Fahrzeug zur Anfangshaltestelle gelangen.

Wenn der Fahrplanwirkungsgrad zu gering ist, kann dem entgegengewirkt werden durch Verkürzung der Wendezeiten (Pausenregelungen beachten), durch Verlängerung von Linien bzw. Zusammenlegung von Linien und durch Stationierung der Fahrzeuge an den Endhaltestellen (vermeidet die Anfahrt zur Haltestelle).

Der Fahrplan bzw. der Wagenlaufplan muss mit Fahrern besetzt werden: Es ist ein Dienstplan zu erstellen.

Bei der Erstellung des Dienstplans für das Fahrpersonal ist eine Vielzahl von Vorschriften zu beachten wie:

- „Verordnung (EG) Nr. 561/2006 des Europäischen Parlaments und des Rates vom 15. März 2006 zur Harmonisierung bestimmter Sozialvorschriften im Straßenverkehr und zur Änderung der Verordnungen (EWG) Nr. 3821/85 und (EG) Nr. 2135/98 des Rates so-

wie zur Aufhebung der Verordnung (EWG) Nr. 3820/85 des Rates" (gültig seit 11.04.2006)[190]
- Arbeitszeitgesetz vom 06.06.1994, zuletzt geändert am 7. Juli 2009[191]
- Gesetz über das Fahrpersonal von Kraftfahrzeugen und Straßenbahnen – Fahrpersonalgesetz vom 27.02.1987, zuletzt geändert am 06. Juli 2007[192]
- Verordnung zur Durchführung des Fahrpersonalgesetzes – Fahrpersonalverordnung vom 27.06.1987, zuletzt geändert am 22. Januar 2008[193]
- Manteltarifverträge[194] (Beispiel: (Sparten-)Tarifvertrag Nahverkehrsbetrieb Nordrhein-Westfalen TV-N NW)
- Betriebsvereinbarungen.

Aus den genannten Regelungen werden die folgenden Begriffe um den Dienstplan entnommen und mit weiteren Definitionen ergänzt:

- Lenkzeit: Dauer der Lenktätigkeit
- Tageslenkzeit: summierte Lenkzeit zwischen dem Ende der täglichen Ruhezeit und der darauffolgenden täglichen Ruhezeit
- Wochenlenkzeit: summierte Gesamtlenkzeit innerhalb einer Woche
- Ruhepause: jeder ununterbrochene Zeitraum, in dem der Fahrer frei über seine Zeit verfügen kann
- Wöchentliche Ruhezeit: wöchentlicher Zeitraum, in dem der Fahrer frei über seine Zeit verfügen kann
- Tägliche Ruhezeit: täglicher Zeitraum, in dem der Fahrer frei über seine Zeit verfügen kann
- Arbeitszeit: Zeit vom Beginn bis zum Ende der Arbeit ohne die Ruhepausen
- Geteilter Dienst: Geteilter Dienst ist dann gegeben, wenn die Arbeitszeit aus zwingenden betrieblichen Gründen unterbrochen werden muss. Arbeitszeitrechtliche Pausen sind keine Unterbrechungen in diesem Sinne. Geteilter Dienst liegt nicht vor, wenn im Schichtdienst Ende der vorhergehenden Schicht und Beginn der neuen Schicht auf denselben Kalendertag fallen. Falls geteilter Dienst aus zwingenden betrieblichen Gründen notwendig ist, dürfen höchstens 14 Stunden am Arbeitstag disponiert werden.
- Vorbereitungs-Abschlusszeit: technisch bedingte Zeiten vor dem Ausrücken und nach der Einfahrt (z. B. Aufrüsten des Fahrzeugs, Abrüsten des Fahrzeugs, Einzahlen von Fahrgeldeinnahmen)

---

[190] In den einleitenden Bestimmungen heißt es:" Durch diese Verordnung werden Vorschriften zu den Lenkzeiten, Fahrunterbrechungen und Ruhezeiten für Kraftfahrer im Straßengüter- und -personenverkehr festgelegt…" Nach Art. 3 der Verordnung gilt sie nicht „… für Fahrzeuge, die zur Personenbeförderung im Linienverkehr verwendet werden, wenn die Linienstrecke nicht mehr als 50 km beträgt. Die Fahrpersonalverordnung verlangt jedoch die Anwendung der Art. 4 [Definitionen], 6 [Lenkzeit], 7 [Lenkunterbrechung], 8 [Ruhezeiten], 9 [Ausnahmen der Ruhezeit], 12 [Abweichungen aus Sicherheitsgründen].

[191] Das ArbZG regelt Sicherheit und Gesundheitsschutz bei der Arbeitszeitgestaltung

[192] Das FPersG gilt für die Beschäftigung und für die Tätigkeit des Fahrpersonals (Fahrer, Beifahrer und Schaffner) von Kraftfahrzeugen sowie von Straßenbahnen auf öffentlichen Straßen

[193] Die FPersV setzt die Vorschriften des FPersG in konkrete Maßnahmen um

[194] Der Manteltarifvertrag wird wie alle Tarifverträge zwischen den Tarifvertragspartnern abgeschlossen. Er enthält keine konkreten Vergütungsbeträge und auch keine Eingruppierungshinweise – diese Angaben enthalten die für eine kurze Laufzeit abgeschlossenen Lohn- und Gehaltstarifverträge. Im Manteltarifvertrag sind längerfristige allgemeine Regelungen für einen i.a. großen Personenkreis enthalten.

– **Wendezeit:** Zeit am Ende einer Linie, zum Teil dienstlich benötigt – Wechseln des Fahrerstandes, Ändern der Beschilderung, Warten auf fahrplangerechte Ausfahrtzeit – zum Teil als Pause anrechenbar.

Für den Kraftfahrzeugverkehr im Linienverkehr ergeben sich die Arbeitszeitregelungen nach Tabelle 7-10.

Tab. 7-10: Sozialvorschriften zur Arbeitszeit von ÖPNV-Fahrpersonal

Regelungs-bereich	Dauer	Vor-schrift	Ausnahmen	Dauer	Tarifvertrag, hier TV-N NW
Tägliche Arbeitszeit	8 Stunden (10 Stunden, wenn innerhalb von 6 Monaten im Mittel 8 Stunden nicht überschritten werden bzw. bei Nachtarbeitern innerhalb von einem Monat)	§ 3 ArbZG	durch Tarifvertrag nach § 7 ArbZG	10 Stunden bei Arbeitsbereitschaft/Bereitschaftsdienst	8,5 Stunden, in Ausnahmefällen 9,5 Stunden
Tägliche Ruhezeit	11 Stunden nach Ende der tägl. Arbeitszeit	§ 5 ArbZG	nach § 5 ArbZG für Verkehrsbetriebe	10 Stunden bei Ausgleich mit Ruhezeit von 12 Std. innerhalb eines Monats	10 Stunden
			durch Tarifvertrag nach § 7 ArbZG	9 Stunden bei Ausgleich in festzulegendem Zeitraum	
	9 – 11 Stunden		nach Art. 4 g) EG-Verord.	11 Stunden in 3 und 9 Stunden	
		Art. 4 g) EG-Verord.	nach Art. 8 (4) EG-Verordnung	max 3 mal 8 Std. zwischen zwei wöchentl. Ruhezeiten	
Wöchentliche Ruhezeit	45 Stunden spätestens nach 6 x 24 Stunden seit letzter wöch. Ruhezeit	Art. 4 h) EG-Verordnung	Art. 8 (6) EG-Verordnung	24 Stunden bei Ausgleich vor Beginn 4. Woche danach	
			§ 1 (4) FPersV	Verteilung auf einen Zwei-Wochenzeitraum	
Wöchentliche Arbeitszeit	6x (werktäglich) 8 Stunden = 48 Stunden	§ 3 ArbZG	nach § 5 ArbZG für Verkehrsbetriebe		38,5 Stunden
Schichtlänge	13 Stunden	aus § 5 ArbZG	nach § 5 ArbZG für Verkehrsbetriebe	s. o.: tägl. Ruhezeit min 10 Stunden = 14 Stunden Schichtlänge	
			durch Tarifverträge		bis zu 14 Stunden

Die Bestandteile eines Dienstes sind
- Wegezeiten (die Wegezeit vom Wohnsitz zum Arbeitsort zählt nicht als Arbeitszeit, evtl. aber die Wegezeit zwischen Ablösestelle und Einzahlungsstelle)
- Vorbereitungs- und Abschlusszeiten
- Lenkzeiten
- Haltezeiten
- Pausen (Pausen können durch Arbeitsunterbrechungen, z. B. Wendezeiten abgegolten werden, wenn deren Gesamtdauer mindestens ein Sechstel der durchschnittlichen reinen Fahrzeit – nach Fahrplan – beträgt. Arbeitsunterbrechungen unter acht Minuten bleiben bei der Pausenanrechnung unberücksichtigt.)
- Zwischenzeiten bei geteilten Diensten (sehr oft wird für diese Zeit Arbeitsbereitschaft angeordnet)
- Füllzeiten (wenn ein Dienststück kürzer als die minimal erlaubte Teildienstzeit ist)
- Reservezeiten (Warten auf dem Betriebshof auf einen evtl. notwendigen Einsatz)

In den Dienstplänen sind die Pausen zu berücksichtigen: Die Ruhepausen sollen mindestens 30 Minuten betragen bei sechs Stunden bis neun Stunden Arbeitszeit und 45 Minuten bei über neun Stunden Arbeitszeit. Die Ruhepausen können in Abschnitte von 15 Minuten aufgeteilt werden. Eine Arbeitszeit länger als sechs Stunden ohne Ruhepause ist nicht zulässig.[195]

Die Pausengewährung kann erfolgen durch

- Pausenablösung (ein anderer Fahrer übernimmt das Fahrzeug, der pausierende Fahrer fährt nach der Pause auf einem anderen Fahrzeug weiter)
- Anrechnung der Wendezeit als Pausen (evtl. müssen die Wendezeiten verlängert werden)
- Einsatz eines Pausenspringers (der Zusatzfahrer fährt während der Pause, dann übernimmt der „Haupt"-Fahrer wieder)

Das Verhältnis der Summe der Einsatzzeiten t_E aller Umläufe zur Summe aller Dienstlängen t_Z ist der Dienstplanwirkungsgrad η_d.

$$\eta_d = \frac{\sum t_E}{\sum t_Z}$$

Da es beim Fahrereinsatz auch bezahlte unproduktive Zeiten gibt, erreicht der übliche Dienstplanwirkungsgrad den Wert 0,85 bis 0,95.

Das Produkt Fahrplanwirkungsgrad mal Dienstplanwirkungsgrad gibt einen ersten Hinweis auf die Güte des Fahrplans und des Dienstplans. Übliche Werte dieses Produktes im Stadtverkehr liegen im Bereich 0,6 bis 0,8.

Bei der Dienstplangestaltung ist die Besonderheit des Öffentlichen Personennahverkehrs zu beachten, dass jeden Tag Fahrer zur Verfügung stehen müssen, es müssen daher Fahrer auch Samstag und Sonntag arbeiten. Da das Fahrpersonal aber auch eine 5-Tage-Arbeitswoche hat, müssen die freien Tage an anderen Tagen gewährt werden. Bei einer verschobenen 5-Tage-Woche hätten die Fahrer immer Montags–Dienstags frei oder Dienstags–Mittwochs oder Mittwochs–Donnerstags usw. Um das zu vermeiden und auch samstags und sonntags freizuhaben, werden Dienstreihenfolgen gebildet ungleich der 7-Tage-Woche. Als einfaches Beispiel diene der 8-Tage-Rhythmus: Der Fahrer arbeitet 6 Tage, hat dann 2 Tage frei, arbeitet sechs Tage, hat zwei Tage frei usw. Wenn der Fahrer seinen ersten Dienst am Montag beginnt,

---

[195] Arbeitszeitgesetz § 4

7.7 Wagenlaufplan

hat er seine ersten freien Tage Sonntag-Montag, dann Montag–Dienstag, dann Dienstag–Mittwoch usw. In der neunten Woche beginnt seine Dienstreihenfolge erneut mit dem ersten Arbeitstag am Montag. Der Fahrer hat einen Dienst in einem (8 mal 7 Tage =) 56 Tage Turnus. Bei acht Arbeitswochen und einer 5-Tage-Woche müsste der Fahrer 8 mal 2 Tage freihaben (= 16 Tage). Er hat nach seinem Dienstplan aber nur 14 Tage frei: Ihm stehen noch zwei freie Tage zu. Diese freien Tage erhält er vor oder nach seinen festen freien Tagen, wenn wenig Fahrerbedarf besteht, also Samstag/Sonntag.

Woche	Montag	Dienstag	Mittwoch	Donnerstag	Freitag	Samstag	Sonntag
1							
2							
3							
4							
5							
6							
7							zusatzfrei
8					zusatzfrei		
9							

Abb. 7-26: Beispiel eines 56-Tage-Turnus

Die dem Fahrer zustehenden freien Tage könnten auch durch verkürzte Dienste gewährt werden: 2 mal 8 Stunden zusätzliche Freizeit (bei 8 Stunden Arbeitszeit) muss dem Fahrer gewährt werden, wenn er im 56 Tage Turnus 42 Arbeitstage hat; daraus ergibt sich 42 mal 8 = 336 Stunden minus 2 mal 8 = 16 Stunden = 320 Stunden Arbeitszeit. 320 Stunden Arbeitszeit auf 42 Tage verteilt gibt eine tägliche Arbeitszeit von 7,61 Stunden = 7 Stunden 37 Minuten.

Andere Turnusse sind:

5-1-4-2 (5 Tage Arbeit, 1 Tag frei, 4 Tage Arbeit; 2 Tage frei)

4-2-4-1-4-2 (4 Tage Arbeit, 2 Tage frei, 4 Tage Arbeit, 1 Tag frei, 4 Tage Arbeit, 2 Tage frei)

6-2-6-2-6-3 (6 Tage Arbeit, 2 Tage frei, 6 Tage Arbeit, 2 Tage frei, 6 Tage Arbeit, 3 Tage frei)

12 Wochen Turnus

	Mo	Di	Mi	Do	Fr	Sa	So
1							
2							
3							
4							
5							
6							
7							
8							
9							
10							
11							
12							
13							

Abb. 7-27: Beispiel eines 12-Wochen-Turnus

25 Wochen Turnus

	Mo	Di	Mi	Do	Fr	Sa	So
1							
2							
3							
4							
5							
6							
7							
8							
9							
10							
11							
12							
13							
14							
15							
16							
17							
18							
19							
20							
21							
22							
23							
24							
25							
26							

Abb. 7-28: Beispiel eines 25-Wochen-Turnus

5-1-4-2 (5 Tage Arbeit, 1 Tag frei, 4 Tage Arbeit; 2 Tage frei): Die Dienstserie dauert 12 Tage; der Durchlauf dauert 12 Wochen: Es muss wegen der 12 mal 5 Arbeitstage und 12 mal 2 freien Tage 60 Arbeitstage geben und 24 freie Tage. Der Fahrer hat im Turnus aber 63 Arbeitstage und 21 freie Tage; es müssen ihm zusätzlich 3 freie Tage gewährt werden bzw. sein täglicher Dienst wird auf (3mal 8 Stunden verteilt auf 63 Arbeitstage) 7,61 Arbeitsstunden verringert.

6-2-6-2-6-3 (6 Tage Arbeit, 2 Tage frei, 6 Tage Arbeit, 2 Tage frei, 6 Tage Arbeit, 3 Tage frei): Die Dienstserie dauert 25 Tage, der Turnus dauert 25 Wochen. Die Zahl, der Ist Arbeitstage des Fahrers ist, 126, die Zahl der Ist-Frei-Tage ist 49. Die entsprechenden Soll Zahlen sind 125 Arbeitstage und 50 freie Tage: Der Fahrer muss an einem freien Tag zur Arbeit kommen bzw. seine tägliche Arbeitszeit ist um 8mal 60 Minuten bei 124 Tagen = 3,87 Minuten zu verlängern.

7.7 Wagenlaufplan

17 Wochen Turnus

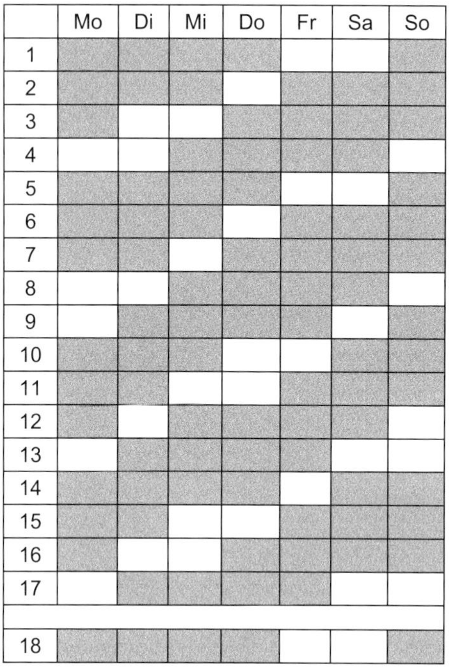

	Mo	Di	Mi	Do	Fr	Sa	So
1	■	■	■	■			■
2	■	■	■		■	■	■
3	■			■	■	■	■
4		■	■	■	■		
5	■	■	■		■	■	■
6	■	■		■	■	■	■
7	■		■	■	■	■	
8		■	■	■	■		■
9	■	■	■	■		■	■
10	■	■	■		■	■	■
11	■	■		■	■	■	■
12	■		■	■	■	■	■
13		■	■	■	■	■	
14	■	■	■		■	■	■
15	■	■	■	■	■	■	■
16	■	■	■	■	■	■	■
17	■	■	■	■		■	■
18	■	■	■		■		■

Abb. 7-29: Beispiel eines 17-Wochen-Turnus

4-2-4-1-4-2 (4 Tage Arbeit, 2 Tage frei, 4Tage Arbeit, 1 Tag frei, 4 Tage Arbeit, 2 Tage frei): Die Dienstserie dauert 17 Tage, der Dienstturnus dauert 17 Wochen. Der Fahrer hat 84 Arbeitstage und 35 freie Tage, er sollte aber 17 mal 5 = 85 Arbeitstage haben und 43 freie Tage. Der Fahrer hat an einem turnusmäßig freien Tag Dienst bzw. seine tägliche Arbeitszeit ist um (8 Stunden verteilt auf 84 Arbeitstage) 5,71 Minuten zu verlängern.

Bei der Dienstplanbildung ist zu beachten:

- Der Arbeitszeitausgleich, d. h. die freien Tage müssen innerhalb des Turnus gewährt werden.
- Die Ruhezeiten sind zu beachten.
- Nach den freien Tagen soll ein Spätdienst folgen; vor den freien Tagen soll ein Frühdienst liegen.

7.8 Fahrplan- und Dienstplangestaltung mit der EDV

Anhand der Softwarelösung „Plan B classic" des Unternehmens highQ aus Freiburg wird in groben Zügen dargestellt, wie Fahrpläne, Umlaufpläne und Fahrereinsatzpläne mit Hilfe von Computerlösungen erstellt werden.[196] Diese Programme wurden in der Praxis für die Praxis entwickelt und haben sich bei der Fahr- und Dienstplanung eines Unternehmens mit 600 Bussen und 1.400 Fahrern bewährt. Das System wird in groben Zügen erklärt anhand des umfangreichen schriftlichen Begleitmaterials zur Software (Tutorial). In diesem Begleitmaterial sind auf über 100 Seiten die vom Bearbeiter vorzunehmenden Eingaben und deren Ergebnisse und deren Weiterverwendung ausführlich erläutert.

Für die Fahrplanung und die Umlaufplanung sind Grundeinstellungen vorzunehmen, z. B. ist der Ort der einzelnen Haltestelle anzugeben; am besten als geografische Daten (z. B. 50° 56,474' N, 6° 57,490' O). Es sind Unternehmensadressen und die zutreffende Fahrplanperiode anzugeben und Hinweise zur Datensicherung.

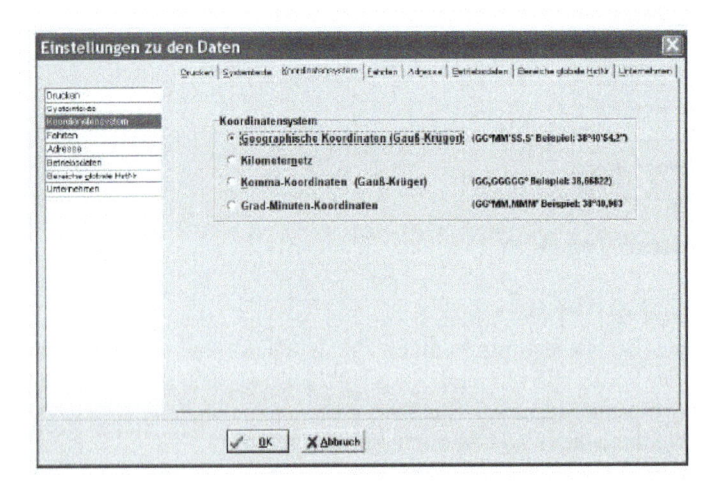

Abb. 7-30: Bildschirmmaske zur Eingabe der Haltestellendaten

Die Erstellung des Fahrplans (für den Busfahrer, für das Kursbuch, für den Aushangfahrplan und für die Fahrplanauskunft) erfolgt in fünf Schritten:

1 Haltestelle
2 Haltestellentabellen
3 Fahrwege/Verbindungen
4 Fahrten
5 Fahrplantabellen

---

[196] Das Unternehmen hat seine Software weiterentwickelt und löst damit auch Einnahmeabrechnungs- und Einnahmeaufteilungsprobleme. Informations- und Anschlusssicherungssysteme sind in die Software eingebunden, Leitsysteme und Datenmanagementsysteme werden bedient und Lösungen für das Electronic Ticketing stehen zur Verfügung.

7.8 Fahrplan- und Dienstplangestaltung mit der EDV

Durch die Abarbeitung der fünf Arbeitsschritte liegen auch Daten vor für die Umlaufplanung und für die Planung der Dienste, für die Berechnung der Lenkzeiten und der Arbeitszeiten, für die Abrechnung mit den Bestellern und für die Statistik.

Schritt 1: Aufnahme der Haltestellen

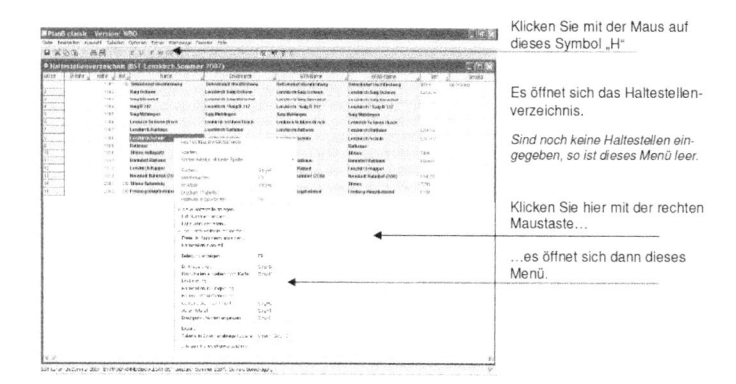

Abb. 7-31: Bildschirmmaske zur Erfassung einer Haltestelle

Abb. 7-32: Beispiel einer erfassten Haltestelle

In weiteren sich öffnenden Fenstern in der o. g. Bildschirmmaske können die neuen Haltestellen mit ihren Attributen eingegeben werden (in nur einer Richtung, in Richtung und Gegenrichtung, Gemeindekennziffer, Name für das Unternehmen, Name für den Aushangfahrplan u. a. m.).

Verschiedene weitere ausgefüllte Bildschirmmasken ermöglichen die Aufstellung eines Haltestellenplans/Haltestellenspiegels, auf dem die Haltestellen so aufgeführt sind, wie sie abgefahren werden:

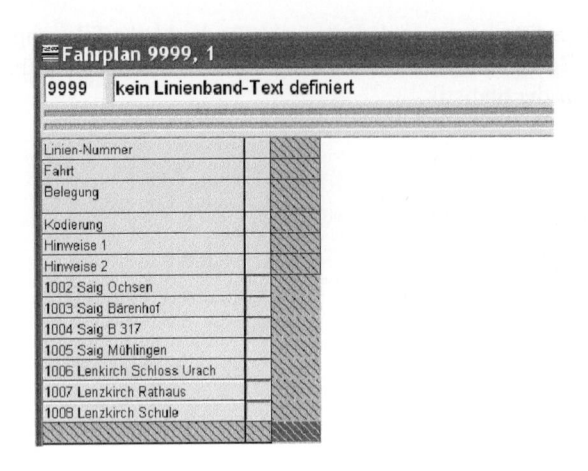

Abb. 7-33: Beispiel eines Haltestellenspiegels

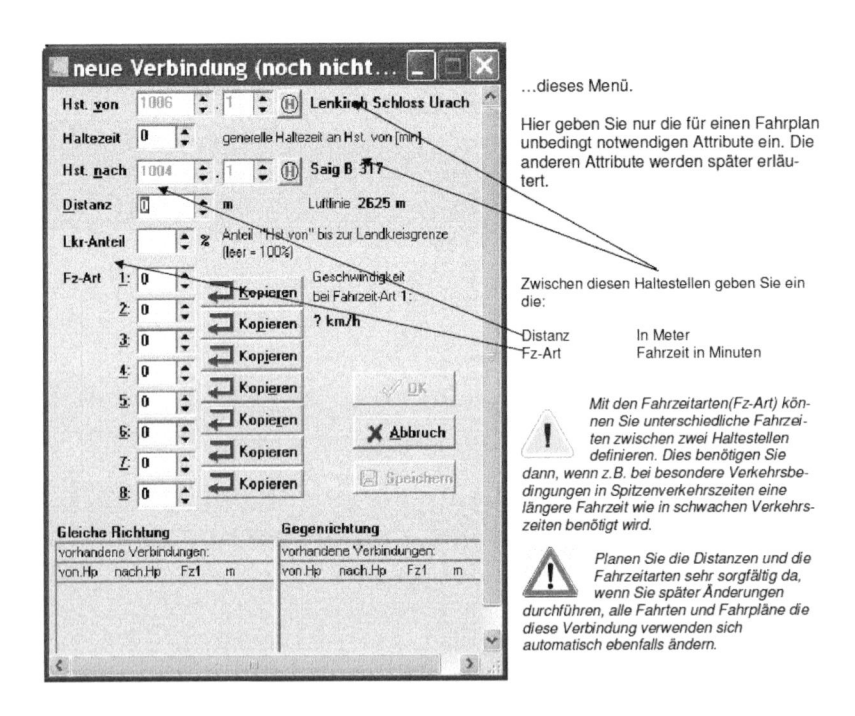

Abb. 7-34: Bildschirmmenü zur Beschreibung einer Verbindung von Haltestelle A zu Haltestelle B

Im dritten Schritt wird der Fahrweg bzw. die Linie erstellt. Um die Linie zu erstellen, wird die Haltestellentabelle benötigt, eine Linienskizze, die Festlegung der Haltepunkte sowie die Entfernungen und die Fahrzeiten zwischen den Haltestellen. Das Ergebnis unterschiedlich auszufüllender Bildschirmmasken ist ein Menü zur Beschreibung einer Verbindung:

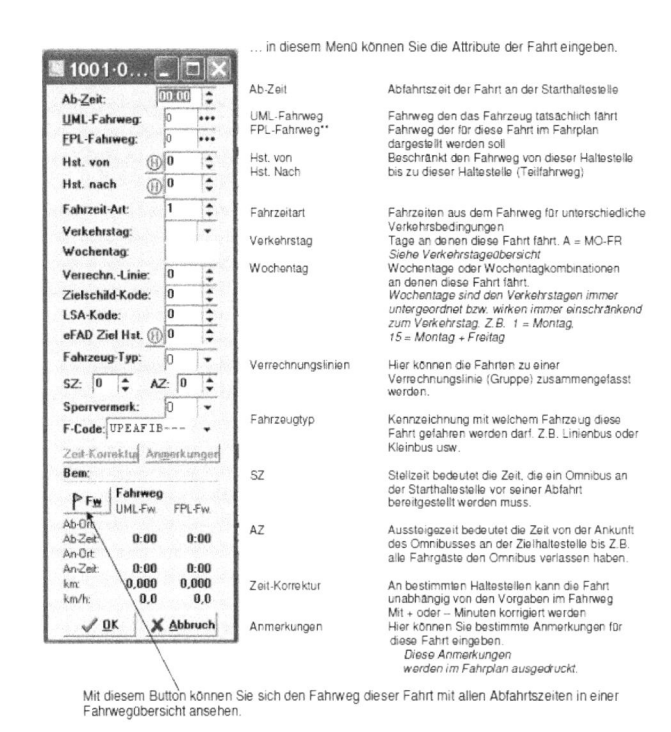

7.8 Fahrplan- und Dienstplangestaltung mit der EDV

Abb. 7-35: Bildschirmmenü zur Eingabe von Fahrtattributen

In Schritt 4 werden Fahrten erstellt. Dazu können Fahrtkennzeichen eingegeben werden.

Bei der Fahrtenerstellung können auch erforderliche Wartezeiten eingegeben werden und auch Texte für den Fahrer („Anschluss abwarten").

Nach Aufruf der Fahrplantabelle werden Fahrten in die Tabelle eingefügt; das Ergebnis ist die Fahrplantabelle.

Beachten Sie folgendes:

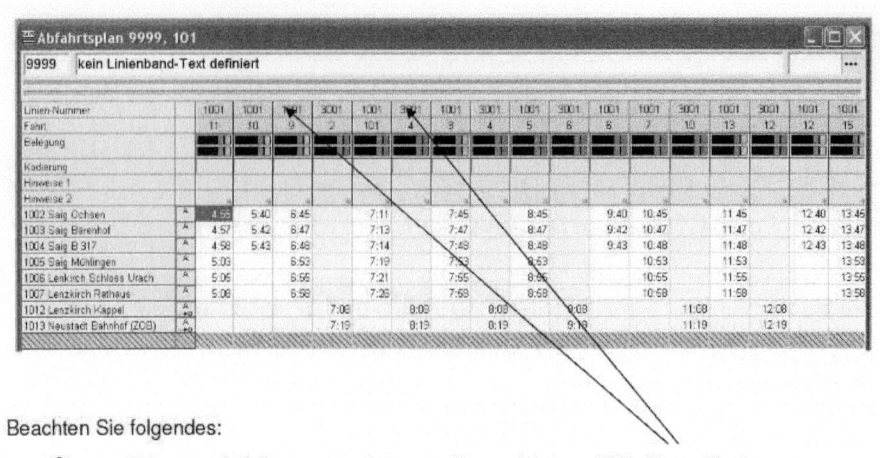

Die automatisch eingetragenen Fahrten werden vom Programm **linienübergreifend** errechnet. Als Kriterium gilt, dass von allen Fahrten mindestens zwei Haltestellen auf der Haltestellentabelle angefahren werden müssen.

Abb. 7-36: Fahrplantabelle

Das Ergebnis der Berechnungen sind Fahrpläne für das Kursbuch und als Aushang.

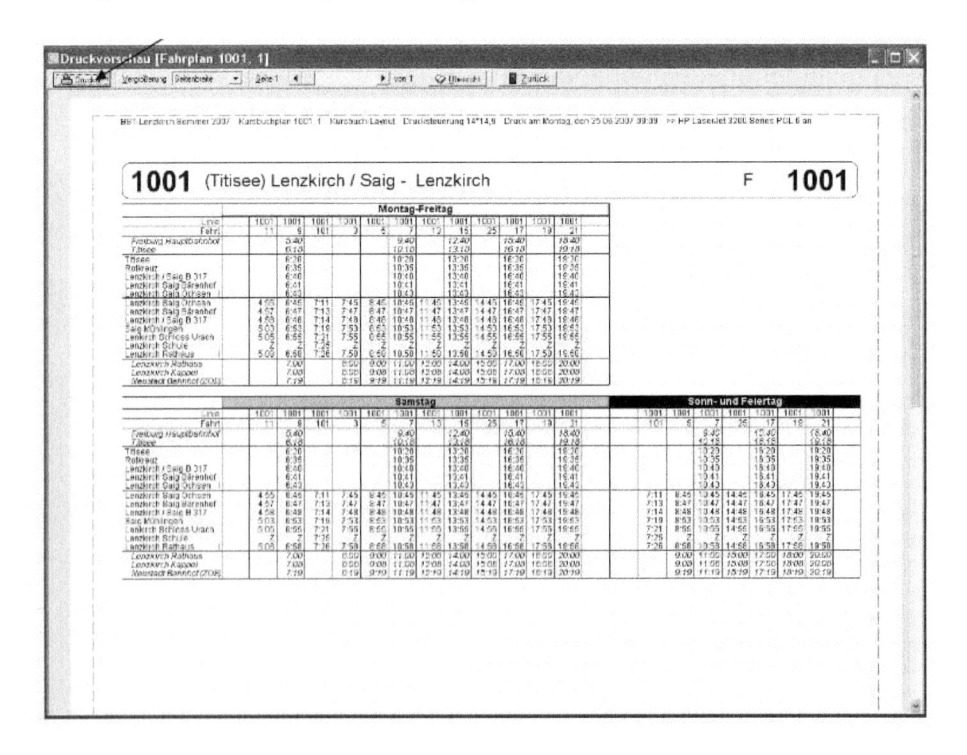

Abb. 7-37: Fahrplanausdruck (1)

Lenzkirch / Saig Ochsen

						Montag - Freitag						
Linien-Nummer	1001	1001	1001	1001	1001	1001	1001	1001	1001	1001	1001	1001
Fahrt	11	9	101	3	5	7	13	15	25	17	19	21
Lenzkirch / Saig Ochsen	**4:55**	**6:45**	**7:11**	**7:45**	**8:45**	**10:45**	**11:45**	**13:45**	**14:45**	**16:45**	**17:45**	**19:45**
Lenzkirch Rathaus	5:08	6:58	7:26	7:58	8:58	10:58	11:58	13:58	14:58	16:58	17:58	19:58
Lenzkirch Rathaus		7:00	8:00	8:00	9:00	11:00	12:00	14:00	15:00	17:00	18:00	20:00
Lenzkirch Kappel		7:08	8:08	8:08	9:08	11:08	12:08	14:08	15:08	17:08	18:08	20:08
Neustadt Bahnhof (ZOB)		7:19	8:19	8:19	9:19	11:19	12:19	14:19	15:19	17:19	18:19	20:19

						Samstag						
Linien-Nummer	1001	1001	1001	1001	1001	1001	1001	1001	1001	1001	1001	1001
Fahrt	11	9	101	3	5	7	13	15	25	17	19	21
Lenzkirch / Saig Ochsen	**4:55**	**6:45**	**7:11**	**7:45**	**8:45**	**10:45**	**11:45**	**13:45**	**14:45**	**16:45**	**17:45**	**19:45**
Lenzkirch Rathaus	5:08	6:58	7:26	7:58	8:58	10:58	11:58	13:58	14:58	16:58	17:58	19:58
Lenzkirch Rathaus		7:00	8:00	8:00	9:00	11:00	12:00	14:00	15:00	17:00	18:00	20:00
Lenzkirch Kappel		7:08	8:08	8:08	9:08	11:08	12:08	14:08	15:08	17:08	18:08	20:08
Neustadt Bahnhof (ZOB)		7:19	8:19	8:19	9:19	11:19	12:19	14:19	15:19	17:19	18:19	20:19

Abb. 7-38: Fahrplanausdruck (2)

Für die Erstellung von Umlaufplänen und Dienstplänen werden ähnliche Bildschirmmenüs ausgefüllt wie bei der Fahrplanerstellung. Da hier nur Hinweise auf EDV-gemäße Planungen gegeben werden sollen, wird das Inhaltsverzeichnis des zugehörigen Tutorials genannt.

```
Vorwort .................................................................................................... 5
Umläufe .................................................................................................. 6
   Systematik ........................................................................................... 6
   Hinweis ................................................................................................ 6
   Umläufe erstellen ................................................................................. 6
   Erläuterungen zum Umlaufmenü .......................................................... 7
      Erläuterung der Abkürzungen ........................................................... 7
   Umlauf Belegung eingeben ................................................................... 8
   Fahrten in den Umlauf manuell einfügen .............................................. 9
      Fahrt-Auswahl (manuell) ................................................................... 9
      Fahrt-Auswahl (Fahrten automatisch suchen) ................................ 10
   Optimieren / Dienstoptimierer / automatische Fahrtauswahl .............. 12
      Systematik ...................................................................................... 12
      Einstellung für den Dienst-Optimierer ............................................. 13
      Umlauf optimieren .......................................................................... 14
      Ergebnisanzeige für die Optimierung (Baumdiagramm) ................. 15
   Einsatzplan ........................................................................................ 16
      Systematik ...................................................................................... 16
      Einsatz- Dienstplan erstellen .......................................................... 17
   Einsatz-Plan Varianten ....................................................................... 18
   Druckausgabe .................................................................................... 19
      Umlauf drucken ............................................................................... 19
      Umlauf Druckauswahl ..................................................................... 20
      Einsatzplan drucken ....................................................................... 21
      Einsatzplan Mappen / Druck-Auswahl ............................................ 21
      Musterausdruck .............................................................................. 22
      Graphische Ausdrucke ................................................................... 23
Kalender ................................................................................................ 24
Berechnungen ....................................................................................... 25
   Ruhezeiten berechnen ....................................................................... 25
      Ruhezeitendiagramm ...................................................................... 25
   Schicht- und Arbeitszeiten berechnen ................................................ 25
      Excelexport ..................................................................................... 26
      Arbeitszeitausdruck (Papier) ........................................................... 26
Prüfungen ............................................................................................. 27
   Fehlerprüfung ..................................................................................... 27
   Plausibilitätsprüfung ........................................................................... 28
      Einsatzpläne prüfen ........................................................................ 28
      Systematik ...................................................................................... 28
      Fahrtbelegung prüfen ..................................................................... 29
```

Statistiken / Exporte 30
    Exportauswahl 30
    Ruhezeiten-Export 31
        Exporttabelle Ruhezeiten 31
    Personal- und Fahrzeugbedarf 32
        Exporttabelle Personal- und Fahrzeugbedarf 32
    Km-Statistik der Pläne 32
    Km-Statistik der Fahrten 33
    Fahrten-Export... 34
    Dienstelemente-Export 35
    Verbindungen-Export... 35
    Haltestellen-Export 36
    Kalender-Export... 36
    Landkreise, Gemeinden Export 37
    Weitere Exporte 37
AU-Verwaltung 38
    Auftragnehmer (AU) neu anlegen 38
    Fahrzeuge der Auftragnehmer (AU) neu anlegen 39
    Kilometervergütung (Vergütungssatz, Pauschalen) 40
Index 41

Ein wichtiger Bestandteil der Umlaufplanung ist die Optimierung: Aus der gesamten Fahrtenmasse sucht das Programm die optimale Reihung der Fahrten unter Beachtung von Lenkzeiten, Arbeitszeiten, Schichtzeiten, gesetzlichen Vorschriften. Die Optimierung läuft nicht automatisch ab, sondern im Dialog mit dem Bearbeiter, welcher seine Erfahrungen einbringen kann.

Das Ergebnis der Umlaufplanung und Einsatzplanung kann aussehen wie in Abb. 7-39.

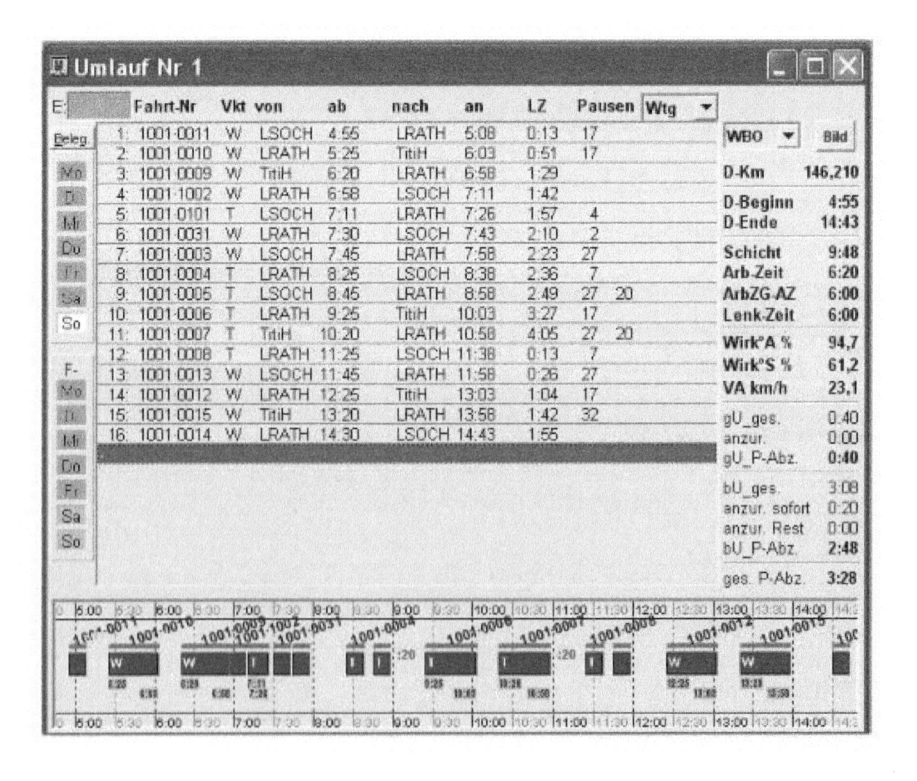

Abb. 7-39: Druckausgabe des Einsatzplans

7.9 Mitwirkung der Fahrer an der Dienstplangestaltung

Der Dienst als Fahrer im Öffentlichen Personennahverkehr ist anstrengend. Neben der Belastung durch die Verantwortung für die Sicherheit der mitfahrenden Fahrgäste im Straßenverkehr und durch das Verhalten der Fahrgäste im Fahrzeug (Schüler!) ist sicher auch der Dienstplan mit seinen Schichtdiensten daran schuld, dass sehr viele Fahrer fahrdienstuntauglich werden (Schlafstörungen, gestörte soziale Kontakte, zu kurze Erholungszeiten, seltene normale Wochenenden). Es gab daher erfolgreiche Versuche, durch eine Beteiligung der Betroffenen an der Dienstplanerstellung deren Wünsche zu berücksichtigen. Neben einer Aufnahme der Fahrerwünsche an Dienstarten, Dienstreihenfolgen und Turnus („individuelles Dienstprofil des Fahrers") werden auch datumsbezogene Wünsche erfasst („Kalenderwünsche") und vom Fahrer mit einer Dringlichkeitsreihung versehen (Goldhochzeit der Eltern, Konfirmation des Sohnes, ärztliche Vorsorgeuntersuchung). Aus der „Dienstplanmasse" – Gesamtheit aller Dienste – werden mithilfe eines neu entwickelten Rechenprogramms zur Erstellung des Dienstplanes zum einen die gesetzlichen, tarifvertraglichen und betrieblichen Regelungen eingehalten und zum anderen die Wünsche weitgehend[197] berücksichtigt.[198] Der per EDV erstellte Plan wird vom Dienstplanersteller des Verkehrsunternehmens überprüft und es werden letzte Unstimmigkeiten beseitigt.

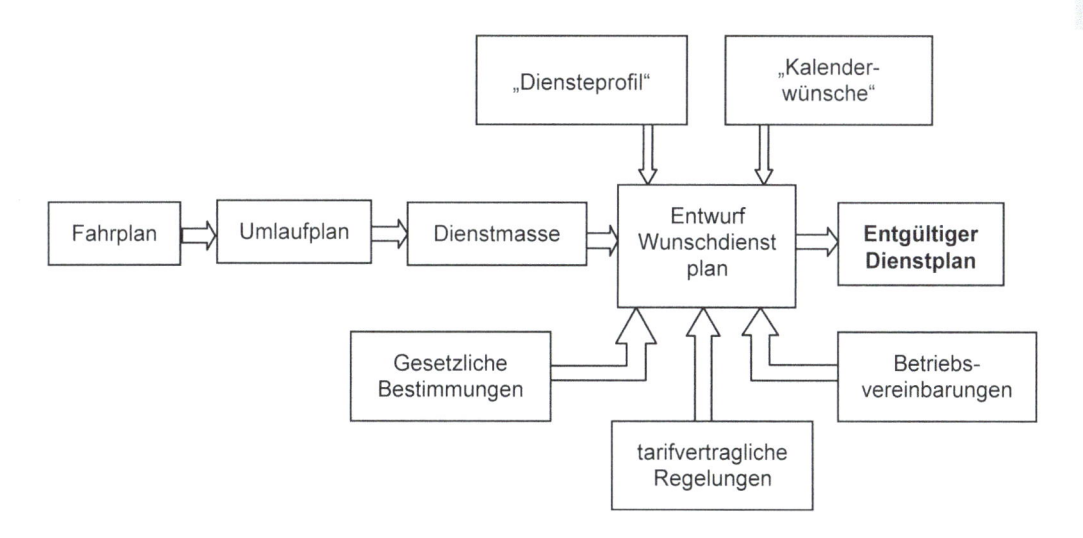

Abb. 7-40: Erstellung eines Wunschdienstplans

---

[197] Die Erfüllung mancher Wünsche muss durch Betriebsvereinbarung ausgeschlossen werden, z.B. Wünsche an den Dienst Weihnachten und Silvester.

[198] Wenn 20 Fahrer über 50 Tage Wünsche an den Dienstplan haben, muss der Dienstplangestalter 1000 Wünsche berücksichtigen unter Beachtung der gesetzlichen und betrieblichen (Ruhezeit-) Regelungen. Diese Aufgabe ist manuell nur mit sehr hohem Aufwand zu lösen.

Andere umgesetzte Dienstpläne mit Fahrermitwirkung bei der Erstellung gehen von einer Gruppenbildung der Fahrer aus (z. B. Gruppen von 8 Fahrern), deren Dienstplanturnus über z. B. 56 Tage einen „Gruppentag" enthält – alle Fahrer sind anwesend, dann kann in der Gruppe über bevorstehende Dienste gesprochen werden – und wegen des sich günstig auswirkenden Belastungswechsels auch eine „Mischarbeitswoche" (Einsatz in anderen Unternehmensbereichen).

Bei einer weiteren Form der Dienstplanerstellungsmitwirkung können die Fahrer auch unterschiedliche Turnusse wählen. Oder sie können sich selber auf länger vorher bekannte Verfügungsdienste[199] einteilen (längere Krankheit eines Kollegen, Urlaub eines Kollegen, Weiterbildung eines Kollegen). Die Zufriedenheit der Fahrer mit ihrer Arbeit ist durch die Mitwirkung an der Erstellung des Dienstplanes gestiegen.

Quellenverzeichnis der Abbildungen

FGSV. (1991). *Empfehlungen für Verkehrserhebungen.* Köln: Forschungsgesellschaft für Straßen- und Verkehrswesen.

FGSV. (2010). *Empfehlungen für Plaung, Bau und Betrieb des Öffentlichen Personennahverkehrs.* Köln: Forschungsgesellschaft für Straßen- und Verkehrswesen.

Höfler, F. (2004). *Verkehrswesen-Praxis, Band 1: Verkehrsplanung*, Bauwerk-Verlag , Berlin

Huber, F. (1999). *ÖPNV und Siedlungsentwicklung*, Forschungsgesellschaft für Straßen- und Verkehrswesen

Löcker, G. (1994). *Differenzierte Bedienungsweisen.* Düsseldorf: Verband Deutscher Verkehrsunternehmen.

SNV Studiengesellschaft Nahverkehr mbH. (1979). *Bus-Verkehrssystem.* Düsseldorf: Verband Öffentlicher Verkehrsbetriebe/Verband der Automobilindustrie.

Stottmeister, V. (2001). *Merkblatt zum Integralen Taktfahrplan,* Forschungsgesellschaft für Straßen- und Verkehrswesen, Köln 2001

---

[199] Verfügungsdienst = Rufbereitschaft

8 Betriebsüberwachung im Öffentlichen Personennahverkehr

8.1 Allgemeines

Personenbeförderungsgesetz § 13 Voraussetzung der Genehmigung:

„(1) Die Genehmigung darf nur erteilt werden, wenn

1. die Sicherheit und die Leistungsfähigkeit des Betriebes gewährleistet sind. (…)"

Allgemeines Eisenbahngesetz § 4 Sicherheitspflichten:

„(1) Die Eisenbahnen sind verpflichtet, ihren Betrieb sicher zu führen … und zu bauen und in betriebssicherem Zustand zu halten. (…)"

Grundlage der Betriebsabwicklung sind die Fahrpläne (aus denen sich die Dienstpläne, die Wagenumlaufpläne und die Fahrpläne für die Öffentlichkeit ableiten). Nach den Vorschriften müssen die Fahrpläne sicher sein, d. h. konfliktfrei aufgebaut sein. Das ist besonders bei Eisenbahnen von Bedeutung.[201]

Wenn die Fahrpläne sicher aufgebaut sind und der Betrieb störungsfrei abläuft, wäre den Vorschriften Genüge getan. Da aber immer mit Störungen zu rechnen ist und es durch diese Störungen zu „Verzögerungen im Betriebsablauf", „zu Unregelmäßigkeiten im Fahrplantakt" und zum „Nichteinhalten der Pünktlichkeit" kommt, wie die Verkehrsunternehmen sagen (der Fahrgast nennt das „Verspätung"), bedarf es zur Wiederherstellung des sicheren und ungestörten Betriebsablaufs einer Eingriffsmöglichkeit in den Betriebsablauf. Und das möglichst schon beim Entstehen der Störung, also bevor die Störung den ganzen Betrieb aufhalten könnte: Der Betriebsablauf ist zu überwachen und zu steuern.

Als Ziele der Überwachung und Steuerung des Betriebes sind zu nennen:
– Schnelle Information der Fahrgäste über Unregelmäßigkeiten
– Erhöhung der Zuverlässigkeit und Pünktlichkeit des Verkehrsmittels
– Schneller Ersatz bei Personal- und Fahrzeugausfällen
– Anpassung des Fahrzeugeinsatzes an unvorhergesehene Nachfrageänderungen[202]
– Anfordern von Rettungskräften im Notfall (Unfälle, Überfälle)
– Erteilen von Anweisungen an das Personal
– Beschleunigung der Fahrzeuge

---

[201] In früheren Jahren gab es den Sachverhalt „Luftkreuzung": Der Fahrplan sah eine Kreuzung zweier entgegenkommender Züge auf einer eingleisigen Strecke vor; die tatsächliche Kreuzung je nach Betriebsverhältnissen in einem der Endbahnhöfe der eingleisigen Strecke lag im Ermessen der Fahrdienstleiter. Da diese Fahrplankonstruktion unsicher war und zusammen mit fehlerhaft durchgeführten Zugmeldeverfahren zu Unfällen führte (Schaftlach-Warngau 1975 mit 41 Toten) wurde die Luftkreuzung verboten.

[202] Manchmal ist die Frage zu stellen, ob Nachfrageänderungen tatsächlich unvermittelt auftreten und die Verkehrsunternehmen überraschen: „Verkaufsoffene Sonntage" in Innenstädten und auch andere Ereignisse sollten bekannt sein und evtl. zu einer Verdichtung des Fahrzeugtaktes führen.

- Überwachung des Zustandes der Fahrzeuge zur Früherkennung notwendiger Instandhaltungsmaßnahmen
- Erfassen von Betriebsdaten.

Zur Überwachung und Steuerung des Betriebsablaufes sind erprobte Verhaltensweisen und Techniken im Einsatz wie auch neu entwickelte Verfahren.

Die ursprüngliche Betriebsüberwachung und Betriebssteuerung – besonders wichtig wegen gravierender Folgen bei evtl. Unfällen im Bahnverkehr – bestand vor über 150 Jahren in der Installierung von sichtbaren Zeichen an den Strecken, welche örtlich von Personal nach der zurückliegenden Signalstellung nach vorgegebenen Regeln bedient wurden. Dann kamen die Elektrokabel auf – das Personal an den Signalen wurde abgezogen - und das Morsen und das Telefon. Später kam der Funk auf und es wurde per Funk zwischen den Fahrzeugen und der Zentrale kommuniziert.[203]

Die Einzelheiten zu den Anweisungen des Personenbeförderungsgesetzes sind in der „Verordnung über den Betrieb von Kraftfahrunternehmen im Personenverkehr (BO Kraft)" zu finden. Dort heißt es in § 3 (Pflichten des Unternehmers): *„(1) Der Unternehmer ist dafür verantwortlich, dass die Vorschriften ... befolgt werden. (..) (2) ... erlässt der Unternehmer eine allgemeine Dienstanweisung."* In der als Muster dienenden „Dienstanweisung für den Fahrdienst mit Kraftomnibussen (DF Kraft)"[204] heißt es

§ 56 Meldungen

1. Mündliche und fernmündliche Meldungen
    1.1 Der Fahrer hat der Leitstelle sofort durch Funk oder Fernsprecher zu melden:
        a) Unfälle mit Personen- oder Sachschaden (auch ohne eigene Beteiligung),
        b) Schäden am Fahrzeug und seinen Einrichtungen, die die Verkehrssicherheit des Fahrzeuges beeinträchtigen,
        c) Vorfälle, die den Betriebsablauf stören (z. B. Tätlichkeiten von Fahrgästen, Unfälle ohne unmittelbare Beteiligung des Verkehrsbetriebes, Umleitungen),
        d) Schäden an Streckeneinrichtungen,
        e) Störungen an technischen Sicherungen von Bahnübergängen,
        f) Störungen an Lichtzeichenanlagen,
        g) Fahrbahnschäden und -Verschmutzungen, Ölspuren und witterungsbedingte Behinderungen,
        h) Sonstige Vorfälle, die für den Betrieb von Bedeutung sein können.
    1.2 In der Meldung ist anzugeben:
        a) Linie, Kursnummer, Wagennummer, Fahrtrichtung,
        b) Ort, Zeit und Art des Vorfalles und benötigte Hilfen.
    1.3 Der Meldende soll sich bestätigen lassen, dass er richtig verstanden worden ist.

---

[203] Da Menschen miteinander sprachen und Menschen Fehler machen können, wurde für sicherheitsrelevante Sachverhalte schon sehr früh die vermeintlich sicherere Technik eingesetzt (Gleisstromkreise, Achszähler, elektrische Blockeinrichtungen).

[204] Dienstanweisung für den Fahrdienst mit Kraftomnibussen, Herausgeber: Verband Öffentlicher Verkehrsbetriebe (VÖV), Köln 1989.

8.1 Allgemeines

In der ebenfalls als Muster herausgegebenen „Dienstanweisung für den Fahrdienst mit Straßenbahnen (DF Strab)"[205] heißt es entsprechend

§ 56 Meldungen

1. Mündliche und fernmündliche Meldungen

    1.1 Der Fahrer hat der Leitstelle sofort durch Funk oder Fernsprecher zu melden:

    a) Unfälle mit Personen- oder Sachschaden (auch ohne eigene Beteiligung),

    b) Schäden am Zug und seinen Einrichtungen, die die Verkehrssicherheit des Zuges beeinträchtigen,

    c) Vorfälle, die den Betriebsablauf stören (z. B. Tätlichkeiten von Fahrgästen, Unfälle ohne unmittelbare Beteiligung des Verkehrsbetriebes, Umleitungen, nicht ausreichend gesicherte Arbeiter im Gleisbereich),

    d) Schäden an Streckeneinrichtungen,

    e) Störungen an technischen Sicherungen von Bahnübergängen,

    f) Störungen der Stromversorgung,

    g) Störungen an Signal- und Lichtzeichenanlagen,

    h) Entgleisungen,

    i) Schäden an Bahnanlagen,

    j) witterungsbedingte Behinderungen,

    k) sonstige Vorfälle, die für den Betrieb von Bedeutung sein können.

    1.2 In der Meldung ist anzugeben:

    a) Linie, Kursnummer, Wagennummer, Fahrtrichtung,

    b) Ort, Zeit und Art des Vorfalles und benötigte Hilfen.

    1.3 Der Meldende soll sich bestätigen lassen, dass er richtig verstanden worden ist.

Nach der DF Kraft und nach der DF Strab sind außerdem schriftliche Meldungen abzugeben.

Die Aufgaben des Personals bestehen demnach in der Überwachung der Fahrzeugtechnik, in der Überwachung des Fahrwegs und in der Standortfeststellung des Fahrzeugs. Um das Personal zu entlasten und um (Überwachungs-)Personal einzusparen, werden diese Aufgaben weitgehend durch Technik geleistet und automatisiert.[206]

---

[205] Dienstanweisung für den Fahrdienst mit Straßenbahnen, Herausgeber: Verband Öffentlicher Verkehrsbetriebe (VÖV), Köln 1989.

[206] Je nach Umfang des Öffentlichen Personennahverkehrs wird an wichtigen Betriebsstellen (zeitweise) örtliches Aufsichtspersonal eingesetzt und es ist auch motorisiertes Streckenaufsichtspersonal im Einsatz.

8.2 Überwachung des Fahrverhaltens

Ein Gerät zur (nachträglichen) Messung der Lenk- und Ruhezeiten, der Lenkzeitunterbrechungen, der gefahrenen Kilometer und der gefahrenen Geschwindigkeit ist der Tachograph (oder Fahrtenschreiber). Der seit den 1920er Jahren im Einsatz befindliche und seit 1953 vorgeschriebene Tachograph hat jedoch die vorrangige Aufgabe, Lenk- und Ruhezeiten zu erfassen und muss – von Ausnahmen abgesehen – in allen innerhalb der Europäischen Union gewerblich genutzten Lastkraftwagen und Omnibussen ab 3,5 t zulässige Gesamtmasse/zulässiges Gesamtgewicht bzw. 9 und mehr Sitzplätzen vorhanden sein. Die Straßenverkehrszulassungsordnung sagt dazu in § 57 a:

> „Mit einem eichfähigen Fahrtschreiber sind auszurüsten (...)
> 4. zur Beförderung von Personen bestimmte Kraftfahrzeuge mit mehr als 8 Fahrgastplätzen.
>
> (2) Der Fahrtschreiber muss vom Beginn bis zum Ende jeder Fahrt ununterbrochen in Betrieb sein und auch die Haltezeiten aufzeichnen. Die Schaublätter ... sind vor Antritt der Fahrt mit dem Namen der Führer sowie dem Ausgangspunkt und Datum der ersten Fahrt zu bezeichnen; ferner ist der Stand des Wegstreckenzählers am Beginn und am Ende der Fahrt oder beim Einlegen und bei der Entnahme des Schaublatts vom Kraftfahrzeughalter oder dessen Beauftragten einzutragen; andere, durch Rechtsvorschriften weder geforderte noch erlaubte Vermerke auf der Vorderseite des Schaublattes sind unzulässig. Es dürfen nur Schaublätter mit Prüfzeichen verwendet werden, die für den verwendeten Fahrtschreibertyp zugeteilt sind. Die Schaublätter sind zuständigen Personen auf Verlangen jederzeit vorzulegen; der Kraftfahrzeughalter hat sie ein Jahr lang aufzubewahren. Auf jeder Fahrt muss ... ein Ersatzschaublatt mitgeführt werden.
>
> (3) Die Absätze 1 bis 2 gelten nicht, wenn das Fahrzeug anstelle eines vorgeschriebenen Fahrtschreibers mit einem Kontrollgerät ... [lt.] Verordnung (EG) Nr. 561/2006 des Europäischen Parlaments und des Rates vom 15. März 2006 ... ausgerüstet ist.

Der heute noch in älteren (vor dem 1. Mai 2006 zugelassenen) Fahrzeugen gültige und gebräuchliche mechanische Tachograph beschreibt eine runde selbstbeschriftende Papierscheibe, die sich durch ein Uhrwerk dreht. Eine ganze Umdrehung entspricht 24 Stunden. Der Stift bewegt sich je nach der gefahrenen Geschwindigkeit weiter oder näher vom Drehpunkt. Die Aufzeichnungen des Tachographen umfassen die gefahrenen Geschwindigkeiten, Wegstrecke (zurückgelegte Kilometer) sowie die Lenk- und Ruhezeiten.

Seit dem 1. Mai 2006 ist nach EU-Vorschriften der Einbau eines digitalen Kontrollgerätes Pflicht. Diese Pflicht zum Einbau erstreckt sich bei gewerblicher Nutzung auf Kraftfahrzeuge zur Güterbeförderung mit einem zulässigen Gesamtgewicht (einschließlich Anhänger oder Sattelanhänger) von mehr als 3,5t sowie Busse mit mehr als neun Sitzplätzen, die erstmals in den Verkehr gebracht werden.

Aufgabe des Kontrollgerätes ist das Aufzeichnen, Speichern, Anzeigen, Ausdrucken und Ausgeben von tätigkeitsbezogenen Daten des Fahrers ähnlich der analogen Tachoscheibe. Es besteht aus einem Weg- bzw. Geschwindigkeitsgeber und einer Fahrzeugeinheit, die etwa die Größe eines Autoradios hat.

8.2 Überwachung des Fahrverhaltens

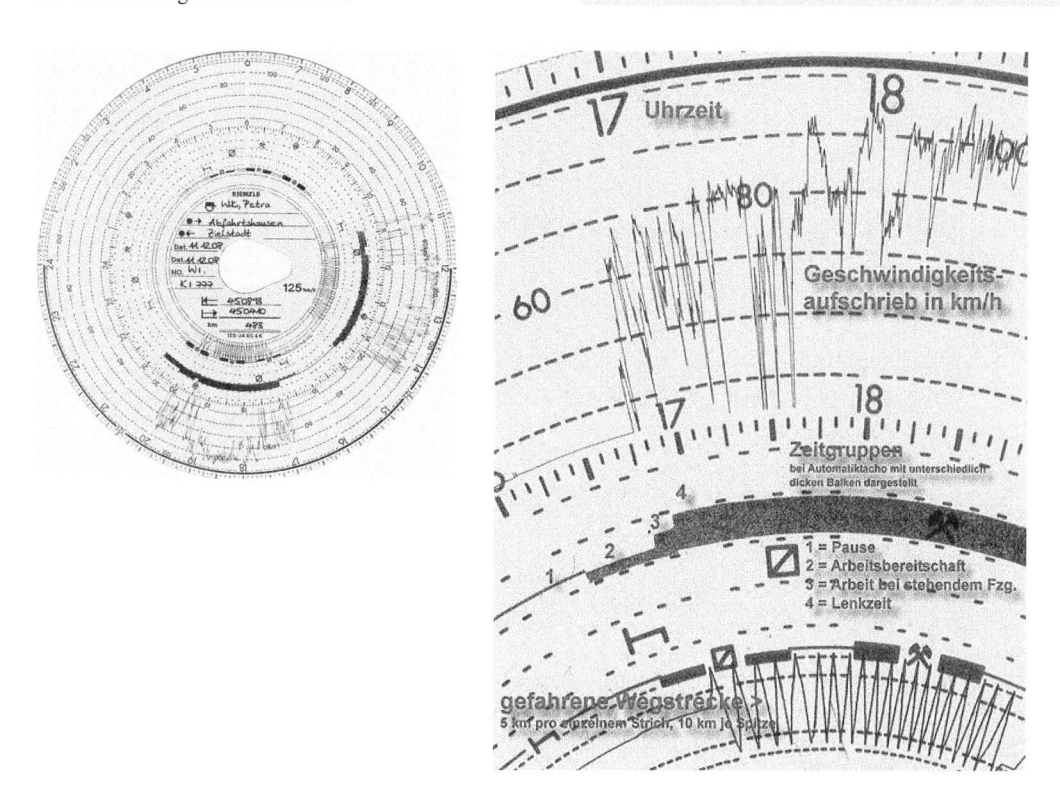

Abb. 8-1: Aufzeichnungen des Tachographen (http://upload.wikimedia.org/wikipedia/
commons/thumb/3/37/Wiki_Tachoscheibe.jpg/220px-Wiki_Tachoscheibe.jpg [bzw.
220px-Ausschnitt_Tachoscheibe.jpg])

Für das digitale Aufzeichnungsgerät sind drei Karten mit unterschiedlicher Funktion und Zuständigkeit erforderlich - Fahrerkarte, Unternehmenskarte sowie die Werkstattkarte. Die Fahrerkarte ermöglicht die Speicherung von Lenk- und Ruhezeiten und enthält die Identitätsdaten des Fahrers. Sie ersetzt die bisherige Tachoscheibe und speichert mindestens 28 Tage die Lenk- und Ruhezeiten. Danach werden die ältesten Daten überschrieben. Jeder Fahrer darf nur über eine gültige Fahrerkarte verfügen. Ist das zu lenkende Fahrzeug mit einem digitalen EG-Kontrollgerät ausgerüstet, muss der Fahrer eine Fahrerkarte besitzen. Andernfalls kann er sich nicht am Gerät anmelden und darf das Fahrzeug nicht fahren. Jeder Fahrer meldet sich demnach mit seiner persönlichen Fahrerkarte zu Beginn der Fahrt am Gerät an und nach Beendigung der Fahrt wieder ab. Die Fahrerkarte ist personenbezogen, jedoch unabhängig von Fahrzeug oder Arbeitgeber. Jeder Fahrer hat seine eine individuelle Fahrerkarte. Die Fahrerkarte bleibt Eigentum des Fahrers und darf bis auf wenige Ausnahmen – wenn die Fahrerkarte im Zusammenhang mit dem Verdacht einer Straftat (wie z. B. Fälschung oder Manipulation) steht – nicht entzogen werden. Der Fahrer ist verpflichtet, seinem Arbeitgeber die Fahrerkarte spätestens alle 28 Tage zur Verfügung zu stellen, damit die Fahrerdaten ausgelesen, kontrolliert und aufbewahrt werden können. Für selbstständige Fahrer bzw. selbst fahrende Unternehmer gilt diese Regelung analog in eigenverantwortlichem Handeln. Die Fahrerkarte ist fünf Jahre gültig.

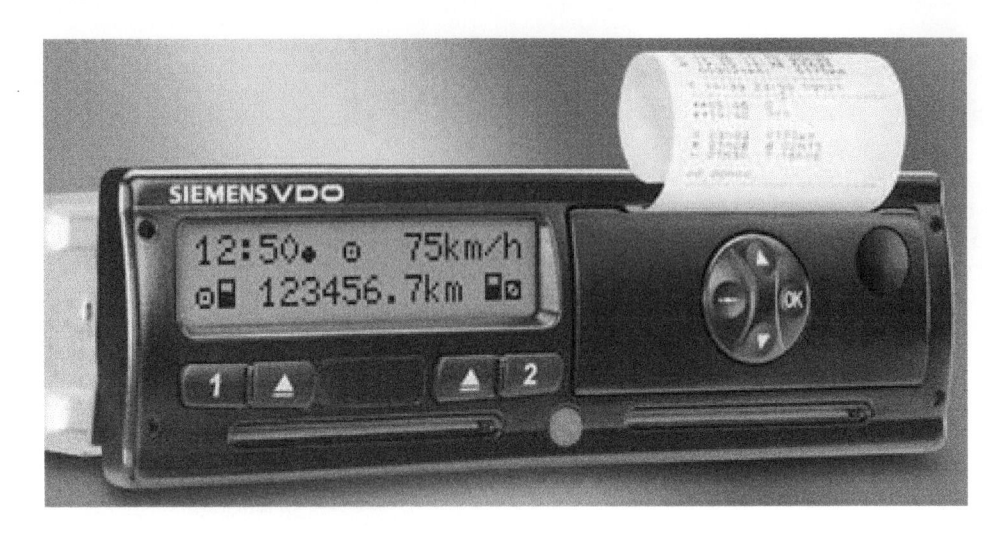

Abb. 8-2: Digitales Kontrollgerät (http://www.fahrschulen-bielefeld.de/Infos/
Kontrollgeraet/kontrollgeraet-Dateien/image001.jpg)

Durch den Fahrtenschreiber bzw. das EG-Kontrollgerät[207] kann eine Beurteilung der Fahrweise des Fahrers erfolgen (Höchstgeschwindigkeiten, Lenk- und Ruhezeiten, vorzeitige Haltestellenabfahrten, Pausenzeiten). Eine (möglichst vorausschauende) Steuerung mittels der Technik „Fahrtenschreiber" ist nicht möglich. Dazu bedarf es einer Standortfeststellung der Fahrzeuge.

8.3 Standortbestimmung des Fahrzeugs

Die ersten Standortbestimmungen der Fahrer im Öffentlichen Personennahverkehr zur Übermittlung an eine Zentrale erfolgten durch Inaugenscheinnahme der Umgebung und Vergleich mit der eigenen Ortskenntnis. Der Fahrer meldete im Bedarfsfall seinen Standort per Sprechfunk an die Zentrale. Bei wenigen Fahrzeugen und wenigen Störungen war das Verfahren praktikabel. Mit zunehmender Fahrzeugzahl und zunehmender Zahl an Störungen war das Verfahren unzureichend. Und für eine Prognose der Verkehrssituation ungeeignet, da der einzelne Fahrer nur seine Situation einschätzt und die Gesamtlage nicht kennt und die Zentrale nur unzureichende Meldungen zur Entwicklung der Verkehrslage erhält. Es bedurfte des

---

[207] Im Linienbusverkehr mit Kraftomnibussen unter 50 Kilometern Linienlänge ist eine Verwendung des EG-Kontrollgeräts nicht zwingend vorgeschrieben. Zwar unterliegt das Fahrpersonal auch hier den Lenk- und Ruhezeiten der Fahrpersonalverordnung, jedoch nicht der persönlichen Aufzeichnungspflicht. Da im Stadtlinienverkehr Fahrer- und Fahrzeugwechsel relativ häufig sind und Ablösungen oft sogar an Unterwegshaltestellen während des Linienbetriebs stattfinden, wäre die Handhabung mit persönlichen Diagrammscheiben auch sehr umständlich und zeitaufwändig. So werden in Bussen des Nahverkehrs oft „Wochenschreiber" verwendet – zunehmend auch durch digitale Aufzeichnungsmethoden ersetzt - welche fahrerunabhängig Fahrzeiten und gefahrene Geschwindigkeiten einer Kalenderwoche aufzeichnen. Der Fahrer ist mittels der Dienstpläne feststellbar.

8.3 Standortbestimmung des Fahrzeugs

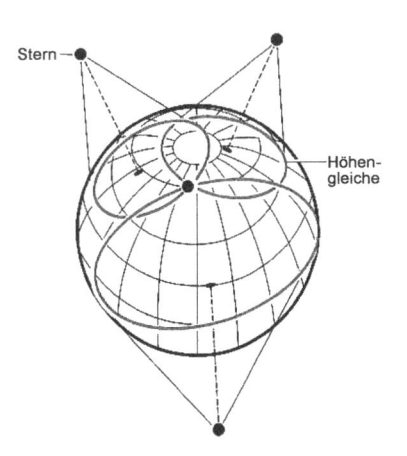

Abb. 8-3: Standortbestimmung durch die Messung der Winkel zu einem Stern (Willmanns, 1973)

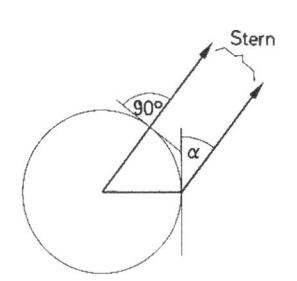

Abb. 8-4: Prinzip der Astronavigation (Thome, 1986)

Datenfunks, um regelmäßig – quasi kontinuierlich – die Fahrzeugstandorte an eine Zentrale zu melden.

Die ersten Positionsbestimmungen ohne Inaugenscheinnahme der Umgebung fanden im Verkehr auf hoher See statt: Jeder Stern am Himmelsgewölbe hat einen Punkt auf der Erdoberfläche, der auf der Verbindung Erdmittelpunkt – Stern liegt (von der Erde aus unter 90 Grad zu beobachten). Unter anderen Winkeln Erdoberfläche – Stern gibt es eine Reihe von Punkten auf der Erde, die alle auf einem Kreis um den senkrecht unter dem Stern befindlichen Punkt liegen. Bei Beobachtung zweier Sterne ergeben sich zwei Kreise. Da sich zwei Kreise an zwei Stellen schneiden, bedarf es der Peilung eines dritten Sterns, um den Standort exakt festzustellen. Wegen der Erddrehung bewegen sich die Kreise und bestimmen je nach Uhrzeit unterschiedliche Standorte (daher ist die Uhrzeit sehr wichtig).

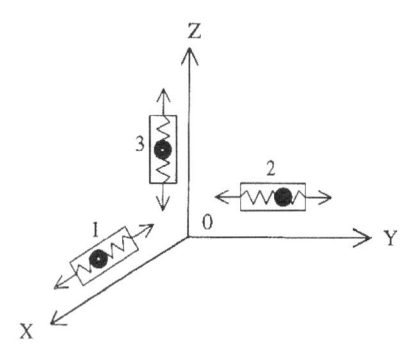

Abb. 8-5: Trägheitsnavigation im kartesischen Koordinatensystem mit drei zugeordneten Beschleunigungsfühlern (Lertes, 1995)

Die Positionsbestimmung von schnellen Fahrzeugen mittels Winkelmessung, wie vorgestellt, ist nicht sinnvoll. Eine Näherung bietet die „Koppelnavigation": Bei bekanntem Kurs, bei bekannter Geschwindigkeit und der seit der letzten Ortsbestimmung vergangenen Zeit wird der Standort errechnet; der Ausgangspunkt wird über andere Ortsbestimmungsverfahren festgestellt oder manuell eingegeben: Die Fahrzeugposition ergibt sich aus den im Fahrzeug gemessenen Richtungsänderungen und der Addition der Wegvektoren. Bei längerer Fahrt kommt es infolge geringer Messfehler bei der Einzelmessung und deren Summierung zu erheblichen Positionsabweichungen. Diese sind zu vermeiden, wenn man in das System an bekannten Stellen den Standort eingibt und damit den Fehler korrigiert.

Ein anderes autonomes Standortermittlungsverfahren ist die „Trägheitsnavigation": Im Fahrzeug werden auf einer von den Fahrzeugbewegungen entkoppelten Plattform Beschleunigungsmessfühler angebracht und in die gewünschten Koordinatenachsen ausgerichtet. Die Trägheitsnavigation misst die auf das Fahrzeug einwirkende Beschleunigung a als Vektor und bestimmt durch zeitliche Integration dieses Wertes die Geschwindigkeit v als Vektor und den Weg s. Der Standort ist somit jeden Moment bekannt. Damit wäre die Trägheitsnavigation das ideale Ortsbestimmungssystem auch für Landfahrzeuge. Im System gibt es aber Fehler durch die Kreiseldrift (ein schnelldrehender Kreisel behält seine Lage bei; drei schnelldrehende Kreisel werden senkrecht zueinander angeordnet und bilden die o. g. Plattform), es ergeben sich Fehler aus der Koordinateneingabe; andere Fehler entstehen durch Nullpunktfehler der Beschleunigungsmesseinrichtungen u. a. m. Der Kurs muss daher von Zeit zu Zeit korrigiert werden.

Im Öffentlichen Personennahverkehr gibt es zwei grundsätzliche Verfahren der Ortsbestimmung: die logische Ortung und die physikalische Ortung. Die logische Ortung bedient sich der genannten Verfahren. Die Kurskorrektur wird über die Feststellung einer Türöffnung vorgenommen: Türen von Fahrzeugen im Linienverkehr werden üblicherweise an Haltestellen geöffnet. Und da die Haltestellenreihenfolge bekannt ist, kann der Kurs des Fahrzeugs korrigiert werden. Es ist allerdings schwer möglich, den Fahrzeugstandort bei Abweichungen vom Linienweg genau zu erfassen.[208]

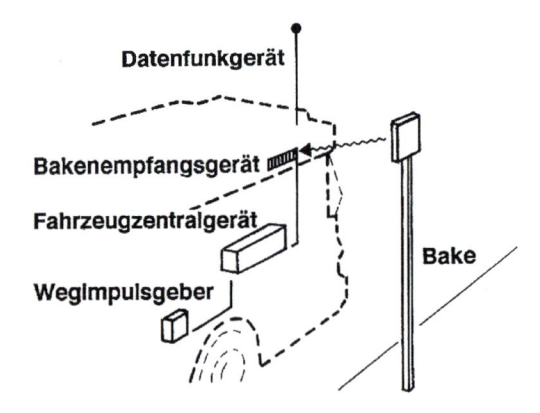

Abb. 8-6: Vorbeifahrt eines Busses an einer Bake (SNV, 1988)

---

[208] Da es Bahnen i. A. schwerfällt, den vorgegebenen Weg zu verlassen, bietet sich besonders bei Bahnen die Standortbestimmung mittels der logischen Ortung an. Auch wegen der hohen Sicherheitsstandards im Eisenbahnwesen ist die Standortermittlung allein schon aus Sicherheitsgründen bei den Bahnen von großer Bedeutung und daher schon eingeführt gewesen, ohne an Betriebslenkung zu denken.

8.3 Standortbestimmung des Fahrzeugs

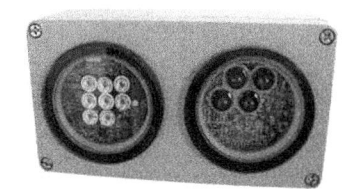

Abb. 8-7: Fahrzeugbake und stationäre Ortsbake (http://www.mg-industrieelektronik.de/produkte/ird/ird200_k.jpg)

Abb. 8-8: Anordnung von Fahrzeugbake und Ortsbake (http://www.mg-industrieelektronik.de/produkte/ird/bus-ir.gif)

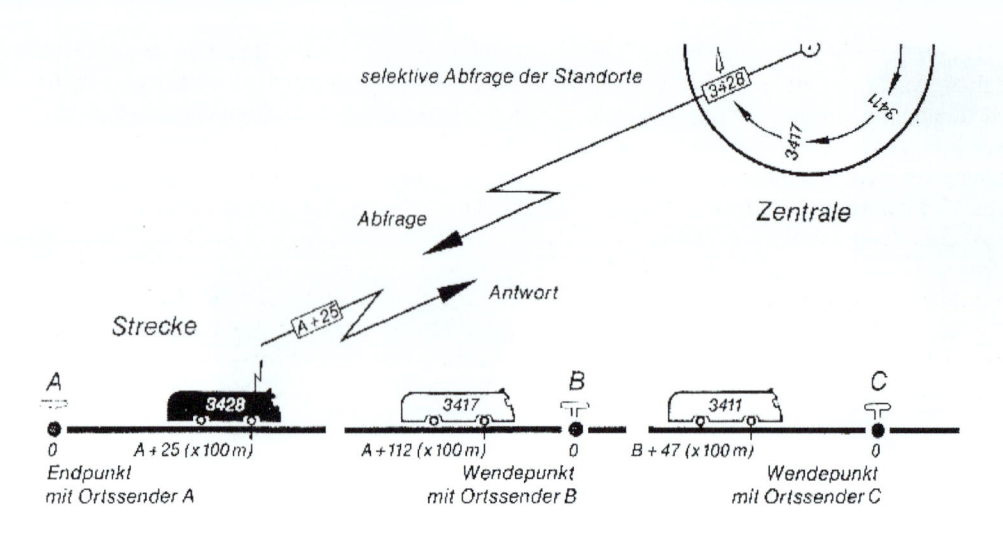

Abb. 8-9: Skizze zur Standorterfassung mit Bake-Funk-System in Hamburg (VÖV (Hrsg, 1979)

Ein physikalisches Ortungssystem ist die Standortbestimmung mittels Ortsbaken: Entlang der Strecke/Linienweg werden Ortssender geringer Reichweite aufgestellt, welche durch ein Signal des vorbeifahrenden Fahrzeugs aktiviert werden und dem Fahrzeug den momentanen Standort melden, welcher vom Fahrzeug per Datenfunk an die Zentrale weitergegeben wird.

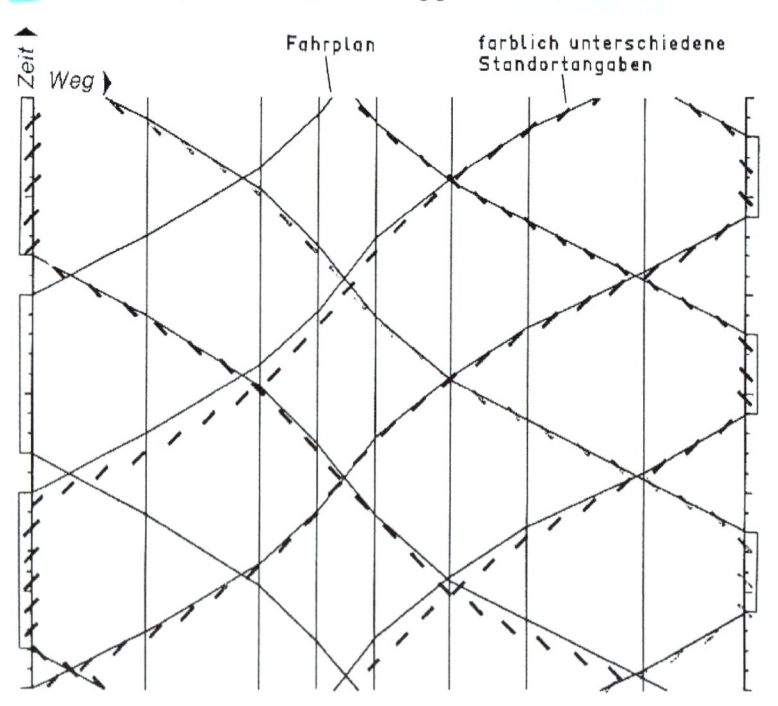

Abb. 8-10: Grafische Darstellung der Standortermittlung beim Bake-Funk-System in Hamburg (VÖV Hrsg, 1979)

8.3 Standortbestimmung des Fahrzeugs

In Hamburg erfolgte seit 1966 eine automatische Standorterfassung der Busse durch das Bake-Funk-System. Die Ortssender mit etwa acht Meter Reichweite nehmen die Funkfrequenzen der Fahrzeuge induktiv auf; ihr Strom kommt aus langlebigen Batterien. Durch die Meldung von zwei Frequenzen (von sechs möglichen Frequenzen) sind 15 Kombinationen möglich, d. h., entlang der Strecke können 15 Ortsbaken aufgestellt werden. Nach Vorbeifahrt an einer Ortsbake wird der Weg des Fahrzeugs in 100 m-Schritten registriert. Die Ortsmarkenkennung und die Wegzählung werden von der Zentrale durch Datenfunk zyklisch bei allen Fahrzeugen abgefragt – Übertragungsgeschwindigkeit 300 Baud. Ein Abfragezyklus dauert bei 1024 Bussen (16 Linien mit 64 Fahrzeugen) 3,4 Minuten. In der Zentrale werden die festgestellten Standorte aufgezeichnet; durch Vergleich mit dem Bildfahrplan können Abweichungen vom Soll festgestellt werden und auch sich abzeichnende deutliche Verspätungen können rechtzeitig erkannt werden und zur Einleitung von Gegenmaßnahmen führen.

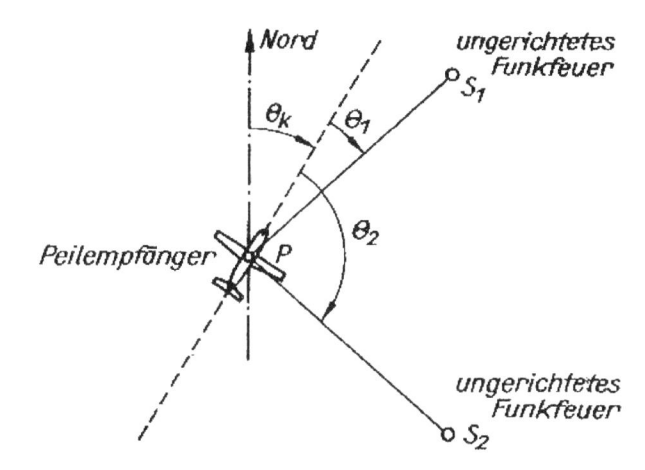

Abb. 8-11: Ortung durch Eigenpeilung mit Bestimmung zweier Winkel (Lertes, 1995)

Nachteilig ist bei dieser Art der Standortbestimmung, dass Abweichungen vom Linienweg die Standortbestimmung erschweren und neue Linien die Installierung neuer Ortsbaken erfordern. Es sollte daher eine Standortbestimmung ortsbakenunabhängig stattfinden. Dazu bedarf es funktechnischer Verfahren wie in der Seefahrt oder in der Luftfahrt.

Das einfachste Verfahren der Standortermittlung ist der Einsatz einer richtungsempfindlichen Antenne im Fahrzeug: Das magnetische Feld der elektromagnetischen Welle ruft in der Antenne (eine Spule) eine elektrische Spannung hervor, wenn die Ebene der Spule die magnetische Feldlinie schneidet. Damit gibt es zwei um 180 Grad verschiedene Richtungen, bei denen Empfangsmaxima auftreten. Aus dem Betrag der Empfangsspannung in Abhängigkeit von der Richtung wird der Winkel zwischen einer Bezugsrichtung und der Richtung zum Sender bestimmt (Funkpeilung). So nimmt ein Flugzeug die Wellen des Senders S1 auf und die Standlinie 1 ist bestimmt.[209] Wenn die Wellen des Funkfeuers S2 aufgenommen werden und damit die zweite Standlinie festliegt, ist der Schnittpunkt der beiden Standlinien der Standort des Flugzeugs.

---

[209] Eine Standlinie ist eine Kurve, auf der die mithilfe des angewendeten funktechnischen Verfahrens ermittelten Größen (Winkel, Entfernung, Entfernungsdifferenz) gleich bleiben.

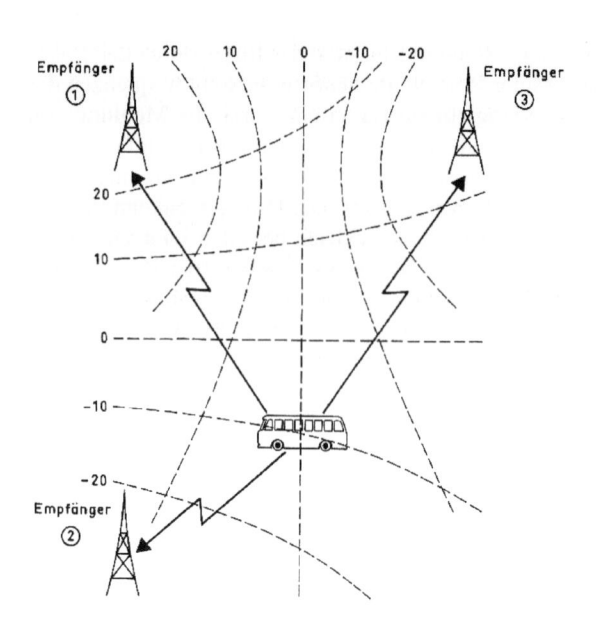

Abb. 8-12: Standortbestimmung eines Fahrzeugs mit einem Funkortungsverfahren (VÖV Hrsg, 1979)

Eine andere Standlinie ist die Hyperbel (alle Punkte, die den gleichen Entfernungsunterschied zu zwei anderen Punkten haben, liegen auf einer Hyperbel). Zur Standortermittlung macht man sich beispielsweise die Laufzeitunterschiede von Signalen zunutze, z. B. werden vom Fahrzeug Signale ausgesandt, welche von Empfängern aufgezeichnet werden. Die Orte gleicher Laufzeitunterschiede sind die Hyperbeln. Die Laufzeitunterschiede zu einem dritten Empfänger ergeben wieder Hyperbeln. Der Schnittpunkt der Hyperbeln ist der Fahrzeugstandort (der von einer Zentrale zyklisch abgefragt wird).

Die verschiedenen ausgeklügelten und ständig auch für den Einsatz im Landverkehr weiterentwickelten Funkortungsverfahren[210] sind zwischenzeitlich weitgehend überholt durch den Einsatz der satellitengestützten Funkortung und Funknavigation.

Das bekannteste Satellitennavigationsverfahren ist das System GPS-NAVSTAR (Global Positioning System, Navigation with Time and Ranging), welches ab 1978 von den USA für militärische Zwecke konzipiert wurde und 1995 offiziell in Betrieb genommen wurde.

Mit GPS lässt sich der eigene Standort ermitteln.[211] Die Standortbestimmung umfasst die geographische Länge und Breite sowie die Höhe. Die Genauigkeit liegt zwischen 13 Meter und 1 Millimeter. Genauigkeiten unter 2 Meter sind aber nur mit viel Aufwand (Differential-GPS) erreichbar. Übliche GPS-Empfänger und Handys haben eine Genauigkeit von 13 bis 2 Meter.

---

[210] Die Standortbestimmungsverfahren aus der Luftfahrt und aus der Seefahrt heißen DECCA, OMEGA, LORAN, CONSOL und andere Namen mehr.

[211] GPS ist kein Ortungssystem. Es ist ein satellitengestütztes Navigationssystem und Positionsbestimmungssystem. Ein Ortungssystem bräuchte neben der Positionsbestimmung einen Rückkanal zur ortenden Stelle. Diesen Rückkanal hat GPS nicht.

8.3 Standortbestimmung des Fahrzeugs

GPS basiert auf dem Einsatz von 24 Satelliten, welche die Erde auf solchen Bahnen umkreisen, dass auf der Erdoberfläche die Signale von vier Satelliten empfangen werden. Drei Satelliten werden benötigt, um Längen-, Breitengrad und Höhe des Nutzers errechnen zu können. Der vierte Satellit wird benötigt, um die Uhr des Empfängers mit den Uhren der Satelliten synchronisieren zu können. Die Zeiten müssen absolut übereinstimmen, sonst kommt es zur Fehlberechnung. Aus der Laufzeit des Signals vom Satelliten zum Nutzer wird die Entfernung vom Empfänger zum Satelliten errechnet. Jeder Messwert ergibt die Position des GPS-Empfängers auf einer kugelförmigen Schale um den Satelliten. Ein Messwert (ein Satelliten-Signal) ist für die Positionsbestimmung nicht ausreichend; auch ein zweiter Messwert (zweites Satelliten-Signal) reduziert die Position in der Schale nur auf eine kreisförmige Linie. Erst mit dem dritten Messwert (drittes Satelliten-Signal) kann die Position des Empfängers berechnet werden (erdnaher Schnittpunkt). Diese Berechnung hat eine gewisse Ungenauigkeit, die durch die Unterschiede der Uhren im Satelliten und im Empfänger erzeugt wird (die Satelliten sind mit einer Atomuhr ausgestattet und der Empfänger mit einem Quarz). Es wird das Signal eines vierten Satelliten gebraucht, um diesen Fehler zu reduzieren. Die Genauigkeit der Standortbestimmung liegt seit der Abschaffung der militärisch gewünschten Ungenauigkeit für zivile Nutzer (im Jahr 2000) bei rund 12 Metern.[212]

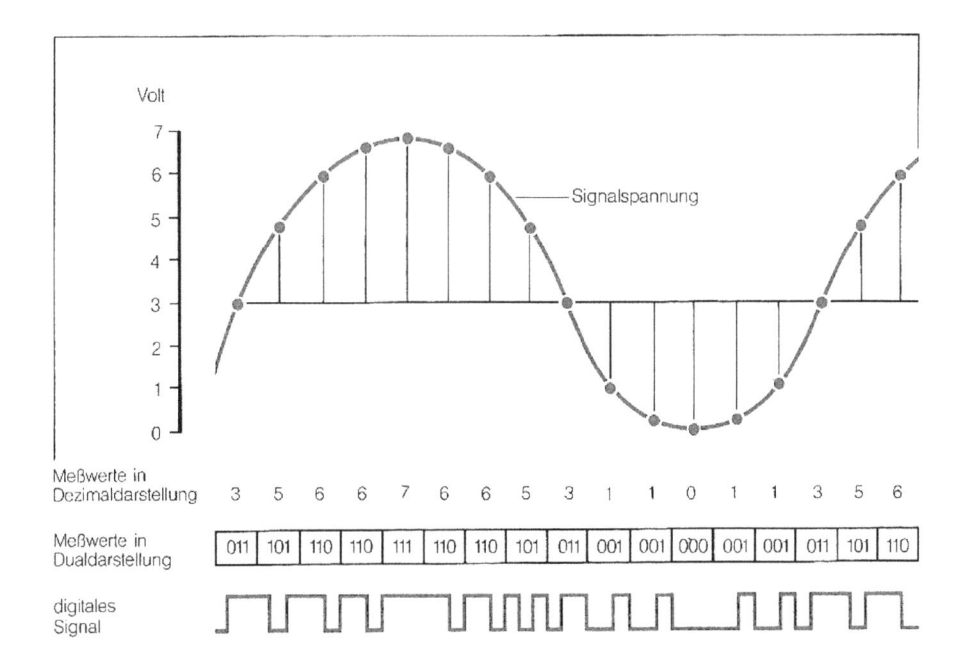

Abb. 8-13: Vereinfachtes Schema der Digitalisierung von analogen Signalen durch Abtasten der Signalspannung (Thome, 1986)

---

[212] Der Präsident der USA entscheidet jährlich über eine evtl. Wiedereinführung der Ungenauigkeit für zivile Nutzer. Auch das ist ein Grund für den geplanten Einsatz eines europäischen Satellitensystems mit dem Namen GALILEO.

Eine Verbesserung der Ortsbestimmung wird durch den Einsatz des Differential Global Positioning System - DGPS, „Globales Positionssystem (mit) Differential(signal) – erreicht. Beim DGPS werden ortsfeste GPS-Empfänger benutzt, sogenannte Referenzstationen. Aus der Abweichung der tatsächlichen und der empfangenen Position lassen sich für jeden Satelliten die wirklichen Laufzeiten der Signale zum Empfänger sehr genau bestimmen. Die Referenzstation übermittelt nun die Differenzen der theoretischen und der tatsächlichen Signal-Laufzeiten an die DGPS-Empfänger in der Umgebung. Als Referenzstation dienen beispielsweise Radiosender, welche unhörbar das Referenzsignal mit den Korrekturdaten ausstrahlen. Die Genauigkeit der Ortsbestimmung verbessert sich dadurch auf 0,3 bis 2,5 m.

Der Standort der Fahrzeuge wird an die Zentrale gemeldet mittels analoger Betriebsfunksysteme oder über Digitalfunksysteme.

Analoge Signale stellen eine sich stetig ändernde Größe (etwa der Schalldruck eines Tones) durch eine sich in gleicher Weise stetig ändernde Größe dar (z. B. elektrische Spannung); digitale Signale können nur diskret Werte annehmen, z. B. „Spannung" und „keine Spannung". Durch die Fortschritte in der Elektronik können die zu verarbeitenden Signale nicht nur durch Schwingungen dargestellt werden, sondern in Form von dualen Zahlen aus mehreren Bits. Mit dieser Art Annäherung an den Schwingungsvorgang ergibt sich ein großer Abstand von aufgezeichnetem Signal und Störgeräuschen, Übertragungsfehler werden bei der Signalübertragung erkannt und korrigiert und Fehler durch die Verwendung benachbarter korrekter Werte ausgeschlossen. Gegenüber der analogen Funktechnik bietet die digitale Funktechnik eine höhere Übertragungsqualität und zusätzliche Funktionen. Da die analoge Funktechnik von der Industrie nicht weiterentwickelt wird und die Pflege der vorhandenen Funksysteme daher steigende Kosten verursacht, nehmen die Verkehrsunternehmen verstärkt digitale Funksysteme in Betrieb. Diese Funksysteme sind zu unterscheiden nach 1. Digitales Bündelfunksystem,[213] 2. Digitaler Betriebsfunk, 3. System nach GSM-Standard/GSM-R-Standard/UMTS-Standard.

Einer der beiden Bündelfunksystemstandards ist TETRA („Terrestrial Trunked Radio"). Er ist als universelle Plattform für unterschiedliche Mobilfunkdienste gedacht. Mit TETRA lassen sich Universalnetze aufbauen, über die der gesamte betriebliche Mobilfunk von Anwendern wie Behörden, Industrie- oder auch Nahverkehrsbetrieben abgewickelt werden kann. Die Kölner Verkehrs-Betriebe AG (KVB) haben bis 2008 stufenweise ein digitales Funknetz auf der Basis von TETRA–Bündelfunk in Betrieb genommen. An dieses Funksystem haben sich die Stadtwerke Bonn angeschlossen – sie errichten dafür zehn weiter Empfangsstationen, verzichten aber auf ein eigenes Netz. Die KVB haben über 600 Busse und Bahnen für das System ausgerüstet, eine Vielzahl von Handfunkgeräten wird für das System genutzt und hunderte von Lichtsignalanlagen werden schon über den Digitalfunk angesteuert.

Der digitale Betriebsfunk weist ähnliche Leistungsmerkmale auf wie das System TETRA und soll die Lücke füllen zwischen den analogen Funksystemen und dem digitalen Bündelfunk. Ein Netz des Betriebsfunks besteht i. A. aus der ortsfesten Funkanlage und den

---

[213] Der Vorteil des Kanalbündel-Einsatzes liegt darin, dass nicht mehr jedes Unternehmen eine eigene Infrastruktur mit Funkturm, Feststation usw. ausbauen muss, sondern einen gemeinsam genutzten Standort verwendet. Es müssen nicht viele Funkkanäle individuell auf jedes Unternehmen zugewiesen werden, sondern ein Netzbetreiber hat an seinem Standort vier oder acht Kanäle in Betrieb, die dann bedarfsweise an die verschiedenen Nutzer geschaltet werden.

dazugehörigen mobilen Funkstellen - jeder Nutzer konnte für sich bzw. sein Unternehmen eine Lizenz beantragen. Der Versorgungsbereich der Funknetzes des Unternehmens hat gewöhnlich einen Radius von bis zu 20 km.

Der GSM-R-Standard („Global System for Mobile Communications-Rail") ist ein digitales Funksystem, entwickelt aus Standards des öffentlichen Mobilfunknetzes. Das System ist besonders für den Einsatz bei Eisenbahnverkehrsunternehmen gedacht.

Mit dem analogen (Betriebs-)Funk wurden bis Ende der 1980er Jahre nur Sprache und Kurz-Telegramme zur Statusinformation übertragen. Seit 2009 können durch die Einführung digitaler Betriebsarten über die Sprechfunkkanäle ohne Einschränkung auch Daten übertragen werden. Und es ist jetzt auch erlaubt, seinen Sprechfunk gegen unbefugte Mithörer zu verschlüsseln.

8.4 Rechnergesteuertes Betriebsleitsystem

Die Sammlung der Fahrzeugstandorte und weiterer Daten in einer Zentrale und deren dortige Weiterverarbeitung wurde jahrzehntelang als „Rechnergesteuertes Betriebsleitsystem (RBL)" bezeichnet. Heute wird die Sammlung und Verarbeitung der Daten auch ITCS (Intermodal Transport Control System) genannt. Der Begriff ITCS wie auch RBL umfasst die Steuerung der Informations- und Kommunikationsmöglichkeit zwischen Fahrzeugen und Leitstelle, die Steuerung des Fahrbetriebs und die Aktualisierung der Fahrgastinformation in den Fahrzeugen und an den Haltestellen.

Durch das Betriebsleitsystem besteht eine ständige Kommunikations- und Informationsmöglichkeit zwischen Zentrale und Fahrzeug (Fahrer): Durch das Bake-Funk-System oder das Satellitennavigationssystem kennen sowohl Fahrer als auch infolge der Übermittlung des Fahrzeugstandortes an die Zentrale auch die Leitstelle die aktuelle Fahrzeugposition und evtl. Abweichungen von der Soll-Fahrplanlage (Abb. 8-10). Die Leitstelle kann Verspätungen erkennen und Anweisungen an die Fahrer erteilen (vorzeitiges Wenden, Ersatzfahrzeuge, Umleitungen, Abwarten von Anschlüssen).

Der Fahrer kann die Zentrale über Besonderheiten im Fahrtablauf informieren (Störungen, Unfälle) und die Zentrale kann Anweisungen an den Fahrer geben. Der zentralen Betriebsleitstelle ist es auch möglich, gezielt einzelne Fahrer bzw. Fahrzeuge anzusprechen oder gezielt alle Fahrzeuge einer Linie anzusprechen und es ist auch möglich, von der Zentrale über die Fahrzeuglautsprecher die Fahrgäste direkt anzusprechen oder auch über Bildschirme in den Fahrzeugen die Fahrgäste zu informieren. Dazu werden Ansagetexte und schriftliche Mitteilungen vorgefertigt in der Zentrale vorgehalten und abgerufen.

Wenn der Streckenverlauf im Zentralrechner gespeichert ist, kann das Betriebsleitsystem auch in Verbindung mit der Fahrzeugstandortfeststellung Weichen stellen und Lichtsignalanlagen schalten und je nach Verspätung des Fahrzeugs Prioritäten bei der Schaltung der Lichtsignalanlage festlegen.

Neben der Ausrüstung der Zentrale mit Rechnern und Funk sind auch die Fahrzeuge mit Geräten auszustatten, welche den Empfang und die Verarbeitung von Signalen der Zentrale ermöglichen.

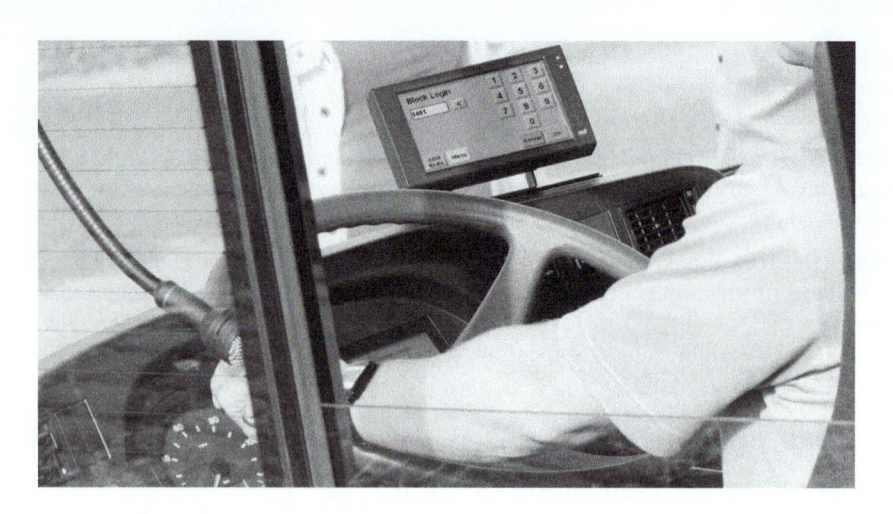

Abb. 8-14: Bordrechner des Leitsystems MOBILE-ICTS des Unternehmens INIT
(http://www.init-ka.de/gfx_content/products/Operating2_large.jpg)

Der Internetseite „Schweriner-Nahverkehr" ist folgender Text vom August 2010 entnommen:

Seit vielen Jahren plant, steuert und optimiert die Nahverkehr Schwerin GmbH (NVS) ihre Fahrzeuge erfolgreich mit Systemen der IVU Traffic Technologies AG. Um die Qualität ihres Verkehrsangebots für die Fahrgäste noch weiter zu verbessern, hat die NVS nun auch die gesamte Software für die ITCS (Intermodal Transport Control System) Leitstelle bei der IVU bestellt. So werden die Fahrgäste zukünftig nicht nur besser informiert, sondern können auch Anschlussverbindungen leichter erreichen und Fahrscheine bargeldlos erwerben.

Ein wichtiges Ziel ist es, die Qualität ihres Verkehrsangebots stetig zu verbessern. Daher sollen ihre Fahrgäste in Zukunft nicht nur über die Abfahrtzeiten an der aktuellen Haltestelle, sondern auch über Anschlüsse und eventuell abweichende Betriebsabläufe an der nächsten Haltestelle informiert werden. Durch die erweiterte Anschlusssicherung können Reisende noch während der Fahrt ihre Route ändern und mögliche Wartezeiten deutlich verkürzen. Und die Fahrausweise können künftig mittels EC-Karte einfach und bequem im Bus oder in der Bahn erworben werden.

Auch die Kommunikation zwischen Fahrern und Disponenten wird verbessert. Der bisher verwendete analoge Betriebsfunk wird nun komplett auf den modernen und leistungsfähigen Mobilfunkstandard Universal Mobile Telecommunications System (UMTS) für Daten und Sprache über VoIP (Internet Telefonie) umgestellt. Aufgrund höherer Datenübertragungsraten erreichen Informationen die Disponenten nun deutlich schneller und auch Absprachen mit Fahrern werden beschleunigt. Mit der neuen Technik wird die Leitstelle umgehend über die Standorte ihrer Fahrzeuge informiert und kann auf Ausfälle flexibler reagieren.

Neu ist auch die Pausen- und Lenkzeitüberwachung, welche mit dem IVU-System eingeführt wird. Zukünftig können die Disponenten nicht nur den Einsatz der Fahrzeuge optimieren, sondern auch besser auf gesetzlich vorgeschriebene Lenkzeitunterbrechungen und damit die Gesundheit ihrer Fahrer achten. So kann auf schnellem Wege kontrol-

8.3 Rechnergesteuertes Betriebsleitsystem

liert werden, ob ein Fahrer für den nächsten Einsatz zur Verfügung steht oder ob er zuvor noch die vorgeschriebene Ruhezeit einhalten muss.

Bereits zum Ende des Jahres soll das Leitsystem in den Testbetrieb gehen. Alle 30 Straßenbahnen und 40 Busse werden dann mit der notwendigen Soft- und Hardware aus dem Hause IVU ausgestattet.

Abb. 8-15: Betriebsleitzentrale der Kölner Verkehrs-Betriebe AG (Überwachung und Steuerung der Stadtbahn, der Busse und Überwachung der Stromversorgung)

Das Fahrzeuggerät zum rechnergesteuerten Betriebsleitsystem steuert im Fahrzeug die Fahrgastinformationssysteme wie elektronische Anzeigetafeln, automatische Haltestellenansagen, Fahrscheindrucker und Entwerter. Der Bordrechner übernimmt die Beeinflussung von Streckeninfrastruktur wie Lichtsignalanlagen (Ampeln und Signale) und Schranken (Bus) oder Weichen (Schienenfahrzeug). Alle für den Betrieb notwendigen Daten werden im Bordrechner gespeichert; das System funktioniert daher bei nicht vorhandener Funkversorgung auch autonom. Neuere Bordrechner unterstützen das Blindeninformationssystem BLIS und könnten bei Vorhandensein der entsprechenden Technik mit einer Vielzahl von weiteren Daten versorgt werden und diese an die Zentrale übermitteln, z. B. die aktuelle Geschwindigkeit, der Zustand der Türen oder durch Messeinrichtungen ermittelte Fahrgastzahlen.

Quellenverzeichnis der Abbildungen

EAHV93. (1993). *Empfehlungen für die Anlage von Hauptverkehrsstraßen.* Köln: Forschungsgesellschaft für Straßen- und Verkehrswesen.

EAÖ. (2003). *Empfehlungen für Anlagen des öffentlichen Personennahverkehrs.* Köln: Forschungsgesellschaft für Straßen- und Verkehrswesen.

Lertes, E. (1995). *Funkortung und Funknavigation.* Braunschweig: Vieweg.

NGT. (1997). *Richtlinie Netzinfrastruktur Technik entwerfen; Streckenquerschnitte auf Erdkörpern.* Berlin: Eigenverlag DB.

RASt06. (2007). *Richtlinie für die Anlage von Stadtstraßen.* Köln: Forschungsgesellschaft für Straßen - und Verkehrswesen.

SNV Studiengesellschaft Nahverkehr, *Leitfaden zur ÖPNV-Beschleunigung*, Bergisch Gladbach (1988)

Thome, K. (1986). *Die Technik im Leben von heute.* Mannheim: Meyers Lexikonverlag.

VÖV, H. (1979). *Bus-Verkehrssystem.* Düsseldorf: Alba-Buchverlag.

Willmanns, I. (1973). *Radar und Funknavigation.* Würzburg: Vogel-Verlag.

9 Finanzierung des Öffentlichen Personennahverkehrs

9.1 Allgemeines

Die im Verband Deutscher Verkehrsunternehmen zusammengeschlossenen Unternehmen des Öffentlichen Personennahverkehrs erzielten ihre Bruttoerträge[214] im Jahr 1996 wie in der Tabelle angegeben (die Zahlen sind größtenteils VDV-Statistiken entnommen).

Tab. 9-1: Prozentuale Aufteilung der Bruttoerträge der VDV-Unternehmen im Jahr 1996

Erträge in %	Alte Bundesländer und Berlin	Neue Bundesländer ohne Berlin
Fahrgeldeinnahmen	45,2	34,7
Erträge mit Verlustausgleichscharakter[215]	24,7	37,1
Sonstige Erträge[216]	17,5	19,1
Ausgleich Schülerbeförderung	8,9	7,6
Ausgleich Schwerbehindertenfreifahrt	3,7	1,5

Aus Tabelle 9-1 ergibt sich, dass 62,7 Prozent der Erträge aus dem Verkauf der Fahrleistungen und aus den sonstigen Erträgen stammen. 37,3 (= 24,7 + 8,9 + 3,7) Prozent der Erträge sind Zahlungen Dritter.

Die Aufwendungen der VDV-Unternehmen in den alten Bundesländern betrugen 1996 17.111 Millionen DM, die Nettoerträge[217] der Unternehmen betrugen 11.278 Millionen DM. Daraus ergibt sich ein Kostendeckungsgrad von 65,9 %.

---

[214] Der Bruttoertrag ist eine Kennziffer aus dem betrieblichen Rechnungswesen und wird auch als *Rohertrag, Rohgewinn oder Bruttogewinn* bezeichnet. Grundsätzlich beschreibt die Kennziffer die Differenz zwischen Umsatz und Einsatz.

[215] „Erträge mit Verlustausgleichscharakter" sind die Erträge zur Abdeckung der Defizite aus der Erstellung der Verkehrsleistung (bis auf die Ausgleichszahlungen für die Schülerbeförderung und die Schwerbehindertenfreifahrt). Diese Erträge enthalten Transferzahlungen der verbundenen Unternehmen aus dem steuerlichen Querverbund, Verlust ausgleichende Einlagen der Gesellschafter des Verkehrsunternehmens, Betriebskostenzuschüsse, Investitions- und Aufwandszuschüsse sowie Zahlungen für besondere Linien und Zahlungen für unterbliebene Tariferhöhungen oder Durchtarifierungen.

[216] „Sonstige Erträge" resultieren aus Nebengeschäften, z. B. aus Werbeeinnahmen, Verkauf von Instandhaltungsleistungen, Fahrzeugreinigung für Dritte, Winterdienste, Verkauf von Leistungen im Charter- und Touristikverkehr

[217] „Nettoerträge" bedeutet hier, dass Erträge mit Verlustausgleichscharakter nicht berücksichtigt werden.

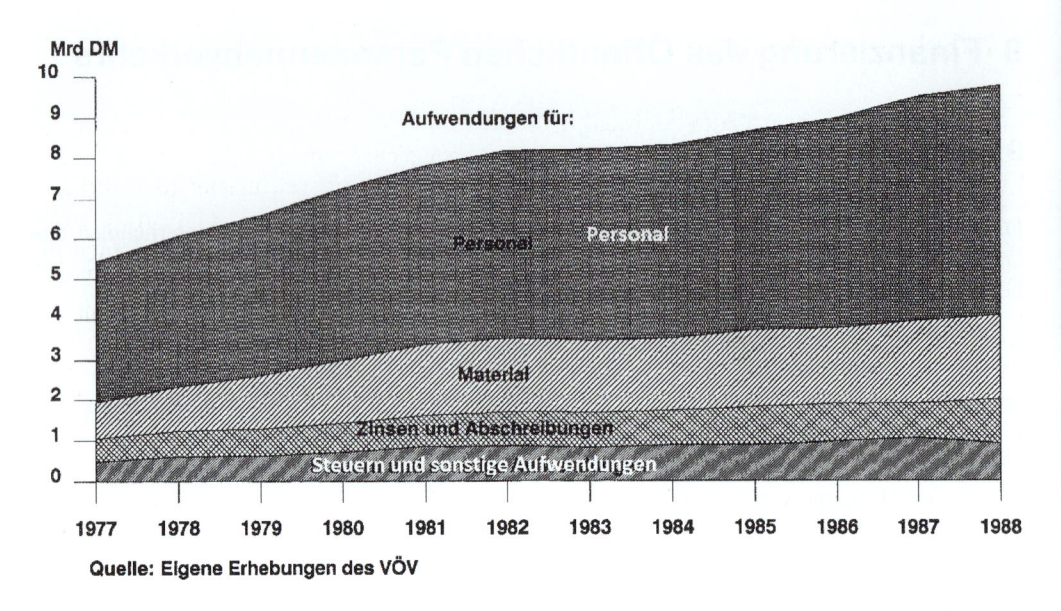

Abb. 9-1: Aufwandsstruktur der VÖV-Unternehmen 1977 bis 1988 (Bauer, 1990)

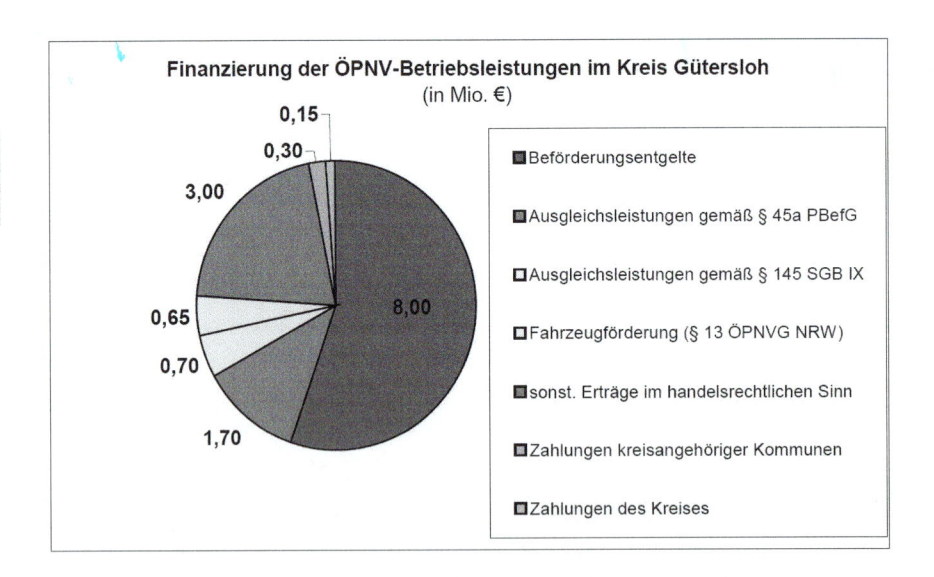

Abb. 9-2: Aufteilung der Finanzierung der ÖPNV-Betriebsleistungen im Kreis Gütersloh im Jahre 2002 (http://www.vvowl.de/NVP_2007/kap_3_9_finanzierung.pdf

Am Beispiel des Öffentlichen Personennahverkehrs des Kreises Gütersloh (Nordrhein-Westfalen) ist festzustellen (Abb. 9-2), dass 11 Millionen Euro der für die ÖPNV-Finanzierung benötigten 17,51 Millionen Euro aus Fahrgeldeinnahmen stammen und aus den sonstigen Erträgen, somit 62,8 % der Erträge nicht aus Ausgleichszahlungen herrühren. Der größte Teil zur Finanzierung des ÖPNV kommt aus den Fahrgeldeinnahmen (im Kreis Gütersloh im Jahr 2002 55 %).

9.2 Fahrgeldeinnahmen

Für die Erstellung von Verkehrsleistungen im Öffentlichen Personennahverkehr bedarf es einer Genehmigung. Der Anbieter der Fahrleistung kann sicher sein, dass die Genehmigungsbehörde keinem anderen Anbieter erlaubt, dieselbe Verkehrsleistung anzubieten (d. h. dieselbe Linie zu bedienen). Somit besitzt der Anbieter ein Monopol – welches im Fernverkehr geändert wird (Diskussion über Fernbuslinien parallel zu Bahnlinien). Ein Monopolist kann für seine Leistung hohe/überhöhte Preise verlangen; daher auch die kritische Sicht auf die Preispolitik der Energieversorger. Da es zum Öffentlichen Personennahverkehr aber in Form des Individualverkehrs eine Konkurrenz gibt, ist der Monopolist erst einmal nicht frei in der Festlegung seines Preises: Liegt der Preis zu hoch, wandern die Kunden ab bzw. sie werden nicht als Kunden gewonnen. Zum anderen muss der Unternehmer das Einverständnis der Genehmigungsbehörde für seine Preise einholen.

> *PBefG § 39 (2) "Die Genehmigungsbehörde hat die Beförderungsentgelte insbesondere daraufhin zu prüfen, ob sie unter Berücksichtigung der wirtschaftlichen Lage des Unternehmers, einer ausreichenden Verzinsung und Tilgung des Anlagekapitals und der notwendigen technischen Entwicklung angemessen sind."*

Da eine Verhandlung über den Preis mit dem einzelnen Kunden wegen der Vielzahl der Kunden und wegen der Vielzahl der verschiedenen nachgefragten Verkehrsrelationen nicht möglich ist, bildet das Unternehmen zum einen Gruppen von Kunden (Schüler, Senioren, Nach-Neun-Uhr-Nutzer, …) und zum anderen werden eine Vielzahl von Verkehrsrelationen zusammengefasst (Kurzstrecke, Ringzone, Flughafen-Shuttle, ...): Der Unternehmer bildet Tarife.

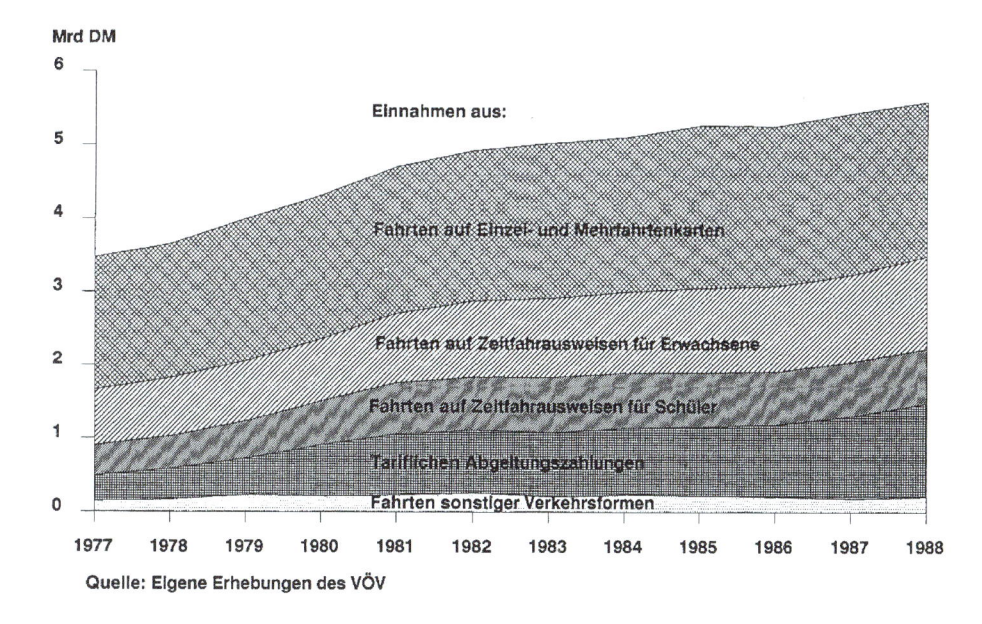

Abb. 9-3: Entwicklung der Fahrgeldeinnahmenstruktur der VÖV-Unternehmen 1977 bis 1988 (Bauer, 1990)

Ein Tarif ist demnach ein Verzeichnis der geforderten Preise für eine Leistung des Unternehmens; im Tarif sind Gruppen von Leistungen definiert mit denselben Preisen und es sind die Bedingungen für die Vertragsschließung Fahrgast-Unternehmen aufgestellt.

Der Unternehmer bildet auch Gruppen von Personen mit Preisen geringer als der Normalpreis. Das sind Schüler, Auszubildende, Studierende, Arbeitslose u. a. m. Der Unternehmer bildet Gruppen für die Reiselänge (Kilometer, Haltestellenzahl, Teilstrecken oder auch Flächenzonen oder Netze). Je mehr Personengruppen definiert sind und je mehr Entfernungsgruppen bestehen, umso „gerechter" ist der Tarif. Da alle Tarife aber in den Fahrausweisautomaten abgebildet werden müssen, wird die Handhabung der Tarife immer bedienungsunfreundlicher und komplizierter.[218]

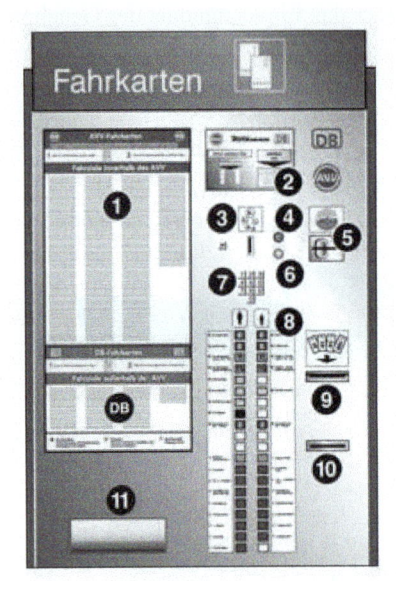

1. AVV-Fahrziele
2. Bildschirm-Anzeigenfeld (Display)
3. Münzeinwurf
4. Korrekturtaste
5. Geld-Karten-Leser
6. Plustaste zum Erwerb mehrerer Tickets
7. Tastatur zur Zieleingabe
8. Tasten zur Bestimmung der Fahrkartenart
9. Eingabe von Banknoten
10. Rückgabe von Banknoten
11. Ausgabefach der Fahrkarten und Wechselgeld
(DB) DB-Fahrziele außerhalb des Verbundraumes

Abb. 9-4: Fahrausweisautomat des Augsburger Verkehrsverbundes (www.avv-augsburg.de/bfrei/tickets/vs_automat.php)

Der Bedienungsablauf an den modernen Automaten mit einem Bildschirmmenü ist wie bei den mittels Tasten zu bedienenden Fahrausweisautomaten.

Für die verschiedenen im Netz zurückgelegten Wegelängen der Fahrgäste gibt es unterschiedliche Tarife: Der Kilometertarif richtet sich nach der Entfernung zwischen Quellhaltestelle und Zielhaltestelle; Basis ist der Einheitspreis für den Entfernungskilometer. Beim Haltestellentarif richtet sich der Preis nach der Zahl der angefahrenen Haltestellen; dieser Tarif ist angebracht

---

[218] Es ist zu erwarten, dass mit den vereinzelt erprobten neuen Informationstechnologien auch die Tarifgestaltung erneuert wird: Automatisiertes Feststellen des Einstiegs des Fahrgastes, automatisches Feststellen des Fahrgastausstiegs, automatisierte Berechnung der individuell zurückgelegten Entfernung, Zählung der Nutzungshäufigkeit des ÖPNV und als Ergebnis eine individuelle Bestpreisabrechnung.

9.2 Fahrgeldeinnahmen

Abb. 9-5: Touch-Screen-Automat der Deutschen Bahn AG

Abb. 9-6: Tarifsysteme und Fahrkartenautomaten im Comicstrip (aus „Die Tageszeitung")

bei ziemlich gleichen Haltestellenentfernungen. Wenn das Streckennetz in annähernd gleich lange Teilstrecken eingeteilt ist und die Enden der Teilstrecken zu Zahlgrenzen werden, richtet sich der zu zahlende Preis nach der Zahl der durchfahrenen Teilstrecken (Teilstreckentarif). Beim Einheitstarif wird für jede Fahrt derselbe Preis verlangt (wenn auch evtl. für einzelne Personengruppen unterschiedliche Preise verlangt werden). Der Einheitstarif ist einfach in der Handhabung und er ist von Vorteil für Fahrgäste mit großen Fahrtweiten, aber von Nachteilen für Fahrgäste mit kurzen Strecken. Beim Flächenzonentarif wird das stark miteinander verflochtene Liniennetz in einzelne Flächen eingeteilt; der Preis richtet sich nach der Zahl der durchfahrenen Flächen.

Warum sind Fahrausweisautomaten so schwer zu bedienen?

Von **Uwe** am 19.08.08 19:34   💬 1   📋 0   ⭐ 1

Warum sind die Fahrausweisautomaten so schwer zu bedienen? Können die Hersteller von den Automaten denn nicht einmal einfach nur Tickets ausgeben? Was ist denn so schwer daran, ein Papierschnipsel auszugeben und dafür etwas Geld zu kassieren?

Warum muss man so viele Knöpfe drücken oder Fragen beantworten?

Fazit: Die Fahrausweisautomaten müssen die Tarife verkaufen, für die sie konzipiert wurden. Ob nun ein Fahrausweisautomat einfach oder kompliziert zu bedienen ist, ist nicht eine Frage der Bedienführung, sondern in aller erster Linie eine Frage der vorhandenen Tarifstruktur. Nur wenn sich jemand einen einfachen Tarif ausgedacht hat, kann der Automat auch sofort ein Ticket auswerfen.

Es gibt viele Fahrausweisautomaten die sich einfach und leicht bedienen lassen. Und dann gibt es das Paradestück eines Fahrausweisautomen, das sind die Fernverkehrsautomaten der Deutschen Bahn AG. Wer dort kein Standardticket zieht und weniger als 10 Minuten benötigt darf sich schon wirklich als ausgesprochen Automatenerfahren bezeichnen und Stolz auf diese Zeit sein.

Aber warum ist die Bedienung so kompliziert?

Es ist nicht die Bedienführung, die die Probleme bereitet. Nein! Es ist der Tarif mit den ganzen Fahrausweisen. Wenn ein Tarif ein Unterschied macht, ob:

- jemand ein Mann, eine Frau oder ob es eine Familie ist, oder ob man ein Kind ist
- ob jemand eine BahnCard hat oder nicht
- ob jemand um 7 Uhr fährt oder um 9 Uhr
- ob jemand eine kurze Strecke fährt oder eine sehr lange
- ob jemand in der zweiten Klasse fahren möchte oder in der ersten Klasse
- ob jemand an einen Werktag oder an einen Feiertag fahren möchte
- ob jemand besonders schnelle Züge nutzen möchte oder lieber im Nahverkehr fährt
- ob jemand noch Fahrräder mitnimmt oder nicht
- ob jemand Bar, mit Geldkarte, mit EC Karte oder mit Kreditkarte bezahlen möchte
- und, und, und, und

So lange es Menschen gibt, die sich für jede Gegebenheit einen eigenen Tarif ausdenkt, muss der Automat auch eine Menüführung für die ganzen Fragen haben. Als Folge muss man bei dem DB - Fernverkehrsautomaten eben schon mal 10 Minuten lang eingaben machen, bis man endlich bezahlen darf und hoffentlich das richtige Ticket erhält.

Ist der Tarif einfach, so z. B. innerhalb eines Verkehrsverbundes der mit wenigen Fahrausweisen und wenigen Tarifzonen auskommt, dann ist die Bedienung des Automaten sicherlich gar kein Problem. Einfach Knopf drücken und Geld einschmeißen!

Die Hersteller von Fahrausweisautomaten haben für die unterschiedlichen Tarifstrukturen auch stets unterschiedliche Lösungen parat und sind bemüht die Anzahl der Bildschirmsichten möglichst klein zu halten.

Abb. 9-7: Klage eines Nutzers im Internet über die Bedienung der Fahrausweisautomaten

9.2 Fahrgeldeinnahmen

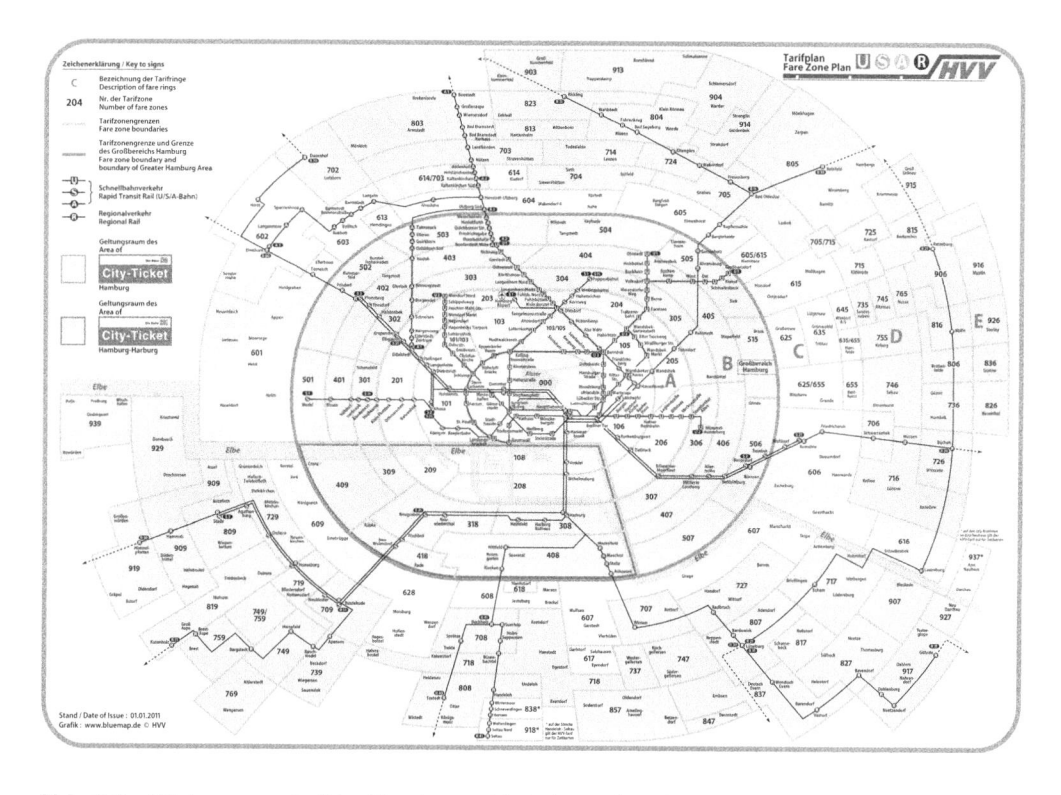

Abb. 9-8: Flächenzonentarif im Hamburger Verkehrsverbund

Tab. 9-2: Kostenarten zur Ermittlung des zu genehmigenden Fahrpreises sowie Kostenangaben zu den Aufwendungen der VDV-Personenverkehrsunternehmen (ohne DB-SPNV) in den alten Bundesländern im Jahre 2008 (absolut in Mio. Euro/%) (NN, 2010)

Roh-, Hilfs-, und Betriebsstoffe: 1.049/10,6 darunter:		Löhne und Gehälter: 2.913/29,4	Zinsen und ähnliche Aufwendungen: 223/2,2
Fahrstrom: 182/1,8	Dieseltreibstoff: 404/4,1	Soziale Abgaben: 630/6,4	Abschreibungen: 889/9,0
Bezogene Leistungen: 2.839/4,1 darunter:		Altersversorgung: 281/2,9	Sonstige betriebliche Aufwendungen: 939/9,5
Busanmietung: 1.067/ 10,8	Trassennutzung: 112/1,1	Sonstige Aufwendungen: 14/0,1	Andere Aufwendungen: 118/1,2
Materialaufwand gesamt: 3.888/ 39,8		**Personalaufwand gesamt 3.838/38,8**	**Steuern: 2/0,0**
		Aufwendungen gesamt: 9.897/100,0	

Die zu genehmigende Fahrpreishöhe ermittelt sich aus den Gesamtkosten des Unternehmens (was müsste das Unternehmen zur Deckung der Kosten einnehmen?).[219] Im Einzelnen sind die (Haupt-)Kosten nach Tabelle 9-2 anzugeben.

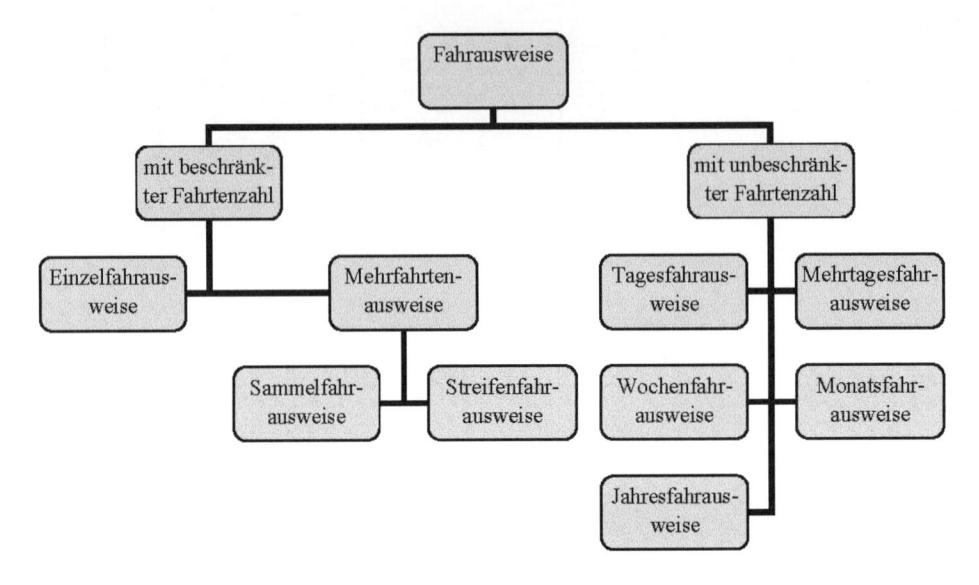

Abb. 9-9: Klassisches Fahrausweissortiment[220]

Das Verkehrsunternehmen bietet dem Kunden verschiedene Tarife an, welche sich in unterschiedlichen Fahrausweisarten wiederfinden (Abb. 9-9, 9-10).

---

[219] Bei dieser Aufstellung sind evtl. auch Kosten der Höhe „Null" enthalten.
[220] Der Sammelfahrausweis gilt für eine ganze Reisegruppe, z. B. eine Schulklasse.

9.2 Fahrgeldeinnahmen

Tickets und Preise (01.01.2011)
Preise in Euro

	Kurzstrecke	CityTicket	CityTicket Köln am Rhein	EinzelTicket	EinzelTicket		RegioTicket
	K	1a	1b	2a	2b	3	4	5

	K	1a	1b	2a	2b	3	4	5
Einzel- und 4erTickets								
EinzelTicket Erwachsene	1,70	2,10	2,50	2,50	3,50	4,40	6,80	10,00
EinzelTicket Kinder	1,00	1,00	1,30	1,30	1,70	2,20	3,30	4,80
4erTicket Erwachsene	6,40	7,30	9,00	9,00	12,50	15,90	24,50	36,00
4erTicket Kinder	3,90	3,90	4,90	4,90	6,60	8,60	12,80	18,60
Kurzzeittickets								
TagesTicket 1 Person		5,80	7,30	7,30	8,90	11,30	15,70	21,40
TagesTicket 5 Personen*		8,20	10,70	10,70	13,60	16,30	21,80	30,00
Zeittickets Erwachsene								
WochenTicket		15,10	20,80	20,80	26,00	31,60	46,60	57,00
MonatsTicket		57,40	78,20	78,20	98,60	119,10	177,20	214,40
MonatsTicket im Abonnement		50,80	68,20	68,20	86,30	104,10	154,90	187,60
Formel9Ticket*		41,30	55,40	55,40	63,40	77,30	91,80	110,80
Formel9Ticket im Abonnement*		35,80	48,00	48,00	55,00	67,00	79,60	96,30
Aktiv60Ticket		34,50	45,90	45,90	51,30	62,40	73,90	86,50
Zeittickets Auszubildende								
MonatsTicket		45,70	58,30	58,30	73,60	89,00	132,30	160,10
SchülerjahresTicket (Monatsrate)		39,60	50,70	50,70	64,60	78,30	116,40	141,00
StarterTicket		40,60	51,90	51,90	66,20	80,20	119,20	144,40
JuniorTicket**		15,90 (gilt für alle Preisstufen)							
JuniorTicket im Abonnement**		13,80 (gilt für alle Preisstufen)							

Zuschläge & Zusatzwertmarken

	CityTicket					RegioT
	1a	1b	2a	2b	3	4	5
Zuschläge 1.-Klasse-Nutzung							
für eine Fahrt	1,10	1,30	1,30	1,80	2,20	3,40	5,00
für eine Woche	7,60	10,40	10,40	13,00	15,80	23,30	28,50
für einen Monat	28,70	39,10	39,10	49,30	59,60	88,60	107,20
für 12 Monate (Monatsrate)	25,40	34,10	34,10	43,20	52,10	77,50	93,80
Schnellbuszuschläge Buslinie SB 60							
für eine Fahrt - Erwachsene	2,50 (gilt für alle Preisstufen)						
für eine Fahrt - Kinder	1,30 (gilt für alle Preisstufen)						
für eine Woche	12,90 (gilt für alle Preisstufen)						
für einen Monat	42,50 (gilt für alle Preisstufen)						
für 12 Monate (Monatsrate)	37,10 (gilt für alle Preisstufen)						
Zusatzwertmarke Fahrrad							
für einen Monat	29,20 (gilt für alle Preisstufen)						

FahrradTicket: Einzel- oder 4erTicket für Erwachsene Preisstufe 1b oder 2a
* Mo. - Fr. ab 9.00 Uhr bis Betriebsschluss, an Wochenenden/Feiertagen ganztägig gültig
** JuniorTickets gelten nicht in den VRR-Städten und -Gemeinden des „Großen Grenzverkehrs"

Abb. 9-10: Übersicht über Tickets und Preise im Verkehrsverbund Rhein-Sieg
(http://www.vrsinfo.de/typo3temp/pics/781c8aab55.jpg)

9.3 Finanzierung von Investitionen bis zur Jahrtausendwende

"Daseinsvorsorge im Verkehr lässt sich als eine zumindest mittelfristig angelegte Politik des Staates verstehen, deren Ausgestaltung sich am Nachhaltigkeitsgedanken sowie am Prinzip der Subsidiarität orientiert und somit von den Aufgabenträgern auf der zuständigen gebietskörperschaftlichen Ebene übernommen werden muss." (nach Gegner „Verkehr und Daseinsvorsorge" in „Schöller/Canzler/Keil, Handbuch Verkehrspolitik" Berlin 2007, S. 466)[221]

In den 60er Jahren des 20. Jahrhunderts hatte auch die Politik festgestellt, dass eine Verbesserung der Verkehrsverhältnisse (in den Ballungsräumen) nur zu erreichen sei, wenn u. a. der Berufsverkehr auf öffentliche Verkehrsmittel umgeleitet wird. Und dafür bedurfte es offensichtlich eines Eingreifens des Staates.

Zum Vorrang der Eisenbahn und des Öffentlichen Personennahverkehrs zulasten des Straßenverkehrs in der Bundesrepublik Deutschland kam es aber erst zur Zeit des Bundesverkehrsministers Lauritzen („Der Mensch hat Vorfahrt"), dessen Amtszeit als Verkehrsminister von Juli 1972 bis Mai 1974 lief: Um 1960 und 1970 lag die (finanzielle) Priorität der Verkehrsausgaben des Bundes bei den Bundesfernstraßen; erst ab 1972 wurden Eisenbahnen bevorzugt gefördert.[222]

Im Dezember 1966 wurde vom Bund ein zweckgebundener Mineralölsteuerzuschlag von 3 Pfennig je Liter für kommunale Verkehrsvorhaben eingeführt. Durch Erlass einer Richtlinie im Jahr 1967[223] konnten diese Mittel auch ausgegeben werden. In der Richtlinie wurden Voraussetzung, Höhe und Umfang der Förderung festgelegt wie auch das Verhältnis der Gelder für den kommunalen Straßenbau (60 %) und für den Öffentlichen Personennahverkehr (40 %).

Im Mai 1969 wurde in der Bundesrepublik Deutschland eine Finanzreform durch Änderung des Grundgesetzes durchgeführt[224] - die Richtlinie wurde inhaltlich in das Gesetz übernommen. Der entsprechende Grundgesetzparagraf lautete *„Der Bund kann den Ländern Finanzhilfen für ... Investitionen der ... Gemeinden gewähren. Das Nähere ... wird durch Bundesgesetz ... geregelt"*. Das daraufhin zum 18.03.1971 erlassene Bundesgesetz ist das „Gesetz über Finanzhilfen des Bundes zur Verbesserung der Verkehrsverhältnisse der Gemeinden (Gemeindeverkehrsfinanzierungsgesetz – GVFG)". Diese wichtigste Finanzquelle zur Verbesserung der kommunalen Verkehrsverhältnisse wurde ergänzt durch eine Reihe von (Bundes-)länderspezifischen Fördermöglichkeiten.[225] Mit den Geldern nach diesem Gesetz – das Verhältnis ÖPNV zu kommunaler Straßenbau war im Gesetz abweichend von der vier Jahre alten Richtlinie auf 55 zu 45 festgelegt worden – konnte eine große Zahl von Verkehrsanlagen errichtet werden, welche den Stadtverkehr in den Ballungsräumen prägen. Im mehrfach novel-

---

[221] Die Diskussion um die Aufgaben des Staates – staatliche Verantwortung für die Volkswirtschaft und Minimierung der Risiken des modernen Lebens - wird seit den 1930er Jahren geführt: Schon in der Weimarer Republik fungierten die Kommunen als Leistungsträger in fast allen Bereichen der Daseinsvorsorge (Versorgung mit Wasser, Gas, Elektrizität, Bereitstellung von Bildungsanstalten, Sicherstellung der Krankenversorgung, …).

[222] Bundesverkehrsminister Seebohm äußerte sich 1964 zugunsten des ÖPNV. Bundesverkehrsminister Leber sprach 1970 von der autogerechten Stadt als Utopie ...

[223] „Richtlinien für Bundeszuwendungen zur Verbesserung der Verkehrsverhältnisse der Gemeinden"

[224] Bisher finanzierte der Bund nur Bundesaufgaben und die Bundesländer nur Länderaufgaben.

[225] Die Durchführung der Förderung nach dem GVFG war Sache der Bundesländer.

lierten Gesetz wurde der Verteilungsschlüssel zwischen Straßenbauvorhaben der Kommunen und dem Öffentlichen Personennahverkehr verschoben, die Höhe der Gesamtmittel wurde geändert und der Katalog der förderungsfähigen Vorhaben wurde besonders zugunsten des Öffentlichen Personennahverkehrs erweitert.[226]

Von 1967 bis 1990 sind für den kommunalen Verkehr etwa 49,5 Milliarden DM an Finanzmitteln nach dem Gemeindeverkehrsfinanzierungsgesetz bereitgestellt worden, von 1967 bis 1996 waren es etwa 85,2 Mrd. DM. Diese 85,2 Mrd. DM verteilten sich auf den kommunalen Straßenbau (37,8 Mrd. DM), den Öffentlichen Personennahverkehr (47,2 Mrd. DM) und auf ein Forschungsprogramm des Bundesministers für Verkehr („Forschungsprogramm Stadtverkehr") mit 0,2 Mrd. DM. Da einige der Kosten im Straßenbau (im Mittel 25 %) und im Öffentlichen Personennahverkehr (etwa 10 %) nicht förderfähig sind,[227] ergibt sich aus den Bundesfinanzhilfen und ergänzenden Mitteln der Bundesländer ein Investitionsvolumen von rund 158 Milliarden DM für die Jahre 1967 bis 1996.

Der Katalog der förderfähigen Vorhaben nach dem Stand des Gesetzes von 2008[228] umfasst folgende Sachverhalte:

(1) Die Länder können folgende Vorhaben durch Zuwendungen aus den Finanzhilfen fördern:

1. Bau oder Ausbau von

a) verkehrswichtigen innerörtlichen Straßen mit Ausnahme von Anlieger- und Erschließungsstraßen

b) besonderen Fahrspuren für Omnibusse,

c) verkehrswichtigen Zubringerstraßen zum überörtlichen Verkehrsnetz,

d) verkehrswichtigen zwischenörtlichen Straßen in zurückgebliebenen Gebieten (§ 2 Abs. 2 Nr. 4 des Raumordnungsgesetzes),

e) Straßen im Zusammenhang mit der Stilllegung von Eisenbahnstrecken

f) Verkehrsleitsystemen sowie von Umsteigeparkplätzen zur Verringerung des motorisierten Individualverkehrs

g) öffentlichen Verkehrsflächen für in Bebauungsplänen ausgewiesene Güterverkehrszentren einschließlich der in diesen Verkehrsflächen liegenden zugehörigen kommunalen Erschließungsanlagen nach den §§ 127 und 128 Baugesetzbuch in der Baulast von Gemeinden, Landkreisen oder kommunalen Zusammenschlüssen, die anstelle von Gemeinden oder Landkreisen Träger der Baulast sind.

2. Bau oder Ausbau von Verkehrswegen der

a) Straßenbahnen, Hoch- und Untergrundbahnen sowie Bahnen besonderer Bauart,

---

[226] Ein Beweggrund für die damalige neue ÖPNV-Finanzierung war der Bericht der Sachverständigenkommission zu „Untersuchung von Maßnahmen zur Verbesserung der Verkehrsverhältnisse der Gemeinden" aus dem Jahr 1964, in welchem Grundregeln für den Städtebau und den Verkehrswegebau der nächsten 25 bis 30 Jahre formuliert waren.

[227] Nicht förderfähig sind z. B. Kosten, zu deren Übernahme andere Stellen verpflichtet sind oder auch Verwaltungskosten.

[228] Gesetz über Finanzhilfen des Bundes zur Verbesserung der Verkehrsverhältnisse der Gemeinden (Gemeindeverkehrsfinanzierungsgesetz – GVFG) in der Fassung der Veröffentlichung vom 28. Januar 1988, zuletzt geändert durch Art. 4 G vom 22.12.2008.

b) nichtbundeseigenen Eisenbahnen,

soweit sie dem öffentlichen Personennahverkehr dienen, und auf besonderem Bahnkörper geführt werden.

3. Bau oder Ausbau von zentralen Omnibusbahnhöfen und Haltestelleneinrichtungen sowie von Betriebshöfen und zentralen Werkstätten, soweit sie dem öffentlichen Personennahverkehr dienen.

4. Beschleunigungsmaßnahmen für den öffentlichen Personennahverkehr, insbesondere rechnergesteuerte Betriebsleitsysteme und technische Maßnahmen zur Steuerung von Lichtsignalanlagen.

5. Kreuzungsmaßnahmen nach dem Eisenbahnkreuzungsgesetz oder dem Bundeswasserstraßengesetz, soweit Gemeinden, Landkreise oder kommunale Zusammenschlüsse im Sinne der Nummer 1 als Baulastträger der kreuzenden Straße Kostenanteile zu tragen haben. In Ausnahmefällen gilt das Gleiche für nicht bundeseigene Eisenbahnen als Baulastträger des kreuzenden Schienenweges.

6. die Beschaffung von Standard-Linienomnibussen und Standard-Gelenkomnibussen, soweit diese zum Erhalt und zur Verbesserung von Linienverkehren nach § 42 des Personenbeförderungsgesetzes erforderlich sind und überwiegend für diese Verkehre eingesetzt werden, von Schienenfahrzeugen des öffentlichen Personennahverkehrs sowie in den Ländern Berlin, Brandenburg, Mecklenburg-Vorpommern, Sachsen, Sachsen-Anhalt und Thüringen in den Jahren 1992 bis 1995 auch die Modernisierung und Umrüstung vorhandener Straßenbahnfahrzeuge.

(2) Im Saarland gilt Absatz 1 Nr. 1 und 5 Satz 1 auch, soweit das Land aufgrund des § 46 des Saarländischen Straßengesetzes anstelle von Landkreisen Träger der Baulast ist.

(3) In den Ländern Berlin, Brandenburg, Mecklenburg-Vorpommern, Sachsen, Sachsen-Anhalt und Thüringen gilt Absatz 1 Nr. 1 bis 4 auch für die Grunderneuerung, soweit die Förderung des Vorhabens vor dem 1. Januar 1996 begonnen hat. Dabei gilt bei Verkehrswegen nach Nummer 2 nicht die Beschränkung auf Verdichtungsräume oder zugehörige Randgebiete sowie die Führung auf besonderem Bahnkörper. Abweichend von Satz 1 können in den Ländern Brandenburg, Mecklenburg-Vorpommern, Sachsen, Sachsen-Anhalt und Thüringen Maßnahmen der Grunderneuerung bis zum 31. Dezember 2003 gefördert werden, soweit sie Straßenbrücken über Schienenwege der ehemaligen Deutschen Reichsbahn betreffen.

Aufgrund des Gemeindeverkehrsfinanzierungsgesetzes wurden und werden sehr viele Investitionen in den Verdichtungsgebieten gefördert. Im Jahre 2002 beispielsweise wurden im kommunalen Straßenbau 7.200 Vorhaben gefördert (alte Bundesrepublik 6.200, neue Bundesländer 1.000), im Öffentlichen Personennahverkehr waren es 1.800 Vorhaben (Altländer 1.600, neue Bundesländer 200 Vorhaben).

Wichtige Änderungen hinsichtlich der Höhe der Finanzmittel und der Förderungstatbestände des GVFG ergaben sich aus der Neuordnung des Bahnwesens 1994 (Stichwort „Regionalisierung") und aus der maroden Hinterlassenschaft der DDR: Durch das Einigungsvertragsgesetz vom 23. September 1990 wurden

– die Mittel auf jährlich 3,28 Milliarden DM erhöht mit 75,8 % für die alten Bundesländer und 24,2 % für die neuen Bundesländer
– die Fördersätze für die neuen Bundesländer erhöht

9.3 Finanzierung von Investitionen bis zur Jahrtausendwende

– Maßnahmen der Grunderneuerung in den neuen Bundesländern in den Förderungskatalog aufgenommen.

Weitere Änderungen im GVFG ergaben sich aus dem

– Haushaltbegleitgesetz und Steueränderungsgesetz 1991: den neuen Bundesländern wurden zusätzliche Finanzmittel zur Verfügung gestellt.
– Gemeindeverkehrsfinanzierungsgesetz 1992: Die Finanzmittel wurden für einen begrenzten Zeitraum erheblich aufgestockt, die Mittel für die Länderprogramme wurden auf 80 % der Finanzmittel festgelegt und für die Bundesprogramme auf 20 % (die Länderprogrammmittel der Flächenstaaten orientieren sich an den Kfz-Beständen; der Katalog der Fördermaßnahmen wurde erweitert um beispielsweise die Förderung von Park-and-Ride-Plätzen oder Beschleunigungsmaßnahmen)
– Steueränderungsgesetz 1992: Übergang der Programmkompetenz vom Bund auf die Länder, Aufgabe des Aufteilungsschlüssels kommunaler Straßenbau – ÖPNV

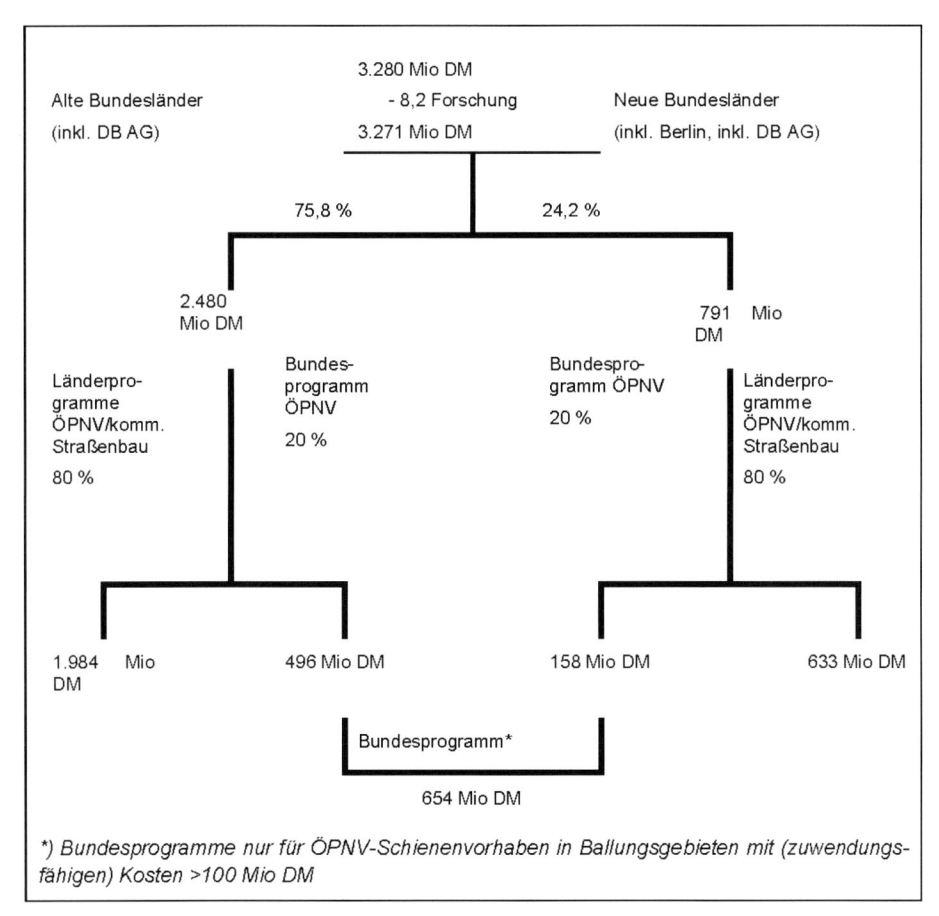

```
                        3.280 Mio DM
Alte Bundesländer       - 8,2 Forschung        Neue Bundesländer
(inkl. DB AG)           3.271 Mio DM           (inkl. Berlin, inkl. DB AG)

                   75,8 %          24,2 %

              2.480                         791  Mio
              Mio DM                        DM

Länderpro-      Bundes-        Bundespro-       Länderpro-
gramme          programm       gramm ÖPNV       gramme
ÖPNV/komm.      ÖPNV                            ÖPNV/komm.
Straßenbau      20 %           20 %             Straßenbau
80 %                                            80 %

1.984  Mio      496 Mio DM     158 Mio DM       633 Mio DM
DM
                        Bundesprogramm*
                        654 Mio DM
```

*) Bundesprogramme nur für ÖPNV-Schienenvorhaben in Ballungsgebieten mit (zuwendungsfähigen) Kosten >100 Mio DM

Abb. 9-11: Verteilung der GVFG-Mittel aus 1997 (nach GVFG-Bericht der Bundesregierung)

- Gemeindeverkehrsfinanzierungsgesetz 1993: Zeitlich begrenzte Änderung des Schlüssels alte Bundesländer – neue Bundesländer, zeitlich begrenzte Anhebung der Fördersätze in den neuen Bundesländern
- Eisenbahnneuordnungsgesetz 1993: zeitlich begrenzte Aufstockung der Finanzmittel
- Eisenbahnkreuzungsgesetz 1998: Reservierung eines Anteils der Gelder für die Grunderneuerung von Straßenbrücken in den neuen Bundesländern
- Behindertengleichstellungsgesetz 2002: Förderung von Maßnahmen, um eine Zugänglichkeit für alle zu erreichen.

Der Bund legt 20 % der GVFG-Mittel für sein Bundesprogramm fest, das waren 1997 654 Millionen DM. Diese Mittel stellt er zur Verfügung für große Schienenvorhaben im ÖPNV (zuwendungsfähige Kosten von mehr als 100 Millionen DM), also vornehmlich für U-Bahn-Vorhaben in den Verdichtungsräumen. Während die Förderquote allgemein bis zu 75 % der zuwendungsfähigen Kosten beträgt, gilt für das Bundesprogramm eine Förderhöhe von bis zu 60 % der zuwendungsfähigen Kosten. Zur beschleunigten Durchführung der Großvorhaben des Gemeindeverkehrsfinanzierungsgesetzes stell(t)en verschiedene Bundesländer ergänzende Mittel aus ihrem Landesprogramm bereit.

Eine zweite Quelle für Investitionsmittel im ÖPNV ergab sich aus der Regionalisierung der Bundesbahn/Deutsche Bahn AG: 1993 wurde die Zuständigkeit des Bundes für den Personennahverkehr der Eisenbahnen des Bundes auf die Länder übertragen („Gesetz zur Regionalisierung des ÖPNV"-RegG). Hauptziel des Regionalisierungsgesetzes ist

- die Zusammenführung der Aufgabenverantwortung und der Finanzverantwortung für den ÖPNV,
- die Sicherstellung der Bedienung der Bevölkerung mit Verkehrsleistungen im ÖPNV,
- die Beteiligung der Länder am Steueraufkommen des Bundes zur Finanzierung des ÖPNV.

Mit der Verlagerung der Verantwortung auf die Länder stellte der Bund mit Inkrafttreten des Gesetzes den Ländern auch Geld für den Öffentlichen Personennahverkehr zur Verfügung, insbesondere für den schienengebundenen Personennahverkehr – im Wesentlichen das Geld, welches der Bund vorher der Deutschen Bahn für den Schienennahverkehr zahlte. So lautete § 7 des ursprünglichen Regionalisierungsgesetzes „Mit dem Betrag nach § 5 Abs. 1 Satz 1 und Abs. 2 Satz 1 ist insbesondere der Schienenpersonennahverkehr zu finanzieren."[229] In § 6 des aktuellen (Bundes-)Regionalisierungsgesetzes lautet der Gesetzestext:

> *(1) Den Ländern steht für den öffentlichen Personennahverkehr aus dem Mineralölsteueraufkommen des Bundes für das Jahr 2008 ein Betrag von 6 675 Millionen Euro zu.*
>
> *(2) Der Betrag für das Jahr 2008 steigt ab dem Jahr 2009 um jährlich 1,5 vom Hundert.*
>
> *(3) Die in den Absätzen 1 und 2 festgelegten Beträge werden nach folgenden Vomhundertsätzen auf die Länder verteilt:*

---

[229] RegG § 5 Finanzierung „*(1) Den Ländern steht für den öffentlichen Personennahverkehr aus dem Mineralölsteueraufkommen des Bundes im Jahr 1996 ein Betrag von 8,7 Milliarden Deutsche Mark und ab dem Jahr 1997 jährlich ein Betrag von 12 Milliarden Deutsche Mark zu. (2) Der Betrag von 12 Milliarden Deutsche Mark steigt ab 1998 jährlich entsprechend dem Wachstum der Steuern vom Umsatz; hierbei bleiben Änderungen der Steuersätze im Jahr ihres Wirksamwerdens unberücksichtigt. Im Jahr 2001 wird mit Wirkung ab dem Jahr 2002 auf Vorschlag des Bundes durch Gesetz, das der Zustimmung des Bundesrates bedarf, die Höhe der Steigerungsrate neu festgesetzt sowie neu bestimmt, aus welchen Steuereinnahmen der Bund den Ländern den Betrag nach Absatz 1 leistet.*"

9.3 Finanzierung von Investitionen bis zur Jahrtausendwende

Baden-Württemberg	10,44	
Bayern	14,98	
Berlin	5,46	
Brandenburg	5,71	
Bremen	0,55	
Hamburg	1,93	
Hessen	7,41	
Mecklenburg-Vorpommern	3,32	
Niedersachsen	8,59	
Nordrhein-Westfalen	15,76	= (2008) 1.052Mio Euro[230]
Rheinland-Pfalz	5,24	
Saarland	1,32	
Sachsen	7,16	
Sachsen-Anhalt	5,03	
Schleswig-Holstein	3,11	
Thüringen	3,99	

(4) Von den nach Absatz 1 oder Absatz 2 in Verbindung mit Absatz 3 festgelegten Jahresbeträgen wird je ein Zwölftel zum 15. eines jeden Monats überwiesen.

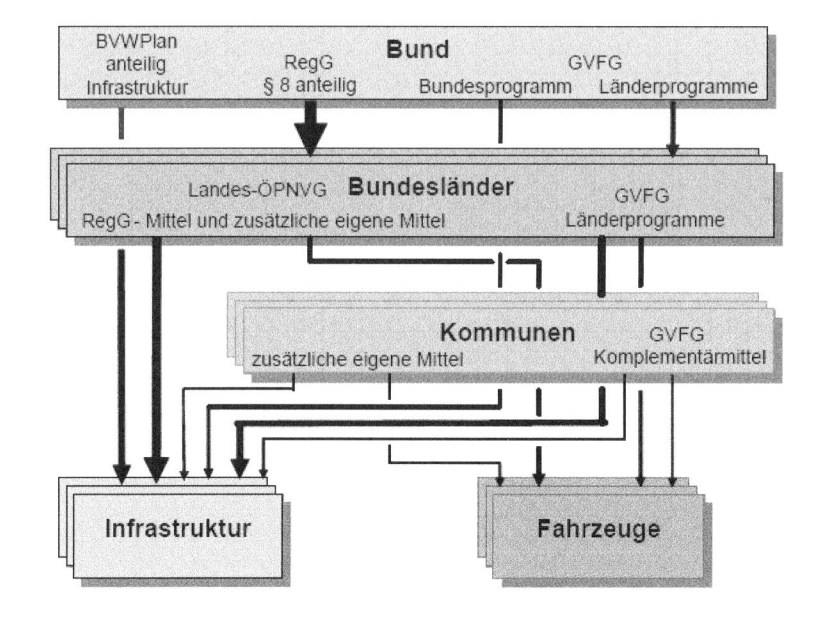

Die Stärke der Pfeile entspricht der Stärke der Geldflüsse

Abb. 9-12: Investitionsgebundene Finanzzuweisungen an den ÖPNV inkl. SPNV in der Bundesrepublik Deutschland (Rönnau, 2006)

---

[230] Im Jahre 1997 standen aus Regionalisierungsmitteln beispielsweise dem Land Nordrhein-Westfalen 1.920,84 Mio. DM zur Verfügung (im Jahr 2008 1.052 Mio. Euro).

Nach verschiedenen Kürzungen und Erhöhungen und Dynamisierungen der Regionalisierungsmittel stellte der Bund den Ländern 2005 und 2006 7,053 Mrd. Euro zur Verfügung. Im Jahr 2006 ist dieser Betrag auf 6,710 Mrd. Euro abgesunken, danach steigt der Betrag an und soll 2010 neu festgelegt werden.

Auch nach dem Investitionsrahmenplan „Bundesverkehrswegeplan" stehen (indirekt) Mittel für Investitionen im Öffentlichen Personennahverkehr zur Verfügung, z. B. wenn Engpässe im Schienennetz abgebaut werden und davon der SPNV profitiert. Die Mittel für Investitionen im ÖPNV entstammen somit aus unterschiedlichen Quellen: Gemeindeverkehrsfinanzierungsgesetz, Regionalisierungsgesetz, Bundesverkehrswegeplan/Bundesschienenwegeausbaugesetz (anteilig).

Die jahrzehntelange Förderung nach dem Gemeindeverkehrsfinanzierungsgesetz und Zuwendungen nach dem Bundesschienenwegeausbaugesetz – seit der deutschen Vereinigung – und nach dem Regionalisierungsgesetz – seit der deutschen Vereinigung – sei am Beispiel der Verfahren im Bundesland Nordrhein-Westfalen dargestellt.

Nordrhein-Westfalen hat 1995 ein landesweit geltendes Regionalisierungsgesetz erlassen, nach dem die Mittel nach dem GVFG, die komplementären Landesmittel[231] und die vom Bund erhaltenen Mittel nach dem (Bundes-)Regionalisierungsgesetz u. a. für Infrastrukturmaßnahmen und für Investitionen in Schienenfahrzeuge des SPNV und für Investitionen in Busse und Straßenbahnen/Stadtbahnen verwendet werden können.

Dem beispielhaft genannten Land Nordrhein-Westfalen standen für den Öffentlichen Personennahverkehr im Jahre 1997 an Landesmitteln 1,04 Mrd. DM zur Verfügung (u. a. für Leistungen im Ausbildungsverkehr und für die Beförderung Behinderter): Für den kommunalen Verkehr konnte das Bundesland Nordrhein-Westfalen danach 3,64 Milliarden DM weiterleiten.

Die Konkretisierung und Umsetzung der ÖPNV-Infrastrukturförderung ist in den Regionalisierungsgesetzen und Verwaltungsvorschriften der Länder geregelt. Beispielhaft sei das ÖPNV-Gesetz des Jahres 1996 des Landes Nordrhein-Westfalen in Auszügen zitiert:[232]

§ 10 Allgemeines

(1) Das Land gewährt Zuwendungen zur Förderung des ÖPNV. Sie sind nach Maßgabe der §§ 11 bis 14 bestimmt

1. zur allgemeinen Förderung des SPNV durch Betriebskostenzuschüsse;

2. zur Förderung von Investitionsmaßnahmen der Infrastruktur des ÖPNV;

3. für die Beschaffung von Schienenfahrzeugen des öffentlichen Personennahverkehrs der Eisenbahnen des Bundes und der öffentlichen nichtbundeseigenen Eisenbahnen;

4. für die weitere Förderung von ÖPNV-Investitionen, insbesondere für die Beschaffung oder die Abgeltung der Vorhaltekosten von Fahrzeugen im Sinne des § 2 Abs. 1 Nr. 6 Gemeindeverkehrsfinanzierungsgesetzes (GVFG) für öffentliche und private Ver-

---

[231] Die Länder haben Anfang der 1990er Jahre die Komplementärfinanzierung aus Landesmitteln deutlich abgesenkt, da der Fördersatz mit bis zu 75 % für Zuwendungen aus Bundesmitteln deutlich angehoben wurde.

[232] Gesetz- und Verordnungsblatt für das Land Nordrhein-Westfalen vom 1. April 1995

kehrsunternehmen mit Ausnahme der Eisenbahnen des Bundes und der öffentlichen nichtbundeseigenen Eisenbahnen;

5. zur allgemeinen Förderung der Planung, Organisation und Ausgestaltung des ÖPNV.

(2) Die Höhe der für die Förderung des ÖPNV zur Verfügung stehenden Mittel bemisst sich nach den Ansätzen des jeweiligen Haushaltsplanes. Zweckgebundene Mittel des Bundes, insbesondere nach dem Regionalisierungsgesetz des Bundes und dem GVFG, werden im Rahmen der Zweckbestimmungen an die nach diesem Gesetz bestimmten Zuwendungsempfänger in voller Höhe weitergeleitet

(3) Die Gewährung bundesgesetzlicher Ausgleichsleistungen gemäß § 45a PBefG, § 6 a AEG (Artikel 8 § 2 des Eisenbahnneuordnungsgesetzes vom 27. Dezember 1993 – BGBl. I S. 2378 -) und des § 59 Abs. 3 Schwerbehindertengesetzes erfolgt unabhängig von diesem Gesetz.

(4) Das für das Verkehrswesen zuständige Ministerium erlässt im Einvernehmen mit dem Finanzministerium und dem Innenministerium sowie im Benehmen mit dem Verkehrsausschuss des Landtags die zur Durchführung des Vierten Abschnittes erforderlichen Verwaltungsvorschriften.

§ 11 Zuwendungen für den SPNV

(1) Das Land gewährt den Aufgabenträgern im Rahmen der Mittel gemäß § 8 Abs. 1 des Regionalisierungsgesetzes des Bundes Zuwendungen, die für die Förderung der Eisenbahnunternehmen im SPNV zur Sicherstellung des Verkehrsangebotes bestimmt sind. Das Nähere wird durch Verwaltungsvorschriften nach § 10 Abs. 4 geregelt, in denen die Mittelverteilung bis zum 31.12.1997 unter Berücksichtigung der erbrachten Betriebsleistungen {Zug-Kilometer) festzulegen ist nach Anhörung der Aufgabenträger ist der Verteilungsschlüssel ab 1.1.1998 neu festzusetzen.

(2) Die Gesamthöhe der Zuwendungen ergibt sich aus § 8 Abs. 1 des Regionalisierungsgesetzes des Bundes in Verbindung mit dessen Anpassungs- und Revisionsregeln.

a) Bis zum 31.12.1997 sind diese Mittel zur Förderung der Eisenbahnen des Bundes zu verwenden, um deren Betriebsleistungen nach dem Fahrplan 1993/1994 zu sichern. Die Förderung wird durch abweichende Verkehrsleistungen nicht ausgeschlossen, wenn zumindest das bisherige Verkehrsangebot bestehen bleibt. Soweit Strecken der Deutschen Bundesbahn oder SPNV-Leistungen der Eisenbahnen des Bundes bis zum 31.12.1997 von Gebietskörperschaften oder von öffentlichen nichtbundeseigenen Eisenbahnen übernommen worden sind oder werden, nehmen sie an dieser Förderung auf der Grundlage des Fahrplans 1993/1994 teil.

b) Nach diesem Zeitpunkt können diese Mittel auch verwendet werden für die Förderung

1. von öffentlichen nichtbundeseigenen Eisenbahnen, sofern zumindest, das Verkehrsangebot nach dem Fahrplan 1993/1994 bestehen bleibt;

2. von Schienenersatzverkehren, um Verbesserungen des Verkehrsangebotes zu ermöglichen.

§ 12 Investitionsförderung

(1) Das Land gewährt Zuwendungen zur Investitionsförderung für Infrastrukturmaßnahmen des ÖPNV aus den durch das GVFG bereitgestellten Bundesmitteln. Diese werden ergänzt durch Landesmittel, deren Höhe sich nach dem Jahresbetrag dieser Bundesfinanzhilfen unter Zugrundelegung der festgesetzten Fördersätze für die jeweiligen Fördergegenstände bemisst. Der jährliche Gesamtbetrag der ergänzenden Landesmittel beläuft sich auf mindestens 25 v. H. der Summe der Bundesfinanzhilfen gemäß Satz 1. Die Zuwendungen sind bestimmt für Gemeinden, Kreise und Zweckverbände sowie für öffentliche und private Verkehrsunternehmen. Die Eisenbahnen des Bundes nehmen gemäß § 11 GVFG an der Förderung nach Maßgabe des Bundesprogrammes teil; Infrastrukturmaßnahmen.

§ 13 Vorhaltekosten für Fahrzeuge

(1) Das Land gewährt den Aufgabenträgern Zuwendungen auf der Grundlage der Vorhaltekosten für Fahrzeuge im Sinne des § 2 Abs. 1 Nr. 6 GVFG. Sie sind insbesondere für die Beschaffung dieser Fahrzeuge durch öffentliche und private Verkehrsunternehmen oder zur Abgeltung ihrer Vorhaltekosten bestimmt, können aber auch für sonstige Investitionsmaßnahmen des ÖPNV eingesetzt werden. Vorhaltekosten dürfen nur an solche Verkehrsunternehmen weitergeleitet werden, die den Gemeinschaftstarif im Sinne des § 5 Abs. 3 anwenden. Zuwendungen nach dieser Bestimmung sind ausgeschlossen, soweit eine Förderung von Fahrzeugen nach § 12 erfolgt.

(2) Die Vorhaltekosten umfassen die Aufwendungen je Betriebszweig aus Investitionen für Fahrzeuge sowie aus deren Unterhaltung und Instandsetzung. Die Vorhaltekosten werden pauschaliert auf der Basis von Sollkostensätzen sowie kapazitäts- und leistungsbezogenen Parametern ermittelt. Für die Sollkostensätze können Kostensatzgruppen gebildet werden, die entsprechend den betrieblichen und verkehrlichen Gegebenheiten eine Klassifizierung für den schienengebundenen und den sonstigen ÖPNV sowie nach unterschiedlichen Verkehrsregionen ermöglichen. Die Sollkostensätze werden jährlich fortgeschrieben.

(3) Für diese Zuwendungen werden aus den Mitteln nach § 8 Abs. 2 des Regionalisierungsgesetzes des Bundes jährlich mindestens 200 Millionen DM bereitgestellt. Dieser Betrag erhöht sich anteilig entsprechend den Anpassungs- und Revisionsregelungen des Regionalisierungsgesetzes des Bundes.

§ 14 Sonstige Förderung

(1) Aus den Mitteln nach § 8 Abs. 2 des Regionalisierungsgesetzes des Bundes können den Aufgabenträgern neben den Zuwendungen nach § 11 Zuwendungen zur Förderung des SPNV gewährt werden, sofern

a) eine deutliche Verbesserung des Verkehrsangebotes gegenüber dem Fahrplan 1993/1994 ermöglicht,

b) die Wiederinbetriebnahme von stillgelegten Strecken des SPNV gefördert oder

c) der Bau neuer Schienenstrecken von besonderer verkehrlicher Bedeutung mit Zustimmung des Landes gefördert werden soll.

Die Gewährung von Fördermitteln nach den Buchstaben a) und b) und die Förderung der Investitionen für Infrastrukturmaßnahmen oder der Beschaffung von Fahrzeugen schließen sich gegenseitig aus.

(2) Kreise, kreisfreie Städte und Zweckverbände erhalten jeweils eine jährliche Pauschale in Höhe von einer Million DM als allgemeine Förderung der Planung, Organisation und Ausgestaltung des ÖPNV, insbesondere für die Bildung und Umsetzung eines Gemeinschaftstarifes sowie für die Aufstellung von Nahverkehrsplänen. Die Pauschale bleibt auch dann erhalten, wenn Kreise oder kreisfreie Städte ihre Aufgaben ganz oder teilweise auf einen Zweckverband übertragen; jedoch leiten diese in den vorgenannten Fällen einen entsprechenden Anteil der Zuwendung an den Zweckverband weiter. Kommen Kreise, kreisfreie Städte und Zweckverbände ihren in Satz 1 genannten Aufgaben nicht nach, kann die Bewilligungsbehörde die Pauschale kürzen oder zurückfordern.

§ 15 Zuständigkeiten

(1) Die Bezirksregierungen sind Bewilligungsbehörde für- die Zuwendungen nach den §§ 11, 12 Abs. 3, 13 und 14 Abs. 1, sie sind ferner zuständig für die Gewährung der Pauschale nach § 14 Abs. 2,

(2) Die Landschaftsverbände sind Bewilligungsbehörde für die Zuwendungen für Infrastrukturmaßnahmen nach § 12 Abs. 1 und 2.

Nach dem Gesetzestext werden Infrastrukturmaßnahmen nach den §§ 10 und 12 gefördert, Fahrzeuge nach §§ 10 und 13, Kooperationen nach §§ 10 und 14, Planung und Organisation nach § 14 und die Betriebskosten im SPNV nach §§ 10 und 11.

Um ein Vorhaben zu fördern, sind verschiedene Grundsätze einzuhalten, u. a.
1. Das Vorhaben ist zur Verbesserung der Verkehrsverhältnisse erforderlich
2. Ziele der Raumordnung, Landesplanung, Stadtentwicklung, Umweltschutz sind berücksichtigt
3. Von Dritten zu tragende Kosten werden nicht gefördert
4. Verwaltungskosten werden nicht gefördert
5. Die Finanzierung der nicht geförderten Vorhabenkosten muss sichergestellt sein
6. Zuwendungen werden auf Antrag gewährt
7. Für das Vorhaben gilt eine 25-jährige Bindungsfrist und Sperrfrist (in dieser Zeitspanne ist eine Änderung des Zuwendungszwecks sowie eine erneute Förderung nicht möglich; Ausnahmen gibt es bei sich schnell fortentwickelnden Techniken, z. B. Betriebsleitsystemen)
8. Das Vorhaben muss in einem vorher aufgestellten Katalog enthalten sein.[233]

Diese (Förder-)Programme sind Bundesprogramme und Landesprogramme. Im Bundesprogramm sind Vorhaben enthalten, welche ein Bundesland allein evtl. nicht finanzieren kann. Dabei handelt es sich um Bau und Ausbau von Schienenwegen des Öffentlichen Personennah-

---

[233] GVFG § 5 (1) *„Für Vorhaben, die aus den Finanzhilfen gefördert werden sollen, sind Programme für den Zeitraum der jeweiligen Finanzplanung aufzustellen sowie jährlich der Entwicklung anzupassen und fortzuführen."*

GVFG § 7 *„Die Finanzhilfen dürfen nur für Vorhaben verwendet werden, die in die Programme aufgenommen sind."*

verkehrs in Verdichtungsgebieten mit zuwendungsfähigen Kosten über 100 Millionen DM – eine Ergänzung durch die Landesprogramme ist möglich. Die Förderprogramme der Länder sind für den kommunalen Straßenbau und den Öffentlichen Personennahverkehr auch für den ländlichen Raum vorgesehen.

In Verwaltungsvorschriften zum Gesetz sind notwendige Voraussetzungen genannt und die Verfahrensschritte erläutert.

So heißt es dort u. a.

> „Die Ausbauplanung für den ÖPNV erfolgt in mehreren Stufen. Auf der Ebene des Landes wird der langfristige Bedarf an Infrastrukturvorhaben (Ausbau/Neubau) auf der Grundlage der Bedarfsmeldungen der Aufgabenträger ... festgestellt (ÖPNV-Bedarfsplan). Aus dem ÖPNV-Bedarfsplan wird ... ein Vorhabenkatalog (ÖPNV-Ausbauplan) entwickelt. (...) Der ÖPNV-Ausbauplan umfasst einen Zeitraum von fünf Jahren. (...) Der ÖPNV-Bedarfsplan wird vom zuständigen [Landes-]Ministerium im Einvernehmen mit dem Verkehrsausschuss des Landtags erstellt (...).. wird der ÖPNV-Bedarfsplan nach Ablauf von jeweils fünf Jahren fortgeschrieben. Der ÖPNV-Ausbauplan wird ... vom Ministerium erstellt."

Der Verfahrensweg wird wie folgt skizziert:

1. Antrag an die (i.a.) Bezirksregierung;
   Antrag enthält u. a. zuwendungsfähige Kosten, erwartete Zuwendung, Bauzeit, Finanzierungsplan, Notwendigkeit des Vorhabens zur Verbesserung der Verkehrsverhältnisse, Vorhaben ist im Nahverkehrsplan der Kommune enthalten, Übersichtsplan
2. Prüfung durch das Land bzw. die beauftragte Stelle
3. Festlegung der Vorhabenreihenfolge/Priorität
4. Abgleich mit Finanzrahmen
5. Land teilt Aufnahme in das Programm mit
6. Erteilung des Bewilligungsbescheides
7. Auftragserteilung durch Baulastträger
8. Anforderung der Fördermittel durch Baulastträger
9. Mittelzuweisung
10. Erstellung des Verwendungsnachweises
11. Mitteilung des Landes an den Bund

Auch für die Vorhaben des Bundesprogramms gilt der skizzierte Verfahrensweg. Allerdings ist hier über das Land hinaus der Bund eingeschaltet,

Der Antragsteller wird von der Bewilligungsbehörde (i.a. Bezirksregierung) über die Aufnahme in das Programm unterrichtet. In Einplanungsgesprächen wird das Vorhaben konkret auf seine Förderfähigkeit geprüft und schließlich das Jahr des Förderbeginns festgelegt.

Da die Kosten von Bauvorhaben in der Regel nicht exakt planbar sind, sind Kostenänderungen bei der Realisierung des Vorhabens zu erwarten. Wenn mit der ursprünglich vorgesehenen Zuwendung der Zuwendungszweck nicht erreicht werden kann, hat die Bewilligungsbehörde zu prüfen, ob das Vorhaben mit den ursprünglichen Mitteln eingeschränkt verwirklicht werden kann oder ob das Vorhaben durch Umfinanzierungen realisiert werden kann oder ob das Vorhaben einzustellen ist. Eine Erhöhung der Zuwendung ist die (seltene) Ausnahme.

Wenn für Investitionsvorhaben eine Zuwendung nach dem Gemeindeverkehrsfinanzierungsgesetz beantragt wird, darf das Vorhaben noch nicht begonnen sein. Nur dadurch ist es der Bewilligungsbehörde möglich, über den Antrag auf eine Zuwendung unbeeinflusst (ohne Zugzwang) zu entscheiden (und der Mittelempfänger wird davor geschützt, finanzielle Verpflichtungen einzugehen, obwohl die Gesamtfinanzierung noch nicht gesichert ist). Andererseits soll im Falle einer Zuwendungsbewilligung das Vorhaben auch zeitnah begonnen werden, damit bewilligte Gelder auch abgerufen werden können.

Bei der Abwicklung von Zuschussmaßnahmen ist nicht nur in Nordrhein-Westfalen eine Vielzahl von hier nicht im Einzelnen aufgeführten Verfahrensschritten einzuhalten.

9.4 Fahrzeugförderung bis zur Jahrtausendwende

Im Jahr 1988 wurde das Gemeindeverkehrsfinanzierungsgesetz geändert: Es war auch die Förderung von Standardlinienbussen und Standardgelenkomnibussen möglich; 1992 wurde die Fördermöglichkeit auf Schienenfahrzeuge des Öffentlichen Personennahverkehrs erweitert.

Die Fahrzeugförderung wird am Beispiel des Landes Nordrhein-Westfalen dargestellt. Das Land hat aufgrund des (Bundes-)Regionalisierungsgesetzes festgelegt, dass für die Fahrzeugförderung aus den Regionalisierungsmitteln des Bundes jährlich mindestens 200 Millionen DM für die Verkehrsunternehmen bereitgestellt werden. Nach der bisherigen Verteilung der Fördermittel in Nordrhein-Westfalen – seit dem Jahr 1971 wird die Fahrzeugbeschaffung seitens des Landes gefördert – stehen 64,5 % der Mittel für Kraftomnibusse (35,5 % für leitungsgebundene Fahrzeuge) zur Verfügung, welche nach einem weiteren Schlüssel (Rechnungswagenkilometer, Rechnungswagenstunden) auf die Aufgabenträger im Lande verteilt werden. Die Fördersätze betragen bei Bussen 40 % bis 80 % der zuwendungsfähigen Kosten, bei leitungsgebundenen Fahrzeugen 50 % bis 80 % der zuwendungsfähigen Ausgaben je nach einer möglichen Differenz zwischen beantragten Mitteln und zur Verfügung stehenden Mitteln. Gefördert werden Erstbeschaffungen oder Ersatzbeschaffungen für über 10 Jahre im Einsatz befindliche Busse. Der Antragsteller kann sich für eine Festbetragsfinanzierung entscheiden oder für eine Anteilfinanzierung oder auch alternativ für eine Förderung über die Vorhaltekosten (die anteiligen Beschaffungskosten werden über die Zweckbindungsdauer ausgezahlt). Die Zweckbindung beträgt bei Schienenfahrzeugen 20 Jahre bzw. 1,45 Mio. km, bei Obussen 15 Jahre bzw. 700.000 km und bei Kraftomnibussen 10 Jahre bzw. 600.000 km.

Es gibt auch bei der Fahrzeugförderung alternative Finanzierungsmodelle, wie hier nur mitgeteilt wird, z. B. mittels Leasing oder durch Vermietung und Rückanmietung der Fahrzeuge unter Nutzung von Steuervorteilen.

9.5 Finanzierung und Förderung von Betriebskosten

Wesentliche Einnahmen der Verkehrsunternehmen neben den Fahrgeldeinnahmen sind
- Ausgleichszahlungen § 45 a PBefG/§ 6aAEG
- Erstattungszahlungen für die Beförderung Schwerbehinderter
- Ausgleichszahlungen für unterlassene Tariferhöhung und Durchtarifierung
- Zuschüsse für besondere Linien.

9.5.1 Gesetzliche Ausgleichsleistungen im Ausbildungsverkehr

Durch die Schaffung preisgünstiger Zeitfahrausweise bietet die Gesellschaft den Auszubildenden einen Anreiz (und wegen des i.a. fehlenden Einkommens überhaupt die Möglichkeit), dauerhaft den Öffentlichen Personennahverkehr zu nutzen. Diese Zeitfahrausweise sind im Mittel um 25 % gegenüber den anderen Zeitfahrausweisen rabattiert. Durch die Schaffung des § 45 a PBefG bzw. § 6a AEG im Jahr 1976 und den Erlass entsprechender Verordnungen im Jahr 1977 erhielten die Verkehrsunternehmen einen Rechtsanspruch auf einen Ausgleich für Kostenunterdeckungen durch die Beförderung von Auszubildenden mit rabattierten Zeitfahrausweisen.[234] Die Finanzmittel für diesen Ausgleich bringen ausschließlich die Länder auf. Da besonders im ländlichen Raum der ÖPNV überwiegend vom Verkehr mit Schülern und Auszubildenden getragen wird, sind diese Ausgleichszahlungen ein wesentlicher Einnahmenbestandteil der Verkehrsunternehmen. Im Jahr 1996 erhielten die im Verband Deutscher Verkehrsunternehmen zusammengeschlossenen Betreiber des ÖPNV in den alten (neuen) Bundesländern rund 8,9 % (7,6 %) ihrer Bruttoerträge durch diese Ausgleichszahlungen, insgesamt etwa 1,6 Milliarden DM. Im Jahre 2002 wurden z. B. im Kreis Gütersloh 1,7 Millionen Euro gezahlt, das waren 11,7 % der für die Erstellung der ÖPNV-Betriebsleistungen notwendigen Gelder.

In den zum PBefG (bzw. ähnlich zum AEG) erlassenen Ausgleichsverordnungen[235] ist

– der Kreis der Auszubildenden festgelegt.

PBefGAusglV § 1

(1) Auszubildende im Sinne des § 45a Abs. 1 des Personenbeförderungsgesetzes sind

1. *schulpflichtige Personen bis zur Vollendung des 15. Lebensjahres;*
2. *nach Vollendung des 15. Lebensjahres*

   a) Schüler und Studenten öffentlicher, staatlich genehmigter oder staatlich anerkannter privater

   – allgemeinbildender Schulen,
   – berufsbildender Schulen,
   – Einrichtungen des zweiten Bildungsweges,
   – Hochschulen, Akademien

   mit Ausnahme der Verwaltungsakademien, Volkshochschulen, Landvolkshochschulen;

   b) Personen, die private Schulen oder sonstige Bildungseinrichtungen, die nicht unter Buchstabe a fallen, besuchen, sofern sie aufgrund des Besuchs dieser Schulen oder Bildungseinrichtungen von der Berufsschulpflicht befreit sind oder sofern der Besuch dieser Schulen und sonstigen privaten Bildungseinrichtungen nach dem Bundesausbildungsförderungsgesetz förderungsfähig ist;

---

[234] Nach dem Personenbeförderungsgesetz (§ 45 PBefG) sind die Verkehrsunternehmen verpflichtet, für Schüler und Auszubildende eine besondere Ermäßigung zu gewähren. Diese Ermäßigung beträgt 25 % des Preises für eine "reguläre Fahrkarte"; somit kostet eine Schülermonatskarte ca. 3/4 des Preises einer Monatskarte.

[235] Verordnung über den Ausgleich gemeinwirtschaftlicher Leistungen im Straßenpersonenverkehr (PBefAusglV); Verordnung über den Ausgleich gemeinwirtschaftlicher Leistungen im Eisenbahnverkehr (AEAusglV)

c) Personen, die an einer Volkshochschule oder einer anderen Einrichtung der Weiterbildung Kurse zum nachträglichen Erwerb des Hauptschul- oder Realschulabschlusses besuchen;

d) Personen, die in einem Berufsausbildungsverhältnis im Sinne des Berufsbildungsgesetzes oder in einem anderen Vertragsverhältnis im Sinne des § 26 des Berufsbildungsgesetzes stehen, sowie Personen, die in einer Einrichtung außerhalb der betrieblichen Berufsausbildung im Sinne des § 43 Abs. 2 des Berufsbildungsgesetzes, § 36 Abs. 2 der Handwerksordnung, ausgebildet werden;

e) Personen, die einen staatlich anerkannten Berufsvorbereitungslehrgang besuchen;

f) Praktikanten und Volontäre, sofern die Ableistung eines Praktikums oder Volontariats vor, während oder im Anschluss an eine staatlich geregelte Ausbildung oder ein Studium an einer Hochschule nach den für Ausbildung und Studium geltenden Bestimmungen vorgesehen ist;

g) Beamtenanwärter des einfachen und mittleren Dienstes sowie Praktikanten und Personen, die durch Besuch eines Verwaltungslehrgangs die Qualifikation für die Zulassung als Beamtenanwärter des einfachen oder mittleren Dienstes erst erwerben müssen, sofern sie keinen Fahrtkostenersatz von der Verwaltung erhalten;

h) Teilnehmer an einem freiwilligen sozialen Jahr oder an einem freiwilligen ökologischen Jahr oder vergleichbaren sozialen Diensten.

(2) Die Berechtigung zum Erwerb von Zeitfahrausweisen des Ausbildungsverkehrs hat sich der Verkehrsunternehmer vom Auszubildenden nachweisen zu lassen. In den Fällen des Absatzes 1 Nr. 2 Buchstaben a bis g geschieht dies durch Vorlage einer Bescheinigung der Ausbildungsstätte oder des Ausbildenden, in den Fällen des Absatzes 1 Nr. 2 Buchstabe h durch Vorlage einer Bescheinigung des Trägers der jeweiligen sozialen Dienste. In der Bescheinigung ist zu bestätigen, dass die Voraussetzung des Absatzes 1 Nr. 2 gegeben ist. Die Bescheinigung gilt längstens ein Jahr.

– die Art der Zeitfahrausweise[236] festgelegt

Als Zeitkarten gelten Jahreskarten, Monatskarten und Wochenkarten ohne Begrenzung der Fahrtenzahl.

Als Ausgleichsbetrag werden den Verkehrsunternehmen 50 % der Differenz erstattet zwischen dem Ertrag aus diesen rabattierten Fahrausweisen und dem Produkt aus den mit diesen Zeitfahrausweisen geleisteten Personenkilometern und durchschnittlichen Kosten. Die durchschnittlichen Kosten gibt die Landesregierung bzw. die dazu ermächtigte Behörde in einer Verordnung bekannt auf der Grundlage einzelner repräsentativer (sparsam wirtschaftender und leistungsfähiger) Unternehmen; die Personenkilometer ermitteln sich aus der Multiplikation der Beförderungsfälle mit der mittleren Reiseweite.[237] Die Verkehrsunternehmen haben zur Ermittlung der Berechnungsfaktoren Erhebungen und Zählungen durchzuführen; die Landesregierungen ermitteln auch entsprechende repräsentative Daten.

---

[236] Je Zeitfahrausweis ergibt sich an Beförderungsfällen: 13,8 je Wochenkarte, 59,8 je Monatskarte, 552 je Jahreskarte. In Verbünden darf diese Zahl um 10 % erhöht werden.

[237] Als mittlerer Reiseweite sind anzusetzen fünf Kilometer im Orts- und Nachbarschaftsverkehr und acht Kilometer im Überlandlinienverkehr.

Als Formel ergibt sich der Ausgleichsbetrag A zu

$$A = 0{,}5 \, (E - \sum z_i \times c \times t_i \times w \times K_{spez}) \text{ mit}$$

A = Ausgleichsbetrag
E = Erträge im Ausbildungsverkehr
z = Anzahl der verkauften Zeitfahrausweise im Ausbildungsverkehr
n = Fahrausweisarten
c = Fahrtenhäufigkeit für einen Zeitfahrausweis je Tag
t = Anzahl der Gültigkeitstage für einen Zeitfahrausweis
w = mittlere Reiseweite in km
K_{spez} = Spezifischer (Soll-)Kostensatz je Personen-Kilometer[238]

Sind nachweislich große Abweichungen - ≥ 25 % - von den genannten mittleren Werten festzustellen, dürfen die nachgewiesenen Werte zugrunde gelegt werden.

Die Ausgleichszahlung erhalten die Verkehrsunternehmen, die die entsprechenden Leistungen erbringen, in der Regel die Konzessionsinhaber einer Linie (also nicht die Nachauftragnehmer). Die Ausgleichsleistungen gelten nur für den Ausbildungsverkehr.

Die Ausgleichsleistungen entsprechen vor allem aus finanzpolitischen Überlegungen nicht der Differenz zwischen der Schülermonatskarte und der normalen Monatskarte (das wäre dem Staat schlicht zu teuer geworden), die Ausgleichsleistungen variieren je nach Gegebenheiten des Verkehrsunternehmens. Das Unternehmen kann ein Drittel, evtl. bis zu zwei Dritteln seiner Einnahmen aus den Ausgleichsleistungen nach § 45a PBefG beziehen.

9.5.2 Gesetzliche Erstattungsleistungen für Fahrgeldausfälle aufgrund unentgeltlicher Beförderung Schwerbehinderter

Die Förderung der Mobilität und Unabhängigkeit schwerbehinderter Personen ist gesellschaftlicher Konsens. Die Rechtsgrundlage, dieses durch unentgeltliche Beförderung im Öffentlichen Personennahverkehr zu erreichen, ist in der Weimarer Republik (vor 1933) entstanden, um den im 1. Weltkrieg schwerkriegsbeschädigten Menschen zu helfen. In der Endphase des 2. Weltkriegs wurde aus diesen einzelnen ortsrechtlichen Bestimmungen ein Reichsgesetz, welches die Bundesrepublik Deutschland übernahm (und den begünstigten Personenkreis und den räumlichen Umfang der Freifahrtberechtigung erheblich ausweitete). Nach mehreren Novellierungen der entsprechenden Gesetze ist der Passus zur Freifahrt für Schwerbehinderte jetzt Bestandteil des Sozialgesetzbuches, Teil IX („Rehabilitation und Teilhabe behinderter Menschen") von 2001; zuletzt geändert im März 2008. Wie bei vielen Bundesgesetzen üblich, werden die Vorschriften in mehreren Rechtsverordnungen konkretisiert und ihr Vollzug ist dort beschrieben, so in der Schwerbehindertenausweisverordnung oder in der „Fünfte Verordnung zur Durchführung des Schwerbehindertengesetzes" (Nahverkehrszügeverordnung SchwbNV).

---

[238] Die Kostensätze werden von der Landesregierung erlassen.

SGB IX § 145 Unentgeltliche Beförderung, Anspruch auf Erstattung der Fahrgeldausfälle

(1) Schwerbehinderte Menschen, die infolge ihrer Behinderung in ihrer Bewegungsfähigkeit im Straßenverkehr erheblich beeinträchtigt oder hilflos oder gehörlos sind, werden von Unternehmern, die öffentlichen Personenverkehr betreiben, gegen Vorzeigen eines entsprechend gekennzeichneten Ausweises nach § 69 Abs. 5 im Nahverkehr im Sinne des § 147 Abs. 1 unentgeltlich befördert; die unentgeltliche Beförderung verpflichtet zur Zahlung eines tarifmäßigen Zuschlages bei der Benutzung zuschlagpflichtiger Züge des Nahverkehrs. Voraussetzung ist, dass der Ausweis mit einer gültigen Wertmarke versehen ist. Sie wird gegen Entrichtung eines Betrages von 60 Euro für ein Jahr oder 30 Euro für ein halbes Jahr ausgegeben. Wird sie vor Ablauf der Gültigkeitsdauer zurückgegeben, wird auf Antrag für jeden vollen Kalendermonat ihrer Gültigkeit nach Rückgabe ein Betrag von 5 Euro erstattet, sofern der zu erstattende Betrag 15 Euro nicht unterschreitet; Entsprechendes gilt für jeden vollen Kalendermonat nach dem Tod des schwerbehinderten Menschen. Auf Antrag wird eine für ein Jahr gültige Wertmarke, ohne dass der Betrag nach Satz 3 zu entrichten ist, an schwerbehinderte Menschen ausgegeben,

1. die blind im Sinne des § 72 Abs. 5 des Zwölften Buches oder entsprechender Vorschriften oder hilflos im Sinne des § 33b des Einkommensteuergesetzes oder entsprechender Vorschriften sind oder

2. die Leistungen zur Sicherung des Lebensunterhalts nach dem Zweiten Buch oder für den Lebensunterhalt laufende Leistungen nach dem Dritten und Vierten Kapitel des Zwölften Buches, dem Achten Buch oder den §§ 27a und 27d des Bundesversorgungsgesetzes erhalten oder

3. die am 1. Oktober 1979 die Voraussetzungen nach § 2 Abs. 1 Nr. 1 bis 4 und Abs. 3 des Gesetzes über die unentgeltliche Beförderung von Kriegs- und Wehrdienstbeschädigten sowie von anderen Behinderten im Nahverkehr vom 27. August 1965 (BGBl. I S. 978), das zuletzt durch Artikel 41 des Zuständigkeitsanpassungs-Gesetzes vom 18. März 1975 (BGBl. I S. 705) geändert worden ist, erfüllten, solange ein Grad der Schädigungsfolgen von mindestens 70 festgestellt ist oder von mindestens 50 festgestellt ist und sie infolge der Schädigung erheblich gehbehindert sind; das Gleiche gilt für schwerbehinderte Menschen, die diese Voraussetzungen am 1. Oktober 1979 nur deshalb nicht erfüllt haben, weil sie ihren Wohnsitz oder ihren gewöhnlichen Aufenthalt zu diesem Zeitpunkt in dem in Artikel 3 des Einigungsvertrages genannten Gebiet hatten.

Die Wertmarke wird nicht ausgegeben, solange der Ausweis einen gültigen Vermerk über die Inanspruchnahme von Kraftfahrzeugsteuerermäßigung trägt. Die Ausgabe der Wertmarken erfolgt auf Antrag durch die nach § 69 Abs. 5 zuständigen Behörden. Die Landesregierung oder die von ihr bestimmte Stelle kann die Aufgaben nach Absatz 1 Satz 3 bis 5 ganz oder teilweise auf andere Behörden übertragen. Für Streitigkeiten in Zusammenhang mit der Ausgabe der Wertmarke gilt § 51 Abs. 1 Nr. 7 des Sozialgerichtsgesetzes entsprechend.

(2) Das Gleiche gilt im Nah- und Fernverkehr im Sinne des § 147, ohne dass die Voraussetzung des Absatzes 1 Satz 2 erfüllt sein muss, für die Beförderung

1. einer Begleitperson eines schwerbehinderten Menschen im Sinne des Absatzes 1, wenn die Berechtigung zur Mitnahme einer Begleitperson nachgewiesen und dies im Ausweis des schwerbehinderten Menschen eingetragen ist, und

2. des Handgepäcks, eines mitgeführten Krankenfahrstuhles, soweit die Beschaffenheit des Verkehrsmittels dies zulässt, sonstiger orthopädischer Hilfsmittel und eines Führhundes; das Gleiche gilt für einen Hund, den ein schwerbehinderter Mensch mitführt, in dessen Ausweis die Berechtigung zur Mitnahme einer Begleitperson nachgewiesen ist und der ohne Begleitperson fährt.

(3) Die durch die unentgeltliche Beförderung nach den Absätzen 1 und 2 entstehenden Fahrgeldausfälle werden nach Maßgabe der §§ 148 bis 150 erstattet.

SGB IX § 148 Erstattung der Fahrgeldausfälle im Nahverkehr

(1) Die Fahrgeldausfälle im Nahverkehr werden nach einem Prozentsatz der von den Unternehmern nachgewiesenen Fahrgeldeinnahmen im Nahverkehr erstattet.

(2) Fahrgeldeinnahmen im Sinne dieses Kapitels sind alle Erträge aus dem Fahrkartenverkauf zum genehmigten Beförderungsentgelt; sie umfassen auch Erträge aus der Beförderung von Handgepäck, Krankenfahrstühlen, sonstigen orthopädischen Hilfsmitteln, Tieren sowie aus erhöhten Beförderungsentgelten.

(3) Werden in einem von mehreren Unternehmern gebildeten zusammenhängenden Liniennetz mit einheitlichen oder verbundenen Beförderungsentgelten die Erträge aus dem Fahrkartenverkauf zusammengefasst und dem einzelnen Unternehmer anteilmäßig nach einem vereinbarten Verteilungsschlüssel zugewiesen, so ist der zugewiesene Anteil Ertrag im Sinne des Absatzes 2.

(4) Der Prozentsatz im Sinne des Absatzes 1 wird für jedes Land von der Landesregierung oder der von ihr bestimmten Behörde für jeweils ein Jahr bekannt gemacht. Bei der Berechnung des Prozentsatzes ist von folgenden Zahlen auszugehen:

1. der Zahl der in dem Land in dem betreffenden Kalenderjahr ausgegebenen Wertmarken und der Hälfte der in dem Land am Jahresende in Umlauf befindlichen gültigen Ausweise im Sinne des § 145 Abs. 1 Satz 1 von schwerbehinderten Menschen, die das sechste Lebensjahr vollendet haben und bei denen die Berechtigung zur Mitnahme einer Begleitperson im Ausweis eingetragen ist; Wertmarken mit einer Gültigkeitsdauer von einem halben Jahr werden zur Hälfte, zurückgegebene Wertmarken für jeden vollen Kalendermonat vor Rückgabe zu einem Zwölftel gezählt,

2. der in den jährlichen Veröffentlichungen des Statistischen Bundesamtes zum Ende des Vorjahres nachgewiesenen Zahl der Wohnbevölkerung in dem Land abzüglich der Zahl der Kinder, die das sechste Lebensjahr noch nicht vollendet haben, und der Zahlen nach Nummer 1.

Der Prozentsatz ist nach folgender Formel zu berechnen:

$$\frac{\text{Nach Nummer 1 errechnete Zahl}}{\text{Nach Nummer 2 errechnete Zahl}} \times 100$$

Bei der Festsetzung des Prozentsatzes sich ergebende Bruchteile von 0,005 und mehr werden auf ganze Hundertstel aufgerundet, im Übrigen abgerundet.

(5) Weist ein Unternehmen durch Verkehrszählung nach, dass das Verhältnis zwischen den nach diesem Kapitel unentgeltlich beförderten Fahrgästen und den sonstigen Fahrgästen den nach Absatz 4 festgesetzten Prozentsatz um mindestens ein Drittel übersteigt, wird neben dem sich aus der Berechnung nach Absatz 4 ergebenden Erstat-

tungsbetrag auf Antrag der nachgewiesene, über dem Drittel liegende Anteil erstattet. Die Länder können durch Rechtsverordnung bestimmen, dass die Verkehrszählung durch Dritte auf Kosten des Unternehmens zu erfolgen hat.

SGB IX § 146 Persönliche Voraussetzungen

(1) In seiner Bewegungsfähigkeit im Straßenverkehr erheblich beeinträchtigt ist, wer infolge einer Einschränkung des Gehvermögens (auch durch innere Leiden oder infolge von Anfällen oder von Störungen der Orientierungsfähigkeit) nicht ohne erhebliche Schwierigkeiten oder nicht ohne Gefahren für sich oder andere Wegstrecken im Ortsverkehr zurückzulegen vermag, die üblicherweise noch zu Fuß zurückgelegt werden. Der Nachweis der erheblichen Beeinträchtigung in der Bewegungsfähigkeit im Straßenverkehr kann bei schwerbehinderten Menschen mit einem Grad der Behinderung von wenigstens 80 nur mit einem Ausweis mit halbseitigem orangefarbenem Flächenaufdruck und eingetragenem Merkzeichen G geführt werden, dessen Gültigkeit frühestens mit dem 1. April 1984 beginnt, oder auf dem ein entsprechender Änderungsvermerk eingetragen ist.

(2) Zur Mitnahme einer Begleitperson sind schwerbehinderte Menschen berechtigt, die bei der Benutzung von öffentlichen Verkehrsmitteln infolge ihrer Behinderung regelmäßig auf Hilfe angewiesen sind. Die Feststellung bedeutet nicht, dass die schwerbehinderte Person, wenn sie nicht in Begleitung ist, eine Gefahr für sich oder für andere darstellt.

SGB IX § 147 Nah- und Fernverkehr

(1) Nahverkehr im Sinne dieses Gesetzes ist der öffentliche Personenverkehr mit

1. Straßenbahnen und Obussen im Sinne des Personenbeförderungsgesetzes,

2. Kraftfahrzeugen im Linienverkehr nach den §§ 42 und 43 des Personenbeförderungsgesetzes auf Linien, bei denen die Mehrzahl der Beförderungen eine Strecke von 50 Kilometern nicht übersteigt, es sei denn, dass bei den Verkehrsformen nach § 43 des Personenbeförderungsgesetzes die Genehmigungsbehörde auf die Einhaltung der Vorschriften über die Beförderungsentgelte gemäß § 45 Abs. 3 des Personenbeförderungsgesetzes ganz oder teilweise verzichtet hat,

3. S-Bahnen in der 2. Wagenklasse,

4. Eisenbahnen in der 2. Wagenklasse in Zügen und auf Strecken und Streckenabschnitten, die in ein von mehreren Unternehmern gebildetes, mit den unter Nummer 1, 2 oder 7 genannten Verkehrsmitteln zusammenhängendes Liniennetz mit einheitlichen oder verbundenen Beförderungsentgelten einbezogen sind,

5. Eisenbahnen des Bundes in der 2. Wagenklasse in Zügen, die überwiegend dazu bestimmt sind, die Verkehrsnachfrage im Nahverkehr zu befriedigen (Züge des Nahverkehrs), im Umkreis von 50 Kilometern um den Wohnsitz oder gewöhnlichen Aufenthalt des schwerbehinderten Menschen,

6. sonstigen Eisenbahnen des öffentlichen Verkehrs im Sinne des § 2 Abs. 1 und § 3 Abs. 1 des Allgemeinen Eisenbahngesetzes in der 2. Wagenklasse auf Strecken, bei denen die Mehrzahl der Beförderungen eine Strecke von 50 Kilometern nicht überschreiten,

7. *Wasserfahrzeugen im Linien-, Fähr- und Übersetzverkehr, wenn dieser der Beförderung von Personen im Orts- und Nachbarschaftsbereich dient und Ausgangs- und Endpunkt innerhalb dieses Bereiches liegen; Nachbarschaftsbereich ist der Raum zwischen benachbarten Gemeinden, die, ohne unmittelbar aneinandergrenzen zu müssen, durch einen stetigen, mehr als einmal am Tag durchgeführten Verkehr wirtschaftlich und verkehrsmäßig verbunden sind. (...)*

Durch die Nahverkehrszügeverordnung hat der Bund die Gültigkeit der Freifahrberechtigung für die hochwertigen Züge IC, EC, ICE, THALYS ausgeschlossen, auch wenn eine Fahrtstrecke kürzer als 50 km zurückgelegt wird.

Der nach Sozialgesetzbuch IX betroffene Personenkreis ist von den Unternehmen des Öffentlichen Personennahverkehrs unentgeltlich zu befördern – für den Fernverkehr gilt diese Regelung nicht. Der Schwerbehinderte hat den Anspruch durch einen entsprechenden vom Versorgungsamt ausgestellten Ausweis nachzuweisen (evtl. kann im Ausweis auch zusätzlich die Freifahrtberechtigung für eine Begleitperson eingetragen sein).

Der Ausdruck „Freifahrtberechtigung" ist aber falsch, da der Behinderte i.a. einen Eigenanteil leisten muss durch Kauf einer Wertmarke – das gilt für rund 70 % aller Behinderten. Unentgeltlich werden im Nahverkehr Behinderte mit besonderen Merkmalen befördert (Erstehen einer kostenlosen Wertmarke): blinde Schwerbehinderte, hilflose Schwerbehinderte, Schwerbehinderte mit Leistungen der Arbeitslosenhilfe oder Ähnliches sowie in einigen weiteren Sonderfällen. Für die unentgeltliche Beförderung enthält der Schwerbehindertenausweis die Merkmale gehbehindert (G, erheblich beeinträchtigt in der Bewegungsfähigkeit im Straßenverkehr), gehörlos (GL), hilflos (H).

Abb. 9-13: Muster eines Schwerbehindertenausweises mit Freifahrberechtigung (http://www.roesrath.de/module/Behördenlotse/Dienstberatungshandler.aspx?id=1391)

Der Schwerbehindertenausweis, der zur unentgeltlichen Beförderung berechtigt, ist neben der Grundfarbe grün mit einem halbseitigen orangefarbenen Flächenaufdruck gekennzeichnet.

Die unentgeltliche Beförderung wird unabhängig vom Einkommen gewährt, ab dem sechsten Lebensjahr gilt sie nur in Verbindung mit einem Beiblatt, das für derzeit 30 Euro für ein halbes, oder 60 Euro für ein ganzes Jahr beim Versorgungsamt erhältlich ist. Schwerbehinderte Menschen, die Leistungen zur Sicherung des Lebensunterhaltes nach dem Sozialgesetzbuch II, VII oder XII, oder Leistungen nach dem Bundesversorgungsgesetz erhalten, blind (BL) oder hilflos (H) sind, erhalten das Jahresbeiblatt kostenlos. Ebenso kostenlos erhalten schwerbehinderte Menschen das Beiblatt, wenn sie bereits vor dem 1. Oktober 1979 aufgrund des „Gesetzes über die unentgeltliche Beförderung von Kriegs- und Wehrdienstbeschädigten sowie von anderen Behinderten im Nahverkehr" freifahrtberechtigt waren oder gewesen wären, wenn sie nicht zu dieser Zeit ihren Wohnsitz oder gewöhnlichen Aufenthalt in der DDR gehabt hätten.

Die Fahrgelderstattung für die Verkehrsunternehmen soll die nicht gezahlten Fahrpreise kompensieren. Dazu werden die Fahrgeldausfälle als Prozentsatz der nachgewiesenen Fahrgeldeinnahmen erstattet. Fahrgeldeinnahmen sind dabei alle Einnahmen aus dem Fahrkartenverkauf. Der Gesetzgeber geht von einer höheren Inanspruchnahme des ÖPNV durch die Behinderten als durch die allgemeine Bevölkerung aus; er sieht das Fahrverhalten der freifahrtberechtigten Behinderten aber als vergleichbar mit dem der allgemeinen Bevölkerung an – die Behinderten würden für den ÖPNV denselben Betrag ausgeben wie die allgemeine Bevölkerung. Deshalb entspricht der Fahrgeldausfall dem Verhältnis der zahlenden Bevölkerung zur Zahl der freifahrtberechtigten Personen. Die Landesregierungen setzen die Prozentzahlen der Fahrgeldausfälle fest aus dem Verhältnis Zahl der im Land verkauften Wertmarken für die Freifahrt plus 20 % zur Zahl der Wohnbevölkerung. Die an die Verkehrsunternehmen gezahlten Gelder werden vom Bund und vom Land aufgebracht. 3,7 % der Einnahmen der Verkehrsunternehmen der alten Bundesländer bzw. 1,5 % in den neuen Bundesländern kommen aus den Ausgleichszahlungen für die Schwerbehindertenbeförderung, im schon genannten Kreis Gütersloh waren das im Jahr 2002 immerhin 700.000 Euro.

9.6 Förderung des Öffentlichen Personennahverkehrs nach Inkrafttreten des Entflechtungsgesetzes

Die im Juni und Juli 2006 von Bundestag und Bundesrat beschlossene Föderalismusreform regelt insbesondere die Beziehungen zwischen Bund und Ländern – den föderalen Staatsaufbau – in Bezug auf die Gesetzgebung neu. Sie ist am -1. September- 2006 in Kraft getreten („Gesetz zur Entflechtung von Gemeinschaftsaufgaben und Finanzhilfen" EntflechtG, Geltung ab 01.01.2007 bis 31.12.2019).

Neu geregelt worden sind dabei auch die Bundesfinanzhilfen der Mischfinanzierung. Die bisherige, seit der Finanzreform von 1969 geltende Regelung (Art. 104a Abs. 4 GG), wonach der Bund den Ländern für „besonders bedeutsame Investitionen der Länder und der Gemeinden" Finanzhilfen gewähren konnte, ist - fast - wortgleich in den neuen Art. 104b GG übergegangen.[239] Die bisherigen Aufgabengebiete der Gemeinde-

---

[239] *GG § 104 b (1) Der Bund kann, soweit dieses Grundgesetz ihm Gesetzgebungsbefugnisse verleiht, den Ländern Finanzhilfen für besonders bedeutsame Investitionen der Länder und der Gemeinden (Gemeindeverbände) gewähren, die*

1. zur Abwehr einer Störung des gesamtwirtschaftlichen Gleichgewichts oder

verkehrsfinanzierung (teilweise) und der Wohnungsbauförderung sind auf die Länder übertragen worden. Dies allerdings mit der Maßgabe, dass der damit verbundene Ausfall der bisherigen Bundesfinanzhilfen den Ländern bis 2019 ausgeglichen wird (Kompensationsklausel des (neuen) Art. 143c GG).[240] Sie müssen über den gesamten Zeitraum investiv verausgabt werden; ab 2014 entfällt aber die Zweckbindung und die Verwendung geht – nach einer Überprüfung – in die Haushaltsautonomie der Länder über.

Die Beträge nach dem neuen Gesetz sind wie bisher für investive Vorhaben zur Verbesserung der Verkehrsverhältnisse in den Gemeinden einzusetzen; ein Mitteleinsatz nach Förderkriterien und Fördervoraussetzungen ist nicht vorgegeben; das Bundesprogramm wird fortgeführt. Wörtlich heißt es in § 3 (1) EntflechtG *„Mit der Beendigung der Finanzhilfen des Bundes für Investitionen zur Verbesserung der Verkehrsverhältnisse der Gemeinden steht den Ländern ab dem 1. Januar 2007 bis zum 31.12.2013 jährlich ein Betrag von 1.335.500.000 Euro aus dem Haushalt des Bundes zu. Der Bund führt im Rahmen seiner Zuständigkeit die besonderen Programme nach § 6 Abs. 1[241] und § 10 Abs. 2 Satz 1 und 3[242] des Gemeindeverkehrsfinanzierungsgesetzes durch."*

---

2. zum Ausgleich unterschiedlicher Wirtschaftskraft im Bundesgebiet oder
3. zur Förderung des wirtschaftlichen Wachstums
*erforderlich sind. Abweichend von Satz 1 kann der Bund im Falle von Naturkatastrophen oder außergewöhnlichen Notsituationen, die sich der Kontrolle des Staates entziehen und die staatliche Finanzlage erheblich beeinträchtigen, auch ohne Gesetzgebungsbefugnisse Finanzhilfen gewähren. (2) Das Nähere, insbesondere die Arten der zu fördernden Investitionen, wird durch Bundesgesetz, das der Zustimmung des Bundesrates bedarf, oder aufgrund des Bundeshaushaltsgesetzes durch Verwaltungsvereinbarung geregelt. Die Mittel sind befristet zu gewähren und hinsichtlich ihrer Verwendung in regelmäßigen Zeitabständen zu überprüfen. Die Finanzhilfen sind im Zeitablauf mit fallenden Jahresbeträgen zu gestalten.
(3) Bundestag, Bundesregierung und Bundesrat sind auf Verlangen über die Durchführung der Maßnahmen und die erzielten Verbesserungen zu unterrichten.*

[240] Durch Artikel 1 Nr. 22 und 23 des Gesetzes zur Änderung des Grundgesetzes vom 28. August 2006 stehen den Ländern bis 2013 (jährlich) 1.335 Mrd. Euro aus dem Bundeshaushalt zur Verfügung und werden prozentual auf die Länder aufgeteilt.

[241] § 6 Abs. 1 Aufstellung der Programme: Das Bundesministerium für Verkehr, Bau und Stadtentwicklung stellt aufgrund von Vorschlägen der Länder und im Benehmen mit ihnen besondere ergänzende Programme auf für Vorhaben nach § 2 Abs. 1 Nr. 2, [„Bau oder Ausbau von Verkehrswegen der a) Straßenbahnen, Hoch- und Untergrundbahnen sowie Bahnen besonderer Bauart, b) nichtbundeseigenen Eisenbahnen, soweit sie dem öffentlichen Personennahverkehr dienen, und auf besonderem Bahnkörper geführt werden"] die in Verdichtungsräumen oder den zugehörigen Randgebieten liegen und zuwendungsfähige Kosten von 50 Millionen Euro überschreiten.

[242] § 10 (2) Von den Mitteln nach Absatz 1 kann das Bundesministerium für Verkehr, Bau und Stadtentwicklung einen Betrag von 0,25 vom Hundert, im Benehmen mit den Ländern bis zu 0,50 vom Hundert, für Forschungszwecke in Anspruch nehmen ... 20 vom Hundert der Mittel nach Absatz 1, abzüglich der Mittel nach Absatz 2 Satz 1, bleiben den Vorhaben nach § 6 Abs. 1 vorbehalten. Mit Ausnahme der Beträge nach den Sätzen 1 und 2 sind die Mittel nach den Absätzen 1 und 2 zu verwenden.
1. zu 75,8 vom Hundert für die Länder Baden-Württemberg, Bayern, Bremen, Hamburg, Hessen, Niedersachsen, Nordrhein-Westfalen, Rheinland-Pfalz, Saarland und Schleswig-Holstein,
2. zu 24,2 vom Hundert für die Länder Berlin, Brandenburg, Mecklenburg-Vorpommern, Sachsen, Sachsen-Anhalt und Thüringen.

Seit dem 1. Januar 2007 erhalten die Länder als Ersatz für wegfallende GVFG-Beträge aus dem Bundeshaushalt Mittel in Höhe von jährlich 1.335,5 Millionen Euro (§ 3 Abs. 1 EntflechtG). Die Komplementärfinanzierung durch die Länder und Gemeinden fällt weg. Die Beträge sind zweckgebunden für Investitionen zur Verbesserung der Verkehrsverhältnisse in den Gemeinden zu verwenden; ein Mitteleinsatz nach Förderkriterien und Fördervoraussetzungen ist nicht vorgegeben. Ab 2014 fällt für diese Mittel die verkehrliche Zweckbindung weg, die Mittel müssen dann von den Ländern nur noch zweckgebunden für investive Zwecke jeglicher Art eingesetzt werden (§ 5 EntflechtG). Spätestens ab 2020 fallen die Bundesmittel komplett weg, es sei denn Bund und Länder einigen sich im Rahmen der „Revisionsklausel" (§ 6 EntflechtG) auf eine Weiterfinanzierung durch den Bund. Einzelheiten der Organisation und Umsetzung bleiben den Bundesländern vorbehalten.

Die folgenden Ausführungen beziehen sich auf Nordrhein-Westfalen. In den anderen Bundesländern bestehen ähnliche Verfahren.

Das Land Nordrhein-Westfalen hat wie andere Bundesländer zur Finanzierung des ÖPNV (Daseinsvorsorge) ein Gesetz erlassen („Gesetz zur Regionalisierung des öffentlichen Schienenpersonennahverkehrs sowie zur Erweiterung des ÖPNV"- Regionalisierungsgesetz NW).[243] Ziel dieses Gesetzes ist die Zusammenführung der Zuständigkeiten für Planung, Organisation und Finanzierung bei den Aufgabenträgern (Kreise und kreisfreie Städte für den allgemeinen ÖPNV, Zweckverbände – kreisübergreifend – für den Personennahverkehr der Eisenbahnen).

Das ÖPNV-Gesetz des Landes Nordrhein-Westfalen ist zum 01.01.2008 umfassend novelliert worden. Dabei verfolgte das Bundesland das Ziel

- örtliche Aufgaben vor Ort entscheiden zu lassen (Subsidiaritätsprinzip)
- den örtlichen Behörden mehr Freiheit bei der Verwendung der Fördergelder zu lassen
- Vorgaben des Landes auf ein Mindestmaß zu beschränken.

Das Bundesland Nordrhein-Westfalen bedient sich zur Umsetzung dieser Ziele dreier Kooperationsräume bzw. dreier Organisationen in/für diese Räume, welche das gesamte Land abdecken:

- Verkehrsverbund Rhein-Ruhr AöR
- Zweckverband Nahverkehr Rheinland
- Zweckverband Nahverkehr Westfalen-Lippe.

Die Planung, Organisation und Ausgestaltung des Öffentlichen Personennahverkehrs auf der kommunalen Ebene bleibt weiterhin eine Aufgabe der Kreise, kreisfreien Städte und kreisangehöriger Städte mit eigenem Verkehrsunternehmen.

Neben der Konzentration der Investitionsförderung auf drei Dachorganisationen ist zum 01. Januar 2008 auch die Vielzahl der Fördertatbestände zu drei Pauschalen zusammengefasst worden:

- die ÖPNV-Pauschale ist die bisherige Aufgabenträgerpauschale für die Kreise und kreisfreien Städte und die Fahrzeugförderung im ÖPNV sowie ab 2011 für die Ausgleichsleistungen im Ausbildungsverkehr
- die SPNV-Pauschale finanziert das Leistungsangebot des Schienenpersonennahverkehrs und die Aufgabenträgerpauschale SPNV

---

[243] Seit 2003 heißt das überarbeitete Gesetz „Gesetz über den Öffentlichen Personennahverkehr in Nordrhein-Westfalen (ÖPNVG NRW)".

- die pauschalierte Investitionsförderung enthält einen Teil der bisherigen Zuwendungen des Landes für ÖPNV-Infrastrukturmaßnahmen.

Für die Aufgabenträger (Kreise und Gemeinden) sowie Verkehrsunternehmen als Mittelempfänger für den ÖPNV vereinfacht sich das Verfahren zur Erlangung (und für den Nachweis der sachgerechten Verwendung) der Fördergelder. Die Kreise und Gemeinden und Verkehrsunternehmen sind in der Verwendung der Gelder – die ÖPNV-Zweckbindung bleibt erhalten - freier als bisher und entscheiden über den Geldeinsatz vor Ort.

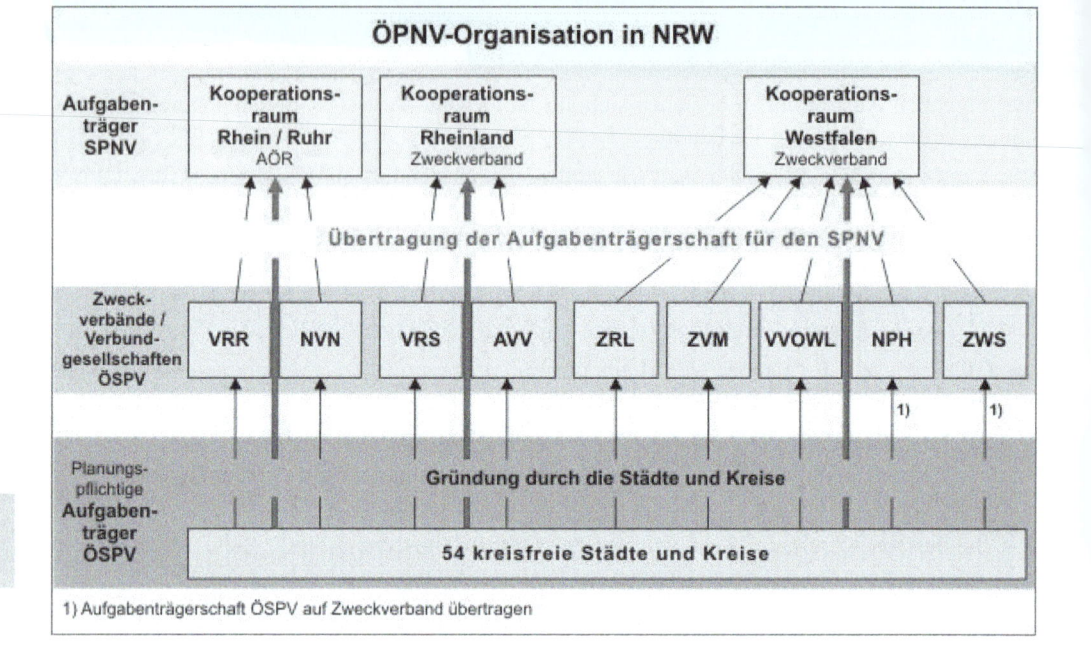

Abb. 9-14: Organisation der Aufgabenträgerschaft in Nordrhein-Westfalen (www.Fachportal.nahverkehr.nrw.de)[244]

Die Förderung des kommunalen ÖPNV in Nordrhein-Westfalen ist in § 11 Abs. 2 ÖPNVG NRW geregelt (sog. ÖPNV-Pauschale). Dort heißt es:

„ÖPNVG-NRW § 11(2) Das Land gewährt den Aufgabenträgern ... aus den Mitteln nach § 8 Regionalisierungsgesetz des Bundes in den Jahren 2008 bis 2010 eine jährliche Pauschale in Höhe von 110 Millionen EUR. 92,838 vom Hundert dieser Pauschale werden nach dem prozentualen Anteil der Empfänger an der für das Jahr 2007 gewährten ÖPNV-Fahrzeugförderung verteilt; im Falle einer Änderung der Aufgabenträgerschaft sind die Anteile entsprechend anzupassen. 7,162 vom Hundert dieser Pauschale werden nach dem prozentualen Anteil an der in 2007 den Kreisen und kreisfreien Städ-

---

[244] Verkehrsverbund Rhein-Ruhr GmbH (VRR), Nahverkehrs-Zweckverband Niederrhein (NVN), Verkehrsverbund Rhein-Sieg (VRS), Aachener Verkehrsverbund (AVV), Zweckverband SPNV Ruhr-Lippe (ZRL), Zweckverband SPNV Münsterland (ZVM), Zweckverband Verkehrsverbund Ostwestfalen-Lippe (VVOWL), Zweckverband Nahverkehrsverbund Paderborn/Höxter (NPH), Zweckverband Personennahverkehr Westfalen-Süd (ZWS)

9.6 Förderung des Öffentlichen Personennahverkehrs

ten gewährten Aufgabenträgerpauschale verteilt. Der Betrag nach Satz 1 erhöht sich im Jahr 2011 um 100 Millionen EUR und ab dem Jahr 2012 um 130 Millionen EUR, die jeweils aus Landesmitteln finanziert werden. Mindestens 80 vom Hundert der Pauschale sind für Zwecke des ÖPNV mit Ausnahme des SPNV an öffentliche und private Verkehrsunternehmen weiterzuleiten; die übrigen Mittel sind für Zwecke des ÖPNV zu verwenden oder hierfür an öffentliche und private Verkehrsunternehmen, Gemeinden, Zweckverbände, Eisenbahnunternehmen oder juristische Personen des privaten Rechts, die Zwecke des ÖPNV verfolgen, weiterzuleiten.

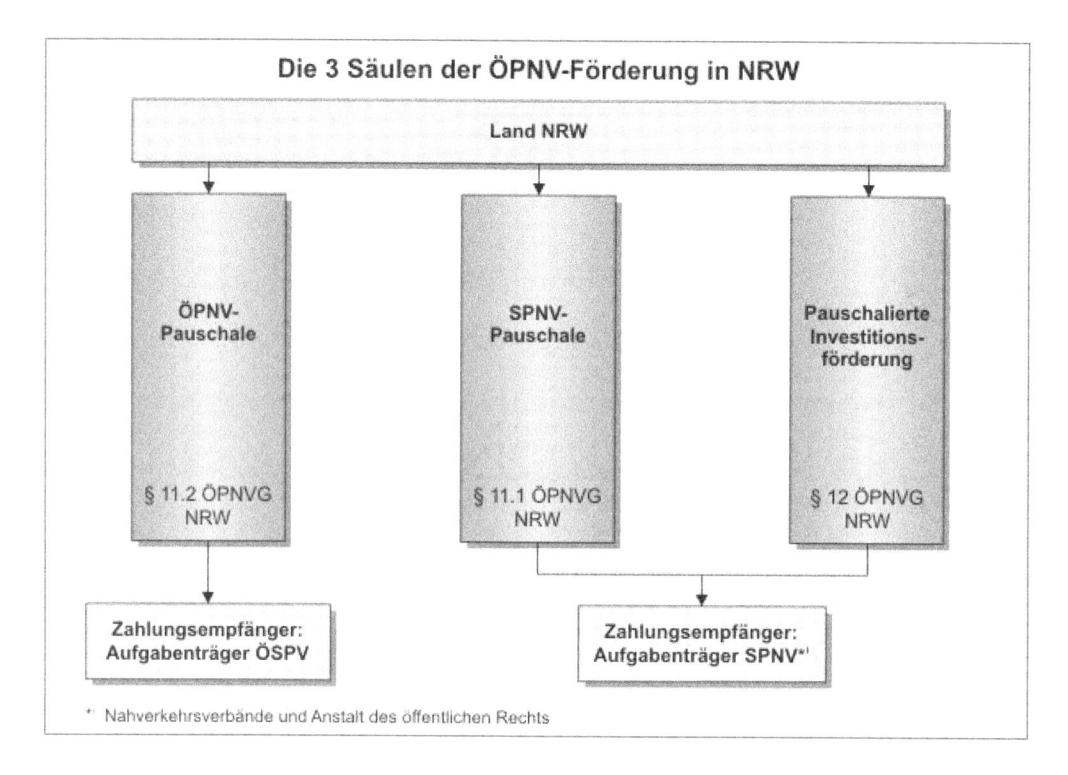

Abb. 9-15: Drei Säulen der ÖPNV-Förderung in Nordrhein-Westfalen
(www.Fachportal.nahverkehr.nrw.de)

Einzelheiten enthalten die Verwaltungsvorschriften zur Durchführung des ÖPNVG NRW. Mit der ÖPNV-Pauschale sichert das Land NRW einen Teil der Finanzierung des straßengebundenen ÖPNV und ersetzt damit die bisherige

- Aufgabenträgerpauschale für Kreise und kreisfreie Städte (Planungspauschale für Aufgabenträger),
- Fahrzeugförderung im kommunalen ÖPNV (ÖPNV-Fahrzeugförderung),
- Ausgleichsleistungen im Ausbildungsverkehr (ab 2011, vgl. Gesetzliche Ausgleichsleistungen im Ausbildungsverkehr).

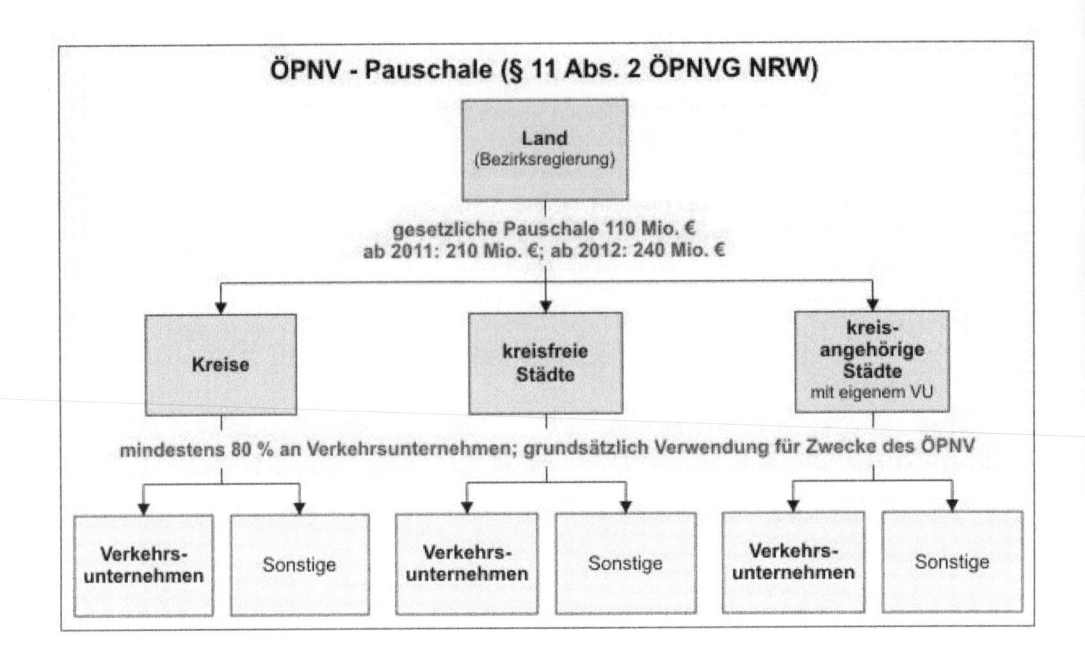

Abb. 9-16: Förderempfänger der ÖPNV-Pauschale (www.Fachportal.nahverkehr.nrw.de)

Ziel der pauschalierten Zuwendung für den kommunalen ÖPNV ist es, die bisher mit einem sehr hohen Verfahrensaufwand verbundenen Förder- bzw. Ausgleichsverfahren zu vereinfachen. Deutlich erweiterte Freiräume bei der Mittelverwendung sollen die Eigenverantwortung der Aufgabenträger stärken und dadurch die Effizienz des Mitteleinsatzes verbessern.

Die ÖPNV-Pauschale nach § 11(2) ÖPNVG-NRW wird den Aufgabenträgern des ÖPNV nach den Verwaltungsvorschriften ohne Antragstellung – aber mit zu befolgenden Bestimmungen- bewilligt; Bewilligungsbehörde ist die Bezirksregierung (Abb. 9-16). Im Jahr 2008 betrug die Summe der in die ÖPNV-Pauschale aufgegangenen Zuwendungen 110 Millionen Euro.

Neben der ÖPNV-Pauschale vergibt Nordrhein-Westfalen Mittel zur Finanzierung des SPNV-Leistungsangebots und die Aufgabenträgerpauschale (SPNV-Pauschale). Mit der SPNV-Pauschale sichert das Land NRW die Finanzierung des bedarfsgerechten Angebots im Schienenpersonennahverkehr, das von den zuständigen SPNV-Aufgabenträgern verantwortet und bestellt wird. Ziel der pauschalierten Zuwendung für den SPNV ist es, die in der Vergangenheit mit einem hohen Regelungsbedarf verbundenen und häufig kontrovers diskutierten Schlüsselzuweisungen an die SPNV-Aufgabenträger abzulösen. Deutlich erweiterte Freiräume bei der Mittelverwendung sollen die Eigenverantwortung der SPNV-Aufgabenträger stärken und dadurch die Effizienz des Mitteleinsatzes verbessern. In § 11 des ÖPNV-Gesetzes Nordrhein-Westfalen heißt es dazu:

Nebenbestimmungen:

1. Die Gewährung von 80 vom Hundert der Pauschale erfolgt unter der auflösenden Bedingung der Weiterleitung an die in Ihrem Gebiet tätigen Verkehrsunternehmen für Zwecke des ÖPNV mit Ausnahme des SPNV. Sofern eine Weiterleitung nicht in dem Mindestumfang erfolgt, ist die Differenz zwischen Mindestumfang und weitergeleitetem Betrag zu erstatten.
2. Bei der Verwendung und der Weiterleitung der Pauschale haben Sie Ihre haushaltsrechtlichen Bindungen sowie sonstige gesetzliche Bestimmungen – insbesondere des ÖPNVG NRW – zu beachten. Öffentliche und private Verkehrsunternehmen sind gleich zu behandeln.
3. Die Pauschalmittel dürfen weder von Ihnen noch von den Empfängern von Ihnen weitergeleiteter Mittel als Eigenanteil im Rahmen einer Förderung nach den §§ 12 oder 13 ÖPNVG NRW eingesetzt werden. Dies ist bei der Weiterleitung von Mitteln aus der Pauschale sicherzustellen.
4. Bis zum Ablauf des Kalenderjahres nicht verausgabte sowie zurück erhaltene Mittel dürfen bis zum 30. Juni des Folgejahres für Zwecke des ÖPNV verwendet oder weitergeleitet werden. Bis dahin nicht verausgabte Mittel sind mir unverzüglich zu erstatten.
5. Bis zum 30. September .... haben Sie die ordnungsgemäße Verwendung der Pauschale schriftlich zu bestätigen. Der Bestätigung ist eine Übersicht beizufügen, die mindestens folgende Inhalte hat:
   - Empfänger der Zahlung
   - Zahlungsgrund/Kurzbeschreibung des Projektes
   - Insgesamt aus dieser Pauschale geleistete Zahlungen

gemäß § 11 Abs. 2 des Gesetzes über den öffentlichen Personennahverkehr in Nordrhein-Westfalen (ÖPNVG NRW) in Verbindung mit den Verwaltungsvorschriften zum Gesetz über den öffentlichen Personennahverkehr in Nordrhein-Westfalen (VV-ÖPNVG NRW) gewähre ich Ihnen für das laufende Kalenderjahr eine Pauschale in Höhe von

.... EUR.

Der Betrag wurde wie folgt ermittelt:

	auf Ihr Gebiet bezogener Anteil an der Förderung 2007		Gesamtpauschale	Ihr Anteil an Gesamtpauschale (Spalte 3xSpalte 2)
	Betrag in EUR	Anteil in %	Betrag in EUR	Betrag in EUR
ehem. Fahrzeug-förderung 2007			102.121.800,14	
ehem. Aufgabenträger-Pauschale			7.878.199,86	
Summe:			110.000.000,00	

Mindestens 80 vom Hundert der Pauschale sind an die in Ihrem Gebiet tätigen öffentlichen und privaten Verkehrsunternehmen für Zwecke des ÖPNV mit Ausnahme des SPNV weiterzuleiten.

Der darüber hinausgehende Teil der Pauschale ist für Zwecke des ÖPNV einschließlich Ihrer allgemeinen Aufwendungen von Ihnen selbst zu verwenden oder hierfür an öffentliche und private Verkehrsunternehmen, Gemeinden, Zweckverbände, Eisenbahnunternehmen oder juristische Personen des privaten Rechts, die Zwecke des ÖPNV verfolgen, weiterzuleiten.

Abb. 9-17: Musterbescheid zur ÖPNV-Pauschale (Ministerialblatt NRW, 21.12.2007)

(1) Das Land gewährt den Zweckverbänden aus den Mitteln nach § 8 Regionalisierungsgesetz des Bundes eine jährliche Pauschale in Höhe von 800 Millionen EUR; dieser Betrag erhöht sich anteilig entsprechend den Anpassungs- und Revisionsregelungen des Regionalisierungsgesetzes des Bundes. Von der Pauschale erhalten der ... [VRR] 45,485 vom Hundert, der ... [NVR] 22,666 vom Hundert und der ... [NWL] 31,849 vom Hundert. Die Pauschale ist insbesondere zur Sicherstellung eines bedarfsgerechten SPNV-Angebots an die Eisenbahnunternehmen weiterzuleiten, kann aber auch für andere Zwecke des ÖPNV verwendet oder hierfür an Eisenbahnunternehmen, öffentliche und private Verkehrsunternehmen, Gemeinden und Gemeindeverbände sowie juristische Personen des privaten Rechts, die Zwecke des ÖPNV verfolgen, weitergeleitet werden. Aus der Pauschale ist das SPNV-Netz ... zu finanzieren. Die Zweckverbände dürfen höchstens 3 vom Hundert der Pauschale für ihre allgemeinen Ausgaben verwenden.

(2 (...)

(3) Die Pauschalen werden in zwölf gleichen monatlichen Teilbeträgen ausgezahlt. Die Verwendung und Weiterleitung der Pauschalen geschieht unter Beachtung haushaltsrechtlicher Bindungen der Empfänger sowie sonstiger gesetzlicher Bestimmungen. Die Pauschalen dürfen nicht als Eigenanteil im Rahmen der Förderung nach den §§ 12 und 13 verwendet werden.

(4) Nicht verausgabte sowie zurückerhaltene Mittel dürfen bis zu sechs Monaten nach Ablauf des Kalenderjahres für Zwecke des ÖPNV verausgabt werden. Bis dahin nicht verausgabte Mittel sind dem Land zu erstatten. Als Nachweis der Verwendung der Pauschalen haben die Empfänger bis zum 30. September des Folgejahres eine Bestätigung über den ordnungsgemäßen Mitteleinsatz sowie eine Übersicht hierüber vorzulegen.

(5) Die Verteilung der Pauschalen wird mit Wirkung ab dem Jahr 2011 unter Berücksichtigung der Betriebsleistungen, der Fläche und der Einwohnerzahl neu festgesetzt.

Die SPNV-Pauschale betrug im Jahr 2008 800 Millionen Euro, davon erhielt der VRR 363,88 Mio. Euro, der NVR 181,33 Mio. Euro und der NWL 254,79 Mio. Euro. Der Bescheid zur Gewährung der SNV-Pauschale enthält einige Nebenbestimmungen (Abb. 9-18).

gemäß § 11 Abs. 1 des Gesetzes über den öffentlichen Personennahverkehr in Nordrhein-Westfalen (ÖPNVG NRW) in Verbindung mit den Verwaltungsvorschriften zum Gesetz über den öffentlichen Personennahverkehr in Nordrhein-Westfalen (VV-ÖPNVG NRW) gewähre ich Ihnen für das laufende Kalenderjahr eine Pauschale in Höhe von

.... EUR

Der Betrag wurde wie folgt ermittelt:

- Anteil an Grundbetrag/Betrag der Pauschale im Vorjahr .... EUR
- Steigerung entsprechend den Anpassungs- und Revisionsklauseln des Regionalisierungsgesetzes des Bundes   v. H. = ... EUR

- Summe = Pauschale für das laufende Jahr   .... EUR

9.6 Förderung des Öffentlichen Personennahverkehrs

Die Pauschale kann darüber hinaus für andere Zwecke des ÖPNV von Ihnen selbst verwendet oder hierfür an Eisenbahnunternehmen, öffentliche und private Verkehrsunternehmen, Gemeinden und Gemeindeverbände oder juristische Personen des privaten Rechts, die Zwecke des ÖPNV verfolgen, weitergeleitet werden.

- Summe = Pauschale für das laufende Jahr .... EUR

.... EUR

Die Pauschale ist insbesondere zur Weiterleitung an Eisenbahnunternehmen zur Sicherstellung eines bedarfsgerechten SPNV-Angebots bestimmt und kann unter den Voraussetzungen des § 17 Satz 1 ÖPNVG NRW hierzu auch an die Zweckverbände weitergeleitet werden.

Nebenbestimmungen:

1. Die Gewährung der Pauschale erfolgt unter der auflösenden Bedingung der Inanspruchnahme und Finanzierung der Betriebsleistungen des SPNV-Netzes im besonderen Landesinteresse gemäß § 7 Abs. 4 ÖPNVG NRW in Ihrem Gebiet. Dies gilt auch, wenn Teile des Netzes in Anwendung des § 17 Satz 1 von bisherigen Zweckverbänden zu vereinbaren sind.
2. Sie sind berechtigt, höchstens 3 vom Hundert der Pauschale für ihre allgemeinen Ausgaben zu verwenden.
3. Bei der Verwendung und der Weiterleitung der Pauschale haben Sie Ihre haushaltsrechtlichen Bindungen sowie sonstige gesetzliche Bestimmungen zu beachten.
4. Die Pauschalmittel dürfen weder von Ihnen noch von den Empfängern von Ihnen weitergeleiteter Mittel als Eigenanteil im Rahmen einer Förderung nach den §§ 12 oder 13 ÖPNVG NRW eingesetzt werden. Dies ist bei der Weiterleitung von Mitteln aus der Pauschale sicherzustellen.
5. Bis zum Ablauf des Kalenderjahres nicht verausgabte sowie zurück erhaltene Mittel dürfen bis zum 30. Juni des Folgejahres für Zwecke des ÖPNV verwendet oder weitergeleitet werden. Bis dahin nicht verausgabte Mittel sind mir unverzüglich zu erstatten.
6. Bis zum 30. September .... haben Sie die ordnungsgemäße Verwendung der Pauschale schriftlich zu bestätigen. Der Bestätigung ist eine Übersicht beizufügen, die mindestens folgende Inhalte hat:
   - Empfänger der Zahlung
   - Zahlungsgrund/Kurzbeschreibung des Projektes
   - Insgesamt aus dieser Pauschale geleistete Zahlungen

   In der Übersicht ist die Verwendung der gesamten, durch diesen Bescheid gewährten Pauschale sowie ggf. im laufenden Jahr zurück erhaltener Pauschalmittel aus vorausgegangenen Jahren nachzuweisen, auch wenn Teile der Mittel erst im Folgejahr (Ziffer 5) verausgabt werden.

   Der Bestätigung sind ggf. Nachweise der bisherigen Zweckverbände nach § 17 Satz 3 beizufügen.

   Auf Anforderung haben Sie mir zur Prüfung der Verwendung weitere Unterlagen und Nachweise vorzulegen.

Abb. 9-18: Muster-Bescheid zur Gewährung der SPNV-Pauschale (Ministerialblatt NRW, 21.12.2007)

Die Förderung von ÖPNV-Investitionen in Nordrhein-Westfalen ist in den § 12 und 13 des ÖPNVG NRW geregelt; § 13 enthält Ausführungen zu Investitionsmaßnahmen im besonderen Landesinteresse:

§ 12 Pauschalierte Investitionsförderung

(1) Das Land gewährt den Zweckverbänden aus den Mitteln nach § 8 Regionalisierungsgesetz des Bundes sowie nach dem Entflechtungsgesetz pauschalierte Zuwendungen für Investitionsmaßnahmen des ÖPNV in einer Gesamthöhe von jährlich mindestens 150 Millionen EUR.

(2) Grundlagen für die Verteilung der Zuwendung sind die in den Jahren 2002 bis 2006 durchschnittlich ausgezahlten Zuwendungen des Landes für ÖPNV-Infrastrukturinvestitionen in den jeweiligen Zweckverbandsgebieten mit Ausnahme von Maßnahmen des GVFG-Bundesprogramms oder Maßnahmen, die aufgrund des Geset-

zes zur Umsetzung des Beschlusses des Deutschen Bundestages vom 20. Juni 1991 zur Vollendung der Einheit Deutschlands (Berlin/Bonn-Gesetz – BGBl I 1994 S. 918) gefördert wurden. Die Verteilung wird mit Wirkung ab dem Jahr 2011 neu festgesetzt.

(3) Die Zuwendung ist zur Förderung von Investitionen des ÖPNV, insbesondere in die Infrastruktur, zu verwenden oder hierfür an Gemeinden, öffentliche und private Verkehrsunternehmen, Eisenbahnunternehmen sowie juristische Personen des privaten Rechts, die Zwecke des ÖPNV verfolgen, weiterzuleiten. Bei der Verwendung der Mittel nach dem Entflechtungsgesetz und dem Nachweis ihrer Verwendung sind die bundesrechtlichen Vorgaben zu beachten. Der Neu- oder streckenbezogene Ausbau von Schienenwegen mit zuwendungsfähigen Ausgaben von mehr als drei Millionen EUR darf nur gefördert werden, wenn er Bestandteil des Verkehrsinfrastrukturbedarfsplans gemäß § 7 Abs. 1 ist. Mit der Zuwendung dürfen höchstens 85 vom Hundert der zuwendungsfähigen Ausgaben der jeweiligen Investitionsmaßnahme gefördert werden. Mindestens 50 vom Hundert der Mittel sind für solche Investitionsmaßnahmen zu verwenden, die nicht dem SPNV dienen.

(4) Auf den Anteil des jeweiligen Zweckverbandes an der Förderung werden die am 1. Januar des jeweiligen Jahres bestehenden Verpflichtungen

1. für die ergänzende Förderung gemäß § 13 Abs. 2 Satz 3 sowie

2. für die Infrastrukturmaßnahmen, deren Förderung das Land vor dem 1. Januar 2008 bewilligt oder vereinbart hat,

angerechnet. Eine Anrechnung erfolgt nicht, soweit es sich um Maßnahmen handelt, die nach § 13 Abs. 1 gefördert werden.

(5) Die Zweckverbände haben einen jährlichen Katalog der mit den Mitteln zu fördernden Maßnahmen durch Beschluss der Zweckverbandsversammlung festzulegen und der Bewilligungsbehörde anzuzeigen.

(6) Nicht verausgabte sowie zurückerhaltene Mittel dürfen bis zu sechs Monaten nach Ablauf des Kalenderjahres zur Aufstockung dieser Förderung verwendet werden. Danach nicht verausgabte Mittel sind dem Land zu erstatten. Als Nachweis der Verwendung der Förderung haben die Zweckverbände bis zum 30. September des Folgejahres eine Bestätigung über den ordnungsgemäßen Mitteleinsatz sowie eine Übersicht hierüber vorzulegen. Für Mittel nach dem Entflechtungsgesetz ist der Nachweis entsprechend den bundesrechtlichen Anforderungen bis zum 31. März des Folgejahres vorzulegen.

§ 13 Investitionsmaßnahmen im besonderen Landesinteresse

(1) Das Land gewährt aus den Mitteln nach dem GVFG, dem Entflechtungsgesetz sowie weiteren Mitteln Zuwendungen für Investitionsmaßnahmen im besonderen Landesinteresse. Investitionsmaßnahmen im besonderen Landesinteresse sind

1. ÖPNV-Infrastrukturmaßnahmen des GVFG-Bundesprogramms,

2. SPNV-Infrastrukturmaßnahmen an Großbahnhöfen,

3. Investitionsmaßnahmen, durch die neue Technologien im ÖPNV erprobt werden sollen, sowie

4. Investitionsmaßnahmen, für die das besondere Landesinteresse im Einzelfall vom für das Verkehrswesen zuständigen Ministerium im Einvernehmen mit dem Verkehrsausschuss des Landtags festgestellt wurde.

9.6 Förderung des Öffentlichen Personennahverkehrs

Zuwendungsempfänger können Kreise, Städte und Gemeinden, öffentliche und private Verkehrsunternehmen, Eisenbahnunternehmen sowie juristische Personen des privaten Rechts, die Zwecke des ÖPNV verfolgen, sein.

(2) Investitionen in Schienenwege und Stationen der Eisenbahnen des Bundes sind vorrangig aus Mitteln nach dem Bundesschienenwegeausbaugesetz (BSchwAG) zu finanzieren. Diese Maßnahmen können vom Land nach Anhörung der Zweckverbände ergänzend gefördert werden. Die vom Land gewährte ergänzende Förderung wird auf die Förderung der Zweckverbände nach § 12 angerechnet, soweit es sich nicht um Maßnahmen handelt, die nach Absatz 1 gefördert werden.

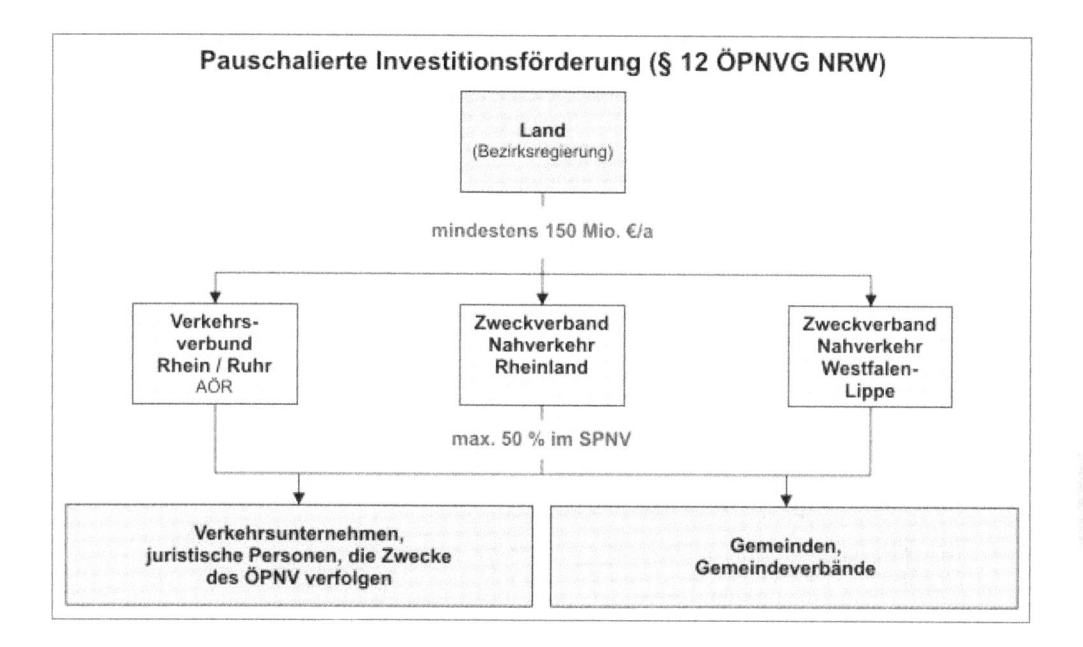

Abb. 9-19: Förderung von Investitionen des ÖPNV, insbesondere der Infrastruktur (www.Fachportal.nahverkehr.nrw.de)

Die Zweckverbände Nahverkehr Rheinland, Nahverkehr Westfalen-Lippe und der Verkehrsverbund Rhein-Ruhr verantworten (die Finanzierung des Leistungsangebotes im Schienenpersonennahverkehr und) die maßnahmenbezogene Förderung der ÖPNV-Investitionen. Somit werden auch Anträge auf Förderung von ÖPNV-Infrastrukturmaßnahmen von den Organisationen als Aufgabenträger bearbeitet (die Zuständigkeit der staatlichen Ebene „Bezirksregierung" in Nordrhein-Westfalen entfällt bei der maßnahmenbezogenen Förderung von ÖPNV-Investitionen).

Das Land gewährt über die drei Dachorganisationen eine jährliche pauschalierte Investitionsförderung in Höhe von mindestens 150 Millionen Euro (§ 12 ÖPNVG NRW).

Die Zuwendung „pauschalisierte Investitionsförderung" ist danach für die eigene Verwendung bestimmt oder zur Weiterleitung an Gemeinden und Gemeindeverbände, öffentliche und private Verkehrsunternehmen, Eisenbahnunternehmen oder juristische Personen des privaten Rechts, die Zwecke des ÖPNV verfolgen.

Mit der Zuwendung durch die Zweckverbände dürfen höchstens 85 % der zuwendungsfähigen Ausgaben abgedeckt werden. Gefördert werden können nach den Vorgaben des § 12 (pauschalisierte Investitionsförderung):

- Neubau und Ausbau der ÖPNV-Infrastruktur,
- Modernisierung und Erneuerung der ÖPNV-Infrastruktur, sofern die Maßnahmen zu einer Funktionsverbesserung für den ÖPNV führen (Unterhaltungsmaßnahmen sind nicht förderfähig),
- sonstige Investitionsmaßnahmen des ÖPNV.

Mindestens 50 % der Mittel müssen für Investitionsmaßnahmen außerhalb des SPNV eingesetzt werden; gleichzeitig muss sichergestellt sein, dass mindestens 50 % in Infrastrukturprojekte fließen. Schließlich dürfen die Mittel im Rahmen der haushaltsmäßigen Vorgabe auch für die Planung und die Vorbereitung des Neu- und Ausbaus der ÖPNV-Infrastruktur oder die Modernisierung bzw. Erneuerung der ÖPNV-Infrastruktur an Bahnhöfen und Haltepunkten des SPNV verwendet werden.

Die Nahverkehrszweckverbände bzw. die Anstalt des öffentlichen Rechts VRR müssen die zweckentsprechende Verwendung der Mittel gegenüber der Bezirksregierung als ihrer Bewilligungsbehörde nachweisen (Verwendungsnachweis).

Einzelheiten zur Antragstellung und zum Verwendungsnachweis der Gelder enthalten die Verwaltungsvorschriften zum Gesetz über den öffentlichen Personennahverkehr in Nordrhein-Westfalen (VV-ÖPNVG NRW) in der Fassung vom 30.11.2007.

Dort heißt es zur pauschalisierten Investitionsförderung:

„(Gegenstand der Förderung) Neubau und Ausbau der ÖPNV-Infrastruktur, (...) Modernisierung und Erneuerung der ÖPNV-Infrastruktur. (...) Zuwendungsempfänger ... Zweckverbände. (...) Finanzierungsart: Festbetragsfinanzierung. (...) Die Zuwendungen werden ohne vorherige Antragstellung bewilligt."

Einen Muster-Zuwendungsbescheid enthält Abb. 9-20.

Der Zweckverband Nahverkehr Rheinland erhält orientiert an den Zuwendungen der letzten Jahre von den 150 Millionen Euro des Landes einen Anteil von 30,8 %, das sind 46,2 Millionen Euro. Damit fördert der NVR Investitionen in Schienenwege des SPNV und der Stadtbahn einschließlich Haltestellen, er fördert Haltestellen des schienengebundenen ÖPNV, es werden Bushaltestellen und Zentrale Omnibusbahnhöfe gefördert; Park-and-Ride – und Bike-and-Ride Anlagen werden finanziell unterstützt, die Schaffung von Informations- und Kommunikationsinfrastruktur wird gefördert, das elektronische Fahrgeldmanagement wird unterstützt, Erneuerungen werden gefördert (z. B. neue Fahrtreppen), Maßnahmen zur Erhöhung der betrieblichen und verkehrlichen Sicherheit werden gefördert und es gibt Zuwendungen für weitere Investitionen aufgrund besonderer Vereinbarungen mit dem Land. Der Neubau und streckenbezogene Ausbau von Schienenwegen mit zuwendungsfähigen Ausgaben von mehr als 3 Mio. Euro ist nur förderfähig, wenn die Maßnahme als indisponibles Vorhaben oder als Vorhaben der Stufe 1 Bestandteil des Verkehrsinfrastrukturbedarfsplans – Teil Schiene – ist. Die Zuwendungen an die Zweckverbände werden ohne vorherige Antragstellung bewilligt; Bewilligungsbehörde ist die jeweilige Bezirksregierung am Sitz des Zweckverbandes.

9.6 Förderung des Öffentlichen Personennahverkehrs

Muster-Zuwendungsbescheid
Pauschalierte Investitionsförderung

Zuwendungsbescheid
(Pauschalierte Investitionsförderung)

Zuwendung des Landes Nordrhein-Westfalen

Pauschalierte Investitionsförderung nach § 12 ÖPNVG NRW

Anlg.:
- Allgemeine Nebenbestimmungen für Zuwendungen zur Projektförderung an Gemeinden (GV) - ANBest-G -
- Allgemeine Nebenbestimmungen für Zuwendungen zur Projektförderung - ANBest-P -
- Verwendungsnachweisvordruck (2-fach)
- Auflistung der Anrechnungsbeträge nach den Nrn. 4.3.2 und 4.3.3 VV zu § 12 ÖPNVG NRW

I.

1. Bewilligung

Aufgrund des § 12 ÖPNVG NRW, den VV-ÖPNVG NRW zu § 12 und den VV/VVG zu § 44 LHO bewillige ich Ihnen

für die Zeit vom 1. Januar .... bis 31. Dezember
(Bewilligungszeitraum)

eine Zuwendung in Höhe von

.... EUR
(in Buchstaben: Euro)

2. Zur Durchführung folgender Maßnahme:

Die Zuwendung ist bestimmt für Investitionsmaßnahmen des ÖPNV zur eigenen Verwendung oder zur Weitergabe an Gemeinden und Gemeindeverbände, öffentliche und private Verkehrsunternehmen, Eisenbahnunternehmen oder juristische Personen des privaten Rechts, die Zwecke des ÖPNV verfolgen. Dies sind

2.1 der Neubau und Ausbau der ÖPNV-Infrastruktur,

2.2 die Modernisierung oder Erneuerung der ÖPNV-Infrastruktur, sofern die Maßnahme zu einer Funktionsverbesserung des ÖPNV führt, sowie

2.3 sonstige Investitionsmaßnahmen des ÖPNV

Die Finanzierungsart sowie Zuwendungsfähigkeit von Ausgaben sind von Ihnen nach Maßgabe der VV-ÖPNVG NRW sowie der VV/VVG zu § 44 LHO festzulegen Auf die Nrn. 13 VV/VVG zu § 44 LHO sowie § 44 Abs. 1 Satz 4 LHO wird besonders hingewiesen. Von dieser Zuwendung dürfen Mittel bis zur Höhe des in Ziffer I. 4 hierfür ausgewiesenen Betrages auch zur Förderung von Ausgaben für die Planung und Vorbereitung von Maßnahmen gemäß Ziffer 2.1 und für Maßnahmen gemäß Nr. 2. 2 an Bahnhöfen und Haltepunkten des SPNV eingesetzt werden. Mit der Zuwendung dürfen höchstens 85 vom Hundert der zuwendungsfähigen Gesamtausgaben der Maßnahme abgedeckt werden.

3. Finanzierungsart/ -höhe

Die Zuwendung wird in der Form der Festbetragsfinanzierung in Höhe von .... EUR als Zuweisung gewährt.

4. Ermittlung der Zuwendung

Die Zuwendungshöhe wurde wie folgt ermittelt:		
Gesamtförderung nach Nr. 4.3.1 VV zu § 12 ÖPNVG NRW	....	EUR
Ihr Anteil an Gesamtförderung v. H.=	....	EUR
Anrechnungsbetrag nach Nr. 4.3.2 VV zu § 12 ÖPNVG NRW	....	EUR
Anrechnungsbetrag nach Nr. 4.3.3 VV zu § 12 ÖPNVG NRW	....	EUR

Betrag der Zuwendung	.... EUR
davon aus Mitteln nach Entflechtungsgesetz	.... EUR
Regionalisierungsgesetz	.... EUR
davon wiederum maximal zur Förderung von Ausgaben für die Planung und Vorbereitung	.... EUR

5. Bewilligungsrahmen

von der Zuwendung entfallen auf	
Ausgabeermächtigung	.... EUR

6. Auszahlung

Die Zuwendung wird abweichend von Nummer 1.4 ANBest-G in vier gleichen Teilbeträgen am 30. März, 30. Juni, 30. September und 15. Dezember ausgezahlt.

II.

Nebenbestimmungen:

Die beigefügten ANBest-G sind Bestandteil dieses Bescheides. Abweichend oder ergänzend wird folgendes bestimmt:

1. Die Nrn. 1.2, 1.3, 1.4, 1.5, 2, 5.1, 5.4, 7.1, 8.3, 9.3.1 und 9.5 der ANBest-G finden keine Anwendung.
2. Die Zuwendung darf nur für solche Maßnahmen verwendet werden, die den Kriterien nach der Nummer 2 der Verwaltungsvorschriften zu § 12 ÖPNVG NRW genügen.
3. Mittel nach dem Entflechtungsgesetz sind ausschließlich für Investitionen einzusetzen, die zur Verbesserung der Verkehrsverhältnisse in den Gemeinden erforderlich sind.
4. Von der Gesamtzuwendung sind mindestens 50 vom Hundert für Maßnahmen zu verwenden, die nicht dem SPNV dienen. Mindestens 50 vom Hundert der Gesamtzuwendung ist für Maßnahmen nach den Ziffern I. 2.1 und I. 2.2 zu verwenden.
5. Der Neubau oder streckenbezogene Ausbau von Schienenwegen mit zuwendungsfähigen Ausgaben von mehr als 3 Millionen EUR ist nur förderfähig, wenn die Maßnahme als indisponibles Vorhaben oder Vorhaben der Stufe 1 Bestandteil des Verkehrsinfrastrukturbedarfsplans –Teil Schiene- gemäß § 7 Abs. 1 und die zweckentsprechende Nutzung sicher gestellt ist.
6. Die Maßnahmen, die aus Mitteln dieser Zuwendung gefördert werden sollen, sind in einen Maßnahmenkatalog aufzunehmen, der bei Bedarf fortzuschreiben ist. Über den Maßnahmenkatalog hat Ihre Vertretungskörperschaft (bei Zweckverbänden die Verbandsversammlung, bei gemeinsamen Anstalten der Verwaltungsrat) zu beschließen; dies gilt auch für die Fortschreibung. Der Maßnahmenkatalog und seine Fortschreibung ist mir unverzüglich vorzulegen.
7. Die Zuwendungen dürfen an Unternehmen nur weitergeleitet werden, soweit diese einen Gemeinschaftstarif gemäß § 5 Abs. 3 ÖPNVG NRW anwenden oder als Subunternehmer für ein solches Unternehmen tätig sind.
8. Bei der Verwendung und Weitergabe der Zuwendung sind die Grundsätze der Wirtschaftlichkeit und Sparsamkeit gemäß § 7 LHO und den VV zu § 7 LHO entsprechend anzuwenden. Die Weitergabe der Zuwendung hat auf der Grundlage der VV/VVG zu § 44 LHO zu erfolgen, soweit nicht in den Verwaltungsvorschriften zu § 12 ÖPNVG NRW oder diesem Zuwendungsbescheid Ausnahmen zugelassen sind.
9. Bei der Weiterleitung von Mitteln aus dieser Zuwendung sind Sie befugt, bei Vorliegen der Voraussetzungen der Nr. 1.3.1 VV/VVG zu § 44 LHO Ausnahmen vom Verbot des vorzeitigen Maßnahmenbeginns (Nr. 1.3 VV/VVG zu § 44 LHO) im Einzelfall zuzulassen, wenn im Zeitraum zwischen Antragstellung und Bewilligung mit dem Vorhaben begonnen werden soll.
10. Die Belange insbesondere von Personen, die in ihrer Mobilität eingeschränkt sind, sind im Sinne der Barrierefreiheit nach dem Bundesbehindertengleichstellungsgesetz zu berücksichtigen. (§ 2 Abs. 8 ÖPNVG NRW).

Voraussetzung für die Förderung von Maßnahmen nach den Ziffern I.2.1 und I.2.2 ist die Anhörung der zuständigen Behindertenbeauftragten oder Behindertenbeiräte im Rahmen der Vorhabenplanung. Verfügt eine Gebietskörperschaft nicht über Behindertenbeauftragte oder Behindertenbeiräte, sind stattdessen der Landesbehindertenrat und die entsprechenden Verbände im Sinne des § 5 des Behindertengleichstellungsgesetzes (BGG) anzuhören.

Die Anhörung hat auch bei wesentlichen Veränderungen der der Maßnahme zu Grunde liegenden Planung zu erfolgen.

Abb. 9-20: Muster-Zuwendungsbescheid „pauschalisierte Investitionsförderung" in Nordrhein-Westfalen (Ministerialblatt NRW, 21.12.2007)

Nach § 13 ÖPNVG – Investitionen im besonderen Landesinteresse – werden ÖPNV-Infrastrukturmaßnahmen des GVFG-Bundesprogramms (Stadtbahnbereich) gefördert – früher: Vorhaben über 100 Mio. DM, heute: 51 Mio. Euro – es werden SPNV-Infrastrukturmaßnahmen an Großbahnhöfen finanziell unterstützt sowie Investitionsmaßnahmen zur Erprobung neuer ÖPNV-Technologien (und weitere Maßnahmen im Schienenverkehr); zuständig sind auch hier die Zweckverbände, diesmal im Auftrage des Landes. Voraussetzung für eine Zuwendung ist insbesondere die Erfüllung der Fördervoraussetzungen des GVFG und die Durchführung einer standardisierten Bewertung bei Vorhaben von mehr als 25 Millionen Euro Zuwendung.

Im Zuwendungsbereich gelten dieselben Regeln zur Vergabe der Arbeiten an Auftragnehmer, welche auch sonst gelten und welche der Auftraggeber zu beachten hat. Dabei sind hinsichtlich der Vergabe die Schwellenwerte der Europäischen Union zu beachten.

> *Die Schwellenwerte der Europäischen Union sind bei Bauleistungen rund 6 Mio. Euro Nettokosten und bei Lieferleistungen und Dienstleistungsaufträgen 470.000 Euro, wenn es um das Betreiben oder Bereitstellen von öffentlichen Verkehrsnetzen geht bzw. bei sonstigen Lieferleistungen und Dienstleistungsaufträgen 240.000 Euro. Oberhalb dieser Schwellenwerte gilt das EU-Recht, unterhalb der Schwellenwerte das nationale Recht mit dem Grundsatz der Öffentlichen Ausschreibung.*

Die Auszahlung der Zuwendung erfolgt nach dem Baufortschritt – innerhalb von zwei Monaten nach Auszahlung muss das Geld ausgegeben sein. Zum Nachweis der Verwendung sind der Bewilligungsbehörde vorgeschriebene Formblätter vorzulegen.

Nach Abschluss der Bauarbeiten (Fertigstellung, Inbetriebnahme) erhält die Bewilligungsbehörde einen Schlussverwendungsnachweis. Mit der Vorlage des Schlussverwendungsnachweises beginnt die Zweckbindungsdauer des Vorhabens, welche üblicherweise 20 Jahre dauert.

> *Wenn eine Gemeinde zur Schaffung einer Bahnunterführung Gelder nach dem GVFG erhalten hat, sollte die Bahnunterführung 20 Jahre betrieben werden. Die Schaffung einer modernen, sicheren und städtebaulich verträglicheren Querungsmöglichkeit statt der Unterführung könnte zur Rückforderung der Zuwendungsgelder führen.*

Am Beispiel eines realen Bauvorhabens wird gezeigt, welche Finanzierungsanteile sich durch die Förderung nach dem GVFG-Bundesprogramm ergeben:

Eine westdeutsche Großstadt entscheidet sich zur Verbesserung der städtischen Verkehrsverhältnisse zum Bau einer unterirdischen Stadtbahnlinie. Erste Planungen der rund 4 km langen Strecke mit sechs unterirdischen Haltestellen gingen von 550 Millionen Euro Gesamtkosten aus. 510 Millionen Euro waren zuwendungsfähig. Von diesen 510 Mio. Euro zahlt der Bund 60 %, 30 % übernimmt das Land und die Kommune/das Verkehrsunternehmen zahlt die restlichen 10 % (zuzüglich der 40 Mio. Euro nicht zuwendungsfähige Kosten). Somit erhält die Stadt für rund 90 Mio. Euro eine ÖPNV-Infrastruktur im Wert von 550 Mio. Euro.

> *Hier ist zu fragen, was geschähe, wenn die Stadt die gesamten 550 Mio. Euro aufbringen müsste? Das Fehlen einer Prüfung des Projektes in früheren Jahren mittels der standardisierten Bewertung (eine Zuwendung ist nur bei einem Nutzen größer 1 möglich) führte sicher dazu, dass Kleinstädte unterirdische Bahnlinien erhielten, bei eigener Finanzierung das Projekt aber unterblieben wäre.*

9.7 Finanzierungsquelle „Steuerlicher Querverbund"

Als kommunalwirtschaftlicher Querverbund wird die Zusammenfassung mehrerer kommunaler Versorgungssparten (Gas, Wasser, Abwasser, Wärme, Strom, Nahverkehr, evtl. auch Bäder und Parkhäuser) in einem Unternehmen bzw. in einem Konzern verstanden. Etwaige finanzielle Überschüsse aus einer Sparte können mit den Verlusten anderer Sparten ausgeglichen werden. Dieser Verlustausgleich machte in den 1990er Jahren bei einigen Verkehrsunternehmen bis zu 50 % der Verluste des Nahverkehrssektors aus. Im Jahr 1990 flossen den im Verband Deutscher Verkehrsunternehmen zusammengeschlossenen Verkehrsunternehmen aus dieser Quelle rund 3 Milliarden DM zu.

Im Sommer 2007 hatte der Bundesfinanzhof über die Zulässigkeit der steuerbegünstigten Querfinanzierung kommunaler Dienstleistungen geurteilt (eine kommunale Holding mit zwei Tochtergesellschaften, einer strukturell dauerdefizitären Bädergesellschaft und einer ertragsstarken Grundstücksentwicklungsgesellschaft, bilden eine steuerliche Einheit).

Das höchste deutsche Steuergericht kam zu dem Schluss, dass das Unterhalten eines strukturell dauerdefizitären Bäderbetriebs in Höhe der angefallenen Verluste unter den gegebenen Umständen eine verdeckte Gewinnausschüttung an die Trägerkommune auslöse. Die dauerdefizitäre (Bäder-)Gesellschaft hätte von der Gemeinde einen Ausgleich verlangen müssen, weil diese ihr obliegende Aufgaben an das Unternehmen ausgelagert habe. Werde der Ausgleich nicht eingefordert, erhöhe sich das steuerliche Einkommen der ertragsstarken Grundstücksgesellschaft fiktiv. Bisher mit Verlusten aufgerechnete Gewinne sind danach zu versteuern, wobei die Bäderverluste nicht mehr zu berücksichtigen sind. Zusätzlich folgt aus der Gewinnausschüttung die Zahlung von Kapitalertragsteuern.

Würde diese Sichtweise auf den klassischen kommunalwirtschaftlichen Querverbund zwischen Versorgung und ÖPNV uneingeschränkt übertragen, schätzte der Verband Deutscher Verkehrsunternehmen im Jahr 2007 die jährlichen Steuermehrbelastungen bei den Unternehmen allein in diesem Bereich auf über 500 Millionen Euro. Zusätzlich fielen bei den Kommunen mehr als 200 Mio. Euro Kapitalertragsteuern an, obwohl diesen keine Mittel zufließen.[245] So haben die Kölner Verkehrs-Betriebe AG durch die Verlustübernahme von 97 Millionen Euro das Jahr 2009 mit ausgeglichenen Ergebnis abgeschlossen (Abb. 9-21).

---

[245] Das Bundesfinanzministerium hat einen sogenannten Nichtanwendungserlass zum Urteil des Bundesfinanzhofes zum steuerlichen Querverbund an die obersten Finanzbehörden der Länder herausgegeben. So stellte u. a. der Deutsche Städtetag fest, dass der steuerliche Querverbund für die kommunale Daseinsvorsorge eine wichtige Rolle spielt, weil dadurch vor allem Verluste aus dem öffentlichen Personennahverkehr mit Gewinnen aus der Energieversorgung ausgeglichen werden können. Die Städte bräuchten auch in Zukunft vor allem die Möglichkeit, mit Gewinnen aus der Energieversorgung Verluste aus dem öffentlichen Nahverkehr (ÖPNV) auszugleichen. Denn ohne diesen Weg würden dem ÖPNV jährlich Einnahmen von rund 1,4 Milliarden Euro (?) verloren gehen.

	Textziffer im Anhang	2009 €	2008 Tsd. €
Umsatzerlöse	11	201.914.785	197.391
Veränderung des Bestandes an unfertigen Leistungen		574.037	356
Andere aktivierte Eigenleistungen	12	4.607.665	4.957
Gesamtleistung		205.948.413	202.704
Sonstige betriebliche Erträge	13	36.361.724	31.916
Materialaufwand	14	96.779.438	-97.797
Personalaufwand	15	170.901.054	-161.398
Abschreibungen auf immaterielle Vermögensgegenstände des Anlagevermögens und Sachanlagen	16	36.274.463	-39.240
Sonstige betriebliche Aufwendungen	17	23.635.021	-26.075
Beteiligungsergebnis	18	-53.858	-264
Zinsergebnis	19	10.899.142	-11.522
Abschreibungen auf Finanzanlagen	20	-528.560	-956
Ergebnis der gewöhnlichen Geschäftstätigkeit		-96.761.399	-102.632
Sonstige Steuern	21	283.731	-295
Unternehmensergebnis		-97.045.130	-102.927
Erträge aus Verlustübernahme		97.045.130	102.927
Jahresüberschuss		-	-

Abb. 9-21: Gewinn- und Verlustrechnung der Kölner Verkehrs-Betriebe AG für das Geschäftsjahr 2009 (Geschäftsbericht der KVB 2009)

Da durch diese Rechtsprechung ein wichtiges Finanzierungsinstrument der öffentlichen Daseinsfürsorge infrage gestellt wurde, hat der Gesetzgeber die bisherigen Verwaltungsgrundsätze zur kommunalen Querfinanzierung im Jahressteuergesetz 2009 – teilweise rückwirkend – gesetzlich verankert. Diese gesetzliche Neuregelung der kommunalen Querfinanzierung verstößt nach Ansicht des Finanzgerichts Köln nicht gegen europäisches Beihilferecht. Die Neuregelung des sog. steuerlichen Querverbundes in § 8 Abs. 7 KStG durch das Jahressteuergesetz 2009 stellt keine unzulässige „neue" Beihilfe im Sinne des Vertrages über die Arbeitsweise der Europäischen Union dar.

Quellenverzeichnis der Abbildungen

Bauer, R. (1990). *Zukunftsorientierte Finanzierung des öffentlichen Personennahverkehrs*. Köln: Verband öffentlicher Verkehrsbetriebe.

NN. (2010). *VDV-Statistik 2008*. Köln: Verband Deutscher Verkehrsunternehmen.

Rönnau, H.-J. (2006). *Organisation und Finanzierung des ÖPNV in Niedersachsen und Bremen*. Berlin: Stiftung der Bauindustrie Niedersachsen-Bremen.

VDV, Hrsg. *Statistiken verschiedener Jahre*. Verband Deutscher Verkehrsunternehmen, Köln

10 (Tarif-)Kooperationen im Öffentlichen Personennahverkehr

„Zu den bedeutungsvollsten, schwierigsten und zugleich umstrittensten Fragen der städtischen Verkehrsbedienung gehört die Tarifgestaltung, oder richtiger gesagt, die Tarifpolitik; denn es sind neben wirtschaftlichen Erwägungen auch politische Fragen, die Tarifart und Tarifhöhe beeinflussen." (so schon im Jahr 1957 Risch, Curt und Lademann, Friedrich: Der Öffentliche Personennahverkehr, Springer-Verlag, S. 417)

10.1 Allgemeines zu Kooperationen

Den verschiedenen Definitionen von „Kooperation" ist gemeinsam, dass zwischen den an der Kooperation Beteiligten eine Zweckbeziehung besteht mit dem Ziel wirtschaftlicher Vorteile und Steigerung des Nutzens. Das kann im zwischenmenschlichen Bereich liegen – ein gemischter Chor kooperiert mit einem Männerchor, um sich bei großen Konzerten mit den gesuchten Männerstimmen zu verstärken - wird aber eher im wirtschaftlichen Sinne verstanden: Die Kooperation umfasst eine Zusammenarbeit rechtlich selbstständiger Unternehmen bei der Erstellung eines Produktes oder einer Dienstleistung.[246]

Vertikal kooperieren Unternehmen, welche unterschiedlichen Wertschöpfungsstufen angehören: Eine Druckerei und ein Verlag gehen eine Kooperation ein oder ein Reisebüro und ein Busunternehmen kooperieren. Dabei kann es sich durchaus um ein Unternehmen handeln, welches z. B. ein Verlagsprodukt in der eigenen Druckerei herstellen lässt oder welches die Druckereileistung einkauft. Im ersten Fall bestimmt und verantwortet die Unternehmensleitung das Druckergebnis des eigenen Hauses (Eigenfertigung), im zweiten Fall liegt die Verantwortung beim Lieferanten der Druckleistung (Einkauf am Markt). Zwischen diesen beiden Polen bewegt sich die Kooperation: Die Art und Weise, wie die Unternehmen zusammenarbeiten, wird durch den Formalisierungsgrad beschrieben. Das kann in der lockersten Form durch mündliche Absprachen vereinbart werden; es können „Spielregeln" zwischen den Unternehmen vereinbart werden oder es wird durch Verträge festgehalten, dass Funktionen zusammengelegt werden.[247]

Im Öffentlichen Personennahverkehr kann die „Eigenfertigung" so weit gehen, dass sämtliche im Unternehmen benötigten Ressourcen im eigenen Haus vorgehalten werden (z. B. Spezialisten im Bereich der Informationstechnik); es findet keine Kooperation statt. Das Unternehmen könnte sich aber auch sämtliche notwendigen Ressourcen einkaufen, z. B. Reinigungsdienste oder Sicherheitsdienste oder IT-Spezialisten. Die Leistungen rechtlich selbständiger Unternehmen werden von Fall zu Fall eingekauft oder durch Langfristverträge an das Verkehrsunternehmen gebunden. Abbildung 10-1 veranschaulicht die unterschiedlichen Kooperationsstufen der vertikalen Kooperation.

---

[246] Die unterschiedlichen Arten der „Kooperation" sind noch nicht endgültig definiert.

[247] Die stärkste Form der Kooperation ist die „Fusion", welche aber keine Kooperation mehr darstellt, da die „kooperierenden" Unternehmen ihre rechtliche Selbständigkeit verlieren.

```
                              Eigenentwicklung/ Eigenfertigung

                              Kapitalbeteiligung an Lieferant/Kunde

                              Joint Venture

                              Entwicklungskooperation

                              Kooperation/Strategische Allianz
    abnehmender
    vertikaler                Langzeitvereinbarung
    Integrationsgrad
                              Franchising/Lizenzabkommen

                              Dynamisches Netzwerk

                              Jahresvertrag

                              spontaner Einkauf am Markt
```

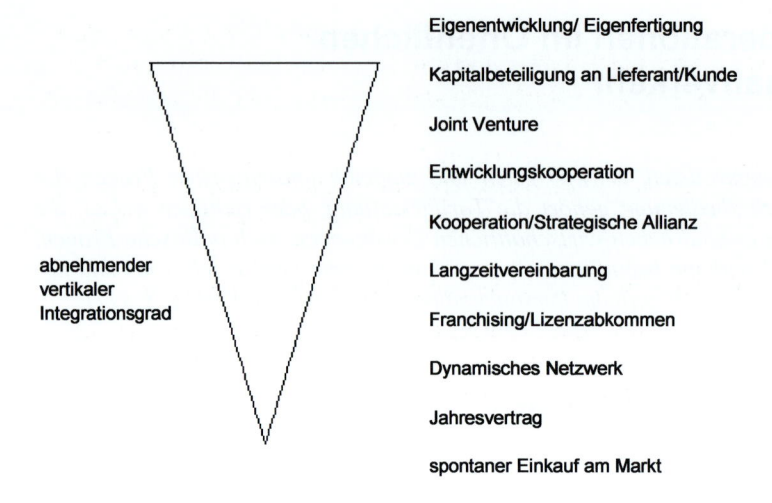

Abb. 10-1: Stufen der vertikalen Kooperation[248]

Eine diagonale bzw. komplementäre Kooperation gehen Unternehmen ein, welche unterschiedlichen Branchen angehören und neue Produkte oder neue Dienstleistungen erstellen wollen, z. B. ein Fernsehsender und ein Touristikunternehmen (beide Unternehmen erhoffen sich aus der Kooperation wirtschaftliche Vorteile). Im Öffentlichen Personennahverkehr kann als diagonale Kooperation genannt werden die mögliche Zusammenarbeit des Verkehrsunternehmens mit einem Veranstalter von Großveranstaltungen (Fußball-Bundesliga, Tage der Offenen Tür, Pop-Konzerte).

Die hier zu betrachtende Kooperation ist die horizontale Kooperation: Unternehmen gleicher Wertschöpfungsstufe arbeiten zusammen; die Produkte sind gleich oder ähnlich. Im Öffentlichen Personennahverkehr bieten die kooperierenden Unternehmen Verkehrsleistungen an (beide Unternehmen betreiben Linienverkehr, beide Unternehmen befördern Fahrgäste). Die horizontale Kooperation ist die häufigste Form der Zusammenarbeit von Verkehrsunternehmen: Die Kooperation kann auch in der Form einer gemeinsamen Tochtergesellschaft beider Unternehmen erscheinen. Als Beispiel sei genannt: Das ausländische Unternehmen des ÖPNV A ist sehr finanzkräftig und möchte in den lukrativen deutschen Markt, um sich zum einen breiter aufzustellen oder zum anderen um seine Absatzchancen zu verbessern. Das Unterneh-

---

[248] Beispiele für die unterschiedlichen Stufen der vertikalen Kooperation sind: Eigenfertigung = Ersatzteil wird in der eigenen Werkstatt hergestellt; Kapitalbeteiligung = Verkehrsunternehmen ist Gesellschafter des Lieferanten; Joint Venture = gemeinsame Tochterfirma mit dem Lieferanten zur Vermarktung des Produkts (hier wird Kapital eingebracht); Entwicklungskooperation = gemeinsame Entwicklung einer Technik, z. B. Fahrgastzählgerät; Strategische Allianz = Zusammenarbeit zwischen Verkehrsunternehmen (wie Joint Venture, aber ohne Kapitalfluss); Langzeitvereinbarung = Langzeitvertrag des Verkehrsunternehmens mit dem anderen Unternehmen; Franchising = Übernahme eines erfolgreichen Geschäftsmodells, im ÖPNV nicht (?) vorkommend; Lizenzabkommen = Nutzung der Rechte Dritter, z. B. Patente oder Gebrauchsmuster; Dynamisches Netzwerk = statt alle Kompetenzen im Verkehrsunternehmen vorzuhalten, beschränkt sich das Verkehrsunternehmen auf seine Kernkompetenz (Fahrgastbeförderung), alle anderen auch wichtigen Unternehmensbestandteile werden in rechtlich selbständige Unternehmen ausgegliedert und arbeiten mit dem Kernunternehmen in einem Netzwerk zusammen; Jahresvertrag = Leistungen werden eingekauft im Rahmen eines Jahresvertrags; spontaner Einkauf der Fremdleistung am Markt.

10.1 Allgemeines zu Kooperationen

men A hat aber keine Ortskenntnis im angedachten Bedienungsgebiet bzw. kennt die deutschen Gepflogenheiten nicht. Daher gründet das Unternehmen A mit dem Unternehmen B – welches im Bedienungsgebiet schon vertreten ist – ein gemeinsames Tochterunternehmen, in welches B seine Ortskenntnisse und sein Wissen um den deutschen ÖPNV einbringt und A sein Kapital. Von dieser gemeinsamen Tochter versprechen sich Unternehmen A wie auch Unternehmen B Vorteile: Unternehmen B hat seine Geschäftstätigkeit gesichert (das finanzstarke Unternehmen wird das Risiko absichern) und dem Unternehmen A ist der Einstieg auf den deutschen Markt gelungen.

Das Ziel der Kooperation von Unternehmen des Öffentlichen Personennahverkehrs ist
- Steigerung der Leistungsfähigkeit des Unternehmens durch gemeinsame Rationalisierung
- Schaffung größerer Einsatzräume zur Erreichung größerer Leistungseinheiten
- Einrichtung umfangreicherer Beförderungsangebote
- Steigerung der Wettbewerbsfähigkeit gegenüber Dritten
- Bessere Markterschließung
- Bessere Auslastung der Kapazitäten.

Verkehrsunternehmen versprechen sich wie jedes Wirtschaftsunternehmen von einer Kooperation wirtschaftliche Vorteile durch die mögliche Optimierung der Leistungserstellung und durch die evtl. Straffung im Betriebsmitteleinsatz.

Der Nutzer des Verkehrsmittels hat je nach Formalisierung der Kooperation unterschiedliche Vorteile durch die Zusammenarbeit der Unternehmen: Der Nutzer begegnet einheitlichem Auftreten der Verkehrsunternehmen am Markt, er hat eine freie Wahl beim zu nutzenden Verkehrsmittel, Umsteigevorgänge werden minimiert und Reisezeiten werden evtl. reduziert.

Kooperationen im Verkehrsbereich werden vom Gesetzgeber gewünscht. Der Staat erwartet von einer Kooperation von Verkehrsunternehmen folgende Vorteile:
- Verwaltungsentlastung der Genehmigungsbehörden
- Verringerung der staatlichen Finanzleistungen
- Verringerung der Defizite der Unternehmen
- flächendeckendes Verkehrsangebot

Es heißt daher im Personenbeförderungsgesetz:

> *PBefG § 8 (3) „Die Genehmigungsbehörde hat im Zusammenwirken mit dem Aufgabenträger des öffentlichen Personennahverkehrs ... und mit den Verkehrsunternehmen im Interesse einer ausreichenden Bedienung der Bevölkerung mit Verkehrsleistungen im öffentlichen Personennahverkehr sowie einer wirtschaftlichen Verkehrsgestaltung für eine Integration der Nahverkehrsbedienung, insbesondere für Verkehrskooperationen, für die Abstimmung oder den Verbund der Beförderungsentgelte und für die Abstimmung der Fahrpläne, zu sorgen.*

Die im folgenden behandelten Kooperationsformen sind die dem Fahrgast gegenüber auftretenden Kooperationen bei der Tarifgestaltung.

gegenseitige Bindung

gering

vollständig

Verkaufsgemeinschaft

partielle tarifliche Zusammenarbeit

Tarifgemeinschaft

Verkehrsgemeinscaft

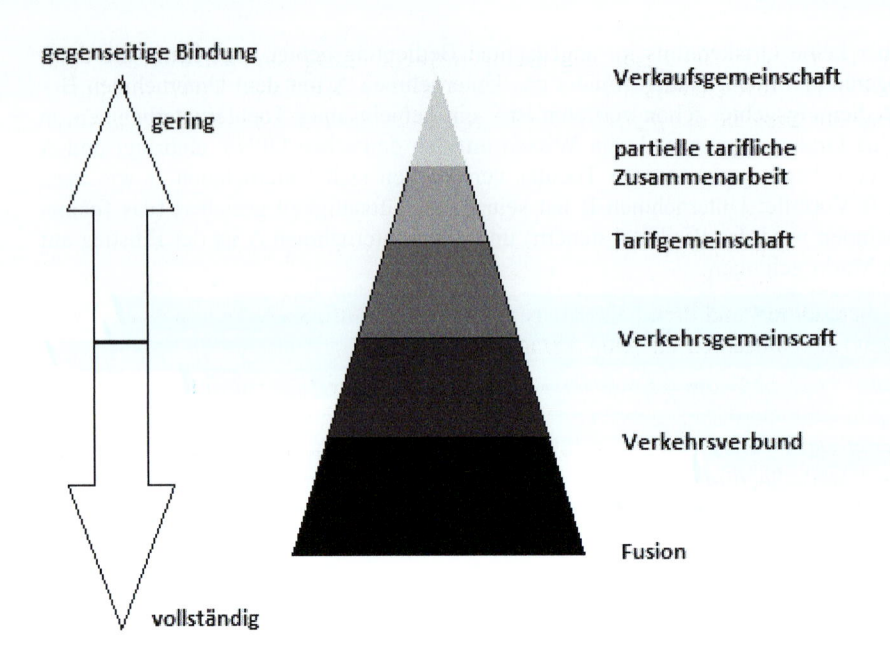

Verkehrsverbund

Fusion

Abb. 10-2: Tarifkooperationen unterschiedlicher Bindungsintensität

10.2 Formen der Tarifkooperation

10.2.1 Einkaufsgemeinschaft/Verkaufsgemeinschaft

Die einfachste Form der Tarifkooperation von Verkehrsunternehmen ist der wechselseitige Verkauf ihrer Fahrausweise.

10.2.2 Partielle tarifliche Zusammenarbeit

Bei dieser Form der Zusammenarbeit werden in Teilbereichen/Teilräumen die Beförderungsentgelte und Beförderungsbedingungen unterschiedlich aufeinander abgestimmt.

Gegenseitige Anerkennung der Fahrausweise

Diese Form der Kooperation trifft man oft auf Linienabschnitten an, welche von mehreren Konzessionsinhabern befahren werden. Jeder Konzessionär ist berechtigt einen bestimmten Streckenabschnitt zu fahren, z. B. Verkehrsunternehmen A fährt von der Landgemeinde zum Omnibusbahnhof in der Großstadt und Verkehrsunternehmen B fährt vom Stadtrand der Großstadt zum Zentralen Omnibusbahnhof. Es gibt manchmal Bedienungsverbote für das einzelne Unternehmen (z. B. darf Unternehmen A in der Großstadt keine Fahrgäste aufnehmen). Durch die gegenseitige vertraglich geregelte Anerkennung der Fahrausweise können die Fahrten auf die beteiligten Konzessionäre aufgeteilt werden und dem Fahrgast werden erheblich mehr

Fahrtmöglichkeiten geboten. Bei dieser "gegenseitigen Anerkennung von Fahrausweisen" gibt es überwiegend keine Ausgleichszahlungen untereinander: Die beteiligten Verkehrsunternehmen leisten ungefähr dasselbe und jedes Unternehmen erhält die Einnahmen der Fahrausweise, die bei ihm erworben werden.

Anstoßtarif

Der Fahrpreis für die vom Fahrgast zurückgelegte Strecke im Netz des Verkehrsunternehmens A wird berechnet und ebenso für die Nutzung der Strecke im Netz des Unternehmens B. Beide Fahrpreise werden addiert und dem Fahrgast in Rechnung gestellt: Jedes Unternehmen erhält den zustehenden Einnahmeanteil für seine erbrachte Leistung.

Nach den Beförderungsbedingungen der Deutschen Bahn gilt der Anstoßtarif bei Anstoßverkehren. Die Definition eines Anstoßverkehrs ist lt. Deutsche Bahn wie folgt: *„Anstoßverkehr im Sinne dieser Beförderungsbedingungen ist der Wechsel des Beförderers auf den Strecken der beteiligten Eisenbahnen auf einander anschließenden, nicht parallel bedienten Strecken."*
Mit der seit der Bahnregionalisierung starken Zunahme von Parallelverkehren im Schienenpersonennahverkehr ist der Anstoßverkehr bzw. der darauf gründende Anstoßtarif nicht mehr zeitgemäß bzw. lt. DB Tarif nicht möglich.

> *Es ist interessant zu erfahren, wie vor Jahrzehnten über den Tarif gedacht wurde, welcher aus dem Zwang zum Umsteigen entstand („Umsteigetarif")*
>
> *„Der allgemeine Wunsch der Fahrgäste, möglichst viele Reiseziele durch direkte Linien zu erreichen, ist die Sorge der Verkehrsunternehmen. Die Wirtschaftlichkeit der Betriebe zwingt dazu, die Linienzahl zu begrenzen, und man versucht, durch den Umsteigetarif die Wertigkeit vorhandener Liniennetze zu steigern. Umsteigen bedeutet den unmittelbaren Übergang auf eine andere Linie des gleichen Verkehrsmittels. Sind mehrere Verkehrsmittel innerhalb eines Verkehrsraumes an der Verkehrsbedienung beteiligt (BVG Berlin, Hamburger Hochbahn AG) so wird im Interesse der Fahrgäste auch ein Übersteigen zwischen diesen Verkehrsmitteln zugelassen. Für den Umsteige- und Übersteigeverkehr sind besondere Maßnahmen erforderlich. Der Einheitstarif enthält vielfach ein ein oder mehrmaliges Umsteigerecht, während beim Leistungstarif meist ein Umsteigezuschlag erhoben wird, der beim Übersteigen dann sogar notwendig wird, wenn der Übergang auf ein. hochwertigeres oder in den Betriebskosten teureres Verkehrsmittel erfolgt. Bei Übersteigefahrten führt der Fahrgast zwar nur eine Reise zu seinem Ziel aus, er beansprucht aber Platz in zwei Verkehrsmitteln, sodass der Betrieb diesen Platz zwei- oder auch dreimal zur Verfügung stellen muss; für den Betrieb macht es daher keinen Unterschied, ob ein Platz von einem neuen Fahrgast oder einem schon einmal beförderten Fahrgast eingenommen wird. An sich wäre also ein zwei- oder dreifaches Fahrgeld begründet, was beim Übergang von und zu den Verkehrsmitteln einer fremden Verwaltung selbstverständlich ist. Als Kompromiss zwischen den gegensätzlichen Belangen des Fahrgastes und des Betriebes enthält der Tarif meistens einen mäßigen Aufschlag für Fahrten mit Um- und Übersteigen."* (Risch/Lademann, Der öffentliche Personennahverkehr, 1957)

Übergangstarif

Übergangstarife gelten bei Fahrten von einem Bedienungsgebiet/Verbundgebiet in ein anderes Bedienungsgebiet/Verbundgebiet, und dabei sind diese meist nur für Fahrten zwischen Teilgebieten der Verbünde gültig. Ziel des Übergangstarifs ist die Vermeidung einer Doppeltarifierung und Vermeidung hintereinander geltender Fahrkarten. Der Übergangstarif übernimmt die Struktur und Preisgestaltung *eines* beteiligten Verbundes; im anderen Verbund gelten aber dessen Beförderungsbedingungen – was die Nutzung des Fahrausweises oft schwierig macht: Mitnahme von Kindern unter 14 Jahren oder unter 12 Jahren, Fahrradbeförderung, Übertragbarkeit der Zeitfahrausweise, unentgeltliche Mitnahme von Begleitern. Übergangstarife sind bedeutsam für Nutzer von Zeitkarten für eine ständige durchgehende Beförderung zum Verbundtarif über Grenzen hinweg oder für Anschlussfahrten über Geltungsbereiche hinaus.

In einer Broschüre des Verkehrsverbundes Rhein-Ruhr heißt es:[249]

> *„Im sogenannten „Großen Grenzverkehr", d. h. für Fahrten zwischen den in der Karte [Abb. 10-3] grau (im VRR-Verbundraum) und dunkel (im VRS-Verbundraum) markierten Tarifgebieten, benötigen Sie VRS-Tickets, und zwar sowohl für Fahrten vom VRR in den VRS als auch umgekehrt vom VRS in den VRR [es gelten die VRS-Tarife]. VRS-Job-, Junior- und Semestertickets gelten dagegen grundsätzlich nicht in den VRR-Städten und -Gemeinden des „Großen Grenzverkehrs" (graue Tarifgebiete). Ausgenommen sind VRS-Jobtickets mit Zusatzberechtigung VRR sowie Semestertickets, wenn der Studierende nachweislich in einem auf der Karte grau markierten Tarifgebiet wohnt. Aus den in der Karte weiß gekennzeichneten VRR-Städten und -Gemeinden können Sie mit Tickets des VRS-Tarifs nicht nur das Gebiet des „Großen Grenzverkehrs", sondern den kompletten VRS-Verbundraum bereisen. Sie haben schon ein VRS- oder VRR-Ticket (z. B. als Monatsticket) und möchten über den Geltungsbereich Ihres Tickets hinaus unterwegs sein? Sie können dafür Einzel-, 4er-, Tages- oder Gruppentickets jeder benötigten Preisstufe des benachbarten Verbundes im Voraus erwerben und diese bereits bei Fahrtantritt im eigenen Verbund entwerten."*

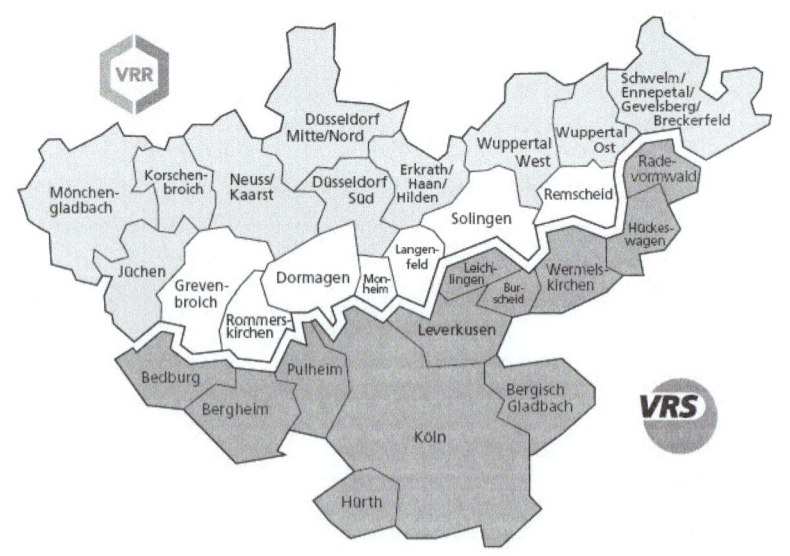

Abb. 10-3: „Großer Grenzverkehr" zwischen Verkehrsverbund Rhein-Ruhr und Verkehrsverbund Rhein-Sieg
(http://www.vrr.de/imperia/md/content/uebergangstarif/vrr_vrs.pdf)

---

[249] Broschüre „Zwei Verbünde – ein Tarif" (Broschüre des Verkehrsverbund Rhein-Ruhr)

10.2 Formen der Tarifkooperation

Abb. 10-4: Verkehrsverbund Rhein-Ruhr mit Bereichen für Übergangstarife
(http://www.vrr.de/imperia/md/content/vrrstartseite/verbundraum_vrr.pdf)

Eine Sonderform von Übergangstarifen („Tarifkragen") gilt oft für ganze Übergangsbereiche: Bei Fahrten in diese Bereiche oder aus diesen Bereichen oder auf bestimmten Strecken außerhalb eines Verbundgebietes kann für grenzüberschreitende Fahrten der betreffende Verbundtarif Anwendung finden, während für Fahrten innerhalb dieses „Kragenbereiches" ein fremder Tarif gilt.

„Tarifkragen" für Nutzer des Verkehrsverbundes Rhein-Sieg beispielsweise sind

- die Eisenbahnstrecke bis Gerolstein (Landkreis Vulkaneifel/Verkehrsverbund Region Trier)
- die Eisenbahnstrecken bis Niederschelden, Herdorf, Daaden und Ingelbach (Landkreis Altenkirchen (Westerwald)/Verkehrsverbund Rhein-Mosel)
- die Städte Remscheid, Solingen, Dormagen, Grevenbroich, Rommerskirchen und Langenfeld (Verkehrsverbund Rhein-Ruhr), siehe Abb. 10-3 (weiße Felder)
- die Stadt Düren und die Gemeinden Vettweiß und Nörvenich (Kreis Düren/Aachener Verkehrsverbund)
- die Eisenbahnstrecke bis Engers (Landkreis Neuwied/Verkehrsverbund Rhein-Mosel).

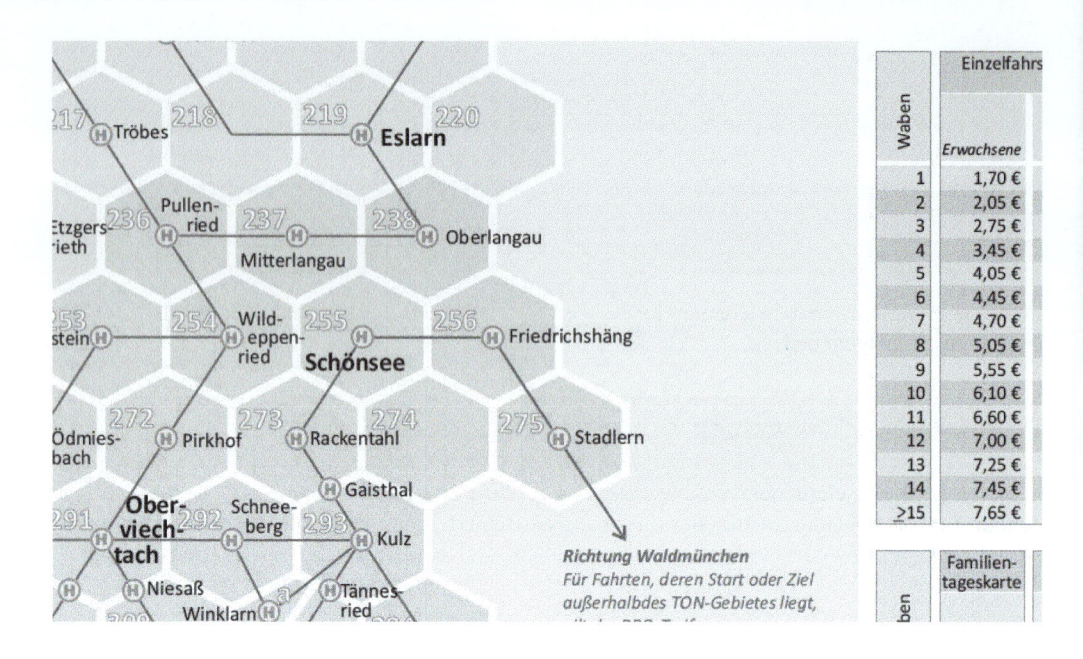

Abb. 10-5: Wabenplan und Fahrpreistabelle des TON-Tarifs (Ausschnitt)
(http://www.bahn.de/ostbayernbus/view/mdb/ostbayernbus/aktuell/news_und_verkehrsmeldungen/MDB84585-flyer_ton.pdf)

Durchtarifierung

Übersteigende Fahrgäste erhalten eine Fahrpreisverbilligung. Für die gesamte Beförderungsstrecke wird nur noch ein Fahrschein ausgegeben.[250]

Als Beispiel für die Durchtarifierung sei hier der zum 01.01.2011 eingeführte Tarif Oberpfalz-Nord (TON-Tarif)[251] genannt:

> „Bislang wurde in der nördlichen Oberpfalz meist ein sogenannter Entfernungstarif angewendet, d. h., der Preis der Busfahrkarte richtete sich nach der Entfernung zwischen den Haltestellen. In der Regel weiß man als Fahrgast aber nicht immer, wie weit die gewünschte Strecke ist und wie viel eine Fahrkarte dort kostet. Durch die Einführung eines Wabentarifs wird die Preisermittlung für unsere Fahrgäste deutlich einfacher: anhand des Wabenplans müssen Sie nur noch zählen, wie viele Waben von Start bis Ziel durchfahren werden, und können anschließend den Fahrpreis aus der Preistabelle ablesen. Den Flyer mit dem Wabenplan und den Preisen können Sie unten herunterladen.
>
> Neben der höheren Preistransparenz ist nun auch eine Durchtarifierung möglich. Das bedeutet, dass Sie für eine Fahrt nur noch eine Fahrkarte benötigen. Wenn Sie umstei-

---

[250] Durch Verkehrszählungen wird die Belastung der einzelnen Verkehrsunternehmen festgehalten und die Einnahmen werden entsprechend verteilt.
[251] Der TON umfasst die Landkreise Tirschenreuth, Neustadt a. d. Waldnaab, Amberg-Sulzbach und Schwandorf sowie die kreisfreien Städte Weiden in der Oberpfalz und Amberg. Einzelne einbrechende Linien in die Oberpfalz aus Mittelfranken und Oberfranken gehören ebenso zu dieser Tarifgemeinschaft. Insgesamt schlossen sich zehn Busunternehmen in diesem Tarif zusammen.

10.2 Formen der Tarifkooperation

gen, müssen Sie im zweiten Bus kein neues Ticket mehr kaufen, sondern lösen Ihr Ticket für die komplette Strecke bereits beim Einsteigen in den ersten Bus.

Weil auch die anderen Busunternehmen mit eigenen Linienverkehren den TON anwenden, lichten wir damit den "Tarifdschungel". Mit dem TON gelten also in allen Linienbussen im TON-Gebiet die gleichen Tarife und Beförderungsbedingungen."[252]

Gemeinschaftstarif

Auf einer gemeinsam betriebenen Linie wird ein besonderer Tarif angewendet und nur ein Fahrausweis ausgegeben.

10.2.3 Tarifgemeinschaft

Eine Tarifgemeinschaft liegt vor, wenn den Fahrgästen auf anstoßenden oder parallel verlaufenden Linien Anschlusstarife oder Übergangstarife angeboten werden, welche die Benutzung von Linien verschiedener Verkehrsunternehmen mit einheitlichen Fahrscheinen gestatten. Neben der Absprache über Beförderungstarife und -bedingungen ist auch eine Absprache über die Verrechnung der erzielten Einnahmen erforderlich.

Als Beispiel sei hier ein Auszug aus den Tarifbestimmungen und Beförderungsbedingungen der Tarifgemeinschaft Busverkehr Emsland Mitte/Nord genannt:

Dieser Tarif enthält Tarifbestimmungen und Beförderungsbedingungen. Er gilt im Linienverkehr der Tarifgemeinschaft Busverkehrs Emsland Mitte/Nord (BVE- Mitte/Nord)

Tarifgemeinschaft Busverkehr Emsland Mitte/Nord

Fa. Auto Fischer, Jakobus und Kuno Fischer GmbH u. Co KG. Papenburg
Fa. Hermann Albers OHG, Neubörger
Fa. Elbert- Reisen GmbH u. Co. KG, Meppen
Fa. Kalmer GmbH, Haselünne
Fa. Wessels Reisen, Inhaber Hubert Wessels, Twist
Fa. Reinhard Bittner, Lingen/Biene
Fa. Richters -Reisen GmbH, Nordhorn

Die Fahrkarten in dem Gemeinschaftsverkehr werden im Namen und für Rechnung der o. g. einzelnen Partnerunternehmen verkauft. Mit diesem Unternehmen schließt der Fahrgast auch den Beförderungsvertrag ab. Rechtsbeziehungen, die sich aus der Beförderung ergeben, kommen nur mit dem Unternehmen zustande, dessen Verkehrsmittel benutzt werden.

---

[252] Quelle: http://www.bahn.de/ostbayernbus/view/aktuell/news/ton.shtml

Anlage 1   Anerkennung von Tarifangeboten anderer Verkehrsträger

a) Im Überlagerungsbereich der Verkehrsgemeinschaft Emsland Süd (VGE-Süd) zwischen Gr. Hesepe /Geestmoor – Geeste/ Osterbrock und im Bereich Haselünne werden Fahrscheine der VGE-Süd anerkannt.

b) Im Überlagerungsbereich der Verkehrsemeinschaft Grafschaft Bentheim (VGB) zwischen Meppen – Geeste – Dalum – Nordhorn werden Fahrscheine der VGB anerkannt.

C) Im Überlagerungsbereich des Regionalbus Leer werden Fahrscheine des Regionalbus anerkannt.

10.2.4 Verkehrsgemeinschaft

Verkehrsgemeinschaften setzen neben den Tarifabsprachen hinaus Vereinbarungen über eine gemeinsame Fahrplangestaltung, eine Abstimmung des Leistungsangebotes und ggf. auch über eine innerbetriebliche Zusammenarbeit voraus. Als Beispiel sei die Verkehrs- und Tarifgemeinschaft Steinburg (Schleswig-Holstein) genannt:[253]

> Die Verkehrs- und Tarifgemeinschaft Steinburg ist ein Zusammenschluss der Busunternehmen im Landkreis Steinburg. Es gilt ein gemeinschaftlicher Tarif für alle Busunternehmen. Die Deutsche Bahn ist nicht in den Tarif eingebunden. Die Unternehmen der Verkehrs- und Tarifgemeinschaft Steinburg sind
>
> – *Autokraft GmbH*
> – *Günter Lampe GmbH & Co. KG*
> – *Holsten Express*
> – *Omnibusbetrieb E. Rathje*
> – *Steinburger Linien*
> – *Storjohann Verkehrsbetrieb die linie GmbH*

Ein anderes Beispiel ist die Verkehrsgemeinschaft Grafschaft Bentheim (bei Osnabrück):

> Im Zuge der Regionalisierung der Verkehrsmärkte in den Bereichen des ÖPNV (Öffentlicher Personennahverkehr) und des SPNV (Schienenpersonennahverkehr) sowie der Umsetzung der politischen Zielvorstellungen aufgrund des Niedersächsischen Nahverkehrsgesetzes, haben sich die hier genannten Firmen zur Verkehrsgemeinschaft Grafschaft Bentheim (VGB) zusammengeschlossen. Dies geschah zunächst am 29.07.1994 mit einem Vorvertrag über die Gründung der Verkehrsgemeinschaft Grafschaft Bentheim (VGB), die dann am 26.2.1996 rechtlich-juristisch als BGB-Gesellschaft von den aufgeführten Firmen gegründet wurde.
>
> – *Bentheimer Eisenbahn AG*
> – *Meyering Reisen KG*
> – *NVB Stadtverkehr GmbH*
> – *Richters Reisen GmbH*

---

[253] Zitate der Internetauftritte der Verkehrsgemeinschaft Bentheim und der Verkehrs- und Tarifgemeinschaft Steinburg.

Verkehrsgemeinschaften funktionieren nur dann, wenn keine tiefgreifenden Interessenkollisionen zwischen den Partnern auftreten. Solche Kollisionen können sich jedoch aus dem Ausbau der verschiedenen Betriebssysteme und den damit verbundenen Verkehrsstromverlagerungen, aus Netzänderungen und Einnahmeverschiebungen ergeben. In der Verkehrsgemeinschaft fehlt die interessenneutral wirkende ausgleichende und weisungsbefugte Instanz.

Bedingt durch rechtliche Vorgaben auf europäischer Ebene, die grundsätzlich die Ausschreibung öffentlicher Beförderungsleistungen vorsehen, ist nach dem Auslaufen der bestehenden Linienkonzessionen damit zu rechnen, dass es mittelfristig keine Verkehrsgemeinschaften mehr geben wird.

10.3 Verkehrsverbund

Der Verkehrsverbund stellt nach der Unternehmensfusion die höchste Stufe der Unternehmenszusammenarbeit dar. Er enthält eine voll integrierte Tarif- und Verkehrsgemeinschaft, d. h., sämtliche Leistungen der Verkehrsunternehmen im Verkehrsraum werden unter einheitlicher Zielsetzung und in allen Teilbereichen abgestimmt als geschlossenes Ganzes von der Verbundgesellschaft angeboten.

Der Verkehrsverbund ist (historisch gewachsen) eine Gesellschaft gebildet aus den Verkehrsunternehmen der Region und der Dachorganisation, der Verbundgesellschaft. Die von den Verkehrsunternehmen gegründete Verbundgesellschaft nimmt die verkehrsmarktbezogenen Aufgaben wahr (Planungswesen, Tarifgestaltung, Öffentlichkeitsarbeit, Marketing), die einzelnen Verkehrsunternehmen sind zuständig für die betrieblichen Funktionen wie Bereitstellung der Betriebsmittel, Personalvorhaltung, Fahr- und Dienstplangestaltung, Betriebsdurchführung.

Da das Aufsichtsgremium der Verbundgesellschaft von den Gesellschaftern, den Verkehrsunternehmen gestellt wird, ist es für die Verbundgesellschaft schwierig bis unmöglich, als richtig erkannte Maßnahmen gegenüber den ausführenden Verkehrsunternehmen durchzusetzen. Es hat sich daher als zweckmäßig erwiesen, die bisherigen Verkehrsverbünde in der Form der Unternehmensverbünde umzuwandeln in Kommunalverbünde, d. h., die Gesellschafter der Verbünde sind die beteiligten Gebietskörperschaften.

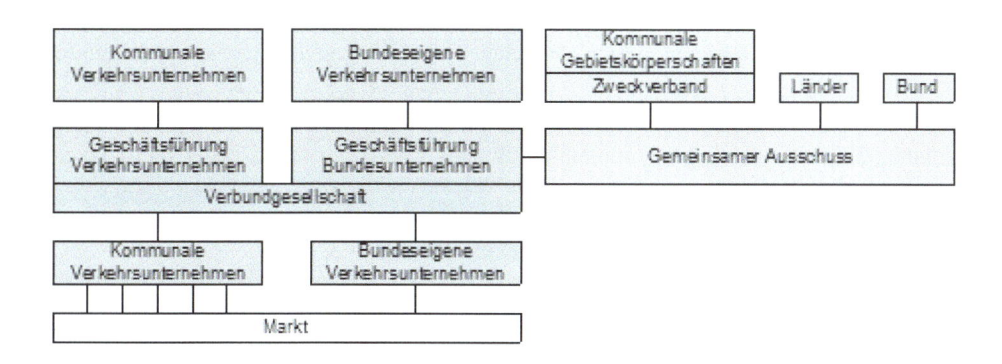

Abb. 10-6: Struktur eines Verkehrsverbundes als Unternehmensverbund

Ein weiteres Problem bei den (früheren) Unternehmensverbünden war die Einschaltung der Bundesunternehmen. Die Deutsche Bundesbahn bestand auf der Gestellung eines Geschäftsführers[254] und auf der Ausübung eines Vetorechts, um sich bei Entscheidungen in den Verbundgremien nicht bundesweit binden zu müssen.

Die kommunalen Gebietskörperschaften finanzierten die Verkehrsverbünde, ihr Einfluss war aber gering. Auch diese Problematik führte neben der Finanzierung der Verbünde aus den Gebietskörperschaften zur Einrichtung von Kommunalverbünden. Bei den Kommunalverbünden sind die kommunalen Gebietskörperschaften die Gesellschafter der Verbund GmbH, die bundeseigenen Verkehrsunternehmen werden wie die anderen Verkehrsunternehmen im Rahmen von Aufträgen tätig. Oft ist die Verbundgesellschaft auch der Aufgabenträger, d. h. im Auftrag der Gebietskörperschaften bestellt die Verbundgesellschaft die Verkehre.

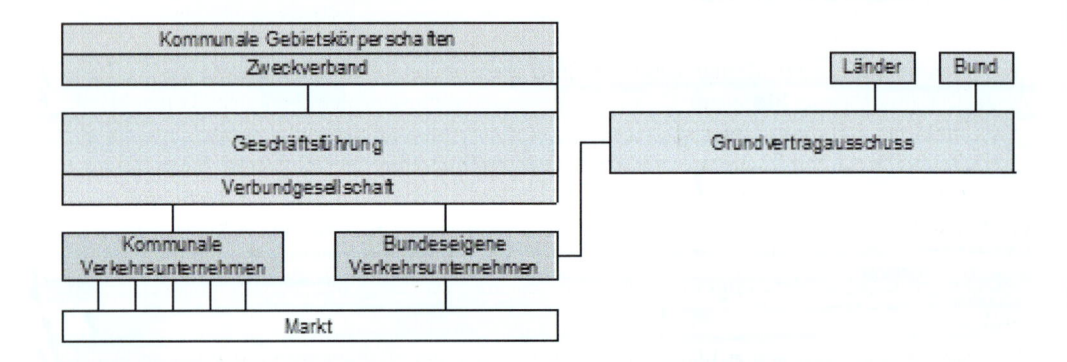

Abb. 10-7: Struktur eines Verkehrsverbundes als Kommunalverbund

Für alle Verkehrsverbünde gilt, dass in ihrem Bereich (meist eine Region) im Personennahverkehr die Verkehrsmittel des Nahverkehrs aller Betreiber zum gleichen Tarif, also mit nur einer Fahrkarte, benutzt werden können. Zusätzlich werden Parallelverkehre (also die Bedienung zwischen gleichen Haltestellen auf demselben Linienweg durch unterschiedliche Verkehrsträger) abgebaut.

Das Verbundgebiet wird meistens in Tarifgebiete, sogenannte Waben oder Zonen, gegliedert. Der immer noch entfernungsabhängige Fahrpreis wird dabei nicht nach der Länge der mit den jeweiligen Verkehrsmitteln zurückgelegten Strecke in Kilometern bemessen, sondern orientiert sich an der Zahl der durchfahrenen Zonen, die unter Umständen noch verschiedenen Preisstufen angehören können.

Wenn der Fahrgast verbundübergreifend mit dem ÖPNV fahren möchte, ist das Überfahren der Verbundgrenze oft (finanziell) problematisch: Die Verkehrsleistung endet meist an der Verbundgrenze, der Mobilitätsbedarf aber nicht. Viele Verbünde haben daher mittlerweile Kooperationsabkommen mit benachbarten Verbünden oder sonstigen dort fahrenden Verkehrsunternehmen geschlossen und bieten Übergangstarife an.

Die Entwicklung geht in den letzten Jahren erkennbar in die Richtung der Schaffung größerer Verbundgebiete, wobei auch vermehrt Übergangstarife vereinbart werden.

---

[254] Erinnert sei an eine dem Fiat-Vorsitzenden Agnelli zugeschriebene Aussage: „Die richtige Zahl von Unternehmenschefs ist eine ungerade. Und drei Chefs sind zu viel."

11 Unkonventionelle Systeme im Öffentlichen Personennahverkehr

11.1 Einleitung

In den 70er Jahren des letzten Jahrhunderts erkannten immer mehr Bürger, dass es mit dem Verkehr so nicht weitergehen konnte.[255] Dort, wo der einzelne Mensch bisher bei Nutzung der Straßenbahn für seine Mobilität zwei Quadratmeter benötigte, beanspruchte er nach dem Wechsel auf das Auto 30 Quadratmeter. Darauf waren die Städte mit ihren langlebigen Strukturen nicht vorbereitet: Die Straßen wurden immer voller, die Staus immer länger, die Umweltschäden immer größer. Da aber in diesen Jahren nicht nur die Verkehrsprobleme immer gravierender wurden bzw. den gesellschaftlich verantwortlichen Gruppen immer bewusster wurden, sondern auch eine Menge Geld für die Forschung im Verkehrsbereich zur Verfügung stand,[256] wurden neue Ideen zur Bewältigung der Verkehrsprobleme und der Umweltproblematik nicht nur auf dem Papier skizziert, sondern auch in Versuchsanlagen bis zur Praxisreife entwickelt. Einige der Ideen waren damals schon bekannt, wurden wieder aufgegriffen und weiterentwickelt – z. B. die Magnetschwebebahn, eine Erfindung der 1930er Jahre – andere Ideen wurden in Versuchen ausprobiert und verschwanden wieder und weitere Ansätze zur Lösung der Verkehrsprobleme zeigten zwar ihre grundsätzliche Eignung, ringen aber noch um den Durchbruch zu einer allgemein anerkannten Verbesserung der Verkehrsprobleme beizutragen.[257]

Einige der (alten und) neuen Ideen zur Lösung städtischer Verkehrsprobleme sollen hier vorgestellt werden.

---

[255] Diese Erkenntnis trug u. a. zur Entstehung der Partei „Die Grünen" bei als Zusammenschluss eines breiten Spektrums politischer und sozialer Bewegungen der 1970er Jahre. Wesentlich getragen wurde die Parteigründung von der Ökologiebewegung, welche sich u. a. gegen den ungehemmten Zuwachs an Kraftfahrzeugen aussprach. Erstmals in ein Länderparlament wurde die Bremer Grüne Liste (BGL) 1979 gewählt, wo sie 5,1 Prozent erreichte. 1981 gab es in Kassel die erste rot-grüne Zusammenarbeit auf kommunaler Ebene. Am 13. Januar 1980 wurde in Karlsruhe die Bundespartei *Die Grünen* gegründet.

[256] Bei der Betrachtung mancher vom Bundesminister für Verkehr finanziell geförderter Vorhaben ist schon zu fragen, ob manches Geld nicht für (relativ) unwichtige Themen ausgegeben wurde. Es ist jedenfalls kein Forschungsthema bekannt, was sich mit der Frage befasst, ob es nicht zu viele Straßen gibt („Wer Straßen sät, wird Verkehr ernten") bzw. welche Mobilität wir in Deutschland haben wollen …

[257] Neben den sehr hohen Kosten vieler neuer Techniken scheiterte der Durchbruch der neuen Verkehrsmittel auch daran, dass die Erfinder/Hersteller nicht so recht an ihre Technik zu glauben schienen und nach dem Staat als Geldgeber riefen, um ihre Technik einzusetzen – im Gegensatz zu früheren Jahrzehnten, als die Erfinder/Hersteller von ihrem Produkt überzeugt waren und es auf eigene Kosten marktfähig machten und der auch finanzielle Erfolg ihnen recht gab.

Abb. 11-1: Vergleich einer zu 50 % besetzten Straßenbahn in Heidelberg im Jahr 2006 (115 Personen) mit der von 115 Personen besetzten Menge an Kfz (hier 100 Pkw) (http://www.stadtpolitikheidelberg.de/images/Strassenbahn_PKW8-2005.jpg)

11.2 Ziel der neuen Verkehrsmittel

Die neuen Verkehrsmittel bzw. die neuen Bedienungsweisen im Öffentlichen Personennahverkehr gingen davon aus, dem Nutzer die Vorteile des Personenkraftwagens zu bieten – der Pkw wurde als Mitbewerber um den Fahrgast angesehen – ohne die Nachteile des Pkw in Kauf nehmen zu müssen. Denn es bestand ein Attraktivitätsgefälle zwischen den öffentlichen Verkehrssystemen mit den räumlichen und zeitlichen Zwängen und der weitgehend freizügigen Beförderung mit dem Personenkraftwagen. Das wurde auch als Hauptgrund für die Abwendung von den öffentlichen Verkehrsmitteln angesehen.[258]

---

[258] In den letzten Jahren hat es sich ergeben, dass es mit der Freiheit im Individualverkehr nicht mehr weit her ist: Der deutsche Autofahrer steht aus vielerlei Gründen im Stau. Und besinnt sich wieder auf den ÖPNV: Sowohl die Zahl der Fahrgäste im ÖPNV ist in den letzten Jahren gestiegen (allein in den VDV-Unternehmen von 2007 auf 2008 um 1,3 %) und auch die Personenkilometer im Öffentlichen Personennahverkehr haben sich erhöht (in den VDV-Unternehmen von 2007 auf 2008 um 2,5 %).

11.2 Ziel der neuen Verkehrsmittel

Die neuen Verkehrsmittel sollen einerseits die Vorteile des Individualverkehrs bieten und andererseits hinsichtlich Flächenbedarf und Umweltbelastung den mengenmäßigen Anforderungen der Massenverkehrsmittel genügen.

Aus Untersuchungen der 1960er Jahre liegen Motive für eine Verkehrsmittelwahl vor, unterschieden nach *captive riders* (Zwangskunden) des ÖPNV –A-, nach wahlfreien Personen –B- und nach *captive riders* (Zwangskunden) im Individualverkehr –C-. Es wurden vierzehn Motive für die Wahl des Reiseverkehrsmittels den drei Gruppen zugeordnet; sie sollten die Entscheidungsmöglichkeit für IV oder ÖPNV deutlich machen.

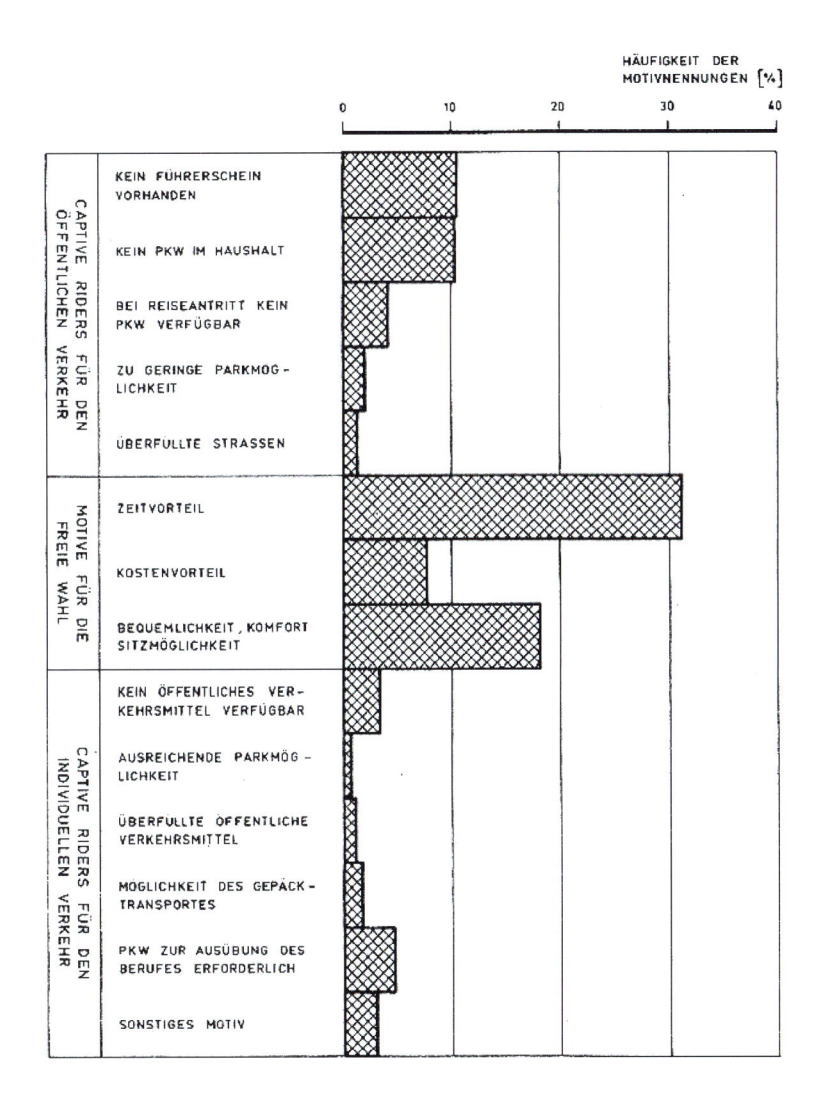

Abb. 11-2: Benutzerpräferenzen und -profile IV und ÖV (Felz & Grabe, 1974)

Nach der Häufigkeit der Nennung geordnet – es konnten drei der Motive gewählt werden – ergeben sich die Werte der Tabelle 11-1.

Tab. 11-1: Motive bei der Reisemittelwahl (Felz & Grabe, 1974)

Gruppe	Motiv	Häufigkeit der Nennung in %
B	Zeitvorteil	31,0
B	Bequemlichkeit, Komfort, Sitzmöglichkeit	18,1
A	Kein Führerschein vorhanden	10,6
A	Kein Pkw im Haushalt	10,3
B	Kostenvorteil	7,8
C	Pkw für den Beruf erforderlich	4,7
A	Bei Reiseantritt kein Pkw vorhanden	4,2
C	Kein öffentliches Verkehrsmittel verfügbar	3,4
A	Zu geringe Parkmöglichkeiten	1,9
C	Möglichkeiten des Gepäcktransportes	1,7
A	Überfüllte Straßen	1,5
C	Überfüllte öffentliche Verkehrsmittel	1,1
C	Ausreichende Parkmöglichkeiten	0,6
	Sonstige Motive	3,1
	Summe	100

Die höchste Nennungshäufigkeit erreicht das Motiv „Zeitvorteil" gefolgt von „Bequemlichkeit, Komfort, Sitzmöglichkeit". Das dritte Motiv der sich frei für ein Verkehrsmittel Entscheidenden – diese Reisenden sollen für den ÖPNV gewonnen werden – ist „Kostenvorteil". Die neuen Verkehrsmittel sollten also die genannten Motive befriedigen. Angesichts der Staus im Individualverkehr erfordern die neuen Verkehrsmittel zur Erlangung eines Zeitvorteils eigene Fahrwege und eine Sitzplatzgarantie. Und die Kosten für den Fahrgast sollten spürbar geringer sein als mit dem Pkw.

In den 1960er/1970er Jahren waren 200 bis 500 neue Verkehrskonzepte/Projektvorschläge bekannt, welche alle ihren eigenen Anwendungsbereich hatten – *eine* Lösung für alle Anwendungsfälle existierte nicht. Es waren aber gemeinsame Merkmale vorhanden, welche eine Einordnung in ein System ermöglichen und hier behandelt werden sollen:

– Großkabinensysteme
– Kleinkabinensysteme
– Zwei-Wege-Fahrzeuge
– Bedarfs(bus)-Systeme

11.3 Großkabinensysteme

Die Großkabinen für acht bis 30 Personen verkehren als Standbahn oder Hängebahn auf eigenen Wegen. Ohne mitfahrendes Bedienpersonal verkehren die Kabinen in einem Netz nach einem Fahrplan – dann sind sie eine konventionelle Schienenbahn – oder sie werden nach Bedarf die einzelnen Haltestellen anfahren. Durch eine Kopplung von Einzelkabinen kann auf ein geändertes Verkehrsaufkommen reagiert werden.

11.3 Großkabinensysteme

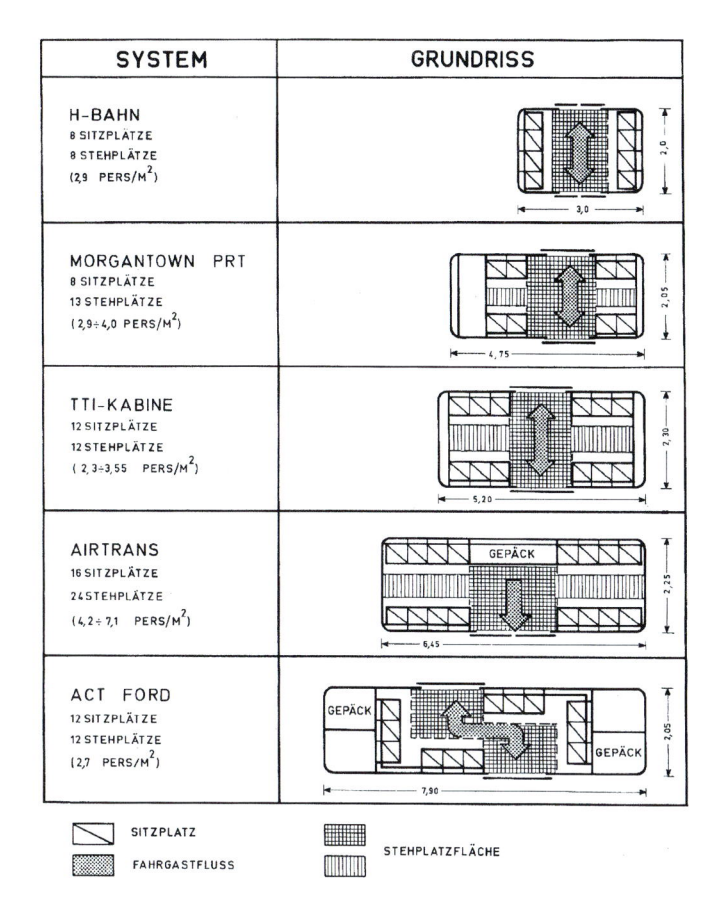

SYSTEM	GRUNDRISS
H-BAHN 8 SITZPLÄTZE 8 STEHPLÄTZE (2,9 PERS/M^2)	3,0 × 2,0
MORGANTOWN PRT 8 SITZPLÄTZE 13 STEHPLÄTZE (2,9÷4,0 PERS/M^2)	4,75 × 2,05
TTI-KABINE 12 SITZPLÄTZE 12 STEHPLÄTZE (2,3÷3,55 PERS/M^2)	5,20 × 2,30
AIRTRANS 16 SITZPLÄTZE 24 STEHPLÄTZE (4,2÷7,1 PERS/M^2)	6,45 × 2,25 (GEPÄCK)
ACT FORD 12 SITZPLÄTZE 12 STEHPLÄTZE (2,7 PERS/M^2)	7,90 × 2,05 (GEPÄCK)

Legende: SITZPLATZ, FAHRGASTFLUSS, STEHPLATZFLÄCHE

Abb. 11-3: Platzaufteilung bei projektierten und ausgeführten Großkabinensystemen (Felz & Grabe, 1974)

Anhand der H-Bahn (in Dortmund) und des Skytrain (in Düsseldorf) sowie der Kabinenbahn am Flughafen Frankfurt werden ausgeführte Großkabinensyteme vorgestellt.

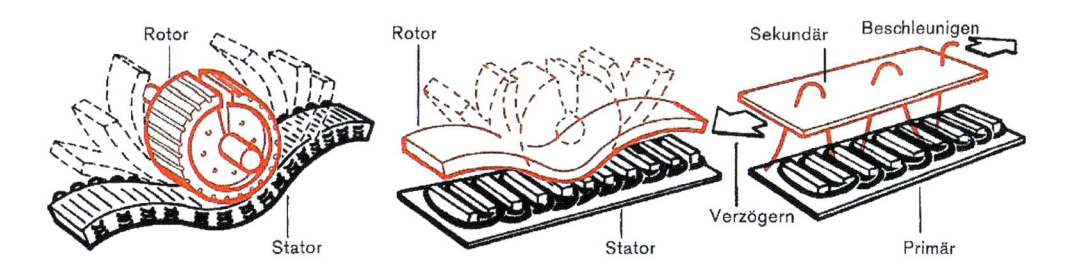

Abb. 11-4: Prinzip des Linearmotors (Weigelt/Götz/Weiß, 1973)

Die H-Bahn war zu Beginn der Entwicklung gekennzeichnet durch die Merkmale
- Hängebahn
- Kabine mittlerer Größe
- geschlossener, unten geschlitzter Fahrbahnträger
- Spurkranzrad
- passive Weiche
- Linearmotorantrieb
- Automatischer fahrerloser Betrieb.

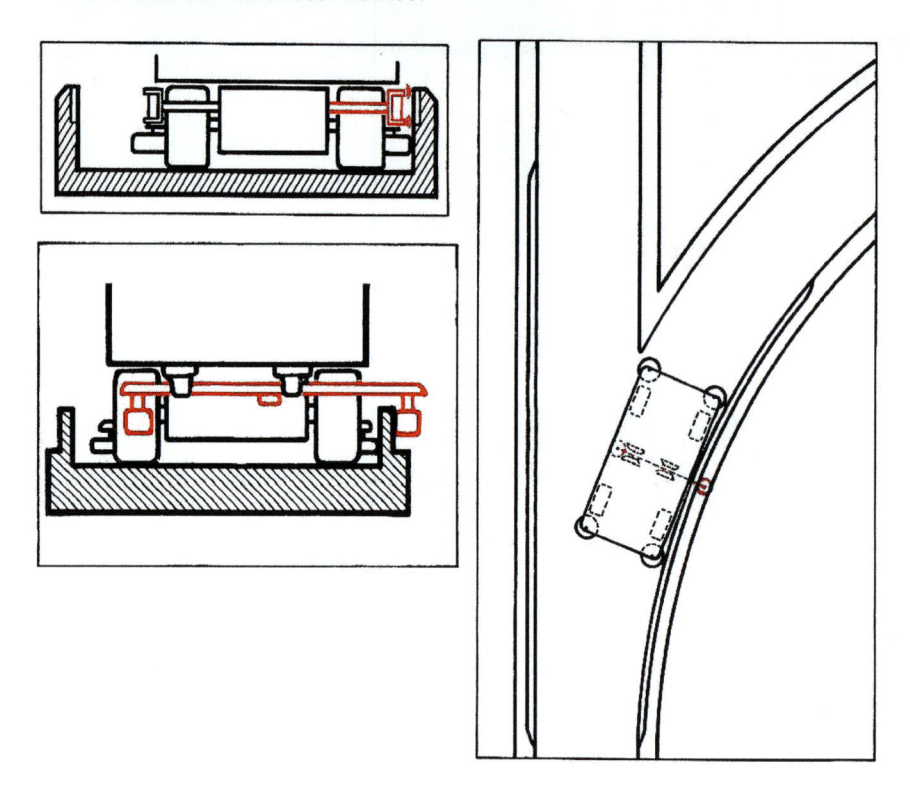

Abb. 11-5: Prinzip der passiven Weiche (Weigelt/Götz/Weiß, 1973)

Auf einer „Versuchs- und Demonstrationsanlage Düsseldorf" (180 m lang ab 1975) und auf einer Versuchsstrecke in Erlangen (1,6 km lang ab 1976) wurden einzelne Komponenten erprobt und Systemerfahrungen gesammelt, bevor Anfang der 1980er Jahre die „Betriebliche Demonstrationsanlage Dortmund" errichtet wurde: Im November 1982 begannen dort die Inbetriebnahmearbeiten. In Dortmund sollte die H-Bahn den Pendelverkehr zwischen dem Campus-Nord der Universität und dem Campus-Süd der Universität bewältigen. Auf dieser Anlage sollte zum Nachweis der betrieblichen und wirtschaftlichen Eignung des neuartigen Nahverkehrssystems ein Normalbetrieb durchgeführt werden. Neuartig war vor allem das Betriebsleitsystem (automatischer fahrerloser Betrieb). Am 2. Mai 1984 fand die feierliche Eröffnung des Personenbetriebes statt. Die Ziele des Dauerbetriebes waren:

- Funktionsnachweis des Gesamtsystems
- Annahme durch die Nutzer

11.3 Großkabinensysteme

- Einfügung in die Umwelt
- Hohe Verfügbarkeit
- Betriebliche Flexibilität bei Störungen
- Betriebskostenschätzung

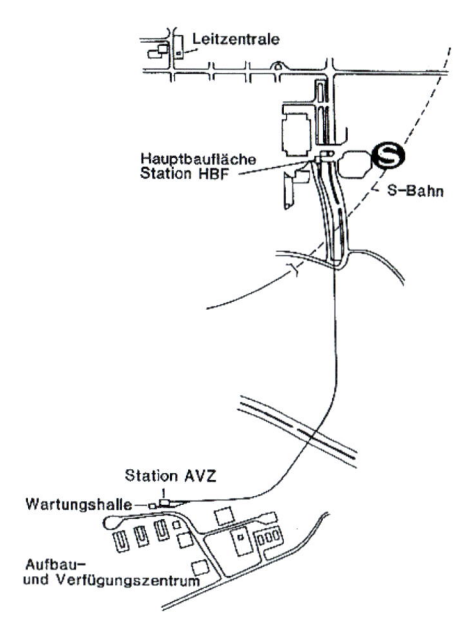

Abb. 11-6: Streckenführung der H-Bahn Dortmund in den 1980er Jahren (Petzel, 1984)

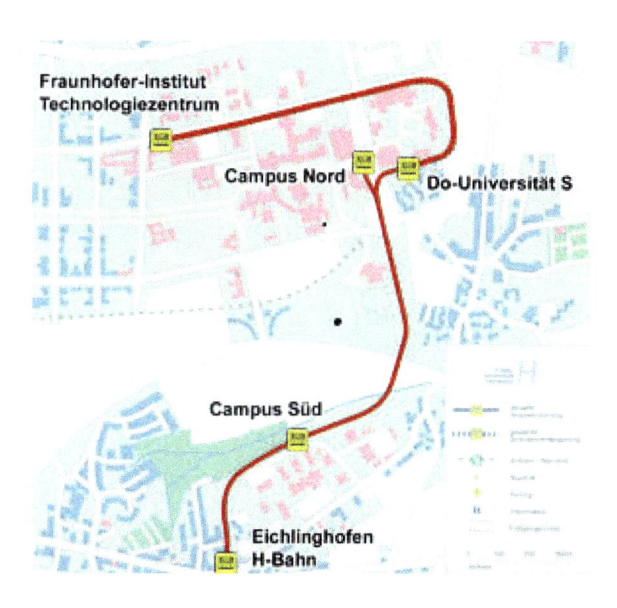

Abb. 11-7: Die H-Bahn 2009 (http://www.h-bahn.info/images/fahrplan.jpg)

Da schnell erkannt wurde, dass die H-Bahn mehr sein kann als ein Pendelverkehrsmittel, wurde die H-Bahn Anlage erweitert. 1990 erfolgte der erste Spatenstich für die Erweiterung nach Eichlinghofen und zum S-Bahn-Haltepunkt Universität (Inbetriebnahme 1993). Seit Dezember 2003 fährt die H-Bahn bis zum Technologiepark.

Das H-Bahn-System stellt sich heute wie folgt dar:

Die Kabinen der H-Bahn sind 8,2 m lang und 2,2 m breit und nehmen bis zu 45 Personen auf. Mit je zwei Fahrwerken hängen die Kabinen der H-Bahn in einem unten geschlitzten Hohlkastenträger. Im Inneren des Trägers sind (wettergeschützt) Antrieb, Führung und Stromversorgung untergebracht (die Höchstgeschwindigkeit beträgt 50 km/h). Die Trag- und Antriebsfunktion wird von zwei links und rechts vom Schlitz auf dem Boden des Hohlkastenträgers laufenden Rädern erbracht; die horizontale Führung übernehmen Führungsrollen an der Innenseite der Träger. Über vier seitlich angebrachte Stromschienen wird dreiphasiger Wechselstrom mit 400 Volt übertragen. Darüber liegen Linienleiter zur drahtlosen Übertragung von Daten zwischen Fahrzeug und Leitstand. Passive Weichen ermöglichen Fahrwegänderungen. Die fahrerlose H-Bahn wird von einer zentralen Leitstelle aus überwacht und wird im Takt- oder im Rufbetrieb eingesetzt, wobei im Rufbetrieb der Fahrgast die Kabine wie einen Aufzug per Knopfdruck „bestellt". Wie bei allen Kabinenbahnen sind die Bahnsteige von den Fahrwegen durch Glasabtrennungen getrennt; erst wenn die Fahrzeuge die vorgesehene Halteposition erreicht haben, wird der Zugang zum Fahrzeug automatisch freigegeben.

Abb. 11-8: H-Bahn Dortmund
(http://www.h-bahn.info/images/presse/presse9_klein.jpg)

Abb. 11-9: Weiche der H-Bahn Dortmund

11.3 Großkabinensysteme

Die H-Bahn in Dortmund besitzt folgende Merkmale:

Streckenlänge	ca. 2,8 km (eingleisig), gesamt 1,162 km	Betriebsstunden/Jahr	ca. 3.700
Gleislänge	ca. 3,0 km	FZ-km/Jahr	ca. 200.000 km
Linienlänge	ca. 3,8 km	Fahrgäste/Jahr	ca. 1,6 Mio.
Haltestellen	5	Verfügbarkeit	ca. 99,5 %
Weichen	6		
Fahrzeuge	5, davon ein Sonderfahrzeug		

Abb. 11-10:
Blick vom Campus-Nord nach Osten auf die H-Bahn-Anlage Dortmund
(http://www.h-bahn.info/images/presse/presse10_klein.jpg)

Abb. 11-11:
Skytrain am Flughafen Düsseldorf

570   11 Unkonventionelle Systeme

Eine weitere in Deutschland eingesetzte Kabinen(hänge)bahn steht in Düsseldorf, um den Abflugbereich des Flughafens mit der Fernverkehrsstrecke der Eisenbahn zu verbinden. Diese Strecke ist 2,5 km lang bei maximal 4 % Steigung.

Abb. 11-12:
Einfahrt in die Skytrain-Station „Fernbahnhof"

Abb. 11-13:
Verlauf der Kabinenbahn am Flughafen Düsseldorf
(http:/www.u32.de/download/geo/h-bahn-duesseldorf.kmz

11.3 Großkabinensysteme

Auf der Strecke verkehren bis zu sechs Züge aus je zwei gekoppelten Kabinen, welche einzeln 18,4 m lang sind und 2,56 m breit. Der Zug nimmt bis zu 94 Fahrgäste auf (30 Sitzplätze). Bei einer Reisegeschwindigkeit von 21 km/h befördert der Skytrain im 3-Minuten-Takt bis zu 3.000 Personen je Stunde.

Beide Kabinenbahnen wurden vom Unternehmen Siemens entwickelt und installiert. Zwischenzeitlich vermarktet Siemens das System nicht mehr aktiv, sondern konzentriert sich nach der Übernahme der Transportsparte von MATRA auf das französische System VAL (Véhicule Automatique Léger).

Ein weiteres Kabinenbahnsystem ist im ÖPNV im Einsatz: Die Kabinenbahn SkyLine am Flughafen Frankfurt.

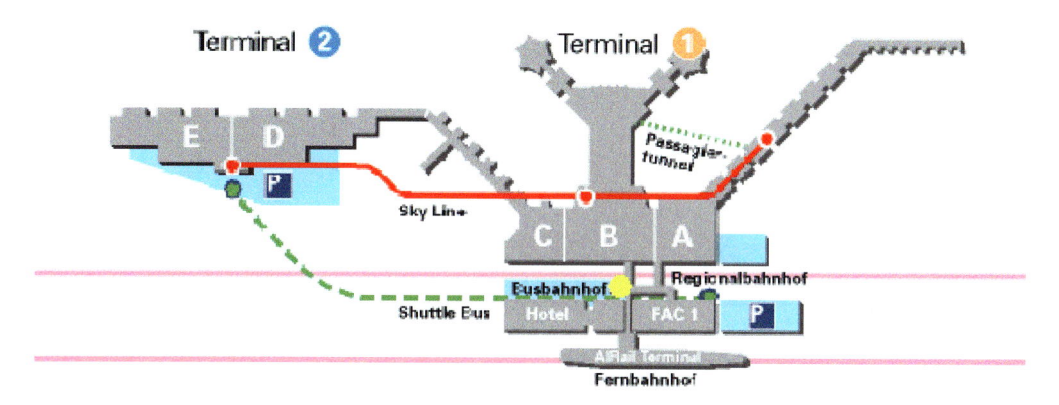

Abb. 11-4: Verlauf der Kabinenbahnstrecke SkyLine am Flughafen Frankfurt
(http://www.mpia-hd.mpg.de/Public/MPIA/Adresse/airport_FRA_skyline_de.gif

Mit dem Bau des Terminals 2 im Jahr 1990 beschloss der Flughafenbetreiber die Anschaffung eines automatischen Peoplemover-Systems (*INNOVIA* APM 100) zur Verbindung der beiden Terminals. Die Inbetriebnahme der aus acht Fahrzeugen bestehenden Flotte erfolgte im Jahr 1994. Im Rahmen einer Erweiterung der Systems kamen 1996 zehn weitere Fahrzeuge hinzu. Außerdem wurde die Haltestelle A umgebaut, um künftige Systemerweiterungen zu ermöglichen.

Die Bahn verkehrt auf einer Ebene oberhalb der Abflugebene des Terminal 1 und ist zwischen den beiden Terminals aufgeständert. Die zweispurige Strecke ist 3,8 Kilometer lang mit sechs Weichen und drei Stationen (von Westen nach Osten):

– Terminal 1, Flugsteig A (nur für Fluggäste)
– Terminal 1, Flugsteig B (Übergang zum Regionalbahnhof und zum Fernbahnhof)
– Terminal 2, Flugsteige D/E

Östlich der Station Terminal 2 befindet sich ein Depot mit Werkstatt.

Die Bahn verkehrt in Zeiten hohen Passagieraufkommens alle 90–150 Sekunden und in der Schwachverkehrszeit etwa alle 3–5 Minuten. Die Benutzung ist kostenlos.

Das System wurde 1994 von Adtranz errichtet und befördert über zehn Millionen Fahrgäste pro Jahr.

Die Bahn verkehrt automatisch und fahrerlos; an den Bahnsteigen verhindern Bahnsteigtüren, dass Fahrgäste auf die Fahrspur gelangen sowie nicht allgemein zugängliche Bereiche betreten oder verlassen können. Zum Einsatz kommen 18 Fahrzeuge vom Typ Bombardier CX-100. Sie fahren ähnlich wie Busse mit luftgefüllten gummibereiften Rädern auf einer Betonfahrbahn, in deren Mitte eine Führungseinrichtung und zwei Stromschienen für die Zu- und Ableitung des Fahrstromes montiert sind. Jeder Wagen verfügt pro Seite über zwei zweiflügelige Türen. Die Höchstgeschwindigkeit beträgt 52 km/h. Der Antrieb erfolgt über zwei Gleichstrommotoren.

Abb. 11-5: Kabinenbahn am Flughafen Frankfurt

Die Züge bestehen aus einem Transit-Wagen und einem Inland-Wagen. Der westliche Wagen ist für Besucher, Schengen-Umsteiger, abreisende/ankommende Fluggäste und Begleiter vorgesehen. Der östliche Wagen befördert dagegen nicht in den Schengenraum einreisende Transitpassagiere (Umsteiger „Non-Schengen"–„Non Schengen"). Die zweispurigen Stationen besitzen jeweils einen Mittel- und zwei Außenbahnsteige. Die beiden Wagen öffnen ihre Türen nach verschiedenen Seiten. Der Bahnsteig auf einer Seite befindet sich im öffentlichen Terminalbereich, der andere im Transitbereich „Non-Schengen".

Mit dem Flughafen soll langfristig auch die SkyLine-Trasse wachsen. Nach Planungen aus 2007 soll um das Jahr 2015 der Neubau *Terminal 3* auf dem Gelände der ehemaligen US-Air Base im Süden des Flughafens entstehen; weiterhin soll die bestehende Trasse um eine Station

11.3 Großkabinensysteme

Terminal 1, Flugsteig C erweitert werden. Es ist dabei geplant, eine von der bestehenden Trasse betrieblich unabhängige weitere Trasse zu errichten. Diese soll von einer neuen Station „Fernbahnhof" (über dem Regionalbahnhof) zum Terminal 1, Flugsteig C führen. Weiter soll diese zur bestehenden Station Terminal 2 führen, die bereits für eine Erweiterung baulich vorbereitet ist. Östlich des Terminals 2 soll die neue Trasse entlang der Bundesautobahn A5 ebenerdig nach Süden zum Terminal 3 geführt werden, wo sie schließlich in einem Tunnel verläuft. Der Fahrweg der geplanten Trasse beträgt ca. 5,7 km.

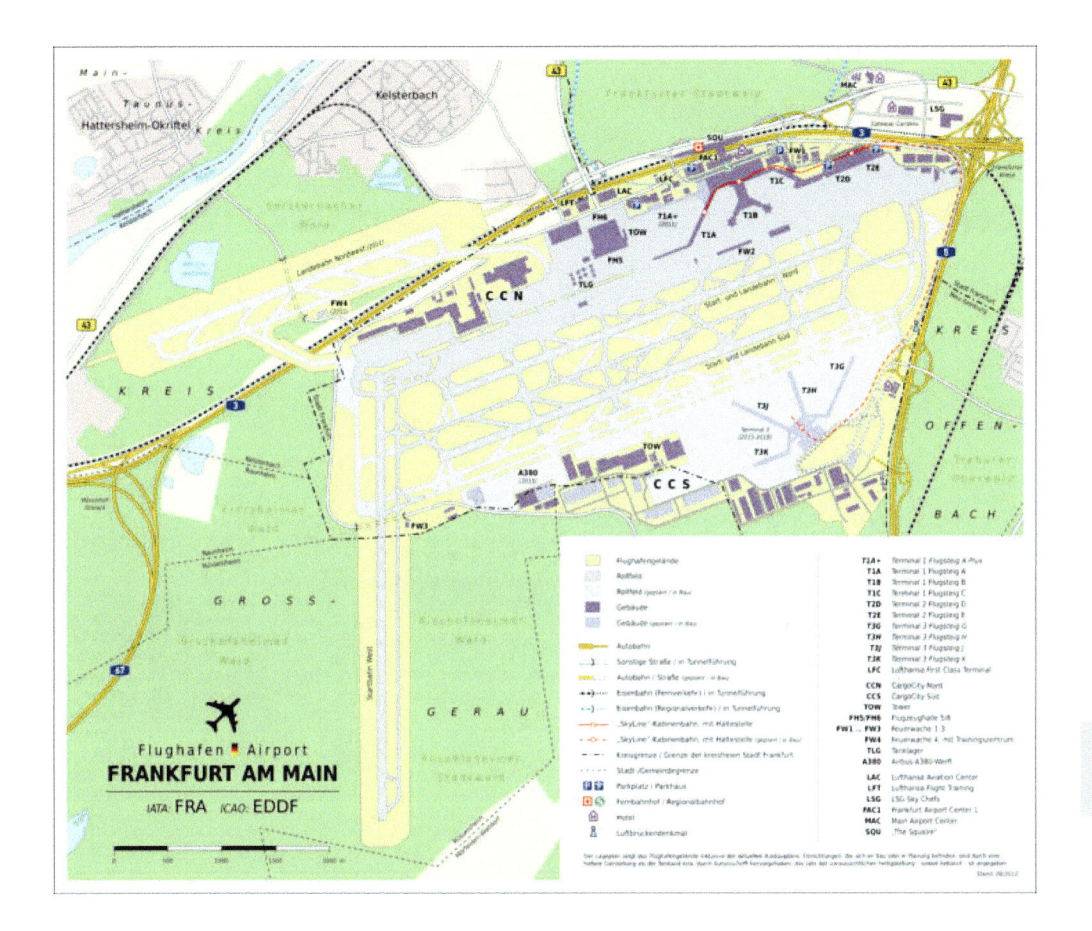

Abb. 11-6: Ausbaupläne Flughafen Frankfurt (http://upload.wikimedia.org/wikipedia/commons/thumb/a/a0/Frankfurt-Main_Airport_Map_DE.png/715px-Frankfurt-Main_Airport_Map_DE.png)

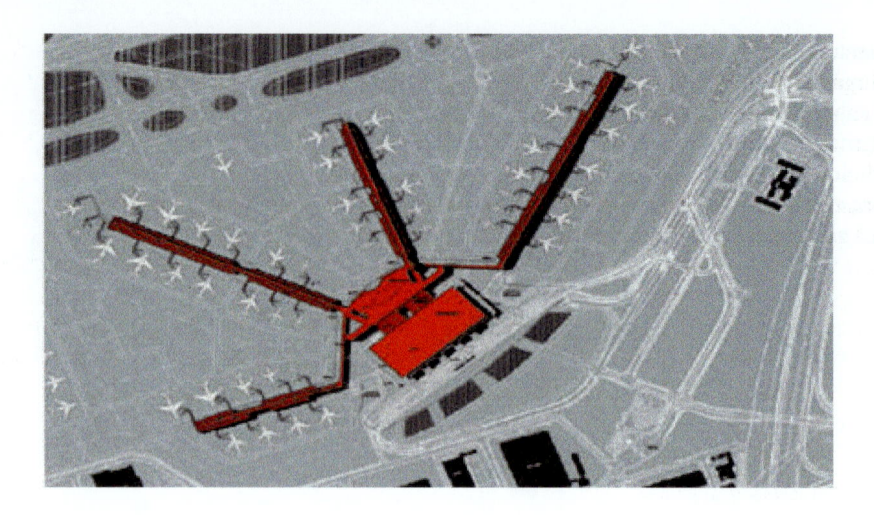

Abb. 11-17: Zukünftiges Terminal 3 Flughafen Frankfurt
(http://www.ausbau.fraport.de/cms/media/29/29664.t3footprint.jpg)

Abb. 11-18: M-Bahn in Berlin (http://www.berliner-verkehr.de/bilder/M-Bahn_popla_walter.jpg)

Eine weitere Großkabinenbahn in Deutschland ist/war die M-Bahn. Auf eigenem Fahrweg waren Kabinen für bis zu 80 Personen vollautomatisch unterwegs, getragen von Magnetkräften und mechanisch geführt. 1975 wurde von der TU Braunschweig in Braunschweig eine Teststrecke eingerichtet. Der erfolgreiche Betrieb auf der Teststrecke führte zum Bau einer 1,6 km langen Demonstrationsanlage in Berlin (Aufnahme des Probebetriebs 1984, Aufnahme des kostenlosen Fahrgastbetriebs 1989), welche von der U-Bahn Station Gleisdreieck nach Norden zum Kemperplatz an der Philharmonie führte. Im Juli 1991 erfolgte die endgültige Zulassung als neues Fahrgastbeförderungssystem und folglich die Einbindung in das Tarifgefüge des Berliner Verkehrsunternehmens BVG. Die Trasse der M-Bahn nutzte zum großen Teil die Trasse der U-Bahn-Linie 2, welche nach dem Bau der Berliner Mauer 1961 nicht mehr betrieben wurde. Weil nach dem Fall der Berliner Mauer im November 1989 die U-Bahn-Linie 2 wieder reaktiviert werden sollte, wurde der Betrieb der M-Bahn 13 Tage nach der Zulassung eingestellt; im September 1991 begann die Demontage der M-Bahn-Strecke. Pläne zur Nutzung der M-Bahn am Berliner Flughafen Schönefeld zerschlugen sich; auch von den Ankündigungen des Baus von weiteren M-Bahn-Strecken war nichts mehr zu hören (Bau einer zwei Kilometer langen M-Bahn Strecke in Las Vegas, USA?).

11.4 Kleinkabinensysteme

Die Ausgangsidee für die vollautomatisch betriebenen fahrerlosen Kleinkabinensysteme ist wie folgt darzustellen:
– Die Kabinen fahren zielrein (von Quelle bis Ziel ohne Umstieg)
– Der Fahrgast kann die Kabine allein nutzen
– Dem Fahrgast steht ein Netz von Kabinenfahrwegen zur Verfügung
– Der Fahrgast erreicht sein Ziel auf mehreren Wegen.

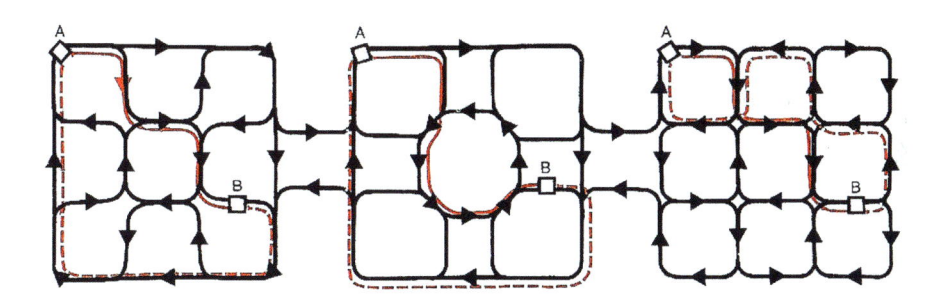

Abb. 11-19: Netzelemente für Kleinkabinenbahnen (Weigelt/Götz/Weiß, 1973)

Eine weit entwickelte Kleinkabinenbahn in Deutschland war das System Cabinentaxi/C-Bahn/Cabinenlift der Unternehmen DEMAG und MBB: Die Kabinen fuhren mit etwa 36 km/h auf bzw. unter einem aufgeständerten Fahrweg, dass von zwei asynchron betriebenen Linearmotoren angetrieben wurden. 1973 wurde in Hagen (südlich von Dortmund) eine kurze Teststrecke für das System errichtet, welche 1975/1976 auf 1,9 km Länge erweitert wurde. Die Teststrecke war mit sechs Stationen ausgestattet und wurde mit 24 Kabinen unterschiedlichen Fassungsvermögens betrieben.

Abb. 11-20: Kleinkabinen auf der Teststrecke Cabinentaxi (http://joerg-waschke.u3z.de/typo3temp/pics/05bcfd17bf.jpg)

Abb. 11-21: Großkabine auf der Teststrecke Cabinentaxi (Dübbers 1979)

Die Stationen liegen neben der durchgehenden Fahrspur, um andere Kabinen nicht an der Weiterfahrt zu hindern.

Eine erste (und letzte?) kommerzielle Anwendung des Kleinkabinensystems Cabinentaxi gab es im Klinikum Schwalmstadt in Hessen (rund 50 km südwestlich von Kassel). In den 1970er Jahren war das Hauptgebäude der Klinik mit einer etwa 600 m entfernten Nachsorgeklinik zu verbinden. Als neue Verkehrsverbindung zum Transport von Patienten, Geräten, Personal, Essen standen zur Auswahl: Straße mit Bus-Pendelverkehr, Tunnel, Cabinentaxi. Pro Tag und Klinikbett hätte der Transport per Tunnel 3,10 DM, per Bus-Pendelverkehr 4,15 DM und per Cabinentaxi 0,21 DM gekostet. Der Bau begann im April 1975, am 29. März 1976 wurde die Cabinenlift-Anlage eröffnet. Der 24 Stunden-Betrieb funktionierte wie ein Fahrstuhl: Einsteigen, Knopf drücken, Abfahrt bei geschlossenen Türen. Die Anlage war 570 m lang und wurde von 20 Stützen getragen; die Kabine für maximal 12 Personen hing am Fahrbalken. Im Sommer 2002 wurde der Cabinenlift stillgelegt (Ersatzteilprobleme?).

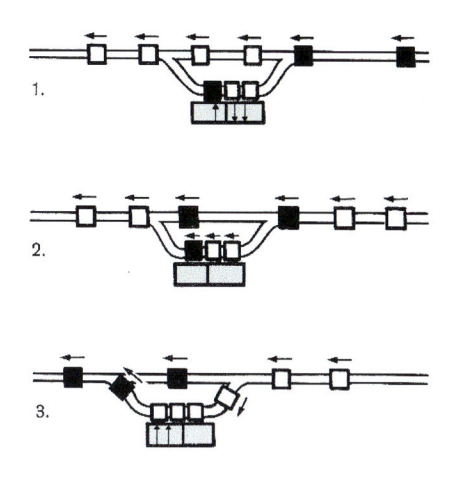

Abb. 11-22: Lage der Stationen der Kleinkabinenbahnen (Weigelt/Götz/Weiß, 1973)

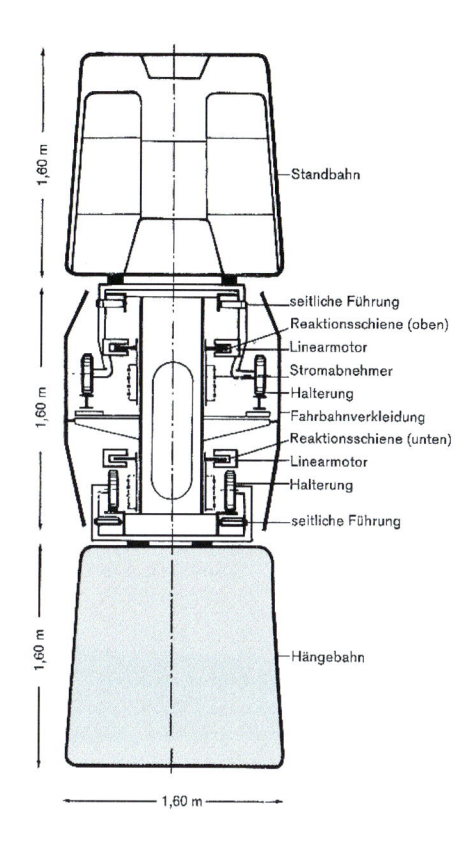

Abb. 11-23: Fahrwerk und Fahrbalken des Cabinentaxi (Weigelt/Götz/Weiß, 1973)

11.5 Zwei-Wege-Fahrzeuge

Die Zwei-Wege-Fahrzeuge fahren im öffentlichen Straßennetz wie auch auf besonderen Fahrwegen: Die Ausstattung mit entsprechenden Spurführungselementen erlaubt eine Nutzung von Schienentrassen oder speziellen Fahrwegen. Damit kann das Fahrzeug konventionell eine Personenbeförderung in der Fläche vornehmen und auf hochbelasteten Fahrstreifen wie ein Schienenfahrzeug verkehren.

Die Deutsche Bundesbahn setzte ab 1953 auf verschiedenen Strecken insgesamt 15 Straße-Schiene-Omnibusse ein. Diese Fahrzeuge bestanden aus einem Bus und zwei zweiachsigen Untergestellen für den Betrieb auf Schienen. Für das Umsetzen von Schiene auf Straße bzw. Straße auf Schiene mittels buseigener Hydraulik auf die Untergestelle bzw. umgekehrt wurden je zehn Minuten eingeplant. Als erfolgreich erwies sich das Konzept auf der Strecke Koblenz nach Au an der Sieg: Koblenz – Dierdorf als Straßenfahrzeug (etwa 32 km), Dierdorf – Au als Schienenfahrzeug (rund 40 km). Die letzte planmäßige Fahrt des Schiene-Straße-Omnibusses fand im Mai 1967 statt.

Abb. 11-24: Straße-Schiene-Omnibus im Eisenbahnmuseum Bochum-Dahlhausen (http://upload.wikimedia.org/wikipedia/commons/thumb/b/b6/Schienen-Stra%C3%9Fen-Bus-Bochum-Dahlhausen-280407.JPG/800px-Schienen-Stra%C3%9Fen-Bus-Bochum-Dahlhausen-280407.JPG)

Ein weiteres Zwei-Wege-Fahrzeug entwickelte sich aus dem Oberleitungsomnibus. Der Oberleitungsbus ist eine Mischung aus Straßenbahn und Bus – spurgebunden, aber nicht spurgeführt – mit einigen Vorteilen und einigen Nachteilen beider Verkehrsmittel. Die Obus-Motoren – heute meist Drehstrom-Asynchronmotoren – werden über eine Fahrleitung mittels Stromabnehmerstangen mit Strom versorgt und können als Elektromotoren unter Last anlaufen; ein Wechselgetriebe mit mehreren Schaltstufen/Gängen ist nicht erforderlich, da Elektromotoren alle erforderlichen Drehzahlen liefern (wegen der möglichen hohen Drehmomente aus der kurzzeitigen Überlastung des Motors sind aber stärkere Achsantriebe einzusetzen). Die elektrische Ausrüstung entspricht der Ausrüstung der Straßenbahnen mit zusätzlichen Anforderungen, z. B. eine besondere Isolation, da die Rückleitung über die Straßenbahnschienen fehlt.

Vorteile der Oberleitungsomnibusse/Obusse gegenüber dem Dieselbus liegen in der stärkeren Beschleunigung, in der besseren Steigfähigkeit (in San Francisco befahren Obusse eine Steigung von 228 Promille), in der Emissionsfreiheit am Einsatzort, in der geringen Geräuschentwicklung, in der längeren Lebensdauer, in der geringeren/fehlenden Besteuerung und besonders bei steigenden Mineralölkosten an den relativ geringen Stromkosten, zunehmend auch mit der Möglichkeit der Rückspeisung von (Brems-)Strom in das Netz. Vorteile gegenüber dem Schienenfahrzeug sind die Ausweichmöglichkeit, die schnellere Realisierungszeit von zwei bis vier Jahren ab den ersten Untersuchungen – bei der Bahn ist mit zehn bis 20 Jahren zu rechnen – und die geringeren Investitionskosten (etwa 10 -15 Prozent der Kosten einer Straßenbahnlinie). Nachteile der Obusse gegenüber dem Dieselbus sind die Anschaffungskosten (etwa doppelt so hoch) auch aufgrund geringer Stückzahlen und die Erfordernis einer Fahrleitung, welche zu höheren Betriebskosten führt.

11.5 Zwei-Wege-Fahrzeuge

Abb. 11-25: Obus in Salzburg

Der Oberleitungsomnibus hatte seine Glanzzeit 1950 bis 1960. Während in den Staaten des ehemaligen Ostblocks große Unternehmen mit Obussen bestehen – in Moskau fahren 1700 Obusse – bestehen in Deutschland nur drei Betriebe mit Oberleitungsomnibussen (Solingen, Esslingen, Eberswalde). Aber auch in Deutschland wird in verschiedenen Städten über die (Wieder-)Einführung des Obusses diskutiert.

Die Obusse besitzen in der Regel einen Hilfsantrieb, welcher es dem Bus erlaubt, auch außerhalb einer Fahrleitung zu fahren: bei baustellen- oder unfallbedingten Umleitungen, bei Stromausfällen, bei Fahrleitungsstörungen, bei Betriebsfahrten außerhalb des Fahrleitungsnetzes. Diese Hilfsantriebe bzw. Notfahraggregate sind i. a. Dieselmotoren geringer Leistung, welche Strom für den Elektromotor erzeugen und eine fahrleitungsunabhängige Fahrt geringer Reichweite mit niedriger Geschwindigkeit erlaubt; seltener wirkt der Hilfsantrieb direkt auf eine bisher nicht angetriebene Achse (mit dem Vorteil, bei Bedarf den Hilfsantrieb zusätzlich zum Hauptantrieb einzusetzen).

In den 1960er Jahren verstärkte sich der Trend, die Hilfsantriebe stärker auszulegen und die durch die Fahrleitung vorgegebene Spur auch im Fahrgastbetrieb verlassen zu können: der Duo-Bus entstand.

Die ersten modernen Duo-Busse in Deutschland[259] wurden ab 1969 im Versuchsbetrieb eingesetzt: Auf der Internationalen Automobilausstellung präsentierte Daimler-Benz den ersten Hybridbus[260] der Welt auf der Basis des Busses O 302. Dieser Bus bot wegen des hohen Fußbodens gute Voraussetzungen für den Einbau eines zweiten Antriebs und damit zum Umbau zum Hybridbus OE 302 – das E steht für Elektroantrieb. Bei diesem Bus wurde der Oberlei-

---

[259] Ein Bus mit zwei Antrieben ist auch der Gyro-Bus: Der Motor treibt ein Schwungrad im Fahrzeug an, welches beim Anfahren den Motor ersetzt bzw. die Motorkraft verstärkt. Diese Fahrzeugidee wurde schon 1909 in Berlin von Auguste Scherl vorgestellt und nach einem Versuchsbetrieb ab 1950 von 1953 bis 1960 in der Schweiz und anderswo im Fahrgastbetrieb eingesetzt.

[260] Hybridbusse sind mit zwei Antrieben ausgerüstet: Ein Dieselmotor erzeugt mittels eines Generators Strom, welcher in einer Batterie gespeichert wird und Elektromotoren antreibt. Im Gegensatz zu Duo-Bussen mit mehr oder weniger starken Hilfsantrieben gelten Hybrid-Busse als unabhängig von jeder Oberleitung/Fahrleitung.

tung Strom für den Elektromotor entnommen und Strom zur Speisung der Batterien. Belastungsspitzen wurden auch aus der Batterie abgedeckt, um die Netzbelastung auf demselben Niveau zu halten. Auf Strecken ohne Oberleitung wurde der Antrieb nur aus der Batterie gespeist.

Abb. 11-26: Der Bus O 302 von Daimler Benz, Erscheinungsjahr 1964 (http://upload.wikimedia.org/wikipedia/de/thumb/c/c2/Mercedes-O302-Reisebus-k%C3%BCrzere-Version.jpg/220px-Mercedes-O302-Reisebus-k%C3%BCrzere-Version.jpg)

Abb. 11-27: Der Duo-Bus in Esslingen (http://www.mercedes-benz.de/content/media_library/hq/hq_mpc_reference_site/bus_ng/busses_world/innovation/hybrid/duo_bus_715_300_jpg.object-Single-MEDIA.tmp/Duo_bus_715x300.jpg)

Der Duo-Bus erforderte beim Fahren mit Fahrleitung/ohne Fahrleitung Fahrtunterbrechungen zum Eindrahten/Ausdrahten der Stangenstromabnehmer. Diese Fahrtunterbrechungen konnten mit 15 bis 20 Sekunden recht kurz gehalten werden. Das Eindrahten wurde mittels Eindrahtungstrichtern bewerkstelligt oder mit seitlichen Führungsbügeln/Sensoren an den Stangenstromabnehmern zum sicheren Einfädeln der Fahrleitung in den Schleifschuh.

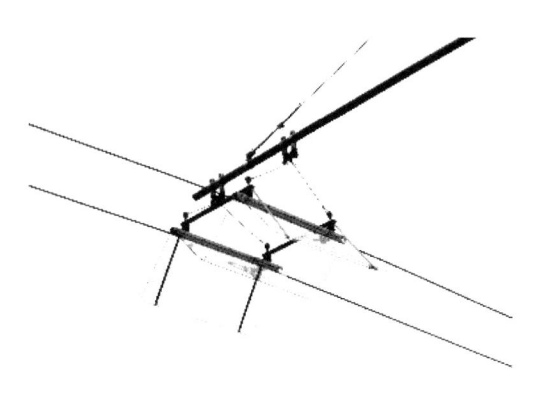

Abb. 11-28: Eindrahtungstrichter (http://www.esko-praha.cz/administrace/img_items/780/big780.jpg)

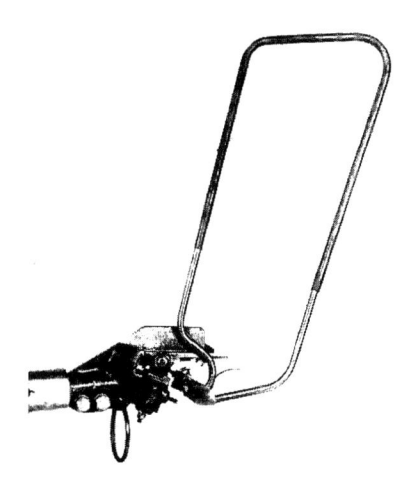

Abb. 11-29: Sensor zur Stromstangenanlegung (Müller, 1975)

Der Duo-Bus-Betrieb wurde weiterentwickelt zum Dual-Mode-Bus-Betrieb: zwei Antriebe im Bus (Dieselantrieb und Elektroantrieb) und zusätzlich zur Möglichkeit des üblichen handgelenkten Busses auch die Möglichkeit der automatischen Querführung und der automatischen Längsführung. Damit könnte der Bus dann automatisch quergeführt im elektrischen Betrieb auch die Tunnel der Stadtbahn benutzen.

Als Querführung kamen mehrere Systeme infrage: kraftschlüssige Führung oder formschlüssige Führung. Nach umfangreichen Voruntersuchungen wurden von 1976 bis 1980 verschiedene Spurführungssysteme entwickelt: Die mechanische Spurführung, die elektronische Spurführung und die Zwangsführung – die Seitenführungskräfte werden dort durch formschlüssige Verbindungselemente vom Fahrzeug an die Fahrbahn übertragen. Die Zwangsführung ist über das Versuchsstadium nicht hinausgekommen, während die elektronische und die mechanische Spurführung im praktischen Betrieb erprobt wurden.

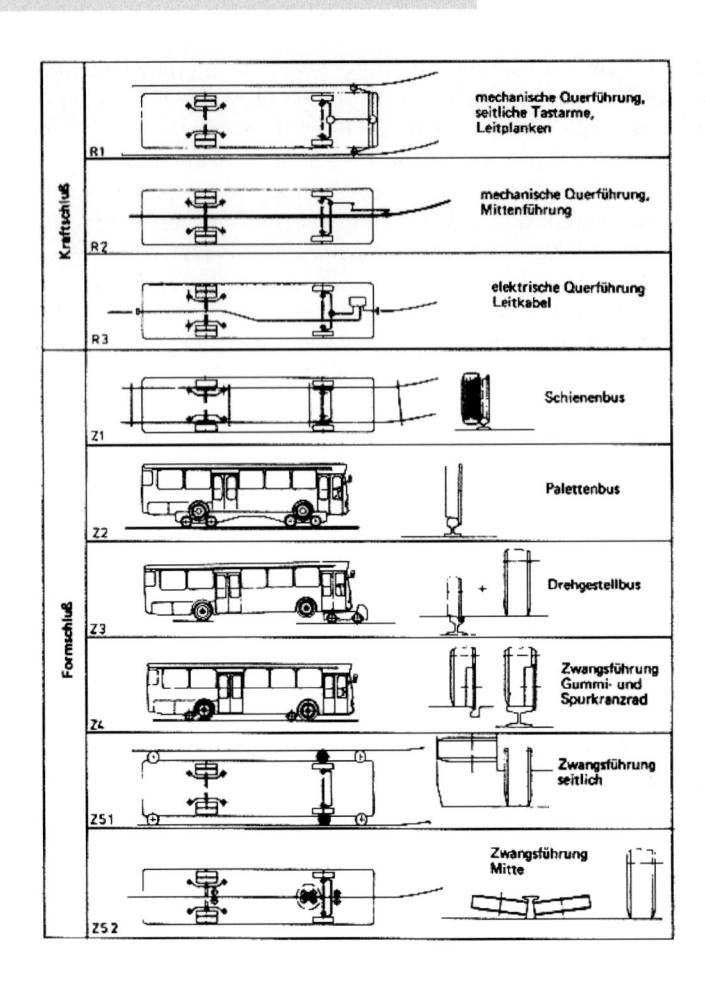

Abb. 11-30:
Dual-Mode-Querführungen
(Müller, 1975)

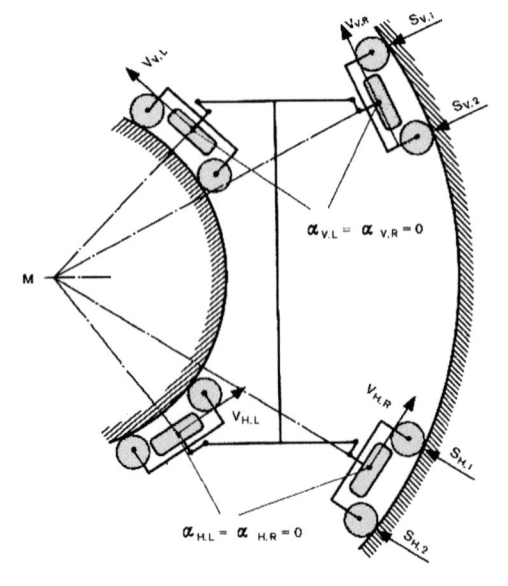

Abb. 11-31:
Schematische Darstellung einer Zwangsführung
(Müller, 1975)

11.5 Zwei-Wege-Fahrzeuge

Bei der mechanischen Querführung dient ein Führungstrog (eine etwa 2,60 m breite Fahrbahn mit seitlichen Borden) dem Bus als Fahrweg. Seitlich an den Vorderrädern des Busses angebrachte Führungsrollen zwingen die Räder entsprechend der Fahrbahntrassierung zu einem Lenkeinschlag: Der Bus folgt ohne Handlenkung dem Fahrbahnverlauf. Außerhalb der Spurbusstrecke kann der Bus wie üblich handgelenkt gefahren werden. Dieses Spurführungssystem wurde mit Dieselbussen ab 1980 auf einer etwa 1,5 km langen Strecke in Essen erprobt, ab 1983 auf einer weiteren Strecke in Essen dann auch als Dieselbus mit einem zusätzlichen Elektroantrieb und ab 1991 fuhren die Duo-Busse elektrisch angetrieben (mit zusätzlicher Zugsicherungsausrüstung) im Stadtbahntunnel gemeinsam mit den Schienenfahrzeugen. Nach zahlreichen Störungen wurde der Bus-Betrieb im Stadtbahntunnel wieder eingestellt und der Duo-Bus-Betrieb in Essen überhaupt. Der Spurbus in Essen (herkömmliche Dieselbussen inkl. Führungsrollen) bleibt grundsätzlich bestehen.

Abb. 11-32: Spurbus in Essen (http://www.martinspies.de/album/dortmund09/FOTO55.JPG)

Abb. 11-33: Spurbusstrecke in Essen
(http://www.martinspies.de/album/dortmund09/FOTO54.JPG)

Bei der elektronischen Spurführung nimmt der Bus über Antennen unter dem Fahrzeugbug Impulse von einem in der Straße verlegten Leitkabel auf und gibt entsprechende Befehle an den Lenkmechanismus. Dieses System wurde 1984 und 1985 im Fahrgasteinsatz in Fürth erprobt.

Außerhalb Deutschlands bestehen auch Spurführungssysteme. Erwähnenswert sind hier insbesondere die 1986 eingerichtete Spurbusstrecke (wie in Essen) von zwölf Kilometer Länge in Adelaide in Australien und das optische Spurführungssystem CiVis, welches in Frankreich schon bei über 300 Bussen eingesetzt ist: Eine mit Spezialfarbe auf die Fahrbahnoberfläche aufgetragene Markierung wird von Kameras im Bus verfolgt und im Bus zu Lenkradeinschlägen umgesetzt.

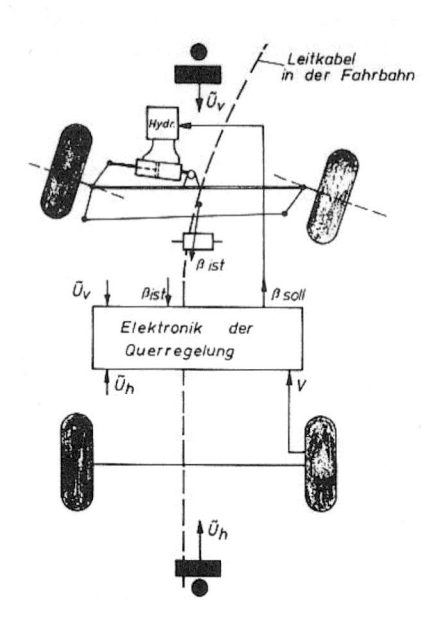

Abb. 11-34:
Prinzip der elektronischen Spurführung
(Müller, 1975)

In verschiedenen Städten außerhalb Deutschlands sind Duo-Busse im Einsatz, z. B. Fribourg (Schweiz), Bergen (Norwegen), Boston (USA), Arnhem (Niederlande). Aber der allgemeine Durchbruch ist dem Duo-Bus wegen einiger Nachteile bisher nicht gelungen. Diese Nachteile sind das hohe Gewicht wegen der zwei mitgeführten Antriebe, der hohe Energieverbrauch, die hohen Wartungskosten, die hohen Anschaffungskosten, der geringere Platz für Fahrgäste wegen des höheren Platzbedarfs für die technische Ausrüstung, der Zeitbedarf bei Wechsel von einem Antrieb auf den anderen Antrieb. Damit dürfte auch der Einsatz des Duo-Busses auf gemeinsamen Strecken mit einem Schienenfahrzeug als Dual-Mode-Bus ohne Anwendung bleiben und der automatisch quer geführte Bus in Zukunft ein Dieselbus sein. Es bleibt abzuwarten wie sich in den nächsten Jahren der Hybrid-Bus bewährt (Diesel-Motor erzeugt Elektrizität, welche einen Elektroantrieb speist und/oder eine Batterie, auch eine Strom-Rückgewinnung ist möglich): Der Hybrid-Bus ist unabhängig von jeder Oberleitung und kann mit laufendem Dieselmotor fahren oder aus der Batterie gespeist.

11.6 Differenzierte Bedienungsweisen

Auch durch die massive politische Förderung des Pkw ist es in den letzten Jahrzehnten möglich geworden, seinen Wohnsitz unabhängig von vorhandenen Verkehrsverbindungen zu wäh-

11.6 Differenzierte Bedienungsweisen

len und auch seinen Arbeitsplatz (die Arbeitgeber setzen vielfach Mobilität voraus). Die daher zunehmend dispersen Siedlungsstrukturen machen es in manchen Regionen unmöglich, einen herkömmlichen Öffentlichen Personennahverkehr – Linienverkehr auf festgelegten Wegen in akzeptablen festen Taktzeiten – zu vernünftigen Kosten zu betreiben. Eine Lösung, dennoch Öffentlichen Personennahverkehr anbieten zu können, liegt im flexiblen Betrieb des Öffentlichen Nahverkehrs. So entstanden die ersten Rufbussysteme und der erste Einsatz von Taxen im Öffentlichen Personennahverkehr. Differenzierte Bedienungsweisen sind Betriebsweisen, welche in unterschiedlich besiedelten Räumen unterschiedlichen Nahverkehr bieten und es sind Bedienungsweisen, welche ÖPNV in unterschiedlichen Fahrzeugkapazitäten praktizieren.

Die räumliche Bedienungsweise unterscheidet

Linienbetrieb:

> Herkömmlicher Linienbetrieb (wie allgemein üblich)
>
> Herkömmlicher Linienbetrieb für bestimmte Fahrgastgruppen – es werden Zwischenhaltestellen nicht bedient bzw. es wird ein abweichender Linienweg befahren, z. B. Discobusse, Eilbusse, Schnellbusse, Ausflugsbusse, Nachtbusse.

Richtungsbandbetrieb:

> Der herkömmliche Linienbetrieb wird kombiniert mit einer individuellen Bedienung, d. h., es ist ein Abweichen vom festen Linienweg möglich. Im Richtungsbandbetrieb besteht in den Formen Linienabweichung – auf der gesamten Linie kann vom festen Weg abgewichen werden, Linienaufweitung – nur auf einem Teil der Linie wird evtl. vom Linienweg abgewichen, Korridor – für die Abweichungen vom Linienweg nach links und rechts ist ein maximaler Korridor vorgegeben, Sektor – von einem möglichen Linienendpunkt wird in die Fläche verteilt.

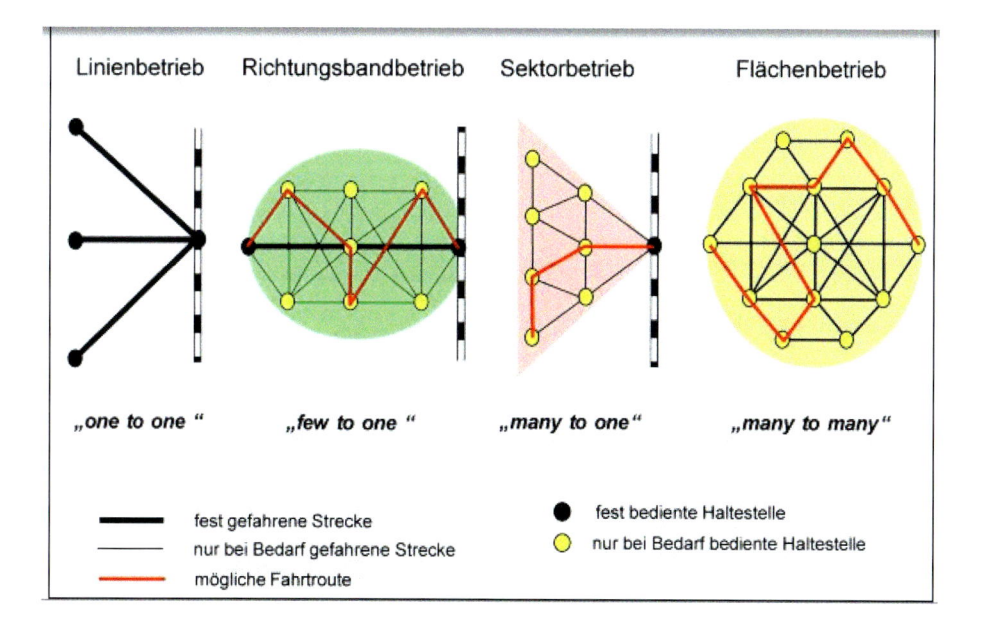

Abb. 11-35: Alternative Bedienungsformen (nach Kirchhoff & Tsakarestos, 2007)

Flächenbetrieb:

> Das Fahrzeug wird vom Fahrgast angefordert; es bestehen feste Einstiegshaltestellen; der Fahrweg und die Fahrtdauer wird aus den Wunschzielen der gleichzeitig beförderten Personen ermittelt.

Die Bedienungsweise kann auch durch Änderung der Fahrzeugkapazität differenziert werden. So können auf dem festen Linienweg statt des Linienbusses Taxen eingesetzt werden.

Der herkömmliche Linienverkehr muss (in schwach besiedelten Räumen) zunehmend an unterschiedlichen Fahrgastgruppen ausgerichtet werden: Der Schülerverkehr erfordert einen anderen Linienverkehr als der Einkaufs- und Versorgungsverkehr und dieser wieder andere Einsätze als der Berufsverkehr bzw. Ausbildungsverkehr:

Der *Schnellbus* verbindet unabhängig von vorhandenen (Bus-)Linien ein Quellgebiet mit einem Zielgebiet ohne Umsteigen (wie es beim Bus als Zubringer zu einer Schnellbahnlinie in das Zentrum üblich wäre). Der *Eilbus* dagegen verläuft i.a. entlang einer vorhandenen Linie, hält aber an Zwischenhaltestellen nicht – die Bezeichnungen Eilbus-Schnellbus-Direktbus sind nicht abschließend definiert.

Der *Stadtbus/Ortsbus* ist ein herkömmlicher Linienverkehr mit einer Rendezvous-Technik: Die Busse erschließen (Klein-)Städte und treffen sich an festgelegten Punkten zu festgelegten Zeiten, um den Fahrgästen ein komfortables Umsteigen zu ermöglichen.

Abb. 11-36: Liniennetz des Stadtbus Wernigerode (Unternehmensbroschüre)

Zur Erschließung eines Stadtviertels werden *Quartierbusse* eingesetzt bzw. *Citybusse*. Diese Busse erschließen meist als Kleinbus abseits gelegene Stadtviertel oder sie verdichten das Angebot in Stadtkernen. Auch der *Nachtbus* wie der *Disco-Bus* ist herkömmlicher Linienverkehr auf Wegen abseits des allgemeinen Öffentlichen Personennahverkehrs.

Auch der *Bürgerbus* soll hier Erwähnung finden – ein Verein gründet sich und stellt Fahrer für einen Raum, in welchem herkömmlicher ÖPNV zu teuer wäre – obwohl der Bürgerbus auch als Linienverkehrsmittel streng genommen nicht zum ÖPNV gehört (auch wenn er nach dem PBefG konzessioniert ist): Die Fahrer arbeiten ehrenamtlich, die Fahrer besitzen keinen Personenbeförderungsschein, es sind Fahrzeuge mit maximal acht Fahrgastplätzen (also rechtlich Pkw) im Einsatz.[261]

Ein Bürgerbus wird von ehrenamtlichen Fahrern mit dem Führerschein der Klasse B (früher Klasse III) gefahren. Allerdings wird mit dem Bürgerbus Personenbeförderung betrieben. Und dafür gelten, wie für jeden öffentlichen Personenverkehr, vor allem die Regelungen des Personenbeförderungsgesetzes (PBefG) und nachgeschaltete Verordnungen. Im Zuge der Vereinheitlichung des europäischen Rechtes wurde seit dem 1.1.1999 auch die Fahrerlaubnis-Verordnung neu geregelt. Seitdem ist für die Fahrgastbeförderung auch im Pkw eine Fahrerlaubnis zur Fahrgastbeförderung gemäß § 48 Absatz 1 Fahrerlaubnisverordnung (FeV) erforderlich. Diese Fahrerlaubnis bekommt, wer

- einen EU-Führerschein Klasse B besitzt,
- mindestens 21 Jahre alt ist und den Führerschein seit mindestens zwei Jahren besitzt,
- mit einem polizeilichen Führungszeugnis seine persönliche Eignung nachweist und
- seine körperliche Eignung gemäß einer Anlage zur FeV, sowie das ausreichende Sehvermögen nachweist.

Diese Regelungen der FeV sind auf Berufskraftfahrer zugeschnitten. In den Bürgerbusvereinen mit den ehrenamtlichen Fahrern haben die verlangten Tauglichkeitsuntersuchungen für Aufregung gesorgt. Vom nordrhein-westfälischen Verkehrsministerium – in Nordrhein-Westfalen bestehen die meisten Bürgerbusvereine – wurde 1999 eine Regelung getroffen (2007 überarbeitet erschienen), die den Zielen der Fahrerlaubnis-Verordnung entspricht und die Bürgerbusfahrer dennoch zufriedenstellt: Als Alternative zur Tauglichkeitsuntersuchung gemäß Fahrerlaubnisverordnung wird eine Gesundheitsuntersuchung gemäß „Grundsatz 25 (G25)" durchgeführt werden, die allerdings ab einem Alter von 65 Jahren jährlich wiederholt werden muss. Es ist eine allgemeine körperliche Untersuchung sowie ein Seh- und Hörtest enthalten. Außerdem gilt die Fahrerlaubnis dann ausschließlich für den Bürgerbusbetrieb. Da es sich bei der Untersuchung nach G 25 um eine arbeitsmedizinische Vorsorgeuntersuchung handelt, ist diese durch einen Arbeits- oder Betriebsmediziner vorzunehmen.

---

[261] Die ersten Bürgerbusse in Anlehnung an den niederländischen „Buurtbus" fuhren 1985 in Nordrhein-Westfalen. Seitdem haben sich in ganz Deutschland Bürgerbusvereine gegründet, welche ÖPNV für bisher schlecht oder nicht versorgte Wohnplätze i. A. als Linienverkehr anbieten (Voraussetzung: Keine Konkurrenz zum bestehenden ÖPNV im Bedienungsgebiet). Der Verein organisiert den Betrieb (er stellt die ehrenamtlichen Fahrer, er stellt den Fahrplan auf), die Gemeinde übernimmt das evtl. Defizit bei den Betriebskosten und das örtliche Verkehrsunternehmen stellt i.a. den Bus und ist Inhaber der erforderlichen Konzession.

Zu den differenzierten Bedienungsweisen gehören Formen des Öffentlichen Personennahverkehrs, welche durch Variation der Netzelemente (Taktfolge, Betriebszeiten, Streckenführung, Fahrzeug) zu einer Kostenreduzierung beitragen. Da ist z. B. das *Linientaxi*: Anstelle von Kraftomnibussen fahren Taxen auf den Linienwegen und zu den Linienzeiten der Busse. Auch das *Anschluss-Linientaxi* gehört zu den differenzierten Bedienungsweisen: Die Endhaltestelle des Öffentlichen Personennahverkehrs mit Bussen wird in Schwachlastzeiten zurückgezogen, ab dieser Endhaltestelle bis zur üblichen Endhaltestelle sind Taxen im Einsatz. Das Anschluss-Linien-Taxi wird auch mit einer Flächenerschließung kombiniert: In einem begrenzten Bereich werden die Fahrgäste bis vor die Haustür gefahren – der Einstieg in den ÖPNV geschieht an festgelegten Haltestellen.[262] Hier liegt schon Linienverkehr mit Flächenerschließung vor: Es wird in die Fläche erschlossen, aber nicht aus der Fläche. Problematisch könnte es für durchfahrende Fahrgäste werden, wenn der Umweg bis an die Haustür einzelner Fahrgäste unzumutbar lang wird.

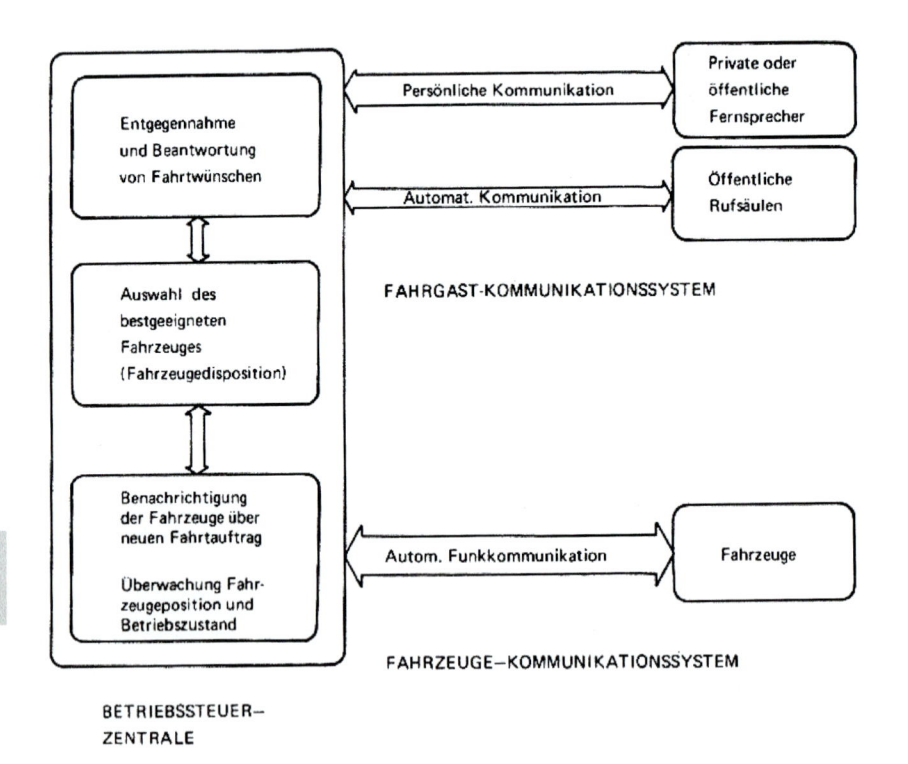

Abb. 11-37: Prinzipieller Aufbau und Komponenten des Rufbus-Systems (Müller, 1975)

---

[262] Eine Zulassung neuer/unkonventioneller Betriebsformen im Öffentlichen Personennahverkehr scheitert nicht an einer fehlenden Genehmigung. So sagt § 2 (7) PBefG "Zur praktischen Erprobung neuer Verkehrsarten oder Verkehrsmittel kann die Genehmigungsbehörde auf Antrag im Einzelfall Abweichungen von Vorschriften dieses Gesetzes oder von aufgrund dieses Gesetzes erlassenen Vorschriften für die Dauer von höchstens vier Jahren genehmigen, soweit öffentliche Verkehrsinteressen nicht entgegenstehen." Eine weitere Möglichkeit der Genehmigung der neuen Betriebsform besteht in der Anwendung des § 2 (6) PBefG: Es wird nach den Bedingungen der Verkehrsform genehmigt, welcher die neue Betriebsform am ehesten entspricht.

11.6 Differenzierte Bedienungsweisen

Der nächste Schritt bei den flexiblen Bedienungsformen mit der Haus-zu-Haus-Bedienung war der Rufbus: Die Fahrtroute und die Fahrzeit/Fahrtdauer ergibt sich erst aus dem Betrieb, indem der Fahrgast einer Zentrale den Fahrtwunsch nach Quelle und Ziel und Abfahrtzeit mitteilt und die Zentrale aus den eingegangenen Wünschen Fahrten der einzelnen Fahrzeuge zusammenstellt. Flexible Betriebsformen des Öffentlichen Personennahverkehrs wurden in der Bundesrepublik Deutschland mit Forschungsgeldern des Bundes seit 1974 untersucht. 1978 begann in Friedrichshafen (Bodensee) der Betrieb eines Rufbus-Systems. 1979 (?) startete bei Hannover das System „Rechnergesteuerter Taxi-Bus" (Retax) und 1982 begann in Berlin der bedarfsgesteuerte (Behinderten-)Fahrdienst „Telebus".

Für den Betrieb des vom Unternehmen DORNIER entworfenen Rufbus-Systems in Friedrichshafen waren folgende Komponenten erforderlich:

– Fahrzeuge
– Betriebssteuerzentrale
– Kommunikation Fahrzeuge – Zentrale
– Kommunikation Fahrgäste – Zentrale

Zum Rufbus Friedrichshafen wird ein Artikel aus dem Nachrichtenmagazin „Der Spiegel" vom März 1981 wiedergegeben:

Der "Rufbus", der auf Wunsch an jeder Ecke hält, ist hart gebremst. Ein Modellversuch in Friedrichshafen, erstes Experiment dieser Art in Europa, soll abgebrochen werden.

Grüngelbe Faltprospekte versprachen schier Unglaubliches: "Künftig können Sie sich einen Bus rufen, wann Sie ihn brauchen und wohin Sie wollen."

"Sind Sie schon oft im Regen nach Hause gewandert", fragten die Autoren der Werbeschrift, "weil die nächste Stunde kein Bus fuhr oder weil Sie mehrfach umsteigen mussten?" So etwas, versprachen sie, "wird Ihnen nun nicht mehr passieren".

Und wer gar regelmäßig "zu einer bestimmten Zeit" an einer bestimmten Haltestelle abgeholt werden wolle, beispielsweise morgens und dann wieder abends nach Büroschluss, der solle, als "Daueranmelder", auf einer grüngelben Postkarte lediglich Tag, Stunde und Ort angeben -- dann werde er schon pünktlich abgeholt.

Als Verteiler der mit Stadtplan, Stationsliste und technischer Erläuterung versehenen Prospekte wie auch als Empfänger postalischer Bus-Bestellungen firmierte die "Rufbus-Zentrale" in Friedrichshafen am Bodensee. Dort war im Dezember 1977 ein teurer Versuch gestartet worden, geradezu Revolutionäres für den Nahverkehr.

Nun gilt das Experiment als gescheitert. Das größte computergesteuerte Bedarfsbus-System Europas soll seinen Betrieb aufgeben -- eine Chance weniger, dem Autofahrer im Stadtbereich Ersatz anzubieten.

Noch letzten Sommer hatte sich der jetzige Bundesverkehrsminister Volker Hauff, der zuvor das Bonner Forschungsressort verwaltete, recht "befriedigt" gezeigt vom Rufbus-Versuch: "Beispielhaft für die Einführung neuer Techniken." Der heutige Bundesfinanzminister Hans Matthöfer, Hauff-Vorgänger im Forschungsressort, hatte frühzeitig eine "neue Verkehrsqualität" angekündigt. Mit Superlativen war schon bei der Premiere des Rufbus-Systems, für das es weltweit nur in der US-Stadt Rochester ein Vorbild gibt, nicht gespart worden.

Die Dornier System GmbH in Friedrichshafen hatte die Rufbus-Methode entwickelt, Bonns Forschungsministerium erklärte Konstruktion und Probebetrieb zum Förderungsprojekt. Der Bund und das Land Baden-Württemberg investierten bis jetzt 18,5 Millionen Mark in ein System, das endlich geeignet schien, die Nachteile des massenhaften Individualverkehrs zu mindern, ohne dessen großen Vorzug, hohe Mobilität, dabei einzubüßen.

Ähnlich konzipiert ist das von der Firma Messerschmitt-Bölkow-Blohm entwickelte "Retax-System" in Wunstorf bei Hannover, das dort seit August 1978 erprobt wird: 17 Kleinbusse werden über einen Rechner gesteuert, sind aber mit Linienbussen und Taxis nach Einsatzzeiten und Spitzenbedarf abgestimmt.

Im Verkehrsgebiet von Friedrichshafen und der Nachbargemeinde Markdorf wurden 16 Rufsäulen und 88 Haltestellen eingerichtet; rund 36 000 Bürger sollten per Rufbus versorgt und unabhängig werden von Linienbussen oder teuren Taxis, vor allem vom eigenen Wagen.

Alles schien ganz einfach zu sein: Fahrwünsche für Zeiten und Strecken in der Rufbus-Region werden über eine der automatischen Rufsäulen oder telephonisch oder eben per Postkarte an die Leitzentrale übermittelt. Dort errechnet ein Computer, wie eine Bus-Bestellung optimal -- innerhalb einer "Höchstwartezeit" und mit möglichst bescheidenen Umwegen -- erfüllt werden kann. Die Ergebnisse werden weitersignalisiert:

* Der Fahrgast kann an der Rufsäule oder gleich am Telefon erfahren, wann ihn welcher Bus abholen und in welcher Zeit er sein Ziel erreichen wird, auch wenn er als Single transportiert werden möchte.

* Der Fahrer eines Rufbusses wird über ein Sichtgerät unterrichtet, wann er welche Haltestelle anfahren muss und wie viele Passagiere mit welchen Zielen ihn erwarten.

Im "großen Probebetrieb" (Rufbus-Geschäftsführer Hans-Jürgen Wicht), der seit 1978 läuft, sind zwanzig kleinere Omnibusse und sechs mit Datenfunk ausgestattete Taxis eingesetzt; sie werden zu rund sechzig Prozent über die Rufsäulen und zu 35 Prozent telephonisch geordert, fünf Prozent ihres Programms fahren sie nach Dauerauftrag.

Zwar wurden die "kleinen Grünen", wie die Leute die Busflotte nannten, schon aus Neugier gleich rege benutzt, aber bereits bei Betriebsbeginn gab es eine Serie von Pannen. Rufsäulen fielen aus, der Zentralcomputer lieferte Datensalat, Verspätungen und Fehleinsätze mussten hingenommen werden. Dennoch stieg bis Ende letzten Jahres das Fahrgast-Aufkommen von 500 pro Werktag auf bis zu 3000. Landrat Bernd Wiedmann vom Bodenseekreis S.109 teilte alsbald mit, das System habe "seine Bewährungsprobe voll bestanden".

Der Einsatzbereich sollte zwecks weiterer Erprobung sogar von jetzt 25 auf 200 Quadratkilometer ausgedehnt werden. Bund, Land, Bodenseekreis und Stadt Friedrichshafen wollten noch mal wenigstens 13 Millionen Mark zuschießen, drei Viertel davon das Bundesforschungsministerium. Vorher allerdings, so forderte Bonn, müsse ein Zwischenergebnis mit exakten Zahlen und Finanzdaten erarbeitet werden.

Das war wohl dringend nötig. Bevor die bereits bewilligten Millionen angewiesen waren, kam der "Lenkungsausschuss" des Rufbus-Systems, in dem Vertreter der beteiligten Ministerien, der Stadt, des Landkreises und der Bundesbahn sitzen, plötzlich zu der Einsicht, der Rufbus-Modellversuch müsse abgebrochen, zumindest für zwei Jahre unterbrochen werden.

Noch ehe dieser unerwartete Entschluss im April wirksam werden soll, steht für Insider fest, daß der Rufbus nach dem jetzigen System nicht noch mal rollen wird, auch nicht in zwei Jahren. Ein Experte aus dem Forschungsministerium: "Wir können doch nicht weiterhin Blindekuh spielen."

Das System scheiterte an einem seiner Ziele, der steigenden Nachfrage. Sie sorgte für "eine Reihe von Problemen", die, wie Geschäftsführer Wicht zugeben musste, "außergewöhnlich hohe Kosten" mit sich brachten. Das Computerprogramm, so der Experte, "war der Beliebtheit unserer kleinen Grünen nicht gewachsen".

Es kam zu "Engpässen" (Wicht), die von den Fahrgästen und vom Betriebspersonal "zunehmend kritisiert" wurden -- "sprunghaftes Ansteigen" der Wartezeiten, geringe Auslastung der einzelnen Fahrzeuge, hohe Verspätungen und auch ungerechtfertigte Ablehnung von Fahrwünschen. Zudem erwies sich das Dornier-Modell als höchst unwirtschaftlich -- Monatsdefizit eine halbe Million Mark.

Meldeten sich beispielsweise 160 Fahrgäste je Stunde, so kamen die zwar alle zu ihrem Recht, aber es wurden durchschnittlich nur vier Personen pro Fahrzeug befördert -- kalkulatorisch abwegig, Energieverschwendung dazu. Aber bei 200 und mehr Bestellungen je Stunde, wie schließlich an der Tagesordnung, wurde es mit der Technik "kritisch" (Wicht): Die Elektronik und die Fahrer waren dann restlos überfordert.

Der Lenkungsausschuss kam zu dem Schluss, dass das bis jetzt erprobte System, anders als in Wunstorf, nicht einmal in der Kombination von Linien- und Bedarfsbusbetrieb allen Anforderungen genügen würde. Doch ausrangiert werden die kleinen Grünen wohl nicht: Sie sollen weiterfahren, im Werksverkehr bei Dornier.

Am 4. August 1978 begann in Wunstorf/Hannover der Einsatz des RETAX-Systems; es stellt den ältesten Anwendungsfall des Rufbusses in Deutschland dar. Das System ist bis in die späten 1990er Jahre gegenüber der Anfangsphase stark verändert worden, da sich ein ganztägiger Betrieb zwischen allen möglichen Haltestellen als zu teuer erwies. Im Tagesverkehr wurde das Angebot weitgehend auf einen Linienverkehr zurückgeführt, wobei lediglich bestimmte Abstecher nur nach Anmeldung bedient werden (Richtungsbandbetrieb). Die Zahl der Bedarfshaltestellen wurde dabei in den letzten Jahren durch Umwandlung in Regelhalte oder durch Auflassen der Haltestelle deutlich verringert.

In der Schwachverkehrszeit kann dagegen, wie ursprünglich im RETAX-System auch im Tagesverkehr, jede beliebige Haltestellenkombination, auch zwischen verschiedenen Linien, nach

Anmeldung befahren werden. Dies geschieht z. B. am Bahnhof an einer Infosäule, die noch aus dem RETAX-System stammt. Durch den in der Nähe des Bahnhofs vorhandenen Betriebshof des Betreibers Steinhuder-Meer-Bahn (StMB) können jedoch kurzfristig Fahrzeuge und Fahrer zum Bahnhof gebracht werden. Hierin liegt auch eine grundlegende Notwendigkeit beim Betrieb eines Rufbussystems, dass Fahrer und Fahrzeug zentral im Einsatzbereich jederzeit verfügbar sind und weder weite Anfahrtswege zurücklegen sind noch außerhalb vorhandener Betriebseinrichtungen in der Region Fahrzeuge und Fahrpersonal stationiert werden müssen, wo sie im Regelfall nicht wirtschaftlich eingesetzt werden können.

Im Unterschied zu Wunstorf kann im Rufbus-System Neustadt/Rbge. nicht jede beliebige Relation, sondern nur innerhalb bestimmter Korridore gefahren werden. Ansonsten muss am Bahnhof umgestiegen werden. Hierbei ähnelt das System dem Rufbus-System in Delmenhorst. Der Rufbus in Neustadt/Rbge. war von Anfang an nur für den Schwachverkehr konzipiert. Betreiber ist in Neustadt der Regionalverkehr Hannover (RVH). Der Rufbus in Neustadt/Rbge. dient insbesondere dem Abbringerverkehr im Schwachverkehr von der Bahn aus Richtung Hannover. Hier bietet der Rufbus Vorteile, da an einem Punkt (Bahnhof) eine für ein Taxi oder einen Kleinbus zu hohe Nachfrage auftritt, die jedoch gleichzeitig so dispers in einer für einen Ballungsraum relativ dünn besiedelten Fläche zu verteilen, dass sie im regulären Linienverkehr nur mit mehreren Fahrzeugen zu verteilen wäre. In Neustadt kann direkt am Bahnhof ohne Anmeldung eingestiegen werden. Der Fahrgast teilt dem Fahrer sein Fahrtziel mit.

Weitgehend unbekannt in der Fachwelt ist dagegen der ebenfalls im Großraum Hannover bestehende Rufbus-Verkehr in Uetze (Eltze-Dollbergen; östlich von Hannover). Dieser Rufbus verkehrt nur in der Schwachverkehrszeit und verkehrt wie der Linienbus im Tagesverkehr, allerdings auf vereinfachtem Linienweg, sofern andere Haltestellen nicht nachgefragt werden. Die Bestellung der Fahrt erfolgt telefonisch bzw. am Bahnhof in Dollbergen über direkte Meldung beim Fahrer. Eingesetzt wird im Unterschied zu Neustadt/Rbge. und Wunstorf hier ein Kleinbus eines Subunternehmers. Dieser Rufbus dient in erster Linie der Anbindung der Ortschaft Uetze an den Bahnhof in Dollbergen. Ähnlich wie der Rufbus in Neustadt/Rbge. sorgt der Rufbus Uetze vor allem für eine Flächenverteilung der im Schwachverkehr am Bhf. Dollbergen ankommenden Fahrgäste.

Die Mitteilungen zum Öffentlichen Personennahverkehr im Raum Hannover im Sommer 2010 enthalten folgende Angaben:

„Die RegioBus [Gesellschaft] bietet in Barsinghausen, Burgdorf, Isernhagen, Lehrte, Neustadt, Seelze, Springe, Uetze, Wedemark und Wunstorf einen RufTaxi-Service an. Damit können Kunden abends und am Wochenende auch in wenig frequentierte Stadt- und Ortsteile gelangen. RufTaxen fahren zu festgelegten Zeiten und sind auf die Züge von und nach Hannover abgestimmt.

Kunden müssen in der Regel den Fahrtwunsch 60 Minuten vor Fahrtbeginn telefonisch unter (05031) 175 500 anmelden. Gültig: Für die hier aufgeführten RufTaxen (außer AST) muss kein Aufpreis gezahlt werden, es genügt ein gültiger GVH-Fahrausweis. Es gelten die Richtlinien der einzelnen Gemeinden.

RufTaxi Barsinghausen: Das RufTaxi fährt von den Haltestellen in den Stadtteilen Barrigsen, Bantorf, Hohenbostel, Holtensen, Wichtringhausen und Winninghausen zu den Haltestellen Zentrum und Bahnhof in Barsinghausen. Es gilt auch für die Rückfahrt von Barsinghausen in die einzelnen Stadtteile.

RufTaxi Burgdorf/Uetze: Im Anschluss an die S-Bahnlinie S7 fährt das RufTaxi in den Wochenendnächten von Freitag auf Samstag und von Samstag auf Sonntag in folgende Burgdorfer und Uetzer Ortsteile: Altmerdingsen, Dachtmissen, Dahrenhorst, Dedenhausen, Ehlershausen, Eltze, Hänigsen, Hülptingsen, Katensen, Obershagen, Otze, Ramlingen, Sorgensen, Uetze und Weferlingsen (um 1.33 und 3.33 Uhr ab Bahnhof Burgdorf).

RufTaxi Wunstorf: Fährt im Anschluss an die S-Bahnlinie S2 von Freitag auf Samstag und von Samstag auf Sonntag in alle Wunstorfer Ortsteile sowie in den Barsinghäuser Ortsteil Holtensen. Es startet um 2.24 Uhr und 4.24 Uhr am Bahnhof/Wunstorf.

AnrufSammelTaxi (AST)Springe: Im Anschluss an die S-Bahnlinie S5 fährt das AST-Springe von Freitag auf Samstag und von Samstag auf Sonntag in einige Springer Ortsteile vom Hauptbahnhof aus (um 1.35 Uhr und 3.35 Uhr). Alle Fahrten mit dem AST sind zuschlagspflichtig (2,00 Euro/Fahrt).

Als Ergänzung zum Bus fährt auch das AnrufSammelTaxi im Stadtgebiet von Springe. Es fährt werktags ab 20.00 Uhr, samstags ab 16.00 Uhr und sonntags ab 8.00 Uhr jeweils stündlich bis ca. 0.45 Uhr. Kunden können zwischen den Ortsteilen hin- und herfahren bzw. von jeder Haltestelle bis zum persönlichen Fahrziel im gesamten Stadtgebiet von Springe gelangen.

Der Fahrtwunsch muss eine Stunde vor Abfahrt unter **Tel. (05031) 175 500** erfolgen.

Abb. 11-38: Für den Telebus-Betrieb in Berlin entwickeltes Fahrzeug
(http://upload.wikimedia.org/wikipedia/commons/thumb/9/9d/Neoplan_MHD_SR_1.jpg/800px-Neoplan_MHD_SR_1.jpg

Beim Rufbus-System TELEBUS in Berlin/West (seit 1982) bzw. in ganz Berlin handelt es sich um einen Behindertenfahrdienst. Folgende Überlegungen standen am Anfang dieses Rufbus-Systems: Behinderte Menschen können aufgrund ihrer Behinderungen den Öffentlichen Personennahverkehr nicht oder nur mit großen Beeinträchtigungen nutzen. Um auch diesen Personen durch Nutzung des ÖPNV die Teilnahme am öffentlichen Leben zu ermöglichen, bestanden zwei Lösungsmöglichkeiten: a) Umgestaltung der bestehenden Infrastruktur des Öffentlichen Personennahverkehrs auf die Belange der Behinderten b) Einrichtung eines gesonderten behindertengerechten Verkehrssystems. Da die behindertengerechte Umgestaltung des Öffentlichen Personennahverkehrs sehr hohe Kosten verursacht und nur über einen Zeitraum von vielleicht 50 Jahren zu realisieren war und auch bei einem behindertengerechten ÖPNV mancher Behinderter durch die Schwere der Behinderung den Öffentlichen Personennahverkehr (Haltestelle) nicht erreicht, entschloss sich das Land Berlin, mit kräftiger (Geld-) Unterstützung durch die Bundesregierung, in einem Forschungsvorhaben ab 1978 ein Rufbussystem für Behinderte aufzubauen. Dieses Forschungsvorhaben gliederte sich in drei Bereiche. Im Untersuchungsteil „Betrieb" wurde ein rechnergesteuerter Bedarfsbetrieb mit Tür-zu-Tür Bedienung aufgebaut, im Untersuchungsteil „Fahrzeug" wurde ein behindertengerechter (Klein-)Bus entwickelt und im Teil „Begleituntersuchungen" wurden sozialwissenschaftlich das Verhalten der Behinderten sowie deren Mobilitätsbedürfnisse erforscht.

11.6 Differenzierte Bedienungsweisen

Im Januar 1979 nahm der Fahrdienst den Betrieb auf. Vergleichszahlen zeigen die Inanspruchnahme des Fahrdienstes in den ersten Jahren:

	Fahrtwünsche	Berechtigte	Mobilitätsrate
März 1980	6.490	2.110	3,08
März 1981	8.540	2.315	3,69
März 1982	9.088	2.760	3,29
März 1983	16.005	4.435	3,60
März 1984	15.186	4.877	3,11

Voraussetzung für eine Teilnahme am Telebus-Fahrdienst war die Ausstellung eines Telebus-Ausweises für den Behinderten. Der Fahrdienst wurde (und wird) täglich von 5.00 Uhr bis 1.00 Uhr durchgeführt. Zunächst standen 40 Kleinbusse – nach und nach durch die neu entwickelten behindertengerechten Telebusse ersetzt – für die Beförderung der Fahrgäste zur Verfügung. Es waren aber auch Taxen im Einsatz (für Berechtigte, welche sich ohne fremde Hilfe bewegen können oder ohne Rollstuhl oder mit Klapprollstuhl).

Der Fahrgast meldet dem Disponenten seinen Fahrtwunsch, der Disponent erstellt aus der Vielzahl der Fahrtwünsche eine Fahrtroute für den Bus und teilt dem Fahrgast die Abfahrtzeit mit. Ein „Fliegender Dienst" bringt hilfsbedürftige Fahrgäste zur Abfahrtzeit der Busse zur Abfahrtstelle.

Schwerpunkt der rechnerbezogenen Forschung des rechnergesteuerten Bedarfsbetriebes war das Dispositionsprogramm zur Bildung von Fahrtrouten aus den Fahrtwünschen. Ausgehend von der gewünschten Abfahrtzeit des Fahrgastes bzw. von der gewünschten Ankunftszeit werden alle Einbindungsmöglichkeiten des neuen Fahrtwunsches in die aktuellen Fahrtrouten geprüft unter Beachtung von

- Fahrzeugeinsatzzeit,
- Pausenzeiten Fahrpersonal,
- Fahrzeugkapazität
- Abweichung der disponierten von der gewünschten Ankunfts-/Abfahrtzeit
- Abweichung der disponierten Zeit von der kürzestmöglichen Fahrzeit
- Belastung der momentanen Fahrten
- Zusätzliche Fahrumwege.

Aus den Kriterien ergibt sich der Erfüllungsgrad einer Zielfunktion: Der Fahrtwunsch wird angenommen oder abgelehnt.

In den frühen 1990er Jahren war die manuelle Fahrtroutenplanung mit etwa 1.000 Fahrtwünschen am Tag an ihre Grenzen geraten. Weil auch die Zahl der Berechtigten ständig weiter anstieg, war es erforderlich, mathematische Optimierungsverfahren bei der Fahrtroutenermittlung einzusetzen. Das neu entwickelte *Telebus-Computersystem*[263] unterstützt die Annahme der Fahrtwünsche, die Anmietung der Fahrzeuge, die Disposition der Aufträge, die Funkleitung am Fahrtag und die Abrechnung der Fahrten und Busse. Das Herzstück des Computersystems ist der Tourenplaner:

---

[263] „Telebus" ist der Name der Busse, welche von einem Zusammenschluss Berliner Wohlfahrtsverbände, dem Berliner Zentralausschuss für soziale Aufgaben (BZA) betrieben werden.

Die einzelnen Fahrtwünsche werden zu Bestellungen verknüpft, d. h. zu Streckenabschnitten, aus welchen sich eine Tour zusammensetzt – wenn mehrere Fahrgäste denselben Weg haben, sollte nur ein Fahrzeug eingesetzt werden. Diese Verknüpfungen sind zulässig, wenn die Kunden keine langen Wartezeiten erfahren und keine übermäßigen Umwege in Kauf nehmen müssen. Das Rechnerprogramm berechnet alle Kombinationen, bei denen zwei Fahrten mit einer Beförderung abgewickelt werden können. Aufgrund der eingehenden Fahrtwünsche sind das zwischen 10.000 und 80.000 Verknüpfungsmöglichkeiten. Ziel der Verknüpfung ist es, die Fahrtwünsche so zu kombinieren, dass alle Fahrten in „Bestellungen" vorkommen und dass die Besetzkilometer minimiert werden. Während ein erfahrener Telebus-Disponent durch seine manuelle Verknüpfung der Fahrtwünsche zu einzelnen Fahrten eine Reduktion der Fahrtenanzahl bis zu 20 % erreicht, erreicht das Programm eine Reduktion von bis zu 40 %.

Auch ein Rechnerprogramm kann in einem vernünftigen Zeitraum nicht alle bis zu 80.000 Möglichkeiten der zu kombinierenden Fahrtwünsche durchrechnen. Das weiterentwickelte Computerprogramm basiert auf einem mathematischen Optimierungsmodell namens „Set Partitionierung": In einer Verknüpfungsmatrix ist die Anzahl der Zeilen gleich der Anzahl der einzelnen Fahrtwünsche und die Zahl der Spalten ist gleich der Zahl der auszuführenden Bestellungen (durchzuführende Fahrt zur Erfüllung mehrerer Fahrtwünsche). Das Element in der Zeile i und in der Spalte j (a_{ij}) erhält den Wert 1, wenn der Fahrtwunsch i in der Bestellung j vorkommt (sonst 0). Die Summe der Spalte j – die Bestellung j – ist der Preis der Bestellung (= Fahrkilometer). Das Problem/die Aufgabe bestand darin, eine Kombination von Spalten der Matrix zu finden, sodass jeder Fahrtwunsch abgedeckt ist (jeder Fahrtwunsch wird durch mindestens eine Bestellung erfüllt) und die Summe der Spaltensummen (Summe der Preise/Fahrkilometer) möglichst gering ist. Mit dem für die Telebus-Tourenplanung entwickelten Programm konnte die optimale Kombination der Bestellungen (Erfüllung von mehreren Fahrtwünschen durch eine Fahrt) in Minuten berechnet werden. Diese Tourenplanung per EDV wurde und wird ständig weiterentwickelt.

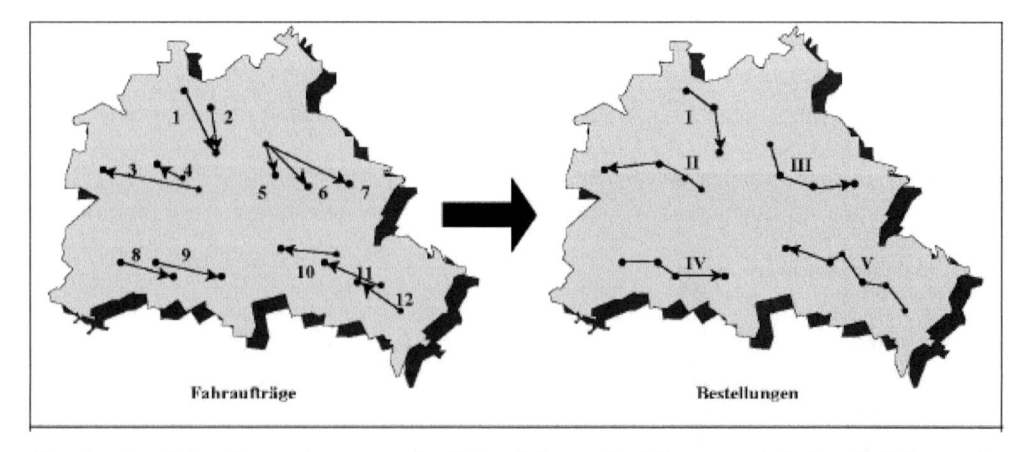

Vor der eigentlichen Tourenplanung werden Fahraufträge zu Bestellungen verknüpft; z. B. Zielsammelfahrt (I: 1,2), Einbindung (II: 3. 4), Startsammelfahrt (III: 5, 6, 7), Anbindung (IV: 8, 9), Mehrfachanbindung (V: 10, 11, 12)

Abb. 11-39: Telebus Berlin und Verknüpfungen von Fahrtwünschen zu fünf Bestellungen (Borndörfer, 1996)

Da der Telebus-Fahrdienst rund 20.000 Kunden zählt und täglich etwa 1.500 Fahraufträge zu erfüllen sind, ist der Telebus-Fahrdienst durchaus mit dem Öffentlichen Personennahverkehr einer Mittelstadt zu vergleichen.

Ein mittlerweile eingeführtes System der differenzierten Bedienungsweisen im Öffentlichen Personennahverkehr ist das vom Nestor der deutschen Nahverkehrsforschung Prof. Fiedler, Wuppertal initiierte System Anrufsammeltaxi. Beim System Anrufsammeltaxi gibt es ein festes Haltestellennetz. Die Haltestellen werden von den Taxen zum Einsteigen nach (telefonischer) Anmeldung angefahren und zum Aussteigen nach Bedarf – oft wird der Fahrgast im Bedienungsgebiet auch bis vor die Haustür gebracht. Das Anrufsammeltaxi wird eingesetzt als Linienersatzverkehr auf schwach nachgefragten Relationen; es dient als Ergänzung des Linienverkehrs oder als Verdichtung des Linienverkehrs oder es bildet auch den Vorlauf eines geplanten Buslinienverkehrs beim Neubau einer Siedlung wie auch als Vorlaufbetrieb für einen Nachtbuslinienverkehr.

Das Anrufsammeltaxi arbeitet wie der Linienverkehr:
- Festgelegte Abfahrthaltestellen
- Fester Fahrplan
- Feste Fahrpreise

Das Anrufsammeltaxi arbeitet abweichend vom Linienverkehr:
- Fahrt auf möglichst kurzen Wegen
- Fahrt nur bei Bedarf
- Fahrt nach vorheriger Anmeldung
- Keine Fahrt ohne Fahrgäste
- (Fahrt bis vor die Haustür)

Das Anrufsammeltaxi arbeitet abweichend vom Taxiverkehr:
- Sammeln der Fahrtwünsche mehrerer Fahrgäste
- Termingebundene Voranmeldung
- Verkauf von Fahrausweisen vor Fahrtbeginn
- Fahrpreis unabhängig von der tatsächlichen Fahrtstrecke

Auch beim AST-Verkehr stellt die Dispositionszentrale aus den Fahrtwünschen wirtschaftliche Fahrtrouten für die Taxen zusammen – siehe Telebus.

Abb. 11-40:
Kennzeichnung einer Haltestelle des Anrufsammeltaxi (http://www.rundschau-online.de/ks/images/mdsBild/1273004082019l.jpg)

Abb. 11-41: Lage der Haltestellen des Anruf-Sammeltaxi in Wesseling bei Köln (http://www.stadtwerke-wesseling.de/typo3temp/pics/3cf304229b.jpg)

Abb. 11-42: Anrufsammeltaxi in Iserlohn (http://www.mvg-online.de/typo3temp/pics/AST_IS_2009_Bild_4_30ae9d6151.jpg)

888 Linienbedarfsverkehr (AST-

Das AST (Anruf-Sammeltaxi) fährt als Ergänzung zu Bahn & Bus.
Für das AST gilt ein Sondertarif (siehe unten). Sie erhalten Ihr Ticket im Fahrzeug. An Feiertagen gilt der Sonntags-Fahrplan.

Melden Sie Ihre Fahrten **spätestens 60 Minuten** vor der fahrplanmäßigen Abfahrtszeit an, unter:

0 18 04 / 15 15 15

20ct. je Anruf aus dem dt. Festnet;
Mobilfunk max. 42 Cent pro Minute

Die Buchungszentrale nimmt Ihre Fahrtwünsche von 07.00 - 21.30 Uhr (So. von 09.30 - 19.00 Uhr) entgegen. Melden Sie Fahrten vor 08.00 Uhr (So. vor 10.30 Uhr) am Vortag an.
Gruppen ab 5 Personen melden sich bitte 3 Tage vorher an.

Das AST fährt von den gekennzeichneten AST-Haltestellen in den genannten Ortsteilen ab und bringt Sie im Zielbereich bis vor die Haustür Ihres persönlichen Fahrtzieles.

AST-Tarif (gültig ab 1. Januar 2011)

Preisstufe	1a
a) Erwachsene	3,50 €
b) Kinder (6 bis einschließlich 14 Jahre)	2,50 €
c) 1 Kind bis einschl. 5 Jahre in Begleitung eines zahlenden Fahrgastes	frei
d) Zuschlag für ZeitTicketinhaberInnen, die im Besitz einer Kundenkarte mit gültiger Wertmarke für die jeweilige Stadt/Gemeinde sind und für im Rahmen der unentgeltlichen Mitnahmeregelung von VRS JobTickets sowie ZeitTickets im Abo mitreisende Fahrgäste	2,50 €
e) PolizeivollzugsbeamteInnen des Landes NRW sowie Vollzugsbeamte des Bundesgrenzschutzes in Uniform	2,50 €
f) Freifahrtberechtigte Personen gem. Ziffer 7 der VRS Tarifbestimmungen (Schwerbehinderte mit amtl. Ausweis und gültiger Wertmarke auf Beiblatt)	2,50 €
g) Gepäckzuschlag, sofern ein Sitzplatz im Fahrgastraum beansprucht wird	2,50 €

Abfahrtzeiten ab **Schleiden:** Hähnchen, Krankenhaus, Brücke, Höddelbusch, Gymnasium, Busbf, Am Mühlenberg, Schwimmbad, Karl-Kaufmann-Str., Langenscheider Weg, Realschule, Hauptschule

zu allen Zielen in den Bereichen III und IV

Abfa … **nu** … **Busba** … **Straß** … **La**

mo-fr	sa	so	mo-f
a,b 8.45	a,b 8.55	c 8.45	9.00
a,b 9.45	a,b 10.55	a,b 10.55	11.00
a,b 12.45	a,b 12.55	a,b 12.55	13.00
a,b 14.45	a,b 14.55	a,b 14.55	15.00
a,b 16.45	a,b 16.55	a,b 16.55	17.00
a 17.45	a,b 17.55	c 17.45	
a,b 18.45	a,b 18.55	a,b 18.45	19.00
a,b 19.45	a,b 19.55	c 19.45	20.00
a 20.45		a 20.45	
a 22.00	23.00		
x 23.45	23.45		
x 1.00	1.00		

a) nicht nach Malsbenden, Mauel, Nierfeld, Olef, Salzberg und Wolfgarten
b) von den Haltestellen Busbahnhof, Karl-Kaufmann-Str., Am Mühlenberg und Langenscheider Weg auch zum Krankenhaus Schleiden
c) nur ab Busbahnhof, Karl-Kaufmann-Str., Am Mühlenberg und Langenscheider Weg zum Krankenhaus Schleiden
x) nur freitags

Für Fah … Kranker … Spalte (… Bereich

Abfahrtzeiten ab Zentralort **Schleiden:** z.B. Hähnchen, Krankenhaus, Brücke, Höddelbusch, Gymnasium, Busbahnhof, Am Mühlenberg, Schwimmbad

zu allen Zielen in den Bereichen V und VI,

aber nicht nach Oberhausen und Wiesgen

Abfahrt … **Dreiborr** … **Mor** … **Sau** … zu allen … **Scl**

mo-fr	sa	so	mo-f
			a,b 6.3
a 8.45	a 8.55		a 7.0
a 10.45	a 10.55	10.55	a 8.0
a 12.45	a 12.55	12.55	a,b 11.0
a 14.45	a 14.55	14.55	a,b 13.0
a 16.45	16.55	16.55	a,b 15.0
a 17.45	17.55		a,b 17.0
a 18.45	18.55	18.45	19.0
19.45	19.55		20.0
20.45		20.45	
22.05	23.00		
x 23.45	23.45		
x 1.00	1.00		

a) nicht nach Schöneseiffen, Harperscheid und Bronsfeld
x) nur freitags

a) nicht … und He … b) nicht a

Jeweils zum Jahreswechsel (We … können reduzierte Betriebszeite … Buchungszentrale.

Abb. 11-43: Fahrplanblattausschnitt zum Anruf-Sammeltaxi in Schleiden/Eifel (http://www.vrsinfo.de/fileadmin/Dateien/minis/a_Linie_888.pdf)

Quellenverzeichnis der Abbildungen

Borndörfer, R. (1996). *Telebus Berlin - Fahrdienst für Behinderte* . Berlin: Konrad-Zuse-Zentrum für Informationstechnik Berlin.

Dennig, D. (o.J.). *Alternative Bedienungsformen im ÖPNV.* ohne Ort: -.

Dübbers, K. (1979). *Untersuchung der Betriebsabläufe neuer Nahtransportsysteme.* Bonn: Bundesminister für Verkehr.

Felz, H., & Grabe, W. (1974). *Neue Verkehrssysteme im Personennahverkehr.* Wiesbaden: Bauverlag.

Kirchhoff, P., & Tsakarestos, A. (2007). *Planung des ÖPNV in ländlichen Räumen.* Wiesbaden: Teubner.

Müller, F. (1975). *Nahverkehrsforschung '75.* Bonn: Bundesminister für Forschung und Technologie.

Petzel, W. (. (1984). *Nahverkehrsforschung '84.* Bonn: Bundesminister für Forschung und Technologie.

Weigelt/Götz/Weiß. (1973). *Stadtverkehr der Zukunft.* Düsseldorf: Alba-Buchverlag.

Sachwortverzeichnis

A

Achsschenkellenkung 7, 33
Aktiengesellschaft 107, 110, 111
Allgemeines Eisenbahngesetz 101
Anfahrhilfe 410
Angebotsplanung 445
Anlagevermögen 155
Anrufsammeltaxi 595
Anruf-Sammeltaxi 440
Anschluss-Linientaxi 588
Anstoßtarif 553
Asphalt 65, 66
Ausgleichsleistung 526
Ausgleichsverordnung 524

B

Bahnkörper
  – besonderer 387
  – straßenbündiger 371
  – unabhängiger 388
Bahnsteighöhe 217
Ballungsraum 188
Batteriebus 36, 67
Bedienungsform 437
  – differenzierte 439
Beförderungsqualität 457
Befragung 452
Benutzerpräferenz 563
Benutzerprofil 563
Beobachtung 452
Beschleunigungsmaßnahme 428, 429
Betriebsfunk 498
Betriebskosten
  – Finanzierung 523
  – Förderung 523

Betriebsleitzentrale 501
Bildfahrplan 466
Bohlenweg 10
BOKraft 83, 343
BOStrab 72, 81, 83, 104, 343
Bremse 219, 220, 221, 222, 223
Bruttoertrag 503
Bügelstromabnehmer 48
Bündelfunk 498
Bundesbahn 80, 89, 94, 101
Bundesbahngesetz 101, 102
Bundeseisenbahnvermögen 89
Bürgerbus 440, 587
Busaußenbeschriftung 309
Busbahnhof 412, 415, 416
Busbucht 402
Busschleuse 401

C

Citybus 587

D

Dampfmaschine 28, 39
Dampfomnibus 30
Dampfstraßenbahn 44
Dampfwagen 28, 29, 54, 64, 67
DFKraft 486
DFStrab 487
Dienstplanwirkungsgrad 472
Direktvergabe 131
Doppeldecker 331
Doppeldeckerbus 339
Doppelgelenkbus 340, 457
Doppeljoch 4
Doppelstockwagen 253, 258

Drehkranz ... 8
Drehkranzlenkung ... 33
Drehschemel ... 8, 9, 18, 20
Droschke ... 21, 25, 36
Dual-Mode-Bus ... 581
Duo-Bus ... 579, 580
Durchmesserlinie ... 438
Durchtarifierung ... 556

E

Eigenbetrieb ... 107, 110, 112
Eilbus ... 440
Einheitstarif ... 507
Einholmstromabnehmer ... 48
Einzelrad-Einzelfahrwerk ... 208, 209
Einzelradlenkung ... 7
Eisenbahn-Bau- und Betriebs-
 ordnung ... 103, 197, 343
Eisenbahn-Bundesamt ... 89, 120, 121
Eisenbahninfrastruktur ... 122
Eisenbahninfrastrukturunternehmen ... 102
Eisenbahnneuordnungsgesetz ... 95
Eisenbahnverkehrsunternehmen ... 102, 122
Elektrobus ... 68
Elektrowagen ... 67
Element
 – taktiles ... 411
EntflechtG ... 531
Erhebung ... 452
Erschließung ... 451
Erstattungsleistung ... 526

F

Fahrausweisautomat ... 506
Fahrgastinformation ... 237, 238, 417, 419
Fahrgastinformationsanzeige ... 239
Fahrgastzähleinrichtung ... 453
Fahrgeldeinnahme ... 504

Fahrkartenautomat ... 410
Fahrplanwirkungsgrad ... 469, 472
Fahrrad ... 29
Fahrtenaufkommen ... 444
Fahrtenschreiber ... 488, 490
Fahrzeugbake ... 493
Fahrzeugfolgezeit ... 456, 458
Fahrzeugförderung ... 523
Fiaker ... 23, 25
Finanzierung ... 503, 512
Flächenbetrieb ... 586
Flächenzonentarif ... 507, 509
Förderung ... 531
Formleichtbau ... 228
Forschungsgesellschaft für
 Straßen- und Verkehrswesen ... 166
Fußgängergeschwindigkeit ... 17

G

Gabellenkung ... 32
Gelegenheitsverkehr ... 128
Gelenkbus ... 331
Gemeindeverkehrsfinanzierungs-
 gesetz ... 95, 100
Gemeinschaftstarif ... 557
Genehmigung ... 86
Genehmigungsverfahren ... 133
Gesellschaft mit beschränkter
 Haftung ... 107, 109, 110
Gewerbefreiheit ... 38, 60
GPS ... 496, 497
Großkabinensystem ... 564

H

Haltestelle
 – Umfeld ... 411
Haltestellenausstattung ... 408
Haltestellenbucht ... 403
Haltestelleneinzugsbereich ... 444

Haltestellenkap 404
Haltestellentarif 506
Holzgasgenerator 70

I

Informationssystem 410
Investition..................................... 155, 512

K

Kabelstraßenbahn 45
Karren...4, 9
Kilometertarif...506
Kleinbahn 43, 76, 77, 81, 82
Kleinbus 331
Kleinkabinensystem 575
Knicklenkung 7
Konferenzbestuhlung.............................341
Kontrollgerät 488, 490
Kooperation 549
Kraftfahrliniengesetz 60, 83
Kraftfahrlinienverordnung......................60
Kraftfahrzeug 28
Kraftverkehrsgesellschaft 62
Kraftverkehrskombinat...........................87
Kremser..24, 25
Kupplung.............. 213, 214, 215, 245, 246
Kutsche........................ 20, 21, 22, 23, 75

L

Längsbussteig..407
Linienbetrieb 585
Linienbündel..128
Linienplanung..447
Linientaxi 588
Linienverkehr . 14, 15, 17, 25, 30, 128, 311
locomotive act 31
Lokalbahn..43
Lückenampel 434

M

McAdam..65
Midibus 331, 333
Mietwagen 14, 15
Minibus 331, 332
Mobilität 177, 185

N

Nahverkehrsplan........... 129, 137, 138, 437
Natron-Lokomotive 45
Netzwerkmodell 468
Niederflurbus...325
Nutzerhemmnis 195
Nutzungshäufigkeit 187

O

Oberleitung..68
Obus 68, 69, 128, 318, 319, 578, 579
Omnibus 25, 35, 36
Omnibusbau 58
Omnibusverkehrsgemeinschaft 83
ÖPNV-Nutzung 187
Orientierungssystem.............................410
Ortsbake 493, 494
Ortsbus 586
Ortscheit 18, 19
Ortung 492, 494

P

Pascal.. 25, 26
Personenbeförderungsanordnung 88
Personenbeförderungsgesetz ....
.... 81, 83, 90, 101, 103, 551
Personenbeförderungsverordnung...........88
Pferdebahn...52
Pferdebus... 35, 37
Pferdeomnibus..................... 41, 56, 57, 64
Pferdestraßenbahn 40, 43, 48, 50

Positionsbestimmung 491
Post 59, 60, 66, 83
Pressluftstraßenbahn 46

Q

Quartierbus 587
Querverbund 113, 114

R

Radiallinie 437
Radlast 375
Radnabenmotor 327
Radsturz 21
Rampe 409
Rechnergesteuertes Betriebsleit-
 system 499
Red Flag Act 31
Reibnagel 7, 8
Reibscheit 8
Reichsbahn 80, 89
Reichskraftwagengesellschaft 62
Richtungsbandbetrieb 585
Ringlinie 438
Rufbus 589, 590

S

Sänfte 25
S-Bahn ....
 .... 72, 73, 74, 77, 78, 237, 274, 275, 344
Scherenstromabnehmer 48
Schienenbus 79, 80
Schleife 2, 3
Schlitten 2, 3, 5
Schmiergeld 22
Schnellbus 440, 586
Schwenkachslenkung 7
Secundairbahn 76
Sielengeschirr 4

Sitzgelegenheit 410
Solobus 331
Speichensturz 21
Spurbus 583
Stadtbahn 72, 74, 95, 284
Stadtbus 586
Stadtschnellbahn 70, 72, 74
Standardlinienbus 322
Standard-Überlandlinienbus 323
Standortbestimmung 490
Stoffleichtbau 228
Straßenbahn 75, 81, 82, 280
Straßenraum
 – dynamische Freigabe 372
Stromabnehmer 247
Stromabnehmerrolle 48
Stromschiene 252

T

Taktzeit 457
Tangentiallinie 438
Tarif 506
Tarifgemeinschaft 557
Tarifkooperation 552
Tatzlagermotor 218, 219
Teer 66
Teilstreckentarif 507
Telford 65
Trampelpfad 1, 2, 10
Transportausschuss 86, 88
Typenempfehlung 242, 243, 244

U

U-Bahn 72, 73, 74, 95
Übergangstarif 553
Überquerungsstelle 388

V

Verband Deutscher Verkehrsverwaltungen 62
Verkehrsaufkommen 442
Verkehrsgemeinschaft 558
Verkehrsleistung
– eigenwirtschaftliche 130, 132
– gemeinwirtschaftliche 130
Verkehrsmittel
– neue 562
Verkehrsverbund 168, 174, 559
Verkehrszählung 452
Verlustzeitanteil 431, 432
Verordnung (EWG) 1191/69 116
Verordnung 1191/69 117
Verordnung 1370/2007 117
Vicinalbahn 77

W

Wagen 4, 9, 11, 12, 18, 19, 20, 21
Wagenlaufplan 467
Wasserstoffmotor 329
Wetterschutz 414

Z

Z-Überweg 388, 389
Zubringerlinie 438
Zugsignal 241
Zwei-Wege-Fahrzeug 577

Die Wendehorst-Familie

Wetzell, Otto W. (Hrsg.)
Wendehorst Bautechnische Zahlentafeln
33., vollst. überarb. u. aktual. Aufl. 2009. XVL, 1522 S. Geb. EUR 49,90
ISBN 978-3-8348-0685-7

Inhalt:
Mathematik - Bauzeichnungen - Vermessung - Bauphysik - Schallimmissionsschutz - Brandschutz - Lastannahmen, Einwirkungen - Statik und Festigkeitslehre - Räumliche Aussteifungen - Mauerwerk und Putz - Beton - Stahlbeton und Spannbeton - Stahlbau - Holzbau - Glasbau - Geotechnik - Hydraulik und Wasserbau - Siedlungswasserwirtschaft - Abfallwirtschaft - Verkehrswesen

Wetzell, Otto W. (Hrsg.)
Wendehorst Beispiele aus der Baupraxis
3., aktual. u. erw. aufl. 2009. VIIII, 549 S. Br. EUR 34,90
ISBN 978-3-8348-0684-0

Inhalt:
Vermessung - Bauphysik - Schallimmissionsschutz - Statik und Festigkeitslehre - Lastannahmen - Stahlbeton - Stahlbau - Holzbau nach DIN 1052 - Mauerwerk und Putz - Brandschutz - Räumliche Aussteifungen - Glasbau - Geotechnik - Hydraulik und Wasserbau - Siedlungswasserwirtschaft - Abfallwirtschaft - Verkehrswesen

Günter Neroth / Dieter Vollenschaar (Hrsg.)
Wendehorst Baustoffkunde
Grundlagen - Baustoffe - Oberflächenschutz
27., vollst. überarb. Aufl. 2011. ca. 1.100 S. mit 218 Abb. und 212 Tab. Geb.
ca. EUR 49,95
ISBN 978-3-8351-0225-5

Allgemeines - Natursteine- Gesteinskörnungen für Beton und Mörtel - Bindemittel - Beton - Mörtel - Bausteine und -platten - Keramische Baustoffe - Bauglas - Eisen und Stahl - Nichteisenmetalle - Korrosion der Metalle - Bitumenhaltige Baustoffe - Holz und Holzwerkstoffe - Kunststoffe - Oberflächenschutz - Schutz und Instandsetzung von Beton - Wärme-, Schall-, Brandschutz

VIEWEG+TEUBNER
Abraham-Lincoln-Straße 46
65189 Wiesbaden
Fax 0611.7878-400
www.viewegteubner.de

Stand Juli 2011.
Änderungen vorbehalten.
Erhältlich im Buchhandel oder im Verlag.

Schwerpunkt Baubetrieb

Kochendörfer, Bernd / Liebchen, Jens / Viering, Markus / Berner, Fritz
Bau-Projekt-Management
Grundlagen und Vorgehensweisen
4., überarb. u. akt. Aufl. 2010. XVIII, 278 S. mit 125 Abb. u. 33 Tab. Br. EUR 27,95
ISBN 978-3-8348-0496-9

Bielefeld, Bert / Wirths, Mathias
Entwicklung und Durchführung von Bauprojekten im Bestand
Analyse – Planung – Ausführung
2010. X, 307 S. mit 170 Abb. u. 22 Tab. Br. EUR 39,95
ISBN 978-3-8348-0587-4

Jacob, Dieter / Stuhr, Constanze / Winter, Christoph (Hrsg.)
Kalkulieren im Ingenieurbau
Strategie - Kalkulation - Controlling
2., vollst. überarb. und erw. Aufl. 2011. XVIII, 540 S. mit 154 Abb. und 156 Tab.
(Leitfaden des Baubetriebs und der Bauwirtschaft) Geb. EUR 49,95
ISBN 978-3-8348-0935-3

Hoffmann, Manfred / Krause, Thomas (Hrsg.)
Zahlentafeln für den Baubetrieb
8., überarb. und aktual. Aufl. 2011. VIII, 1181 S. mit 548 Abb. Geb. EUR 69,95
ISBN 978-3-8348-0934-6

VIEWEG+TEUBNER
Abraham-Lincoln-Straße 46
65189 Wiesbaden
Fax 0611.7878-400
www.viewegteubner.de

Stand Juli 2011.
Änderungen vorbehalten.
Erhältlich im Buchhandel oder im Verlag.

Für den Einsatz im Ausland!

Klaus Lange

Elektronisches Wörterbuch Auslandsprojekte Deutsch-Englisch, Englisch-Deutsch; Dictionary of Projects Abroad English-German, German-English

Vertrag, Planung und Ausführung; Contracting, Planning, Design and Execution
2010. EUR 169,95
ISBN 978-3-8348-0883-7

Das elektronische Fachwörterbuch Auslandsprojekte ist für alle unentbehrlich, die im Auslandsbau mit fremdsprachigen Bauunternehmen, Bauherren oder Fachingenieuren auf Englisch kommunizieren und verhandeln. Mit rund 76.000 Begriffen Englisch-Deutsch und 70.000 Begriffen Deutsch-Englisch gehört es zu den umfangreichsten Nachschlagewerken für die Bereiche Bautechnik, Baubetrieb und Baurecht. Der praktische Reisebegleiter für die erfolgreiche Abwicklung von Bauprojekten im Ausland. Die UniLex Pro Benutzeroberfläche ermöglicht vielfältige Suchfunktionen bis hin zur Pop-up Suche, die - egal in welchen Programm - Übersetzungen sofort in einem Pop-up Fenster anzeigt.

Systemvoraussetzungen: Windows 7, XP, Vista - Freier Festplattenspeicher: mind 200 MB - Hauptspeicher: mind. 512 MB - CD-ROM Laufwerk

Prof. Dipl.-Ing. Klaus Lange, Bauingenieur und Dolmetscher, betreute zahlreiche Bauprojekte im Ausland und lehrte an der Fachhochschule in Holzminden im Studiengang Auslandsbau. Mit seinen ausländischen Partnern veranstaltet er zahlreiche Seminare zur Auslandsvorbereitung.

VIEWEG+TEUBNER

Abraham-Lincoln-Straße 46
65189 Wiesbaden
Fax 0611.7878-400
www.viewegteubner.de

Stand Juli 2011.
Änderungen vorbehalten.
Erhältlich im Buchhandel oder im Verlag.